国内外食品安全限量标准实用手册

岳振峰　周乃元　叶卫翔　主编

中国劳动社会保障出版社

图书在版编目(CIP)数据

国内外食品安全限量标准实用手册/岳振峰,周乃元,叶卫翔主编. —北京:中国劳动社会保障出版社,2010

ISBN 978-7-5045-8694-0

Ⅰ.①国… Ⅱ.①岳…②周…③叶… Ⅲ.①食品标准-世界-手册 Ⅳ.①TS207.262-62

中国版本图书馆 CIP 数据核字(2010)第 240424 号

中国劳动社会保障出版社出版发行

(北京市惠新东街 1 号 邮政编码:100029)

出版人:张梦欣

*

世界知识印刷厂印刷装订 新华书店经销
787 毫米×1092 毫米 16 开本 47.5 印张 1095 千字
2011 年 1 月第 1 版 2011 年 1 月第 1 次印刷
定价:200.00 元(含光盘)

读者服务部电话:010-64929211/64921644/84643933
发行部电话:010-64961894
出版社网址:http://www.class.com.cn

版权专有 侵权必究
举报电话:010-64954652
如有印装差错,请与本社联系调换:010-80497374

《国内外食品安全限量标准实用手册》
编 委 会

主　编　岳振峰　周乃元　叶卫翔

副主编　彭　涛　吴　斌　汤志旭

编　译（按姓氏笔画排序）

　　　　牛增元　代汉慧　叶卫翔　刘　艳　汤志旭　吴　斌

　　　　张晓燕　肖来龙　邵　兵　陈　波　陈小霞　周乃元

　　　　岳振峰　庞士平　林　宏　欧阳姗　罗　忻　柳　菡

　　　　赵凤娟　赵增运　高　昕　康海宁　黄　娟　熊贝贝

　　　　彭　涛　蔡　雪

前　言

民以食为天，食以安为先。食品安全直接关系广大人民群众的身体健康，关系国家的发展，关系社会的和谐稳定。我国党和政府历来高度重视食品安全。自1982年试行的《食品卫生法》到2009年颁布的《食品安全法》，我国的食品安全工作从当初的纯卫生学评价到现在的从源头到餐桌全方位立体监管，走出了一条具有中国特色的法制化道路，在预防和控制食源性疾病，保障人民群众身体健康方面做出了积极贡献，促进了我国食品安全状况持续改善。然而，食品安全问题作为一个全球性的问题，将长期存在于我国的社会主义建设和发展过程中，其状况的改善也不可能一蹴而就。

影响食品安全的因素主要包括物理性污染、生物性污染和化学性污染，其中化学性污染涉及范围较广，情况也较复杂，目前已成为国际关注的热点和影响国际食品贸易的重要因素。主要包括：①来自生产、生活和环境中的污染物，如农药、兽药、有毒金属、多环芳烃化合物、N—亚硝基化合物、杂环胺、二噁英、三氯丙醇、真菌毒素等；②食品容器、包装材料、运输工具等接触食品时溶入食品中的有害物质；③滥用食品添加剂；④在食品加工、贮存过程中产生的物质，如酒中有害的醇类、醛类等；⑤掺假、制假过程中加入的物质。

食品中化学性污染对人体健康的危害是多方面的。一次大量摄入受污染的食品，可引起急性中毒，即食物中毒，如细菌性食物中毒、农药食物中毒和霉菌毒素中毒等。食品污染的更大问题是慢性中毒，亦即所谓的潜隐性危害。过量的农药、兽药、香精、色素、糖精、防腐剂等化学物质都会对人体产生致癌、致畸作用。用于催熟水果蔬菜的激素类药物会使儿童性早熟和成人发胖。食品被黄曲霉素、多环芳烃、亚硝胺等致癌物质污染，就容易引起癌症。但是，由于这种中毒是慢性的，不易察觉，容易让人放松警惕。造成慢性中毒的原因较难追查，而影响又更广泛，所以应格外重视。例如，摄入残留有机汞农药的粮食数月后，会出现周身乏力、尿汞含量增高等症状；长期摄入微量黄曲霉毒素污染的粮食，能引起肝细胞变性、坏死、脂肪浸润和胆管上皮细胞增生，甚至发生癌变。慢性中毒还可表现为生长迟缓、不孕、流产、死胎等生育功能障碍，有的还可通过母体使胎儿发生畸形。已知与食品有关的致畸物质有醋酸苯汞、甲基汞、2，4—滴、2，4，5—涕中的杂质四氯二苯二噁英、狄氏剂、艾氏剂、DDT、氯丹、七氯和敌枯双等。某些食品污染物还会致突变。突变如发生在生殖细胞，可使正常妊娠发生障碍，甚至不能受孕，胎儿畸形或早死。突变如发生在体细胞，可使在正常情况下不再增殖的细胞发生不正常增殖而构成癌变的基础。与食品有关的致突变物有苯并（a）芘、黄曲霉毒素、DDT、狄氏剂和烷基汞化合物等。有些食品污染物可诱发癌肿。例如，以含黄曲霉毒素 B_1 的发霉玉米或花生饲养大鼠，可诱发肝癌。与食品有关的致癌物有多环芳烃化合物、芳香胺类、氯烃类、亚硝胺化合物、无机盐类（某些砷化合物等）、黄曲霉毒素 B_1 和生物烷化剂（如高度氧化油脂中的环氧化物）等。除了慢性毒性外，抗生素的广泛使用和滥用可引起微生物的耐药性增加，导致人用抗生素的效力降低或无效。

食品安全限量标准是保障食品安全的重要技术依据，是构成食品产品核心竞争力的基本要素，是规范食品安全管理和国际贸易的重要技术制度。本书是我国首次正式出版的全面介绍中国、美国、日本、国际食品法典委员会（CAC）、欧盟食品中包括农药、兽药、生物毒素、重金属、持久性环境污染物和食品添加剂在内的化学污染物最高残留限量标准或使用标准的专业工具书，由深圳出入境检验检疫局、中国检验检疫科学研究院、江苏出入境检验检疫局、山东出入境检验检疫局、中国生物技术发展中心、北京市疾病预防控制中心、深圳大学等单位工作于食品安全技术领域的一线专业人员编译整理。全书主体内容共分五章，每章分为五节，按照概述、农药、兽药、特定污染物（包括重金属、生物毒素、持久性环境污染物）和食品添加剂的顺序，全面介绍了中国、美国、日本、国际食品法典委员会（CAC）、欧盟的食品安全限量标准，涉及化学物质 1426 种、限量标准 100011 条。

本书收录的限量标准均来源于相应国家、地区或国际组织的官方网站，具有权威性、全面性和实用性的特点，对于政府管理部门、检验检疫机构、科研院所、大专院校、食品生产企业、食品销售企业、消费者等都是一部必备的工具书。使用者可以按照国家、地区或国际组织的分类，以化学物质的英文字母顺序进行检索，也可以按照书后的中、英文索引进行检索；另外，为方便使用者了解限量标准的更新情况，在每一章的概述部分均提供了相应限量标准的来源和出处。

最后，鉴于参与本书编译的专业人员较多，编译的限量标准数据量大，且处于不断更新的动态，虽然我们已进行仔细核查和校对，但难免有错漏之处。恳请广大使用者给予批评指正，以便再版时修正。

编　者

2010 年 4 月

编写和使用说明

1. 本书包中国、美国、日本、国际食品法典委员会（CAC）、欧盟有关食品中农药残留、兽药残留、特定污染物和食品添加剂的安全限量标准，覆盖了食品中涉及的所有化学性污染物。

2. 食品安全限量标准属于技术法规，具有一定的强制性和时效性。为方便读者跟踪其更新情况，每章第一节以概述的形式说明限量标准的来源和出处。

3. 每种物质都同时列出中文和英文名称。为方便读者查找，每一类的化学污染物均按照英文字母顺序进行排列。同一物质可能具有不同的中文名称，出现歧义时以英文名称为准。

4. 不同国家的法规存在差异。为尽可能与原法规一致，不同国家（地区）和不同类别的化学物质的限量标准的表示方法可能存在形式上的差异，但限量标准一栏的数值均指其残留标示物（标志残留物）的值。

5. 化学物质的残留标示物（标志残留物）可以是该化学物质本身、代谢产物或该化学物质与其代谢产物之和。

6. 除特殊注明外，食品添加剂限量标准指其允许使用的标准。

7. 国际食品法典委员会（CAC）食品添加剂使用标准"注释"栏中的数字是注释序号，如 97&161 表示注释 97 和注释 161。

8. 中国食品添加剂使用标准"食品名称/分类"栏中的数字是食品分类号，如"03.04"是"食用冰"的分类号。

9. 读者使用本书查找某化学物质的限量标准时，可在相关国家、地区或国际组织所在章节按照化学物质的英文字母顺序直接查找，也可先从化学物质中、英文索引查出该化学物质所在页码，再到该页查找所需的限量标准信息。

10. 凡例：

第三节 CAC兽药最高残留限量标准

序号	兽药名称(残留标示物)	动物种类	靶组织	限量标准(μg/kg)
1	阿维菌素 Abamectin(原药)	牛	肾	50
			肝、脂肪	100

　　表格中的"阿维菌素"为化学物质的中文名称,"Abamectin"为化学物质的英文名称;"(原药)"表示阿维菌素的残留标示物为其本身;允许使用的动物种类为"牛";"靶组织"指阿维菌素进入动物体内对其产生作用的那些器官、组织和细胞,"限量标准"一栏则表示在牛肾中的限量标准为 50 μg/kg,在牛肝和牛脂肪中的限量标准均为 100 μg/kg。

目　录

第一章　中国食品安全限量标准 ……………………………………………………（1）

　　第一节　概述 ……………………………………………………………………（1）
　　第二节　中国农药最高残留限量标准 …………………………………………（2）
　　第三节　中国兽药最高残留限量标准 …………………………………………（13）
　　第四节　中国特定污染物限量标准 ……………………………………………（32）
　　第五节　中国食品添加剂使用标准 ……………………………………………（35）

第二章　美国食品安全限量标准 ………………………………………………………（82）

　　第一节　概述 ……………………………………………………………………（82）
　　第二节　美国农药最高残留限量标准 …………………………………………（83）
　　第三节　美国兽药最高残留限量标准 …………………………………………（172）
　　第四节　美国特定污染物限量标准 ……………………………………………（183）
　　第五节　美国食品添加剂使用标准 ……………………………………………（188）

第三章　日本食品安全限量标准 ………………………………………………………（237）

　　第一节　概述 ……………………………………………………………………（237）
　　第二节　日本农药最高残留限量标准 …………………………………………（239）
　　第三节　日本兽药最高残留限量标准 …………………………………………（575）
　　第四节　日本特定污染物限量标准 ……………………………………………（651）
　　第五节　日本食品添加剂使用标准 ……………………………………………（652）

第四章　国际食品法典委员会（CAC）食品安全限量标准（见光盘）

　　第一节　概述
　　第二节　CAC农药最高残留限量标准
　　第三节　CAC兽药最高残留限量标准

第四节　CAC特定污染物限量标准
第五节　日本食品添加剂使用标准

第五章　欧盟食品安全限量标准（见光盘）

第一节　概述
第二节　欧盟农药最高残留限量标准
第三节　欧盟兽药最高残留限量标准
第四节　欧盟特定污染物限量标准
第五节　欧盟食品添加剂使用标准

中文索引 ………………………………………………………………………………（684）

英文索引 ………………………………………………………………………………（714）

第一章　中国食品安全限量标准

第一节　概　　述

1. 农药残留

中国的农药残留限量标准汇总于《GB 2763—2005 食品中农药最大残留限量》，涉及农药 136 种，残留限量标准共 477 条。

2. 兽药残留

中国的兽药残留限量标准由农业部负责制定。

农业部 235 号公告规定的动物性食品中兽药最高残留限量由附录 1、附录 2、附录 3 和附录 4 组成。其中附录 1 为农业部批准使用，按质量标准、产品使用说明书规定用于食品动物，不需要制定最高残留限量的兽药；附录 2 为农业部批准使用，按质量标准、产品使用说明书规定用于食品动物，需要制定最高残留限量的兽药；附录 3 为农业部批准使用，按质量标准、产品使用说明书规定可以用于食品动物，但不得检出兽药残留的兽药；附录 4 为农业部明文规定禁止用于所有食品动物的兽药。

农业部 193 号公告规定了《食品动物禁用的兽药及其他化合物清单》。

农业部 560 号公告公布《兽药地方标准废止目录》，规定的相关废止兽药从公告发布 6 个月后开始不得生产和使用，目前已属于不得使用的兽药范畴。

农业部、卫生部、国家药品监督管理局 176 号联合公告的《禁止在饲料和动物饮用水中使用的药物品种目录》中也列出了相关禁止使用的兽药。

3. 特定污染物

中国的污染物限量标准由国家标准《GB 2761—2005 食品中真菌毒素限量》和《GB 2762—2005 食品中污染物限量》加以规定，前者规定了食品中黄曲霉毒素 B_1、黄曲霉毒素 M_1、脱氧雪腐镰刀菌烯醇、展青霉素，5 种真菌毒素的限量，后者规定了食品中铅、镉、汞、砷、铬、铝、硒、氟、苯并（a）芘、N—亚硝胺、多氯联苯、亚硝酸盐、稀土，13 种污染物的限量。

4. 食品添加剂

GB 2760—2007《食品添加剂使用卫生标准》是我国现行的强制性食品添加剂使用标准。标准规定了食品添加剂的品种、使用范围及最大使用量，适用于所有使用食品添加剂的生产者。GB 14880—1994《食品营养强化剂使用卫生标准》，以及《GB 14880 营养强化剂 2009 年版》规定了食品强化营养素的使用范围及用量，适用于为增加营养价值而加入食品中的天然或人工的营养素。标准允许使用的营养强化剂品种有氨基酸及含氮化合物、维生素类、矿物质类及其他类。同时还附录了《食品营养强化剂使用卫生标准实施细则》。

第二节 中国农药最高残留限量标准

序号	农药名称	残留标示物	农药类别	商品种类	限量标准(mg/kg)
1	乙酰甲胺磷 Acephate	乙酰甲胺磷	杀虫剂	稻谷、小麦、玉米	0.2
				蔬菜	1
				水果	0.5
				棉籽	2
				茶叶	0.1
2	三氟羧草醚 Acifluorfen	三氟羧草醚	除草剂	大豆	0.1
3	甲草胺 Alachlor	甲草胺	除草剂	玉米	0.02
				大豆	0.2
				花生	0.5
4	涕灭威 Aldicarb	涕灭威及其亚砜、砜之和，以涕灭威表示	杀虫剂	花生	0.02
				棉籽	0.1
				食用棉籽油	0.01
5	艾氏剂、狄氏剂 Aldrin and dieldrin	艾氏剂和狄氏剂之和		原粮	0.02
6	磷化铝 Aluminium phosphide	磷化物	杀虫剂	原粮	0.05
7	双甲脒 Amitraz	双甲脒及N—（2,4—二甲苯基）—N'—甲基甲脒之和，以N—（2,4—二甲苯基）—N'—甲基甲脒计	杀虫剂	果菜类蔬菜、梨果类水果、柑橘类水果	0.5
				棉籽油	0.05
8	敌菌灵 Anilazine	敌菌灵	杀菌剂	稻谷	0.2
				番茄、黄瓜	10
9	莠去津 Atrazine	莠去津	除草剂	玉米、甘蔗	0.05
10	三唑锡 Azocyclotin	三唑锡与三环锡之和，以三环锡表示	杀螨剂	梨果类水果、柑橘类水果	2
11	丙硫克百威 Benfuracarb	丙硫克百威、3—羟基克百威和克百威之和，以克百威表示	杀虫剂	大米	0.2
				棉籽油	0.05
12	苄嘧磺隆 Bensulfuron-methyl	苄嘧磺隆	除草剂	大米	0.05
13	灭草松 Bentazone	灭草松、6—羟基灭草松及8—羟基灭草松之和，以灭草松表示	除草剂	稻谷、麦类	0.1
				大豆	0.05

序号	农药名称	残留标示物	农药类别	商品种类	限量标准(mg/kg)
14	联苯菊酯 Bifenthrin	联苯菊酯（脂溶）	杀虫剂、杀螨剂	番茄、梨果类水果、棉籽	0.5
				柑橘类水果	0.05
15	杀虫双 Bisultap	杀虫双	杀虫剂	大米	0.2
16	溴螨酯 Bromopropylate	溴螨酯	杀螨剂	梨果类水果、柑橘类水果	2
17	噻嗪酮 Buprofezin	噻嗪酮（脂溶）	杀虫剂	稻谷	0.3
				柑橘类水果	0.5
18	丁草胺 Butachlor	丁草胺	除草剂	大米	0.5
19	硫线磷 Cadusafos	硫线磷	杀虫剂	柑橘、甘蔗	0.005
20	克菌丹 Captan	克菌丹	杀菌剂	梨果类水果	15
21	甲萘威 Carbaryl	甲萘威	杀虫剂	稻谷	5
				大豆、棉籽	1
				蔬菜	2
22	多菌灵 Carbendazim	多菌灵	杀菌剂	大米	2
				小麦	0.05
				大豆	0.2
				花生、芦笋、辣椒、油菜籽、甜菜	0.1
				梨果类水果、葡萄	3
				玉米、番茄、黄瓜、其他水果	0.5
23	克百威 Carbofuran	克百威及3—羟基克百威之和，以克百威表示	杀虫剂	大米、大豆	0.2
				小麦、玉米、马铃薯、甜菜、甘蔗	0.1
				柑橘类水果	0.5
24	丁硫克百威 Carbosulfan	丁硫克百威	杀虫剂	稻谷	0.5
				柑橘类水果	0.1
25	杀螟丹 Cartap	杀螟丹，以游离基表示	杀虫剂	大米	0.1
26	灭幼脲 Chlorbenzuron	灭幼脲	杀虫剂	小麦、谷子、甘蓝类蔬菜	3
27	矮壮素 Chlormequat	矮壮素阳离子，通常以氯化物表示	植物生长调节剂	小麦、玉米	5
				棉籽	0.5
28	氯化苦 Chloropicrin	氯化苦	杀虫剂	原粮	2

序号	农药名称	残留标示物	农药类别	商品种类	限量标准(mg/kg)
29	百菌清 Chlorothalonil	百菌清	杀菌剂	稻谷、豆类（干）	0.2
				小麦	0.1
				花生	0.05
				叶菜类蔬菜、果菜类蔬菜、瓜菜类蔬菜	5
				柑橘、梨果类水果	1
				葡萄	0.5
30	毒死蜱 Chlorpyrifos	毒死蜱（脂溶）	杀虫剂	稻谷、小麦、韭菜、叶菜类蔬菜	0.1
				甘蓝类蔬菜、梨果类水果	1
				番茄	0.5
				茎类蔬菜、棉籽油	0.05
				柑橘类水果	2
31	甲基毒死蜱 Chlorpyrifos-methyl	甲基毒死蜱（脂溶）	杀虫剂	原粮	5
32	绿麦隆 Chlortoluron	绿麦隆	除草剂	麦类、玉米、大豆	0.1
33	四螨嗪 Clofentezine	四螨嗪	杀螨剂	梨果类水果、柑橘类水果	0.5
				枣	1
34	氰化物 Cyanide	氰化物	杀虫剂	原粮	5
35	氟氯氰菊酯 Cyfluthrin	氟氯氰菊酯（脂溶）	杀虫剂	甘蓝类蔬菜	0.1
				苹果	0.5
				棉籽	0.05
36	氯氟氰菊酯 Cyhalothrin	氯氟氰菊酯（所有异构体之总和）	杀虫剂	叶菜类蔬菜、果菜类蔬菜、梨果类蔬菜、柑橘	0.2
				棉籽油	0.02
37	氯氰菊酯 Cypermethrin	氯氰菊酯（所有异构体之总和，脂溶）	杀虫剂	小麦、黄瓜、棉籽	0.2
				玉米、大豆	0.05
				叶菜类蔬菜、梨果类水果、柑橘类水果	2
				果菜类蔬菜、豆类蔬菜	0.5
				茶叶	20
38	灭蝇胺 Cyromazine	灭蝇胺	杀虫剂	黄瓜	0.2

序号	农药名称	残留标示物	农药类别	商品种类	限量标准(mg/kg)
39	2,4-滴 2,4-D	2,4-滴	除草剂	小麦	0.5
				大白菜	0.2
				果菜类蔬菜	0.1
40	滴滴涕 DDT	P,P'—DDT、O,P'—DDT、P,P'—DDE、P,P'—TDE（DDD）之和（脂溶）		原粮、豆类、薯类、蔬菜、水果	0.05
				茶叶	0.2
				肉及其制品，脂肪含量10%以下（以原样计）	0.2
				肉及其制品，脂肪含量10%及以上（以原样计）	2
				水产品；乳制品，脂肪含量2%及以上（以原样计）	0.5
				蛋品	0.1
				牛乳	0.02
				乳制品，脂肪含量2%以下（以原样计）	0.01
41	溴氰菊酯 Deltamethrin	溴氰菊酯（脂溶）	杀虫剂	原粮、叶菜类蔬菜、甘蓝类蔬菜	0.5
				小麦粉、果菜类蔬菜	0.2
				梨果类水果、油菜籽、棉籽	0.1
				柑橘类水果、热带及亚热带水果（皮不可食）	0.05
				茶叶	10
42	二嗪磷 Diazinon	二嗪磷（脂溶）	杀虫剂	稻谷、小麦	0.1
				棉籽	0.2
43	敌敌畏 Dichlorvos	敌敌畏	杀虫剂	原粮	0.1
				蔬菜、水果	0.2
44	三氯杀螨醇 Dicofol	三氯杀螨醇（O,P'—异构体和P,P'—异构体之和）（脂溶）	杀螨剂	梨果类水果、柑橘类水果	1
				棉籽油	0.1
45	野燕枯 Difenzoquat	野燕枯	除草剂	麦类	0.1
46	除虫脲 Diflubenzuron	除虫脲	杀虫剂	小麦、玉米	0.2
				叶菜类蔬菜、甘蓝类蔬菜、梨果类水果、柑橘类水果	1

序号	农药名称	残留标示物	农药类别	商品种类	限量标准(mg/kg)
47	乐果 Dimethoate	乐果和氧乐果之和，以乐果表示	杀虫剂	稻谷、小麦、大豆、食用植物油	0.05
				叶菜类蔬菜、甘蓝类蔬菜、梨果类水果	1
				果菜类蔬菜、豆类蔬菜、茎类蔬菜、块根类蔬菜	0.5
				鳞茎类蔬菜	0.2
				核果类水果、柑橘类水果	2
48	烯唑醇 Diniconazole	烯唑醇	杀菌剂	稻谷、小麦、杂谷类	0.05
				梨果类水果	0.1
49	二苯胺 Diphenylamine	二苯胺	杀菌剂	苹果	5
50	敌草快 Diquat	敌草快阳离子（通常用二溴化合物）	除草剂	小麦、全麦粉、油菜籽	2
				小麦粉	0.5
				食用植物油	0.05
51	敌瘟磷 Edifenphos	敌瘟磷	杀菌剂	大米	0.1
52	硫丹 Endosulfan	α—硫丹和β—硫丹及硫酸硫丹之和（脂溶）	杀虫剂	梨果类水果、棉籽	1
				甘蔗	0.5
53	顺式氰戊菊酯 Esfenvalerate	顺式氰戊菊酯	杀虫剂	叶菜类蔬菜、梨果类水果、柑橘	1
				棉籽	0.02
				茶叶	2
54	乙烯利 Ethephon	乙烯利	植物生长调节剂	番茄、热带及亚热带水果（皮不可食）、棉籽	2
55	乙硫磷 Ethion	乙硫磷（脂溶）	杀虫剂	稻谷	0.2
				棉籽油	0.5
56	灭线磷 Ethoprophos	灭线磷	杀虫剂	红薯、花生	0.02
57	苯线磷 Fenamiphos	苯线磷及其亚砜、砜之和，以苯线磷表示	杀虫剂	花生、花生油	0.05
58	氯苯嘧啶醇 Fenarimol	氯苯嘧啶醇	杀菌剂	梨果类水果	0.3
59	腈苯唑 Fenbuconazole	腈苯唑（脂溶）	杀菌剂	桃	0.5
				香蕉	0.05
60	苯丁锡 Fenbutatin oxide	苯丁锡	杀螨剂	梨果类水果、柑橘类水果	5

第一章 中国食品安全限量标准

序号	农药名称	残留标示物	农药类别	商品种类	限量标准(mg/kg)
61	杀螟硫磷 Fenitrothion	杀螟硫磷（脂溶）	杀虫剂	原粮、全麦粉	5
				大米	1
				小麦粉	2
				蔬菜、水果、茶叶	0.5
62	仲丁威 Fenobucarb（BPMC）	仲丁威	杀虫剂	稻谷	0.5
63	甲氰菊酯 Fenpropathrin	甲氰菊酯	杀虫剂、杀螨剂	叶菜类蔬菜	0.5
				水果	5.0
				棉籽	1
64	唑螨酯 Fenpyroximate	唑螨酯	杀螨剂	苹果、柑橘	0.5
65	倍硫磷 Fenthion	倍硫磷与其氧类似物及其亚砜、砜化合物之和，以倍硫磷表示（脂溶）	杀虫剂	稻谷、小麦、蔬菜、水果	0.05
				食用植物油	0.01
66	氰戊菊酯 Fenvalerate	氰戊菊酯（脂溶）	杀虫剂	小麦粉、果菜类蔬菜、瓜菜类蔬菜、水果	0.2
				全麦粉	2
				大豆、花生、棉籽油	0.1
				叶菜类蔬菜、甘蓝类蔬菜	0.5
				块根类蔬菜	0.05
67	吡氟禾草灵 Fluazifop—butyl	吡氟禾草灵及其代谢产物吡氟禾草酸	除草剂	大豆、甜菜	0.5
				棉籽	0.1
68	精吡氟禾草灵 Fluazifop-P-butyl	吡氟禾草灵及其代谢产物吡氟禾草酸	除草剂	大豆、甜菜	0.5
				棉籽	0.1
69	氟氰戊菊酯 Flucythrinate	氟氰戊菊酯（脂溶）	杀虫剂	豆类（干）、块根类蔬菜	0.05
				甘蓝类蔬菜、梨果类水果	0.5
				果菜类蔬菜、棉籽油	0.2
				红茶、绿茶	20
70	氯氟吡氧乙酸 Fluroxypyr	氯氟吡氧乙酸	除草剂	稻谷、小麦	0.2
71	氟硅唑 Flusilazole	氟硅唑	杀菌剂	梨果类水果	0.2
72	氟胺氰菊酯 Fluvalinate	氟胺氰菊酯	杀虫剂	甘蓝类蔬菜	0.5
				棉籽油	0.2

序号	农药名称	残留标示物	农药类别	商品种类	限量标准(mg/kg)
73	氟磺胺草醚 Fomesafen	氟磺胺草醚	除草剂	大豆	0.1
74	四氯苯酞 Fthalide	四氯苯酞	杀菌剂	稻谷	0.5
75	草甘膦 Glyphosate	草甘膦	除草剂	稻谷、水果	0.1
				小麦、全麦粉	5
				小麦粉	0.5
				玉米	1
				甘蔗	2
				棉籽油	0.05
76	吡氟甲禾灵 Haloxyfop	吡氟甲禾灵酯、吡氟甲禾灵及其共轭物,以吡氟禾草灵表示	除草剂	花生、大豆	0.1
				食用植物油	1
				棉籽	0.2
77	六六六 HCH	α—HCH、β—HCH、γ—HCH、δ—HCH之和(脂溶)		原粮、豆类、薯类、蔬菜、水果	0.05
				茶叶	0.2
				肉及其制品,脂肪含量10%以下(以原样计);水产品;蛋品	0.1
				肉及其制品,脂肪含量10%及以上(以原样计)	1
				牛乳	0.02
				乳制品,脂肪含量2%以下(以原样计)	0.01
				乳制品,脂肪含量2%及以上(以原样计)	0.5
78	七氯 Heptachlor	七氯、环氧七氯之和(脂溶)		原粮	0.02
79	噻螨酮 Hexythiazox	噻螨酮	杀螨剂	梨果类水果、柑橘类水果	0.5
80	抑霉唑 Imazalil	抑霉唑	杀菌剂	柑橘类水果	5
81	抑菌脲 Iprodione	抑菌脲	杀菌剂	番茄、梨果类水果	5
				黄瓜	2
82	水胺硫磷 Isocarbophos	水胺硫磷	杀虫剂	稻谷	0.1
				柑橘	0.02
83	甲基异柳磷 Isofenphos-methyl	甲基异柳磷	杀虫剂	原粮、甘蔗	0.02
				甘薯、花生、甜菜	0.05

序号	农药名称	残留标示物	农药类别	商品种类	限量标准(mg/kg)
84	异丙威 Isoprocarb	异丙威	杀虫剂	大米	0.2
85	稻瘟灵 Isoprothiolane	稻瘟灵	杀菌剂	大米	1
86	林丹 Lindane	γ—HCH（脂溶）	杀虫剂	小麦	0.05
				肉，脂肪含量10%以下（以原样计）；蛋品	0.1
				肉，脂肪含量10%及以上（以原样计）	1
				牛乳	0.01
87	马拉硫磷 Malathion	马拉硫磷	杀虫剂	原粮、大豆、叶菜类蔬菜、葡萄	8
				甘蓝类蔬菜、昊菜类蔬菜	0.5
				豆类蔬菜、梨昊类水果	2
				芹菜、草莓	1
				块根类蔬菜	0.5
				核果类水果	5
				柑橘类水果	4
88	代森锰锌 Mancozeb	形成乙烯双二硫代氨基甲酸酯，以二硫化碳表示	杀菌剂	果菜类蔬菜、西瓜	1
				黄瓜、热带及亚热带水果（皮不可食）	2
				梨果类水果、小粒水果	5
89	甲霜灵 Metalaxyl	甲霜灵	杀菌剂	谷子	0.05
				黄瓜	0.5
				葡萄	1
90	甲胺磷 Methamidophos	甲胺磷	杀虫剂	稻谷、棉籽	0.1
				蔬菜	0.05[a]
91	杀扑磷 Methidathion	杀扑磷	杀虫剂	柑橘	2
92	灭多威 Methomyl	灭多威及羟基硫代乙酰亚胺甲酯（灭多威肟）之和，以灭多威计	杀虫剂	小麦、棉籽	0.5
				玉米	0.05
				大豆	0.2
				甘蓝类蔬菜、苹果	2
				柑橘	1
93	溴甲烷 Methyl bromide	溴甲烷	熏蒸剂	原粮	5

序号	农药名称	残留标示物	农药类别	商品种类	限量标准(mg/kg)
94	异丙甲草胺 Metolachlor	异丙甲草胺	除草剂	大豆、花生	0.5
95	禾草敌 Molinate	禾草敌	除草剂	大米	0.1
96	久效磷 Monocrotophos	久效磷	杀虫剂	稻谷、小麦、甘蔗	0.02
				棉籽油	0.05
97	恶草酮 Oxadiazon	恶草酮	除草剂	稻谷	0.05
98	多效唑 Paclobutrazol	多效唑	植物生长调节剂	稻谷、小麦、苹果、菜籽油	0.5
99	百草枯 Paraquat	百草枯阳离子（通常采用二氯百草枯）	除草剂	小麦粉	0.5
				玉米	0.1
				蔬菜、菜籽油	0.05
				柑橘	0.2
100	对硫磷 Parathion	对硫磷	杀虫剂	原粮、棉籽油	0.1
				马铃薯	0.05
				蔬菜、水果	0.01a
101	甲基对硫磷 Parathion-methyl	甲基对硫磷	杀虫剂	稻谷、小麦、玉米、棉籽油	0.1
				苹果	0.01a
102	二甲戊乐灵 Pendimethalin	二甲戊乐灵	除草剂	叶菜类蔬菜	0.1
103	氯菊酯 Permethrin	氯菊酯（异构体之和）（脂溶）	杀虫剂	原粮、水果	2
				小麦粉	0.5
				蔬菜	1
				棉籽油	0.1
				红茶、绿茶	20
104	稻丰散 Phenthoate	稻丰散	杀虫剂	大米	0.05
				柑橘	1
105	甲拌磷 Phorate	甲拌磷与其氧类似物及其亚砜、砜化合物之和，以甲拌磷表示	杀虫剂	小麦、高粱	0.02
				花生	0.1
				花生油、棉籽	0.05
106	伏杀硫磷 Phosalone	伏杀硫磷（脂溶）	杀虫剂	叶菜类蔬菜	1
				棉籽油	0.1

序号	农药名称	残留标示物	农药类别	商品种类	限量标准(mg/kg)
107	亚胺硫磷 Phosmet	亚胺硫磷	杀虫剂	稻谷、大白菜	0.5
				玉米、棉籽	0.05
				柑橘类水果	5
108	磷胺 Phosphamidon	磷胺（E—异构体和Z—异构体）和N—去乙基磷胺（E—异构体和Z—异构体）之和	杀虫剂	稻谷	0.1
109	辛硫磷 Phoxim	辛硫磷	杀虫剂	原粮、蔬菜、水果	0.05
110	抗蚜威 Pirimicarb	抗蚜威、脱甲基抗蚜威和N—甲酰—（甲胺基）类似物（二甲基—甲酰胺基—抗蚜威）之和	杀虫剂	麦类、大豆	0.05
				甘蓝类蔬菜	1
				核果类水果	0.5
				油菜籽	0.2
111	甲基嘧啶磷 Primiphos-methyl	甲基嘧啶磷（脂溶）	杀虫剂	稻谷、小麦、全麦粉	5
				糙米、小麦粉	2
				大米	1
112	丙草胺 Pretilachlor	丙草胺	除草剂	大米	0.1
113	咪酰胺 Prochloraz	咪酰胺及其含有2,4,6—三氯苯酚部分的代谢产物之和，以咪酰胺表示	杀菌剂	稻谷	0.5
				蘑菇、杧果	2
				柑橘、香蕉	5
114	腐霉利 Procymidone	腐霉利	杀菌剂	果菜类蔬菜、葡萄	5
				黄瓜	2
				韭菜	0.2
				草莓	10
				食用植物油	0.5
115	丙溴磷 Profenofos	丙溴磷	杀虫剂	甘蓝	0.5
				棉籽油	0.05
116	敌稗 Propanil	敌稗	除草剂	大米	2
117	克螨特 Propargite	克螨特（脂溶）	杀螨剂	叶菜类蔬菜	2
				梨果类水果、柑橘类水果	5
				棉籽油	0.1
118	丙环唑 Propiconazole	丙环唑	杀菌剂	小麦	0.05
				香蕉	0.1

序号	农药名称	残留标示物	农药类别	商品种类	限量标准(mg/kg)
119	喹硫磷 Quinalphos	喹硫磷	杀虫剂	大米	0.2
				柑橘	0.5
120	五氯硝基苯 Quintozene	五氯硝基苯	杀菌剂	小麦、大豆、棉籽油	0.01
				马铃薯	0.2
				果菜类蔬菜	0.1
121	单甲脒 Semiamitraz	单甲脒	杀虫剂	梨果类水果、柑橘	0.5
122	稀禾定 Sethoxydim	稀禾定	除草剂	大豆、花生	2
123	戊唑醇 Tebuconazole	戊唑醇	杀菌剂	小麦、香蕉	0.05
124	特丁磷 Terbufos	特丁磷与其氧类似物及其亚砜化物、砜化物之和，以特丁磷表示	杀虫剂	花生	0.05
125	噻菌灵 Thiabendazole	噻菌灵	杀菌剂	柑橘类水果	10
				香蕉	5
126	杀虫环 Thiocyclam	杀虫环	杀虫剂	大米	0.2
127	硫双威 Thiodicarb	硫双威、灭多威和羟基硫代乙酰亚胺甲酯（灭多威肟）之和，以硫双威计	杀虫剂	棉籽油	0.1
128	三唑酮 Triadimefon	三唑酮	杀菌剂	稻谷、玉米、梨果类水果	0.5
				小麦、黄瓜、甜菜	0.1
				豌豆	0.05
129	三唑醇 Triadimenol	三唑醇	杀菌剂	小麦、玉米、高粱	0.1
130	三唑磷 Triazophos	三唑磷	杀虫剂	稻谷	0.05
				棉籽	0.1
131	敌百虫 Trichlorfon	敌百虫	杀虫剂	稻谷、小麦、蔬菜、水果	0.1
132	三环唑 Tricyclazole	三环唑	杀菌剂	稻谷	2
133	氟乐灵 Trifluralin	氟乐灵	除草剂	大豆、豆油、花生、花生油	0.05
134	灭蚜磷 Vamidothion	灭蚜磷	杀虫剂	梨果类水果	1
135	乙烯菌核利 Vinclozolin	乙烯菌核利及其所有含3,5—二氯苯胺部分的代谢产物，以乙烯菌核利计	杀菌剂	番茄	3
				黄瓜	1
136	嘧啶氧磷 Pirimioxyphos	嘧啶氧磷	杀虫剂	稻谷、柑橘	0.1

a 表示不得在该类食物中使用此种农药，该数值为检验方法的测定限

第三节　中国兽药最高残留限量标准

一、动物性食品允许使用，但不需要制定残留限量的药物

药物名称	动物种类	其他规定
乙酰水杨酸 Acetyl salicylic acid	牛、猪、鸡	产奶牛禁用
		产蛋鸡禁用
氢氧化铝 Aluminium hydroxide	所有食品动物	
双甲脒 Amitraz	牛/羊/猪	仅指肌肉中不需要限量
氨丙啉 Amprolium	家禽	仅作口服用
安普霉素 Apramycin	猪、兔	仅作口服用
	山羊	产奶羊禁用
	鸡	产蛋鸡禁用
阿托品 Atropine	所有食品动物	
甲基吡恶磷 Azamethiphos	鱼	
甜菜碱 Betaine	所有食品动物	
碱式碳酸铋 Bismuth subcarbonate	所有食品动物	仅作口服用
碱式硝酸铋 Bismuth subnitrate	所有食品动物	仅作口服用
碱式硝酸铋 Bismuth subnitrate	牛	仅作乳房内注射用
硼酸及其盐 Boric acid and borates	所有食品动物	
咖啡因 Caffeine	所有食品动物	
硼葡萄糖酸钙 Calcium borogluconate	所有食品动物	
碳酸钙 Calcium carbonate	所有食品动物	
氯化钙 Calcium chloride	所有食品动物	
葡萄糖酸钙 Calcium gluconate	所有食品动物	
磷酸钙 Calcium phosphate	所有食品动物	
硫酸钙 Calcium sulphate	所有食品动物	
泛酸钙 Calcium pantothenate	所有食品动物	
樟脑 Camphor	所有食品动物	仅作外用
氯己定 Chlorhexidine	所有食品动物	仅作外用
胆碱 Choline	所有食品动物	
氯前列醇 Cloprostenol	牛、猪、马	
癸氧喹酯 Decoquinate	牛、山羊	仅口服用，产奶动物禁用

药物名称	动物种类	其他规定
地克珠利 Diclazuril	山羊	羔羊口服用
肾上腺素 Epinephrine	所有食品动物	
马来酸麦角新碱 Ergometrine maleata	所有哺乳类食品动物	仅用于临产动物
乙醇 Ethanol	所有食品动物	仅作赋型剂用
硫酸亚铁 Ferrous sulphate	所有食品动物	
氟氯苯菊酯 Flumethrin	蜜蜂	
叶酸 Folic acid	所有食品动物	
促卵泡激素（各种动物天然 FSH 及其化学合成类似物）Follicle stimulating hormone (natural FSH from all species and their synthetic analogues)	所有食品动物	
甲醛 Formaldehyde	所有食品动物	
戊二醛 Glutaraldehyde	所有食品动物	
垂体促性腺激素释放激素 Gonadotrophin releasing hormone	所有食品动物	
绒促性素 Human chorion gonadotrophin	所有食品动物	
盐酸 Hydrochloric acid	所有食品动物	仅作赋型剂用
氢化可的松 Hydrocortisone	所有食品动物	仅作外用
过氧化氢 Hydrogen peroxide	所有食品动物	
碘和碘无机化合物包括：Iodine and iodine inorganic compounds including：		
碘化钠和钾——Sodium and potassium-iodide	所有食品动物	
碘酸钠和钾——Sodium and potassium-iodate	所有食品动物	
碘附包括：Iodophors including：		
聚乙烯吡咯烷酮碘——Polyvinylpyrrolidone-iodine	所有食品动物	
碘有机化合物：Iodine organic compounds：		
碘仿——Iodoform	所有食品动物	
右旋糖酐铁 Iron dextran	所有食品动物	
氯胺酮 Ketamine	所有食品动物	
乳酸 Lactic acid	所有食品动物	
利多卡因 Lidocaine	马	仅作局部麻醉用
促黄体激素（各种动物天然 FSH 及其化学合成类似物）Luteinising hormone (natural LH from all species and their synthetic analogues)	所有食品动物	
氯化镁 Magnesium chloride	所有食品动物	
甘露醇 Mannitol	所有食品动物	
甲萘醌 Menadione	所有食品动物	

药物名称	动物种类	其他规定
新斯的明 Neostigmine	所有食品动物	
缩宫素 Oxytocin	所有食品动物	
对乙酰氨基酚 Paracetamol	猪	仅作口服用
胃蛋白酶 Pepsin	所有食品动物	
苯酚 Phenol	所有食品动物	
哌嗪 Piperazine	鸡	除蛋外所有组织
聚乙二醇（相对分子质量范围从 200 到 10000）Polyethylene glycol	所有食品动物	
吐温—80 Polysorbate 80	所有食品动物	
吡喹酮 Praziquantel	绵羊、马	仅用于非泌乳绵羊
	山羊	
普鲁卡因 Procaine	所有食品动物	
双羟萘酸噻嘧啶 Pyrantel embonate	马	
水杨酸 Salicylic acid	除鱼外所有食品动物	仅作外用
溴化钠 Sodium bromide	所有哺乳类食品动物	仅作外用
氯化钠 Sodium chloride	所有食品动物	
焦亚硫酸钠 Sodium pyrosulphite	所有食品动物	
水杨酸钠 Sodium salicylate	除鱼外所有食品动物	仅作外用
亚硒酸钠 Sodium selenite	所有食品动物	
硬脂酸钠 Sodium stearate	所有食品动物	
硫代硫酸钠 Sodium thiosulphate	所有食品动物	
脱水山梨醇三油酸酯（司盘 85）Sorbitan trioleate	所有食品动物	
士的宁 Strychnine	牛	仅作口服用，剂量最大 0.1 mg/kg（体重）
愈创木酚磺酸钾 Sulfogaiacol	所有食品动物	
硫黄 Sulphur	牛、猪、山羊、绵羊、马	
丁卡因 Tetracaine	所有食品动物	仅作麻醉剂用
硫柳汞 Thiomersal	所有食品动物	多剂量疫苗中作防腐剂使用，浓度最大不得超过 0.02%
硫喷妥钠 Thiopental sodium	所有食品动物	仅作静脉注射用
维生素 A Vitamin A	所有食品动物	
维生素 B_1 Vitamin B_1	所有食品动物	
维生素 B_{12} Vitamin B_{12}	所有食品动物	
维生素 B_2 Vitamin B_2	所有食品动物	
维生素 B_6 Vitamin B_6	所有食品动物	

药物名称	动物种类	其他规定
维生素 D Vitamin D	所有食品动物	
维生素 E Vitamin E	所有食品动物	
盐酸塞拉嗪 Xylazine hydrochloride	牛、马	产奶动物禁用
氧化锌 Zinc oxide	所有食品动物	
硫酸锌 Zinc sulphate	所有食品动物	

二、已批准的动物性食品中最高残留限量规定

序号	兽药名称（残留标示物）	动物种类	靶组织	限量标准（$\mu g/kg$）
1	阿灭丁（阿维菌素）Abamectin (Avermectin B1a)	牛（泌乳期禁用）	脂肪	100
			肝	100
			肾	50
		羊（泌乳期禁用）	肌肉	25
			脂肪	50
			肝	25
			肾	20
2	乙酰异戊酰泰乐菌素 Acetylisovaleryltylosin（总 Acetylisovaleryltylosin 和 3—O—乙酰泰乐菌素）	猪	肌肉、皮＋脂肪、肝、肾	50
3	阿苯哒唑 Albendazole (Albendazole＋ABZSO$_2$＋ABZSO＋ABZNH$_2$)	牛、羊	肌肉、脂肪	100
			肝、肾	5 000
			奶	100
4	双甲脒 Amitraz (Amitraz＋2,4—DMA 的总量)	牛	脂肪、肝、肾	200
			奶	10
		羊	脂肪	400
			肝	100
			肾	200
			奶	10
		猪	皮＋脂	400
			肝、肾	200
		禽	肌肉、脂肪	10
			副产品	50
		蜜蜂	蜂蜜	200

第一章 中国食品安全限量标准

序号	兽药名称（残留标示物）	动物种类	靶组织	限量标准($\mu g/kg$)
5	阿莫西林 Amoxicillin（原药）	所有食品动物	肌肉、脂肪、肝、肾	50
			奶	10
6	氨苄西林 Ampicillin（原药）	所有食品动物	肌肉、脂肪、肝、肾	50
			奶	10
7	氨丙啉 Amprolium（原药）	牛	肌肉、肝、肾	500
			脂肪	2000
8	安普霉素 Apramycin（原药）	猪	肾	100
9	阿散酸/洛克沙砷 Arsanilic acid/Roxarsone（总砷计 Arsenic）	猪	肌肉	500
			肝	2000
			肾	2000
			副产品	500
		鸡、火鸡	肌肉、副产品、蛋	500
10	氮哌酮 Azaperone（Azaperone + Azaperol）	猪	肌肉、皮+脂肪	60
			肝、肾	100
11	杆菌肽 Bacitracin（原药）	牛、猪、禽	可食组织	500
		牛（乳房注射）	奶	500
		禽	蛋	500
12	苄星青霉素/普鲁卡因青霉素 Benzylpenicillin/ Procaine benzylpenicillin（原药）	所有食品动物	肌肉、脂肪、肝、肾	50
			奶	4
13	倍他米松 Betamethasone（原药）	牛、猪	肌肉	0.75
			肝	2
			肾	0.75
		牛	奶	0.3
14	头孢氨苄 Cefalexin（原药）	牛	肌肉、脂肪、肝	200
			肾	1 000
			奶	100
15	头孢喹肟 Cefquinome（原药）	牛	肌肉、脂肪	50
			肝	100
			肾	200
			奶	20
		猪	肌肉、皮+脂	50
			肝	100
			肾	200

序号	兽药名称（残留标示物）	动物种类	靶组织	限量标准（μg/kg）
16	头孢噻呋 Ceftiofur（原药）	牛、猪	肌肉	1 000
			脂肪	2 000
			肝	2 000
			肾	6 000
		牛	奶	100
17	克拉维酸 Clavulanic acid（原药）	牛、羊	奶	200
		牛、羊、猪	肌肉、脂肪	100
			肝	200
			肾	400
18	氯羟吡啶 Clopidol（原药）	牛、羊	肌肉	200
			肝	1 500
			肾	3 000
			奶	20
		猪	可食组织	200
		鸡、火鸡	肌肉	5 000
			肝、肾	15 000
19	氯氰碘柳胺 Closantel（原药）	牛	肌肉	1 000
			脂肪	3 000
			肝	1 000
			肾	3 000
		羊	肌肉	1 500
			脂肪	2 000
			肝	1 500
			肾	5 000
20	氯唑西林 Cloxacillin（原药）	所有食品动物	肌肉、脂肪、肝、肾	300
			奶	30
21	黏菌素 Colistin（原药）	牛、羊	奶	50
		牛、羊、猪、鸡、兔	肌肉、脂肪、肝	150
			肾	200
		鸡	蛋	300
22	蝇毒磷 Coumaphos(Coumaphos 和氧化物)	蜜蜂	蜂蜜	100
23	环丙氨嗪 Cyromazine（原药）	羊	肌肉、脂肪、肝	300
		禽	肌肉、脂肪、副产品	50

序号	兽药名称（残留标示物）	动物种类	靶组织	限量标准（μg/kg）
24	达氟沙星 Danofloxacin（原药）	牛、绵羊、山羊	肌肉	200
			脂肪	100
			肝、肾	400
			奶	30
		家禽	肌肉	200
			皮+脂	100
			肝、肾	400
		其他动物	肌肉	100
			脂肪	50
			肝、肾	200
25	癸氧喹酯 Decoquinate（原药）	鸡	皮+肉	1 000
			可食组织	2 000
26	溴氰菊酯 Deltamethrin（原药）	牛、羊	肌肉	30
			脂肪	500
			肝、肾	50
		牛	奶	30
		鸡	肌肉	30
			皮+脂	500
			肝、肾	50
			蛋	30
		鱼	肌肉	30
27	越霉素 A Destomycin A（原药）	猪、鸡	可食组织	2 000
28	地塞米松 Dexamethasone（原药）	牛、猪、马	肌肉	0.75
			肝	2
			肾	0.75
		牛	奶	0.3
29	二嗪农 Diazinon（原药）	牛、羊	奶	20
		牛、猪、羊	肌肉	20
			脂肪	700
			肝、肾	20
30	敌敌畏 Dichlorvos（原药）	牛、羊、马	肌肉、脂肪、副产品	20
		猪	肌肉	100

序号	兽药名称（残留标示物）	动物种类	靶组织	限量标准（µg/kg）
30	敌敌畏 Dichlorvos（原药）	猪	脂肪	100
			副产品	200
		鸡	肌肉、脂肪、副产品	50
31	地克珠利 Diclazuril（原药）	绵羊、禽、兔	肌肉	500
			脂肪	1 000
			肝	3 000
			肾	2 000
32	二氟沙星 Difloxacin（原药）	牛、羊	肌肉	400
			脂	100
			肝	1 400
			肾	800
		猪	肌肉	400
			皮+脂	100
			肝	800
			肾	800
		家禽	肌肉	300
			皮+脂	400
			肝	1 900
			肾	600
		其他	肌肉	300
			脂肪	100
			肝	800
			肾	600
33	三氮脒 Diminazine（原药）	牛	肌肉	500
			肝	12 000
			肾	6 000
			奶	150
34	多拉菌素 Doramectin（原药）	牛（泌乳牛禁用）	肌肉	10
			脂肪	150
			肝	100
			肾	30
		猪、羊、鹿	肌肉	20
			脂肪	100

序号	兽药名称（残留标示物）	动物种类	靶组织	限量标准（μg/kg）
34	多拉菌素 Doramectin（原药）	猪、羊、鹿	肝	50
			肾	30
35	多西环素 Doxycycline（原药）	牛（泌乳牛禁用）	肌肉	100
			肝	300
			肾	600
		猪	肌肉	100
			皮+脂	300
			肝	300
			肾	600
		禽（产蛋鸡禁用）	肌肉	100
			皮+脂	300
			肝	300
			肾	600
36	恩诺沙星 Enrofloxacin（Enrofloxacin + Ciprofloxacin）	牛、羊	肌肉	100
			脂肪	100
			肝	300
			肾	200
		牛、羊	奶	100
		猪、兔	肌肉、脂肪	100
			肝	200
			肾	300
		禽（产蛋鸡禁用）	肌肉	100
			皮+脂	100
			肝	200
			肾	300
		其他动物	肌肉、脂肪	100
			肝	200
			肾	200
37	红霉素 Erythromycin（原药）	所有食品动物	肌肉、脂肪、肝、肾	200
			奶	40
			蛋	150
38	乙氧酰胺苯甲酯 Ethopabate（原药）	禽	肌肉	500
			肝	1 500
			肾	1 500

序号	兽药名称（残留标示物）	动物种类	靶组织	限量标准（μg/kg）
39	苯硫氨酯 Fenbantel/芬苯达唑 Fenbendazole/奥芬达唑 Oxfendazole（可提取的 Oxfendazole sulphone）	牛、马、猪、羊	肌肉、脂肪	100
			肝	500
			肾	100
		牛、羊	奶	100
40	倍硫磷 Fenthion（Fenthion & metabolites）	牛、猪、禽	肌肉、脂肪、副产品	100
41	氰戊菊酯 Fenvalerate（原药）	牛、羊、猪	肌肉、脂肪	1 000
			副产品	20
		牛	奶	100
42	氟苯尼考 Florfenicol（Florfenicol—amine）	牛、羊（泌乳期禁用）	肌肉	200
			肝	3 000
			肾	300
		猪	肌肉	300
			皮+脂	500
			肝	2 000
			肾	500
		家禽（产蛋禁用）	肌肉	100
			皮+脂	200
			肝	2 500
		鱼	肾	750
			肌肉+皮	1 000
		其他动物	肌肉	100
			脂肪	200
			肝	2 000
			肾	300
43	氟苯咪唑 Flubendazole（Flubendazole + 2—amino 1H—benzimidazol—5—yl—（4—fluorophenyl）methanone）	猪	肌肉	10
			肝	10
		禽	肌肉	200
			肝	500
			蛋	400
44	醋酸氟孕酮 Flugestone acetate（原药）	羊	奶	1
45	氟甲喹 Flumequine（原药）	牛、羊、猪	肌肉	500
			脂肪	1 000
			肝	500
			肾	3 000
			奶	50

序号	兽药名称（残留标示物）	动物种类	靶组织	限量标准(μg/kg)
45	氟甲喹 Flumequine（原药）	鱼	肌肉＋皮	500
		鸡	肌肉	500
			皮＋脂	1 000
			肝	500
			肾	3 000
46	氟氯苯氰菊酯 Flumethrin ［Flumethrin (sum of trans—Z—isomers)］	牛	肌肉	10
			脂肪	150
			肝	20
			肾	10
			奶	30
		羊（产奶期禁用）	肌肉	10
			脂肪	150
			肝	20
			肾	10
47	氟胺氰菊酯 Fluvalinate（原药）	所有动物	肌肉、脂肪、副产品	10
		蜜蜂	蜂蜜	50
48	庆大霉素 Gentamycin（原药）	牛、猪	肌肉、脂肪	100
			肝	2 000
			肾	5 000
		牛	奶	200
		鸡、火鸡	可食组织	100
49	氢溴酸常山酮 Halofuginone hydrobromide（原药）	牛	肌肉	10
			脂肪	25
			肝	30
			肾	30
		鸡、火鸡	肌肉	100
			皮＋脂	200
			肝	130
50	氮氨菲啶 Isometamidium（原药）	牛	肌肉、脂肪	100
			肝	500
			肾	1 000
			奶	100

序号	兽药名称（残留标示物）	动物种类	靶组织	限量标准($\mu g/kg$)
51	伊维菌素 Ivermectin（22，23—Dihydro—avermectin B1a）	牛	肌肉	10
			脂肪	40
			肝	100
			奶	10
		猪、羊	肌肉	20
			脂肪	20
			肝	15
52	吉他霉素 Kitasamycin（原药）	猪、禽	肌肉	200
			肝	200
			肾	200
53	拉沙洛菌素 Lasalocid（原药）	牛	肝	700
		鸡	皮+脂	1 200
			肝	400
		火鸡	皮+脂	400
			肝	400
		羊	肝	1 000
		兔	肝	700
54	左旋咪唑 Levamisole（原药）	牛、羊、猪、禽	肌肉、脂肪	10
			肝	100
			肾	10
55	林可霉素 Lincomycin（原药）	牛、羊、猪、禽	肌肉、脂肪	100
			肝	500
			肾	1 500
		牛、羊	奶	150
		鸡	蛋	50
56	马杜霉素 Maduramicin（原药）	鸡	肌肉	240
			脂肪、皮	480
			肝	720
57	马拉硫磷 Malathion（原药）	牛、羊、猪、禽、马	肌肉	4 000
			脂肪	4 000
			副产品	4 000
58	甲苯咪唑 Mebendazole（Mebendazole等效物）	羊、马（产奶期禁用）	脂肪、肌肉	60
			肝	400
			肾	60

序号	兽药名称（残留标示物）	动物种类	靶组织	限量标准（μg/kg）
59	安乃近 Metamizole（4—氨甲基—安替比林）	牛、猪、马	肌肉、脂肪、肝、肾	200
60	莫能菌素 Monensin（原药）	牛、羊	可食组织	50
		鸡、火鸡	肌肉	1 500
			皮+脂	3 000
			肝	4 500
61	甲基盐霉素 Narasin（原药）	鸡	肌肉	600
			皮+脂	1 200
			肝	1 800
62	新霉素 Neomycin（Neomycin B）	牛、羊、猪、鸡、火鸡、鸭	肌肉、脂肪、肝	500
			肾	10 000
		牛、羊	奶	500
		鸡	蛋	500
63	尼卡巴嗪 Nicarbazin [N，N'—bis—(4—nitrophenyl) urea]	鸡	肌肉、皮+脂、肝、肾	200
64	硝碘酚腈 Nitroxinil（原药）	牛、羊	肌肉	400
			脂肪	200
			肝	20
			肾	400
65	喹乙醇 Olaquindox [3—甲基喹啉—2—羧酸（MQCA）]	猪	肌肉	4
			肝	50
66	苯唑西林 Oxacillin（原药）	所有食品动物	肌肉、脂肪、肝	300
			奶	30
67	丙氧苯咪唑 Oxibendazole（原药）	猪	肌肉	100
			皮+脂	500
			肝	200
			肾	100
68	噁喹酸 Oxolinic acid（原药）	牛、猪、鸡	肌肉	100
			脂肪	50
			肝、肾	150
		鸡	蛋	50
		鱼	肌肉+皮	300
69	土霉素/金霉素/四环素 Oxytetracycline/Chlortetracycline/Tetracycline（Parent drug，单个或复合物）	所有食品动物	肌肉	100
			肝	300
			肾	600

序号	兽药名称（残留标示物）	动物种类	靶组织	限量标准（μg/kg）
69	土霉素/金霉素/四环素 Oxytetracycline/Chlortetracycline/Tetracycline（Parent drug，单个或复合物）	牛、羊	奶	100
		禽	蛋	200
		鱼、虾	肉	100
70	辛硫磷 Phoxim（原药）	牛、猪、羊	肌肉	50
			脂肪	400
			肝	50
			肾	50
		牛	奶	10
71	哌嗪 Piperazine（原药）	猪	肌肉	400
			皮+脂	800
			肝	2 000
			肾	1 000
		鸡	蛋	2 000
72	巴胺磷 Propetamphos（原药）	羊	脂肪、肾	90
73	碘醚柳胺 Rafoxanide（原药）	牛	肌肉、脂肪	30
			肝、肾	10
		羊	肌肉	100
			脂肪	250
			肝、肾	150
74	氯苯胍 Robenidine（原药）	鸡	脂肪、皮	200
			可食组织	100
75	盐霉素 Salinomycin（原药）	鸡	肌肉	600
			皮+脂	1 200
			肝	1 800
76	沙拉沙星 Sarafloxacin（原药）	鸡、火鸡	肌肉	10
			脂肪	20
			肝	80
			肾	80
		鱼	肌肉+皮	30
77	赛杜霉素 Semduramicin（原药）	鸡	肌肉	130
			肝	400
78	壮观霉素 Spectinomycine（原药）	牛、羊、猪、鸡	肌肉	500
			脂肪	2 000

序号	兽药名称（残留标示物）	动物种类	靶组织	限量标准(μg/kg)
78	壮观霉素 Spectinomycine（原药）	牛、羊、猪、鸡	肝	2 000
			肾	5 000
		牛	奶	200
		鸡	蛋	2 000
79	链霉素/双氢链霉素 Streptomycin/Dihydrostreptomycin（Sum of Streptomycin + Dihydrostreptomycin）	牛	奶	200
		牛、绵羊、猪、鸡	肌肉、脂肪、肝	600
			肾	1 000
80	磺胺类 Sulfonamides［Parent drug（总量）］	所有食品动物	肌肉、脂肪、肝、肾	100
		牛、羊	奶	100
81	磺胺二甲嘧啶 Sulfadimidine（原药）	牛	奶	25
82	噻苯咪唑 Thiabendazole（噻苯咪唑和5—羟基噻苯咪唑）	牛、猪、绵羊、山羊	肌肉、脂肪、肝、肾	100
		牛、山羊	奶	100
83	甲砜霉素 Thiamphenicol（原药）	牛、羊、猪	肌肉、脂肪、肝、肾	50
		牛	奶	50
		鸡	肌肉、皮+脂、肝、肾	50
		鱼	肌肉+皮	50
84	泰妙菌素 Tiamulin（Tiamulin + 8—a—Hydroxymutilin 总量）	猪、兔	肌肉	100
			肝	500
		鸡	肌肉、皮+脂	100
			肝	1 000
			蛋	1 000
		火鸡	肌肉、皮+脂	100
			肝	300
85	替米考星 Tilmicosin（原药）	牛、绵羊	肌肉、脂肪	100
			肝	1 000
			肾	300
		绵羊	奶	50
		猪	肌肉、脂肪	100
			肝	1 500
			肾	1 000
		鸡	肌肉、皮+脂	75
			肝	1 000
			肾	250

序号	兽药名称(残留标示物)	动物种类	靶组织	限量标准(μg/kg)
86	甲基三嗪酮(托曲珠利) Toltrazuril(原药)	鸡、火鸡	肌肉	100
			皮+脂	200
			肝	600
			肾	400
		猪	肌肉	100
			皮+脂	150
			肝	500
			肾	250
87	敌百虫 Trichlorfon(原药)	牛	肌肉、脂肪、肝、肾、奶	50
88	三氯苯唑 Triclabendazole(原药)	牛	肌肉	200
			脂肪	100
			肝、肾	300
		羊	肌肉、脂肪、肝、肾	100
89	甲氧苄啶 Trimethoprim(原药)	牛	肌肉、脂肪、肝、肾、奶	50
		猪、禽	肌肉、皮+脂、肝、肾	50
		马	肌肉、脂肪、肝、肾	100
		鱼	肌肉+皮	50
90	泰乐菌素 Tylosin(Tylosin A)	鸡、火鸡、猪、牛	肌肉、脂肪、肝、肾	200
		牛	奶	50
		鸡	蛋	200
91	维吉尼霉素 Virginiamycin(原药)	猪	肌肉	100
			脂肪	400
			肝	300
			肾	400
			皮	400
		禽	肌肉	100
			脂肪	200
			肝	300
			肾	500
			皮	200

第一章 中国食品安全限量标准

序号	兽药名称（残留标示物）	动物种类	靶组织	限量标准(μg/kg)
92	二硝托胺 Zoalene（Zoalene + Metabolite 总量）	鸡	肌肉	3 000
			脂肪	2 000
			肝	6 000
			肾	6 000
		火鸡	肌肉、肝	3 000

三、允许作治疗用，但不得在动物性食品中检出的药物

药物名称	标志残留物	动物种类	靶组织
氯丙嗪 Chlorpromazine	Chlorpromazine	所有食品动物	所有可食组织
地西泮（安定）Diazepam	Diazepam	所有食品动物	所有可食组织
地美硝唑 Dimetridazole	Dimetridazole	所有食品动物	所有可食组织
苯甲酸雌二醇 Estradiol Benzoate	Estradiol	所有食品动物	所有可食组织
潮霉素 B Hygromycin B	Hygromycin B	猪/鸡	可食组织
		鸡	蛋
甲硝唑 Metronidazole	Metronidazole	所有食品动物	所有可食组织
苯丙酸诺龙 Nadrolone Phenylpropionate	Nadrolone	所有食品动物	所有可食组织
丙酸睾酮 Testosterone propinate	Testosterone	所有食品动物	所有可食组织
塞拉嗪 Xylzaine	Xylazine	产奶动物	奶

四、禁止使用的，在动物性食品中不得检出的药物

药物名称	禁用动物种类	靶组织
氯霉素 Chloramphenicol 及其盐、酯（包括：琥珀氯霉素 Chloramphenico Succinate）	所有食品动物	所有可食组织
克仑特罗 Clenbuterol 及其盐、酯	所有食品动物	所有可食组织
沙丁胺醇 Salbutamol 及其盐、酯	所有食品动物	所有可食组织
西马特罗 Cimaterol 及其盐、酯	所有食品动物	所有可食组织
氨苯砜 Dapsone	所有食品动物	所有可食组织
己烯雌酚 Diethylstilbestrol 及其盐、酯	所有食品动物	所有可食组织
呋喃它酮 Furaltadone	所有食品动物	所有可食组织
呋喃唑酮 Furazolidone	所有食品动物	所有可食组织
林丹 Lindane	所有食品动物	所有可食组织
呋喃苯烯酸钠 Nifurstyrenate sodium	所有食品动物	所有可食组织
安眠酮 Methaqualone	所有食品动物	所有可食组织
洛硝达唑 Ronidazole	所有食品动物	所有可食组织

药物名称	禁用动物种类	靶组织
玉米赤霉醇 Zeranol	所有食品动物	所有可食组织
去甲雄三烯醇酮 Trenbolone	所有食品动物	所有可食组织
醋酸甲孕酮 Mengestrol acetate	所有食品动物	所有可食组织
硝基酚钠 Sodium nitrophenolate	所有食品动物	所有可食组织
硝呋烯腙 Nitrovin	所有食品动物	所有可食组织
毒杀芬（氯化烯）Camahechlor	所有食品动物	所有可食组织
呋喃丹（克百威）Carbofuran	所有食品动物	所有可食组织
杀虫脒（克死螨）Chlordimeform	所有食品动物	所有可食组织
双甲脒 Amitraz	水生食品动物	所有可食组织
酒石酸锑钾 Antimony potassium tartrate	所有食品动物	所有可食组织
锥虫砷胺 Tryparsamile	所有食品动物	所有可食组织
孔雀石绿 Malachite green	所有食品动物	所有可食组织
五氯酚酸钠 Pentachlorophenol sodium	所有食品动物	所有可食组织
氯化亚汞（甘汞）Calomel	所有食品动物	所有可食组织
硝酸亚汞 Mercurous nitrate	所有食品动物	所有可食组织
醋酸亚汞 Mercurous acetate	所有食品动物	所有可食组织
吡啶基醋酸亚汞 Pyridyl mercurous acetate	所有食品动物	所有可食组织
甲基睾丸酮 Methyltestosterone	所有食品动物	所有可食组织
群勃龙 Trenbolone	所有食品动物	所有可食组织

五、禁止在饲料和动物饮用水中使用的药物品种目录

1. 肾上腺素受体激动剂

1）盐酸克仑特罗 Clenbuterol Hydrochloride：中华人民共和国药典（以下简称药典）2000 年二部 P605。β_2 肾上腺素受体激动药。

2）沙丁胺醇 Salbutamol：药典 2000 年二部 P316。β_2 肾上腺素受体激动药。

3）硫酸沙丁胺醇 Salbutamol Sulfate：药典 2000 年二部 P870。β_2 肾上腺素受体激动药。

4）莱克多巴胺 Ractopamine：一种 β 兴奋剂，美国食品和药物管理局（FDA）已批准，中国未批准。

5）盐酸多巴胺 Dopamine Hydrochloride：药典 2000 年二部 P591。多巴胺受体激动药。

6）西巴特罗 Cimaterol：美国氰胺公司开发的产品，一种 β 兴奋剂，FDA 未批准。

7）硫酸特布他林 Terbutaline Sulfate：药典 2000 年二部 P890。β_2 肾上腺受体激动药。

2. 性激素

8）己烯雌酚 Diethylstibestrol：药典 2000 年二部 P42。雌激素类药。

9）雌二醇 Estradiol：药典 2000 年二部 P1005。雌激素类药。

10）戊酸雌二醇 Estradiol Valerate：药典 2000 年二部 P124。雌激素类药。

11）苯甲酸雌二醇 Estradiol Benzoate：药典 2000 年二部 P369。雌激素类药。中华人民共和国兽药典（以下简称兽药典）2000 年一部 P109。雌激素类药。用于发情不明显动物的催情及胎衣滞留、死胎的排除。

12）氯烯雌醚 Chlorotrianisene：药典 2000 年二部 P919。

13）炔诺醇 Ethinylestradiol：药典 2000 年二部 P422。

14）炔诺醚 Quinestrol：药典 2000 年二部 P424。

15）醋酸氯地孕酮 Chlormadinone acetate：药典 2000 年二部 P1037。

16）左炔诺孕酮 Levonorgestrel：药典 2000 年二部 P107。

17）炔诺酮 Norethisterone：药典 2000 年二部 P420。

18）绒毛膜促性腺激素（绒促性素）Chorionic Gonadotrophin：药典 2000 年二部 P534。促性腺激素药。兽药典 2000 年一部 P146。激素类药。用于性功能障碍、习惯性流产及卵巢囊肿等。

19）促卵泡生长激素（尿促性素主要含卵泡刺激 FSHT 和黄体生成素 LH）Menotropins：药典 2000 年二部 P321。促性腺激素类药。

3. 蛋白同化激素

20）碘化酪蛋白 Iodinated Casein：蛋白同化激素类，为甲状腺素的前驱物质，具有类似甲状腺素的生理作用。

21）苯丙酸诺龙及苯丙酸诺龙注射液 Nandrolone phenylpropionate：药典 2000 年二部 P365。

4. 精神药品

22）（盐酸）氯丙嗪 Chlorpromazine Hydrochloride：药典 2000 年二部 P676。抗精神病药。兽药典 2000 年一部 P177。镇静药。用于强化麻醉以及使动物安静等。

23）盐酸异丙嗪 Promethazine Hydrochloride：药典 2000 年二部 P602。抗组胺药。兽药典 2000 年一部 P164。抗组胺药。用于变态反应性疾病，如荨麻疹、血清病等。

24）安定（地西泮）Diazepam：药典 2000 年二部 P214。抗焦虑药、抗惊厥药。兽药典 2000 年一部 P61。镇静药、抗惊厥药。

25）苯巴比妥 Phenobarbital：药典 2000 年二部 P362。镇静催眠药、抗惊厥药。兽药典 2000 年一部 P103。巴比妥类药。缓解脑炎、破伤风、士的宁中毒所致的惊厥。

26）苯巴比妥钠 Phenobarbital Sodium。兽药典 2000 年一部 P105。巴比妥类药。缓解脑炎、破伤风、士的宁中毒所致的惊厥。

27）巴比妥 Barbital：兽药典 2000 年一部 P27。中枢抑制和增强解热镇痛。

28）异戊巴比妥 Amobarbital：药典 2000 年二部 P252。催眠药、抗惊厥药。

29）异戊巴比妥钠 Amobarbital Sodium：兽药典 2000 年一部 P82。巴比妥类药。用于小动物的镇静、抗惊厥和麻醉。

30）利血平 Reserpine：药典 2000 年二部 P304。抗高血压药。

31）艾司唑仑 Estazolam。

32）甲丙氨酯 Meprobamate。

33）咪达唑仑 Midazolam。

34）硝西泮 Nitrazepam。

35）奥沙西泮 Oxazepam。

36）匹莫林 Pemoline。

37）三唑仑 Triazolam。

38）唑吡旦 Zolpidem。

39）其他国家管制的精神药品。

5. 各种抗生素滤渣

40）抗生素滤渣：该类物质是抗生素类产品生产过程中产生的工业三废，因含有微量抗生素成分，在饲料和饲养过程中使用后对动物有一定的促生长作用。但对养殖业的危害很大，一是容易引起耐药性，二是由于未做安全性试验，存在各种安全隐患。

第四节 中国特定污染物限量标准

序号	污染物名称（残留标示物）	食品名称	限量标准	备注
1	黄曲霉毒素 B_1 Aflatoxin B_1	玉米、花生及其制品	20 μg/kg	
		大米、植物油（除玉米油、花生油）	10 μg/kg	
		其他粮食、豆类、发酵食品；婴幼儿配方食品	5 μg/kg	
2	黄曲霉毒素 M_1 Aflatoxin M_1	鲜乳、乳制品（折算为鲜乳计）	0.5 μg/kg	
3	铝 Aluminium	面制食品（以质量计）	100 mg/kg	
4	砷 Arsenic	大米	0.15 mg/kg	无机砷
		面粉、豆类、鱼	0.1 mg/kg	无机砷
		杂粮	0.2 mg/kg	无机砷
		蔬菜、水果、畜禽肉类、蛋类、鲜乳、酒类	0.05 mg/kg	无机砷
		乳粉	0.25 mg/kg	无机砷
		藻类（以干重计）	1.5 mg/kg	无机砷
		贝类及虾蟹类（以鲜重计）、其他水产食品（以鲜重计）	0.5 mg/kg	无机砷
		贝类及虾蟹类（以干重计）	1.0 mg/kg	无机砷
		食用油脂	0.1 mg/kg	总砷
		果汁及果浆	0.2 mg/kg	总砷
		可可脂及巧克力、食糖	0.5 mg/kg	总砷
		其他可可制品	1.0 mg/kg	总砷
5	苯并（a）芘 Benzo（a）pyrene	熏烤肉	5 μg/kg	
		植物油	10 μg/kg	
		粮食	5 μg/kg	

序号	污染物名称(残留标示物)	食品名称	限量标准	备注
6	镉 Cadmium	大米、大豆	0.2 mg/kg	
		花生	0.5 mg/kg	
		面粉、杂粮（玉米、小米、高粱、薯类）	0.1 mg/kg	
		禽畜肉类	0.1 mg/kg	
		禽畜肝脏	0.5 mg/kg	
		禽畜肾脏	1.0 mg/kg	
		水果	0.05 mg/kg	
		根茎类蔬菜（芹菜除外）	0.1 mg/kg	
		叶菜、芹菜、食用菌类	0.2 mg/kg	
		其他蔬菜	0.05 mg/kg	
		鱼	0.1 mg/kg	
		鲜蛋	0.05 mg/kg	
7	铬 Chromium	粮食、豆类、肉类（包括肝、肾）、蛋类	1.0 mg/kg	
		薯类、蔬菜、水果	0.5 mg/kg	
		鱼贝类	2.0 mg/kg	
		鲜乳	0.3 mg/kg	
		乳粉	2.0 mg/kg	
8	脱氧雪腐镰刀菌烯醇 Deoxynivalenol	小麦、玉米	1000 μg/kg	
9	氟 Fluorine	大米、面粉、豆类、蔬菜、蛋类	1.0 mg/kg	
		其他粮食	1.5 mg/kg	
		水果	0.5 mg/kg	
		肉类、鱼类（淡水）	2.0 mg/kg	
10	铅 Lead	谷类、豆类、薯类、禽畜肉类	0.2 mg/kg	
		可食用禽畜下水、鱼类	0.5 mg/kg	
		水果、蔬菜（球茎、叶菜、食用菌类除外）	0.1 mg/kg	
		小水果、浆果、葡萄	0.2 mg/kg	
		球茎蔬菜、叶菜类	0.3 mg/kg	
		鲜乳	0.05 mg/kg	
		婴儿配方粉（乳为原料，以冲调后乳汁计）	0.02 mg/kg	
		鲜蛋	0.2 mg/kg	
		果酒	0.2 mg/kg	
		果汁	0.05 mg/kg	

序号	污染物名称(残留标示物)	食品名称	限量标准	备注
10	铅 Lead	茶叶	5 mg/kg	
11	汞 Mercury	粮食（成品粮）	0.02 mg/kg	总汞（以 Hg 计）
		薯类（土豆、白薯）、蔬菜、水果	0.01 mg/kg	总汞（以 Hg 计）
		鲜乳	0.01 mg/kg	总汞（以 Hg 计）
		肉、蛋（去壳）	0.05 mg/kg	总汞（以 Hg 计）
		鱼（不包括食肉鱼类）及其他水产品	0.5 mg/kg	甲基汞
		食肉鱼类（如鲨鱼、金枪鱼及其他）	1.0 mg/kg	甲基汞
12	亚硝酸盐 Nitrite	粮食（大米、面粉、玉米）	3 mg/kg	以 $NaNO_2$ 计
		蔬菜	4 mg/kg	以 $NaNO_2$ 计
		鱼类、肉类	3 mg/kg	以 $NaNO_2$ 计
		蛋类	5 mg/kg	以 $NaNO_2$ 计
		酱腌菜	20 mg/kg	以 $NaNO_2$ 计
		乳粉	2 mg/kg	以 $NaNO_2$ 计
		食盐（以 NaCl 计）	2 mg/kg	以 $NaNO_2$ 计
13	N-亚硝胺 N-nitrosamines	海产品	4 μg/kg	N—二甲基亚硝胺
			7 μg/kg	N—二乙基亚硝胺
		肉制品	3 μg/kg	N—二甲基亚硝胺
			5 μg/kg	N—二乙基亚硝胺
14	棒曲霉素 Patulin	苹果、山楂制品	50 μg/kg	
15	多氯联苯 PCBs	海产品、贝、虾以及藻类食品（可食部分）	2.0 mg/kg	多氯联苯（以 PCB28、PCB52、PCB101、PCB118、PCB138、PCB153 和 PCB180 总和计）
		海产品、贝、虾以及藻类食品（可食部分）	0.5 mg/kg	PCB138
		海产品、贝、虾以及藻类食品（可食部分）	0.5 mg/kg	PCB153
16	稀土 Rare earths	稻谷、玉米、小麦	2.0 mg/kg	以稀土氧化物总量计
		蔬菜（菠菜除外）、水果	0.7 mg/kg	以稀土氧化物总量计
		花生仁、马铃薯	0.5 mg/kg	以稀土氧化物总量计
		绿豆	1.0 mg/kg	以稀土氧化物总量计
		茶叶	2.0 mg/kg	以稀土氧化物总量计
17	硒 Selenium	粮食（成品粮）、豆类及制品	0.3 mg/kg	
		蔬菜	0.1 mg/kg	
		水果	0.05 mg/kg	

序号	污染物名称(残留标示物)	食品名称	限量标准	备注
17	硒 Selenium	禽畜肉类、蛋类	0.5 mg/kg	
		肾	3.0 mg/kg	
		鱼类	1.0 mg/kg	
		鲜乳	0.03 mg/kg	
		乳粉	0.15 mg/kg	

第五节 中国食品添加剂使用标准

1. 食品添加剂的使用范围和使用量

食品添加剂	食品名称/分类	最大使用量（g/kg）	备注
黄蜀葵胶 Ablmoschus manihot gum	冷冻饮品（03.04 食用冰除外）	5.0	
	面包、果酱、糕点、饼干	10.0	
乙酰磺胺酸钾（又名安赛蜜） Acesulfame potassium	调味和果料发酵乳	0.35	
	冷冻饮品（03.04 食用冰除外）、水果罐头、果酱、蜜饯类、酱渍的蔬菜、盐渍的蔬菜、加工食用菌和藻类、八宝粥罐头、面包、糕点	0.3	
	烘焙/炒制坚果与籽类	3.0	
	糖果	2.0	
	无糖胶基糖果	4.0	
	餐桌甜味料	0.04 g/份	
	调味品	0.5	
	酱油	1.0	
	饮料类（14.01 包装饮用水类除外）	0.3	固体饮料按冲调倍数增加使用量
	果冻	0.3	如用于果冻粉，按冲调倍数增加使用量
橡子壳棕 Acorn shell brown	可乐型碳酸饮料	1.0	
	配制酒	0.3	
己二酸 Adipic acid	胶基糖果	4.0	
	固体饮料类	0.01	
	果冻	0.1	如用于果冻粉，按冲调倍数增加
诱惑红及其铝色淀 Allura red, allura aluminum lake	冷冻饮品（03.04 食用冰除外）	0.07	以诱惑红计，用于燕麦片调色调香载体
	装饰性果蔬、糕点上彩色装饰、可食用动物肠衣类、胶原蛋白肠衣（肠衣）、配制酒	0.05	以诱惑红计

食品添加剂	食品名称/分类	最大使用量（g/kg）	备注
诱惑红及其铝色淀 Allura red, allura aluminum lake	熟制豆类、加工坚果与籽类、焙烤食品馅料（仅限饼干夹心）、油炸小食品、膨化食品	0.1	以诱惑红计
	可可制品、巧克力和巧克力制品（包括类巧克力和代巧克力）以及糖果、调味糖浆、固体复合调味料	0.3	以诱惑红计
	即食谷物，包括碾轧燕麦（片）（仅限可可玉米片）	0.07	
	西式火腿（熏烤、烟熏、蒸煮火腿）类	0.025	以诱惑红计
	肉灌肠类	0.015	以诱惑红计
	半固体复合调味料（12.10.02.01 蛋黄酱、沙拉酱除外）	0.5	以诱惑红计
	饮料类（14.01 包装饮用水类除外）	0.1	以诱惑红计，固体饮料按冲调倍数增加使用量
	固体饮料类	0.6	以诱惑红计
	果冻	0.025	以诱惑红计，如用于果冻粉，按冲调倍数增加使用量
L—α—天冬氨酰—N—(2,2,4,4—四甲基—3—硫化三亚甲基)—D—丙氨酰胺（又名阿力甜） Alitame	冷冻饮品（03.04 食用冰除外）、饮料类（14.01 包装饮用水类除外）	0.1	
	话化类（甘草制品）、胶基糖果	0.3	
	餐桌甜味料	0.15 g/份	固体饮料按冲调倍数增加使用量
	果冻	0.1	如用于果冻粉，按冲调倍数增加使用量
硫酸铝钾（又名钾明矾），硫酸铝铵（又名铵明矾） Aluminium potassium sulfate, aluminium ammonium sulfate	豆类制品、小麦粉及其制品、虾味片、焙烤食品、油炸食品、膨化食品	按生产需要适量使用	铝的残留量（干样品，以 Al 计）≤100 mg/kg
	水产品及其制品（包括鱼类、甲壳类、贝类、软体类、棘皮类等水产品及其加工制品）	按生产需要适量使用	铝的残留量（干样品，以 Al 计）≤100 mg/kg
苋菜红及其铝色淀 Amaranth, amaranth aluminum lake	冷冻饮品（03.04 食用冰除外）	0.025	以苋菜红计
	果酱、水果调味糖浆	0.3	以苋菜红计
	蜜饯凉果、盐渍的蔬菜、可可制品、巧克力和巧克力制品（包括类巧克力和代巧克力）以及糖果、糕点上彩色装饰、焙烤食品馅料（仅限饼干夹心）、碳酸饮料、配制酒	0.05	以苋菜红计
	装饰性果蔬	0.1	以苋菜红计
	固体汤料	0.2	以苋菜红计
	果蔬汁（肉）饮料	0.05	以苋菜红计，高糖果蔬汁（肉）饮料按照稀释倍数加入

第一章 中国食品安全限量标准

食品添加剂	食品名称/分类	最大使用量（g/kg）	备注
苋菜红及其铝色淀 Amaranth, amaranth aluminum lake	风味饮料（包括果味饮料、乳味、茶味及其他味饮料）（仅限果味饮料）	0.05	以苋菜红计，高糖果味饮料按照稀释倍数加入
	果冻	0.05	以苋菜红计，如用于果冻粉，按冲调倍数增加使用量
铵磷脂 Ammonium phosphatide	巧克力和巧克力制品、除05.01.01以外的可可制品	1.0	
胭脂树橙（红木素，降红木素）Annatto extract	再制干酪	0.6	
	人造黄油及其类似制品（如黄油和人造黄油混合制品）	0.05	
	其他油脂或油脂制品（仅限植脂末）	0.02	
	巧克力和巧克力制品、除05.01.01以外的可可制品、西式火腿（熏烤、烟熏、蒸煮火腿）类、肉灌肠类	0.025	
	面糊（如用于鱼和禽肉的拖面糊）、裹粉、煎炸粉、油炸小食品（仅限油炸薯片）	0.01	
	即食谷物，包括碾轧燕麦（片）	0.07	
	方便米面制品	0.012	
	糕点	0.015	
	复合调味料	0.1	
	饮料类（14.01包装饮用水类除外）	0.02	固体饮料按冲调倍数增加使用量
竹叶抗氧化物 Antioxidant of bamboo leaves	基本不含水的脂肪和油、即食谷物，包括碾轧燕麦（片）、焙烤食品、果蔬汁（肉）饮料、茶饮料类、油炸食品、膨化食品	0.5	
	腌腊肉制品类（如咸肉、腊肉、板鸭、中式火腿、腊肠等）、酱卤肉制品类、熏、烧、烤肉类、油炸肉类、西式火腿（熏烤、烟熏、蒸煮火腿）类、肉灌肠类、发酵肉制品类、水产品及其制品（包括鱼类、甲壳类、贝类、软体类、棘皮类等水产品及其加工制品）	0.5	
甘草抗氧物 Antioxidant of glycyrrhiza	基本不含水的脂肪和油、腌腊肉制品类（如咸肉、腊肉、板鸭、中式火腿、腊肠等）、酱卤肉制品类、熏、烧、烤肉类、油炸肉类、西式火腿（熏烤、烟熏、蒸煮火腿）类、肉灌肠类、发酵肉制品类、腌制水产品	0.2	以甘草酸计
	方便米面制品、饼干、油炸食品	0.2	以甘草酸计
沙蒿胶 Artemisia gum (sa—hao seed gum)	饺子粉、生干面制品（仅限挂面）、杂粮制品、方便米面制品（仅限方便面）	0.3	

食品添加剂	食品名称/分类	最大使用量（g/kg）	备注
沙蒿胶 Artemisia gum（sa—hao seed gum）	预制肉制品、西式火腿（熏烤、烟熏、蒸煮火腿）类、肉灌肠类、冷冻鱼糜制品（包括鱼丸等）	0.5	
抗坏血酸（又名维生素C） Ascorbic acid	可可制品、巧克力和巧克力制品（包括类巧克力和代巧克力）以及糖果	1.5	
	发酵面制品	0.2	
	果蔬汁（肉）饮料、植物蛋白饮料、碳酸饮料、茶饮料类	0.5	
	啤酒和麦芽饮料	0.04	
抗坏血酸棕榈酸酯 Ascorbyl palmitate	乳粉（包括加糖乳粉）和奶油粉及其调制产品、婴儿配方食品、较大婴儿和幼儿配方食品、婴幼儿断奶期食品	0.05	以脂肪中抗坏血酸计
	脂肪，油和乳化脂肪制品、方便米面制品、面包、孕产妇（乳母）配方食品	0.2	
偶氮甲酰胺 Azodicarbonamide	小麦粉	0.045	
落葵红 Basella rubra red	糖果	0.1	
	糕点上彩色装饰	0.2	
	碳酸饮料	0.13	
	果冻	0.25	如用于果冻粉，按冲调倍数增加使用量
苯甲酸及其钠盐 Benzoic acid, sodium benzoate	风味冰、冰棍类、果酱（罐头除外）	1.0	以苯甲酸计
	蜜饯凉果、腌制的蔬菜	0.5	以苯甲酸计
	乳脂糖果、凝胶糖果	0.8	以苯甲酸计
	胶基糖果	1.5	以苯甲酸计
	调味糖浆	1.0	以苯甲酸计
	醋、酱油、酱及酱制品；液体复合调味料（不包括蚝油、虾油、鱼露等）；蚝油、虾油、鱼露等	1.0	以苯甲酸计
	复合调味料	0.6	以苯甲酸计
	半固体复合调味料	1.0	以苯甲酸计
	浓缩果蔬汁（浆）（仅限食品工业用）	2.0	以苯甲酸计
	果蔬汁（肉）饮料；风味饮料（包括果味饮料、乳味、茶味及其他味饮料）（仅限果味饮料）	1.0	以苯甲酸计
	碳酸饮料	0.2	以苯甲酸计
	配制酒	0.2	以苯甲酸计
	葡萄酒、果酒	0.8	以苯甲酸计
过氧化苯甲酰 Benzoyl peroxide	小麦粉	0.06	磷酸钙可作为过氧化苯酰稀释剂

食品添加剂	食品名称/分类	最大使用量（g/kg）	备注
黑豆红 Black bean red	糖果、糕点上彩色装饰	0.8	
	果蔬汁（肉）饮料、风味饮料（包括果味饮料、乳味、茶味及其他味饮料）（仅限果味饮料）	0.8	
	配制酒	0.8	
黑加仑红 Black currant red	糕点上彩色装饰	按生产需要适量使用	
	起泡和半起泡葡萄酒、碳酸饮料、果酒	按生产需要适量使用	
亮蓝及其铝色淀 Brilliant blue, brilliant blue aluminum lake	调味和果料发酵乳、调制炼乳（包括甜炼乳、调味甜炼乳及其他使用了非乳原料的调制炼乳）、含乳饮料	0.025	以亮蓝计
	果蔬汁（肉）饮料、碳酸饮料、风味饮料（包括果味饮料、乳味、茶味及其他味饮料）（仅限果味饮料）、配制酒、调味糖浆、冷冻饮品（03.04食用冰除外）	0.025	以亮蓝计
	凉果类、熟制豆类、加工坚果与籽类、虾味片、糕点上彩色装饰、焙烤食品馅料（仅限饼干夹心）	0.025	以亮蓝计
	果酱、水果调味糖浆、半固体复合调味料	0.5	以亮蓝计
	装饰性果蔬	0.1	以亮蓝计
	可可制品、巧克力和巧克力制品（包括类巧克力和代巧克力）以及糖果	0.3	以亮蓝计
	即食谷物，包括碾轧燕麦（片）（仅限可可玉米片）	0.015	以亮蓝计
	香辛料酱（如芥末酱、青芥酱）	0.01	以亮蓝计
	固体饮料类	0.2	以亮蓝计
	果冻	0.025	以亮蓝计，如用于果冻粉，按冲调倍数增加使用量
	油炸小食品、膨化食品	0.05	以亮蓝计
密蒙黄 Buddleia yellow	糖果、面包、糕点、果蔬汁（肉）饮料、风味饮料（包括果味饮料、乳味、茶味及其他味饮料）（仅限果味饮料）、配制酒	按生产需要适量使用	
丁基羟基茴香醚 Butylated hydroxyanisole	脂肪，油和乳化脂肪制品、腌腊肉制品类（如咸肉、腊肉、板鸭、中式火腿、腊肠等）、风干、烘干、压干等水产品	0.2	
	坚果与籽类罐头、杂粮粉、即食谷物，包括碾轧燕麦（片）、方便米面制品、饼干、油炸食品	0.2	
	胶基糖果	0.4	

食品添加剂	食品名称/分类	最大使用量（g/kg）	备注
二丁基羟基甲苯 Butylated hydroxytoluene	脂肪，油和乳化脂肪制品、腌腊肉制品类（如咸肉、腊肉、板鸭、中式火腿、腊肠等）、风干、烘干、压干等水产品	0.2	
	胶基糖果	0.4	
	即食谷物，包括碾轧燕麦（片）、方便米面制品、坚果与籽类罐头、饼干、油炸食品	0.2	
咖啡因 Caffeine	可乐型碳酸饮料	0.15	
碳酸钙 Calcium carbonate	小麦粉	0.03	作为过氧化苯甲酰稀释剂
氯化钙 Calcium chloride	稀奶油、豆类制品	按生产需要适量使用	
	果酱	1.0	
	装饰糖果（如工艺造型，或用于蛋糕装饰）、顶饰（非水果材料）和甜汁	0.4	
	其他饮用水（调制水）	0.1 g/L	以钙计为 36 mg/L
磷酸二氢钙 Calcium dihydrogen phosphate	干酪	按生产需要适量使用	
	小麦粉及其制品、焙烤食品	4.0	以磷酸计
	非碳酸饮料	2.0	以磷酸计
	固体饮料类	8.0	以磷酸计
磷酸氢钙 Calcium hydrogen phosphate（dicalcium orthophosphate）	发酵面制品、饮料类（14.01 包装饮用水类除外）	按生产需要适量使用	
	饼干、婴儿配方食品、较大婴儿和幼儿配方食品、婴幼儿断奶期食品	1.0	
氢氧化钙 Calcium hydroxide	乳粉（包括加糖乳粉）和奶油粉及其调制产品、婴儿配方食品、较大婴儿和幼儿配方食品、孕产妇（乳母）配方食品	按生产需要适量使用	
乳酸钙 Calcium lactate	糖果	按生产需要适量使用	
	复合调味料（仅限油炸薯片调味料）	10.0	
	油炸小食品（仅限油炸薯片）	1.0	
硫酸钙（又名石膏） Calcium sulfate	豆类制品	按生产需要适量使用	
	小麦粉制品	1.5	作为过氧化苯甲酰稀释剂
过氧化钙 Calcium peroxide	小麦粉	0.5	
硬脂酸钙 Calcium stearate	固体复合调味料	20.0	
巴西棕榈蜡 Carnauba wax	可可制品、巧克力和巧克力制品（包括类巧克力和代巧克力）以及糖果	0.6	

食品添加剂	食品名称/分类	最大使用量（g/kg）	备注
焦糖色（加氨生产）Caramel colour class III - ammonia process	调制炼乳（包括甜炼乳、调味甜炼乳及其他使用了非乳原料的调制炼乳）、冷冻饮品（03.04食用冰除外）、可可制品、巧克力和巧克力制品（包括类巧克力和代巧克力）以及糖果、面糊（如用于鱼和禽肉的拖面糊）、裹粉、煎炸粉、即食谷物，包括碾轧燕麦（片）、饼干、调味糖浆、醋、酱油、酱及酱制品、复合调味料、果蔬汁（肉）饮料、含乳饮料、风味饮料（包括果味饮料、乳味、茶味及其他味饮料）（仅限果味饮料）、果冻	按生产需要适量使用	
	果酱	1.5	
	威士忌、朗姆酒	6 g/L	
	配制酒、白兰地、葡萄酒、黄酒、啤酒和麦芽饮料	按生产需要适量使用	
焦糖色（亚硫酸铵法）Caramel colour class IV - ammoniasulphite process	调制炼乳（包括甜炼乳、调味甜炼乳及其他使用了非乳原料的调制炼乳）、可可制品、巧克力和巧克力制品（包括类巧克力和代巧克力）以及糖果、面糊（如用于鱼和禽肉的拖面糊）、裹粉、煎炸粉、即食谷物，包括碾轧燕麦（片）、饼干、酱油、酱及酱制品、复合调味料、果蔬汁（肉）饮料、含乳饮料、碳酸饮料、风味饮料（包括果味饮料、乳味、茶味及其他味饮料）（仅限果味饮料）、茶饮料类	按生产需要适量使用	
	冷冻饮品（03.04食用冰除外）	2.0	
	威士忌、朗姆酒	6 g/L	
	配制酒、白兰地、葡萄酒、黄酒、啤酒和麦芽饮料	按生产需要适量使用	
焦糖色（普通法）Caramel colour class I - plain	调制炼乳（包括甜炼乳、调味甜炼乳及其他使用了非乳原料的调制炼乳）、可可制品、巧克力和巧克力制品（包括类巧克力和代巧克力）以及糖果、面糊（如用于鱼和禽肉的拖面糊）、裹粉、煎炸粉、即食谷物，包括碾轧燕麦（片）、饼干、调理肉制品（生肉添加调理料）、调味糖浆、醋、酱油、酱及酱制品、复合调味料、果蔬汁（肉）饮料、含乳饮料、风味饮料（包括果味饮料、乳味、茶味及其他味饮料）（仅限果味饮料）、果冻	按生产需要适量使用	
	果酱	1.5	

食品添加剂	食品名称/分类	最大使用量（g/kg）	备注
焦糖色（普通法）Caramel colour class I-plain	威士忌、朗姆酒	6 g/L	
	配制酒、白兰地、葡萄酒、黄酒、啤酒和麦芽饮料	按生产需要适量使用	
二氧化碳 Carbon dioxide	饮料类（14.01 包装饮用水类除外）、其他发酵酒类（充气型）	按生产需要适量使用	
胭脂虫红 Carmine cochineal	调味和果料发酵乳、调制炼乳（包括甜炼乳、调味甜炼乳及其他使用了非乳原料的调制炼乳）、糖果、西式糕点、半固体复合调味料	0.05	以胭脂红酸计
	调制乳粉和调制奶油粉（包括调味乳粉和调味奶油粉）	0.6	以胭脂红酸计
	冷冻饮品（03.04 食用冰除外）、蛋白饮料类	0.15	以胭脂红酸计
	面糊（如用于鱼和禽肉的拖面糊）、裹粉、煎炸粉	按生产需要适量使用	以胭脂红酸计
	即食谷物，包括碾轧燕麦（片）	0.2	以胭脂红酸计
	西式火腿（熏烤、烟熏、蒸煮火腿）类、肉灌肠类	0.025	以胭脂红酸计
	复合调味料（12.10.02 半固体复合调味料除外）	1.0	以胭脂红酸计
	碳酸饮料	0.02	以胭脂红酸计
	风味饮料（包括果味饮料、乳味、茶味及其他味饮料）（仅限果味饮料）、油炸小食品、果蔬汁（肉）饮料	0.1	以胭脂红酸计
	配制酒	0.2	以胭脂红酸计
酸性红（又名偶氮玉红）Carmoisine（azorubine）	冷冻饮品（03.04 食用冰除外）、可可制品、巧克力和巧克力制品（包括类巧克力和代巧克力）以及糖果、焙烤食品馅料（仅限饼干夹心）	0.05	
卡拉胶 Carrageenan	稀奶油、黄油和浓缩黄油	按生产需要适量使用	
	香辛料类	按生产需要适量使用	
	生湿面制品（如面条、饺子皮、馄饨皮、烧卖皮）	按生产需要适量使用	
	果蔬汁（浆）	按生产需要适量使用	
	生干面制品	8.0	
	其他糖和糖浆（如红糖、赤砂糖、槭树糖浆）	5.0	
红花黄 Carthamins yellow	冷冻饮品（03.04 食用冰除外）、水果罐头、蜜饯凉果、装饰性果蔬、蔬菜罐头、糖果、八宝粥罐头、糕点上彩色装饰	0.2	
	方便米面制品	0.5	
	碳酸饮料、果蔬汁（肉）饮料、风味饮料（包括果味饮料、乳味、茶味及其他味饮料）（仅限果味饮料）、配制酒	0.2	

食品添加剂	食品名称/分类	最大使用量（g/kg）	备注
红花黄 Carthamins yellow	果冻	0.2	如用于果冻粉，按冲调倍数增加
酪蛋白钙肽 Casein calcium peptide (CCP)	粮食和粮食制品，包括大米、面粉、杂粮、块根植物、豆类和玉米提取的淀粉等（不包括06.01原粮及07.0类焙烤制品）	1.6	
	婴儿配方食品、较大婴儿和幼儿配方食品	3.0	
	饮料类（14.01包装饮用水类除外）	1.6	固体饮料按冲调倍数增加使用量
酪蛋白磷酸肽 Casein phosphopeptides (CPP)	粮食和粮食制品，包括大米、面粉、杂粮、块根植物、豆类和玉米提取的淀粉等（不包括06.01原粮及07.0类焙烤制品）	1.6	
	婴儿配方食品、较大婴儿和幼儿配方食品、婴幼儿断奶期食品	3.0	
	饮料类（14.01包装饮用水类除外）	1.6	固体饮料按冲调倍数增加使用量
叶绿素铜钠盐，叶绿素铜钾盐 Chlorophyllin copper complex, sodium and potassium salts	冷冻饮品（03.04食用冰除外）、蔬菜罐头、糖果、糕点上彩色装饰、饼干、配制酒	0.5	
	果蔬汁（肉）饮料	按生产需要适量使用	
	碳酸饮料、风味饮料（包括果味饮料、乳味、茶味及其他味饮料）（仅限果味饮料）	0.3	
	果冻	0.5	如用于果冻粉，按冲调倍数增加使用量
甲壳素（又名几丁质） Chitin	氢化植物油、其他油脂或油脂制品（仅限植脂末）	2.0	
	冷冻饮品（03.04食用冰除外）、坚果与籽类的泥（酱），包括花生酱等、蛋黄酱、沙拉酱	2.0	
	果酱	5.0	
	醋	1.0	
	乳酸菌饮料	2.5	
	啤酒和麦芽饮料	0.4	
桂醛 Cinnamaldehyde	经表面处理的鲜水果	按生产需要适量使用	残留量≤0.3 mg/kg
柠檬酸及其钠盐、钾盐 Citric acid, trisodium citrate, tripotassium citrate	婴儿配方食品、较大婴儿和幼儿配方食品、婴幼儿断奶期食品	按生产需要适量使用	
可可壳色 Cocao husk pigment	冷冻饮品（03.04食用冰除外）	0.04	
	可可制品、巧克力和巧克力制品（包括类巧克力和代巧克力）以及糖果、糕点上彩色装饰	3.0	
	饼干	0.04	

食品添加剂	食品名称/分类	最大使用量（g/kg）	备注
可可壳色 Cocao husk pigment	植物蛋白饮料	0.25	
	碳酸饮料	2.0	
	配制酒	1.0	
菊花黄浸膏 Coreopsis yellow	可可制品、巧克力和巧克力制品（包括类巧克力和代巧克力）以及糖果、糕点上彩色装饰、果蔬汁（肉）饮料、风味饮料（包括果味饮料、乳味、茶味及其他味饮料）（仅限果味饮料）	0.3	
玉米黄 Corn yellow	氢化植物油、糖果	5.0	
越橘红 Cowberry red	冷冻饮品（03.04食用冰除外）、果蔬汁（肉）饮料、风味饮料（包括果味饮料、乳味、茶味及其他味饮料）（仅限果味饮料）	按生产需要适量使用	
姜黄素 Curcumin	人造黄油及其类似制品（如，黄油和人造黄油混合品）	按生产需要适量使用	
	冷冻饮品（03.04食用冰除外）	0.15	
	可可制品、巧克力和巧克力制品（包括类巧克力和代巧克力）以及糖果	0.01	
	胶基糖果	0.7	
	面糊（如，用于鱼和禽肉的拖面糊）、裹粉、煎炸粉	0.03	
	碳酸饮料	0.01	
	果冻	0.01	如用于果冻粉，按冲调倍数增加使用量
可得然胶 Curdlan	豆腐类（北豆腐、南豆腐、内酯豆腐、冻豆腐）、生湿面制品（如面条、饺子皮、馄饨皮、烧卖皮）、生干面制品、方便米面制品	按生产需要适量使用	
	熟肉制品	按生产需要适量使用	
脱乙酰甲壳素（又名壳聚糖） Deacetylated chitin(chitosan)	大米	0.1	
	西式火腿（熏烤、烟熏、蒸煮火腿）类、肉灌肠类	6.0	
脱氢乙酸及其钠盐 Dehydroacetic acid, sodium dehydroacetate	黄油和浓缩黄油、酱渍的蔬菜、盐渍的蔬菜、发酵豆制品、果蔬汁（浆）	0.3	
	面包、糕点、焙烤食品馅料、复合调味料	0.5	
双乙酰酒石酸单双甘油酯 Diacetyl tartaric acid ester of mono (di) glycerides (DATAE)	原味发酵乳（全脂、部分脱脂、脱脂）、稀奶油	按生产需要适量使用	
	黄油和浓缩黄油、生湿面制品（如面条、饺子皮、馄饨皮、烧卖皮）、生干面制品、其他糖和糖浆（如红糖、赤砂糖、槭树糖浆）	10.0	
	香辛料类	0.001	

食品添加剂	食品名称/分类	最大使用量（g/kg）	备注
2,4—二氯苯氧乙酸 2,4—Dichlorophenoxy acetic acid	经表面处理的鲜水果、经表面处理的新鲜蔬菜	0.01	残留量≤2.0 mg/kg
硫代二丙酸二月桂酯 Dilauryl thiodipropionate	脂肪、油和乳化脂肪制品、经表面处理的鲜水果、经表面处理的新鲜蔬菜、油炸食品	0.2	
二甲基二碳酸盐 Dimethyl dicarbonate	果蔬汁（肉）饮料、碳酸饮料、风味饮料（包括果味饮料、乳味、茶味及其他味饮料）（仅限果味饮料）、茶饮料类	0.25	
联苯醚（又名二苯谜） Diphenyl ether (diphenyl oxide)	经表面处理的鲜水果（仅限柑橘类）	3.0	残留量≤12 mg/kg
磷酸氢二钾 Dipotassium hydrogen phosphate	其他油脂或油脂制品（仅限植脂末）	19.9	
焦磷酸二氢二钠 Disodium dihydrogen pyrophosphate	装饰糖果（如工艺造型，或用于蛋糕装饰）、顶饰（非水果材料）和甜汁	5.0	
	面糊（如用于鱼和禽肉的拖面糊）、裹粉、煎炸粉、杂粮粉	5.0	
	其他杂粮制品（仅限冷冻薯条、冷冻薯饼）	1.5	
	面包、饼干	3.0	
乙二胺四乙酸二钠 Disodium ethylene-diamine-tetra-acetate	果酱、蔬菜泥（酱）（番茄沙司除外）	0.07	
	酱渍的蔬菜、盐渍的蔬菜、蔬菜罐头、坚果与籽类罐头、八宝粥罐头	0.25	
	复合调味料、蛋黄酱、沙拉酱	0.075	
琥珀酸二钠 Disodium succinate	调味品	20.0	
柠檬酸亚锡二钠 Disodium stannous citrate	水果罐头、蔬菜罐头、食用菌和藻类罐头	0.3	
D—甘露糖醇 D—mannitol	糖果	按生产需要适量使用	
乳化硅油 Emulsifying silicon oil	饮料类（14.01包装饮用水类除外）	0.01	以聚二甲基硅氧烷计，固体饮料按冲调倍数增加使用量
	其他（发酵工艺用）	0.2	
乙氧基喹 Ethoxyquin	经表面处理的鲜水果	按生产需要适量使用	残留量≤1 mg/kg
赤藓糖醇 Erythritol	可可制品、巧克力和巧克力制品（包括类巧克力和代巧克力）以及糖果、糕点	按生产需要适量使用	
	饮料类（14.01包装饮用水类除外）	按生产需要适量使用	
赤藓红及其铝色淀 Erythrosine, erythrosine aluminum lake	凉果类、果蔬汁（肉）饮料、碳酸饮料、风味饮料（包括果味饮料、乳味、茶味及其他味饮料）（仅限果味饮料）、配制酒	0.05	

食品添加剂	食品名称/分类	最大使用量（g/kg）	备注
赤藓红及其铝色淀 Erythrosine, erythrosine aluminum lake	装饰性果蔬	0.1	
	可可制品、巧克力和巧克力制品（包括类巧克力和代巧克力）以及糖果（05.01.01 可可制品除外）	0.05	
	糕点上彩色装饰	0.05	
	酱及酱制品、复合调味料	0.05	
	油炸小食品、膨化食品	0.025	
葫芦巴胶 Fenugreek gum	冷冻饮品（03.04 食用冰除外）	0.1	
	可可制品、巧克力和巧克力制品（包括类巧克力和代巧克力）以及糖果	0.2	
	小麦粉	0.3	
	焙烤食品	0.15	
富马酸 Fumaric acid	胶基糖果	8.0	
	生湿面制品（如面条、饺子皮、馄饨皮、烧卖皮）	0.6	
	果蔬汁（肉）饮料	0.6	
	碳酸饮料	0.3	
海萝胶 Funoran (gloiopeltis furcata)	胶基糖果	10	
栀子蓝 Gardenia blue	果酱	0.3	
	糖果	0.3	
	方便米面制品	0.5	
	糕点上彩色装饰、果蔬汁（肉）饮料、风味饮料（包括果味饮料、乳味、茶味及其他味饮料）（仅限果味饮料）、配制酒	0.2	
栀子黄 Gardenia yellow	冷冻饮品（03.04 食用冰除外）、果蔬汁（肉）饮料、风味饮料（包括果味饮料、乳味、茶味及其他味饮料）（仅限果味饮料）配制酒	0.3	
	蜜饯类、坚果与籽类罐头、可可制品、巧克力和巧克力制品（包括类巧克力和代巧克力）以及糖果、生干面制品、糕点	0.3	
	生湿面制品（如面条、饺子皮、馄饨皮、烧卖皮）	1.0	
	方便米面制品	1.5	
	粮食制品馅料（仅限奶黄包）	0.2	
	果冻	0.3	如用于果冻粉，按冲调倍数增加使用量
	膨化食品	0.3	

食品添加剂	食品名称/分类	最大使用量（g/kg）	备注
皂荚糖胶 Gleditsia sinensis lam gum	冰淇淋类、饺子粉、调味品	4.0	固体饮料按冲调倍数增加使用量
	饮料类（14.01 包装饮用水类除外）	4.0	
氢化松香甘油酯 Glycerol ester of hydrogenated rosin	经表面处理的鲜水果	0.5	
	果蔬汁（肉）饮料、风味饮料（包括果味饮料、乳味、茶味及其他味饮料）（仅限果味饮料）	0.1	
氨基乙酸（又名甘氨酸） Glycine	调味品、植物蛋白饮料	1.0	
甘草，甘草酸铵，甘草酸一钾及三钾 Glycyrrhiza, ammonium glycyrrhizinate, monopotassium and tripotassium glycyrrhizinate	蜜饯凉果、糖果、饼干、调味品	按生产需要适量使用	
	肉罐头类	按生产需要适量使用	
	饮料类（14.01 包装饮用水类除外）	按生产需要适量使用	
谷氨酰胺转氨酶 Glutamine transaminase	豆制品	0.25	
葡萄皮红 Grape skin extract	冷冻饮品（03.04 食用冰除外）、果蔬汁（肉）饮料、碳酸饮料、风味饮料（包括果味饮料、乳味、茶味及其他味饮料）（仅限果味饮料）、配制酒	1.0	
	果酱	1.5	
	糖果、糕点	2.0	
紫草红 Gromwell red	冷冻饮品（03.04 食用冰除外）、糕点、饼干、焙烤食品馅料（仅限饼干夹心）、果蔬汁（肉）饮料、风味饮料（包括果味饮料、乳味、茶味及其他味饮料）（仅限果味饮料）	0.1	
4-己基间苯二酚 4—hexylresorcinol	鲜水产品（仅限虾类）	按生产需要适量使用	残留量≤1 mg/kg
沙棘黄 Hippophae rhamnoides yellow	氢化植物油	1.0	
	糕点上彩色装饰	1.5	
羟丙基淀粉 Hydroxypropyl starch	冰淇淋类	12.0	
	果酱、肉罐头类、复合调味料、	30.0	
	果冻	30.0	如用于果冻粉，按冲调倍数增加使用量
盐酸 Hydrochloric acid	蛋黄酱、沙拉酱	按生产需要适量使用	
冰结构蛋白 Ice structuring protein	冷冻饮品（03.04 食用冰除外）	按生产需要适量使用	
氧化铁黑，氧化铁红 Iron oxide black, Iron oxide red	糖果、巧克力制品包衣	0.02	

食品添加剂	食品名称/分类	最大使用量（g/kg）	备注
异抗坏血酸及其钠盐 Isoascorbic acid (erythorbic acid), sodium isoascorbate	水果罐头、果酱、蔬菜罐头、装饰糖果（如工艺造型，或用于蛋糕装饰）、顶饰（非水果材料）和甜汁、八宝粥罐头、半固体复合调味料	1.0	以抗坏血酸计
	肉罐头类冷、冻水产品及其制品	1.0	以抗坏血酸计
	预制肉制品、熟肉制品	0.5	以抗坏血酸计
	果蔬汁（肉）饮料、葡萄酒	0.15	以抗坏血酸计
	啤酒和麦芽饮料	0.04	以抗坏血酸计
异麦芽酮糖 Isomaltulose (palatinose)	冷冻饮品（03.04食用冰除外）、果酱、糖果、面包、糕点、饼干、饮料类（14.01包装饮用水类除外）、配制酒	按生产需要适量使用	
异构化乳糖液 Isomerized lactose syrup	纯乳（全脂、部分脱脂、脱脂），包括复原乳	1.5	
	乳粉（包括加糖乳粉）和奶油粉及其调制产品、婴儿配方食品、较大婴儿和幼儿配方食品、孕产妇（乳母）配方食品	15.0	
	饼干	2.0	
	饮料类（14.01包装饮用水类除外）	1.5	固体饮料按冲调倍数增加使用量
酸枣色 Jujube pigment	酱渍的蔬菜	1.0	
	盐渍的蔬菜	1.0	
	糖果	0.2	
	糕点	0.2	
	酱油	1.0	
	果蔬汁（肉）饮料	1.0	
	风味饮料（包括果味饮料、乳味、茶味及其他味饮料）（仅限果味饮料）	1.0	
紫胶红（又名虫胶红） Lac dye red (lac red)	果酱、可可制品、巧克力和巧克力制品（包括类巧克力和代巧克力）以及糖果、复合调味料、果蔬汁（肉）饮料、碳酸饮料、风味饮料（包括果味饮料、乳味、茶味及其他味饮料）（仅限果味饮料）、配制酒	0.5	
乳糖醇 Lactitol	原味发酵乳（全脂、部分脱脂、脱脂）	30.0	
	稀奶油、香辛料类	按生产需要适量使用	
乳铁蛋白 Lactoferrin	婴儿配方食品、较大婴儿和幼儿配方食品	1.0	
L-丙氨酸 L-alanine	调味品	按生产需要适量使用	
月桂酸 Lauric acid	加工水果、加工蔬菜	3.0	用于果蔬脱皮

食品添加剂	食品名称/分类	最大使用量（g/kg）	备注
L-半胱氨酸盐酸盐 L-cysteine and its hydro-chloridessodium	发酵面制品	0.06	
磷脂 Lecithin（phospholipid）	氢化植物油、可可制品（以可可为主要原料的脂、粉、浆、酱、馅）、固体复合调味料	按生产需要适量使用	
	婴儿配方食品、较大婴儿和幼儿配方食品、婴幼儿断奶期食品	按生产需要适量使用	
亚麻籽胶（又名富兰克胶） Linseed gum	冰淇淋类	0.3	
	生干面制品	1.5	
	熟肉制品	5.0	
	西式火腿（熏烤、烟熏、蒸煮火腿）类、肉灌肠类	3.0	
	饮料类（14.01包装饮用水类除外）	5.0	固体饮料按冲调倍数增加使用量
碳酸镁 Magnesium carbonate	小麦粉	1.5	
氯化镁 Magnesium chloride	豆类制品	按生产需要适量使用	
硬脂酸镁 Magnesium stearate	蜜饯凉果	0.8	
	可可制品、巧克力和巧克力制品（包括类巧克力和代巧克力）以及糖果	按生产需要适量使用	
麦芽糖醇 Maltitol	调味乳、稀奶油类似品、冷冻饮品（03.04食用冰除外）、酱渍的蔬菜、盐渍的蔬菜、糖果、面包、糕点、饼干、饮料类（14.01包装饮用水类除外）、果冻、其他（豆制品工艺用）、其他（制糖工艺用）、其他（酿造工艺用）	按生产需要适量使用	
	冷冻鱼糜制品（包括鱼丸等）	0.5	
薪草提取物 Mesona chinensis benth extract	豆腐类（北豆腐、南豆腐、内酯豆腐、冻豆腐）	按生产需要适量使用	
偏酒石酸 Metatartaric acid	水果罐头	按生产需要适量使用	
对羟基苯甲酸酯类及其钠盐（对羟基苯甲酸甲酯钠，对羟基苯甲酸乙酯及其钠盐，对羟基苯甲酸丙酯及其钠盐） Methyl p-hydroxy benzoate and its salts (sodium methyl p-hydroxybenzoate, ethyl p-hydroxy benzoate, sodium ethyl p-hydroxy benzoate propyl p-hydroxy benzoate, sodium propyl p-hydroxy benzoate)	经表面处理的鲜水果、经表面处理的新鲜蔬菜	0.012	以对羟基苯甲酸计
	果酱（罐头除外）、酱油、酱及酱制品、果蔬汁（肉）饮料	0.25	以对羟基苯甲酸计
	焙烤食品馅料（仅限糕点馅）	0.5	以对羟基苯甲酸计
	热凝固蛋制品（如蛋黄酪、松花蛋肠）	0.2	以对羟基苯甲酸计
	醋	0.1	以对羟基苯甲酸计
	碳酸饮料	0.2	以对羟基苯甲酸计
	风味饮料（包括果味饮料、乳味、茶味及其他味饮料）（仅限果味饮料）	0.25	以对羟基苯甲酸计

食品添加剂	食品名称/分类	最大使用量（g/kg）	备注
白油（又名液体石蜡） Mineral oil, white (liquid paraffin)	凝胶糖果、鲜蛋	5.0	
单，双，三甘油脂肪酸酯（油酸、亚油酸、柠檬酸、亚麻酸、棕榈酸、山嵛酸、硬脂酸） Mono (di, tri) glycerides of fattyacids	原味发酵乳(全脂、部分脱脂、脱脂)	5.0	
	稀奶油	按生产需要适量使用	
	黄油和浓缩黄油	20.0	
	生湿面制品（如面条、饺子皮、馄饨皮、烧卖皮）	按生产需要适量使用	
	生干面制品	30.0	
	其他糖和糖浆（如红糖、赤砂糖、槭树糖浆）	6.0	
	香辛料类	5.0	
	婴儿配方食品、较大婴儿和幼儿配方食品、婴幼儿断奶期食品	按生产需要适量使用	
	咖啡饮料类	按生产需要适量使用	
	葡萄酒	0.018	
单辛酸甘油酯 Capryl monoglyceride	生湿面制品（如面条、饺子皮、馄饨皮、烧卖皮）、糕点、焙烤食品馅料（仅限豆馅）	1.0	
	肉灌肠类	0.5	
吗啉脂肪酸盐（果蜡） Morpholine fatty acid salt (fruitwax)	经表面处理的鲜水果	按生产需要适量实用	
桑葚红 Mulberry red	果糕类	5.0	
	糖果	2.0	
	果蔬汁（肉）饮料、风味饮料（包括果味饮料、乳味、茶味及其他味饮料）（仅限果味饮料）、果酒	1.5	
	果冻	5.0	如用于果冻粉，按冲调倍数增加使用量
乙萘酚 β—naphthol	经表面处理的鲜水果（仅限柑橘类）	0.1	残留量≤70 mg/kg
那他霉素 Natamycin	（熏、烧、烤肉类）、油炸肉类、西式火腿（熏烤、烟熏、蒸煮火腿）类、肉灌肠类、发酵肉制品类、	0.3	表面使用，混悬液喷雾或浸泡，残留量小于10 mg/kg
	干酪、糕点、果蔬汁（浆）	0.3	表面使用，混悬液喷雾或浸泡，残留量小于10 mg/kg
	蛋黄酱、沙拉酱	0.02	残留量≤10 mg/kg
	发酵酒	0.01 g/L	
天然苋菜红 Natural amaranthus red	蜜饯凉果、装饰性果蔬、糖果、糕点上彩色装饰、果蔬汁（肉）饮料、碳酸饮料、风味饮料（包括果味饮料、乳味、茶味及其他味饮料）（仅限果味饮料）、配制酒	0.25	

食品添加剂	食品名称/分类	最大使用量（g/kg）	备注
天然苋菜红 Natural amaranthus red	果冻	0.25	如用于果冻粉，按冲调倍数增加使用量
新红及其铝色淀 New red, new red aluminum lake	凉果类、可可制品、巧克力和巧克力制品（包括类巧克力和代巧克力）以及糖果（05.01.01 可可制品除外）、糕点上彩色装饰、果蔬汁（肉）饮料、碳酸饮料、风味饮料（包括果味饮料、乳味、茶味及其他味饮料）（仅限果味饮料）、配制酒	0.05	以新红计
	装饰性果蔬	0.1	以新红计
乳酸链球菌素 Nisin	乳及乳制品（01.01.01、13.0 涉及品种除外）	5.0	
	食用菌和藻类罐头、八宝粥罐头、饮料类（14.01 包装饮用水类除外）	0.2	
	预制肉制品、熟肉制品	0.5	
辛，癸酸甘油酯 Octyl and decyl glycerate	乳粉（包括加糖乳粉）和奶油粉及其调制产品（纯乳粉除外）、氢化植物油、冰淇淋类、可可制品、巧克力和巧克力制品（包括类巧克力和代巧克力）以及糖果、饮料类（14.01 包装饮用水类除外）	按生产需要适量使用	
辛基苯氧聚乙烯氧基 Octylphenol polyoxyethylene	经表面处理的鲜水果、经表面处理的新鲜蔬菜	0.075	
柑橘黄 Orange yellow	生干面制品	按生产需要适量使用	
羟基硬脂精（又名氧化硬脂精） Oxystearin	基本不含水的脂肪和油	0.5	
辣椒油树脂 Paprika oleoresin	复合调味料	10	
	油炸小食品（仅限油炸薯片）	1.0	
辣椒橙 Paprika orange	冷冻饮品（03.04 食用冰除外）、糖果、糕点上彩色装饰、饼干	按生产需要适量使用	
	酱及酱制品、半固体复合调味料	按生产需要适量使用	
	熟肉制品、冷冻鱼糜制品（包括鱼丸等）	按生产需要适量使用	
辣椒红 Paprika red	冷冻饮品（03.04 食用冰除外）、可可制品、巧克力和巧克力制品，包括类巧克力和代巧克力、糖果、面糊（如用于鱼和禽肉的拖面糊）、裹粉、煎炸粉、方便米面制品、糕点上彩色装饰、饼干、果冻、油炸小食品、膨化食品	按生产需要适量使用	
	果蔬汁（肉）饮料、蛋白饮料类、乳酸菌饮料	按生产需要适量使用	
	酱及酱制品、复合调味料	按生产需要适量使用	
	熟肉制品、冷冻鱼糜制品（包括鱼丸等）		
	调理肉制品（生肉添加调理料）	0.1	

食品添加剂	食品名称/分类	最大使用量（g/kg）	备注
花生衣红 Peanut skin red	糖果、饼干、肉灌肠类	0.4	
	碳酸饮料	0.1	
果胶 Pectins	原味发酵乳（全脂、部分脱脂、脱脂）、稀奶油、黄油和浓缩黄油	按生产需要适量使用	
	生湿面制品（如面条、饺子皮、馄饨皮、烧卖皮）、生干面制品	按生产需要适量使用	
	其他糖和糖浆（如红糖、赤砂糖、槭树糖浆）、香辛料类、葡萄酒	按生产需要适量使用	
	果蔬汁（浆）	3.0	
松香季戊四醇酯 Pentaerythritol ester of wood rosin	经表面处理的鲜水果、经表面处理的新鲜蔬菜	0.09	
4-苯基苯酚 4-Phenylphenol	经表面处理的鲜水果（仅限柑橘类）	1.0	残留量≤12 mg/kg
磷酸化二淀粉磷酸酯 Phosphated distarch phosphate	果酱	1.0	
	生湿面制品（如面条、饺子皮、馄饨皮、烧卖皮）、方便米面制品	0.2	
	固体饮料类	0.5	
磷酸 Phosphoric acid	干酪、蔬菜罐头、八宝粥罐头、复合调味料、饮料类（14.01 包装饮用水类除外）、果冻	按生产需要适量使用	
	肉罐头类	按生产需要适量使用	
植酸（又名肌醇六磷酸），植酸钠 Phytic acid (inositol hexaphosphoric acid), sodium phytate	基本不含水的脂肪和油、加工水果、加工蔬菜、装饰糖果（如工艺造型，或用于蛋糕装饰）、顶饰（非水果材料）和甜汁、果蔬汁（肉）饮料	0.2	
	腌腊肉制品类（如咸肉、腊肉、板鸭、中式火腿、腊肠等）、酱卤肉制品类、熏、烧、烤肉类、油炸肉类、西式火腿（熏烤、烟熏、蒸煮火腿）类、肉灌肠类、发酵肉制品类	0.2	
	鲜水产（仅限虾类）	按生产需要适量使用	残留量≤20 mg/kg
聚葡萄糖 Polydextrose	冷冻饮品（03.04 食用冰除外）、可可制品、巧克力和巧克力制品（包括类巧克力和代巧克力）以及糖果、焙烤食品、蛋黄酱、沙拉酱、饮料类（14.01 包装饮用水类除外）、果冻	按生产需要适量使用	
聚二甲基硅氧烷 Polydimethyl siloxane	经表面处理的鲜水果、经表面处理的新鲜蔬菜	0.000 9	
	其他（啤酒工艺用）、其他（肉制品工艺用）、其他（豆制品工艺用）	0.2	
聚二甲基硅氧烷（乳液） Polydimethyl siloxane	其他（发酵工艺用）、其他（焦糖色工艺用）	0.1	
	其他（果汁、浓缩果汁粉、饮料、速溶食品、冰淇淋、果酱、调味品和蔬菜加工工艺用）	0.05	

食品添加剂	食品名称/分类	最大使用量（g/kg）	备注
聚乙二醇 Polyethylene glycol	糖果、巧克力制品包衣	按生产需要适量使用	
聚甘油脂肪酸酯（聚甘油单硬脂酸酯，聚甘油单油酸酯） Polyglycerol esters of fatty acid（polyglycerol monostearate, polyglycerol monooleate）	调制乳、调制乳粉和调制奶油粉（包括调味乳粉和调味奶油粉）、稀奶油（淡奶油）及其类似品、水油脂状脂肪乳化制品、冷冻饮品（03.04 食用冰除外）、糖果、面糊（如，用于鱼和禽肉的拖面糊）、裹粉、煎炸粉、即食谷物，包括碾轧燕麦（片）、方便米面制品、焙烤食品、固体复合调味料、含乳饮料、植物蛋白饮料、风味饮料（包括果味饮料、乳味、茶味及其他味饮料）、乳酸菌饮料、果冻、油炸小食品	10.0	
	脂肪，油和乳化脂肪制品（02.01.01.01 植物除外）	20.0	
	茶、咖啡、植物饮料类	5.0	
聚甘油蓖麻醇酯 Polyglycerol polyricinoleate (PGPR) (polyglycerolesters of interesterified ricinoleic acid)	可可制品、巧克力和巧克力制品，包括类巧克力和代巧克力、糖果、巧克力制品包衣	5.0	
聚氧乙烯聚氧丙烯胺醚 Polyoxyethylene polyoxypropylene amine ether（BAPE）	其他（发酵工艺用）	按生产需要适量使用	
聚氧乙烯聚氧丙烯季戊四醇醚 Polyoxyethylene polyoxypropylene pentaerythritol	其他（发酵工艺用）	按生产需要适量使用	
聚氧乙烯山梨醇酐单月桂酸酯（又名吐温 20），聚氧乙烯山梨醇酐单棕榈酸酯（又名吐温 40），聚氧乙烯山梨醇酐单硬脂酸酯（又名吐温 60），聚氧乙烯山梨醇酐单油酸酯（又名吐温 80） Polyoxyethylene (20) sorbitan monolaurate, polyoxy-ethylene (40) sorbitan monopalmitate, polyoxyethy-lene (60) sorbitan monostearate, polyoxyethylene (80) sorbitan monooleate	调制乳、冷冻饮品（03.04 食用冰除外）	1.5	
	稀奶油液体复合调味料、（不包括 12.03.12.04）	1.0	
	豆类制品	0.05	以每千克黄豆的使用量计
	面包	2.5	
	月饼	0.5	
	固体复合调味料	4.5	
	半固体复合调味料	5.0	
	果蔬汁（肉）饮料	0.75	
	植物蛋白饮料	2.0	
	其他（乳化天然色素）	10	

食品添加剂	食品名称/分类	最大使用量（g/kg）	备注
聚氧乙烯木糖醇酐单硬脂酸酯 Polyoxyethylene xylitan monostearate	氢化植物油、其他（发酵工艺用）	5.0	
聚氧丙烯甘油醚 Polyoxypropylene glycerol ether (GP)	其他（发酵工艺用）	按生产需要适量使用	
聚氧丙烯氧化乙烯甘油醚 Polyoxypropylene oxyethylene glycol ether (GPE)	其他（发酵工艺用）	按生产需要适量使用	
聚乙烯醇 Polyvinyl alcohol	糖果、巧克力制品包衣	18.0	
胭脂红及其铝色淀 Ponceau 4R, ponceau 4R aluminum lake	调制乳、调味和果料发酵乳、调制炼乳（包括甜炼乳、调味甜炼乳及其他使用了非乳原料的调制炼乳）、冷冻饮品（03.04食用冰除外）、蜜饯凉果、盐渍的蔬菜、可可制品、巧克力和巧克力制品（包括类巧克力和代巧克力）以及糖果（05.04装饰糖果、顶饰和甜汁除外）、虾味片、糕点上彩色装饰、焙烤食品馅料（仅限饼干夹心和蛋糕夹心）、果蔬汁（肉）饮料、含乳饮料、碳酸饮料、风味饮料（包括果味饮料、乳味、茶味及其他味饮料）（仅限果味饮料）、膨化食品、配制酒	0.05	以胭脂红计
	调制乳粉和调制奶油粉（包括调味乳粉和调味奶油粉）	0.15	以胭脂红计
	果酱、水果调味糖浆、半固体复合调味料（12.10.02.01蛋黄酱、沙拉酱除外）	0.5	以胭脂红计
	装饰性果蔬	0.1	以胭脂红计
	可食用动物肠衣类、植物蛋白饮料、胶原蛋白肠衣（肠衣）	0.025	以胭脂红计
	调味糖浆、蛋黄酱、沙拉酱	0.2	以胭脂红计
	果冻	0.05	以胭脂红计，如用于果冻粉，按冲调倍数增加使用量
酒石酸氢钾 Potassium bitartarate	小麦粉及其制品、焙烤食品	250.0	
碳酸钾 Potassium carbonate	小麦粉制品、婴儿配方食品、较大婴儿和幼儿配方食品	按生产需要适量使用	
氯化钾 Potassium chloride	盐及代盐制品	350.0	
	酱油	60.0	
	饮用矿物质水	0.052	
	特殊用途饮料（包括运动饮料、营养素饮料等）	0.2	

食品添加剂	食品名称/分类	最大使用量（g/kg）	备注
磷酸二氢钾 Potassium dihydrogen phosphate	小麦粉	5.0	以磷酸计
	饮料类（14.01 包装饮用水类除外）	2.0	以磷酸计，固体饮料按冲调倍数增加使用量
亚铁氰化钾，亚铁氰化钠 Potassium ferrocyanide, sodium ferrocyanide	盐及代盐制品	0.01	以亚铁氰根计
氢氧化钾 Potassium hydroxide	婴儿配方食品、较大婴儿和幼儿配方食品、孕产妇（乳母）配方食品	按生产需要适量使用	
碳酸氢钾 Potassium hydrogen carbonate	婴儿配方食品、较大婴儿和幼儿配方食品、病人用特殊食品	按生产需要适量使用	
高锰酸钾 Potassium permanganate	食用淀粉	0.5	
	酒类	0.5	酒中残留量以锰计：≤2 mg/kg
硬脂酸钾 Potassium stearate	糕点	0.18	
	香辛料及粉	20.0	
丙酸及其钠盐、钙盐 Propionic acid, sodium propionate, calcium propionate	豆类制品	2.5	以丙酸计
	原粮	1.8	以丙酸计
	生湿面制品（如面条、饺子皮、馄饨皮、烧卖皮）	0.25	以丙酸计
	面包、糕点	2.5	以丙酸计
	醋、酱油	2.5	以丙酸计
	其他（杨梅罐头加工工艺用）	50.0	以丙酸计
没食子酸丙酯 Propyl gallate (PG)	脂肪，油和乳化脂肪制品、坚果与籽类罐头、方便米面制品、饼干、油炸食品	0.1	
	腌腊肉制品类（如咸肉、腊肉、板鸭、中式火腿、腊肠等）、风干、烘干、压干等水产品	0.1	
	胶基糖果	0.4	
丙二醇 Propylene glycol	糕点	3.0	
海藻酸丙二醇酯 Propylene glycol alginat	乳及乳制品（01.01.01、01.04.01、13.0 涉及品种除外）、果蔬汁（肉）饮料	3.0	
	淡炼乳（原味）、氢化植物油、可可制品、巧克力和巧克力制品，包括类巧克力和代巧克力、胶基糖果、装饰糖果（如工艺造型，或用于蛋糕装饰）、顶饰（非水果材料）和甜汁	5.0	
	以蔬菜为基料的调味酱	5.0	
	冰淇淋类	1.0	
	半固体复合调味料	8.0	

食品添加剂	食品名称/分类	最大使用量（g/kg）	备注
海藻酸丙二醇酯 Propylene glycol alginat	饮料类［14.01 包装饮用水类、14.03.02 植物蛋白饮料、14.02.03 果蔬汁（肉）饮料除外］	0.3	固体饮料按冲调倍数增加使用量
	植物蛋白饮料	5.0	
	啤酒和麦芽饮料	0.3	
丙二醇脂肪酸酯 Propylene glycol esters of fattyacid	乳及乳制品（01.01.01、13.0 涉及品种除外）	5.0	
	脂肪、油和乳化脂肪制品	10.0	
	冷冻饮品（03.04 食用冰除外）	5.0	
	糕点、油炸小食品	2.0	
	复合调味料	20.0	
普鲁兰多糖 Pullulan	糖果、巧克力制品包衣、复合调味料	50.0	
	果蔬汁（肉）饮料	3.0	
	其他（仅限膜片）	按生产需要适量使用	
喹啉黄 Quinoline yellow	配制酒（仅限预调酒）	0.1	
萝卜红 Radish red	冷冻饮品（03.04 食用冰除外）、果酱、蜜饯类、糖果、糕点、酱及酱制品、半固体复合调味料、果蔬汁（肉）饮料、风味饮料（包括果味饮料、乳味、茶味及其他味饮料）（仅限果味饮料）、配制酒、果冻	按生产需要适量使用	
红曲米，红曲红 Red kojic rice, Monascus red	调制乳、调制炼乳（包括甜炼乳、调味甜炼乳及其他使用了非乳原料的调制炼乳）、含乳饮料	按生产需要适量使用	
	调味和果料发酵乳	0.8	
	腌腊肉制品（如咸肉、腊肉、板鸭、中式火腿、腊肠等）、熟肉制品	按生产需要适量使用	
	酱油、酱及酱制品、复合调味料、果酱、蔬菜泥（酱），除外番茄沙司、腐乳类、醋	按生产需要适量使用	
	果蔬汁（肉）饮料、碳酸饮料、风味饮料（包括果味饮料、乳味、茶味及其他味饮料）（仅限果味饮料）、配制酒、冷冻饮品（除外 03.04 食用冰）	按生产需要适量使用	
	果冻、膨化食品、糖果、方便米面制品、饼干	按生产需要适量使用	
红米红 Red rice red	调制乳、冷冻饮品（03.04 食用冰除外）、含乳饮料、配制酒	按生产需要适量使用	
	糖果	按生产需要适量使用	
金樱子棕 Rose laevigata michx brown	碳酸饮料	1.0	
	配制酒	0.2	

食品添加剂	食品名称/分类	最大使用量（g/kg）	备注
玫瑰茄红 Roselle red	糖果、果蔬汁（肉）饮料、风味饮料（包括果味饮料、乳味、茶味及其他味饮料）（仅限果味饮料）、配制酒	按生产需要适量使用	
迷迭香提取物 Rosemary extract	植物油脂	0.7	
	动物油脂（猪油、牛油、鱼油和其他动物脂肪）、预制肉制品、酱卤肉制品类、熏、烧、烤肉类、油炸肉类、西式火腿（熏烤、烟熏、蒸煮火腿）类、肉灌肠类、发酵肉制品类、油炸食品	0.3	
仲丁胺 Secondary butyamine	经表面处理的鲜水果	按生产需要适量使用	残留量：柑橘（果肉）≤0.005 mg/kg，荔枝（果肉）≤0.009 mg/kg，苹果（果肉）≤0.001 mg/kg
	新鲜蔬菜（仅限蒜薹和青椒）	按生产需要适量使用	残留量≤3 mg/kg
田菁胶 Sesbania gum	冰淇淋类	5.0	
	生干面制品、方便米面制品、面包	2.0	
	植物蛋白饮料	1.0	
紫胶（又名虫胶） Shellac	经表面处理的鲜水果（仅限柑橘类）	0.5	
	经表面处理的鲜水果（仅限苹果）	0.4	
	可可制品、巧克力和巧克力制品，包括类巧克力和代巧克力、威化饼干	0.2	
	胶基糖果	3.0	
二氧化硅（非晶形） Silicon dioxide (amorphous)	乳粉（包括加糖乳粉）和奶油粉及其调制产品、其他油脂或油脂制品（仅限植脂末）、可可制品（以可可为主要原料的脂、粉、浆、酱、馅）、脱水蛋制品（如蛋白粉、蛋黄粉、蛋白片）、其他甜味料（仅限糖粉）、固体饮料类、孕产妇（乳母）配方食品	15.0	
	香辛料类、固体复合调味料	20.0	
	其他（豆制品工艺用）	0.025	
乙酸钠 Sodium acetate	复合调味料	10	
	油炸小食品（仅限油炸薯片）	1.0	
海藻酸钠 Sodium alginate	原味发酵乳（全脂、部分脱脂、脱脂）、稀奶油、黄油和浓缩黄油	按生产需要适量使用	
	生湿面制品（如面条、饺子皮、馄饨皮、烧卖皮）、生干面制品	按生产需要适量使用	
	其他糖和糖浆（如红糖、赤砂糖、槭树糖浆）	10.0	
	果蔬汁（浆）、咖啡饮料类、香辛料类	按生产需要适量使用	

食品添加剂	食品名称/分类	最大使用量（g/kg）	备注
硅铝酸钠 Sodium aluminosilicate	其他油脂或油脂制品（仅限植脂末）	5.0	
碳酸钠 Sodium carbonate	小麦粉制品、糕点	按生产需要适量使用	
羧甲基淀粉钠 Sodium carboxy methyl starch	冰淇淋类	0.06	
	果酱、酱及酱制品	0.1	
	面包	0.02	
环己基氨基磺酸钠，环己基氨基磺酸钙（又名甜蜜素）Sodium cyclamate, calcium cycalmate	冷冻饮品（除外03.04食用冰）、饮料类（14.01包装饮用水类除外）、配制酒	0.65	以环己基氨基磺酸计
	蜜饯凉果	1.0	以环己基氨基磺酸计
	凉果类、话化类（甘草制品）、果丹（饼）类	8.0	以环己基氨基磺酸计
	酱渍的蔬菜、盐渍的蔬菜、腐乳类	0.65	以环己基氨基磺酸计
	烘焙/炒制坚果与籽类（仅限瓜子）	2.0	以环己基氨基磺酸计
	带壳烘焙/炒制坚果与籽类	6.0	以环己基氨基磺酸计
	脱壳烘焙/炒制坚果与籽类	1.2	以环己基氨基磺酸计
	面包、糕点、饼干、复合调味料	0.65	以环己基氨基磺酸计
	果冻	0.65	以环己基氨基磺酸计，果冻粉按冲调倍数增加
双乙酸钠 Sodium diacetate	基本不含水的脂肪和油、豆干类、豆干再制品、原粮、油炸小食品（仅限油炸薯片）	1.0	
	大米	0.2	残留量≤30 mg/kg
	糕点	4.0	
	预制肉制品、熟肉制品	3.0	
	调味品（12.10复合调味料除外）	2.5	
	复合调味料	10.0	
磷酸二氢钠 Sodium dihydrogen phosphate	婴儿配方食品、较大婴儿和幼儿配方食品、婴幼儿断奶期食品	按生产需要适量使用	
乳酸钠 Sodium lactate	生湿面制品（如面条、饺子皮、馄饨皮、烧卖皮）	2.4	
硝酸钠，硝酸钾 Sodium nitrate, potassium nitrate	腌腊肉制品类（如咸肉、腊肉、板鸭、中式火腿、腊肠等）、酱卤肉制品类、熏、烧、烤肉类、油炸肉类、西式火腿（熏烤、烟熏、蒸煮火腿）类、肉灌肠类、发酵肉制品类	0.5	以亚硝酸钠（钾）计，残留量≤30 mg/kg
	西式火腿（熏烤、烟熏、蒸煮火腿）类	0.5	以亚硝酸钠计，残留量≤70 mg/kg
	肉罐头类	0.5	以亚硝酸钠计，残留量≤50 mg/kg

食品添加剂	食品名称/分类	最大使用量（g/kg）	备注
亚硝酸钠，亚硝酸钾 Sodium nitrite, potassium nitrite	腌腊肉制品类（如咸肉、腊肉、板鸭、中式火腿、腊肠等）、酱卤肉制品类、熏、烧、烤肉类、油炸肉类、肉灌肠类、发酵肉制品类	0.15	以亚硝酸钠计，残留量≤30 mg/kg
	西式火腿（熏烤、烟熏、蒸煮火腿）类	0.15	以亚硝酸钠计，残留量≤70 mg/kg
	肉罐头类	0.15	以亚硝酸钠计，残留量≤50 mg/kg
2-苯基苯酚钠盐 Sodium 2-phenylphenol	经表面处理的鲜水果（仅限柑橘类）	0.95	残留量≤12 mg/kg
六偏磷酸钠 Sodium polyphosphate	乳及乳制品（01.01.01、13.0涉及品种除外）、其他油脂或油脂制品（仅限植脂末）、冰淇淋类、方便米面制品	5.0	
	预制肉制品、熟肉制品（08.03.08肉罐头类除外）	5.0	
	八宝粥罐头、肉罐头类、水产品罐头、果蔬汁（肉）饮料、含乳饮料、植物蛋白饮料、风味饮料（包括果味饮料、乳味、茶味及其他味饮料）（仅限果味饮料）	1.0	
	茶饮料类	0.5	
糖精钠 Sodium saccharin	冷冻饮品（03.04食用冰除外）、酱渍的蔬菜、盐渍的蔬菜、面包、糕点、饼干、复合调味料、配制酒	0.15	以糖精计
	水果干类（仅限杧果干、无花果干）、凉果类、话化类（甘草制品）、果丹（饼）类	5.0	以糖精计
	蜜饯凉果、熟制豆类（五香豆、炒豆）、脱壳烘焙/炒制坚果与籽类	1.0	以糖精计
	带壳烘焙/炒制坚果与籽类	1.2	以糖精计
	饮料类（14.01包装饮用水类除外）	0.15	以糖精计，固体饮料按冲调倍数增加使用量
碳酸氢三钠（又名倍半碳酸钠） Sodium sesquicarbonate	乳及乳制品（01.01.01、13.0涉及品种除外）、糕点、饼干	按生产需要适量使用	
淀粉磷酸酯钠 Sodium starch phosphate	脂肪含量80%以上的乳化制品	按生产需要适量使用	
	冷冻饮品（03.04食用冰除外）、饮料类（14.01包装饮用水类除外）	按生产需要适量使用	
	果酱、调味品	按生产需要适量使用	
	粮食和粮食制品，包括大米、面粉、杂粮、块根植物、豆类和玉米提取的淀粉等（不包括06.01原粮及07.0类焙烤制品）	按生产需要适量使用	
	装饰性果蔬	0.2	以靛蓝计
	盐渍的蔬菜	0.01	以靛蓝计

食品添加剂	食品名称/分类	最大使用量（g/kg）	备注
淀粉磷酸酯钠 Sodium starch phosphate	蜜饯类、凉果类、可可制品、巧克力和巧克力制品（包括类巧克力和代巧克力）以及糖果（05.01.01 可可制品除外）、糕点上彩色装饰、焙烤食品馅料（仅限饼干夹心）	0.1	以靛蓝计
	抛光糖果	0.3	以靛蓝计
	果蔬汁（肉）饮料、碳酸饮料、风味饮料（包括果味饮料、乳味、茶味及其他味饮料）（仅限果味饮料）、配制酒	0.1	以靛蓝计
	油炸小食品、膨化食品	0.05	以靛蓝计
硬脂酰乳酸钠，硬脂酰乳酸钙 Sodium stearoyl lactylate, calcium stearoy lactylate	水油状脂肪乳化制品	5.0	
	肉灌肠类	2.0	
	装饰糖果（如工艺造型，或用于蛋糕装饰）、顶饰（非水果材料）和甜汁、面包、糕点、饼干、含乳饮料	2.0	
三聚磷酸钠 Sodium tripolyphosphate	乳及乳制品（01.01.01、13.0 涉及品种除外，冰淇淋类）	5.0	
	方便米面制品	5.0	
	预制肉制品、熟肉制品（08.03.08 肉罐头类除外）	5.0	
	八宝粥罐头、肉罐头类	1.0	
	果蔬汁（肉）饮料、蛋白饮料类、茶饮料类	1.0	
山梨酸及其钾盐 Sorbic acid, potassium sorbate	干酪、氢化植物油、果酱、盐渍的蔬菜（仅限即食笋干）、豆干再制品、乳脂糖果、凝胶糖果、面包、糕点、焙烤食品馅料、调味糖浆、醋、酱油、复合调味料、乳酸菌饮料	1.0	以山梨酸计
	风干、烘干、压干等水产品、其他水产品及其制品（仅限即食海蜇）	1.0	以山梨酸计
	风味冰、冰棍类、经表面处理的鲜水果、蜜饯凉果、经表面处理的新鲜蔬菜、酱渍的蔬菜、盐渍的蔬菜、加工食用菌和藻类、酱及酱制品	0.5	以山梨酸计
	胶原蛋白肠衣（肠衣）	0.5	以山梨酸计
	胶基糖果、肉灌肠类	1.5	以山梨酸计
	熟肉制品、预制水产品（半成品）、蛋制品（改变其物理性状）	0.075	以山梨酸计
	饮料类（14.01 包装饮用水类除外）	0.5	以山梨酸计，固体饮料按冲调倍数增加使用量
	浓缩果蔬汁（浆）（仅限食品工业用）	2.0	以山梨酸计
	配制酒	0.2	以山梨酸计

食品添加剂	食品名称/分类	最大使用量（g/kg）	备注
山梨酸及其钾盐 Sorbic acid, potassium sorbate	葡萄酒、果酒	0.6	以山梨酸计
	果冻	0.5	以山梨酸计，如用于果冻粉，按冲调倍数增加使用量
山梨醇酐单月桂酸酯（又名司盘20），山梨醇酐单棕榈酸酯（又名司盘40），山梨醇酐单硬脂酸酯（又名司盘60），山梨醇酐三硬脂酸酯（又名司盘65），山梨醇酐单油酸酯（又名司盘80） Sorbitan monolaurate, sorbitan monopalmitate, sorbitan monostearate, sorbitan tristearate, sorbitan monooleate (INS)	调制乳	3	
	稀奶油（淡奶油）及其类似品、氢化植物油、水油状脂肪乳化制品、可可制品、巧克力和巧克力制品，包括类巧克力和代巧克力	10.0	
	脂肪，油和乳化脂肪制品（02.01.01.01植物油除外）	15.0	
	冰淇淋类、乳脂糖果、面包、糕点	3.0	
	经表面处理的鲜水果、经表面处理的新鲜蔬菜	按生产需要适量使用	
	豆类制品	1.6	以每千克黄豆的使用量计
	月饼	1.5	
	饼干、果蔬汁（肉）饮料、固体饮料类	3.0	
	植物蛋白饮料	6.0	
	风味饮料（包括果味饮料、乳味、茶味及其他味饮料）（仅限果味饮料）	0.5	
	速溶咖啡、干酵母	10.0	
	其他（饮料混浊剂）	0.05	
山梨糖醇（液） Sorbitol and sorbitol syrup	02.02类以外的脂肪乳化制品，包括混合的和（或）调味的脂肪乳化制品、冷冻饮品（03.04食用冰除外）	按生产需要适量使用	
	糖果、面包、糕点、饼干、调味品、油炸小食品	按生产需要适量使用	
	酱渍的蔬菜、盐渍的蔬菜、饮料类（14.01包装饮用水类除外）	按生产需要适量使用	
	其他（豆制品工艺用）、其他（制糖工艺用）、其他（酿造工艺用）	按生产需要适量使用	
	冷冻鱼糜制品（包括鱼丸等）	0.5	
藻蓝（淡、海水） Spirulina blue (algae blue, lina blue)	干酪、冷冻饮品（03.04食用冰除外）、糖果、果蔬汁（肉）饮料、风味饮料（包括果味饮料、乳味、茶味及其他味饮料）（仅限果味饮料）	0.8	
	果冻	0.8	如用于果冻粉，按冲调倍数增加使用量
稳定态二氧化氯 Stabilized chlorine dioxide	经表面处理的鲜水果、经表面处理的新鲜蔬菜	0.01	
	水产品及其制品（包括鱼类、甲壳类、贝类、软体类、棘皮类等水产品及其加工制品）（仅限鱼类加工）	0.05	

食品添加剂	食品名称/分类	最大使用量（g/kg）	备注
辛烯基琥珀酸铝淀粉 Starch aluminum octenyl-succinate	可可制品、巧克力和巧克力制品（包括类巧克力和代巧克力）以及糖果	按生产需要适量使用	
	面糊（如用于鱼和禽肉的拖面糊）、裹粉、煎炸粉、方便米面制品、固体复合调味料、半固体复合调味料、固体饮料类	按生产需要适量使用	
硬脂酸（又名十八烷酸） Stearic acid（octadecanoic acid）	可可制品、巧克力和巧克力制品（包括类巧克力和代巧克力）以及糖果	1.2	
甜菊糖苷 Stevioside	蜜饯凉果、烘焙/炒制坚果与籽类、糖果、糕点、调味品、饮料类（14.01包装饮用水类除外）、油炸小食品	按生产需要适量使用	
琥珀酸单甘油酯 Succinylated monoglycerides	果蔬汁（肉）饮料、蛋白饮料类、茶、咖啡、植物饮料类、乳酸菌饮料	2.0	
	固体饮料类	20.0	按稀释10倍计算
三氯蔗糖（又名蔗糖素） Sucralose	调味乳、调味和果料发酵乳	0.3	
	调制乳粉和调制奶油粉（包括调味乳粉和调味奶油粉）、即食谷物，包括碾轧燕麦（片）	1.0	
	冷冻饮品（03.04食用冰除外）、水果罐头、酱渍的蔬菜、盐渍的蔬菜、焙烤食品、醋、酱油、酱及酱制品、复合调味料、饮料类（14.01包装饮用水类除外）、配制酒	0.25	
	水果干类、煮熟的或油炸的水果	0.15	
	果酱、果冻	0.45	
	蜜饯凉果、糖果	1.5	
	餐桌甜味料	0.05	
	香辛料酱（如芥末酱、青芥酱）	0.4	
	蛋黄酱、沙拉酱、浓缩果蔬汁（浆）、固体饮料类	1.25	
	发酵酒	0.6	
蔗糖脂肪酸酯 Sucrose esters of fatty acid	调制乳	3.0	
	稀奶油（淡奶油）及其类似品、基本不含水的脂肪和油、水油状脂肪乳化制品、可可制品、巧克力和巧克力制品（包括类巧克力和代巧克力）以及糖果、其他（乳化天然色素）	10.0	
	冷冻饮品（03.04食用冰除外）、经表面处理的鲜水果、八宝粥罐头	1.5	
	肉及肉制品、鲜蛋	1.5	
	生湿面制品（如面条、饺子皮、馄饨皮、烧卖皮）、生干面制品、方便米面制品	4.0	

食品添加剂	食品名称/分类	最大使用量（g/kg）	备注
蔗糖脂肪酸酯 Sucrose esters of fatty acid	焙烤食品	3.0	
	调味品、其他（仅限即食菜肴）	5.0	
	饮料类（14.01 包装饮用水类除外）	1.5	固体饮料按冲调倍数增加使用量
硫黄 Sulfur (sulphur)	水果干类、粉丝、粉条、食糖	0.1	只限用于熏蒸，最大使用量以二氧化硫残留量计
	蜜饯凉果	0.35	只限用于熏蒸，最大使用量以二氧化硫残留量计
	干制蔬菜	0.2	只限用于熏蒸，最大使用量以二氧化硫残留量计
	经表面处理的鲜食用菌和藻类	0.4	只限用于熏蒸，最大使用量以二氧化硫残留量计
二氧化硫，焦亚硫酸钾，焦亚硫酸钠，亚硫酸钠，亚硫酸氢钠，低亚硫酸钠 Sulfur dioxide, potassium metabisulphite, sodium metabisulphite, sodium sulfite, sodium hydrogen sulfite, sodium hyposulfite	经表面处理的鲜水果、盐渍的蔬菜、蔬菜罐头（仅限竹笋、酸菜）、食用菌和藻类罐头（仅限蘑菇罐头）	0.05	最大使用量以二氧化硫残留量计
	水果干类、粉丝、粉条、饼干	0.1	最大使用量以二氧化硫残留量计
	蜜饯凉果	0.35	最大使用量以二氧化硫残留量计
	干制蔬菜（仅限脱水马铃薯）	0.4	最大使用量以二氧化硫残留量计
	干制蔬菜、腐竹类（包括腐竹、油皮）、淀粉糖（果糖、葡萄糖、饴糖；部分转化糖，包括糖蜜等）	0.2	最大使用量以二氧化硫残留量计
	可可制品、巧克力和巧克力制品（包括类巧克力和代巧克力）以及糖果	0.1	最大使用量以二氧化硫残留量计
	食用淀粉	0.03	最大使用量以二氧化硫残留量计
	果蔬汁（浆）	0.05	最大使用量以二氧化硫残留量计，浓缩果蔬汁（浆）按浓缩倍数折算
	葡萄酒、果酒、半固体复合调味料	0.05	最大使用量以二氧化硫残留量计
	啤酒和麦芽饮料	0.01	最大使用量以二氧化硫残留量计
日落黄及其铝色淀 Sunset yellow, sunset yellow aluminum lake	调制乳、调味和果料发酵乳、调制炼乳（包括甜炼乳、调味甜炼乳及其他使用了非乳原料的调制炼乳）	0.05	以日落黄计
	冷冻饮品（03.04 食用冰除外）	0.09	以日落黄计

食品添加剂	食品名称/分类	最大使用量（g/kg）	备注
日落黄及其铝色淀 Sunset yellow, sunset yellow aluminum lake	水果罐头（仅限西瓜酱罐头）、蜜饯凉果、熟制豆品、加工坚果与籽类、可可制品、巧克力和巧克力制品（包括类巧克力和代巧克力）以及糖果（05.01.01可可制品、05.04装饰糖果、顶饰和甜汁除外）、虾味片、糕点上彩色装饰、焙烤食品馅料（仅限饼干夹心）、油炸小食品、膨化食品	0.1	以日落黄计
	果蔬汁（肉）饮料、植物蛋白饮料、碳酸饮料、风味饮料（包括果味饮料、乳味、茶味及其他味饮料）、乳酸菌饮料、配制酒	0.1	以日落黄计
	果酱、水果调味糖浆、半固体复合调味料	0.5	以日落黄计
	装饰性果蔬、糖果、巧克力制品包衣、复合调味料	0.2	以日落黄计
	抛光糖果、面糊（如用于鱼和禽肉的拖面糊）、裹粉、煎炸粉、焙烤食品馅料（仅限布丁、糕点）、其他调味糖浆	0.3	以日落黄计
	含乳饮料	0.05	以日落黄计
	固体饮料类	0.6	以日落黄计
	果冻	0.025	以日落黄计，如用于果冻粉，按冲调倍数增加使用量
滑石粉 Talc	凉果类、话化类（甘草制品）	20.0	
罗望子多糖胶 Tamarind polysaccharide gum	冷冻饮品（03.04食用冰除外）、可可制品、巧克力和巧克力制品（包括类巧克力和代巧克力）以及糖果	2.0	
	果冻	2.0	如用于果冻粉，按冲调倍数增加使用量
多穗柯棕 Tanoak brown	冷冻饮品（03.04食用冰除外）、配制酒	0.4	
	糖果	0.4	
	可乐型碳酸饮料	1.0	
刺云实胶 Tara gum	干酪	8.0	
	冷冻饮品（03.04食用冰除外）	5.0	
	果酱、果冻	5.0	
	焙烤食品	1.5	
	预制肉制品、熟肉制品	10.0	
	饮料类（14.01包装饮用水类除外）	2.5	

第一章 中国食品安全限量标准

食品添加剂	食品名称/分类	最大使用量（g/kg）	备注
柠檬黄及其铝色淀 Tartrazine, tartrazine aluminum lake	调味和果料发酵乳、调制炼乳（包括甜炼乳、调味甜炼乳及其他使用了非乳原料的调制炼乳）、冷冻饮品（03.04食用冰除外）、焙烤食品馅料（仅限饼干夹心和蛋糕夹心）	0.05	以柠檬黄计
	果酱、水果调味糖浆、半固体复合调味料	0.5	以柠檬黄计
	蜜饯凉果、装饰性果蔬、盐渍的蔬菜、熟制豆类、加工坚果与籽类、可可制品、巧克力和巧克力制品（包括类巧克力和代巧克力）以及糖果（05.01.01可可制品除外）、虾味片、糕点上彩色装饰、香辛料酱（如芥末酱、青芥酱）、饮料类（14.01包装饮用水类除外）、配制酒、油炸小食品、膨化食品	0.1	以柠檬黄计
	抛光糖果/面糊（如用于鱼和禽肉的拖面糊）、裹粉、煎炸粉、焙烤食品馅料（仅限布丁、糕点）、其他调味糖浆	0.3	以柠檬黄计
	即食谷物，包括碾轧燕麦（片）	0.08	以柠檬黄计
	固体复合调味料	0.2	以柠檬黄计，按稀释倍数减少使用量
	果冻	0.05	以柠檬黄计，按稀释倍数减少使用量
茶多酚（又名维多酚） Tea polyphenol（TP）	基本不含水的脂肪和油	0.4	以油脂中儿茶素计
	方便米面制品、油炸食品	0.2	以油脂中儿茶素计
	糕点、焙烤食品馅料（仅限含油脂馅料）	0.4	以油脂中儿茶素计
	腌腊肉制品类（如咸肉、腊肉、板鸭、中式火腿、腊肠等）	0.4	以油脂中儿茶素计
	酱卤肉制品类、熏、烧、烤肉类、油炸肉类、西式火腿（熏烤、烟熏、蒸煮火腿）类、肉灌肠类、发酵肉制品类、预制水产品（半成品）、熟制水产品（可直接食用）、水产品罐头	0.3	以油脂中儿茶素计
	复合调味料	0.1	以油脂中儿茶素计
茶黄色素，茶绿色素 Tea yellow pigment, tea green pigment	装饰性果蔬、果蔬汁（肉）饮料	按生产需要适量使用	
	糖果、糕点上彩色装饰	按生产需要适量使用	
	风味饮料（包括果味饮料、乳味、茶味及其他味饮料）（仅限果味饮料）	按生产需要适量使用	
	茶饮料类、配制酒	按生产需要适量使用	
特丁基对苯二酚 Tertiary butylhydroquinone（TBHQ）	脂肪，油和乳化脂肪制品、坚果与籽类罐头、方便米面制品、饼干、油炸食品	0.2	
	腌腊肉制品类（如咸肉、腊肉、板鸭、中式火腿、腊肠等）、干、烘干、压干等水产品	0.2	

食品添加剂	食品名称/分类	最大使用量（g/kg）	备注
焦磷酸四钠 Tetrasodium pyrophosphate	乳及乳制品（01.01.01、13.0 涉及品种除外）、冰淇淋类	5.0	
		5.0	
	八宝粥罐头	1.0	
	食用淀粉	0.025	
	方便米面制品、预制肉制品、熟肉制品、冰淇淋类	5.0	
	植物蛋白饮料、八宝粥罐头、果蔬汁（肉）饮料、水产品罐头、预制水产品（半成品）、风味饮料（包括果味饮料、乳味、茶味及其他味饮料）（仅限果味饮料）	1.0	
噻苯咪唑 Thiabendazole（TBZ）	经表面处理的鲜水果	0.02	
	新鲜蔬菜（仅限蒜薹和青椒）	0.01	残留量≤2.0 mg/kg
二氧化钛 Titanium dioxide	凉果类、硬质糖果、果冻、油炸小食品、膨化食品	10.0	
	可可制品、巧克力和巧克力制品（包括类巧克力和代巧克力）以及糖果	2.0	
	糖果、巧克力制品包衣、固体饮料类、抛光糖果	按生产需要适量使用	
	装饰糖果（如工艺造型，或用于蛋糕装饰）、顶饰（非水果材料）和甜汁、胶基糖果	5.0	
	蛋黄酱、沙拉酱	0.5	
	其他（饮料混浊剂）	10 g/L	
磷酸三钙 Tricalcium orthphosphate	乳粉（全脂乳粉、脱脂乳粉和部分脱脂乳粉）和奶油粉	10.0	
	小麦粉	0.03	
	复合调味料	20.0	
	固体饮料类	8.0	
	油炸小食品	2.0	
三聚甘油单硬脂酸酯 Tripolyglyceryl monostearate	冰淇淋类	3.0	
	面包、糕点	0.1	
磷酸三钾 Tripotassium orthphosphate	非碳酸饮料	1.5	
磷酸三钠 Trisodium orthophosphate	乳及乳制品（01.01.01、13.0 涉及品种除外）	0.5	
	干酪、即食谷物，包括碾轧燕麦（片）	5.0	
	其他油脂或油脂制品（仅限植脂末）	4.0	
	八宝粥罐头、肉罐头类	0.5	

食品添加剂	食品名称/分类	最大使用量（g/kg）	备注
磷酸三钾 Tripotassium orthphosphate	预制肉制品、熟肉制品（08.03.08 肉罐头类除外）	3.0	
	饮料类（14.01 包装饮用水类除外）	1.5	固体饮料按冲调倍数增加使用量
姜黄 Turmeric	调制乳粉和调制奶油粉（包括调味乳粉和调味奶油粉）	0.4	以姜黄素计
	酱渍的蔬菜、盐渍的蔬菜、面包、糕点	0.01	以姜黄素计
	可可制品、巧克力和巧克力制品（包括类巧克力和代巧克力）以及糖果、糕点上彩色装饰、凉果类、装饰性果蔬	按生产需要适量使用	
	即食谷物，包括碾轧燕麦（片）	0.03	以姜黄素计
	焙烤食品馅料（仅限饼干夹心）	0.05	以姜黄素计
	调味品、果蔬汁（肉）饮料、碳酸饮料、风味饮料（包括果味饮料、乳味、茶味及其他味饮料）（仅限果味饮料）、配制酒、油炸小食品、冷冻饮品（03.04 食用冰除外）、方便米面制品	按生产需要适量使用	
	膨化食品	0.2	以姜黄素计
蓝锭果红 Uguisukagura red	冷冻饮品（03.04 食用冰除外）、风味饮料（包括果味饮料、乳味、茶味及其他味饮料）（仅限果味饮料）、果蔬汁（肉）饮料、起泡和半起泡葡萄酒	1.0	
	糖果、糕点（07.02.04 糕点上彩色装饰除外）	2.0	
	糕点上彩色装饰	3.0	
不饱和脂肪酸单甘脂 Unsaturated fatty acid of monoglycerides	水油状脂肪乳化制品	10.0	
植物炭黑 Vegetable carbon, carbon black	糖果、大米制品、小麦粉制品、糕点、饼干	5.0	
维生素 E（dl-α-生育酚） Vitamine E（dl-α-tocopherol）	基本不含水的脂肪和油、固体汤料	按生产需要适量使用	
	即食谷物，包括碾扎燕麦（片）	0.085	
	油炸小食品	0.2	以油脂计
黄原胶（又名汉生胶） Xanthan gum	稀奶油、香辛料类、果蔬汁（浆）	按生产需要适量使用	
	黄油和浓缩黄油	5.0	
	生湿面制品（如面条、饺子皮、馄饨皮、烧卖皮）	10.0	
	生干面制品	4.0	
	其他糖和糖浆（如红糖、赤砂糖、槭树糖浆）	5.0	

食品添加剂	食品名称/分类	最大使用量（g/kg）	备注
木糖醇酐单硬脂酸酯 Xylitan monostearate	氢化植物油、糖果	5.0	
	面包、糕点	3.0	
硫酸锌 Zinc sulfate	其他饮用水（调制水）	0.006	以 Zn 计为 2.4 mg/L

2. 可在各类食品中按生产需要适量使用的添加剂名单

序号	添加剂中文名称	添加剂英文名称	功能
1	乙酸（又名醋酸）	Acetic acid	酸度调节剂
2	乙酰化双淀粉己二酸酯	Acetylated distarch adipate	增稠剂
3	乙酰化二淀粉磷酸酯	Acetylated distarch phos—phate	增稠剂
4	乙酰化单、双甘油脂肪酸酯	Acetylated mono- and diglyc—eride (acetic and fatty acid es—ters of glycerol)	乳化剂
5	酸处理淀粉	Acid treated starch	增稠剂
6	琼脂	Agar	增稠剂
7	碳酸氢铵	Ammonium hydrogen car—bonate	膨松剂
8	阿拉伯胶	Arabic gum	增稠剂
9	抗坏血酸	Ascorbic acid	抗氧化剂
10	天门冬酰苯丙氨酸甲酯（又名阿斯巴甜）	Aspartame	甜味剂
11	甜菜红	Beet red	着色剂
12	抗坏血酸钙	Calcium ascorbate	抗氧化剂
13	碳酸钙	Calcium carbonate (light and heavy)	膨松剂、面粉处理剂
14	槐豆胶（刺槐豆胶）	Carob bean gum	增稠剂
15	β—胡萝卜素	β—carotene	着色剂
16	卡拉胶	Carrageenan	增稠剂
17	柠檬酸	Citric acid	酸度调节剂
18	柠檬酸脂肪酸甘油酯	Citric and fatty acid esters of glycerol	乳化剂
19	β—环状糊精	β—cyclodextrin	增稠剂
20	双乙酰酒石酸单双甘油酯	Diacetyl tartaric acid ester of mono (di) glycerides	乳化剂
21	D—异抗坏血酸及其钠盐	D—isoascorbic acid (erythorbic acid), sodiumisoascorbate	抗氧化剂
22	5′—鸟苷酸二钠	Disodium 5′—guanylate	增味剂
23	5′—肌苷酸二钠	Disodium 5′—inosinate	增味剂
24	5′—呈味核苷酸二钠	Disodium 5′—ribonucleotide	增味剂
25	磷酸酯双淀粉	Distarch phosphate	增稠剂
26	半乳甘露聚糖	Galactomannan	其他

序号	添加剂中文名称	添加剂英文名称	功能
27	明胶	Gelatin	增稠剂
28	结冷胶	Gellan gum	增稠剂
29	葡萄糖酸—δ—内酯	Glucono delta—lactone	稳定和凝固剂
30	甘油	Glycerine	水分保持剂
31	瓜尔胶	Guar gum	增稠剂
32	羟丙基二淀粉磷酸酯	Hydroxypropyl distarch phos—phate	增稠剂
33	羟丙基甲基纤维素	Hydroxypropyl methyl cell—ulose (HPMC)	增稠剂
34	L（＋）—酒石酸	L（＋）—tartaric acid	酸度调节剂
35	乳酸	Lactic acid	酸度调节剂
36	乳酸脂肪酸甘油酯	Lactic and fatty acid esters of glycerol	乳化剂
37	乳糖醇（又名4—β—D吡喃半乳糖—D—山梨醇）	Lactitol	甜味剂
38	磷脂	Lecithin（phospholipid）	抗氧化剂
39	罗汉果甜苷	Lo—han—kuo extract	甜味剂
40	苹果酸	Malic acid	酸度调节剂
41	微晶纤维素	Microcrystalline cellulose	抗结剂
42	改性大豆磷脂	Modified soybean phospholipid	乳化剂
43	单，双，三甘油脂（油酸、亚油酸、柠檬酸、亚麻酸、棕榈酸、山嵛酸、硬脂酸、月桂酸）	Mono—（di—，tri—）glycerides cf fatty acids	乳化剂
44	谷氨酸钠	Monosodium glutamate	增味剂
45	N—［N—（3，3—二甲基丁基）］—L—α—天门冬氨—L—苯丙氨酸1—甲酯（又名纽甜）	Neotane	甜味剂
46	柑橘黄	Orange yellow	着色剂
47	氧化羟丙基淀粉	Oxidized hydroxypropyl starch	增稠剂
48	氧化淀粉	Oxidized starch	增稠剂
49	果胶	Pectins	增稠剂
50	海藻酸钾	Potassium alginate	增稠剂
51	碳酸钾	Potassium carbonate	酸度调节剂
52	氯化钾	Potassium chloride	其他
53	碳酸氢钾	Potassium hydrogen carbona—te	酸度调节剂
54	乳酸钾	Potassium lactate	水分保持剂
55	海藻酸钠	Sodium alginate	增稠剂
56	羧甲基纤维素钠	Sodium carboxy methyl cel—lulose	增稠剂
57	酪蛋白酸钠（又名酪朊酸钠）	Sodium caseinate	乳化剂

序号	添加剂中文名称	添加剂英文名称	功能
58	柠檬酸一钠	Sodium dihydrogen citrate	酸度调节剂
59	磷酸二氢钠	Sodium dihydrogen phosphate	水分保持剂
60	碳酸氢钠	Sodium hydrogen carbonate	膨松剂
61	乳酸钠	Sodium lactate	水分保持剂
62	磷酸氢二钠	Sodium phosphate dibasic	水分保持剂
63	聚丙烯酸钠	Sodium polyacrylate	增稠剂
64	辛烯基琥珀酸淀粉钠	Sodium starch octenyl succi—nate	乳化剂
65	高粱红	Sorghum red	
66	醋酸酯淀粉	Starch acetate	增稠剂
67	酒石酸	Tartaric acid	酸度调节剂
68	柠檬酸钾	Tripotassium citrate	酸度调节剂
69	柠檬酸钠	Trisodium citrate	酸度调节剂
70	黄原胶（又名汉生胶）	Xanthan gum	增稠剂
71	木糖醇	Xylitol	甜味剂

3. 按生产需要适量使用的添加剂所例外的食品类别名单

食品分类号	食品名称
01.01.01	纯乳（全脂、部分脱脂、脱脂），包括复原乳
01.02.01	原味发酵乳（全脂、部分脱脂、脱脂）
01.05.01	稀奶油
02.01	基本不含水的脂肪和油
02.02.01.01	黄油和浓缩黄油
04.01.01	新鲜水果
04.02.01	新鲜蔬菜
04.02.02.01	冷冻蔬菜
04.02.02.06	发酵蔬菜制品
04.03.01	新鲜食用菌和藻类
04.03.02.01	冷冻食用菌和藻类
06.01	原粮
06.02	大米及其制品（大米、米粉、米糕）
06.03.01	小麦粉
06.03.02.01	生湿面制品（面条、饺子皮、馄饨皮、烧卖皮）
06.03.02.02	生干面制品（挂面）
06.04	杂粮粉（包括豆粉）及其制品

食品分类号	食品名称
06.05.01	食用淀粉
08.01	生、鲜肉
09.01	鲜水产
09.03	预制水产品（半成品）
10.01	鲜蛋
10.03.01	脱水蛋制品（如蛋白粉、蛋黄粉、蛋白片）
10.03.03	冷冻蛋制品（如冰蛋）
11.01	食糖
11.03.01	蜂蜜
12.01	盐及代盐制品
12.09	香辛料类
13.01	婴儿配方食品、较大婴儿和幼儿配方食品
13.02	婴幼儿断奶期食品
13.03	病人用特殊食品
14.01.01	饮用天然矿泉水
14.02.01	果蔬汁（浆）
15.03.01	葡萄酒
16.02	茶叶、咖啡

4. 食品分类号

食品分类号	食品类别/名称
01.0	乳及乳制品（13.0 特殊营养用食品涉及品种除外）
01.01	乳及调制乳
01.01.01	纯乳（全脂、部分脱脂、脱脂），包括复原乳
01.01.02	调制乳
01.01.02.01	调味乳
01.02	发酵乳
01.02.01	原味发酵乳（全脂、部分脱脂、脱脂）
01.02.02	调味和果料发酵乳
01.03	乳粉（包括加糖乳粉）和奶油粉及其调制产品
01.03.01	乳粉（全脂乳粉、脱脂乳粉和部分脱脂乳粉）和奶油粉
01.03.02	调制乳粉和调制奶油粉（包括调味乳粉和调味奶油粉）
01.04	炼乳及其调制产品
01.04.01	淡炼乳（原味）
01.04.02	调制炼乳（包括甜炼乳、调味甜炼乳及其他使用了非乳原料的调制炼乳）

食品分类号	食品类别/名称
01.05	稀奶油（又名淡奶油）及其类似品
01.05.01	稀奶油
01.05.02	凝固稀奶油
01.05.03	调味稀奶油
01.05.04	稀奶油类似品
01.06	干酪
01.06.01	非熟化干酪
01.06.02	熟化干酪
01.06.03	乳清干酪
01.06.04	再制干酪
01.06.04.01	普通再制干酪
01.06.04.02	调味再制干酪
01.06.05	干酪类似品
01.06.06	乳清蛋白干酪
01.07	以乳为主要配料的即食风味甜点或其预制产品（不包括冰淇淋和调味酸奶）
01.08	其他乳制品（如乳清粉、酪蛋白粉等）
02.0	脂肪、油和乳化脂肪制品
02.01	基本不含水的脂肪和油
02.01.01	植物油脂
02.01.01.01	植物油
02.01.01.02	氢化植物油
02.01.02	动物油脂（猪油、牛油、鱼油和其他动物脂肪）
02.01.03	无水黄油，无水乳脂
02.02	水油状脂肪乳化制品
02.02.01	脂肪含量80%以上的乳化制品
02.02.01.01	黄油和浓缩黄油
02.02.01.02	人造黄油及其类似制品（如黄油和人造黄油混合品）
02.02.02	脂肪含量80%以下的乳化制品
02.03	02.02类以外的脂肪乳化制品，包括混合的和（或）调味的脂肪乳化制品
02.04	脂肪类甜品
02.05	其他油脂或油脂制品
03.0	冷冻饮品
03.01	冰淇淋类
03.02	雪糕类
03.03	风味冰、冰棍类
03.04	食用冰
03.05	其他冷冻饮品
04.0	水果、蔬菜（包括块根类）、豆类、食用菌、藻类、坚果以及籽类等
04.01	水果
04.01.01	新鲜水果

食品分类号	食品类别/名称
04.01.01.01	未经加工的鲜果
04.01.01.02	经表面处理的鲜水果
04.01.01.03	去皮或预切的鲜水果
04.01.02	加工水果
04.01.02.01	冷冻水果
04.01.02.02	水果干类
04.01.02.03	醋、油或盐渍水果
04.01.02.04	水果罐头
04.01.02.05	果酱
04.01.02.06	果泥
04.01.02.07	除 04.01.02.05 以外的果酱（如印度酸辣酱）
04.01.02.08	蜜饯凉果
04.01.02.08.01	蜜饯类
04.01.02.08.02	凉果类
04.01.02.08.03	果脯类
04.01.02.08.04	话化类（甘草制品）
04.01.02.08.05	果丹（饼）类
04.01.02.08.06	果糕类
04.01.02.09	装饰性果蔬
04.01.02.10	水果甜品，包括果味液体甜品
04.01.02.11	发酵的水果制品
04.01.02.12	煮熟的或油炸的水果
04.01.02.13	其他加工水果
04.02	蔬菜
04.02.01	新鲜蔬菜
04.02.01.01	未经加工鲜蔬菜
04.02.01.02	经表面处理的新鲜蔬菜
04.02.01.03	去皮、切块或切丝的蔬菜
04.02.01.04	豆芽菜
04.02.02	加工蔬菜
04.02.02.01	冷冻蔬菜
04.02.02.02	干制蔬菜
04.02.02.03	腌渍的蔬菜
04.02.02.03.01	酱渍的蔬菜
04.02.02.03.02	盐渍的蔬菜
04.02.02.03.03	糖醋渍的蔬菜
04.02.02.03.04	其他腌渍的蔬菜
04.02.02.04	蔬菜罐头
04.02.02.05	蔬菜泥（酱），番茄沙司除外
04.02.02.06	发酵蔬菜制品

食品分类号	食品类别/名称
04.02.02.07	经水煮或油炸的蔬菜
04.02.02.08	其他加工蔬菜
04.03	食用菌和藻类
04.03.01	新鲜食用菌和藻类
04.03.01.01	未经加工鲜食用菌和藻类
04.03.01.02	经表面处理的鲜食用菌和藻类
04.03.01.03	去皮、切块或切丝的食用菌和藻类
04.03.02	加工食用菌和藻类
04.03.02.01	冷冻食用菌和藻类
04.03.02.02	干制食用菌和藻类
04.03.02.03	腌渍的食用菌和藻类
04.03.02.03.01	酱渍的食用菌和藻类
04.03.02.03.02	盐渍的食用菌和藻类
04.03.02.03.03	糖醋渍的食用菌和藻类
04.03.02.03.04	其他腌渍的食用菌和藻类
04.03.02.04	食用菌和藻类罐头
04.03.02.05	经水煮或油炸的藻类
04.03.02.06	其他加工食用菌和藻类
04.04	豆类制品
04.04.01	非发酵豆制品
04.04.01.01	豆腐类（北豆腐、南豆腐、内酯豆腐、冻豆腐）
04.04.01.02	豆干类
04.04.01.03	豆干再制品
04.04.01.03.01	炸制半干豆腐
04.04.01.03.02	卤制半干豆腐
04.04.01.03.03	熏制半干豆腐
04.04.01.03.04	其他半干豆腐
04.04.01.04	腐竹类（包括腐竹、油皮）
04.04.01.05	新型豆制品（大豆蛋白膨化食品、大豆素肉等）
04.04.01.06	熟制豆类
04.04.02	发酵豆制品
04.04.02.01	腐乳类
04.04.02.02	豆豉及其制品（包括纳豆）
04.05	坚果和籽类
04.05.01	新鲜坚果与籽类
04.05.02	加工坚果与籽类
04.05.02.01	烘焙/炒制坚果与籽类
04.05.02.01.01	带壳烘焙/炒制坚果与籽类
04.05.02.01.02	脱壳烘焙/炒制坚果与籽类
04.05.02.02	包衣的坚果和籽类

食品分类号	食品类别/名称
04.05.02.03	坚果与籽类罐头
04.05.02.04	坚果与籽类的泥（酱），包括花生酱等
04.05.02.05	其他方法（如腌渍的果仁）
05.0	可可制品、巧克力和巧克力制品（包括类巧克力和代巧克力）以及糖果
05.01	可可制品、巧克力和巧克力制品，包括类巧克力和代巧克力
05.01.01	可可制品（以可可为主要原料的脂、粉、浆、酱、馅）
05.01.02	巧克力和巧克力制品、除 05.01.01 以外的可可制品
05.01.03	类巧克力和代巧克力及使用可可代用品的巧克力类似产品
05.02	糖果
05.02.01	硬质糖果
05.02.02	硬质夹心糖果
05.02.03	乳脂糖果
05.02.04	压片糖果
05.02.05	凝胶糖果
05.02.06	抛光糖果
05.02.07	充气糖果
05.02.08	胶基糖果
05.02.08.01	无糖胶基糖果
05.02.08.02	含糖胶基糖果
05.02.09	其他糖果
05.03	糖果、巧克力制品包衣
05.04	装饰糖果（如工艺造型，或用于蛋糕装饰）、顶饰（非水果材料）和甜汁
06.0	粮食和粮食制品，包括大米、面粉、杂粮、块根植物、豆类和玉米提取的淀粉等（不包括07.0类焙烤制品）
06.01	原粮
06.02	大米及其制品（大米、米粉、米糕）
06.02.01	大米
06.02.02	大米制品
06.02.03	米粉（包括汤圆粉等）
06.02.04	米粉制品
06.03	小麦粉及其制品
06.03.01	小麦粉
06.03.01.01	自发粉
06.03.01.02	饺子粉
06.03.01.03	蛋糕预拌粉
06.03.01.04	其他专用粉
06.03.02	小麦粉制品
06.03.02.01	生湿面制品（如面条、饺子皮、馄饨皮、烧卖皮）
06.03.02.02	生干面制品
06.03.02.03	发酵面制品

食品分类号	食品类别/名称
06.03.02.04	面糊（如用于鱼和禽肉的拖面糊）、裹粉、煎炸粉
06.04	杂粮粉（包括豆粉）及其制品
06.04.01	杂粮粉
06.04.02	杂粮制品
06.04.02.01	八宝粥罐头
06.04.02.02	其他杂粮制品
06.05	淀粉及淀粉类制品
06.05.01	食用淀粉
06.05.02	淀粉制品
06.05.02.01	粉丝、粉条
06.05.02.02	虾味片
06.05.02.03	藕粉
06.06	即食谷物，包括碾轧燕麦（片）
06.07	方便米面制品
06.08	冷冻米面制品
06.09	谷类和淀粉类甜品（如米布丁、木薯布丁）
06.10	粮食制品馅料
07.0	焙烤食品
07.01	面包
07.02	糕点
07.02.01	中式糕点（月饼除外）
07.02.02	西式糕点
07.02.03	月饼
07.02.04	糕点上彩色装饰
07.03	饼干
07.03.01	夹心及装饰类饼干
07.03.02	威化饼干
07.03.03	蛋卷
07.03.04	其他饼干
07.04	焙烤食品馅料
07.05	其他焙烤食品
08.0	肉及肉制品
08.01	生、鲜肉
08.01.01	生鲜肉
08.01.02	冷却肉（排酸肉、冰鲜肉、冷鲜肉）
08.01.03	冻肉
08.02	预制肉制品
08.02.01	调理肉制品（生肉添加调理料）
08.02.02	腌腊肉制品类（如咸肉、腊肉、板鸭、中式火腿、腊肠等）
08.03	熟肉制品

食品分类号	食品类别/名称
08.03.01	酱卤肉制品类
08.03.01.01	白煮肉类
08.03.01.02	酱卤肉类
08.03.01.03	糟肉类
08.03.02	熏、烧、烤肉类
08.03.03	油炸肉类
08.03.04	西式火腿（熏烤、烟熏、蒸煮火腿）类
08.03.05	肉灌肠类
08.03.05.01	高温蒸煮肠
08.03.05.02	低温蒸煮肠
08.03.05.03	其他肉肠
08.03.06	发酵肉制品类
08.03.07	熟肉干制品
08.03.07.01	肉松类
08.03.07.02	肉干类
08.03.07.03	肉脯类
08.03.08	肉罐头类
08.03.09	可食用动物肠衣类
08.03.10	其他肉及肉制品
09.0	水产及其制品（包括鱼类、甲壳类、贝类、软体类、棘皮类等水产及其加工制品）
09.01	鲜水产
09.02	冷冻水产品及其制品
09.02.01	冷冻制品
09.02.02	冷冻挂浆制品
09.02.03	冷冻鱼糜制品（包括鱼丸等）
09.03	预制水产品（半成品）
09.03.01	醋渍或肉冻状水产品
09.03.02	腌制水产品
09.03.03	鱼子制品
09.03.04	风干、烘干、压干等水产品
09.03.05	其他预制水产品（鱼肉胶皮）
09.04	熟制水产品（可直接食用）
09.04.01	熟干水产品
09.04.02	经烹调或油炸的水产品
09.04.03	熏、烤水产品
09.04.04	发酵水产品
09.05	水产品罐头
09.06	其他水产品及其制品
10.0	蛋及蛋制品
10.01	鲜蛋

食品分类号	食品类别/名称
10.02	再制蛋（不改变物理性状）
10.02.01	卤蛋
10.02.02	糟蛋
10.02.03	皮蛋
10.02.04	咸蛋
10.02.05	其他再制蛋
10.03	蛋制品（改变其物理性状）
10.03.01	脱水蛋制品（如蛋白粉、蛋黄粉、蛋白片）
10.03.02	热凝固蛋制品（如蛋黄酪、松花蛋肠）
10.03.03	冷冻蛋制品（如冰蛋）
10.03.04	液体蛋
10.04	其他蛋制品
11.0	甜味料，包括蜂蜜
11.01	食糖
11.01.01	白糖及白糖制品（如甘蔗糖、甜菜糖、冰糖、果糖等）
11.01.02	其他糖和糖浆（如红糖、赤砂糖、槭树糖浆）
11.02	淀粉糖（果糖，葡萄糖、饴糖；部分转化糖，包括糖蜜等）
11.03	蜂蜜及花粉
11.03.01	蜂蜜
11.03.02	花粉
11.04	餐桌甜味料
11.05	调味糖浆
11.05.01	水果调味糖浆
11.05.02	其他调味糖浆
11.06	其他甜味料
12.0	调味品
12.01	盐及代盐制品
12.02	鲜味剂和助鲜剂
12.03	醋
12.03.01	酿造食醋
12.03.02	配制食醋
12.04	酱油
12.04.01	酿造酱油
12.04.02	配制酱油
12.05	酱及酱制品
12.05.01	酿造酱
12.05.02	配制酱
12.06	—
12.07	料酒及制品
12.08	—

食品分类号	食品类别/名称
12.09	香辛料类
12.09.01	香辛料及粉
12.09.02	香辛料油
12.09.03	香辛料酱（如芥末酱、青芥酱）
12.09.04	其他香辛料加工品
12.10	复合调味料
12.10.01	固体复合调味料
12.10.01.01	固体汤料
12.10.01.02	鸡精、鸡粉
12.10.01.03	其他固体复合调味料
12.10.02	半固体复合调味料
12.10.02.01	蛋黄酱、沙拉酱
12.10.02.02	以动物性原料为基料的调味酱
12.10.02.03	以蔬菜为基料的调味酱
12.10.02.04	其他
12.10.03	液体复合调味料（不包括12.03，12.04）
12.10.03.01	浓缩汤（罐装、瓶装）
12.10.03.02	肉汤
12.10.03.03	调味清汁
12.10.03.04	蚝油、虾油、鱼露等
12.11	其他调味料
13.0	特殊营养用食品
13.01	婴儿配方食品、较大婴儿和幼儿配方食品
13.01.01	婴儿配方食品
13.01.02	较大婴儿配方食品
13.01.03	幼儿配方食品
13.02	婴幼儿断奶期食品
13.03	病人用特殊食品
13.04	低能量配方食品
13.05	除13.01—13.04外的其他特殊营养用食品
13.05.01	孕产妇（乳母）配方食品
13.05.02	运动营养食品（运动饮料除外）
14.0	饮料类
14.01	包装饮用水类
14.01.01	饮用天然矿泉水
14.01.02	自然来源饮用水
14.01.03	饮用纯净水
14.01.04	饮用矿物质水
14.01.05	其他饮用水
14.02	果蔬汁类

食品分类号	食品类别/名称
14.02.01	果蔬汁（浆）
14.02.02	浓缩果蔬汁（浆）
14.02.03	果蔬汁（肉）饮料
14.03	蛋白饮料类
14.03.01	含乳饮料
14.03.02	植物蛋白饮料
14.04	水基调味饮料类
14.04.01	碳酸饮料
14.04.01.01	可乐型碳酸饮料
14.04.01.02	其他型碳酸饮料
14.04.02	非碳酸饮料
14.04.02.01	特殊用途饮料（包括"运动饮料"、"营养素饮料"等）
14.04.02.02	风味饮料（包括果味饮料、乳味、茶味及其他味饮料）
14.05	茶、咖啡、植物饮料类
14.05.01	茶饮料类
14.05.02	咖啡饮料类
14.05.03	植物饮料（除果蔬汁以外）类
14.06	固体饮料类
14.06.01	果香型固体饮料
14.06.02	蛋白型固体饮料
14.06.03	速溶咖啡
14.06.04	其他固体饮料
14.07	乳酸菌饮料
14.08	其他饮料类
15.0	酒类
15.01	蒸馏酒
15.01.01	白酒
15.01.02	调香蒸馏酒
15.01.03	白兰地
15.01.04	威士忌
15.01.05	伏特加
15.01.06	朗姆酒
15.01.07	其他蒸馏酒
15.02	配制酒
15.03	发酵酒
15.03.01	葡萄酒
15.03.01.01	无汽葡萄酒
15.03.01.02	起泡和半起泡葡萄酒
15.03.01.03	调香葡萄酒

食品分类号	食品类别/名称
15.03.01.04	特种葡萄酒（按特殊工艺加工制作的葡萄酒，如在葡萄原酒中加入白兰地，浓缩葡萄汁等）
15.03.02	黄酒
15.03.03	果酒
15.03.04	蜂蜜酒
15.03.05	啤酒和麦芽饮料
15.03.06	其他发酵酒类（充气型）
16.0	其他类（除外第01.0—15.0类）
16.01	果冻
16.02	茶叶、咖啡
16.03	胶原蛋白肠衣（肠衣）
16.04	酵母类制品
16.04.01	干酵母
16.04.02	其他酵母类制品
16.05	油炸食品
16.05.01	油炸小食品
16.05.02	其他油炸食品
16.06	膨化食品
16.07	其他

第二章 美国食品安全限量标准

第一节 概 述

1. 农药残留

美国农药残留容许量标准主要由美国环保局（EPA）负责制定，在美国联邦法规汇编（CFR）第40篇"环境保护"第180节"化学农药在食品中的残留容许量与残留容许量豁免"公布。该节包括5个分节，即A分节"定义和解释性法规"、B分节"程序性规定"、C分节"具体容许量"、D分节"容许量豁免"及E分节"不需要制定限量的农用化学物"。同时，美国食品药品管理局（FDA）对食品和饲料中的不可避免的农药残留制定了行动水平（Action Level），在FDA遵章政策指南（CPG Sec. 575. 100）公布。此外，美国联邦法典（US Code）第21篇"食品和药品"第9章346a部分还对农药残留容许量以及残留容许量豁免的原则性问题进行了规定，如规定含有无残留容许量标准或者残留容许量豁免农药的食品不安全等。

2. 兽药残留

美国兽药残留限量标准由美国食品药品管理局负责制定，在美国联邦法规汇编第21篇"食品和药品"第530部分规定了禁用药物清单，在美国联邦法规汇编第21篇"食品和药品"第556部分规定了"食品中新型兽药的残留容许量"。联邦法规"食品中新型兽药的残留容许量"由A、B两部分组成，A部分为一般条款，B部分为各种兽药的具体残留限量要求。

3. 特定污染物

食品中或者动物饲料的环境污染物在联邦法规汇编中或者FDA遵章政策指南公布，譬如所有鱼类可食部分的多氯联苯残留量是在21 CFR 109.30公布的，所有鱼类中甲基汞的残留量是在FDA遵章政策指南第540.600节中公布的。食品中重金属的残留量由FDA制定，并通过FDA指导文件（Guidance Documents）发布。生物毒素的残留容许量主要由美国FDA负责制定，主要通过遵章布告（Compliance Program）和FDA遵章政策指南公布，譬如，所有鱼类的遗忘性贝类毒素是在遵章布告7303.842公布的。

4. 食品添加剂

美国食品添加剂涵盖的范围较广，指直接或间接地成为一种食品成分或者影响食品性质的所有物质，包括直接添加剂和间接添加剂两类。根据1958年通过的联邦食品、药品、化妆品法（FD&C）食品添加剂补充法案，FDA进行食品添加剂上市前的审批，同时也要求生产者证实其使用安全性。该补充法案豁免了两类物质的审批程序：第一类物质是指所有1958年之前经FDA或美国农业部（USDA）确定为安全的物质，即前批准物质。第二类物质是通常认为安全的物质（GRAS）。GRAS物质是根据1958年以前食品中广泛使用的历史或发表的科学文献依据，专家组认定其使用安全的物质，如糖、盐、谷氨酸钠和其他数百种物质一起被划分为GRAS物质。1958年以来，FDA和USDA根据最新的科学信息对所有前批准物质和GRAS物质进行连续监测。一旦有证据表明可能存在安全问题，联邦当局就会禁止其使用或要求进行进一步研究。CFR第21篇"食品和药品"中的题为"卫生与公众服务部食品药品管理局"（"FOOD AND DRUG ADMINISTRATION, DEPARTMENT OF HEALTH AND HUMAN SERVICES"）的第1章的A分章70～84节（色素）和B分章170～190节，对食品添加剂的使用做了详细规定。

第二节 美国农药最高残留限量标准

序号	农药名称（残留标示物）	样品名称	残留限量（mg/kg）
1	1,3-二氯丙烯 1,3-Dichloropropene	葡萄	0.018
2	1-萘乙酸 1-Naphthaleneacetic acid	苹果、温柏、梨	1
		樱桃芙蓉、橄榄、甜橙、柑橘	0.1
		菠萝	0.05
3	2,4-二氯苯氧乙酸 2,4-D	蒂莫西干草	300
		芦笋	5
		加利蒙地亚橘、柚子、葡萄柚、金橘、柠檬、酸橙、甜橙、柚、橘柚、柑橘	3
		大麦、小麦、稷、燕麦	2
		稻米	0.5
		马铃薯	0.4
		杏仁、山毛榉坚果、黑莓、蓝莓、博伊深莓、灰胡桃、腰果、栗子、板栗、葡萄干、露莓、接骨木果、榛果、干锥蛇麻草、醋栗、越橘、罗甘莓、巴西坚果、山胡桃坚果、澳大利亚坚果、美洲山核桃、覆盆子、高粱、胡桃、杨氏草莓	0.2
		秘鲁胡萝卜、竹芋、中国朝鲜蓟、耶路撒冷朝鲜蓟、甜菜花、甜菜花根、甜菜花叶、牛蒡叶、牛蒡根、美人蕉、胡萝卜、木薯叶、木薯根、块根芹、萝卜细叶芹根、萝卜细叶芹叶、菊苣根、菊苣叶、荸荠、芋头茎、芋头叶、姜、人参、山葵、食用兰花蕉、欧芹根、欧洲防风草、萝卜、萝卜根、萝卜叶、芜菁甘蓝、芜菁甘蓝根、芜菁甘蓝叶、婆罗门参根、婆罗门参叶、泽芹、甜菜、甜菜根、甜菜叶、甘薯、芋、姜黄、芜菁、芜菁根、芜菁叶、西印度豆薯、山药	0.1
		苹果、杏、樱桃、樱桃芙蓉、酸甜樱桃、玉米、去皮甜玉米、海棠、葡萄、枇杷、山楂、油桃、桃、梨、东方梨、阿月浑子果、鲜李子、温柏、草莓、甘蔗	0.05
		大豆	0.02

序号	农药名称(残留标示物)	样品名称	残留限量(mg/kg)
3	2,4-二氯苯氧乙酸 2,4-D	牛肾、羊肾	4
		牛副产品、牛脂肪、牛肝、牛肉、羊副产品、羊脂肪、羊肝、羊肉	0.3
		奶	0.05
4	2,4-滴丁酸 2,4-DB	紫花苜蓿	2
		大豆	0.5
		花生	0.2
		牛副产品、牛肾、牛肝、猪副产品、猪肾、猪肝、羊副产品、羊肾、羊肝	0.05
5	阿维菌素 Abamectin	干锥蛇麻草	0.2
		卡瓦卢椰菜、苋菜红叶、芝麻菜、刺棘蓟、旱芹、中国旱芹、芹芴、山萝卜、食用菊花叶、加兰菊花、野莒、水芹、园芹、山芹、蒲公英叶、酸模、菊苣、佛罗伦萨茴香的鲜叶和茎、莴苣头、莴苣叶、欧芹、园马齿苋、冬季马齿苋、苦苣、大黄、菠菜、中国菠菜、新西兰菠菜、菠菜藤、唐莴苣、法国菠菜	0.1
		块根芹	0.05
		胡荽叶、夏香薄荷	0.03
		李子干	0.025
		苹果、鳄梨、柚子、茄子、葡萄、葡萄柚、刺儿李、金橘、柠檬、酸橙、草莓、橘柚、柑橘、粘果酸浆、西红柿、梨、香瓜梨、胡椒、甜椒、非甜椒、西班牙甘椒、甜橙	0.02
		鲜李子	0.01
		杏仁、苦瓜苹果、苦瓜、香瓜、佛手瓜果、棉籽、黄瓜、可食用葫芦、蜜露、甜瓜、香木缘瓜、马铃薯、南瓜、壁球、西葫芦、冬季壁球、胡桃、西瓜、冬瓜	0.005
		牛副产品、牛肾、牛肝、牛肉、猪副产品、猪肾、猪肝、猪肉、禽副产品、禽肾、禽肝、禽肉、羊副产品、羊肾、羊肝、羊肉	0.02
		牛脂肪	0.015
		奶	0.005
6	乙酰甲胺磷 Acephate	佛罗伦萨茴香的鲜叶和茎、旱芹、莴苣头	10
		胡椒、甜椒、非甜椒	4
		干蚕豆、干豆腐、菜豆、绿豆、海军豆、平豆、多汁豆、球芽甘蓝、羽扇豆	3
		花椰菜	2
		大豆	1
		棉籽、酸果蔓	0.5
		花生	0.2
		牛副产品、牛脂肪、牛肾、牛肝、牛肉、猪副产品、猪脂肪、猪肾、猪肝、猪肉、奶、蛋、禽副产品、禽脂肪、禽肾、禽肝、禽肉、羊副产品、羊脂肪、羊肾、羊肝、羊肉	0.1

序号	农药名称(残留标示物)	样品名称	残留限量(mg/kg)
7	灭螨醌 Acequinocyl	葡萄	1.6
		苹果、海棠、枇杷、山楂、梨、东方梨、温柏、草莓	0.4
		加利蒙地亚橘、柚子、葡萄柚、金橘、柠檬、酸橙、甜橙、柚、橘柚、柑橘	0.2
		杏仁、山毛榉坚果、灰胡桃、腰果、栗子、板栗、榛果、巴西坚果、山胡桃坚果、澳大利亚坚果、美洲山核桃、阿月浑子果、胡桃	0.02
		牛脂肪、牛肝、羊脂肪、羊肝	0.02
8	啶虫脒 Acetamiprid	韭、大葱、树洋葱、威尔士大葱	4.5
		芝麻菜、苋菜红叶、刺棘菊、旱芹、中国旱芹、芹莴、山萝卜、食用菊花叶、加兰菊花、野莒、水芹、园芹、山芹、蒲公英叶、酸模、菊苣、佛罗伦萨茴香的鲜叶和茎、莴苣头、莴苣叶、法国菠菜、欧芹、园马齿苋、冬季马齿苋、苦苣、大黄、菠菜、中国菠菜、新西兰菠菜、菠菜藤、唐莴苣	3
		黑莓、杨氏草莓、博伊深莓、葡萄干、露莓、接骨木果、醋栗、越橘、六月浆果、罗甘莓、覆盆子	1.6
		椰菜、卡瓦卢椰菜、中国椰菜、拉布椰菜、球芽甘蓝、甘蓝、大白菜、白菜、盖菜、纳帕白菜、杏、花椰菜、樱桃、樱桃芙蓉、酸甜樱桃、羽衣甘蓝、大头菜、日本辣水芹、盖菜叶、芥末菠菜、汩桃、桃、青芸苔	1.2
		苹果、海棠、枇杷、山楂、梨、东方梨、温柏	1
		可食用荚菜豆、蛾豆、红花菜豆、食荚菜豆、黄荚种菜豆、裙带豆、蓝莓、棉籽、酸果蔓、刀豆、越橘、豆角、矮豌豆、食荚豌豆、雪豆、甜豆、草莓	0.6
		苦瓜苹果、苦瓜、加利蒙地亚橘、佛手瓜果、柚子、黄瓜、可食用葫芦、葡萄柚、蜜露、金橘、柠檬、酸橙、甜瓜、香木缘瓜、香瓜、甜橙、柚、南瓜、壁球、西葫芦、冬季壁球、橘柚、柑橘、西瓜、冬瓜	0.5
		豆、蚕豆、多汁蚕豆、利马豆、多汁豆、豇豆、豌豆、黑眼豌豆、英国豌豆、青豆、绿豌豆、木豆、干南方豌豆、多汁豌豆、李子干	0.4
		茄子、葡萄、刺儿李、香瓜梨、胡椒、甜椒、非甜椒、西班牙甘椒、鲜李子、粘果酸浆、西红柿	0.2
		腰果、杏仁、山毛榉坚果、灰胡桃、栗子、板栗、榛果、巴西坚果、山胡桃坚果、澳大利亚坚果、美洲山核桃、阿月浑子果、胡桃	0.1
		大蒜、多瓣蒜、鳞茎洋葱、土豆洋葱、青葱	0.02
		秘鲁胡萝卜、竹芋、中国朝鲜蓟、耶路撒冷朝鲜蓟、美人蕉、木薯根、荸荠、海甘蓝、芋头茎、姜、食用兰花蕉、芥末种子、马铃薯、油菜籽、甘薯、芋、姜黄、西印度豆薯、山药	0.01
		牛副产品、牛肾、牛肝、猪副产品、猪肾、猪肝、羊副产品、羊肾、羊肝	0.2
		奶、牛脂肪、牛肉、猪脂肪、猪肉、羊脂肪、羊肉	0.1
		禽肝	0.05
		蛋、禽脂肪、禽肉	0.01
9	乙草胺 Acetochlor	玉米、去皮甜玉米、高粱	0.05

序号	农药名称(残留标示物)	样品名称	残留限量 (mg/kg)
10	阿拉酸式苯-S-甲基 Acibenzolar - S - methyl	苦瓜苹果、苦瓜、香瓜、佛手瓜果、黄瓜、可食用葫芦、蜜露、甜瓜、香木缘瓜、南瓜、壁球、西葫芦、冬季壁球、西瓜、冬瓜	2
		椰菜、中国椰菜、拉布椰菜、球芽甘蓝、甘蓝、大白菜、白菜、盖菜、纳帕白菜、花椰菜、羽衣甘蓝、茄子、刺儿李、羽衣甘蓝、大头菜、日本辣水芹、盖菜叶、芥末菠菜、香瓜梨、胡椒、甜椒、非甜椒、西班牙甘椒、青芸苔、菠菜、粘果酸浆、西红柿	1
		苋菜红叶、芝麻菜、卡瓦卢椰菜、刺棘蓟、旱芹、中国旱芹、芹苣、山萝卜、食用菊花叶、加兰菊花、野苣、水芹、园芹、山芹、蒲公英叶、酸模、菊苣、佛罗伦萨茴香的鲜叶和茎、莴苣头、莴苣叶、法国菠菜、欧芹、园马齿苋、冬季马齿苋、苦苣、大黄、中国菠菜、新西兰菠菜、菠菜藤、唐莴苣	0.25
		大蒜、多瓣蒜、鳞茎洋葱、土豆洋葱、青葱	0.1
11	三氟羧草醚 Acifluorfen	花生、稻米、大豆	0.1
		草莓	0.05
12	4-二氯乙酰基-1-氧-4-氮螺[4,5]癸烷 AD 67	玉米	0.005
13	甲草胺 Alachlor	葵花子	2.5
		大豆	1
		花生	0.5
		玉米	0.2
		干蚕豆、干豆腐、菜豆、利马豆、绿豆、海军豆、平豆、高粱、羽扇豆	0.1
		去皮甜玉米	0.05
		棉籽	0.03
		牛副产品、牛脂肪、牛肾、牛肝、牛肉、猪副产品、猪脂肪、猪肾、猪肝、猪肉、禽副产品、禽脂肪、禽肾、禽肝、禽肉、羊副产品、羊脂肪、羊肾、羊肝、羊肉、蛋、奶	0.02
14	涕灭威 Aldicarb	马铃薯、甜菜叶	1
		美洲山核桃	0.5
		葡萄柚、柠檬、酸橙、甜橙	0.3
		高粱	0.2
		干蚕豆、干豆腐、菜豆、绿豆、海军豆、平豆、棉籽、羽扇豆、甘薯	0.1
		花生、甜菜、甜菜根	0.05
		大豆、甘蔗	0.02
15	莠灭净 Ametryn	香蕉、去皮甜玉米、车前草	0.25
		玉米、菠萝、甘蔗	0.05
16	氨唑草酮 Amicarbazone	大豆	0.8
		小麦、紫花苜蓿	0.1
		棉籽	0.07

序号	农药名称(残留标示物)	样品名称	残留限量(mg/kg)
16	氨唑草酮 Amicarbazone	玉米	0.05
		牛肝、羊肝	1
		牛副产品、牛肾、猪肝、羊副产品、羊肾	0.1
		牛脂肪、牛肉、猪副产品、猪脂肪、猪肾、猪肉、奶、羊脂肪、羊肉	0.01
17	氯氨基吡啶酸 Aminopyralid	蒂莫西干草	50
		小麦	0.04
		牛肾	0.3
		奶、羊肾	0.03
		牛副产品、牛脂肪、牛肝、牛肉、羊副产品、羊脂肪、羊肝、兰肉	0.02
18	阿米曲士 Amitraz	梨	3
		猪副产品	0.3
		牛副产品、牛肾、牛肝、奶脂肪	0.2
		牛脂肪、猪脂肪、猪肾、猪肝	0.1
		猪肉	0.05
		奶	0.03
		牛肉	0.02
19	磺草灵 Asulam	甘蔗	1
		牛副产品、牛肾、牛肝、猪副产品、猪肾、猪肝、羊副产品、羊肾、羊肝	0.2
		牛脂肪、牛肉、猪脂肪、猪肉、奶、羊脂肪、羊肉	0.05
20	阿特拉津 Atrazine	蒂莫西干草	4
		玉米、去皮甜玉米、澳大利亚坚果、高粱、甘蔗	0.2
		小麦	0.1
		番石榴	0.05
		牛副产品、牛脂肪、牛肾、牛肝、牛肉、奶、羊副产品、羊脂肪、羊肾、羊肝、羊肉	0.02
21	四烯雌酮 Aviglycine	杏、油桃、桃、李子干、鲜李子	0.17
		苹果、梨	0.08
22	谷硫磷 Azinphos-methyl	紫花苜蓿、蓝莓、欧芹	5
		葡萄	4
		食荚菜豆、黑莓、博伊深莓、椰菜、中国椰菜、球芽甘蓝、甘蓝、加利蒙地亚橘、花椰菜、旱芹、樱桃、樱桃芙蓉、酸甜樱桃、柚子、黄瓜、佛罗伦萨茴香的鲜叶和茎、大蒜、多瓣蒜、葡萄柚、金橘、柠檬、酸橙、罗甘莓、甜瓜、香瓜、油桃、鳞茎洋葱、甜橙、欧芹根、桃、鲜李子、柚、覆盆子、菠菜、草莓、橘柚、柑橘、西红柿、西瓜	2
		苹果、海棠、梨、温柏	1.5

序号	农药名称(残留标示物)	样品名称	残留限量(mg/kg)
22	谷硫磷 Azinphos-methyl	棉籽、酸果蔓	0.5
		茄子、榛果、美洲山核桃、胡椒、甜椒、非甜椒、阿月浑子果、胡桃	0.3
		杏仁、马铃薯	0.2
23	嘧菌酯 Azoxystrobin	紫花苜蓿	120
		甜菜花叶、牛蒡叶、木薯叶、萝卜细叶芹叶、菊苣叶、芋头叶、萝卜叶、芜菁甘蓝叶、婆罗门参叶、夏香薄荷、甜菜叶	50
		茴香、白胡椒	38
		苋菜红叶、芝麻菜、刺棘蓟、旱芹、中国旱芹、芹莴、山萝卜、食用菊花叶、加兰菊花、胡荽叶、野苣、水芹、园芹、山芹、蒲公英叶、酸模、菊苣、佛罗伦萨茴香的鲜叶和茎、莴苣头、莴苣叶、法国菠菜、欧芹、园马齿苋、冬季马齿苋、苦苣、大黄、菠菜、中国菠菜、新西兰菠菜、菠菜藤、唐莴苣	30
		拉布椰菜、白菜、羽衣甘蓝、日本辣水芹、盖菜叶、芥末菠菜、青芸苔、芜菁叶	25
		干锥蛇麻草、蒂莫西干草	20
		高粱	11
		加利蒙地亚橘、柚子、葡萄柚、金橘、柠檬、酸橙、甜橙、柚、草莓、橘柚、柑橘	10
		大葱	7.5
		黑莓、博伊深莓、露莓、罗甘莓、覆盆子、稻米、杨氏草莓	5
		朝鲜蓟	4
		可食用荚菜豆、红花菜豆、食荚菜豆、黄荚种菜豆、裙带豆、蓝莓、椰菜、卡瓦卢椰菜、中国椰菜、球芽甘蓝、甘蓝、大白菜、盖菜、纳帕白菜、花椰菜、葡萄干、接骨木果、醋栗、越橘、刀豆、六月浆果、大头菜、豆角、矮豌豆、食荚豌豆、雪豆、甜豆、水田芥	3
		金虎尾、披尔兹番荔枝、鳄梨、香蕉、番荔枝、南美番荔枝、茄子、费约果、西番莲子、刺儿李、番石榴、拟爱神木、木菠萝、龙眼、枇杷、荔枝、杧果、黄秋葵、番木瓜、木瓜、香瓜梨、胡椒、甜椒、非甜椒、柿子、西班牙甘椒、车前草、人心果、黑肉柿、香肉果、白柿、刺果番荔枝、西班牙酸橙、杨桃、苹果糖、罗望子、粘果酸浆、莲雾	2
		杏、樱桃、樱桃芙蓉、酸甜樱桃、油桃、桃、李子干、鲜李子	1.5
		大蒜、多瓣蒜、葡萄、鳞茎洋葱	1
		棉籽	0.6
		豆、红小豆、蚕豆、干蚕豆、多汁蚕豆、干豆腐、菜豆、扁豆、利马豆、蛾豆、绿豆、海军豆、粉红豆、平豆、稻豆、多汁豆、宽叶菜豆、黑绿豆、甜菜花、甜菜花根、牛蒡根、胡萝卜、眉豆、块根芹、萝卜细叶芹根、鹰嘴豆、菊苣根、豇豆、海甘蓝、酸果蔓、人参、瓜、山葵、小扁豆、羽扇豆、芥末种子、欧芹根、欧洲防风草、豌豆、黑眼豌豆、克劳德豌豆、干豌豆、英国豌豆、紫花豌豆、青豆、绿豌豆、木豆、干南方豌豆、多汁豌豆、阿月浑子果、萝卜、萝卜根、油菜籽、芜菁甘蓝、芜菁甘蓝根、婆罗门参根、泽芹、大豆、甜菜、甜菜根、葵花子、芜菁、芜菁根	0.5
		黄瓜	0.3

序号	农药名称(残留标示物)	样品名称	残留限量(mg/kg)
23	嘧菌酯 Azoxystrobin	花生、西红柿	0.2
		大麦、小麦	0.1
		玉米	0.05
		芦笋	0.04
		秘鲁胡萝卜、竹芋、中国朝鲜蓟、耶路撒冷朝鲜蓟、美人蕉、木薯根、荸荠、去皮甜玉米、芋头茎、姜、食用兰花蕉、马铃薯、甘薯、芋、姜黄、西印度豆薯、山药	0.03
		杏仁、山毛榉坚果、灰胡桃、腰果、栗子、板栗、榛果、巴西坚果、山胡桃坚果、澳大利亚坚果、胡桃	0.02
		美洲山核桃	0.01
		牛脂肪	0.03
		牛肉	0.01
24	氟草胺 Benfluralin	紫花苜蓿、莴苣头、莴苣叶、花生	0.05
25	解草嗪 Benoxacor	杏仁、杏、大麦、豆、红小豆、蚕豆、干蚕豆、多汁蚕豆、干豆腐、可食用荚菜豆、菜豆、扁豆、利马豆、蛾豆、绿豆、海军豆、粉红豆、平豆、稻豆、红花菜豆、多汁豆、宽叶菜豆、黑绿豆、黄荚种菜豆、裙带豆、山毛榉坚果、灰胡桃、甘蓝、腰果、眉豆、旱芹、樱桃、樱桃芙荞、酸甜樱桃、栗子、鹰嘴豆、板栗、玉米、去皮甜玉米、豇豆、蛋、佛罗伦萨茴香的鲜叶和茎、瓜、榛果、刀豆、小扁豆、豆角、羽扇豆、稷、油桃、巴西坚果、山胡桃坚果、澳大利亚坚果、燕麦、豌豆、黑眼豌豆、克劳德豌豆、干豌豆、矮豌豆、食荚豌豆、英国豌豆、紫花豌豆、青豆、绿豌豆、木豆、雪豆、干南方豌豆、多汁豌豆、甜豆、桃、花生、美洲山核桃、甜椒、西班牙甘椒、阿月浑子果、李子干、鲜李子、马铃薯、稻米、高粱、大豆、蒂莫西干草、胡桃、小麦	0.01
		牛副产品、牛脂肪、牛肾、牛肝、牛肉、奶、禽副产品、禽脂肪、禽肾、禽肝、禽肉、羊副产品、羊脂肪、羊肾、羊肝、羊肉	0.01
26	苄嘧磺隆 Bensulfuron-methyl	稻米	0.02
27	地散磷 Bensulide	苋菜红叶、芝麻菜、苦瓜苹果、苦瓜、椰菜、卡瓦卢椰菜、中国椰菜、拉布椰菜、球芽甘蓝、甘蓝、大白菜、白菜、盖菜、纳帕白菜、香瓜、刺棘蓟、花椰菜、旱芹、中国旱芹、芹莴、佛手瓜果、山萝卜、食用菊花叶、加兰菊花、羽衣甘蓝、野苣、水芹、园芹、山芹、黄瓜、蒲公英叶、酸模、菊苣、佛罗伦萨茴香的鲜叶和茎、可食用葫芦、蜜露、大头菜、莴苣头、莴苣叶、甜瓜、香木缘瓜、日本辣水芹、盖菜叶、芥末菠菜、法国菠菜、欧芹、南瓜、园马齿苋、冬季马齿苋、苦苣、青芸苔、大黄、菠菜、中国菠菜、新西兰菠菜、菠菜藤、壁球、西葫芦、冬季壁球、唐莴苣、西瓜、冬瓜	0.15
		茄子、大蒜、多瓣蒜、刺儿李、鳞茎洋葱、香瓜梨、胡椒、甜椒、非甜椒、西班牙甘椒、粘果酸浆、西红柿	0.1
28	苯达松 Bentazon	多汁豌豆	3
		干豌豆	1
		多汁豆	0.5
		干蚕豆、干豆腐、菜豆、绿豆、海军豆、平豆、玉米、去皮甜玉米、羽扇豆、花生、非甜椒、高粱、大豆、稻米	0.05

序号	农药名称(残留标示物)	样品名称	残留限量 (mg/kg)
28	苯达松 Bentazon	牛副产品、牛脂肪、牛肾、牛肝、牛肉、蛋、猪副产品、猪脂肪、猪肾、猪肝、猪肉、禽副产品、禽脂肪、禽肾、禽肝、禽肉、羊副产品、羊脂肪、羊肾、羊肝、羊肉	0.05
		奶	0.02
29	苯噻菌胺 Benthiavalicarb - isopropyl	葡萄干	1
		西红柿	0.45
30	β-氟氯氰菊酯 Beta - cyfluthrin	蒂莫西干草	50
		干锥蛇麻草	20
		拉布椰菜、白菜、羽衣甘蓝、日本辣水芹、盖菜叶、芥末菠菜、青芸苔、芜菁叶	7
		苋菜红叶、芝麻菜、刺棘蓟、旱芹、中国旱芹、芹苜、山萝卜、食用菊花叶、加兰菊花、野苣、水芹、园芹、山芹、蒲公英叶、酸模、菊苣、佛罗伦萨茴香的鲜叶和茎、法国菠菜、欧芹、园马齿苋、冬季马齿苋、苦苣、大黄、菠菜、中国菠菜、新西兰菠菜、菠菜藤、唐莴苣	6
		紫花苜蓿	5
		葡萄干、高粱	3.5
		莴苣叶	3
		椰菜、卡瓦卢椰菜、中国椰菜、球芽甘蓝、甘蓝、大白菜、盖菜、纳帕白菜、花椰菜、大头菜	2.5
		莴苣头	2
		棉籽、葡萄、萝卜、萝卜根	1
		苹果、海棠、茄子、刺儿李、枇杷、山楂、梨、东方梨、香瓜梨、胡椒、甜椒、意大利炒青椒、非甜椒、西班牙甘椒、温柏、粘果酸浆	0.5
		杏、樱桃、樱桃芙蓉、酸甜樱桃、油桃、桃、鲜李子	0.3
		干南方豌豆	0.25
		加利蒙地亚橘、胡萝卜、柚子、葡萄柚、金橘、柠檬、酸橙、甜橙、柚、橘柚、柑橘、西红柿	0.2
		大麦、红小豆、干蚕豆、干豆腐、菜豆、扁豆、蛾豆、绿豆、海军豆、粉红豆、平豆、稻豆、宽叶菜豆、黑绿豆、眉豆、鹰嘴豆、豇豆、瓜、小扁豆、羽扇豆、稷、燕麦、黑眼豌豆、克劳德豌豆、干豌豆、紫花豌豆、木豆、小麦	0.15
		苦瓜苹果、苦瓜、香瓜、佛手瓜果、黄瓜、可食用葫芦、蜜露、甜瓜、香木缘瓜、南瓜、壁球、西葫芦、冬季壁球、甜菜、甜菜根、西瓜、冬瓜	0.1
		玉米、去皮甜玉米、甘蔗	0.05
		大豆	0.03
		葵花子	0.02
		杏仁、秘鲁胡萝卜、竹芋、中国朝鲜蓟、耶路撒冷朝鲜蓟、山毛榉坚果、灰胡桃、美人蕉、腰果、木薯根、栗子、板栗、荸荠、芋头茎、蛋、姜、榛果、食用兰花蕉、巴西坚果、山胡桃坚果、澳大利亚坚果、花生、美洲山核桃、阿月浑子果、马铃薯、甘薯、芋、姜黄、胡桃、西印度豆薯、山药	0.01
		奶脂肪	5

序号	农药名称（残留标示物）	样品名称	残留限量（mg/kg）
30	β-氟氯氰菊酯 Beta-cyfluthrin	牛脂肪、羊脂肪	2
		猪脂肪	0.5
		奶	0.2
		牛副产品、牛肾、牛肝、牛肉	0.1
		羊副产品、羊肾、羊肝、羊肉	0.05
		猪副产品、猪肾、猪肝、猪肉、禽副产品、禽脂肪、禽肾、禽肝、禽肉	0.01
31	联苯肼酯 Bifenazate	干锥蛇麻草	15
		杜果、番木瓜、人心果、黑肉柿、香肉果	7
		可食用荚菜豆、蛾豆、红花菜豆、食荚菜豆、黄荚种菜豆、裙带豆、刀豆、豆角、矮豌豆、食荚豌豆、雪豆、甜豆	6
		黑莓、博伊深莓、露莓、罗甘莓、龙眼、荔枝、覆盆子、西班牙酸橙、杨氏草莓	5
		杏、樱桃、樱桃芙蓉、酸甜樱桃、油桃、桃、李子干	2.5
		茄子、刺儿李、黄秋葵、香瓜梨、胡椒、甜椒、意大利炒青椒、非甜椒、西班牙甘椒、粘果酸浆、西红柿	2
		草莓	1.5
		葡萄干	1.2
		金虎尾、费约果、西番莲子、番石榴、拟爱神木、杨桃、莲雾	0.9
		苹果、苦瓜苹果、苦瓜、香瓜、棉籽、海棠、黄瓜、中国黄瓜、可食用葫芦、葡萄、蜜露、枇杷、山楂、甜瓜、香木缘瓜、梨、东方梨、南瓜、温柏、壁球、西葫芦、冬季壁球、西瓜、冬瓜	0.75
		豆、蚕豆、多汁蚕豆、利马豆、多汁豆、豇豆、豌豆、黑眼豌豆、英国豌豆、青豆、绿豌豆、木豆、干南方豌豆、多汁豌豆、大豆	0.7
		杏仁、山毛榉坚果、灰胡桃、腰果、栗子、板栗、榛果、巴西坚果、山胡桃坚果、澳大利亚坚果、美洲山核桃、阿月浑子果、鲜李子、胡桃	0.2
		秘鲁胡萝卜、竹芋、中国朝鲜蓟、耶路撒冷朝鲜蓟、美人蕉、木薯根、佛手瓜果、荸荠、芋头茎、姜、食用兰花蕉、马铃薯、甘薯、芋、姜黄、西印度豆薯、山药	0.1
		牛脂肪、猪脂肪、羊脂肪	0.1
		牛副产品、牛肾、牛肝、牛肉、猪副产品、猪肾、猪肝、猪肉、奶、羊副产品、羊肾、羊肝、羊肉	0.02
32	联苯菊酯 Bifenthrin	甜菜花叶	15
		干锥蛇麻草	10
		胡荽叶	6
		萝卜叶	4.5
		甘蓝	4
		拉布椰菜、白菜、羽衣甘蓝、日本辣水芹、盖菜叶、芥末菠菜、青芸苔、芜菁叶	3.5
		刺棘蓟、旱芹、中国旱芹、芹莴、佛罗伦萨茴香的鲜叶和茎、莴苣头、大黄、草莓、唐莴苣	3

序号	农药名称(残留标示物)	样品名称	残留限量(mg/kg)
32	联苯菊酯 Bifenthrin	蓝莓、葡萄干、接骨木果、醋栗、越橘、六月浆果	1.8
		山楂	1.4
		朝鲜蓟、黑莓、博伊深莓、露莓、罗甘莓、覆盆子、杨氏草莓	1
		可食用荚菜豆、红花菜豆、食荚菜豆、黄荚种菜豆、裙带豆、椰菜、卡瓦卢椰菜、中国椰菜、球芽甘蓝、大白菜、盖菜、纳帕白菜、花椰菜、刀豆、大头菜、豆角、矮豌豆、食荚豌豆、雪豆、甜豆	0.6
		棉籽、刺儿李、黄秋葵、梨、香瓜梨、甜椒、非甜椒、西班牙甘椒	0.5
		甜菜花、甜菜花根	0.45
		苦瓜苹果、苦瓜、香瓜、佛手瓜果、黄瓜、可食用葫芦、蜜露、甜瓜、香木缘瓜、南瓜、壁球、西葫芦、冬季壁球、西瓜、冬瓜	0.4
		葡萄、大豆、菠菜	0.2
		红小豆、干蚕豆、干豆腐、菜豆、扁豆、蛾豆、绿豆、海军豆、粉红豆、平豆、稻豆、宽叶菜豆、黑绿豆、眉豆、鹰嘴豆、小扁豆、羽扇豆、克劳德豌豆、干豌豆、紫花豌豆、西红柿	0.15
		牛蒡根、胡萝卜、块根芹、萝卜细叶芹根、菊苣根、人参、山葵、欧芹根、欧洲防风草、萝卜、萝卜根、芜菁甘蓝、芜菁甘蓝根、婆罗门参根、泽芹、芜菁、芜菁根	0.1
		杏仁、秘鲁胡萝卜、竹芋、中国朝鲜蓟、耶路撒冷朝鲜蓟、豆、蚕豆、多汁蚕豆、利马豆、多汁豆、山毛榉坚果、灰胡桃、加利蒙地亚橘、美人蕉、腰果、木薯根、栗子、板栗、荸荠、柚子、玉米、去皮甜玉米、豇豆、海甘蓝、芋头茎、茄子、姜、葡萄柚、榛果、金橘、柠檬、食用兰花蕉、酸橙、巴西坚果、山胡桃坚果、澳大利亚坚果、甜橙、豌豆、黑眼豌豆、英国豌豆、青豆、绿豌豆、木豆、干南方豌豆、多汁豌豆、花生、美洲山核桃、阿月浑子果、马铃薯、柚、油菜籽、夏香薄荷、甘薯、橘柚、柑橘、芋、姜黄、胡桃、西印度豆薯、山药	0.05
		牛脂肪、猪脂肪、奶脂肪、羊脂肪	1
		牛肉、猪肉、羊肉	0.5
		牛副产品、牛肾、牛肝、猪副产品、猪肾、猪肝、奶、羊副产品、羊肾、羊肝	0.1
		蛋、禽副产品、禽脂肪、禽肾、禽肝、禽肉	0.05
33	双草醚 Bispyribac-sodium	稻米	0.02
		莴苣头	6.5
		黑莓、博伊深莓、露莓、罗甘莓、覆盆子、杨氏草莓	6
		卡诺拉	5
		草莓	4.5
		海甘蓝、葡萄、油菜籽	3.5
		苹果、椰菜、卡瓦卢椰菜、中国椰菜、球芽甘蓝、甘蓝、大白菜、盖菜、纳帕白菜、花椰菜、海棠、大蒜、多瓣蒜、大头菜、韭、枇杷、山楂、鳞茎洋葱、大葱、土豆洋葱、树洋葱、威尔士大葱、梨、东方梨、温柏、青葱	3
		红小豆、干蚕豆、干豆腐、菜豆、扁豆、绿豆、海军豆、粉红豆、平豆、稻豆、宽叶菜豆、黑绿豆、眉豆、鹰嘴豆、小扁豆、克劳德豌豆、干豌豆、	2.5

序号	农药名称(残留标示物)	样品名称	残留限量(mg/kg)
33	双草醚 Bispyribac-sodium	杏、樱桃、樱桃芙蓉、酸甜樱桃、油桃、桃、鲜李子	1.7
		苦瓜苹果、苦瓜、可食用荚菜豆、蛾豆、红花菜豆、食荚菜豆、黄荚种菜豆、裙带豆、香瓜、佛手瓜果、可食用葫芦、蜜露、刀豆、豆角、甜瓜、香木缘瓜、矮豌豆、食荚豌豆、雪豆、甜豆、南瓜、壁球、西葫芦、冬季壁球、西瓜、冬瓜	1.6
		鳄梨、杧果、番木瓜、人心果、黑肉柿、香肉果	1.5
		茄子、刺儿李、香瓜梨、胡椒、甜椒、非甜椒、西班牙甘椒、粘果酸浆、西红柿	1.2
		甜菜花根、牛蒡根、胡萝卜、块根芹、萝卜细叶芹根、菊苣根、棉籽、人参、山葵、欧芹根、欧洲防风草、芜菁甘蓝、芜菁甘蓝根、婆罗门参根、泽芹、甜菜根	1
		杏仁、山毛榉坚果、灰胡桃、腰果、栗子、板栗、榛果、巴西坚果、山胡桃坚果、澳大利亚坚果、美洲山核桃、阿月浑子果、胡桃	0.7
		豆、蚕豆、多汁蚕豆、利马豆、多汁豆、豌豆、黑眼豌豆、英国豌豆、青豆、绿豌豆、木豆、干南方豌豆、多汁豌豆、葵花子	0.6
		黄瓜	0.5
		大豆	0.1
		秘鲁胡萝卜、竹芋、中国朝鲜蓟、耶路撒冷朝鲜蓟、美人蕉、木薯根、荸荠、芋头茎、姜、食用兰花蕉、花生、马铃薯、甘薯、芋、姜黄、西印度豆薯、山药	0.05
		牛副产品、牛肾、牛肝、羊副产品、羊肾、羊肝	0.35
		牛脂肪、羊脂肪	0.3
		牛肉、猪副产品、猪脂肪、猪肾、猪肝、奶、禽副产品、禽肾、禽肝、羊肉	0.1
		猪肉、禽脂肪、禽肉	0.05
		蛋	0.02
34	啶酰菌胺 Boscalid	苋菜红叶、芝麻菜、山萝卜、食用菊花叶、加兰菊花、野苣、水芹、园芹、山芹、蒲公英叶、酸模、菊苣、法国菠菜、欧芹、园马齿苋、冬季马齿苋、苦苣、菠菜、中国菠菜、新西兰菠菜、菠菜藤	60
		刺棘蓟、旱芹、中国旱芹、芹葛、佛罗伦萨茴香的鲜叶和茎、大黄、唐莴苣	45
		干锥蛇麻草	35
		拉布椰菜、白菜、羽衣甘蓝、日本辣水芹、盖菜叶、芥末菠菜、青芸苔	18
		蓝莓、葡萄干、接骨木果、醋栗、越橘	13
		莴苣叶	11
		葡萄干	8.5
35	除草定 Bromacil	柚子、葡萄柚、金橘、柠檬、酸橙、甜橙、菠萝、橘柚、柑橘	0.1
36	溴苯腈 Bromoxynil	蒂莫西干草	3
		棉籽	1.5
		紫花苜蓿	0.5

序号	农药名称(残留标示物)	样品名称	残留限量(mg/kg)
36	溴苯腈 Bromoxynil	大蒜、多瓣蒜、鳞茎洋葱	0.1
		大麦、玉米、燕麦、高粱、小麦	0.05
		牛副产品、牛肾、牛肝、猪副产品、猪肾、猪肝、羊副产品、羊肾、羊肝	3.5
		牛脂肪、猪脂肪、羊脂肪	1
		牛肉、猪肉、羊肉	0.5
		禽副产品、禽肾、禽肝	0.3
		奶	0.1
		蛋、禽脂肪、禽肉	0.05
37	噻嗪酮 Buprofezin	苋菜红叶、芝麻菜、卡瓦卢椰菜、刺棘蓟、旱芹、中国旱芹、芹莴、山萝卜、食用菊花叶、加兰菊花、野苣、水芹、园芹、山芹、蒲公英叶、酸模、菊苣、佛罗伦萨茴香的鲜叶和茎、莴苣叶、法国菠菜、欧芹、园马齿苋、冬季马齿苋、大黄、菠菜、中国菠菜、新西兰菠菜、菠菜藤、唐莴苣	35
		杏、油桃、桃	9
		莴苣头、苦苣	6
		苹果、海棠、枇杷、山楂、黄秋葵、梨、东方梨、非甜椒、温柏	4
		橄榄	3.5
		蓝莓、加利蒙地亚橘、柚子、酸果蔓、葡萄、葡萄柚、金橘、柠檬、酸橙、越橘、甜橙、柚、草莓、橘柚、柑橘	2.5
		樱桃、樱桃芙蓉、酸甜樱桃、鲜李子	1.9
		茄子、刺儿李、香瓜梨、胡椒、甜椒、西班牙甘椒、粘果酸浆、西红柿	1.3
		杜果、番木瓜、人心果、黑肉柿、香肉果	0.9
		苦瓜苹果、苦瓜、香瓜、佛手瓜果、黄瓜、可食用葫芦、蜜露、甜瓜、香木缘瓜、南瓜、壁球、西葫芦、冬季壁球、西瓜、冬瓜	0.5
		棉籽	0.35
		金虎尾、披尔兹番荔枝、鳄梨、番荔枝、南美番荔枝、费约果、西莲子、番石榴、拟爱神木、罗甘莓、荔枝、刺果番荔枝、西班牙酸橙、杨桃、苹果糖、莲雾	0.3
		香蕉、车前草	0.2
		杏仁、阿月浑子果	0.05
		食荚菜豆	0.02
		牛副产品、牛脂肪、牛肾、牛肝、牛肉、猪副产品、猪脂肪、猪肾、猪肝、猪肉、羊副产品、羊脂肪、羊肾、羊肝、羊肉	0.05
		奶	0.01
38	氟丙嘧草酯 Butafenacil	棉籽	0.5
		牛肝、猪肝、羊肝	0.5
		牛肾、猪肾、羊肾	0.05
39	丁草特 Butylate	玉米、去皮甜玉米	0.1

第二章 美国食品安全限量标准

序号	农药名称(残留标示物)	样品名称	残留限量(mg/kg)
40	克菌丹 Captan	樱桃、樱桃芙蓉、酸甜樱桃	50
		苹果、黑莓、博伊深莓、露莓、葡萄、罗甘莓、油桃、梨、覆盆子、杨氏草莓	25
		蓝莓、草莓	20
		桃	15
		杏、鲜李子	10
		杏仁	0.25
		紫花苜蓿、苋菜红叶、秘鲁胡萝卜、竹芋、中国朝鲜蓟、耶路撒冷朝鲜蓟、芝麻菜、苦瓜苹果、苦瓜、大麦、豆、红小豆、蚕豆、干蚕豆、多汁蚕豆、干豆腐、可食用荚菜豆、菜豆、扁豆、利马豆、蛾豆、绿豆、海军豆、粉红豆、平豆、稻豆、红花菜豆、食荚菜豆、多汁豆、宽叶菜豆、黑绿豆、黄荚种菜豆、裙带豆、甜菜花、甜菜花根、甜菜花叶、椰菜、卡瓦卢椰菜、中国椰菜、拉布椰菜、球芽甘蓝、牛蒡叶、牛蒡根、寸蓝、大白菜、白菜、盖菜、纳帕白菜、美人蕉、香瓜、刺棘蓟、胡萝卜、木薯叶、木薯根、眉豆、花椰菜、块根芹、旱芹、中国旱芹、芹茏、佛手瓜果、山萝卜、萝卜细叶芹根、萝卜细叶芹叶、鹰嘴豆、菊苣根、菊苣叶、食用菊花叶、加兰菊花、荸荠、羽衣甘蓝、野茴、玉米、棉籽、豇豆、海甘蓝、水芹、园芹、山芹、黄瓜、蒲公英叶、芋头茎、芋头叶、酸模、茄子、菊苣、佛罗伦萨茴香的鲜叶和茎、大蒜、多瓣蒜、姜、人参、可食用葫芦、刺儿李、蜜露、山葵、刀豆、大头菜、韭、小扁豆、食用万花煮、莴苣头、莴苣叶、豆角、羽扇豆、甜瓜、香木缘瓜、樱、日本辣水芹、盖菜叶、芥末菠菜、燕麦、黄秋葵、鳞茎洋葱、大葱、土豆洋葱、树洋葱、威尔士大葱、法国菠菜、欧芹、欧芹根、欧洲防风草、豌豆、黑眼豌豆、克劳德豌豆、干豌豆、矮豌豆、食荚豌豆、英国豌豆、紫花豌豆、青豆、绿豌豆、木豆、雪豆、干南方豌豆、多汁豌豆、甜豆、花生、香瓜梨、胡椒、甜椒、非甜椒、西班牙甘椒、马铃薯、南瓜、园马齿苋、冬季马齿苋、苦苣、萝卜、萝卜根、萝卜叶、青芸苔、油菜籽、大黄、稻米、芜菁甘蓝、芜菁甘蓝根、芜菁甘蓝叶、婆罗门参根、婆罗门参叶、芝麻、青葱、泽芹、高粱、大豆、菠菜、中国菠菜、新西兰菠菜、菠菜藤、壁球、西葫芦、冬季壁球、甜菜、甜菜根、甜菜叶、葵花子、甘薯、唐莴苣、芋、蒂莫西干草、粘果酸浆、西红柿、姜、芜菁、芜菁根、芜菁叶、西瓜、冬瓜、小麦、西印度豆薯、山药	0.05
		牛副产品、牛肾、牛肝、猪副产品、猪肾、猪肝、羊副产品、羊肾、羊肝	0.3
		牛肉、猪肉、羊肉	0.2
		牛脂肪、猪脂肪、羊脂肪	0.15
		奶	0.1
41	甲萘威 Carbaryl	紫花苜蓿、甜菜花叶、牛蒡叶、木薯叶、萝卜细叶芹叶、菊苣叶、芋头叶、萝卜叶、芜菁甘蓝叶、婆罗门参叶、芜菁叶	75
		甜菜叶	25
		蒲公英叶、欧芹、菠菜	22
		甘蓝	21
		芦笋、稻米、蒂莫西干草	15

序号	农药名称(残留标示物)	样品名称	残留限量 (mg/kg)
41	甲萘威 Carbaryl	苹果、黑莓、博伊深莓、海棠、露莓、罗甘莓、枇杷、山楂、梨、东方梨、温柏、葡萄干、覆盆子、杨氏草莓	12
		杏、蚕豆、多汁蚕豆、可食用荚菜豆、利马豆、红花菜豆、食荚菜豆、多汁豆、黄荚种菜豆、裙带菜、椰菜、卡瓦卢椰菜、中国椰菜、拉布椰菜、球芽甘蓝、刀豆、大白菜、白菜、盖菜、纳帕白菜、加利蒙地亚橘、花椰菜、樱桃、樱桃芙蓉、酸甜樱桃、柚子、羽衣甘蓝、菊苣、葡萄、葡萄柚、刀豆、大头菜、金橘、柠檬、莴苣头、莴苣叶、酸橙、豆角、日本辣水芹、盖菜叶、芥末菠菜、油桃、橄榄、甜橙、豌豆、矮豌豆、食荚豌豆、雪豆、多汁豌豆、甜豆、桃、鲜李子、柚、青芸苔、高粱、橘柚、柑橘	10
		香蕉、茄子、刺儿李、香瓜梨、胡椒、甜椒、非甜椒、西班牙甘椒、车前草、粘果酸浆、西红柿	5
		黄秋葵、草莓	4
		苦瓜苹果、苦瓜、蓝莓、香瓜、刺棘蓟、旱芹、中国旱芹、芹莴、佛手瓜果、酸果蔓、黄瓜、葡萄干、接骨木果、佛罗伦萨茴香的鲜叶和茎、醋栗、可食用葫芦、蜜露、越橘、六月浆果、甜瓜、香木缘瓜、南瓜、大黄、壁球、西葫芦、冬季壁球、唐莴苣、西瓜、冬瓜	3
		秘鲁胡萝卜、竹芋、中国朝鲜蓟、耶路撒冷朝鲜蓟、甜菜花、甜菜花根、牛蒡根、美人蕉、胡萝卜、木薯根、块根芹、萝卜细叶芹根、菊苣根、荸荠、芋头茎、姜、人参、山葵、食用兰花蕉、欧芹根、欧洲防风草、菠萝、马铃薯、萝卜、萝卜根、芜菁甘蓝、芜菁甘蓝根、婆罗门参根、泽芹、芋、姜黄、芜菁、芜菁根、西印度豆薯、山药	2
		红小豆、干蚕豆、干豆腐、菜豆、扁豆、蛾豆、绿豆、海军豆、粉红豆、平豆、稻豆、宽叶菜豆、黑绿豆、眉豆、鹰嘴豆、豇豆、小扁豆、羽扇豆、稷、黑眼豌豆、克劳德豌豆、干豌豆、紫花豌豆、木豆、干南方豌豆、胡桃、小麦	1
		大豆、甜菜、甜菜根、葵花子	0.5
		甘薯	0.2
		杏仁、山毛榉坚果、灰胡桃、腰果、栗子、去皮甜玉米、榛果、巴西坚果、山胡桃坚果、澳大利亚坚果、美洲山核桃、阿月浑子果	0.1
		花生	0.05
		玉米	0.02
		牛副产品、牛肾、牛肝、猪副产品、猪肾、猪肝、羊副产品、羊肾、羊肝	3
		牛肉、猪肉、奶、羊肉	1
		牛脂肪、猪脂肪、羊脂肪	0.5
42	二硫化碳 Carbon Disulfide	杏仁、葡萄、葡萄柚、柠檬、油桃、甜橙、桃、李子干	0.1
43	萎锈灵 Carboxin	大麦、干蚕豆、干豆腐、菜豆、绿豆、海军豆、平豆、多汁豆、玉米、去皮甜玉米、棉籽、大蒜、多瓣蒜、羽扇豆、燕麦、鳞茎洋葱、花生、稻米、大豆、小麦	0.2
		海甘蓝、油菜籽	0.03
		牛副产品、牛肾、牛肝、猪副产品、猪肾、猪肝、禽副产品、禽脂肪、禽肾、禽肝、禽肉、羊副产品、羊肾、羊肝	0.1
		牛脂肪、牛肉、蛋、猪脂肪、猪肉、奶、羊脂肪、羊肉	0.05

第二章 美国食品安全限量标准

序号	农药名称(残留标示物)	样品名称	残留限量(mg/kg)
44	唑草酮 Carfentrazone–ethyl	蒂莫西干草	8
		胡荽叶、茴香、白胡椒、夏香薄荷	2
		稻米	1.3
		高粱	0.25
		香蕉、棉籽、车前草	0.2
		甘蔗	0.15
		金虎尾、杏仁、苋菜红叶、苹果、杏、秘鲁胡萝卜、竹芋、中国朝鲜蓟、耶路撒冷朝鲜蓟、芝麻菜、披尔兹番荔枝、鳄梨、苦瓜苹果、苦瓜、大麦、红小豆、蚕豆、干蚕豆、多汁蚕豆、干豆腐、可食用荚菜豆、菜豆、扁豆、利马豆、蛾豆、绿豆、海军豆、粉红豆、平豆、稻豆、红花菜豆、食荚菜豆、多汁豆、宽叶菜豆、黑绿豆、黄荚种菜豆、裙带豆、山毛榉坚果、甜菜花、甜菜花根、甜菜花叶、黑莓、蓝莓、博伊深莓、椰菜、卡瓦卢椰菜、中国椰菜、拉布椰菜、球芽甘蓝、牛蒡叶、牛蒡根、灰胡桃、甘蓝、大白菜、白菜、盖菜、纳帕白菜、加利蒙地亚橘、美人蕉、卡诺拉、香瓜、刺棘蓟、胡萝卜、腰果、木薯叶、木薯根、眉豆、花椰菜、块根芹、旱芹、中国旱芹、芹芫、佛手瓜果、番荔枝、樱桃、樱桃芙蓉、酸甜樱桃、山萝卜、萝卜细叶芹根、萝卜细叶芹叶、栗子、鹰嘴豆、菊苣根、菊苣叶、板栗、食用菊花叶、加兰菊花、荸荠、柚子、椰子、羽衣甘蓝、野苣、玉米、去皮甜玉米、豇豆、海棠、海甘蓝、水芹、园芹、山芹、黄瓜、葡萄干、南美番荔枝、蒲公英叶、芋头茎、芋头叶、枣椰子、露莓、酸模、茄子、接骨木果、菊苣、费约果、佛罗伦萨茴香的鲜叶和茎、无花果、西番莲子、大蒜、多瓣蒜、姜、人参、醋栗、可食用葫芦、葡萄、葡萄柚、刺儿李、番石榴、榛果、蜜露、干锥蛇麻草、山葵、越橘、拟爱神木、刀豆、六月浆果、卡瓦根、猕猴桃、大头菜、金橘、韭、柠檬、小扁豆、食用兰焦蕉、莴苣头、莴苣叶、酸橙、罗甘莓、龙眼、豆角、枇杷、羽扇豆、荔枝、杧果、山楂、甜瓜、香木缘瓜、稷、日本辣椒芹、盖菜叶、芥末菠菜、芥末种子、油桃、巴西坚果、山胡桃坚果、澳大利亚坚果、燕麦、黄秋葵、橄榄、鳞茎洋葱、大葱、土豆洋葱、树洋葱、威尔士大葱、法国菠菜、甜橙、棕榈心、番木瓜、欧芹、欧芹根、欧洲防风草、木瓜、豌豆、黑眼豌豆、克劳德豌豆、干豌豆、矮豌豆、食荚豌豆、英国豌豆、紫花豌豆、青豆、绿豌豆、木豆、雪豆、干南方豌豆、多汁豌豆、甜豆、桃、花生、梨、东方梨、美洲山核桃、香瓜梨、胡椒、甜椒、非甜椒、柿子、西班牙甘椒、阿月浑子果、鲜李子、石榴、马铃薯、柚、南瓜、园马齿苋、冬季马齿苋、温柏、苦苣、萝卜、萝卜根、萝卜叶、青芸苔、油菜籽、覆盆子、大黄、芜菁甘蓝、芜菁甘蓝根、芜菁甘蓝叶、婆罗门参根、婆罗门参叶、人心果、黑肉柿、香肉果、青葱、泽芹、刺果番荔枝、大豆、西班牙酸橙、菠菜、中国菠菜、新西兰菠菜、菠菜藤、壁球、西葫芦、冬季壁球、杨桃、草莓、苹果糖、甜菜、甜菜根、甜菜叶、葵花子、甘薯、唐莴苣、橘柚、柑橘、芋、朱蕉叶片、朱蕉根、粘果酸浆、西红柿、姜黄、芜菁、芜菁根、芜菁叶、胡桃、山葵根、西瓜、莲雾、冬瓜、小麦、西印度豆薯、山药、杨氏草莓	0.1
		牛副产品、牛脂肪、牛肾、牛肝、牛肉、猪副产品、猪脂肪、猪肾、猪肝、猪肉、禽副产品、禽肾、禽肝、羊副产品、羊脂肪、羊肾、羊肝、羊肉	0.1
		奶	0.05

· 97 ·

序号	农药名称(残留标示物)	样品名称	残留限量(mg/kg)
45	氯虫酰胺 Chlorantraniliprole	苋菜红叶、芝麻菜、刺棘蓟、旱芹、中国旱芹、芹莴、山萝卜、食用菊花叶、加兰菊花、野苣、水芹、园芹、山芹、蒲公英叶、酸模、菊苣、佛罗伦萨茴香的鲜叶和茎、莴苣头、莴苣叶、法国菠菜、欧芹、园马齿苋、冬季马齿苋、苦苣、大黄、菠菜、中国菠菜、新西兰菠菜、菠菜藤、唐莴苣	13
		拉布椰菜、白菜、羽衣甘蓝、日本辣水芹、盖菜叶、芥末菠菜、青芸苔	11
		椰菜、卡瓦卢椰菜、中国椰菜、球芽甘蓝、甘蓝、大白菜、盖菜、纳帕白菜、花椰菜、大头菜	4
		葡萄干	2.5
		葡萄	1.2
		杏、樱桃、樱桃芙蓉、酸甜樱桃、油桃、桃、鲜李子	1
		茄子、刺儿李、香瓜梨、胡椒、甜椒、非甜椒、西班牙甘椒、粘果酸浆、西红柿	0.7
		苹果、棉籽、海棠、枇杷、山楂、梨、东方梨、温柏	0.3
		苦瓜苹果、苦瓜、香瓜、佛手瓜果、黄瓜、可食用葫芦、蜜露、甜瓜、香木缘瓜、南瓜、壁球、西葫芦、冬季壁球、西瓜、冬瓜	0.25
		马铃薯	0.01
		牛副产品、牛脂肪、牛肾、牛肝、牛肉、奶、羊副产品、羊脂肪、羊肾、羊肝、羊肉	0.01
46	四氯乙磷 Chlorethoxyphos	玉米、去皮甜玉米	0.01
47	虫螨腈 Chlorfenapyr	茄子、刺儿李、香瓜梨、胡椒、甜椒、意大利炒青椒、非甜椒、西班牙甘椒、粘果酸浆、西红柿	1
48	氯嘧磺隆 Chlorimuron-ethyl	蓝莓、酸果蔓、越橘、花生	0.02
		大豆	0.05
49	地茂散 Chloroneb	干蚕豆、干豆腐、菜豆、绿豆、海军豆、平豆、多汁豆、棉籽、羽扇豆、大豆、甜菜根、甜菜叶	0.2
		牛副产品、牛脂肪、牛肾、牛肝、牛肉、猪副产品、猪脂肪、猪肾、猪肝、猪肉、羊副产品、羊脂肪、羊肾、羊肝、羊肉	0.2
		奶	0.05
50	百菌清 Chlorothalonil	旱芹、佛罗伦萨茴香的鲜叶和茎、荔枝、番木瓜	15
		茄子、刺儿李、黄秋葵、香瓜梨、胡椒、甜椒、非甜椒、西班牙甘椒、粘果酸浆	6
		苦瓜苹果、苦瓜、食荚菜豆、椰菜、卡瓦卢椰菜、中国椰菜、球芽甘蓝、甘蓝、大白菜、盖菜、纳帕白菜、香瓜、花椰菜、佛手瓜果、酸果蔓、黄瓜、可食用葫芦、蜜露、大头菜、甜瓜、香木缘瓜、大葱、食荚豌豆、南瓜、壁球、西葫芦、冬季壁球、西红柿、西瓜、冬瓜	5
		人参、山葵、大黄	4
		西番莲子、杨桃	3
		蓝莓、胡萝卜、去皮甜玉米、杧果、蘑菇、欧洲防风草	1
		杏、樱桃、樱桃芙蓉、酸甜樱桃、大蒜、多瓣蒜、油桃、鳞茎洋葱、桃	0.5
		花生	0.3

序号	农药名称(残留标示物)	样品名称	残留限量(mg/kg)
50	百菌清 Chlorothalonil	阿月浑子果、李子干、鲜李子、大豆	0.2
		芦笋、干蚕豆、干豆腐、菜豆、绿豆、海军豆、平豆、小扁豆、羽扇豆、马铃薯、山药	0.1
		杏仁、香蕉、车前草	0.05
		牛肾、猪肾、羊肾	0.5
		牛脂肪、猪脂肪、奶、羊脂肪	0.1
		牛副产品、牛肝、猪副产品、猪肝、羊副产品、羊肝	0.05
		牛肉、猪肉、羊肉	0.03
51	氯苯胺灵 Chlorpropham	马铃薯	30
		牛肾、猪肾、奶、羊肾	0.3
		牛脂肪、猪脂肪、羊脂肪	0.2
		牛副产品、牛肝、牛肉、猪副产品、猪肝、猪肉、羊副产品、羊肝、羊肉	0.06
52	毒死蜱 Chlorpyrifos	紫花苜蓿	13
		甜菜叶	8
		猕猴桃、萝卜、萝卜根	2
		椰菜、卡瓦卢椰菜、中国椰菜、拉布椰菜、球芽甘蓝、甘蓝、大白菜、白菜、盖菜、纳帕白菜、加利蒙地亚橘、花椰菜、樱桃、樱桃芙蓉、酸甜樱桃、柚子、羽衣甘蓝、酸果蔓、葡萄柚、大头菜、金橘、柠檬、莴苣头、莴苣叶、酸橙、日本辣水芹、盖菜叶、芥末菠菜、胡椒、甜椒、非甜椒、西班牙青椒、柚、青芸苔、甜菜、甜菜根、橘柚、柑橘、芜菁、芜菁根	1
		大蒜、多瓣蒜、鳞茎洋葱、芜菁甘蓝、芜菁甘蓝根、高粱、小麦	0.5
		大豆、芜菁叶	0.3
		杏仁、棉籽、榛果、花生、美洲山核桃、草莓、胡桃	0.2
		香蕉、车前草、葵花子	0.1
		红小豆、蚕豆、干蚕豆、多汁蚕豆、干豆腐、可食用荚菜豆、菜豆、扁豆、利马豆、蛾豆、绿豆、海军豆、粉红豆、平豆、稻豆、红花菜豆、食荚菜豆、多汁豆、宽叶菜豆、黑绿豆、黄荚种豆、裙带豆、眉豆、鹰嘴豆、玉米、去皮甜玉米、豇豆、黄瓜、刀豆、小扁豆、豆角、羽扇豆、油桃、豌豆、黑眼豌豆、克劳德豌豆、干豌豆、矮豌豆、食荚豌豆、英国豌豆、紫花豌豆、青豆、绿豌豆、木豆、雪豆、干南方豌豆、多汁豌豆、甜豆、桃、梨、鲜李子、南瓜、甘薯	0.05
		苹果、无花果	0.01
		牛脂肪	0.3
		奶脂肪	0.25
		猪脂肪、羊脂肪	0.2
		禽副产品、禽脂肪、禽肾、禽肝、禽肉	0.1
		牛副产品、牛肾、牛肝、牛肉、猪副产品、猪肾、猪肝、猪肉、羊副产品、羊肾、羊肝、羊肉	0.05
		蛋、奶	0.01

序号	农药名称(残留标示物)	样品名称	残留限量(mg/kg)
53	甲基毒死蜱 Chlorpyrifos-methyl	大麦、燕麦、稻米、高粱、小麦	6
		奶脂肪	1.25
		牛副产品、牛脂肪、牛肾、牛肝、牛肉、猪副产品、猪脂肪、猪肾、猪肝、猪肉、禽副产品、禽脂肪、禽肾、禽肝、禽肉、羊副产品、羊脂肪、羊肾、羊肝、羊肉	0.5
		蛋	0.1
54	氯磺隆 Chlorsulfuron	蒂莫西干草	19
		大麦、燕麦、小麦	0.1
		牛副产品、牛脂肪、牛肾、牛肝、牛肉、猪副产品、猪脂肪、猪肾、猪肝、猪肉、羊副产品、羊脂肪、羊肾、羊肝、羊肉	0.3
		奶	0.1
55	烯草酮 Clethodim	紫花苜蓿、大豆	10
		葵花子	5
		红小豆、蚕豆、干蚕豆、多汁蚕豆、可食用荚菜豆、菜豆、扁豆、利马豆、蛾豆、绿豆、绿豆芽、海军豆、粉红豆、平豆、稻豆、红花菜豆、食荚菜豆、多汁豆、宽叶菜豆、黑绿豆、黄荚种菜豆、裙带豆、眉豆、鹰嘴豆、豇豆、刀豆、小扁豆、豆角、羽扇豆、豌豆、黑眼豌豆、克劳德豌豆、干豌豆、矮豌豆、食荚豌豆、英国豌豆、紫花豌豆、青豆、绿豌豆、木豆、雪豆、干南方豌豆、多汁豌豆、甜豆	3.5
		椰菜、卡瓦卢椰菜、中国椰菜、拉布椰菜、球芽甘蓝、甘蓝、大白菜、白菜、盖菜、纳帕白菜、花椰菜、羽衣甘蓝、大头菜、日本辣水芹、盖菜叶、芥末菠菜、花生、青芸苔、草莓、芜菁叶	3
		干豆腐	2.5
		芝麻菜、香瓜、山萝卜、食用菊花叶、加兰菊花、野苣、水芹、园芹、山芹、蒲公英叶、酸模、菊苣、蜜露、莴苣头、莴苣叶、甜瓜、香木缘瓜、大葱、法国菠菜、欧芹、园马齿苋、冬季马齿苋、苦苣、菠菜、中国菠菜、新西兰菠菜、菠菜藤、雁来红、西瓜	2
		芦笋	1.7
		秘鲁胡萝卜、竹芋、中国朝鲜蓟、耶路撒冷朝鲜蓟、甜菜花、甜菜花根、牛蒡根、美人蕉、胡萝卜、木薯根、块根芹、萝卜细叶芹根、菊苣根、荸荠、棉籽、芋头茎、茄子、姜、人参、刺儿李、山葵、食用兰花蕉、欧芹根、欧洲防风草、香瓜梨、胡椒、甜椒、非甜椒、西班牙甘椒、萝卜、萝卜根、芜菁甘蓝、芜菁甘蓝根、婆罗门参根、泽芹、甜菜叶、甘薯、芋、粘果酸浆、西红柿、姜黄、芜菁、芜菁根、西印度豆薯、山药	1
		萝卜叶	0.7
		苋菜红叶、刺棘蓟、旱芹、中国旱芹、芹莴、佛罗伦萨茴香的鲜叶和茎、大黄、唐莴苣	0.6
		苦瓜苹果、苦瓜、佛手瓜果、海甘蓝、酸果蔓、黄瓜、中国黄瓜、可食用葫芦、干锥蛇麻草、芥菜种子、马铃薯、南瓜、油菜籽、壁球、西葫芦、冬季壁球、冬瓜	0.5
		芝麻	0.35

第二章 美国食品安全限量标准

序号	农药名称(残留标示物)	样品名称	残留限量(mg/kg)
55	烯草酮 Clethodim	玉米、大蒜、多瓣蒜、鳞茎洋葱、甜菜根	0.2
		牛副产品、牛脂肪、牛肾、牛肝、牛肉、蛋、猪副产品、猪脂肪、猪肾、猪肝、猪肉、禽副产品、禽脂肪、禽肾、禽肝、禽肉、羊副产品、羊脂肪、羊肾、羊肝、羊肉	0.2
		奶	0.05
56	炔草酯 Clodinafop-propargyl	小麦	0.1
57	苯哒嗪钾 Clofencet	小麦	250
		牛肾、猪肾	10
		蛋	1
		牛副产品、牛肝、猪副产品	0.5
		牛肉	0.15
		牛脂肪、猪脂肪	0.04
		奶	0.02
		羊肾	10
		猪肝、羊副产品、羊肝	0.5
		禽副产品、禽肾、禽肝	0.2
		猪肉、禽肉、羊肉	0.15
		禽脂肪、羊脂肪	0.04
58	四螨嗪 Clofentezine	杏、樱桃、樱桃芙蓉、酸甜樱桃、葡萄、油桃、桃	1
		杏仁、苹果、梨	0.5
		柿子	0.05
		胡桃	0.02
		牛肝、猪肝、羊肝	0.4
		牛副产品、牛脂肪、牛肾、牛肉、猪副产品、猪脂肪、猪肾、猪肉、羊副产品、羊脂肪、羊肾、羊肉	0.05
		奶	0.01
59	异噁草酮 Clomazone	甘蓝、黄瓜、南瓜、西葫芦、冬季壁球	0.1
		秘鲁胡萝卜、竹芋、中国朝鲜蓟、耶路撒冷朝鲜蓟、苦瓜苹果、苦瓜、食荚菜豆、美人蕉、香瓜、木薯根、佛手瓜果、荸荠、棉籽、芋头茎、姜、可食用葫芦、蜜露、食用兰花蕉、甜瓜、香木缘果、多汁豌豆、胡椒、甜椒、非甜椒、大豆、壁球、甘蔗、甘薯、芋、姜黄、西瓜、冬瓜、西印度豆薯、山药	0.05
		稻米	0.02

序号	农药名称(残留标示物)	样品名称	残留限量(mg/kg)
60	二氯吡啶甲酸 Clopyralid	蒂莫西干草	500
		干锥蛇麻草、盖菜叶、菠菜	5
		甜菜花根、酸果蔓、芜菁叶	4
		大麦、甜菜花叶、海甘蓝、芥末种子、燕麦、油菜籽、甜菜叶、小麦	3
		椰菜、卡瓦卢椰菜、中国椰菜、球芽甘蓝、甘蓝、大白菜、盖菜、纳帕白菜、花椰菜、大头菜、甜菜根	2
		李子干	1.5
		芦笋、玉米、去皮甜玉米、草莓、芜菁根	1
		杏、樱桃、樱桃芙蓉、酸甜樱桃、油桃、桃、鲜李子	0.5
		牛副产品、牛肾、羊副产品、羊肾	36
		牛肝、羊肝	3
		牛脂肪、牛肉、羊脂肪、羊肉	1
		猪副产品、猪脂肪、猪肾、猪肝、猪肉、奶、禽副产品、禽脂肪、禽肾、禽肝、禽肉	0.2
		蛋	0.1
61	解毒喹 Cloquintocet-mexyl	大麦、小麦	0.1
62	氯酯磺草胺 Cloransulam-methyl	大豆	0.02
63	噻虫胺 Clothianidin	苹果、海棠、梨、温柏	1
		葡萄	0.6
		马铃薯	0.05
		甜菜根	0.02
		玉米、去皮甜玉米、棉籽、海甘蓝、油菜籽、高粱	0.01
		奶	0.01
64	碳酸铜 Copper Carbonate	梨	3
65	蝇毒磷 Coumaphos	牛副产品、牛脂肪、牛肾、牛肝、牛肉、猪副产品、猪脂肪、猪肾、猪肝、猪肉、羊副产品、羊脂肪、羊肾、羊肝、羊肉	1
		奶脂肪	0.5
66	冰晶石 Cryolite	大麦	15
		杏、黑莓、蓝莓、博伊深莓、椰菜、中国椰菜、球芽甘蓝、甘蓝、加利蒙地亚橘、花椰菜、柚子、羽衣甘蓝、酸果蔓、黄瓜、露莓、茄子、葡萄、葡萄柚、大头菜、金橘、柠檬、莴苣头、莴苣叶、酸橙、罗甘莓、甜瓜、香瓜、油桃、甜橙、桃、胡椒、甜椒、非甜椒、鲜李子、柚、南瓜、覆盆子、西葫芦、冬季壁球、草莓、橘柚、柑橘、西红柿、西瓜、杨氏草莓	7
67	氰草津 Cyanazine	去皮甜玉米	0.05

第二章 美国食品安全限量标准

序号	农药名称(残留标示物)	样品名称	残留限量(mg/kg)
68	氰霜唑 Cyazofamid	西红柿	0.2
		苦瓜苹果、苦瓜、香瓜、佛手瓜果、黄瓜、中国黄瓜、可食用葫芦、蜜露、甜瓜、香木缘瓜、南瓜、壁球、西葫芦、冬季壁球、西瓜、冬瓜	0.1
		胡萝卜	0.09
		马铃薯	0.02
69	环丙酸酰胺 Cyclanilide	棉籽	0.6
		牛肾、猪肾、羊肾	2
		牛副产品、牛肝、猪副产品、猪肝、羊副产品、羊肝、羊肉	0.2
		牛脂肪、猪脂肪、羊脂肪	0.1
		奶	0.04
		牛肉、猪肉	0.02
70	草灭特 Cycloate	甜菜花根、甜菜花叶、菠菜、甜菜根、甜菜叶	0.05
71	氟氯氰菊酯 Cyfluthrin	蒂莫西干草	50
		干锥蛇麻草	20
		拉布椰菜、白菜、羽衣甘蓝、日本辣水芹、盖菜叶、芥末菠菜、青芸苔、芜菁叶	7
		苋菜红叶、芝麻菜、刺棘蓟、旱芹、中国旱芹、芹莴、山萝卜、食用菊花叶、加兰菊花、野苣、水芹、园芹、山芹、蒲公英叶、酸模、菊苣、佛罗伦萨茴香的鲜叶和茎、法国菠菜、欧芹、园马齿苋、冬季马齿苋、苦苣、大黄、菠菜、中国菠菜、新西兰菠菜、菠菜藤、唐莴苣	6
		紫花苜蓿	5
		葡萄干、高粱	3.5
		莴苣叶	3
		椰菜、卡瓦卢椰菜、中国椰菜、球芽甘蓝、甘蓝、大白菜、盖菜、纳帕白菜、花椰菜、大头菜	2.5
		莴苣头	2
		棉籽、葡萄、萝卜、萝卜根	1
		苹果、海棠、茄子、刺儿李、枇杷、山楂、梨、东方梨、香瓜梨、胡椒、甜椒、意大利炒青椒、非甜椒、西班牙甘椒、温柏、粘果酸浆	0.5
		杏、樱桃、樱桃芙蓉、酸甜樱桃、油桃、桃、鲜李子	0.3
		干南方豌豆	0.25
		加利蒙地亚橘、胡萝卜、柚子、葡萄柚、金橘、柠檬、酸橙、甜橙、柚、橘柚、柑橘、西红柿	0.2
		大麦、红小豆、干蚕豆、干豆腐、菜豆、扁豆、蛾豆、绿豆、海军豆、粉红豆、平豆、稻豆、宽叶菜豆、黑绿豆、眉豆、鹰嘴豆、豇豆、小扁豆、羽扇豆、稷、燕麦、黑眼豌豆、克劳德豌豆、干豌豆、紫花豌豆、木豆、小麦	0.15
		苦瓜苹果、苦瓜、香瓜、佛手瓜果、黄瓜、可食用葫芦、蜜露、甜瓜、香木缘瓜、南瓜、壁球、西葫芦、冬季壁球、甜菜、甜菜根、西瓜、冬瓜	0.1
		玉米、去皮甜玉米、甘蔗	0.05

序号	农药名称(残留标示物)	样品名称	残留限量(mg/kg)
71	氟氯氰菊酯 Cyfluthrin	大豆	0.03
		葵花子	0.02
		杏仁、秘鲁胡萝卜、竹芋、中国朝鲜蓟、耶路撒冷朝鲜蓟、山毛榉坚果、灰胡桃、美人蕉、腰果、木薯根、栗子、板栗、荸荠、芋头茎、姜、榛果、食用兰花蕉、巴西坚果、山胡桃坚果、澳大利亚坚果、花生、美洲山核桃、阿月浑子果、马铃薯、甘薯、芋、姜黄、胡桃、西印度豆薯、山药	0.01
		奶脂肪	5
		牛脂肪、羊脂肪	2
		猪脂肪	0.5
		奶	0.2
		牛副产品、牛肾、牛肝、牛肉	0.1
		羊副产品、羊肾、羊肝、羊肉	0.05
		蛋、猪副产品、猪肾、猪肝、猪肉、禽副产品、禽脂肪、禽肾、禽肝、禽肉	0.01
72	霜脲氰 Cymoxanil	苋菜红叶、芝麻菜、卡瓦卢椰菜、山萝卜、食用菊花叶、加兰菊花、野苣、水芹、园芹、山芹、蒲公英叶、酸模、菊苣、莴苣头、莴苣叶、法国菠菜、欧芹、园马齿苋、冬季马齿苋、苦苣、菠菜、中国菠菜、新西兰菠菜、菠菜藤	19
		干锥蛇麻草	7
		刺棘蓟、旱芹、中国旱芹、芹莴、佛罗伦萨茴香的鲜叶和茎、大黄、唐莴苣	6
		黑莓、博伊深莓、露莓、罗甘莓、覆盆子、杨氏草莓	4
		韭、大葱、树洋葱、威尔士大葱	1.1
		茄子、刺儿李、香瓜梨、胡椒、甜椒、非甜椒、西班牙甘椒、粘果酸浆、西红柿	0.2
		苦瓜苹果、苦瓜、香瓜、佛手瓜果、黄瓜、大蒜、多瓣蒜、可食用葫芦、蜜露、甜瓜、香水缘瓜、鳞茎洋葱、土豆洋葱、马铃薯、南瓜、青葱、壁球、西葫芦、冬季壁球、西瓜、冬瓜	0.05
73	氯氰菊酯 Cypermethrin	拉布椰菜、白菜、羽衣甘蓝、日本辣水芹、盖菜叶、芥末菠菜、青芸苔	14
		大葱	6
		莴苣头	4
		椰菜、卡瓦卢椰菜、中国椰菜、球芽甘蓝、甘蓝、大白菜、盖菜、纳帕白菜、花椰菜、大头菜	2
		棉籽	0.5
		大蒜、多瓣蒜、鳞茎洋葱	0.1
		美洲山核桃	0.05
		奶脂肪	2.5
		牛脂肪、羊脂肪	1
		牛肉、羊肉	0.2
		猪脂肪、奶	0.1
		牛副产品、牛肾、牛肝、蛋、猪肉、禽脂肪、禽肉、羊副产品、羊肾、羊肝	0.05

序号	农药名称(残留标示物)	样品名称	残留限量(mg/kg)
74	环唑醇 Cyproconazole	大豆、小麦	0.05
		玉米	0.01
		牛肝、羊肝	0.5
		奶	0.02
		牛副产品、牛脂肪、牛肾、猪肝、羊副产品、羊脂肪、羊肾	0.01
75	嘧菌环胺 Cyprodinil	欧芹	35
		苋菜红叶、芝麻菜、山萝卜、食用菊花叶、加兰菊花、野苣、水芹、园芹、山芹、蒲公英叶、酸模、菊苣、莴苣头、莴苣叶、法国菠菜、园马齿苋、冬季马齿苋、苦苣、中国菠菜、新西兰菠菜、菠菜藤	30
		水田芥	20
		甜菜花叶、黑莓、博伊深莓、拉布椰菜、牛蒡叶、白菜、木薯叶、萝卜细叶芹叶、菊苣、羽衣甘蓝、芋头叶、露莓、罗甘莓、日本辣水芹、盖菜叶、芥末菠菜、萝卜叶、青芸苔、覆盆子、芜菁甘蓝叶、婆罗门参叶、甜菜叶、芜菁叶、杨氏草莓	10
		草莓	5
		大葱	4
		蓝莓、胡荽叶、葡萄干、接骨木果、醋栗、越橘、六月浆果、夏香薄荷	3
		杏、樱桃、樱桃芙蓉、酸甜樱桃、葡萄、龙眼、荔枝、油桃、木瓜、桃、李子干、鲜李子、西班牙酸橙	2
		猕猴桃	1.8
		鳄梨、杧果、番木瓜、人心果、黑肉柿、香肉果	1.2
		椰菜、卡瓦卢椰菜、中国椰菜、球芽甘蓝、甘蓝、大白菜、盖菜、纳帕白菜、花椰菜、大头菜	1
		甜菜花、甜菜红根、牛蒡根、胡萝卜、块根芹、萝卜细叶芹根、菊苣根、人参、山葵、欧芹根、欧洲防风草、萝卜、萝卜根、芜菁甘蓝、芜菁甘蓝根、婆罗门参根、泽芹、芜菁、芜菁根	0.75
		苦瓜苹果、苦瓜、香瓜、佛手瓜果、黄瓜、可食用葫芦、蜜露、甜瓜、香木缘瓜、南瓜、壁球、西葫芦、冬季壁球、西瓜、冬瓜	0.7
		干蚕豆、干豆腐、菜豆、绿豆、海军豆、平豆、食荚菜豆、多汁豆、大蒜、多瓣蒜、柠檬、酸橙、羽扇豆、鳞茎洋葱	0.6
		粘果酸浆、西红柿	0.45
		苹果、海棠、梨、阿月浑子果、温柏	0.1
		杏仁	0.02
		牛副产品、牛肾、牛肝、羊副产品、羊肾、羊肝	0.02
76	除草剂安全剂 Cyprosulfamide	玉米、去皮甜玉米	0.01
		牛副产品、牛肾、牛肝、羊副产品、羊肾、羊肝	0.02

序号	农药名称(残留标示物)	样品名称	残留限量(mg/kg)
77	灭蝇胺 Cyromazine	拉布椰菜、球芽甘蓝、甘蓝、大白菜、白菜、盖菜、纳帕白菜、花椰菜、羽衣甘蓝、大头菜、日本辣水芹、盖菜叶、芥末菠菜、青芸苔、芜菁叶	10
		苋菜红叶、芝麻菜、卡瓦卢椰菜、刺棘蓟、旱芹、中国旱芹、芹莴、山萝卜、食用菊花叶、加兰菊花、野苣、水芹、园芹、山芹、蒲公英叶、酸模、菊苣、佛罗伦萨茴香的鲜叶和茎、莴苣头、莴苣叶、法国菠菜、欧芹、园马齿苋、冬季马齿苋、苦苣、大黄、菠菜、中国菠菜、新西兰菠菜、菠菜藤、唐莴苣	7
		干蚕豆、干豆腐、菜豆、绿豆、海军豆、平豆、韭、羽扇豆、大葱、土豆洋葱、树洋葱、威尔士大葱	3
		苦瓜苹果、苦瓜、利马豆、椰菜、中国椰菜、香瓜、佛手瓜果、黄瓜、可食用葫芦、蜜露、甜瓜、香木缘瓜、蘑菇、胡椒、甜椒、非甜椒、南瓜、壁球、西葫芦、冬季壁球、西瓜、冬瓜	1
		马铃薯	0.8
		西红柿	0.5
		大蒜、多瓣蒜、鳞茎洋葱、青葱	0.2
		蛋	0.25
		牛肾、猪肾、羊肾	0.2
		牛副产品、牛脂肪、牛肝、牛肉、猪副产品、猪脂肪、猪肝、猪肉、奶、禽副产品、禽脂肪、禽肾、禽肝、禽肉、羊副产品、羊脂肪、羊肝、羊肉	0.05
78	敌稗 DCPA	椰菜、卡瓦卢椰菜、中国椰菜、拉布椰菜、球芽甘蓝、甘蓝、大白菜、白菜、盖菜、纳帕白菜、花椰菜、羽衣甘蓝、大头菜、日本辣水芹、盖菜叶、芥末菠菜、青芸苔	5
		人参、山葵、草莓	2
		香瓜、大蒜、多瓣蒜、蜜露、鳞茎洋葱、大葱、西红柿、西瓜	1
79	溴氰菊酯 Deltamethrin	萝卜叶	4
		大葱	1.5
		大麦、玉米、稷、燕麦、稻米、高粱、小麦	1
		朝鲜蓟	0.5
		茄子、刺儿李、香瓜梨、胡椒、甜椒、意大利炒青椒、非甜椒、西班牙甘椒、粘果酸浆	0.3
		苹果、苦瓜苹果、苦瓜、甜菜花、甜菜花根、牛蒡根、香瓜、胡萝卜、块根芹、佛手瓜果、萝卜细叶芹根、菊苣根、海棠、海甘蓝、黄瓜、中国黄瓜、人参、可食用葫芦、蜜露、山葵、枇杷、山楂、甜瓜、香木缘瓜、欧芹根、欧洲防风草、梨、东方梨、南瓜、温柏、萝卜、萝卜根、油菜籽、芜菁甘蓝、芜菁甘蓝根、婆罗门参根、泽芹、壁球、西葫芦、冬季壁球、西红柿、芜菁、芜菁根、西瓜、冬瓜	0.2
		杏仁、山毛榉坚果、灰胡桃、腰果、栗子、板栗、大蒜、多瓣蒜、榛果、巴西坚果、山胡桃坚果、澳大利亚坚果、鳞茎洋葱、美洲山核桃、阿月浑子果、大豆、葵花子、胡桃	0.1
		秘鲁胡萝卜、竹芋、中国朝鲜蓟、耶路撒冷朝鲜蓟、美人蕉、木薯根、荸荠、棉籽、芋头茎、姜、食用兰花蕉、马铃薯、甘薯、芋、姜黄、西印度豆薯、山药	0.04
		去皮甜玉米	0.03

第二章 美国食品安全限量标准

序号	农药名称(残留标示物)	样品名称	残留限量(mg/kg)
79	溴氰菊酯 Deltamethrin	奶脂肪	0.1
		牛副产品、牛脂肪、牛肾、牛肝、猪脂肪、禽脂肪、羊副产品、羊脂肪、羊肾、羊肝	0.05
		牛肉、蛋、禽副产品、禽肾、禽肝、禽肉、羊肉	0.02
80	甜安宁 Desmedipham	甜菜叶	5
		甜菜根、甜菜	0.1
		菠菜	6
		甜菜花叶	1
		甜菜花根、甜菜花	0.05
81	二嗪磷 Diazinon	甜菜花根、黑莓、博伊深莓、胡萝卜、露莓、大蒜、多瓣蒜、人参、罗甘莓、甜瓜、香瓜、鳞茎洋葱、大葱、覆盆子、芜菁甘蓝、芜菁甘蓝根、西红柿、西瓜、杨氏草莓	0.75
		甜菜花叶、椰菜、卡瓦卢椰菜、中国椰菜、拉布椰菜、球芽甘蓝、甘蓝、大白菜、白菜、盖菜、纳帕白菜、花椰菜、羽衣甘蓝、菊苣、大头菜、莴苣头、莴苣叶、日本辣水芹、盖菜叶、芥末菠菜、青芸苔、菠菜	0.7
		苹果、利马豆、食荚菜豆、蓝莓、酸果蔓、无花果、榛果、多汁豌豆、梨、菠萝、萝卜、萝卜根、草莓	0.5
		杏、樱桃、樱桃芙蓉、酸甜樱桃、油桃、桃、鲜李子	0.2
		水田芥	0.05
		牛脂肪	0.5
82	麦草畏 Dicamba	蒂莫西干草	200
		大豆	10
		大麦	6
		芦笋、高粱	4
		稷、燕麦、小麦	2
		棉籽	0.2
		玉米、甘蔗	0.1
		去皮甜玉米	0.04
		牛肾、猪肾、羊肾	25
		牛副产品、牛肝、猪副产品、猪肝、羊副产品、羊肝	3
		牛脂肪、猪脂肪、羊脂肪	0.3
		牛肉、猪肉、羊肉	0.25
		奶	0.2
83	敌草腈 Dichlobenil	苹果、梨	0.5
		杏、蓝莓、樱桃、樱桃芙蓉、酸甜樱桃、葡萄干、接骨木果、醋栗、葡萄、越橘、六月浆果、油桃、桃、鲜李子	0.15
		黑莓、博伊深莓、酸果蔓、露莓、榛果、罗甘莓、覆盆子、杨氏草莓	0.1
		大黄	0.06

序号	农药名称（残留标示物）	样品名称	残留限量（mg/kg）
84	敌敌畏 Dichlorvos	蘑菇	0.5
		西红柿	0.05
		蛋、禽副产品、禽脂肪、禽肾、禽肝、禽肉	0.05
		牛副产品、牛脂肪、牛肾、牛肝、牛肉、奶、羊副产品、羊脂肪、羊肾、羊肝、羊肉	0.02
85	禾草灵 Diclofop - Methyl	大麦、小麦	0.1
86	氯硝胺 Dicloran	杏、食荚菜豆、樱桃芙蓉、油桃、桃	20
		旱芹、佛罗伦萨茴香的鲜叶和茎、鲜李子	15
		胡萝卜、菊苣、多瓣蒜、葡萄、莴苣头、莴苣叶、鳞茎洋葱、大黄、甘薯	10
		黄瓜、大蒜、西红柿	5
		马铃薯	0.25
87	双氯磺草胺 Diclosulam	花生、大豆	0.02
88	三氯杀螨醇 Dicofol	干锥蛇麻草	65
		葡萄干	20
		苹果、海棠、枇杷、山楂、梨、东方梨、温柏、草莓	10
		加利蒙地亚橘、柚子、葡萄柚、金橘、柠檬、酸橙、甜橙、柚、橘柚、柑橘	6
		杏、黑莓、博伊深莓、樱桃、樱桃芙蓉、酸甜樱桃、露莓、葡萄、罗甘莓、油桃、桃、鲜李子、覆盆子、杨氏草莓	5
		多汁豆	3
		苦瓜苹果、苦瓜、香瓜、佛手瓜果、黄瓜、茄子、可食用葫芦、刺儿李、蜜露、甜瓜、香木缘瓜、香瓜梨、胡椒、甜椒、非甜椒、西班牙甘椒、南瓜、壁球、西葫芦、冬季壁球、粘果酸浆、西红柿、西瓜、冬瓜	2
		干蚕豆、干豆腐、菜豆、绿豆、海军豆、平豆、羽扇豆	0.5
		灰胡桃、栗子、棉籽、榛果、山胡桃坚果、澳大利亚坚果、美洲山核桃、胡桃	0.1
		牛脂肪、猪脂肪、羊脂肪	50
		奶脂肪	22
		牛肝、猪肝、羊肝	5
		牛副产品、牛肾、牛肉、猪副产品、猪肾、猪肉、羊副产品、羊肾、羊肉	3
		奶	0.75
		禽副产品、禽脂肪、禽肾、禽肝、禽肉	0.1
		蛋	0.05
89	百治磷 Dicrotophos	棉籽	0.2

序号	农药名称（残留标示物）	样品名称	残留限量（mg/kg）
90	恶醚唑 Difenoconazole	苹果、海棠、枇杷、山楂、梨、东方梨、温柏	1
		茄子、刺儿李、香瓜梨、胡椒、甜椒、非甜椒、西班牙甘椒、粘果酸浆、西红柿	0.6
		大麦、小麦	0.1
		棉籽	0.05
		秘鲁胡萝卜、竹芋、中国朝鲜蓟、耶路撒冷朝鲜蓟、美人蕉、木薯根、荸荠、去皮甜玉米、海甘蓝、芋头茎、姜、食用兰花蕉、马铃薯、油菜籽、甜菜、甘薯、芋、芋头、姜黄、西印度豆薯、山药	0.01
		牛肝、猪肝、羊肝	0.2
		牛副产品、牛脂肪、牛肾、蛋、猪副产品、猪脂肪、猪肾、羊副产品、羊脂肪、羊肾	0.1
		牛肉、猪肉、禽副产品、禽脂肪、禽肾、禽肝、禽肉、羊肉	0.05
		奶	0.01
91	野燕枯 Difenzoquat	大麦、小麦	0.05
		牛副产品、牛脂肪、牛肾、牛肝、牛肉、猪副产品、猪脂肪、猪肾、猪肝、猪肉、禽副产品、禽脂肪、禽肾、禽肝、禽肉、羊副产品、羊脂肪、羊肾、羊肝、羊肉	0.05
92	除虫脲 Diflubenzuron	拉布椰菜、白菜、羽衣甘蓝、日本辣水芹、盖菜叶、芥末菠菜、青芸苔、芜菁叶	9
		朝鲜蓟、蒂莫西干草	6
		胡椒、甜椒、非甜椒	1
		葡萄柚、甜橙、梨、柚、柑橘	0.5
		棉籽、蘑菇	0.2
		花生	0.1
		杏、油桃、桃、李子干、鲜李子	0.07
		杏仁、大麦、山毛榉坚果、灰胡桃、腰果、栗子、板栗、榛果、巴西坚果、山胡桃坚果、澳大利亚坚果、燕麦、美洲山核桃、阿月浑子果、胡桃、小麦	0.06
		大豆	0.05
		稻米	0.02
		牛副产品、牛肾、牛肝、猪副产品、猪肾、猪肝、羊副产品、羊肾、羊肝	0.15
		牛脂肪、牛肉、蛋、猪脂肪、猪肉、奶、禽副产品、禽脂肪、禽肾、禽肝、禽肉、羊脂肪、羊肉	0.05
93	二氟吡隆 Diflufenzopyr	蒂莫西干草	7
		玉米、去皮甜玉米	0.05
94	噻盼草胺 Dimethenamid	蒂莫西干草	2.5
		芜菁甘蓝叶、芜菁叶	0.1
		干锥蛇麻草	0.05

序号	农药名称(残留标示物)	样品名称	残留限量 (mg/kg)
94	噻吩草胺 Dimethenamid	秘鲁胡萝卜、竹芋、中国朝鲜蓟、耶路撒冷朝鲜蓟、干蚕豆、干豆腐、菜豆、绿豆、海军豆、平豆、甜菜花根、甜菜花叶、美人蕉、木薯根、荸荠、玉米、去皮甜玉米、芋头茎、大蒜、多瓣蒜、姜、山葵、韭、食用兰花蕉、羽扇豆、鳞茎洋葱、大葱、威尔士大葱、花生、马铃薯、萝卜根、萝卜叶、芜菁甘蓝根、青葱、高粱、大豆、甜菜根、甜菜叶、甘薯、芋、姜黄、芜菁根、西印度豆薯、山药	0.01
95	噻节因 Dimethipin	棉籽	0.5
96	乐果 Dimethoate	紫花苜蓿、干蚕豆、干豆腐、菜豆、利马豆、绿豆、海军豆、平豆、食荚菜豆、椰菜、中国椰菜、花椰菜、旱芹、菊苣、佛罗伦萨茴香的鲜叶和茎、葡萄柚、羽衣甘蓝、柠檬、莴苣叶、羽扇豆、盖菜叶、甜橙、豌豆、梨、胡椒、甜椒、非甜椒、唐莴苣、柑橘、西红柿、芜菁叶	2
		蓝莓、甜瓜、香瓜、西瓜	1
		马铃薯、芜菁、芜菁根	0.2
		玉米、棉籽、美洲山核桃、高粱	0.1
		大豆	0.05
		小麦	0.04
		牛副产品、牛肾、牛肝、蛋、猪副产品、猪肾、猪肝、禽副产品、禽肾、禽肝、羊副产品、羊肾、羊肝	0.02
		奶	0.002
97	烯酰吗啉 Dimethomorph	干锥蛇麻草	60
		拉布椰菜、白菜、羽衣甘蓝、日本辣水芹、盖菜叶、芥末菠菜、青芸苔、芜菁叶	20
		莴苣头、莴苣叶	10
		椰菜、卡瓦卢椰菜、中国椰菜、球芽甘蓝、甘蓝、大白菜、盖菜、纳帕白菜、花椰菜、大蒜、多瓣蒜、大头菜、韭、鳞茎洋葱、大葱、土豆洋葱、树洋葱、威尔士大葱、青葱	2
		茄子、刺儿李、香瓜梨、胡椒、甜椒、非甜椒、西班牙甜椒、粘果酸浆、西红柿	1.5
		人参	0.9
		苦瓜苹果、苦瓜、香瓜、佛手瓜果、黄瓜、可食用葫芦、蜜露、甜瓜、香木缘瓜、南瓜、壁球、西葫芦、冬季壁球、芋头、西瓜、冬瓜	0.5
		马铃薯	0.05
98	碳酸二甲酯 Dimethyl carbate	牛脂肪、猪脂肪、奶脂肪、羊脂肪	0.3
99	呋虫胺 Dinotefuran	苋菜红叶、芝麻菜、刺棘蓟、旱芹、中国旱芹、芹莴、山萝卜、食用菊花叶、加兰菊花、野苣、水芹、园芹、山芹、蒲公英叶、酸模、菊苣、佛罗伦萨茴香的鲜叶和茎、莴苣头、莴苣叶、法国菠菜、欧芹、园马齿苋、冬季马齿苋、苦苣、大黄、菠菜、中国菠菜、新西兰菠菜、菠菜藤、唐莴苣	5
		葡萄干	2.5
		椰菜、卡瓦卢椰菜、中国椰菜、球芽甘蓝、甘蓝、大白菜、盖菜、纳帕白菜、花椰菜、大头菜	1.4

序号	农药名称(残留标示物)	样品名称	残留限量(mg/kg)
99	呋虫胺 Dinotefuran	葡萄	0.9
		茄子、刺儿李、香瓜梨、胡椒、甜椒、非甜椒、西班牙甘椒、粘果酸浆、西红柿	0.7
		苦瓜苹果、苦瓜、香瓜、佛手瓜果、黄瓜、可食用葫芦、蜜露、甜瓜、香木缘瓜、南瓜、壁球、西葫芦、冬季壁球、西瓜、冬瓜	0.5
		棉籽	0.4
		马铃薯	0.05
		牛副产品、牛脂肪、牛肾、牛肝、牛肉、猪副产品、猪脂肪、猪肾、猪肝、猪肉、奶、羊副产品、羊脂肪、羊肾、羊肝、羊肉	0.05
100	二苯胺 Diphenylamine	苹果	10
		梨	5
		牛肝、羊肝	0.1
		牛副产品、牛脂肪、牛肾、牛肉、奶、羊副产品、羊脂肪、羊肾、羊肉	0.01
101	敌草快 Diquat dibromide	高粱	2
		大豆	0.2
		马铃薯	0.1
		香蕉、车前草	0.05
		牛副产品、牛脂肪、牛肾、牛肝、牛肉、蛋、猪副产品、猪脂肪、猪肾、猪肝、猪肉、禽副产品、禽脂肪、禽肾、禽肝、禽肉、羊副产品、羊脂肪、羊肾、羊肝、羊肉	0.05
		奶	0.02
102	乙拌磷 Disulfoton	大麦、利马豆、食荚菜豆、椰菜、中国椰菜、球芽甘蓝、甘蓝、花椰菜、棉籽、莴苣头、莴苣叶、干豌豆、多汁豌豆、花生、马铃薯、菠菜、西红柿	0.75
		小麦	0.3
		胡椒、甜椒、意大利炒青椒、非甜椒、西班牙甘椒	0.1
103	敌草隆 Diuron	芦笋	7
		紫花苜蓿、蒂莫西干草	2
		朝鲜蓟、橄榄、梨	1
		柠檬、番木瓜、高粱、小麦	0.5
		棉籽、甘蔗	0.2
		苹果、香蕉、黑莓、蓝莓、博伊深莓、玉米、葡萄干、露莓、接骨木果、醋栗、榛果、越橘、罗甘莓、油桃、紫花豌豆、桃、菠萝、车前草、覆盆子、杨氏草莓	0.1
		加利蒙地亚橘、柚子、葡萄、葡萄柚、金橘、酸橙、澳大利亚坚果、甜橙、美洲山核桃、柚、橘柚、柑橘、胡桃	0.05
		牛副产品、牛脂肪、牛肾、牛肝、牛肉、猪副产品、猪脂肪、猪肾、猪肝、猪肉、羊副产品、羊脂肪、羊肾、羊肝、羊肉	1

序号	农药名称(残留标示物)	样品名称	残留限量(mg/kg)
104	多果定 Dodine	苹果、油桃、桃、梨、草莓	5
		樱桃、樱桃芙蓉、酸甜樱桃	3
		香蕉、车前草	0.5
		美洲山核桃、胡桃	0.3
		花生	0.013
105	甲氨基阿维菌素 Emamectin	苋菜红叶、芝麻菜、刺棘蓟、旱芹、中国旱芹、芹莴、山萝卜、食用菊花叶、加兰菊花、野莴、水芹、园芹、山芹、蒲公英叶、酸模、菊苣、佛罗伦萨茴香的鲜叶和茎、莴苣头、莴苣叶、法国菠菜、欧芹、园马齿苋、冬季马齿苋、苦苣、大黄、菠菜、中国菠菜、新西兰菠菜、菠菜藤、唐莴苣、雁来红	0.1
		椰菜、卡瓦卢椰菜、中国椰菜、拉布椰菜、球芽甘蓝、甘蓝、大白菜、白菜、盖菜、纳帕白菜、花椰菜、羽衣甘蓝、大头菜、日本辣水芹、盖菜叶、芥末菠菜、青芸苔、芜菁叶	0.05
		苹果、棉籽、海棠、枇杷、山楂、梨、东方梨、温柏	0.025
		杏仁、山毛榉坚果、灰胡桃、腰果、栗子、板栗、茄子、刺儿李、榛果、巴西坚果、山胡桃坚果、澳大利亚坚果、美洲山核桃、香瓜梨、胡椒、甜椒、意大利炒青椒、非甜椒、西班牙甘蓝、阿月浑子果、粘果酸浆、西红柿、胡桃	0.02
		牛肝、羊肝	0.05
		牛副产品、牛肾、猪肝、羊副产品、羊肾	0.02
		牛脂肪、羊脂肪	0.01
		猪副产品、猪肾	0.005
		牛肉、猪脂肪、奶、羊肉	0.003
		猪肉	0.002
106	硫丹 Endosulfan	莴苣头	11
		旱芹、佛罗伦萨茴香的鲜叶和茎	8
		莴苣叶	6
		甘蓝	4
		椰菜、中国椰菜	3
		杏、蚕豆、多汁蚕豆、利马豆、球芽甘蓝、花椰菜、樱桃、樱桃芙蓉、酸甜樱桃、羽衣甘蓝、豇豆、葡萄、盖菜叶、油桃、多汁豌豆、桃、梨、胡椒、甜椒、非甜椒、李子干、鲜李子、菠菜、草莓、芜菁叶、水田芥	2
		紫花苜蓿、苹果、苦瓜苹果、苦瓜、香瓜、佛手瓜果、棉籽、黄瓜、中国黄瓜、茄子、可食用葫芦、蜜露、甜瓜、香木缘瓜、菠萝、南瓜、壁球、西葫芦、冬季壁球、西红柿、西瓜、冬瓜	1
		甘蔗	0.5
		杏仁、大麦、蓝莓、燕麦、小麦	0.3
		胡萝卜、去皮甜玉米、海甘蓝、榛果、芥末种子、澳大利亚坚果、美洲山核桃、马铃薯、油菜籽、芜菁根、胡桃	0.2
		甘薯	0.15

序号	农药名称(残留标示物)	样品名称	残留限量(mg/kg)
106	硫丹 Endosulfan	牛脂肪、猪脂肪、羊脂肪	13
		牛肝、猪肝、羊肝	5
		牛肉、猪肉、奶脂肪、羊肉	2
		牛副产品、牛肾、猪副产品、猪肾、羊副产品、羊肾	1
107	茵多杀 Endothall	棉籽、干锥蛇麻草、马铃薯	0.1
		稻米	0.05
108	氟环唑 Epoxiconazole	香蕉、车前草	0.5
109	菌达灭 EPTC	杏仁、芦笋、大麦、甜菜、甜菜花、甜菜花根、甜菜花叶、黑莓、蓝莓、博伊深莓、椰菜、中国椰菜、拉布椰菜、球芽甘蓝、灰胡桃、甘蓝、大白菜、胡萝卜、腰果、花椰菜、旱芹、栗子、菊苣根、柚子、羽衣甘蓝、玉米、去皮甜玉米、棉籽、酸果蔓、葡萄干、蒲公英叶、露莓、茄子、接骨木果、菊苣、茴香、佛罗伦萨茴香的鲜叶和茎、大蒜、醋栗、葡萄、葡萄柚、榛果、越橘、大头菜、金橘、柠檬、莴苣头、莴苣叶、酸橙、罗甘莓、樱、盖菜叶、巴西坚果、山胡桃坚果、澳大利亚坚果、燕麦、大葱、甜橙、欧芹、欧洲防风草、美洲山核桃、胡椒、甜椒、非甜椒、西班牙甘椒、菠萝、马铃薯、萝卜、覆盆子、大黄、稻米、芜菁甘蓝、芜菁甘蓝根、婆罗门参根、婆罗门参叶、青葱、高粱、菠菜、草莓、甜菜、甜菜根、甜菜叶、葵花子、甘薯、唐莴苣、橘柚、柑橘、蒂莫西干草、西红柿、芜菁、芜菁根、芜菁叶、胡桃、水田芥、小麦、山药、杨氏草莓	0.1
110	高效氰戊菊酯 Esfenvalerate	莴苣头、盖菜叶、高粱、甜菜叶	5
		大头菜	2
		朝鲜蓟	1
		猕猴桃、甜菜根	0.5
		禽副产品、禽脂肪、禽肾、禽肝	0.3
		蛋、禽肉	0.03
111	乙丁烯氟灵 Ethalfluralin	苦瓜苹果、苦瓜、干蚕豆、干豆腐、菜豆、绿豆、海军豆、平豆、香瓜、佛手瓜果、海甘蓝、黄瓜、可食用葫芦、蜜露、羽扇豆、甜瓜、香木缘瓜、芥末种子、干豌豆、花生、马铃薯、南瓜、油菜籽、大豆、壁球、西葫芦、冬季壁球、葵花子、西瓜、冬瓜	0.05
112	胺苯磺隆 Ethametsulfuron-methyl	海甘蓝、油菜籽	0.02
113	乙烯利 Ethephon	黑莓、胡椒、甜椒、非甜椒	30
		蓝莓	20
		葡萄干	12
		樱桃、樱桃芙蓉、酸甜樱桃	10
		棉籽	6
		苹果	5
		大麦、香瓜、葡萄、菠萝、西红柿、小麦	2

序号	农药名称(残留标示物)	样品名称	残留限量(mg/kg)
113	乙烯利 Ethephon	榛果	0.8
		澳大利亚坚果、胡桃	0.5
		黄瓜	0.1
		牛肾、猪肾、羊肾	1
		牛副产品、牛肝、猪副产品、猪肝、羊副产品、羊肝	0.2
		牛脂肪、牛肉、猪脂肪、猪肉、禽脂肪、羊脂肪、羊肉	0.02
		奶、禽副产品、禽肾、禽肝、禽肉	0.01
		蛋	0.002
114	灭草呋喃 Ethofumesate	甜菜花叶	5
		甜菜叶	4
		甜菜花根	0.5
		甜菜根	0.3
		大蒜、多瓣蒜、鳞茎洋葱、青葱	0.25
		牛副产品、牛脂肪、牛肾、牛肝、牛肉、羊副产品、羊脂肪、羊肾、羊肝、羊肉	0.05
115	灭克磷 Ethoprop	香蕉、利马豆、食荚菜豆、甘蓝、玉米、去皮甜玉米、黄瓜、干锥蛇麻草、菠萝、车前草、马铃薯、甘蔗、甘薯	0.02
116	乙氧喹啉 Ethoxyquin	梨	3
117	环氧乙烷 Ethylene Oxide	椰子、胡桃	50
118	依杀螨 Etoxazole	干锥蛇麻草	7
		葡萄干	1.5
		杏、樱桃、樱桃芙蓉、酸甜樱桃、油桃、桃	1
		葡萄、草莓	0.5
		李子干	0.3
		苹果、香瓜、海棠、蜜露、枇杷、山楂、甜瓜、香木缘瓜、梨、东方梨、温柏、西红柿、西瓜	0.2
		鲜李子	0.15
		棉籽	0.05
		黄瓜	0.02
		杏仁、山毛榉坚果、灰胡桃、腰果、栗子、板栗、榛果、巴西坚果、山胡桃坚果、澳大利亚坚果、美洲山核桃、阿月浑子果、胡桃	0.01
		牛脂肪、羊脂肪	0.02
		牛肝、奶脂肪、羊肝	0.01

序号	农药名称(残留标示物)	样品名称	残留限量 (mg/kg)
119	土菌灵 Etridiazole	西红柿	0.15
		大麦、红小豆、蚕豆、干蚕豆、多汁蚕豆、干豆腐、可食用荚菜豆、菜豆、扁豆、利马豆、蛾豆、绿豆、绿豆芽、海军豆、粉红豆、平豆、稻豆、红花菜豆、食荚菜豆、多汁豆、宽叶菜豆、黑绿豆、黄荚种菜豆、裙带豆、眉豆、鹰嘴豆、玉米、棉籽、豇豆、刀豆、小扁豆、豆角、羽扇豆、豌豆、黑眼豌豆、克劳德豌豆、干豌豆、矮豌豆、食荚豌豆、英国豌豆、紫花豌豆、青豆、绿豌豆、木豆、雪豆、干南方豌豆、多汁豌豆、甜豆、花生、高粱、大豆、小麦	0.1
120	恶唑菌酮 Famoxadone	干锥蛇麻草	80
		菠菜	50
		韭、大葱、树洋葱、威尔士大葱	40
		苋菜红叶、芝麻菜、卡瓦卢椰菜、刺棘蓟、旱芹、中国旱芹、芹莴、山萝卜、食用菊花叶、加兰菊花、野苣、水芹、园芹、山芹、蒲公英叶、酸模、菊苣、佛罗伦萨茴香的鲜叶和茎、莴苣头、莴苣叶、法国菠菜、欧芹、园马齿苋、冬季马齿苋、苦苣、大黄、中国菠菜、新西兰菠菜、菠菜藤、唐莴苣	25
		黑莓、博伊深莓、露莓、罗甘莓、覆盆子、杨氏草莓	10
		茄子、刺儿李、香瓜梨、胡椒、甜椒、非甜椒、西班牙甘椒、粘果酸浆	4
		西红柿	1
		大蒜、多瓣蒜、鳞茎洋葱、土豆洋葱、青葱	0.45
		苦瓜苹果、苦瓜、香瓜、佛手瓜果、黄瓜、可食用葫芦、蜜露、甜瓜、香木缘瓜、南瓜、壁球、西葫芦、冬季壁球、西瓜、冬瓜	0.3
		马铃薯	0.02
		奶脂肪	0.06
		牛肝、羊肝	0.05
		牛脂肪、羊脂肪	0.02
121	咪唑菌酮 Fenamidone	苋菜红叶、芝麻菜、刺棘蓟、旱芹、中国旱芹、芹莴、山萝卜、食用菊花叶、加兰菊花、野苣、水芹、园芹、山芹、蒲公英叶、酸模、菊苣、佛罗伦萨茴香的鲜叶和茎、莴苣头、莴苣叶、法国菠菜、欧芹、园马齿苋、冬季马齿苋、苦苣、大黄、菠菜、中国菠菜、新西兰菠菜、菠菜藤、唐莴苣	60
		拉布椰菜、白菜、羽衣甘蓝、日本辣水芹、盖菜叶、芥末菠菜、青芸苔	55
		椰菜、卡瓦卢椰菜、中国椰菜、球芽甘蓝、甘蓝、大白菜、盖菜、纳帕白菜、花椰菜、大头菜	5
		非甜椒	3.5
		韭、大葱、威尔士大葱	1.5
		茄子、刺儿李、香瓜梨、胡椒、甜椒、西班牙甘椒、粘果酸浆、西红柿	1
		大蒜、多瓣蒜、鳞茎洋葱、青葱	0.2
		苦瓜苹果、苦瓜、香瓜、胡萝卜、佛手瓜果、黄瓜、可食用葫芦、蜜露、甜瓜、香木缘瓜、南瓜、壁球、西葫芦、冬季壁球、西瓜、冬瓜	0.15

序号	农药名称(残留标示物)	样品名称	残留限量(mg/kg)
121	咪唑菌酮 Fenamidone	秘鲁胡萝卜、竹芋、中国朝鲜蓟、耶路撒冷朝鲜蓟、美人蕉、木薯根、荸荠、棉籽、芋头茎、姜、食用兰花蕉、马铃薯、葵花子、甘薯、芋、姜黄、西印度豆薯、山药	0.02
		牛副产品、牛脂肪、牛肾、牛肝、牛肉、羊副产品、羊脂肪、羊肾、羊肝、羊肉	0.1
		奶	0.02
122	苯线磷 Fenamiphos	葡萄干	0.3
123	氯苯嘧啶醇 Fenarimol	樱桃、樱桃芙蓉、酸甜樱桃	1
		苹果、葡萄、梨、美洲山核桃	0.1
		榛果	0.02
		牛副产品、牛肝、羊副产品、羊肝	0.05
		牛脂肪、牛肾、牛肉、羊脂肪、羊肾、羊肉	0.01
124	腈苯唑 Fenbuconazole	甜菜叶	9
		杏、加利蒙地亚橘、樱桃、樱桃芙蓉、酸甜樱桃、柚子、葡萄柚、金橘、柠檬、酸橙、油桃、甜橙、桃、李子干、鲜李子、柚、橘柚、柑橘	1
		西班牙甘椒	0.6
		酸果蔓	0.5
		苹果、胡椒、甜椒、非甜椒	0.4
		香蕉、蓝莓、葡萄干、接骨木果、醋栗、越橘、车前草、甜菜根	0.3
		花生、小麦	0.1
		杏仁、美洲山核桃	0.05
		牛副产品、牛肾、牛肝、羊副产品、羊肾、羊肝	0.05
125	苯丁锡 Fenbutatin-oxide	加利蒙地亚橘、柚子、葡萄柚、金橘、柠檬、酸橙、甜橙、李子干、柚、葡萄干、橘柚、柑橘	20
		苹果、梨	15
		油桃、桃、草莓	10
		樱桃、樱桃芙蓉、酸甜樱桃、茄子	6
		葡萄	5
		黄瓜、鲜李子	4
		番木瓜	2
		杏仁、山毛榉坚果、灰胡桃、腰果、栗子、板栗、榛果、巴西坚果、山胡桃坚果、澳大利亚坚果、美洲山核桃、阿月浑子果、胡桃	0.5
		牛副产品、牛脂肪、牛肾、牛肝、牛肉、猪副产品、猪脂肪、猪肾、猪肝、猪肉、羊副产品、羊脂肪、羊肾、羊肝、羊肉	0.5
		蛋、奶脂肪、禽副产品、禽脂肪、禽肾、禽肝、禽肉	0.1

第二章 美国食品安全限量标准

序号	农药名称(残留标示物)	样品名称	残留限量(mg/kg)
126	环酰菌胺 Fenhexamid	苋菜红叶、芝麻菜、卡瓦卢椰菜、山萝卜、食用菊花叶、加兰菊花、野苣、水芹、园芹、山芹、蒲公英叶、酸模、菊苣、莴苣头、莴苣叶、法国菠菜、欧芹、园马齿苋、冬季马齿苋、苦苣、中国菠菜、新西兰菠菜、菠菜藤、雁来红	30
		黑莓、博伊深莓、露莓、罗甘莓、覆盆子、杨氏草莓	20
		猕猴桃	15
		杏、樱桃、樱桃芙蓉、酸甜樱桃、油桃、桃、梨	10
		葡萄干	6
		蓝莓、接骨木果、醋栗、越橘、六月浆果	5
		葡萄	4
		草莓	3
		李子干	2.5
		黄瓜、茄子、刺儿李、香瓜梨、胡椒、甜椒、西班牙甘椒、石榴、粘果酸浆、西红柿	2
		鲜李子	1.5
		人参	0.3
		杏仁、芦笋、非甜椒、阿月浑子果	0.02
127	恶唑禾草灵 Fenoxaprop-Ethyl	大麦、棉籽、花生、稻米、大豆、小麦	0.05
		牛副产品、牛脂肪、牛肾、牛肝、牛肉、猪副产品、猪脂肪、猪肾、猪肝、猪肉、羊副产品、羊脂肪、羊肾、羊肝、羊肉	0.05
		奶	0.02
128	甲氰菊酯 Fenpropathrin	黑莓、博伊深莓、露莓、罗甘莓、覆盆子、杨氏草莓	12
		葡萄干	10
		苹果、樱桃、樱桃芙蓉、酸甜樱桃、海棠、葡萄、枇杷、山楂、橄榄、梨、东方梨、温柏	5
		蓝莓、椰菜、卡瓦卢椰菜、中国椰菜、球芽甘蓝、甘蓝、大白菜、盖菜、纳帕白菜、花椰菜、葡萄干、接骨木果、醋栗、越橘、六月浆果、大头菜	3
		加利蒙地亚橘、柚子、葡萄柚、金橘、柠檬、酸橙、甜橙、柚、草莓、橘柚、柑橘	2
		杏、油桃、桃、鲜李子	1.4
		鳄梨、棉籽、茄子、刺儿李、杧果、番木瓜、香瓜梨、胡椒、甜椒、非甜椒、西班牙甘椒、人心果、黑肉柿、香肉果、粘果酸浆、西红柿	1
		苦瓜苹果、苦瓜、香瓜、佛手瓜果、黄瓜、可食用葫芦、蜜露、甜瓜、香木缘瓜、南瓜、壁球、西葫芦、冬季壁球、西瓜、冬瓜	0.5
		杏仁、山毛榉坚果、灰胡桃、腰果、栗子、板栗、榛果、巴西坚果、山胡桃坚果、澳大利亚坚果、美洲山核桃、阿月浑子果、胡桃	0.1
		多汁豌豆	0.02
		花生	0.01
		奶脂肪	2

序号	农药名称(残留标示物)	样品名称	残留限量(mg/kg)
128	甲氰菊酯 Fenpropathrin	牛脂肪、猪脂肪、羊脂肪	1
		牛副产品、牛肾、牛肝、牛肉、猪副产品、猪肾、猪肝、猪肉、羊副产品、羊肾、羊肝、羊肉	0.1
		奶	0.08
		蛋、禽副产品、禽脂肪、禽肾、禽肝、禽肉	0.05
129	唑螨酯 Fenpyroximate	干锥蛇麻草	10
		葡萄	1
		加利蒙地亚橘、柚子、葡萄柚、金橘、柠檬、酸橙、甜橙、柚、橘柚、柑橘	0.6
		苹果、海棠、枇杷、山楂、梨、东方梨、温柏	0.4
		杏仁、山毛榉坚果、灰胡桃、腰果、栗子、板栗、棉籽、榛果、巴西坚果、山胡桃坚果、澳大利亚坚果、美洲山核桃、阿月浑子果、胡桃	0.1
		牛肾、牛肝、羊肾、羊肝	0.25
		牛副产品、牛脂肪、牛肉、羊副产品、羊脂肪、羊肉	0.03
		奶	0.015
130	三苯基氢氧化锡 Fentin-hydroxide	甜菜叶	10
		甜菜根、美洲山核桃、马铃薯	0.05
		牛肝、羊肝	4
		牛肾、羊肾	2
		牛肉、羊肉	0.5
		猪副产品、猪脂肪、猪肾、猪肝	0.3
		牛脂肪、羊脂肪	0.2
		猪肉、奶	0.06
131	氰戊菊酯 Fenvalerate	芜菁叶	20
		杏、甘蓝、樱桃、樱桃芙蓉、酸甜樱桃、羽衣甘蓝、油桃、木瓜、桃、李子干、鲜李子	10
		萝卜叶	8
		黑莓、蓝莓、博伊深莓、葡萄干、露莓、接骨木果、醋栗、越橘、罗甘莓、覆盆子、杨氏草莓	3
		苹果、食荚菜豆、多汁豆、椰菜、中国椰菜、梨、甘蔗	2
		香瓜、茄子、蜜露、豌豆、胡椒、甜椒、非甜椒、南瓜、冬季壁球、葵花子、西红柿、西瓜	1
		胡萝卜、花椰菜、黄瓜、西葫芦、芜菁根	0.5
		萝卜根	0.3
		干蚕豆、干豆腐、菜豆、绿豆、海军豆、平豆、羽扇豆、干豌豆	0.25
		杏仁、朝鲜蓟、棉籽、榛果、美洲山核桃、胡桃	0.2
		去皮甜玉米	0.1

第二章 美国食品安全限量标准

序号	农药名称(残留标示物)	样品名称	残留限量(mg/kg)
131	氰戊菊酯 Fenvalerate	大豆	0.05
		玉米、花生、马铃薯	0.02
		奶脂肪	7
		牛副产品、牛脂肪、牛肾、牛肝、牛肉、猪副产品、猪脂肪、猪肾、猪肝、猪肉、羊副产品、羊脂肪、羊肾、羊肝、羊肉	1.5
		奶	0.3
132	福美铁 Ferbam	苹果、加利蒙地亚橘、樱桃、樱桃芙蓉、酸甜樱桃、柚子、酸果蔓、葡萄、葡萄柚、金橘、柠檬、酸橙、油桃、甜橙、桃、梨、柚、橘柚、柑橘	4
133	氟虫腈 Fipronil	稻米	0.04
		马铃薯	0.03
		玉米	0.02
		奶脂肪	1.5
		牛脂肪、羊脂肪	0.4
		牛肝、羊肝	0.1
		禽脂肪	0.05
		牛副产品、牛肾、牛肉、猪脂肪、羊副产品、羊肾、羊肉	0.04
		蛋	0.03
		猪肝、禽副产品、禽肾、禽肝、禽肉	0.02
		猪副产品、猪肾、猪肉	0.01
134	氟啶虫酰胺 Flonicamid	拉布椰菜、白菜、羽衣甘蓝、日本辣水芹、盖菜叶、芥末菠菜、萝卜叶、青芸苔、芜菁叶	16
		菠菜	9
		干锥蛇麻草	7
		苋菜红叶、芝麻菜、刺棘蓟、旱芹、中国旱芹、芹莴、山萝卜、食用菊花叶、加兰菊花、野苣、水芹、园芹、山芹、蒲公英叶、酸模、菊苣、佛罗伦萨茴香的鲜叶和茎、莴苣头、莴苣叶、法国菠菜、欧芹、园马齿苋、冬季马齿苋、苦苣、大黄、中国菠菜、新西兰菠菜、菠菜藤、唐莴苣	4
		椰菜、卡瓦卢椰菜、中国椰菜、球芽甘蓝、甘蓝、大白菜、盖菜、纳帕白菜、花椰菜、大头菜	1.5
		杏、甜菜花、甜菜花根、牛蒡根、胡萝卜、块根芹、樱桃、樱桃芙蓉、酸甜樱桃、萝卜细叶芹根、菊苣根、人参、山葵、油桃、欧芹根、欧洲防风草、桃、鲜李子、萝卜、萝卜根、芜菁甘蓝、芜菁甘蓝根、婆罗门参根、泽芹、芜菁、芜菁根	0.6
		棉籽	0.5
		苦瓜苹果、苦瓜、香瓜、佛手瓜果、黄瓜、茄子、可食用葫芦、刺儿李、蜜露、甜瓜、香木缘瓜、黄秋葵、香瓜梨、胡椒、甜椒、非甜椒、西班牙甘椒、南瓜、壁球、西葫芦、冬季壁球、粘果酸浆、西红柿、西瓜、冬瓜	0.4
		苹果、秘鲁胡萝卜、竹芋、中国朝鲜蓟、耶路撒冷朝鲜蓟、美人蕉、木薯根、荸荠、海棠、芋头茎、姜、食用兰花蕉、枇杷、山楂、梨、东方梨、马铃薯、温柏、甘薯、芋、姜黄、西印度豆薯、山药	0.2

序号	农药名称(残留标示物)	样品名称	残留限量(mg/kg)
134	氟啶虫酰胺 Flonicamid	牛副产品、牛肾、牛肝、牛肉、羊副产品、羊肾、羊肝、羊肉	0.08
		蛋	0.04
		牛脂肪、禽副产品、禽脂肪、禽肾、禽肝、禽肉、羊脂肪	0.03
135	双氟磺草胺 Florasulam	大麦、燕麦、小麦	0.01
136	吡氟禾草灵 Fluazifop	干蚕豆、干豆腐、菜豆、绿豆、海军豆、平豆、羽扇豆	50
		菊苣、菠菜	6
		大豆	2.5
		胡萝卜	2
		花生	1.5
		大蒜、多瓣蒜、鳞茎洋葱	0.5
		棉籽、澳大利亚坚果	0.1
		杏、樱桃、樱桃芙蓉、酸甜樱桃、油桃、木瓜、桃、美洲山核桃、李子干、鲜李子、甘薯	0.05
		牛副产品、牛脂肪、牛肾、牛肝、牛肉、蛋、猪副产品、猪脂肪、猪肾、猪肝、猪肉、奶、禽副产品、禽脂肪、禽肾、禽肝、禽肉、羊副产品、羊脂肪、羊肾、羊肝、羊肉	0.05
137	氟啶胺 Fluazinam	蓝莓、葡萄干、接骨木果、醋栗、越橘、六月浆果	7
		人参	4.5
		可食用荚菜豆、红花菜豆、食荚菜豆、黄荚种菜豆、裙带豆、刀豆、豆角	0.1
		豆、蚕豆、多汁蚕豆、利马豆、多汁豆、多汁豌豆	0.04
		红小豆、干蚕豆、干豆腐、菜豆、扁豆、蛾豆、绿豆、海军豆、粉红豆、平豆、稻豆、宽叶菜豆、黑绿豆、眉豆、鹰嘴豆、豇豆、瓜、小扁豆、羽扇豆、干豌豆、花生、马铃薯	0.02
		椰菜、卡瓦卢椰菜、中国椰菜、拉布椰菜、球芽甘蓝、甘蓝、大白菜、白菜、盖菜、纳帕白菜、花椰菜、羽衣甘蓝、大头菜、日本辣水芹、盖菜叶、芥末菠菜、青芸苔、芜菁叶	0.01
138	氟虫酰胺 Flubendiamide	苋菜红叶、芝麻菜、刺棘蓟、旱芹、中国旱芹、芹菜、山萝卜、食用菊花叶、加兰菊花、野苣、水芹、园芹、山芹、蒲公英叶、酸模、菊苣、佛罗伦萨茴香的鲜叶和茎、莴苣头、莴苣叶、法国菠菜、欧芹、园马齿苋、冬季马齿苋、苦苣、大黄、菠菜、中国菠菜、新西兰菠菜、菠菜藤、唐莴苣	11
		拉布椰菜、白菜、羽衣甘蓝、日本辣水芹、盖菜叶、芥末菠菜、青芸苔	5
		杏、樱桃、樱桃芙蓉、酸甜樱桃、油桃、桃、鲜李子	1.6
		葡萄	1.4
		棉籽	0.9
		苹果、海棠、枇杷、山楂、梨、东方梨、温柏	0.7
		椰菜、卡瓦卢椰菜、中国椰菜、球芽甘蓝、甘蓝、大白菜、盖菜、纳帕白菜、花椰菜、茄子、刺儿李、大头菜、香瓜梨、胡椒、甜椒、非甜椒、西班牙甘椒、粘果酸浆、西红柿	0.6

序号	农药名称(残留标示物)	样品名称	残留限量(mg/kg)
138	氟虫酰胺 Flubendiamide	黄秋葵	0.3
		苦瓜苹果、苦瓜、香瓜、佛手瓜果、黄瓜、可食用葫芦、蜜露、甜瓜、香木缘瓜、南瓜、壁球、西葫芦、冬季壁球、西瓜、冬瓜	0.2
		杏仁、山毛榉坚果、灰胡桃、腰果、栗子、板栗、榛果、巴西坚果、山胡桃坚果、澳大利亚坚果、美洲山核桃、胡桃	0.06
		玉米	0.02
		去皮甜玉米	0.01
		牛脂肪、牛肾、牛肝、奶脂肪、羊脂肪、羊肾、羊肝	0.3
		牛肉、羊肉	0.05
		奶	0.04
		禽脂肪	0.02
		蛋、禽肝、禽肉	0.01
139	氟酮磺隆 Flucarbazone Sodium	小麦	0.01
		牛肝、猪肝、羊肝	1.5
		牛副产品、牛肾、牛肉、猪副产品、猪肾、猪肉、羊副产品、羊肾、羊肉	0.01
		奶	0.005
140	咯菌腈 Fludioxonil	苋菜红叶、芝麻菜、甜菜花叶、牛蒡叶、木薯叶、山萝卜、萝卜细叶芹叶、菊苣叶、食用菊花叶、加兰菊花、野苣、水芹、园芹、山芹、蒲公英叶、芋头叶、酸模、菊苣、莴苣头、莴苣叶、法国菠菜、欧芹、园马齿苋、冬季马齿苋、苦苣、萝卜叶、芜菁甘蓝叶、婆罗门参叶、中国菠菜、新西兰菠菜、菠菜藤、甜菜叶	30
		猕猴桃	20
		拉布椰菜、白菜、加利蒙地亚橘、柚子、羽衣甘蓝、胡荽叶、葡萄柚、金橘、柠檬、酸橙、日本辣水芹、盖菜叶、芥末菠菜、甜橙、柚、青芸苔、夏香薄荷、橘柚、柑橘、芜菁叶	10
		山药	8
		大葱、水田芥	7
		苹果、杏、黑莓、博伊深莓、樱桃、樱桃芙蓉、酸甜樱桃、海棠、露莓、罗甘莓、枇杷、山楂、油桃、桃、梨、东方梨、鲜李子、石榴、温柏、覆盆子、杨氏草莓	5
		秘鲁胡萝卜、竹芋、中国朝鲜蓟、耶路撒冷朝鲜蓟、美人蕉、木薯根、荸荠、芋头茎、姜、食用兰花蕉、甘薯、芋、姜黄、西印度豆薯	3.5
		蓝莓、椰菜、卡瓦卢椰菜、中国椰菜、球芽甘蓝、甘蓝、大白菜、盖菜、纳帕白菜、花椰菜、葡萄干、接骨木果、醋栗、越橘、六月浆果、大头菜、草莓	2
		葡萄、龙眼、荔枝、西班牙酸橙	1
		甜菜花、甜菜花根、牛蒡根、胡萝卜、块根芹、萝卜细叶芹根、菊苣根、人参、山葵、欧防根、欧洲防风草、萝卜、萝卜根、芜菁甘蓝、芜菁甘蓝根、婆罗门参根、泽芹、芜菁、芜菁根	0.75
		粘果酸浆、西红柿	0.5

序号	农药名称（残留标示物）	样品名称	残留限量（mg/kg）
140	咯菌腈 Fludioxonil	鳄梨、苦瓜苹果、苦瓜、佛手瓜果、黄瓜、可食用葫芦、杧果、番木瓜、南瓜、人心果、黑肉柿、香肉果、壁球、西葫芦、冬季壁球、冬瓜	0.45
		干蚕豆、干豆腐、菜豆、绿豆、海军豆、平豆、多汁豆、羽扇豆	0.4
		大蒜、多瓣蒜、鳞茎洋葱	0.2
		阿月浑子果	0.1
		棉籽	0.05
		香瓜、蜜露、甜瓜、香木缘瓜、西瓜	0.03
		大麦、玉米、茴香、韭、稷、芥末种子、燕麦、土豆洋葱、树洋葱、威尔士大葱、白胡椒、马铃薯、稻米、青葱、高粱、甜菜、甜菜根、小麦	0.02
		紫花苜蓿、红小豆、蚕豆、多汁蚕豆、可食用荚菜豆、扁豆、利马豆、蛾豆、粉红豆、稻豆、红花菜豆、食荚菜豆、宽叶菜豆、黑绿豆、黄荚种菜豆、裙带豆、刺棘蓟、眉豆、旱芹、中国旱芹、芹莴、鹰嘴豆、豇豆、海甘蓝、茄子、佛罗伦萨茴香的鲜叶和茎、刺儿李、瓜、刀豆、小扁豆、豆角、豌豆、黑眼豌豆、克劳德豌豆、干豌豆、矮豌豆、食荚豌豆、英国豌豆、紫花豌豆、青豆、绿豌豆、木豆、雪豆、干南方豌豆、多汁豌豆、甜豆、花生、香瓜梨、胡椒、甜椒、非甜椒、西班牙甘椒、油菜籽、大黄、大豆、菠菜、葵花子、唐莴苣、蒂莫西干草	0.01
141	氟噻草胺 Flufenacet	小麦	0.6
		大豆	0.1
		去皮甜玉米、玉米	0.05
		牛肾、猪肾、羊肾	0.05
142	氟虫脲 Flufenoxuron	奶	0.2
143	氟哒嗪草酯 Flufenpyr-ethyl	玉米、大豆、甘蔗	0.01
144	唑嘧磺草胺 Flumetsulam	干蚕豆、干豆腐、菜豆、绿豆、海军豆、平豆、玉米、羽扇豆、大豆	0.05
145	氟烯草酸 Flumiclorac-pentyl	棉籽	0.2
		玉米、大豆	0.01
146	丙炔氟草胺 Flumioxazin	紫花苜蓿	8
		甘蔗	0.2
		草莓	0.07
		干蚕豆、干豆腐、菜豆、绿豆、海军豆、平豆、羽扇豆	0.05
		杏仁、苹果、杏、秘鲁胡萝卜、竹芋、中国朝鲜蓟、耶路撒冷朝鲜蓟、芦笋、山毛榉坚果、蓝莓、灰胡桃、美人蕉、香瓜、腰果、木薯根、佛手瓜果、樱桃、樱桃芙蓉、酸甜樱桃、栗子、板栗、荸荠、玉米、棉籽、海棠、葡萄干、芋头茎、茄子、接骨木果、大蒜、多瓣蒜、姜、醋栗、葡萄、刺儿李、榛果、蜜露、越橘、六月浆果、食用兰花蕉、枇杷、山楂、甜瓜、香木缘瓜、油桃、巴西坚果、山胡桃坚果、澳大利亚坚果、黄秋葵、鳞茎洋葱、桃、花生、梨、东方梨、美洲山核桃、香瓜梨、胡椒、甜椒、非甜椒、西班牙甘椒、阿月浑子果、李子干、鲜李子、马铃薯、温柏、青葱、大豆、甘薯、芋、粘果酸浆、西红柿、姜黄、胡桃、西瓜、西印度豆薯、山药	0.02

序号	农药名称(残留标示物)	样品名称	残留限量 (mg/kg)
147	伏草隆 Fluometuron	棉籽	1
		牛副产品、牛肾、牛肝、蛋、猪副产品、猪肾、猪肝、禽副产品、禽脂肪、禽肾、禽肝、禽肉、羊副产品、羊肾、羊肝	0.1
		奶	0.02
148	氟吡菌胺 Fluopicolide	苋菜红叶、芝麻菜、刺棘蓟、旱芹、中国旱芹、芹苣、山萝卜、食用菊花叶、加兰菊花、野苣、水芹、园芹、山芹、蒲公英叶、酸模、菊苣、佛罗伦萨茴香的鲜叶和茎、莴苣头、莴苣叶、法国菠菜、欧芹、园马齿苋、冬季马齿苋、苦苣、大黄、菠菜、中国菠菜、新西兰菠菜、菠菜藤、唐莴苣	25
		甜菜花叶、牛蒡叶、木薯叶、萝卜细叶芹叶、菊苣叶、芋头叶、萝卜叶、芜菁甘蓝叶、婆罗门参叶、甜菜叶、芜菁叶	15
		大蒜、多瓣蒜、韭、鳞茎洋葱、大葱、土豆洋葱、树洋葱、威尔士大葱、青葱	7
		葡萄干	6
		椰菜、卡瓦卢椰菜、中国椰菜、球芽甘蓝、甘蓝、大白菜、盖菜、纳帕白菜、花椰菜、大头菜	5
		葡萄	2
		茄子、刺儿李、香瓜梨、胡椒、甜椒、非甜椒、西班牙甘椒、粘果酸浆、西红柿	1.6
		苦瓜苹果、苦瓜、香瓜、佛手瓜果、黄瓜、可食用葫芦、蜜露、甜瓜、香木缘瓜、南瓜、壁球、西葫芦、冬季壁球、西瓜、冬瓜	0.5
		甜菜花、甜菜花根、牛蒡根、块根芹、萝卜细叶芹根、菊苣根、人参、山葵、欧芹根、欧洲防风草、萝卜、萝卜根、芜菁甘蓝、芜菁甘蓝根、婆罗门参根、泽芹、甜菜根、芜菁、芜菁根	0.15
		秘鲁胡萝卜、竹芋、中国朝鲜蓟、耶路撒冷朝鲜蓟、美人蕉、木薯根、荸荠、芋头茎、姜、食用兰花蕉、甘薯、芋、姜黄、西印度豆薯、山药	0.02
149	氟化物 Fluoride	红小豆、蚕豆、干蚕豆、多汁蚕豆、干豆腐、可食用荚菜豆、菜豆、扁豆、利马豆、蛾豆、绿豆、海军豆、粉红豆、平豆、稻豆、红花菜豆、食荚菜豆、多汁豆、宽叶菜豆、黑绿豆、黄荚种菜豆、裙带豆、眉豆、鹰嘴豆、胡荽叶、棉籽、豇豆、茴香、姜、瓜、刀豆、小扁豆、豆角、羽扇豆、芥末种子、豌豆、黑眼豌豆、克劳德豌豆、干豌豆、矮豌豆、食荚豌豆、英国豌豆、紫花豌豆、青豆、绿豌豆、木豆、雪豆、干南方豌豆、多汁豌豆、甜豆、白胡椒、夏香薄荷、大豆	70
		椰子、稷、高粱、小麦	40
		燕麦	25
		松子	20
		花生	15
		稻米	12
		杏仁、山毛榉坚果、灰胡桃、腰果、栗子、板栗、玉米、榛果、巴西坚果、山胡桃坚果、澳大利亚坚果、美洲山核桃、阿月浑子果、胡桃	10
		葡萄干	7
		猪肉	20

序号	农药名称(残留标示物)	样品名称	残留限量(mg/kg)
150	氟嘧菌酯 Fluoxastrobin	苋菜红叶、刺棘蓟、旱芹、中国旱芹、芹莴、佛罗伦萨茴香的鲜叶和茎、大黄、唐莴苣	4
		茄子、刺儿李、香瓜梨、胡椒、甜椒、意大利炒青椒、非甜椒、西班牙甘椒、粘果酸浆、西红柿	1
		蒂莫西干草	0.5
		紫花苜蓿	0.1
		秘鲁胡萝卜、竹芋、中国朝鲜蓟、耶路撒冷朝鲜蓟、美人蕉、木薯根、荸荠、芋头茎、姜、食用兰花蕉、花生、马铃薯、甘薯、芋、姜黄、西印度豆薯、山药	0.01
		奶脂肪	0.5
		牛副产品、牛脂肪、牛肾、牛肝、羊副产品、羊脂肪、羊肾、羊肝	0.1
		牛肉、羊肉	0.05
		奶	0.02
151	氟啶酮 Fluridone	棉籽	0.1
		牛肾、牛肝、猪肾、猪肝、羊肾、羊肝	0.1
		牛副产品、牛脂肪、牛肉、蛋、猪副产品、猪脂肪、猪肉、奶、禽副产品、禽脂肪、禽肾、禽肝、禽肉、羊副产品、羊脂肪、羊肉	0.05
152	氟草烟 Fluroxypyr	蒂莫西干草	160
		大麦、稷、燕麦、小麦	0.5
		大蒜、多瓣蒜、鳞茎洋葱、青葱	0.03
		苹果、玉米、去皮甜玉米、海棠、枇杷、山楂、梨、东方梨、温柏、高粱	0.02
		牛肾、猪肾、羊肾	1.5
		奶	0.3
		牛副产品、牛脂肪、牛肝、牛肉、猪副产品、猪脂肪、猪肝、猪肉、羊副产品、羊脂肪、羊肝、羊肉	0.1
153	嗪草酸甲酯 Fluthiacet-methyl	棉籽	0.02
		玉米、去皮甜玉米、大豆	0.01
154	氟酰胺 Flutolanil	稻米	7
		花生	0.5
		马铃薯	0.2
		牛肝、猪肝、羊肝	2
		牛肾、猪肾、羊肾	1
		牛脂肪、猪脂肪、羊脂肪	0.1
		牛副产品、牛肉、蛋、猪副产品、猪肉、奶、禽副产品、禽脂肪、禽肾、禽肝、禽肉、羊副产品、羊肉	0.05
155	灭菌丹 Folpet	干锥蛇麻草	120
		鳄梨	25

序号	农药名称(残留标示物)	样品名称	残留限量(mg/kg)
156	氟磺胺草醚 Fomesafen	干蚕豆、干豆腐、菜豆、绿豆、海军豆、平豆、食荚菜豆、羽扇豆、大豆	0.05
		棉籽	0.025
157	氯吡苯脲 Forchlorfenuron	葡萄干	0.06
		猕猴桃	0.04
		葡萄	0.03
		蓝莓、葡萄干、接骨木果、醋栗、越橘、六月浆果	0.01
158	杀螨脒 Formetanate hydrochloride	葡萄柚、甜橙	1.5
		柠檬	0.6
		苹果、梨	0.5
		油桃、桃	0.4
		酸橙、橘柚、柑橘	0.03
159	三乙膦酸铝 Fosetyl - Al	苋菜红叶、芝麻菜、刺棘蓟、旱芹、中国旱芹、芹芹、山萝卜、食用菊花叶、加兰菊花、野苣、水芹、园芹、山芹、蒲公英叶、酸模、菊苣、佛罗伦萨茴香的鲜叶和茎、莴苣头、莴苣叶、法国菠菜、欧芹、园马齿苋、冬季马齿苋、苦苣、大黄、菠菜、中国菠菜、新西兰菠菜、菠菜藤、唐莴苣	100
		草莓	75
		椰菜、卡瓦卢椰菜、中国椰菜、拉布椰菜、球芽甘蓝、甘蓝、大白菜、白菜、盖菜、纳帕菜、花椰菜、羽衣甘蓝、大头菜、日本辣水芹、盖菜叶、芥末菠菜、青芸苔	60
		干锥蛇麻草	45
		蓝莓、葡萄干、接骨木果、醋栗、越橘、六月浆果、芜菁叶	40
		鳄梨	25
		苦瓜苹果、苦瓜、香瓜、佛手瓜果、黄瓜、可食用葫芦、蜜露、甜瓜、香木缘瓜、南瓜、壁球、西葫芦、冬季壁球、芜菁根、西瓜、冬瓜	15
		苹果、海棠、大葱、梨、温柏	10
		加利蒙地亚橘、柚子、葡萄柚、金橘、柠檬、酸橙、甜橙、䒕、橘柚、柑橘	5
		香蕉、车前草、西红柿	3
		酸果蔓、大蒜、多瓣蒜、鳞茎洋葱	0.5
		多汁豌豆	0.3
		澳大利亚坚果	0.2
		黑莓、博伊深莓、露莓、人参、罗甘莓、菠萝、覆盆子、杨氏草莓	0.1
160	噻唑硫磷 Fosthiazate	西红柿	0.02
161	解草恶唑 Furilazole	玉米、高粱	0.01

序号	农药名称(残留标示物)	样品名称	残留限量(mg/kg)
162	精高效氯氟氰菊酯 Gamma Cyhalothrin	紫花苜蓿	6
		莴苣头、莴苣叶	2
		稻米	1
		杏、樱桃、樱桃芙蓉、酸甜樱桃、油桃、桃、李子干、鲜李子	0.5
		椰菜、卡瓦卢椰菜、中国椰菜、球芽甘蓝、甘蓝、大白菜、盖菜、纳帕白菜、花椰菜、大头菜	0.4
		苹果、海棠、枇杷、山楂、梨、东方梨、温柏	0.3
		红花菜豆、食荚菜豆、黄荚种菜豆、裙带豆、茄子、刺儿李、刀豆、豆角、黄秋葵、矮豌豆、食荚豌豆、雪豆、甜豆、香瓜梨、胡椒、甜椒、意大利炒青椒、非甜椒、西班牙甘椒、高粱、葵花子、粘果酸浆	0.2
		海甘蓝、油菜籽	0.15
		红小豆、干蚕豆、干豆腐、菜豆、扁豆、蛾豆、绿豆、海军豆、粉红豆、平豆、稻豆、宽叶菜豆、黑绿豆、眉豆、鹰嘴豆、大蒜、多瓣蒜、瓜、小扁豆、羽扇豆、鳞茎洋葱、克劳德豌豆、干豌豆、紫花豌豆、西红柿	0.1
		杏仁、山毛榉坚果、灰胡桃、腰果、栗子、板栗、玉米、去皮甜玉米、棉籽、榛果、巴西坚果、山胡桃坚果、澳大利亚坚果、花生、美洲山核桃、阿月浑子果、甘蔗、胡桃、小麦	0.05
		蚕豆、多汁蚕豆、可食用荚菜豆、利马豆、多汁豆、豇豆、豌豆、黑眼豌豆、英国豌豆、青豆、绿豌豆、木豆、干南方豌豆、多汁豌豆、大豆	0.01
		奶脂肪	5
		牛脂肪、猪脂肪、羊脂肪	3
		牛副产品、牛肾、牛肝、牛肉、猪副产品、猪肾、猪肝、猪肉、羊副产品、羊肾、羊肝、羊肉	0.2
		禽脂肪	0.03
		禽副产品、禽肾、禽肝、禽肉、蛋	0.01
163	草胺磷 Glufosinate-ammonium	棉籽	4
		大豆	2
		甜菜叶	1.5
		稻米	1
		甜菜、甜菜根	0.9
		马铃薯	0.8
		萝卜叶	0.4
		香蕉、玉米、车前草	0.2
		蓝莓、葡萄干、接骨木果、醋栗、越橘	0.15
		杏仁、山毛榉坚果、灰胡桃、腰果、栗子、板栗、榛果、越橘、六月浆果、巴西坚果、山胡桃坚果、澳大利亚坚果、美洲山核桃、阿月浑子果、胡桃	0.1
		苹果、葡萄	0.05
		牛副产品、牛肾、牛肝、猪副产品、猪肾、猪肝、羊副产品、羊肾、羊肝	6
		禽副产品、禽肾、禽肝	0.6
		牛脂肪、猪脂肪、羊脂肪	0.4
		牛肉、蛋、猪肉、奶、禽脂肪、禽肉、羊肉	0.15

序号	农药名称(残留标示物)	样品名称	残留限量(mg/kg)
164	草甘膦 Glyphosate	紫花苜蓿	400
		蒂莫西干草	300
		葵花子	85
		棉籽	40
		大麦、稷、燕麦、高粱、小麦	30
		油菜籽、大豆	20
		甜菜、甜菜根、甜菜叶	10
		干豌豆	8
		茴香、干锥蛇麻草、白胡椒	7
		红小豆、蚕豆、干蚕豆、多汁蚕豆、干豆腐、可食用芸菜豆、菜豆、扁豆、利马豆、蛾豆、绿豆、海军豆、粉红豆、平豆、稻豆、红花菜豆、食荚菜豆、多汁豆、宽叶菜豆、黑绿豆、黄荚种菜豆、裙带豆、眉豆、鹰嘴豆、玉米、豇豆、瓜、刀豆、小扁豆、豆角、羽扇豆、豌豆、黑眼豌豆、克劳德豌豆、矮豌豆、食荚豌豆、英国豌豆、紫花豌豆、青豆、绿豌豆、木豆、雪豆、干南方豌豆、多汁豌豆、甜豆	5
		甘蔗	2
		杏仁、山毛榉坚果、灰胡桃、腰果、驱虫苋、栗子、板栗、榛果、巴西坚果、山胡桃坚果、澳大利亚坚果、松子、美洲山核桃、阿月浑子果、胡桃	1
		芦笋、苦瓜苹果、苦瓜、加利蒙地亚橘、香瓜、佛手瓜果、柚子、黄瓜、可食用葫芦、葡萄柚、蜜露、金橘、柠檬、酸橙、甜瓜、香木缘瓜、黄秋葵、柚、南瓜、壁球、西葫芦、冬季壁球、橘柚、柑橘、牙买加丑橘、西瓜、冬瓜	0.5
		金虎尾、苋菜红叶、加耶蒙果、苹果、杏、秘鲁胡萝卜、竹芋、朝鲜蓟、中国朝鲜蓟、耶路撒冷朝鲜蓟、芝麻菜、披尔兹番荔枝、鳄梨、香蕉、甜菜花、甜菜花根、甜菜花叶、黑莓、蓝莓、博伊深毒、椰菜、卡瓦卢椰菜、中国椰菜、拉布椰菜、球芽甘蓝、牛蒡叶、牛蒡根、甘蓝、大白菜、白菜、盖菜、纳帕白菜、美人蕉、刺棘蓟、胡萝卜、木薯叶、木薯根、花椰菜、块根芹、旱芹、中国旱芹、芹苣、樱桃、樱桃芙蓉、酸甜樱桃、山萝卜、萝卜细叶芹根、萝卜细叶芹叶、菊苣根、菊苣叶、食用菊花叶、加兰菊花、荸荠、羽衣甘蓝、胡荽叶、野苣、海棠、酸果蔓、水芹、园芹、山芹、葡萄干、南美番荔枝、蒲公英叶、芋头茎、芋头叶、枣椰子、露莓、酸模、榴莲、接骨木果、菊苣、费约果、佛罗伦萨茴香的鲜叶和茎、无花果、西番莲子、大蒜、多瓣蒜、姜、人参、醋栗、葡萄、番石榴、山葵、越橘、拟爱神木、木菠萝、卡瓦根、猕猴桃、大头菜、韭、食用兰花蕉、莴苣头、莴苣叶、罗甘莓、龙眼、枇杷、荔枝、杧果、山竹、山楂、日本辣水芹、盖菜叶、芥末菠菜、油桃、橄榄、鳞茎洋葱、大葱、土豆洋葱、树洋葱、威尔士大葱、法国菠菜、棕榈心、番木瓜、欧芹、欧芹根、欧洲防风草、木瓜、桃、梨、东方梨、胡椒叶、柿子、车前草、鲜李子、石榴、马铃薯、园马齿苋、冬季马齿苋、温柏、苦苣、萝卜、萝卜根、萝卜叶、青芸苔、覆盆子、大黄、芜菁甘蓝、芜菁甘蓝根、芜菁甘蓝叶、婆罗门参根、婆罗门参叶、人心果、黑肉柿、香肉柿、白柿、夏香薄荷、青葱、泽芹、刺果番荔枝、西班牙酸橙、菠菜、中国菠菜、新西兰菠菜、菠菜藤、杨桃、草莓、苹果糖、苏里南樱桃、甘菜、唐莴苣、罗望子、芋、钛叶片、钛根、姜黄、芜菁、芜菁根、芜菁叶、山葵根、水田芥、莲雾、西印度豆薯、山药、杨氏草莓	0.2

· 127 ·

序号	农药名称(残留标示物)	样品名称	残留限量(mg/kg)
164	草甘膦 Glyphosate	椰子、去皮甜玉米、海甘蓝、茄子、布法罗葫芦种子、刺儿李、芥末种子、花生、香瓜梨、胡椒、甜椒、非甜椒、西班牙甘椒、菠萝、稻米、芝麻、粘果酸浆、西红柿	0.1
		牛副产品、牛肾、牛肝、猪副产品、猪肾、猪肝、羊副产品、羊肾、羊肝	5
		禽肉	4
		禽副产品、禽肾、禽肝	1
		蛋	0.05
165	氯吡嘧磺隆 Halosulfuron-methyl	紫花苜蓿	2
		芦笋	0.8
		苦瓜苹果、苦瓜、佛手瓜果、黄瓜、中国黄瓜、可食用葫芦、丝瓜、南瓜、壁球、西葫芦、冬季壁球、冬瓜	0.5
		香瓜、蜜露、甜瓜、香木缘瓜、西瓜	0.1
		杏仁、干蚕豆、干豆腐、菜豆、绿豆、海军豆、平豆、食荚菜豆、山毛榉坚果、灰胡桃、腰果、栗子、板栗、玉米、去皮甜玉米、棉籽、茄子、刺儿李、榛果、羽扇豆、巴西坚果、山胡桃坚果、澳大利亚坚果、美洲山核桃、香瓜梨、胡椒、甜椒、意大利炒青椒、非甜椒、西班牙甘椒、阿月浑子果、稻米、高粱、甘蔗、粘果酸浆、西红柿、胡桃	0.05
		牛副产品、牛肾、牛肝、猪副产品、猪肾、猪肝、羊副产品、羊肾、羊肝	0.1
166	环嗪酮 Hexazinone	紫花苜蓿	8
		蓝莓、菠萝	0.6
		奶	0.2
		牛副产品、牛脂肪、牛肾、牛肝、牛肉、猪副产品、猪脂肪、猪肾、猪肝、猪肉、羊副产品、羊脂肪、羊肾、羊肝、羊肉	0.1
167	噻螨酮 Hexythiazox	草莓	3
		干锥蛇麻草	2
		杏、黑莓、博伊深莓、樱桃、樱桃芙蓉、酸甜樱桃、枣椰子、露莓、罗甘莓、油桃、桃、覆盆子、杨氏草莓	1
		葡萄	0.75
		李子干	0.4
		杏仁、山毛榉坚果、灰胡桃、腰果、栗子、板栗、榛果、巴西坚果、山胡桃坚果、澳大利亚坚果、美洲山核桃、阿月浑子果、胡桃	0.3
		苹果、海棠、枇杷、山楂、梨、东方梨、温柏	0.25
		鲜李子	0.1
		牛副产品、牛脂肪、牛肾、牛肝、猪副产品、猪脂肪、猪肾、猪肝、奶、羊副产品、羊脂肪、羊肾、羊肝	0.02
168	氟蚁腙 Hydramethylnon	蒂莫西干草	2
		菠萝	0.05
169	氢氰酸 Hydrogen cyanide	加利蒙地亚橘、柚子、葡萄柚、金橘、柠檬、酸橙、甜橙、橘柚、柑橘	50

序号	农药名称(残留标示物)	样品名称	残留限量(mg/kg)
170	抑霉唑 Imazalil	柚子、葡萄柚、金橘、柠檬、酸橙、甜橙、橘柚、柑橘	10
		香蕉、车前草	3
		大麦、小麦	0.1
		牛副产品、牛肾、牛肝、羊副产品、羊肾、羊肝	0.2
		奶	0.02
		牛脂肪、牛肉、羊脂肪、羊肉	0.01
171	咪草酯 Imazamethabenz	大麦、葵花子、小麦	0.1
172	甲基咪草烟 Imazapic-ammonium	蒂莫西干草	30
		花生	0.1
		牛肾、羊肾	1
		牛副产品、牛脂肪、牛肝、牛肉、奶、羊副产品、羊脂肪、羊肝、羊肉	0.1
173	灭草烟 Imazapyr	蒂莫西干草	30
		玉米	0.05
		牛肾、羊肾	0.2
		牛副产品、牛脂肪、牛肝、牛肉、羊副产品、羊脂肪、羊肝、羊肉	0.05
		奶	0.01
174	灭草喹 Imazaquin	大豆	0.05
175	咪草烟 Imazethapyr	紫花苜蓿	5.5
		稻米	0.3
		红小豆、蚕豆、干蚕豆、多汁蚕豆、干豆腐、可食用荚菜豆、菜豆、扁豆、利马豆、蛾豆、绿豆、海军豆、粉红豆、平豆、稻豆、红花菜豆、食荚菜豆、多汁豆、宽叶菜豆、黑绿豆、黄荚种菜豆、裙带豆、眉豆、鹰嘴豆、玉米、豇豆、瓜、刀豆、小扁豆、豆角、羽扇豆、豌豆、黑眼豌豆、克劳德豌豆、干豌豆、矮豌豆、食荚豌豆、英国豌豆、紫花豌豆、青豆、绿豌豆、木豆、雪豆、干南方豌豆、多汁甜豆、花生、大豆	0.1
		牛副产品、牛肾、牛肝、猪副产品、猪肾、猪肝、羊副产品、羊肾、羊肝	0.1
176	吡虫啉 Imidacloprid	胡荽叶、夏香薄荷	8
		刺棘蓟、旱芹、中国旱芹、芹菀、棉籽、佛罗伦萨茴香的鲜叶和茎、干锥蛇麻草、大黄、唐莴苣	6
		红小豆、蚕豆、干蚕豆、多汁蚕豆、干豆腐、可食用荚菜豆、菜豆、扁豆、利马豆、蛾豆、绿豆、海军豆、粉红豆、平豆、稻豆、红花菜豆、食荚菜豆、多汁豆、宽叶菜豆、黑绿豆、黄荚种菜豆、裙带豆、甜菜花叶、牛蒡叶、木薯叶、眉豆、萝卜细叶芹叶、鹰嘴豆、菊苣叶、豇豆、芋头叶、瓜、刀豆、小扁豆、豆角、羽扇豆、豌豆、黑眼豌豆、克劳德豌豆、干豌豆、矮豌豆、食荚豌豆、英国豌豆、紫花豌豆、青豆、绿豌豆、木豆、雪豆、干南方豌豆、多汁甜豆、萝卜叶、芜菁甘蓝叶、婆罗门参叶、芜菁叶	4

序号	农药名称(残留标示物)	样品名称	残留限量 (mg/kg)
176	吡虫啉 Imidacloprid	苋菜红叶、芝麻菜、蓝莓、椰菜、卡瓦卢椰菜、中国椰菜、拉布椰菜、球芽甘蓝、甘蓝、大白菜、白菜、盖菜、纳帕白菜、花椰菜、山萝卜、食用菊花叶、加兰菊花、羽衣甘蓝、野莒、水芹、园芹、山芹、葡萄干、蒲公英叶、酸模、接骨木果、菊苣、醋栗、越橘、六月浆果、大头菜、莴苣头、莴苣叶、日本辣水芹、盖菜叶、芥末菠菜、法国菠菜、欧芹、园马齿苋、冬季马齿苋、苦苣、青芸苔、大豆、菠菜、中国菠菜、新西兰菠菜、菠菜藤、水田芥	3.5
		杏、樱桃、樱桃芙蓉、酸甜樱桃、龙眼、荔枝、油桃、桃、柿子、鲜李子、西班牙酸橙	3
		黑莓、博伊深莓、露莓、罗甘莓、覆盆子、杨氏草莓	2.5
		葡萄干	1.5
		金虎尾、鳄梨、茄子、费约果、西番莲子、葡萄、刺儿李、番石榴、拟爱神木、杧果、黄秋葵、香瓜梨、胡椒、甜椒、非甜椒、西班牙甜椒、人心果、黑肉柿、香肉果、杨桃、粘果酸浆、西红柿、莲雾	1
		石榴	0.9
		加利蒙地亚橘、柚子、葡萄柚、金橘、柠檬、酸橙、甜橙、橘柚、柑橘	0.7
		海棠、枇杷、山楂、梨、东方梨、温柏	0.6
		苹果、苦瓜苹果、苦瓜、香蕉、香瓜、佛手瓜果、黄瓜、可食用葫芦、蜜露、甜瓜、香木缘瓜、车前草、南瓜、壁球、西葫芦、冬季壁球、草莓、甜菜叶、西瓜、冬瓜	0.5
		花生	0.45
		秘鲁胡萝卜、竹芋、中国朝鲜蓟、耶路撒冷朝鲜蓟、甜菜花、甜菜花根、牛蒡根、美人蕉、胡萝卜、木薯根、块根芹、萝卜细叶芹根、菊苣根、荸荠、芋头茎、姜、人参、山葵、卡瓦根、食用兰花蕉、欧芹根、欧洲防风草、马铃薯、萝卜、萝卜根、芜菁甘蓝、芜菁甘蓝根、婆罗门参根、泽芹、甘薯、芋、姜黄、芜菁、芜菁根、西印度豆薯、山药	0.4
		披尔兹番荔枝、番荔枝、南美番荔枝、刺果番荔枝、苹果糖	0.3
		杏仁、大麦、山毛榉坚果、灰胡桃、腰果、栗子、板栗、玉米、去皮甜玉米、海甘蓝、酸果蔓、榛果、樱、芥末种子、巴西坚果、山胡桃坚果、澳大利亚坚果、燕麦、美洲山核桃、阿月浑子果、油菜籽、高粱、甜菜、甜菜根、葵花子、胡桃、小麦	0.05
		牛副产品、牛脂肪、牛肾、牛肝、牛肉、猪副产品、猪脂肪、猪肾、猪肝、猪肉、羊副产品、羊脂肪、羊肾、羊肝、羊肉	0.3
		奶	0.1
		禽副产品、禽脂肪、禽肾、禽肝、禽肉	0.05
		蛋	0.02
177	茚虫威 Indoxacarb	紫花苜蓿	50
		苋菜红叶、芝麻菜、刺棘蓟、旱芹、中国旱芹、芹莴、山萝卜、食用菊花叶、加兰菊花、野莒、水芹、园芹、山芹、蒲公英叶、酸模、菊苣、佛罗伦萨茴香的鲜叶和茎、莴苣头、莴苣叶、法国菠菜、欧芹、园马齿苋、冬季马齿苋、苦苣、大黄、菠菜、中国菠菜、新西兰菠菜、菠菜藤、唐莴苣、雁来红	14

第二章 美国食品安全限量标准

序号	农药名称(残留标示物)	样品名称	残留限量(mg/kg)
177	茚虫威 Indoxacarb	椰菜、卡瓦卢椰菜、中国椰菜、拉布椰菜、球芽甘蓝、甘蓝、大白菜、白菜、盖菜、纳帕白菜、花椰菜、羽衣甘蓝、大头菜、日本辣水芹、盖菜叶、芥末菠菜、青芸苔、芜菁叶	12
		葡萄干	5
		棉籽、葡萄	2
		苹果、海棠、枇杷、山楂、温柏	1
		杏、樱桃、樱桃芙蓉、酸甜樱桃、酸果蔓、油桃、桃、李子干、鲜李子	0.9
		大豆	0.8
		苦瓜苹果、苦瓜、香瓜、佛手瓜果、黄瓜、中国黄瓜、可食用葫芦、蜜露、甜瓜、香木缘瓜、南瓜、壁瓜、西葫芦、冬季壁球、西瓜、冬瓜	0.6
		茄子、刺儿李、黄秋葵、香瓜梨、胡椒、甜椒、意大利炒青椒、非甜椒、西班牙甘椒、粘果酸浆、西红柿	0.5
		梨、东方梨	0.2
		干南方豌豆	0.1
		去皮甜玉米	0.02
		秘鲁胡萝卜、竹芋、中国朝鲜蓟、耶路撒冷朝鲜蓟、美人蕉、木薯根、荸荠、芋头茎、姜、食用兰花蕉、花生、马铃薯、甘薯、芋、芋头、姜黄、西印度豆薯、山药	0.01
		奶脂肪	4
		牛脂肪、猪脂肪、羊脂肪	1.5
		奶	0.15
		牛肉、猪肉、羊肉	0.05
		牛副产品、牛肾、牛肝、猪副产品、猪肾、猪肝、羊副产品、羊肾、羊肝	0.03
178	熏蒸产生的无机溴化物 Inorganic bromide resulting from fumigation	杏仁、灰胡桃、腰果、栗子、棉籽、榛果、巴西坚果、山胡桃坚果、澳大利亚坚果、花生、美洲山核桃、阿月浑子果、大豆、胡桃	200
		芦笋、椰子、姜、石榴	100
		鳄梨、马铃薯、甘薯	75
		草莓	60
		紫花苜蓿、大麦、蚕豆、多汁蚕豆、利马豆、食荚菜豆、多汁豆、甘蓝、玉米、去皮甜玉米、豇豆、大蒜、燕麦、豌豆、黑眼豌豆、稻米、高粱、蒂莫西干草、小麦	50
		耶路撒冷朝鲜蓟、甜菜花根、胡萝卜、柚子、黄瓜、葡萄柚、山葵、金橘、柠檬、酸橙、黄秋葵、甜橙、欧洲防风草、胡椒、甜椒、非甜椒、西班牙甘椒、萝卜、芜菁甘蓝根、芜菁甘蓝叶、婆罗门参根、西葫芦、甜菜根、柑橘、芜菁根	30
		杏、蓝莓、香瓜、樱桃、樱桃芙蓉、酸甜樱桃、茄子、多瓣蒜、葡萄、蜜露、杧果、油桃、鳞茎洋葱、大葱、番木瓜、桃、菠萝、鲜李子、南瓜、冬季壁球、西红柿、西瓜	20
		苹果、梨、温柏	5

序号	农药名称(残留标示物)	样品名称	残留限量(mg/kg)
179	甲基碘磺隆 Iodosulfuron - methyl	玉米	0.03
		小麦	0.02
180	种菌唑 Ipconazole	大麦、红小豆、干蚕豆、干豆腐、菜豆、扁豆、蛾豆、绿豆、海军豆、粉红豆、平豆、稻豆、宽叶菜豆、黑绿豆、眉豆、鹰嘴豆、玉米、棉籽、豇豆、瓜、小扁豆、羽扇豆、稷、燕麦、黑眼豌豆、克劳德豌豆、干豌豆、紫花豌豆、木豆、干南方豌豆、花生、高粱、大豆、小麦	0.01
181	异菌脲 Iprodione	葡萄干	300
		葡萄	60
		黑莓、椰菜、中国椰菜、露莓、莴苣头、莴苣叶、罗甘莓、杨氏草莓	25
		杏、樱桃、樱桃芙蓉、酸甜樱桃、油桃、桃、李子干、鲜李子	20
		蓝莓、博伊深莓、葡萄干、覆盆子、草莓	15
		猕猴桃、稻米	10
		胡萝卜	5
		干蚕豆、干豆腐、菜豆、绿豆、海军豆、平豆、多汁豆、人参、羽扇豆	2
		多瓣蒜、鳞茎洋葱、花生、马铃薯	0.5
		杏仁	0.3
		棉籽、大蒜	0.1
		禽脂肪	3.5
		牛肾、牛肝、猪肾、猪肝、羊肾、羊肝	3
		蛋	1.5
		禽副产品、禽肾、禽肝、禽肉	1
		牛副产品、牛脂肪、牛肉、猪副产品、猪脂肪、猪肉、奶、羊副产品、羊脂肪、羊肉	0.5
182	双苯恶唑酸 Isoxadifen - ethyl	稻米	0.1
		玉米	0.08
		去皮甜玉米	0.04
183	异恶唑草酮 Isoxaflutole	玉米	0.02
		牛肝、猪肝、羊肝	0.5
		牛脂肪、牛肉、猪脂肪、猪肉、禽脂肪、禽肉、羊脂肪、羊肉	0.2
		牛副产品、牛肾、猪副产品、猪肾、羊副产品、羊肾	0.1
		奶	0.02
		蛋	0.01
184	醚菌酯 Kresoxim - methyl	葡萄干	1.5
		葡萄	1
		苹果、海棠、梨、温柏	0.5

序号	农药名称(残留标示物)	样品名称	残留限量(mg/kg)
184	醚菌酯 Kresoxim-methyl	苦瓜苹果、苦瓜、香瓜、佛手瓜果、黄瓜、可食用葫芦、蜜露、甜瓜、香木缘瓜、南瓜、壁球、西葫芦、冬季壁球、西瓜、冬瓜	0.4
		美洲山核桃	0.15
		牛副产品、牛肾、牛肝、羊副产品、羊肾、羊肝	0.01
185	乳氟禾草灵 Lactofen	茄子、刺儿李、黄秋葵、香瓜梨、胡椒、甜椒、非甜椒、西班牙甘椒、粘果酸浆、西红柿	0.02
		食荚菜豆、棉籽、花生、大豆	0.01
186	高效氯氟氰菊酯 Lambda Cyhalothrin	干锥蛇麻草	10
		蒂莫西干草	7
		紫花苜蓿	6
		莴苣头、莴苣叶	2
		海甘蓝、油菜籽、稻米	1
		杏、樱桃、樱桃芙蓉、酸甜樱桃、油桃、桃、鲜李子	0.5
		椰菜、卡瓦卢椰菜、中国椰菜、球芽甘蓝、甘蓝、大白菜、盖菜、纳帕白菜、花椰菜、大头菜	0.4
		苹果、海棠、枇杷、山楂、梨、东方梨、温柏	0.3
		可食用荚菜豆、红花菜豆、食荚菜豆、黄荚种菜豆、裙带豆、茄子、刺儿李、刀豆、豆角、矮豌豆、食荚豌豆、雪豆、甜豆、香瓜梨、胡椒、甜椒、非甜椒、西班牙甘椒、高粱、葵花子、粘果酸浆	0.2
		红小豆、干蚕豆、干豆腐、菜豆、扁豆、蛾豆、绿豆、海军豆、粉红豆、平豆、稻豆、宽叶菜豆、黑绿豆、眉豆、鹰嘴豆、大蒜、多瓣蒜、瓜、小扁豆、羽扇豆、鳞茎洋葱、克劳德豌豆、干豌豆、紫花豌豆、西红柿	0.1
		杏仁、苦瓜苹果、苦瓜、大麦、山毛榉坚果、灰胡桃、香瓜、腰果、佛手瓜果、栗子、板栗、玉米、去皮甜玉米、棉籽、黄瓜、可食用葫芦、榛果、蜜露、甜瓜、香木缘瓜、巴西坚果、山胡桃坚果、澳大利亚坚果、燕麦、花生、美洲山核桃、阿月浑子果、南瓜、壁球、西葫芦、冬季壁球、甘蔗、胡桃、西瓜、冬瓜、小麦	0.05
		秘鲁胡萝卜、竹芋、中国朝鲜蓟、耶路撒冷朝鲜蓟、美人蕉、木薯根、荸荠、芋头茎、姜、食用兰花蕉、马铃薯、甘薯、芋、姜黄、西印度豆薯、山药	0.02
		蚕豆、多汁蚕豆、利马豆、多汁豆、豇豆、豌豆、黑眼豌豆、英国豌豆、青豆、绿豌豆、木豆、干南方豌豆、多汁豌豆、大豆	0.01
		奶脂肪	10
		牛脂肪、羊脂肪	3
		奶	0.4
		牛副产品、牛肾、牛肝、牛肉、猪脂肪、羊副产品、羊肾、羊肝、羊肉	0.2
		禽脂肪	0.03
		猪副产品、猪肾、猪肝	0.02
		蛋、猪肉、禽副产品、禽肾、禽肝、禽肉	0.01

序号	农药名称(残留标示物)	样品名称	残留限量(mg/kg)
187	利谷隆 Linuron	芦笋	7
		胡萝卜、大豆	1
		旱芹、佛罗伦萨茴香的鲜叶和茎、大黄	0.5
		去皮甜玉米、棉籽、欧芹、高粱	0.25
		马铃薯	0.2
		块根芹、玉米	0.1
		欧洲防风草、小麦	0.05
		牛肾、牛肝、羊肾、羊肝	2
		牛脂肪、羊脂肪	0.2
		牛副产品、牛肉、猪副产品、猪肾、猪肝、羊副产品、羊肉	0.1
		猪脂肪、猪肉、奶	0.05
188	马拉硫磷 Malathion	紫花苜蓿、蒂莫西干草	135
		杏仁、苋菜红叶、苹果、杏、芝麻菜、芦笋、鳄梨、大麦、蚕豆、多汁蚕豆、利马豆、甜菜花、甜菜花根、甜菜花叶、黑莓、蓝莓、博伊深莓、椰菜、卡瓦卢椰菜、中国椰菜、拉布椰菜、球芽甘蓝、甘蓝、大白菜、白菜、盖菜、纳帕白菜、刺棘蓟、胡萝卜、花椰菜、旱芹、中国旱芹、芹苣、佛手瓜果、樱桃、樱桃芙蓉、酸甜樱桃、山萝卜、食用菊科叶、加兰菊花、羽衣甘蓝、野莒、玉米、豇豆、酸果蔓、水芹、园芹、山芹、黄瓜、葡萄干、蒲公英叶、枣椰子、露莓、酸模、茄子、菊苣、佛罗伦萨茴香的鲜叶和茎、无花果、西番莲子、大蒜、多瓣蒜、醋栗、葡萄、葡萄柚、番石榴、山葵、大头菜、金橘、韭、柠檬、小扁豆、莴苣头、莴苣叶、酸橙、罗甘莓、杧果、甜瓜、日本辣水芹、蘑菇、香瓜、盖菜叶、芥末菠菜、油桃、燕麦、黄秋葵、鳞茎洋葱、大葱、法国菠菜、甜橙、欧芹、豌豆、桃、花生、梨、美洲山核桃、胡椒、甜椒、非甜椒、菠萝、李子干、鲜李子、马铃薯、南瓜、园马齿苋、冬季马齿苋、温柏、苦苣、萝卜、青芸苔、覆盆子、大黄、稻米、芜菁甘蓝、芜菁甘蓝叶、婆罗门参根、婆罗门参叶、青葱、高粱、大豆、菠菜、中国菠菜、新西兰菠菜、菠菜藤、西葫芦、冬季壁球、草莓、甜菜叶、葵花子、唐莴苣、柑橘、西红柿、芜菁根、芜菁叶、胡桃、西瓜、小麦	8
		去皮甜玉米、棉籽	2
		栗子、榛果、干锥蛇麻草、澳大利亚坚果、番木瓜、甜菜根、甘薯	1
		牛副产品、牛脂肪、牛肾、牛肝、牛肉、猪副产品、猪脂肪、猪肾、猪肝、猪肉、禽副产品、禽脂肪、禽肾、禽肝、禽肉、羊副产品、羊脂肪、羊肾、羊肝、羊肉	4
		奶脂肪	0.5
		蛋	0.1
189	抑芽丹 Maleic hydrazide	马铃薯	50
		大蒜、多瓣蒜、鳞茎洋葱	15

序号	农药名称(残留标示物)	样品名称	残留限量(mg/kg)
190	代森锰锌 Mancozeb	甜菜叶	65
		海棠、茴香、番木瓜、梨、温柏	10
		苹果、酸果蔓、葡萄	7
		大麦、旱芹、佛罗伦萨茴香的鲜叶和茎、燕麦、小麦	5
		黄瓜、甜瓜、香瓜、西葫芦、西红柿、西瓜	4
		胡萝卜、甜菜、甜菜根	2
		马铃薯	1
		香蕉、去皮甜玉米、棉籽、大蒜、多瓣蒜、鳞茎洋葱、花生、车前草	0.5
		芦笋、玉米	0.1
		牛肾、牛肝、猪肾、猪肝、禽肾、禽肝、羊肾、羊肝	0.5
191	双炔酰菌胺 Mandipropamid	拉布椰菜、白菜、羽衣甘蓝、日本辣水芹、盖菜叶、芥末菠菜、青芸苔	25
		苋菜红叶、芝麻菜、刺棘蓟、旱芹、中国旱芹、芹莴、山萝卜、食用菊花叶、加兰菊花、野苣、水芹、园芹、山芹、蒲公英叶、酸模、菊苣、佛罗伦萨茴香的鲜叶和茎、莴苣头、莴苣叶、法国菠菜、欧芹、园马齿苋、冬季马齿苋、苦苣、大黄、菠菜、中国菠菜、新西兰菠菜、菠菜藤、唐莴苣	20
		大葱	4
		椰菜、卡瓦卢椰菜、中国椰菜、球芽甘蓝、甘蓝、大白菜、盖菜、纳帕白菜、花椰菜、大头菜、葡萄干	3
		葡萄	1.4
		茄子、刺儿李、黄秋葵、香瓜梨、胡椒、甜椒、非甜椒、西班牙甘椒、粘果酸浆、西红柿	1
		苦瓜苹果、苦瓜、香瓜、佛手瓜果、黄瓜、可食用葫芦、蜜露、甜瓜、香木缘瓜、南瓜、壁球、西葫芦、冬季壁球、西瓜、冬瓜	0.6
		大蒜、多瓣蒜、鳞茎洋葱	0.05
		秘鲁胡萝卜、竹芋、中国朝鲜蓟、耶路撒冷朝鲜蓟、美人蕉、木薯根、荸荠、芋头茎、姜、食用兰花蕉、马铃薯、甘薯、芋、姜黄、西印度豆薯、山药	0.01
192	代森锰 Maneb	甜菜叶	45
		杏、多汁豆、椰菜、中国椰菜、球芽甘蓝、甘蓝、大白菜、花椰菜、羽衣甘蓝、菊苣、大头菜、莴苣头、莴苣叶、盖菜叶、油桃、番木瓜、桃、芜菁叶	10
		干蚕豆、干豆腐、菜豆、绿豆、海军豆、平豆、胡萝卜、酸果蔓、茄子、无花果、大蒜、多瓣蒜、葡萄、羽扇豆、鳞茎洋葱、胡椒、甜椒、非甜椒、南瓜、芜菁根	7
		旱芹、去皮甜玉米、佛罗伦萨茴香的鲜叶和茎	5
		香蕉、黄瓜、甜瓜、香瓜、车前草、西葫芦、冬季壁球、西红柿、西瓜	4
		苹果	2
		杏仁、马铃薯	0.1

序号	农药名称(残留标示物)	样品名称	残留限量 (mg/kg)
193	2-甲基-4-氯苯氧乙酸 MCPA	蒂莫西干草	20
		紫花苜蓿	2
		大麦、燕麦、小麦	1
		干豌豆、多汁豌豆、稻米	0.1
		牛副产品、牛脂肪、牛肾、牛肝、牛肉、猪副产品、猪脂肪、猪肾、猪肝、猪肉、奶、羊副产品、羊脂肪、羊肾、羊肝、羊肉	0.1
194	二甲四氯丁酸 MCPB	豌豆	0.1
195	吡唑解草酯 Mefenpyr-diethyl	大麦、小麦	0.05
		卡诺拉、大豆	0.02
		牛副产品、牛肾、牛肝、猪副产品、猪肾、猪肝、羊副产品、羊肾、羊肝	0.1
196	缩节胺 Mepiquat chloride	葡萄干	5
		棉籽	2
		葡萄	1
		牛副产品、牛脂肪、牛肾、牛肝、牛肉、猪副产品、猪脂肪、猪肾、猪肝、猪肉、羊副产品、羊脂肪、羊肾、羊肝、羊肉	0.1
197	甲磺胺磺隆 Mesosulfuron-methyl	小麦	0.03
		牛副产品、牛肾、牛肝、羊副产品、羊肾、羊肝	0.01
198	硝草酮 Mesotrione	酸果蔓	0.02
		芦笋、黑莓、蓝莓、博伊深莓、玉米、去皮甜玉米、葡萄干、露莓、接骨木果、醋栗、越橘、罗甘莓、稷、燕麦、黄秋葵、覆盆子、大黄、高粱、甘蔗、蒂莫西干草、杨氏草莓	0.01
199	甲霜灵 Metalaxyl	蒂莫西干草	25
		紫花苜蓿、干锥蛇麻草	20
		牛蒡叶、木薯叶、萝卜细叶芹叶、菊苣叶、芋头叶、萝卜叶、芜菁甘蓝叶、婆罗门参叶、芜菁叶	15
		大葱、菠菜、草莓、甜菜叶	10
		芦笋	7
		葡萄干	6
		苋菜红叶、芝麻菜、刺棘蓟、旱芹、中国旱芹、芹莴、山萝卜、食用菊花叶、加兰菊花、野苣、水芹、园芹、山芹、蒲公英叶、酸模、菊苣、佛罗伦萨茴香的鲜叶和茎、莴苣头、莴苣叶、盖菜叶、法国菠菜、欧芹、园马齿苋、冬季马齿苋、苦苣、大黄、中国菠菜、新西兰菠菜、菠菜藤、唐莴苣	5
		鳄梨、酸果蔓、李子干	4
		大蒜、多瓣蒜、人参、鳞茎洋葱	3
		蓝莓、椰菜、中国椰菜、球芽甘蓝、葡萄	2

序号	农药名称(残留标示物)	样品名称	残留限量(mg/kg)
199	甲霜灵 Metalaxyl	杏、苦瓜苹果、苦瓜、甘蓝、香瓜、花椰菜、佛手瓜果、樱桃、樱桃芙蓉、酸甜樱桃、柚子、黄瓜、茄子、可食用葫芦、葡萄柚、刺儿李、蜜露、金橘、柠檬、酸橙、甜瓜、香木缘瓜、油桃、桃、香瓜梨、胡椒、甜椒、非甜椒、西班牙甘椒、鲜李子、南瓜、大豆、壁球、西葫芦、冬季壁球、橘柚、柑橘、粘果酸浆、西红柿、西瓜、冬瓜	1
		杏仁、秘鲁胡萝卜、竹芋、中国朝鲜蓟、耶路撒冷朝鲜蓟、牛蒡根、美人蕉、胡萝卜、木薯根、块根芹、萝卜细叶芹、菊苣根、荸荠、芋头茎、姜、山葵、食用兰花蕉、欧芹根、欧洲防风草、马铃薯、萝卜、萝卜根、覆盆子、芜菁甘蓝、芜菁甘蓝根、婆罗门参根、泽芹、甜菜根、甘薯、芋、姜黄、芜菁、芜菁根、胡桃、西印度豆薯、山药	0.5
		苹果、大麦、红小豆、蚕豆、干蚕豆、多汁蚕豆、干豆腐、可食用荚菜豆、菜豆、扁豆、利马豆、蛾豆、绿豆、海军豆、粉红豆、平豆、稻豆、红花菜豆、食荚菜豆、多汁菜豆、宽叶菜豆、黑绿豆、黄绿种菜豆、裙带豆、眉豆、鹰嘴豆、豇豆、瓜、刀豆、小扁豆、豆角、羽扇豆、燕麦、豌豆、黑眼豌豆、克劳德豌豆、干豌豆、矮豌豆、食荚豌豆、英国豌豆、紫花豌豆、青豆、绿豌豆、木豆、雪豆、干南方豌豆、多汁豌豆、甜豆、花生、小麦	0.2
		甜菜、甜菜花、甜菜花根、甜菜花叶、卡瓦卢椰菜、拉布椰菜、大白菜、白菜、盖菜、纳帕白菜、羽衣甘蓝、玉米、去皮甜玉米、棉籽、大头菜、稷、日本辣水芹、芥末菠菜、菠萝、青芸苔、稻米、高粱、甜菜、葵花子	0.1
		牛脂肪、牛肾、牛肝、猪脂肪、猪肾、猪肝、禽脂肪、禽肾、禽肝、羊脂肪、羊肾、羊肝	0.4
		牛副产品、牛肉、蛋、猪副产品、猪肉、禽副产品、禽肉、羊副产品、羊肉	0.05
		奶	0.02
200	精甲霜灵 Metalaxyl - M (Mefenoxam)	胡荽叶、夏香薄荷	8
		越橘	2
		杧果、番木瓜、人心果、黑肉柿、香肉果	0.4
		披尔兹番荔枝、南美番荔枝、杨桃、苹果糖	0.2
		猕猴桃	0.1
		朝鲜蓟	0.05
201	四聚乙醛 Metaldehyde	草莓	6.25
		水田芥	3.2
		椰菜、卡瓦卢椰菜、中国椰菜、拉布椰菜、球芽甘蓝、甘蓝、大白菜、白菜、盖菜、纳帕白菜、花椰菜、羽衣甘蓝、大头菜、日本辣水芹、盖菜叶、芥末菠菜、青芸苔	2.5
		莴苣头、莴苣叶	1.73
		加利蒙地亚橘、柚子、葡萄柚、金橘、柠檬、酸橙、甜橙、橘柚、柑橘	0.26
		西红柿	0.24
		黑莓、蓝莓、博伊深莓、葡萄干、露莓、接骨木果、醋栗、越橘、罗甘莓、覆盆子、杨氏草莓	0.15
		朝鲜蓟	0.07

序号	农药名称(残留标示物)	样品名称	残留限量 (mg/kg)
202	叶菌唑 Metconazole	大麦	2.5
		燕麦	1
		棉籽	0.25
		杏、樱桃、樱桃芙蓉、酸甜樱桃、油桃、桃、鲜李子	0.2
		小麦	0.15
		甜菜、甜菜根	0.07
		大豆	0.05
		杏仁、山毛榉坚果、灰胡桃、腰果、栗子、板栗、海甘蓝、榛昊、巴西坚果、山胡桃坚果、澳大利亚坚果、花生、美洲山核桃、阿月浑子果、油菜籽、胡桃	0.04
		玉米	0.02
		去皮甜玉米	0.01
		牛副产品、牛肾、牛肝、蛋、羊副产品、羊肾、羊肝	0.04
203	甲胺磷 Methamidophos	椰菜、中国椰菜、球芽甘蓝、甘蓝、花椰菜、黄瓜、茄子、莴苣头、莴苣叶、胡椒、甜椒、非甜椒、西红柿	1
		甜瓜、香瓜、西瓜	0.5
		棉籽、马铃薯	0.1
204	甲基胂酸钠 Methanearsonic acid	棉籽	0.7
		柚子、葡萄柚、金橘、柠檬、酸橙、甜橙、橘柚、柑橘	0.35
205	杀扑磷 Methidathion	柑橘	6
		加利蒙地亚橘、柚子、葡萄柚、金橘、柠檬、酸橙、甜橙、橘柑	4
		葵花子	0.5
		棉籽、高粱	0.2
		杏仁、苹果、杏、朝鲜蓟、山毛榉坚果、灰胡桃、腰果、樱桃、樱桃芙蓉、酸甜樱桃、栗子、板栗、海棠、榛果、枇杷、杠果、山楂、油桃、巴西坚果、山胡桃坚果、澳大利亚坚果、橄榄、桃、梨、东方梨、美洲山核桃、鲜李子、温柏、胡桃	0.05
206	灭多威 Methomyl	干锥蛇麻草	12
		紫花苜蓿	10
		甜菜花叶、蓝莓、卡瓦卢椰菜、白菜、盖菜、纳帕白菜、羽衣甘蓝、蒲公英叶、日本辣水芹、盖菜叶、芥末菠菜、欧芹、青芸苔、菠菜、唐莴苣、芜菁叶、水田芥	6
		甘蓝、大白菜、菊苣、葡萄、莴苣头、莴苣叶、油桃、豌豆、桃	5
		椰菜、中国椰菜、旱芹、佛罗伦萨茴香的鲜叶和茎、韭、大葱	3
		芦笋、鳄梨、多汁豆、球芽甘蓝、花椰菜、葡萄柚、柠檬、甜橙、胡椒、甜椒、非甜椒、草莓、柑橘	2
		苹果、大麦、燕麦、西红柿、小麦	1

序号	农药名称(残留标示物)	样品名称	残留限量(mg/kg)
206	灭多威 Methomyl	甜菜、甜菜花、甜菜花根、拉布椰菜、香瓜、胡萝卜、菊苣根、黄瓜、茄子、茴香、大蒜、蜜露、大头菜、甜瓜、欧洲防风草、西班牙甘椒、石榴、马铃薯、南瓜、萝卜、大黄、芜菁甘蓝、芜菁甘蓝根、婆罗门参根、婆罗门参叶、青葱、高粱、大豆、西葫芦、冬季壁球、甜菜根、甜菜叶、甘薯、芜菁、芜菁根、西瓜、山药	0.2
		干蚕豆、干豆腐、菜豆、绿豆、海军豆、平豆、玉米、去皮甜玉米、棉籽、小扁豆、羽扇豆、花生、美洲山核桃	0.1
207	甲氧虫酰肼 Methoxyfenozide	紫花苜蓿	150
		苋菜红叶、芝麻菜、甜菜花叶、拉布椰菜、牛蒡叶、白菜、木薯叶、山萝卜、萝卜细叶芹叶、菊苣叶、食用菊花叶、加兰菊花、羽衣甘蓝、胡荽叶、野莒、水芹、园芹、山芹、蒲公英叶、芋头叶、酸模、菊苣、莴苣头、莴苣叶、日本辣水芹、盖菜叶、芥末菠菜、法国菠菜、欧芹、匠马齿苋、冬季马齿苋、苦苣、萝卜叶、青芸苔、芜菁甘蓝叶、婆罗门参叶、菠菜、中国菠菜、新西兰菠菜、菠菜藤、甜菜叶、蒂莫西干草、芜菁叶	30
		刺棘蓟、旱芹、中国旱芹、芹莴、佛罗伦萨茴香的鲜叶和茎、大黄、唐莴苣	25
		椰菜、卡瓦卢椰菜、中国椰菜、球芽甘蓝、甘蓝、大白菜、盖菜、纳帕白菜、花椰菜、大头菜	7
		韭、大葱、树洋葱、威尔士大葱	5
		黑眼豌豆、干南方豌豆	4
		杏、朝鲜蓟、蓝莓、樱桃、樱桃芙蓉、酸甜樱桃、葡萄干、接骨木果、醋栗、越橘、六月浆果、油桃、桃	3
		棉籽、茄子、刺儿李、龙眼、荔枝、黄秋葵、香瓜梨、胡椒、甜椒、非甜椒、西班牙甘椒、西班牙酸橙、粘果酸浆、西红柿	2
		苹果、可食用荚菜豆、蛾豆、红花菜豆、食荚菜豆、黄荚种菜豆、裙带豆、海棠、刀豆、豆角、枇杷、山楂、矮豌豆、食荚豌豆、雪豆、甜豆、梨、东方梨、温柏、葡萄干、草莓	1.5
		葡萄、大豆	1
		鳄梨、杧果、番木瓜、人心果、黑肉柿、香肉果	0.6
		甜菜花、甜菜花根、牛蒡根、胡萝卜、块根芹、萝卜细叶芹根、菊苣根、酸果蔓、人参、山葵、欧芹根、欧洲防风草、萝卜、萝卜根、芜菁甘蓝、芜菁甘蓝根、婆罗门参根、泽芹、甜菜、甜菜根、芜菁、芜菁根	0.5
		金虎尾、费约果、西番莲子、番石榴、拟爱神木、杨桃、莲雾	0.4
		苦瓜苹果、苦瓜、香瓜、佛手瓜果、黄瓜、可食用葫芦、蜜露、甜瓜、香木缘瓜、鲜李子、南瓜、壁球、西葫芦、冬季壁球、西瓜、冬瓜	0.3
		干蚕豆、干豆腐、菜豆、绿豆、海军豆、平豆、羽扇豆	0.24
		蚕豆、多汁蚕豆、利马豆、多汁豆、豇豆、豌豆、英国豌豆、青豆、绿豌豆、木豆、多汁豌豆	0.2
		杏仁、山毛榉坚果、灰胡桃、腰果、栗子、板栗、榛果、巴西坚果、山胡桃坚果、澳大利亚坚果、美洲山核桃、阿月浑子果、胡桃	0.1
		玉米、去皮甜玉米	0.05
		秘鲁胡萝卜、竹芋、中国朝鲜蓟、耶路撒冷朝鲜蓟、美人蕉、木薯根、荸荠、芋头茎、姜、食用兰花蕉、花生、甘薯、芋、姜黄、西印度豆薯、山药	0.02

序号	农药名称(残留标示物)	样品名称	残留限量(mg/kg)
207	甲氧虫酰肼 Methoxyfenozide	牛脂肪、羊脂肪	0.5
		牛肝、羊肝	0.4
		牛副产品、牛肾、猪脂肪、猪肝、奶、禽肝、羊副产品、羊肾	0.1
		牛肉、蛋、猪副产品、猪肾、猪肉、禽副产品、禽脂肪、禽肾、禽肉、羊肉	0.02
208	甲基对硫磷 Methyl parathion	紫花苜蓿	5
		大麦、玉米、大蒜、多瓣蒜、燕麦、鳞茎洋葱、花生、稻米、蒂莫西干草、小麦	1
		棉籽	0.75
		海甘蓝、油菜籽、葵花子	0.2
		杏仁、马铃薯、大豆、甘薯、胡桃	0.1
209	代森联 Metiram	苹果	2
		马铃薯	0.5
210	异丙甲草胺 Metolachlor	紫花苜蓿	1
		可食用荚菜豆、红花菜豆、食荚菜豆、黄荚种菜豆、裙带豆、刀豆、豆角、黄秋葵、矮豌豆、食荚豌豆、雪豆、甜豆、菠菜	0.5
		蚕豆、多汁蚕豆、利马豆、多汁豆、豌豆、英国豌豆、青豆、绿豌豆、多汁豌豆、高粱	0.3
		花生、马铃薯、大豆、蒂莫西干草	0.2
		杏仁、红小豆、干蚕豆、干豆腐、菜豆、扁豆、蛾豆、绿豆、海军豆、粉红豆、平豆、稻豆、宽叶菜豆、黑绿豆、山毛榉坚果、灰胡桃、腰果、眉豆、栗子、鹰嘴豆、板栗、玉米、去皮甜玉米、棉籽、豇豆、瓜、榛果、小扁豆、羽扇豆、巴西坚果、山胡桃坚果、澳大利亚果、黑眼豌豆、克劳德豌豆、干豌豆、紫花豌豆、木豆、干南方豌豆、美洲山核桃、西红柿、胡桃	0.1
		牛肾、羊肾	0.2
		牛肝、羊肝	0.1
		牛副产品、牛脂肪、牛肉、蛋、禽副产品、禽脂肪、禽肾、禽肝、禽肉、羊副产品、羊脂肪、羊肉	0.04
		奶	0.02
211	嗪草酮 Metribuzin	紫花苜蓿、蒂莫西干草	7
		大麦、小麦	0.75
		马铃薯	0.6
		胡萝卜、大豆	0.3
		芦笋、多汁豌豆、甘蔗、西红柿	0.1
		玉米、去皮甜玉米、小扁豆、干豌豆	0.05
		牛副产品、牛脂肪、牛肾、牛肝、牛肉、猪副产品、猪脂肪、猪肾、猪肝、猪肉、禽副产品、禽脂肪、禽肾、禽肝、禽肉、羊副产品、羊脂肪、羊肾、羊肝、羊肉	0.7

序号	农药名称(残留标示物)	样品名称	残留限量(mg/kg)
221	氯草定 Nitrapyrin	奶	0.05
		蛋	0.01
212	甲磺隆 Metsulfuron-methyl	蒂莫西干草	15
		高粱、大麦	0.1
		甘蔗	0.05
		牛肾、猪肾、羊肾	0.5
		牛副产品、牛脂肪、牛肝、牛肉、猪副产品、猪脂肪、猪肝、猪肉、羊副产品、羊脂肪、羊肝、羊肉	0.1
		奶	0.05
213	速灭磷 Mevinphos	椰菜、中国椰菜、甘蓝、花椰菜、旱芹、佛罗伦萨茴香的鲜叶和茎、菠菜、草莓	1
		香瓜、葡萄、蜜露、莴苣头、莴苣叶、甜瓜、西瓜	0.5
		豌豆、胡椒、甜椒、非甜椒、西葫芦	0.25
		黄瓜、西红柿	0.2
214	矿物油 Mineral oil	玉米、高粱	200
215	腈菌唑 Myclobutanil	干锥蛇麻草、葡萄干	10
		苋菜红叶、芝麻菜、卡瓦卢椰菜、山萝卜、食用菊花叶、加兰菊花、野苣、水芹、园芹、山芹、蒲公英叶、酸模、菊苣、莴苣头、莴苣叶、法国菠菜、欧芹、园马齿苋、冬季马齿苋、苦苣、中国菠菜、新西兰菠菜、菠菜藤	9
		李子干	8
		樱桃、樱桃芙蓉、酸甜樱桃	5
		香蕉、茄子、刺儿李、黄秋葵、香瓜梨、胡椒、甜椒、非甜椒、西班牙甘椒、车前草、粘果酸浆	4
		葡萄干、杜果、番木瓜、人心果、黑肉柿、香肉果	3
		杏、黑莓、博伊深莓、露莓、醋栗、罗甘莓、油桃、桃、鲜李子、覆盆子、杨氏草莓	2
		食荚菜豆、葡萄	1
		朝鲜蓟	0.9
		山楂	0.7
		苹果、草莓	0.5
		西红柿	0.3
		大豆	0.25
		苦瓜苹果、苦瓜、香瓜、佛手瓜果、黄瓜、可食用葫芦、蜜露、甜瓜、香木缘瓜、南瓜、壁球、西葫芦、冬季壁球、西瓜、冬瓜	0.2
		杏仁	0.1
		芦笋、棉籽	0.02

序号	农药名称(残留标示物)	样品名称	残留限量(mg/kg)
215	腈菌唑 Myclobutanil	牛肝、猪肝、羊肝	1
		牛副产品、牛肾、猪副产品、猪肾、奶、羊副产品、羊肾	0.2
		牛肉、猪肉、羊肉	0.1
		牛脂肪、猪脂肪、羊脂肪	0.05
		蛋、禽副产品、禽脂肪、禽肾、禽肝、禽肉	0.02
216	N,N-二乙基-2-(4-甲基苯氧基)乙胺盐酸盐 N,N-diethyl-2-(4-methylbenzyloxy) ethylamine hydrochloride	甜橙	0.01
217	二溴磷 Naled	旱芹、羽衣甘蓝、佛罗伦萨茴香的鲜叶和茎、葡萄柚、柠檬、甜橙、菠菜、唐莴苣、柑橘、芜菁叶	3
		椰菜、中国椰菜、球芽甘蓝、甘蓝、花椰菜、莴苣头、莴苣叶、草莓	1
		杏仁、干蚕豆、干豆腐、菜豆、绿豆、海军豆、平豆、多汁豆、棉籽、黄瓜、茄子、葡萄、干锥蛇麻草、羽扇豆、甜瓜、香瓜、油桃、多汁豌豆、桃、胡椒、甜椒、非甜椒、南瓜、西葫芦、冬季壁球、甜菜根、甜菜叶、西红柿、胡桃、西瓜	0.5
218	敌草胺 Napropamide	杏仁、芦笋、山毛榉坚果、黑莓、蓝莓、博伊深莓、椰菜、卡瓦卢椰菜、中国椰菜、拉布椰菜、球芽甘蓝、灰胡桃、甘蓝、大白菜、白菜、盖菜、纳帕白菜、腰果、花椰菜、栗子、板栗、羽衣甘蓝、酸蔓蔓、葡萄干、露莓、茄子、接骨木果、醋栗、葡萄、刺儿李、榛果、越橘、猕猴桃、大头菜、罗甘莓、日本辣水芹、盖菜叶、芥末菠菜、巴西坚果、山胡桃坚果、澳大利亚坚果、美洲山核桃、香瓜梨、胡椒、甜椒、非甜椒、柿子、西班牙甘蓝、青芸苔、覆盆子、大黄、夏香薄荷、草莓、甘薯、粘果酸浆、西红柿、胡桃、杨氏草莓	0.1
219	萘草胺 Naptalam	香瓜、黄瓜、蜜露、西瓜	0.1
220	烟嘧磺隆 Nicosulfuron	玉米、去皮甜玉米	0.1
221	氯草定 Nitrapyrin	小麦	0.5
		玉米、去皮甜玉米、高粱	0.1
222	氟草敏 Norflurazon	紫花苜蓿	5
		干锥蛇麻草	3
		鳄梨、蓝莓、柚子、葡萄柚、金橘、柠檬、酸橙、甜橙、橘柚、柑橘	0.2
		杏仁、苹果、杏、黑莓、樱桃、樱桃芙蓉、酸甜樱桃、棉籽、酸果蔓、葡萄、榛果、油桃、桃、梨、美洲山核桃、鲜李子、覆盆子、大豆、胡桃	0.1
		芦笋、花生	0.05
		牛肝、猪肝、羊肝	0.5
		牛副产品、牛脂肪、牛肾、牛肉、猪副产品、猪脂肪、猪肾、猪肉、奶、禽副产品、禽脂肪、禽肾、禽肝、禽肉、羊副产品、羊脂肪、羊肾、羊肉	0.1

序号	农药名称(残留标示物)	样品名称	残留限量(mg/kg)
223	双苯氟脲 Novaluron	苹果、海棠、枇杷、山楂、梨、东方梨、温柏	2
		西红柿	1
		棉籽	0.6
		椰菜、卡瓦卢椰菜、中国椰菜、球芽甘蓝、甘蓝、大白菜、盖菜、纳帕白菜、花椰菜、大头菜、甘蔗	0.5
		秘鲁胡萝卜、竹芋、中国朝鲜蓟、耶路撒冷朝鲜蓟、美人蕉、木薯根、芋芋、芋头茎、姜、食用兰花蕉、马铃薯、甘薯、芋、姜黄、西印度豆薯、山药	0.05
		奶脂肪	20
		牛脂肪、羊脂肪	11
		牛肾、牛肝、奶、羊肾、羊肝	1
		牛副产品、牛肉、羊副产品、羊肉	0.6
		禽脂肪	0.4
		蛋、猪脂肪	0.05
		禽副产品、禽肾、禽肝	0.04
		禽肉	0.03
		猪副产品、猪肾、猪肝、猪肉	0.01
224	邻苯基苯酚 O-phenylphenol	苹果、梨	25
		胡萝卜、桃、鲜李子	20
		甘薯	15
		香瓜、柚子、黄瓜、葡萄柚、金橘、柠檬、酸橙、甜橙、甜椒、西班牙甘椒、菠萝、橘柚、柑橘、西红柿	10
		樱桃、樱桃芙蓉、酸甜樱桃、油桃	5
225	嘧苯胺磺隆 Orthosulfamuron	稻米	0.05
226	氨磺乐灵 Oryzalin	杏仁、苹果、杏、鳄梨、山毛榉坚果、黑莓、蓝莓、博伊深莓、灰胡桃、加利蒙地亚橘、腰果、樱桃、樱桃芙蓉、酸甜樱桃、栗子、板栗、柚子、海棠、酸果蔓、葡萄干、露莓、接骨木果、无花果、醋栗、葡萄、葡萄柚、榛果、越橘、猕猴桃、金橘、柠檬、酸橙、罗甘莓、枇杷、山楂、油桃、巴西坚果、山胡桃坚果、澳大利亚坚果、橄榄、甜橙、桃、梨、东方梨、美洲山核桃、阿月浑子果、鲜李子、石榴、温柏、覆盆子、草莓、橘柚、柑橘、胡桃、杨氏草莓	0.05
227	杀线威 Oxamyl	旱芹、佛罗伦萨茴香的鲜叶和茎	10
		非甜椒	5
		加利蒙地亚橘、柚子、葡萄柚、金橘、柠檬、酸橙、甜橙、橘柚、柑橘	3
		苹果、香瓜、黄瓜、茄子、蜜露、梨、甜椒、西班牙甘椒、南瓜、西葫芦、冬季壁球、西红柿、西瓜	2
		菠萝	1
		香蕉、车前草	0.3

序号	农药名称（残留标示物）	样品名称	残留限量 (mg/kg)
227	杀线威 Oxamyl	棉籽、大蒜、多瓣蒜、鳞茎洋葱	0.2
		秘鲁胡萝卜、竹芋、中国朝鲜蓟、耶路撒冷朝鲜蓟、美人蕉、胡萝卜、木薯根、荸荠、芋头茎、姜、食用兰花蕉、马铃薯、大豆、甘薯、芋、姜黄、西印度豆薯、山药	0.1
		花生	0.05
228	乙酰甲胺磷 Oxydemeton - methyl	紫花苜蓿	11
		甘蓝、莴苣头、草莓	2
		椰菜、中国椰菜、球芽甘蓝、花椰菜、黄瓜、茄子、葡萄柚、柠檬、甜橙、西葫芦	1
		胡椒、甜椒、非甜椒、高粱	0.75
		去皮甜玉米、甜菜叶	0.5
		冬季壁球、甜菜根	0.3
		利马豆、甜瓜、香瓜、南瓜、西瓜	0.2
		大蒜、多瓣蒜、榛果、鳞茎洋葱、胡桃	0.05
		棉籽	0.02
		牛副产品、牛脂肪、牛肾、牛肝、牛肉、蛋、猪副产品、猪脂肪、猪肾、猪肝、猪肉、奶、禽副产品、禽脂肪、禽肾、禽肝、禽肉、羊副产品、羊脂肪、羊肾、羊肝、羊肉	0.01
229	乙氧氟草醚 Oxyfluorfen	杏仁、苹果、杏、朝鲜蓟、鳄梨、香蕉、山毛榉坚果、黑莓、椰菜、中国椰菜、灰胡桃、甘蓝、腰果、花椰菜、樱桃、樱桃芙蓉、酸甜樱桃、栗子、鹰嘴豆、板栗、玉米、棉籽、海棠、枣椰子、费约果、无花果、大蒜、多瓣蒜、葡萄、番石榴、榛果、山葵、猕猴桃、枇杷、山楂、油桃、巴西坚果、山胡桃坚果、澳大利亚坚果、橄榄、鳞茎洋葱、番木瓜、桃、梨、东方梨、美洲山核桃、柿子、阿月浑子果、车前草、李子干、鲜李子、石榴、温柏、覆盆子、大豆、芋头、蒂莫西干草、胡桃	0.05
		禽脂肪	0.2
		蛋	0.03
		牛副产品、牛脂肪、牛肾、牛肝、牛肉、猪副产品、猪脂肪、猪肾、猪肝、猪肉、奶、禽副产品、禽肾、禽肝、禽肉、羊副产品、羊脂肪、羊肾、羊肝、羊肉	0.01
230	土霉素 Oxytetracycline	苹果、油桃、桃、梨	0.35
231	百草枯 Paraquat dichloride	紫花苜蓿	210
		蒂莫西干草	40
		棉籽	3.5
		葵花子	2
		小麦	1.1
		大豆	0.7
		芦笋、瓜、干锥蛇麻草、马铃薯、甜菜、甜菜根、甘蔗	0.5

序号	农药名称(残留标示物)	样品名称	残留限量(mg/kg)
231	百草枯 Paraquat dichloride	红小豆、干蚕豆、干豆腐、菜豆、扁豆、绿豆、海军豆、粉红豆、平豆、稻豆、宽叶菜豆、黑绿豆、眉豆、鹰嘴豆、小扁豆、羽扇豆、克劳德豌豆、干豌豆、紫花豌豆	0.3
		草莓	0.25
		西番莲子	0.2
		玉米、大蒜、多瓣蒜、姜、鳞茎洋葱	0.1
		金虎尾、杏仁、苹果、杏、朝鲜蓟、鳄梨、苦瓜苹果、苦瓜、香蕉、大麦、蚕豆、多汁蚕豆、可食用荚菜豆、利马豆、蛾豆、红花菜豆、食荚菜豆、多汁豆、黄荚种菜豆、裙带豆、山毛榉坚果、黑莓、蓝莓、博伊深莓、椰菜、卡瓦卢椰菜、中国椰菜、拉布椰菜、球芽甘蓝、灰胡桃、甘蓝、大白菜、白菜、盖菜、纳帕白菜、加利蒙地亚橘、香瓜、胡萝卜、腰果、花椰菜、佛手瓜果、樱桃、樱桃芙蓉、酸甜樱桃、栗子、板栗、柚子、羽衣甘蓝、去皮甜玉米、豇豆、海棠、酸果蔓、黄瓜、葡萄干、露莓、茄子、接骨木果、菊苣、无花果、醋栗、可食用葫芦、葡萄、葡萄柚、刺李、番石榴、榛果、蜜露、越橘、刀豆、猕猴桃、大头菜、金橘、柠檬、莴苣头、莴苣叶、酸橙、罗甘莓、豆角、枇杷、山楂、甜瓜、香木缘瓜、日本辣水芹、盖菜叶、芥末菠菜、油桃、巴西坚果、山胡桃坚果、澳大利亚坚果、黄秋葵、橄榄、大葱、甜橙、番木瓜、豌豆、黑眼豌豆、矮豌豆、食荚豌豆、英国豌豆、青豆、绿豌豆、木豆、雪豆、干南方豌豆、多汁豌豆、甜豆、桃、花生、梨、东方梨、美洲山核桃、香瓜梨、胡椒、甜椒、非甜椒、柿子、西班牙甘椒、菠萝、阿月浑子果、车前草、鲜李子、南瓜、温柏、青芸苔、覆盆子、大黄、稻米、高粱、壁球、西葫芦、冬季壁球、甜菜叶、橘柚、柑橘、粘果酸浆、西红柿、芜菁根、芜菁叶、胡桃、西瓜、冬瓜、杨氏草莓	0.05
		牛肾、猪肾、羊肾	0.5
		牛副产品、牛脂肪、牛肝、牛肉、猪副产品、猪脂肪、猪肝、猪肉、羊副产品、羊脂肪、羊肝、羊肉	0.05
		蛋、奶	0.01
232	对氯苯氧基乙酸 p-Chlorophenoxy-acetic acid	绿豆芽	0.2
233	二甲戊乐灵 Pendimethalin	紫花苜蓿	4
		胡萝卜	0.5
		韭、大葱、威尔士大葱、青葱	0.2
		芦笋	0.15
		杏仁、苹果、杏、朝鲜蓟、蚕豆、多汁蚕豆、利马豆、山毛榉坚果、椰菜、卡瓦卢椰菜、中国椰菜、球芽甘蓝、灰胡桃、甘蓝、大白菜、盖菜、纳帕白菜、加利蒙地亚橘、腰果、花椰菜、樱桃、樱桃芙蓉、酸甜樱桃、栗子、板栗、柚子、玉米、去皮甜玉米、棉籽、豇豆、海棠、茄子、大蒜、多瓣蒜、葡萄、葡萄柚、刺儿李、榛果、六月浆果、大头菜、金橘、柠檬、酸橙、枇杷、山楂、油桃、巴西坚果、山胡桃坚果、澳大利亚坚果、鳞茎洋葱、甜橙、豌豆、桃、花生、梨、东方梨、美洲山核桃、香瓜梨、胡椒、甜椒、意大利炒青椒、非甜椒、西班牙甘椒、阿月浑子果、李子干、鲜李子、石榴、马铃薯、温柏、稻米、高粱、大豆、草莓、甘蔗、葵花子、橘柚、柑橘、粘果酸浆、西红柿、胡桃、小麦	0.1

序号	农药名称(残留标示物)	样品名称	残留限量(mg/kg)
234	五氟磺草胺 Penoxsulam	稻米	0.02
		杏仁、山毛榉坚果、灰胡桃、腰果、栗子、板栗、葡萄、榛果、巴西坚果、山胡桃坚果、澳大利亚坚果、美洲山核桃、阿月浑子果、胡桃	0.01
235	五氯硝基苯 Pentachloronitro-benzene	食荚菜豆、棉籽、马铃薯	0.1
236	氯菊酯 Permethrin	紫花苜蓿	45
		苋菜红叶、芝麻菜、卡瓦卢椰菜、山萝卜、食用菊花叶、加兰菊花、野苣、水芹、园芹、山芹、蒲公英叶、酸模、菊苣、莴苣头、莴苣叶、法国菠菜、欧芹、园马齿苋、冬季马齿苋、苦苣、菠菜、中国菠菜、新西兰菠菜、菠菜藤	20
		甘蓝	6
		朝鲜蓟、刺棘蓟、旱芹、中国旱芹、芹莴、佛罗伦萨茴香的鲜叶和茎、蘑菇、大黄、唐莴苣、水田芥	5
		樱桃、樱桃芙蓉、酸甜樱桃	4
		芦笋、椰菜、中国椰菜、猕猴桃、西红柿	2
		苦瓜苹果、苦瓜、香瓜、佛手瓜果、黄瓜、可食用葫芦、蜜露、甜瓜、香木缘瓜、南瓜、壁瓜、西葫芦、冬季壁球、西瓜、冬瓜	1.5
		鳄梨、球芽甘蓝、油桃、桃	1
		花椰菜、茄子、山葵、甜椒、西班牙甘椒	0.5
		去皮甜玉米、大蒜、多瓣蒜、鳞茎洋葱、阿月浑子果	0.1
		杏仁、苹果、玉米、海棠、榛果、枇杷、山楂、梨、东方梨、马铃薯、温柏、大豆、胡桃	0.05
		奶脂肪	3
		牛脂肪、羊脂肪	1.5
		奶	0.88
		禽脂肪	0.15
		牛副产品、牛肾、牛肝、牛肉、蛋、羊副产品、羊肾、羊肝、羊肉	0.1
		猪副产品、猪脂肪、猪肾、猪肝、猪肉、禽副产品、禽肾、禽肝、禽肉	0.05
237	苯敌草 Phenmedipham	菠菜	4
		甜菜花根、甜菜花叶	0.2
		甜菜根、甜菜叶	0.1
238	甲拌磷 Phorate	甜菜叶	3
		干锥蛇麻草	2
		甜菜、甜菜根	0.3
		马铃薯	0.2
		花生	0.1
		干蚕豆、干豆腐、菜豆、绿豆、海军豆、平豆、多汁豆、玉米、去皮甜玉米、棉籽、羽扇豆、高粱、大豆、甘蔗、小麦	0.05

序号	农药名称(残留标示物)	样品名称	残留限量(mg/kg)
239	伏杀硫磷 Phosalone	杏、樱桃、樱桃芙蓉、酸甜樱桃、油桃、桃、鲜李子	15
		苹果、葡萄、梨	10
		杏仁	0.1
240	亚胺硫磷 Phosmet	紫花苜蓿	40
		猕猴桃	25
		苹果、蓝莓、樱桃、樱桃芙蓉、酸甜樱桃、酸果蔓、葡萄、桃、梨、甘薯	10
		杏、柚子、葡萄柚、金橘、柠檬、酸橙、油桃、甜橙、鲜李子、橘柚、柑橘	5
		豌豆	0.5
		杏仁、灰胡桃、腰果、栗子、棉籽、榛果、巴西坚果、山胡桃坚果、澳大利亚坚果、美洲山核桃、马铃薯、胡桃	0.1
		牛副产品、牛脂肪、牛肾、牛肝、牛肉、猪副产品、猪脂肪、猪肾、猪肝、猪肉、羊副产品、羊脂肪、羊肾、羊肝、羊肉	0.2
241	磷化氢 Phosphine	杏仁、大麦、腰果、玉米、棉籽、枣椰子、榛果、稷、巴西坚果、燕麦、花生、美洲山核桃、阿月浑子果、稻米、芝麻、高粱、大豆、葵花子、胡桃、小麦	0.1
		鳄梨、香蕉、红小豆、蚕豆、干蚕豆、多汁蚕豆、干豆腐、可食用荚菜豆、菜豆、扁豆、利马豆、蛾豆、绿豆、海军豆、粉红豆、平豆、稻豆、红花菜豆、食荚菜豆、多汁豆、宽叶菜豆、黑绿豆、黄荚种菜豆、裙带豆、大白菜、眉豆、鹰嘴豆、柚子、豇豆、茄子、菊苣、葡萄柚、瓜、刀豆、金橘、柠檬、小扁豆、莴苣头、莴苣叶、酸橙、豆角、羽扇豆、杧果、蘑菇、黄秋葵、甜橙、番木瓜、豌豆、黑眼豌豆、克劳德豌豆、三豌豆、矮豌豆、食荚豌豆、英国豌豆、紫花豌豆、青豆、绿豌豆、木豆、雪豆、干南方豌豆、多汁豌豆、甜豆、胡椒、甜椒、非甜椒、柿子、车前草、婆罗门参叶、甘薯、橘柚、柑橘、西红柿	0.01
242	毒莠定 Picloram	大麦、燕麦、小麦	0.5
		牛肾、猪肾、羊肾	5
		牛肝、猪肝、羊肝	0.5
		牛副产品、牛脂肪、牛肉、猪副产品、猪脂肪、猪肉、羊副产品、羊脂肪、羊肉	0.2
		蛋、奶、禽副产品、禽脂肪、禽肾、禽肝、禽肉	0.05
243	唑啉草酯 Pinoxaden	小麦	1.3
		大麦	0.9
		蛋、禽副产品、禽脂肪、禽肾、禽肝、禽肉	0.06
		牛副产品、牛脂肪、牛肾、牛肝、牛肉	0.04
		奶	0.02
244	胡椒基丁醚 Piperonyl butoxide	大麦、玉米、稻米、小麦	20
		杏仁、苹果、蚕豆、多汁蚕豆、利马豆、黑莓、蓝莓、博伊深莓、香瓜、樱桃、樱桃芙蓉、酸甜樱桃、椰子、棉籽、豇豆、海棠、葡萄干、露莓、无花果、醋栗、葡萄、番石榴、蜜露、越橘、罗甘莓、杧果、油桃、燕麦、甜橙、豌豆、桃、花生、梨、菠萝、鲜李子、覆盆子、高粱、西红柿、胡桃	8

序号	农药名称(残留标示物)	样品名称	残留限量(mg/kg)
244	胡椒基丁醚 Piperonyl butoxide	马铃薯、甘薯	0.25
		禽副产品、禽脂肪、禽肾、禽肝、禽肉	3
		蛋	1
		奶脂肪	0.25
		牛副产品、牛脂肪、牛肾、牛肝、牛肉、猪副产品、猪脂肪、猪肾、猪肝、猪肉、羊副产品、羊脂肪、羊肾、羊肝、羊肉	0.1
245	甲基嘧啶磷 Pirimiphos-methyl	高粱、玉米	8
		牛副产品、牛脂肪、牛肾、牛肝、猪副产品、猪脂肪、猪肾、猪肝、禽脂肪、羊副产品、羊脂肪、羊肾、羊肝	0.02
246	氟嘧黄隆 Primisulfuron-methyl	去皮甜玉米	0.1
		玉米	0.02
		牛副产品、牛脂肪、牛肾、牛肝、牛肉、蛋、猪副产品、猪脂肪、猪肾、猪肝、猪肉、禽副产品、禽脂肪、禽肾、禽肝、禽肉、羊副产品、羊脂肪、羊肾、羊肝、羊肉	0.1
		奶	0.02
247	丙溴磷 Profenofos	棉籽	2
		牛副产品、牛脂肪、牛肾、牛肝、牛肉、羊副产品、羊脂肪、羊肾、羊肝、羊肉	0.05
		奶	0.01
248	调环酸钙盐 Prohexadione calcium	苹果、海棠、枇杷、山楂、梨、东方梨、温柏	3
		花生	1
		蒂莫西干草	0.1
		牛肾、猪肾、羊肾	0.1
		牛副产品、牛肝、猪副产品、猪肝、羊副产品、羊肝	0.05
249	扑草净 Prometryn	旱芹、佛罗伦萨茴香的鲜叶和茎	0.5
		玉米、棉籽、木豆	0.25
250	毒草胺 Propachlor	高粱	0.25
		玉米	0.2
		牛肾、羊肾	0.2
		牛副产品、牛脂肪、牛肝、羊副产品、羊脂肪、羊肝	0.05
		牛肉、猪副产品、猪脂肪、猪肾、猪肝、猪肉、奶、羊肉	0.02
251	霜霉威盐酸盐 Propamocarb-hydrochloride	莴苣叶	90
		莴苣头	50
		茄子、刺儿李、香瓜梨、胡椒、甜椒、意大利炒青椒、非甜椒、西班牙甘椒、粘果酸浆、西红柿	2
		苦瓜苹果、苦瓜、香瓜、佛手瓜果、黄瓜、中国黄瓜、可食用葫芦、蜜露、甜瓜、香木缘瓜、南瓜、壁球、西葫芦、冬季壁球、西瓜、冬瓜	1.5
		马铃薯	0.06

序号	农药名称(残留标示物)	样品名称	残留限量(mg/kg)
252	敌稗 Propanil	稻米	10
		牛副产品、牛肾、牛肝、猪副产品、猪肾、猪肝、羊副产品、羊肾、羊肝	1
		禽副产品、禽肾、禽肝	0.5
		蛋	0.3
		牛脂肪、猪脂肪、禽肉、羊脂肪	0.1
		牛肉、猪肉、奶、禽脂肪、羊肉	0.05
253	克螨特 Propargite	干锥蛇麻草	100
		葡萄、甜橙	10
		葡萄柚、柠檬、高粱	5
		油桃	4
		干蚕豆、干豆腐、菜豆、绿豆、海军豆、平豆、羽扇豆	0.2
		杏仁、玉米、棉籽、花生、马铃薯、胡桃	0.1
		奶脂肪	2
		牛副产品、牛脂肪、牛肾、牛肝、牛肉、蛋、猪副产品、猪脂肪、猪肾、猪肝、猪肉、禽脂肪、羊副产品、羊脂肪、羊肾、羊肝、羊肉	0.1
		奶	0.08
254	扑灭津 Propazine	高粱	0.25
255	丙环唑 Propiconazole	欧芹	13
		甜菜叶	10
		大葱	9
		稻米	7
		甜菜花叶	5.5
		刺棘蓟、旱芹、中国旱芹、芹莴、佛罗伦萨茴香的鲜叶和茎、大黄、唐莴苣	5
		菠萝	4.5
		高粱	3.5
		大豆	2
		草莓	1.3
		杏、黑莓、蓝莓、博伊深莓、樱桃、樱桃芙蓉、酸甜樱桃、葡萄干、露莓、接骨木果、醋栗、越橘、罗甘莓、油桃、桃、鲜李子、覆盆子、杨氏草莓	1
		蒂莫西干草	0.5
		大麦、甜菜花、甜菜花根、燕麦、甜菜、甜菜根、小麦	0.3
		胡萝卜	0.25
		香蕉、玉米、大蒜、多瓣蒜、鳞茎洋葱、花生、车前草	0.2

序号	农药名称（残留标示物）	样品名称	残留限量 (mg/kg)
255	丙环唑 Propiconazole	杏仁、山毛榉坚果、灰胡桃、腰果、栗子、板栗、去皮甜玉米、榛果、蘑菇、巴西坚果、山胡桃坚果、澳大利亚坚果、美洲山核桃、阿月浑子果、胡桃	0.1
		牛肾、牛肝、羊肾、羊肝	2
		猪肾、猪肝	0.2
		牛副产品、牛脂肪、牛肉、奶、羊副产品、羊脂肪、羊肉	0.05
256	丙苯磺隆 Propoxycarbazone	蒂莫西干草	25
		小麦	0.02
		牛副产品、牛肾、牛肝、羊副产品、羊肾、羊肝	0.3
		牛肉、羊肉	0.05
		奶	0.03
257	氯丙醇 Propylene chlorohydrin	大蒜、多瓣蒜、鳞茎洋葱	6 000
		杏仁、山毛榉坚果、灰胡桃、腰果、栗子、板栗、榛果、巴西坚果、山胡桃坚果、澳大利亚坚果、美洲山核桃、胡桃	10
		葡萄干	4
		无花果	3
		李子干	2
258	环氧丙烷 Propylene oxide	杏仁、山毛榉坚果、灰胡桃、腰果、栗子、板栗、胡荽叶、茴香、大蒜、多瓣蒜、榛果、芥末种子、巴西坚果、山胡桃坚果、澳大利亚坚果、鳞茎洋葱、美洲山核桃、白胡椒、夏香薄荷、胡桃	300
		无花果	3
		李子干	2
		葡萄干	1
259	戊炔草胺 Propyzamide	紫花苜蓿	10
		菊苣	2
		苦苣、莴苣头	1
		苹果、杏、樱桃、樱桃芙蓉、酸甜樱桃、葡萄、油桃、桃、梨、鲜李子	0.1
		黑莓、蓝莓、博伊深莓、覆盆子	0.05
		朝鲜蓟	0.01
		牛肾、牛肝、猪肾、猪肝、羊肾、羊肝	0.4
		牛脂肪、猪脂肪、禽肝、羊脂肪	0.2
		牛副产品、牛肉、蛋、猪副产品、猪肉、奶、禽副产品、禽脂肪、禽肾、禽肉、羊副产品、羊肉	0.02
260	丙硫菌唑 Prothioconazole	红小豆、干蚕豆、干豆腐、菜豆、扁豆、蛾豆、绿豆、海军豆、粉红豆、平豆、稻豆、宽叶菜豆、黑绿豆、眉豆、鹰嘴豆、豇豆、瓜、小扁豆、羽扇豆、黑眼豌豆、克劳德豌豆、干豌豆、紫花豌豆、木豆、干南方豌豆	0.9
		大麦	0.35

序号	农药名称(残留标示物)	样品名称	残留限量(mg/kg)
260	丙硫菌唑 Prothioconazole	甜菜、甜菜根	0.25
		海甘蓝、油菜籽、大豆	0.15
		小麦	0.07
		花生	0.02
		牛副产品、牛肾、牛肝、羊副产品、羊肾、羊肝	0.2
		牛脂肪、羊脂肪	0.1
		猪副产品、猪肾、猪肝	0.05
		牛肉、奶、禽肝、羊肉	0.02
261	吡蚜酮 Pymetrozine	干锥蛇麻草	6
		苋菜红叶、芝麻菜、刺棘蓟、旱芹、中国旱芹、芹苣、山萝卜、食用菊花叶、加兰菊花、野苣、水芹、园芹、山芹、蒲公英叶、酸模、菊苣、佛罗伦萨茴香的鲜叶和茎、莴苣头、莴苣叶、法国菠菜、欧芹、园马齿苋、冬季马齿苋、苦苣、大黄、菠菜、中国菠菜、新西兰菠菜、菠菜藤、唐莴苣	0.6
		椰菜、卡瓦卢椰菜、中国椰菜、球芽甘蓝、甘蓝、大白菜、盖菜、纳帕白菜、花椰菜、大头菜	0.5
		棉籽	0.3
		拉布椰菜、白菜、羽衣甘蓝、日本辣水芹、盖菜叶、芥末菠菜、青芸苔、芜菁叶	0.25
		茄子、刺儿李、香瓜梨、胡椒、甜椒、非甜椒、西班牙甘椒、粘果酸浆、西红柿	0.2
		苦瓜苹果、苦瓜、香瓜、佛手瓜果、黄瓜、可食用葫芦、蜜露、甜瓜、香木缘瓜、南瓜、壁球、西葫芦、冬季壁球、西瓜、冬瓜	0.1
		芦笋	0.04
		秘鲁胡萝卜、竹芋、中国朝鲜蓟、耶路撒冷朝鲜蓟、美人蕉、木薯根、荸荠、芋头茎、姜、食用兰花蕉、美洲山核桃、马铃薯、甘薯、芋、姜黄、西印度豆薯、山药	0.02
262	唑菌胺酯 Pyraclostrobin	苋菜红叶、芝麻菜、刺棘蓟、旱芹、中国旱芹、芹苣、山萝卜、食用菊花叶、加兰菊花、野苣、水芹、园芹、山芹、蒲公英叶、酸模、菊苣、佛罗伦萨茴香的鲜叶和茎、莴苣头、莴苣叶、法国菠菜、欧芹、园马齿苋、冬季马齿苋、苦苣、大黄、菠菜、中国菠菜、新西兰菠菜、菠菜藤、唐莴苣	29
		干锥蛇麻草	23
		甜菜花叶、拉布椰菜、牛蒡叶、白菜、木薯叶、萝卜细叶芹叶、菊苣叶、羽衣甘蓝、芋头叶、日本辣水芹、盖菜叶、芥末菠菜、萝卜叶、青芸苔、芜菁甘蓝叶、婆罗门参叶、芜菁叶	16
		甜菜叶	8
		葡萄干	7
		椰菜、卡瓦卢椰菜、中国椰菜、球芽甘蓝、甘蓝、盖菜、纳帕白菜、花椰菜、大头菜	5
		蒂莫西干草	4.5

序号	农药名称(残留标示物)	样品名称	残留限量(mg/kg)
262	唑菌胺酯 Pyraclostrobin	黑莓、蓝莓、博伊深莓、葡萄干、露莓、接骨木果、醋栗、越橘、罗甘莓、覆盆子、杨氏草莓	4
		加利蒙地亚橘、柚子、葡萄、葡萄柚、金橘、柠檬、酸橙、橘柚、柑橘	2
		苹果、海棠、枇杷、山楂、梨、东方梨、温柏	1.5
		大麦、茄子、刺儿李、香瓜梨、胡椒、甜椒、非甜椒、西班牙甘椒、粘果酸浆、西红柿	1.4
		燕麦、草莓	1.2
		杏、樱桃、樱桃芙蓉、酸甜樱桃、大蒜、多瓣蒜、韭、油桃、鳞茎洋葱、大葱、土豆洋葱、树洋葱、威尔士大葱、桃、鲜李子、青葱	0.9
		阿月浑子果	0.7
		鳄梨、杧果、番木瓜、人心果、黑肉柿、香肉果	0.6
		苦瓜苹果、苦瓜、红小豆、蚕豆、干蚕豆、多汁蚕豆、干豆腐、可食用荚菜豆、菜豆、扁豆、利马豆、蛾豆、绿豆、海军豆、粉红豆、平豆、稻豆、红花菜豆、食荚菜豆、多汁豆、宽叶菜豆、黑绿豆、黄荚种菜豆、裙带豆、香瓜、眉豆、佛手瓜果、鹰嘴豆、豇豆、黄瓜、可食用葫芦、蜜露、刀豆、小扁豆、豆角、羽扇豆、甜瓜、香木缘瓜、豌豆、黑眼豌豆、克劳德豌豆、干豌豆、矮豌豆、食荚豌豆、紫花豌豆、木豆、雪豆、干南方豌豆、甜豆、南瓜、壁球、西葫芦、冬季壁球、西瓜、冬瓜	0.5
		海甘蓝、芥末种子、油菜籽、芝麻、葵花子	0.45
		甜菜花、甜菜花根、牛蒡根、胡萝卜、块根芹、萝卜细叶芹根、菊苣根、人参、山葵、欧芹根、欧洲防风草、萝卜、萝卜根、芜菁甘蓝、芜菁甘蓝根、婆罗门参根、泽芹、芜菁、芜菁根	0.4
		棉籽	0.3
		多汁豌豆、甜菜、甜菜根	0.2
		玉米	0.1
		花生	0.05
		杏仁、秘鲁胡萝卜、竹芋、中国朝鲜蓟、耶路撒冷朝鲜蓟、香蕉、山毛榉坚果、灰胡桃、美人蕉、腰果、木薯根、栗子、板栗、荸荠、去皮甜玉米、芋头茎、姜、榛果、食用兰花蕉、巴西坚果、山胡桃坚果、澳大利亚坚果、美洲山核桃、车前草、马铃薯、大豆、甘薯、芋、姜黄、胡桃、西印度马铃薯、山药	0.04
		小麦	0.02
		牛肝、猪肝、羊肝	1.5
		牛副产品、牛肾、猪副产品、猪肾、羊副产品、羊肾	0.2
		牛脂肪、牛肉、猪脂肪、猪肉、奶、羊脂肪、羊肉	0.1
263	吡草醚 Pyraflufen-ethyl	蒂莫西干草	1.4
		棉籽	0.04
		马铃薯	0.02
		玉米、大豆、小麦	0.01

序号	农药名称(残留标示物)	样品名称	残留限量(mg/kg)
264	Pyrasulfotole	大麦、小麦	0.02
		牛肝、羊肝	0.35
		牛副产品、牛肾、羊副产品、羊肾	0.06
		牛脂肪、牛肉、蛋、猪副产品、猪脂肪、猪肾、猪肝、猪肉、禽副产品、禽脂肪、禽肾、禽肝、禽肉、羊脂肪、羊肉	0.02
		奶	0.01
265	吡唑啉 Pyrazon	甜菜花叶	7
		甜菜叶	3
		甜菜花、甜菜花根	0.9
		甜菜、甜菜根	0.2
		牛肝、羊肝	0.15
		牛副产品、牛脂肪、牛肾、牛肉、羊副产品、羊脂肪、羊肾、羊肉	0.1
		奶	0.02
266	除虫菊酯 Pyrethrins	大麦、玉米、稻米、小麦	3
		杏仁、苹果、多汁豆、黑莓、蓝莓、博伊深莓、香瓜、樱桃、樱桃芙蓉、酸甜樱桃、椰子、棉籽、海棠、葡萄干、露莓、无花果、醋栗、葡萄、番石榴、蜜露、罗甘莓、杜果、油桃、燕麦、干豌豆、桃、花生、梨、菠萝、鲜李子、覆盆子、高粱、西红柿、胡桃	1
		马铃薯、甘薯	0.05
		牛脂肪、猪脂肪、羊脂肪	1
		牛副产品、牛肾、牛肝、牛肉、猪副产品、猪肾、猪肝、猪肉、奶脂肪、羊副产品、羊肾、羊肝、羊肉	0.05
267	哒螨灵 Pyridaben	干锥蛇麻草	10
		杏、樱桃、樱桃芙蓉、酸甜樱桃、油桃、桃、鲜李子、草莓	2.5
		葡萄	1.5
		梨	0.75
		苹果、柚子、葡萄柚、金橘、柠檬、酸橙、甜橙、橘柚、柑橘	0.5
		西红柿	0.15
		杜果、番木瓜、人心果、黑肉柿、香肉果	0.1
		杏仁、山毛榉坚果、灰胡桃、腰果、栗子、板栗、榛果、巴西坚果、山胡桃坚果、澳大利亚坚果、美洲山核桃、阿月浑子果、胡桃	0.05
		牛副产品、牛脂肪、牛肾、牛肝、牛肉、猪副产品、猪脂肪、猪肾、猪肝、猪肉、羊副产品、羊脂肪、羊肾、羊肝、羊肉	0.05
		奶	0.01
268	啶虫丙醚 Pyridalyl	盖菜叶、芜菁叶	30
		苋菜红叶、芝麻菜、刺棘蓟、旱芹、中国旱芹、芹荬、山萝卜、食用菊花叶、加兰菊花、野苣、水芹、园芹、山芹、蒲公英叶、酸模、菊苣、佛罗伦萨茴香的鲜叶和茎、莴苣头、莴苣叶、法国菠菜、欧芹、园马齿苋、冬马齿苋、苦苣、大黄、菠菜、中国菠菜、新西兰菠菜、菠菜藤、唐莴苣	20

序号	农药名称(残留标示物)	样品名称	残留限量(mg/kg)
268	啶虫丙醚 Pyridalyl	椰菜、卡瓦卢椰菜、中国椰菜、球芽甘蓝、甘蓝、大白菜、盖菜、纳帕白菜、花椰菜、大头菜	3.5
		茄子、刺儿李、香瓜梨、胡椒、甜椒、非甜椒、西班牙甘椒、粘果酸浆、西红柿	1
269	哒草特 Pyridate	鹰嘴豆	0.1
		椰菜、卡瓦卢椰菜、中国椰菜、球芽甘蓝、甘蓝、大白菜、盖菜、纳帕白菜、花椰菜、羽衣甘蓝、玉米、大头菜、花生	0.03
270	嘧霉胺 Pyrimethanil	苹果、海棠、枇杷、山楂、梨、东方梨、温柏	14
		加利蒙地亚橘、柚子、葡萄柚、金橘、柠檬、酸橙、甜橙、橘柚、柑橘	10
		葡萄干	8
		葡萄	5
		杏、油桃、桃、鲜李子、草莓	3
		大葱	2
		西红柿	0.5
		杏仁、阿月浑子果	0.2
		香蕉、大蒜、多瓣蒜、鳞茎洋葱、车前草	0.1
		秘鲁胡萝卜、竹芋、中国朝鲜蓟、耶路撒冷朝鲜蓟、美人蕉、木薯根、荸荠、芋头茎、姜、食用兰花蕉、马铃薯、甘薯、芋、姜黄、西印度豆薯、山药	0.05
		牛肾、羊肾	2.5
		奶	0.05
		牛副产品、牛脂肪、牛肝、牛肉、羊副产品、羊脂肪、羊肝、羊肉	0.01
271	吡丙醚 Pyriproxyfen	葡萄	2.5
		拉布椰菜、白菜、羽衣甘蓝、日本辣水芹、盖菜叶、芥末菠菜、青芸苔	2
		紫花苜蓿、大麦、玉米、稷、燕麦、稻米、高粱、甘蔗、蒂莫西干草、小麦	1.1
		杏、鳄梨、黑莓、蓝莓、博伊深莓、樱桃、樱桃芙蓉、酸甜樱桃、酸果蔓、葡萄干、露莓、接骨木果、醋栗、越橘、六月浆果、杧果、油桃、橄榄、番木瓜、木瓜、桃、鲜李子、覆盆子、人心果、黑肉柿、香肉果、杨氏草莓	1
		椰菜、卡瓦卢椰菜、中国椰菜、球芽甘蓝、甘蓝、大白菜、盖菜、纳帕白菜、花椰菜、大头菜、韭、大葱、土豆洋葱、树洋葱、威尔士大葱、青葱	0.7
		柚子、枣椰子、无花果、葡萄柚、金橘、柠檬、酸橙、罗马莓、荔枝、甜橙、菠萝、白柿、西班牙酸橙、草莓、橘柚、柑橘	0.3
		苹果、披尔兹番荔枝、香蕉、红小豆、蚕豆、干蚕豆、多汁蚕豆、干豆腐、可食用荚菜豆、菜豆、扁豆、利马豆、蛾豆、绿豆、海军豆、粉红豆、平豆、稻豆、红花菜豆、食荚菜豆、多汁豆、宽叶菜豆、黑绿豆、黄荚种菜豆、裙带豆、卡诺拉、眉豆、番荔枝、鹰嘴豆、豇豆、海棠、南美番荔枝、茄子、刺儿李、瓜、刀豆、小扁豆、豆角、羽扇豆、豌豆、黑眼豌豆、克劳德豌豆、干豌豆、矮豌豆、食荚豌豆、英国豌豆、紫花豌豆、青豆、绿豌豆、木豆、雪豆、干南方豌豆、多汁豌豆、甜豆、花生、梨、香瓜梨、胡椒、甜椒、非甜椒、西班牙甘椒、车前草、石榴、温柏、刺果番荔枝、大豆、苹果糖、粘果酸浆、西红柿	0.2

序号	农药名称(残留标示物)	样品名称	残留限量 (mg/kg)
271	吡丙醚 Pyriproxyfen	秘鲁胡萝卜、竹芋、中国朝鲜蓟、耶路撒冷朝鲜蓟、甜菜花、甜菜花根、牛蒡根、美人蕉、胡萝卜、木薯根、块根芹、萝卜细叶芹根、菊苣根、荸荠、芋头茎、大蒜、多瓣蒜、姜、人参、山葵、食用兰花蕉、鳞茎洋葱、欧芹根、欧洲防风草、马铃薯、萝卜、萝卜根、芜菁甘蓝、芜菁甘蓝根、婆罗门参根、泽芹、甜菜、甜菜根、甘薯、芋、姜黄、芜菁、芜菁根、西印度豆薯、山药	0.15
		金虎尾、苦瓜苹果、苦瓜、香瓜、佛手瓜果、黄瓜、费约果、西番莲子、可食用葫芦、番石榴、蜜露、拟爱神木、甜瓜、香木缘瓜、南瓜、壁球、西葫芦、冬季壁球、杨桃、西瓜、莲雾、冬瓜	0.1
		棉籽	0.05
		杏仁、山毛榉坚果、灰胡桃、腰果、栗子、板栗、榛果、巴西坚果、山胡桃坚果、澳大利亚坚果、黄秋葵、美洲山核桃、阿月浑子果、芝麻、胡桃	0.02
272	甲氧磺草胺 Pyroxsulam	小麦	0.01
273	二氯喹啉酸 Quinclorac	高粱	6
		稻米	5
		大麦	2
		小麦	0.5
		牛副产品、牛肾、牛肝、猪副产品、猪肾、猪肝、羊副产品、羊肾、羊肝	1.5
		牛脂肪、猪脂肪、羊脂肪	0.7
		禽副产品、禽肾、禽肝	0.1
		牛肉、蛋、猪肉、奶、禽脂肪、禽肉、羊肉	0.05
274	喹氧灵 Quinoxyfen	莴苣叶	19
		莴苣头	7
		干锥蛇麻草	3
		非甜椒	1.7
		朝鲜蓟	1.4
		草莓	0.9
		杏、樱桃、樱桃芙蓉、酸甜樱桃、油桃、桃、鲜李子	0.7
		葡萄	0.6
		甜椒、西班牙甘椒	0.35
		可食用葫芦、南瓜、冬季壁球	0.2
		香瓜、蜜露、甜瓜、香木缘瓜、西瓜	0.08
275	喹禾灵 Quizalofop-ethyl	甜菜叶	0.5
		干蚕豆、干豆腐、菜豆、绿豆、海军豆、平豆、羽扇豆	0.4
		多汁豌豆	0.3
		多汁豆、干豌豆	0.25
		甜菜根	0.1

序号	农药名称(残留标示物)	样品名称	残留限量(mg/kg)
275	喹禾灵 Quizalofop - ethyl	大豆	0.05
		奶脂肪	0.25
		牛副产品、牛脂肪、牛肾、牛肝、猪副产品、猪脂肪、猪肾、猪肝、禽副产品、禽脂肪、禽肾、禽肝、羊副产品、羊脂肪、羊肾、羊肝	0.05
		牛肉、蛋、猪肉、禽肉、羊肉	0.02
		奶	0.01
276	精喹禾灵 Quizalofop - P - ethyl	葵花子	1.9
		海甘蓝、油菜籽	1
		棉籽	0.1
		大麦、小扁豆、小麦	0.05
277	玉嘧磺隆 Rimsulfuron	玉米、马铃薯	0.1
		西红柿	0.05
		杏仁、苹果、杏、山毛榉坚果、灰胡桃、加利蒙地亚橘、腰果、樱桃、樱桃芙蓉、酸甜樱桃、栗子、板栗、柚子、海棠、葡萄、葡萄柚、榛果、金橘、柠檬、酸橙、枇杷、山楂、油桃、巴西坚果、山胡桃坚果、澳大利亚坚果、甜橙、桃、梨、东方梨、美洲山核桃、阿月浑子果、鲜李子、温柏、橘柚、柑橘、胡桃	0.01
278	稀禾定 Sethoxydim	紫花苜蓿	40
		卡诺拉、海甘蓝、芥末种子、油菜籽、芝麻	35
		红小豆、干蚕豆、干豆腐、菜豆、扁豆、蛾豆、绿豆、海军豆、粉红豆、平豆、稻豆、宽叶菜豆、黑绿豆、眉豆、鹰嘴豆、豇豆、瓜、小扁豆、羽扇豆、黑眼豌豆、克劳德豌豆、干豌豆、紫花豌豆、木豆、干南方豌豆、花生	25
		大豆	16
		多汁豆	15
		多汁豌豆、草莓	10
		葵花子	7
		黑莓、博伊深莓、椰菜、中国椰菜、拉布椰菜、球芽甘蓝、甘蓝、大白菜、白菜、盖菜、纳帕白菜、花椰菜、羽衣甘蓝、棉籽、露莓、六月浆果、大头菜、越橘、罗甘莓、日本辣水芹、盖菜叶、芥末菠菜、青芸苔、覆盆子、芜菁叶、杨氏草莓	5
		萝卜叶	4.5
		苋菜红叶、秘鲁胡萝卜、竹芋、中国朝鲜蓟、耶路撒冷朝鲜蓟、芝麻菜、芦笋、苦瓜苹果、苦瓜、甜菜花、甜菜根、蓝莓、卡瓦卢胖菜、牛蒡根、美人蕉、香瓜、刺棘蓟、胡萝卜、木薯根、块根芹、旱芹、中国旱芹、芹苣、佛手瓜果、山萝卜、萝卜细叶芹根、菊苣根、食用菊花叶、加兰菊花、荸荠、胡荽叶、野苣、水芹、园芹、山芹、黄瓜、蒲公英叶、芋头茎、酸模、茄子、菊苣、佛罗伦萨茴香的鲜叶和茎、姜、人参、可食用葫芦、刺儿李、蜜露、山葵、食用兰花蕉、莴苣头、莴苣叶、甜瓜、香木缘瓜、法国菠菜、欧芹、欧芹根、欧洲防风草、香瓜梨、胡椒、甜椒、非甜椒、西班牙甘椒、马铃薯、南瓜、园马齿苋、冬季马齿苋、苦苣、萝卜、萝卜根、大黄、芜菁甘蓝、芜菁甘蓝根、婆罗门参根、泽芹、菠菜、中国菠菜、新西兰菠菜、菠菜藤、壁球、西葫芦、冬季壁球、甜菜、甜菜根、甘薯、唐莴苣、芋、粘果酸浆、西红柿、姜黄、芜菁、芜菁根、西瓜、冬瓜、西印度豆薯、山药	4

序号	农药名称(残留标示物)	样品名称	残留限量(mg/kg)
278	稀禾定 Sethoxydim	甜菜叶	3
		酸果蔓、黄秋葵	2.5
		葡萄干	2
		大蒜、多瓣蒜、葡萄、韭、鳞茎洋葱、大葱、土豆洋葱、树洋葱、威尔士大葱、青葱	1
		加利蒙地亚橘、柚子、玉米、葡萄柚、金橘、柠檬、酸橙、甜橙、橘柚、柑橘	0.5
		去皮甜玉米	0.4
		杏仁、苹果、杏、山毛榉坚果、灰胡桃、腰果、樱桃、樱桃芙蓉、酸甜樱桃、栗子、板栗、海棠、榛果、枇杷、山楂、油桃、巴西坚果、山胡桃坚果、澳大利亚坚果、桃、梨、东方梨、美洲山核桃、阿月浑子果、温柏、胡桃	0.2
		蛋、禽副产品、禽肾、禽肝	2
		牛副产品、牛肾、牛肝、猪副产品、猪肾、猪肝、羊副产品、羊肾、羊肝	1
		奶	0.5
		牛脂肪、牛肉、猪脂肪、猪肉、禽脂肪、禽肉、羊脂肪、羊肉	0.2
279	西玛津 Simazine	杏仁、樱桃、樱桃芙蓉、酸甜樱桃、去皮甜玉米、酸果蔓、葡萄干、葡萄柚、柠檬、澳大利亚坚果、甜橙、梨、草莓	0.25
		苹果、鳄梨、黑莓、蓝莓、玉米、葡萄、榛果、罗甘莓、油桃、橄榄、桃、美洲山核桃、鲜李子、覆盆子、胡桃	0.2
		牛副产品、牛肾、牛肝、牛肉、蛋、奶、羊副产品、羊肾、羊肝、羊肉	0.03
280	精-异丙甲草胺 S-metolachlor	甜菜叶	15
		大葱	2
		椰菜、卡瓦卢椰菜、中国椰菜、球芽甘蓝、甘蓝、大白菜、盖菜、纳帕白菜、花椰菜、大头菜	0.6
		蚕豆、多汁蚕豆、可食用荚菜豆、利马豆、红花菜豆、食荚菜豆、多汁豆、黄荚种菜豆、裙带豆、刀豆、豆角、豌豆、矮豌豆、食荚豌豆、雪豆、多汁豌豆、甜豆、菠菜、甜菜、甜菜根、葵花子	0.5
		甜菜花、甜菜花根、牛蒡根、胡萝卜、块根芹、萝卜细叶芹根、菊苣根、人参、山葵、欧芹根、欧洲防风草、萝卜、萝卜根、芜菁甘蓝、芜菁甘蓝根、婆罗门参根、泽芹、高粱、芜菁、芜菁根	0.3
		秘鲁胡萝卜、竹芋、中国朝鲜蓟、耶路撒冷朝鲜蓟、美人蕉、木薯根、荸荠、芋头茎、姜、食用兰花蕉、花生、马铃薯、大豆、甘薯、芋、蒂莫西干草、姜黄、西印度豆薯、山药	0.2
		芦笋、红小豆、干蚕豆、干豆腐、菜豆、扁豆、蛾豆、绿豆、海军豆、粉红豆、平豆、稻豆、宽叶菜豆、黑绿豆、刺棘蓟、眉豆、旱芹、中国旱芹、芹芫、鹰嘴豆、玉米、去皮甜玉米、棉籽、豇豆、茄子、佛罗伦萨茴香的鲜叶和茎、大蒜、多瓣蒜、刺儿李、瓜、小扁豆、羽扇豆、鳞茎洋葱、黑眼豌豆、克劳德豌豆、干豌豆、紫花豌豆、木豆、干南方豌豆、香瓜梨、胡椒、甜椒、非甜椒、西班牙甘椒、南瓜、大黄、青葱、冬季壁球、唐莴苣、粘果酸浆、西红柿	0.1
		牛肾、羊肾	0.2

序号	农药名称(残留标示物)	样品名称	残留限量(mg/kg)
280	精-异丙甲草胺 S－metolachlor	牛肝、羊肝	0.05
		牛副产品、牛脂肪、禽副产品、禽脂肪、禽肾、禽肝、羊副产品、羊脂肪	0.04
		牛肉、蛋、奶、禽肉、羊肉	0.02
281	乙基多杀菌素 Spinetoram	甜菜花叶、拉布椰菜、牛蒡叶、白菜、木薯叶、萝卜细叶芹叶、菊苣叶、羽衣甘蓝、芋头叶、日本辣水芹、盖菜叶、芥末菠菜、萝卜叶、青芸苔、芜菁甘蓝叶、婆罗门参叶、甜菜叶、朱焦叶片、芜菁叶	10
		苋菜红叶、芝麻菜、刺棘蓟、旱芹、中国旱芹、芹荚、山萝卜、食用菊花叶、加兰菊花、野莒、水芹、园芹、山芹、蒲公英叶、酸模、菊苣、佛罗伦萨茴香的鲜叶和茎、莴苣头、莴苣叶、法国菠菜、欧芹、园马齿苋、冬季马齿苋、苦苣、大黄、菠菜、中国菠菜、新西兰菠菜、菠菜藤、唐莴苣、水田芥	8
		胡荽叶、夏香薄荷	3
		椰菜、卡瓦卢椰菜、中国椰菜、球芽甘蓝、甘蓝、大白菜、盖菜、纳帕白菜、花椰菜、大头菜、大葱	2
		稷、高粱、草莓	1
		黑莓、博伊深莓、露莓、罗甘莓、葡萄干、覆盆子、杨氏草莓	0.7
		葡萄	0.5
		茄子、刺儿李、黄秋葵、香瓜梨、胡椒、甜椒、非甜椒、西班牙甘椒、粘果酸浆、西红柿	0.4
		金虎尾、朝鲜蓟、披尔兹番荔枝、鳄梨、苦瓜苹果、苦瓜、可食用荚菜豆、红花菜豆、食荚菜豆、黄荚种菜豆、裙带豆、加利蒙地亚橘、香瓜、佛手瓜果、番荔枝、柚子、黄瓜、南美番荔枝、费约果、西番莲子、可食用葫芦、葡萄柚、番石榴、蜜李、拟爱神木、刀豆、金橘、柠檬、酸橙、龙眼、豆角、荔枝、杧果、甜瓜、香木缘瓜、甜橙、番木瓜、矮豌豆、食荚豌豆、雪豆、甜豆、南瓜、人心果、黑肉柿、香肉果、白柿、刺果番荔枝、西班牙酸橙、壁球、西葫芦、冬季壁球、杨桃、苹果糖、橘柚、柑橘、西瓜、莲雾、冬瓜	0.3
		香蕉、蓝莓、葡萄干、接骨木果、醋栗、越橘、六月浆果、车前草	0.25
		苹果、杏、樱桃、樱桃芙蓉、酸甜樱桃、海棠、枇杷、山楂、油桃、桃、梨、东方梨、李子干、鲜李子、温柏	0.2
		秘鲁胡萝卜、竹芋、中国朝鲜蓟、耶路撒冷朝鲜蓟、甜菜花、甜菜花根、牛蒡根、美人蕉、胡萝卜、木薯根、块根芹、萝卜细叶芹根、菊苣根、荸荠、芋头茎、无花果、大蒜、多瓣蒜、姜、人参、山葵、韭、食用兰花蕉、鳞茎洋葱、土豆洋葱、树洋葱、威尔士大蒜、欧芹根、欧洲防风草、马铃薯、萝卜、萝卜根、芜菁甘蓝、芜菁甘蓝根、婆罗门参根、青葱、泽芹、甜菜、甜菜根、甘薯、芋、姜黄、芜菁、芜菁根、西印度豆薯、山药	0.1
		杏仁、芦笋、大麦、红小豆、蚕豆、干蚕豆、多汁蚕豆、干豆腐、菜豆、扁豆、利马豆、蛾豆、绿豆、海军豆、粉红豆、平豆、稻豆、多汁豆、宽叶菜豆、黑绿豆、山毛榉坚果、灰胡桃、腰果、眉豆、栗子、鹰嘴豆、板栗、玉米、去皮甜玉米、棉籽、豇豆、酸果蔓、瓜、榛果、小扁豆、羽扇豆、巴西坚果、山胡桃坚果、澳大利亚坚果、燕麦、豌豆、黑眼豌豆、克劳德豌豆、干豌豆、英国豌豆、紫花豌豆、青豆、绿豌豆、木豆、干南方豌豆、多汁豌豆、花生、美洲山核桃、阿月浑子果、大豆、胡桃、小麦	0.04

序号	农药名称(残留标示物)	样品名称	残留限量 (mg/kg)
281	乙基多杀菌素 Spinetoram	奶脂肪	7.5
		牛脂肪、羊脂肪	5.5
		牛肝、羊肝	0.85
		牛副产品、牛肾、羊副产品、羊肾	0.6
		猪脂肪	0.4
		奶	0.3
		牛肉、羊肉	0.2
		禽脂肪	0.1
		蛋、猪副产品、猪肾、猪肝、猪肉、禽副产品、禽肾、禽肝、禽肉	0.04
282	多杀菌素 Spinosad	干锥蛇麻草	22
		甜菜花叶、拉布椰菜、牛蒡叶、白菜、木薯叶、萝卜细叶芹叶、菊苣叶、羽衣甘蓝、芋头叶、日本辣水芹、盖菜叶、芥末菠菜、萝卜叶、青芸苔、芜菁甘蓝叶、婆罗门参叶、甜菜叶、朱焦叶片、芜菁叶	10
		苋菜红叶、芝麻菜、刺棘蓟、旱芹、中国旱芹、芹莴、山萝卜、食用菊花叶、加兰菊花、胡荽叶、野苣、水芹、园芹、山芹、蒲公英叶、酸模、菊苣、佛罗伦萨茴香的鲜叶和茎、莴苣头、莴苣叶、法国菠菜、欧芹、园马齿苋、冬季马齿苋、苦苣、大黄、菠菜、中国菠菜、新西兰菠菜、菠菜藤、唐莴苣、水田芥	8
		蒂莫西干草	5
		夏香薄荷	3
		椰菜、卡瓦卢椰菜、中国椰菜、球芽甘蓝、甘蓝、大白菜、盖菜、纳帕白菜、花椰菜、大头菜、大葱	2
		茴香、芥末种子、白胡椒	1.7
		金虎尾、大麦、玉米、稷、燕麦、稻米、高粱、小麦	1.5
		草莓	1
		黑莓、博伊深莓、露莓、罗甘莓、葡萄干、覆盆子、杨氏草莓	0.7
		葡萄	0.5
		茄子、刺儿李、黄秋葵、香瓜梨、胡椒、甜椒、非甜椒、西班牙甘椒、粘果酸浆、西红柿	0.4
		朝鲜蓟、披尔兹番荔枝、鳄梨、苦瓜苹果、苦瓜、可食用荚菜豆、红花菜豆、食荚菜豆、黄荚种菜豆、裙带豆、加利蒙地亚橘、香瓜、佛手瓜果、番荔枝、柚子、黄瓜、南美番荔枝、西番莲子、可食用葫芦、葡萄柚、番石榴、蜜露、拟爱神木、刀豆、金橘、柠檬、酸橙、龙眼、豆角、荔枝、杧果、甜瓜、香木缘瓜、甜橙、番木瓜、矮豌豆、食荚豌豆、雪豆、甜豆、南瓜、人心果、黑肉柿、香肉果、白柿、刺果番荔枝、西班牙酸橙、壁球、西葫芦、冬季壁球、杨桃、苹果糖、橘柚、柑橘、西瓜、莲雾、冬瓜	0.3
		香蕉、蓝莓、葡萄干、接骨木果、醋栗、越橘、六月浆果、车前草	0.25
		苹果、杏、芦笋、樱桃、樱桃芙蓉、酸甜樱桃、海棠、枇杷、山楂、油桃、桃、梨、东方梨、鲜李子、温柏	0.2

序号	农药名称(残留标示物)	样品名称	残留限量(mg/kg)
282	多杀菌素 Spinosad	秘鲁胡萝卜、竹芋、中国朝鲜蓟、耶路撒冷朝鲜蓟、甜菜花、甜菜花根、牛蒡根、美人蕉、胡萝卜、木薯根、块根芹、萝卜细叶芹根、菊苣根、荸荠、芋头茎、无花果、大蒜、多瓣蒜、姜、人参、山葵、韭、食用兰花蕉、鳞茎洋葱、土豆洋葱、树洋葱、威尔士大葱、欧芹根、欧洲防风草、马铃薯、萝卜、萝卜根、芜菁甘蓝、芜菁甘蓝根、婆罗门参根、青葱、泽芹、甜菜、甜菜根、甘薯、芋、姜黄、芜菁、芜菁根、西印度豆薯、山药	0.1
		费约果	0.05
		紫花苜蓿、杏仁、红小豆、蚕豆、干蚕豆、多汁蚕豆、干豆腐、菜豆、扁豆、利马豆、蛾豆、绿豆、海军豆、粉红豆、平豆、稻豆、多汁豆、宽叶菜豆、黑绿豆、山毛榉坚果、灰胡桃、腰果、眉豆、栗子、鹰嘴豆、板栗、去皮甜玉米、棉籽、豇豆、瓜、榛果、小扁豆、羽扇豆、巴西坚果、山胡桃坚果、澳大利亚坚果、豌豆、黑眼豌豆、克劳德豌豆、干豌豆、英国豌豆、紫花豌豆、青豆、绿豌豆、木豆、干南方豌豆、多汁豌豆、花生、美洲山核桃、菠萝、阿月浑子果、大豆、胡桃	0.02
		酸果蔓	0.01
		奶脂肪	85
		牛脂肪、羊脂肪	50
		猪脂肪	33
		牛肝、羊肝	10
		猪副产品、猪肾、猪肝	8
		奶	7
		牛副产品、牛肾、羊副产品、羊肾	5
		牛肉、羊肉	2
		猪肉	1.5
		禽脂肪	1.3
		蛋	0.3
		禽副产品、禽肾、禽肝、禽肉	0.1
283	螺螨酯 Spirodiclofen	干锥蛇麻草	30
		葡萄干	4
		葡萄	2
		杏、樱桃、樱桃芙蓉、酸甜樱桃、油桃、桃、李子干、鲜李子	1
		苹果、海棠、枇杷、山楂、梨、东方梨、温柏	0.8
		加利蒙地亚橘、柚子、葡萄柚、金橘、柠檬、酸橙、甜橙、橘柚、柑橘	0.5
		杏仁、山毛榉坚果、灰胡桃、腰果、栗子、板栗、榛果、巴西坚果、山胡桃坚果、澳大利亚坚果、美洲山核桃、阿月浑子果、胡桃	0.1
		牛副产品、牛肾、牛肝、羊副产品、羊肾、羊肝	0.1
		奶脂肪	0.03
		牛脂肪、牛肉、羊脂肪、羊肉	0.02
		奶	0.01

序号	农药名称(残留标示物)	样品名称	残留限量(mg/kg)
284	螺甲螨酯 Spiromesifen	苋菜红叶、芝麻菜、拉布椰菜、白菜、山萝卜、食用菊花叶、加兰菊花、羽衣甘蓝、野莒、水芹、园芹、山芹、蒲公英叶、酸模、菊苣、莴苣头、莴苣叶、日本辣水芹、盖菜叶、芥末菠菜、法国菠菜、欧芹、园马齿苋、冬季马齿苋、苦苣、青芸苔、菠菜、中国菠菜、新西兰菠菜、菠菜藤	12
		蓝莓、椰菜、卡瓦卢椰菜、中国椰菜、球芽甘蓝、甘蓝、大白菜、盖菜、纳帕白菜、花椰菜、酸果蔓、大头菜、越橘、草莓	2
		可食用荚菜豆	0.8
		棉籽	0.5
		茄子、刺儿李、香瓜梨、胡椒、甜椒、非甜椒、西班牙甘椒、粘果酸浆、西红柿	0.45
		苦瓜苹果、苦瓜、多汁豆、香瓜、佛手瓜果、黄瓜、可食用葫芦、蜜露、甜瓜、香木缘瓜、南瓜、壁球、西葫芦、冬季壁球、西瓜、冬瓜	0.1
		秘鲁胡萝卜、竹芋、中国朝鲜蓟、耶路撒冷朝鲜蓟、干蚕豆、干豆腐、菜豆、绿豆、海军豆、平豆、美人蕉、木薯根、莎莎、玉米、去皮甜玉米、芋头茎、姜、食用兰花蕉、羽扇豆、马铃薯、甘薯、芋、姜黄、西印度豆薯、山药	0.02
		奶脂肪	0.25
		牛副产品、牛肾、牛肝、羊副产品、羊肾、羊肝	0.2
		牛脂肪、羊脂肪	0.1
		牛肉、羊肉	0.02
		奶	0.01
285	螺虫乙酯 Spirotetramat	干锥蛇麻草	10
		苋菜红叶、芝麻菜、刺棘蓟、旱芹、中国旱芹、芹莴、山萝卜、食用菊花叶、加兰菊花、野莒、水芹、园芹、山芹、蒲公英叶、酸模、菊苣、佛罗伦萨茴香的鲜叶和茎、莴苣头、莴苣叶、法国菠菜、欧芹、冠马齿苋、冬季马齿苋、苦苣、大黄、菠菜、中国菠菜、新西兰菠菜、菠菜藤、唐莴苣	9
		拉布椰菜、白菜、羽衣甘蓝、日本辣水芹、盖菜叶、芥末菠菜、青芸苔	8
		杏、樱桃、樱桃芙蓉、酸甜樱桃、油桃、桃、鲜李子	4.5
		葡萄干	3
		椰菜、卡瓦卢椰菜、中国椰菜、球芽甘蓝、甘蓝、大白菜、盖菜、纳帕白菜、花椰菜、茄子、刺儿李、大头菜、香瓜梨、胡椒、甜椒、非甜椒、西班牙甘椒、粘果酸浆、西红柿	2.5
		醋栗、葡萄	1.3
		苹果、海棠、枇杷、山楂、梨、东方梨、温柏	0.7
		秘鲁胡萝卜、竹芋、中国朝鲜蓟、耶路撒冷朝鲜蓟、加利蒙地亚橘、美人蕉、木薯根、莎莎、柚子、芋头茎、姜、葡萄柚、金橘、柠檬、食用兰花蕉、酸橙、甜橙、马铃薯、甘薯、橘柚、柑橘、芋、姜黄、西印度豆薯、山药	0.6
		草莓	0.4
		苦瓜苹果、苦瓜、香瓜、佛手瓜果、黄瓜、大蒜、多瓣蒜、可食用葫芦、蜜露、甜瓜、香木缘瓜、鳞茎洋葱、土豆洋葱、南瓜、青葱、壁球、西葫芦、冬季壁球、西瓜、冬瓜	0.3

序号	农药名称(残留标示物)	样品名称	残留限量(mg/kg)
285	螺虫乙酯 Spirotetramat	杏仁、山毛榉坚果、灰胡桃、腰果、栗子、板栗、榛果、巴西坚果、山胡桃坚果、澳大利亚坚果、美洲山核桃、胡桃	0.25
		牛副产品、牛脂肪、牛肾、牛肝、牛肉、羊副产品、羊脂肪、羊肾、羊肝、羊肉	0.02
		奶	0.01
286	萜孢菌胺 Spiroxamine	干锥蛇麻草	50
287	链霉素 Streptomycin	干蚕豆、干豆腐、菜豆、绿豆、海军豆、平豆、多汁豆、羽扇豆	0.5
		苹果、旱芹、海棠、佛罗伦萨茴香的鲜叶和茎、枇杷、山楂、梨、东方梨、胡椒、甜椒、意大利炒青椒、非甜椒、西班牙甘椒、马铃薯、温柏、西红柿	0.25
288	甲磺草胺 Sulfentrazone	甘蓝、山葵、花生、葵花子	0.2
		芦笋、红小豆、蚕豆、干蚕豆、干豆腐、菜豆、扁豆、利马豆、蛾豆、绿豆、绿豆芽、海军豆、粉红豆、平豆、稻豆、宽叶菜豆、黑绿豆、眉豆、鹰嘴豆、玉米、豇豆、瓜、小扁豆、羽扇豆、黑眼豌豆、克劳德豌豆、干豌豆、紫花豌豆、木豆、干南方豌豆、马铃薯、甘蔗	0.15
		大麦、稷、燕麦、稻米、高粱、小麦	0.1
		大豆	0.05
289	磺酰磺隆 Sulfosulfuron	蒂莫西干草	25
		小麦	0.02
		牛副产品、牛肾、牛肝、羊副产品、羊肾、羊肝	0.3
		猪副产品、猪肾、猪肝	0.05
		牛脂肪、奶、羊脂肪	0.02
		牛肉、羊肉	0.01
		猪脂肪、猪肉	0.005
290	二氧化硫 Sulfur dioxide	葡萄	10
291	硫酰氟 Sulfuryl fluoride	杏仁、山毛榉坚果、灰胡桃、腰果、栗子、板栗、榛果、巴西坚果、山胡桃坚果、澳大利亚坚果、美洲山核桃、阿月浑子果、胡桃	3
		椰子	1
		红小豆、蚕豆、干蚕豆、多汁蚕豆、干豆腐、可食用荚菜豆、菜豆、扁豆、利马豆、蛾豆、绿豆、海军豆、粉红豆、平豆、稻豆、红花菜豆、食荚菜豆、多汁豆、宽叶菜豆、黑绿豆、黄荚种菜豆、裙带豆、眉豆、鹰嘴豆、胡荽叶、棉籽、豇豆、茴香、姜、瓜、刀豆、小扁豆、豆角、羽扇豆、芥末种子、豌豆、黑眼豌豆、克劳德豌豆、干豌豆、矮豌豆、食荚豌豆、英国豌豆、紫花豌豆、青豆、绿豌豆、木豆、雪豆、干南方豌豆、多汁豌豆、甜豆、花生、白胡椒、夏香薄荷、大豆	0.5
		松子	0.2
		大麦、稷、燕麦、高粱、小麦	0.1
		玉米、李子干、葡萄干	0.05

序号	农药名称(残留标示物)	样品名称	残留限量(mg/kg)
291	硫酰氟 Sulfuryl fluoride	稻米	0.04
		奶	2
		蛋	1
		猪肉	0.02
		牛肉	0.01
292	苯噻氰 TCMTB	大麦、玉米、棉籽、燕麦、稻米、高粱、甜菜根、甜菜叶、小麦	0.1
293	戊唑醇 Tebuconazole	干锥蛇麻草	35
		蒂莫西干草	25
		甜菜花叶	7
		樱桃、樱桃芙蓉、酸甜樱桃、葡萄	5
		拉布椰菜、白菜、羽衣甘蓝、日本辣水芹、盖菜叶、芥末菠菜、青芸苔	2.5
		棉籽	2
		荔枝	1.6
		韭、大葱、树洋葱、威尔士大葱	1.3
		黄秋葵	1.2
		杏、油桃、桃、鲜李子	1
		甜菜花、甜菜花根	0.7
		去皮甜玉米	0.5
		大蒜、多瓣蒜、鳞茎洋葱、土豆洋葱、青葱	0.2
		大麦、杧果	0.15
		干蚕豆、干豆腐、菜豆、绿豆、海军豆、平豆、多汁豆、羽扇豆、花生	0.1
		苦瓜苹果、苦瓜、香瓜、佛手瓜果、黄瓜、可食用葫芦、蜜露、甜瓜、香木缘瓜、南瓜、壁球、西葫芦、冬季壁球、西瓜、冬瓜	0.09
		大豆	0.08
		杏仁、苹果、芦笋、香蕉、山毛榉坚果、灰胡桃、腰果、栗子、板栗、玉米、海棠、榛果、枇杷、山楂、巴西坚果、山胡桃坚果、澳大利亚坚果、燕麦、梨、东方梨、美洲山核桃、阿月浑子果、车前草、温柏、葵花子、胡桃、小麦	0.05
		牛副产品、牛肾、牛肝、羊副产品、羊肾、羊肝	0.2
		奶	0.1
294	虫酰肼 Tebufenozide	苋菜红叶、芝麻菜、拉布椰菜、白菜、山萝卜、食用菊花叶、加兰菊花、羽衣甘蓝、野苣、水芹、园芹、山芹、蒲公英叶、酸模、菊苣、莴苣头、莴苣叶、日本辣水芹、盖菜叶、芥末菠菜、法国菠菜、欧芹、园马齿苋、冬季马齿苋、苦苣、青芸苔、菠菜、中国菠菜、新西兰菠菜、菠菜藤	10
		芜菁叶	9
		椰菜、卡瓦卢椰菜、中国椰菜、球芽甘蓝、甘蓝、大白菜、盖菜、纳帕白菜、花椰菜、大头菜	5

序号	农药名称(残留标示物)	样品名称	残留限量 (mg/kg)
294	虫酰肼 Tebufenozide	黑莓、蓝莓、博伊深莓、葡萄干、露莓、接骨木果、醋栗、葡萄、越橘、罗甘莓、覆盆子、杨氏草莓	3
		刺棘蓟、旱芹、中国旱芹、芹莴、海甘蓝、佛罗伦萨茴香的鲜叶和茎、油菜籽、大黄、唐莴苣	2
		棉籽、海棠、梨、温柏	1.5
		苹果、酸果蔓、茄子、刺儿李、香瓜梨、胡椒、甜椒、非甜椒、西班牙甘椒、粘果酸浆、西红柿	1
		加利蒙地亚橘、柚子、葡萄柚、金橘、柠檬、酸橙、甜橙、橘柚、柑橘	0.8
		芜菁根	0.3
		杏仁、灰胡桃、腰果、栗子、榛果、巴西坚果、山胡桃坚果、澳大利亚坚果、美洲山核桃、阿月浑子果、胡桃	0.1
		秘鲁胡萝卜、竹芋、中国朝鲜蓟、耶路撒冷朝鲜蓟、美人蕉、木薯根、荸荠、芋头茎、姜、食用兰花蕉、甘薯、芋、姜黄、西印度豆薯、山药	0.015
		牛脂肪、猪脂肪、羊脂肪	0.1
		牛副产品、牛肾、牛肝、牛肉、猪副产品、猪肾、猪肝、猪肉、羊副产品、羊肾、羊肝、羊肉	0.08
		奶	0.04
295	丁嘧硫磷 Tebupirimifos	玉米	0.01
296	特丁噻黄隆 Tebuthiuron	蒂莫西干草	10
		牛副产品、牛肾、牛肝、羊副产品、羊肾、羊肝	5
		牛脂肪、牛肉、羊脂肪、羊肉	1
		奶	0.8
297	七氟菊酯 Tefluthrin	玉米、去皮甜玉米	0.06
298	2-(2-氯-4-甲磺酰基-3-[(2,2,2-三氟乙氧基)甲基]苯甲酰基)环己烷-1,3二酮 Tembotrione	去皮甜玉米	0.04
		牛肝、羊肝	0.4
		牛副产品、牛肾、禽肝、羊副产品、羊肾	0.07
		玉米	0.02
299	吡喃草酮 Tepraloxydim	大豆	6
		棉籽	0.2
		小扁豆、干豌豆	0.1
		牛肾、猪肾、羊肾	0.5
		禽脂肪	0.3
		牛副产品、牛肝、牛肉、蛋、猪副产品、猪肝、猪肉、禽副产品、禽肾、禽肝、禽肉、羊副产品、羊肝、羊肉	0.2
		牛脂肪、猪脂肪、羊脂肪	0.15
		奶	0.1

序号	农药名称(残留标示物)	样品名称	残留限量(mg/kg)
300	特草定 Terbacil	紫花苜蓿	2
		西瓜	1
		芦笋、甘蔗	0.4
		苹果	0.3
		黑莓、蓝莓、油桃、桃	0.2
		草莓	0.1
301	特丁磷 Terbufos	甜菜叶	0.1
		玉米、去皮甜玉米、高粱、甜菜根	0.05
		香蕉、车前草	0.025
302	氟醚唑 Tetraconazole	葡萄	0.2
		大豆	0.15
		甜菜根	0.05
		美洲山核桃	0.04
		花生	0.03
		奶脂肪	0.25
		牛肝、羊肝	0.2
		猪肝、禽脂肪	0.05
		牛脂肪、蛋、羊脂肪	0.02
		牛副产品、牛肾、牛肉、猪副产品、猪脂肪、猪肾、猪肉、奶、禽副产品、禽肾、禽肝、禽肉、羊副产品、羊肾、羊肉	0.01
303	噻菌灵 Thiabendazole	蘑菇	40
		加利蒙地亚橘、胡萝卜、柚子、葡萄柚、金橘、柠檬、酸橙、杧果、甜橙、马铃薯、甜菜叶、橘柚、柑橘	10
		苹果、海棠、枇杷、山楂、番木瓜、梨、东方梨、榅桲	5
		香蕉、车前草	3
		小麦	1
		甜菜根	0.25
		干蚕豆、干豆腐、菜豆、绿豆、海军豆、平豆、羽扇豆、大豆	0.1
		甘薯	0.05
		牛副产品、牛肾、牛肝、羊副产品、羊肾、羊肝	0.4
		猪副产品、猪肾、猪肝	0.3
		牛肉、奶	0.1
304	噻虫啉 Thiacloprid	苹果、海棠、枇杷、山楂、梨、东方梨、榅桲	0.3
		棉籽	0.02

序号	农药名称(残留标示物)	样品名称	残留限量 (mg/kg)
304	噻虫啉 Thiacloprid	牛肝、羊肝	0.15
		牛副产品、牛肾、羊副产品、羊肾	0.05
		牛肉、奶、羊肉	0.03
		牛脂肪、羊脂肪	0.02
305	噻虫嗪 Thiamethoxam	椰菜、卡瓦卢椰菜、中国椰菜、球芽甘蓝、甘蓝、大白菜、盖菜、纳帕白菜、花椰菜、大头菜	4.5
		苋菜红叶、芝麻菜、刺棘蓟、旱芹、中国旱芹、芹莴、山萝卜、食用菊花叶、加兰菊花、野苣、水芹、园芹、山芹、蒲公英叶、酸模、菊苣、佛罗伦萨茴香的鲜叶和茎、莴苣头、莴苣叶、法国菠菜、欧芹、园马齿苋、冬季马齿苋、苦苣、大黄、菠菜、中国菠菜、新西兰菠菜、菠菜藤、唐莴苣	4
		拉布椰菜、白菜、羽衣甘蓝、日本辣水芹、盖菜叶、芥末菠菜、青芸苔	3
		萝卜叶	0.8
		杏、樱桃、樱桃芙蓉、酸甜樱桃、油桃、桃、鲜李子	0.5
		朝鲜蓟	0.45
		加利蒙地亚橘、柚子、葡萄柚、金橘、柠檬、酸橙、甜橙、橘柚、柑橘	0.4
		黑莓、博伊深莓、露莓、罗甘莓、覆盆子、杨氏草莓	0.35
		大麦、葡萄干、草莓	0.3
		茄子、刺儿李、香瓜梨、胡椒、甜椒、非甜椒、西班牙甘椒、马铃薯、粘果酸浆、西红柿	0.25
		苹果、苦瓜苹果、苦瓜、蓝莓、香瓜、佛手瓜果、海棠、黄瓜、葡萄干、接骨木果、醋栗、可食用葫芦、葡萄、蜜露、越橘、六月浆果、枇杷、山楂、甜瓜、香木缘心、梨、东方梨、南瓜、温柏、壁球、西葫芦、冬季壁球、西瓜、冬瓜	0.2
		棉籽、干锥蛇麻草	0.1
		杏仁、秘鲁胡萝卜、竹芋、中国朝鲜蓟、耶路撒冷朝鲜蓟、红小豆、蚕豆、干蚕豆、多汁蚕豆、干豆腐、可食用荚菜豆、菜豆、扁豆、利马豆、蛾豆、绿豆、海军豆、粉红豆、平豆、稻豆、红花菜豆、食荚菜豆、多汁豆、宽叶菜豆、黑绿豆、黄荚种菜豆、裙带豆、山毛榉坚果、甜菜花、甜菜花根、牛蒡根、灰胡桃、美人蕉、胡萝卜、腰果、木薯根、眉豆、块根芹、萝卜细叶芹根、栗子、鹰嘴豆、菊苣根、板栗、荸荠、玉米、去皮甜玉米、豇豆、海甘蓝、酸果蔓、芋头茎、姜、人参、瓜、榛果、山葵、刀豆、小扁豆、食用兰花蕉、豆角、羽扇豆、芥末种子、巴西坚果、山胡桃坚果、澳大利亚坚果、欧芹根、欧洲防风草、豌豆、黑眼豌豆、克劳德豌豆、干豌豆、矮豌豆、食荚豌豆、英国豌豆、紫花豌豆、青豆、绿豌豆、木豆、雪豆、干南方豌豆、多汁豌豆、甜豆、美洲山核桃、阿月浑子果、萝卜、萝卜根、油菜籽、芜菁甘蓝、芜菁甘蓝根、婆罗门参根、泽芹、高粱、大豆、葵花子、甘薯、芋、姜黄、芜菁、芜菁根、胡桃、小麦、西印度豆薯、山药	0.02
		牛副产品、牛肾、牛肝、牛肉、猪副产品、猪肾、猪肝、猪肉、奶、羊副产品、羊肾、羊肝、羊肉	0.02
306	噻草啶 Thiazopyr	葡萄柚、甜橙	0.05

序号	农药名称(残留标示物)	样品名称	残留限量(mg/kg)
307	赛苯隆 Thidiazuron	棉籽	0.3
		牛副产品、牛脂肪、牛肾、牛肝、牛肉、猪副产品、猪脂肪、猪肾、猪肝、猪肉、羊副产品、羊脂肪、羊肾、羊肝、羊肉	0.4
		禽副产品、禽脂肪、禽肾、禽肝、禽肉	0.2
		奶	0.05
308	Thiencarbazone-methyl	小麦、去皮甜玉米	0.01
		牛副产品、牛肾、牛肝、牛肉、奶、羊副产品、羊肾、羊肝、羊肉	0.02
		玉米	0.01
309	噻磺隆 Thifensulfuron-methyl	大豆	0.1
		大麦、玉米、燕麦、高粱、小麦	0.05
		棉籽、海甘蓝、油菜籽	0.02
310	禾草丹 Thiobencarb	稻米	0.2
		牛副产品、牛脂肪、牛肾、牛肝、牛肉、蛋、猪副产品、猪脂肪、猪肾、猪肝、猪肉、禽副产品、禽脂肪、禽肾、禽肝、禽肉、羊副产品、羊脂肪、羊肾、羊肝、羊肉	0.2
		奶	0.05
311	硫双威 Thiodicarb	苋菜红叶、芝麻菜、卡瓦卢椰菜、刺棘蓟、旱芹、中国旱芹、芹莴、山萝卜、食用菊花叶、加兰菊花、野苣、水芹、园芹、山芹、蒲公英叶、酸模、菊苣、佛罗伦萨茴香的鲜叶和茎、莴苣头、莴苣叶、法国菠菜、欧芹、园马齿苋、冬季马齿苋、苦苣、大黄、菠菜、中国菠菜、新西兰菠菜、菠菜藤、唐莴苣、雁来红	35
		椰菜、中国椰菜、甘蓝、花椰菜	7
		去皮甜玉米	2
		大豆	0.2
		棉籽	0.1
312	甲基硫菌灵 Thiophanate-methyl	樱桃、樱桃芙蓉、酸甜樱桃	20
		杏、甜菜叶	15
		草莓	7
		葡萄	5
		油桃、大葱、桃、梨	3
		苹果、香蕉、车前草	2
		苦瓜苹果、苦瓜、香瓜、佛手瓜果、黄瓜、可食用葫芦、蜜露、甜瓜、香木缘瓜、南瓜、壁球、西葫芦、冬季壁球、西瓜、冬瓜	1
		大蒜、多瓣蒜、鳞茎洋葱、鲜李子	0.5
		干蚕豆、干豆腐、菜豆、绿豆、海军豆、平豆、食荚菜豆、羽扇豆、大豆、甜菜根	0.2
		杏仁、花生、美洲山核桃、阿月浑子果、马铃薯、甘蔗、小麦	0.1
		牛副产品、牛脂肪、牛肾、牛肝、牛肉、奶、羊副产品、羊脂肪、羊肾、羊肝、羊肉	0.15

序号	农药名称(残留标示物)	样品名称	残留限量(mg/kg)
313	福美双 Thiram	苹果、油桃、桃、草莓	7
314	苯吡唑草酮 Topramezone	玉米、去皮甜玉米	0.01
		牛肝、羊肝	0.15
		牛肾、羊肾	0.05
315	肟草酮 Tralkoxydim	大麦、小麦	0.02
316	四溴菊酯 Tralomethrin	莴苣叶	3
		莴苣头	1
		椰菜、中国椰菜	0.5
		大豆、葵花子	0.05
		棉籽	0.02
317	三唑酮 Triadimefon	菠萝	2
318	三唑醇 Triadimenol	大麦、玉米、去皮甜玉米、燕麦、小麦	0.05
		棉籽	0.02
		高粱	0.01
		奶、禽副产品、禽脂肪、禽肾、禽肝、禽肉	0.01
319	醚苯磺隆 Triasulfuron	蒂莫西干草	2
		小麦、大麦	0.02
		牛肾、猪肾、羊肾	0.5
		牛副产品、牛脂肪、牛肝、牛肉、猪副产品、猪脂肪、猪肝、猪肉、羊副产品、羊脂肪、羊肝、羊肉	0.1
		奶	0.02
320	苯磺隆 Tribenuron-methyl	蒂莫西干草	0.1
		大麦、玉米、燕麦、高粱、大豆、葵花子、小麦	0.05
		棉籽、海甘蓝、油菜籽	0.02
321	脱叶磷 Tribufos	棉籽	4
		牛脂肪、猪脂肪、羊脂肪	0.15
		牛副产品、牛肾、牛肝、牛肉、猪副产品、猪肾、猪肝、猪肉、羊副产品、羊肾、羊肝、羊肉	0.02
		奶	0.01
322	敌百虫 Trichlorfon	牛脂肪	0.5
		牛肉	0.2
		牛副产品、牛肾、牛肝	0.1

序号	农药名称(残留标示物)	样品名称	残留限量(mg/kg)
323	绿草定 Triclopyr	蒂莫西干草	200
		稻米	0.3
		牛肾、牛肝、猪肾、猪肝、羊肾、羊肝	0.5
		禽副产品、禽脂肪、禽肾、禽肝、禽肉	0.1
		牛副产品、牛脂肪、牛肉、蛋、猪副产品、猪脂肪、猪肉、羊副产品、羊脂肪、羊肉	0.05
		奶	0.01
324	布洛芬 Trifloxystrobin	蒂莫西干草	17
		干锥蛇麻草	11
		萝卜叶	10
		葡萄干	5
		甜菜叶	4
		刺棘蓟、旱芹、中国旱芹、芹莴、佛罗伦萨茴香的鲜叶和茎、大黄、稻米、唐莴苣	3.5
		杏、樱桃、樱桃芙蓉、酸甜樱桃、葡萄、油桃、桃、鲜李子	2
		草莓	1.1
		杜果、番木瓜、人心果、黑肉柿、香肉果	0.7
		加利蒙地亚橘、柚子、葡萄柚、金橘、柠檬、酸橙、甜橙、橘柑、柑橘	0.6
		苹果、苦瓜苹果、苦瓜、香瓜、佛手瓜果、海棠、黄瓜、茄子、可食用葫芦、刺儿李、蜜露、甜瓜、香木缘瓜、梨、香瓜梨、胡椒、甜椒、非甜椒、西班牙甘椒、南瓜、温柏、壁球、西葫芦、冬季壁球、粘果酸浆、西红柿、西瓜、冬瓜	0.5
		甜菜花、甜菜花根、牛蒡根、胡萝卜、块根芹、萝卜细叶芹根、菊苣根、人参、山葵、欧芹根、欧洲防风草、芜菁甘蓝、芜菁甘蓝根、婆罗门参根、泽芹、甜菜根、芜菁、芜菁根	0.1
		大豆	0.08
		芦笋	0.07
		大麦、玉米、燕麦、花生、小麦	0.05
		杏仁、山毛榉坚果、灰胡桃、腰果、栗子、板栗、去皮甜玉米、榛果、巴西坚果、山胡桃坚果、澳大利亚坚果、美洲山核桃、阿月浑子果、马铃薯、胡桃	0.04
		牛副产品、牛脂肪、牛肾、牛肝、牛肉、猪副产品、猪脂肪、猪肾、猪肝、猪肉、羊副产品、羊脂肪、羊肾、羊肝、羊肉	0.05
		蛋、禽副产品、禽脂肪、禽肾、禽肝、禽肉	0.04
		奶	0.02
325	三氟啶磺隆 Trifloxysulfuron	棉籽	0.05
		加利蒙地亚橘、柚子、葡萄柚、金橘、柠檬、酸橙、甜橙、橘柚、柑橘	0.03
		杏仁	0.02
		甘蔗、西红柿	0.01

序号	农药名称(残留标示物)	样品名称	残留限量(mg/kg)
326	氟菌唑 Triflumizole	干锥蛇麻草	50
		拉布椰菜、白菜、羽衣甘蓝、日本辣水芹、盖菜叶、芥末菠菜、青芸苔、芜菁叶	40
		苋菜红叶、芝麻菜、山萝卜、食用菊花叶、加兰菊花、野苣、水芹、园芹、山芹、蒲公英叶、酸模、菊苣、莴苣头、莴苣叶、法国菠菜、欧芹、园马齿苋、冬季马齿苋、苦苣、中国菠菜、新西兰菠菜、菠菜藤	35
		唐莴苣	18
		椰菜、卡瓦卢椰菜、中国椰菜、球芽甘蓝、甘蓝、大白菜、盖菜、纳帕白菜、花椰菜、大头菜	8
		菠萝	4
		葡萄、杧果、番木瓜、人心果、黑肉柿、香肉果	2.5
		草莓	2
		樱桃、樱桃芙蓉、酸甜樱桃	1.5
		苹果、苦瓜苹果、苦瓜、香瓜、佛手瓜果、黄瓜、可食用葫芦、蜜露、甜瓜、香木缘瓜、梨、南瓜、壁球、西葫芦、冬季壁球、西瓜、冬瓜	0.5
		榛果	0.05
		牛副产品、牛脂肪、牛肾、牛肝、猪副产品、猪脂肪、猪肾、猪肝、羊副产品、羊脂肪、羊肾、羊肝	0.5
		禽副产品、禽肾、禽肝	0.1
		牛肉、蛋、猪肉、奶、禽脂肪、禽肉、羊肉	0.05
327	氟乐灵 Trifluralin	紫花苜蓿、绿豆芽	2
		胡萝卜	1
		杏仁、杏、秘鲁胡萝卜、竹芋、中国朝鲜蓟、耶路撒冷朝鲜蓟、芦笋、苦瓜苹果、苦瓜、大麦、红小豆、蚕豆、干蚕豆、多汁蚕豆、干豆腐、可食用荚菜豆、菜豆、扁豆、利马豆、蛾豆、绿豆、海军豆、粉红豆、平豆、稻豆、红花菜豆、食荚菜豆、多汁豆、宽叶菜豆、黑绿豆、黄荚种菜豆、裙带豆、山毛榉坚果、甜菜花、甜菜花根、甜菜花叶、椰菜、卡瓦卢椰菜、中国椰菜、拉布椰菜、球芽甘蓝、牛蒡叶、牛蒡根、灰胡桃、甘蓝、大白菜、白菜、盖菜、纳帕白菜、加利蒙地亚橘、美人蕉、香瓜、腰果、木薯叶、木薯根、眉豆、花椰菜、块根芹、旱芹、佛手瓜果、樱桃、樱桃芙蓉、酸甜樱桃、萝卜细叶芹根、萝卜细叶芹叶、栗子、鹰嘴豆、菊苣根、菊苣叶、板栗、荸荠、柚子、羽衣甘蓝、玉米、棉籽、豇豆、海甘蓝、黄瓜、中国黄瓜、芋头茎、芋头叶、茄子、菊苣、佛罗伦萨茴香的鲜叶和茎、大蒜、多瓣蒜、姜、人参、可食用葫芦、葡萄、葡萄柚、刺儿李、榛果、蜜露、干锥蛇麻草、山葵、刀豆、大头菜、金橘、韭、柠檬、小扁豆、食用兰花蕉、酸橙、豆角、羽扇豆、甜瓜、香木缘瓜、日本辣水芹、盖菜叶、芥末菠菜、芥末种子、油桃、巴西坚果、山胡桃坚果、澳大利亚坚果、黄秋葵、鳞茎洋葱、大葱、土豆洋葱、树洋葱、威尔士大葱、甜橙、欧芹根、欧洲防风草、豌豆、黑眼豌豆、克劳德豌豆、干豌豆、矮豌豆、食荚豌豆、英国豌豆、紫花豌豆、青葱、绿豌豆、木豆、雪豆、干南方豌豆、多汁豌豆、甜豆、桃、花生、美洲山核桃、香瓜梨、胡椒、甜椒、意大利炒青椒、非甜椒、西班牙甘椒、阿月浑子果、李子干、鲜李子、马铃薯、南瓜、萝卜、萝卜根、萝卜叶、青芸苔、油菜籽、芜菁甘蓝、芜菁甘蓝根、芜菁甘蓝叶、婆罗门参根、婆罗门参叶、青葱、泽芹、高粱、大豆、壁球、西葫芦、冬季壁球、甜菜、甜菜根、甜菜叶、甘蔗、葵花子、甘薯、橘柚、柑橘、芋、芋头、粘果酸浆、西红柿、姜黄、芜菁、芜菁根、芜菁叶、胡桃、西瓜、冬瓜、小麦、西印度豆薯、山药	0.05

第二章 美国食品安全限量标准

序号	农药名称(残留标示物)	样品名称	残留限量 (mg/kg)
328	氟胺磺隆 Triflusulfuron-methyl	菊苣根、甜菜根、甜菜叶	0.05
329	灭菌唑 Triticonazole	大麦、小麦	0.05
330	烯效唑 Uniconazole-P	茄子、刺儿李、香瓜梨、胡椒、甜椒、非甜椒、西班牙甘椒、粘果酸浆、西红柿	0.01
331	Z-氯氰菊酯 Zeta-Cypermethrin	蒂莫西干草	35
		紫花苜蓿	15
		拉布椰菜、白菜、羽衣甘蓝、日本辣水芹、盖菜叶、芥末菠菜、青芸苔、芜菁叶	14
		苋菜红叶、芝麻菜、刺棘蓟、旱芹、中国旱芹、芹莴、山萝卜、食用菊花叶、加兰菊花、野苣、水芹、园芹、山芹、蒲公英叶、酸模、菊苣、佛罗伦萨茴香的鲜叶和茎、莴苣头、莴苣叶、法国菠菜、欧芹、匹马齿苋、冬季马齿苋、苦苣、大黄、菠菜、中国菠菜、新西兰菠菜、菠菜藤、唐莴苣	10
		大葱	3
		苹果、椰菜、卡瓦卢椰菜、中国椰菜、球芽甘蓝、甘蓝、大白菜、盖菜、纳帕白菜、花椰菜、海棠、葡萄、大头菜、枇杷、山楂、梨、东方梨、温柏	2
		稻米	1.5
		杏、樱桃、樱桃芙蓉、酸甜樱桃、油桃、桃、鲜李子	1
		黑莓、蓝莓、博伊深莓、葡萄干、露莓、接骨木果、醋栗、罗甘莓、越橘、覆盆子、杨氏草莓	0.8
		甘蔗	0.6
		可食用荚菜豆、红花菜豆、食荚菜豆、黄荚种菜豆、裙带豆、棉籽、刀豆、豆角、矮豌豆、食荚豌豆、雪豆、甜豆、高粱	0.5
		加利蒙地亚橘、柚子、葡萄柚、金橘、柠檬、酸橙、甜橙、橘柚、柑橘	0.35
		苦瓜苹果、苦瓜、香瓜、佛手瓜果、海甘蓝、黄瓜、茄子、可食用葫芦、刺儿李、蜜露、甜瓜、香木缘瓜、芥末种子、黄秋葵、香瓜梨、胡椒、甜椒、非甜椒、西班牙甘椒、南瓜、油菜籽、芝麻、壁球、西葫芦、冬季壁球、甜菜叶、葵花子、粘果酸浆、西红柿、西瓜、冬瓜、小麦	0.2
		秘鲁胡萝卜、竹芋、中国朝鲜蓟、耶路撒冷朝鲜蓟、蚕豆、多汁蚕豆、利马豆、多汁豆、甜菜花、甜菜花根、牛蒡根、美人蕉、胡萝卜、木薯根、块根芹、萝卜细叶芹根、菊苣根、荸荠、芋头茎、大蒜、多瓣蒜、姜、人参、山葵、食用兰他蕉、鳞茎洋葱、欧防根、欧洲防风草、豌豆、英国豌豆、青豆、绿豌豆、多汁豌豆、马铃薯、萝卜、萝卜根、芜菁甘蓝、芜菁甘蓝根、婆罗门参根、泽芹、甘薯、芋、姜黄、芜菁、芜菁根、西印度豆薯、山药	0.1
		杏仁、红小豆、干蚕豆、干豆腐、菜豆、扁豆、蛾豆、绿豆、海军豆、粉红豆、平豆、稻豆、宽叶菜豆、黑绿豆、山毛榉坚果、灰胡桃、腰果、眉豆、栗子、鹰嘴豆、板栗、玉米、去皮甜玉米、豇豆、瓜、榛果、小扁豆、羽扇豆、巴西坚果、山胡桃坚果、澳大利亚坚果、黑眼豌豆、克劳德豌豆、干豌豆、紫花豌豆、木豆、干南方豌豆、花生、美洲山核桃、大豆、甜菜、甜菜根、胡桃	0.05

序号	农药名称（残留标示物）	样品名称	残留限量（mg/kg）
331	Z-氯氰菊酯 Zeta-Cypermethrin	奶脂肪	2.5
		牛脂肪、羊脂肪	1
		牛肉、羊肉	0.2
		猪脂肪、奶	0.1
		牛副产品、牛肾、牛肝、蛋、猪肉、禽脂肪、禽肉、羊副产品、羊肾、羊肝	0.05
332	磷化锌 Zinc phosphide	蒂莫西干草	0.5
		紫花苜蓿、甜菜叶	0.2
		大麦、干蚕豆、干豆腐、菜豆、绿豆、海军豆、平豆、羽扇豆、马铃薯、甜菜根、小麦	0.05
		葡萄、甘蔗	0.01
333	福美锌 Ziram	苹果、杏、黑莓、蓝莓、樱桃、樱桃芙蓉、酸甜樱桃、葡萄、越橘、油桃、桃、梨、温柏、草莓、西红柿	7
		杏仁、美洲山核桃	0.1
334	苯酰菌胺 Zoxamide	葡萄干	15
		葡萄	3
		西红柿	2
		苦瓜苹果、苦瓜、香瓜、佛手瓜果、黄瓜、中国黄瓜、可食用葫芦、蜜露、甜瓜、香木缘瓜、南瓜、壁球、西葫芦、冬季壁球、西瓜、冬瓜	1
		马铃薯	0.06

第三节 美国兽药最高残留限量标准

一、限制使用药物最高残留限量标准

序号	兽药名称（残留标示物）	动物种类	靶组织	限量标准（mg/kg）	备注
1	2-乙酰氨基-5-硝基噻唑 2-Acetylamino-5-nitrothiazole	火鸡	脂肪、肾脏、肝脏、肌肉	0.1	
2	阿克洛胺 Aklomide	鸡	肝脏、肌肉	4.5	
3	阿苯哒唑 Albendazole	牛	肝脏	0.2	
			肌肉	0.05	
		绵羊	肝脏	0.25	
			肌肉	0.05	
4	烯丙孕素 Altrenogest	猪	肝脏	0.004	
			肌肉	0.001	

序号	兽药名称（残留标示物）	动物种类	靶组织	限量标准（mg/kg）	备注
5	阿莫西林 Amoxicillin	牛	脂肪、肾脏、肝脏、奶、肌肉	0.01	
6	氨苄西林 Ampicillin	牛	脂肪、肾脏、肝脏、奶、肌肉	0.01	
		猪	脂肪、肾脏、肝脏、肌肉	0.01	
7	安普罗铵 Amprolium	牛	脂肪	2	只适用于犊牛
			肾脏、肝脏、肌肉	0.5	
		鸡	蛋	4	
			肾脏、肝脏	1	
			肌肉	0.5	
		火鸡	蛋	4	
			肾脏、肝脏	1	
			肌肉	0.5	
8	安普霉素 Apramycin	猪	肾脏	0.1	
9	砷 Arsenic	鸡	蛋、肌肉	0.5	
			肾脏、肝脏	2	
		猪	肾脏、肝脏	2	
			肌肉	0.5	
		火鸡	蛋、肌肉	0.5	
			肾脏、肝脏	2	
10	杆菌肽 Bacitracin	牛	脂肪、肾脏、肝脏、奶、肌肉	0.5	
		鸡	蛋、脂肪、肾脏、肝脏、肌肉	0.5	
		猪	脂肪、肾脏、肝脏、肌肉	0.5	
		禽	蛋	0.5	
		火鸡	脂肪、肾脏、肝脏、肌肉	0.5	
11	丁喹酯 Buquinolate	鸡	蛋	0.2	
			肾脏、肝脏	0.4	
			肌肉	0.1	
		禽	蛋	0.2	
12	卡巴多司 Carbadox	猪	肝脏	0.03	
13	头孢噻呋 Ceftiofur	牛	肾脏	0.4	
			肝脏	2	
			奶	0.1	
			肌肉	1	

序号	兽药名称（残留标示物）	动物种类	靶组织	限量标准（mg/kg）	备注
13	头孢噻呋 Ceftiofur	猪	肾脏	0.25	
			肝脏	3	
			肌肉	2	
14	头孢匹林 Cephapirin	牛	脂肪、肾脏、肝脏、肌肉	0.1	只适用于奶牛
			奶	0.02	
15	金霉素 Chlortetracycline	牛	脂肪、肾脏	12	只适用于肉牛、奶牛和犊牛
			肝脏	6	
			肌肉	2	
		鸡	蛋	0.4	
			脂肪、肾脏	12	
			肝脏	6	
			肌肉	2	
		猪	脂肪、肾脏	12	
			肝脏	6	
			肌肉	2	
		禽	蛋	0.4	
		绵羊	脂肪、肾脏	12	
			肝脏	6	
			肌肉	2	
		火鸡	脂肪、肾脏	12	
			肝脏	6	
			肌肉	2	
16	氯羟吡啶 Clopidol	牛	肾脏	3	
			肝脏	1.5	
			奶	0.02	
			肌肉	0.2	
		鸡	肾脏、肝脏	15	
			肌肉	5	
		猪	脂肪、肾脏、肝脏、肌肉	0.2	
		绵羊	肾脏	3	
			肝脏	1.5	
			肌肉	0.2	
		火鸡	肾脏、肝脏	15	
			肌肉	5	

序号	兽药名称（残留标示物）	动物种类	靶组织	限量标准（mg/kg）	备注
17	氯舒隆 Clorsulon	牛	肾脏	1	
			肌肉	0.1	
18	邻氯青霉素 Cloxacillin	牛	脂肪、肾脏、肝脏、奶、肌肉	0.01	
19	达氟沙星 Danofloxacin	牛	肝脏、肌肉	0.2	
20	癸氧喹酯 Decoquinate	牛	脂肪、肾脏、肝脏	2	
			肌肉	1	
		鸡	脂肪、肾脏、肝脏	2	
			肌肉	1	
21	敌敌畏 Dichlorvos	猪	脂肪、肾脏、肝脏、肌肉	0.1	
22	地克珠利 Diclazuril	鸡	肝脏	3	
			肌肉	0.5	
		火鸡	肝脏	3	
			肌肉	0.5	
23	双氢链霉素 Dihydrostreptomycin	牛	脂肪	0.5	
			肝脏	0.5	
			肌肉	0.5	
			肾脏	2	
			奶	0.125	
		猪	肾脏	2	
			肝脏、脂肪、肌肉	0.5	
24	多拉克丁 Doramectin	牛	肝脏	0.1	
			肌肉	0.03	
		猪	肝脏	0.16	
25	恩诺沙星 Enrofloxacin	牛	肝脏	0.1	
26	依立诺克丁 Eprinomectin	牛	肝脏	4.8	
			奶	0.012	
			肌肉	0.1	
27	红霉素 Erythromycin	牛	脂肪、肾脏、肝脏、肌肉	0.1	只适用于肉牛
		鸡	蛋	0.025	
			脂肪、肾脏、肝脏、肌肉	0.125	
		猪	脂肪、肾脏、肝脏、肌肉	0.1	
		禽	蛋	0.025	

序号	兽药名称（残留标示物）	动物种类	靶组织	限量标准（mg/kg）	备注
27	红霉素 Erythromycin	火鸡	脂肪、肾脏、肝脏、肌肉	0.125	
28	雌二醇 Estradiol	牛	脂肪	0.000 48	只适用于小母牛、阉牛和犊牛
			肾脏	0.000 36	
			肝脏	0.000 24	
			肌肉	0.000 12	
		绵羊	脂肪、肾脏、肝脏	0.000 6	只适用于羔羊
			肌肉	0.000 12	
29	4-乙酰氨基-2-乙氧基苯甲酸甲酯 Ethopabate	鸡	肾脏、肝脏	1.5	
			肌肉	0.5	
30	伐灭磷 Famphur	牛	脂肪、肾脏、肝脏、肌肉	0.1	
31	苯硫哒唑 Fenbendazole	牛	肝脏	0.8	
			奶	0.6	
			肌肉	0.4	
		猪	肝脏	6	
			肌肉	2	
		火鸡	肝脏	6	
			肌肉	2	
32	氟苯尼考 Florfenicol	牛	肝脏	3.7	
			肌肉	0.3	
		猪	肝脏	2.5	
			肌肉	0.2	
33	氟尼辛 Flunixin	牛	肝脏	0.125	
			奶	0.002	
			肌肉	0.025	
		猪	肝脏	0.03	
			肌肉	0.025	
34	硫酸庆大霉素 Gentamicin sulfate	鸡	脂肪、肾脏、肝脏、肌肉	0.1	
		猪	脂肪、肾脏	0.4	
			肝脏	0.3	
			肌肉	0.1	
		火鸡	脂肪、肾脏、肝脏、肌肉	0.1	
35	氢溴酸卤夫酮 Halofuginone hydrobromide	鸡	肝脏	0.16	只适用于肉鸡
		火鸡	肝脏	0.13	

第二章 美国食品安全限量标准

序号	兽药名称（残留标示物）	动物种类	靶组织	限量标准（mg/kg）	备注
36	哈洛克酮 Haloxon	牛	脂肪、肾脏、肝脏、肌肉	0.1	
37	氢化可的松 Hydrocortisone	牛	奶	0.01	
38	伊维菌素 Ivermectin	牛	肝脏	0.1	
		牛	肌肉	0.01	
		猪	肝脏、肌肉	0.02	
		绵羊	肝脏	0.03	
39	来洛霉素 Laidlomycin	牛	肝脏	0.2	
40	拉沙里菌素 Lasalocid	牛	肝脏	0.7	
		鸡	肝脏	0.4	
		火鸡	肝脏	0.4	
		绵羊	肝脏	1	
41	盐酸左旋咪唑 Levamisole hydrochloride	牛	脂肪、肾脏、肝脏、肌肉	0.1	
		猪	脂肪、肾脏、肝脏、肌肉	0.1	
		绵羊	脂肪、肾脏、肝脏、肌肉	0.1	
42	林可霉素 Lincomycin	猪	肝脏	0.6	
			肌肉	0.1	
43	马杜霉素铵 Maduramicin ammonium	鸡	脂肪	0.38	
44	醋酸美仑孕酮 Melengestrol acetate	牛	脂肪	0.025	
45	甲基氢化泼尼松 Methylprednisolone	牛	奶	0.01	
46	盐酸美托舍酯 Metoserpate hydrochloride	鸡	脂肪、肾脏、肝脏、肌肉	0.02	
47	莫能菌素 Monensin	牛	脂肪、肾脏、肌肉	0.05	
			肝脏	0.1	
48	酒石酸莫仑太尔 Morantel tartrate	牛	肝脏	0.7	
49	莫西克丁 Moxidectin	牛	脂肪	0.9	
			肝脏	0.2	
			奶	0.04	
			肌肉	0.05	
		绵羊	脂肪	0.9	
			肝脏	0.2	
			肌肉	0.05	

序号	兽药名称（残留标示物）	动物种类	靶组织	限量标准（mg/kg）	备注
50	甲基盐霉素 Narasin	鸡	脂肪	0.48	
51	新霉素 Neomycin	牛	脂肪、肾脏	7.2	
			肝脏	3.6	
			奶	0.15	
			肌肉	1.2	
		猪	脂肪、肾脏	7.2	
			肝脏	3.6	
			肌肉	1.2	
		绵羊	脂肪、肾脏	7.2	
			肝脏	3.6	
			肌肉	1.2	
		火鸡	肝脏	3.6	
			肌肉	1.2	
52	苄氧喹甲酯 Nequinate	鸡	脂肪、肾脏、肝脏、肌肉	0.1	
53	尼卡巴嗪 Nicarbazin	鸡	肾脏、肝脏、肌肉	4	
54	新生霉素 Novobiocin	牛	脂肪、肾脏、肝脏、肌肉	1	
			奶	0.1	
		鸡	脂肪、肾脏、肝脏、肌肉	1	
		火鸡	脂肪、肾脏、肝脏、肌肉	1	
55	竹桃霉素 Oleandomycin	鸡	脂肪、肾脏、肝脏、肌肉	0.15	
		猪	脂肪、肾脏、肝脏、肌肉	0.15	
		火鸡	脂肪、肾脏、肝脏、肌肉	0.15	
56	奥美普林 Ormetoprim	鸡	脂肪、肾脏、肝脏、肌肉	0.1	
		火鸡	脂肪、肾脏、肝脏、肌肉	0.1	
57	土霉素 Oxytetracycline	牛	脂肪、肾脏	12	只适用于肉牛、奶牛和犊牛
			肝脏	6	
			肌肉	2	
			奶	0.3	
		鸡	脂肪、肾脏	12	
			肝脏	6	
			肌肉	2	

序号	兽药名称（残留标示物）	动物种类	靶组织	限量标准（mg/kg）	备注
57	土霉素 Oxytetracycline	猪	脂肪、肾脏	12	
			肝脏	6	
			肌肉	2	
		绵羊	脂肪、肾脏	12	
			肝脏	6	
			肌肉	2	
		火鸡	脂肪、肾脏	12	
			肝脏	6	
			肌肉	2	
58	青霉素 Penicillin	牛	脂肪、肾脏、肝脏、肌肉	0.05	
		火鸡	脂肪、肾脏、肝脏、肌肉	0.01	
59	哌嗪 Piperazine	鸡	脂肪、肾脏、肝脏、肌肉	0.1	
		猪	脂肪、肾脏、肝脏、肌肉	0.1	
		禽	脂肪、肾脏、肝脏、肌肉	0.1	
		火鸡	脂肪、肾脏、肝脏、肌肉	0.1	
60	吡利霉素 Pirlimycin	牛	肝脏	0.5	
			奶	0.4	
			肌肉	0.3	
61	黄体酮 Progesterone	牛	脂肪	0.012	只适用于阉牛和犊牛
			肾脏	0.009	
			肝脏	0.006	
			肌肉	0.003	
		绵羊	脂肪、肾脏、肝脏	0.015	只适用于羔羊
			肌肉	0.003	
62	酒石酸噻吩嘧啶 Pyrantel tartrate	猪	肾脏、肝脏	10	
			肌肉	1	
63	莱克多巴胺 Ractopamine	牛	肝脏	0.09	
			肌肉	0.03	
		猪	肝脏	0.15	
			肌肉	0.05	
		火鸡	肝脏	0.45	
			肌肉	0.1	
64	盐酸双氯苄氨胍 Robenidine hydro-chloride	鸡	脂肪	0.2	
			肾脏、肝脏、肌肉	0.1	

序号	兽药名称（残留标示物）	动物种类	靶组织	限量标准（mg/kg）	备注
65	赛杜霉素 Semduramicin	鸡	肝脏	0.4	只适用于肉鸡
			肌肉	0.13	
66	壮观霉素 Spectinomycin	牛	肾脏	4	
			肌肉	0.25	
		鸡	脂肪、肾脏、肝脏、肌肉	0.1	
		火鸡	脂肪、肾脏、肝脏、肌肉	0.1	
67	链霉素 Streptomycin	牛	肾脏	2	只适用于犊牛
			肝脏、脂肪、肌肉	0.5	
		鸡	肾脏	2	
			肝脏、脂肪、肌肉	0.5	
		猪	肾脏	2	
			肝脏、脂肪、肌肉	0.5	
68	磺胺溴二甲嘧啶钠 Sulfabromomethazine sodium	牛	脂肪、肾脏、肝脏、肌肉	0.1	
			奶	0.01	
69	磺胺氯哒嗪 Sulfachlorpyridazine	牛	脂肪、肾脏、肝脏、肌肉	0.1	只适用于犊牛
		猪	脂肪、肾脏、肝脏、肌肉	0.1	
70	磺胺二甲氧嘧啶 Sulfadimethoxine	牛	脂肪、肾脏、肝脏、肌肉	0.1	
			奶	0.01	
		鸡	脂肪、肾脏、肝脏、肌肉	0.1	
		火鸡	脂肪、肾脏、肝脏、肌肉	0.1	
71	磺胺乙氧哒嗪 Sulfaethoxypyridazine	牛	脂肪、肾脏、肝脏、肌肉	0.1	
72	磺胺二甲嘧啶 Sulfamethazine	牛	脂肪、肾脏、肝脏、肌肉	0.1	
		鸡	脂肪、肾脏、肝脏、肌肉	0.1	
		猪	脂肪、肾脏、肝脏、肌肉	0.1	
		火鸡	脂肪、肾脏、肝脏、肌肉	0.1	
73	磺胺喹噁啉 Sulfaquinoxaline	牛	脂肪、肾脏、肝脏、肌肉	0.1	只适用于食用牛和犊牛
		鸡	脂肪、肾脏、肝脏、肌肉	0.1	
		火鸡	脂肪、肾脏、肝脏、肌肉	0.1	
74	磺胺噻唑 Sulfathiazole	猪	脂肪、肾脏、肝脏、肌肉	0.1	
75	丙酸睾丸酮 Testosterone propionate	牛	脂肪	0.002 6	只适用于小母牛
			肾脏	0.001 9	

序号	兽药名称（残留标示物）	动物种类	靶组织	限量标准（mg/kg）	备注
75	丙酸睾丸酮 Testosterone propionate		肝脏	0.001 3	
			肌肉	0.000 64	
76	四环素 Tetracycline	牛	脂肪、肾脏	12	只适用于犊牛
			肝脏	6	
			肌肉	2	
		鸡	脂肪、肾脏	12	
			肝脏	6	
			肌肉	2	
		猪	脂肪、肾脏	12	
			肝脏	6	
			肌肉	2	
		绵羊	脂肪、肾脏	12	
			肝脏	6	
			肌肉	2	
		火鸡	脂肪、肾脏	12	
			肝脏	6	
			肌肉	2	
77	噻苯达唑 Thiabendazole	牛	脂肪、肾脏、肝脏、肌肉	0.1	
			奶	0.05	
		猪	脂肪、肾脏、肝脏、肌肉	0.1	
		绵羊	脂肪、肾脏、肝脏、肌肉	0.1	
78	硫姆林 Tiamulin	猪	肝脏	0.6	
79	替米考星 Tilmicosin	牛	肝脏	1.2	
			肌肉	0.1	
		猪	肝脏	7.5	
			肌肉	0.1	
		绵羊	肝脏	1.2	
			肌肉	0.1	
80	曲吡那敏 Tripelennamine	牛	脂肪、肾脏、肝脏、肌肉	0.2	
			奶	0.02	
81	托拉菌素 Tulathromycin	牛	肝脏	5.5	
		猪	肾脏	15	

序号	兽药名称（残留标示物）	动物种类	靶组织	限量标准（mg/kg）	备注
82	泰乐菌素 Tylosin	牛	脂肪、肾脏、肝脏、肌肉	0.2	
			奶	0.05	
		鸡	蛋、脂肪、肾脏、肝脏、肌肉	0.2	
		猪	脂肪、肾脏、肝脏、肌肉	0.2	
		禽	蛋	0.2	
		火鸡	脂肪、肾脏、肝脏、肌肉	0.2	
83	维吉霉素 Virginiamycin	猪	脂肪、肾脏	0.4	
			肝脏	0.3	
			肌肉	0.1	
84	玉米赤霉醇 Zeranol	绵羊	脂肪、肾脏、肝脏、肌肉	0.02	
85	齐帕特罗 Zilpaterol	牛	肝脏	0.012	
86	二硝甲苯酰胺 Zoalene	鸡	脂肪	2	
			肾脏、肝脏	6	
			肌肉	3	
		火鸡	肝脏、肌肉	3	

二、禁用药物清单

序号	兽药名称（残留标示物）	食品名称	限量标准（mg/kg 或 mg/l）	备注
1	氯霉素 Chloramphenicol	畜禽鱼及制品	禁用	
2	克仑特罗 Clenbuterol	畜禽鱼及制品	禁用	
3	己烯雌酚 Diethylstilbestrol	畜禽鱼及制品	禁用	
4	地美硝唑 Dimeridazole	畜禽鱼及制品	禁用	
5	氟喹诺酮类 Fluoroquinolones	畜禽鱼及制品	禁用	
6	糖肽类抗生素 Glycopeptides	畜禽鱼及制品	禁用	
7	异丙硝唑 Ipronidazole	畜禽鱼及制品	禁用	
8	呋喃西林 Nitrofurazone	畜禽鱼及制品	禁用	
9	其他硝基咪唑类 Other nitroimidazoles	畜禽鱼及制品	禁用	
10	保泰松 Phemylbutazone	畜禽鱼及制品	禁用	

序号	兽药名称（残留标示物）	食品名称	限量标准（mg/kg 或 mg/l）	备注
11	磺胺类 Sulfonamide	泌乳牛	禁用	除磺胺二甲氧嘧啶 Sulfadimethoxine、磺胺溴甲嗪啶 Sulfabromomethazine、磺胺乙氧嗪 Sulfaethoxypyridazine 外的品种

第四节　美国特定污染物限量标准

序号	污染物名称（残留标示物）	食品名称	限量标准（mg/kg 或 mg/l）	备注
1	黄曲霉毒素总量 Aflatoxin B_1, B_2, G_1, G_2	婴儿食品	0.003	
		可可	0.01	
		干果	0.03	
		大豆蛋白	0.03	
		其他食品	0.02	
		玉米和花生产品	0.1	用于种畜、种猪或成熟家禽饲养
			0.3	用于最后的（如饲育场）肉牛饲养
			0.2	用于100磅或以上猪饲养
		玉米，花生产品，以及除棉籽粕以外的其他动物饲料和饲料原料	0.02	用于未成熟动物饲养
		棉籽粕	0.3	用于肉牛、猪或家禽饲养
		玉米，玉米产品，棉籽粕，以及其他动物饲料和饲料原料	0.02	用于产奶动物、其他未作说明或用途不清的动物饲养
2	黄曲霉毒素 B_1 Aflatoxin B_1	所有食品	0.005	
3	黄曲霉毒素 M_1 Aflatoxin M_1	奶	0.0005	
4	脱氧雪腐镰刀菌烯醇 DON	小麦成品	1	用于人类食用
		谷物及其副产品	5	用做猪饲料
			5	用做其他动物饲料
			10	用于鸡和4个月以上肉牛的饲养

序号	污染物名称（残留标示物）	食品名称	限量标准(mg/kg 或 mg/l)	备注
5	伏马菌素 B_1，B_2，B_3 Fumonisins B_1，B_2，B_3	玉米粒	3	用于爆米花
		玉米及其副产品	30	用于反刍动物、家禽和貂（包括奶牛和蛋鸡）的饲养
			5	用于马科动物和兔的饲养
			20	用于猪和鲶鱼饲养
		灭菌后的干磨玉米产品（如干重脂肪含量＜2.25%的片状粗磨粉、玉米渣、玉米面、玉米淀粉）	2	
		整个部分灭菌后的干磨玉米产品（如干重脂肪含量≥2.25%的片状粗磨粉、玉米渣、玉米面、玉米淀粉）,干磨玉米皮,做湿润粉糊的玉米粒	4	
		家禽	100	用于屠宰的家禽
		反刍动物	60	大于3个月，用于屠宰的反刍动物
		貂	60	用于皮毛生产的貂
		所有其他种类的家畜和宠物	10	
6	赭曲霉素 A Ochratoxin A	稻，大麦，豆，咖啡，玉米	0.05	
7	棒曲霉素 Patulin	苹果汁，浓缩苹果汁和含苹果汁的食品	0.05	
8	玉米赤霉烯酮 Zearalenone	玉米，大麦	0.2	
9	蛤蚌毒素 Saxitoxin	所有鱼类	0.8	
10	神经性贝类毒素 Neurotoxic shellfish poison	蛤蚌，牡蛎，贻贝	0.8	
11	双鞭甲藻毒素 Brevetoxin	蛤蚌，牡蛎，贻贝	1.6	
12	遗忘性贝类毒素 Amnesic shellfish poison	所有鱼类	20	
		邓杰内斯蟹	30	
13	麻痹性贝类毒素 Paralytic shellfish poison	所有鱼类，蛤蚌、贻贝、牡蛎	0.8	
14	1,1,1-三氯乙烷 1,1,1-Trichloroethane	瓶装水	0.20	
15	1,1,2-三氯乙烷 1,1,2-Trichloroethane	瓶装水	0.005	

第二章 美国食品安全限量标准

序号	污染物名称（残留标示物）	食品名称	限量标准（mg/kg 或 mg/L）	备注
16	1,1-二氯乙烯 1,1-Dichloroethylene	瓶装水	0.007	
17	1,2,4-三氯苯 1,2,4-Trichlorobenzene	瓶装水	0.07	
18	1,2-二氯乙烷 1,2-Dichloroethane	瓶装水	0.005	
19	1,2-二氯丙烷 1,2-Dichloropropane	瓶装水	0.005	
20	铝 Aluminum	瓶装水	0.2	
21	锑 Antimony	瓶装水	0.006	
22	砷 Arsenic	瓶装水	0.010	
		蛤蚌，牡蛎，贻贝	86	
		甲壳类动物	76	
23	钡 Barium	瓶装水	2	
24	苯 Benzene	瓶装水	0.005	
25	铍 Beryllium	瓶装水	0.004	
26	溴酸盐 Bromate	瓶装水	0.01	
27	镉 Cadmium	瓶装水	0.005	
		蛤蚌，牡蛎，贻贝	4	
		甲壳类动物	3	
28	四氯化碳 Carbon tetrachloride	瓶装水	0.005	
29	氯胺 Chloramine	瓶装水	4	以 Cl_2 计
30	十氯酮 Chlordecone	蟹肉	0.4	
		其他鱼类的可食部分	0.3	
31	氯化物 Chloride	瓶装水	250	
32	氯 Chlorine	瓶装水	4	以 Cl_2 计
33	二氧化氯 Chlorine dioxide	瓶装水	0.8	以 Cl_2 计
34	亚氯酸盐 Chlorite	瓶装水	1.0	
35	铬 Chromium	瓶装水	0.1	

序号	污染物名称（残留标示物）	食品名称	限量标准(mg/kg 或 mg/l)	备注
35	铬 Chromium	蛤蚌，牡蛎，贻贝	13	
		甲壳类动物	12	
36	顺式-1,2-二氯乙烯 cis-1,2-Dichloro-ethylene	瓶装水	0.07	
37	铜 Copper	瓶装水	1.0	
38	氰化物 Cyanide	瓶装水	0.2	
39	二氯甲烷 Dichloromethane	瓶装水	0.005	
40	二甲基亚硝胺 Dimethylnitrosamine	大麦芽	0.01	
		麦芽酒	0.005	
41	二噁英 Dioxin	瓶装水	3×10^{-8}	
42	苯乙烷 Ethylbenzene	瓶装水	0.7	
43	卤乙酸5 Haloacetic acids (five)	瓶装水	0.06	
44	六氯苯 Hexachloro-benzene	青蛙腿（可食部分）	0.3	
		加工动物饲料	0.05	
		苹果、芦笋、鳄梨、黄豆、芸薹属多叶植物、芹菜谷类、柑橘类水果、可可豆、葫芦科菜类、茄子、鸡蛋、莴苣菜、无花果、番石榴、莴苣、生菜、杧果、秋葵荚、秋葵、洋葱、梨、豌豆、胡桃；美洲山核桃、胡椒、胡椒粉、菠萝、柑橘、根茎类植物（除胡萝卜外）、浆果类、菠菜、牛皮菜、核果（除契卡索、西洋李子和日本李子外）、番茄、绿甘蓝	0.05	
		胡萝卜、胡萝卜	0.3	
		动物饲料	0.3	
		奶、兔肉（脂肪部分）	0.3	
		辣椒粉、红辣椒	1	
45	铁 Lron	瓶装水	0.3	
46	铅 Lead	瓶装水	0.005	
		蛤蚌，牡蛎，贻贝	1.7	

序号	污染物名称（残留标示物）	食品名称	限量标准（mg/kg 或 mg/l）	备注
46	铅 Lead	甲壳类动物	1.5	
47	锰 Manganese	瓶装水	0.05	
48	汞 Mercury	瓶装水	0.002	
		粉红麦粒	1	
49	甲基汞 Methyl mercury	所有鱼类	1.0	
		新鲜、冷冻和处理加工的鱼、贝类海鲜、甲壳类和其他水生动物（可食部分）	1	
50	一氯代苯 Monochlorobenzene	瓶装水	0.1	
51	镍 Nickel	瓶装水	0.1	
		甲壳类动物	70	
		蛤蚌，牡蛎，贻贝	80	
52	硝酸盐 Nitrate	瓶装水	10	以氮计
53	亚硝酸盐 Nitrite	瓶装水	1	以氮计
54	o-二氯苯 o-Dichlorobenzene	瓶装水	0.6	
55	p-二氯苯 p-Dichlorobenzene	瓶装水	0.075	
56	多氯联苯 PCBs	瓶装水	0.0005	
		所有鱼类	2	
		红肉	3	
		最后的（如饲育场）食品动物的饲料（除浓缩料、饲料补充剂和预混料外）	0.2	临时限量
		用于可食动物中含动物源性饲料成分的浓缩饲料、饲料补充剂和预混料，其中动物源性成分包括鱼粉、海产品及其他副产品	2	临时限量
57	五氯苯酚 Pentachlorophenol	瓶装水	0.0005	
		瓶装水	0.001	
58	酚类化合物 Phenols	瓶装水	0.001	
59	硒 Selenium	瓶装水	0.05	
60	银 Silver	瓶装水	0.1	
61	2,4,5-涕丙酸 Silvex	瓶装水	0.05	

序号	污染物名称（残留标示物）	食品名称	限量标准(mg/kg 或 mg/l)	备注
62	苯乙烯 Styrene	瓶装水	0.1	
63	硫酸盐 Sulfate	瓶装水	250	
64	四氯乙烯 Tetrachloroethylene	瓶装水	0.005	
65	铊 Thallium	瓶装水	0.002	
66	甲苯 Toluene	瓶装水	1	
67	总可溶性固体物 Total dissolved solids	瓶装水	500.0	
68	总硝酸盐和亚硝酸盐 Total Nitrate and Nitrite	瓶装水	10	以氮计
69	总三卤代甲烷 Total Trihalomethanes	瓶装水	0.08	
70	反式-1,2-二氯乙烯 Trans-1,2-Dichloroethylene	瓶装水	0.1	
71	三氯乙烯 Trichloroethylene	瓶装水	0.005	
72	氯乙烯 Vinyl chloride	瓶装水	0.002	
73	二甲苯 Xylenes	瓶装水	10	
74	锌 Zinc	瓶装水	5.0	

第五节 美国食品添加剂使用标准

序号	食品添加剂	食品名称/用途	最大使用量	备注
1	1,3-丁二醇 1,3-neotran	香肠肠衣	未规定	
2	草莓醛 3-Methyl-3-phenyl glycidic acid ethyl ester	合成香味料和香味助剂	未规定	
3	4-羟甲基-2,6-二叔丁基苯酚 4-hydroxymethyl-2,6-di-tertbutyl-phenol	鳕鱼卵	200 mg/kg	
4	苦艾 Absinthium	天然香料和与香料有协作作用的天然物质	无苧酮	
5	金合欢的花 Acacia flower	天然香料和与香料有协作作用的天然物质	未规定	

序号	食品添加剂	食品名称/用途	最大使用量	备注
6	乙酰磺胺酸钾 Acesulfame potassium	蔗糖替代品、口香糖、固体饮料、速溶咖啡和速溶茶的干基、明胶甜食、布丁和布丁甜食的干基、糖果、硬糖和软糖、含酒精饮料	未规定	
7	乙醛 Acetaldehyde	合成香味料和香味助剂	未规定	
8	乙酸 Acetic acid	调味汁和沙司	3%	
		干酪和类乳制品	0.8%	
		肉制品	0.6%	
		口香糖	0.5%	
		焙烤制品	0.25%	
		其他食品	0.15%	
9	乙酰甲基原醇 Acetoin	合成香味料和香味助剂	未规定	
10	丙酮 Acetone	水果、蔬菜的标记油墨	未规定	
11	乙酰化单甘油酯 Acetylation mono-glyceride	多用途食品添加剂	达到要求的效果即可	
12	酸式磷酸钙 Acid calcium phosphate	螯合剂	符合GMP	
13	乌头酸 Aconitic acid	软糖	0.003 5%	
		焙烤制品	0.003%	
		含醇饮料	0.002%	
		冷冻含乳甜品	0.001 5%	
		其他食品	0.000 5%	
14	铁线蕨 Adiantum	含酒精饮料	未规定	
15	己二酸 Adipic acid	调味品	5%	
		小吃食品	1.3%	
		明胶甜食和布丁类	0.55%	
		类乳制品	0.45%	
		油脂,肉制品	0.3%	
		调味汁	0.1%	
		焙烤制品	0.05%	
		无醇饮料	0.005%	
		冷冻乳甜食	0.000 4%	
		其他食品	0.02%	
16	气溶胶硅 Aerosol silicon	消泡剂	符合GMP	

序号	食品添加剂	食品名称/用途	最大使用量	备注
17	琼脂 Agar	糖食和糖霜制品	2%	
		软糖	1.2%	
		焙烤制品和焙烤预混合料	0.8%	
		其他食品	0.25%	
18	海藻酸丙二醇酯 Aglinate-propanediol ester	调味料和香料	1.7%	
		油脂	1.1%	
		干酪	0.9%	
		明胶甜食和布丁，调味品	0.6%	
		冷冻乳品甜食、水果冰糕、糖果和糖霜、焙烤制品、调味汁和甜沙司	0.5%	
		果酱和果冻	0.4%	
		其他食品	0.3%	
19	大高良姜 Aipiniagalanga	含酒精饮料	未规定	
20	醇，SDA-3A Alcohol，SDA-3A	片状营养增补剂、胶姆糖和糖果类食品的标记油墨	无残留	
		水果、蔬菜的标记油墨	未规定	
21	苜蓿草和种子 Alfalfa herb and seed	香辛料及其他天然调味料和香味料	未规定	
22	海藻酸 Alginate	汤料和汤料干混物	符合GMP	
23	海藻酸铵 Alginate ammonium	油脂、明胶甜食和布丁、甜沙司	0.5%	
		糖食和糖霜制品、调味汁和沙司、果酱和果冻	0.4%	
		其他食品	0.1%	
24	芦荟 Aloe	天然香料和与香料有协作作用的天然物质	未规定	
25	药蜀葵的根和花 Althea root and flower	天然香料和与香料有协作作用的天然物质	未规定	
26	矾 Alum	由纸和纸板迁移入食品的物质	未规定	
27	硫酸铝铵 Aluminium ammonium sulfate	通用的食品添加剂	符合GMP	
28	硫酸铝钾 Aluminium potassium sulfate	通用的食品添加剂	符合GMP	
29	氢氧化铝 Aluminum hydroxide	由纸和纸板迁移入食品的物质	未规定	
30	油酸铝 Aluminum oleate	由纸和纸板迁移入食品的物质	未规定	
31	棕榈酸铝 Aluminum palmitate	由纸和纸板迁移入食品的物质	未规定	

序号	食品添加剂	食品名称/用途	最大使用量	备注
32	硅酸铝钙 Aluminum calcium silicate	餐桌用盐	2%	
33	硫酸铝钠 Aluminum sodium sulfate	通用的食品添加剂	符合GMP	
34	硫酸铝 Aluminum sulfate	通用的食品添加剂	符合GMP	
35	龙涎香 Ambergris	香辛料、调味料、精油、油树脂和天然提取物	未规定	
36	麝葵子 Ambrette seed	香辛料及其他天然调味料和香味料，精油、油树脂（脱溶剂）和天然提取物（包括蒸馏物）	未规定	
37	美国栗的叶子 American chestnut leaf	天然香料和与香料有协作作用的天然物质	未规定	
38	美洲胡薄荷 American hu mint	天然香料和与香料有协作作用的天然物质	未规定	
39	氨基乙酸 Aminoacetic acid	复合维生素制剂	3.5%	以游离氨基酸计
40	氨基肽酶 Aminopeptidase	赛特干酪	符合GMP	
41	碳酸氢铵 Ammonium bicarbonate	面团强筋剂、膨松剂、pH调节剂、品质改良剂	符合GMP	
42	碳酸铵 Ammonium carbonate	膨松剂和pH调节剂	符合GMP	
43	氯化铵 Ammonium chloride	面团强筋剂，风味增强剂、膨松剂和加工助剂	符合GMP	
44	磷酸二氢铵 Ammonium dihydrogen phosphate	面团强筋剂、pH调节剂	符合GMP	
45	氢氧化铵 Ammonium hydroxide	膨松剂、pH调节剂、表面加工剂及锅炉用水添加剂	符合GMP	
46	硫酸铵 Ammonium sulfate	明胶甜食和布丁	0.1%	
		焙烤食品	0.15%	
47	香脂檀（西印度檀香） Amyris	天然香料和与香料有协作作用的天然物质	未规定	
48	茴香脑 Anethole（parapropenyl anisole）	合成香味料和香味助剂	未规定	
49	圆叶当归 Angelica	天然香料和与香料有协作作用的天然物质	未规定	
		香辛料及其他天然调味料和香味料	未规定	
50	圆叶当归根 Angelica root	精油、油树脂（脱溶剂）和天然提取物（包括蒸馏物），香辛料及其他天然调味料和香味料	未规定	
51	圆叶当归籽 Angelica seed	精油、油树脂（脱溶剂）和天然提取物（包括蒸馏物），香辛料及其他天然调味料和香味料	未规定	
52	圆叶当归茎 Angelica stem	精油、油树脂（脱溶剂）和天然提取物（包括蒸馏物）	未规定	
53	安古树（皮） Angostura	精油、油树脂（脱溶剂）和天然提取物（包括蒸馏物），香辛料及其他天然调味料和香味料	未规定	

序号	食品添加剂	食品名称/用途	最大使用量	备注
54	动物性脂酶 Animal lipase	用做水解脂肪酸甘油酯的酶	符合GMP	
55	大茴香 Anise	香辛料及其他天然调味料和香味料，精油、油树脂（脱溶剂）和天然提取物（包括蒸馏物）	未规定	
56	阿诺克索默 Anoxomer	含油脂食品	5g/kg	
57	杏仁（杏仁油） Apricot kernel (persic oil)	与香辛料、调味料和香味料在一起使用的天然提取物	未规定	
58	旱芹种籽 Apium graveolens, seed	香辛料及其他天然调味料和香味料	未规定	
		精油、油树脂（脱溶剂）和天然提取物（包括蒸馏物）	未规定	
59	阿拉伯胶 Arabic gum	软糖	85%	
		硬糖和止咳糖	46.5%	
		糖食和糖霜制品	12.4%	
		坚果和坚果制品	8.3%	
		静置的冷冻糖食	6%	
		胶姆糖	5.6%	
		小吃	4%	
		明胶甜食、布丁和馅料	2.5%	
		饮料和饮料基料	2%	
		油脂	1.5%	
		类乳制品	1.3%	
		其他食品	1%	
60	阿拉伯半聚乳糖 Arabic semi-poly-lactose	香精油、非营养性甜味剂、风味剂、非标准型增味剂和布丁粉	达到要求的效果即可	
61	山金车的花 Arnica flower	天然香料和与香料有协作作用的天然物质	未规定	
62	胭脂树红提取物 Aronotta extract	一般食品	符合GMP	
63	朝鲜蓟的叶 Artichoke leaf	含酒精饮料	未规定	
64	阿魏胶 Asafetida	精油、油树脂（脱溶剂）和天然提取物（包括蒸馏物）	未规定	
65	加拿大细辛（野姜） Asarum	天然香料和与香料有协作作用的天然物质	未规定	
66	抗坏血酸 Ascorbic acid	化学防腐剂、营养素	符合GMP	
67	抗坏血酸铁 Ascorbic acid iron	营养增补剂	符合GMP	
68	抗坏血酸棕榈酸酯 Ascorbyl palmitate	化学防腐剂	符合GMP	

序号	食品添加剂	食品名称/用途	最大使用量	备注
69	虾青素 Astaxanthin	鲑鱼饲料	80 mg/kg	
70	偶氮二酰胺 Azodicarbonamide	面粉、面包	45 mg/kg	
71	细菌产蛋白酶制剂 Bacteria-producing protease preparation	用作水解蛋白和多肽的酶	符合GMP	
72	焙烤酵母聚糖 Baked zymosan	沙拉调料	5%	
		冷冻甜食、酸性奶油之类食品、干酪涂抹酱、增香干酪和增香酸性稀奶油等小吃蘸料	符合GMP	
73	烘烤的部分脱脂煮棉子粉 Baking part skim boiled cotton seed powder	一般食品	符合GMP	
74	蜜蜂花（柠檬香油） Balm (lemon balm)	精油、油树脂（脱溶剂）和天然提取物（包括蒸馏物），香辛料及其他天然调味料和香味料	未规定	
75	香脂冷杉的针叶和嫩叶 Balsam abies needle and twig	天然香料和与香料有协作作用的天然物质	未规定	
76	秘鲁香脂 Balsam of Peru	精油、油树脂（脱溶剂）和天然提取物（包括蒸馏物）	未规定	
77	吐鲁香脂 Balsam of tolu	天然香料和与香料有协作作用的天然物质	未规定	
78	破釜树树皮 Bark of Broken kettle Tree	天然香料和与香料有协作作用的天然物质	未规定	
79	罗勒 Basil	精油、油树脂（脱溶剂）和天然提取物（包括蒸馏物）	未规定	
80	小罗勒 Basil, bush	香辛料及其他天然调味料和香味料	未规定	
81	月桂 Bay	香辛料及其他天然调味料和香味料、精油、油树脂（脱溶剂）和天然提取物（包括蒸馏物）	未规定	
82	月桂叶 Bay leaves	精油、油树脂（脱溶剂）和天然提取物（包括蒸馏物）	未规定	
83	海狸油 Beaver oil	天然香料和与香料有协作作用的天然物质	未规定	
84	牛脂 Beef tallow	由干燥食品包装用棉和棉织品迁移入食品的物质	未规定	
85	蜂蜡（黄色和白色） Beeswax (yellow and white)	软糖	0.1%	
		胶姆糖	0.055%	
		硬糖	0.04%	
		糖食和糖霜	0.005%	
		其他食品	0.002%	
86	脱水甜菜（甜菜粉） Beet powder	一般食品	符合GMP	
87	膨润土 Bentonite	加工助剂	符合GMP	

序号	食品添加剂	食品名称/用途	最大使用量	备注
88	苯甲醛 Benzaldehyde	合成香味料和香味助剂	未规定	
89	苯甲酸 Benzoic acid	抗酸生物剂、香味料和香料辅料	0.1%	
90	安息香 Benzoin	水果、蔬菜的标记油墨	未规定	
91	过氧化苯甲酰 Benzoyl peroxide	面粉、（牛乳）阿齐亚戈新鲜干酪、阿齐亚戈软干酪、阿齐亚戈老干酪、阿齐亚戈基质干酪、蓝干酪、羊奶干酪、哥根梳拉干酪、巴马干酪和理奇诺干酪、普鲁佛隆干酪、鲁马诺干酪、瑞士干酪、依文陀勒干酪，胭脂橙着色的乳清，浓缩乳清和乳清粉	符合 GMP	
92	香柠檬 Bergamot	精油、油树脂（脱溶剂）和天然提取物（包括蒸馏物）	未规定	
93	丁羟基茴香醚 BHA	油脂	0.02%	以 BHA 和BHT 混合量计
		活性干酵母	1000 mg/kg	
		方块状挂糖衣水果干	32 mg/kg	
		混料配制的饮料和甜食	2 mg/kg	
		饮料和甜食的干混合料	90 mg/kg	
		土豆丁	10 mg/kg	
		起酥油	200 mg/kg	
		脱水土豆条、干的早餐谷类制品、土豆片、红薯片	50 mg/kg	
94	二叔丁基对甲酚 BHT	脱水土豆条、干的早餐谷类制品、土豆片、红薯片	50 mg/kg	以 BHA 和BHT 混合量计
		起酥油	200 mg/kg	
		土豆丁	10 mg/kg	
		油脂	0.02%	
95	生物素 Biotin	营养素	符合 GMP	
96	苦杏仁（脱氢氰酸） Bitter almond（free from prussic acid）	精油、油树脂（脱溶剂）和天然提取物（包括蒸馏物）	未规定	
97	苦萼皮 Bitter calyx Paper	含酒精饮料	未规定	
98	小茴香 Black caraway	精油、油树脂（脱溶剂）和天然提取物（包括蒸馏物）、香辛料及其他天然调味料和香味料	未规定	
99	黑儿茶 Black catechu	天然香料和与香料有协作作用的天然物质	未规定	
100	家黑种草 Black cumin	香辛料及其他天然调味料和香味料	未规定	
101	黑山楂树皮 Black haw bark	天然香料和与香料有协作作用的天然物质	未规定	
102	黑树莓的树皮 Blackcup bark	天然香料和与香料有协作作用的天然物质	未规定	

序号	食品添加剂	食品名称/用途	最大使用量	备注
103	蓝桉叶 Blue eucalyptus leaf	天然香料和与香料有协作作用的天然物质	未规定	
104	玫瑰木 Rose wood	精油、油树脂（脱溶剂）和天然提取物（包括蒸馏物）	未规定	
105	瓜拉拿藤（巴西可可） Brazil cocoa	天然香料和与香料有协作作用的天然物质	未规定	
106	面包用酵母提取物 Bread yeast extracr	香味剂及其辅料	5%	
107	亮蓝 Brilliant blue	食品用着色剂	符合 GMP	
108	菠萝蛋白酶 Bromelain	用做水解蛋白和多肽类的酶	符合 GMP	
109	褐藻 Brown algae	香辛料、调味料和香料	符合 GMP	
		无机碘源	每日摄入的碘量不超过225μg	
110	布枯的叶子 Buchu leaf	天然香料和与香料有协作作用的天然物质	未规定	
111	正丁烷 Butane	气雾推进剂、充气剂和气体	符合 GMP	
112	正丁醇 Butanol	片状营养增补剂、胶姆糖和糖果类食品的标记油墨	无残留	
113	尖叶番泻树 C. acutifolia	天然香料和与香料有协作作用的天然物质	未规定	
114	可可 Cacao	精油、油树脂（脱溶剂）和天然提取物（包括蒸馏物）	未规定	
115	巴西棕榈蜡 Caenauba wax	焙烤食品及预混合料、胶姆糖、糖食和糖霜、新鲜水果和果汁、调味品和沙司、加工水果和果汁、软糖	符合 GMP	
116	咖啡因 Caffeine	可乐型饮料	0.02%	
117	蔡米特黑石蚕 Caimitte Black phryganea larva	含酒精饮料	未规定	
118	乙酸钙 Calcium acetate	焙烤食品、明胶甜食、布丁和馅料	0.2%	
		甜沙司、顶饰料和糖浆	0.15%	
		干酪	0.02%	
		其他食品	0.0001%	
119	海藻酸钙 Calcium alginate	蛋制品	0.6%	
		油脂、果酱和果冻、甜沙司	0.5%	
		含醇饮料、糖食和糖霜、肉汁汤和沙司	0.4%	
		其他食品	0.3%	
		明胶甜食、布丁和馅料	0.25%	
		焙烤食品	0.002%	

序号	食品添加剂	食品名称/用途	最大使用量	备注
120	铝硅酸钠钙（含水品）Calcium aluminum silicate	抗结剂	2%	
121	碳酸钙 Calcium carbonate	通用的食品添加剂	符合GMP	
122	氯化钙 Calcium chloride	植物蛋白制品	2%	
		调味品、加工蔬菜和蔬菜汁	0.4%	
		咖啡和茶	0.32%	
		焙烤食品和类乳制品	0.3%	
		肉类制品	0.25%	
		无醇饮料和饮料基料	0.22%	
		干酪和加工水果和果汁、调味汁和沙司	0.2%	
		果冻和果酱	0.1%	
		其他食品	0.05%	
123	柠檬酸钙 Calcium citrate	通用的食品添加剂	符合GMP	
124	二乙酸钙 Calcium diacetate	螯合剂	符合GMP	
125	乙二胺四乙酸二钠钙 Calcium disodium edetate	加工的干斑豆	800 mg/kg	单独使用时，以无水物计；与EDTA二钠钙和EDTA二钠混合使用时，以EDTA二钙无水物计
		非标准型调味料、法式调味料、蛋黄酱、人造奶油、沙拉调味料、沙司	75 mg/kg	
		切块或去皮果肉	65 mg/kg	
		香辛料提取液	60 mg/kg	
		罐装熟蚕豆	365 mg/kg	
		罐装熟蛤类	340 mg/kg	
		罐装碳酸软饮料	33 mg/kg	
		罐装熟干菜豆	310 mg/kg	
		罐装熟蟹肉	275 mg/kg	
		蒸馏酒饮料、发酵麦精饮料	25 mg/kg	
		罐装熟虾、即饮茶饮料、碳酸型或非碳酸型的不含果汁（少于或等于1%果汁）的加香或未加香的饮料（含Na+ 5-20mmol/L和K+ 3-7mmol/L），含不超过50%果汁的碳酸稀果汁饮料或加果汁的稀果汁饮料	250 mg/kg	
		酸渍卷心菜、酸渍黄瓜	220 mg/kg	
		蛋制品（以蛋黄部分计）、罐装熟蘑菇、葡萄酒、无醇葡萄酒或低醇葡萄酒	200 mg/kg	
		罐装煮斑豆、罐装熟红豆	165 mg/kg	
		罐装白土豆	110 mg/kg	
		美洲山核桃馅饼的馅料、土豆沙拉、三明治涂抹酱、加入人造色素和柠檬香味或柑橘香味的涂抹酱	100 mg/kg	

第二章 美国食品安全限量标准

序号	食品添加剂	食品名称/用途	最大使用量	备注
126	葡萄糖酸钙 Calcium gluconate	明胶甜食、布丁	4.5%	
		焙烤食品	1.75%	
		类乳制品	0.4%	
		食糖代用品	0.01%	
127	甘油磷酸钙 Calcium glycerophosphate	营养增补剂和明胶甜食、布丁和馅料	符合GMP	
128	六偏磷酸钙 Calcium hexametaphosphate	螯合剂	符合GMP	
129	氢氧化钙 Calcium hydroxide	通用的食品添加剂	符合GMP	
130	碘酸钙 Calcium iodate	面粉	符合GMP	
131	乳酸钙 Calcium lactate	婴儿和婴幼儿食品以外的食品	符合GMP	
132	氧化钙 Calcium oxide	通用的食品添加剂	符合GMP	
133	磷酸钙 Calcium phosphate	营养素、通用的食品添加剂	符合GMP	包括磷酸氢二钙、磷酸二氢钙和磷酸钙
134	丙酸钙 Calcium propionate	糖食和糖霜制品、明胶甜食、布丁和馅料、果酱和果冻	符合GMP	
135	硅酸钙 Calcium silicate	餐桌用盐	2%	
		焙烤用粉末、发酵粉	5%	
136	硬脂酸钙 Calcium stearate	香料和香辅料、润滑剂和脱模剂、稳定剂和增稠剂	符合GMP	
137	硬脂酰-2-乳酸钙 Calcium steazyl-2 lactylate	酵母发酵的焙烤食品和酵母发酵的焙烤制品干混料、干蛋白、脱水土豆、焙烤食品、薄煎饼和华夫饼干、脱水土豆、浓奶油味饮料	0.5%	
		发泡植物油顶端料、液态和固态食用油脂与水的乳浊体	0.3%	
		沙司或调味料	0.25%	
		冷食、馅料、布丁和顶端料、小吃食品蘸料、干酪代用品和仿制品	0.2%	
		液体和冷冻蛋白	0.05%	
138	硫酸钙 Calcium sulfate	糖食和糖霜制品	3%	
		焙烤制品	1.3%	
		冷冻乳品甜食及其预混合品、各类面制品	0.5%	
		明胶甜食、布丁	0.4%	
		加工蔬菜	0.35%	
		其他食品	0.07%	

序号	食品添加剂	食品名称/用途	最大使用量	备注
139	金盏花 Calendula	香辛料及其他天然调味料和香味料	未规定	
140	黄金鸡纳树皮 Calisaya	饮料	83 mg/kg	以金鸡纳碱的总量计
141	春黄菊（英国或罗马） Camomile, English or Roman	香辛料及其他天然调味料和香味料	未规定	
142	春黄菊（德国或匈牙利） Camomile, Geman or Hungarian	香辛料及其他天然调味料和香味料	未规定	
143	樟树 Camphor tree	天然香料和与香料有协作作用的天然物质	无黄樟素	
144	卡南加 Cananga	精油、油树脂（脱溶剂）和天然提取物（包括蒸馏物）	未规定	
145	小烛树蜡 Candelilla wax	胶姆糖、硬糖	符合GMP	
146	斑蝥黄 Canthaxanthin	鲑鱼饲料	80 mg/kg	
146	斑蝥黄 Canthaxanthin	固体食品	66.08 mg/kg	
146	斑蝥黄 Canthaxanthin	液体食品	52.82 mg/kg	
146	斑蝥黄 Canthaxanthin	烤鸡	4.41 mg/kg	
147	刺山柑 Capers	香辛料及其他天然调味料和香味料	未规定	
148	癸醛 Capricaldehyde	合成香味料和香味助剂、调味料、精油、油树脂和天然提取物	未规定	
149	辣椒 Capsicum	香辛料及其他天然调味料和香味料、精油、油树脂（脱溶剂）和天然提取物（包括蒸馏物）	未规定	
150	红辣椒粉 Capsicum powder	一般食品	符合GMP	
151	焦糖 Caramel	一般食品	符合GMP	
152	香菜 Caraway	香辛料及其他天然调味料和香味料、精油、油树脂（脱溶剂）和天然提取物（包括蒸馏物）	未规定	
153	二氧化碳 Carbon dioxide	膨松剂、加工助剂、气雾推进剂、充气剂和气体	符合GMP	
154	羧甲基纤维素 Carboxy methylcellulose	由干燥食品包装用棉和棉织品迁移入食品的物质	未规定	
155	小豆蔻 Cardamom	香辛料及其他天然调味料和香味料	未规定	
156	豆蔻种籽 Cardamom seed	精油、油树脂（脱溶剂）和天然提取物（包括蒸馏物）	未规定	
157	槐豆 Carob bean	精油、油树脂（脱溶剂）和天然提取物（包括蒸馏物）	未规定	
158	卡拉胶 Carrageen	乳化剂、稳定剂、增稠剂	达到要求的效果即可	
159	卡拉胶盐类 Carrageenan salt	乳化剂、稳定剂、增稠剂	达到要求的效果即可	

序号	食品添加剂	食品名称/用途	最大使用量	备注
160	胡萝卜 Carrot	精油、油树脂（脱溶剂）和天然提取物（包括蒸馏物）	未规定	
161	胡萝卜油 Carrot oil	一般食品	未规定	
162	药鼠李 Cascara buckthorn	天然香料和与香料有协作作用的天然物质	未规定	
163	卡藜树皮 Cascarilla bark	精油、油树脂（脱溶剂）和天然提取物（包括蒸馏物）	未规定	
164	干酪素 Casein	由纸和纸板迁移入食品的物质	未规定	
165	干酪素钠 Casein sodium	通用的食品添加剂	符合GMP	
166	肉桂皮（巴东或巴达维亚） Cassia bark, Padang or Batavia	精油、油树脂（脱溶剂）和天然提取物（包括蒸馏物）	未规定	
167	肉桂（巴东或巴达维亚） Cassia, Padang or Batavia	香辛料及其他天然调味料和香味料	未规定	
168	蓖麻油 Castor oil	硬糖制品	500 mg/kg	
		维生素和无机盐片剂	达到要求的效果即可	
169	海狸香 Castoreum	合成香味料和香味助剂、调味料、精油、油树脂和天然提取物	未规定	
170	过氧化氢酶 Catalase	用作分解过氧化氢的酶	符合GMP	
171	儿茶 Catechu	天然香料和与香料有协作作用的天然物质	未规定	
172	辣椒（卡宴） Cayenne pepper	香辛料及其他天然调味料和香味料	未规定	
173	长枝木霉产生的纤维素酶制剂 Cellulase preparation produced by Longibrachiatum	用于纤维素分解的酶	符合GMP	
174	乙酸纤维素 Cellulose acetate	由纸和纸板迁移入食品的物质	未规定	
175	羟丙基纤维素 Cellulose hydroxypropyl	用做乳化剂、成膜剂、保护性胶体、稳定剂、悬浮剂或增稠剂，含维生素和/或无机盐之类营养增补剂的薄片	符合GMP	
176	羟丙基甲基纤维素 Cellulose methyl ethyl	乳化剂、成膜剂、保护性胶体、稳定剂悬浮剂或增稠剂	符合GMP	
177	春黄菊花（匈牙利） Chamomile (chamomile) flowers, Hungarian	精油、油树脂（脱溶剂）和天然提取物（包括蒸馏物）	未规定	
178	春黄菊花（罗马或英国） Chamomile (chamomile) flowers, Roman or English	精油、油树脂（脱溶剂）和天然提取物（包括蒸馏物）	未规定	
179	樱桃核 Cherry stone	天然香料和与香料有协作作用的天然物质	25 mg/kg	以氢氰酸计

序号	食品添加剂	食品名称/用途	最大使用量	备注
180	野樱桃树皮 Cherry, wild, bark	精油、油树脂（脱溶剂）和天然提取物（包括蒸馏物）	未规定	
181	细叶芹 Chervil	香辛料及其他天然调味料和香味料、精油、油树脂（脱溶剂）和天然提取物（包括蒸馏物）	未规定	
182	菊苣 Chicory	精油、油树脂（脱溶剂）和天然提取物（包括蒸馏物）	未规定	
183	细香葱 Chives	香辛料及其他天然调味料和香味料	未规定	
184	氯化胆碱 Choline chloride	营养素	符合GMP	
185	凝乳酶 Chymosin	干酪、冷冻食品甜食及其预混合料、明胶甜食、布丁和馅料、乳制品	符合GMP	
186	肉桂醛 Cinnamaldehyde	合成香味料和香味助剂、调味料、精油、油树脂和天然提取物	未规定	
187	肉桂皮（斯里兰卡） Cinnamon bark, Ceylon	精油、油树脂（脱溶剂）和天然提取物（包括蒸馏物）	未规定	
188	肉桂皮（中国） Cinnamon bark, Chinese	精油、油树脂（脱溶剂）和天然提取物（包括蒸馏物）	未规定	
189	肉桂皮（西贡） Cinnamon bark, Saigon	精油、油树脂（脱溶剂）和天然提取物（包括蒸馏物）	未规定	
190	肉桂叶（斯里兰卡） Cinnamon leaf, Ceylon	精油、油树脂（脱溶剂）和天然提取物（包括蒸馏物）	未规定	
191	肉桂叶（中国） Cinnamon leaf, Chinese	精油、油树脂（脱溶剂）和天然提取物（包括蒸馏物）	未规定	
192	肉桂叶（西贡） Cinnamon leaf, Saigon	精油、油树脂（脱溶剂）和天然提取物（包括蒸馏物）	未规定	
193	肉桂（斯里兰卡） Cinnamon, Ceylon	香辛料及其他天然调味料和香味料	未规定	
194	肉桂（中国） Cinnamon, Chinese	香辛料及其他天然调味料和香味料	未规定	
195	肉桂（西贡） Cinnamon, Saigon	香辛料及其他天然调味料和香味料	未规定	
196	柠檬醛 Citral	合成香味料和香味助剂	未规定	
197	柠檬酸单甘油酯 Citrated monoglyceride	油脂	200 mg/kg	
198	柠檬酸 Citric acid	通用的食品添加剂	符合GMP	
199	柠檬酸硬脂酰酯 Citric acid stearyl ester	无醇饮料、油脂、人造奶油	符合GMP	
200	香茅 Citronella	精油、油树脂（脱溶剂）和天然提取物（包括蒸馏物）	未规定	
201	柑橘皮 Citrus peels	精油、油树脂（脱溶剂）和天然提取物（包括蒸馏物）	未规定	
202	橘红2号 Citrus Red 2	橙外皮	2.0 mg/kg	
203	灵猫香 Civet (zibeth, zibet, zibetum)	香辛料、调味料、精油、油树脂和天然提取物	未规定	

序号	食品添加剂	食品名称/用途	最大使用量	备注
204	香紫苏 Clary	香辛料及其他天然调味料和香味料	未规定	
205	鼠尾草（快乐鼠尾草） Clary（clary sage）	精油、油树脂（脱溶剂）和天然提取物（包括蒸馏物）	未规定	
206	抱茎毛蕊花的花 Clasping mullein flower	含酒精饮料	未规定	
207	丁香及其衍生物 Clove and derivatives	香料和香料辅料	符合 GMP	
208	苜蓿 Clover	香辛料及其他天然调味料和香味料、精油、油树脂（脱溶剂）和天然提取物（包括蒸馏物）	未规定	
209	可可（脱咖啡因） Coca（decocainized）	精油、油树脂（脱溶剂）和天然提取物（包括蒸馏物）	未规定	
210	胭脂虫提取物 Cochineal extract	一般食品	符合 GMP	
211	可可脂代用品 Cocoa butter substitutes	糖食和糖霜、软糖涂层和糖霜、甜沙司和顶端配料，除标准食品规定允许使用外，一般标准型食品不使用	符合 GMP	
212	由椰子油、棕榈油或两种油制得的可可脂代用品 Cocoa butter substitutes obtained from coconut oil, palm oil or both of them	食糖、食盐、维生素、柠檬酸、琥珀酸和香辛料、涂层料、可可奶油、以可可为基料的糖果太妃糖、卡拉密尔糖的糖基和胶姆糖的组分	符合 GMP	
213	含磺基钠丁二酸二辛酯的用于加工的可可 Cocoa containing dioctyl sulfosuccinate, sodium salt for processing	固体饮料	75 mg/kg	
214	精炼椰子油 Coconut oil, refined	由干燥食品包装用棉和棉织品迁移入食品的物质	未规定	
215	咖啡 Coffee	精油、油树脂（脱溶剂）和天然提取物（包括蒸馏物）	未规定	
216	康乃克油（庚酸乙酯） Cognac oil, white and green	合成香味料和香味助剂、调味料、精油、油树脂和天然提取物	未规定	
217	可乐果 Cola nut	精油、油树脂（脱溶剂）和天然提取物（包括蒸馏物）	未规定	
218	倍半碳酸钠 Concentrated crystal soda	奶油	符合 GMP	
219	柯拜巴脂 Copaiba	天然香料和与香料有协作作用的天然物质	未规定	
220	环氧乙烷和环氧丙烷的共聚物 Copolymer of ethylene oxide and epoxy-propane	酵母发酵的焙烤制品	0.5‰	
		食品用香料浓缩物	不超过香料浓缩物中精油的含量	
221	硫酸铜 Copper sulfate	营养增补剂、加工助剂	符合 GMP	
222	芫荽 Coriander	香辛料及其他天然调味料和香味料、精油、油树脂（脱溶剂）和天然提取物（包括蒸馏物）	未规定	
223	栓皮槠 Cork oak	含酒精饮料	未规定	

序号	食品添加剂	食品名称/用途	最大使用量	备注
224	玉米淀粉 Corn starch	由纸和纸板迁移入食品的物质、由干燥食品包装用棉和棉织品迁移入食品的物质	未规定	
225	玉米胚芽油 Corn germ oil	鸡饲料	达到要求的效果即可	
226	玉米面筋 Corn gluten	营养增补剂和品质改良剂	符合GMP	
227	玉米糖 Corn sugar	通用的食品添加剂	符合GMP	
228	玉米糖浆 Corn syrup	通用的食品添加剂	符合GMP	
229	矢车菊 Cornflower	含酒精饮料	未规定	
230	艾菊 Costmary	含酒精饮料	无苧酮	
231	广木香根 Costus Root	天然香料和与香料有协作作用的天然物质	未规定	
232	香豆酮-茚树脂 Coumarone-indene resin	葡萄柚、柠檬、白柠檬、橙子、橘柚和红橘	200 mg/kg	
233	香脂艾菊 Coxtmary	含酒精饮料	未规定	
234	荜澄茄 Cubeb	天然香料和与香料有协作作用的天然物质	未规定	
235	碘化亚铜 Cuprous iodide	食盐	0.01%	
236	库拉索柑橘皮（苦的） Curacao orange peel (orange, bitter peel)	精油、油树脂（脱溶剂）和天然提取物（包括蒸馏物）	未规定	
237	姜黄 Curcuma longa	一般食品	符合GMP	
		香辛料及其他天然调味料和香味料，精油、油树脂（脱溶剂）和天然提取物（包括蒸馏物）	未规定	
238	姜黄油树脂 Curcuma oleoresin	一般食品	符合GMP	
239	环己烷 Cyclohexane	片状营养增补剂、胶姆糖和糖果类食品的标记油墨	无残留	
240	D-或L-香芹酮 D- or L- carvone	合成香味料和香味助剂、调味料、精油、油树脂和天然提取物	未规定	
241	D，L-丙氨酸 D，L- alanine	腌制混合料	1%	
242	达马胶 Dama glue	蛋壳用着色剂混合物中的稀释剂	未规定	
243	达迷草的叶子 Damiana turnera, leaf	天然香料和与香料有协作作用的天然物质	未规定	
244	蒲公英 Dandelion	精油、油树脂（脱溶剂）和天然提取物（包括蒸馏物）	未规定	
245	蒲公英根 Dandelion root	精油、油树脂（脱溶剂）和天然提取物（包括蒸馏物）	未规定	

第二章 美国食品安全限量标准

序号	食品添加剂	食品名称/用途	最大使用量	备注
246	脱氢乙酸 Dehydroacetic	非标准型调料、法式调味料、蛋黄酱、沙拉调味料、沙司	75 mg/kg	
		罐装草莓馅料	500 mg/kg	
		带包装的俄式鱼肉球或肉饼	50 mg/kg	
		熟香肠	36 mg/kg	
		含香蕉干的即食谷类制品	315 mg/kg	
		所有罐装的煮熟的豆类（除黑斑豆）、罐装菜豆、罐装四季豆	165 mg/kg	
		液体状多种维生素制剂	150 mg/kg	
		罐装黑斑豆	145 mg/kg	
		速冻白土豆（包括土豆块）、三明治涂抹酱	100 mg/kg	
		非营养性甜味剂，包括水溶液品	0.1%	
247	变性酒精 Denatured alcohol	蛋壳用着色剂混合物中的稀释剂	未规定	
248	脱黄樟素的黄樟浸取物 De-safrole of parthenoxylon extract	增香剂	未规定	
249	糊精 Dextrin	成型助剂、加工助剂、稳定剂和增稠剂、表面加工助剂	符合 GMP	
250	二乙酰 Diacetyl	香料和香料辅料	符合 GMP	
251	双乙酰酒石酸单、双甘油酯 Diacetyl tartaric acid monoglyceride and Diacetyl tartaric acid Double glyceride	焙烤食品和焙烤预混料	符合 GMP	
		糖食和糖霜制品、类乳制品、油脂	未规定	
252	柠檬酸二铵 Diammonium citrate	无醇饮料	符合 GMP	
		干酪	未规定	
253	磷酸氢二铵 Diammonium phosphate	面团强筋剂、pH 调节剂、膨松剂和加工助剂	符合 GMP	
254	硅藻土填充料 Diatomaceous earth filler	由纸和纸板迁移入食品的物质	未规定	
255	二碳酸二甲酯 Di-carbonate methyl	动物的未煮的肌肉、禽蛋	0.5 mg/kg	
		辣椒粉、五香辣椒粉	100 mg/kg	
		家禽的未煮的肝脏或脂肪	3 mg/kg	
		动物类（除家禽）肉类的未煮的脂肪	5 mg/kg	
256	二氯甲烷 Dichloromethane	水果、蔬菜的标记油墨	未规定	
257	硫代二丙酸二月桂酯 Dilauryl thiodipropionate	油脂（包括挥发性油）	0.02%	
258	莳萝及衍生物 Dill and derivatives	香料和香料辅料	符合 GMP	

序号	食品添加剂	食品名称/用途	最大使用量	备注
259	莳萝，印第安型 Dill indian	天然香料和与香料有协作作用的天然物质	未规定	
260	磺基丁二酸二辛基钠盐 Dioctyl sulfosuccinate, sodium salt	食品用着色剂	9 mg/kg	
		蛋壳用着色剂混合物中的稀释剂	未规定	
		可可，富马酸	未规定	
		糖蜜，成品饮料	25 mg/kg	
		干的明胶甜食、固体饮料和果汁饮品	15 mg/kg	
		含可可的非碳酸饮料	10 mg/kg	
261	二硬脂酸二丙二醇酯 Dipropylene glycol distearate	蛋壳用着色剂混合物中的稀释剂	未规定	
262	乙二胺四乙酸二钠 Disodium ethylenediamine teraacetate	口腔摄取的食品	1%	单独使用时，以无水物计；与EDTA二钠钙和EDTA二钠混合使用时，以EDTA二钙无水物计
		发酵麦芽饮料	12 mg/kg	
		非碳酸饮料和含果汁类饮料	20 mg/kg	
263	白鲜根 Dittany root	含酒精饮料	未规定	
264	山嵛酸甘油酯 Docosanoic triglyceride	压片成型中的赋形剂	符合GMP	
265	葡匐冰草 Dog grass	精油、油树脂（脱溶剂）和天然提取物（包括蒸馏物）	未规定	
266	D-泛酸胺 D-pantothenic acid amine	特殊膳食成分	达到要求的效果即可	
267	龙血树脂 Dragon blood	天然香料和与香料有协作作用的天然物质	未规定	
268	药用婆婆纳 Drug speedwell	含酒精饮料	未规定	
269	干酵母 Dry yeast	多用途食品添加剂	达到要求的效果即可	
270	可供食用的改性棉子制品 Edible Modified cotton seed products	一般食品	达到要求的效果即可	
271	食用改性淀粉 Edible modified starch	多用途食品添加剂	达到要求的效果即可	
272	接骨木花 Elder flowers	香辛料及其他天然调味料和香味料	未规定	
273	土木香的根茎和根 Elecampane root leaf	含酒精饮料	未规定	

序号	食品添加剂	食品名称/用途	最大使用量	备注
274	榄香 Elemi	天然香料和与香料有协作用的天然物质	未规定	
275	酶改性脂肪 Enzyme-modified fat	香料和香料辅料	符合GMP	
276	酶改性卵磷脂 Enzyme-modified lecithin	乳化剂	符合GMP	
277	环氧化大豆油 Epoxidation soybean oil	溴化大豆油	1%	
278	飞蓬 Erigeron	天然香料和与香料有协作用的天然物质	未规定	
279	圣草 Eriodictyon	天然香料和与香料有协作用的天然物质	未规定	
280	赤藓红 Erythrosin	食品用着色剂	符合GMP	
281	乙醇 Ethanol	焙烤的比萨饼外皮	2%	
282	乙氧基单双甘油酯 Ethoxy mono glyceride	酵母发酵类焙烤制品，蛋糕和蛋糕粉，冷食和冷食干混料制品	0.5%	
		起泡植物油的顶端料粉	0.45%	
		咖啡饮料中牛乳或奶油的代用品的食用植物油和水乳状液	0.4%	
		冷冻甜食	0.2%	
283	乙氧基喹 Ethoxyquin	油脂	0.02%	
284	乙酸乙酯 Ethyl acetate	水果、蔬菜的标记油墨	未规定	
		合成香味料和香味助剂、调味料、精油、油树脂和天然提取物	未规定	
285	丁酸乙酯 Ethyl butyrate	合成香味料和香味助剂、调味料、精油、油树脂和天然提取物	未规定	
286	甲酸乙酯 Ethyl formate	焙烤食品	0.05%	
		胶姆糖，硬糖和软糖	0.04%	
		明胶甜食、布丁和馅料	0.03%	
		冷冻乳甜食	0.02%	
		其他食品	0.01%	
287	乙二醇单乙酯 Ethyl Glycol	片状营养增补剂、胶姆糖和糖果类食品的标记油墨	无残留	
288	乙基香兰素 Ethyl vanillin	合成香味料和香味助剂、调味料、精油、油树脂和天然提取物，由纸和纸板迁移入食品的物质	未规定	
289	乙基纤维素 Ethyl-cellulose	干维生素制剂、维生素和无机盐片剂、香料化合物	达到要求的效果即可	
		片状营养增补剂、胶姆糖和糖果类食品、水果、蔬菜、蛋壳的标记油墨	未规定	
		由纸和纸板迁移入食品的物质	未规定	
290	氧化乙烯聚合物 Ethylene oxide polymers	麦芽发酵饮料	3000 mg/kg	

序号	食品添加剂	食品名称/用途	最大使用量	备注
291	欧洲胡薄荷 European hu mint	天然香料和与香料有协作作用的天然物质	未规定	
292	欧洲马鞭草 European verbena	含酒精饮料	未规定	
293	诱惑红 Fancy red	食品用着色剂	符合GMP	
294	坚牢绿 Fast Green FCF	食品用着色剂	符合GMP	
295	脂肪和脂肪酸的丙二醇单双酯 Fat and fatty acid ester of propylene glycol mono and double	多用途食品添加剂	达到要求的效果即可	
296	脂肪酸类 Fatty acid	润滑剂、黏合剂和消泡剂,另外也用于制造其他的添加剂	符合GMP	
297	脂肪酸甲酯和乙酯 Fatty acid methyl; fatty acid ethyl	葡萄干	200 mg/kg	
298	脂肪酸盐类 Fatty acid salt	黏合剂、乳化剂和抗结剂	符合GMP	
299	脂肪酸蔗糖酯 Fatty acid sucrose ester	焙烤制品和焙烤预混合料、胶姆糖、加有乳品配料和乳制品类似的咖啡和茶饮料、乳制品类似物、冷冻乳品甜食及其预混合料以及发泡的乳制品、胶姆糖、糖果和糖霜、以鱼浆为基料的仿制海产品、饼干预混合料、新鲜苹果、鳄梨、香蕉、大蕉、白柠檬、白香瓜、糙皮甜瓜、木瓜、桃、梨、菠萝和李子	达到要求的效果即可	
300	茴香(普通) Fennel, common	香辛料及其他天然调味料和香味料	未规定	
301	甜茴香 Fennel, sweet	精油、油树脂(脱溶剂)和天然提取物(包括蒸馏物)	未规定	
302	茴香(甜的,佛罗伦萨) Fennel, sweet (Finocchio, Florence fennel)	香辛料及其他天然调味料和香味料	未规定	
303	葫芦巴 Fenugreek	香辛料及其他天然调味料和香味料,精油、油树脂(脱溶剂)和天然提取物(包括蒸馏物)	未规定	
304	柠檬酸铁铵 Ferric ammonium citrate	食盐	25 mg/kg	
		通用的食品添加剂	符合GMP	
305	氯化铁 Ferric chloride	香料	符合GMP	
306	柠檬酸铁 Ferric citrate	通用的食品添加剂	符合GMP	
307	柠檬酸铁和胆碱复合物 Ferric citrate and choline complex	铁源、特殊营养食品	未规定	
308	磷酸铁 Ferric Phosphate	营养增补剂	符合GMP	

序号	食品添加剂	食品名称/用途	最大使用量	备注
309	焦磷酸铁 Ferric pyrophosphate	营养增补剂	符合 GMP	
310	硫酸铁 Ferric sulfate	香料	符合 GMP	
311	碳酸亚铁 Ferrous carbonate	营养增补剂	符合 GMP	
312	柠檬酸亚铁 Ferrous citrate	营养增补剂	符合 GMP	
313	富马酸亚铁 Ferrous fumarate	营养增补剂	符合 GMP	
314	葡萄糖酸亚铁 Ferrous gluconate	成熟橄榄、营养增补剂	符合 GMP	
315	乳酸亚铁 Ferrous lactate	成熟油橄榄	符合 GMP	
316	硫酸亚铁 Ferrous sulfate	营养增补剂和加工助剂	符合 GMP	
317	无花果蛋白酶 Ficin	水解蛋白质和多肽类的酶	符合 GMP	
318	糖甜菜的风味浸取物 Flavor extract of sugar beet	天然香料和与香料有协作作用的天然物质	未规定	
319	银白金合允的花 Flower of Silver Chin Ho Yun	天然香料和与香料有协作作用的天然物质	未规定	
320	叶酸 Folic acid	粗玉米粉	1 mg/450g	
		早餐谷物	400 μg/份	
		药物性食品、特殊膳食食品	达到要求的效果即可	
		膳食替代类产品	每天摄入膳食替代品超过一次，每次不超过 200 μg	
		膳食替代类产品	每天摄入膳食替代品一次，每次不超过 400 μg	
321	果葡糖浆 Fructose syrup	用于使葡萄糖转化为果糖的酶	符合 GMP	
322	水果汁 Fruit juice	一般食品	符合 GMP	
323	完全氢化的菜籽油 Fully hydrogenated rapeseed oil	花生酱	2%	
324	富马酸及其盐类 Fumaric acid and salts	特殊营养的铁源	符合 GMP	
325	富马酸季戊四醇酯与松香的加成物 Fumaric acid pentaerythritol ester and Rosin adducts	蛋壳用着色剂混合物中的稀释剂	未规定	

序号	食品添加剂	食品名称/用途	最大使用量	备注
326	高良姜 Galangal	香辛料及其他天然调味料和香味料、精油、油树脂（脱溶剂）和天然提取物（包括蒸馏物）	未规定	
327	大蒜及衍生物 Garlic and derivatives	香料和香料辅料	符合 GMP	
328	凝胶多糖 Gel polysaccharide	调配剂、加工助剂、稳定剂、增稠剂、品质改良剂	符合 GMP	
329	明胶 Gelatin	由干燥食品包装用棉和棉织品迁移入食品的物质	未规定	
330	结冷胶 Gellan gum	稳定剂和增稠剂	符合 GMP	
331	无茎龙胆 Gentianella	含酒精饮料	未规定	
332	黄龙胆根茎和根 Gentian rhizome and root	天然香料和与香料有协作作用的天然物质	未规定	
333	香叶醇 Geraniol	合成香味料和香味助剂、调味料、精油、油树脂和天然提取物	未规定	
334	天竺葵 Geranium	精油、油树脂（脱溶剂）和天然提取物（包括蒸馏物）	未规定	
335	天竺葵（东印度） Geranium, East Indian	精油、油树脂（脱溶剂）和天然提取物（包括蒸馏物）	未规定	
336	天竺葵（罗马） Geranium, Rome	精油、油树脂（脱溶剂）和天然提取物（包括蒸馏物）	未规定	
337	乙酸香叶醇 Geranyl acetate	合成香味料和香味助剂、调味料、精油、油树脂和天然提取物	未规定	
338	赤霉酸及其钾盐 Gibberellic and potassium salt	蒸馏酒	无残留	以赤霉酸计
		大麦麦芽	2 mg/kg	
		麦芽饮料成品	0.5 mg/kg	
339	姜 Ginger	香辛料及其他天然调味料和香味料、精油、油树脂（脱溶剂）和天然提取物（包括蒸馏物）	未规定	
340	葡萄糖酸 δ-内酯 Glucono δ-lactone	腌制和酸渍剂、膨松剂、pH 调节剂及螯合剂	符合 GMP	
341	脱糖葡萄花青素 Glucose extract	非饮料类食品	符合 GMP	
342	谷氨酸 Glutamate	盐代剂	符合 GMP	
343	甘油 Glycerol	通用的食品添加剂	符合 GMP	
		由纸和纸板迁移入食品的物质	未规定	
344	甘油三醋酸酯 Glycerol triacetate	焙烤食品及预混合料、含醇饮料、无醇饮料及基料、胶姆糖、糖食和糖霜、冷冻乳品甜食及预混合料、明胶甜食、布丁和馅料、硬糖、软糖	符合 GMP	
345	甘油三丁酸酯 Glyceryl tributyrate	焙烤食品及预混合料、含醇饮料、无醇饮料及基料、油脂、冷冻乳品甜食及预混合料、明胶甜食、布丁和馅料、软糖	符合 GMP	
346	甘氨酸 Glycine	食用油脂制备的单、双甘油酯	0.02%	
		饮料和饮料基料	0.2%	

序号	食品添加剂	食品名称/用途	最大使用量	备注
347	甘草及衍生物 Glycyrrhiza and derivatives	硬糖	16%	
		软糖	3.1%	
		胶姆糖	1.1%	
		维生素和矿物质	0.5%	
		香辛料和调味料、植物蛋白制品、无醇饮料	0.15%	
		其他食品（代糖食品除外，不得在蔗糖代用品中作无营养甜味剂），酒精饮料	0.1%	
		焙烤制品	0.05%	
348	盐酸谷氨酸 Glytamic acid hydrochloride	盐代剂	符合 GMP	
349	金石蚕 Golden phryganea	含酒精饮料	未规定	
350	豆蔻 Grains of paradise	香辛料及其他天然调味料和香味料	未规定	
351	葡萄着色剂提取物 Grape colorant extract	非饮料类食品	未规定	
352	葡萄柚 Grapefruit	精油、油树脂（脱溶剂）和天然提取物（包括蒸馏物）	未规定	
353	群青色 Group blue	动物饲料着色用盐类	0.5%	
354	愈疮木脂 Guaiacum surgery	天然香料和与香料有协作作用的天然物质	未规定	
355	乌苷酸二钠 Guanylic acid sodium	食品增味剂	达到要求的效果即可	
356	瓜尔豆胶 Guar gum	油脂、加工蔬菜和蔬菜汁	2%	
		早餐食品、调味汁和沙司、类乳制品、果冻和果酱、甜沙司、顶端配料和糖浆	1%	
		干酪，汤料和汤粉	0.8%	
		乳制品	0.6%	
		其他食品	0.5%	
		焙烤食品及预混合料	0.35%	
357	番石榴 Guava	精油、油树脂（脱溶剂）和天然提取物（包括蒸馏物）	未规定	
358	安息香树脂 Gum benzoin	天然香料和与香料有协作作用的天然物质	未规定	
359	刺槐豆胶 Gum locust bean	精油、油树脂（脱溶剂）和天然提取物（包括蒸馏物）	未规定	
		明胶甜食、布丁和馅料、果酱和果冻	0.75%	
		其他食品	0.5%	
		无醇饮料和饮料基料	0.25%	
		焙烤食品及预混合料	0.15%	

序号	食品添加剂	食品名称/用途	最大使用量	备注
360	黄芪胶 Gum tragacanth	油脂	1.3%	
		调味料和沙司	0.8%	
		调味品	0.7%	
		焙烤食品及预混合料、肉制品、加工水果和果汁	0.2%	
		其他食品	0.1%	
361	氦气 Helium	加工助剂	符合GMP	
362	铁杉的针叶和嫩叶 Hemlock needle and twig	天然香料和与香料有协作作用的天然物质	未规定	
363	十六醇 Hexadecanol	片状营养增补剂、胶姆糖和糖果类食品的标记油墨	无残留	
364	山胡桃皮 Hickory bark	精油、油树脂（脱溶剂）和天然提取物（包括蒸馏物）	未规定	
365	啤酒花 Hops	精油、油树脂（脱溶剂）和天然提取物（包括蒸馏物）	未规定	
366	夏至草 Horehound	精油、油树脂（脱溶剂）和天然提取物（包括蒸馏物）、香辛料及其他天然调味料和香味料	未规定	
367	长叶薄荷 Horse mint	精油、油树脂（脱溶剂）和天然提取物（包括蒸馏物）	未规定	
368	辣根 Horseradish	香辛料及其他天然调味料和香味料	未规定	
369	风信子花 Hyacinth flower	天然香料和与香料有协作作用的天然物质	未规定	
370	糖酶和蛋白酶的混合酶制剂 Hybrid enzymes obtained from sugar enzyme and protease	含醇饮料、糖果、营养性甜味剂和蛋白水解剂	符合GMP	
371	盐酸 Hydrochloric acid	缓冲剂和中和剂	符合GMP	
372	过氧化氢 Hydrogen peroxide	干蛋、蛋白干、蛋黄干、牛肚、牛脚、鲱鱼、葡萄酒、速溶茶、果醋	达到要求的效果即可	
		含脂肪酸酯的乳化剂	1.25%	
		淀粉、玉米糖浆	0.15%	
		干酪用牛乳、用胭脂树橙着色用的干酪乳清	0.05%	
		电解法制造改性乳清用乳清	0.04%	
373	羟基化卵磷脂 Hydroxylation lecithin	乳化剂	符合GMP	
374	海索草 Hyssop	香辛料及其他天然调味料和香味料、精油、油树脂（脱溶剂）和天然提取物（包括蒸馏物）	未规定	
375	冰岛地衣 Iceland moss	含酒精饮料	未规定	
376	蜡菊 Immortelle	精油、油树脂（脱溶剂）和天然提取物（包括蒸馏物）	未规定	

第二章 美国食品安全限量标准

序号	食品添加剂	食品名称/用途	最大使用量	备注
377	欧前胡 Imperatorin	天然香料和与香料有协作作用的天然物质	未规定	
378	印度树胶 India gum	无醇饮料和饮料基料、其他食品	0.2%	
379	印度苦木 India quassia wood	天然香料和与香料有协作作用的天然物质	未规定	
380	印蒿 Indian artemisia	天然香料和与香料有协作作用的天然物质	未规定	
381	靛蓝 Indigo	食品用着色剂	符合 GMP	
382	不溶性葡萄糖异构酶制剂 Indissolvable glucose isomerase preparation	果葡糖浆	符合 GMP	
383	肌苷酸二钠 Inosinic acid sodium	风味调节剂	未规定	
384	肌醇 Inositol	特制食品	符合 GMP	
385	转化糖 Invert sugar	通用的食品添加剂	符合 GMP	
386	铁 Iron	营养增补剂	符合 GMP	
387	异抗坏血酸 Isoascorbic acid	化学防腐剂	符合 GMP	
388	异丁烷 Isobutane	气雾推进剂、充气剂和气体	符合 GMP	
389	异丁醇 Isobutanol	片状营养增补剂、胶姆糖和糖果类食品的标记油墨	无残留	
390	异丙醇 Isopropanol	片状营养增补剂、胶姆糖和糖果类食品的标记油墨	无残留	
391	柠檬酸异丙酯 Isopropyl citrate	人造奶油、无醇饮料、油脂	符合 GMP	
392	日本蜡 Japan wax	蛋壳用着色剂混合物中的稀释剂	未规定	
393	茉莉花 Jasmine	精油、油树脂(脱溶剂)和天然提取物(包括蒸馏物)	未规定	
394	短叶丝兰 Joshua tree	天然香料和与香料有协作作用的天然物质	未规定	
395	杜松 Juniper	精油、油树脂(脱溶剂)和天然提取物(包括蒸馏物)	未规定	
396	青柠檬 Kaffir lime	精油、油树脂(脱溶剂)和天然提取物(包括蒸馏物)	未规定	
397	卡伦巴的根 Kalemba root	含酒精饮料	未规定	
398	刺梧桐胶 Karaya Gum	软糖	0.9%	
		冷冻乳品甜食和预混合料	0.3%	
		乳制品	0.02%	
		其他食品	0.002%	

序号	食品添加剂	食品名称/用途	最大使用量	备注
399	格蓬 Kerdepol	天然香料和与香料有协作作用的天然物质	未规定	
400	葡萄糖酸酮 Keto gluconate	营养增补剂、增效剂	符合GMP	
401	L-和D，L-蛋氨酸 L- and D，L- methionine	复合维生素制剂	3.1%	以游离氨基酸计
402	乳糖酶（拟热带假丝酵母） Lactase (Candida pseudo-tropicalis 104)	用作使乳糖转化成葡萄糖的酶	符合GMP	
403	乳糖酶（乳酸克鲁维酵母） Lactase (Kluyveromyces lactis)	用作乳糖转化成葡萄糖的酶	符合GMP	
404	乳酸 Lactic acid	婴儿和婴儿配方食品以外的食品	符合GMP	
405	乳酸和脂肪酸甘油酯 Lactic acid and fatty acid glyceride	乳化剂、增塑剂	达到要求的效果即可	
406	乳酸脂肪酸丙二醇甘油混合酯 Lactic acid Propylene glycol Glycerol mixed ester	乳化剂、增塑剂或表面活性剂	达到要求的效果即可	
407	乳糖酸钙 Lactose acid calcium	固体布丁粉	达到要求的效果即可	
408	岩蔷薇 Ladanum	天然香料和与香料有协作作用的天然物质	未规定	
409	L-丙氨酸 L- alanine	复合维生素制剂	6.1%	以游离氨基酸计
410	猪油 Lard	由干燥食品包装用棉和棉织品迁移入食品的物质	未规定	
411	猪脂油 Lard oil	由干燥食品包装用棉和棉织品迁移入食品的物质	未规定	
412	L-精氨酸 L- arginine	复合维生素制剂	6.6%	以游离氨基酸计
413	L-天冬氨酸 L- aspartic acid	复合维生素制剂	7%	以游离氨基酸计
414	月桂果 Laurel berries	精油、油树脂（脱溶剂）和天然提取物（包括蒸馏物）	未规定	
415	桂樱叶 Laurel cherry leaf	天然香料和与香料有协作作用的天然物质	25 mg/kg	以氢氰酸计
416	混种薰衣草 Lavandula Lavandin	精油、油树脂（脱溶剂）和天然提取物（包括蒸馏物）	未规定	
417	薰衣草 Lavender	香辛料及其他天然调味料和香味料、精油、油树脂（脱溶剂）和天然提取物（包括蒸馏物）	未规定	
418	长穗薰衣草 Lavender, spike	精油、油树脂（脱溶剂）和天然提取物（包括蒸馏物）	未规定	
419	L-半胱氨酸 L- cycsteine	酵母发酵的焙烤食品及干混料	0.009%	以面粉量计
420	L-胱氨酸 L- cystine	复合维生素制剂	2.3%	以游离氨基酸计

序号	食品添加剂	食品名称/用途	最大使用量	备注
421	牛皮叶 Leather leaf	天然香料和与香料有协作作用的天然物质	未规定	
422	睡莲的叶子 Leaves of sleep lily	含酒精饮料	未规定	
423	黑点咔金丝桃的叶、花和茎 Leaves, flowers and stems of Black spots Hypericum	脱金丝桃苷的蒸馏酒	未规定	
424	卵磷脂 Lecithin	通用的食品添加剂	符合 GMP	
425	柠檬 Lemon	精油、油树脂（脱溶剂）和天然提取物（包括蒸馏物）	未规定	
426	柠檬油 Lemon oil	精油、油树脂（脱溶剂）和天然提取物（包括蒸馏物）	未规定	
427	柠檬草 Lemon grass	精油、油树脂（脱溶剂）和天然提取物（包括蒸馏物）	未规定	
428	柠檬皮 Lemon peel	精油、油树脂（脱溶剂）和天然提取物（包括蒸馏物）	未规定	
429	防臭木 Lemon verbena	含酒精饮料	未规定	
430	L-谷氨酸 L-glutamic acid	复合维生素制剂	12.4%	以游离氨基酸计
431	L-组氨酸 L-histidine	复合维生素制剂	2.4%	以游离氨基酸计
432	伽罗木 Ligaloes	天然香料和与香料有协作作用的天然物质	未规定	
433	木质磺酸钙 Lignin sulfonic acid calcium salt	香肠	达到要求的效果即可	
434	石灰松香 Limed rosin	蛋壳用着色剂混合物中的稀释剂	未规定	
435	宁烯（D-、L-和 DL-） Limonene（D-，L-，and DL-）	合成香味料和香味助剂、调味料、精油、油树脂和天然提取物	未规定	
436	芳樟醇 Linalool	合成香味料和香味助剂、调味料、精油、油树脂和天然提取物	未规定	
437	乙酸芳樟酯 Linalyl acetate	合成香味料和香味助剂、调味料、精油、油树脂和天然提取物	未规定	
438	菩提树花 Linden flowers	香辛料及其他天然调味料和香味料、精油、油树脂（脱溶剂）和天然提取物（包括蒸馏物）	未规定	
439	椴树叶 Linden leaf	含酒精饮料	未规定	
440	亚油酸 Linoleic acid	香味料和辅助香料、营养增强剂	符合 GMP	
441	脂肪酶 Lipase	用做催化油和脂肪的相互酯化的酶	符合 GMP	
442	L-异亮氨酸 L-isoleucine	复合维生素制剂	6.6%	以游离氨基酸计

序号	食品添加剂	食品名称/用途	最大使用量	备注
443	L-亮氨酸 L-leucine	复合维生素制剂	8.8%	以游离氨基酸计
444	L-赖氨酸 L-lysine	复合维生素制剂	6.4%	以游离氨基酸计
445	低芥酸菜子油 Low erucic acid rapeseed oil	除婴儿配方食品外的食品	2%	以芥酸计
446	L-苯丙氨酸 L-phenylalanine	复合维生素制剂	5.8%	以游离氨基酸计
447	L-脯氨酸 L-proline	复合维生素制剂	4.2%	以游离氨基酸计
448	L-丝氨酸 L-serine	复合维生素制剂	8.4%	以游离氨基酸计
449	L-苏氨酸 L-threonine	复合维生素制剂	5%	以游离氨基酸计
450	L-色氨酸 L-trpytophan	复合维生素制剂	1.6%	以游离氨基酸计
451	L-酪氨酸 L-tyrosine	复合维生素制剂	4.3%	以游离氨基酸计
452	蛇麻素 Lupulin	精油、油树脂（脱溶剂）和天然提取物（包括蒸馏物）	未规定	
453	L-缬氨酸 L-valine	复合维生素制剂	7.4%	以游离氨基酸计
454	聚乙二醇 6 000 Macrogol 6 000	蛋壳用着色剂混合物中的稀释剂	未规定	
455	碳酸镁 Magnesium carbonate	抗结剂和自由流动剂、面粉处理剂、润滑和脱模剂、营养增补剂、pH 调节剂、加工助剂和增效剂	符合 GMP	
456	氯化镁 Magnesium chloride	香味剂和辅料、营养增补剂	符合 GMP	
457	氢氧化镁 Magnesium hydroxide	营养增补剂、pH 调节剂、加工助剂	符合 GMP	
458	氧化镁 Magnesium oxide	抗结剂和自由流动剂、固化剂、润滑和脱模剂、营养增补剂、pH 调节剂、加工助剂和增效剂	符合 GMP	
459	磷酸镁 Magnesium phosphate	营养增补剂、pH 调节剂	符合 GMP	
460	硅酸镁 Magnesium silicate	餐桌用盐	2%	
461	硬脂酸镁 Magnesium stearate	营养增补剂、风味调节剂、加工助剂	符合 GMP	
462	硫酸镁 Magnesium sulfate	营养增补剂、风味调节剂、加工助剂	符合 GMP	
463	玉米须及其浸泡液 Maize beard and soak	冷冻乳品甜食	10 mg/kg	
		无醇饮料、软糖	20 mg/kg	
		焙烤食品及干混料	30 mg/kg	
		其他食品	4 mg/kg	

第二章 美国食品安全限量标准

序号	食品添加剂	食品名称/用途	最大使用量	备注
464	苹果酸 Malic acid	硬糖	6.9%	
		加工水果和果汁	3.5%	
		无醇饮料	3.4%	
		口香糖胶、软糖	3%	
		果酱和果冻	2.6%	
		明胶甜食、布丁和馅料	0.8%	
		其他食品（婴儿食品除外）	0.7%	
465	麦芽 Malt	用做水解淀粉或淀粉衍生的多糖的酶	符合GMP	
466	麦芽糊精 Maltodextrin	通用的食品添加剂	符合GMP	
467	麦芽糖浆 Maltose syrup	香味剂和香味料辅料	符合GMP	
468	柑橘 Mandarin tangerine	精油、油树脂（脱溶剂）和天然提取物（包括蒸馏物）	未规定	
469	氯化锰 Manganese chloride	营养增补剂	符合GMP	
470	柠檬酸锰 Manganese citrate	焙烤食品、无醇饮料、类乳制品、鱼类制品、肉类制品、乳制品、禽制品	符合GMP	
471	硫酸锰 Manganese sulfate	焙烤食品、无醇饮料、类乳制品、鱼类制品、肉类制品、乳制品、禽制品	符合GMP	
472	葡萄糖酸锰 Mangonese gluconateusp	焙烤食品、无醇饮料、类乳制品、鱼类制品、肉类制品、乳制品、禽制品	符合GMP	
473	马尼拉柯巴酯 Manila copal	水果、蔬菜的标记油墨	未规定	
474	万寿菊 Marigold, pot	香辛料及其他天然调味料和香味料	未规定	
475	甘牛至 Marjoram, sweet	香辛料及其他天然调味料和香味料、精油、油树脂（脱溶剂）和天然提取物（包括蒸馏物）	未规定	
476	磨碎的石灰石 Mashy limestone	通用的食品添加剂	符合GMP	
477	巴拉圭茶 Mate	精油、油树脂（脱溶剂）和天然提取物（包括蒸馏物）	未规定	
478	薄荷醇 Menthol	精油、油树脂（脱溶剂）和天然提取物（包括蒸馏物）	未规定	
479	乙酸薄荷酯 Menthyl acetate	精油、油树脂（脱溶剂）和天然提取物（包括蒸馏物）	未规定	
480	异丁烯酸-二乙烯苯共聚物 Methacrylate - diethylene benzene copolymer	特殊营养食品	未规定	
481	邻氨基苯甲酸甲酯 Methyl anthranilate	合成香味料和香味助剂、调味料、精油、油树脂和天然提取物	未规定	
482	甲基乙基纤维素 Methyl ethyl cellulose	疏松剂、乳化剂和起泡剂	达到要求的效果即可	

序号	食品添加剂	食品名称/用途	最大使用量	备注
483	甲基纤维素 Methyl cellulose	通用的食品添加剂	符合 GMP	
484	甲基葡萄糖苷-椰子油脂 Methylglucamine glycoside - coconut oil	糖蜜	320 mg/kg	
		蔗糖、葡萄糖	达到要求的效果即可	
485	对羟基苯甲酸甲酯 Methylparaben	抗微生物剂	0.1%	
486	脂肪酸乳酰酯 Milk fatty acid acyl ester	焙烤用干混料、焙烤制品、冷食蛋糕、馅料和顶端料、脱水水果和蔬菜、脱水的果蔬汁、冷冻甜食、薄煎饼的预混合料、预煮过的速煮米、布丁混合料、食用植物油脂与水的乳浊体用作咖啡饮料中的乳或奶油的代用品、液态起酥油	达到要求的效果即可	
487	改性啤酒花浸取物 Modified hop extract	啤酒	未规定	
488	莫哈夫丝兰 Mohave Yucca	天然香料和与香料有协作作用的天然物质	未规定	
489	糖蜜（提取物） Molasses (extract)	精油、油树脂（脱溶剂）和天然提取物（包括蒸馏物）	未规定	
490	二乙酸一钠 Mono Sodium diacetate	小吃食品	0.05%	
		汤料和复汤配料	0.05%	
		油脂	0.1%	
		肉制品和软糖	0.1%	
		调味汁和沙司	0.25%	
		焙烤食品	0.4%	
491	谷氨酸一铵 Mono - ammonium glutamate	通用的食品添加剂	符合 GMP	
492	单、双甘油酯 Monoglyceride and diglyceride	面团强筋剂、乳化剂和乳化盐、香料和香料辅料、配方助剂、润滑和脱模剂、溶剂和媒介剂、稳定和增稠剂、表面活性剂合、品质改良剂	符合 GMP	
493	单、双甲基萘磺酸钠 Mono - methyl - naphthalene sulfonate and dimethyl naphthalene sulfonate	腌鱼腌肉	0.1%	
		碳酸钠晶体	250 mg/kg	
494	谷氨酸一钾 Mono - potassium glutamate	通用的食品添加剂	符合 GMP	
495	单硬脂酸山梨糖醇酐酯 Monostearate, sorbitan ester	生果蔬表面接触式涂层	达到要求的效果即可	
		非标准型糖果的涂层、标准化的可可制品、活性干酵母	1%	
		蛋糕糖衣和蛋糕馅料	0.7%	
		发泡食用油顶端料、食用植物油与水的乳浊固体	0.4%	
		蛋糕和蛋糕粉	0.61%	以干重计

第二章　美国食品安全限量标准

序号	食品添加剂	食品名称/用途	最大使用量	备注
496	单硬脂酸甘油酯 Monostearin	通用的食品添加剂	符合 GMP	
497	单油酸甘油酯 Monotriolein	焙烤食品及干混料、无醇饮料或饮料基料、胶姆糖、肉制品	符合 GMP	
498	吗啉 Morpholine	新鲜果蔬	达到要求的效果即可	
499	胶母糖基 Mother Sugar gum base	胶类、胶母糖基和有关物质	达到要求的效果即可	
500	山槭树 Mountain maple	天然香料和与香料有协作作用的天然物质	未规定	
501	麝香 Musk（tonquin musk）	合成香味料和香味助剂、调味料、精油、油树脂和天然提取物	未规定	
502	麝香蓍 Musk common yarrow	含酒精饮料	未规定	
503	芥末 Mustard	精油、油树脂（脱溶剂）和天然提取物（包括蒸馏物）	未规定	
504	芥末（黑色或棕色） Mustard, black or brown	香辛料及其他天然调味料和香味料	未规定	
505	芥末（棕色） Mustard, brown	香辛料及其他天然调味料和香味料	未规定	
506	芥末（白色或黄色） Mustard, white or yellow	香辛料及其他天然调味料和香味料	未规定	
507	没药 Myrrh	天然香料和与香料有协作作用的天然物质	未规定	
508	香桃木叶 Myrtus communis, leaf	含酒精饮料	未规定	
509	N-乙酸基-L-蛋氨酸 N-acetoxy-L-methionine	以植物蛋白为主的食品	3.1%	以游离氨基酸计
		除婴儿食品或加有亚硝酸盐/硝酸盐食品外的特殊膳食	符合 GMP	
510	石脑油 Naphtha	蛋壳用着色剂混合物中的稀释剂	未规定	
511	柚皮甙 Naringin	精油、油树脂（脱溶剂）和天然提取物（包括蒸馏物）	未规定	
512	天然萜烯树脂 Natural terpene resin	水果、蔬菜的标记油墨	未规定	
513	丁酸 N-butyric acid	合成香味料和香味助剂、调味料、精油、油树脂和天然提取物	未规定	
514	对羟基苯甲酸庚酯 N-heptyl-p-hydroxy-benzoate	干酪	20 mg/kg	
515	镍 Nickel	油脂	符合 GMP	
516	烟酰氨 Nicotinamide	营养增补剂	符合 GMP	
517	烟酸 Nicotinic acid	营养增补剂	符合 GMP	
518	乳酸链球菌肽 Nisin	巴氏灭菌软干酪及加工品、水果蔬菜或肉类的巴氏灭菌软干酪	250 mg/kg	

序号	食品添加剂	食品名称/用途	最大使用量	备注
519	一氧化二氮 Nitrous oxide	类乳制品	符合 GMP	
520	北美檫木的叶 North America sassafras leaves	天然香料和与香料有协作作用的天然物质	无黄樟素	
521	肉豆蔻 Nutmeg	香辛料及其他天然调味料和香味料、精油、油树脂（脱溶剂）和天然提取物（包括蒸馏物）	未规定	
522	橡苔 Oak moss	天然香料和与香料有协作作用的天然物质	无苧酮	
523	十八烷基富马酸钠 Octadecyl fumaric acid sodium salt	非酵母发酵的焙烤制品，脱水土豆，除标准型产品外的蒸煮用谷类制品	1%	
		酵母发酵的焙烤制品	0.5%	
		用淀粉或面粉增稠食品	0.2%	
524	辛酸 Octanoic acid	小吃食品	0.001%	
		油脂、冷冻乳品甜食	0.005%	
		肉制品和软糖、明胶甜食和布丁	0.016%	
		干酪	0.04%	
		其他食品	未规定	
525	无臭石油醚碳氢化物 Odorless petroleum ether hydrocarbon	蛋壳、醋和果酒、蔬菜	符合 GMP	
526	油酸 Oleic acid	由干燥食品包装用棉和棉织品迁移入食品的物质、由纸和纸板迁移入食品的物质	未规定	
527	由妥尔油脂肪酸制得的油酸 Oleic acid made of tall oil fatty acid	润滑剂、黏合剂和消泡剂、其他添加剂的组分	符合 GMP	
528	松脂 Oleoresin	天然香料和与香料有协作作用的天然物质	未规定	
529	乳香 Olibanum	天然香料和与香料有协作作用的天然物质	未规定	
530	洋葱 Onion	精油、油树脂（脱溶剂）和天然提取物（包括蒸馏物）	未规定	
531	橙色 B Orange B	肠衣和香肠	150 mg/kg	
532	苦橙皮 Orange bitter, peel	精油、油树脂（脱溶剂）和天然提取物（包括蒸馏物）	未规定	
533	橙叶 Orange leaf	精油、油树脂（脱溶剂）和天然提取物（包括蒸馏物）	未规定	
534	苦橙 Orange, bitter	精油、油树脂（脱溶剂）和天然提取物（包括蒸馏物）	未规定	
535	苦橙花 Orange, bitter, flowers	精油、油树脂（脱溶剂）和天然提取物（包括蒸馏物）	未规定	
536	甜橙 Orange, sweet	精油、油树脂（脱溶剂）和天然提取物（包括蒸馏物）	未规定	

第二章 美国食品安全限量标准

序号	食品添加剂	食品名称/用途	最大使用量	备注
537	甜橙花 Orange, sweet, flowers	精油、油树脂（脱溶剂）和天然提取物（包括蒸馏物）	未规定	
538	甜橙皮 Orange, sweet, peel	精油、油树脂（脱溶剂）和天然提取物（包括蒸馏物）	未规定	
539	白鲜状牛至 Oregano, white and fresh	天然香料和与香料有协作作用的天然物质	未规定	
540	纺锤染料衣 Orcigilia	含酒精饮料	未规定	
541	牛至 Origanum	精油、油树脂（脱溶剂）和天然提取物（包括蒸馏物），香辛料及其他天然调味料和香味料	未规定	
542	鸢尾草 Orris	天然香料和与香料有协作作用的天然物质	未规定	
543	牛胆汁提取物 Oxgall extract	干酪	0.002%	
544	氧化聚乙烯 Oxidized polyethylene	鳄梨、香蕉、甜菜、椰子、茄子、蒜头、葡萄柚、柠檬、白柠檬、杜果、甜瓜、洋葱、橙子、木瓜、青豆（带荚）、菠萝、大蕉、南瓜、芜菁甘蓝、西葫芦、红薯、红橘、萝卜、西瓜、巴西果、板栗、榛子、欧榛、美洲山核桃和核桃（带壳整只）	达到要求的效果即可	
545	羟基硬脂精 Oxystearin	植物油、植物性起酥油	0.13%	
546	臭氧 Ozone	瓶装水	0.4 mg/L	
547	玫瑰草 Palmarose	精油、油树脂（脱溶剂）和天然提取物（包括蒸馏物）	未规定	
548	棕榈酸硬脂酸甘油酯 Palmitic acid stearin	压片成型中的赋形剂、配方助剂	符合 GMP	
549	泛酸钙和氯化钙复盐 Pantothenic chloride double salt calcium	特殊营养品	符合 GMP	
550	木瓜蛋白酶 Papain	酶、加工助剂和品质改良剂	符合 GMP	
551	红辣椒 Paprika	香辛料及其他天然调味料和香味料、精油、油树脂（脱溶剂）和天然提取物（包括蒸馏物）	未规定	
552	红辣椒油树脂 Paprika oleoresin	一般食品	符合 GMP	
553	皱叶欧芹 Parsley	香辛料及其他天然调味料和香味料	未规定	
		精油、油树脂（脱溶剂）和天然提取物（包括蒸馏物）	未规定	
554	微粒化蛋白质产品 Particle-based protein products	冷冻甜类食品（除非其中所需的乳脂肪不得用本品代替）	符合 GMP	
555	西香莲 Passionfruit	天然香料和与香料有协作作用的天然物质	未规定	
556	桃仁（桃仁油） Peach kernel (persic oil)	与香辛料、调味料和香味料在一起使用的天然提取物	未规定	
557	桃树叶 Peach leaf	含酒精饮料	25 mg/kg	以氢氰酸计

序号	食品添加剂	食品名称/用途	最大使用量	备注
558	花生油 Peanut oil	由干燥食品包装用棉和棉织品迁移入食品的物质	未规定	
559	花生硬脂酸 Peanut stearine	与香辛料、调味料和香味料在一起使用的天然提取物	未规定	
560	果胶物质 Pectic substance	乳化剂、稳定剂和增稠剂	符合 GMP	
561	香叶天竺葵 Pelargonium graueolens	香辛料及其他天然调味料和香味料	未规定	
562	黑胡椒 Pepper, black	精油、油树脂（脱溶剂）和天然提取物（包括蒸馏物）	未规定	
		香辛料及其他天然调味料和香味料	未规定	
563	番椒 Pepper, cayenne	香辛料及其他天然调味料和香味料	未规定	
564	胡椒（红） Pepper, red	香辛料及其他天然调味料和香味料	未规定	
565	胡椒（白） Pepper, white	香辛料及其他天然调味料和香味料	未规定	
		精油、油树脂（脱溶剂）和天然提取物（包括蒸馏物）	未规定	
566	薄荷油 Peppermint	香辛料及其他天然调味料和香味料、精油、油树脂（脱溶剂）和天然提取物（包括蒸馏物）	未规定	
567	胃蛋白酶 Pepsin	酶、水解蛋白质和多肽	符合 GMP	
568	蛋白胨 Peptone	营养增补剂、加工助剂和表面活性剂	符合 GMP	
569	过氧化丙酮 Peroxidation acetone	小麦粉、焙烤食品焙烤预混料、包括焙烤制品所用的糖霜、涂油顶端料和馅料、乳酸菌酸乳和酸乳类制品冷冻和冷藏甜食、甜沙司和顶端料、糖浆、面包和面包卷	达到要求的效果即可	以每 100 g 中过氧化氢的当量来表示
570	凤仙花（秘鲁） Peruvian balsam	精油、油树脂（脱溶剂）和天然提取物（包括蒸馏物）	未规定	
571	柠檬叶 Petitgrain lemon	精油、油树脂（脱溶剂）和天然提取物（包括蒸馏物）	未规定	
572	甜橙或橘子叶 Petitgrain mandarin or tangerine leaf	精油、油树脂（脱溶剂）和天然提取物（包括蒸馏物）	未规定	
573	矿脂（凡士林） Petrolatum	焙烤制品	0.15%	以矿脂和白矿物油总量计
		生鲜蔬菜	符合 GMP	
		糖果	0.2%	
		干蛋白	0.1%	
		脱水果蔬	0.02%	

序号	食品添加剂	食品名称/用途	最大使用量	备注
574	石油石脑油 Petroleum naphtha	新鲜柑橘	达到要求的效果即可	
575	石油石蜡 Petroleum paraffin	胶姆糖胶基、干酪和生果蔬	符合GMP	
576	苦橙叶 Pettigrain	精油、油树脂（脱溶剂）和天然提取物（包括蒸馏物）	未规定	
577	博路都树的叶 Peumus boldus Molina, leaf	含酒精饮料	未规定	
578	Phaffia 酵母 Phaffia yeast	鲑鱼饲料	80 mg/kg	以虾青素计
579	磷酸 Phosphoric acid	通用的食品添加剂	符合GMP	
580	众香子 Pimenta	香辛料及其他天然调味料和香味料、精油、油树脂（脱溶剂）和天然提取物（包括蒸馏物）	未规定	
581	众香子叶 Pimenta leaf	精油、油树脂（脱溶剂）和天然提取物（包括蒸馏物）	未规定	
582	松树的松针和嫩叶 Pine needle and twig	天然香料和与香料有协作作用的天然物质	未规定	
583	中欧山松的针叶和嫩枝 Pinus mugo needle and twig	天然香料和与香料有协作作用的天然物质	未规定	
584	苏格兰松的针叶和嫩枝 Pinus sylvestris needles and twig	天然香料和与香料有协作作用的天然物质	未规定	
585	胡椒醛 Piperonal	合成香味料和香味助剂、调味料、精油、油树脂和天然提取物	未规定	
586	梅笠叶 Pipsissewa leaves	精油、油树脂（脱溶剂）和天然提取物（包括蒸馏物）	未规定	
587	广藿香 Pogostemon cablin	天然香料和与香料有协作作用的天然物质	未规定	
588	聚丙烯酰胺 Polyacrylamide	软壳明胶膜	达到要求的效果即可	
589	聚葡萄糖 Polydextrose	焙烤制品和焙烤混合料（限于水果、牛乳蛋糊和布丁馅的布丁馅的馅饼、蛋糕、曲奇饼及类似的焙烤制品）、胶姆糖、糖果和糖霜、沙拉调料、单一的或复合的维生素或矿物质增补片剂的涂膜、冷冻乳品甜食及其干混料、水果和冰、水果涂抹酱、明胶、布丁和饼馅、硬糖和软糖、花生涂抹酱、甜沙司、顶端料和糖浆、片状涂抹食品	符合GMP	
590	脂肪酸聚甘油酯 Polyglycerol fatty acid ester	植物油和煎炸油，干的发泡顶端料的基料	达到要求的效果即可	
591	聚山梨酸酯 60 Polysorbate 60	生鲜果蔬的表面保护涂层	达到要求的效果即可	
		用于生产混合酒精饮品的非酒精混合料、固体软饮料	4.5%	
		合成甜味剂为配料的明胶甜食干混料	3.6%	
		起酥油和食用油	1%	

序号	食品添加剂	食品名称/用途	最大使用量	备注
591	聚山梨酸酯 60 Polysorbate 60	非标准型糖果的涂层和标准化可可制品、酵母发酵的焙烤制品、巧克力增香糖浆、食料为基料的明胶甜食干混料、食糖为基料的布丁粉、合成甜味剂为配料的布丁粉	0.5%	
		蛋糕和蛋糕粉、蛋糕糖衣和蛋糕馅料	0.46%	
		发泡食用油顶端料、咖啡饮料中牛乳或奶油的代用品中所用的食用植物油和水的乳浊固体	0.4%	
		非标准型调味料	0.3%	
		非透明性的糖蜜饯涂层	0.2%	
		仿制明胶甜食和仿制明胶甜食的干混料	0.05%	
592	聚山梨酸酯 65 Polysorbate 65	发泡食用油顶料	0.4%	
		咖啡饮料中牛乳或奶油的代用品中所用的食用植物油和水的乳浊固体	0.4%	
		蛋糕和蛋糕干混料、冷食蛋糕糖衣和蛋糕馅料	0.32%	
		冰淇淋、冷冻牛乳蛋糊、冰牛乳、水果冰糕和非标准型冷冻甜食	0.1%	
593	聚山梨酸酯 80 Polysorbate 80	含酪蛋白酸钙和脂溶性维生素的维生素—无机盐制剂	日摄入量不超过 475 mg	
		特殊营养食品中食用油脂	日摄入量不超过 360 mg	
		不含酪蛋白酸钙、含脂溶性维生素的维生素—无机盐制剂	日摄入量不超过 300 mg	
		含酪蛋白酸钙的维生素—无机盐制剂	日摄入量不超过 175 mg	
		腌渍料和腌渍剂	500 mg/kg	
		酵母消泡剂	4 mg/kg	
		罐装辣青刀豆中莳萝油	30 mg/kg	
		氯化钠粗结晶	10 mg/kg	
		冰淇淋、冷冻牛乳蛋糊、牛奶冻、水果冰糕和非标准型冷冻甜食、起酥油和食用油	1%	
		发泡食用油顶端料	0.4%	
		明胶甜食及干混料	0.082%	
		农家干酪和低脂农家干酪所用奶油	0.008%	
		烤肉用调味汁	0.005%	
594	卡拉胶配用聚山梨酸酯 80 Polysorbate 80 for Carrageenan	凝胶态食品	500 mg/kg	
		乳化剂、稳定剂或增稠剂	达到要求的效果即可	
595	聚乙二醇（平均相对分子质量 200～9500） Polythylene glycol	乳或含乳制品除外的片剂食品、增香辅料和营养性甜味料、维生素和无机盐制剂、亚硝酸钠	无残留	
596	聚乙酸乙烯酯 Polyvinyl acetate	片状营养增补剂、胶姆糖和糖果类食品的标记油墨	未规定	

序号	食品添加剂	食品名称/用途	最大使用量	备注
597	聚乙烯醇 Polyvinyl alcohol	蛋壳用着色剂混合物中的稀释剂	未规定	
598	聚乙烯吡咯烷酮 Polyvinylpyrrolidone	一般食品	0.1%	
		片状营养增补剂、胶姆糖和糖果类食品的标记油墨、水果、蔬菜的标记油墨	未规定	
599	石榴 Pomegranate	精油、油树脂（脱溶剂）和天然提取物（包括蒸馏物）	未规定	
600	杨树芽 Poplar bud	含酒精饮料	未规定	
601	罂粟种子 Poppy seed	香辛料及其他天然调味料和香味料	未规定	
602	波罗尼的根 Porroni root	天然香料和与香料有协作作用的天然物质、含酒精饮料	未规定	
603	海藻酸钾 Potassium alginate	明胶甜食和布丁	0.7%	
		加工水果和果汁	0.25%	
		糖食和糖霜	0.1%	
		其他食品	0.01%	
604	碳酸氢钾 Potassium bicarbonate	配方助剂、营养增补剂、pH 调节剂、加工助剂	符合 GMP	
605	亚硫酸氢钾 Potassium bisulfite	不能用于肉类、作为维生素 B_1 源的食品、供生食或以原料卖给消费者的或提供的新鲜的果蔬食品	符合 GMP	
606	酒石酸氢钾 Potassium bitartrate	焙烤食品	符合 GMP	
		糖食和糖霜制品、明胶甜食和布丁、硬糖、果酱和果冻	未规定	
607	溴酸钾 Potassium bromate	麦芽饮料成品	0.6 mg/kg	以赤霉酸计
		麦芽	2 mg/kg	
		蒸馏酒	无残留	
608	碳酸钾 Potassium carbonate	香味料和辅料、营养增补剂、pH 调节剂、加工助剂	符合 GMP	
609	氯化钾 Potassium chloride	风味增强剂、香味料、营养增补剂、pH 调节剂、稳定剂和增稠剂	符合 GMP	
610	柠檬酸钾 Potassium citrate	通用的食品添加剂	符合 GMP	
611	氢氧化钾 Potassium hydroxide	配方助剂、pH 调节剂、加工助剂、稳定剂和增稠剂	符合 GMP	
612	碘酸钾 Potassium iodate	面包	0.0075%	
613	碘化钾 Potassium iodide	食盐	0.01%	
		膳食补充剂	每日摄入的碘量不超过 225 μg	
614	乳酸钾 Potassium lactate	风味增强剂，香味料和辅料，保湿剂，pH 调节剂	符合 GMP	

序号	食品添加剂	食品名称/用途	最大使用量	备注
615	焦亚硫酸钾 Potassium metabisulfite	不能用于肉类、作为维生素 B_1 源的食品、供生食的或以原料卖给消费者的或提供的新鲜的果蔬食品	符合 GMP	
616	硝酸钾 Potassium nitrate	烟熏咸银鳕、烟熏咸鲑鱼、烟熏咸西鲱、腌肉制品	200 mg/kg	以亚硝酸钠计
617	磷酸氢二钾 Potassium phosphate dibasic	螯合剂	符合 GMP	
618	硝酸钠 Sodium nitrate	烟熏雅罗鱼	100～200 mg/kg	
619	酒石酸钾钠 Potassium sodium tartrate	干酪、油脂、果酱和果冻	符合 GMP	
620	山梨酸钾 Potassium sorbate	由纸和纸板迁移入食品的物质	未规定	
621	硫酸钾 Potassium sulfate	无醇饮料	0.015％	
622	马铃薯淀粉 Potato starch	由干燥食品包装用棉和棉织品迁移入食品的物质	未规定	
623	花椒树皮 Prickly ash bark	精油、油树脂（脱溶剂）和天然提取物（包括蒸馏物）	未规定	
624	丙烷 Propane	气雾推进剂、充气剂和气体	符合 GMP	
625	丙二醇 Propanediol	调味品和香味剂	97％	
		糖食和糖霜	24％	
		含醇饮料、坚果和坚果制品	5％	
		冷冻乳制品	2.5％	
		其他食品	2％	
626	丙酸 Propionic acid	抗微生物剂和香味剂	符合 GMP	
627	没食子酸丙酯 Propyl gallate	含油脂食品	0.02％	
628	二硬脂酸丙二醇酯 Propylene glycol distearate	蛋壳用着色剂混合物中的稀释剂	未规定	
629	藻类干粉 Pulverized dried algae	鸡饲料	达到要求的效果即可	
630	吡哆醇盐酸盐 Pyridoxine hydrochloride	焙烤食品、无醇饮料和饮料基料、早餐谷物、肉制品、乳制品、植物蛋白、小吃	符合 GMP	
631	焦磷酸 Pyrophosphoric acid	营养素	符合 GMP	
632	季铵氯化物 Quaternary ammonium chloride	烟熏咸吞拿鱼	10 mg/kg	以亚硝酸钠计
		烟熏咸银鳕、烟熏咸鲑鱼、烟熏咸西鲱、腌肉制品	200 mg/kg	以亚硝酸钠计
		烟熏咸银鳕、烟熏咸鲑鱼、烟熏咸西鲱、腌肉制品	500 mg/kg	以硝酸钠计
633	英国栎 Quercus	含酒精饮料	未规定	

序号	食品添加剂	食品名称/用途	最大使用量	备注
634	木瓜子 Quince seed	与香辛料、调味料和香味料在一起使用的天然提取物	未规定	
635	奎宁 Quinine	碳酸饮料	83 mg/kg	
636	超甘油化的完全氢化菜子油 Rapeseed oil, superglycerinated fully hydrogenated	蛋糕干混料	0.5%	
637	红藻 Red algae	香辛料、调味料和香料	符合 GMP	
638	红藻胶 Red algin	乳化剂、稳定剂和增稠剂	达到要求的效果即可	
639	红藻胶盐类 Red algin salt	乳化剂、稳定剂和增稠剂	达到要求的效果即可	
640	红金鸡纳树皮 Red bark	饮料	83 mg/kg	以金鸡纳碱的总量计
641	紫檀木 Red sandalwood	含酒精饮料	未规定	
642	精制虫胶 Refined shellac	片状营养增补剂、胶姆糖和糖果类食品的标记油墨	未规定	
643	食用大黄的根 Rhubarb root	含酒精饮料	未规定	
644	核黄素 Riboflavin	一般食品	符合 GMP	
		营养增补剂	符合 GMP	
645	核黄素-5'-磷酸一钠 Riboflavin-5'-phosphate monosodium	营养增补剂	符合 GMP	
646	米糠蜡 Rice bran wax	胶姆糖	2.5%	
		糖果、新鲜果蔬	50 mg/kg	
647	孔裂药豆的根 Root of Krameria triandra	天然香料和与香料有协作作用的天然物质	未规定	
648	玫瑰（玫瑰油或玫瑰香精油） Rose (otto of rose, attar of roses)	精油、油树脂（脱溶剂）和天然提取物（包括蒸馏物）	未规定	
649	玫瑰净油 Rose absolute	精油、油树脂（脱溶剂）和天然提取物（包括蒸馏物）	未规定	
650	玫瑰芽 Rose buds	精油、油树脂（脱溶剂）和天然提取物（包括蒸馏物）	未规定	
651	玫瑰花 Rose flowers	精油、油树脂（脱溶剂）和天然提取物（包括蒸馏物）	未规定	
652	玫瑰果 Rose fruit	精油、油树脂（脱溶剂）和天然提取物（包括蒸馏物）	未规定	
653	玫瑰香叶 Rose geranium	精油、油树脂（脱溶剂）和天然提取物（包括蒸馏物）	未规定	

序号	食品添加剂	食品名称/用途	最大使用量	备注
654	玫瑰叶 Rose leaves	精油、油树脂（脱溶剂）和天然提取物（包括蒸馏物）	未规定	
655	玫瑰茄 Roselle	含酒精饮料	未规定	
656	迷迭香 Rosemary	香辛料及其他天然调味料和香味料	未规定	
		精油、油树脂（脱溶剂）和天然提取物（包括蒸馏物）	未规定	
657	松香 Rosin	含酒精饮料	未规定	
658	松香及松香衍生物 Rosin and derivatives	片状营养增补剂、胶姆糖和糖果类食品的标记油墨、水果、蔬菜的标记油墨、蛋壳用着色剂混合物中的稀释剂	未规定	
659	松香甘油酯 Rosin glyceride	橘油	100 mg/kg	
660	圆腹鲱鱼油 Round-bellied herring fish oil	面包	1%	
		汤类混合料	3%	
		谷物类、酸奶	4%	
		饼干、曲奇饼、干酪制品、冷冻乳品、蛋制品、辛辣调味品、休闲食品、坚果制品、浇汁、沙司	5%	
		果类饼馅、果馅点心	7%	
		蛋糕，肉制品	10%	
		油、脂肪、鱼制品	20%	
661	芸香 Rue	通用的食品添加剂	2 mg/kg	
662	芸香油 Rue oil	焙烤食品、冷冻乳品甜食及其预混合料、软糖	10 mg/kg	
		其他食品	4 mg/kg	
663	藏红花 Saffron	一般食品	符合 GMP	
		香辛料及其他天然调味料和香味料、精油、油树脂（脱溶剂）和天然提取物（包括蒸馏物）	未规定	
664	鼠尾草 Sage	香辛料及其他天然调味料和香味料、精油、油树脂（脱溶剂）和天然提取物（包括蒸馏物）	未规定	
665	鼠尾草（希腊） Sage, Greek	香辛料及其他天然调味料和香味料、精油、油树脂（脱溶剂）和天然提取物（包括蒸馏物）	未规定	
666	鼠尾草（西班牙） Sage, Spanish	精油、油树脂（脱溶剂）和天然提取物（包括蒸馏物）	未规定	
667	西洋接骨木 Sambucus nigra	精油、油树脂（脱溶剂）和天然提取物（包括蒸馏物）	未规定	
668	接骨木的叶 Sambucus williamsii hance leaf	含酒精饮料	25 mg/kg	以氢氰酸计
669	圣蓟 San thistle	含酒精饮料	未规定	

第二章　美国食品安全限量标准

序号	食品添加剂	食品名称/用途	最大使用量	备注
670	檀香木 Sandalwood	含酒精饮料	未规定	
671	山达脂 Sandarach	含酒精饮料	未规定	
672	香薄荷（夏季）Savory, summer	精油、油树脂（脱溶剂）和天然提取物（包括蒸馏物）、香辛料及其他天然调味料和香味料	未规定	
673	香薄荷（冬季）Savory, winter	精油、油树脂（脱溶剂）和天然提取物（包括蒸馏物）、香辛料及其他天然调味料和香味料	未规定	
674	加州胡椒树 Schinus molle	精油、油树脂（脱溶剂）和天然提取物（包括蒸馏物）	未规定	
675	红球藻属海藻粉 Seaweed powder	鲑鱼饲料	80 mg/kg	以虾青素计
676	分离鱼蛋白 Separated fish protein	特殊膳食和营养添加剂	符合 GMP	
677	蛇根马兜铃 Serpentary	含酒精饮料	未规定	
678	芝麻 Sesame	香辛料及其他天然调味料和香味料	未规定	
679	二氧化硅 Silicon dioxide	用于水果、蔬菜的标记油墨	2%	以固形物含量计
679	二氧化硅 Silicon dioxide	啤酒、特殊膳食的片剂食品	2%	
679	二氧化硅 Silicon dioxide	由纸和纸板迁移入食品的物质	未规定	
680	黑刺李果 Sloe berries (blackthorn berries)	精油、油树脂（脱溶剂）和天然提取物（包括蒸馏物）	未规定	
681	菝葜 Smilax china	天然香料和与香料有协作作用的天然物质	未规定	
682	皂皮树 Soapbark	天然香料和与香料有协作作用的天然物质	未规定	
683	乙酸钠 Sodium acetate	由干燥食品包装用棉和棉织品迁移入食品的物质	未规定	
683	乙酸钠 Sodium acetate	谷类和通心面制品、小吃	0.6%	
683	乙酸钠 Sodium acetate	油脂	0.5%	
683	乙酸钠 Sodium acetate	软糖	0.2%	
683	乙酸钠 Sodium acetate	硬糖	0.15%	
683	乙酸钠 Sodium acetate	果酱和果冻、肉制品	0.12%	
683	乙酸钠 Sodium acetate	汤料和复配汤料和甜沙司	0.05%	
683	乙酸钠 Sodium acetate	早餐谷类制品	0.007%	
684	酸性磷酸钠 Sodium acid phosphate	螯合剂	符合 GMP	
685	酸性焦磷酸钠 Sodium acid pyrophosphate	通用的食品添加剂	符合 GMP	

· 227 ·

序号	食品添加剂	食品名称/用途	最大使用量	备注
686	海藻酸钠 Sodium alginate	硬糖	10%	
		填馅橄榄用多香果条	6%	
		明胶甜食和布丁	4%	
		加工水果和果汁	2%	
		糖食和糖霜	0.3%	
		调味料和作料、填馅橄榄用多香果除外、其他食品	1%	
687	铝酸钠 Sodium aluminate	由纸和纸板迁移入食品的物质	未规定	
688	硅铝酸钠 Sodium aluminosilicate	抗结剂	2%	
689	磷酸铝钠 Sodium aluminu phosphate	通用的食品添加剂	符合 GMP	
690	苯甲酸钠 Sodium benzoate	抗微生物剂、香味料和辅料	0.01%	
691	碳酸氢钠 Sodium bicarbonate	通用的食品添加剂	符合 GMP	
692	亚硫酸氢钠 Sodium bisulfite	由纸和纸板迁移入食品的物质	未规定	
693	碳酸钠 Sodium carbonate	抗氧化剂、腌制和酸渍剂、香味剂及辅料、pH 调节剂、加工助剂	符合 GMP	
694	羧甲基纤维素钠 Sodium carboxymethyl-cellulose	通用的食品添加剂	符合 GMP	
695	氯化钠 Sodium chloride	由干燥食品包装用棉和棉织品迁移入食品的物质	未规定	
		由纸和纸板迁移入食品的物质	未规定	
696	柠檬酸钠 Sodium citrate	通用的食品添加剂	符合 GMP	
697	单、双甘油酯的磷酸二氢钠衍生物 Sodium dihydrogen phosphate derivatives of monoglyceride and diglyceride	类乳制品和软糖	符合 GMP	
698	十二烷基硫酸钠 Sodium dodecyl sulfate	富马酸酸化的固体饮料和果汁饮品	25 mg/kg	
		冷冻蛋白、液体蛋白	125 mg/kg	
		干蛋白	1000 mg/kg	
		果汁软糖用明胶	0.5%	
699	亚铁氰化钠 Sodium ferrocyanide	食盐	13 mg/kg	以无水亚铁氰化钠计
700	葡萄糖酸钠 Sodium gluconate	螯合剂	符合 GMP	

第二章 美国食品安全限量标准

序号	食品添加剂	食品名称/用途	最大使用量	备注
701	六偏磷酸钠 Sodium hexametaphosphate	由纸和纸板迁移入食品的物质	未规定	
702	氢氧化钠 Sodium hydroxide	pH 调节剂和加工助剂	符合 GMP	
703	次磷酸钠 Sodium hypophosphite	鳕鱼甘油	符合 GMP	
704	乳酸钠 Sodium lactate	乳化剂、香味增强剂、香味料和辅料、保湿剂和 pH 调节剂	符合 GMP	
705	焦亚硫酸钠 Sodium metabisulfite	不能用于肉类、作为维生素 B_1 源的食品、供生食的或以原料卖给消费者的或提供的新鲜的果蔬食品	符合 GMP	
706	偏磷酸钠 Sodium metaphosphate	螯合剂	符合 GMP	
707	亚硝酸钠 Sodium nitrite	食品防腐剂	未规定	
708	磷酸钠 Sodium phosphate	营养素、通用的食品添加剂	符合 GMP	包括磷酸二氢钠、磷酸氢二钠和磷酸三钠
		螯合剂	符合 GMP	
709	磷酸氢二钠 Sodium phosphate dibasic	螯合剂	符合 GMP	
710	磷铝酸钠 Sodium phosphoaluminate	由纸和纸板迁移入食品的物质	未规定	
711	丙酸钠 Sodium propionate	焙烤食品、无醇饮料、干酪、糖食和糖霜、明胶甜食、布丁和饮料、果酱和果冻、肉制品、软糖	符合 GMP	
712	硅酸钠 Sodium silicate	水果、蔬菜和坚果、牛等的胃、罐装和瓶装水	符合 GMP	
		由干燥食品包装用棉和棉织品迁移入食品的物质、由纸和纸板迁移入食品的物质	未规定	
713	山梨酸钠 Sodium sorbate	由纸和纸板迁移入食品的物质	未规定	
714	亚硫酸钠 Sodium sulfite	不能用于肉类、作为维生素 B_1 源的食品、供生食的或以原料卖给消费者的或提供的新鲜果蔬食品	符合 GMP	
715	酒石酸钠 Sodium tartrate	干酪、油脂、果酱和果冻	符合 GMP	
716	硫代硫酸钠 Sodium thiosulfate	含醇饮料	0.000 05%	
		食盐	0.1%	
717	三聚磷酸钠 Sodium tripolyphosphate	通用的食品添加剂	符合 GMP	
		由干燥食品包装用棉和棉织品迁移入食品的物质、由纸和纸板迁移入食品的物质	未规定	
718	槐豆树 Sophora japonica	精油、油树脂(脱溶剂)和天然提取物(包括蒸馏物)	未规定	

序号	食品添加剂	食品名称/用途	最大使用量	备注
719	山梨酸 Sorbic acid	化学防腐剂	符合 GMP	
720	山梨酸钙 Sorbic acid calcium	化学防腐剂	符合 GMP	
721	山梨醇 Sorbitol	由纸和纸板迁移入食品的物质	未规定	
		硬糖和止咳糖	99%	
		软糖	98%	
		胶姆糖	75%	
		非标准化的果酱和果冻、焙烤食品及干混料	30%	
		冷冻乳品甜食及预混合品	17%	
		其他食品	12%	
722	分离大豆蛋白 Soy protein, isolated	由纸和纸板迁移入食品的物质	未规定	
723	大豆油（氢化的） Soybean oil (hydrogenated)	由干燥食品包装用棉和棉织品迁移入食品的物质	未规定	
724	留兰香 Spearmint	香辛料及其他天然调味料和香味料、精油、油树脂（脱溶剂）和天然提取物（包括蒸馏物）	未规定	
725	香料用微胶囊 Spice microcapsule	冷冻比萨饼上的香辛料	符合 GMP	
		香精油、布丁粉和明胶甜点粉中的柠檬油、蒸馏白柠檬油、甜橙油、薄荷油和留兰香油	未规定	
726	云杉针叶和嫩枝 Spruce needle and twig	天然香料和与香料有协作作用的天然物质	未规定	
727	氯化亚锡 Stannous chloride	通用的食品添加剂	0.001 5%	以 Sn 计
		玻璃瓶装芦笋	20 mg/kg	
728	八角茴香 Star anise	香辛料及其他天然调味料和香味料	未规定	
729	酸改性淀粉 Starch, acid modified	由纸和纸板迁移入食品的物质	未规定	
730	预凝化淀粉 Starch, pregelatinized	由纸和纸板迁移入食品的物质	未规定	
731	未改性淀粉 Starch, unmodified	由纸和纸板迁移入食品的物质	未规定	
732	发酵剂溜出液 Starter distilled fluid	香味剂及其辅料	符合 GMP	
733	硬脂酸 Stearic acid	香味料和香料辅料	符合 GMP	
734	柠檬酸硬脂酰单甘油酯 Stearyl monoglyceride citrate	酥油	未规定	
735	黑加仑的茎和叶 Stems and leaves of blackcurrant	天然香料和与香料有协作作用的天然物质	未规定	
736	苏合香 Styrax	天然香料和与香料有协作作用的天然物质	未规定	

第二章 美国食品安全限量标准

序号	食品添加剂	食品名称/用途	最大使用量	备注
737	琥珀酸 Succinic acid	肉制品	0.006 1%	
		调味品	0.084%	
738	琥珀酰硬脂精 Succinylated stearin	起酥油、食用油、蛋糕、蛋糕粉、馅料、酥皮糊料、顶端饰料	符合 GMP	
739	琥珀酸单甘油酯 Succinylated monoglycerides	液状和塑性起酥油	3%	
740	蔗糖 Sucrose	通用的食品添加剂	符合 GMP	
741	醋酸酯异丁酸蔗糖酯 Sucrose acetate iso-butyrate	无醇饮料	300 mg/kg	
742	蔗糖脂肪酸辛、庚、己酯 Sucrose octyl ester, hepta ester, and hexyl ester of fatty acid	含油脂的预包装小吃食品（呈咸味或辛辣味，但不呈甜味）	符合 GMP	
743	细菌产的糖酶制剂 Sugar enzyme preparation produced by bacteria	用做多糖（淀粉）的水解的酶	符合 GMP	
744	硫酸 Sulphuric acid	干酪	0.000 3%	
		含醇饮料	0.014%	
745	硫酸化油酸丁酯 Sulfated butyl oleate	葡萄干	100 mg/kg	
746	二氧化硫 Sulfur dioxide	不能用于肉类、作为维生素 B_1 源的食品、供生食的或以原料卖给消费者的或提供的新鲜的果蔬食品	符合 GMP	
747	日落黄 Sunset yellow	食品用着色剂	符合 GMP	
748	天门冬酰苯氨酸甲酯（甜味素） Sweet aginomoto	焙烤食品和焙烤用预混料	0.5%	以 L-亮氨酸计
		甜味剂饮料（包括咖啡和茶）的代糖片	3.5%	
749	红没药 Sweet myrrh	天然香料和与香料有协作作用的天然物质	未规定	
750	香车叶草 Sweet woodruff	含酒精饮料	未规定	
751	齐瑞蹋獐牙菜 Swertia	含酒精饮料	未规定	
752	瑞士紫罗兰 Switzerland violet	天然香料和与香料有协作作用的天然物质	未规定	
753	合成氧化铁 Synthetic iron oxide	香肠衣	0.1%	
		猫、狗饲料	0.25%	
754	合成萜烯树脂 Synthetic terpene resin	水果、蔬菜的标记油墨	未规定	
755	合成脂肪酸 Synthetic fatty acid	代替天然存在的脂肪醇、用做合成食品添加剂的中间品和其他在食品中允许使用的物质	符合 GMP	

序号	食品添加剂	食品名称/用途	最大使用量	备注
756	合成香料和辅助剂 Synthetic flavour and adjuvant	人造奶油	10 mg/kg	以 δ-癸内酯计
			20 mg/kg	以 δ-十二内酯计
757	由碳氢化物氢解后制得合成甘油 Synthetic glycerin obtained from hydrocarbons hydrogenolysis	多用途食品添加剂	达到要求的效果即可	
758	合成的异链烷烃石油碳氢化物 Synthetic iso-paraffin petroleum hydrocarbon	果蔬、蛋壳、醋和果酒制造	符合 GMP	
759	合成石油石蜡 Synthetic petroleum paraffin	干酪和生果蔬	符合 GMP	
760	合成石蜡和琥珀酸衍生物 Synthetic paraffin and succinic acid dervatives	新鲜葡萄柚、柠檬、白柠檬、甜瓜、橙子、红薯和红橘	达到要求的效果即可	
761	万寿菊粉和提取物 Tagetes powder and extract	鸡饲料	达到要求的效果即可	
762	滑石粉 Talc	由干燥食品包装用棉和棉织品迁移入食品的物质、由纸和纸板迁移入食品的物质	未规定	
763	氢化牛羊脂 Tallow (hydrogenated)	由干燥食品包装用棉和棉织品迁移入食品的物质	未规定	
764	片状牛羊脂 Tallow flakes	由干燥食品包装用棉和棉织品迁移入食品的物质	未规定	
765	罗望子 Tamarind	精油、油树脂（脱溶剂）和天然提取物（包括蒸馏物）	未规定	
766	红橘 Tangerine	精油、油树脂（脱溶剂）和天然提取物（包括蒸馏物）	未规定	
767	单宁酸 Tannic acid	冷冻乳品甜食及干混料及软糖	0.04%	
		含醇饮料	0.015%	
		硬糖和止咳糖	0.013%	
		焙烤制品和焙烤预混合料	0.01%	
		无醇饮料和饮料基料及明胶甜食、布丁和馅料	0.005%	
		肉制品	0.001%	
768	木薯淀粉 Tapioca starch	由干燥食品包装用棉和棉织品迁移入食品的物质	未规定	
769	龙蒿 Tarragon	香辛料及其他天然调味料和香味料，精油、油树脂（脱溶剂）和天然提取物（包括蒸馏物）	未规定	
770	酒石酸 Tartaric acid	固化剂、风味增强剂、香味料、保湿剂和 pH 调节剂	符合 GMP	
771	酒石酸氢胆碱 Tartaric acid hydrogen choline	营养素	符合 GMP	

序号	食品添加剂	食品名称/用途	最大使用量	备注
772	柠檬黄 Tartrazine	食品用着色剂	符合GMP	
773	叔丁基对苯二酚 TBHQ	含油脂食品	0.02%	
774	茶 Tea	精油、油树脂（脱溶剂）和天然提取物（包括蒸馏物）	未规定	
775	萜烯树脂 Terpene resin	明胶微胶囊	0.07%	
		抗坏血酸及其盐类粉末	7%	
776	焦磷酸钠 Tetrasodium pyrophosphate	螯合剂	符合GMP	
		由干燥食品包装用棉和棉织品迁移入食品的物质	未规定	
777	2,4,5-三羟基丁酰苯 THBP	含油脂食品	0.02%	
778	硫胺素盐酸盐 Thiamine hydrochloride	香味剂及其辅料、营养增补剂	符合GMP	
779	硫胺素硝酸盐 Thiamine nitrate	营养增补剂	符合GMP	
780	硫代二丙酸 Thiodipropanoic acid	油脂（包括挥发性油）	0.02%	
781	百里香 Thyme	香辛料及其他天然调味料和香味料	未规定	
		天然香料和与香料有协作作用的天然物质	未规定	
782	白麝香草 Thyme, white	精油、油树脂（脱溶剂）和天然提取物（包括蒸馏物）	未规定	
783	麝香草（野生或种植） Thyme, wild or creeping	精油、油树脂（脱溶剂）和天然提取物（包括蒸馏物）	未规定	
784	麝香草（野生或种植） Thyme, wild or creepling	香辛料及其他天然调味料和香味料	未规定	
785	二氧化钛 Titanium dioxide	一般食品	1%	
786	生育酚类 Tocopherols	化学防腐剂	符合GMP	
		营养素	符合GMP	
787	硅酸三钙 Tricalcium silicate	餐桌用盐	2%	
788	柠檬酸三乙酯 Triethyl citrate	增香剂、溶剂和媒介剂、表面活性剂	符合GMP	
789	三硬脂酸甘油酯 Tristearin	糖果	3%	
		可可制品、仿巧克力和它们的涂层制品，油脂复合配料	1%	
		加工油脂	0.5%	
790	胰蛋白酶 Trypsin	用做水解蛋白和多肽的酶	符合GMP	
791	晚香玉 Tuberose	精油、油树脂（脱溶剂）和天然提取物（包括蒸馏物）	未规定	
792	尿素 Urea	焙烤食品及预混合料、含醇饮料	符合GMP	

序号	食品添加剂	食品名称/用途	最大使用量	备注
793	脲酶 Urease	葡萄酒	符合 GMP	
794	缬草块茎和根 Valerian stem and root	天然香料和与香料有协作作用的天然物质	未规定	
795	香草 Vanilla	香辛料及其他天然调味料和香味料、精油、油树脂（脱溶剂）和天然提取物（包括蒸馏物）	未规定	
796	香兰素 Vanillin	其他的与香辛料、调味料、精油、油树脂和天然提取物，由纸和纸板迁移入食品的物质	未规定	
797	蔬菜汁 Vegetable juice	一般食品	符合 GMP	
798	岩兰草 Vetiver	含酒精饮料	未规定	
799	三色堇 Viola tricolor	天然香料和与香料有协作作用的天然物质	未规定	
800	紫罗兰花 Violet flowers	精油、油树脂（脱溶剂）和天然提取物（包括蒸馏物）	未规定	
801	紫罗兰叶 Violet leaves	精油、油树脂（脱溶剂）和天然提取物（包括蒸馏物）	未规定	
802	维生素 A Vitamin A	营养增补剂	符合 GMP	
803	维生素 B_{12} Vitamin B_{12}	营养增补剂	符合 GMP	
804	维生素 D Vitamin D	谷类制品和通心面制品	90 IU/100g	
		乳制品	89 IU/100g	
		牛乳	42 IU/100g	
		谷类早餐食品	350IU/100g	
805	核桃外壳、叶和青果仁 Walnut, coat, leaf and pip	天然香料和与香料有协作作用的天然物质	未规定	
806	鹰爪豆花 Weaversbroom, flower	天然香料和与香料有协作作用的天然物质	未规定	
807	小麦面筋 Wheat gluten	面团强筋剂、配方助剂、营养增补剂加工助剂、稳定剂和增稠剂、表面加工剂和品质改良剂	符合 GMP	
808	小麦淀粉 Wheat starch	由干燥食品包装用棉和棉织品迁移入食品的物质	未规定	
809	白柏木的叶和嫩枝 White cypress, twig and leaf	天然香料和与香料有协作作用的天然物质	无苧酮	
810	白矿物油 White mineral oil	含特殊食品的胶囊和片剂，含香料、香辛料、调味料和营养素等浓缩物的胶囊和片剂，但不包括糖果	0.6%	
		糖果	0.3%	
		食用山梨酸	0.25%	
		糖果生产	0.2%	
		焙烤制品、酵母	0.15%	
		干蛋白	0.1%	
		冻肉上热熔涂层	0.095%	

序号	食品添加剂	食品名称/用途	最大使用量	备注
810	白矿物油 White mineral oil	小麦、玉米、大豆、大麦、大米、黑麦、燕麦和高粱、脱水果蔬	0.02%	
		用做醋和果酒制造时发酵液上面的漂浮物、生鲜蔬菜、酸菜腌制	符合GMP	
811	白栎的锯屑 White oak, sawdust	天然香料和与香料有协作作用的天然物质	未规定	
812	白松树皮 White pine, bark	含酒精饮料	未规定	
813	白松油 White pine, oil	天然香料和与香料有协作作用的天然物质	未规定	
814	黄原胶 Xanthan gum	乳化剂、稳定剂、增稠剂、悬浮剂、增容剂或增泡剂	符合GMP	
815	木糖醇 Xylitol	特殊膳食食品	达到要求的效果即可	
816	蓍草 Yarrow	含酒精饮料	无苧酮	
817	酵母-麦芽浸取物 Yeast-malt extract	增味剂	达到要求的效果即可	
818	依兰 Ylang-ylang	精油、油树脂（脱溶剂）和天然提取物（包括蒸馏物）	未规定	
819	莪术 Zedoary	香辛料及其他天然调味料和香味料	未规定	
820	莪术皮 Zedoary, bark	精油、油树脂（脱溶剂）和天然提取物（包括蒸馏物）	未规定	
821	玉米醇溶蛋白 Zein	表面加工剂	符合GMP	
822	氯化锌 Zinc chloride	营养素	符合GMP	
		由干燥食品包装用棉和棉织品迁移入食品的物质	未规定	
823	葡萄糖酸锌 Zinc gluconate	营养素	符合GMP	
824	亚硫酸氢锌 Zinc hydrosulfite	由纸和纸板迁移入食品的物质	未规定	
825	蛋氨酸锌硫酸盐 Zinc methionine sulfate	营养素锌供给源	未规定	
826	氧化锌 Zinc oxide	营养素	符合GMP	
827	硬脂酸锌 Zinc stearate	营养素	符合GMP	
828	硫酸锌 Zinc sulfate	营养素	符合GMP	
		由纸和纸板迁移入食品的物质	未规定	
829	胰酶制剂 Zymine	水解蛋白质和多肽的酶	符合GMP	
830	α-淀粉酶制品，得自嗜热脂肪芽孢杆 α-amylase products derived from Bacillus stearothermophilus	用做食用淀粉水解生产麦芽糊精和营养型碳水化合物甜味剂过程中的酶	符合GMP	

序号	食品添加剂	食品名称/用途	最大使用量	备注
831	α-生育酚 α - tocopherol	注射式生产火腿	符合 GMP	
832	α-生育酚醋酸酯 α - tocopherol acetate	营养素	符合 GMP	
833	β-阿朴-8′-胡萝卜醛 β - apo - 8′ - carotenal	固体或半固体食品	15 mg/lb	
		液体食品	15 mg/Pint	
834	β-胡萝卜素 β - carotene	类乳制品	符合 GMP	
		一般食品	符合 GMP	
		油脂、加工的水果和果汁	未规定	

第三章 日本食品安全限量标准

第一节 概 述

在日本,"安全""安心"是国民普遍关注的课题。日本对食品安全管理有一个完整的体系,主要执行部门为农林水产省、厚生劳动省及食品安全委员会。农林水产省负责农产品生产、运输、加工、流通及农药等管理,厚生劳动省负责食品加工、流通、餐饮以及进口食品管理。食品安全委员会负责监督食品安全政策的实施,审议有关食品安全的重要政策,并协调农林水产省和厚生劳动省之间在食品安全管理方面的关系。食品安全委员会直属内阁,由7位公认"能不受他人左右"的专家组成,他们拥有向农林水产省、厚生劳动省提出建议和进行监督和检查的权力。与食品有关的法律多达13个。涉及农药兽药使用以及残留限量标准制定的相关法律主要有《农药取缔法》《食品卫生法》及《食品安全基本法》。

《农药取缔法》于1948年颁布,目的是通过建立农药登记制度、执行销售及使用等方面的规定,确保农药的质量和安全以及被正确地使用,以求维护农业生产的稳定和保护国民的健康,保护国民生活环境。《农药取缔法》的执行机构为农林水产省,其业务范围包括登记农药,并根据毒性试验的数据等制定登记农药的使用规定及残留限量。《农药取缔法》明确规定没有登记的农药不得使用。世界上正在使用的农药约有800余种,而日本国内登记的农药仅有300种。日本食品自给率仅40%,60%的食品需要从国外进口。对于在国内没有登记但在进口食品中存在的农药,曾因没有限量标准而无法对其采取措施。2003年日本通过颁布《食品安全基本法》以及对《食品卫生法》进行修改,并调节机构设置将农药等残留限量标准制定的功能划归厚生劳动省,结束了两省均有制定残留限量的业务而存在共管的矛盾局面。

《食品卫生法》于1947年颁布,旨在从公共卫生的角度采取必要管理措施,防止发生由饮食而引发的卫生事故,达到保护国民健康的目的。日本的食品安全管理工作依据《食品卫生法》进行。这项工作包含制定食品、添加剂、器具和食品包装、盛放容器的标准和规格,以及制定农兽药残留标准等。厚生省根据该法第7条第1项及第10条规定,于1948年发布题为《食品、添加剂、器具包装容器的规格基准》的第54号告示,对食品添加剂、农兽药残留限量标准等做出了规定。当时仅对三十余种农药等残留标准做了限量规定。1959年发布第370号告示取代第54号告示。后多次发布告示,对第370号告示进行修改,增加农药等的限量规定。2001年以来,日本相继发生了雪印事件、O157中毒事件、疯牛病等食品安全事件。如何将相关法律衔接起来,确保食品供给过程的各个阶段的安全,曾成为日本急需解决的问题。在此背景下,2002年日本设立了直辖于内阁的食品安全委员会,并于2003年

5月23日通过了《食品安全基本法》，同时日本政府对当时的《食品卫生法》及其《实施细则》进行了修订，决定在从2003年5月起的3年内逐步引入食品中残留农药、兽药及饲料添加剂的"肯定列表"制度。该制度已于2006年5月29日正式实施。在"肯定列表"实施前，日本仅对250种农药及33种兽药制定了限量标准，"肯定列表"的制定根本上杜绝了含有日本没有设定限量农药残留的进口食品仍然可以进入日本并在日本流通的情况。"肯定列表"涉及对所有农业化学品的管理。在该制度下，可以说是对所有农业化学品制定了限量标准，包括"暂定最大残留限量标准"和"一律限量标准"。此外，还制定了"豁免物质"清单。"肯定列表"涉及的农业化学品残留限量包括4个类型：

1."暂定标准"共涉及农药、兽药和饲料添加剂734种，农产品食品264种，暂定限量标准51 392条。

2.沿用原限量标准而未重新制定暂定限量标准，共涉及63种农业及农业化学品，175种农产品食品，2 470条残留限量标准。

3."一律标准"是指对未涵盖在上述标准中的所有其他农业化学品或其他农产品制定的一个统一限量标准，即0.01 ppm。

4.豁免物质，共68种，包括13种杀虫剂和兽药、50种食品添加剂和5种其他物质。

此外，还有19种农业化学品不得在任何食品中检出。截止到2009年4月不得检出物质的最低检出限见下表：

序号	物质名称	最低检出限（ppm）	备注
1	2，4，5-涕	0.05	
2	三唑锡和环己锡	0.02	
3	杀草强	0.025	
4	敌菌丹	0.01	
5	卡巴氧	0.001	
6	蝇毒磷	0.01	矿泉水中为0.001 ppm
7	氯霉素	0.000 5	蜂王浆中为0.005 ppm
8	氯丙嗪	0.000 1	
9	甲硝唑	0.000 1	
10	洛硝哒唑	0.000 2	
11	地米硝唑	0.000 2	
12	虫酰肼	0.1	矿泉水中为0.002 ppm
13	呋喃西林	0.001	
14	呋喃唑酮	0.001	检测代谢物
15	呋喃他酮	0.001	检测代谢物
16	呋喃妥因	0.001	检测代谢物
17	苯胺灵	0.01	

序号	物质名称	最低检出限（ppm）	备注
18	孔雀石绿	0.002	
19	己烯雌酚	0.0005	

肯定列表中涉及大量暂定标准，日本将根据最新的研究及科学信息对其进行修改及更新。欲知最新限量标准，请访问如下网址：

http：//www.mhlw.go.jp/topics/bukyoku/iyaku/syoku-anzen/zanryu2/591228-1.html

第二节 日本农药最高残留限量标准

序号	农药名称（残留标示物）	商品种类	商品名称	限量标准（μg/kg）
1	乙滴涕 1,1-Dichloro-2,2-Bis(4-Ethylphenyl)Ethane	谷粮	玉米、大麦、干豆类、豌豆、蚕豆、花生、其他豆类	10
		薯类	马铃薯、芋头、甘薯、山药、魔芋、其他薯类	10
		十字花科蔬菜	糖用甜菜、日本萝卜（根）、日本萝卜（叶）、芜菁（根）、芜菁（叶）、山葵、豆瓣菜、大白菜、甘蓝、球芽甘蓝、羽衣甘蓝、小松菜、京菜、青梗菜、花椰菜、椰菜、其他十字花科蔬菜	10
		菊科蔬菜	牛蒡、婆罗门参、朝鲜蓟、苦苣、菊苣、茼蒿、莴苣、其他菊科蔬菜	10
		百合科蔬菜	洋葱、葱、大蒜、韭菜、芦笋、繁殖洋葱、其他百合科蔬菜	10
		伞状花科蔬菜	胡萝卜、欧洲防风草、欧芹、芹菜、鸭儿芹、其他伞状花科蔬菜	10
		茄科、葫芦科蔬菜	西红柿、西班牙甘椒、茄子、其他茄科蔬菜、黄瓜、南瓜、越瓜、西瓜、其他瓜类、甜瓜、其他葫芦科蔬菜	10
		豆类蔬菜	豌豆、腰果、枝豆	10
		菇类	未开的蘑菇、其他蘑菇	10
		杂项蔬菜	菠菜、竹笋、黄秋葵、姜	10
		其他蔬菜		10
		柑橘类水果	温州橘、夏橙、柠檬、橙、柚子、酸橙、其他柑橘类水果	10
		梨果、核果、浆果	苹果、日本梨、梨、温柏、枇杷、桃子、油桃、杏、日本李子、梅子、樱桃、草莓、悬钩子、黑莓、蓝莓、蔓越橘、越橘类、葡萄、其他浆果	10
		热带及亚热带水果	日本柿子、香蕉、猕猴桃、番木瓜、鳄梨、菠萝、番石榴、杧果、西番莲果、椰枣	10
		其他水果		10
		油籽	葵花籽、芝麻籽、红花籽、棉籽、菜籽、其他油籽	10
		坚果	银杏果、栗子、美洲山核桃、杏仁、核桃、其他坚果	10
		茶		100
		啤酒花		100

序号	农药名称（残留标示物）	商品种类	商品名称	限量标准（μg/kg）
2	1-萘乙酸 2-(1-Naphthal eneacetic acid)	谷粮	稻、小麦、大麦、黑麦、玉米、荞麦、其他谷粮	100
		豆类	干大豆、干豆类、豌豆、蚕豆、花生、其他豆类	100
		薯类	马铃薯、芋头、甘薯、山药、魔芋、其他薯类	100
		十字花科蔬菜	糖用甜菜、甘蔗、日本萝卜、芜菁、山葵、豆瓣菜、大白菜、甘蓝、球芽甘蓝、羽衣甘蓝、小松菜、京菜、青梗菜、花椰菜、椰菜、其他	100
		菊科蔬菜	牛蒡、婆罗门参、朝鲜蓟、苦苣、菊苣、茼蒿、莴苣、其他	100
		百合科蔬菜	洋葱、葱、大蒜、韭菜、芦笋、繁殖洋葱、其他	100
		伞状花科蔬菜	胡萝卜、欧洲防风草、欧芹、芹菜、鸭儿芹、其他	100
		茄科、葫芦科蔬菜	西红柿、西班牙甘椒、茄子、其他茄科蔬菜、黄瓜、越瓜、西瓜、其他瓜类、甜瓜、其他葫芦科蔬菜	100
		豆类蔬菜	豌豆、腰果、枝豆	100
		菇类	未开的蘑菇、花菇、其他蘑菇	100
		杂项蔬菜	菠菜、竹笋、黄秋葵、姜	100
		其他蔬菜		100
		柑橘类水果	温州橘、夏橙、柠檬、橙、柚子、酸橙、其他	100
		梨果、核果、浆果	苹果、日本梨、梨、温柏	1 000
			菠萝	500
			枇杷、桃子、油桃、杏、日本李子、梅子、樱桃、草莓、悬钩子、黑莓、蓝莓、蔓越橘、越橘类、其他浆果	100
		热带及亚热带水果	葡萄、日本柿子、香蕉、猕猴桃、番木瓜、鳄梨、番石榴、杧果、西番莲果、椰枣	100
		其他水果		100
		油籽	葵花籽、芝麻籽、红花籽、棉籽、菜籽、其他	100
		坚果和种子	银杏果、栗子、美洲山核桃、杏仁、核桃、咖啡豆、可可豆、其他坚果	100
		茶、啤酒花		100
		其他调味料	指除山葵、日本芥末、大蒜、红辣椒/辣椒粉、姜、柠檬皮、橘皮、柚皮、芝麻以外的所有调味料	100
		其他药草	指除豆瓣菜、韭菜、欧芹、芹菜以外的所有药草	100
3	2-(1-萘基)乙酰胺 2-(1-NAPHTHYL) ACETAMIDE	梨果	苹果、梨	100

序号	农药名称（残留标示物）	商品种类	商品名称	限量标准（µg/kg）
4	茅草枯 2，2-DPA	谷粮	稻、小麦、大麦、黑麦、玉米、荞麦、其他	100
		豆类	干大豆、干豆类、豌豆、蚕豆、花生、其他	100
		薯类	马铃薯、芋头、甘薯、山药、魔芋、其他	100
		十字花科蔬菜	糖用甜菜、甘蔗、日本萝卜、芜菁、山葵、豆瓣菜、大白菜、甘蓝、球芽甘蓝、羽衣甘蓝、小松菜、京菜、青梗菜、花椰菜、椰菜、其他	100
		菊科蔬菜	牛蒡、婆罗门参、朝鲜蓟、苦苣、菊苣、茼蒿、莴苣、其他	100
		百合科蔬菜	洋葱、葱、大蒜、韭菜、芦笋、繁殖洋葱、其他	100
		伞状花科蔬菜	胡萝卜、欧洲防风草、芹菜、鸭儿芹、其他	100
			欧芹	50
		茄科、葫芦科蔬菜	西红柿、西班牙甘椒、茄子、其他茄科蔬菜、黄瓜、南瓜、越瓜、西瓜、其他瓜类、甜瓜、其他	100
		豆类蔬菜 菇类 杂项蔬菜	豌豆、腰果、枝豆	100
			未开的蘑菇、花菇、其他蘑菇	100
			菠菜、竹笋、黄秋葵	100
			姜	500
		其他蔬菜		100
		柑橘类水果	温州橘、夏橙、柠檬、橙、柚子、酸橙、其他	100
		梨果、核果、浆果	苹果、日本梨、梨、温柏、枇杷	100
			桃子、油桃、杏、日本李子、梅子、樱桃	1 000
			草莓、悬钩子、黑莓、蓝莓、蔓越橘、越橘类	50
			其他浆果	20 000
			葡萄	3 000
		热带及亚热带水果	香蕉、猕猴桃、番木瓜、鳄梨、菠萝、番石榴	100
			日本柿子、杧果、西番莲果、椰枣	50
		其他水果		50
		油籽	葵花籽、棉籽	100
			芝麻籽、红花籽、菜籽、其他	50
		坚果及种子	银杏果、栗子、核桃、咖啡豆、可可豆、其他	50
			美洲山核桃、杏仁	100
		茶、啤酒花		50
		其他调味料	指除山葵、日本芥末、大蒜、红辣椒/辣椒粉、姜、柠檬皮、橘皮、柚皮、芝麻以外的所有调味料	100
		其他药草	指除豆瓣菜、韭菜、欧芹、芹菜以外的所有药草	100

序号	农药名称（残留标示物）	商品种类	商品名称	限量标准（μg/kg）
5	2,4-滴 2,4-D	谷粮	稻	100
			小麦、大麦、黑麦、其他	500
			玉米	50
			荞麦	200
		豆类及豆类蔬菜	干大豆、干豆类、豌豆、蚕豆、花生、豌豆、腰果、枝豆、其他	50
		薯类	芋头、甘薯、山药、魔芋、其他	50
			马铃薯	200
		十字花科蔬菜	甘蔗、日本萝卜（叶）、芜菁（根）	50
			糖用甜菜、日本萝卜（根）、芜菁（叶）、山葵、豆瓣菜、大白菜、甘蓝、球芽甘蓝、羽衣甘蓝、小松菜、京菜、青梗菜、花椰菜、椰菜、其他	80
		菊科蔬菜	牛蒡、婆罗门参、苦苣、菊苣、茼蒿、莴苣、其他	80
			朝鲜蓟	50
		百合科蔬菜	洋葱、葱、大蒜、韭菜、繁殖洋葱、其他	50
			芦笋	5 000
		伞状花科蔬菜	胡萝卜、欧洲防风草、欧芹、芹菜、其他	80
			鸭儿芹	50
		茄科及葫芦科蔬菜	西红柿	200
			西班牙甘椒、茄子、其他茄科蔬菜、黄瓜、南瓜、越瓜、西瓜、其他瓜类、甜瓜、其他	80
		杂项蔬菜菇类	菠菜	80
			竹笋、黄秋葵	100
			姜	50
			未开的蘑菇、花菇、其他蘑菇	50
		其他蔬菜		70
		柑橘类水果	温州橘	10
			夏橙、柠檬、橙、柚子、酸橙、其他	2 000
		梨果、核果、浆果	苹果、日本梨、梨、温柏、枇杷	10
			桃子、油桃、日本李子、梅子、樱桃	200
			杏	5 000
			草莓	50
			悬钩子、黑莓、蓝莓、越橘类、其他	100
			蔓越橘、葡萄	500

第三章 日本食品安全限量标准

序号	农药名称（残留标示物）	商品种类	商品名称	限量标准（μg/kg）
5	2,4-滴 2,4-D	热带及亚热带水果	日本柿子、香蕉、猕猴桃、番木瓜、菠萝、番石榴、杧果、西番莲果、椰枣	50
			鳄梨	80
		其他水果		200
		油籽	葵花籽、芝麻籽、红花籽、棉籽、菜籽、其他	50
		坚果	银杏果、栗子、美洲山核桃、杏仁、核桃、其他	200
		啤酒花		100
		其他调味料	指除山葵、日本芥末、大蒜、红辣椒/辣椒粉、姜、柠檬皮、橘皮、柚皮、芝麻以外的所有调味料	80
		其他药草	指除豆瓣菜、韭菜、欧芹、芹菜以外的所有药草	2 000
6	2,4-滴丁酸 2,4-DB	谷粮	稻、小麦、大麦、黑麦、玉米、荞麦、干大豆、花生	20
		其他调味料	指除山葵、日本芥末、大蒜、红辣椒/辣椒粉、姜、柠檬皮、橘皮、柚皮、芝麻以外的所有调味料	200
		其他药草	指除豆瓣菜、韭菜、欧芹、芹菜以外的所有药草	200
7	2,6-二氟苯甲酸 2,6-Difluoro benzoic Acid	菇类	未开的蘑菇	1 000
8	2-苯基苯酚 2-Phenylphenol	谷粮	大麦	500
		薯类	甘薯	10 000
		伞状花科蔬菜	胡萝卜	20 000
		茄科及葫芦科蔬菜	西红柿	8 000
			西班牙甘椒、黄瓜、其他茄科蔬菜、甜瓜	10 000
			其他瓜类	10 000
		其他蔬菜		20 000
		水果类	温州橘、夏橙、柠檬、橙、柚子、酸橙、油柑、其他柑橘类、菠萝	10 000
			日本梨、梨、桃子、日本李子	20 000
			樱桃	2 000
		其他调味料	指除山葵、日本芥末、大蒜、红辣椒/辣椒粉、姜、柠檬皮、橘皮、柚皮、芝麻以外的所有调味料	20 000
		其他药草	指除豆瓣菜、韭菜、欧芹、芹菜以外的所有药草	20 000
9	4-氨基吡啶 4-Aminopyridine	谷粮	玉米	100
		油籽	葵花籽	100

序号	农药名称（残留标示物）	商品种类	商品名称	限量标准（μg/kg）
10	对氯苯氧乙酸 4-CPA	谷粮	稻、小麦、大麦、黑麦、玉米、荞麦、其他	20
		豆类	干大豆、豌豆、蚕豆、花生、其他	20
			干豆类	200
		薯类	马铃薯、芋头、甘薯、山药、魔芋、其他	20
		十字花科蔬菜	糖用甜菜、甘蔗、日本萝卜（根）、日本萝卜（叶）、芜菁（根）、芜菁（叶）、山葵、豆瓣菜、大白菜、甘蓝、球芽甘蓝、羽衣甘蓝、小松菜、京菜、青梗菜、花椰菜、椰菜、其他	20
		菊科蔬菜	牛蒡、婆罗门参、朝鲜蓟、菊苣、茼蒿、莴苣、其他	20
		百合科蔬菜	洋葱、葱、大蒜、韭菜、芦笋、繁殖洋葱、其他	20
		伞状花科蔬菜	胡萝卜、欧洲防风草、欧芹、芹菜、鸭儿芹、其他	20
		茄科、葫芦科蔬菜	西红柿、茄子、其他茄科蔬菜、黄瓜、南瓜、越瓜、西瓜、其他瓜类、甜瓜、其他葫芦科蔬菜	100
			西班牙甘椒	20
		豆类蔬菜	豌豆、枝豆	20
		菇类	未开的蘑菇、花菇、其他蘑菇	20
		杂项蔬菜	菠菜、竹笋、黄秋葵、姜	20
		其他蔬菜		100
		柑橘类水果	温州橘、夏橙、柠檬、橙、柚子、酸橙、其他	20
		梨果、核果、浆果	苹果、日本梨、梨、温柏、油桃、杏、日本李子、梅子、樱桃、草莓、悬钩子、黑莓、蓝莓、蔓越橘、越橘类、葡萄、其他	20
			枇杷、桃子	100
		热带及亚热带水果	日本柿子、香蕉、番木瓜、鳄梨、菠萝、番石榴、杧果、西番莲果、椰枣	20
			猕猴桃	100
		其他水果		20
		油籽	葵花籽、芝麻籽、红花籽、棉籽、菜籽、其他	20
		坚果和种子	银杏果、栗子、美洲山核桃、杏仁、核桃、咖啡豆、可可豆、其他	20
			腰果	2 000
		茶、啤酒花		20
		其他调味料	指除山葵、日本芥末、大蒜、红辣椒/辣椒粉、姜、柠檬皮、橘皮、柚皮、芝麻以外的所有调味料	100
		其他药草	指除豆瓣菜、韭菜、欧芹、芹菜以外的所有药草	100

第三章 日本食品安全限量标准

序号	农药名称（残留标示物）	商品种类	商品名称	限量标准（μg/kg）
11	阿维菌素 Abamectin	谷粮	稻、小麦、大麦、黑麦、玉米、荞麦、其他	10
		豆类	干大豆、干豆类、豌豆、蚕豆、花生、其他	10
		薯类	马铃薯、芋头、甘薯、山药、魔芋、其他	10
		十字花科蔬菜	糖用甜菜、日本萝卜（根）、日本萝卜（叶）、芜菁（根）、芜菁（叶）、山葵、大白菜、甘蓝、球芽甘蓝、羽衣甘蓝、小松菜、京菜、青梗菜、花椰菜、椰菜	10
			豆瓣菜、其他	100
			甘蔗	80
		菊科蔬菜	牛蒡、婆罗门参、朝鲜蓟	10
			菊苣	100
			莴苣	50
			茼蒿、其他	60
		百合科蔬菜	洋葱、葱、大蒜、芦笋、繁殖洋葱	10
			韭菜、其他	20
		伞状花科蔬菜	胡萝卜、欧洲防风草、鸭儿芹	10
			芹菜	50
			欧芹、其他	60
		茄科、葫芦科蔬菜	西红柿、西班牙甘椒、茄子	20
			其他茄科蔬菜	30
			越瓜、其他葫芦科蔬菜	8
			黄瓜、南瓜、西瓜、其他瓜类、甜瓜	10
		豆类蔬菜	豌豆	100
			枝豆	10
		杂项蔬菜	菠菜	60
			竹笋、黄秋葵、姜、腰果	10
		其他蔬菜		100
		柑橘类水果	温州橘、夏橙、柠檬、橙、柚子、酸橙、其他	10
		梨果、核果、浆果	苹果、日本梨、梨、桃子、油桃、杏、樱桃、草莓、其他	20
			温柏、枇杷、日本李子、梅子、悬钩子、黑莓、蓝莓、蔓越橘、越橘类	10
		热带及亚热带水果	日本柿子、香蕉、猕猴桃、番木瓜、菠萝、石榴、杧果、西番莲果、椰枣	10
			葡萄、鳄梨	20
		其他水果		20
		油籽	葵花籽、芝麻籽、红花籽、菜籽、其他	20
			棉籽	10
		坚果及种子	银杏果、栗子、美洲山核桃、其他坚果	20
			杏仁、核桃	10
			可可豆、咖啡豆	8

序号	农药名称 (残留标示物)	商品种类	商品名称	限量标准 (μg/kg)
11	阿维菌素 Abamectin	茶		20
		啤酒花		10
		其他调味料	指除山葵、日本芥末、大蒜、红辣椒/辣椒粉、姜、柠檬皮、橘皮、柚皮、芝麻以外的所有调味料	100
		其他药草	指除豆瓣菜、韭菜、欧芹、芹菜以外的所有药草	100
12	乙酰甲胺磷 Acephate	豆类	干大豆、玉米	500
			蚕豆	2 000
			干豆类	3 000
			花生	200
			其他	1 000
		薯类	马铃薯	1 000
			山药	500
		十字花科蔬菜	甘蔗、山葵、豆瓣菜、大白菜、甘蓝、球芽甘蓝、羽衣甘蓝、小松菜、青梗菜、花椰菜、椰菜、其他	5 000
			糖用甜菜	100
			日本萝卜（根）、芜菁（根）	1 000
			京菜	50
			日本萝卜（叶）、芜菁（叶）	10 000
		菊科蔬菜	牛蒡	100
			菊苣	6 000
			茼蒿	60
			莴苣	5 000
			其他	200
		百合科蔬菜	洋葱、韭菜、其他	500
			葱、繁殖洋葱	100
			大蒜	2 000
		伞状花科蔬菜	欧芹、其他	500
			芹菜	10 000
			鸭儿芹	20
		葫芦科蔬菜	西红柿、西班牙甘椒、茄子、黄瓜、	5 000
			其他茄科蔬菜	50
			南瓜、越瓜、其他瓜类	1 000
			西瓜、其他葫芦科蔬菜	500
			甜瓜	10

第三章　日本食品安全限量标准

序号	农药名称（残留标示物）	商品种类	商品名称	限量标准（μg/kg）
12	乙酰甲胺磷 Acephate	菇类	未开的蘑菇、花菇、其他蘑菇	1 000
		豆类蔬菜	豌豆	100
			枝豆	500
		杂项蔬菜	菠菜	6 000
			竹笋	3 000
			姜	100
			黄秋葵	5 000
		其他蔬菜		3 000
		柑橘类水果	温州橘、夏橙、柠檬、橙、柚子、酸橙、其他	5 000
		浆果	蔓越橘	500
		热带及亚热带水果	葡萄	5 000
			日本柿子	2 000
			香蕉	1 000
		其他水果		1 000
		油籽	棉籽	2 000
		坚果	其他	100
			腰果	3 000
		茶		10 000
		其他调味料	指除山葵、日本芥末、大蒜、红辣椒/辣椒粉、姜、柠檬皮、橘皮、柚皮、芝麻以外的所有调味料	5 000
		其他药草	指除豆瓣菜、韭菜、欧芹、芹菜以外的所有药草	5 000
13	灭螨醌 Acequinocyl	谷粮	稻、小麦、大麦、黑麦、玉米、荞麦、其他	20
		豆类	干大豆、干豆类、豌豆、蚕豆、花生、其他	20
		薯类	马铃薯、芋头、甘薯、山药、魔芋、其他	20
		十字花科蔬菜	糖用甜菜、甘蔗、日本萝卜（根）、日本萝卜（叶）、芜菁（根）、芜菁（叶）、山葵、豆瓣菜、大白菜、甘蓝、球芽甘蓝、羽衣甘蓝、小松菜、京菜、青梗菜、花椰菜、椰菜、其他	20
		菊科蔬菜	牛蒡、婆罗门参、朝鲜蓟、苦苣、菊苣、茼蒿、莴苣、其他	20
		百合科蔬菜	洋葱、葱、大蒜、韭菜、芦笋、繁殖洋葱、其他	20
		伞状花科蔬菜	胡萝卜、欧洲防风草、欧芹、芹菜、鸭儿芹、其他	20

序号	农药名称（残留标示物）	商品种类	商品名称	限量标准（μg/kg）
13	灭螨醌 Acequinocyl	茄科、葫芦科蔬菜	西红柿、茄子、南瓜、越瓜、西瓜、其他瓜类、其他葫芦科蔬菜	1 000
			西班牙甘椒	20
			其他茄科蔬菜	10
			黄瓜	500
			甜瓜	100
		豆类蔬菜	豌豆、腰果、枝豆	20
		菇类	未开的蘑菇、花菇、其他蘑菇	20
		杂项蔬菜	菠菜、竹笋、黄秋葵、姜	20
		其他蔬菜		1 000
		柑橘类水果	夏橙、橙、柚子、酸橙、其他	2 000
			温州橘	200
			柠檬	1 000
		梨果、核果、浆果	日本梨、梨、温柏、油桃、杏、梅子、樱桃、草莓、悬钩子、黑莓、蓝莓、蔓越橘、越橘类、其他浆果	2 000
			苹果、日本李子	1 000
			枇杷、桃子	100
		热带及亚热带水果	日本柿子、香蕉、番木瓜、鳄梨、菠萝、番石榴、杧果、西番莲果、椰枣	2 000
			葡萄	500
			猕猴桃	100
		其他水果		2 000
		油籽及种子	葵花籽、芝麻籽、红花籽、棉籽、菜籽、咖啡豆、可可豆、其他	20
		坚果	银杏果、栗子、美洲山核桃、杏仁、核桃、其他	20
		茶		50 000
		啤酒花		20
		其他调味料	指除山葵、日本芥末、大蒜、红辣椒/辣椒粉、姜、柠檬皮、橘皮、柚皮、芝麻以外的所有调味料	2 000
		其他药草	指除豆瓣菜、韭菜、欧芹、芹菜以外的所有药草	1 000
14	吡虫清 Acetamiprid	谷粮	稻、小麦、大麦、黑麦、玉米、荞麦、其他	200
		豆类	干大豆、干豆类、豌豆、蚕豆、花生、其他	2 000
		薯类	马铃薯、芋头、甘薯、山药、魔芋、其他	500

序号	农药名称 (残留标示物)	商品种类	商品名称	限量标准 (μg/kg)
14	吡虫清 Acetamiprid	十字花科蔬菜	甘蔗、日本萝卜(叶)、芜菁(叶)、豆瓣菜、大白菜、甘蓝、球芽甘蓝、羽衣甘蓝、小松菜、青梗菜、花椰菜、椰菜、其他	5 000
			糖用甜菜	200
			日本萝卜(根)	500
			芜菁(根)、山葵	100
			京菜	50
		菊科蔬菜	朝鲜蓟、苦苣、菊苣、莴苣、其他	5 000
			牛蒡、婆罗门参	100
			茼蒿	50
		百合科蔬菜	葱、芦笋、繁殖洋葱、其他	5 000
			洋葱、大蒜	200
			韭菜	50
		伞状花科蔬菜	欧芹、芹菜、其他	5 000
			胡萝卜、欧洲防风草	100
			鸭儿芹	50
		葫芦科蔬菜	西红柿、西班牙甘椒、茄子、黄瓜	5 000
			其他茄科蔬菜、其他葫芦科蔬菜、南瓜、越瓜	2 000
			西瓜	500
			其他瓜类、甜瓜	1 000
		豆类蔬菜及杂项蔬菜	竹笋、黄秋葵、枝豆	2 000
			菠菜	5 000
			姜	500
			豌豆、腰果	1 000
		其他蔬菜		5 000
		柑橘类水果	夏橙、柠檬、橙、柚子、酸橙、其他	5 000
			温州橘	1 000
		梨果、核果、浆果	苹果、日本梨、梨、桃子、杏、日本李子、梅子、樱桃、草莓、悬钩子、黑莓、蓝莓、蔓越橘、越橘类、其他	5 000
			温柏、枇杷、油桃	1 000
		热带及亚热带水果	日本柿子、香蕉、猕猴桃、番木瓜、鳄梨、菠萝、番石榴、杧果、西番莲果	1 000
			葡萄、椰枣	5 000
		其他水果		5 000
		油籽	棉籽	300
			菜籽、其他油籽	10

序号	农药名称 （残留标示物）	商品种类	商品名称	限量标准 （μg/kg）
14	吡虫清 Acetamiprid	茶		50 000
		其他调味料	指除山葵、日本芥末、大蒜、红辣椒/辣椒粉、姜、柠檬皮、橘皮、柚皮、芝麻以外的所有调味料	5 000
		其他药草	指除豆瓣菜、韭菜、欧芹、芹菜以外的所有药草	5 000
15	乙草胺 Acetochlor	谷粮	小麦	100
			黑麦	50
			其他粮谷	20
		豆类	干大豆	100
		百合科蔬菜	洋葱、葱	50
		豆类蔬菜	腰果	1 000
16	苯并噻二唑 Acibenzolar-smethyl	谷粮	小麦、大麦、黑麦、玉米、荞麦、其他	50
			稻	100
		十字花科蔬菜	大白菜、甘蓝、球芽甘蓝、羽衣甘蓝、小松菜、京菜、青梗菜、花椰菜、椰菜、其他	1 000
			豆瓣菜	300
		菊科蔬菜	菊苣、茼蒿、莴苣、其他	300
		百合科蔬菜	洋葱	50
		伞状花科蔬菜	欧芹、芹菜、其他	300
		葫芦科蔬菜	西红柿、西班牙甘椒、茄子、其他茄科蔬菜	1 000
		杂项蔬菜	菠菜	1 000
		其他蔬菜		300
		热带及亚热带水果	香蕉	100
		油籽	棉籽	20
		其他调味料	指除山葵、日本芥末、大蒜、红辣椒/辣椒粉、姜、柠檬皮、橘皮、柚皮、芝麻以外的所有调味料	1 000
		其他药草	指除豆瓣菜、韭菜、欧芹、芹菜以外的所有药草	1 000
17	三氟羧草醚 Acifluorfen	谷粮	稻	100
		豆类	干大豆、干豆类、豌豆、蚕豆、其他豆类	100
			花生	80
		豆类蔬菜	腰果、枝豆	100
		其他蔬菜		100
		浆果	草莓	50
		其他调味料	指除山葵、日本芥末、大蒜、红辣椒/辣椒粉、姜、柠檬皮、橘皮、柚皮、芝麻以外的所有调味料	100
		其他药草	指除豆瓣菜、韭菜、欧芹、芹菜以外的所有药草	100

第三章 日本食品安全限量标准

序号	农药名称 (残留标示物)	商品种类	商品名称	限量标准 (μg/kg)
18	氟丙菊酯 Acrinathrin	谷粮	玉米	100
		豆类	干大豆	100
		十字花科蔬菜	日本萝卜（叶）、芜菁（叶）、山葵、豆瓣菜、球芽甘蓝、羽衣甘蓝、小松菜、京菜、青梗菜、花椰菜、椰菜、其他十字花科蔬菜	2 000
		菊科蔬菜	朝鲜蓟、苦苣、菊苣、茼蒿、莴苣、其他菊科蔬菜	2 000
		百合科蔬菜	葱、韭菜、芦笋、繁殖洋葱、其他百合科蔬菜	2 000
			洋葱	100
		伞状花科蔬菜	欧芹、芹菜、其他伞状花科蔬菜	2 000
			鸭儿芹	1 000
		葫芦科蔬菜	西红柿、茄子、黄瓜	500
			西班牙甘椒、其他茄科蔬菜	1 000
			南瓜、越瓜、西瓜、其他瓜类、甜瓜、其他葫芦科蔬菜	200
		杂项蔬菜	菠菜	2 000
			黄秋葵	1 000
		豆类蔬菜	豌豆、腰果	300
		其他蔬菜		2 000
		柑橘类水果	温州橘、夏橙、柠檬、橙、柚子、酸橙、其他柑橘类水果	2 000
		梨果、浆果、核果	苹果、日本梨、梨	500
			温柏、枇杷	100
			桃子	200
			油桃、杏、日本李子、梅子、樱桃、草莓、悬钩子、黑莓、蓝莓、蔓越橘、越橘类、其他浆果	2 000
		热带及亚热带水果	日本柿子、香蕉、番木瓜、鳄梨、菠萝、番石榴、杧果、西番莲果	1 000
			猕猴桃	100
			葡萄、椰枣、其他水果	2 000
		油籽	棉籽	200
		茶		10 000
		其他调味料	指除山葵、日本芥末、大蒜、红辣椒/辣椒粉、姜、柠檬皮、橘皮、柚皮、芝麻以外的所有调味料	2 000
		其他药草	指除豆瓣菜、韭菜、欧芹、芹菜以外的所有药草	2 000

· 251 ·

序号	农药名称 （残留标示物）	商品种类	商品名称	限量标准 （μg/kg）
19	甲草胺 Alachlor	谷粮	稻、小麦、大麦、黑麦、荞麦	50
			玉米	200
			其他	100
		豆类	豌豆、花生	50
			干大豆	200
			蚕豆、其他	100
		豆类蔬菜	豌豆、腰果、枝豆	10
		菇类	未开的蘑菇、花菇、其他蘑菇	10
		薯类	马铃薯、芋头、甘薯、山药、魔芋、其他	10
		十字花科蔬菜	糖用甜菜、甘蔗、日本萝卜（根）、日本萝卜（叶）、芜菁（根）、芜菁（叶）、山葵、豆瓣菜、大白菜、甘蓝、球芽甘蓝、羽衣甘蓝、小松菜、京菜、青梗菜、花椰菜、椰菜、其他	10
		菊科蔬菜	牛蒡、婆罗门参、朝鲜蓟、苦苣、菊苣、茼蒿、莴苣、其他	10
		百合科蔬菜	洋葱、葱、大蒜、韭菜、芦笋、繁殖洋葱、其他	10
		伞状花科蔬菜	胡萝卜、欧洲防风草、欧芹、芹菜、鸭儿芹、其他	10
		茄科、葫芦科蔬菜	西红柿、西班牙青椒、茄子、其他茄科蔬菜、黄瓜、南瓜、越瓜、西瓜、其他瓜类、甜瓜、其他葫芦科蔬菜	10
		杂项蔬菜	菠菜、竹笋、黄秋葵、姜	10
		其他蔬菜		10
		柑橘类水果	温州橘、夏橙、柠檬、橙、柚子、酸橙、其他	10
		梨果、核果、浆果	苹果、日本梨、梨、温柏、枇杷、桃子、油桃、杏、日本李子、梅子、樱桃、草莓、悬钩子、黑莓、蓝莓、蔓越橘、越橘类、其他浆果类	10
		热带及亚热带水果	葡萄、日本柿子、香蕉、猕猴桃、番木瓜、鳄梨、菠萝、番石榴、杧果、西番莲果、椰枣	10
		其他水果		10
		其他调味料	指除山葵、日本芥末、大蒜、红辣椒/辣椒粉、姜、柠檬皮、橘皮、柚皮、芝麻以外的所有调味料	100
		其他药草	指除豆瓣菜、韭菜、欧芹、芹菜以外的所有药草	100
20	棉铃威 Alanycarb	薯类	马铃薯、芋头、甘薯、山药、魔芋、其他	500
		十字花科蔬菜	糖用甜菜、甘蔗、日本萝卜（根）、日本萝卜（叶）、芜菁（根）、芜菁（叶）、山葵、豆瓣菜、大白菜、甘蓝、球芽甘蓝、羽衣甘蓝、小松菜、京菜、青梗菜、花椰菜、椰菜、其他	100

第三章 日本食品安全限量标准

序号	农药名称 (残留标示物)	商品种类	商品名称	限量标准 (μg/kg)
20	棉铃威 Alanycarb	菊科蔬菜	牛蒡、婆罗门参、朝鲜蓟、苦苣、菊苣、茼蒿、莴苣、其他	100
		百合科蔬菜	洋葱、葱、大蒜、韭菜、芦笋、繁殖洋葱、其他	100
		伞状花科蔬菜	胡萝卜、欧洲防风草、欧芹、芹菜、鸭儿芹、其他	100
		茄科、葫芦科蔬菜	西红柿、西班牙甘椒、茄子、其他茄科蔬菜、黄瓜、南瓜、越瓜、其他葫芦科蔬菜	100
			西瓜、其他瓜类、甜瓜	2 000
		豆类蔬菜	豌豆、腰果、枝豆	100
		菇类	未开的蘑菇、花菇、其他蘑菇	100
		杂项蔬菜	菠菜、竹笋、黄秋葵、姜	100
		其他蔬菜		100
		柑橘类水果	温州橘、夏橙、柠檬、橙、柚子、酸橙、其他	2 000
		梨果、核果、浆果	苹果、日本梨、梨、温柏、枇杷、桃子、油桃、杏、日本李子、梅子、樱桃、草莓、悬钩子、黑莓、蓝莓、蔓越橘、越橘类、其他	2 000
		其他水果	葡萄、日本柿子、香蕉、猕猴桃、番木瓜、鳄梨、菠萝、番石榴、杧果、西番莲果、椰枣、其他	2 000
		油籽	葵花籽、芝麻籽、红花籽、棉籽、菜籽、其他	2 000
		坚果	银杏果、栗子、美洲山核桃、杏仁、核桃、其他	2 000
		茶		5 000
		其他调味料	指除山葵、日本芥末、大蒜、红辣椒/辣椒粉、姜、柠檬皮、橘皮、柚皮、芝麻以外的所有调味料	2 000
		其他药草	指除豆瓣菜、韭菜、欧芹、芹菜以外的所有药草	100
21	涕灭威 Aldicarb	谷粮	稻、小麦、大麦、黑麦、玉米、荞麦	20
			其他	200
		豆类	干豆类、蚕豆、其他	100
			干大豆	20
			豌豆、花生	50
		薯类	芋头、山药、魔芋、其他	50
			马铃薯	500
			甘薯	100
		十字花科蔬菜	糖用甜菜、日本萝卜(根)、日本萝卜(叶)、芜菁(根)、芜菁(叶)、山葵、豆瓣菜、大白菜、甘蓝、羽衣甘蓝、小松菜、京菜、青梗菜、椰菜、其他	50
			甘蔗、花椰菜	200
			球芽甘蓝	100

序号	农药名称（残留标示物）	商品种类	商品名称	限量标准（μg/kg）
21	涕灭威 Aldicarb	菊科蔬菜	牛蒡、婆罗门参、朝鲜蓟、苦苣、菊苣、茼蒿、莴苣、其他	50
		百合科蔬菜	洋葱、葱、大蒜、韭菜、芦笋、繁殖洋葱、其他	50
		伞状花科蔬菜	欧芹、芹菜、鸭儿芹、其他	50
			胡萝卜、欧洲防风草	100
		茄科、葫芦科蔬菜	西红柿、西班牙甘椒、茄子、其他茄科蔬菜、黄瓜、南瓜、越瓜、西瓜、其他瓜类、甜瓜、其他葫芦科	50
		杂项蔬菜	菠菜、竹笋、黄秋葵、姜	50
		菇类	未开的蘑菇、花菇、其他蘑菇	50
		豆类蔬菜	豌豆、腰果、枝豆	50
		其他蔬菜		100
		柑橘类水果	柠檬、橙、柚子、酸橙	300
			温州橘、夏橙、其他	200
		梨果、核果、浆果	苹果、日本梨、梨、温柏、枇杷、桃子、油桃、杏、日本李子、梅子、樱桃、悬钩子、黑莓、蓝莓、蔓越橘、越橘类、其他	50
			草莓	200
		热带及亚热带水果	葡萄、日本柿子、香蕉、猕猴桃、番木瓜、鳄梨、菠萝、番石榴、杧果、西番莲果、椰枣	50
		其他水果		50
		油籽	葵花籽、芝麻籽、红花籽、菜籽、其他	50
			棉籽	100
		坚果及种子	银杏果、栗子、杏仁、核桃、其他	50
			咖啡豆	100
			美洲山核桃	500
		茶、啤酒花		50
		其他调味料	指除山葵、日本芥末、大蒜、红辣椒/辣椒粉、姜、柠檬皮、橘皮、柚皮、芝麻以外的所有调味料	300
		其他药草	指除豆瓣菜、韭菜、欧芹、芹菜以外的所有药草	100
22	涕灭砜威 Aldoxycarb	谷粮	小麦	200

序号	农药名称 (残留标示物)	商品种类	商品名称	限量标准 (μg/kg)
23	艾氏剂、狄氏剂 Aldrin	谷粮	稻、小麦、玉米、荞麦	ND
			大麦、黑麦、其他	20
		豆类	荷兰豆、蚕豆	ND
			干大豆、小豆、其他、(落花生：60)	50
		薯类	马铃薯	ND
			芋头、魔芋、甘薯、山药、其他	100
		十字花科蔬菜	糖用甜菜、芜菁(根)、辣根、其他	100
			甘蔗	10
			日本萝卜(根)、日本萝卜(叶)、大白菜、甘蓝、球芽甘蓝	20
			芜菁(叶)、豆瓣菜、羽衣甘蓝、青梗菜	50
			小松菜、京菜、花椰菜、椰菜	ND
		菊科蔬菜	牛蒡、婆罗门参、其他	100
			朝鲜蓟	60
			菊苣、茼蒿	50
			莴苣	20
		百合科蔬菜	韭菜	60
			洋葱、葱、大蒜、繁殖洋葱、其他	50
			芦笋	ND
		伞状花科蔬菜	欧洲防风草、胡萝卜、其他	100
			欧芹	60
			芹菜、三叶菜	ND
		茄科、葫芦科蔬菜	南瓜、越瓜、香瓜、其他瓜类、甜瓜、其他葫芦科蔬菜	100
			其他茄科蔬菜	50
			西红柿、青椒、茄子、黄瓜	20
			西瓜	ND
		豆类蔬菜、菇类、杂项蔬菜	腰果	100
			竹笋、黄秋葵、姜、白球蘑菇、香菇、其他蘑菇、	60
			枝豆	50
			菠菜、豌豆、未成熟豆荚	ND
		其他蔬菜		100
		柑橘类水果	温州橘果皮	100
			柠檬、橙、柚子、酸橙、其他	50
			温州橘、夏橙、夏橘外皮	ND

序号	农药名称 (残留标示物)	商品种类	商品名称	限量标准 ($\mu g/kg$)
23	艾氏剂、狄氏剂 Aldrin	梨果、核果、浆果	悬钩子、黑莓、蓝莓、蔓越橘、越橘类、其他浆果	60
			哈密瓜、油桃、杏、日本李子、梅子	50
			苹果、日本梨、梨、枇杷、桃子、樱桃、草莓	ND
		热带及亚热带水果	葡萄、日本柿子	ND
			香蕉、猕猴桃、番木瓜、鳄梨、菠萝、番石榴、杧果、西番莲果、椰枣	50
		其他水果		50
		矿泉水类		0.03
24	草毒死 Allidochlor	谷粮	玉米	500
25	枯杀达 Alloxydim	谷粮	稻、小麦、大麦、黑麦、玉米、荞麦、其他	100
		豆类	干大豆、干豆类、豌豆、蚕豆、花生、其他	100
		薯类	马铃薯、芋头、甘薯、山药、魔芋、其他	100
		十字花科蔬菜	糖用甜菜、甘蔗、日本萝卜(根)、日本萝卜(叶)、芜菁(根)、芜菁(叶)、山葵、豆瓣菜、大白菜、甘蓝、球芽甘蓝、羽衣甘蓝、小松菜、京菜、青梗菜、花椰菜、椰菜、其他	100
		菊科蔬菜	牛蒡、婆罗门参、朝鲜蓟、苦苣、菊苣、茼蒿、莴苣、其他	100
		百合科蔬菜	洋葱、葱、大蒜、韭菜、芦笋、繁殖洋葱、其他	100
		伞状花科蔬菜	欧洲防风草、欧芹、芹菜、鸭儿芹、其他	100
			胡萝卜	200
		茄科、葫芦科蔬菜	西红柿、西班牙甘椒、茄子、其他茄科蔬菜、黄瓜、南瓜、越瓜、西瓜、其他瓜类、甜瓜、其他葫芦科蔬菜	100
		豆类蔬菜、菇类、杂项蔬菜	菠菜、竹笋、黄秋葵、姜、豌豆、腰果、枝豆、未开的蘑菇、花菇、其他蘑菇	100
		其他蔬菜		100
		柑橘类水果	温州橘、夏橙、柠檬、橙、柚子、酸橙、其他	100
		梨果、核果、浆果	苹果、日本梨、梨、温柏、枇杷、桃子、油桃、杏、日本李子、梅子、樱桃、草莓、悬钩子、黑莓、蓝莓、蔓越橘、越橘类、其他	100
		热带及亚热带水果	葡萄、日本柿子、香蕉、猕猴桃、番木瓜、鳄梨、菠萝、番石榴、杧果、西番莲果、椰枣	100
		其他水果		100
		油籽	葵花籽、芝麻籽、红花籽、棉籽、菜籽、其他	100
		坚果及种子	银杏果、栗子、美洲山核桃、杏仁、核桃、咖啡豆、可可豆、其他坚果	100
		茶、啤酒花		100

序号	农药名称 （残留标示物）	商品种类	商品名称	限量标准 （μg/kg）
25	枯杀达 Alloxydim	其他调味料	指除山葵、日本芥末、大蒜、红辣椒/辣椒粉、姜、柠檬皮、橘皮、柚皮、芝麻以外的所有调味料	300
		其他药草	指除豆瓣菜、韭菜、欧芹、芹菜以外的所有药草	100
26	莠灭净 Ametryn	谷粮	玉米	300
		薯类	芋头、山药	300
		十字花科蔬菜	甘蔗	200
		葫芦科蔬菜	西瓜、其他瓜类、甜瓜	400
		柑橘类水果	温州橘、夏橙、柠檬、橙、柚子、酸橙、其他	400
		浆果	苹果、日本梨、梨、温柏、枇杷、桃子、油桃、杏、日本李子、梅子、樱桃、草莓、悬钩子、黑莓、蓝莓、蔓越橘、越橘类、其他	400
		热带及亚热带水果	葡萄、日本柿子、香蕉、猕猴桃、番木瓜、鳄梨、菠萝、番石榴、杧果、西番莲果、椰枣	400
		其他水果		400
		油籽	葵花籽、芝麻籽、红花籽、棉籽、菜籽、其他	400
		其他调味料	指除山葵、日本芥末、大蒜、红辣椒/辣椒粉、姜、柠檬皮、橘皮、柚皮、芝麻以外的所有调味料	400
27	艾维激素 Aminoethoxyvinylglycine	梨果、核果、浆果	苹果	90
			梨	80
			桃子、油桃、杏、日本李子、梅子	200
28	三唑磺酰胺类杀菌剂 Amisulbrom	豆类	干大豆	300
		薯类	马铃薯	50
		茄科、葫芦科蔬菜	西红柿	2 000
			黄瓜	700
			其他瓜类	50
		水果	葡萄	3 000
29	氨草啶	谷粮	小麦	40
30	双甲脒 Amitraz	谷粮	稻、小麦、大麦、黑麦、荞麦、其他	20
			玉米	50
		豆类	干豆类、豌豆、蚕豆、其他	20
			干大豆、花生	50
		薯类	马铃薯、芋头、甘薯、山药、魔芋、其他	50
		十字花科蔬菜	糖用甜菜、日本萝卜（根）、日本萝卜（叶）、芜菁（根）、芜菁（叶）、山葵、豆瓣菜、大白菜、甘蓝、球芽甘蓝、羽衣甘蓝、小松菜、京菜、青梗菜、花椰菜、椰菜、其他	50

序号	农药名称 （残留标示物）	商品种类	商品名称	限量标准 （μg/kg）
30	双甲脒 Amitraz	菊科蔬菜	牛蒡、婆罗门参、朝鲜蓟、苦苣、菊苣、茼蒿、莴苣、其他	50
		百合科蔬菜	洋葱、葱、大蒜、韭菜、芦笋、繁殖洋葱、其他	50
		伞状花科蔬菜	胡萝卜、欧洲防风草、欧芹、芹菜、鸭儿芹、其他	50
		茄科、葫芦科蔬菜	西班牙甘椒、其他茄科蔬菜、南瓜、越瓜、其他瓜类、其他葫芦科	50
			西红柿、茄子、黄瓜	500
			西瓜、甜瓜	200
		豆类蔬菜、菇类、杂项蔬菜	菠菜、竹笋、黄秋葵、姜、豌豆、腰果、枝豆、未开的蘑菇、花菇、其他蘑菇	50
		其他蔬菜		50
		柑橘类水果	温州橘、夏橙、柠檬、橙、柚子、酸橙、其他	500
		梨果、核果、浆果	苹果、日本梨、梨、温柏、枇杷、桃子、樱桃	500
			油桃、杏、日本李子、草莓、悬钩子、黑莓、蓝莓、蔓越橘、越橘类、其他浆果	200
			梅子	300
		热带及亚热带水果	葡萄、日本柿子、香蕉、猕猴桃、菠萝	50
			番木瓜、鳄梨、番石榴、杧果、西番莲果、椰枣	200
		其他水果		200
		油籽	红花籽、棉籽、菜籽、其他	20
			葵花籽	200
			芝麻籽	50
		坚果	美洲山核桃、杏仁、核桃、其他	200
			银杏果	20
			栗子	50
		茶		1 000
		啤酒花		40 000
		其他调味料	指除山葵、日本芥末、大蒜、红辣椒/辣椒粉、姜、柠檬皮、橘皮、柚皮、芝麻以外的所有调味料	500
		其他药草	指除豆瓣菜、韭菜、欧芹、芹菜以外的所有药草	50
31	莎稗磷 Anilofos	谷粮	稻	50

第三章 日本食品安全限量标准

序号	农药名称（残留标示物）	商品种类	商品名称	限量标准（μg/kg）
32	敌菌灵 Anirazine	薯类	马铃薯	700
		十字花科蔬菜	糖用甜菜、甘蔗、日本萝卜（根）、日本萝卜（叶）、芜菁（根）、芜菁（叶）、山葵、豆瓣菜、大白菜、甘蓝、球芽甘蓝、羽衣甘蓝、小松菜、京菜、青梗菜、花椰菜、椰菜、其他	10 000
		菊科蔬菜	牛蒡、婆罗门参、朝鲜蓟、苦苣、菊苣、茼蒿、莴苣、其他	10 000
		百合科蔬菜	洋葱、葱、大蒜、韭菜、芦笋、繁殖洋葱、其他	10 000
		伞状花科蔬菜	胡萝卜、欧洲防风草、欧芹、芹菜、鸭儿芹、其他	10 000
		葫芦科蔬菜	西红柿、西班牙甜椒、茄子、其他茄科蔬菜、黄瓜、南瓜、越瓜、西瓜、其他瓜类、甜瓜、其他	10 000
		其他蔬菜	菠菜、竹笋、黄秋葵、姜、豌豆、腰果、枝豆、未开的蘑菇、花菇、其他蘑菇、其他蔬菜	10 000
		柑橘类水果	温州橘、夏橙、柠檬、橙、柚子、酸橙、其他	10 000
		梨果、核果、浆果	苹果、日本梨、梨、温柏、枇杷、桃子、油桃、杏、日本李子、梅子、樱桃、草莓、悬钩子、黑莓、蓝莓、蔓越橘、越橘类、其他	10 000
		热带及亚热带水果	葡萄、日本柿子、香蕉、猕猴桃、番木瓜、鳄梨、菠萝、番石榴、杧果、西番莲果、椰枣	10 000
		其他水果		10 000
		油籽	葵花籽、芝麻籽、红花籽、棉籽、菜籽、其他	10 000
		坚果	银杏果、栗子、美洲山核桃、杏仁、核桃、其他	10 000
		其他调味料	指除山葵、日本芥末、大蒜、红辣椒/辣椒粉、姜、柠檬皮、橘皮、柚皮、芝麻以外的所有调味料	10 000
		其他药草	指除豆瓣菜、韭菜、欧芹、芹菜以外的所有药草	10 000
33	杀螨特 Aramite	谷粮	玉米	10
		豆类	干大豆、干豆类、豌豆、蚕豆、花生、其他	10
		薯类	马铃薯、芋头、甘薯、山药、魔芋、其他	10
		十字花科蔬菜	糖用甜菜、日本萝卜（根）、日本萝卜（叶）、芜菁（根）、芜菁（叶）、山葵、豆瓣菜、大白菜、甘蓝、球芽甘蓝、羽衣甘蓝、小松菜、京菜、青梗菜、花椰菜、椰菜、其他	10
		菊科蔬菜	牛蒡、婆罗门参、朝鲜蓟、苦苣、菊苣、茼蒿、莴苣、其他	10
		百合科蔬菜	洋葱、葱、大蒜、韭菜、芦笋、繁殖洋葱、其他	10
		伞状花科蔬菜	胡萝卜、欧洲防风草、欧芹、芹菜、鸭儿芹、其他	10

序号	农药名称 (残留标示物)	商品种类	商品名称	限量标准 (μg/kg)
33	杀螨特 Aramite	茄科、葫芦科蔬菜	西红柿、西班牙甘椒、茄子、其他茄科蔬菜、黄瓜、南瓜、越瓜、西瓜、其他瓜类、甜瓜、其他葫芦科	10
		豆类蔬菜、菇类、杂项蔬菜	菠菜、竹笋、黄秋葵、姜、豌豆、腰果、枝豆、未开的蘑菇、花菇、其他蘑菇	10
		其他蔬菜		10
		柑橘类水果	温州橘、夏橙、柠檬、橙、柚子、酸橙、其他	10
		梨果、浆果、核果	苹果、日本梨、梨、温柏、枇杷、桃子、油桃、杏、日本李子、梅子、樱桃、草莓、悬钩子、黑莓、蓝莓、蔓越橘、越橘类、其他浆果	10
		热带及亚热带水果	葡萄、日本柿子、香蕉、猕猴桃、番木瓜、鳄梨、菠萝、番石榴、杧果、西番莲果、椰枣	10
		其他水果		10
		油籽	葵花籽、芝麻籽、红花籽、棉籽、菜籽、其他	10
		坚果	银杏果、栗子、美洲山核桃、杏仁、核桃、其他	10
		茶、啤酒花		100
		其他调味料	指除山葵、日本芥末、大蒜、红辣椒/辣椒粉、姜、柠檬皮、橘皮、柚皮、芝麻以外的所有调味料	10
		其他药草	指除豆瓣菜、韭菜、欧芹、芹菜以外的所有药草	10
34	磺草灵 Asulam	谷粮	稻、小麦、大麦、黑麦、玉米、荞麦、其他	20
		豆类	干大豆、干豆类、豌豆、蚕豆、花生、其他	20
		薯类	芋头、甘薯、山药、魔芋、其他	20
			马铃薯	400
		十字花科蔬菜	日本萝卜（根）、日本萝卜（叶）、芜菁（根）、芜菁（叶）、山葵、豆瓣菜、大白菜、甘蓝、球芽甘蓝、羽衣甘蓝、小松菜、京菜、青梗菜、花椰菜、椰菜、其他	200
			糖用甜菜	20
			甘蔗	500
		菊科蔬菜	牛蒡、婆罗门参、朝鲜蓟、菊苣、苦苣、茼蒿、莴苣、其他	200
		百合科蔬菜	洋葱、葱、大蒜、韭菜、芦笋、繁殖洋葱、其他	200
		伞状花科蔬菜	胡萝卜、欧洲防风草、欧芹、芹菜、鸭儿芹、其他	200
		葫芦科蔬菜	西红柿、西班牙甘椒、茄子、其他茄科蔬菜、黄瓜、南瓜、越瓜、西瓜、其他瓜类、甜瓜、其他	200
		豆类蔬菜、菇类、杂项蔬菜	菠菜、竹笋、黄秋葵、姜、豌豆、腰果、枝豆、未开的蘑菇、花菇、其他蘑菇	200
		其他蔬菜		200
		柑橘类水果	温州橘、夏橙、柠檬、橙、柚子、酸橙、其他	200

序号	农药名称（残留标示物）	商品种类	商品名称	限量标准（μg/kg）
34	磺草灵 Asulam	浆果	苹果、日本梨、梨、温柏、枇杷、桃子、油桃、杏、日本李子、梅子、樱桃、草莓、悬钩子、黑莓、蓝莓、蔓越橘、越橘类、其他	200
		热带及亚热带水果	葡萄、日本柿子、香蕉、猕猴桃、番木瓜、鳄梨、菠萝、番石榴、杧果、西番莲果、椰枣	200
		其他水果		200
		油籽	葵花籽、芝麻籽、红花籽、棉籽、菜籽、其他	200
		坚果及种子	银杏果、栗子、美洲山核桃、杏仁、核桃、咖啡豆、可可豆、其他坚果	200
		茶		20
		啤酒花		100
		其他调味料	指除山葵、日本芥末、大蒜、红辣椒/辣椒粉、姜、柠檬皮、橘皮、柚皮、芝麻以外的所有调味料	200
		其他药草	指除豆瓣菜、韭菜、欧芹、芹菜以外的所有药草	200
35	莠去津 Atrazine	谷粮	稻、大麦、黑麦、荞麦、其他	20
			小麦	300
			玉米	200
		豆类	干大豆、干豆类、豌豆、蚕豆、花生	100
			其他豆类	60
		薯类	芋头、甘薯、山药、魔芋、其他	100
			马铃薯	60
		十字花科蔬菜	甘蔗、日本萝卜（根）、日本萝卜（叶）、芜菁（根）、芜菁（叶）、山葵、豆瓣菜、大白菜、甘蓝、球芽甘蓝、羽衣甘蓝、小松菜、京菜、青梗菜、花椰菜、椰菜、其他	20
			糖用甜菜	100
		菊科蔬菜	牛蒡、婆罗门参、朝鲜蓟、菊苣、苦苣、茼蒿、莴苣、其他	20
		百合科蔬菜	洋葱、葱、大蒜、韭菜、芦笋、繁殖洋葱、其他	20
		伞状花科蔬菜	胡萝卜、欧洲防风草、欧芹、芹菜、鸭儿芹、其他	20
		茄科、葫芦科蔬菜	西红柿、西班牙甘椒、茄子、其他茄科蔬菜、黄瓜、南瓜、越瓜、西瓜、其他瓜类、甜瓜、其他	20
		其他蔬菜	菠菜、竹笋、黄秋葵、姜、豌豆、腰果、枝豆、未开的蘑菇、花菇、其他蘑菇、其他蔬菜	20
		柑橘类水果	温州橘、夏橙、柠檬、橙、柚子、酸橙、其他	20
		浆果	苹果、日本梨、梨、温柏、枇杷、桃子、油桃、杏、日本李子、梅子、樱桃、草莓、悬钩子、黑莓、蓝莓、蔓越橘、越橘类、其他	20

序号	农药名称（残留标示物）	商品种类	商品名称	限量标准（µg/kg）
35	莠去津 Atrazine	其他水果	葡萄、日本柿子、香蕉、猕猴桃、番木瓜、鳄梨、菠萝、番石榴、杜果、西番莲果、椰枣、其他	20
		油籽	葵花籽、芝麻籽、红花籽、棉籽、菜籽、其他	20
		坚果	银杏果、栗子、美洲山核桃、杏仁、核桃、其他	20
		茶、啤酒花		100
		其他调味料	指除山葵、日本芥末、大蒜、红辣椒/辣椒粉、姜、柠檬皮、橘皮、柚皮、芝麻以外的所有调味料	60
		其他药草	指除豆瓣菜、韭菜、欧芹、芹菜以外的所有药草	20
36	氧环唑 Azaconazole	其他蔬菜	未开的蘑菇	100
37	唑啶草酮 Azafenidin	柑橘类水果	温州橘、夏橙、柠檬、橙、柚子、酸橙、其他柑橘类水果	100
		其他调味料	指除山葵、日本芥末、大蒜、红辣椒/辣椒粉、姜、柠檬皮、橘皮、柚皮、芝麻以外的所有调味料	100
38	甲基吡恶磷 Azamethiphos	谷粮	稻、小麦、大麦、黑麦、玉米、荞麦、其他谷粮	100
39	四唑嘧磺隆 Azimsulfuron	谷粮	小麦、大麦、黑麦、玉米、荞麦、其他	20
			稻	100
		豆类	干豆类、豌豆、蚕豆、其他	20
			大豆、花生	100
		薯类	马铃薯、芋头、甘薯、山药、魔芋、其他	20
		十字花科蔬菜	糖用甜菜、日本萝卜（根）、日本萝卜（叶）、芜菁（根）、芜菁（叶）、山葵、豆瓣菜、大白菜、甘蓝、球芽甘蓝、羽衣甘蓝、小松菜、京菜、青梗菜、花椰菜、椰菜、其他	20
		菊科蔬菜	牛蒡、婆罗门参、朝鲜蓟、菊苣、苦苣、茼蒿、莴苣、其他	20
		百合科蔬菜	洋葱、葱、大蒜、韭菜、芦笋、繁殖洋葱、其他	20
		伞状花科蔬菜	胡萝卜、欧洲防风草、欧芹、芹菜、鸭儿芹、其他	20
		茄科、葫芦科蔬菜	西红柿、西班牙青椒、茄子、其他茄科蔬菜、黄瓜、南瓜、越瓜、西瓜、瓜类、甜瓜、其他葫芦科蔬菜	20
		豆类蔬菜、菇类、杂项蔬菜	菠菜、竹笋、黄秋葵、姜、豌豆、腰果、枝豆、未开的蘑菇、花菇、其他蘑菇	20
		其他蔬菜		20
		柑橘类水果	温州橘、夏橙、柠檬、橙、柚子、酸橙、其他	20
		梨果、核果、浆果	苹果、日本梨、梨、温柏、枇杷、桃子、油桃、杏、日本李子、梅子、樱桃、草莓、悬钩子、黑莓、蓝莓、蔓越橘、越橘类、其他	20

序号	农药名称（残留标示物）	商品种类	商品名称	限量标准（μg/kg）
39	四唑嘧磺隆 Azimsulfuron	热带及亚热亚水果	葡萄、日本柿子、香蕉、猕猴桃、番木瓜、鳄梨、菠萝、番石榴、杧果、西番莲果、椰枣	20
		其他水果		20
		油籽	葵花籽、芝麻籽、红花籽、棉籽、菜籽、其他	100
		坚果	银杏果、栗子、美洲山核桃、杏仁、核桃、其他	20
		茶、啤酒花		100
		其他调味料	除山葵、日本芥末、大蒜、红辣椒/辣椒粉、姜、柠檬皮、橘皮、柚皮、芝麻以外的所有调味料	100
		其他药草	除豆瓣菜、韭菜、欧芹、芹菜以外的所有药草	20
40	甲基谷硫磷 Azinphos-methyl	谷粮	玉米	2 000
		豆类	干豆类、豌豆、蚕豆、其他	500
			干大豆、花生	50
		薯类	马铃薯、芋头、甘薯、山药、魔芋、其他	500
		十字花科蔬菜	糖用甜菜、日本萝卜（根）、日本萝卜（叶）、芜菁（根）、芜菁（叶）、山葵、豆瓣菜、大白菜、甘蓝、球芽甘蓝、羽衣甘蓝、小松菜、京菜、青梗菜、花椰菜、其他	500
			甘蔗	200
			椰菜	1 000
		菊科蔬菜	牛蒡、婆罗门参、朝鲜蓟、菊苣、苦苣、茼蒿、莴苣、其他	500
		百合科蔬菜	洋葱、葱、大蒜、韭菜、芦笋、繁殖洋葱、其他	500
		伞状花科蔬菜	胡萝卜、欧洲防风草、欧芹、芹菜、鸭儿芹、其他	500
		茄科、葫芦科蔬菜	茄子、其他茄科蔬菜、南瓜、越瓜、其他	500
			西红柿、西班牙甘椒	1 000
			黄瓜、西瓜、其他瓜类、甜瓜	200
		豆类蔬菜、菇类、杂项蔬菜	菠菜、竹笋、黄秋葵、姜、豌豆、腰果、枝豆、未开的蘑菇、花菇、其他蘑菇	500
		其他蔬菜		500
		柑橘类水果	温州橘、夏橙、柠檬、橙、柚子、酸橙、其他	1 000
		梨果、核果、浆果	苹果、日本梨、梨、桃子、油桃、日本李子、樱桃	2 000
			蔓越橘	100
			蓝莓、越橘类	5 000
			温柏、枇杷、杏、梅子、草莓、悬钩子、黑莓、其他	1 000
		热菜及亚热带水果	葡萄、日本柿子、香蕉、猕猴桃、番木瓜、鳄梨、菠萝、番石榴、杧果、西番莲果、椰枣	1 000
		其他水果		1 000
		油籽	葵花籽、芝麻籽、红花籽、菜籽、其他	50
			棉籽	200

序号	农药名称 （残留标示物）	商品种类	商品名称	限量标准 （μg/kg）
40	甲基谷硫磷 Azinphos-methyl	坚果	美洲山核桃、核桃、其他	300
			银杏果、栗子	500
			杏仁	50
		其他调味料	除山葵、日本芥末、大蒜、红辣椒/辣椒粉、姜、柠檬皮、橘皮、柚皮以外的所有调味料	1 000
		其他药草	除豆瓣菜、韭菜、欧芹、芹菜以外的所有药草	500
41	腈嘧菌酯 Azoxystrobin	谷粮	稻	5 000
			小麦	500
			玉米、荞麦	100
			大麦、黑麦、其他	300
		豆类	干大豆、干豆类、豌豆、蚕豆、其他	300
			花生	10
		薯类	芋头、甘薯、山药、其他	40
			马铃薯	30
			魔芋	50
		十字花科蔬菜	日本萝卜（叶）、芜菁（叶）、豆瓣菜、球芽甘蓝、羽衣甘蓝、小松菜、京菜、青梗菜、花椰菜、椰菜、其他	5 000
			糖用甜菜	100
			甘蔗	20
			山葵	400
			日本萝卜（根）、芜菁（根）	300
			大白菜、甘蓝	500
		菊科蔬菜	朝鲜蓟、菊苣、苦苣、茼蒿、莴苣、其他	5 000
			牛蒡	300
			婆罗门参	400
		百合科蔬菜	葱、韭菜、芦笋、繁殖洋葱、其他	5 000
			洋葱、大蒜	100
		伞状花科蔬菜	欧芹、芹菜、鸭儿芹、其他	5 000
			胡萝卜	100
			欧洲防风草	400
		茄科、葫芦科蔬菜	西红柿、南瓜、越瓜、西瓜、其他瓜类、甜瓜、其他	1 000
			西班牙甘椒、茄子、其他茄科蔬菜、黄瓜	2 000

序号	农药名称 （残留标示物）	商品种类	商品名称	限量标准 （μg/kg）
41	腈嘧菌酯 Azoxystrobin	豆类蔬菜、菇类、杂项蔬菜	未开的蘑菇、花菇、其他蘑菇、竹笋	50
			菠菜	5 000
			黄秋葵	1 000
			姜	40
			豌豆、腰果、枝豆	2 000
		其他蔬菜		5 000
		柑橘类水果	温州橘、夏橙、柠檬、橙、柚子、酸橙	1 000
			其他	10 000
		梨果、核果、浆果	苹果、日本梨、梨、温柏、桃子、油桃、杏、日本李子、梅子	2 000
			枇杷	100
			樱桃、草莓	5 000
			悬钩子、黑莓、蓝莓、蔓越橘、越橘类、其他梨果	10 000
		热带及亚热带水果	香蕉、番木瓜、鳄梨、菠萝、番石榴、杧果、西番莲果	2 000
			日本柿子	1 000
			猕猴桃	100
			葡萄、椰枣	10 000
		其他水果		10 000
		油籽	葵花籽、芝麻籽	50
			红花籽	500
			棉籽	300
			菜籽	1 000
			其他	40
		坚果	银杏果、栗子、美洲山核桃、杏仁、核桃、其他	20
		调味料	茶	10 000
			咖啡豆、可可豆	20
			啤酒花	20 000
		其他调味料	除山葵、日本芥末、大蒜、红辣椒/辣椒粉、姜、柠檬皮、橘皮、柚皮、芝麻以外的所有调味料	10 000
		其他药草	除豆瓣菜、韭菜、欧芹、芹菜以外的所有药草	5 000
42	燕麦灵 Barban	谷粮	玉米	50
		豆类	干大豆、干豆类、豌豆、蚕豆、花生、其他	50
		薯类	马铃薯、芋头、甘薯、山药、魔芋、其他	50
		十字花科蔬菜	糖用甜菜、日本萝卜（根）、日本萝卜（叶）、芜菁（根）、芜菁（叶）、山葵、豆瓣菜、大白菜、甘蓝、球芽甘蓝、羽衣甘蓝、小松菜、京菜、青梗菜、花椰菜、椰菜、其他	50

序号	农药名称（残留标示物）	商品种类	商品名称	限量标准（μg/kg）
42	燕麦灵 Barban	菊科蔬菜	牛蒡、婆罗门参、朝鲜蓟、菊苣、苦苣、茼蒿、莴苣、其他	50
		百合科蔬菜	洋葱、葱、大蒜、韭菜、芦笋、繁殖洋葱、其他	50
		伞状花科蔬菜	胡萝卜、欧洲防风草、欧芹、芹菜、鸭儿芹、其他	50
		茄科、葫芦科蔬菜	西红柿、西班牙甘椒、茄子、其他茄科蔬菜、黄瓜、南瓜、越瓜、西瓜、其他瓜类、甜瓜、其他葫芦科蔬菜	50
		豆类蔬菜、菇类、杂项蔬菜	菠菜、竹笋、黄秋葵、姜、豌豆、腰果、枝豆、未开的蘑菇、花菇、其他蘑菇	50
		其他蔬菜		50
		柑橘类水果	温州橘、夏橙、柠檬、橙、柚子、酸橙、其他	50
		梨果、核果、浆果	苹果、日本梨、梨、温柏、枇杷、桃子、油桃、杏、日本李子、梅子、樱桃、草莓、悬钩子、黑莓、蓝莓、蔓越橘、越橘类、其他	50
		热带及亚热带水果	葡萄、日本柿子、香蕉、猕猴桃、番木瓜、鳄梨、菠萝、番石榴、杜果、西番莲果、椰枣	50
		其他水果		50
		油籽	葵花籽、芝麻籽、红花籽、棉籽、菜籽、其他	50
		坚果	银杏果、栗子、美洲山核桃、杏仁、核桃、其他	50
		茶、啤酒花		100
		其他调味料	除山葵、日本芥末、大蒜、红辣椒/辣椒粉、姜、柠檬皮、橘皮、柚皮、芝麻以外的所有调味料	50
		其他药草	除豆瓣菜、韭菜、欧芹、芹菜以外的所有药草	50
43	苯霜灵 Benalaxyl	谷粮	稻、小麦、大麦、黑麦、玉米、荞麦、其他	50
		豆类	干大豆、干豆类、豌豆、蚕豆、花生、其他	50
		薯类	马铃薯、芋头、甘薯、山药、魔芋、其他	50
		十字花科蔬菜	糖用甜菜、甘蔗、日本萝卜（根）、日本萝卜（叶）、芜菁（根）、芜菁（叶）、山葵、豆瓣菜、大白菜、甘蓝、球芽甘蓝、羽衣甘蓝、小松菜、京菜、青梗菜、花椰菜、椰菜、其他	50
		菊科蔬菜	牛蒡、婆罗门参、朝鲜蓟、菊苣、苦苣、茼蒿、其他	50
			莴苣	30
		百合科蔬菜	韭菜、芦笋、繁殖洋葱	200
			洋葱	80
			葱、大蒜	50
			其他	300
		伞状花科蔬菜	胡萝卜、欧洲防风草、欧芹、芹菜、鸭儿芹、其他	50

序号	农药名称（残留标示物）	商品种类	商品名称	限量标准（μg/kg）
43	苯霜灵 Benalaxyl	茄科、葫芦科蔬菜	南瓜、越瓜、瓜类、甜瓜、其他	100
			西红柿	500
			西班牙甘椒、黄瓜	50
			茄子、其他茄科蔬菜、西瓜	200
		豆类蔬菜、菇类、杂项蔬菜	菠菜、竹笋、黄秋葵、姜、豌豆、腰果、枝豆、未开的蘑菇、花菇、其他蘑菇	50
		其他蔬菜		50
		柑橘类水果	温州橘、夏橙、柠檬、橙、柚子、酸橙、其他	50
		梨果、核果、浆果	苹果、日本梨、梨、温柏、枇杷、桃子、油桃、杏、日本李子、梅子、樱桃、草莓、悬钩子、黑莓、蓝莓、蔓越橘、越橘类、其他浆果	50
		热带及亚热带水果	日本柿子、香蕉、猕猴桃、番木瓜、鳄梨、菠萝、番石榴、杧果、西番莲果、椰枣	50
			葡萄	200
		其他水果		50
		油籽	葵花籽、芝麻籽、红花籽、棉籽、菜籽、其他	50
		坚果	银杏果、栗子、美洲山核桃、杏仁、核桃、其他	50
		茶		100
		啤酒花		200
		其他调味料	除山葵、日本芥末、大蒜、红辣椒/辣椒粉、姜、柠檬皮、橘皮、柚皮、芝麻以外的所有调味料	50
		其他药草	除豆瓣菜、韭菜、欧芹、芹菜以外的所有药草	50
44	恶虫威 Bendiocarb	谷粮	稻	20
			小麦、大麦、黑麦、玉米、荞麦、其他谷粮	50
		薯类	马铃薯	50
		十字花科蔬菜	糖用甜菜、甘蔗	50
		其他蔬菜		50
		热带及亚热带水果	香蕉	20
		其他调味料	除山葵、日本芥末、大蒜、红辣椒/辣椒粉、姜、柠檬皮、橘皮、柚皮、芝麻以外的所有调味料	50
		其他药草	除豆瓣菜、韭菜、欧芹、芹菜以外的所有药草	50
45	乙丁氟灵 Bendiocarb	豆类	花生	50
		谷粮	大麦、黑麦、玉米、荞麦、其他	10
			稻	200
			小麦	50

序号	农药名称 (残留标示物)	商品种类	商品名称	限量标准 (μg/kg)
46	丙硫克百威 Benfuracarb	豆类	干大豆、干豆类、豌豆、蚕豆、花生、其他	300
		薯类	马铃薯、芋头、甘薯、山药、魔芋、其他	500
		十字花科蔬菜	日本萝卜（根）、日本萝卜（叶）、芜菁（根）、芜菁（叶）、山葵、豆瓣菜、大白菜、甘蓝、球芽甘蓝、羽衣甘蓝、小松菜、京菜、青梗菜、花椰菜、椰菜、其他	50
			糖用甜菜	200
			甘蔗	1 000
		菊科蔬菜	牛蒡、婆罗门参、朝鲜蓟、菊苣、苦苣、茼蒿、莴苣、其他	1 000
		百合科蔬菜	洋葱、葱、大蒜、韭菜、芦笋、繁殖洋葱、其他	1 000
		伞状花科蔬菜	胡萝卜、欧洲防风草、欧芹、芹菜、鸭儿芹、其他	1 000
		茄科、葫芦科蔬菜	西红柿、西班牙甘椒、茄子、其他茄科蔬菜、黄瓜、南瓜、越瓜、其他葫芦科	1 000
			西瓜、其他瓜类、甜瓜	500
		豆类蔬菜、菇类、杂项蔬菜	菠菜、竹笋、黄秋葵、姜、豌豆、腰果、枝豆、未开的蘑菇、花菇、其他蘑菇	1 000
		其他蔬菜		1 000
		柑橘类水果	温州橘、夏橙、柠檬、橙、柚子、酸橙、其他	500
		梨果、核果、浆果	苹果、日本梨、梨、温柏、枇杷、桃子、油桃、杏、日本李子、梅子、樱桃、草莓、悬钩子、黑莓、蓝莓、蔓越橘、越橘类、其他	500
		其他水果	葡萄、日本柿子、香蕉、猕猴桃、番木瓜、鳄梨、菠萝、番石榴、杧果、西番莲果、椰枣、其他	500
		油籽	葵花籽、芝麻籽、红花籽、棉籽、菜籽、其他	500
		坚果	银杏果、栗子、美洲山核桃、杏仁、核桃、其他	500
		茶		100
		啤酒花		5 000
		其他调味料	除山葵、日本芥末、大蒜、红辣椒/辣椒粉、姜、柠檬皮、橘皮、柚皮、芝麻以外的所有调味料	1 000
		其他药草	除豆瓣菜、韭菜、欧芹、芹菜以外的所有药草	1 000
47	解草酮 Benoxacor	谷粮	稻、小麦、大麦、黑麦、玉米、荞麦、其他粮谷	10
		豆类	干大豆、干豆类、豌豆、蚕豆、花生、其他豆类	10
		薯类	马铃薯、甘薯	10
		十字花科蔬菜	糖用甜菜、山葵、甘蓝	10
		百合科蔬菜	葱、芦笋	10
		伞状花科蔬菜	胡萝卜、芹菜	10
		葫芦科蔬菜	西红柿、西班牙甘椒	10
		豆类蔬菜及杂项蔬菜	菠菜、豌豆、腰果、枝豆	10

第三章 日本食品安全限量标准

序号	农药名称（残留标示物）	商品种类	商品名称	限量标准（μg/kg）
47	解草酮 Benoxacor	其他蔬菜		10
		浆果	桃子、油桃、杏、日本李子、樱桃	10
		油籽	葵花籽、红花籽、棉籽	10
		坚果	栗子、美洲山核桃、杏仁、核桃、其他坚果	10
		其他调味料	除山葵、日本芥末、大蒜、红辣椒/辣椒粉、姜、柠檬皮、橘皮、柚皮、芝麻以外的所有调味料	10
		其他药草	除豆瓣菜、韭菜、欧芹、芹菜以外的所有药草	10
48	苄嘧磺隆 Bensulfuron-methyl	谷粮	小麦、大麦、黑麦、玉米、荞麦、其他	20
			稻	100
		豆类	干大豆、干豆类、豌豆、蚕豆、花生、其他	20
		薯类	马铃薯、芋头、甘薯、山药、魔芋、其他	20
		十字花科蔬菜	糖用甜菜、甘蔗、日本萝卜（根）、日本萝卜（叶）、芜菁（根）、芜菁（叶）、山葵、豆瓣菜、大白菜、甘蓝、球芽甘蓝、羽衣甘蓝、小松菜、京菜、青梗菜、花椰菜、椰菜、其他	20
		菊科蔬菜	牛蒡、婆罗门参、朝鲜蓟、菊苣、苦苣、茼蒿、莴苣、其他	20
		百合科蔬菜	洋葱、葱、大蒜、韭菜、芦笋、繁殖洋葱、其他	20
		伞状花科蔬菜	胡萝卜、欧洲防风草、欧芹、芹菜、鸭儿芹、其他	20
		茄科、葫芦科蔬菜	西红柿、西班牙甘椒、茄子、其他茄科蔬菜、黄瓜、南瓜、越瓜、西瓜、其他瓜类、甜瓜、其他葫芦科蔬菜	20
		豆类蔬菜、菇类、杂项菜类	菠菜、竹笋、黄秋葵、姜、豌豆、腰果、枝豆、未开的蘑菇、花菇、其他蘑菇	20
		其他蔬菜		20
		柑橘类水果	温州橘、夏橙、柠檬、橙、柚子、酸橙、其他	20
		梨果、核果、浆果	苹果、日本梨、梨、温柏、枇杷、桃子、油桃、杏、日本李子、梅子、樱桃、草莓、悬钩子、黑莓、蓝莓、蔓越橘、越橘类、其他	20
		热带及亚热带水果	葡萄、日本柿子、香蕉、猕猴桃、番木瓜、鳄梨、菠萝、番石榴、杧果、西番莲果、椰枣	20
		其他水果		20
		油籽	葵花籽、芝麻籽、红花籽、棉籽、菜籽、其他	20
		坚果及种子	银杏果、栗子、美洲山核桃、杏仁、核桃、其他	20
		茶、啤酒花		20
		其他调味料	除山葵、日本芥末、大蒜、红辣椒/辣椒粉、姜、柠檬皮、橘皮、柚皮、芝麻以外的所有调味料	20
		其他药草	除豆瓣菜、韭菜、欧芹、芹菜以外的所有药草	20

序号	农药名称 (残留标示物)	商品种类	商品名称	限量标准 ($\mu g/kg$)
49	地散磷 Bensulide	谷粮	小麦、大麦、黑麦、玉米、荞麦、其他	300
			稻	100
		豆类	干大豆、干豆类、豌豆、蚕豆、花生、其他	100
		薯类	马铃薯、芋头、甘薯、山药、魔芋、其他	500
		十字花科蔬菜	日本萝卜（根）、日本萝卜（叶）、芜菁（根）、芜菁（叶）、山葵、豆瓣菜、大白菜、甘蓝、球芽甘蓝、羽衣甘蓝、小松菜、京菜、青梗菜、花椰菜、椰菜、其他	100
			糖用甜菜、甘蔗	300
		菊科蔬菜	牛蒡、婆罗门参、朝鲜蓟、菊苣、苦苣、茼蒿、莴苣、其他	100
		百合科蔬菜	洋葱、葱、大蒜、韭菜、芦笋、繁殖洋葱、其他	100
		伞状花科蔬菜	胡萝卜、欧洲防风草、欧芹、芹菜、鸭儿芹、其他	100
		茄科、葫芦科蔬菜	西红柿、西班牙甘椒、茄子、其他茄科蔬菜、黄瓜、南瓜、越瓜、西瓜、其他瓜类、甜瓜、其他葫芦科蔬菜	100
		豆类蔬菜、菇类、杂项蔬菜	菠菜、竹笋、黄秋葵、姜、豌豆、腰果、枝豆、未开的蘑菇、花菇、其他蘑菇	100
		其他蔬菜		100
		柑橘类水果	温州橘、夏橙、柠檬、橙、柚子、酸橙、其他	30
		梨果、核果、浆果	苹果、日本梨、梨、温柏、枇杷、桃子、油桃、杏、日本李子、梅子、樱桃、草莓、悬钩子、黑莓、蓝莓、蔓越橘、越橘类、其他	30
		热带及亚热带水果	葡萄、日本柿子、香蕉、猕猴桃、番木瓜、鳄梨、菠萝、番石榴、杧果、西番莲果、椰枣	30
		其他水果		100
		油籽	葵花籽、芝麻籽、红花籽、棉籽、菜籽、其他	30
		坚果及种子	银杏果、栗子、美洲山核桃、杏仁、核桃、其他	30
		茶、啤酒花		30
		其他调味料	除山葵、日本芥末、大蒜、红辣椒/辣椒粉、姜、柠檬皮、橘皮、柚皮、芝麻以外的所有调味料	10
		其他药草	除豆瓣菜、韭菜、欧芹、芹菜以外的所有药草	10
50	苯达松 Bentazone	谷粮	稻、小麦、大麦、黑麦、玉米、其他	200
			荞麦	100
		豆类	干大豆、蚕豆、花生	50
			干豆类、其他	200
			豌豆	1 000
		薯类	芋头、甘薯、山药、魔芋、其他	50
			马铃薯	100

序号	农药名称 (残留标示物)	商品种类	商品名称	限量标准 (μg/kg)
50	苯达松 Bentazone	十字花科蔬菜	日本萝卜（根）、日本萝卜（叶）、芜菁（根）、芜菁（叶）、山葵、豆瓣菜、大白菜、甘蓝、球芽甘蓝、羽衣甘蓝、小松菜、京菜、青梗菜、花椰菜、椰菜、其他	50
			糖用甜菜、甘蔗	20
		菊科蔬菜	牛蒡、婆罗门参、朝鲜蓟、苦苣、菊苣、茼蒿、莴苣、其他	50
		百合科蔬菜	葱、大蒜、芦笋、繁殖洋葱	50
			洋葱	200
			韭菜、其他	2 000
		伞状花科蔬菜	胡萝卜、欧洲防风草、欧芹、芹菜、鸭儿芹、其他	50
		茄科、葫芦科蔬菜	西红柿、茄子、其他茄科蔬菜、南瓜、越瓜、西瓜、其他瓜类、甜瓜、其他葫芦科蔬菜	50
			西班牙甘椒	500
			黄瓜	100
		豆类蔬菜、菇类、杂项蔬菜	菠菜、黄秋葵、姜、枝豆、未开的蘑菇、花菇、其他蘑菇	50
			竹笋、其他蔬菜	100
			豌豆	500
			腰果	200
		其他蔬菜		100
		柑橘类水果	温州橘、夏橙、柠檬、橙、柚子、酸橙、其他	20
		梨果、核果、浆果	苹果、日本梨、梨、温柏、枇杷、桃子、油桃、杏、日本李子、梅子、樱桃、草莓、悬钩子、黑莓、蓝莓、蔓越橘、越橘类、其他浆果	20
		热带及亚热带水果	葡萄、日本柿子、香蕉、猕猴桃、番木瓜、鳄梨、菠萝、番石榴、杧果、西番莲果、椰枣	20
		其他水果		20
		油籽	葵花籽、芝麻籽、红花籽、棉籽、菜籽	20
			其他	100
		坚果及种子	银杏果、栗子、美洲山核桃、杏仁、核桃、其他坚果	20
		茶、啤酒花		20
		其他调味料	除山葵、日本芥末、大蒜、红辣椒/辣椒粉、姜、柠檬皮、橘皮、柚皮、芝麻以外的所有调味料	10
		其他药草	除豆瓣菜、韭菜、欧芹、芹菜以外的所有药草	10

序号	农药名称（残留标示物）	商品种类	商品名称	限量标准（μg/kg）
51	N6-苯甲酰基腺嘌呤 Benzyladenine	谷粮	小麦、大麦、黑麦、玉米、荞麦、其他	20
			稻	100
		豆类	干大豆、干豆类、豌豆、蚕豆、花生、其他	20
		薯类	马铃薯、芋头、甘薯、山药、魔芋、其他	20
		十字花科蔬菜	糖用甜菜、甘蔗、日本萝卜（根）、芜菁（根）、山葵、大白菜、甘蓝	20
			日本萝卜（叶）、芜菁（叶）、豆瓣菜、球芽甘蓝、羽衣甘蓝、小松菜、京菜、青梗菜、花椰菜、椰菜、其他	500
		菊科蔬菜	朝鲜蓟、苦苣、菊苣、茼蒿、莴苣、其他	500
			牛蒡、婆罗门参	20
		百合科蔬菜	葱、韭菜、芦笋、繁殖洋葱、其他	500
			洋葱、大蒜	20
		伞状花科蔬菜	欧芹、芹菜、鸭儿芹、其他	500
			胡萝卜、欧洲防风草	20
		茄科、葫芦科蔬菜	西红柿、茄子、黄瓜、南瓜、越瓜、西瓜、其他瓜类、甜瓜、其他	100
			西班牙甘椒、其他茄科蔬菜	20
		豆类蔬菜、菇类、杂项蔬菜	竹笋、黄秋葵、姜、豌豆、腰果、枝豆、未开的蘑菇、花菇、其他蘑菇	20
			菠菜	500
		其他蔬菜		500
		柑橘类水果	夏橙、柠檬、橙、柚子、酸橙、其他	20
			温州橘	100
		梨果、核果、浆果	苹果、日本梨、梨、温柏、枇杷、桃子、油桃、杏、日本李子、梅子、樱桃、草莓、悬钩子、黑莓、蓝莓、蔓越橘、越橘类、其他浆果	100
		热带及亚热带水果	葡萄、日本柿子、香蕉、猕猴桃、番木瓜、鳄梨、菠萝、番石榴、杜果、西番莲果、椰枣	100
		其他水果		100
		油籽	葵花籽、芝麻籽、红花籽、棉籽、菜籽、其他	20
		坚果及种子	银杏果、栗子、美洲山核桃、杏仁、核桃、其他	20
		茶、啤酒花		20
		其他调味料	除山葵、日本芥末、大蒜、红辣椒/辣椒粉、姜、柠檬皮、橘皮、柚皮、芝麻以外的所有调味料	500
		其他药草	除豆瓣菜、韭菜、欧芹、芹菜以外的所有药草	500

序号	农药名称 （残留标示物）	商品种类	商品名称	限量标准 (μg/kg)
52	BHC	谷粮	稻、小麦、玉米、荞麦	200
		豆类	干大豆、干豆类、豌豆、蚕豆	200
		薯类	马铃薯、薯类	200
		十字花科蔬菜	甘蔗、日本萝卜（根）、日本萝卜（叶）、芜菁（根）、芜菁（叶）、白菜、甘蓝、球芽甘蓝、小松菜、花椰菜、椰菜	200
		菊科蔬菜	牛蒡、莴苣	200
		百合科蔬菜	芦笋	200
		伞状花科蔬菜	芹菜、鸭儿芹	200
		茄科、葫芦科蔬菜	西红柿、青椒、茄子、黄瓜、南瓜、越瓜、西瓜	200
		豆类蔬菜、杂项蔬菜	菠菜、豌豆、芸豆	200
		柑橘类水果	橘子、夏橙	200
		浆果	苹果、日本梨、梨、枇杷、桃子、樱桃、草莓	200
		热带及亚热带水果	葡萄、柿子	200
		茶		200
53	联苯肼酯 Bifenazate	薯类	马铃薯	50
		茄科、葫芦科蔬菜	西红柿、西班牙甘椒、茄子、其他茄科蔬菜、黄瓜、南瓜、其他葫芦科蔬菜	2 000
			越瓜	750
			西瓜	200
			其他瓜类	200
			甜瓜	750
		杂项蔬菜	黄秋葵	2 000
		柑橘类水果	温州橘	200
			夏橙、柠檬、橙、柚子、酸橙、其他柑橘类水果	700
		梨果、核果、浆果	苹果、日本梨、梨、温柏、油桃、樱桃	2 000
			枇杷	750
			桃子	200
			杏	500
			日本李子	1 000
			草莓	5 000
		热带及亚热带水果	葡萄	3 000
			日本柿子、香蕉、番木瓜、杧果	2 000
		其他水果		2 000
		油籽	棉籽	750

序号	农药名称 (残留标示物)	商品种类	商品名称	限量标准 (μg/kg)
53	联苯肼酯 Bifenazate	坚果	栗子、美洲山核桃、杏仁、核桃、其他坚果	200
		茶		2 000
		啤酒花		15 000
		其他调味料	除山葵、日本芥末、大蒜、红辣椒/辣椒粉、姜、柠檬皮、橘皮、柚皮、芝麻以外的所有调味料	2 000
54	甲羧除草醚 Bifenox	谷粮	稻、小麦、大麦、其他	100
		薯类	马铃薯	50
55	联苯菊酯 Bifenthrin	谷粮	稻、黑麦、荞麦、其他	1 000
			小麦	500
			大麦、玉米	50
		豆类	干大豆、干豆类、豌豆、蚕豆、花生	100
			其他	200
		薯类	马铃薯、芋头、甘薯、山药、魔芋、其他	50
		十字花科蔬菜	日本萝卜（叶）、芜菁（叶）、豆瓣菜、羽衣甘蓝、小松菜、京菜、青梗菜、其他	1 000
			糖用甜菜	200
			甘蔗	10
			大白菜	500
			甘蓝、球芽甘蓝	2 000
			日本萝卜（根）、芜菁（根）、山葵、椰菜	100
			花椰菜	50
		菊科蔬菜	菊苣、苦苣、茼蒿、莴苣、其他	1 000
			牛蒡、婆罗门参	100
			朝鲜蓟	200
		百合科蔬菜	洋葱、大蒜	50
			葱	500
			芦笋	100
			韭菜、繁殖洋葱、其他	1 000
		伞状花科蔬菜	欧芹、芹菜、鸭儿芹、其他	1 000
			胡萝卜、欧洲防风草	100
		茄科、葫芦科蔬菜	西红柿、茄子、其他茄科蔬菜、黄瓜、南瓜、越瓜、其他	500
			西班牙甘椒	400
			西瓜、其他瓜类	200
			甜瓜	100

序号	农药名称（残留标示物）	商品种类	商品名称	限量标准（μg/kg）
55	联苯菊酯 Bifenthrin	豆类蔬菜、菇类、杂项蔬菜	菠菜	1 000
			竹笋、姜、其他蘑菇	100
			黄秋葵	400
			豌豆	200
			腰果	500
			枝豆	600
			未开的蘑菇、花菇、其他蘑菇	50
		其他蔬菜		10
		柑橘类水果	夏橙、柠檬、橙、柚子、酸橙、其他	1 000
			温州橘	100
		梨果、核果、浆果	杏、梅子、樱桃、草莓、悬钩子、黑莓、蓝莓、蔓越橘、越橘类、其他	2 000
			苹果、日本梨、梨、油桃	500
			温柏、枇杷、桃子、日本李子	100
		热带及亚热带水果	日本柿子、番木瓜、鳄梨、菠萝、番石榴、杧果、西番莲果	500
			葡萄、椰枣、其他	2 000
			香蕉、猕猴桃	100
		其他水果		2 000
		油籽	葵花籽、芝麻籽、红花籽、菜籽、其他	100
			棉籽	500
		坚果	银杏果、栗子、美洲山核桃、杏仁、核桃、其他	50
		茶		10 000
		啤酒花		25 000
		其他调味料	除山葵、日本芥末、大蒜、红辣椒/辣椒粉、姜、柠檬皮、橘皮、柚皮、芝麻以外的所有调味料	2 000
		其他药草	除豆瓣菜、韭菜、欧芹、芹菜以外的所有药草	1 000
56	双丙氨酰磷 Bilanafos	谷粮	稻、小麦、大麦、黑麦、玉米、荞麦、其他	4
		豆类	干大豆、豌豆、蚕豆、花生、其他	4
		薯类	马铃薯、芋头、甘薯、山药、魔芋、其他	4
		十字花科蔬菜	糖用甜菜、甘蔗、日本萝卜（根）、日本萝卜（叶）、芜菁（根）、芜菁（叶）、山葵、豆瓣菜、大白菜、甘蓝、球芽甘蓝、羽衣甘蓝、小松菜、京菜、青梗菜、花椰菜、椰菜、其他	4
		菊科蔬菜	牛蒡、婆罗门参、朝鲜蓟、苦苣、菊苣、茼蒿、莴苣、其他	4
		百合科蔬菜	洋葱、葱、大蒜、韭菜、芦笋、繁殖洋葱、其他	4
		伞状花科蔬菜	胡萝卜、欧洲防风草、欧芹、芹菜、鸭儿芹、其他	4

序号	农药名称（残留标示物）	商品种类	商品名称	限量标准（μg/kg）
56	双丙氨酰膦 Bilanafos	茄科、葫芦科蔬菜	西红柿、西班牙甘椒、茄子、其他茄科蔬菜、黄瓜、南瓜、越瓜、西瓜、其他瓜类、甜瓜、其他葫芦科蔬菜	4
		豆类蔬菜、菇类、杂项蔬菜	菠菜、竹笋、黄秋葵、姜、豌豆、腰果、枝豆、未开的蘑菇、花菇、其他蘑菇	4
		其他蔬菜		4
		柑橘类水果	温州橘、夏橙、柠檬、橙、柚子、酸橙、其他	20
		梨果、核果、浆果	苹果、日本梨、梨、温柏、枇杷、桃子、油桃、杏、日本李子、梅子、樱桃、草莓、悬钩子、黑莓、蓝莓、蔓越橘、越橘类、其他浆果	4
		热带及亚热带水果	葡萄、日本柿子、香蕉、猕猴桃、番木瓜、鳄梨、菠萝、番石榴、杧果、西番莲果、椰枣	4
		其他水果		4
		油籽	葵花籽、芝麻籽、红花籽、棉籽、菜籽、其他	4
		坚果及种子	银杏果、栗子、美洲山核桃、杏仁、核桃、其他	4
		茶		4
		啤酒花		8
		其他调味料	除山葵、日本芥末、大蒜、红辣椒/辣椒粉、姜、柠檬皮、橘皮、柚皮、芝麻以外的所有调味料	20
		其他药草	除豆瓣菜、韭菜、欧芹、芹菜以外的所有药草	4
57	苄呋菊酯 Bioresmethrin	谷粮	稻、小麦、大麦、黑麦、玉米、荞麦、其他	1 000
		豆类	干大豆、干豆类、豌豆、蚕豆、花生、其他	100
		薯类	马铃薯、芋头、甘薯、山药、魔芋、其他	100
		十字花科蔬菜	糖用甜菜、甘蔗、日本萝卜（根）、日本萝卜（叶）、芜菁（根）、芜菁（叶）、山葵、豆瓣菜、大白菜、甘蓝、球芽甘蓝、羽衣甘蓝、小松菜、京菜、青梗菜、花椰菜、椰菜、其他	100
		菊科蔬菜	牛蒡、婆罗门参、朝鲜蓟、苦苣、菊苣、茼蒿、莴苣、其他	100
		百合科蔬菜	洋葱、葱、大蒜、韭菜、芦笋、繁殖洋葱、其他	100
		伞状花科蔬菜	胡萝卜、欧洲防风草、欧芹、芹菜、鸭儿芹、其他	100
		茄科、葫芦科蔬菜	西红柿、西班牙甘椒、茄子、其他茄科蔬菜、黄瓜、南瓜、越瓜、西瓜、其他瓜类、甜瓜、其他	100
		豆类蔬菜、菇类、杂项蔬菜	菠菜、竹笋、黄秋葵、姜、豌豆、腰果、枝豆、未开的蘑菇、花菇、其他蘑菇	100
		其他蔬菜		100
		柑橘类水果	温州橘、夏橙、柠檬、橙、柚子、酸橙、其他	100
		梨果、核果、浆果	苹果、日本梨、梨、温柏、枇杷、桃子、油桃、杏、日本李子、梅子、樱桃、草莓、悬钩子、黑莓、蓝莓、蔓越橘、越橘类、其他	100

序号	农药名称 (残留标示物)	商品种类	商品名称	限量标准 (μg/kg)
57	苄呋菊酯 Bioresmethrin	热带及亚热带水果	葡萄、日本柿子、香蕉、猕猴桃、番木瓜、鳄梨、菠萝、番石榴、杧果、西番莲果、椰枣	100
		其他水果		100
		油籽	葵花籽、芝麻籽、红花籽、棉籽、菜籽、其他	100
		坚果及种子	银杏果、栗子、美洲山核桃、杏仁、核桃、其他	100
		茶、啤酒花		100
		其他调味料	除山葵、日本芥末、大蒜、红辣椒/辣椒粉、姜、柠檬皮、橘皮、柚皮、芝麻以外的所有调味料	100
		其他药草	除豆瓣菜、韭菜、欧芹、芹菜以外的所有药草	100
58	联苯 Biphenyl	柑橘类水果	柠檬、橙、柚子	70 000
		梨果	苹果	2 000
59	双草醚 Bispyribac-sodium	谷粮	稻	100
60	联苯三唑醇 Bitertanol	谷粮	稻、小麦、黑麦、其他	100
			大麦、玉米、荞麦	50
		豆类	干大豆、干豆类、豌豆、蚕豆、花生、其他	200
		薯类	马铃薯、芋头、甘薯、山药、魔芋、其他	50
		十字花科蔬菜	甘蓝、日本萝卜（根）、日本萝卜（叶）、芜菁（根）、芜菁（叶）、山葵、豆瓣菜、大白菜、甘蓝、球芽甘蓝、羽衣甘蓝、小松菜、京菜、青梗菜、花椰菜、椰菜、其他	50
			糖用甜菜	500
		菊科蔬菜	牛蒡、婆罗门参、朝鲜蓟、苦苣、菊苣、茼蒿、莴苣、其他	50
		百合科蔬菜	洋葱、葱、大蒜、韭菜、芦笋、繁殖洋葱、其他	50
		伞状花科蔬菜	胡萝卜、欧洲防风草、欧芹、芹菜、鸭儿芹、其他	50
		茄科、葫芦科蔬菜	西班牙甘椒、茄子、其他茄科蔬菜、西瓜、其他	50
			西红柿	3 000
			黄瓜、南瓜、越瓜、甜瓜	500
			其他瓜类	1 000
		豆类蔬菜、菇类、杂项蔬菜	菠菜、竹笋、黄秋葵、姜、豌豆、枝豆、未开的蘑菇、花菇、其他蘑菇	50
			腰果	300
		其他蔬菜		300
		柑橘类水果	温州橘、夏橙、柠檬、橙、柚子、酸橙、其他	50
		梨果、核果、浆果	苹果、日本梨、梨、温柏、枇杷	600
			桃子、油桃、日本李子、草莓	1 000
			杏、梅子	2 000
			樱桃	3 000
			悬钩子、黑莓、蓝莓、蔓越橘、越橘类、其他浆果	50

序号	农药名称（残留标示物）	商品种类	商品名称	限量标准（μg/kg）
60	联苯三唑醇 Bitertanol	热带及亚热带水果	葡萄、日本柿子、猕猴桃、番木瓜、鳄梨、菠萝、番石榴、杧果、西番莲果、椰枣	50
			香蕉	500
		其他水果		50
		油籽	葵花籽、芝麻、红花籽、棉籽、菜籽、其他	100
		坚果	银杏果、栗子、美洲山核桃、杏仁、核桃、其他	100
		茶、啤酒花		100
		其他调味料	除山葵、日本芥末、大蒜、红辣椒/辣椒粉、姜、柠檬皮、橘皮、柚皮、芝麻以外的所有调味料	300
		其他药草	除豆瓣菜、韭菜、欧芹、芹菜以外的所有药草	300
61	啶酰菌胺 Boscalid	豆类	干大豆	100
			干豆类、豌豆、蚕豆、其他豆类	2 500
			花生	50
		薯类	马铃薯、芋头、甘薯、山药、魔芋、其他	50
		十字花科蔬菜	芜菁（叶）	10 000
			山葵	700
			大白菜、甘蓝、球芽甘蓝、花椰菜、椰菜	3 000
			羽衣甘蓝、小松菜、京菜、青梗菜、其他十字花科蔬菜	18 000
		菊科蔬菜	牛蒡、婆罗门参、其他菊科蔬菜	700
			莴苣	11 000
		百合科蔬菜	洋葱、葱、大蒜、其他百合科蔬菜	3 000
		伞状花科蔬菜	胡萝卜、欧洲防风草、其他伞状花科蔬菜	700
		茄科、葫芦科蔬菜	西红柿、茄子	3 000
			西班牙甘椒、其他茄科蔬菜	1 200
			黄瓜	5 000
			南瓜、越瓜、西瓜、其他瓜类、甜瓜、其他葫芦科蔬菜	1 600
		豆类蔬菜、菇类、杂项蔬菜	竹笋、豌豆、腰果	1 600
			姜	50
			枝豆	2 000
		其他蔬菜		1 600
		梨果、核果、浆果	苹果、日本梨、梨、温柏、枇杷、樱桃	3 000
			桃子、油桃、杏、日本李子	1 700
			草莓	15 000
			悬钩子、黑莓、蓝莓、蔓越橘、越橘类、其他浆果	3 500

序号	农药名称（残留标示物）	商品种类	商品名称	限量标准（μg/kg）
61	啶酰菌胺 Boscalid	热带及亚热带水果	葡萄	10 000
		其他水果		1 200
		油籽	葵花籽	600
			菜籽	3 500
		坚果	栗子、美洲山核桃、杏仁、核桃、其他坚果	700
		啤酒花	啤酒花	35 000
		其他调味料	除山葵、日本芥末、大蒜、红辣椒/辣椒粉、姜、柠檬皮、橘皮、柚皮、芝麻以外的所有调味料	10 000
		其他药草	除豆瓣菜、韭菜、欧芹、芹菜以外的所有药草	10 000
62	溴鼠灵 Brodifacoum	谷粮	稻、小麦、大麦、黑麦、玉米、荞麦、其他	0.5
		豆类	干大豆、豌豆、蚕豆、干豆类、其他	0.5
			花生	1
		薯类	马铃薯、芋头、甘薯、山药、魔芋、其他	1
		十字花科蔬菜	糖用甜菜、日本萝卜（根）、日本萝卜（叶）、芜菁（根）、芜菁（叶）、山葵、豆瓣菜、大白菜、甘蓝、球芽甘蓝、羽衣甘蓝、小松菜、京菜、青梗菜、花椰菜、椰菜、其他	1
			甘蔗	0.8
		菊科蔬菜	牛蒡、婆罗门参、朝鲜蓟、苦苣、菊苣、茼蒿、莴苣、其他	1
		百合科蔬菜	洋葱、葱、大蒜、韭菜、芦笋、繁殖洋葱、其他	1
		伞状花科蔬菜	胡萝卜、欧洲防风草、欧芹、芹菜、鸭儿芹、其他	1
		茄科、葫芦科蔬菜	西红柿、西班牙甘椒、茄子、其他茄科蔬菜、黄瓜、南瓜、越瓜、西瓜、其他瓜类、甜瓜、其他	1
		豆类蔬菜、菇类、杂项蔬菜	菠菜、竹笋、黄秋葵、姜、豌豆、腰果、枝豆、未开的蘑菇、花菇、其他蘑菇	1
		其他蔬菜		1
		柑橘类水果	温州橘、夏橙、柠檬、橙、柚子、酸橙、其他	1
		梨果、核果、浆果	苹果、日本梨、梨、温柏、枇杷、桃子、油桃、杏、日本李子、梅子、樱桃、草莓、悬钩子、黑莓、蓝莓、蔓越橘、越橘类、其他	1
		热带及亚热带水果	葡萄、日本柿子、香蕉、猕猴桃、番木瓜、鳄梨、菠萝、番石榴、杧果、西番莲果、椰枣	1
		油籽	葵花籽、芝麻、红花籽、棉籽、菜籽、其他	1
		其他水果		1
		坚果及种子	银杏果、栗子、美洲山核桃、杏仁、核桃、其他	1
		茶、啤酒花		1
		其他调味料	除山葵、日本芥末、大蒜、红辣椒/辣椒粉、姜、柠檬皮、橘皮、柚皮、芝麻以外的所有调味料	1
		其他药草	除豆瓣菜、韭菜、欧芹、芹菜以外的所有药草	1

序号	农药名称 （残留标示物）	商品种类	商品名称	限量标准 （µg/kg）
63	除草定 Bromacil	百合科蔬菜	芦笋	40
		葫芦科蔬菜	西瓜、其他瓜类、甜瓜	50
		柑橘类水果	温州橘、夏橙、柠檬、橙、柚子、酸橙、其他柑橘类水果	50
		梨果、核果、浆果	苹果、日本梨、梨、温柏、枇杷、桃子、油桃、杏、日本李子、梅子、樱桃、草莓、悬钩子、黑莓、蓝莓、蔓越橘、越橘类、其他浆果	50
		热带及亚热带水果	葡萄、日本柿子、香蕉、猕猴桃、番木瓜、鳄梨、菠萝、番石榴、杧果、西番莲果、椰枣	50
		其他水果		50
		油籽	葵花籽、芝麻籽、红花籽、棉籽、菜籽、其他油籽	50
		坚果	银杏果、栗子、美洲山核桃、杏仁、核桃、其他坚果	50
		其他调味料	除山葵、日本芥末、大蒜、红辣椒/辣椒粉、姜、柠檬皮、橘皮、柚皮、芝麻以外的所有调味料	50
64	溴 Bromide	谷粮	稻、小麦、大麦、黑麦、其他	50 000
			玉米	80 000
			荞麦	180 000
		豆类	干大豆、干豆类、蚕豆、花生、其他	200 000
			豌豆	30 000
		薯类	山药、魔芋、其他	30 000
			马铃薯、甘薯	40 000
			芋头	20 000
		十字花科蔬菜	糖用甜菜、日本萝卜（叶）、山葵、豆瓣菜、大白菜、羽衣甘蓝、小松菜、京菜、其他	30 000
			甘蔗、青梗菜	50 000
			日本萝卜（根）、芜菁（根）	200 000
			芜菁（叶）	1 000 000
			花椰菜、甘蓝、球芽甘蓝	100 000
			椰菜	110 000
		菊科蔬菜	牛蒡、婆罗门参、朝鲜蓟、苦苣、菊苣、茼蒿	30 000
			莴苣	100 000
			其他	400 000
		百合科蔬菜	洋葱、葱、大蒜、繁殖洋葱、其他	30 000
			韭菜	25 000
			芦笋	100 000
		伞状花科蔬菜	胡萝卜、欧洲防风草、欧芹、鸭儿芹、其他	30 000
			芹菜	300 000

序号	农药名称（残留标示物）	商品种类	商品名称	限量标准（μg/kg）
64	溴 Bromide	茄科、葫芦科蔬菜	西红柿、其他	80 000
			西班牙甘椒、其他茄科蔬菜、黄瓜	150 000
			茄子	20 000
			越瓜、甜瓜	30 000
			南瓜	200 000
			西瓜	100 000
			其他瓜类	230 000
		豆类蔬菜、菇类、杂项蔬菜	菠菜、豌豆、腰果、未开的蘑菇、花菇、其他蘑菇	30 000
			竹笋	25 000
			黄秋葵	200 000
			姜	400 000
			枝豆	110 000
		其他蔬菜		500 000
		柑橘类水果	温州橘、夏橙、柠檬、橙、柚子、酸橙、其他	30 000
		梨果、核果、浆果	苹果、日本梨、梨、温柏、枇杷、桃子、油桃、杏、日本李子、梅子、樱桃、草莓、悬钩子、黑莓、蓝莓、蔓越橘、越橘类、其他	20 000
		热带及亚热带水果	葡萄、日本柿子、香蕉、番木瓜、菠萝、番石榴、杧果、西番莲果、椰枣	30 000
			猕猴桃	80 000
			鳄梨	60 000
		其他水果		20 000
		油籽	葵花籽、红花籽、菜籽	30 000
			芝麻籽	110 000
			棉籽	80 000
			其他	400 000
		坚果及种子	栗子、美洲山核桃、杏仁、核桃、其他	130 000
			银杏果	100 000
		茶		30 000
		啤酒花		400 000
		其他调味料	除山葵、日本芥末、大蒜、红辣椒/辣椒粉、姜、柠檬皮、橘皮、柚皮、芝麻以外的所有调味料	500 000
		其他药草	除豆瓣菜、韭菜、欧芹、芹菜以外的所有药草	500 000
65	溴丁酰草胺 Bromobutide	谷粮	稻	1 000

序号	农药名称（残留标示物）	商品种类	商品名称	限量标准（μg/kg）
66	溴硫磷 Bromophos	浆果	苹果	2 000
67	乙基溴硫磷 Bromophos-ethyl	谷粮	玉米	50
		豆类	干大豆、干豆类、豌豆、蚕豆、花生、其他	50
		薯类	马铃薯、芋头、甘薯、山药、魔芋、其他	50
		十字花科蔬菜	糖用甜菜、甘蔗、日本萝卜（根）、日本萝卜（叶）、芜菁（根）、芜菁（叶）、山葵、豆瓣菜、大白菜、甘蓝、球芽甘蓝、羽衣甘蓝、小松菜、京菜、青梗菜、花椰菜、椰菜、其他	50
		菊科蔬菜	牛蒡、婆罗门参、朝鲜蓟、菊苣、苦苣、茼蒿、莴苣、其他	50
		百合科蔬菜	洋葱、葱、大蒜、韭菜、芦笋、繁殖洋葱、其他	50
		伞状花科蔬菜	胡萝卜、欧洲防风草、欧芹、芹菜、鸭儿芹、其他	50
		茄科、葫芦科蔬菜	西红柿、西班牙甘椒、茄子、其他茄科蔬菜、黄瓜、南瓜、越瓜、西瓜、其他瓜类、甜瓜、其他	50
		豆类蔬菜、菇类、杂项蔬菜	菠菜、竹笋、黄秋葵、姜、豌豆、腰果、枝豆、未开的蘑菇、花菇、其他蘑菇	50
		其他蔬菜		50
		柑橘类水果	温州橘、夏橙、柠檬、橙、柚子、酸橙、其他	50
		梨果、核果、浆果	苹果、日本梨、梨、温柏、枇杷、桃子、油桃、杏、日本李子、梅子、樱桃、草莓、悬钩子、黑莓、蓝莓、蔓越橘、越橘类、其他	50
		热带及亚热带水果	葡萄、日本柿子、香蕉、猕猴桃、番木瓜、鳄梨、菠萝、番石榴、杜果、西番莲果、椰枣	50
		其他水果		50
		油籽	葵花籽、芝麻、红花籽、棉籽、菜籽、其他	50
		坚果	银杏果、栗子、美洲山核桃、杏仁、核桃、其他	50
		茶、啤酒花		100
		其他调味料	除山葵、日本芥末、大蒜、红辣椒/辣椒粉、姜、柠檬皮、橘皮、柚皮、芝麻以外的所有调味料	50
		其他药草	除豆瓣菜、韭菜、欧芹、芹菜以外的所有药草	50
68	溴螨酯 Bromopropylate	谷粮	稻、小麦、大麦、黑麦、玉米、荞麦、其他	50
		豆类	干豆类、豌豆、蚕豆、其他	50
			大豆、花生	100
		薯类	马铃薯、芋头、甘薯、山药、魔芋、其他	50
		十字花科蔬菜	日本萝卜（根）、日本萝卜（叶）、芜菁（根）、芜菁（叶）、山葵、豆瓣菜、大白菜、甘蓝、球芽甘蓝、羽衣甘蓝、小松菜、京菜、青梗菜、花椰菜、椰菜、其他	500
			糖用甜菜	50

序号	农药名称 (残留标示物)	商品种类	商品名称	限量标准 ($\mu g/kg$)
68	溴螨酯 Bromopropylate	菊科蔬菜	牛蒡、婆罗门参、朝鲜蓟、苦苣、菊苣、茼蒿、莴苣、其他	500
		百合科蔬菜	洋葱、葱、大蒜、韭菜、芦笋、繁殖洋葱、其他	500
		伞状花科蔬菜	胡萝卜、欧洲防风草、欧芹、芹菜、鸭儿芹、其他	500
		茄科、葫芦科蔬菜	西红柿、西班牙甘椒、茄子、其他茄科蔬菜、黄瓜、南瓜、越瓜、其他瓜类、甜瓜、其他	500
			西瓜	2 000
		豆类蔬菜、菇类、杂项蔬菜	菠菜、竹笋、黄秋葵、姜、豌豆、枝豆、未开的蘑菇、花菇、其他蘑菇	500
			腰果	3 000
		其他蔬菜		500
		柑橘类水果	温州橘、柠檬、橙、柚子、酸橙、其他	2 000
			夏橙	5 000
		梨果、核果、浆果	苹果、日本梨、梨、温柏、枇杷、桃子、油桃、杏、日本李子、梅子、樱桃、草莓、悬钩子、黑莓、蓝莓、蔓越橘、越橘类、其他浆果	2 000
		热带及亚热带水果	葡萄、日本柿子、香蕉、猕猴桃、番木瓜、鳄梨、菠萝、番石榴、杧果、西番莲果、椰枣	2 000
		其他水果		2 000
		油籽	葵花籽、芝麻籽、红花籽、棉籽、菜籽、其他	2 000
		坚果	银杏果、栗子、美洲山核桃、杏仁、核桃、其他	2 000
		茶		100
		啤酒花		1 000
		其他调味料	指除山葵、日本芥末、大蒜、红辣椒/辣椒粉、姜、柠檬皮、橘皮、柚皮、芝麻以外的所有调味料	2 000
		其他药草	指除豆瓣菜、韭菜、欧芹、芹菜以外的所有药草	500
69	溴苯腈 Bromoxynil	谷粮	稻、小麦、大麦、黑麦、玉米、荞麦、其他粮谷	200
		十字花科蔬菜	甘蔗	20
		百合科蔬菜	洋葱、大蒜	100
		水果	葡萄	10
		油籽	棉籽	2 000
			菜籽	100
			其他油籽（除芝麻籽、向日葵籽、红花籽、棉籽、菜籽以外的所有油籽）	60
		其他调味料	除山葵、日本芥末、大蒜、红辣椒/辣椒粉、姜、柠檬皮、橘皮、柚皮、芝麻以外的所有调味料	60

序号	农药名称 (残留标示物)	商品种类	商品名称	限量标准 (μg/kg)
70	乙嘧酚磺酸酯 Bupirimate	茄科、葫芦科蔬菜	黄瓜、南瓜、越瓜、西瓜、其他瓜类、甜瓜、其他葫芦科蔬菜	1 000
		浆果	苹果	800
			日本梨、梨、温柏、枇杷	500
71	噻嗪酮 Buprofezin	谷粮	稻、玉米	500
			小麦	300
		菊科蔬菜	其他菊科蔬菜	5 000
		茄科、葫芦科蔬菜	西红柿、西班牙甘椒、茄子、其他茄科蔬菜、黄瓜、南瓜、越瓜、西瓜、其他瓜类、甜瓜、其他葫芦科蔬菜	1 000
		豆类蔬菜、菇类、杂项蔬菜	黄秋葵、未开的蘑菇、花菇、其他蘑菇	500
			豌豆	20
		其他蔬菜		5 000
		柑橘类水果	温州橘、柠檬、橙、柚子、酸橙、其他	2 000
			夏橙	300
		梨果、核果、浆果	枇杷、桃子、杏、日本李子、梅子、樱桃、草莓、悬钩子、黑莓、蓝莓、蔓越橘、越橘类、其他	1 000
			苹果、温柏、油桃	500
			日本梨、梨	2 000
		热带及亚热带水果	日本柿子、香蕉、番木瓜、鳄梨、菠萝、番石榴、杧果、西番莲果	500
			葡萄、猕猴桃、椰枣	1 000
		其他水果		1 000
		油籽	棉籽	1 000
		坚果	银杏果、栗子、美洲山核桃、杏仁、核桃、其他	100
		茶		20 000
		其他调味料	除山葵、日本芥末、大蒜、红辣椒/辣椒粉、姜、柠檬皮、橘皮、柚皮、芝麻以外的所有调味料	5 000
		其他药草	除豆瓣菜、韭菜、欧芹、芹菜以外的所有药草	5 000
72	丁草胺 Butachlor	谷粮	稻	100
73	英拜除草剂 Butafenacil	谷粮	小麦、大麦、黑麦、玉米、荞麦、其他粮谷	20
		葫芦科蔬菜	西瓜、其他瓜类、甜瓜	100
		柑橘类水果	温州橘、夏橙、柠檬、橙、柚子、酸橙、其他柑橘类水果	100
		梨果、核果、浆果	苹果、日本梨、梨、温柏、枇杷、桃子、油桃、杏、日本李子、梅子、樱桃、草莓、悬钩子、黑莓、蓝莓、蔓越橘、越橘类、其他	100

序号	农药名称 (残留标示物)	商品种类	商品名称	限量标准 (μg/kg)
73	英拜除草剂 Butafenacil	热带及亚热带水果	葡萄、日本柿子、香蕉、猕猴桃、番木瓜、鳄梨、菠萝、番石榴、杧果、西番莲果、椰枣	100
		其他水果		100
		油籽	棉籽	500
		其他调味料	除山葵、日本芥末、大蒜、红辣椒/辣椒粉、姜、柠檬皮、橘皮、柚皮、芝麻以外的所有调味料	100
74	抑草磷 Butamifos	谷粮	稻	50
		豆类	干大豆、干豆类、豌豆、蚕豆、花生、其他	50
		薯类	芋头、山药、魔芋	50
			马铃薯、甘薯、其他	200
		十字花科蔬菜	日本萝卜（根）、日本萝卜（叶）、芜菁（根）、芜菁（叶）、山葵、豆瓣菜、大白菜、甘蓝、球芽甘蓝、羽衣甘蓝、小松菜、京菜、青梗菜、花椰菜、椰菜、其他	50
		菊科蔬菜	牛蒡、婆罗门参、朝鲜蓟、苦苣、菊苣、茼蒿、莴苣、其他	50
		百合科蔬菜	洋葱、葱、大蒜、韭菜、芦笋、繁殖洋葱、其他	50
		伞状花科蔬菜	胡萝卜、欧洲防风草、欧芹、芹菜、鸭儿芹、其他	50
		茄科、葫芦科蔬菜	西红柿、西班牙甘椒、茄子、其他茄科蔬菜、黄瓜、南瓜、越瓜、西瓜、其他瓜类、甜瓜、其他	50
		杂项蔬菜	菠菜、竹笋、黄秋葵、姜	50
		其他蔬菜		50
		柑橘类水果	温州橘、夏橙、柠檬、橙、柚子、酸橙、其他	50
		浆果	枇杷、桃子、油桃、杏、日本李子、梅子、樱桃、草莓、悬钩子、黑莓、蓝莓、蔓越橘、越橘类、其他	50
		其他水果	葡萄、猕猴桃、椰枣、其他	50
		其他调味料	指除山葵、日本芥末、大蒜、红辣椒/辣椒粉、姜、柠檬皮、橘皮、柚皮、芝麻以外的所有调味料	50
		其他药草	除豆瓣菜、韭菜、欧芹、芹菜以外的所有药草	50
75	丁氧环酮 Butroxydim	豆类	干大豆、干豆类、豌豆、蚕豆、花生、其他豆类	10
		其他蔬菜	豌豆、腰果、其他蔬菜	10
		油籽	葵花籽、芝麻籽、红花籽、棉籽、菜籽、其他油籽	10
		坚果	其他坚果	10
		其他调味料	除山葵、日本芥末、大蒜、红辣椒/辣椒粉、姜、柠檬皮、橘皮、柚皮、芝麻以外的所有调味料	10
		其他药草	除豆瓣菜、韭菜、欧芹、芹菜以外的所有药草	10
76	丁草特 Butylate	谷粮	玉米、其他谷类	100

序号	农药名称 (残留标示物)	商品种类	商品名称	限量标准 (μg/kg)
77	硫线磷 Cadusafos	薯类	马铃薯	20
			芋头、甘薯、山药、魔芋、其他薯类	50
		十字花科蔬菜	甘蓝	10
			日本萝卜(根)、日本萝卜(叶)、芜菁(根)、山葵	50
		菊科蔬菜	牛蒡、婆罗门参	50
		百合科蔬菜	大蒜	50
		伞状花科蔬菜	胡萝卜、欧洲防风草	50
		茄科、葫芦科蔬菜	西红柿	10
			茄子、黄瓜、南瓜、越瓜、西瓜、其他瓜类、甜瓜、其他葫芦科蔬菜	50
		杂项蔬菜	竹笋	50
			姜	10
		其他蔬菜		50
		柑橘类水果	温州橘、夏橙、柠檬、橙、柚子、酸橙、其他柑橘类水果	10
		浆果	枇杷、桃子	50
		热带及亚热带水果	香蕉	10
			猕猴桃	50
		其他调味料	除山葵、日本芥末、大蒜、红辣椒/辣椒粉、姜、柠檬皮、橘皮、柚皮、芝麻以外的所有调味料	50
		其他药草	除豆瓣菜、韭菜、欧芹、芹菜以外的所有药草	50
78	克菌丹 Captan	谷粮	稻	5 000
			玉米	10 000
		豆类	干大豆、干豆类、豌豆、蚕豆、花生、其他	5 000
		薯类	芋头、甘薯、山药、魔芋、其他	5 000
			马铃薯	50
		十字花科蔬菜	糖用甜菜、日本萝卜(根)、日本萝卜(叶)、芜菁(根)、芜菁(叶)、山葵、豆瓣菜、大白菜、甘蓝、球芽甘蓝、羽衣甘蓝、小松菜、京菜、青梗菜、花椰菜、椰菜、其他	5 000
		菊科蔬菜	牛蒡、婆罗门参、朝鲜蓟、苦苣、菊苣、茼蒿、莴苣、其他	5 000
		百合科蔬菜	洋葱、葱、大蒜、韭菜、芦笋、繁殖洋葱、其他	5 000
		伞状花科蔬菜	胡萝卜、欧洲防风草、欧芹、芹菜、鸭儿芹、其他	5 000
		茄科、葫芦科蔬菜	西红柿、西班牙甘椒、茄子、其他茄科蔬菜、黄瓜、南瓜、越瓜、西瓜、其他瓜类、甜瓜、其他葫芦科蔬菜	5 000

序号	农药名称 （残留标示物）	商品种类	商品名称	限量标准 （μg/kg）
78	克菌丹 Captan	豆类蔬菜、菇类、杂项蔬菜	菠菜、竹笋、黄秋葵、姜、豌豆、腰果、枝豆、未开的蘑菇、花菇、其他蘑菇	5 000
		其他蔬菜		5 000
		柑橘类水果	温州橘、夏橙、柠檬、橙、柚子、酸橙、其他	5 000
		浆果	苹果、温柏、枇杷、油桃、杏、日本李子、梅子、樱桃	5 000
			日本梨、梨	25 000
			桃子	15 000
			草莓、悬钩子、黑莓、蓝莓、蔓越橘、越橘类、其他	20 000
		其他水果	葡萄、日本柿子、香蕉、猕猴桃、番木瓜、鳄梨、菠萝、番石榴、杧果、西番莲果、椰枣、其他	5 000
		油籽	葵花籽、芝麻籽、红花籽、棉籽、菜籽、其他	5 000
		坚果	银杏果、栗子、杏仁、核桃、其他	5 000
			美洲山核桃	300
		其他调味料	除山葵、日本芥末、大蒜、红辣椒/辣椒粉、姜、柠檬皮、橘皮、柚皮、芝麻以外的所有调味料	5 000
		其他药草	除豆瓣菜、韭菜、欧芹、芹菜以外的所有药草	5 000
79	西维因 Carbaryl	谷粮	稻	1 000
			小麦	2 000
			大麦、黑麦	5 000
			玉米	100
			荞麦	3 000
			其他粮谷	10 000
		豆类	干大豆	200
			干豆类	1 000
			豌豆、蚕豆、其他豆类	4 000
			花生	5 000
		薯类	马铃薯	100
			芋头、山药、魔芋、其他薯类	3 000
			甘薯	20
			糖用甜菜	100
			甘蔗	50
		十字花科蔬菜	日本萝卜（根）、日本萝卜（叶）、芜菁（根）、大白菜、甘蓝、球芽甘蓝	1 000
			芜菁（叶）、豆瓣菜、羽衣甘蓝、小松菜、京菜、青梗菜、其他十字花科蔬菜	10 000
			山葵	4 000
			花椰菜	5 000
			椰菜	6 000

序号	农药名称（残留标示物）	商品种类	商品名称	限量标准（μg/kg）
79	西维因 Carbaryl	菊科蔬菜	牛蒡、朝鲜蓟	3 000
			婆罗门参	4 000
			苦苣、菊苣、茼蒿、莴苣、其他菊科蔬菜	10 000
		百合科蔬菜	洋葱、葱、大蒜、繁殖洋葱、其他百合科蔬菜	3 000
			韭菜	2 000
			芦笋	15 000
		伞状花科蔬菜	胡萝卜	500
			欧洲防风草	2 000
			欧芹	11 000
			芹菜	5 000
			鸭儿芹	1 000
			其他伞状花科蔬菜	10 000
		茄科、葫芦科蔬菜	西红柿、西班牙甘椒	5 000
			茄子	1 000
			其他茄科蔬菜、其他葫芦科蔬菜	10 000
			黄瓜、南瓜、越瓜、甜瓜	3 000
			西瓜、其他瓜类	2 000
		豆类蔬菜、菇类、杂项蔬菜	菠菜	1 000
			竹笋	4 000
			黄秋葵	10 000
			姜	2 000
			豌豆、腰果	5 000
			枝豆	4 000
			未开的蘑菇、花菇、其他蘑菇	3 000
		其他蔬菜		10 000
		柑橘类水果	温州橘、夏橙、柠檬	1 000
			橙、柚子、酸橙、其他柑橘类水果	7 000
		梨果、核果、浆果	苹果、日本梨、桃子	1 000
			梨、温柏、枇杷	5 000
			油桃、杏、日本李子、樱桃、悬钩子、黑莓	10 000
			梅子	2 000
			草莓、蓝莓、蔓越橘、越橘类、其他浆果	7 000

序号	农药名称 （残留标示物）	商品种类	商品名称	限量标准 （μg/kg）
79	西维因 Carbaryl	热带及亚热带水果	葡萄、日本柿子	1 000
			香蕉、鳄梨	5 000
			猕猴桃	10 000
			番木瓜	4 000
			菠萝、椰枣	2 000
			番石榴、杧果、西番莲果	3 000
		其他水果		30 000
		油籽	葵花籽	200
			棉籽	1 000
			菜籽	100
			其他油籽（除芝麻籽、向日葵籽、红花籽、棉籽、菜籽以外的所有油籽）	5 000
		坚果	银杏果、栗子、美洲山核桃、杏仁、核桃、其他坚果	1 000
		茶		1 000
		其他调味料	除山葵、日本芥末、大蒜、红辣椒/辣椒粉、姜、柠檬皮、橘皮、柚皮、芝麻以外的所有调味料	30 000
		其他药草	除豆瓣菜、韭菜、欧芹、芹菜以外的所有药草	10 000
80	多菌灵 Carbendazim	谷粮	小麦、大麦、黑麦、玉米、荞麦、其他	600
			稻	1 000
		豆类	豌豆、蚕豆、花生、其他	600
			干大豆	1 000
			干豆类	2 000
		薯类	马铃薯、芋头、甘薯、山药、魔芋、其他	600
		十字花科蔬菜	日本萝卜（根）、日本萝卜（叶）、芜菁（根）、芜菁（叶）、山葵、豆瓣菜、大白菜、甘蓝、羽衣甘蓝、小松菜、京菜、青梗菜、花椰菜、椰菜、其他	3 000
			糖用甜菜	600
			甘蔗	60
			球芽甘蓝	500
		菊科蔬菜	牛蒡、婆罗门参、朝鲜蓟、苦苣、菊苣、茼蒿、莴苣、其他	3 000
		百合科蔬菜	洋葱、葱、大蒜、韭菜、繁殖洋葱、其他	3 000
			芦笋	1 000
		伞状花科蔬菜	胡萝卜、欧洲防风草、欧芹、芹菜、鸭儿芹、其他	3 000

序号	农药名称 （残留标示物）	商品种类	商品名称	限量标准 （μg/kg）
80	多菌灵 Carbendazim	葫芦科蔬菜	西班牙甘椒、茄子、其他茄科蔬菜、黄瓜、南瓜、越瓜、西瓜、其他瓜类、甜瓜、其他	3 000
			西红柿	2 000
		豆类蔬菜、菇类、杂项蔬菜	菠菜、竹笋、黄秋葵、姜、豌豆、腰果、枝豆、未开的蘑菇、花菇、其他蘑菇	3 000
		其他蔬菜		3 000
		柑橘类水果	温州橘、夏橙、橙、柚子、酸橙、其他	3 000
			柠檬	7 000
		梨果、核果、浆果	苹果、日本梨、梨、温柏、枇杷、桃子、油桃、梅子、樱桃、草莓、悬钩子、黑莓、蓝莓、蔓越橘、越橘类、其他	3 000
			杏	2 000
			日本李子	500
		豆类蔬菜、菇类、杂项蔬菜	葡萄、日本柿子、香蕉、猕猴桃、番木瓜、鳄梨、番石榴、杧果、西番莲果、椰枣	3 000
			菠萝	7 000
		其他水果		3 000
		油籽	葵花籽、芝麻籽、红花籽、棉籽、菜籽、其他	3 000
		坚果及种子	银杏果、美洲山核桃、杏仁、核桃、咖啡豆、其他	100
			栗子	200
		茶		10 000
		啤酒花		100
		其他调味料	除山葵、日本芥末、大蒜、红辣椒/辣椒粉、姜、柠檬皮、橘皮、柚皮、芝麻以外的所有调味料	7 000
		其他药草	除豆瓣菜、韭菜、欧芹、芹菜以外的所有药草	3 000
81	加保扶 Carbofuran	谷粮	稻、黑麦、玉米、荞麦、其他	100
			小麦、大麦	200
		豆类	干豆类、豌豆、蚕豆、花生、其他	200
			干大豆	600
		薯类	马铃薯、芋头、甘薯、山药、魔芋、其他	500
		十字花科蔬菜	日本萝卜（根）、芜菁（根）、芜菁（叶）、山葵、豆瓣菜、大白菜、甘蓝、球芽甘蓝、羽衣甘蓝、小松菜、京菜、青梗菜、花椰菜、椰菜、其他	500
			糖用甜菜、甘蔗	100
			日本萝卜（叶）	1 000
		菊科蔬菜	牛蒡、婆罗门参、朝鲜蓟、苦苣、菊苣、茼蒿、莴苣、其他	500

第三章 日本食品安全限量标准

序号	农药名称 （残留标示物）	商品种类	商品名称	限量标准 (μg/kg)
81	加保扶 Carbofuran	百合科蔬菜	洋葱、大蒜、韭菜、芦笋、繁殖洋葱、其他	500
			葱	1 000
		伞状花科蔬菜	胡萝卜、欧洲防风草、欧芹、芹菜、鸭儿芹、其他	500
		茄科、葫芦科蔬菜	西红柿、西班牙甘椒、茄子、其他茄科蔬菜、黄瓜、南瓜、越瓜、西瓜、其他瓜类、甜瓜、其他葫芦可蔬菜	500
		豆类蔬菜、菇类、杂项蔬菜	菠菜、竹笋、黄秋葵、姜、豌豆、腰果、枝豆、未开的蘑菇、花菇、其他蘑菇	500
		其他蔬菜		1 000
		柑橘类水果	温州橘、夏橙、柠檬、橙、柚子、酸橙、其他	300
		梨果、浆果、浆果	苹果、日本梨、梨、温柏、枇杷、桃子、油桃、杏、日本李子、梅子、樱桃、悬钩子、黑莓、蓝莓、蔓越橘、越橘类、其他	300
			草莓	3 000
		热带及亚热带水果	葡萄、日本柿子、香蕉、猕猴桃、番木瓜、鳄梨、菠萝、番石榴、杧果、西番莲果、椰枣	300
		其他水果		300
		油籽	葵花籽、芝麻籽、红花籽、棉籽、菜籽、其他	300
		坚果及种子	银杏果、栗子、美洲山核桃、杏仁、核桃、其他浆果	300
			咖啡豆	1 000
		茶		200
		啤酒花		10 000
		其他调味料	除山葵、日本芥末、大蒜、红辣椒/辣椒粉、姜、柠檬皮、橘皮、柚皮、芝麻以外的所有调味料	1 000
		其他药草	除豆瓣菜、韭菜、欧芹、芹菜以外的所有药草	1 000
82	氧硫化碳 Carbonyl Sulphide	谷粮	稻、小麦、大麦、黑麦、玉米、荞麦、其他粮谷	200
		豆类	干大豆、干豆类、豌豆、蚕豆、其他豆类	200
		油籽	菜籽	200
		其他调味料	除山葵、日本芥末、大蒜、红辣椒/辣椒粉、姜、柠檬皮、橘皮、柚皮、芝麻以外的所有调味料	200
83	丁基加保扶 Carbosulfan	谷粮	大麦、黑麦、玉米、荞麦、其他	200
			稻	100
			小麦	50
		豆类	干大豆、干豆类、豌豆、蚕豆、花生、其他	50
		薯类	马铃薯、芋头、甘薯、山药、魔芋、其他	1 000

序号	农药名称 （残留标示物）	商品种类	商品名称	限量标准 （μg/kg）
83	丁基加保扶 Carbosulfan	十字花科蔬菜	日本萝卜（根）、日本萝卜（叶）、芜菁（根）、芜菁（叶）、山葵、豆瓣菜、大白菜、甘蓝、球芽甘蓝、羽衣甘蓝、小松菜、京菜、青梗菜、花椰菜、椰菜、其他	1 000
			糖用甜菜	50
			甘蔗	200
		菊科蔬菜	牛蒡、婆罗门参、朝鲜蓟、苦苣、菊苣、茼蒿、莴苣、其他	1 000
		百合科蔬菜	洋葱、葱、大蒜、韭菜、芦笋、繁殖洋葱、其他	1 000
		伞状花科蔬菜	胡萝卜、欧洲防风草、欧芹、芹菜、鸭儿芹、其他	1 000
		茄科、葫芦科蔬菜	西红柿、西班牙甘椒、茄子、其他茄科蔬菜、黄瓜、南瓜、越瓜、其他葫芦科蔬菜	1 000
			西瓜、其他瓜类、甜瓜	200
		豆类蔬菜、菇类、杂项蔬菜	菠菜、竹笋、黄秋葵、姜、豌豆、腰果、枝豆、未开的蘑菇、花菇、其他蘑菇	1 000
		其他蔬菜		1 000
		柑橘类水果	温州橘、夏橙、柠檬、橙、柚子、酸橙、其他	200
		梨果、核果、浆果	苹果、日本梨、梨、温柏、枇杷、桃子、油桃、杏、日本李子、梅子、樱桃、悬钩子、黑莓、蓝莓、蔓越橘、越橘类、其他	200
			草莓	5 000
		热带及亚热带水果	葡萄、日本柿子、香蕉、猕猴桃、番木瓜、鳄梨、菠萝、番石榴、杧果、西番莲果、椰枣	200
		其他水果		200
		油籽	葵花籽、芝麻籽、红花籽、棉籽、菜籽、其他	200
		坚果	银杏果、栗子、美洲山核桃、杏仁、核桃、其他	200
		茶		100
		啤酒花		1 000
		其他调味料	除山葵、日本芥末、大蒜、红辣椒/辣椒粉、姜、柠檬皮、橘皮、柚皮、芝麻以外的所有调味料	1 000
		其他药草	除豆瓣菜、韭菜、欧芹、芹菜以外的所有药草	1 000
84	萎锈灵 Carboxin	谷粮	稻、小麦、大麦、玉米、其他粮谷	200
			黑麦、荞麦	100
		豆类	干大豆、干豆类、花生	200
		百合科蔬菜	洋葱	200
		豆类蔬菜	腰果、枝豆	200
		其他蔬菜		200

序号	农药名称 （残留标示物）	商品种类	商品名称	限量标准 （μg/kg）
84	萎锈灵 Carboxin	油籽	红花籽、棉籽	200
			菜籽	30
		其他调味料	除山葵、日本芥末、大蒜、红辣椒/辣椒粉、姜、柠檬皮、橘皮、柚皮、芝麻以外的所有调味料	200
		其他药草	除豆瓣菜、韭菜、欧芹、芹菜以外的所有药草	200
85	氟酮唑草 Carfentrazone-ethyl	谷粮	稻、大麦、黑麦、玉米、荞麦、其他	80
			小麦	100
		豆类	干大豆、干豆类、豌豆、蚕豆、花生、其他	100
		薯类	马铃薯、芋头、甘薯、山药、魔芋、其他	100
		十字花科蔬菜	糖用甜菜、甘蔗、日本萝卜（根）、日本萝卜（叶）、芜菁（根）、芜菁（叶）、山葵、豆瓣菜、大白菜、甘蓝、球芽甘蓝、羽衣甘蓝、小松菜、京菜、青梗菜、花椰菜、椰菜、其他	100
		菊科蔬菜	牛蒡、婆罗门参、朝鲜蓟、苦苣、菊苣、茼蒿、莴苣	100
			其他	2 000
		百合科蔬菜	洋葱、葱、大蒜	100
			其他	2 000
		伞状花科蔬菜	胡萝卜、欧洲防风草、鸭儿芹、其他	100
			欧芹、芹菜	2 000
		茄科、葫芦科蔬菜	西红柿、西班牙青椒、茄子、其他茄科蔬菜、黄瓜、南瓜、越瓜、西瓜、其他瓜类、甜瓜、其他	100
		豆类蔬菜、菇类、杂项蔬菜	菠菜、竹笋、黄秋葵、姜、豌豆、腰果、枝豆、未开的蘑菇、花菇、其他蘑菇	100
		其他蔬菜		2 000
		柑橘类水果	温州橘、夏橙、柠檬、橙、柚子、酸橙、其他	100
		梨果、核果、浆果	苹果、日本梨、梨、温柏、油桃、杏、日本李子、梅子、樱桃、草莓、悬钩子、黑莓、蓝莓、蔓越橘、越橘类、其他	100
			枇杷、桃子	80
		热带及热带水果	葡萄、日本柿子、香蕉、猕猴桃、番木瓜、鳄梨、菠萝、番石榴、杧果、西番莲果、椰枣	100
		其他水果		100
		油籽	葵花籽、芝麻籽、红花籽、棉籽、菜籽	100
			其他	2 000
		坚果及种子	栗子、美洲山核桃、杏仁、核桃、其他	80
			银杏果	50
			咖啡豆、可可豆	100

序号	农药名称（残留标示物）	商品种类	商品名称	限量标准（µg/kg）
85	氟酮唑草 Carfentrazone-ethyl	茶		100
		啤酒花		300
		其他调味料	除山葵、日本芥末、大蒜、红辣椒/辣椒粉、姜、柠檬皮、橘皮、柚皮、芝麻以外的所有调味料	2 000
		其他药草	除豆瓣菜、韭菜、欧芹、芹菜以外的所有药草	2 000
86	杀螟丹 Cartap, Bensultap, Thiocuclam	谷粮	稻、小麦、大麦、黑麦、玉米、荞麦、其他	200
		薯类	马铃薯、芋头、甘薯、山药、魔芋、其他	100
		十字花科蔬菜	糖用甜菜、甘蔗、日本萝卜（根）、日本萝卜（叶）、芜菁（根）、芜菁（叶）、山葵、豆瓣菜、大白菜、甘蓝、球芽甘蓝、羽衣甘蓝、小松菜、京菜、青梗菜、花椰菜、椰菜、其他	3 000
		菊科蔬菜	牛蒡、婆罗门参、朝鲜蓟、苦苣、菊苣、茼蒿、莴苣、其他	3 000
		百合科蔬菜	洋葱、葱、大蒜、韭菜、芦笋、繁殖洋葱、其他	3 000
		伞状花科蔬菜	胡萝卜、欧洲防风草、欧芹、芹菜、鸭儿芹、其他	3 000
		茄科、葫芦科蔬菜	西红柿、西班牙甘椒、茄子、其他茄科蔬菜、黄瓜、南瓜、越瓜、西瓜、其他瓜类、甜瓜、其他	3 000
		豆类蔬菜、菇类、杂项蔬菜	菠菜、竹笋、黄秋葵、姜、豌豆、腰果、枝豆、未开的蘑菇、花菇、其他蘑菇	3 000
		其他蔬菜		3 000
		柑橘类水果	温州橘、夏橙、柠檬、橙、柚子、酸橙、其他	3 000
		梨果、核果、浆果	苹果、日本梨、梨、温柏、枇杷、桃子、油桃、杏、日本李子、梅子、樱桃、草莓、悬钩子、黑莓、蓝莓、蔓越橘、越橘类、其他	3 000
		豆类蔬菜、菇类、杂项蔬菜	葡萄、日本柿子、香蕉、猕猴桃、番木瓜、鳄梨、菠萝、番石榴、杧果、西番莲果、椰枣	3 000
		其他水果		3 000
		油籽	葵花籽、芝麻籽、红花籽、棉籽、菜籽、其他	3 000
		坚果	银杏果、栗子、美洲山核桃、杏仁、核桃、其他	3 000
		茶		30 000
		啤酒花		10 000
		其他调味料	除山葵、日本芥末、大蒜、红辣椒/辣椒粉、姜、柠檬皮、橘皮、柚皮、芝麻以外的所有调味料	3 000
		其他药草	除豆瓣菜、韭菜、欧芹、芹菜以外的所有药草	3 000

序号	农药名称（残留标示物）	商品种类	商品名称	限量标准（μg/kg）
87	灭螨猛 Chinomethionat	谷粮	稻、小麦、大麦、黑麦、玉米、荞麦、其他	100
		豆类	其他豆类	300
		薯类	马铃薯、芋头、甘薯、山药、魔芋、其他	300
		十字花科蔬菜	糖用甜菜、日本萝卜（根）、日本萝卜（叶）、芜菁（根）、芜菁（叶）、山葵、豆瓣菜、大白菜、甘蓝、球芽甘蓝、羽衣甘蓝、小松菜、京菜、青梗菜、花椰菜、椰菜、其他	300
		菊科蔬菜	牛蒡、婆罗门参、朝鲜蓟、苦苣、菊苣、茼蒿、莴苣、其他	300
		百合科蔬菜	洋葱、葱、大蒜、韭菜、芦笋、繁殖洋葱、其他	300
		伞状花科蔬菜	胡萝卜、欧洲防风草、欧芹、芹菜、鸭儿芹、其他	300
		茄科、葫芦科蔬菜	西红柿、茄子、黄瓜、南瓜、越瓜、其他	500
			西班牙甘椒	1 000
			其他茄科蔬菜	300
			西瓜	20
			其他瓜类、甜瓜	100
		豆类蔬菜、菇类、杂项蔬菜	菠菜、姜、豌豆、腰果、枝豆、未开的蘑菇、花菇、其他蘑菇	300
			竹笋、黄秋葵	500
		其他蔬菜		500
		柑橘类水果	温州橘、夏橙、柠檬、橙、柚子、酸橙、其他	500
		梨果、核果、浆果	日本梨、梨、温柏、枇杷、桃子、油桃、杏、日本李子、梅子、樱桃、草莓	500
			苹果	200
			悬钩子、黑莓、蓝莓、蔓越橘、越橘类	300
			其他浆果	100
		热带及亚热带水果	香蕉、猕猴桃、菠萝、番石榴、杧果、西番莲果、椰枣	300
			葡萄、鳄梨	100
			番木瓜	5 000
			日本柿子	50
		其他水果		300
		油籽	除向日葵籽、芝麻籽、红花籽、棉籽、菜籽及调味料以外的油籽	20
		坚果	银杏果、栗子、美洲山核桃	300
			杏仁、核桃	100
			其他	20
		其他调味料	除山葵、日本芥末、大蒜、红辣椒/辣椒粉、姜、柠檬皮、橘皮、柚皮、芝麻以外的所有调味料	500
		其他药草	除豆瓣菜、韭菜、欧芹、芹菜以外的所有药草	500

序号	农药名称（残留标示物）	商品种类	商品名称	限量标准（μg/kg）
88	氯杀螨 Chlorbenside	谷粮	玉米	10
		豆类	干大豆、干豆类、豌豆、蚕豆、花生、其他	10
		薯类	马铃薯、芋头、甘薯、山药、魔芋、其他	10
		十字花科蔬菜	糖用甜菜、日本萝卜（根）、日本萝卜（叶）、芜菁（根）、芜菁（叶）、山葵、豆瓣菜、大白菜、甘蓝、球芽甘蓝、羽衣甘蓝、小松菜、京菜、青梗菜、花椰菜、椰菜、其他	10
		菊科蔬菜	牛蒡、婆罗门参、朝鲜蓟、苦苣、菊苣、茼蒿、莴苣、其他	10
		百合科蔬菜	洋葱、葱、大蒜、韭菜、芦笋、繁殖洋葱、其他	10
		伞状花科蔬菜	胡萝卜、欧洲防风草、欧芹、芹菜、鸭儿芹、其他	10
		茄科、葫芦科蔬菜	西红柿、西班牙甘椒、茄子、其他茄科蔬菜、黄瓜、南瓜、越瓜、西瓜、其他瓜类、甜瓜、其他	10
		豆类蔬菜、菇类、杂项蔬菜	菠菜、竹笋、黄秋葵、姜、豌豆、腰果、枝豆、未开的蘑菇、花菇、其他蘑菇	10
		其他蔬菜		10
		柑橘类水果	温州橘、夏橙、柠檬、橙、柚子、酸橙、其他	10
		梨果、核果、浆果	苹果、日本梨、梨、温柏、枇杷、桃子、油桃、杏、日本李子、梅子、樱桃、草莓、悬钩子、黑莓、蓝莓、蔓越橘、越橘类、其他浆果	10
		热带及亚热带水果	葡萄、日本柿子、香蕉、猕猴桃、番木瓜、鳄梨、菠萝、番石榴、杧果、西番莲果、椰枣	10
		其他水果		10
		油籽	葵花籽、芝麻籽、红花籽、棉籽、菜籽、其他	10
		坚果	银杏果、栗子、美洲山核桃、杏仁、核桃、其他	10
		茶、啤酒花		100
		其他调味料	除山葵、日本芥末、大蒜、红辣椒/辣椒粉、姜、柠檬皮、橘皮、柚皮、芝麻以外的所有调味料	10
		其他药草	除豆瓣菜、韭菜、欧芹、芹菜以外的所有药草	10
89	氯草灵 Chlorbufam	谷粮	玉米	50
		豆类	干大豆、干豆类、豌豆、蚕豆、花生、其他	50
		薯类	马铃薯、芋头、甘薯、山药、魔芋、其他	50
		十字花科蔬菜	糖用甜菜、日本萝卜（根）、日本萝卜（叶）、芜菁（根）、芜菁（叶）、山葵、豆瓣菜、大白菜、甘蓝、球芽甘蓝、羽衣甘蓝、小松菜、京菜、青梗菜、花椰菜、椰菜、其他	50
		菊科蔬菜	牛蒡、婆罗门参、朝鲜蓟、苦苣、菊苣、茼蒿、莴苣、其他	50
		百合科蔬菜	洋葱、葱、大蒜、韭菜、芦笋、繁殖洋葱、其他	50

序号	农药名称 （残留标示物）	商品种类	商品名称	限量标准 （μg/kg）
89	氯草灵 Chlorbufam	伞状花科蔬菜	胡萝卜、欧洲防风草、欧芹、芹菜、鸭儿芹、其他	50
		茄科、葫芦科蔬菜	西红柿、西班牙甘椒、茄子、其他茄科蔬菜、黄瓜、南瓜、越瓜、西瓜、其他瓜类、甜瓜、其他	50
		豆类蔬菜、菇类、杂项蔬菜	菠菜、竹笋、黄秋葵、姜、豌豆、腰果、枝豆、未开的蘑菇、花菇、其他蘑菇	50
		其他蔬菜		50
		柑橘类水果	温州橘、夏橙、柠檬、橙、柚子、酸橙、其他	50
		梨果、核果、浆果	苹果、日本梨、梨、温柏、枇杷、桃子、油桃、杏、日本李子、梅子、樱桃、草莓、悬钩子、黑莓、蓝莓、蔓越橘、越橘类、其他	50
		热带及亚热带水果	葡萄、日本柿子、香蕉、猕猴桃、番木瓜、鳄梨、菠萝、番石榴、杜果、西番莲果、椰枣	50
		其他水果		50
		油籽	葵花籽、芝麻籽、红花籽、棉籽、菜籽、其他	50
		坚果	银杏果、栗子、美洲山核桃、杏仁、核桃、其他	50
		茶、啤酒花		100
		其他调味料	除山葵、日本芥末、大蒜、红辣椒/辣椒粉、姜、柠檬皮、橘皮、柚皮、芝麻以外的所有调味料	50
		其他药草	除豆瓣菜、韭菜、欧芹、芹菜以外的所有药草	50
90	氯丹 Chlordane	谷粮	稻、小麦、大麦、黑麦、玉米、荞麦、其他	20
		豆类	干大豆、干豆类、豌豆、蚕豆、花生、其他	20
		薯类	马铃薯、芋头、甘薯、山药、魔芋、其他	20
		十字花科蔬菜	糖用甜菜、日本萝卜（根）、日本萝卜（叶）、芜菁（根）、芜菁（叶）、山葵、豆瓣菜、大白菜、甘蓝、球芽甘蓝、羽衣甘蓝、小松菜、京菜、青梗菜、花椰菜、椰菜、其他	20
		菊科蔬菜	牛蒡、婆罗门参、朝鲜蓟、苦苣、菊苣、茼蒿、莴苣、其他	20
		百合科蔬菜	洋葱、葱、大蒜、芦笋、繁殖洋葱、其他	20
			韭菜	10
		伞状花科蔬菜	胡萝卜、欧洲防风草、欧芹、芹菜、其他	20
			鸭儿芹	10
		茄科、葫芦科蔬菜	西红柿、西班牙甘椒、茄子、其他茄科蔬菜、黄瓜、南瓜、越瓜、西瓜、其他瓜类、甜瓜、其他	20
		豆类蔬菜、菇类、杂项蔬菜	菠菜、竹笋、黄秋葵、姜、豌豆、腰果、枝豆、未开的蘑菇、花菇、其他蘑菇	20
		其他蔬菜		20
		柑橘类水果	温州橘、夏橙、柠檬、橙、柚子、酸橙、其他	20

序号	农药名称 (残留标示物)	商品种类	商品名称	限量标准 (μg/kg)
90	氯丹 Chlordane	梨果、核果、浆果	苹果、日本梨、梨、温柏、枇杷、桃子、油桃、杏、日本李子、梅子、樱桃、草莓、悬钩子、黑莓、蓝莓、蔓越橘、越橘类、其他	20
		热带及亚热带水果	葡萄、日本柿子、香蕉、猕猴桃、番木瓜、鳄梨、菠萝、番石榴、杧果、西番莲果、椰枣	20
		其他水果		20
		油籽	葵花籽、芝麻籽、红花籽、棉籽、菜籽、其他	20
		坚果	银杏果、栗子、美洲山核桃、杏仁、核桃、其他	20
		茶、啤酒花		20
		其他调味料	除山葵、日本芥末、大蒜、红辣椒/辣椒粉、姜、柠檬皮、橘皮、柚皮、芝麻以外的所有调味料	20
		其他药草	除豆瓣菜、韭菜、欧芹、芹菜以外的所有药草	20
91	四氯乙磷 Chlorthoxyphos	谷粮	玉米	10
		豆类	干豆类	100
		其他调味料	除山葵、日本芥末、大蒜、红辣椒/辣椒粉、姜、柠檬皮、橘皮、柚皮、芝麻以外的所有调味料	100
		其他药草	除豆瓣菜、韭菜、欧芹、芹菜以外的所有药草	100
92	氟唑虫清 Chlorfenapyr	豆类	干豆类、豌豆、蚕豆、花生、其他	100
		薯类	马铃薯、芋头、甘薯、山药、魔芋、其他	100
		十字花科蔬菜	日本萝卜(叶)、芜菁(叶)、豆瓣菜、羽衣甘蓝、小松菜、京菜、青梗菜、花椰菜、椰菜、其他	3 000
			糖用甜菜	500
			日本萝卜(根)、芜菁(根)、山葵	100
			大白菜、甘蓝、球芽甘蓝	1 000
		菊科蔬菜	朝鲜蓟、苦苣、菊苣、茼蒿、莴苣、其他	3 000
			牛蒡、婆罗门参	100
		百合科蔬菜	洋葱、葱、大蒜、韭菜、芦笋、繁殖洋葱、其他	3 000
		伞状花科蔬菜	欧芹、芹菜、鸭儿芹、其他	3 000
			胡萝卜、欧洲防风草	100
		茄科、葫芦科蔬菜	西红柿、西班牙甘椒、茄子、其他茄科蔬菜、黄瓜、南瓜、越瓜、其他葫芦科蔬菜	1 000
			西瓜、其他瓜类、甜瓜	100
		豆类蔬菜、菇类、杂项蔬菜	菠菜、黄秋葵	3 000
			竹笋、姜	100
		其他蔬菜		3 000

第三章 日本食品安全限量标准

序号	农药名称（残留标示物）	商品种类	商品名称	限量标准（μg/kg）
92	氟唑虫清 Chlorfenapyr	柑橘类水果	夏橙、柠檬、橙、柚子、酸橙、其他	2 000
			温州橘	500
		梨果、核果、浆果	杏、日本李子、梅子、樱桃、悬钩子、黑莓、蓝莓、蔓越橘、越橘类、其他	5 000
			枇杷、桃子	100
			苹果、日本梨、梨、温柏、油桃	1 000
			草莓	200
		热带及亚热带水果	日本柿子、香蕉、番木瓜、鳄梨、菠萝、番石榴、杧果、西番莲果	1 000
			葡萄、椰枣	5 000
			猕猴桃	100
		其他水果		5 000
		油籽	棉籽	500
		茶		50 000
		其他调味料	除山葵、日本芥末、大蒜、红辣椒/辣椒粉、姜、柠檬皮、橘皮、柚皮、芝麻以外的所有调味料	5 000
		其他药草	除豆瓣菜、韭菜、欧芹、芹菜以外的所有药草	3 000
93	杀螨酯 Chlorfenson	谷粮	玉米	10
		豆类	干大豆、干豆类、豌豆、蚕豆、花生、其他	10
		薯类	马铃薯、芋头、甘薯、山药、魔芋、其他	10
		十字花科蔬菜	糖用甜菜、日本萝卜（根）、日本萝卜（叶）、芜菁（根）、芜菁（叶）、山葵、豆瓣菜、大白菜、甘蓝、球芽甘蓝、羽衣甘蓝、小松菜、京菜、青梗菜、花椰菜、椰菜、其他	10
		菊科蔬菜	牛蒡、婆罗门参、朝鲜蓟、苦苣、菊苣、茼蒿、莴苣、其他	10
		百合科蔬菜	洋葱、葱、大蒜、韭菜、芦笋、繁殖洋葱、其他	10
		伞状花科蔬菜	胡萝卜、欧洲防风草、欧芹、芹菜、鸭儿芹、其他	10
		茄科、葫芦科蔬菜	西红柿、西班牙甘椒、茄子、其他茄科蔬菜、黄瓜、南瓜、越瓜、西瓜、其他瓜类、甜瓜、其他	10
		豆类蔬菜、菇类、杂项蔬菜	菠菜、竹笋、黄秋葵、姜、豌豆、腰果、枝豆、未开的蘑菇、花菇、其他蘑菇	10
		其他蔬菜		10
		柑橘类水果	温州橘、夏橙、柠檬、橙、柚子、酸橙、其他	10
		梨果、核果、浆果	苹果、日本梨、梨、温柏、枇杷、桃子、油桃、杏、日本李子、梅子、樱桃、草莓、悬钩子、黑莓、蓝莓、蔓越橘、越橘类、其他	10

· 299 ·

序号	农药名称 （残留标示物）	商品种类	商品名称	限量标准 ($\mu g/kg$)
93	杀螨酯 Chlorfenson	热带及亚热带水果	葡萄、日本柿子、香蕉、猕猴桃、番木瓜、鳄梨、菠萝、番石榴、杧果、西番莲果、椰枣	10
		其他水果		10
		油籽	葵花籽、芝麻籽、红花籽、棉籽、菜籽、其他	10
		坚果	银杏果、栗子、美洲山核桃、杏仁、核桃、其他	10
		茶、啤酒花		100
		其他调味料	除山葵、日本芥末、大蒜、红辣椒/辣椒粉、姜、柠檬皮、橘皮、柚皮、芝麻以外的所有调味料	10
		其他药草	除豆瓣菜、韭菜、欧芹、芹菜以外的所有药草	10
94	毒虫畏 Chlorfenvinphos	谷粮	稻、小麦、玉米	50
		豆类	干大豆、干豆类、花生	20
		薯类	马铃薯	100
			芋头、山药、魔芋、其他薯类	500
			甘薯	50
		十字花科蔬菜	糖用甜菜	500
			甘蔗、芜菁（根）	50
			日本萝卜（根）、山葵、豆瓣菜、大白菜、羽衣甘蓝、小松菜、京菜、青梗菜、花椰菜、其他十字花科蔬菜	100
			日本萝卜（叶）、芜菁（叶）、甘蓝、球芽甘蓝	200
			椰菜	50
		菊科蔬菜	牛蒡、婆罗门参	500
			朝鲜蓟、苦苣、菊苣、茼蒿、莴苣	100
			其他菊科蔬菜	50
		百合科蔬菜	洋葱	50
			葱、繁殖洋葱	300
			大蒜、其他百合科蔬菜	500
			韭菜、芦笋	100
		伞状花科蔬菜	胡萝卜、欧芹	400
			欧洲防风草、其他伞状花科蔬菜	500
			芹菜、鸭儿芹	100
		茄科、葫芦科蔬菜	西红柿、西班牙甘椒、其他茄科蔬菜、西瓜、其他瓜类	100
			茄子、黄瓜	200

第三章 日本食品安全限量标准

序号	农药名称 (残留标示物)	商品种类	商品名称	限量标准 (μg/kg)
94	毒虫畏 Chlorfenvinphos	豆类蔬菜、菇类、杂项蔬菜	菠菜	100
			姜	500
			腰果、枝豆	200
			未开的蘑菇、花菇、其他蘑菇	50
		其他蔬菜		300
		柑橘类水果	温州橘	100
			夏橙、柠檬、橙、柚子、酸橙、其他柑橘类水果	5 000
		浆果	苹果、梨、温柏、枇杷、桃子、油桃、杏、日本李子、樱桃、草莓、悬钩子、黑莓、蓝莓、越橘类、其他浆果	50
			日本梨	200
			梅子、蔓越橘	500
		热带及亚热带水果	葡萄、香蕉、猕猴桃、番木瓜、鳄梨、菠萝、番石榴、杧果、西番莲果、椰枣	50
			日本柿子	200
		其他水果		200
		油籽	棉籽	50
		坚果	银杏果、美洲山核桃、杏仁、核桃、其他坚果	50
			栗子	200
		其他调味料	除山葵、日本芥末、大蒜、红辣椒/辣椒粉、姜、柠檬皮、橘皮、柚皮、芝麻以外的所有调味料	5 000
		其他药草	除豆瓣菜、韭菜、欧芹、芹菜以外的所有药草	500
95	氟定脲 Chlorfluazuron	谷粮	稻、小麦、大麦、黑麦、玉米、荞麦、其他	50
		豆类	干大豆、干豆类、豌豆、蚕豆、花生、其他	1 000
		薯类	马铃薯、芋头、甘薯、山药、魔芋、其他	100
		十字花科蔬菜	日本萝卜(根)、日本萝卜(叶)、芜菁(根)、芜菁(叶)、山葵、豆瓣菜、大白菜、甘蓝、球芽甘蓝、羽衣甘蓝、小松菜、京菜、青梗菜、花椰菜、椰菜、其他	2 000
			糖用甜菜	200
			甘蔗	20
		菊科蔬菜	牛蒡、婆罗门参、朝鲜蓟、苦苣、菊苣、茼蒿、莴苣、其他	2 000
		百合科蔬菜	洋葱、葱、大蒜、韭菜、芦笋、繁殖洋葱、其他	2 000
		伞状花科蔬菜	胡萝卜、欧洲防风草、欧芹、芹菜、鸭儿芹、其他	2 000
		葫芦科蔬菜	西红柿、西班牙甘椒、茄子、其他茄科蔬菜、黄瓜、南瓜、越瓜、西瓜、其他瓜类、甜瓜、其他	2 000

序号	农药名称（残留标示物）	商品种类	商品名称	限量标准（μg/kg）
95	氟定脲 Chlorfluazuron	豆类蔬菜、菇类、杂项蔬菜	菠菜、竹笋、黄秋葵、姜、豌豆、腰果、枝豆、未开的蘑菇、花菇、其他蘑菇	2 000
		其他蔬菜		2 000
		柑橘类水果	温州橘、夏橙、柠檬、橙、柚子、酸橙、其他	2 000
		梨果、核果、浆果	苹果、日本梨、梨、温柏、枇杷、桃子、油桃、杏、日本李子、梅子、樱桃、草莓、悬钩子、黑莓、蓝莓、蔓越橘、越橘类、其他浆果	2 000
		热带及亚热带水果	葡萄、日本柿子、香蕉、猕猴桃、番木瓜、鳄梨、菠萝、番石榴、杧果、西番莲果、椰枣	2 000
		其他水果		2 000
		油籽	葵花籽、芝麻籽、红花籽、棉籽、菜籽、其他	2 000
		坚果及种子	银杏果、栗子、美洲山核桃、杏仁、核桃、其他	2 000
			咖啡豆、可可豆	50
		茶		10 000
		啤酒花		50
		其他调味料	除山葵、日本芥末、大蒜、红辣椒/辣椒粉、姜、柠檬皮、橘皮、柚皮、芝麻以外的所有调味料	2 000
		其他药草	指除豆瓣菜、韭菜、欧芹、芹菜以外的所有药草	2 000
96	氯草敏 Chloridazon	十字花科蔬菜	糖用甜菜、日本萝卜（根）、日本萝卜（叶）、芜菁（根）、芜菁（叶）、山葵、豆瓣菜、大白菜、甘蓝、球芽甘蓝、羽衣甘蓝、小松菜、京菜、青梗菜、花椰菜、椰菜、其他十字花科蔬菜	100
		菊科蔬菜	牛蒡、婆罗门参、朝鲜蓟、苦苣、菊苣、茼蒿、莴苣、其他菊科蔬菜	100
		百合科蔬菜	洋葱、葱、大蒜、韭菜、芦笋、繁殖洋葱、其他百合科蔬菜	100
		伞状花科蔬菜	胡萝卜、欧洲防风草、欧芹、芹菜、鸭儿芹、其他伞状花科蔬菜	100
		葫芦科蔬菜	西红柿、西班牙甘椒、茄子、其他茄科蔬菜、黄瓜、南瓜、越瓜、西瓜、其他瓜类、甜瓜、其他葫芦科蔬菜	100
		豆类蔬菜、菇类、杂项蔬菜	菠菜、竹笋、黄秋葵、姜、豌豆、腰果、枝豆、未开的蘑菇、花菇、其他蘑菇	100
		其他蔬菜		100

序号	农药名称（残留标示物）	商品种类	商品名称	限量标准（μg/kg）
97	矮壮素 Chlormequat	谷粮	稻、玉米、荞麦	50
			小麦、黑麦	5 000
			大麦	500
			其他	10 000
		豆类	干豆类、豌豆、蚕豆、其他	50
			干大豆、花生	100
		薯类	芋头、甘薯、山药、魔芋、其他	50
			马铃薯	10 000
		十字花科蔬菜	糖用甜菜、日本萝卜（根）、日本萝卜（叶）、芜菁（根）、芜菁（叶）、山葵、豆瓣菜、大白菜、甘蓝、球芽甘蓝、羽衣甘蓝、小松菜、京菜、青梗菜、花椰菜、椰菜	50
			其他	3 000
		菊科蔬菜	牛蒡、婆罗门参、朝鲜蓟、苦苣、菊苣、茼蒿、莴苣、其他	50
		百合科蔬菜	洋葱、葱、大蒜、韭菜、芦笋、繁殖洋葱、其他	50
		伞状花科蔬菜	胡萝卜、欧洲防风草、欧芹、芹菜、鸭儿芹、其他	50
		茄科、葫芦科蔬菜	西红柿、西班牙甘椒、茄子、其他茄科蔬菜、黄瓜、南瓜、越瓜、西瓜、其他瓜类、甜瓜、其他	50
		豆类蔬菜、菇类、杂项蔬菜	菠菜、竹笋、黄秋葵、姜、豌豆、腰果、枝豆	50
			未开的蘑菇、花菇、其他蘑菇	10 000
		其他蔬菜		50
		柑橘类水果	温州橘、夏橙、柠檬、橙、柚子、酸橙、其他	50
		梨果、核果、浆果	苹果、温柏、枇杷、桃子、油桃、杏、日本李子、梅子、樱桃、草莓、悬钩子、黑莓、蓝莓、蔓越橘、越橘类、其他	50
			日本梨、梨	3 000
		热带及亚热带水果	日本柿子、香蕉、猕猴桃、番木瓜、鳄梨、菠萝、番石榴、杧果、西番莲果	50
			葡萄	1 000
			椰枣	2 000
		其他水果		100
		油籽	葵花籽、芝麻籽、红花籽、其他	100
			棉籽	500
			菜籽	5 000
		坚果	银杏果、栗子、美洲山核桃、杏仁、核桃、其他	100
		茶、啤酒花		100
		其他调味料	除山葵、日本芥末、大蒜、红辣椒/辣椒粉、姜、柠檬皮、橘皮、柚皮、芝麻以外的所有调味料	3 000
		其他药草	除豆瓣菜、韭菜、欧芹、芹菜以外的所有药草	3 000

序号	农药名称（残留标示物）	商品种类	商品名称	限量标准（μg/kg）
98	乙酯杀螨醇 Cholrobenzilate	谷粮	玉米	20
		豆类	干大豆、干豆类、豌豆、蚕豆、花生、其他	20
		薯类	马铃薯、芋头、甘薯、山药、魔芋、其他	20
		十字花科蔬菜	糖用甜菜、日本萝卜（根）、日本萝卜（叶）、芜菁（根）、芜菁（叶）、山葵、豆瓣菜、大白菜、甘蓝、球芽甘蓝、羽衣甘蓝、小松菜、京菜、青梗菜、花椰菜、椰菜、其他	20
		菊科蔬菜	牛蒡、婆罗门参、朝鲜蓟、苦苣、菊苣、茼蒿、莴苣、其他	20
		百合科蔬菜	洋葱、葱、大蒜、韭菜、芦笋、繁殖洋葱、其他	20
		伞状花科蔬菜	胡萝卜、欧洲防风草、欧芹、芹菜、鸭儿芹、其他	20
		茄科、葫芦科蔬菜	西红柿、西班牙甘椒、茄子、其他茄科蔬菜、黄瓜、南瓜、越瓜、西瓜、其他瓜类、甜瓜、其他	20
		豆类蔬菜、菇类、杂项蔬菜	菠菜、竹笋、黄秋葵、姜、豌豆、腰果、枝豆、未开的蘑菇、花菇、其他蘑菇	20
		其他蔬菜		20
		柑橘类水果	温州橘、夏橙、柠檬、橙、柚子、酸橙、其他	5 000
		梨果、核果、浆果	苹果、日本梨、梨、温柏、枇杷、桃子、油桃、杏、日本李子、梅子、樱桃、草莓、悬钩子、黑莓、蓝莓、蔓越橘、越橘类、其他	20
		热带及亚热带水果	葡萄、日本柿子、香蕉、猕猴桃、番木瓜、鳄梨、菠萝、番石榴、杧果、西番莲果、椰枣	20
		其他水果		20
		油籽	葵花籽、芝麻籽、红花籽、棉籽、菜籽、其他	20
		坚果	银杏果、栗子、美洲山核桃、杏仁、核桃、其他	20
		茶、啤酒花		100
		其他调味料	除山葵、日本芥末、大蒜、红辣椒/辣椒粉、姜、柠檬皮、橘皮、柚皮、芝麻以外的所有调味料	5 000
		其他药草	除豆瓣菜、韭菜、欧芹、芹菜以外的所有药草	20
99	地茂散 Chloroneb	豆类	干大豆、干豆类、豌豆、蚕豆、其他豆类	100
		十字花科蔬菜	糖用甜菜	100
		油籽	棉籽	100
		其他调味料	除山葵、日本芥末、大蒜、红辣椒/辣椒粉、姜、柠檬皮、橘皮、柚皮、芝麻以外的所有调味料	100
		其他药草	除豆瓣菜、韭菜、欧芹、芹菜以外的所有药草	100

序号	农药名称（残留标示物）	商品种类	商品名称	限量标准（μg/kg）
100	百菌清 Chlorothalonil	谷粮	稻、小麦、大麦、黑麦、其他	100
			玉米、荞麦	10
		豆类	干大豆、干豆类、豌豆、蚕豆、其他	200
			花生	50
		薯类	马铃薯、芋头、甘薯、魔芋、其他	200
			山药	10
		十字花科蔬菜	糖用甜菜	200
			日本萝卜（根）	100
			芜菁（根）	20
			芜菁（叶）	50
			山葵、豆瓣菜、球芽甘蓝、羽衣甘蓝、小松菜、京菜	4 000
			大白菜、甘蓝、青梗菜、其他十字花科蔬菜	2 000
			花椰菜	1 000
			椰菜	5 000
		菊科蔬菜	牛蒡、婆罗门参、朝鲜蓟、苦苣、菊苣	4 000
			茼蒿	6 000
			莴苣	1 000
			其他	2 000
		百合科蔬菜	韭菜、芦笋、其他	2 000
			洋葱	500
			葱、繁殖洋葱	5 000
			大蒜	10 000
		伞状花科蔬菜	胡萝卜、欧洲防风草	1 000
			欧芹	3 000
			芹菜	10 000
			鸭儿芹	50
			其他伞状花科蔬菜	500
		茄科、葫芦科蔬菜	西红柿、黄瓜、南瓜、越瓜、西瓜、其他瓜类、甜瓜、其他	5 000
			西班牙甘椒	7 000
			茄子、其他茄科蔬菜	2 000
		豆类蔬菜、菇类、杂项蔬菜	菠菜	4 000
			竹笋、豌豆、枝豆、其他蔬菜	2 000
			黄秋葵	6 000
			姜	50
			腰果、花菇、其他蘑菇	5 000
			未开的蘑菇	1 000
		其他蔬菜		2 000
		柑橘类水果	温州橘、夏橙、柠檬、橙、柚子、酸橙、其他	10

序号	农药名称（残留标示物）	商品种类	商品名称	限量标准（μg/kg）
100	百菌清 Chlorothalonil	梨果、核果、浆果	苹果、梨、桃子	2 000
			日本梨	500
			温柏、枇杷、蓝莓	1 000
			油桃、杏、日本李子	25 000
			梅子、蔓越橘	5 000
			樱桃	50
			草莓	8 000
			悬钩子、黑莓、其他浆果	10 000
			越橘类	7 000
		热带及亚热带水果	葡萄	500
			日本柿子	1 000
			香蕉、猕猴桃	200
			番木瓜	15 000
			鳄梨、菠萝、番石榴	10
			杧果	500
			西番莲果	3 000
			椰枣	100
		其他水果		5 000
		油籽	葵花籽、芝麻籽、红花籽、棉籽、菜籽、其他	10
		坚果及种子	银杏果、栗子、美洲山核桃、核桃	10
			杏仁、可可豆	50
			咖啡豆	200
			其他	100
		茶		10 000
		啤酒花		100
		其他调味料	除山葵、日本芥末、大蒜、红辣椒/辣椒粉、姜、柠檬皮、橘皮、柚皮、芝麻以外的所有调味料	5 000
		其他药草	除豆瓣菜、韭菜、欧芹、芹菜以外的所有药草	2 000
101	枯草隆 Chloroxuron	谷粮	玉米	50
		豆类	干大豆、干豆类、豌豆、蚕豆、花生、其他	50
		薯类	马铃薯、芋头、甘薯、山药、魔芋、其他	50
		十字花科蔬菜	糖用甜菜、日本萝卜（根）、日本萝卜（叶）、芜菁（根）、芜菁（叶）、山葵、豆瓣菜、大白菜、甘蓝、球芽甘蓝、羽衣甘蓝、小松菜、京菜、青梗菜、花椰菜、椰菜、其他	50

第三章 日本食品安全限量标准

序号	农药名称 （残留标示物）	商品种类	商品名称	限量标准 （μg/kg）
101	枯草隆 Chloroxuron	菊科蔬菜	牛蒡、婆罗门参、朝鲜蓟、苦苣、菊苣、茼蒿、莴苣、其他	50
		百合科蔬菜	洋葱、葱、大蒜、韭菜、芦笋、繁殖洋葱、其他	50
		伞状花科蔬菜	胡萝卜、欧洲防风草、欧芹、芹菜、鸭儿芹、其他	50
		茄科、葫芦科蔬菜	西红柿、西班牙甘椒、茄子、其他茄科蔬菜、黄瓜、南瓜、越瓜、西瓜、其他瓜类、甜瓜、其他	50
		豆类蔬菜、菇类、杂项蔬菜	菠菜、竹笋、黄秋葵、姜、豌豆、腰果、枝豆、未开的蘑菇、花菇、其他蘑菇	50
		其他蔬菜		50
		柑橘类水果	温州橘、夏橙、柠檬、橙、柚子、酸橙、其他	50
		梨果、核果、浆果	苹果、日本梨、梨、温柏、枇杷、桃子、油桃、杏、日本李子、梅子、樱桃、草莓、悬钩子、黑莓、蓝莓、蔓越橘、越橘类、其他	50
		热带及亚热带水果	葡萄、日本柿子、香蕉、猕猴桃、番木瓜、鳄梨、菠萝、番石榴、杧果、西番莲果、椰枣	50
		其他水果		50
		油籽	葵花籽、芝麻籽、红花籽、棉籽、菜籽、其他	50
		坚果	银杏果、栗子、美洲山核桃、杏仁、核桃、其他	50
		茶、啤酒花		100
		其他调味料	除山葵、日本芥末、大蒜、红辣椒/辣椒粉、姜、柠檬皮、橘皮、柚皮、芝麻以外的所有调味料	50
		其他药草	除豆瓣菜、韭菜、欧芹、芹菜以外的所有药草	50
102	氯苯胺灵 Chlorpropham	谷粮	小麦、黑麦、玉米	50
		豆类	干大豆、干豆类、豌豆、蚕豆	50
		薯类	马铃薯、芋头、甘薯、山药、魔芋、其他	50
		十字花科蔬菜	糖用甜菜、日本萝卜（根）、日本萝卜（叶）、芜菁（根）、芜菁（叶）、山葵、豆瓣菜、大白菜、甘蓝、球芽甘蓝、羽衣甘蓝、小松菜、京菜、青梗菜、花椰菜、椰菜、其他	50
		菊科蔬菜	牛蒡、婆罗门参、朝鲜蓟、苦苣、菊苣、茼蒿、莴苣、其他	50
		百合科蔬菜	洋葱、葱、大蒜、韭菜、芦笋、繁殖洋葱、其他	50
		伞状花科蔬菜	欧洲防风草、欧芹、芹菜、其他	100
			胡萝卜、鸭儿芹	50
		茄科、葫芦科蔬菜	西红柿、西班牙甘椒、茄子、其他茄科蔬菜、黄瓜、南瓜、越瓜、西瓜、其他瓜类、甜瓜、其他	50
		豆类蔬菜、菇类、杂项蔬菜	菠菜、竹笋、黄秋葵、姜、豌豆、腰果、枝豆、未开的蘑菇、花菇、其他蘑菇	50

序号	农药名称（残留标示物）	商品种类	商品名称	限量标准（μg/kg）
102	氯苯胺灵 Chlorpropham	其他蔬菜		50
		柑橘类水果	温州橘、夏橙、柠檬、橙、柚子、酸橙、其他	50
		梨果、核果、浆果	苹果、日本梨、梨、温柏、枇杷、桃子、油桃、杏、日本李子、梅子、樱桃、草莓、悬钩子、黑莓、蓝莓、蔓越橘、越橘类、其他	50
		热带及亚热带水果	葡萄、日本柿子、香蕉、番木瓜、鳄梨、菠萝、番石榴、杧果、西番莲果、椰枣	50
			猕猴桃	1 000
		其他水果		50
		坚果	银杏果、栗子、美洲山核桃、杏仁、核桃、其他	50
		其他调味料	除山葵、日本芥末、大蒜、红辣椒/辣椒粉、姜、柠檬皮、橘皮、柚皮、芝麻以外的所有调味料	100
		其他药草	除豆瓣菜、韭菜、欧芹、芹菜以外的所有药草	100
103	毒死蜱 Chlorpyrifos	谷粮	稻、玉米	100
			小麦	500
			大麦	200
			黑麦、荞麦	10
			其他粮谷	750
		豆类	干大豆	300
			干豆类	100
			豌豆、蚕豆、其他豆类	50
			花生	200
		薯类	芋头、山药、魔芋、其他	10
			马铃薯	50
			甘薯	100
			糖用甜菜、甘蓝、花椰菜	50
			甘蔗	100
			日本萝卜（根）	500
		十字花科蔬菜	日本萝卜（叶）	2000
			芜菁（根）、大白菜、球芽甘蓝、羽衣甘蓝、小松菜、京菜、青梗菜、椰菜、其他十字花科蔬菜	1 000
			芜菁（叶）	300
			山葵、豆瓣菜	10
		菊科蔬菜	牛蒡、婆罗门参、苦苣、菊苣、茼蒿、其他	10
			朝鲜蓟	1 000
			莴苣	100

序号	农药名称（残留标示物）	商品种类	商品名称	限量标准（μg/kg）
103	毒死蜱 Chlorpyrifos	百合科蔬菜	洋葱	50
			葱	200
			大蒜、韭菜、繁殖洋葱、其他百合科蔬菜	10
			芦笋	5 000
		伞状花科蔬菜	欧洲防风草、欧芹、鸭儿芹、其他	10
			胡萝卜	500
			芹菜	50
		茄科、葫芦科蔬菜	越瓜、西瓜、其他瓜类、甜瓜、其他	10
			西红柿、西班牙甘椒	500
			茄子	200
			其他茄科蔬菜	1 000
			黄瓜、南瓜	50
		豆类蔬菜、菇类、杂项蔬菜	菠菜、姜、豌豆、花菇、其他蘑菇	10
			竹笋、黄秋葵	500
			腰果	200
			枝豆	300
			未开的蘑菇	50
		其他蔬菜		500
		柑橘类水果	温州橘、夏橙、柠檬、橙、柚子、酸橙、其他	1 000
		梨果、核果、浆果	苹果、桃子、油桃、日本李子、樱桃、黑莓、蓝莓、越橘类、其他	1 000
			草莓、悬钩子	200
			蔓越橘	10
			杏、梅子	50
			日本梨、梨、温柏、枇杷	500
		热带及亚热带水果	葡萄	1 000
			日本柿子、番木瓜	10
			香蕉	3 000
			猕猴桃	2 000
			鳄梨	500
			菠萝、番石榴、杧果、西番莲果	50
			椰枣	300
		其他水果		1 000
		油籽	芝麻籽、红花籽、菜籽、其他	100
			葵花籽	300
			棉籽	50

序号	农药名称（残留标示物）	商品种类	商品名称	限量标准（μg/kg）
103	毒死蜱 Chlorpyrifos	坚果及种子	栗子、美洲山核桃、杏仁、核桃、其他	200
			咖啡豆	50
			银杏果	10
		茶		10 000
		啤酒花		100
		其他调味料	除山葵、日本芥末、大蒜、红辣椒/辣椒粉、姜、柠檬皮、橘皮、柚皮、芝麻以外的所有调味料	1 000
		其他药草	除豆瓣菜、韭菜、欧芹、芹菜以外的所有药草	1 000
104	甲基毒死蜱 Chlorpyrifos-methyl	谷粮	黑麦、玉米、荞麦	7 000
			稻	100
			小麦、其他	10 000
			大麦	6 000
		豆类	干大豆、干豆类、豌豆、蚕豆、花生	50
			其他	5 000
		薯类	马铃薯、芋头、甘薯、山药、魔芋、其他	50
		十字花科蔬菜	糖用甜菜、日本萝卜（根）、日本萝卜（叶）、芜菁（根）、芜菁（叶）、山葵、甘蓝、球芽甘蓝、羽衣甘蓝、小松菜、京菜、青梗菜、花椰菜、椰菜、其他	30
			甘蔗、豆瓣菜、大白菜	100
		菊科蔬菜	牛蒡、婆罗门参、苦苣、菊苣、茼蒿、其他	30
			朝鲜蓟、莴苣	100
		百合科蔬菜	洋葱、葱、大蒜、韭菜、芦笋、繁殖洋葱、其他	30
		伞状花科蔬菜	胡萝卜、欧洲防风草、欧芹、芹菜、鸭儿芹、其他	30
		葫芦科蔬菜	西瓜、其他瓜类、甜瓜、其他	50
			西红柿、西班牙甘椒	500
			茄子、其他茄科蔬菜	100
			黄瓜、南瓜、越瓜	30
		豆类蔬菜、菇类、杂项蔬菜	菠菜、竹笋、黄秋葵、姜、豌豆、枝豆、花菇、其他蘑菇	30
			腰果、未开的蘑菇	100
		其他蔬菜		30
		柑橘类水果	温州橘	1 000
			夏橙、柚子、酸橙	50
			柠檬	300
			橙、其他柑橘类水果	500

序号	农药名称（残留标示物）	商品种类	商品名称	限量标准（μg/kg）
104	甲基毒死蜱 Chlorpyrifos-methyl	梨果、核果、浆果	油桃、杏、日本李子、梅子、樱桃、悬钩子、黑莓、蓝莓、蔓越橘、越橘类、其他坚果	50
			苹果、日本梨、梨、温柏、枇杷、桃子、草莓	500
		热带及亚热带水果	日本柿子、香蕉、猕猴桃、番木瓜、鳄梨、菠萝、番石榴、杧果、西番莲果、椰枣	50
			葡萄	200
		其他水果		50
		油籽	葵花籽、芝麻籽、红花籽、棉籽、菜籽、其他	50
		坚果	银杏果、栗子、美洲山核桃、杏仁、核桃、其他	50
		茶、啤酒花		100
		其他调味料	除山葵、日本芥末、大蒜、红辣椒/辣椒粉、姜、柠檬皮、橘皮、柚皮、芝麻以外的所有调味料	5 000
		其他药草	除豆瓣菜、韭菜、欧芹、芹菜以外的所有药草	30
105	氯磺隆 Chlorsulfuron	谷粮	稻、黑麦、玉米、荞麦	50
			小麦、大麦、其他粮谷	100
106	氯酞酸甲酯 Chlorthal-dimethyl	谷粮	玉米	3 000
		豆类	干大豆、干豆类	3 000
			豌豆	5 000
			蚕豆、其他豆类	4 000
		薯类	马铃薯、甘薯	3 000
			芋头、魔芋、其他薯类	5 000
			山药	4 000
		十字花科蔬菜	糖用甜菜、日本萝卜（叶）、芜菁（叶）、豆瓣菜、大白菜、小松菜、京菜、青梗菜、其他十字花科蔬菜	5 000
			日本萝卜（根）、山葵、甘蓝、球芽甘蓝、羽衣甘蓝、花椰菜、椰菜	4 000
			芜菁（根）	3 000
		菊科蔬菜	牛蒡、婆罗门参、朝鲜蓟、苦苣、菊苣、茼蒿、其他菊科蔬菜	5 000
			莴苣	3 000
		百合科蔬菜	洋葱、大蒜	2 000
			葱、芦笋、繁殖洋葱、其他百合科蔬菜	5 000
		伞状花科蔬菜	胡萝卜、欧洲防风草、芹菜、其他伞状花科蔬菜	5 000
			欧芹	4 000

序号	农药名称（残留标示物）	商品种类	商品名称	限量标准（μg/kg）
106	氯酞酸甲酯 Chlorthal-dimethyl	茄科、葫芦科蔬菜	西红柿、茄子、黄瓜、南瓜、西瓜、其他瓜类	2 000
			西班牙甘椒、其他茄科蔬菜	3 000
			越瓜、甜瓜、其他葫芦科蔬菜	5 000
		豆类蔬菜、菇类、杂项蔬菜	菠菜、竹笋、黄秋葵、姜、豌豆、未开的蘑菇、花菇、其他蘑菇	5 000
			腰果、枝豆	3 000
			草莓	2 000
			棉籽	200
		其他蔬菜		10 000
		其他水果		4 000
		其他调味料	除山葵、日本芥末、大蒜、红辣椒/辣椒粉、姜、柠檬皮、橘皮、柚皮、芝麻以外的所有调味料	10 000
		其他药草	除豆瓣菜、韭菜、欧芹、芹菜以外的所有药草	10 000
107	克氯得 Chlozolinate	谷粮	稻、小麦、大麦、黑麦、玉米、荞麦、其他	50
		豆类	干大豆、干豆类、豌豆、蚕豆、花生、其他	50
		薯类	马铃薯、芋头、甘薯、山药、魔芋、其他	50
		十字花科蔬菜	糖用甜菜、日本萝卜（根）、日本萝卜（叶）、芜菁（根）、芜菁（叶）、山葵、豆瓣菜、大白菜、甘蓝、球芽甘蓝、羽衣甘蓝、小松菜、京菜、青梗菜、花椰菜、椰菜、其他	50
		菊科蔬菜	牛蒡、婆罗门参、朝鲜蓟、苦苣、菊苣、茼蒿、莴苣、其他	50
		百合科蔬菜	洋葱、葱、大蒜、韭菜、芦笋、繁殖洋葱、其他	50
		伞状花科蔬菜	胡萝卜、欧洲防风草、欧芹、芹菜、鸭儿芹、其他	50
		茄科、葫芦科蔬菜	西红柿、西班牙甘椒、茄子、其他茄科蔬菜、黄瓜、南瓜、越瓜、西瓜、其他瓜类、甜瓜、其他	50
		豆类蔬菜、菇类、杂项蔬菜	菠菜、竹笋、黄秋葵、姜、豌豆、腰果、枝豆、未开的蘑菇、花菇、其他蘑菇	50
		其他蔬菜		50
		柑橘类水果	温州橘、夏橙、柠檬、橙、柚子、酸橙、其他	50
		梨果、核果、浆果	苹果、日本梨、梨、温柏、枇杷、桃子、油桃、杏、日本李子、梅子、樱桃、草莓、悬钩子、黑莓、蓝莓、蔓越橘、越橘类、其他	50
		热带及亚热带水果	葡萄、日本柿子、香蕉、猕猴桃、番木瓜、鳄梨、菠萝、番石榴、杧果、西番莲果、椰枣	50
		其他水果		50
		油籽	葵花籽、芝麻籽、红花籽、棉籽、菜籽、其他	50

序号	农药名称 (残留标示物)	商品种类	商品名称	限量标准 ($\mu g/kg$)
107	克氯得 Chlozolinate	坚果	银杏果、栗子、美洲山核桃、杏仁、核桃、其他	50
		茶、啤酒花		100
		其他调味料	除山葵、日本芥末、大蒜、红辣椒/辣椒粉、姜、柠檬皮、橘皮、柚皮、芝麻以外的所有调味料	50
		其他药草	除豆瓣菜、韭菜、欧芹、芹菜以外的所有药草	50
108	环虫酰肼 Chromafenozide	谷粮	稻	200
		豆类	干大豆	500
		十字花科蔬菜	糖用甜菜、日本萝卜(根)、芜菁(根)、山葵	100
			日本萝卜(叶)、芜菁(叶)、豆瓣菜、球芽甘蓝、羽衣甘蓝、小松菜、京菜、青梗菜、花椰菜、椰菜、其他十字花科蔬菜	5 000
			大白菜、甘蓝	2 000
		菊科蔬菜	牛蒡、婆罗门参	100
			朝鲜蓟、苦苣、菊苣、茼蒿、莴苣、其他菊科蔬菜	5 000
		百合科蔬菜	洋葱、葱、韭菜、芦笋、繁殖洋葱、其他百合科蔬菜	5 000
		伞状花科蔬菜	胡萝卜、欧洲防风草	100
			欧芹、芹菜、鸭儿芹、其他伞状花科蔬菜	5 000
		茄科、葫芦科蔬菜	西红柿、茄子、黄瓜、南瓜、越瓜、其他葫芦科蔬菜	1 000
			西班牙甘椒、其他茄科蔬菜	2 000
			西瓜、其他瓜类、甜瓜	100
		豆类蔬菜、菇类、杂项蔬菜	菠菜、豌豆、腰果、枝豆	5 000
			竹笋、姜	100
			黄秋葵	2 000
		其他蔬菜		5 000
		梨果、核果、浆果	苹果、日本梨、梨、温柏、油桃、杏、日本李子、梅子、樱桃、草莓、悬钩子、黑莓、蓝莓、蔓越橘、越橘类、其他浆果	1 000
			枇杷、桃子	100
		热带及亚热带水果	葡萄、日本柿子、香蕉、番木瓜、鳄梨、菠萝、番石榴、杧果、西番莲果、椰枣	1 000
			猕猴桃	100
		其他水果		1 000
		茶		20 000
		其他调味料	除山葵、日本芥末、大蒜、红辣椒/辣椒粉、姜、柠檬皮、橘皮、柚皮、芝麻以外的所有调味料	5 000
		其他药草	除豆瓣菜、韭菜、欧芹、芹菜以外的所有药草	5 000

序号	农药名称（残留标示物）	商品种类	商品名称	限量标准（μg/kg）
109	吲哚酮草酯 Cindon-ethyl	谷粮	稻、小麦、大麦、黑麦、玉米、荞麦、其他	100
		豆类	干豆类、豌豆、蚕豆、其他	50
			干大豆、花生	100
		薯类	马铃薯、芋头、甘薯、山药、魔芋、其他	50
		十字花科蔬菜	糖用甜菜、日本萝卜（根）、日本萝卜（叶）、芜菁（根）、芜菁（叶）、山葵、豆瓣菜、大白菜、甘蓝、球芽甘蓝、羽衣甘蓝、小松菜、京菜、青梗菜、花椰菜、椰菜、其他	50
		菊科蔬菜	牛蒡、婆罗门参、朝鲜蓟、苦苣、菊苣、茼蒿、莴苣、其他	50
		百合科蔬菜	洋葱、葱、大蒜、韭菜、芦笋、繁殖洋葱、其他	50
		伞状花科蔬菜	胡萝卜、欧洲防风草、欧芹、芹菜、鸭儿芹、其他	50
		茄科、葫芦科蔬菜	西红柿、西班牙甘椒、茄子、其他茄科蔬菜、黄瓜、南瓜、越瓜、西瓜、其他瓜类、甜瓜、其他	50
		豆类蔬菜、菇类、杂项蔬菜	菠菜、竹笋、黄秋葵、姜、豌豆、腰果、枝豆、未开的蘑菇、花菇、其他蘑菇	50
		其他蔬菜		50
		柑橘类水果	温州橘、夏橙、柠檬、橙、柚子、酸橙、其他	50
		梨果、核果、浆果	苹果、日本梨、梨、温柏、枇杷、桃子、油桃、杏、日本李子、梅子、樱桃、草莓、悬钩子、黑莓、蓝莓、蔓越橘、越橘类、其他	50
		热带及亚热带水果	葡萄、日本柿子、香蕉、猕猴桃、番木瓜、鳄梨、菠萝、番石榴、杧果、西番莲果、椰枣	50
		其他水果		50
		茶、啤酒花		100
		其他调味料	除山葵、日本芥末、大蒜、红辣椒/辣椒粉、姜、柠檬皮、橘皮、柚皮、芝麻以外的所有调味料	50
		其他药草	除豆瓣菜、韭菜、欧芹、芹菜以外的所有药草	50
110	醚磺隆 Cinosulfuron	谷粮	稻	100
111	烯草酮 Clethodim	谷粮	玉米	1 000
		豆类	干大豆	10 000
			干豆类	200
			豌豆	2 000
			蚕豆	100
			花生	5 000
			其他豆类	500

序号	农药名称 （残留标示物）	商品种类	商品名称	限量标准 （μg/kg）
111	烯草酮 Clethodim	薯类	马铃薯、甘薯	200
			芋头、山药、其他薯类	1 000
		十字花科蔬菜	糖用甜菜	100
			日本萝卜（根）、芜菁（根）、山葵、豆瓣菜	1 000
			日本萝卜（叶）	900
			芜菁（叶）、大白菜、羽衣甘蓝、小松菜、京菜、花椰菜、椰菜、其他十字花科蔬菜	2 000
			甘蓝、球芽甘蓝	200
			青梗菜	3 000
		菊科蔬菜	牛蒡、婆罗门参、朝鲜蓟、苦苣、菊苣、茼蒿、其他菊科蔬菜	1 000
			莴苣	100
		百合科蔬菜	洋葱、大蒜	500
			葱	2 000
			芦笋	1 000
			繁殖洋葱	200
		伞状花科蔬菜	胡萝卜、芹菜	100
			欧洲防风草、其他伞状花科蔬菜	1 000
		茄科、葫芦科蔬菜	西红柿、西班牙甘椒、茄子、其他茄科蔬菜、其他葫芦科蔬菜	1 000
			黄瓜、南瓜、越瓜	800
			西瓜、其他瓜类、甜瓜	2 000
		豆类蔬菜、菇类、杂项蔬菜	菠菜	2 000
			竹笋、黄秋葵、姜、豌豆、未开的蘑菇、花菇、其他蘑菇	1 000
			腰果、其他蔬菜	500
			枝豆	6 000
		梨果、核果、浆果	草莓	3 000
			蔓越橘	500
		其他水果		1 000
		油籽	葵花籽、其他油籽	200
			棉籽、菜籽	500
		坚果	杏仁	500
		其他调味料	除山葵、日本芥末、大蒜、红辣椒/辣椒粉、姜、柠檬皮、橘皮、柚皮、芝麻以外的所有调味料	2 000
		其他药草	除豆瓣菜、韭菜、欧芹、芹菜以外的所有药草	2 000

序号	农药名称 （残留标示物）	商品种类	商品名称	限量标准 （μg/kg）
112	炔草酸 Clodinafop-acid	谷粮	小麦	100
113	炔草酯 Clodinafop-propargyl	谷粮	稻、大麦、黑麦、玉米、荞麦、其他	20
			小麦	80
		豆类	干大豆、干豆类、豌豆、蚕豆、花生、其他	20
		薯类	马铃薯、芋头、甘薯、山药、魔芋、其他	20
		十字花科蔬菜	糖用甜菜、甘蔗、日本萝卜（根）、日本萝卜（叶）、芜菁（根）、芜菁（叶）、山葵、豆瓣菜、大白菜、甘蓝、球芽甘蓝、羽衣甘蓝、小松菜、京菜、青梗菜、花椰菜、椰菜、其他	20
		菊科蔬菜	牛蒡、婆罗门参、朝鲜蓟、苦苣、菊苣、茼蒿、莴苣、其他	20
		百合科蔬菜	洋葱、葱、大蒜、韭菜、芦笋、繁殖洋葱、其他	20
		伞状花科蔬菜	胡萝卜、欧洲防风草、欧芹、芹菜、鸭儿芹、其他	20
		茄科、葫芦科蔬菜	西红柿、西班牙甜椒、茄子、其他茄科蔬菜、黄瓜、南瓜、越瓜、西瓜、其他瓜类、甜瓜、其他	20
		豆类蔬菜、菇类、杂项蔬菜	菠菜、竹笋、黄秋葵、姜、豌豆、腰果、枝豆、未开的蘑菇、花菇、其他蘑菇	20
		其他蔬菜		20
		柑橘类水果	温州橘、夏橙、柠檬、橙、柚子、酸橙、其他	20
		梨果、核果、浆果	苹果、日本梨、梨、温柏、枇杷、桃子、油桃、杏、日本李子、梅子、樱桃、草莓、悬钩子、黑莓、蓝莓、蔓越橘、越橘类、其他	20
		热带及亚热带水果	葡萄、日本柿子、香蕉、猕猴桃、番木瓜、鳄梨、菠萝、番石榴、杧果、西番莲果、椰枣、其他	20
		油籽	葵花籽、芝麻籽、红花籽、棉籽、菜籽、其他	20
		坚果及种子	银杏果、栗子、美洲山核桃、杏仁、核桃、咖啡豆、可可豆、其他	20
		茶、啤酒花		20
		其他调味料	除山葵、日本芥末、大蒜、红辣椒/辣椒粉、姜、柠檬皮、橘皮、柚皮、芝麻以外的所有调味料	20
		其他药草	除豆瓣菜、韭菜、欧芹、芹菜以外的所有药草	20
114	苯哒嗪钾 Clofencet	谷粮	小麦	250 000

序号	农药名称（残留标示物）	商品种类	商品名称	限量标准（μg/kg）
115	四螨嗪 Clofentezine	谷粮	稻、小麦、大麦、黑麦、玉米、荞麦、其他	20
		豆类	豌豆、蚕豆、花生、其他	20
			干大豆	50
			干豆类	200
		薯类	马铃薯、芋头、甘薯、山药、魔芋、其他	20
		十字花科蔬菜	糖用甜菜、甘蔗、日本萝卜（根）、日本萝卜（叶）、芜菁（根）、芜菁（叶）、山葵、豆瓣菜、大白菜、甘蓝、球芽甘蓝、羽衣甘蓝、小松菜、京菜、青梗菜、花椰菜、椰菜、其他	20
		菊科蔬菜	牛蒡、婆罗门参、朝鲜蓟、苦苣、菊苣、茼蒿、莴苣、其他	20
		百合科蔬菜	洋葱、葱、大蒜、韭菜、芦笋、繁殖洋葱、其他	20
		伞状花科蔬菜	胡萝卜、欧洲防风草、欧芹、芹菜、鸭儿芹、其他	20
		茄科、葫芦科蔬菜	西红柿、茄子、黄瓜	1 000
			西班牙甘椒、南瓜、其他瓜类	200
			其他茄科蔬菜、越瓜、甜瓜、其他葫芦科蔬菜	20
			西瓜	50
		豆类蔬菜、菇类、杂项蔬菜	菠菜、竹笋、黄秋葵、姜、豌豆、腰果、未开的蘑菇、花菇、其他蘑菇	20
			枝豆	40
		其他蔬菜		20
		柑橘类水果	夏橙、柠檬、橙、柚子、酸橙、其他	1 000
			温州橘	500
		梨果、核果、浆果	草莓、悬钩子、黑莓、蓝莓、蔓越橘、越橘类、其他	2 000
			苹果	1 000
			日本梨、梨、温柏、枇杷	500
			桃子、油桃、杏、日本李子、梅子、樱桃	200
		热带及亚热带水果	猕猴桃、番木瓜、鳄梨、菠萝、番石榴、杜果、西番莲果、椰枣	20
			葡萄	1 000
			日本柿子	40
			香蕉	20
		其他水果		50
		油籽	葵花籽、芝麻籽、红花籽、棉籽、菜籽、其他	50

· 317 ·

序号	农药名称 （残留标示物）	商品种类	商品名称	限量标准 （μg/kg）
115	四螨嗪 Clofentezine	坚果及种子	银杏果、栗子、美洲山核桃、其他	50
			杏仁	500
			核桃、咖啡豆、可可豆	20
		茶		20 000
		啤酒花		200
		其他调味料	除山葵、日本芥末、大蒜、红辣椒/辣椒粉、姜、柠檬皮、橘皮、柚皮、芝麻以外的所有调味料	1 000
		其他药草	除豆瓣菜、韭菜、欧芹、芹菜以外的所有药草	20
116	异噁草酮 Clomazone	谷粮	稻、小麦、大麦、黑麦、玉米、荞麦、其他	20
		豆类	干豆类、豌豆、蚕豆、花生、其他	20
			干大豆	50
		薯类	马铃薯、芋头、甘薯、山药、其他	50
			魔芋	20
		十字花科蔬菜	糖用甜菜、日本萝卜（根）、日本萝卜（叶）、芜菁（根）、芜菁（叶）、山葵、豆瓣菜、大白菜、球芽甘蓝、羽衣甘蓝、小松菜、京菜、青梗菜、花椰菜、椰菜、其他	20
			甘蔗	50
			甘蓝	100
		菊科蔬菜	牛蒡、婆罗门参、朝鲜蓟、苦苣、菊苣、茼蒿、莴苣、其他	20
		百合科蔬菜	洋葱、葱、大蒜、韭菜、芦笋、繁殖洋葱、其他	20
		伞状花科蔬菜	胡萝卜、欧洲防风草、欧芹、芹菜、鸭儿芹、其他	20
		茄科、葫芦科蔬菜	西班牙甘椒、其他茄科蔬菜、越瓜、西瓜、其他瓜类、甜瓜、其他葫芦科蔬菜	50
			西红柿、茄子	20
			黄瓜、南瓜	80
		豆类蔬菜、菇类、杂项蔬菜	菠菜、竹笋、黄秋葵、未开的蘑菇、花菇、其他蘑菇	20
			姜、豌豆、腰果、枝豆	50
		其他蔬菜		20
		柑橘类水果	温州橘、夏橙、柠檬、橙、柚子、酸橙、其他	20
		梨果、核果、浆果	苹果、日本梨、梨、温柏、枇杷、桃子、油桃、杏、日本李子、梅子、樱桃、草莓、悬钩子、黑莓、蓝莓、蔓越橘、越橘类、其他	20
		热带及亚热带水果	葡萄、日本柿子、香蕉、猕猴桃、番木瓜、鳄梨、菠萝、番石榴、杜果、西番莲果、椰枣	20
		其他水果		20
		油籽	葵花籽、芝麻籽、红花籽、棉籽、菜籽、其他	20

序号	农药名称（残留标示物）	商品种类	商品名称	限量标准（µg/kg）
116	异恶草酮 Clomazone	坚果	银杏果、栗子、美洲山核桃、杏仁、核桃、咖啡豆、可可豆、其他	20
		茶、啤酒花		20
		其他调味料	除山葵、日本芥末、大蒜、红辣椒/辣椒粉、姜、柠檬皮、橘皮、柚皮、芝麻以外的所有调味料	50
		其他药草	除豆瓣菜、韭菜、欧芹、芹菜以外的所有药草	50
117	氯甲酰草胺 Clomeprop	谷粮	稻	100
118	氯羟吡啶 Clopidol	谷粮	稻、小麦、大麦、黑麦、玉米、荞麦、其他	200
		豆类	干大豆、干豆类、豌豆、蚕豆、花生、其他	200
		薯类	马铃薯、芋头、甘薯、山药、魔芋、其他	200
		十字花科蔬菜	糖用甜菜、甘蔗、日本萝卜（根）、日本萝卜（叶）、芜菁（根）、芜菁（叶）、山葵、豆瓣菜、大白菜、甘蓝、球芽甘蓝、羽衣甘蓝、小松菜、京菜、青梗菜、花椰菜、椰菜、其他	200
		菊科蔬菜	牛蒡、婆罗门参、朝鲜蓟、苦苣、菊苣、茼蒿、莴苣、其他	200
		百合科蔬菜	洋葱、葱、大蒜、韭菜、芦笋、繁殖洋葱、其他	200
		伞状花科蔬菜	胡萝卜、欧洲防风草、欧芹、芹菜、鸭儿芹、其他	200
		茄科、葫芦科蔬菜	西红柿、西班牙甘椒、茄子、其他茄科蔬菜、黄瓜、南瓜、越瓜、西瓜、其他瓜类、甜瓜、其他	200
		豆类蔬菜、菇类、杂项蔬菜	菠菜、竹笋、黄秋葵、姜、豌豆、腰果、枝豆、未开的蘑菇、花菇、其他蘑菇	200
		其他蔬菜		200
		柑橘类水果	温州橘、夏橙、柠檬、橙、柚子、酸橙、其他	200
		梨果、核果、浆果	苹果、日本梨、梨、温柏、枇杷、桃子、油桃、杏、日本李子、梅子、樱桃、草莓、悬钩子、黑莓、蓝莓、蔓越橘、越橘类、其他	200
		热带及亚热带水果	葡萄、日本柿子、香蕉、猕猴桃、番木瓜、鳄梨、菠萝、番石榴、杧果、西番莲果、椰枣	200
		其他水果		200
		其他调味料	除山葵、日本芥末、大蒜、红辣椒/辣椒粉、姜、柠檬皮、橘皮、柚皮、芝麻以外的所有调味料	200
		其他药草	除豆瓣菜、韭菜、欧芹、芹菜以外的所有药草	200
119	调果酸 Cloprop	热带及亚热带水果	菠萝	300

序号	农药名称 （残留标示物）	商品种类	商品名称	限量标准 （μg/kg）
120	二氯皮考啉酸 Clopyralid	谷粮	稻、小麦、大麦、黑麦、玉米、荞麦、其他粮谷	2 000
		十字花科蔬菜	糖用甜菜、大白菜、甘蓝、球芽甘蓝、花椰菜、椰菜	2 000
			芜菁（根）、青梗菜	1 000
			芜菁（叶）	4 000
			其他十字花科蔬菜	5 000
		百合科蔬菜	芦笋	1 000
		杂项蔬菜	菠菜	5 000
		其他蔬菜		4 000
		梨果、核果、浆果	桃子、油桃、杏、日本李子、樱桃	500
			草莓	1 000
			蔓越橘	4 000
		油籽	菜籽、其他油籽	2 000
		啤酒花		5 000
		其他调味料	除山葵、日本芥末、大蒜、红辣椒/辣椒粉、姜、柠檬皮、橘皮、柚皮、芝麻以外的所有调味料	5 000
		其他药草	除豆瓣菜、韭菜、欧芹、芹菜以外的所有药草	5 000
121	解毒喹 Cloquintocet-mexyl	谷粮	小麦、大麦	100
122	氯酯磺草胺 Cloransulam-methyl	豆类	干大豆	60
123	噻虫胺 Clothianidin	谷粮	稻	500
			小麦、大麦、黑麦、玉米、荞麦、其他粮谷	20
		豆类	干大豆	100
			干豆类	300
			豌豆、蚕豆、花生、其他豆类	20
		薯类	马铃薯	250
			芋头	50
			甘薯	100
			山药、魔芋、其他薯类	20

序号	农药名称 （残留标示物）	商品种类	商品名称	限量标准 （μg/kg）
123	噻虫胺 Clothianidin	十字花科蔬菜	糖用甜菜、日本萝卜（根）、大白菜	100
			甘蔗、芜菁（根）、芜菁（叶）、山葵、豆瓣菜、球芽甘蓝、羽衣甘蓝、花椰菜	20
			日本萝卜（叶）、京菜、青梗菜、其他十字花科蔬菜	5 000
			甘蓝	700
			小松菜	500
			椰菜	300
		菊科蔬菜	牛蒡、婆罗门参、茼蒿	20
			朝鲜蓟、苦苣、菊苣、其他菊科蔬菜	2 000
			莴苣	3 000
		百合科蔬菜	洋葱、大蒜、芦笋	20
			葱	700
			韭菜、繁殖洋葱、其他百合科蔬菜	2 000
		伞状花科蔬菜	胡萝卜、欧洲防风草、鸭儿芹	20
			欧芹、其他伞状花科蔬菜	2 000
			芹菜	5 000
		茄科、葫芦科蔬菜	西红柿、黄瓜、其他葫芦科蔬菜	2 000
			西班牙甘椒	3 000
			茄子、其他茄科蔬菜	1 000
			南瓜	400
			越瓜、甜瓜	20
			西瓜	200
			其他瓜类	300
		豆类蔬菜、菇类、杂项蔬菜	菠菜、姜、豌豆、未开的蘑菇、花菇、其他蘑菇	20
			竹笋	2 000
			黄秋葵	1 000
			腰果	500
			枝豆	200
		其他蔬菜		2 000
		柑橘类水果	温州橘	1 000
			夏橙、柠檬、橙、柚子、酸橙、其他柑橘类水果	2 000

序号	农药名称 （残留标示物）	商品种类	商品名称	限量标准 （μg/kg）
123	噻虫胺 Clothianidin	梨果、核果、浆果	苹果、日本梨、梨、温柏、枇杷	1 000
			桃子	700
			油桃、杏	200
			日本李子、樱桃	5 000
			梅子	3 000
			草莓	50
			悬钩子、黑莓、蔓越橘	20
			蓝莓、越橘类、其他浆果	100
		热带及亚热带水果	葡萄	5 000
			日本柿子	500
			香蕉、番木瓜、番石榴、杧果、西番莲果	1 000
			猕猴桃、鳄梨、菠萝、椰枣	20
		其他水果		4 000
		油籽	葵花籽、芝麻籽、红花籽、棉籽、其他油籽	20
			菜籽	10
		坚果及种子	银杏果、栗子、美洲山核桃、杏仁、核桃、可可豆、其他坚果	20
			咖啡豆	40
		茶		50 000
		啤酒花		20
		其他调味料	除山葵、日本芥末、大蒜、红辣椒/辣椒粉、姜、柠檬皮、橘皮、柚皮、芝麻以外的所有调味料	5 000
		其他药草	除豆瓣菜、韭菜、欧芹、芹菜以外的所有药草	5 000
124	邻苯二甲酸铜 Copper Nonyl-phenolsulfonate	谷粮	稻、小麦、大麦、黑麦、玉米、荞麦、其他	40
		豆类	干大豆、干豆类、豌豆、蚕豆、花生、其他	40
		薯类	马铃薯、芋头、甘薯、山药、魔芋、其他	5 000
		十字花科蔬菜	日本萝卜（根）、日本萝卜（叶）、芜菁（根）、芜菁（叶）、山葵、豆瓣菜、大白菜、甘蓝、球芽甘蓝、羽衣甘蓝、小松菜、京菜、青梗菜、花椰菜、椰菜、其他	10 000
			糖用甜菜、甘蔗	40
		菊科蔬菜	牛蒡、婆罗门参、朝鲜蓟、苦苣、菊苣、茼蒿、莴苣、其他	10 000
		百合科蔬菜	洋葱、葱、大蒜、韭菜、芦笋、繁殖洋葱、其他	10 000
		伞状花科蔬菜	胡萝卜、欧洲防风草、欧芹、芹菜、鸭儿芹、其他	10 000

序号	农药名称（残留标示物）	商品种类	商品名称	限量标准（μg/kg）
124	邻苯二甲酸铜 Copper Nonyl-phenolsulfonate	茄科、葫芦科蔬菜	西红柿、西班牙甘椒、茄子、其他茄科蔬菜、黄瓜、南瓜、越瓜、其他	10 000
			西瓜、其他瓜类、甜瓜	5 000
		豆类蔬菜、菇类、杂项蔬菜	菠菜、竹笋、黄秋葵、姜、豌豆、腰果、枝豆、未开的蘑菇、花菇、其他蘑菇	10 000
		其他蔬菜		10 000
		柑橘类水果	温州橘、夏橙、柠檬、橙、柚子、酸橙、其他	5 000
		梨果、核果、浆果	苹果、日本梨、梨、温柏、枇杷、桃子、油桃、杏、日本李子、梅子、樱桃、草莓、悬钩子、黑莓、蓝莓、蔓越橘、越橘类、其他	5 000
		热带及亚热带水果	葡萄、日本柿子、香蕉、猕猴桃、番木瓜、鳄梨、菠萝、番石榴、杧果、西番莲果、椰枣、其他	5 000
		油籽	葵花籽、芝麻籽、红花籽、棉籽、菜籽、其他	5 000
		坚果及种子	银杏果、栗子、美洲山核桃、杏仁、核桃、其他	5 000
			咖啡豆、可可豆	40
		茶、啤酒花		40
		其他调味料	除山葵、日本芥末、大蒜、红辣椒/辣椒粉、姜、柠檬皮、橘皮、柚皮、芝麻以外的所有调味料	10 000
		其他药草	除豆瓣菜、韭菜、欧芹、芹菜以外的所有药草	10 000
125	氰胺 Cyanamide	梨果、核果、浆果	日本梨	100
			桃子、油桃、杏、日本李子、梅子	50
		热带及亚热带水果	葡萄	50
			猕猴桃	100
126	草净津 Cyanazine	谷粮	稻、黑麦、荞麦、其他	10
			小麦、玉米	100
			大麦	50
		豆类	干大豆、干豆类、花生、其他	20
			豌豆	100
			蚕豆	50
		薯类	芋头、甘薯、山药、魔芋、其他	50
			马铃薯	100
		十字花科蔬菜	日本萝卜（根）、日本萝卜（叶）、芜菁（根）、芜菁（叶）、山葵、豆瓣菜、大白菜、甘蓝、球芽甘蓝、羽衣甘蓝、小松菜、京菜、青梗菜、花椰菜、椰菜、其他	50
		菊科蔬菜	牛蒡、婆罗门参、朝鲜蓟、苦苣、菊苣、茼蒿、莴苣、其他	50

序号	农药名称（残留标示物）	商品种类	商品名称	限量标准（μg/kg）
126	草净津 Cyanazine	百合科蔬菜	洋葱、葱、大蒜、韭菜、芦笋	50
			繁殖洋葱、其他	20
		伞状花科蔬菜	胡萝卜、欧洲防风草、欧芹、芹菜、鸭儿芹、其他	50
		茄科、葫芦科蔬菜	西红柿、西班牙甘椒、茄子、其他茄科蔬菜、黄瓜、南瓜、越瓜、西瓜、其他瓜类、甜瓜、其他	50
		豆类蔬菜、菇类、杂项蔬菜	菠菜、竹笋、黄秋葵、姜、腰果、枝豆、花菇、其他蘑菇	50
			豌豆	20
			未开的蘑菇	1 000
		其他蔬菜		50
		其他调味料	除山葵、日本芥末、大蒜、红辣椒/辣椒粉、姜、柠檬皮、橘皮、柚皮、芝麻以外的所有调味料	50
		其他药草	除豆瓣菜、韭菜、欧芹、芹菜以外的所有药草	50
127	杀螟腈 Cyanophos	豆类	干大豆、干豆类、豌豆、蚕豆、花生、其他	100
		薯类	马铃薯、芋头、甘薯、山药、魔芋、其他	50
		十字花科蔬菜	日本萝卜（根）、日本萝卜（叶）、芜菁（根）、芜菁（叶）、山葵、豆瓣菜、大白菜、甘蓝、球芽甘蓝、羽衣甘蓝、小松菜、京菜、青梗菜、花椰菜、椰菜、其他	50
		菊科蔬菜	牛蒡、婆罗门参、朝鲜蓟、苦苣、菊苣、茼蒿、莴苣、其他	50
		百合科蔬菜	洋葱、葱、大蒜、韭菜、芦笋、繁殖洋葱、其他	50
		伞状花科蔬菜	胡萝卜、欧洲防风草、欧芹、芹菜、鸭儿芹、其他	50
		茄科、葫芦科蔬菜	西红柿、西班牙甘椒、茄子、其他茄科蔬菜、黄瓜、南瓜、越瓜、其他	50
			西瓜、其他瓜类、甜瓜	200
		豆类蔬菜、菇类、杂项蔬菜	菠菜、竹笋、黄秋葵、姜、豌豆、腰果、枝豆、未开的蘑菇、花菇、其他蘑菇	50
		其他蔬菜		50
		柑橘类水果	温州橘、夏橙、柠檬、橙、柚子、酸橙、其他	200
		梨果、核果、浆果	苹果、日本梨、梨、温柏、枇杷、桃子、油桃、杏、日本李子、梅子、樱桃、草莓、悬钩子、黑莓、蓝莓、蔓越橘、越橘类、其他	200
		热带及亚热带水果	葡萄、日本柿子、香蕉、猕猴桃、番木瓜、鳄梨、菠萝、番石榴、杧果、西番莲果、椰枣	200
		其他水果		200
		油籽	葵花籽、芝麻籽、红花籽、棉籽、菜籽、其他	200
		坚果	银杏果、栗子、美洲山核桃、杏仁、核桃、其他	200
		其他调味料	除山葵、日本芥末、大蒜、红辣椒/辣椒粉、姜、柠檬皮、橘皮、柚皮、芝麻以外的所有调味料	200
		其他药草	除豆瓣菜、韭菜、欧芹、芹菜以外的所有药草	200

第三章 日本食品安全限量标准

序号	农药名称 (残留标示物)	商品种类	商品名称	限量标准 (μg/kg)
128	氰霜唑 Cyazofamid	谷粮	小麦	50
		薯类	马铃薯	50
			芋头	20
		十字花科蔬菜	大白菜	700
			甘蓝	50
			小松菜	15 000
		百合科蔬菜	洋葱	50
		茄科、葫芦科蔬菜	西红柿、茄子、南瓜、越瓜	2 000
			西班牙甘椒	1 000
			黄瓜	700
			西瓜、其他瓜类	50
			甜瓜、其他葫芦科蔬菜	100
		杂项蔬菜	菠菜	25 000
		梨果、核果、浆果	草莓	10 000
		热带及亚热带水果	葡萄	10 000
		其他水果		10 000
		其他调味料	除山葵、日本芥末、大蒜、红辣椒/辣椒粉、姜、柠檬皮、橘皮、柚皮、芝麻以外的所有调味料	10 000
129	环丙酸酰胺 Cyclanilide	油籽	棉籽	400
130	草灭特 Cycloate	十字花科蔬菜	糖用甜菜	50
		豆类蔬菜、菇类、杂项蔬菜	菠菜、未开的蘑菇	50
		其他调味料	除山葵、日本芥末、大蒜、红辣椒/辣椒粉、姜、柠檬皮、橘皮、柚皮、芝麻以外的所有调味料	50
		其他药草	除豆瓣菜、韭菜、欧芹、芹菜以外的所有药草	50
131	拟除虫菊酯 Cycloprothrin	谷粮	稻	100
			小麦、大麦、黑麦、玉米、荞麦、其他粮谷	20
		豆类	干大豆、干豆类、豌豆、蚕豆、花生、其他豆类	100
		薯类	马铃薯、芋头、甘薯、山药、魔芋、其他薯类	20
		十字花科蔬菜	糖用甜菜、甘蔗、日本萝卜(根)、日本萝卜(叶)、芜菁(根)、芜菁(叶)、山葵、豆瓣菜、大白菜、甘蓝、球芽甘蓝、羽衣甘蓝、小松菜、京菜、青梗菜、花椰菜、椰菜、其他十字花科蔬菜	20
		菊科蔬菜	牛蒡、婆罗门参、朝鲜蓟、苦苣、菊苣、茼蒿、莴苣、其他菊科蔬菜	20

序号	农药名称 （残留标示物）	商品种类	商品名称	限量标准 （μg/kg）
131	拟除虫菊酯 Cycloprothrin	百合科蔬菜	洋葱、葱、大蒜、韭菜、芦笋、繁殖洋葱、其他百合科蔬菜	20
		伞状花科蔬菜	胡萝卜、欧洲防风草、欧芹、芹菜、鸭儿芹、其他伞状花科蔬菜	20
		茄科、葫芦科蔬菜	西红柿、西班牙甘椒、茄子、其他茄科蔬菜、黄瓜、南瓜、越瓜、西瓜、其他瓜类、甜瓜	20
			其他葫芦科蔬菜	20
		豆类蔬菜、菇类、杂项蔬菜	菠菜、竹笋、黄秋葵、姜、豌豆、腰果、枝豆、未开的蘑菇、花菇、其他蘑菇	20
		其他蔬菜		20
		柑橘类水果	温州橘、柠檬、橙、柚子、酸橙、其他柑橘类水果	200
			夏橙	15 000
		梨果、核果、浆果	苹果、日本梨、梨、温柏、枇杷、桃子、油桃、杏、日本李子、梅子、樱桃、草莓、悬钩子、黑莓、蓝莓、蔓越橘、越橘类、其他浆果	200
		热带及亚热带水果	葡萄、日本柿子、香蕉、猕猴桃、番木瓜、鳄梨、菠萝、番石榴、杧果、西番莲果、椰枣	200
		其他水果		200
		油籽	葵花籽、芝麻籽、红花籽、棉籽、菜籽、其他油籽	200
		坚果及种子	银杏果、栗子、美洲山核桃、杏仁、核桃、其他坚果	200
			咖啡豆、可可豆	20
		茶		500
		啤酒花		20
		其他调味料	除山葵、日本芥末、大蒜、红辣椒/辣椒粉、姜、柠檬皮、橘皮、柚皮、芝麻以外的所有调味料	200
		其他药草	除豆瓣菜、韭菜；欧芹、芹菜以外的所有药草	20
132	塞草酮 Cycloxydim	谷粮	稻、小麦、大麦、黑麦、玉米、荞麦、其他	50
		豆类	干大豆、干豆类、豌豆、其他	2 000
			蚕豆、花生	50
		薯类	芋头、甘薯、山药、魔芋、其他	50
			马铃薯	2 000
		十字花科蔬菜	日本萝卜（根）、日本萝卜（叶）、芜菁（根）、芜菁（叶）、山葵、豆瓣菜、大白菜、甘蓝、球芽甘蓝、羽衣甘蓝、小松菜、京菜、青梗菜、花椰菜、椰菜、其他	2 000
			糖用甜菜	200
			甘蔗	50
		菊科蔬菜	牛蒡、婆罗门参、朝鲜蓟、苦苣、菊苣、茼蒿、其他	50
			莴苣	200

序号	农药名称（残留标示物）	商品种类	商品名称	限量标准（μg/kg）
132	塞草酮 Cycloxydim	百合科蔬菜	大蒜、韭菜、芦笋、繁殖洋葱、其他	50
			洋葱	500
			葱	200
		伞状花科蔬菜	欧洲防风草、欧芹、鸭儿芹、其他	50
			胡萝卜	500
			芹菜	1 000
		茄科、葫芦科蔬菜	西班牙甘椒、茄子、其他茄科蔬菜、黄瓜、南瓜、越瓜、西瓜、其他瓜类、甜瓜、其他	50
			西红柿	500
		豆类蔬菜、菇类、杂项蔬菜	菠菜、竹笋、黄秋葵、姜、枝豆、未开的蘑菇、花菇、其他蘑菇	50
			豌豆、腰果	1 000
		其他蔬菜		2 000
		柑橘类水果	温州橘、夏橙、柠檬、橙、柚子、酸橙、其他	50
		梨果、核果、浆果	苹果、日本梨、梨、温柏、枇杷、桃子、油桃、杏、日本李子、梅子、樱桃、悬钩子、黑莓、蓝莓、蔓越橘、越橘类、其他	50
			草莓	500
		热带及亚热带水果	日本柿子、香蕉、猕猴桃、番木瓜、鳄梨、菠萝、番石榴、杜果、西番莲果、椰枣	50
			葡萄	500
		其他水果		50
		油籽	芝麻籽、红花籽、棉籽、其他	50
			葵花籽	500
			菜籽	2 000
		坚果及种子	银杏果、栗子、美洲山核桃、杏仁、核桃、咖啡豆、可可豆、其他	50
		茶、啤酒花		50
		其他调味料	除山葵、日本芥末、大蒜、红辣椒/辣椒粉、姜、柠檬皮、橘皮、柚皮、芝麻以外的所有调味料	2 000
		其他药草	除豆瓣菜、韭菜、欧芹、芹菜以外的所有药草	2 000
133	环氟菌胺 Cyflufenamid	谷粮	小麦	500
			大麦、黑麦、玉米、荞麦、其他粮谷	1 000
		茄科、葫芦科蔬菜	西红柿、茄子、黄瓜、南瓜、越瓜	500
			西班牙甘椒、其他茄科蔬菜	1 000
			西瓜、其他瓜类、甜瓜、其他葫芦科蔬菜	100

序号	农药名称（残留标示物）	商品种类	商品名称	限量标准（μg/kg）
133	环氟菌胺 Cyflufenamid	杂项蔬菜	黄秋葵	1 000
		其他蔬菜		500
		柑橘类水果	其他柑橘类水果	5 000
		梨果、核果、浆果	苹果、日本梨、梨、温柏、油桃	1 000
			枇杷、桃子	100
			草莓、杏、日本李子、梅子、樱桃、悬钩子、黑莓、蓝莓、蔓越橘、越橘类、其他	5 000
		热带及亚热带水果	日本柿子、香蕉、番木瓜、鳄梨、菠萝、番石榴、杧果、西番莲果	1 000
			葡萄、椰枣	5 000
			猕猴桃	100
		其他水果		5 000
		其他调味料	除山葵、日本芥末、大蒜、红辣椒/辣椒粉、姜、柠檬皮、橘皮、柚皮、芝麻以外的所有调味料	5 000
		其他药草	除豆瓣菜、韭菜、欧芹、芹菜以外的所有药草	500
134	氟氯氰菊酯 Cyfluthrin	谷粮	稻、小麦、大麦、黑麦、玉米、荞麦、其他	2 000
		豆类	干大豆、干豆类、豌豆、蚕豆、花生、其他	500
		薯类	马铃薯、芋头、甘薯、山药、魔芋、其他	100
		十字花科蔬菜	日本萝卜（叶）、芜菁（叶）、豆瓣菜、大白菜、甘蓝、球芽甘蓝、羽衣甘蓝、小松菜、京菜、青梗菜、花椰菜、椰菜、其他	2 000
			甘蔗	50
			糖用甜菜、日本萝卜（根）、芜菁（根）	500
			山葵	20
		菊科蔬菜	婆罗门参、朝鲜蓟、菊苣、茼蒿	20
			牛蒡、苦苣	500
			莴苣、其他	2 000
		百合科蔬菜	洋葱、葱、大蒜、韭菜、芦笋、繁殖洋葱、其他	2 000
		伞状花科蔬菜	欧洲防风草、欧芹、芹菜、鸭儿芹	20
			胡萝卜	100
			其他	2 000
		茄科、葫芦科蔬菜	西红柿、茄子、其他茄科蔬菜、黄瓜、南瓜、越瓜、西瓜、其他瓜类、甜瓜、其他	2 000
			西班牙甘椒	5 000

第三章 日本食品安全限量标准

序号	农药名称 （残留标示物）	商品种类	商品名称	限量标准 (μg/kg)
134	氟氯氰菊酯 Cyfluthrin	豆类蔬菜、菇类、杂项蔬菜	菠菜、姜、未开的蘑菇、花菇、其他蘑菇	20
			竹笋、枝豆	20 000
			黄秋葵	100
			豌豆、腰果	500
		其他蔬菜		2 000
		柑橘类水果	夏橙、柠檬、橙、柚子、酸橙、其他	2 000
			温州橘	500
		梨果、核果、浆果	苹果、日本梨、梨、温柏、枇杷、桃子、油桃、杏、日本李子、梅子、樱桃	1 000
			草莓、悬钩子、黑莓、蓝莓、蔓越橘、越橘类、其他	20
		热带及亚热带水果	香蕉、猕猴桃、番木瓜、菠萝、番石榴、杜果、西番莲果、椰枣	20
			葡萄、日本柿子	1 000
			鳄梨	60
		其他水果		1 000
		油籽	葵花籽、芝麻籽、红花籽、其他	20
			棉籽	1 000
			菜籽	50
		坚果及种子	银杏果、栗子、美洲山核桃、杏仁、核桃、咖啡豆、可可豆	20
			其他	40
		茶、啤酒花		20 000
		其他调味料	除山葵、日本芥末、大蒜、红辣椒/辣椒粉、姜、柠檬皮、橘皮、柚皮、芝麻以外的所有调味料	2 000
		其他药草	除豆瓣菜、韭菜、欧芹、芹菜以外的所有药草	2 000
135	三氟氯氰菊酯 Cyhalothrin	谷粮	稻、小麦	500
			大麦、其他粮谷	200
			黑麦、荞麦	20
			玉米	40
		豆类	干大豆、干豆类、豌豆、蚕豆、花生、其他豆类	200
		薯类	马铃薯	40
			芋头、甘薯、山药、魔芋、其他薯类	50

序号	农药名称（残留标示物）	商品种类	商品名称	限量标准（μg/kg）
135	三氟氯氰菊酯 Cyhalothrin		糖用甜菜	200
			甘蔗	50
		十字花科蔬菜	日本萝卜（根）、芜菁（根）、芜菁（叶）、山葵、豆瓣菜、羽衣甘蓝、小松菜、京菜、青梗菜、花椰菜、椰菜、其他十字花科蔬菜	500
			日本萝卜（叶）、大白菜	1 000
			甘蓝、球芽甘蓝	400
		菊科蔬菜	牛蒡、婆罗门参、朝鲜蓟、苦苣、菊苣、茼蒿、其他菊科蔬菜	500
			莴苣	2 000
		百合科蔬菜	洋葱、大蒜、韭菜、芦笋、其他百合科蔬菜	500
			葱、繁殖洋葱	2 000
		伞状花科蔬菜	胡萝卜、欧洲防风草、欧芹、芹菜、鸭儿芹、其他伞状花科蔬菜	500
		茄科、葫芦科蔬菜	西红柿、茄子、其他茄科蔬菜、黄瓜、南瓜、越瓜、西瓜、其他瓜类、甜瓜、其他葫芦科蔬菜	500
			西班牙甘椒	1 000
		豆类蔬菜、菇类、杂项蔬菜	菠菜、枝豆	500
			竹笋、黄秋葵、姜、豌豆、腰果、未开的蘑菇、花菇、其他蘑菇	500
		其他蔬菜		500
		柑橘类水果	温州橘	500
			夏橙、柠檬、橙、柚子、酸橙、其他柑橘类水果	1 000
		梨果、核果、浆果	苹果、日本梨、梨、温柏、枇杷	400
			桃子、油桃、杏、日本李子、梅子、樱桃、草莓、悬钩子、黑莓、蓝莓、蔓越橘、越橘类、其他浆果	500
		热带及亚热带水果	葡萄	1 000
			日本柿子、香蕉、猕猴桃、番木瓜、鳄梨、菠萝、番石榴、杜果、西番莲果、椰枣	500
		其他水果		500
		油籽	葵花籽、芝麻籽、红花籽、菜籽、其他油籽	500
			棉籽	40
		坚果	银杏果、栗子、美洲山核桃、杏仁、核桃、其他坚果	500
		茶		15 000
		啤酒花		10 000
		其他调味料	除山葵、日本芥末、大蒜、红辣椒/辣椒粉、姜、柠檬皮、橘皮、柚皮、芝麻以外的所有调味料	1 000
		其他药草	除豆瓣菜、韭菜、欧芹、芹菜以外的所有药草	500

第三章 日本食品安全限量标准

序号	农药名称（残留标示物）	商品种类	商品名称	限量标准（μg/kg）
136	霜脲氰 Cymoxanil	谷粮	稻、小麦、大麦、黑麦、玉米、荞麦、其他	50
		豆类	干豆类、豌豆、蚕豆、花生、其他	50
			干大豆	100
		薯类	芋头、甘薯、山药、魔芋、其他	100
			马铃薯	2 000
		十字花科蔬菜	糖用甜菜、甘蔗、日本萝卜（根）、日本萝卜（叶）、芜菁（根）、芜菁（叶）、山葵、豆瓣菜、球芽甘蓝、羽衣甘蓝、小松菜、京菜、青梗菜、花椰菜、椰菜、其他	50
			大白菜、甘蓝	200
		菊科蔬菜	牛蒡、婆罗门参、朝鲜蓟、苦苣、菊苣、茼蒿、其他	50
			莴苣	2 000
		百合科蔬菜	葱、韭菜、芦笋、繁殖洋葱、其他	50
			洋葱	2 000
			大蒜	100
		伞状花科蔬菜	胡萝卜、欧洲防风草、欧芹、芹菜、鸭儿芹、其他	50
		茄科、葫芦科蔬菜	茄子、南瓜、越瓜、其他	500
			西红柿、黄瓜	2 000
			西班牙甘椒、其他茄科蔬菜	200
			西瓜、其他瓜类、甜瓜	100
		豆类蔬菜、菇类、杂项蔬菜	菠菜、竹笋、黄秋葵、姜、豌豆、腰果、枝豆、未开的蘑菇、花菇、其他蘑菇	50
		其他蔬菜		500
		柑橘类水果	温州橘、夏橙、柠檬、橙、柚子、酸橙、其他	50
		梨果、核果、浆果	杏、日本李子、梅子、樱桃、草莓、悬钩子、黑莓、蓝莓、蔓越橘、越橘类、其他	200
			苹果、日本梨、梨、温柏、油桃	50
			枇杷、桃子	100
		热带及亚热带水果	葡萄、日本柿子、香蕉、番木瓜、鳄梨、菠萝、番石榴、杧果、西番莲果	50
			猕猴桃	100
			椰枣	200
		其他水果		200
		油籽	葵花籽、芝麻籽、红花籽、棉籽、菜籽、其他	50
		坚果及种子	银杏果、栗子、美洲山核桃、杏仁、核桃、咖啡豆、可可豆、其他	50
		茶		50

序号	农药名称 （残留标示物）	商品种类	商品名称	限量标准 （μg/kg）
136	霜脲氰 Cymoxanil	啤酒花		2 000
		其他调味料	除山葵、日本芥末、大蒜、红辣椒/辣椒粉、姜、柠檬皮、橘皮、柚皮、芝麻以外的所有调味料	500
		其他药草	除豆瓣菜、韭菜、欧芹、芹菜以外的所有药草	500
137	氯氰菊酯 Cypermethrin	谷粮	稻	900
			小麦、玉米	200
			大麦、荞麦	500
			黑麦、其他粮谷	1 000
		豆类	干大豆、蚕豆、花生、其他豆类	50
			干豆类	500
			豌豆	1 000
		薯类	马铃薯、芋头、甘薯、山药、魔芋、其他薯类	50
			糖用甜菜	100
			甘蔗	300
		十字花科蔬菜	日本萝卜（根）、芜菁（根）、山葵	50
			日本萝卜（叶）、豆瓣菜、大白菜、小松菜、京菜、青梗菜、其他十字花科蔬菜	5 000
			芜菁（叶）、甘蓝、球芽甘蓝、羽衣甘蓝、花椰菜、椰菜	1 000
		菊科蔬菜	牛蒡	500
			婆罗门参	50
			朝鲜蓟、苦苣、菊苣	1 000
			茼蒿、其他菊科蔬菜	5 000
			莴苣	2 000
		百合科蔬菜	洋葱	100
			葱	5 000
			大蒜	60
			韭菜、其他百合科蔬菜	6 000
			芦笋	500
			繁殖洋葱	5 000
		伞状花科蔬菜	胡萝卜、欧洲防风草、其他伞状花科蔬菜	50
			欧芹	6 000
			芹菜	3 000
			鸭儿芹	1 000

序号	农药名称 （残留标示物）	商品种类	商品名称	限量标准 （μg/kg）
137	氯氰菊酯 Cypermethrin	茄科、葫芦科蔬菜	西红柿、西班牙甘椒、西瓜、其他瓜类	2 000
			茄子	500
			其他茄科蔬菜、黄瓜、其他葫芦科蔬菜	50
			南瓜	5 000
			越瓜、甜瓜	100
		豆类蔬菜、菇类、杂项蔬菜	菠菜	2 000
			竹笋	5 000
			黄秋葵	200
			姜、花菇	30
			豌豆、未开的蘑菇	50
			腰果、其他蘑菇	500
		其他蔬菜		5 000
		柑橘类水果	温州橘、夏橙、柠檬、橙、柚子、酸橙、其他柑橘类水果	2 000
		梨果、核果、浆果	苹果、日本梨、梨、温柏、枇杷、桃子、油桃、梅子、樱桃、草莓	2 000
			杏、日本李子	1 000
			悬钩子、黑莓、蓝莓、蔓越橘、越橘类、其他浆果	500
		热带及亚热带水果	葡萄、日本柿子、猕猴桃	2 000
			香蕉、菠萝、番石榴、杧果、西番莲果、椰枣	30
			番木瓜	10
			鳄梨	100
		其他水果		500
		油籽	葵花籽、芝麻籽、红花籽、棉籽、菜籽、其他油籽	200
		坚果及种子	银杏果、杏仁、核桃	30
			栗子	2 000
			美洲山核桃、咖啡豆	50
			可可豆	10
			其他坚果	200
		茶、啤酒花		20 000
		其他调味料	除山葵、日本芥末、大蒜、红辣椒/辣椒粉、姜、柠檬皮、橘皮、柚皮、芝麻以外的所有调味料	5 000
		其他药草	除豆瓣菜、韭菜、欧芹、芹菜以外的所有药草	6 000

序号	农药名称（残留标示物）	商品种类	商品名称	限量标准（μg/kg）
138	环丙唑醇 Cyproconazole	谷粮	稻、大麦、黑麦、玉米、荞麦、其他粮谷	100
			小麦	200
		豆类	豌豆	50
			花生	20
		薯类	马铃薯、芋头、甘薯、山药、魔芋、其他薯类	10
		十字花科蔬菜	糖用甜菜	100
			青梗菜、其他十字花科蔬菜	20
		菊科蔬菜	朝鲜蓟	100
		百合科蔬菜	葱、繁殖洋葱	200
			芦笋	100
		茄科、葫芦科蔬菜	西红柿、西班牙甘椒、茄子、黄瓜、南瓜、越瓜、西瓜、其他瓜类、其他葫芦科蔬菜	50
		柑橘类水果	温州橘、夏橙、柠檬、橙、柚子、酸橙、其他柑橘类水果	10
		梨果、核果、浆果	苹果、日本梨、梨、杏	100
			枇杷、桃子、草莓、悬钩子、黑莓、蓝莓、蔓越橘、越橘类、其他浆果	500
			油桃、日本李子、梅子、樱桃	50
		热带及亚热带水果	葡萄	200
			香蕉、猕猴桃、椰枣	500
		其他水果		500
		坚果及种子	银杏果、栗子、美洲山核桃、杏仁、核桃、其他坚果	10
			咖啡豆	100
		其他调味料	除山葵、日本芥末、大蒜、红辣椒/辣椒粉、姜、柠檬皮、橘皮、柚皮、芝麻以外的所有调味料	500
		其他药草	除豆瓣菜、韭菜、欧芹、芹菜以外的所有药草	20
139	嘧菌环胺 Cyprodinil	谷粮	小麦、黑麦、玉米、荞麦、其他粮谷	500
			大麦	2 000
		十字花科蔬菜	日本萝卜（叶）、芜菁（叶）、羽衣甘蓝、小松菜、京菜	10 000
			豆瓣菜、其他十字花科蔬菜	30 000
			大白菜、甘蓝、球芽甘蓝、花椰菜、椰菜	1 000
		菊科蔬菜	苦苣、菊苣、茼蒿、其他菊科蔬菜	30 000
			莴苣	1 000
		百合科蔬菜	洋葱	50
			其他百合科蔬菜	3 000

第三章 日本食品安全限量标准

序号	农药名称（残留标示物）	商品种类	商品名称	限量标准（μg/kg）
139	嘧菌环胺 Cyprodinil	伞状花科蔬菜	胡萝卜	800
			欧芹、芹菜、其他伞状花科蔬菜	30 000
		茄科、葫芦科蔬菜	西红柿、茄子、其他茄科蔬菜、黄瓜	500
		豆类蔬菜	豌豆、腰果、枝豆	600
		其他蔬菜		30 000
		柑橘类水果	温州橘	100
			夏橙、柠檬、橙、柚子、酸橙、其他柑橘类水果	5 000
		梨果、核果、浆果	苹果、日本梨、梨	5 000
			温柏、枇杷	100
			桃子、油桃、杏、日本李子、梅子、樱桃、悬钩子、黑莓	2 000
			草莓	1 000
			蓝莓、越橘类	3 000
			其他浆果	10 000
		热带及亚热带水果	葡萄、日本柿子、香蕉、猕猴桃、番木瓜、鳄梨、菠萝、番石榴、杧果、西番莲果	5 000
		其他水果		3 000
		油籽	芝麻籽、向日葵籽、红花籽、棉籽、菜籽以外的所有油籽	3 000
		坚果	杏仁	20
			其他坚果	100
		其他调味料	除山葵、日本芥末、大蒜、红辣椒/辣椒粉、姜、柠檬皮、橘皮、柚皮、芝麻以外的所有调味料	3 0000
		其他药草	除豆瓣菜、韭菜、欧芹、芹菜以外的所有药草	30 000
140	灭蝇胺 Cyromazine	谷粮	稻、小麦、大麦、黑麦、荞麦、其他粮谷	50
			玉米	300
		豆类	干大豆、蚕豆、花生	50
			干豆类、豌豆、其他豆类	1 000
		薯类	马铃薯、芋头、甘薯、山药、魔芋、其他薯类	50
		十字花科蔬菜	糖用甜菜、甘蔗、芜菁（根）、山葵	50
			日本萝卜（根）、日本萝卜（叶）	300
			芜菁（叶）、甘蓝、球芽甘蓝、羽衣甘蓝、小松菜、京菜、青梗菜、花椰菜	5 000
			豆瓣菜	11 000
			大白菜	3 000
			椰菜	500
			其他十字花科蔬菜	10 000

序号	农药名称 （残留标示物）	商品种类	商品名称	限量标准 （µg/kg）
140	灭蝇胺 Cyromazine	菊科蔬菜	牛蒡、婆罗门参	50
			朝鲜蓟	500
			菊苣	4 000
			苦苣、其他菊科蔬菜	7 000
			茼蒿	10 000
			莴苣	5 000
		百合科蔬菜	洋葱、葱、繁殖洋葱、其他百合科蔬菜	2 000
			大蒜	100
			韭菜	20
			芦笋	3 000
		伞状花科蔬菜	胡萝卜	1 000
			欧洲防风草、鸭儿芹	50
			欧芹、芹菜	5 000
			其他伞状花科蔬菜	4 000
		茄科、葫芦科蔬菜	西红柿	500
			西班牙甘椒、其他茄科蔬菜、南瓜、越瓜、西瓜、甜瓜、其他葫芦科蔬菜	1 000
			茄子	2 000
			黄瓜、其他瓜类	200
		豆类蔬菜、菇类、杂项蔬菜	菠菜	7 000
			竹笋、黄秋葵、姜、豌豆、腰果、枝豆	50
			未开的蘑菇、花菇、其他蘑菇	5 000
		其他蔬菜		4 000
		柑橘类水果	温州橘、夏橙、柠檬、橙、柚子、酸橙、其他柑橘类水果	50
		梨果、核果、浆果	苹果、日本梨、梨、温柏、枇杷、桃子、油桃、杏、日本李子、梅子、樱桃、悬钩子、黑莓、蓝莓、蔓越橘、越橘类、其他浆果	50
			草莓	500
		热带及亚热带水果	葡萄、日本柿子、香蕉、猕猴桃、番木瓜、鳄梨、菠萝、番石榴、西番莲果、椰枣	50
			杧果	300
		其他水果		50
		油籽	葵花籽、芝麻籽、红花籽、棉籽、菜籽、其他油籽	50
		坚果及种子	银杏果、栗子、美洲山核桃、杏仁、核桃、其他坚果	50
			咖啡豆、可可豆	20

第三章 日本食品安全限量标准

序号	农药名称（残留标示物）	商品种类	商品名称	限量标准（μg/kg）
140	灭蝇胺 Cyromazine	茶、啤酒花		50
		其他调味料	除山葵、日本芥末、大蒜、红辣椒/辣椒粉、姜、柠檬皮、橘皮、柚皮、芝麻以外的所有调味料	10 000
		其他药草	除豆瓣菜、韭菜、欧芹、芹菜以外的所有药草	10 000
141	胺磺铜 Dbedc	谷粮	大麦、黑麦、玉米、荞麦、其他	10 000
			稻	500
			小麦	2 000
		豆类	干大豆、干豆类、豌豆、蚕豆、花生、其他	500
		薯类	马铃薯、芋头、甘薯、山药、魔芋、其他	500
		十字花科蔬菜	糖用甜菜、甘蔗、日本萝卜（根）、日本萝卜（叶）、芜菁（根）、芜菁（叶）、山葵、豆瓣菜、大白菜、甘蓝、球芽甘蓝、羽衣甘蓝、小松菜、京菜、青梗菜、花椰菜、椰菜、其他	500
		菊科蔬菜	牛蒡、婆罗门参、朝鲜蓟、苦苣、菊苣、茼蒿、莴苣、其他	500
		百合科蔬菜	洋葱、葱、大蒜、韭菜、芦笋、繁殖洋葱、其他	500
		伞状花科蔬菜	胡萝卜、欧洲防风草、欧芹、芹菜、鸭儿芹、其他	500
		茄科、葫芦科蔬菜	西红柿、茄子、黄瓜、南瓜、越瓜、西瓜、其他瓜类、甜瓜、其他	10 000
			西班牙甘椒、其他茄科蔬菜	5 000
		豆类蔬菜、菇类、杂项蔬菜	黄秋葵、豌豆、腰果、枝豆	5 000
			菠菜、竹笋、姜、未开的蘑菇、花菇、其他蘑菇	500
		其他蔬菜		5 000
		柑橘类水果	温州橘、夏橙、柠檬、橙、柚子、酸橙、其他	500
		梨果、核果、浆果	杏、日本李子、梅子、樱桃、草莓、悬钩子、黑莓、蓝莓、蔓越橘、越橘类、其他	20 000
			苹果、日本梨、梨、温柏、油桃	500
			枇杷、桃子	10 000
		热带及亚热带水果	日本柿子、香蕉、番木瓜、鳄梨、菠萝、番石榴、杧果、西番莲果	500
			猕猴桃	10 000
			葡萄、椰枣	20 000
		其他水果		500
		油籽	葵花籽、芝麻籽、红花籽、棉籽、菜籽、咖啡豆、可可豆、其他	500
		坚果及种子	银杏果、栗子、美洲山核桃、杏仁、核桃、其他	500
		茶、啤酒花		500

序号	农药名称（残留标示物）	商品种类	商品名称	限量标准（μg/kg）
141	胺磺铜 Dbedc	其他调味料	除山葵、日本芥末、大蒜、红辣椒/辣椒粉、姜、柠檬皮、橘皮、柚皮、芝麻以外的所有调味料	500
		其他药草	除豆瓣菜、韭菜、欧芹、芹菜以外的所有药草	500
142	滴滴涕 DDT	谷粮	稻、小麦、玉米、荞麦	200
			大麦、黑麦、其他粮谷	100
		豆类	干大豆、干豆类、豌豆、蚕豆、花生	200
			其他豆类	500
		薯类	马铃薯、芋头、甘薯	200
			山药、魔芋、其他薯类	500
		十字花科蔬菜	糖用甜菜、甘蔗、山葵、豆瓣菜、羽衣甘蓝、青梗菜、其他十字花科蔬菜	500
			日本萝卜（根）、日本萝卜（叶）、芜菁（根）、芜菁（叶）、大白菜、甘蓝、球芽甘蓝、小松菜、京菜、花椰菜、椰菜	200
		菊科蔬菜	牛蒡、莴苣	200
			婆罗门参、朝鲜蓟、苦苣、菊苣、茼蒿、其他菊科蔬菜	500
		百合科蔬菜	洋葱、葱、大蒜、繁殖洋葱、其他百合科蔬菜	500
			韭菜	300
			芦笋	200
		伞状花科蔬菜	胡萝卜、芹菜、鸭儿芹	200
			欧洲防风草、其他伞状花科蔬菜	500
			欧芹	300
		茄科、葫芦科蔬菜	西红柿、西班牙甘椒、茄子、黄瓜、南瓜、越瓜、西瓜	200
			其他茄科蔬菜、其他瓜类、甜瓜、其他葫芦科蔬菜	500
		豆类蔬菜、菇类、杂项蔬菜	菠菜、豌豆、腰果	200
			竹笋、黄秋葵、枝豆、未开的蘑菇、花菇、其他蘑菇	500
			姜	300
		其他蔬菜		500
		柑橘类水果	温州橘	200
			夏橙、柠檬、橙、柚子、酸橙、其他柑橘类水果	500
		梨果、核果、浆果	苹果、日本梨、梨、枇杷、桃子、樱桃、草莓	200
			温柏、油桃、杏、日本李子、梅子、悬钩子、黑莓、蓝莓、蔓越橘、越橘类、其他浆果	500
		热带及亚热带水果	葡萄、日本柿子	200
			香蕉、猕猴桃、鳄梨、菠萝、番石榴、杧果、西番莲果、椰枣	500
			番木瓜	1 000

序号	农药名称 （残留标示物）	商品种类	商品名称	限量标准 （μg/kg）
142	滴滴涕 DDT	其他水果		500
		油籽	葵花籽、芝麻籽、红花籽、棉籽、菜籽、其他油籽	50
		坚果	银杏果、栗子、美洲山核桃、杏仁、核桃、其他坚果	50
		茶		200
		啤酒花		50
		其他调味料	除山葵、日本芥末、大蒜、红辣椒/辣椒粉、姜、柠檬皮、橘皮、柚皮、芝麻以外的所有调味料	500
		其他药草	除豆瓣菜、韭菜、欧芹、芹菜以外的所有药草	500
143	溴氰菊酯， 四溴菊酯 Deltamethrin, Tralomethrin	谷粮	稻、小麦、大麦、黑麦、玉米、荞麦、其他	1 000
		豆类	干大豆、干豆类、豌豆、蚕豆、花生、其他	100
		薯类	马铃薯、芋头、甘薯、山药、魔芋、其他	50
		十字花科蔬菜	日本萝卜（根）、日本萝卜（叶）、芜菁（根）、芜菁（叶）、山葵、豆瓣菜、大白菜、甘蓝、球芽甘蓝、羽衣甘蓝、小松菜、京菜、青梗菜、花椰菜、椰菜、其他	500
			糖用甜菜	100
		菊科蔬菜	牛蒡、婆罗门参、朝鲜蓟、苦苣、菊苣、茼蒿、莴苣、其他	500
		百合科蔬菜	洋葱、葱、大蒜、韭菜、芦笋、繁殖洋葱、其他	500
		伞状花科蔬菜	胡萝卜、欧洲防风草、欧芹、芹菜、鸭儿芹、其他	500
		茄科、葫芦科蔬菜	西红柿、西班牙甜椒、茄子、其他茄科蔬菜、黄瓜、南瓜、越瓜、西瓜、其他瓜类、甜瓜、其他	500
		豆类蔬菜、菇类、杂项蔬菜	菠菜、竹笋、黄秋葵、姜、豌豆、腰果、枝豆、未开的蘑菇、花菇、其他蘑菇	500
		其他蔬菜		500
		柑橘类水果	夏橙、柠檬、橙、柚子、酸橙、其他	1 000
			温州橘	500
		梨果、核果、浆果	苹果、日本梨、梨、温柏、枇杷、桃子、油桃、杏、日本李子、梅子、樱桃、草莓、悬钩子、黑莓、蓝莓、蔓越橘、越橘类、其他	500
		热带及亚热带水果	葡萄、日本柿子、香蕉、猕猴桃、番木瓜、鳄梨、菠萝、番石榴、杧果、西番莲果、椰枣、其他	500
		油籽	葵花籽、芝麻籽、红花籽、棉籽、菜籽、其他	500
		坚果及种子	银杏果、栗子、美洲山核桃、杏仁、核桃、其他	500
			咖啡豆	2 000
			可可豆	50
		茶		10 000
		啤酒花		5 000

序号	农药名称 （残留标示物）	商品种类	商品名称	限量标准 ($\mu g/kg$)
143	溴氰菊酯， 四溴菊酯 Deltamethrin, Tralomethrin	其他调味料	除山葵、日本芥末、大蒜、红辣椒/辣椒粉、姜、柠檬皮、橘皮、柚皮、芝麻以外的所有调味料	1 000
		其他药草	除豆瓣菜、韭菜、欧芹、芹菜以外的所有药草	500
144	甲基内吸磷 Demeton-s-methyl	谷粮	稻、小麦、大麦、黑麦、玉米、荞麦、其他	400
		豆类	干大豆、干豆类、豌豆、蚕豆、其他	400
			花生	50
		薯类	马铃薯、芋头、甘薯、山药、魔芋、其他	400
		十字花科蔬菜	糖用甜菜、日本萝卜（根）、日本萝卜（叶）、芜菁（根）、芜菁（叶）、山葵、豆瓣菜、大白菜、甘蓝、球芽甘蓝、羽衣甘蓝、小松菜、京菜、青梗菜、花椰菜、椰菜、其他	400
			甘蔗	50
		菊科蔬菜	牛蒡、婆罗门参、朝鲜蓟、苦苣、菊苣、茼蒿、莴苣、其他	400
		百合科蔬菜	洋葱、葱、大蒜、韭菜、芦笋、繁殖洋葱、其他	400
		伞状花科蔬菜	胡萝卜、欧洲防风草、芹菜、鸭儿芹、其他	400
			欧芹	50
		茄科、葫芦科蔬菜	西红柿、西班牙甘椒、茄子、其他茄科蔬菜、黄瓜、南瓜、越瓜、西瓜、其他瓜类、甜瓜、其他	400
		豆类蔬菜、菇类、杂项蔬菜	菠菜、竹笋、黄秋葵、姜、豌豆、腰果、枝豆、未开的蘑菇、花菇、其他蘑菇	400
		其他蔬菜		400
		柑橘类水果	温州橘、夏橙、柠檬、橙、柚子、酸橙、其他	400
		梨果、核果、浆果	苹果、日本梨、梨、温柏、枇杷、桃子、油桃、杏、日本李子、梅子、樱桃、草莓、悬钩子、黑莓、蓝莓、蔓越橘、越橘类、其他	400
		热带及亚热带水果	葡萄、日本柿子、香蕉、猕猴桃、番木瓜、鳄梨、菠萝、番石榴、杧果、西番莲果、椰枣	400
		其他水果		400
		油籽	葵花籽、芝麻籽、红花籽、棉籽、菜籽、其他	50
		坚果及种子	银杏果、栗子、美洲山核桃、杏仁、核桃、其他	400
			咖啡豆、可可豆	50
		啤酒花		50
		茶		400
		其他调味料	除山葵、日本芥末、大蒜、红辣椒/辣椒粉、姜、柠檬皮、橘皮、柚皮、芝麻以外的所有调味料	400
		其他药草	除豆瓣菜、韭菜、欧芹、芹菜以外的所有药草	400

序号	农药名称 （残留标示物）	商品种类	商品名称	限量标准 （μg/kg）
145	甜菜安 Desmedipham	十字花科蔬菜	糖用甜菜	200
		其他调味料	除山葵、日本芥末、大蒜、红辣椒/辣椒粉、姜、柠檬皮、橘皮、柚皮、芝麻以外的所有调味料	20 000
		其他药草	除豆瓣菜、韭菜、欧芹、芹菜以外的所有药草	20 000
146	丁嘧脲 Diafenthiuron	谷粮	稻、小麦、大麦、黑麦、玉米、荞麦、其他	20
		豆类	干大豆、干豆类、豌豆、蚕豆、其他	20
			花生	100
		薯类	马铃薯、芋头、甘薯、山药、魔芋、其他	20
		十字花科蔬菜	糖用甜菜、甘蔗、日本萝卜（根）、日本萝卜（叶）、芜菁（根）、芜菁（叶）、山葵、豆瓣菜、羽衣甘蓝、小松菜、京菜、青梗菜、花椰菜、椰菜、其他	20
			大白菜、甘蓝、球芽甘蓝	300
		菊科蔬菜	牛蒡、婆罗门参、朝鲜蓟、苦苣、菊苣、茼蒿、莴苣、其他	20
		百合科蔬菜	洋葱、葱、大蒜、韭菜、芦笋、繁殖洋葱、其他	20
		伞状花科蔬菜	胡萝卜、欧洲防风草、欧芹、芹菜、鸭儿芹、其他	20
		茄科、葫芦科蔬菜	西班牙甘椒、茄子、其他茄科蔬菜、黄瓜、南瓜、越瓜、西瓜、其他瓜类、甜瓜、其他	20
			西红柿	500
		豆类蔬菜、菇类、杂项蔬菜	菠菜、竹笋、黄秋葵、姜、豌豆、腰果、枝豆、未开的蘑菇、花菇、其他蘑菇	20
		其他蔬菜		20
		柑橘类水果	夏橙、柠檬、橙、柚子、酸橙、其他	20
			温州橘	300
		梨果、核果、浆果	苹果、日本梨、梨、温柏、枇杷、桃子、油桃、杏、日本李子、梅子、樱桃、草莓、悬钩子、黑莓、蓝莓、蔓越橘、越橘类、其他浆果	20
		热带及亚热带水果	葡萄、日本柿子、香蕉、猕猴桃、番木瓜、鳄梨、菠萝、番石榴、杧果、西番莲果、椰枣	20
		其他水果		20
		油籽	葵花籽、芝麻籽、红花籽、菜籽、其他	20
			棉籽	200
		坚果及种子	银杏果、栗子、美洲山核桃、杏仁、核桃、咖啡豆、可可豆、其他	20
		啤酒花		20
		茶		20 000
		其他调味料	除山葵、日本芥末、大蒜、红辣椒/辣椒粉、姜、柠檬皮、橘皮、柚皮、芝麻以外的所有调味料	300
		其他药草	除豆瓣菜、韭菜、欧芹、芹菜以外的所有药草	20

序号	农药名称（残留标示物）	商品种类	商品名称	限量标准（μg/kg）
147	燕麦敌 Di-allate	谷粮	玉米	50
		豆类	干大豆、干豆类、豌豆、蚕豆、花生、其他	50
		薯类	马铃薯、芋头、甘薯、山药、魔芋、其他	50
		十字花科蔬菜	糖用甜菜、日本萝卜（根）、日本萝卜（叶）、芜菁（根）、芜菁（叶）、山葵、豆瓣菜、大白菜、甘蓝、球芽甘蓝、羽衣甘蓝、小松菜、京菜、青梗菜、花椰菜、椰菜、其他	50
		菊科蔬菜	牛蒡、婆罗门参、朝鲜蓟、苦苣、菊苣、茼蒿、莴苣、其他	50
		百合科蔬菜	洋葱、葱、大蒜、韭菜、芦笋、繁殖洋葱、其他	50
		伞状花科蔬菜	胡萝卜、欧洲防风草、欧芹、芹菜、鸭儿芹、其他	50
		茄科、葫芦科蔬菜	西红柿、西班牙甘椒、茄子、其他茄科蔬菜、黄瓜、南瓜、越瓜、西瓜、其他瓜类、甜瓜、其他	50
		豆类蔬菜、菇类、杂项蔬菜	菠菜、竹笋、黄秋葵、姜、豌豆、腰果、枝豆、未开的蘑菇、花菇、其他蘑菇	50
		其他蔬菜		50
		柑橘类水果	温州橘、夏橙、柠檬、橙、柚子、酸橙、其他	50
		梨果、核果、浆果	苹果、日本梨、梨、温柏、枇杷、桃子、油桃、杏、日本李子、梅子、樱桃、草莓、悬钩子、黑莓、蓝莓、蔓越橘、越橘类、其他	50
		热带及亚热带水果	葡萄、日本柿子、香蕉、猕猴桃、番木瓜、鳄梨、菠萝、番石榴、杜果、西番莲果、椰枣	50
		其他水果		50
		油籽	葵花籽、芝麻籽、红花籽、棉籽、菜籽、其他	50
		坚果	银杏果、栗子、美洲山核桃、杏仁、核桃、其他	50
		茶、啤酒花		100
		其他调味料	除山葵、日本芥末、大蒜、红辣椒/辣椒粉、姜、柠檬皮、橘皮、柚皮、芝麻以外的所有调味料	50
		其他药草	除豆瓣菜、韭菜、欧芹、芹菜以外的所有药草	50
148	二嗪磷 Diazinon	谷粮	稻、小麦、大麦、黑麦、荞麦、其他	100
			玉米	20
		豆类	干大豆、豌豆、蚕豆、花生、其他	100
			干豆类	400
		薯类	马铃薯、芋头、甘薯	100
			山药、魔芋、其他	400

序号	农药名称 (残留标示物)	商品种类	商品名称	限量标准 (μg/kg)
148	二嗪磷 Diazinon	十字花科蔬菜	糖用甜菜、甘蔗、日本萝卜（根）、日本萝卜（叶）、芜菁（根）、芜菁（叶）、山葵、豆瓣菜、大白菜、甘蓝、球芽甘蓝、小松菜、京菜、青梗菜、花椰菜、椰菜	100
			羽衣甘蓝	50
			其他	200
		菊科蔬菜	牛蒡、婆罗门参、朝鲜蓟、苦苣、菊苣、茼蒿、莴苣、其他	100
		百合科蔬菜	葱、大蒜、韭菜、芦笋、繁殖洋葱、其他	100
			洋葱	50
		伞状花科蔬菜	欧洲防风草、欧芹、芹菜、鸭儿芹、其他	100
			胡萝卜	500
		茄科、葫芦科蔬菜	西红柿、西班牙甘椒、茄子、其他茄科蔬菜、黄瓜、南瓜、越瓜、西瓜、其他瓜类、甜瓜、其他	100
		豆类蔬菜、菇类、杂项蔬菜	菠菜、竹笋、黄秋葵、姜、豌豆、枝豆、未干的蘑菇、花菇、其他蘑菇、其他蔬菜	100
			腰果	200
		柑橘类水果	温州橘、夏橙、橙、酸橙、其他	100
			柠檬	500
			柚子	700
		梨果、核果、浆果	苹果、日本梨、梨、桃子、油桃、杏、梅子、樱桃、草莓、黑莓、蓝莓、蔓越橘、越橘类	100
			温柏、枇杷	300
			日本李子	1 000
			悬钩子、其他	200
		热带及亚热带水果	葡萄、日本柿子、香蕉、番木瓜、鳄梨、菠萝、番石榴、杧果、西番莲果、椰枣	100
			猕猴桃	200
		其他水果		100
		油籽	葵花籽、芝麻籽、红花籽、棉籽、菜籽、其他	100
		坚果及种子	银杏果、栗子、美洲山核桃、其他	100
			杏仁	50
			核桃	10
			咖啡豆	200
		茶		100
		啤酒花		200
		其他调味料	除山葵、日本芥末、大蒜、红辣椒/辣椒粉、姜、柠檬皮、橘皮、柚皮、芝麻以外的所有调味料	500
		其他药草	除豆瓣菜、韭菜、欧芹、芹菜以外的所有药草	500

序号	农药名称（残留标示物）	商品种类	商品名称	限量标准（μg/kg）
149	麦草畏 Dicamba	谷粮	稻、荞麦	50
			小麦、大麦、玉米	500
			黑麦	100
			其他粮谷	3 000
		豆类	干大豆	50
		薯类	马铃薯	50
		十字花科蔬菜	甘蔗	100
		百合科蔬菜	芦笋	3 000
		油籽	棉籽	3 000
150	敌草腈 Dichlobenil	谷粮	稻、小麦、大麦、黑麦、玉米、荞麦、其他粮谷	50
		茄科、葫芦科蔬菜	西红柿	100
			西瓜、其他瓜类、甜瓜	200
		柑橘类水果	温州橘、夏橙、柠檬、橙、柚子、酸橙、其他柑橘类水果	200
		梨果、核果、浆果	苹果、日本梨、梨、温柏、枇杷、桃子、杏、油桃、日本李子、梅子、樱桃、草莓、悬钩子、黑莓、蓝莓、蔓越橘、越橘类、其他浆果	200
		热带及亚热带水果	葡萄、日本柿子、香蕉、猕猴桃、番木瓜、鳄梨、菠萝、番石榴、杧果、西番莲果、椰枣	200
		其他水果		200
		油籽	葵花籽、芝麻籽、红花籽、棉籽、菜籽、其他油籽	200
		坚果	银杏果、栗子、美洲山核桃、杏仁、核桃、其他坚果	200
		其他调味料	除山葵、日本芥末、大蒜、红辣椒/辣椒粉、姜、柠檬皮、橘皮、柚皮、芝麻以外的所有调味料	200
151	除线磷 Dichlofenthion	豆类	干大豆、干豆类、豌豆、蚕豆、花生、其他	30
		十字花科蔬菜	日本萝卜（根）、日本萝卜（叶）、芜菁（根）、芜菁（叶）、山葵、豆瓣菜、大白菜、甘蓝、球茎甘蓝、羽衣甘蓝、小松菜、京菜、青梗菜、花椰菜、椰菜、其他	30
		菊科蔬菜	牛蒡、婆罗门参、朝鲜蓟、苦苣、菊苣、茼蒿、莴苣、其他	30
		百合科蔬菜	洋葱、葱、大蒜、韭菜、芦笋、繁殖洋葱、其他	30
		伞状花科蔬菜	胡萝卜、欧洲防风草、欧芹、芹菜、鸭儿芹、其他	30
		茄科、葫芦科蔬菜	西红柿、西班牙甘椒、茄子、其他茄科蔬菜、黄瓜、南瓜、越瓜、其他	30
		豆类蔬菜、菇类、杂项蔬菜	菠菜、竹笋、黄秋葵、姜、豌豆、腰果、枝豆、未开的蘑菇、花菇、其他蘑菇	30
		其他蔬菜		30
		其他调味料	除山葵、日本芥末、大蒜、红辣椒/辣椒粉、姜、柠檬皮、橘皮、柚皮、芝麻以外的所有调味料	30
		其他药草	除豆瓣菜、韭菜、欧芹、芹菜以外的所有药草	30

第三章 日本食品安全限量标准

序号	农药名称 (残留标示物)	商品种类	商品名称	限量标准 (μg/kg)
152	抑菌灵 Dichlofluanid	谷粮	稻、小麦、大麦、黑麦、其他	100
			玉米	5 000
		豆类	干大豆、蚕豆、其他豆类	5 000
			干豆类	200
			豌豆	3 000
			花生	20
		薯类	芋头、甘薯、山药、魔芋、其他	5 000
			马铃薯	100
		十字花科蔬菜	糖用甜菜、日本萝卜(根)、日本萝卜(叶)、芜菁(根)、芜菁(叶)、山葵、豆瓣菜、大白菜、甘蓝、球芽甘蓝、羽衣甘蓝、京菜、青梗菜、花椰菜、椰菜、其他	5 000
			小松菜	15 000
		菊科蔬菜	牛蒡、婆罗门参、朝鲜蓟、苦苣、菊苣、茼蒿、其他	5 000
			莴苣	10 000
		百合科蔬菜	葱、大蒜、韭菜、芦笋、繁殖洋葱、其他	5 000
			洋葱	100
		伞状花科蔬菜	欧洲防风草、芹菜、鸭儿芹、其他	5 000
			胡萝卜	15 000
		茄科、葫芦科蔬菜	西红柿、西班牙甘椒、茄子、黄瓜、西瓜	15 000
			其他茄科蔬菜	2 000
			南瓜、越瓜、其他瓜类、甜瓜、其他	5 000
		豆类蔬菜、菇类、杂项蔬菜	竹笋、黄秋葵、豌豆、腰果、枝豆、未开的蘑菇、花菇、其他蘑菇	5 000
			菠菜、姜	15 000
		其他蔬菜		5 000
		柑橘类水果	温州橘、夏橙、柠檬、橙、柚子、酸橙、其他	5 000
		梨果、核果、浆果	苹果、日本梨、梨、温柏、枇杷、桃子、油桃、杏、日本李子、梅子、樱桃、草莓、悬钩子	5 000
			黑莓、蓝莓、蔓越橘、越橘类	15 000
			其他	7 000
		热带及亚热带水果	香蕉、猕猴桃、番木瓜、鳄梨、菠萝、番石榴、杧果、西番莲果、椰枣、其他	5 000
			葡萄、日本柿子	15 000
		坚果	银杏果、栗子、美洲山核桃、杏仁、核桃、其他	5 000
		茶、啤酒花		5 000
		其他调味料	除山葵、日本芥末、大蒜、红辣椒/辣椒粉、姜、柠檬皮、橘皮、柚皮、芝麻以外的所有调味料	5 000
		其他药草	除豆瓣菜、韭菜、欧芹、芹菜以外的所有药草	5 000

序号	农药名称 (残留标示物)	商品种类	商品名称	限量标准 (μg/kg)
153	二氯萘醌 Dichlone	梨果、核果、浆果	苹果、桃子、油桃、日本李子、樱桃	3 000
			草莓	20 000
154	二氯喃 Dichloran	薯类	马铃薯	300
			甘薯	5 000
		菊科蔬菜	苦苣、莴苣	10 000
		百合科蔬菜	洋葱	200
			大蒜	3 000
		伞状花科蔬菜	胡萝卜、芹菜	10 000
		茄科、葫芦科蔬菜	西红柿	10 000
			黄瓜	3 000
		豆类蔬菜	腰果	20 000
		其他蔬菜		20 000
		梨果、核果、浆果	桃子、油桃、杏、日本李子、梅子、樱桃、草莓、悬钩子、黑莓	10 000
			蓝莓、蔓越橘、越橘类、其他浆果	20 000
		热带及亚热带水果	葡萄	7 000
		其他水果		10 000
		其他调味料	除山葵、日本芥末、大蒜、红辣椒/辣椒粉、姜、柠檬皮、橘皮、柚皮、芝麻以外的所有调味料	20 000
		其他药草	除豆瓣菜、韭菜、欧芹、芹菜以外的所有药草	20 000
155	二氯丙烯胺 Dichlomid	谷粮	玉米	50
156	2,4-滴丙酸 Dichlorprop	谷粮	玉米	50
		豆类	干大豆、干豆类、豌豆、蚕豆、花生、其他	50
		薯类	马铃薯、芋头、甘薯、山药、魔芋、其他	50
		十字花科蔬菜	糖用甜菜、日本萝卜(根)、日本萝卜(叶)、芜菁(根)、芜菁(叶)、山葵、豆瓣菜、大白菜、甘蓝、球芽甘蓝、羽衣甘蓝、小松菜、京菜、青梗菜、花椰菜、椰菜、其他	50
		菊科蔬菜	牛蒡、婆罗门参、朝鲜蓟、苦苣、菊苣、茼蒿、莴苣、其他	50
		百合科蔬菜	洋葱、葱、大蒜、韭菜、芦笋、繁殖洋葱、其他	50
		伞状花科蔬菜	胡萝卜、欧洲防风草、欧芹、芹菜、鸭儿芹、其他	50
		茄科、葫芦科蔬菜	西红柿、西班牙甘椒、茄子、其他茄科蔬菜、黄瓜、南瓜、越瓜、其他	50
			西瓜、其他瓜类、甜瓜	3 000

第三章 日本食品安全限量标准

序号	农药名称 （残留标示物）	商品种类	商品名称	限量标准 （μg/kg）
156	2,4-滴丙酸 Dichlorprop	豆类蔬菜、菇类、杂项蔬菜	菠菜、竹笋、黄秋葵、姜、豌豆、腰果、枝豆、未开的蘑菇、花菇、其他蘑菇	50
		其他蔬菜		50
		柑橘类水果	温州橘、柠檬、橙、柚子、酸橙、其他	3 000
			夏橙	10 000
		梨果、核果、浆果	苹果、日本梨、梨、温柏、枇杷、桃子、油桃、杏、日本李子、梅子、樱桃、草莓、悬钩子、黑莓、蓝莓、蔓越橘、越橘类、其他	3 000
		热带及亚热带水果	葡萄、日本柿子、香蕉、猕猴桃、番木瓜、鳄梨、菠萝、番石榴、杧果、西番莲果、椰枣	3 000
		其他水果		3 000
		油籽	葵花籽、芝麻籽、红花籽、棉籽、菜籽、其他	3 000
		坚果	银杏果、栗子、美洲山核桃、杏仁、核桃、其他	3 000
		茶、啤酒花		100
		其他调味料	除山葵、日本芥末、大蒜、红辣椒/辣椒粉、姜、柠檬皮、橘皮、柚皮、芝麻以外的所有调味料	3 000
		其他药草	除豆瓣菜、韭菜、欧芹、芹菜以外的所有药草	50
157	敌敌畏 Dichlorvos, Naled	谷粮	稻、小麦、大麦、黑麦、玉米、荞麦、其他	200
		豆类	干大豆、干豆类、豌豆、蚕豆、花生、其他	200
		薯类	马铃薯、芋头、甘薯、山药、魔芋、其他	100
		十字花科蔬菜	糖用甜菜、甘蔗、日本萝卜（根）、日本萝卜（叶）、芜菁（根）、芜菁（叶）、山葵、豆瓣菜、大白菜、甘蓝、球芽甘蓝、羽衣甘蓝、小松菜、京菜、青梗菜、花椰菜、椰菜、其他	100
		菊科蔬菜	牛蒡、婆罗门参、朝鲜蓟、苦苣、菊苣、茼蒿、莴苣、其他	100
		百合科蔬菜	洋葱、葱、大蒜、韭菜、芦笋、繁殖洋葱、其他	100
		伞状花科蔬菜	胡萝卜、欧洲防风草、欧芹、芹菜、鸭儿芹、其他	100
		茄科、葫芦科蔬菜	西红柿、西班牙甘椒、茄子、其他茄科蔬菜、黄瓜、南瓜、越瓜、西瓜、其他瓜类、甜瓜、其他	100
		豆类蔬菜、菇类、杂项蔬菜	菠菜、竹笋、黄秋葵、姜、豌豆、腰果、枝豆、未开的蘑菇、花菇、其他蘑菇	100
		其他蔬菜		100
		柑橘类水果	温州橘、夏橙、柠檬、橙、柚子、酸橙、其他	100
		梨果、核果、浆果	苹果、日本梨、梨、温柏、枇杷、桃子、油桃、杏、日本李子、梅子、樱桃、草莓、悬钩子、黑莓、蓝莓、蔓越橘、越橘类、其他	100

序号	农药名称 （残留标示物）	商品种类	商品名称	限量标准 （μg/kg）
157	敌敌畏 Dichlorvos, Naled	热带及亚热带水果	葡萄、日本柿子、香蕉、猕猴桃、番木瓜、鳄梨、菠萝、番石榴、杧果、西番莲果、椰枣	100
		其他水果		100
		油籽	葵花籽、芝麻籽、红花籽、棉籽、菜籽、其他	100
		坚果及种子	银杏果、栗子、美洲山核桃、杏仁、核桃、其他	100
			咖啡豆	200
			可可豆	500
		茶、啤酒花		100
		其他调味料	除山葵、日本芥末、大蒜、红辣椒/辣椒粉、姜、柠檬皮、橘皮、柚皮、芝麻以外的所有调味料	200
		其他药草	除豆瓣菜、韭菜、欧芹、芹菜以外的所有药草	100
158	苄氯三唑醇 Diclobutrazol	谷粮	小麦	100
159	氯甲草 Diclofop-methyl	谷粮	稻、小麦、大麦、黑麦、玉米、荞麦、其他粮谷	100
		豆类	干豆类、豌豆、花生、其他豆类	100
		油籽	葵花籽、芝麻籽、红花籽、棉籽、菜籽、其他油籽	100
		坚果	其他坚果	100
		其他调味料	除山葵、日本芥末、大蒜、红辣椒/辣椒粉、姜、柠檬皮、橘皮、柚皮、芝麻以外的所有调味料	100
		其他药草	除豆瓣菜、韭菜、欧芹、芹菜以外的所有药草	100
160	双氯磺草胺 Diclosulam	豆类	干大豆、花生	20
161	三氯杀螨醇 Dicofol	谷粮	稻、小麦、大麦、黑麦、荞麦、其他	20
			玉米	3 000
		豆类	干大豆、干豆类、蚕豆、其他	100
			豌豆	3 000
			花生	50
		薯类	马铃薯、芋头、甘薯、山药、魔芋、其他	3 000
		十字花科蔬菜	糖用甜菜、日本萝卜（根）、日本萝卜（叶）、芜菁（根）、芜菁（叶）、山葵、豆瓣菜、大白菜、甘蓝、球芽甘蓝、羽衣甘蓝、小松菜、京菜、青梗菜、花椰菜、椰菜、其他	3 000
		菊科蔬菜	牛蒡、婆罗门参、朝鲜蓟、苦苣、菊苣、茼蒿、莴苣、其他	3 000
		百合科蔬菜	洋葱、葱、大蒜、韭菜、芦笋、繁殖洋葱、其他	3 000

序号	农药名称（残留标示物）	商品种类	商品名称	限量标准（μg/kg）
161	三氯杀螨醇 Dicofol	伞状花科蔬菜	胡萝卜、欧洲防风草、芹菜、其他	3 000
			欧芹	20
			鸭儿芹	2 000
		茄科、葫芦科蔬菜	西红柿、西班牙甘椒、其他茄科蔬菜、南瓜	1 000
			其他瓜类、甜瓜	200
			黄瓜	2 000
			茄子、越瓜、西瓜、其他	3 000
		豆类蔬菜、菇类、杂项蔬菜	菠菜、竹笋、黄秋葵、豌豆、枝豆、未开的蘑菇、花菇、其他蘑菇	3 000
			姜	20
			腰果	2 000
		其他蔬菜		3 000
		柑橘类水果	柠檬、橙、柚子、酸橙、其他	5 000
			温州橘	3 000
			夏橙	2 000
		梨果、核果、浆果	苹果、日本梨、梨、温柏、枇杷、桃子、梅子、樱桃、草莓、悬钩子、黑莓、蓝莓、蔓越橘、越橘类、其他	3 000
			油桃、杏	4 000
			日本李子	1 000
		热带及亚热带水果	葡萄、日本柿子、香蕉、猕猴桃、鳄梨、菠萝、番石榴、杧果、西番莲果、椰枣	3 000
			番木瓜	4 000
		其他水果		3 000
		油籽	葵花籽、芝麻籽、红花籽、菜籽	50
			棉籽	100
			其他	2 000
		坚果	栗子、杏仁、其他	3 000
			银杏果	50
			美洲山核桃、核桃	10
		啤酒花		50 000
		其他调味料	除山葵、日本芥末、大蒜、红辣椒/辣椒粉、姜、柠檬皮、橘皮、柚皮、芝麻以外的所有调味料	5 000
		其他药草	除豆瓣菜、韭菜、欧芹、芹菜以外的所有药草	50
162	百治磷 Dicrotophos	油籽	红花籽	50

序号	农药名称 (残留标示物)	商品种类	商品名称	限量标准 ($\mu g/kg$)
163	艾氏剂和狄氏剂 Aldrin and Dieldrin	谷粮	稻、小麦、玉米、荞麦	不得检出
			大麦、黑麦、其他粮谷	20
		豆类	干大豆、干豆类、其他豆类	50
			豌豆、蚕豆	不得检出
			花生	60
		薯类	马铃薯	不得检出
			芋头、甘薯、山药、魔芋、其他薯类	100
		十字花科蔬菜	糖用甜菜	100
			甘蔗	10
			日本萝卜(根)、日本萝卜(叶)、大白菜、甘蓝、球芽甘蓝	20
			芜菁(根)、山葵、其他十字花科蔬菜	100
			芜菁(叶)、豆瓣菜、羽衣甘蓝、青梗菜	50
			小松菜、京菜、花椰菜、椰菜	不得检出
		菊科蔬菜	牛蒡、婆罗门参、其他菊科蔬菜	100
			朝鲜蓟	60
			苦苣、菊苣、茼蒿	50
			莴苣	20
		百合科蔬菜	洋葱、葱、大蒜、繁殖洋葱、其他百合科蔬菜	50
			韭菜	60
			芦笋	不得检出
		伞状花科蔬菜	胡萝卜、欧洲防风草、其他伞状花科蔬菜	100
			欧芹	60
			芹菜、鸭儿芹	不得检出
		茄科、葫芦科蔬菜	西红柿、西班牙甘椒、茄子、黄瓜	20
			其他茄科蔬菜	50
			南瓜、越瓜、其他瓜类、甜瓜、其他葫芦科蔬菜	100
			西瓜	不得检出
		豆类蔬菜、菇类、杂项蔬菜	菠菜、豌豆、腰果	不得检出
			竹笋、黄秋葵、姜、未开的蘑菇、花菇、其他蘑菇	60
			枝豆	50
		其他蔬菜		100

第三章 日本食品安全限量标准

序号	农药名称（残留标示物）	商品种类	商品名称	限量标准（μg/kg）
163	艾氏剂和狄氏剂 Aldrin and Dieldrin	柑橘类水果	温州橘、夏橙	不得检出
			柠檬、橙、柚子、酸橙、其他柑橘类水果	50
		梨果、核果、浆果	苹果、日本梨、梨、枇杷、桃子、樱桃、草莓	不得检出
			温柏、油桃、杏、日本李子、梅子、悬钩子、黑莓、蓝莓、蔓越橘、越橘类、其他浆果	50
		热带及亚热带水果	葡萄、日本柿子	不得检出
			香蕉、猕猴桃、番木瓜、鳄梨、菠萝、番石榴、杧果、西番莲果、椰枣	50
		其他水果		70
		油籽	葵花籽、芝麻籽、红花籽、棉籽、菜籽、其他油籽	60
		坚果及种子	银杏果、栗子、美洲山核桃、杏仁、核桃、其他坚果	60
			咖啡豆、可可豆	100
		茶		不得检出
		啤酒花		60
		其他调味料	除山葵、日本芥末、大蒜、红辣椒/辣椒粉、姜、柠檬皮、橘皮、柚皮、芝麻以外的所有调味料	100
		其他药草	除豆瓣菜、韭菜、欧芹、芹菜以外的所有药草	100
164	苯醚甲环唑 Difenoconazole	谷粮	小麦、大麦、黑麦、玉米	100
			荞麦	20
		豆类	干大豆	50
			花生	100
		薯类	马铃薯	100
		十字花科蔬菜	糖用甜菜	500
			芜菁（叶）、山葵、豆瓣菜、大白菜、甘蓝、球芽甘蓝、羽衣甘蓝、小松菜、京菜、花椰菜、椰菜、其他十字花科蔬菜	200
		百合科蔬菜	芦笋	20
		伞状花科蔬菜	胡萝卜	200
		茄科、葫芦科蔬菜	西红柿	500
			西瓜	100
		梨果、核果、浆果	苹果、日本梨、梨、桃子、油桃、梅子	1 000
			温柏、枇杷	500
			杏、日本李子、樱桃、草莓、悬钩子、黑莓、蓝莓、蔓越橘、越橘类、其他浆果	5 000

序号	农药名称 （残留标示物）	商品种类	商品名称	限量标准 （μg/kg）
164	苯醚甲环唑 Difenoconazole	热带及亚热带水果	葡萄、香蕉	500
			日本柿子、番木瓜、鳄梨、菠萝、番石榴、杧果、西番莲果	1 000
			猕猴桃	100
			椰枣	5 000
		其他水果		5 000
		油籽	菜籽	20
			其他油籽（除芝麻籽、向日葵籽、红花籽、棉籽、菜籽以外的所有油籽）	50
		坚果	其他坚果	10
		茶		10 000
		其他调味料	除山葵、日本芥末、大蒜、红辣椒/辣椒粉、姜、柠檬皮、橘皮、柚皮、芝麻以外的所有调味料	5 000
		其他药草	除豆瓣菜、韭菜、欧芹、芹菜以外的所有药草	200
165	野燕枯 Difenzoquat	谷粮	小麦、大麦、黑麦、其他	200
			稻、玉米、荞麦	50
		豆类	干大豆、干豆类、豌豆、蚕豆、花生、其他	50
		薯类	马铃薯、芋头、甘薯、山药、魔芋、其他	50
		十字花科蔬菜	糖用甜菜、甘蔗、日本萝卜（根）、日本萝卜（叶）、芜菁（根）、芜菁（叶）、山葵、豆瓣菜、大白菜、甘蓝、球芽甘蓝、羽衣甘蓝、小松菜、京菜、青梗菜、花椰菜、椰菜、其他	50
		菊科蔬菜	牛蒡、婆罗门参、朝鲜蓟、苦苣、菊苣、茼蒿、莴苣、其他	50
		百合科蔬菜	洋葱、葱、大蒜、韭菜、芦笋、繁殖洋葱、其他	50
		伞状花科蔬菜	胡萝卜、欧洲防风草、欧芹、芹菜、鸭儿芹、其他	50
		茄科、葫芦科蔬菜	西红柿、西班牙青椒、茄子、其他茄科蔬菜、黄瓜、南瓜、越瓜、西瓜、其他瓜类、甜瓜、其他	50
		豆类蔬菜、菇类、杂项蔬菜	菠菜、竹笋、黄秋葵、姜、豌豆、腰果、枝豆、未开的蘑菇、花菇、其他蘑菇	50
		其他蔬菜		50
		柑橘类水果	温州橘、夏橙、柠檬、橙、柚子、酸橙、其他	50
		梨果、核果、浆果	苹果、日本梨、梨、温柏、枇杷、桃子、油桃、杏、日本李子、梅子、樱桃、草莓、悬钩子、黑莓、蓝莓、蔓越橘、越橘类、其他	50
		热带及亚热带水果	葡萄、日本柿子、香蕉、猕猴桃、番木瓜、鳄梨、菠萝、番石榴、杧果、西番莲果、椰枣	50
		其他水果		50

序号	农药名称 (残留标示物)	商品种类	商品名称	限量标准 (μg/kg)
165	野燕枯 Difenzoquat	油籽	葵花籽、芝麻籽、红花籽、棉籽、菜籽、其他	50
		坚果及种子	银杏果、栗子、美洲山核桃、杏仁、核桃、咖啡豆、可可豆、其他	50
		茶、啤酒花		50
		其他调味料	除山葵、日本芥末、大蒜、红辣椒/辣椒粉、姜、柠檬皮、橘皮、柚皮、芝麻以外的所有调味料	50
		其他药草	除豆瓣菜、韭菜、欧芹、芹菜以外的所有药草	50
166	除虫脲 Diflubenzuron	谷粮	黑麦、玉米、荞麦、其他	2 000
			稻	1 000
			小麦、大麦	100
		豆类	干豆类、豌豆、蚕豆、花生、其他	50
			干大豆	100
		薯类	马铃薯、芋头、甘薯、山药、魔芋、其他	50
		十字花科蔬菜	日本萝卜（叶）、芜菁（叶）、豆瓣菜、大白菜、甘蓝、球芽甘蓝、羽衣甘蓝、小松菜、京菜、青梗菜、花椰菜、椰菜、其他	1 000
			糖用甜菜、甘蔗	50
			日本萝卜（根）、芜菁（根）、山葵	500
		菊科蔬菜	苦苣、菊苣、茼蒿、莴苣、其他	1 000
			牛蒡、婆罗门参	500
			朝鲜蓟	6 000
		百合科蔬菜	葱、韭菜、芦笋、繁殖洋葱、其他	1 000
			洋葱、大蒜	50
		伞状花科蔬菜	欧芹、芹菜、鸭儿芹、其他	1 000
			胡萝卜、欧洲防风草	500
		茄科、葫芦科蔬菜	西红柿、西班牙甘椒、茄子、其他茄科蔬菜、黄瓜、南瓜、越瓜、其他	1 000
			西瓜	100
			其他瓜类	200
			甜瓜	50
		豆类蔬菜、菇类、杂项蔬菜	黄秋葵、豌豆、腰果、枝豆、花菇、其他蘑菇	50
			菠菜	1 000
			未开的蘑菇	100
			竹笋、姜	500
		其他蔬菜		50

序号	农药名称（残留标示物）	商品种类	商品名称	限量标准（μg/kg）
166	除虫脲 Diflubenzuron	柑橘类水果	夏橙、柠檬、橙、柚子、酸橙、其他	3 000
			温州橘	1 000
		梨果、核果、浆果	桃子、梅子、草莓、悬钩子、黑莓、蓝莓、蔓越橘、越橘类、其他	50
			温柏、枇杷	5 000
			苹果、日本梨、梨、日本李子	1 000
			油桃、杏、樱桃	70
		热带及亚热带水果	葡萄、香蕉、猕猴桃、番木瓜、鳄梨、菠萝、番石榴、杧果、西番莲果、椰枣	50
			日本柿子	1 000
		其他水果		50
		油籽	葵花籽、芝麻籽、红花籽、菜籽、其他	50
			棉籽	200
		坚果及种子	栗子、美洲山核桃、杏仁、核桃	60
			咖啡豆、可可豆、银杏果	50
			其他	100
		啤酒花		50
		茶		20 000
		其他调味料	除山葵、日本芥末、大蒜、红辣椒/辣椒粉、姜、柠檬皮、橘皮、柚皮、芝麻以外的所有调味料	3 000
		其他药草	除豆瓣菜、韭菜、欧芹、芹菜以外的所有药草	1 000
167	吡氟酰草胺 Diflufenican	谷粮	小麦、大麦、玉米、荞麦、其他	10
			稻	2
			黑麦	50
		豆类	干大豆、干豆类、豌豆、蚕豆、其他	50
			花生	2
		薯类	马铃薯、芋头、甘薯、山药、魔芋、其他	2
		十字花科蔬菜	糖用甜菜、甘蔗、日本萝卜（根）、日本萝卜（叶）、芜菁（根）、芜菁（叶）、山葵、豆瓣菜、大白菜、甘蓝、球芽甘蓝、羽衣甘蓝、小松菜、京菜、青梗菜、花椰菜、椰菜、其他	2
		菊科蔬菜	牛蒡、婆罗门参、朝鲜蓟、苦苣、菊苣、茼蒿、莴苣、其他	2
		百合科蔬菜	洋葱、葱、大蒜、韭菜、芦笋、繁殖洋葱、其他	2
		伞状花科蔬菜	胡萝卜、欧洲防风草、欧芹、芹菜、鸭儿芹、其他	2
		茄科、葫芦科蔬菜	西红柿、西班牙甘椒、茄子、其他茄科蔬菜、黄瓜、南瓜、越瓜、西瓜、其他瓜类、甜瓜、其他	2

序号	农药名称 （残留标示物）	商品种类	商品名称	限量标准 （μg/kg）
167	吡氟酰草胺 Diflufenican	豆类蔬菜、菇类、杂项蔬菜	菠菜、竹笋、黄秋葵、姜、豌豆、腰果、枝豆、未开的蘑菇、花菇、其他蘑菇	2
		其他蔬菜		50
		柑橘类水果	温州橘、夏橙、柠檬、橙、柚子、酸橙、其他	20
		梨果、核果、浆果	苹果、日本梨、梨、温柏、枇杷、桃子、油桃、杏、日本李子、梅子、樱桃	20
			草莓、悬钩子、黑莓、蓝莓、蔓越橘、越橘类、其他	2
		热带及亚热带水果	葡萄、日本柿子、香蕉、猕猴桃、番木瓜、鳄梨、菠萝、番石榴、杜果、西番莲果、椰枣	2
		其他水果		2
		油籽	葵花籽、芝麻籽、红花籽、棉籽、菜籽、其他	2
		坚果及种子	银杏果、栗子、美洲山核桃、杏仁、核桃、咖啡豆、可可豆、其他	2
		茶、啤酒花		2
		其他调味料	除山葵、日本芥末、大蒜、红辣椒/辣椒粉、姜、柠檬皮、橘皮、柚皮、芝麻以外的所有调味料	50
		其他药草	除豆瓣菜、韭菜、欧芹、芹菜以外的所有药草	50
168	二氟吡隆 Diflufenzopyr	谷粮	稻、小麦、大麦、黑麦、玉米、荞麦、其他	50
		豆类	干大豆、干豆类、豌豆、蚕豆、花生、其他	50
		薯类	马铃薯、芋头、甘薯、山药、魔芋、其他	50
		十字花科蔬菜	糖用甜菜、甘蔗、日本萝卜（根）、日本萝卜（叶）、芜菁（根）、芜菁（叶）、山葵、豆瓣菜、大白菜、甘蓝、球芽甘蓝、羽衣甘蓝、小松菜、京菜、青梗菜、花椰菜、椰菜、其他	50
		菊科蔬菜	牛蒡、婆罗门参、朝鲜蓟、苦苣、菊苣、茼蒿、莴苣、其他	50
		百合科蔬菜	洋葱、葱、大蒜、韭菜、芦笋、繁殖洋葱、其他	50
		伞状花科蔬菜	胡萝卜、欧洲防风草、欧芹、芹菜、鸭儿芹、其他	50
		茄科、葫芦科蔬菜	西红柿、西班牙甘椒、茄子、其他茄科蔬菜、黄瓜、南瓜、越瓜、西瓜、其他瓜类、甜瓜、其他	50
		豆类蔬菜、菇类、杂项蔬菜	菠菜、竹笋、黄秋葵、姜、豌豆、腰果、枝豆、未开的蘑菇、花菇、其他蘑菇	50
		其他蔬菜		50
		柑橘类水果	温州橘、夏橙、柠檬、橙、柚子、酸橙、其他	50
		梨果、核果、浆果	日本梨、梨、温柏、枇杷、桃子、油桃、杏、日本李子、梅子、樱桃、草莓、悬钩子、黑莓、蓝莓、蔓越橘、越橘类、其他	50
			苹果	2 000

序号	农药名称（残留标示物）	商品种类	商品名称	限量标准（μg/kg）
168	二氟吡隆 Diflufenzopyr	热带及亚热带水果	葡萄、日本柿子、香蕉、猕猴桃、番木瓜、鳄梨、菠萝、番石榴、杧果、西番莲果、椰枣	50
		其他水果		50
		油籽	葵花籽、芝麻籽、红花籽、棉籽、菜籽、其他	50
		坚果及种子	银杏果、栗子、美洲山核桃、杏仁、核桃、咖啡豆、可可豆、其他	50
		茶、啤酒花		50
		其他调味料	除山葵、日本芥末、大蒜、红辣椒/辣椒粉、姜、柠檬皮、橘皮、柚皮、芝麻以外的所有调味料	50
		其他药草	除豆瓣菜、韭菜、欧芹、芹菜以外的所有药草	50
169	双氢链霉素 Dihydrostreptomycin	谷粮	稻	50
		薯类	马铃薯	20
			魔芋	40
		十字花科蔬菜	日本萝卜（根）、日本萝卜（叶）、甘蓝	50
			大白菜	10
		菊科蔬菜	莴苣	50
		百合科蔬菜	洋葱	10
			大蒜	50
		伞状花科蔬菜	芹菜	300
		茄科、葫芦科蔬菜	西红柿、西班牙甘椒、其他茄科蔬菜	300
		柑橘类水果	温州橘	10
			夏橙、柠檬、橙、柚子、酸橙、其他柑橘类水果	20
		梨果、核果、浆果	苹果、日本梨、梨、日本李子	50
			温柏、枇杷	300
			桃子	40
			梅子	10
		热带及亚热带水果	葡萄	30
			香蕉	50
170	落长灵 Dimethipin	谷粮	稻、小麦、大麦、黑麦、玉米、荞麦、其他	40
		豆类	干大豆、干豆类、豌豆、蚕豆、花生、其他	40
		薯类	芋头、甘薯、山药、魔芋、其他	40
			马铃薯	50
		十字花科蔬菜	糖用甜菜、甘蔗、日本萝卜（根）、日本萝卜（叶）、芜菁（根）、芜菁（叶）、山葵、豆瓣菜、大白菜、甘蓝、球芽甘蓝、羽衣甘蓝、小松菜、京菜、青梗菜、花椰菜、椰菜、其他	40

序号	农药名称 （残留标示物）	商品种类	商品名称	限量标准 （μg/kg）
170	落长灵 Dimethipin	菊科蔬菜	牛蒡、婆罗门参、朝鲜蓟、苦苣、菊苣、茼蒿、莴苣、其他	40
		百合科蔬菜	洋葱、葱、大蒜、韭菜、芦笋、繁殖洋葱、其他	40
		伞状花科蔬菜	胡萝卜、欧洲防风草、欧芹、芹菜、鸭儿芹、其他	40
		茄科、葫芦科蔬菜	西红柿、西班牙甘椒、茄子、其他茄科蔬菜、黄瓜、南瓜、越瓜、西瓜、其他瓜类、甜瓜、其他	40
		豆类蔬菜、菇类、杂项蔬菜	菠菜、竹笋、黄秋葵、姜、豌豆、腰果、枝豆、未开的蘑菇、花菇、其他蘑菇	40
		其他蔬菜		40
		柑橘类水果	温州橘、夏橙、柠檬、橙、柚子、酸橙、其他	40
		梨果、核果、浆果	苹果、日本梨、梨、温柏、枇杷、桃子、油桃、杏、日本李子、梅子、樱桃、草莓、悬钩子、黑莓、蓝莓、蔓越橘、越橘类、其他	40
		热带及亚热带水果	葡萄、日本柿子、香蕉、猕猴桃、番木瓜、鳄梨、菠萝、番石榴、杧果、西番莲果、椰枣	40
		其他水果		40
		油籽	芝麻籽、红花籽、其他	40
			棉籽、葵花籽	500
			菜籽	100
		坚果及种子	银杏果、栗子、美洲山核桃、杏仁、核桃、咖啡豆、可可豆、其他	40
		茶、啤酒花		40
		其他调味料	除山葵、日本芥末、大蒜、红辣椒/辣椒粉、姜、柠檬皮、橘皮、柚皮、芝麻以外的所有调味料	200
		其他药草	除豆瓣菜、韭菜、欧芹、芹菜以外的所有药草	40
171	甲菌定 Dimethirmol	十字花科蔬菜	日本萝卜（根）、日本萝卜（叶）、芜菁（根）、芜菁（叶）、山葵、豆瓣菜、大白菜、甘蓝、球芽甘蓝、羽衣甘蓝、小松菜、京菜、青梗菜、花椰菜、椰菜、其他	200
		菊科蔬菜	牛蒡、婆罗门参、朝鲜蓟、苦苣、菊苣、茼蒿、莴苣、其他	200
		百合科蔬菜	洋葱、葱、大蒜、韭菜、芦笋、繁殖洋葱、其他	200
		伞状花科蔬菜	胡萝卜、欧洲防风草、欧芹、芹菜、鸭儿芹、其他	200
		茄科、葫芦科蔬菜	西红柿、西班牙甘椒、茄子、其他茄科蔬菜、黄瓜、南瓜、越瓜、其他	200
			西瓜、其他瓜类、甜瓜	100
		豆类蔬菜、菇类、杂项蔬菜	菠菜、竹笋、黄秋葵、姜、豌豆、腰果、枝豆、未开的蘑菇、花菇、其他蘑菇	200
		其他蔬菜		200
		柑橘类水果	温州橘、夏橙、柠檬、橙、柚子、酸橙、其他	100

序号	农药名称（残留标示物）	商品种类	商品名称	限量标准（μg/kg）
171	甲菌定 Dimethirmol	梨果、核果、浆果	苹果、日本梨、梨、温柏、枇杷、桃子、油桃、杏、日本李子、梅子、樱桃、草莓、悬钩子、黑莓、蓝莓、蔓越橘、越橘类、其他	100
		热带及亚热带水果	葡萄、日本柿子、香蕉、猕猴桃、番木瓜、鳄梨、菠萝、番石榴、杧果、西番莲果、椰枣	100
		其他水果		100
		油籽	葵花籽、芝麻籽、红花籽、棉籽、菜籽、其他	100
		坚果	银杏果、栗子、美洲山核桃、杏仁、核桃、其他	100
		其他调味料	除山葵、日本芥末、大蒜、红辣椒/辣椒粉、姜、柠檬皮、橘皮、柚皮、芝麻以外的所有调味料	200
		其他药草	除豆瓣菜、韭菜、欧芹、芹菜以外的所有药草	200
172	乐果 Dimethoate	谷粮	稻、玉米	1 000
			小麦	100
			大麦、荞麦	40
			黑麦	200
			其他粮谷	10
		豆类	干大豆、干豆类、豌豆、蚕豆、花生、其他	1 000
		薯类	马铃薯、芋头、甘薯、山药、魔芋、其他	1 000
		十字花科蔬菜	甘蔗、日本萝卜（根）、日本萝卜（叶）、芜菁（根）、芜菁（叶）、山葵、豆瓣菜、大白菜、甘蓝、羽衣甘蓝、小松菜、京菜、青梗菜、花椰菜、椰菜、其他	1 000
			糖用甜菜	50
			球芽甘蓝	2 000
		菊科蔬菜	牛蒡、婆罗门参、朝鲜蓟、苦苣、菊苣、茼蒿、其他	1 000
			莴苣	2 000
		百合科蔬菜	葱、大蒜、韭菜、繁殖洋葱、其他	1 000
			洋葱	300
			芦笋	50
		伞状花科蔬菜	胡萝卜、欧洲防风草、欧芹、芹菜、鸭儿芹、其他	1 000
		茄科、葫芦科蔬菜	西红柿、西班牙甘椒、茄子、其他茄科蔬菜、黄瓜、南瓜、越瓜、西瓜、其他瓜类、甜瓜、其他	1 000
		豆类蔬菜、菇类、杂项蔬菜	菠菜、竹笋、黄秋葵、姜、腰果、枝豆、未开的蘑菇、花菇、其他蘑菇	1 000
			豌豆	500
		其他蔬菜		1 000
		柑橘类水果	柠檬、橙、柚子、酸橙、其他	2 000
			温州橘、夏橙	1 000

序号	农药名称（残留标示物）	商品种类	商品名称	限量标准（μg/kg）
172	乐果 Dimethoate	梨果、核果、浆果	苹果、日本梨、梨、温柏、枇杷、桃子、油桃、杏、梅子、草莓、悬钩子、黑莓、蓝莓、蔓越橘、越橘类、其他	1 000
			日本李子	500
			樱桃	2 000
		热带及亚热带水果	葡萄、日本柿子、香蕉、猕猴桃、番木瓜、鳄梨、菠萝、番石榴、杧果、西番莲果、椰枣	1 000
		其他水果		1 000
		油籽	葵花籽、芝麻籽、红花籽、棉籽、菜籽、其他	1 000
		坚果	银杏果、栗子、美洲山核桃、杏仁、核桃、其他	1 000
		茶		1 000
		啤酒花		50
		其他调味料	除山葵、日本芥末、大蒜、红辣椒/辣椒粉、姜、柠檬皮、橘皮、柚皮、芝麻以外的所有调味料	2 000
		其他药草	除豆瓣菜、韭菜、欧芹、芹菜以外的所有药草	1 000
173	烯酰吗啉 Dimethomorph	薯类	马铃薯、芋头、甘薯、山药、魔芋、其他薯类	100
		十字花科蔬菜	日本萝卜（叶）、芜菁（叶）、豆瓣菜、球芽甘蓝、羽衣甘蓝、小松菜、京菜、青梗菜、花椰菜、椰菜、其他十字花科蔬菜	2 000
			大白菜、甘蓝	1 000
		菊科蔬菜	朝鲜蓟、苦苣、菊苣、茼蒿、其他菊科蔬菜	2 000
			莴苣	300
		百合科蔬菜	洋葱、大蒜	100
			葱、韭菜、芦笋、繁殖洋葱、其他百合科蔬菜	2 000
		伞状花科蔬菜	欧芹、芹菜、鸭儿芹、其他伞状花科蔬菜	2 000
		茄科、葫芦科蔬菜	西红柿、西班牙甘椒、茄子、其他茄科蔬菜、黄瓜、南瓜、越瓜、其他葫芦科蔬菜	2 000
			西瓜、其他瓜类、甜瓜	100
		杂项蔬菜	菠菜	
		其他蔬菜		2 000
		梨果、核果、浆果	枇杷、桃子	100
			杏、日本李子、梅子、樱桃、草莓、悬钩子、黑莓、蓝莓、蔓越橘、越橘类、其他浆果	5 000
		热带及亚热带水果	葡萄、椰枣	5 000
			猕猴桃	100
		其他水果		5 000
		油籽	其他油籽（除芝麻籽、向日葵籽、红花籽、棉籽、菜籽以外的所有油籽）	20

序号	农药名称 （残留标示物）	商品种类	商品名称	限量标准 （μg/kg）
173	烯酰吗啉 Dimethomorph	调味料	啤酒花	60 000
		其他调味料	除山葵、日本芥末、大蒜、红辣椒/辣椒粉、姜、柠檬皮、橘皮、柚皮、芝麻以外的所有调味料	10
		其他药草	除豆瓣菜、韭菜、欧芹、芹菜以外的所有药草	2 000
174	消螨普 Dinocap	谷粮	小麦	200
		茄科、葫芦科蔬菜	西红柿、西班牙甘椒、其他茄科蔬菜	200
			茄子	500
			黄瓜、南瓜、越瓜、西瓜、其他瓜类、甜瓜、其他葫芦科蔬菜	50
		梨果、核果、浆果	苹果、桃子	200
			日本梨、梨、温柏、枇杷、油桃、杏、日本李子、梅子、樱桃	100
			草莓、葡萄	500
175	达诺杀 Dinoseb	谷粮	稻、小麦、大麦、黑麦、荞麦、其他	10
			玉米	50
		豆类	干大豆、干豆类、豌豆、蚕豆、花生、其他	50
		薯类	马铃薯、芋头、甘薯、山药、魔芋、其他	50
		十字花科蔬菜	糖用甜菜、日本萝卜（根）、日本萝卜（叶）、芜菁（根）、芜菁（叶）、山葵、豆瓣菜、大白菜、甘蓝、球芽甘蓝、羽衣甘蓝、小松菜、京菜、青梗菜、花椰菜、椰菜、其他	50
		菊科蔬菜	牛蒡、婆罗门参、朝鲜蓟、苦苣、菊苣、茼蒿、莴苣、其他	50
		百合科蔬菜	洋葱、葱、大蒜、韭菜、芦笋、繁殖洋葱、其他	50
		伞状花科蔬菜	胡萝卜、欧洲防风草、欧芹、芹菜、鸭儿芹、其他	50
		茄科、葫芦科蔬菜	西红柿、西班牙甘椒、茄子、其他茄科蔬菜、黄瓜、南瓜、越瓜、西瓜、其他瓜类、甜瓜、其他	50
		豆类蔬菜、菇类、杂项蔬菜	菠菜、竹笋、黄秋葵、姜、豌豆、腰果、枝豆、未开的蘑菇、花菇、其他蘑菇	50
		其他蔬菜		50
		柑橘类水果	温州橘、夏橙、柠檬、橙、柚子、酸橙、其他	50
		梨果、核果、浆果	苹果、日本梨、梨、温柏、枇杷、桃子、油桃、杏、日本李子、梅子、樱桃、草莓、悬钩子、黑莓、蓝莓、蔓越橘、越橘类、其他	50
		热带及亚热带水果	葡萄、日本柿子、香蕉、猕猴桃、番木瓜、鳄梨、菠萝、番石榴、杧果、西番莲果、椰枣	50
		其他水果		50
		油籽	葵花籽、芝麻籽、红花籽、棉籽、菜籽、其他	50

序号	农药名称 （残留标示物）	商品种类	商品名称	限量标准 （μg/kg）
175	达诺杀 Dinoseb	坚果	银杏果、栗子、美洲山核桃、杏仁、核桃、其他	50
		茶、啤酒花		100
		其他调味料	除山葵、日本芥末、大蒜、红辣椒/辣椒粉、姜、柠檬皮、橘皮、柚皮、芝麻以外的所有调味料	50
		其他药草	除豆瓣菜、韭菜、欧芹、芹菜以外的所有药草	50
176	呋虫胺 Dinotefuran	谷粮	稻	2 000
		薯类	马铃薯、芋头、甘薯、山药、魔芋、其他	200
		十字花科蔬菜	日本萝卜（叶）、芜菁（叶）、豆瓣菜、球芽甘蓝、羽衣甘蓝、小松菜、京菜、青梗菜、花椰菜、椰菜、其他	5 000
			糖用甜菜、日本萝卜（根）、芜菁（根）、山葵	200
			大白菜、甘蓝	2 000
		菊科蔬菜	朝鲜蓟、苦苣、菊苣、茼蒿、莴苣、其他	5 000
			牛蒡、婆罗门参	200
		百合科蔬菜	洋葱、葱、大蒜、韭菜、芦笋、繁殖洋葱、其他	5 000
		伞状花科蔬菜	欧芹、芹菜、鸭儿芹、其他	5 000
			胡萝卜、欧洲防风草	200
		茄科、葫芦科蔬菜	西红柿、茄子、黄瓜、南瓜、越瓜、其他	2 000
			西班牙甘椒、其他茄科蔬菜	5 000
			西瓜、其他瓜类、甜瓜	1 000
		豆类蔬菜、杂项蔬菜	菠菜、黄秋葵	500
			竹笋、姜	2 000
		其他蔬菜		500
		柑橘类水果	夏橙、柠檬、橙、柚子、酸橙、其他	5 000
			温州橘	2 000
		梨果、核果、浆果	温柏、杏、日本李子、梅子、樱桃、草莓、悬钩子、黑莓、蓝莓、蔓越橘、越橘类、其他	10 000
			苹果、日本梨、梨、油桃	2 000
			枇杷、桃子	1 000
		热带及亚热带水果	日本柿子、香蕉、番木瓜、鳄梨、菠萝、番石榴、杧果、西番莲果	2 000
			猕猴桃	1 000
			葡萄、椰枣	10 000
		其他水果		10 000
		油籽	棉籽	400
		茶		25 000

序号	农药名称 （残留标示物）	商品种类	商品名称	限量标准 （μg/kg）
176	呋虫胺 Dinotefuran	其他调味料	除山葵、日本芥末、大蒜、红辣椒/辣椒粉、姜、柠檬皮、橘皮、柚皮、芝麻以外的所有调味料	10 000
		其他药草	除豆瓣菜、韭菜、欧芹、芹菜以外的所有药草	5 000
177	特乐酚 Dinoterb	谷粮	稻、小麦、大麦、黑麦、玉米、荞麦、其他	50
		豆类	干大豆、干豆类、豌豆、蚕豆、花生、其他	50
		薯类	马铃薯、芋头、甘薯、山药、魔芋、其他	50
		十字花科蔬菜	糖用甜菜、日本萝卜（根）、日本萝卜（叶）、芜菁（根）、芜菁（叶）、山葵、豆瓣菜、大白菜、甘蓝、球芽甘蓝、羽衣甘蓝、小松菜、京菜、青梗菜、花椰菜、椰菜、其他	50
		菊科蔬菜	牛蒡、婆罗门参、朝鲜蓟、苦苣、菊苣、茼蒿、莴苣、其他	50
		百合科蔬菜	洋葱、葱、大蒜、韭菜、芦笋、繁殖洋葱、其他	50
		伞状花科蔬菜	胡萝卜、欧洲防风草、欧芹、芹菜、鸭儿芹、其他	50
		茄科、葫芦科蔬菜	西红柿、西班牙甜椒、茄子、其他茄科蔬菜、黄瓜、南瓜、越瓜、西瓜、其他瓜类、甜瓜、其他	50
		豆类蔬菜、菇类、杂项蔬菜	菠菜、竹笋、黄秋葵、姜、豌豆、腰果、枝豆、未开的蘑菇、花菇、其他蘑菇、其他蔬菜	50
		其他蔬菜		50
		柑橘类水果	温州橘、夏橙、柠檬、橙、柚子、酸橙、其他	50
		梨果、核果、浆果	苹果、日本梨、梨、温柏、枇杷、桃子、油桃、杏、日本李子、梅子、樱桃、草莓、悬钩子、黑莓、蓝莓、蔓越橘、越橘类、其他	50
		热带及亚热带水果	葡萄、日本柿子、香蕉、猕猴桃、番木瓜、鳄梨、菠萝、番石榴、杧果、西番莲果、椰枣	50
		其他水果		50
		油籽	葵花籽、芝麻籽、红花籽、棉籽、菜籽、其他	50
		坚果	银杏果、栗子、美洲山核桃、杏仁、核桃、其他	50
		茶、啤酒花		100
		其他调味料	除山葵、日本芥末、大蒜、红辣椒/辣椒粉、姜、柠檬皮、橘皮、柚皮、芝麻以外的所有调味料	50
		其他药草	除豆瓣菜、韭菜、欧芹、芹菜以外的所有药草	50
178	敌杀磷 Dioxathion	谷粮	玉米	50
		豆类	干大豆、干豆类、豌豆、蚕豆、花生、其他	50
		薯类	马铃薯、芋头、甘薯、山药、魔芋、其他	50
		十字花科蔬菜	糖用甜菜、甘蔗、日本萝卜（根）、日本萝卜（叶）、芜菁（根）、芜菁（叶）、山葵、豆瓣菜、大白菜、甘蓝、球芽甘蓝、羽衣甘蓝、小松菜、京菜、青梗菜、花椰菜、椰菜、其他	50

第三章 日本食品安全限量标准

序号	农药名称 （残留标示物）	商品种类	商品名称	限量标准 （μg/kg）
178	敌杀磷 Dioxathion	菊科蔬菜	牛蒡、婆罗门参、朝鲜蓟、苦苣、菊苣、茼蒿、莴苣、其他	50
		百合科蔬菜	洋葱、葱、大蒜、韭菜、芦笋、繁殖洋葱、其他	50
		伞状花科蔬菜	胡萝卜、欧洲防风草、欧芹、芹菜、鸭儿芹、其他	50
		茄科、葫芦科蔬菜	西红柿、西班牙甘椒、茄子、其他茄科蔬菜、黄瓜、南瓜、越瓜、西瓜、其他瓜类、甜瓜、其他	50
		豆类蔬菜、菇类、杂项蔬菜	菠菜、竹笋、黄秋葵、姜、豌豆、腰果、枝豆、未开的蘑菇、花菇、其他蘑菇	50
		其他蔬菜		50
		柑橘类水果	温州橘、夏橙、柠檬、橙、柚子、酸橙、其他	50
		梨果、核果、浆果	苹果、日本梨、梨、温柏、枇杷、桃子、油桃、杏、日本李子、梅子、樱桃、草莓、悬钩子、黑莓、蓝莓、蔓越橘、越橘类、其他	50
		热带及亚热带水果	葡萄、日本柿子、香蕉、猕猴桃、番木瓜、鳄梨、菠萝、番石榴、杜果、西番莲果、椰枣	50
		其他水果		50
		油籽	葵花籽、芝麻籽、红花籽、棉籽、菜籽、其他	50
		坚果	银杏果、栗子、美洲山核桃、杏仁、核桃、其他	50
		茶、啤酒花		100
		其他调味料	除山葵、日本芥末、大蒜、红辣椒/辣椒粉、姜、柠檬皮、橘皮、柚皮、芝麻以外的所有调味料	50
		其他药草	除豆瓣菜、韭菜、欧芹、芹菜以外的所有药草	50
179	双苯酰草胺 Diphenamid	梨果、核果、浆果	草莓	1 000
180	二苯胺 Diphenylamine	谷粮	玉米	50
		豆类	干大豆、干豆类、豌豆、蚕豆、花生、其他	50
		薯类	马铃薯、芋头、甘薯、山药、魔芋、其他	50
		十字花科蔬菜	糖用甜菜、甘蔗、日本萝卜（根）、日本萝卜（叶）、芜菁（根）、芜菁（叶）、山葵、豆瓣菜、大白菜、甘蓝、球芽甘蓝、羽衣甘蓝、小松菜、京菜、青梗菜、花椰菜、椰菜、其他	50
		菊科蔬菜	牛蒡、婆罗门参、朝鲜蓟、苦苣、菊苣、茼蒿、莴苣、其他	50
		百合科蔬菜	洋葱、葱、大蒜、韭菜、芦笋、繁殖洋葱、其他	50
		伞状花科蔬菜	胡萝卜、欧洲防风草、欧芹、芹菜、鸭儿芹、其他	50
		茄科、葫芦科蔬菜	西红柿、西班牙甘椒、茄子、其他茄科蔬菜、黄瓜、南瓜、越瓜、西瓜、其他瓜类、甜瓜、其他	50
		豆类蔬菜、菇类、杂项蔬菜	菠菜、竹笋、黄秋葵、姜、豌豆、腰果、枝豆、未开的蘑菇、花菇、其他蘑菇	50

序号	农药名称 (残留标示物)	商品种类	商品名称	限量标准 ($\mu g/kg$)
180	二苯胺 Diphenylamine	其他蔬菜		50
		柑橘类水果	温州橘、夏橙、柠檬、橙、柚子、酸橙、其他	50
		梨果、核果、浆果	温柏、枇杷、桃子、油桃、杏、日本李子、梅子、樱桃、草莓、悬钩子、黑莓、蓝莓、蔓越橘、越橘类、其他	50
			苹果	10 000
			日本梨、梨	5 000
		热带及亚热带水果	葡萄、日本柿子、香蕉、猕猴桃、番木瓜、鳄梨、菠萝、番石榴、杧果、西番莲果、椰枣	50
		其他水果		50
		油籽	葵花籽、芝麻籽、红花籽、棉籽、荽籽、其他	50
		坚果	银杏果、栗子、美洲山核桃、杏仁、核桃、其他	50
		茶、啤酒花		50
		其他调味料	除山葵、日本芥末、大蒜、红辣椒/辣椒粉、姜、柠檬皮、橘皮、柚皮、芝麻以外的所有调味料	50
		其他药草	除豆瓣菜、韭菜、欧芹、芹菜以外的所有药草	50
181	敌草快 Diquat	谷粮	稻	1 000
			小麦、其他粮谷	2 000
			大麦	5 000
			黑麦、荞麦	30
			玉米	50
		豆类	干大豆、干豆类、豌豆、蚕豆、其他豆类	200
			花生	5 000
		薯类	马铃薯、芋头、甘薯、山药、魔芋、其他	50
		十字花科蔬菜	糖用甜菜、甘蔗、日本萝卜（根）、日本萝卜（叶）、芜菁（根）、芜菁（叶）、山葵、豆瓣菜、大白菜、甘蓝、球芽甘蓝、羽衣甘蓝、小松菜、京菜、青梗菜、花椰菜、椰菜、其他	50
		菊科蔬菜	牛蒡、婆罗门参、朝鲜蓟、苦苣、菊苣、茼蒿、莴苣、其他	50
		百合科蔬菜	洋葱、葱、大蒜、韭菜、芦笋、繁殖洋葱、其他	50
		伞状花科蔬菜	胡萝卜、欧洲防风草、欧芹、芹菜、鸭儿芹、其他	50
		茄科、葫芦科蔬菜	西红柿、西班牙甘椒、茄子、其他茄科蔬菜、黄瓜、南瓜、越瓜、西瓜、其他瓜类、甜瓜、其他	50
		豆类蔬菜、菇类、杂项蔬菜	菠菜、竹笋、黄秋葵、姜、豌豆、腰果、枝豆、未开的蘑菇、花菇、其他蘑菇	50
		其他蔬菜		200
		柑橘类水果	温州橘、夏橙、柠檬、橙、柚子、酸橙、其他	30

序号	农药名称 （残留标示物）	商品种类	商品名称	限量标准 （μg/kg）
181	敌草快 Diquat	梨果、核果、浆果	苹果、日本梨、梨、温柏、枇杷、桃子、油桃、杏、日本李子、梅子、樱桃、草莓、悬钩子、黑莓、蓝莓、蔓越橘、越橘类、其他	30
		热带及亚热带水果	葡萄、日本柿子、香蕉、猕猴桃、番木瓜、鳄梨、菠萝、番石榴、杧果、西番莲果、椰枣	30
		其他水果		50
		油籽	芝麻籽、红花籽、棉籽、其他	30
			咖啡豆	50
			葵花籽	1 000
			菜籽	2 000
		坚果	银杏果、栗子、美洲山核桃、杏仁、核桃、其他	30
		茶		300
		啤酒花		40
		其他调味料	除山葵、日本芥末、大蒜、红辣椒/辣椒粉、姜、柠檬皮、橘皮、柚皮、芝麻以外的所有调味料	200
		其他药草	除豆瓣菜、韭菜、欧芹、芹菜以外的所有药草	200
182	乙拌磷 Disulfoton	谷粮	稻	70
			小麦、大麦	200
			黑麦、玉米、其他粮谷	20
		豆类	干大豆、干豆类、蚕豆、其他豆类	200
			豌豆	500
			花生	100
		薯类	马铃薯、芋头、甘薯、山药、魔芋、其他薯类	500
		十字花科蔬菜	糖用甜菜、日本萝卜（根）	200
			甘蔗	300
			日本萝卜（叶）、芜菁（根）、芜菁（叶）、山葵、豆瓣菜、大白菜、甘蓝、球芽甘蓝、羽衣甘蓝、小松菜、京菜、青梗菜、花椰菜、椰菜、其他十字花科蔬菜	500
		菊科蔬菜	牛蒡、婆罗门参、朝鲜蓟、苦苣、菊苣、茼蒿、莴苣、其他菊科蔬菜	500
		百合科蔬菜	洋葱、葱、大蒜、韭菜、繁殖洋葱、其他百合科蔬菜	500
			芦笋	20
		伞状花科蔬菜	胡萝卜、欧洲防风草、芹菜、其他伞状花科蔬菜	500
			欧芹、鸭儿芹	100
		茄科、葫芦科蔬菜	西红柿、西班牙甘椒、茄子、其他茄科蔬菜、黄瓜、南瓜、越瓜、西瓜、其他瓜类、甜瓜、其他葫芦科蔬菜	500

序号	农药名称（残留标示物）	商品种类	商品名称	限量标准（μg/kg）
182	乙拌磷 Disulfoton	豆类蔬菜、菇类、杂项蔬菜	菠菜、竹笋、黄秋葵、豌豆、枝豆、未开的蘑菇、花菇、其他蘑菇	500
			姜	
			腰果	200
		其他蔬菜		100
		柑橘类水果	温州橘、夏橙、柠檬、橙、柚子、酸橙、其他柑橘类水果	50
		梨果、核果、浆果	苹果、日本梨、梨、温柏、枇杷、桃子、油桃、杏、日本李子、梅子、樱桃、草莓、悬钩子、黑莓、蓝莓、蔓越橘、越橘类、其他浆果	50
		热带及亚热带水果	葡萄、日本柿子、香蕉、猕猴桃、番木瓜、鳄梨、番石榴、杧果、西番莲果、椰枣	50
			菠萝	100
		其他水果		500
		油籽	葵花籽、芝麻籽、红花籽、菜籽、其他油籽	50
			棉籽	100
		坚果及种子	银杏果、栗子、杏仁、核桃、其他坚果	50
			美洲山核桃	100
			咖啡豆	200
		茶		50
		啤酒花		400
		其他调味料	除山葵、日本芥末、大蒜、红辣椒/辣椒粉、姜、柠檬皮、橘皮、柚皮、芝麻以外的所有调味料	500
		其他药草	除豆瓣菜、韭菜、欧芹、芹菜以外的所有药草	500
183	二噻农 Dithianone	十字花科蔬菜	日本萝卜（根）、芜菁（根）、山葵	100
			日本萝卜（叶）、芜菁（叶）、豆瓣菜、大白菜、甘蓝、球芽甘蓝、羽衣甘蓝、小松菜、京菜、青梗菜、花椰菜、椰菜、其他十字花科蔬菜	500
		菊科蔬菜	牛蒡、婆罗门参	100
			朝鲜蓟、苦苣、菊苣、茼蒿、莴苣、其他菊科蔬菜	500
		百合科蔬菜	洋葱、葱、大蒜、韭菜、芦笋、繁殖洋葱、其他百合科蔬菜	500
		伞状花科蔬菜	胡萝卜、欧洲防风草	100
			欧芹、芹菜、鸭儿芹、其他伞状花科蔬菜	500
		茄科、葫芦科蔬菜	西红柿、西班牙甘椒、茄子、黄瓜、南瓜、越瓜、其他葫芦科蔬菜	500
			西瓜、其他瓜类、甜瓜	200

序号	农药名称 （残留标示物）	商品种类	商品名称	限量标准 (μg/kg)
183	二噻农 Dithianone	杂项蔬菜	菠菜	500
			竹笋、姜	100
		其他蔬菜		500
		柑橘类水果	温州橘	3 000
			夏橙、柠檬、橙、柚子、酸橙、其他柑橘类水果	5 000
		梨果、核果、浆果	苹果、日本梨、梨、温柏、枇杷、樱桃	5 000
			桃子	200
			油桃、杏、日本李子、梅子、草莓、悬钩子、黑莓、蓝莓、蔓越橘、越橘类、其他浆果	500
		热带及亚热带水果	葡萄	3 000
			日本柿子、香蕉、番木瓜、鳄梨、菠萝、番石榴、杜果、西番莲果、椰枣	500
			猕猴桃	200
		其他水果		500
		啤酒花		100 000
		其他调味料	除山葵、日本芥末、大蒜、红辣椒/辣椒粉、姜、柠檬皮、橘皮、柚皮、芝麻以外的所有调味料	5 000
		其他药草	除豆瓣菜、韭菜、欧芹、芹菜以外的所有药草	500
184	二硫代氨基甲酸盐类 Dithiocarbamates	谷粮	小麦、大麦、黑麦	1 000
			稻	300
			玉米、荞麦、其他	100
		豆类	干大豆、豌豆、蚕豆、其他	60
			干豆类	3 000
			花生	100
		薯类	芋头、甘薯、山药、魔芋、其他	100
			马铃薯	200
		十字花科蔬菜	糖用甜菜、日本萝卜（根）、日本萝卜（叶）、芜菁（根）、芜菁（叶）、山葵、豆瓣菜、大白菜、琼芽甘蓝、小松菜、京菜、青梗菜、花椰菜、椰菜、其他	20
			甘蔗	4 000
			甘蓝	5 000
			羽衣甘蓝	15 000
		菊科蔬菜	牛蒡、婆罗门参、朝鲜蓟、苦苣、菊苣、茼蒿、其他	20
			莴苣	10 000

序号	农药名称 (残留标示物)	商品种类	商品名称	限量标准 ($\mu g/kg$)
184	二硫代氨基甲酸盐类 Dithiocarbamates	百合科蔬菜	洋葱、大蒜	500
			葱	10 000
			韭菜、繁殖洋葱、其他百合科蔬菜	200
			芦笋	100
		伞状花科蔬菜	欧洲防风草、欧芹、芹菜、鸭儿芹、其他	20
			胡萝卜	1 000
		茄科、葫芦科蔬菜	西红柿	5 000
			西班牙甘椒、南瓜、西瓜	1 000
			茄子、其他茄科蔬菜	20
			黄瓜	2 000
			越瓜、其他葫芦科蔬菜	200
			其他瓜类	600
			甜瓜	500
		豆类蔬菜、菇类、杂项蔬菜	菠菜、竹笋、黄秋葵、姜、豌豆、腰果、枝豆、未开的蘑菇、花菇、其他蘑菇、其他蔬菜	200
		柑橘类水果	柠檬、橙、柚子、酸橙	2 000
			温州橘、其他	10 000
			夏橙	3 000
		梨果、核果、浆果	苹果、日本梨、梨、温柏、枇杷、草莓、悬钩子、黑莓、蓝莓、蔓越橘、越橘类	5 000
			桃子、油桃、杏、日本李子、梅子、樱桃	7 000
			其他	10 000
		热带及亚热带水果	日本柿子、猕猴桃、鳄梨、菠萝、番石榴、西番莲果、椰枣、其他	600
			葡萄、番木瓜	5 000
			香蕉、杧果	2 000
		油籽	葵花籽、芝麻籽、红花籽	60
			棉籽	3 000
			菜籽	300
			其他	100
		坚果及种子	银杏果、栗子	2 000
			美洲山核桃、杏仁	100
			核桃	700
			其他坚果	3 000
			可可豆	20
			咖啡豆	5 000

序号	农药名称 （残留标示物）	商品种类	商品名称	限量标准 （μg/kg）
184	二硫代氨基甲酸盐类 Dithiocarbamates	茶		5 000
		啤酒花		30 000
		其他调味料	除山葵、日本芥末、大蒜、红辣椒/辣椒粉、姜、柠檬皮、橘皮、柚皮、芝麻以外的所有调味料	10 000
		其他药草	除豆瓣菜、韭菜、欧芹、芹菜以外的所有药草	200
185	氟硫草定 Dithiopyr	谷粮	稻	100
186	敌草隆 Diuron	谷粮	稻、荞麦、其他粮谷	50
			小麦、玉米	700
			大麦、黑麦	600
		豆类	干大豆、干豆类、豌豆、蚕豆、花生、其他	50
		薯类	马铃薯、芋头、甘薯、山药、魔芋、其他	50
		十字花科蔬菜	糖用甜菜、甘蔗、日本萝卜（根）、日本萝卜（叶）、芜菁（根）、芜菁（叶）、山葵、豆瓣菜、大白菜、甘蓝、球芽甘蓝、羽衣甘蓝、小松菜、京菜、青梗菜、花椰菜、椰菜、其他	50
		菊科蔬菜	牛蒡、婆罗门参、朝鲜蓟、苦苣、菊苣、茼蒿、莴苣、其他	50
		百合科蔬菜	洋葱、葱、大蒜、韭菜、芦笋、繁殖洋葱、其他	50
		伞状花科蔬菜	胡萝卜、欧洲防风草、欧芹、芹菜、鸭儿芹、其他	50
		茄科、葫芦科蔬菜	西红柿、西班牙甘椒、茄子、其他茄科蔬菜、黄瓜、南瓜、越瓜、西瓜、其他瓜类、甜瓜、其他	50
		豆类蔬菜、菇类、杂项蔬菜	菠菜、竹笋、黄秋葵、姜、豌豆、腰果、枝豆、未开的蘑菇、花菇、其他蘑菇	50
		其他蔬菜		50
		柑橘类水果	温州橘、夏橙、橙、酸橙、其他	50
			柠檬、柚子	800
		梨果、核果、浆果	苹果、日本梨、梨、温柏、枇杷、桃子、油桃、杏、日本李子、梅子、樱桃、草莓、悬钩子、黑莓、蓝莓、蔓越橘、越橘类、其他	50
		热带及亚热带水果	葡萄、日本柿子、香蕉、猕猴桃、番木瓜、鳄梨、番石榴、杜果、西番莲果、椰枣	50
			菠萝	800
		其他水果		50
		油籽	葵花籽、芝麻籽、红花籽、棉籽、菜籽、其他	50
		坚果及种子	银杏果、栗子、美洲山核桃、杏仁、核桃、其他	50
			咖啡豆、可可豆	20
		啤酒花		20

· 369 ·

序号	农药名称（残留标示物）	商品种类	商品名称	限量标准（μg/kg）
186	敌草隆 Diuron	茶		1 000
		其他调味料	除山葵、日本芥末、大蒜、红辣椒/辣椒粉、姜、柠檬皮、橘皮、柚皮、芝麻以外的所有调味料	800
		其他药草	除豆瓣菜、韭菜、欧芹、芹菜以外的所有药草	50
187	多果定 Dodine	薯类	芋头、甘薯、山药、魔芋、其他薯类	200
		十字花科蔬菜	糖用甜菜、日本萝卜（根）、日本萝卜（叶）、芜菁（根）、芜菁（叶）、山葵、豆瓣菜、大白菜、甘蓝、球芽甘蓝、羽衣甘蓝、小松菜、京菜、青梗菜、花椰菜、椰菜、其他十字花科蔬菜	200
		菊科蔬菜	牛蒡、婆罗门参、朝鲜蓟、苦苣、菊苣、茼蒿、莴苣	200
			其他菊科蔬菜	1 000
		百合科蔬菜	洋葱、葱、大蒜、韭菜、芦笋、繁殖洋葱、其他百合科蔬菜	200
		伞状花科蔬菜	胡萝卜、欧洲防风草、欧芹、芹菜、鸭儿芹、其他伞状花科蔬菜	200
		茄科、葫芦科蔬菜	西红柿、西班牙甘椒、茄子、其他茄科蔬菜、黄瓜、西瓜、其他瓜类	200
		豆类蔬菜、菇类、杂项蔬菜	菠菜、姜、腰果、枝豆、未开的蘑菇、花菇、其他蘑菇	200
		其他蔬菜		200
		柑橘类水果	温州橘、夏橙、柠檬、橙、柚子、酸橙、其他柑橘类水果	200
		梨果、核果、浆果	苹果、日本梨、梨、桃子、草莓	5 000
			温柏、枇杷、油桃、杏、日本李子、梅子	3 000
			樱桃	2 000
			悬钩子、黑莓、蓝莓、蔓越橘、越橘类、其他浆果	200
		热带及亚热带水果	葡萄	5 000
			日本柿子、香蕉、猕猴桃、番木瓜、鳄梨、菠萝、番石榴、杧果、西番莲果	200
		其他水果		1 000
		坚果	银杏果、栗子、美洲山核桃、杏仁、核桃、其他坚果	200
		其他调味料	除山葵、日本芥末、大蒜、红辣椒/辣椒粉、姜、柠檬皮、橘皮、柚皮、芝麻以外的所有调味料	1 000
		其他药草	除豆瓣菜、韭菜、欧芹、芹菜以外的所有药草	1 000
188	因灭汀 Emamectin Benzoate	谷粮	大麦、黑麦、玉米、荞麦、其他	100
			稻、小麦	1
		豆类	干大豆、干豆类、豌豆、蚕豆、花生、其他	1
		薯类	马铃薯、芋头、甘薯、山药、魔芋、其他	100

序号	农药名称（残留标示物）	商品种类	商品名称	限量标准（μg/kg）
188	因灭汀 Emamectin Benzoate	十字花科蔬菜	日本萝卜（根）、日本萝卜（叶）、芜菁（根）、山葵、大白菜、甘蓝、球芽甘蓝、椰菜、其他	100
			糖用甜菜、甘蔗	1
			芜菁（叶）、豆瓣菜、羽衣甘蓝、小松菜、京菜、青梗菜、花椰菜	500
		菊科蔬菜	朝鲜蓟、苦苣、菊苣、茼蒿、莴苣、其他	500
			牛蒡、婆罗门参	100
		百合科蔬菜	葱、韭菜、芦笋、繁殖洋葱、其他	500
			洋葱、大蒜	1
		伞状花科蔬菜	欧芹、芹菜、鸭儿芹、其他	500
			胡萝卜、欧洲防风草	100
		茄科、葫芦科蔬菜	西红柿、茄子、黄瓜、南瓜、越瓜、西瓜、其他瓜类、甜瓜、其他	100
			西班牙甘椒、其他茄科蔬菜	200
		豆类蔬菜、菇类、杂项蔬菜	竹笋、姜、豌豆、腰果、枝豆、其他蔬菜	100
			未开的蘑菇、花菇、其他蘑菇	1
			黄秋葵	200
			菠菜	500
		其他蔬菜		100
		柑橘类水果	夏橙、柠檬、橙、柚子、酸橙、其他	1
			温州橘	100
		梨果、核果、浆果	枇杷、桃子、杏、日本李子、梅子、樱桃、草莓、悬钩子、黑莓、蓝莓、蔓越橘、越橘类、其他	100
			苹果、日本梨、梨、温柏、油桃	1
		热带及亚热带水果	日本柿子、香蕉、番木瓜、鳄梨、菠萝、番石榴、杧果、西番莲果	1
			葡萄、猕猴桃、椰枣	100
		其他水果		100
		油籽	葵花籽、芝麻籽、红花籽、菜籽	1
			棉籽	20
			其他	50
		坚果	银杏果、栗子、美洲山核桃、杏仁、核桃、咖啡豆、可可豆、其他	1
		啤酒花		1
		茶		500
		其他调味料	除山葵、日本芥末、大蒜、红辣椒/辣椒粉、姜、柠檬皮、橘皮、柚皮、芝麻以外的所有调味料	500
		其他药草	除豆瓣菜、韭菜、欧芹、芹菜以外的所有药草	500

序号	农药名称 (残留标示物)	商品种类	商品名称	限量标准 (μg/kg)
189	硫丹 Endosulfan	谷粮	稻、大麦、黑麦、玉米、荞麦、其他	100
			小麦	200
		豆类	豌豆、蚕豆、花生、其他	500
			干大豆、干豆类	1 000
		薯类	芋头、甘薯、山药、魔芋、其他	500
			马铃薯	300
		十字花科蔬菜	糖用甜菜、日本萝卜(根)、芜菁(根)、芜菁(叶)、山葵、豆瓣菜、大白菜、甘蓝、球芽甘蓝、羽衣甘蓝、小松菜、京菜、青梗菜、花椰菜、椰菜、其他	500
			甘蔗	2 000
			日本萝卜(叶)	100
		菊科蔬菜	牛蒡、婆罗门参、朝鲜蓟、苦苣、菊苣、茼蒿、其他	500
			莴苣	1 000
		百合科蔬菜	葱、大蒜、韭菜、芦笋、繁殖洋葱、其他	500
			洋葱	200
		伞状花科蔬菜	欧洲防风草、欧芹、鸭儿芹、其他	500
			胡萝卜	200
			芹菜	2 000
		茄科、葫芦科蔬菜	西红柿、西班牙甘椒、茄子、其他茄科蔬菜、黄瓜、南瓜、越瓜、西瓜、其他瓜类、甜瓜、其他	500
		豆类蔬菜、菇类、杂项蔬菜	竹笋、黄秋葵、姜、豌豆、腰果、枝豆、未开的蘑菇、花菇、其他蘑菇	500
			菠菜	2 000
		其他蔬菜		500
		柑橘类水果	温州橘、夏橙、柠檬、橙、柚子、酸橙、其他	500
		梨果、核果、浆果	油桃、杏、梅子、草莓、悬钩子、黑莓、蓝莓、蔓越橘、越橘类、其他	500
			苹果、日本梨、梨、温柏、枇杷、桃子、日本李子、樱桃	1 000
		热带及亚热带水果	日本柿子、香蕉、猕猴桃、番木瓜、鳄梨、番石榴、杧果、西番莲果、椰枣	500
			葡萄	1 000
			菠萝	2 000
		其他水果		500
		油籽	葵花籽、芝麻籽、红花籽、菜籽、其他	500
			棉籽	1 000

序号	农药名称 (残留标示物)	商品种类	商品名称	限量标准 ($\mu g/kg$)
189	硫丹 Endosulfan	坚果及种子	银杏果、栗子、美洲山核桃、杏仁、核桃、其他	500
			咖啡豆、可可豆	100
		啤酒花		100
		茶		30 000
		其他调味料	除山葵、日本芥末、大蒜、红辣椒/辣椒粉、姜、柠檬皮、橘皮、柚皮、芝麻以外的所有调味料	500
		其他药草	除豆瓣菜、韭菜、欧芹、芹菜以外的所有药草	500
190	草燕灭 Endothal	谷粮	稻	50
		薯类	马铃薯	100
		油籽	棉籽	100
		香料	啤酒花	100
191	异狄氏剂 Endrin	谷粮	稻、小麦、玉米、荞麦	不得检出
			大麦、黑麦、其他	10
		豆类	干大豆、干豆类、花生、其他	10
			豌豆、蚕豆	不得检出
		薯类	芋头、甘薯、山药、魔芋、其他	10
			马铃薯	不得检出
		十字花科蔬菜	糖用甜菜、芜菁(根)、芜菁(叶)、山葵、豆瓣菜、羽衣甘蓝、青梗菜、其他	10
			甘蔗、日本萝卜(根)、日本萝卜(叶)、大白菜、甘蓝、球芽甘蓝、小松菜、京菜、花椰菜、椰菜	不得检出
		菊科蔬菜	牛蒡、婆罗门参、朝鲜蓟、苦苣、菊苣、茼蒿、其他	10
			莴苣	不得检出
		百合科蔬菜	洋葱、葱、大蒜、韭菜、繁殖洋葱、其他	10
			芦笋	不得检出
		伞状花科蔬菜	胡萝卜、欧洲防风草、欧芹、其他	10
			芹菜、鸭儿芹	不得检出
		茄科、葫芦科蔬菜	南瓜、越瓜、其他瓜类、甜瓜、其他	50
			其他茄科蔬菜	10
			西红柿、西班牙青椒、茄子、黄瓜、西瓜	不得检出
		豆类蔬菜、菇类、杂项蔬菜	竹笋、黄秋葵、姜、花菇、其他蘑菇	10
			菠菜、豌豆、腰果、枝豆、未开的蘑菇	不得检出
		其他蔬菜		10
		柑橘类水果	橙、柚子、酸橙、其他	10
			温州橘、夏橙、柠檬	不得检出

序号	农药名称 （残留标示物）	商品种类	商品名称	限量标准 （μg/kg）
191	异狄氏剂 Endrin	梨果、核果、浆果	温柏、油桃、杏、日本李子、梅子、悬钩子、黑莓、蓝莓、蔓越橘、越橘类、其他	10
			苹果、日本梨、梨、枇杷、桃子、樱桃、草莓	不得检出
		热带及亚热带水果	香蕉、猕猴桃、鳄梨、菠萝、番石榴、杧果、西番莲果、椰枣	10
			葡萄、日本柿子、番木瓜	不得检出
		其他水果		10
		油籽	葵花籽、芝麻籽、红花籽、棉籽、菜籽、其他	10
		坚果及种子	银杏果、栗子、美洲山核桃、杏仁、核桃、其他	10
			咖啡豆、可可豆	不得检出
		茶		不得检出
		啤酒花		100
		其他调味料	除山葵、日本芥末、大蒜、红辣椒/辣椒粉、姜、柠檬皮、橘皮、柚皮、芝麻以外的所有调味料	10
		其他药草	除豆瓣菜、韭菜、欧芹、芹菜以外的所有药草	10
192	丙草丹 EPTC	谷粮	稻、小麦、大麦、黑麦、玉米、荞麦、其他	100
		豆类	干大豆、干豆类、豌豆、蚕豆、花生、其他	100
		薯类	芋头、甘薯、山药、魔芋、其他	40
			马铃薯	100
		十字花科蔬菜	糖用甜菜、日本萝卜（根）、日本萝卜（叶）、芜菁（根）、芜菁（叶）、山葵、豆瓣菜、大白菜、甘蓝、球芽甘蓝、羽衣甘蓝、青梗菜、花椰菜、椰菜、其他	100
			小松菜、京菜	40
		菊科蔬菜	牛蒡、婆罗门参、朝鲜蓟、苦苣、菊苣、茼蒿、莴苣、其他	100
		百合科蔬菜	洋葱、葱、大蒜、韭菜、繁殖洋葱、其他	40
			芦笋	100
		伞状花科蔬菜	胡萝卜、欧洲防风草、欧芹、芹菜、其他	100
			鸭儿芹	40
		茄科、葫芦科蔬菜	西红柿、西班牙青椒、茄子、其他茄科蔬菜、黄瓜、南瓜、西瓜、其他瓜类、甜瓜、其他	100
			越瓜	40
		豆类蔬菜、菇类、杂项蔬菜	菠菜、竹笋、姜、豌豆、腰果、枝豆	100
			黄秋葵、未开的蘑菇、花菇、其他蘑菇	40
		其他蔬菜		100
		柑橘类水果	温州橘、夏橙、柠檬、橙、柚子、酸橙、其他	100

序号	农药名称 （残留标示物）	商品种类	商品名称	限量标准 （μg/kg）
192	丙草丹 EPTC	梨果、核果、浆果	苹果、日本梨、梨、温柏、枇杷、桃子、油桃、杏、日本李子、梅子、樱桃、草莓、悬钩子、黑莓、蓝莓、蔓越橘、越橘类、其他	100
		热带及亚热带水果	葡萄、菠萝	100
		油籽	葵花籽、芝麻籽、红花籽、棉籽、菜籽、其他	100
		坚果	银杏果、栗子、美洲山核桃、杏仁、核桃、其他	100
		其他调味料	除山葵、日本芥末、大蒜、红辣椒/辣椒粉、姜、柠檬皮、橘皮、柚皮、芝麻以外的所有调味料	100
		其他药草	除豆瓣菜、韭菜、欧芹、芹菜以外的所有药草	100
193	丁氟消草 Ethalfluralin	豆类	干大豆、干豆类、豌豆、花生、其他豆类	50
		茄科、葫芦科蔬菜	黄瓜、南瓜、越瓜、西瓜、其他瓜类、甜瓜、其他葫芦科蔬菜、枝豆	50
		油籽	葵花籽、红花籽、菜籽、其他油籽	50
194	胺苯磺隆 Ethametsulfuron-methyl	豆类	其他豆类（除大豆、小豆、豌豆、蚕豆、落花生及调味料以外的豆类）	20
		十字花科蔬菜	其他十字花科蔬菜	20
		油籽	菜籽、其他油籽	20
		其他调味料	除山葵、日本芥末、大蒜、红辣椒/辣椒粉、姜、柠檬皮、橘皮、柚皮、芝麻以外的所有调味料	20
		其他药草	除豆瓣菜、韭菜、欧芹、芹菜以外的所有药草	20
195	乙烯利 Ethephon	谷粮	玉米、荞麦、其他	500
			稻	50
			大麦、黑麦	1 000
			小麦	2 000
		豆类	干大豆、干豆类、豌豆、蚕豆、花生、其他	50
		薯类	马铃薯、芋头、甘薯、山药、魔芋、其他	50
		十字花科蔬菜	糖用甜菜、日本萝卜（根）、日本萝卜（叶）、芜菁（根）、芜菁（叶）、山葵、豆瓣菜、大白菜、甘蓝、球芽甘蓝、羽衣甘蓝、小松菜、京菜、青梗菜、花椰菜、椰菜、其他	50
			甘蔗	500
		菊科蔬菜	牛蒡、婆罗门参、朝鲜蓟、苦苣、菊苣、茼蒿、莴苣、其他	50
		百合科蔬菜	洋葱、葱、大蒜、韭菜、芦笋、繁殖洋葱、其他	50
		伞状花科蔬菜	胡萝卜、欧洲防风草、欧芹、芹菜、鸭儿芹、其他	50
		茄科、葫芦科蔬菜	西红柿、茄子、黄瓜、南瓜、越瓜、其他	2 000
			西班牙甘椒、其他茄科蔬菜	5 000
			其他瓜类	1 000
			西瓜、甜瓜	500

序号	农药名称 （残留标示物）	商品种类	商品名称	限量标准 （μg/kg）
195	乙烯利 Ethephon	豆类蔬菜、菇类、杂项蔬菜	菠菜、竹笋、黄秋葵、姜、豌豆、腰果、枝豆、未开的蘑菇、花菇、其他蘑菇	50
		其他蔬菜		50
		柑橘类水果	夏橙、柠檬、橙、柚子、酸橙、其他	2 000
			温州橘	200
		梨果、核果、浆果	油桃、杏、日本李子、梅子、草莓、悬钩子、黑莓、蔓越橘、其他	2 000
			桃子	500
			樱桃	10 000
			蓝莓、越橘类	20 000
			苹果	5 000
			日本梨、梨、温柏、枇杷	3 000
		热带及亚热带水果	日本柿子、香蕉、番木瓜、鳄梨、菠萝、番石榴、杜果、西番莲果、椰枣	2 000
			葡萄	1 000
			猕猴桃	500
		其他水果		2 000
		油籽	葵花籽、芝麻籽、红花籽、菜籽、其他	50
			棉籽	2 000
		坚果	银杏果、栗子、美洲山核桃、茶、咖啡豆杏仁	100
			核桃	500
			其他	200
		啤酒花		100
		其他调味料	除山葵、日本芥末、大蒜、红辣椒/辣椒粉、姜、柠檬皮、橘皮、柚皮、芝麻以外的所有调味料	5 000
		其他药草	除豆瓣菜、韭菜、欧芹、芹菜以外的所有药草	50
196	乙硫磷 Ethion	豆类	干豆类、蚕豆、其他	1 000
		薯类	芋头、甘薯、山药、魔芋、其他	100
		十字花科蔬菜	日本萝卜（根）、日本萝卜（叶）、芜菁（根）、芜菁（叶）、山葵、豆瓣菜、大白菜、甘蓝、球芽甘蓝、羽衣甘蓝、小松菜、京菜、青梗菜、花椰菜、椰菜、其他	300
			糖用甜菜	100
		菊科蔬菜	牛蒡、婆罗门参、朝鲜蓟、苦苣、菊苣、茼蒿、莴苣、其他	300
		百合科蔬菜	洋葱、葱、大蒜、韭菜、芦笋、繁殖洋葱、其他	300
		伞状花科蔬菜	胡萝卜、欧洲防风草、欧芹、芹菜、鸭儿芹、其他	300

序号	农药名称 (残留标示物)	商品种类	商品名称	限量标准 (μg/kg)
196	乙硫磷 Ethion	茄科、葫芦科蔬菜	西红柿、西班牙甘椒、茄子、其他茄科蔬菜、黄瓜、南瓜、越瓜、西瓜、其他瓜类、甜瓜、其他	300
		豆类蔬菜、菇类、杂项蔬菜	菠菜、竹笋、黄秋葵、姜、豌豆、腰果、枝豆、未开的蘑菇、花菇、其他蘑菇	300
		其他蔬菜		300
		柑橘类水果	温州橘、夏橙、柠檬、橙、柚子、酸橙、其他	5 000
		梨果、核果、浆果	苹果、日本梨、梨、温柏、枇杷、桃子、油桃、杏、日本李子、梅子、樱桃、草莓、悬钩子、黑莓、蓝莓、蔓越橘、越橘类、其他	300
		热带及亚热带水果	葡萄、日本柿子、香蕉、猕猴桃、番木瓜、鳄梨、菠萝、番石榴、杧果、西番莲果、椰枣	300
		其他水果		300
		油籽	葵花籽、芝麻籽、红花籽、棉籽、菜籽、其他	300
		坚果	银杏果、栗子、美洲山核桃、杏仁、核桃、其他	300
		茶		5 000
		其他调味料	除山葵、日本芥末、大蒜、红辣椒/辣椒粉、姜、柠檬皮、橘皮、柚皮、芝麻以外的所有调味料	300
		其他药草	除豆瓣菜、韭菜、欧芹、芹菜以外的所有药草	300
197	乙呋草黄 Ethofumesate	十字花科蔬菜	糖用甜菜	100
		百合科蔬菜	洋葱、葱、大蒜、繁殖洋葱、其他百合科蔬菜	100
		伞状花科蔬菜	其他伞状花科蔬菜	100
		其他蔬菜	其他蔬菜	1 000
		油籽	其他油籽（除芝麻籽、向日葵籽、红花籽、棉籽、菜籽以外的所有油籽）	20
		其他调味料	除山葵、日本芥末、大蒜、红辣椒/辣椒粉、姜、柠檬皮、橘皮、柚皮、芝麻以外的所有调味料	50
		其他药草	除豆瓣菜、韭菜、欧芹、芹菜以外的所有药草	50
198	丙线磷 Ethoprophos	谷粮	稻、小麦、大麦、黑麦、荞麦、其他	5
			玉米	20
		豆类	干大豆、干豆类、花生	20
			豌豆、蚕豆、其他	5
		薯类	芋头、山药、魔芋、其他	5
			马铃薯、甘薯	20
		十字花科蔬菜	日本萝卜（根）、日本萝卜（叶）、芜菁（叶）、山葵、豆瓣菜、大白菜、甘蓝、球芽甘蓝、羽衣甘蓝、小松菜、京菜、青梗菜、花椰菜、椰菜、其他	5
			糖用甜菜、甘蔗、芜菁（根）	20

序号	农药名称（残留标示物）	商品种类	商品名称	限量标准（μg/kg）
198	丙线磷 Ethoprophos	菊科蔬菜	牛蒡、婆罗门参、朝鲜蓟、苦苣、菊苣、茼蒿	5
			莴苣	20
		百合科蔬菜	葱、大蒜、韭菜、芦笋、繁殖洋葱、其他	5
			洋葱	20
		伞状花科蔬菜	胡萝卜、欧洲防风草、欧芹、芹菜、鸭儿芹、其他	5
		茄科、葫芦科蔬菜	西红柿、西班牙甘椒、茄子、南瓜、越瓜、其他	5
			西瓜	100
			其他茄科蔬菜、黄瓜、其他瓜类、甜瓜	20
		豆类蔬菜、菇类、杂项蔬菜	菠菜、竹笋、黄秋葵、姜、枝豆、未开的蘑菇、花菇、其他蘑菇	5
			豌豆、腰果	20
		其他蔬菜		
		柑橘类水果	温州橘、夏橙、柠檬、橙、柚子、酸橙、其他	5
		梨果、核果、浆果	苹果、日本梨、梨、温柏、油桃、杏、日本李子、梅子、樱桃、悬钩子、黑莓、蓝莓、蔓越橘、越橘类、其他	5
			枇杷、桃子	100
			草莓	20
		热带及亚热带水果	日本柿子、番木瓜、鳄梨、番石榴、杧果、西番莲果、椰枣	5
			猕猴桃	100
			葡萄、香蕉、菠萝	20
		其他水果		20
		油籽	葵花籽、芝麻籽、红花籽、棉籽、菜籽、其他	5
		坚果	银杏果、栗子、美洲山核桃、杏仁、核桃、咖啡豆、可可豆、其他	5
		茶、啤酒花		5
		其他调味料	除山葵、日本芥末、大蒜、红辣椒/辣椒粉、姜、柠檬皮、橘皮、柚皮、芝麻以外的所有调味料	20
		其他药草	除豆瓣菜、韭菜、欧芹、芹菜以外的所有药草	20
199	乙氧喹啉 Ethoxyquin	谷粮	稻、小麦、大麦、黑麦、玉米、荞麦、其他	50
		豆类	干大豆、干豆类、豌豆、蚕豆、花生、其他	50
		薯类	马铃薯、芋头、甘薯、山药、魔芋、其他	50
		十字花科蔬菜	糖用甜菜、甘蔗、日本萝卜（根）、日本萝卜（叶）、芜菁（根）、芜菁（叶）、山葵、豆瓣菜、大白菜、甘蓝、球芽甘蓝、羽衣甘蓝、小松菜、京菜、青梗菜、花椰菜、椰菜、其他	50
		菊科蔬菜	牛蒡、婆罗门参、朝鲜蓟、苦苣、菊苣、茼蒿、莴苣、其他	50

序号	农药名称 （残留标示物）	商品种类	商品名称	限量标准 （μg/kg）
199	乙氧喹啉 Ethoxyquin	百合科蔬菜	洋葱、葱、大蒜、韭菜、芦笋、繁殖洋葱、其他	50
		伞状花科蔬菜	胡萝卜、欧洲防风草、欧芹、芹菜、鸭儿芹、其他	50
		茄科、葫芦科蔬菜	西红柿、西班牙甜椒、茄子、其他茄科蔬菜、黄瓜、南瓜、越瓜、西瓜、其他瓜类、甜瓜、其他	50
		豆类蔬菜、菇类、杂项蔬菜	菠菜、竹笋、黄秋葵、姜、豌豆、腰果、枝豆、未开的蘑菇、花菇、其他蘑菇	50
		其他蔬菜		50
		柑橘类水果	温州橘、夏橙、柠檬、橙、柚子、酸橙、其他	50
		梨果、核果、浆果	温柏、枇杷、桃子、油桃、杏、日本李子、梅子、樱桃、草莓、悬钩子、黑莓、蓝莓、蔓越橘、越橘类、其他	50
			苹果、日本梨、梨	3 000
		热带及亚热带水果	葡萄、日本柿子、香蕉、猕猴桃、番木瓜、鳄梨、菠萝、番石榴、杜果、西番莲果、椰枣	50
		其他水果		50
		油籽	葵花籽、芝麻籽、红花籽、棉籽、菜籽、其他	50
		坚果	银杏果、栗子、美洲山核桃、杏仁、核桃、咖啡豆、可可豆、其他	50
		茶、啤酒花		50
		其他调味料	除山葵、日本芥末、大蒜、红辣椒/辣椒粉、姜、柠檬皮、橘皮、柚皮、芝麻以外的所有调味料	50
		其他药草	除豆瓣菜、韭菜、欧芹、芹菜以外的所有药草	50
200	乙氧嘧磺隆 Ethoxysulfuron	谷粮	稻	100
		十字花科蔬菜	甘蔗	10
201	吲熟酯 Ethychlozate	谷粮	稻、小麦、大麦、黑麦、玉米、荞麦、其他	50
		豆类	干大豆、干豆类、豌豆、蚕豆、花生、其他	50
		薯类	马铃薯、芋头、甘薯、山药、魔芋、其他	50
		十字花科蔬菜	糖用甜菜、甘蔗、日本萝卜（根）、日本萝卜（叶）、芜菁（根）、芜菁（叶）、山葵、豆瓣菜、大白菜、甘蓝、球芽甘蓝、羽衣甘蓝、小松菜、京菜、青梗菜、花椰菜、椰菜、其他	50
		菊科蔬菜	牛蒡、婆罗门参、朝鲜蓟、苦苣、菊苣、茼蒿、莴苣、其他	50
		百合科蔬菜	洋葱、葱、大蒜、韭菜、芦笋、繁殖洋葱、其他	50
		伞状花科蔬菜	胡萝卜、欧洲防风草、欧芹、芹菜、鸭儿芹、其他	50
		茄科、葫芦科蔬菜	西红柿、西班牙甜椒、茄子、其他茄科蔬菜、黄瓜、南瓜、越瓜、其他	50
			西瓜、其他瓜类、甜瓜	5 000

序号	农药名称（残留标示物）	商品种类	商品名称	限量标准（μg/kg）
201	吲熟酯 Ethychlozate	豆类蔬菜、菇类、杂项蔬菜	菠菜、竹笋、黄秋葵、姜、豌豆、腰果、枝豆、未开的蘑菇、花菇、其他蘑菇	50
		其他蔬菜		50
		柑橘类水果	温州橘、夏橙、柠檬、橙、柚子、酸橙、其他	5 000
		梨果、核果、浆果	苹果、日本梨、梨、温柏、枇杷、桃子、油桃、杏、日本李子、梅子、樱桃、草莓、悬钩子、黑莓、蓝莓、蔓越橘、越橘类、其他	5 000
		热带及亚热带水果	葡萄、日本柿子、香蕉、猕猴桃、番木瓜、鳄梨、菠萝、番石榴、杧果、西番莲果、椰枣	5 000
		其他水果		5 000
		油籽	葵花籽、芝麻籽、红花籽、棉籽、菜籽、其他	5 000
		坚果及种子	银杏果、栗子、美洲山核桃、杏仁、核桃、其他	5 000
			咖啡豆、可可豆	50
		茶、啤酒花		50
		其他调味料	除山葵、日本芥末、大蒜、红辣椒/辣椒粉、姜、柠檬皮、橘皮、柚皮、芝麻以外的所有调味料	5 000
		其他药草	除豆瓣菜、韭菜、欧芹、芹菜以外的所有药草	50
202	二溴乙烯 Ethylene Dibromide	谷粮	稻、大麦、黑麦、玉米、荞麦、其他	10
			小麦	100
		豆类	干大豆、干豆类、豌豆、蚕豆、花生、其他	10
		薯类	马铃薯、芋头、甘薯、山药、魔芋、其他	10
		十字花科蔬菜	糖用甜菜、甘蔗、日本萝卜（根）、日本萝卜（叶）、芜菁（根）、芜菁（叶）、山葵、豆瓣菜、大白菜、甘蓝、球芽甘蓝、羽衣甘蓝、小松菜、京菜、青梗菜、花椰菜、椰菜、其他	10
		菊科蔬菜	牛蒡、婆罗门参、朝鲜蓟、苦苣、菊苣、茼蒿、莴苣、其他	10
		百合科蔬菜	洋葱、葱、大蒜、韭菜、芦笋、繁殖洋葱、其他	10
		伞状花科蔬菜	胡萝卜、欧洲防风草、欧芹、芹菜、鸭儿芹、其他	10
		茄科、葫芦科蔬菜	西红柿、西班牙甘椒、茄子、其他茄科蔬菜、黄瓜、南瓜、越瓜、西瓜、其他瓜类、甜瓜、其他	10
		豆类蔬菜、菇类、杂项蔬菜	菠菜、竹笋、黄秋葵、姜、豌豆、枝豆、未开的蘑菇、花菇、其他蘑菇、其他蔬菜	10
			腰果	不得检出
		其他蔬菜		10
		柑橘类水果	温州橘、夏橙、柠檬、橙、柚子、酸橙、其他	1
		梨果、核果、浆果	苹果、日本梨、梨、温柏、枇杷、桃子、油桃、杏、日本李子、梅子、樱桃、草莓、悬钩子、黑莓、蓝莓、蔓越橘、越橘类、其他	10

序号	农药名称（残留标示物）	商品种类	商品名称	限量标准（μg/kg）
202	二溴乙烯 Ethylene Dibromide	热带及亚热带水果	葡萄、日本柿子、香蕉、猕猴桃、鳄梨、菠萝、番石榴、西番莲果、椰枣	10
			番木瓜	不得检出
			杧果	1
		其他水果		1
		油籽	葵花籽、芝麻籽、红花籽、棉籽、菜籽、其他	10
		坚果	银杏果、栗子、美洲山核桃、杏仁、核桃、咖啡豆、可可豆、其他	10
		茶、啤酒花		100
		其他调味料	除山葵、日本芥末、大蒜、红辣椒/辣椒粉、姜、柠檬皮、橘皮、柚皮、芝麻以外的所有调味料	10
		其他药草	除豆瓣菜、韭菜、欧芹、芹菜以外的所有药草	10
203	二氯乙烯 Ethylene Dichloride	谷粮	稻、小麦、大麦、黑麦、玉米、荞麦、其他	60
		豆类	干豆类、豌豆、蚕豆、其他	10
			干大豆、花生	20
		薯类	马铃薯、芋头、甘薯、山药、魔芋、其他	10
		十字花科蔬菜	糖用甜菜、日本萝卜（根）、日本萝卜（叶）、芜菁（根）、芜菁（叶）、山葵、豆瓣菜、大白菜、甘蓝、球芽甘蓝、羽衣甘蓝、小松菜、京菜、青梗菜、花椰菜、椰菜、其他	10
		菊科蔬菜	牛蒡、婆罗门参、朝鲜蓟、苦苣、菊苣、茼蒿、莴苣、其他	10
		百合科蔬菜	洋葱、葱、大蒜、韭菜、芦笋、繁殖洋葱、其他	10
		伞状花科蔬菜	胡萝卜、欧洲防风草、欧芹、芹菜、鸭儿芹、其他	10
		茄科、葫芦科蔬菜	西红柿、西班牙甘椒、茄子、其他茄科蔬菜、黄瓜、南瓜、越瓜、西瓜、其他瓜类、甜瓜、其他	10
		豆类蔬菜、菇类、杂项蔬菜	菠菜、竹笋、黄秋葵、姜、豌豆、腰果、枝豆、未开的蘑菇、花菇、其他蘑菇	10
		其他蔬菜		10
		柑橘类水果	温州橘、夏橙、柠檬、橙、柚子、酸橙、其他	10
		梨果、核果、浆果	苹果、日本梨、梨、温柏、枇杷、桃子、油桃、杏、日本李子、梅子、樱桃、草莓、悬钩子、黑莓、蓝莓、蔓越橘、越橘类、其他	10
		热带及亚热带水果	葡萄、日本柿子、香蕉、猕猴桃、番木瓜、鳄梨、菠萝、番石榴、杧果、西番莲果、椰枣、其他	10
		其他水果		10
		油籽	葵花籽、芝麻籽、红花籽、棉籽、菜籽、其他	20
		坚果	银杏果、栗子、美洲山核桃、杏仁、核桃、其他	10

序号	农药名称（残留标示物）	商品种类	商品名称	限量标准（μg/kg）
203	二氯乙烯 Ethylene Dichloride	茶、啤酒花		20
		其他调味料	除山葵、日本芥末、大蒜、红辣椒/辣椒粉、姜、柠檬皮、橘皮、柚皮、芝麻以外的所有调味料	20
		其他药草	除豆瓣菜、韭菜、欧芹、芹菜以外的所有药草	10
204	醚菊酯 Etofenprox	谷粮	稻、小麦、大麦、黑麦、玉米、荞麦、其他	500
		豆类	豌豆、蚕豆、花生、其他	100
			干大豆、干豆类	200
		薯类	马铃薯、芋头、甘薯、山药、魔芋、其他	100
		十字花科蔬菜	日本萝卜（根）、芜菁（根）、豆瓣菜、甘蓝、球芽甘蓝、羽衣甘蓝、小松菜、京菜、青梗菜、花椰菜、椰菜、其他	2 000
			糖用甜菜、山葵	500
			甘蔗	100
			大白菜	5 000
			日本萝卜（叶）、芜菁（叶）	10 000
		菊科蔬菜	朝鲜蓟、苦苣、菊苣、茼蒿、莴苣、其他	2 000
			牛蒡、婆罗门参	500
		百合科蔬菜	洋葱、葱、大蒜、韭菜、芦笋、繁殖洋葱、其他	2 000
		伞状花科蔬菜	欧芹、芹菜、鸭儿芹、其他	2 000
			胡萝卜、欧洲防风草	500
		茄科、葫芦科蔬菜	西红柿、茄子、黄瓜、南瓜、越瓜、西瓜、其他瓜类、甜瓜、其他	2 000
			西班牙甘椒、其他茄科蔬菜	5 000
		豆类蔬菜、菇类、杂项蔬菜	黄秋葵、腰果、枝豆、未开的蘑菇、花菇、其他蘑菇、其他蔬菜	5 000
			竹笋	500
			菠菜、姜、豌豆	2 000
		其他蔬菜		5 000
		柑橘类水果	夏橙、柠檬、橙、柚子、酸橙、其他	5 000
			温州橘	2 000
		梨果、核果、浆果	苹果、日本梨、梨、温柏、桃子、油桃、日本李子	2 000
			枇杷	1 000
		热带及亚热带水果	香蕉、番木瓜、鳄梨、菠萝、番石榴、杜果、西番莲果、椰枣	2 000
			猕猴桃	200

序号	农药名称 (残留标示物)	商品种类	商品名称	限量标准 (μg/kg)
204	醚菊酯 Etofenprox	坚果	银杏果、美洲山核桃、杏仁、核桃、其他	100
			栗子	2 000
		茶		10 000
		其他调味料	除山葵、日本芥末、大蒜、红辣椒/辣椒粉、姜、柠檬皮、橘皮、柚皮、芝麻以外的所有调味料	5 000
		其他药草	除豆瓣菜、韭菜、欧芹、芹菜以外的所有药草	5 000
205	乙螨唑 Etoxazole	豆类	干豆类、豌豆、蚕豆、花生、其他豆类	500
		茄科、葫芦科蔬菜	西红柿、西瓜、其他瓜类、甜瓜	100
			茄子、黄瓜、南瓜、越瓜、其他葫芦科蔬菜	500
		柑橘类水果	温州橘、夏橙、柠檬、橙、柚子、酸橙、其他柑橘类水果	1 000
		梨果、核果、坚果	苹果	2 000
			日本梨、梨、温柏、油桃	500
			枇杷、桃子	100
			杏、日本李子、梅子、樱桃、草莓、悬钩子、黑莓、蓝莓、蔓越橘、越橘类、其他浆果	1 000
			葡萄、椰枣、其他水果	1 000
		热带及亚热带水果	日本柿子、香蕉、番木瓜、鳄梨、菠萝、番石榴、杧果、西番莲果	500
			猕猴桃	100
		油籽	棉籽	100
		茶、啤酒花		15 000
		其他调味料	除山葵、日本芥末、大蒜、红辣椒/辣椒粉、姜、柠檬皮、橘皮、柚皮、芝麻以外的所有调味料	1 000
206	氯唑灵 Etridiazole	谷粮	小麦	50
			玉米	100
		豆类	干大豆、干豆类、豌豆、蚕豆、其他	20
			花生	200
		薯类	马铃薯、芋头、甘薯、山药、魔芋、其他	500
		十字花科蔬菜	日本萝卜(根)、日本萝卜(叶)、芜菁(根)、芜菁(叶)、山葵、豆瓣菜、大白菜、甘蓝、球芽甘蓝、羽衣甘蓝、小松菜、京菜、青梗菜、花椰菜、椰菜、其他	100
			糖用甜菜	200
		菊科蔬菜	牛蒡、婆罗门参、朝鲜蓟、苦苣、菊苣、茼蒿、莴苣、其他	100
		百合科蔬菜	洋葱、葱、大蒜、韭菜、芦笋、繁殖洋葱、其他	100

序号	农药名称（残留标示物）	商品种类	商品名称	限量标准（μg/kg）
206	氯唑灵 Etridiazole	伞状花科蔬菜	胡萝卜、欧洲防风草、欧芹、芹菜、鸭儿芹、其他	100
		茄科、葫芦科蔬菜	西红柿、西班牙甘椒、茄子、其他茄科蔬菜、黄瓜、南瓜、越瓜、其他	100
			西瓜、其他瓜类、甜瓜	200
		豆类蔬菜、菇类、杂项蔬菜	菠菜、竹笋、黄秋葵、姜、豌豆、腰果、枝豆、未开的蘑菇、花菇、其他蘑菇、其他蔬菜	100
		梨果、核果、浆果	草莓	200
		其他水果		200
		油籽	棉籽	100
		其他调味料	除山葵、日本芥末、大蒜、红辣椒/辣椒粉、姜、柠檬皮、橘皮、柚皮、芝麻以外的所有调味料	200
		其他药草	除豆瓣菜、韭菜、欧芹、芹菜以外的所有药草	100
207	恶唑菌酮 Famoxadone	豆类	干豆类、豌豆、蚕豆、其他	20
			干大豆	200
		薯类	马铃薯、芋头、甘薯、山药、魔芋、其他	100
		十字花科蔬菜	糖用甜菜、日本萝卜（根）、日本萝卜（叶）、芜菁（根）、芜菁（叶）、山葵、豆瓣菜、球芽甘蓝、羽衣甘蓝、小松菜、京菜、青梗菜、花椰菜、椰菜、其他	20
			大白菜、甘蓝	1 000
		菊科蔬菜	牛蒡、婆罗门参、朝鲜蓟、苦苣、菊苣、茼蒿、其他	20
			莴苣	5 000
		百合科蔬菜	葱、韭菜、芦笋、繁殖洋葱	20
			洋葱、大蒜、其他	500
		伞状花科蔬菜	胡萝卜、欧洲防风草、欧芹、芹菜、鸭儿芹、其他	20
		茄科、葫芦科蔬菜	西红柿、茄子、其他茄科蔬菜、黄瓜、南瓜、越瓜、其他	2 000
			西班牙甘椒	4 000
			西瓜、其他瓜类、甜瓜	100
		豆类蔬菜、菇类、杂项蔬菜	菠菜、竹笋、黄秋葵、姜、豌豆、腰果、枝豆、未开的蘑菇、花菇、其他蘑菇	20
			其他蔬菜	2 000
		柑橘类水果	温州橘、夏橙、柠檬、橙、柚子、酸橙、其他	20
		梨果、核果、浆果	杏、日本李子、梅子、樱桃、草莓、悬钩子、黑莓、蓝莓、蔓越橘、越橘类、其他	2 000
			枇杷、桃子	100
			苹果、日本梨、梨、温柏、油桃	20

序号	农药名称（残留标示物）	商品种类	商品名称	限量标准（μg/kg）
207	恶唑菌酮 Famoxadone	热带及亚热带水果	日本柿子、香蕉、番木瓜、鳄梨、菠萝、番石榴、杧果、西番莲果	20
			猕猴桃	100
			葡萄、椰枣	2 000
		其他水果		2 000
		坚果	银杏果、栗子、美洲山核桃、杏仁、核桃、其他	20
		其他调味料	除山葵、日本芥末、大蒜、红辣椒/辣椒粉、姜、柠檬皮、橘皮、柚皮、芝麻以外的所有调味料	2 000
		其他药草	除豆瓣菜、韭菜、欧芹、芹菜以外的所有药草	2 000
208	咪唑菌酮 Fenamidone	薯类	马铃薯、芋头、甘薯、山药、其他薯类	20
		十字花科蔬菜	大白菜	500
		菊科蔬菜	莴苣	20 000
		百合科蔬菜	洋葱、大蒜	200
			葱、韭菜、其他百合科蔬菜	10 500
		茄科、葫芦科蔬菜	西红柿	1 000
			黄瓜	300
			南瓜、越瓜、西瓜、其他瓜类、甜瓜、其他葫芦科蔬菜	150
		豆类蔬菜、杂项蔬菜	竹笋、姜、枝豆	20
		热带及亚热带水果	葡萄	3 000
			日本柿子	1 000
		其他调味料	除山葵、日本芥末、大蒜、红辣椒/辣椒粉、姜、柠檬皮、橘皮、柚皮、芝麻以外的所有调味料	20
		其他药草	除豆瓣菜、韭菜、欧芹、芹菜以外的所有药草	10 500
209	克线磷 Fenamiphos	谷粮	稻、小麦、大麦、黑麦、玉米、荞麦、其他	20
		豆类	干大豆、干豆类、豌豆、蚕豆、花生、其他	20
		薯类	马铃薯、芋头、甘薯、山药、魔芋、其他	100
		十字花科蔬菜	日本萝卜（叶）、芜菁（叶）、豆瓣菜、大白菜、羽衣甘蓝、小松菜、京菜、青梗菜、花椰菜、椰菜	40
			甘蔗、甘蓝、球芽甘蓝	50
			糖用甜菜、日本萝卜（根）、芜菁（根）、山葵、其他	100
		菊科蔬菜	牛蒡、婆罗门参、莴苣、其他	100
			朝鲜蓟	20
			苦苣、菊苣、茼蒿	40

序号	农药名称（残留标示物）	商品种类	商品名称	限量标准（μg/kg）
209	克线磷 Fenamiphos	百合科蔬菜	葱、韭菜、芦笋、繁殖洋葱	20
			洋葱	40
			大蒜	300
			其他	500
		伞状花科蔬菜	欧洲防风草、其他	100
			胡萝卜	200
			芹菜	40
			欧芹、鸭儿芹	20
		茄科、葫芦科蔬菜	西班牙甘椒、黄瓜、南瓜、西瓜、其他瓜类、甜瓜	50
			西红柿	200
			其他茄科蔬菜	80
			越瓜	40
			茄子、其他	100
		豆类蔬菜、菇类、杂项蔬菜	竹笋、豌豆、腰果、枝豆、花菇、其他蘑菇	20
			黄秋葵	200
			未开的蘑菇	60
			菠菜、姜	40
		其他蔬菜		100
		柑橘类水果	柠檬、橙、柚子、酸橙	200
			温州橘、夏橙、其他	40
		梨果、核果、浆果	日本梨、梨、温柏、枇杷、油桃、杏、日本李子、梅子、黑莓、蓝莓、蔓越橘、越橘类、其他	20
			苹果	50
			桃子、樱桃	100
			悬钩子	60
			草莓	300
		热带及亚热带水果	日本柿子、猕猴桃、番木瓜、鳄梨、番石榴、杧果、西番莲果、椰枣	20
			葡萄	100
			香蕉、菠萝	50
		其他水果		20
		油籽	葵花籽、芝麻籽、红花籽、棉籽、菜籽、其他	50
		坚果	银杏果、栗子、美洲山核桃、杏仁、核桃、其他	20
		茶、啤酒花		50
		其他调味料	除山葵、日本芥末、大蒜、红辣椒/辣椒粉、姜、柠檬皮、橘皮、柚皮、芝麻以外的所有调味料	200
		其他药草	除豆瓣菜、韭菜、欧芹、芹菜以外的所有药草	500

序号	农药名称 （残留标示物）	商品种类	商品名称	限量标准 （μg/kg）
210	氯苯嘧啶醇 Fenarimol	谷粮	稻、小麦、大麦、黑麦、玉米、荞麦、其他	100
		豆类	干大豆、干豆类、豌豆、蚕豆、花生、其他	20
		薯类	马铃薯、芋头、甘薯、山药、魔芋、其他	20
		十字花科蔬菜	日本萝卜（根）、日本萝卜（叶）、芜菁（根）、芜菁（叶）、山葵、豆瓣菜、大白菜、甘蓝、球芽甘蓝、羽衣甘蓝、小松菜、京菜、青梗菜、花椰菜、椰菜、其他	500
			糖用甜菜	20
		菊科蔬菜	牛蒡、婆罗门参、朝鲜蓟、苦苣、菊苣、茼蒿、莴苣、其他	500
		百合科蔬菜	洋葱、葱、大蒜、韭菜、芦笋、繁殖洋葱、其他	500
		伞状花科蔬菜	胡萝卜、欧洲防风草、欧芹、芹菜、鸭儿芹、其他	500
		茄科、葫芦科蔬菜	西红柿、西班牙甜椒、茄子、其他茄科蔬菜、黄瓜、南瓜、越瓜、其他葫芦科蔬菜	500
			西瓜、其他瓜类、甜瓜	1 000
		豆类蔬菜、菇类、杂项蔬菜	菠菜、竹笋、黄秋葵、姜、豌豆、腰果、枝豆、未开的蘑菇、花菇、其他蘑菇	500
		其他蔬菜		500
		柑橘类水果	温州橘、夏橙、柠檬、橙、柚子、酸橙、其他	1 000
		梨果、核果、浆果	苹果、日本梨、梨、温柏、枇杷、桃子、油桃、杏、日本李子、梅子、樱桃、草莓、悬钩子、黑莓、蓝莓、蔓越橘、越橘类、其他	1 000
		热带及亚热带水果	葡萄、日本柿子、香蕉、猕猴桃、番木瓜、鳄梨、菠萝、番石榴、杧果、西番莲果、椰枣	1 000
		其他水果		1 000
		油籽	葵花籽、芝麻籽、红花籽、棉籽、菜籽、其他	1 000
		坚果	银杏果、栗子、美洲山核桃、杏仁、核桃、其他	1 000
		茶		50
		啤酒花		5 000
		其他调味料	除山葵、日本芥末、大蒜、红辣椒/辣椒粉、姜、柠檬皮、橘皮、柚皮、芝麻以外的所有调味料	1 000
		其他药草	除豆瓣菜、韭菜、欧芹、芹菜以外的所有药草	500
211	腈苯唑 Fenbuconazole	谷粮	小麦、黑麦	100
			大麦	200
		茄科、葫芦科蔬菜	黄瓜、西瓜、其他瓜类、甜瓜	200
			南瓜	50
		柑橘类水果	柚子	500

序号	农药名称 (残留标示物)	商品种类	商品名称	限量标准 (μg/kg)
211	腈苯唑 Fenbuconazole	梨果、核果、浆果	苹果、日本梨、梨、油桃、樱桃	1 000
			温柏、枇杷	100
			桃子、杏	500
			日本李子、梅子、草莓、悬钩子、黑莓、蓝莓、蔓越橘、越橘类、其他浆果	5 000
		热带及亚热带水果	葡萄	3 000
			日本柿子、番木瓜、鳄梨、菠萝、番石榴、杧果、西番莲果	1 000
			香蕉	50
			猕猴桃	200
			椰枣、其他水果	5 000
		油籽	葵花籽、菜籽	50
		坚果	美洲山核桃	50
		茶		5 000
		其他调味料	除山葵、日本芥末、大蒜、红辣椒/辣椒粉、姜、柠檬皮、橘皮、柚皮、芝麻以外的所有调味料	5 000
212	苯丁锡 Fenbutatin Oxide	谷粮	稻、小麦、大麦、黑麦、玉米、荞麦、其他	50
		豆类	豌豆、蚕豆、其他	2 000
			干豆类	500
			干大豆、花生	50
		薯类	马铃薯、芋头、甘薯、山药、魔芋、其他	50
		十字花科蔬菜	糖用甜菜、甘蔗、日本萝卜(根)、日本萝卜(叶)、芜菁(根)、芜菁(叶)、山葵、豆瓣菜、大白菜、甘蓝、球芽甘蓝、羽衣甘蓝、小松菜、京菜、青梗菜、花椰菜、椰菜、其他	50
		菊科蔬菜	牛蒡、婆罗门参、朝鲜蓟、苦苣、菊苣、茼蒿、莴苣、其他	50
		百合科蔬菜	洋葱、葱、大蒜、韭菜、芦笋、繁殖洋葱、其他	50
		伞状花科蔬菜	胡萝卜、欧洲防风草、欧芹、鸭儿芹、其他	50
			芹菜	2 000
		茄科、葫芦科蔬菜	西红柿、西班牙甘椒、其他茄科蔬菜、其他瓜类	1 000
			茄子	6 000
			黄瓜	2 000
			南瓜	500
			越瓜、甜瓜、其他葫芦科蔬菜	50
			西瓜	200

序号	农药名称 （残留标示物）	商品种类	商品名称	限量标准 （μg/kg）
212	苯丁锡 Fenbutatin Oxide	豆类蔬菜、菇类、杂项蔬菜	菠菜、竹笋、黄秋葵、姜、豌豆、腰果、枝豆、未开的蘑菇、花菇、其他蘑菇	50
		其他蔬菜		50
		柑橘类水果	夏橙、柠檬、橙、柚子、酸橙、其他	5 000
			温州橘	500
		梨果、核果、浆果	黑莓、蓝莓、蔓越橘、越橘类、其他	1 000
			桃子	7 000
			日本李子	3 000
			梅子	5 000
			油桃、杏	2 000
			樱桃、草莓、悬钩子	10 000
			苹果、日本梨、梨、温柏、枇杷	5 000
		热带及亚热带水果	葡萄、猕猴桃、番木瓜、鳄梨、菠萝、番石榴、杧果、西番莲果、椰枣	5 000
			日本柿子	2 000
			香蕉	10 000
		其他水果		3 000
		油籽	葵花籽、芝麻籽、红花籽、棉籽、菜籽、咖啡豆、可可豆、其他	50
		坚果及种子	银杏果、栗子、美洲山核桃、其他	50
			杏仁、核桃	500
		茶		1 000
		啤酒花		25 000
		其他调味料	除山葵、日本芥末、大蒜、红辣椒/辣椒粉、姜、柠檬皮、橘皮、柚皮、芝麻以外的所有调味料	5 000
		其他药草	除豆瓣菜、韭菜、欧芹、芹菜以外的所有药草	50
213	皮蝇磷 Fenchlorphos	谷粮	玉米	10
		豆类	干大豆、干豆类、豌豆、蚕豆、花生、其他	10
		薯类	马铃薯、芋头、甘薯、山药、魔芋、其他	10
		十字花科蔬菜	糖用甜菜、日本萝卜（根）、日本萝卜（叶）、芜菁（根）、芜菁（叶）、山葵、豆瓣菜、大白菜、甘蓝、球芽甘蓝、羽衣甘蓝、小松菜、京菜、青梗菜、花椰菜、椰菜、其他	10
		菊科蔬菜	牛蒡、婆罗门参、朝鲜蓟、苦苣、菊苣、莴苣、莴苣、其他	10
		百合科蔬菜	洋葱、葱、大蒜、韭菜、芦笋、繁殖洋葱、其他	10

序号	农药名称（残留标示物）	商品种类	商品名称	限量标准（μg/kg）
213	皮蝇磷 Fenchlorphos	伞状花科蔬菜	胡萝卜、欧洲防风草、欧芹、芹菜、鸭儿芹、其他	10
		茄科、葫芦科蔬菜	西红柿、西班牙甘椒、茄子、其他茄科蔬菜、黄瓜、南瓜、越瓜、西瓜、其他瓜类、甜瓜、其他	10
		豆类蔬菜、菇类、杂项蔬菜	菠菜、竹笋、黄秋葵、姜、豌豆、腰果、枝豆、未开的蘑菇、花菇、其他蘑菇	10
		其他蔬菜		10
		柑橘类水果	温州橘、夏橙、柠檬、橙、柚子、酸橙、其他	10
		梨果、核果、浆果	苹果、日本梨、梨、温柏、枇杷、桃子、油桃、杏、日本李子、梅子、樱桃、草莓、悬钩子、黑莓、蓝莓、蔓越橘、越橘类、其他	10
		热带及亚热带水果	葡萄、日本柿子、香蕉、猕猴桃、番木瓜、鳄梨、菠萝、番石榴、杜果、西番莲果、椰枣	10
		其他水果		10
		油籽	葵花籽、芝麻籽、红花籽、棉籽、菜籽、其他	10
		坚果	银杏果、栗子、美洲山核桃、杏仁、核桃、其他	10
		茶、啤酒花		100
		其他调味料	除山葵、日本芥末、大蒜、红辣椒/辣椒粉、姜、柠檬皮、橘皮、柚皮、芝麻以外的所有调味料	10
		其他药草	除豆瓣菜、韭菜、欧芹、芹菜以外的所有药草	10
214	环酰菌胺 Fenhexamid	豆类	豌豆、蚕豆、花生、其他豆类	100
		十字花科蔬菜	豆瓣菜、其他十字花科蔬菜	30 000
		菊科蔬菜	苦苣、菊苣、茼蒿、莴苣、其他菊科蔬菜	30 000
		百合科蔬菜	洋葱、大蒜、其他百合科蔬菜	100
		伞状花科蔬菜	欧芹、其他伞状花科蔬菜	30 000
		茄科、葫芦科蔬菜	西红柿、西班牙甘椒、茄子、其他茄科蔬菜、黄瓜、南瓜、越瓜、其他葫芦科蔬菜	2 000
			西瓜、其他瓜类、甜瓜	1 000
		其他蔬菜	其他蔬菜	30 000
		柑橘类水果	温州橘	500
			夏橙、柠檬、橙、柚子、酸橙、其他柑橘类水果	5 000
		梨果、核果、浆果	梨	15 000
			枇杷、日本李子	1 000
			桃子、油桃、杏、梅子	6 000
			樱桃	10 000
			草莓	5 000
			悬钩子	3 000
			黑莓、蓝莓、蔓越橘、越橘类、其他浆果	20 000

序号	农药名称（残留标示物）	商品种类	商品名称	限量标准（μg/kg）
214	环酰菌胺 Fenhexamid	热带及亚热带水果	葡萄、椰枣	20 000
			猕猴桃	10 000
		其他水果		3 000
		坚果	杏仁、其他坚果	20
		其他调味料	除山葵、日本芥末、大蒜、红辣椒/辣椒粉、姜、柠檬皮、橘皮、柚皮、芝麻以外的所有调味料	30 000
		其他药草	除豆瓣菜、韭菜、欧芹、芹菜以外的所有药草	30 000
215	杀螟硫磷 Fenitrothion	谷粮	黑麦、玉米、荞麦、其他	1 000
			稻	200
			小麦	10 000
			大麦	5 000
		豆类	干大豆、干豆类、豌豆、蚕豆、花生、其他	200
		薯类	马铃薯、芋头、甘薯、山药、魔芋、其他	50
		十字花科蔬菜	糖用甜菜、日本萝卜（叶）、芜菁（根）、芜菁（叶）、山葵、豆瓣菜、大白菜、甘蓝、球芽甘蓝、羽衣甘蓝、小松菜、京菜、青梗菜、椰菜、其他	500
			甘蔗、花椰菜	100
			日本萝卜（根）	200
		菊科蔬菜	婆罗门参、朝鲜蓟、苦苣、菊苣、莴苣	500
			牛蒡	50
			茼蒿	200
		百合科蔬菜	洋葱、葱、大蒜、韭菜、芦笋、繁殖洋葱、其他	200
		伞状花科蔬菜	胡萝卜、欧洲防风草、欧芹、芹菜、鸭儿芹、其他	200
		茄科、葫芦科蔬菜	西红柿、西班牙甘椒、茄子、其他茄科蔬菜、黄瓜、南瓜、越瓜、西瓜、其他瓜类、甜瓜、其他	200
		豆类蔬菜、菇类、杂项蔬菜	黄秋葵、姜、豌豆、腰果、枝豆、未开的蘑菇、其他蘑菇	500
			菠菜、竹笋	200
			花菇	50
		其他蔬菜		200
		柑橘类水果	夏橙、柠檬、橙、柚子、酸橙、其他	2 000
			温州橘	200
		梨果、核果、浆果	温柏、油桃、杏、日本李子、草莓、悬钩子、黑莓、蓝莓、蔓越橘、越橘类、其他	800
			苹果、日本梨、梨、枇杷、桃子、梅子、樱桃	200

序号	农药名称 （残留标示物）	商品种类	商品名称	限量标准 （μg/kg）
215	杀螟硫磷 Fenitrothion	热带及亚热带水果	猕猴桃、鳄梨、番石榴、杧果、西番莲果	800
			番木瓜、椰枣	1 000
			菠萝	50
			葡萄、日本柿子、香蕉	200
		其他水果		200
		坚果	银杏果、美洲山核桃、杏仁、核桃、可可豆、其他	100
			栗子	200
		茶		200
		其他调味料	除山葵、日本芥末、大蒜、红辣椒/辣椒粉、姜、柠檬皮、橘皮、柚皮、芝麻以外的所有调味料	2 000
		其他药草	除豆瓣菜、韭菜、欧芹、芹菜以外的所有药草	500
216	仲丁威 Fenobucarb	谷粮	稻	1 000
			小麦、大麦、黑麦、玉米、荞麦、其他粮谷	300
		十字花科蔬菜	甘蔗、日本萝卜（叶）、芜菁（叶）、山葵、豆瓣菜、大白菜、甘蓝、球芽甘蓝、羽衣甘蓝、小松菜、京菜、青梗菜、花椰菜、椰菜、其他十字花科蔬菜	300
			日本萝卜（根）、芜菁（根）	5 000
		菊科蔬菜	牛蒡、婆罗门参、朝鲜蓟、苦苣、菊苣、茼蒿、莴苣、其他菊科蔬菜	300
		百合科蔬菜	洋葱、大蒜、韭菜、芦笋、繁殖洋葱、其他百合科蔬菜	300
			葱	500
		伞状花科蔬菜	胡萝卜、欧洲防风草、欧芹、芹菜、鸭儿芹、其他伞状花科蔬菜	300
		茄科、葫芦科蔬菜	西红柿	1 000
			西班牙甘椒	2 000
			茄子	500
			其他茄科蔬菜、南瓜、越瓜、西瓜、其他瓜类、甜瓜、其他葫芦科蔬菜	300
			黄瓜	10 500
		豆类蔬菜、菇类、杂项蔬菜	菠菜	1 000
			竹笋、黄秋葵、姜、豌豆、腰果、枝豆、未开的蘑菇、花菇、其他蘑菇	300
		其他蔬菜		300
		柑橘类水果	温州橘	300
			夏橙、柠檬、橙、柚子、酸橙、其他柑橘类水果	7 000

序号	农药名称（残留标示物）	商品种类	商品名称	限量标准（μg/kg）
216	仲丁威 Fenobucarb	梨果、核果、浆果	苹果、日本梨、梨、温柏、枇杷、桃子、油桃、杏、日本李子、梅子、樱桃、悬钩子、黑莓、蓝莓、蔓越橘、越橘类、其他浆果	300
			草莓	2 000
		热带及亚热带水果	葡萄、日本柿子、香蕉、猕猴桃、番木瓜、鳄梨、菠萝、番石榴、杧果、西番莲果、椰枣	300
		其他水果		300
		油籽	葵花籽、芝麻籽、红花籽、棉籽、菜籽、其他油籽	300
		坚果	银杏果、栗子、美洲山核桃、杏仁、核桃、其他坚果	300
		茶		500
		其他调味料	除山葵、日本芥末、大蒜、红辣椒/辣椒粉、姜、柠檬皮、橘皮、柚皮、芝麻以外的所有调味料	7 000
		其他药草	除豆瓣菜、韭菜、欧芹、芹菜以外的所有药草	300
217	苯硫威 Fenothiocarb	茄科、葫芦科蔬菜	西瓜、其他瓜类、甜瓜	500
		柑橘类水果	温州橘、柠檬、橙、柚子、酸橙、其他柑橘类水果	500
			夏橙	20 000
		梨果、核果、浆果	苹果、日本梨、梨、温柏、枇杷、桃子、油桃、杏、日本李子、梅子、樱桃、草莓、悬钩子、黑莓、蓝莓、蔓越橘、越橘类、其他浆果	500
		热带及亚热带水果	葡萄、日本柿子、香蕉	500
			猕猴桃、番木瓜、鳄梨、菠萝、番石榴、杧果、西番莲果、椰枣	500
		其他水果		500
		油籽	葵花籽、芝麻籽、红花籽、棉籽、菜籽、其他油籽	500
		坚果	银杏果、栗子、美洲山核桃、杏仁、核桃、其他坚果	500
		其他调味料	除山葵、日本芥末、大蒜、红辣椒/辣椒粉、姜、柠檬皮、橘皮、柚皮、芝麻以外的所有调味料	500
218	恶唑禾草灵 Fenoxaprop-ethyl	谷粮	小麦、大麦、荞麦、其他	100
			稻	50
			黑麦	10
		豆类	干大豆、干豆类、豌豆、蚕豆	100
			花生	50
			其他	10
		薯类	马铃薯、芋头、甘薯、山药、魔芋、其他	100
		十字花科蔬菜	糖用甜菜、日本萝卜（根）、日本萝卜（叶）、芜菁（根）、芜菁（叶）、山葵、豆瓣菜、大白菜、甘蓝、球芽甘蓝、羽衣甘蓝、小松菜、京菜、青梗菜、花椰菜、椰菜、其他	100

序号	农药名称 (残留标示物)	商品种类	商品名称	限量标准 (μg/kg)
218	恶唑禾草灵 Fenoxaprop-ethyl	菊科蔬菜	牛蒡、婆罗门参、朝鲜蓟、苦苣、菊苣、茼蒿、莴苣、其他	100
		百合科蔬菜	洋葱、葱、大蒜、韭菜、芦笋、繁殖洋葱、其他	100
		伞状花科蔬菜	胡萝卜、欧洲防风草、欧芹、芹菜、鸭儿芹、其他	100
		茄科、葫芦科蔬菜	西红柿、西班牙甘椒、茄子、其他茄科蔬菜、黄瓜、南瓜、越瓜、西瓜、其他瓜类、甜瓜、其他	100
		豆类蔬菜、菇类、杂项蔬菜	菠菜、竹笋、黄秋葵、姜、豌豆、腰果、枝豆、未开的蘑菇、花菇、其他蘑菇	100
		其他蔬菜		100
		柑橘类水果	温州橘、夏橙、柠檬、橙、柚子、酸橙、其他	100
		梨果、核果、浆果	苹果、日本梨、梨、温柏、枇杷、桃子、油桃、杏、日本李子、梅子、樱桃、草莓、悬钩子、黑莓、蓝莓、蔓越橘、越橘类、其他	100
		热带及亚热带水果	葡萄、日本柿子、香蕉、猕猴桃、番木瓜、鳄梨、菠萝、番石榴、杧果、西番莲果、椰枣	100
		其他水果		100
		油籽	葵花籽、芝麻籽、红花籽、菜籽、其他	100
			棉籽	50
		坚果	银杏果、栗子、美洲山核桃、杏仁、核桃、其他	100
		其他调味料	除山葵、日本芥末、大蒜、红辣椒/辣椒粉、姜、柠檬皮、橘皮、柚皮、芝麻以外的所有调味料	100
		其他药草	除豆瓣菜、韭菜、欧芹、芹菜以外的所有药草	100
219	双氧威 Fenoxycarb	谷粮	稻、小麦、大麦、黑麦、玉米、荞麦、其他	50
		豆类	干大豆、干豆类、豌豆、蚕豆、花生	50
		薯类	马铃薯、芋头、甘薯、山药、魔芋、其他	50
		十字花科蔬菜	糖用甜菜、甘蔗、日本萝卜(根)、日本萝卜(叶)、芜菁(根)、芜菁(叶)、山葵、豆瓣菜、大白菜、甘蓝、球芽甘蓝、羽衣甘蓝、小松菜、京菜、青梗菜、花椰菜、椰菜、其他	50
		菊科蔬菜	牛蒡、婆罗门参、朝鲜蓟、苦苣、菊苣、茼蒿、莴苣、其他	50
		百合科蔬菜	洋葱、葱、大蒜、韭菜、芦笋、繁殖洋葱、其他	50
		伞状花科蔬菜	胡萝卜、欧洲防风草、欧芹、芹菜、鸭儿芹、其他	50
		茄科、葫芦科蔬菜	西红柿、西班牙甘椒、茄子、其他茄科蔬菜、黄瓜、南瓜、越瓜、西瓜、其他瓜类、甜瓜、其他	50
		豆类蔬菜、菇类、杂项蔬菜	菠菜、竹笋、黄秋葵、姜、豌豆、腰果、枝豆、未开的蘑菇、花菇、其他蘑菇	50
		其他蔬菜		50
		柑橘类水果	温州橘、夏橙、柠檬、橙、柚子、酸橙、其他	50

序号	农药名称(残留标示物)	商品种类	商品名称	限量标准(μg/kg)
219	双氧威 Fenoxycarb	梨果、核果、浆果	桃子、油桃、杏、日本李子、梅子、樱桃	500
			苹果、日本梨、梨、温柏、枇杷、其他	2 000
			草莓、悬钩子、黑莓、蓝莓、蔓越橘、越橘类	50
		热带及亚热带水果	日本柿子、香蕉、猕猴桃、番木瓜、鳄梨、菠萝、番石榴、杧果、西番莲果、椰枣	50
			葡萄	2 000
		其他水果		50
		油籽	葵花籽、芝麻籽、红花籽、棉籽、菜籽、其他	50
		坚果及种子	银杏果、栗子、美洲山核桃、杏仁、核桃、咖啡豆、可可豆、其他	50
		茶、啤酒花		50
		其他调味料	除山葵、日本芥末、大蒜、红辣椒/辣椒粉、姜、柠檬皮、橘皮、柚皮、芝麻以外的所有调味料	50
		其他药草	除豆瓣菜、韭菜、欧芹、芹菜以外的所有药草	50
220	甲氰菊酯 Fenpropathrin	豆类	干大豆、豌豆、蚕豆、其他豆类	100
			干豆类	500
			花生	10
		薯类	马铃薯	1 000
		十字花科蔬菜	大白菜、花椰菜、椰菜、其他十字花科蔬菜	3 000
			甘蓝、球芽甘蓝	400
		茄科、葫芦科蔬菜	西红柿、西班牙甘椒、茄子、其他茄科蔬菜、黄瓜、南瓜、越瓜、其他葫芦科蔬菜	2 000
			西瓜、其他瓜类、甜瓜	500
		杂项蔬菜	黄秋葵	2 000
		柑橘类水果	温州橘	500
			夏橙、柠檬、橙、柚子、酸橙、其他柑橘类水果	5 000
		梨果、核果、浆果	苹果、日本梨、梨、温柏、枇杷、梅子、樱桃、草莓、悬钩子、黑莓、蓝莓、蔓越橘、越橘类、其他浆果	5 000
			桃子	1 000
			油桃、杏、日本李子	20
			葡萄、其他水果	5 000
		热带及亚热带水果	日本柿子、香蕉、番木瓜、鳄梨、菠萝、番石榴、杧果、西番莲果、椰枣	2 000
			猕猴桃	500
		油籽	棉籽	1 000
		茶		25 000

序号	农药名称（残留标示物）	商品种类	商品名称	限量标准（μg/kg）
220	甲氰菊酯 Fenpropathrin	啤酒花		500
		其他调味料	除山葵、日本芥末、大蒜、红辣椒/辣椒粉、姜、柠檬皮、橘皮、柚皮、芝麻以外的所有调味料	5 000
		其他药草	除豆瓣菜、韭菜、欧芹、芹菜以外的所有药草	3 000
221	粉锈啉 Fenpropimorph	谷粮	小麦、大麦、黑麦、其他	500
			稻、玉米、荞麦	300
		豆类	干大豆、干豆类、豌豆、蚕豆、花生、其他	50
		薯类	马铃薯、芋头、甘薯、山药、魔芋、其他	50
		十字花科蔬菜	糖用甜菜、日本萝卜（根）、日本萝卜（叶）、芜菁（根）、芜菁（叶）、山葵、豆瓣菜、大白菜、甘蓝、羽衣甘蓝、小松菜、京菜、青梗菜、花椰菜、椰菜、其他	50
			球芽甘蓝	500
		菊科蔬菜	牛蒡、婆罗门参、朝鲜蓟、苦苣、菊苣、茼蒿、莴苣、其他	50
		百合科蔬菜	洋葱、大蒜、韭菜、芦笋、繁殖洋葱、其他	50
			葱	500
		伞状花科蔬菜	胡萝卜、欧洲防风草、欧芹、芹菜、鸭儿芹、其他	50
		茄科、葫芦科蔬菜	西红柿、西班牙甘椒、茄子、其他茄科蔬菜、黄瓜、南瓜、越瓜、西瓜、其他瓜类、甜瓜、其他	50
		豆类蔬菜、菇类、杂项蔬菜	菠菜、竹笋、黄秋葵、姜、豌豆、腰果、枝豆、未开的蘑菇、花菇、其他蘑菇	50
		其他蔬菜		50
		柑橘类水果	温州橘、夏橙、柠檬、橙、柚子、酸橙、其他	50
		梨果、核果、浆果	苹果、日本梨、梨、温柏、枇杷、桃子、油桃、杏、日本李子、梅子、樱桃、黑莓、蓝莓、蔓越橘、越橘类、其他	50
			草莓、悬钩子	1 000
		热带及亚热带水果	葡萄、日本柿子、猕猴桃、番木瓜、鳄梨、菠萝、番石榴、杧果、西番莲果、椰枣	50
			香蕉	2 000
		其他水果		50
		油籽	葵花籽、芝麻籽、红花籽、棉籽、菜籽、其他	50
		坚果	银杏果、栗子、美洲山核桃、杏仁、核桃、其他	50
		茶、啤酒花		100
		其他调味料	除山葵、日本芥末、大蒜、红辣椒/辣椒粉、姜、柠檬皮、橘皮、柚皮、芝麻以外的所有调味料	50
		其他药草	除豆瓣菜、韭菜、欧芹、芹菜以外的所有药草	50

序号	农药名称（残留标示物）	商品种类	商品名称	限量标准（μg/kg）
222	唑螨酯 Fenpyroximate	谷粮	稻、小麦、大麦、黑麦、玉米、荞麦、其他	20
		豆类	蚕豆、花生、其他	20
			干大豆	100
			干豆类	50
			豌豆	200
		薯类	马铃薯、芋头、甘薯、山药、魔芋、其他	20
		十字花科蔬菜	甘蔗、日本萝卜（根）、日本萝卜（叶）、芜菁（根）、芜菁（叶）、山葵、豆瓣菜、大白菜、甘蓝、球芽甘蓝、羽衣甘蓝、小松菜、京菜、青梗菜、花椰菜、椰菜、其他	20
			糖用甜菜	50
		菊科蔬菜	牛蒡、婆罗门参、朝鲜蓟、苦苣、菊苣、茼蒿、莴苣	20
			其他	500
		百合科蔬菜	洋葱、葱、大蒜、韭菜、芦笋、繁殖洋葱、其他	20
		伞状花科蔬菜	胡萝卜、欧洲防风草、芹菜	20
			鸭儿芹	2 000
			欧芹、其他	500
		茄科、葫芦科蔬菜	西红柿、西班牙甘椒、茄子、其他茄科蔬菜、黄瓜、其他	500
			西瓜、其他瓜类	1 000
			南瓜、越瓜、甜瓜	20
		豆类蔬菜、菇类、杂项蔬菜	黄秋葵、姜、未开的蘑菇、花菇	20
			菠菜	500
			竹笋	5 000
			豌豆、腰果、枝豆	2 000
		其他蔬菜		5 000
		柑橘类水果	夏橙、柠檬、橙、柚子、酸橙、其他	1 000
			温州橘	500
		梨果、核果、浆果	杏、日本李子、梅子、悬钩子、黑莓、蓝莓、蔓越橘、越橘类	20
			苹果、樱桃、草莓、	500
			温柏	400
			桃子	100
			枇杷	200
			日本梨、梨、油桃、其他	1 000

序号	农药名称（残留标示物）	商品种类	商品名称	限量标准（μg/kg）
222	唑螨酯 Fenpyroximate	热带及亚热带水果	香蕉、番木瓜、鳄梨、菠萝、番石榴、西番莲果、椰枣	20
			葡萄	2 000
			日本柿子	500
			猕猴桃	100
			杧果	1 000
		其他水果		500
		油籽	葵花籽、芝麻籽、红花籽、菜籽、其他	20
			棉籽	100
		坚果及种子	银杏果、栗子、美洲山核桃、杏仁、核桃、咖啡豆、可可豆、其他	20
		茶		10 000
		啤酒花		15 000
		其他调味料	除山葵、日本芥末、大蒜、红辣椒/辣椒粉、姜、柠檬皮、橘皮、柚皮、芝麻以外的所有调味料	5 000
		其他药草	除豆瓣菜、韭菜、欧芹、芹菜以外的所有药草	5 000
223	倍硫磷 Fenthion	谷粮	稻	50
			玉米	5 000
		豆类	干大豆、干豆类	20
		薯类	马铃薯、甘薯、山药	20
		十字花科蔬菜	甘蔗	20
		茄科、葫芦科蔬菜	西红柿、西班牙甘椒、茄子、其他茄科蔬菜	5 000
			黄瓜、南瓜、越瓜、西瓜、其他瓜类、甜瓜、其他葫芦科蔬菜	3 000
		豆类蔬菜、菇类、杂项蔬菜	黄秋葵、未开的蘑菇、花菇、其他蘑菇	5 000
		柑橘类水果	温州橘、夏橙、柠檬、橙、柚子、酸橙、其他柑橘类水果	2 000
		梨果、核果、浆果	苹果、日本梨、梨、温柏、枇杷、樱桃	2 000
			桃子、油桃、杏、日本李子、梅子	5 000
224	三苯锡 Fentin	谷粮	小麦、大麦、黑麦、玉米、荞麦、其他	50
			稻	100
		豆类	干大豆、干豆类、豌豆、蚕豆、其他	20
			花生	50
		薯类	芋头、甘薯、山药、魔芋、其他	50
			马铃薯	100

第三章　日本食品安全限量标准

序号	农药名称（残留标示物）	商品种类	商品名称	限量标准（μg/kg）
224	三苯锡 Fentin	十字花科蔬菜	甘蔗、日本萝卜（根）、日本萝卜（叶）、芜菁（根）、芜菁（叶）、山葵、豆瓣菜、大白菜、甘蓝、球芽甘蓝、羽衣甘蓝、小松菜、京菜、青梗菜、花椰菜、椰菜、其他	50
			糖用甜菜	200
		菊科蔬菜	牛蒡、婆罗门参、朝鲜蓟、苦苣、菊苣、茼蒿、莴苣、其他	50
		百合科蔬菜	洋葱、葱、大蒜、韭菜、芦笋、繁殖洋葱、其他	50
		伞状花科蔬菜	欧洲防风草、欧芹、鸭儿芹	50
			胡萝卜	100
			芹菜	500
			其他	80
		茄科、葫芦科蔬菜	西红柿、西班牙甘椒、茄子、其他茄科蔬菜、黄瓜、南瓜、越瓜、西瓜、其他瓜类、甜瓜、其他	50
		豆类蔬菜、菇类、杂项蔬菜	菠菜、竹笋、黄秋葵、姜、豌豆、腰果、枝豆、未开的蘑菇、花菇、其他蘑菇	50
		其他蔬菜		50
		柑橘类水果	温州橘、夏橙、柠檬、橙、柚子、酸橙、其他	50
		梨果、核果、浆果	苹果、日本梨、梨、温柏、枇杷、桃子、油桃、杏、日本李子、梅子、樱桃、草莓、悬钩子、黑莓、蓝莓、蔓越橘、越橘类、其他	50
		热带及亚热带水果	葡萄、日本柿子、香蕉、猕猴桃、番木瓜、鳄梨、菠萝、番石榴、杧果、西番莲果、椰枣、其他	50
		其他水果		50
		油籽	葵花籽、芝麻籽、红花籽、棉籽、菜籽、其他	20
		坚果及种子	银杏果、栗子、美洲山核桃、杏仁、核桃、其他	50
			咖啡豆、可可豆	100
		啤酒花		100
		茶		20
		其他调味料	除山葵、日本芥末、大蒜、红辣椒/辣椒粉、姜、柠檬皮、橘皮、柚皮、芝麻以外的所有调味料	80
		其他药草	除豆瓣菜、韭菜、欧芹、芹菜以外的所有药草	80
225	氰戊菊酯 Fenvalerate	谷粮	稻、小麦、大麦、黑麦、玉米、荞麦、其他	2 000
		豆类	干豆类、豌豆、蚕豆、其他	500
			干大豆	200
			花生	100
		薯类	马铃薯、芋头、甘薯、山药、魔芋、其他	50

序号	农药名称（残留标示物）	商品种类	商品名称	限量标准（μg/kg）
225	氰戊菊酯 Fenvalerate	十字花科蔬菜	糖用甜菜、日本萝卜（根）、豆瓣菜、小松菜、京菜	500
			日本萝卜（叶）	8 000
			芜菁（叶）	20 000
			大白菜、甘蓝、球芽甘蓝	3 000
			羽衣甘蓝	10 000
			青梗菜、其他	1 000
			甘蔗、花椰菜、椰菜	2 000
			芜菁（根）、山葵	50
		菊科蔬菜	苦苣、菊苣、茼蒿、其他	500
			牛蒡、婆罗门参	50
			朝鲜蓟	200
			莴苣	2 000
		百合科蔬菜	洋葱、葱、大蒜、韭菜、芦笋、繁殖洋葱、其他	500
		伞状花科蔬菜	胡萝卜、欧芹、鸭儿芹、其他	500
			欧洲防风草	50
			芹菜	2 000
		茄科、葫芦科蔬菜	西班牙甘椒、南瓜、越瓜、西瓜、其他	500
			黄瓜、其他瓜类、甜瓜	200
			西红柿、茄子、其他茄科蔬菜	1 000
		豆类蔬菜、菇类、杂项蔬菜	菠菜、竹笋、黄秋葵、姜、未开的蘑菇、花菇、其他蘑菇	500
			豌豆	100
			腰果、枝豆	1 000
		其他蔬菜		500
		柑橘类水果	夏橙、柠檬、橙、柚子、酸橙、其他	2 000
			温州橘	200
		梨果、核果、浆果	苹果、日本梨、梨、温柏、枇杷、樱桃	2 000
			桃子	5 000
			油桃、杏、日本李子、梅子	10 000
			草莓、悬钩子、黑莓、蓝莓、蔓越橘、越橘类、其他	1 000
		热带及亚热带水果	日本柿子、香蕉、番木瓜、鳄梨、菠萝、番石榴、杜果、西番莲果、椰枣	1 000
			葡萄、猕猴桃	5 000
		其他水果		3 000

序号	农药名称(残留标示物)	商品种类	商品名称	限量标准(μg/kg)
225	氰戊菊酯 Fenvalerate	油籽	芝麻籽、红花籽、菜籽、其他	500
			葵花籽	100
			棉籽	200
		坚果	银杏果、栗子、美洲山核桃、杏仁、核桃、其他	200
		茶		1 000
		啤酒花		5 000
		其他调味料	除山葵、日本芥末、大蒜、红辣椒/辣椒粉、姜、柠檬皮、橘皮、柚皮、芝麻以外的所有调味料	3 000
		其他药草	除豆瓣菜、韭菜、欧芹、芹菜以外的所有药草	1 000
226	嘧菌腙 Ferimzone	谷粮	稻	1 000
227	氟虫腈 Fipronil	谷粮	稻、其他粮谷	10
			小麦、大麦、黑麦、荞麦	2
			玉米	20
		豆类	干大豆、干豆类、豌豆、蚕豆、其他豆类	2
			花生	10
		薯类	马铃薯、甘薯	10
			芋头、山药、魔芋、其他薯类	2
		十字花科蔬菜	糖用甜菜、甘蔗	10
			日本萝卜（根）、日本萝卜（叶）、山葵、羽衣甘蓝、小松菜	2
			芜菁（根）、芜菁（叶）、豆瓣菜、大白菜、京菜	100
			甘蓝、球芽甘蓝、青梗菜、花椰菜、椰菜、其他十字花科蔬菜	50
		菊科蔬菜	牛蒡、婆罗门参、朝鲜蓟、苦苣、菊苣、茼蒿、莴苣	2
			其他菊科蔬菜	100
		百合科蔬菜	洋葱、葱、大蒜、繁殖洋葱	2
			韭菜、其他百合科蔬菜	100
			芦笋	500
		伞状花科蔬菜	胡萝卜、欧洲防风草	2
			欧芹、芹菜、鸭儿芹、其他伞状花科蔬菜	100
		茄科、葫芦科蔬菜	西红柿、茄子、黄瓜、南瓜、越瓜、西瓜、其他瓜类、甜瓜、其他葫芦科蔬菜	2
			西班牙甘椒、其他茄科蔬菜	100

序号	农药名称（残留标示物）	商品种类	商品名称	限量标准（μg/kg）
227	氟虫腈 Fipronil	豆类蔬菜、菇类、杂项蔬菜	菠菜、竹笋、黄秋葵、豌豆、腰果、枝豆、花菇、其他蘑菇	2
			姜	10
			未开的蘑菇	20
		其他蔬菜		100
		柑橘类水果	温州橘、夏橙、柠檬、橙、柚子、酸橙、其他柑橘类水果	10
		梨果、核果、浆果	苹果、日本梨、梨、温柏、枇杷、桃子、油桃、杏、日本李子、梅子、樱桃、草莓、悬钩子、黑莓、蓝莓、蔓越橘、越橘类、其他	10
		热带及亚热带水果	葡萄、日本柿子、香蕉、猕猴桃、番木瓜、鳄梨、菠萝、番石榴、杧果、西番莲果、椰枣	10
		其他水果		10
		油籽	葵花籽、棉籽、菜籽	10
			芝麻籽、红花籽	2
			其他油籽（除芝麻籽、向日葵籽、红花籽、棉籽、菜籽以外的所有油籽）	100
		坚果及种子	银杏果、栗子、杏仁、核桃、咖啡豆、可可豆、其他坚果	2
			美洲山核桃	10
		茶、啤酒花		2
		其他调味料	除山葵、日本芥末、大蒜、红辣椒/辣椒粉、姜、柠檬皮、橘皮、柚皮、芝麻以外的所有调味料	100
		其他药草	除豆瓣菜、韭菜、欧芹、芹菜以外的所有药草	100
228	甲氟燕灵 Flamprop-methyl	谷粮	小麦、其他粮谷	50
		豆类	其他豆类（除大豆、小豆、豌豆、蚕豆、落花生及调味料以外的豆类）	50
		油籽	红花籽	50
		其他调味料	除山葵、日本芥末、大蒜、红辣椒/辣椒粉、姜、柠檬皮、橘皮、柚皮、芝麻以外的所有调味品	50
229	嘧啶磺隆 Flazasulfuron	谷粮	稻、小麦、大麦、黑麦、玉米、荞麦、其他	20
		豆类	干大豆、干豆类、豌豆、蚕豆、花生、其他	20
		薯类	马铃薯、芋头、甘薯、山药、魔芋、其他	20
		十字花科蔬菜	糖用甜菜、日本萝卜（根）、日本萝卜（叶）、芜菁（根）、芜菁（叶）、山葵、豆瓣菜、大白菜、甘蓝、球芽甘蓝、羽衣甘蓝、小松菜、京菜、青梗菜、花椰菜、椰菜、其他	20
			甘蔗	100
		菊科蔬菜	牛蒡、婆罗门参、朝鲜蓟、苦苣、菊苣、茼蒿、莴苣、其他	20

序号	农药名称 （残留标示物）	商品种类	商品名称	限量标准 (μg/kg)
229	嘧啶磺隆 Flazasulfuron	百合科蔬菜	洋葱、葱、大蒜、韭菜、芦笋、繁殖洋葱、其他	20
		伞状花科蔬菜	胡萝卜、欧洲防风草、欧芹、芹菜、鸭儿芹、其他	20
		茄科、葫芦科蔬菜	西红柿、西班牙甘椒、茄子、其他茄科蔬菜、黄瓜、南瓜、越瓜、西瓜、其他瓜类、甜瓜、其他	20
		豆类蔬菜、菇类、杂项蔬菜	菠菜、竹笋、黄秋葵、姜、豌豆、腰果、枝豆、未开的蘑菇、花菇、其他蘑菇	20
		其他蔬菜		20
		柑橘类水果	温州橘、夏橙、柠檬、橙、柚子、酸橙、其他	100
		梨果、核果、浆果	杏、日本李子、梅子、樱桃、草莓、悬钩子、黑莓、蓝莓、蔓越橘、越橘类、其他	100
			苹果、日本梨、梨、温柏、枇杷、桃子、油桃	20
		热带及亚热带水果	日本柿子、香蕉、猕猴桃、番木瓜、鳄梨、菠萝、番石榴、杧果、西番莲果	20
			葡萄、椰枣	100
		其他水果		100
		油籽	葵花籽、芝麻籽、红花籽、棉籽、菜籽、其他	20
		坚果及种子	银杏果、栗子、美洲山核桃、杏仁、核桃、咖啡豆、可可豆、其他	20
		茶、啤酒花		20
		其他调味料	除山葵、日本芥末、大蒜、红辣椒/辣椒粉、姜、柠檬皮、橘皮、柚皮、芝麻以外的所有调味料	100
		其他药草	除豆瓣菜、韭菜、欧芹、芹菜以外的所有药草	20
230	吡氟禾草灵 Fluazifop	豆类	干大豆	1 000
			干豆类、豌豆、蚕豆、花生	5 000
			其他豆类	100
		薯类	马铃薯、芋头、山药、魔芋、其他薯类	100
			甘薯	500
		十字花科蔬菜	糖用甜菜、日本萝卜（叶）	200
			甘蔗、芜菁（根）、芜菁（叶）、山葵、豆瓣菜、大白菜、羽衣甘蓝、小松菜、京菜、其他十字花科蔬菜	100
			日本萝卜（根）	500
			甘蓝、球芽甘蓝	2 000
			青梗菜、花椰菜、椰菜	1 000
		菊科蔬菜	牛蒡、莴苣	100
			婆罗门参	500
			朝鲜蓟、菊苣、茼蒿、其他菊科蔬菜	200
			苦苣	6 000

序号	农药名称（残留标示物）	商品种类	商品名称	限量标准（μg/kg）
230	吡氟禾草灵 Fluazifop	百合科蔬菜	洋葱、大蒜	500
			葱、韭菜、繁殖洋葱、其他百合科蔬菜	100
			芦笋	3 000
		伞状花科蔬菜	胡萝卜	2 000
			欧洲防风草	500
			欧芹、鸭儿芹、其他伞状花科蔬菜	200
			芹菜	20
		茄科、葫芦科蔬菜	西红柿、茄子、黄瓜、南瓜、越瓜、西瓜、其他瓜类、甜瓜、其他葫芦科蔬菜	100
			西班牙甘椒	20
			其他茄科蔬菜	1 000
		豆类蔬菜、菇类、杂项蔬菜	菠菜	200
			竹笋、黄秋葵、其他蔬菜	500
			姜、豌豆、腰果、枝豆	100
		其他蔬菜		500
		柑橘类水果	温州橘、夏橙、柠檬、橙、柚子、酸橙、其他柑橘类水果	100
		梨果、核果、浆果	苹果、日本梨、梨	100
			温柏、枇杷	10
			桃子、油桃、杏、日本李子、梅子、樱桃	50
			草莓、悬钩子、黑莓、蓝莓、蔓越橘、越橘类、其他浆果	200
		热带及亚热带水果	葡萄	200
			日本柿子、香蕉	100
			猕猴桃、番木瓜、鳄梨、菠萝、番石榴、杧果、西番莲果、椰枣	50
		其他水果		100
		油籽	葵花籽、芝麻籽、红花籽、棉籽、菜籽、其他油籽	500
		坚果及种子	美洲山核桃	50
			咖啡豆、其他坚果	100
		啤酒花		50
		其他调味料	除山葵、日本芥末、大蒜、红辣椒/辣椒粉、姜、柠檬皮、橘皮、柚皮、芝麻以外的所有调味料	1 000
		其他药草	除豆瓣菜、韭菜、欧芹、芹菜以外的所有药草	1 000

序号	农药名称 (残留标示物)	商品种类	商品名称	限量标准 (μg/kg)
231	氟啶胺 Fluzainam	谷粮	小麦	100
		豆类	干大豆、干豆类、豌豆、蚕豆、花生、其他	100
		薯类	芋头、甘薯、山药、魔芋、其他	50
			马铃薯	100
		十字花科蔬菜	日本萝卜（叶）、芜菁（叶）、豆瓣菜、大白菜、甘蓝、球芽甘蓝、羽衣甘蓝、小松菜、京菜、青梗菜、花椰菜、椰菜、其他	100
			糖用甜菜	500
			日本萝卜（根）、芜菁（根）、山葵	50
		菊科蔬菜	朝鲜蓟、苦苣、菊苣、茼蒿、莴苣、其他	100
			牛蒡、婆罗门参	50
		百合科蔬菜	洋葱、葱、大蒜、韭菜、芦笋、繁殖洋葱、其他	100
		伞状花科蔬菜	欧芹、芹菜、鸭儿芹、其他	100
			胡萝卜、欧洲防风草	50
		茄科、葫芦科蔬菜	西瓜、其他瓜类	100
			甜瓜	500
		豆类蔬菜、菇类、杂项蔬菜	竹笋、姜	50
			菠菜	100
		其他蔬菜		100
		柑橘类水果	夏橙、柠檬、橙、柚子、酸橙、其他	5 000
			温州橘	500
		梨果、核果、浆果	苹果、日本梨、梨、温柏、枇杷、桃子、油桃、杏、日本李子、梅子、樱桃、草莓、悬钩子、黑莓、蓝莓、蔓越橘、越橘类、其他	500
		热带及亚热带水果	葡萄、日本柿子、香蕉、猕猴桃、番木瓜、鳄梨、菠萝、番石榴、杧果、西番莲果、椰枣	500
		其他水果		500
		茶		5 000
		其他调味料	除山葵、日本芥末、大蒜、红辣椒/辣椒粉、姜、柠檬皮、橘皮、柚皮、芝麻以外的所有调味料	5 000
		其他药草	除豆瓣菜、韭菜、欧芹、芹菜以外的所有药草	100
232	氟酮磺隆 Flucarbazone Sodium	谷粮	小麦	10

序号	农药名称（残留标示物）	商品种类	商品名称	限量标准（μg/kg）
233	氟氰戊菊酯 Flucythrinate	谷粮	稻、黑麦、玉米、荞麦	50
			小麦、大麦、其他	200
		豆类	干豆类、豌豆、花生、其他	50
			干大豆	100
			蚕豆	1 000
		薯类	马铃薯、芋头、甘薯、山药、魔芋、其他	50
		十字花科蔬菜	日本萝卜（叶）、芜菁（根）、芜菁（叶）、山葵、豆瓣菜、大白菜、甘蓝、球芽甘蓝、羽衣甘蓝、青梗菜、其他	500
			糖用甜菜、花椰菜、椰菜	200
			日本萝卜（根）、小松菜、京菜	50
		菊科蔬菜	牛蒡、婆罗门参、苦苣、菊苣、茼蒿、莴苣	50
			朝鲜蓟、其他	500
		百合科蔬菜	葱、大蒜、芦笋、繁殖洋葱	50
			洋葱	100
			韭菜、其他	500
		伞状花科蔬菜	胡萝卜、欧洲防风草、欧芹、芹菜、鸭儿芹	50
			其他	500
		茄科、葫芦科蔬菜	西班牙甘椒、茄子、其他茄科蔬菜、南瓜、越瓜、西瓜、其他瓜类、甜瓜、其他	50
			西红柿	200
			黄瓜	1 000
		豆类蔬菜、菇类、杂项蔬菜	菠菜、竹笋、姜、豌豆、腰果	500
			枝豆	2 000
			黄秋葵、未开的蘑菇、花菇、其他蘑菇	50
		其他蔬菜		500
		柑橘类水果	夏橙、柠檬、橙、柚子、酸橙、其他	2 000
			温州橘	100
		梨果、核果、浆果	油桃、杏、日本李子、梅子、草莓、悬钩子、黑莓、蓝莓、蔓越橘、越橘类、其他	50
			樱桃	2 000
			苹果、日本梨、梨、温柏、枇杷、桃子	500
		热带及亚热带水果	香蕉、猕猴桃、番木瓜、鳄梨、菠萝、番石榴、杧果、西番莲果、椰枣、其他	50
			葡萄	2 000
			日本柿子	1 000

序号	农药名称（残留标示物）	商品种类	商品名称	限量标准（μg/kg）
233	氟氰戊菊酯 Flucythrinate	油籽	葵花籽、芝麻籽、红花籽、菜籽、其他	50
			棉籽	100
		坚果及种子	银杏果、栗子、美洲山核桃、杏仁、核桃、咖啡豆、其他	50
		茶		20 000
		啤酒花		10 000
		其他调味料	除山葵、日本芥末、大蒜、红辣椒/辣椒粉、姜、柠檬皮、橘皮、柚皮、芝麻以外的所有调味料	2 000
		其他药草	除豆瓣菜、韭菜、欧芹、芹菜以外的所有药草	500
234	咯菌腈 Fludioxonil	谷粮	稻、小麦、大麦、黑麦、玉米、荞麦、其他粮谷	20
		豆类	干大豆、豌豆、蚕豆、花生、其他豆类	100
			干豆类	200
		薯类	马铃薯、芋头、甘薯、其他薯类	20
			山药	8 000
		十字花科蔬菜	糖用甜菜、日本萝卜（根）、芜菁（根）、山葵	20
			日本萝卜（叶）、芜菁（叶）、豆瓣菜、球芽甘蓝、羽衣甘蓝、小松菜、京菜、青梗菜、花椰菜、椰菜、其他十字花科蔬菜	2 000
			大白菜、甘蓝	1 000
		菊科蔬菜	牛蒡、婆罗门参	20
			朝鲜蓟、苦苣、菊苣、茼蒿、其他菊科蔬菜	2 000
			莴苣	1 000
		百合科蔬菜	洋葱、大蒜	100
			葱、韭菜、芦笋、繁殖洋葱、其他百合科蔬菜	2 000
		伞状花科蔬菜	胡萝卜	800
			欧洲防风草	20
			欧芹、芹菜、鸭儿芹、其他伞状花科蔬菜	2 000
		茄科、葫芦科蔬菜	西红柿、茄子、黄瓜、南瓜、越瓜、其他葫芦科蔬菜	2 000
			西班牙甘椒	10
			其他茄科蔬菜	1 000
			西瓜、其他瓜类、甜瓜	30
		豆类蔬菜、菇类、杂项蔬菜	菠菜	2 000
			姜	20
			豌豆、腰果、枝豆	5 000
		其他蔬菜		5 000

序号	农药名称（残留标示物）	商品种类	商品名称	限量标准（μg/kg）
234	咯菌腈 Fludioxonil	柑橘类水果	温州橘	100
			夏橙、柠檬、橙、柚子、酸橙、其他柑橘类水果	1 000
		梨果、核果、浆果	苹果、日本梨、梨、温柏、枇杷、草莓、悬钩子、黑莓、蓝莓、蔓越橘、越橘类、其他浆果	5 000
			桃子、油桃、杏、日本李子、梅子、樱桃	500
		热带及亚热带水果	葡萄、日本柿子、香蕉、番木瓜、鳄梨、菠萝、番石榴、杧果、西番莲果、椰枣、其他水果	5 000
			猕猴桃	20 000
		油籽	葵花籽	20
			红花籽、菜籽	10
			棉籽、其他油籽	50
		坚果	其他坚果	100
		其他调味料	除山葵、日本芥末、大蒜、红辣椒/辣椒粉、姜、柠檬皮、橘皮、柚皮、芝麻以外的所有调味料	5 000
		其他药草	除豆瓣菜、韭菜、欧芹、芹菜以外的所有药草	5 000
235	氟噻草胺 Flufenacet	谷粮	小麦	1 000
			玉米	50
		豆类	干大豆	100
236	氟虫脲 Flufenoxuron	谷粮	稻、小麦、大麦、黑麦、玉米、荞麦、其他粮谷	20
		豆类	干大豆	20
			干豆类、豌豆、蚕豆、花生、其他豆类	200
		薯类	马铃薯、芋头、甘薯、山药、魔芋、其他薯类	20
		十字花科蔬菜	糖用甜菜、大白菜、甘蓝、球芽甘蓝	500
			甘蔗	20
			日本萝卜（根）、芜菁（根）、山葵	100
			日本萝卜（叶）、芜菁（叶）、豆瓣菜、羽衣甘蓝、小松菜、京菜、青梗菜、花椰菜、椰菜、其他十字花科蔬菜	10 000
		菊科蔬菜	牛蒡、婆罗门参	100
			朝鲜蓟、苦苣、菊苣、茼蒿、莴苣、其他菊科蔬菜	10 000
		百合科蔬菜	洋葱、大蒜	20
			葱、韭菜、芦笋、繁殖洋葱、其他百合科蔬菜	10 000
		伞状花科蔬菜	胡萝卜、欧洲防风草	100
			欧芹、芹菜、鸭儿芹、其他伞状花科蔬菜	10 000

序号	农药名称 （残留标示物）	商品种类	商品名称	限量标准 (μg/kg)
236	氟虫脲 Flufenoxuron	茄科、葫芦科蔬菜	西红柿	500
			西班牙甘椒、茄子、其他茄科蔬菜、黄瓜、南瓜、越瓜、其他葫芦科蔬菜	2 000
			西瓜、甜瓜	200
			其他瓜类	20
		豆类蔬菜、菇类、杂项蔬菜	菠菜	10 000
			竹笋、姜、其他蘑菇	100
			黄秋葵	2 000
			豌豆、腰果、枝豆	1 000
			未开的蘑菇、花菇	20
		其他蔬菜		10 000
		柑橘类水果	温州橘	300
			夏橙、柠檬、橙、柚子、酸橙、其他柑橘类水果	2 000
		梨果、核果、浆果	苹果、温柏、油桃	1 000
			日本梨、梨、草莓	500
			枇杷	200
			桃子	100
			杏、日本李子、梅子、樱桃、悬钩子、黑莓、蓝莓、蔓越橘、越橘类、其他浆果	2 000
		热带及亚热带水果	葡萄	2 000
			日本柿子、香蕉、番木瓜、鳄梨、菠萝、番石榴、杧果、西番莲果	1 000
			猕猴桃	200
			椰枣、其他水果	2 000
		油籽	葵花籽、芝麻籽、红花籽、菜籽、其他油籽	20
			棉籽	30
		坚果及种子	银杏果、栗子、美洲山核桃、杏仁、核桃、咖啡豆、可可豆、其他坚果	20
		茶		15 000
		啤酒花		20
		其他调味料	除山葵、日本芥末、大蒜、红辣椒/辣椒粉、姜、柠檬皮、橘皮、柚皮、芝麻以外的所有调味料	10 000
		其他药草	除豆瓣菜、韭菜、欧芹、芹菜以外的所有药草	10 000

序号	农药名称（残留标示物）	商品种类	商品名称	限量标准（μg/kg）
237	氟哒嗪草酯 Flufenpyr-ethyl	谷粮	玉米	10
		豆类	干大豆	10
		十字花科蔬菜	甘蔗	10
		豆类蔬菜	枝豆	10
238	氟唑嘧磺草胺 Flumetsulam	谷粮	小麦、大麦、黑麦、玉米、其他粮谷	50
		豆类	干大豆、干豆类、蚕豆、花生、其他豆类	50
		其他蔬菜		100
		其他调味料	除山葵、日本芥末、大蒜、红辣椒/辣椒粉、姜、柠檬皮、橘皮、柚皮、芝麻以外的所有调味料	100
		其他药草	除豆瓣菜、韭菜、欧芹、芹菜以外的所有药草	100
239	氟烯草酸 Flumiclorac pentyl	谷粮	玉米	10
		豆类	干大豆	10
		油籽	棉籽	100
240	丙炔氟草胺 Flumioxazin	谷粮	稻、小麦、大麦、黑麦、玉米、荞麦、其他粮谷	50
		豆类	干大豆、花生	20
			干豆类、豌豆、蚕豆、其他豆类	100
		薯类	马铃薯、芋头、甘薯、山药、其他薯类	20
		十字花科蔬菜	甘蔗	200
		百合科蔬菜	洋葱、大蒜、姜	20
		茄科、葫芦科蔬菜	其他葫芦科蔬菜	20
		其他蔬菜		40
		柑橘类水果	温州橘、夏橙、柠檬、橙、柚子、酸橙、其他柑橘类水果	100
		梨果、核果、浆果	苹果、日本梨、梨、温柏、枇杷、草莓、悬钩子、黑莓、蓝莓、蔓越橘、越橘类、其他浆果	100
		热带及亚热带水果	葡萄、日本柿子、香蕉、番木瓜、鳄梨、菠萝、番石榴、杧果、猕猴桃、西番莲果、椰枣	100
		其他水果		100
		油籽	棉籽	60
			菜籽	100
		坚果	杏仁	20
		其他调味料	除山葵、日本芥末、大蒜、红辣椒/辣椒粉、姜、柠檬皮、橘皮、柚皮、芝麻以外的所有调味料	100
		其他药草	除豆瓣菜、韭菜、欧芹、芹菜以外的所有药草	40

第三章 日本食品安全限量标准

序号	农药名称 （残留标示物）	商品种类	商品名称	限量标准 (μg/kg)
241	伏草隆 Fluometuron	谷粮	稻、小麦、大麦、黑麦、玉米、荞麦、其他	100
		豆类	干大豆、干豆类、豌豆、蚕豆、花生、其他	20
		薯类	马铃薯、芋头、甘薯、山药、魔芋、其他	20
		十字花科蔬菜	糖用甜菜、甘蔗、日本萝卜（根）、日本萝卜（叶）、芜菁（根）、芜菁（叶）、山葵、豆瓣菜、大白菜、甘蓝、球芽甘蓝、羽衣甘蓝、小松菜、京菜、青梗菜、花椰菜、椰菜、其他	20
		菊科蔬菜	牛蒡、婆罗门参、朝鲜蓟、苦苣、菊苣、茼蒿、莴苣、其他	20
		百合科蔬菜	洋葱、葱、大蒜、韭菜、芦笋、繁殖洋葱、其他	20
		伞状花科蔬菜	胡萝卜、欧洲防风草、欧芹、芹菜、鸭儿芹、其他	20
		茄科、葫芦科蔬菜	西红柿、西班牙甘椒、茄子、其他茄科蔬菜、黄瓜、南瓜、越瓜、西瓜、其他瓜类、甜瓜、其他	20
		豆类蔬菜、菇类、杂项蔬菜	菠菜、竹笋、黄秋葵、姜、豌豆、腰果、枝豆、未开的蘑菇、花菇、其他蘑菇	20
		其他蔬菜		20
		柑橘类水果	温州橘、夏橙、柠檬、橙、柚子、酸橙、其他	500
		梨果、核果、浆果	苹果、日本梨、梨、温柏、枇杷、桃子、油桃、杏、日本李子、梅子、樱桃、草莓、悬钩子、黑莓、蓝莓、蔓越橘、越橘类、其他	20
		热带及亚热带水果	葡萄、日本柿子、香蕉、猕猴桃、番木瓜、鳄梨、菠萝、番石榴、杧果、西番莲果、椰枣、其他	20
		油籽	葵花籽、芝麻籽、红花籽、棉籽、菜籽、其他	20
		坚果	银杏果、栗子、美洲山核桃、杏仁、核桃、咖啡豆、可可豆、其他	20
		茶、啤酒花		20
		其他调味料	除山葵、日本芥末、大蒜、红辣椒/辣椒粉、姜、柠檬皮、橘皮、柚皮、芝麻以外的所有调味料	500
		其他药草	除豆瓣菜、韭菜、欧芹、芹菜以外的所有药草	20
242	氟菌酰胺 Fluoroimide	谷粮	稻、小麦、大麦、黑麦、玉米、荞麦、其他	40
		豆类	干大豆、干豆类、豌豆、蚕豆、花生、其他	40
		薯类	马铃薯、芋头、甘薯、山药、魔芋、其他	500
		十字花科蔬菜	糖用甜菜、甘蔗、日本萝卜（根）、日本萝卜（叶）、芜菁（根）、芜菁（叶）、山葵、豆瓣菜、大白菜、甘蓝、球芽甘蓝、羽衣甘蓝、小松菜、京菜、青梗菜、花椰菜、椰菜、其他	40
		菊科蔬菜	牛蒡、婆罗门参、朝鲜蓟、菊苣、苦苣、茼蒿、莴苣、其他	40
		百合科蔬菜	葱、大蒜、韭菜、芦笋、繁殖洋葱、其他	40
			洋葱	1 000

序号	农药名称 (残留标示物)	商品种类	商品名称	限量标准 ($\mu g/kg$)
242	氟菌酰胺 Fluoroimide	伞状花科蔬菜	胡萝卜、欧洲防风草、欧芹、芹菜、鸭儿芹、其他	40
		茄科、葫芦科蔬菜	西红柿、西班牙甘椒、茄子、其他茄科蔬菜、黄瓜、南瓜、越瓜、西瓜、其他瓜类、甜瓜、其他	40
		豆类蔬菜、菇类、杂项蔬菜	菠菜、竹笋、黄秋葵、姜、豌豆、腰果、枝豆、未开的蘑菇、花菇、其他蘑菇	40
		其他蔬菜		40
		柑橘类水果	夏橙、柠檬、橙、柚子、酸橙、其他	40
			温州橘	5 000
		梨果、核果、浆果	枇杷、桃子、杏、日本李子、梅子、樱桃、草莓、悬钩子、黑莓、蓝莓、蔓越橘、越橘类、其他	40
			苹果、日本梨、梨、温柏、油桃	5 000
		热带及亚热带水果	葡萄、日本柿子、香蕉、番木瓜、鳄梨、菠萝、番石榴、杧果、西番莲果	5 000
			猕猴桃、椰枣、其他	40
		其他水果		40
		油籽	葵花籽、芝麻籽、红花籽、棉籽、菜籽、其他	40
		坚果	银杏果、栗子、美洲山核桃、杏仁、核桃、可可豆、啤酒花、其他	40
		茶		40
		咖啡豆		35 000
		其他调味料	除山葵、日本芥末、大蒜、红辣椒/辣椒粉、姜、柠檬皮、橘皮、柚皮、芝麻以外的所有调味料	5 000
		其他药草	除豆瓣菜、韭菜、欧芹、芹菜以外的所有药草	40
243	喹唑菌酮 Fluquinconazole	谷粮	小麦	20
		梨果、核果、浆果	苹果、日本梨、梨、温柏、枇杷	50
		油籽	菜籽	10
244	氟啶草酮 Fluridone	谷粮	稻、小麦、大麦、黑麦、玉米、荞麦、其他	100
		十字花科蔬菜	糖用甜菜、日本萝卜(根)芜菁(根)、山葵、豆瓣菜、大白菜、甘蓝、球芽甘蓝、羽衣甘蓝、小松菜、京菜、青梗菜、花椰菜、椰菜、其他	100
		菊科蔬菜	牛蒡、婆罗门参、朝鲜蓟、苦苣、菊苣、茼蒿、莴苣、其他	100
		伞状花科蔬菜	胡萝卜、欧洲防风草、欧芹、芹菜、其他	100
		茄科、葫芦科蔬菜	西红柿、西班牙甘椒、茄子、其他茄科蔬菜、黄瓜、南瓜、越瓜、西瓜、其他瓜类、甜瓜、其他	100
		豆类蔬菜、杂项蔬菜	菠菜、腰果	100
		其他蔬菜		100
		柑橘类水果	温州橘、夏橙、柠檬、橙、柚子、酸橙、其他	100

序号	农药名称（残留标示物）	商品种类	商品名称	限量标准（μg/kg）
244	氟啶草酮 Fluridone	梨果、核果、坚果	苹果、日本梨、梨、温柏、枇杷、桃子、油桃、杏、日本李子、樱桃、悬钩子、黑莓、蓝莓、蔓越橘、越橘类、其他	100
		热带及亚热带水果	鳄梨	100
		其他水果		100
		油籽	棉籽	100
		坚果	银杏果、栗子、美洲山核桃、杏仁、核桃、其他	100
		啤酒花		100
		其他调味料	除山葵、日本芥末、大蒜、红辣椒/辣椒粉、姜、柠檬皮、橘皮、柚皮、芝麻以外的所有调味料	100
		其他药草	除豆瓣菜、韭菜、欧芹、芹菜以外的所有药草	100
245	氟草烟 Fluroxypyr	谷粮	稻、荞麦	100
			玉米	10
			黑麦	200
			小麦、大麦、其他	300
		豆类	干大豆、干豆类、豌豆、蚕豆、花生、其他	50
		薯类	马铃薯、芋头、甘薯、山药、魔芋、其他	50
		十字花科蔬菜	糖用甜菜、日本萝卜（根）、日本萝卜（叶）、芜菁（根）、芜菁（叶）、山葵、豆瓣菜、大白菜、甘蓝、球芽甘蓝、羽衣甘蓝、小松菜、京菜、青梗菜、花椰菜、椰菜、其他	50
			甘蔗	200
		菊科蔬菜	牛蒡、婆罗门参、朝鲜蓟、苦苣、菊苣、茼蒿、莴苣、其他	50
		百合科蔬菜	葱、大蒜、韭菜、芦笋、繁殖洋葱、其他	50
			洋葱	40
		伞状花科蔬菜	胡萝卜、欧洲防风草、欧芹、芹菜、鸭儿芹、其他	50
		茄科、葫芦科蔬菜	西红柿、西班牙甘椒、茄子、其他茄科蔬菜、黄瓜、南瓜、越瓜、西瓜、其他瓜类、甜瓜、其他	50
		豆类蔬菜、菇类、杂项蔬菜	菠菜、竹笋、黄秋葵、姜、豌豆、腰果、枝豆、未开的蘑菇、花菇、其他蘑菇	50
		其他蔬菜		50
		柑橘类水果	温州橘、夏橙、柠檬、橙、柚子、酸橙、其他	50
		梨果、核果、浆果	苹果、日本梨、梨、温柏、枇杷、桃子、油桃、杏、日本李子、梅子、樱桃、草莓、悬钩子、黑莓、蓝莓、蔓越橘、越橘类、其他	50
		热带及亚热带水果	葡萄、日本柿子、香蕉、猕猴桃、番木瓜、鳄梨、菠萝、番石榴、杧果、西番莲果	50
			椰枣	100

序号	农药名称（残留标示物）	商品种类	商品名称	限量标准（μg/kg）
245	氟草烟 Fluroxypyr	其他水果		50
		油籽	葵花籽、芝麻籽、红花籽、棉籽、菜籽、其他	50
		坚果	银杏果、栗子、美洲山核桃、杏仁、核桃、其他	50
		茶、啤酒花		100
		其他调味料	除山葵、日本芥末、大蒜、红辣椒/辣椒粉、姜、柠檬皮、橘皮、柚皮、芝麻以外的所有调味料	50
		其他药草	除豆瓣菜、韭菜、欧芹、芹菜以外的所有药草	50
246	氟硅唑 Flusilazole	谷粮	小麦、大麦、黑麦	100
			其他粮谷	50
		十字花科蔬菜	糖用甜菜	10
			甘蔗	50
		梨果、核果、浆果	苹果、日本梨、梨、温柏、枇杷	200
			桃子、油桃、杏、日本李子、梅子、樱桃	50
		热带及亚热带水果	葡萄	500
			香蕉	100
		油籽	葵花籽、菜籽、其他油籽	50
		其他调味料	除山葵、日本芥末、大蒜、红辣椒/辣椒粉、姜、柠檬皮、橘皮、柚皮、芝麻以外的所有调味料	50
247	氟硫灭 Flusulfamide	薯类	马铃薯、芋头、甘薯、山药、魔芋、其他薯类	50
		十字花科蔬菜	日本萝卜（根）、日本萝卜（叶）、芜菁（根）、芜菁（叶）、山葵、豆瓣菜、大白菜、甘蓝、球芽甘蓝、羽衣甘蓝、小松菜、京菜、青梗菜、花椰菜、椰菜、其他十字花科蔬菜	100
		菊科蔬菜	牛蒡、婆罗门参、朝鲜蓟、苦苣、菊苣、茼蒿、莴苣、其他菊科蔬菜	100
		百合科蔬菜	葱、韭菜、芦笋、繁殖洋葱、其他百合科蔬菜	100
		伞状花科蔬菜	胡萝卜、欧洲防风草、欧芹、芹菜、鸭儿芹、其他伞状花科蔬菜	100
		杂项蔬菜	菠菜、竹笋、姜	100
		其他蔬菜		100
		其他调味料	除山葵、日本芥末、大蒜、红辣椒/辣椒粉、姜、柠檬皮、橘皮、柚皮、芝麻以外的所有调味料	100
248	氟噻乙草酯 Fluthiacet-methyl	谷粮	大麦、黑麦、玉米、荞麦、其他粮谷	100
		豆类	干大豆	10

序号	农药名称 (残留标示物)	商品种类	商品名称	限量标准 (μg/kg)
249	氟酰胺 Flutolanil	谷粮	稻、小麦	2 000
		豆类	干大豆、干豆类、豌豆、蚕豆、其他豆类	1 000
			花生	500
		薯类	马铃薯	500
			魔芋	200
		十字花科蔬菜	糖用甜菜	1 000
			甘蓝、球芽甘蓝	2 000
		菊科蔬菜	莴苣	3 000
			其他菊科蔬菜	2 000
		百合科蔬菜	葱	2 000
			鸭儿芹	5 000
		茄科、葫芦科蔬菜	西红柿、西班牙甘椒、茄子、黄瓜	2 000
		杂项蔬菜	菠菜、姜	2 000
		梨果、核果、浆果	日本梨、梨	5 000
		其他调味料	除山葵、日本芥末、大蒜、红辣椒/辣椒粉、姜、柠檬皮、橘皮、柚皮、芝麻以外的所有调味料	1 000
		其他药草	除豆瓣菜、韭菜、欧芹、芹菜以外的所有药草	2 000
250	粉唑醇 Fluriafol	谷粮	稻、小麦、黑麦、玉米、荞麦、其他粮谷	20
			大麦	200
		油籽	菜籽	20
		其他调味料	除山葵、日本芥末、大蒜、红辣椒/辣椒粉、姜、柠檬皮、橘皮、柚皮、芝麻以外的所有调味料	10
		其他药草	除豆瓣菜、韭菜、欧芹、芹菜以外的所有药草	10
251	氟胺氰菊酯 Fluvalinate	谷粮	小麦、黑麦	50
			大麦、其他粮谷	200
			荞麦	10
		豆类	豌豆	20
		薯类	马铃薯、山药	10
		十字花科蔬菜	日本萝卜(根)	50
			日本萝卜(叶)、甘蓝、球芽甘蓝、花椰菜	500
			大白菜	1 000
		菊科蔬菜	莴苣	3 000
		百合科蔬菜	洋葱、大蒜	100
			葱	500
			芦笋	200

序号	农药名称（残留标示物）	商品种类	商品名称	限量标准（μg/kg）
252	氟酰胺 Flutolanil	伞状花科蔬菜	胡萝卜	20
		茄科、葫芦科蔬菜	西红柿、西班牙甘椒、茄子	500
			黄瓜	1 000
			南瓜、西瓜、其他瓜类	100
		豆类蔬菜	豌豆	3 000
		柑橘类水果	温州橘	500
			夏橙、柠檬、橙、柚子、酸橙、其他柑橘类水果	2 000
		梨果、核果、浆果	苹果、枇杷	500
			日本梨、梨	2 000
			桃子	200
			油桃、杏	100
			日本李子	50
			梅子、樱桃、草莓	1 000
		热带及亚热带水果	葡萄	2 000
			日本柿子	1 000
			猕猴桃	200
		油籽	葵花籽	20
			棉籽	100
			菜籽	50
		坚果	栗子	100
		茶、啤酒花		10 000
		其他调味料	除山葵、日本芥末、大蒜、红辣椒/辣椒粉、姜、柠檬皮、橘皮、柚皮、芝麻以外的所有调味料	2 000
253	灭菌丹 Folpet	薯类	马铃薯	20
		菊科蔬菜	莴苣	2 000
		百合科蔬菜	洋葱	2 000
			葱	30 000
			大蒜	20 000
		伞状花科蔬菜	芹菜	30 000
		茄科、葫芦科蔬菜	西红柿、甜瓜	3 000
			黄瓜、其他瓜类	2 000
			南瓜	20 000
		豆类蔬菜	腰果	50
		柑橘类水果	温州橘、夏橙、柠檬、橙、柚子、酸橙、其他柑橘类水果	10 000

序号	农药名称（残留标示物）	商品种类	商品名称	限量标准（μg/kg）
253	灭菌丹 Folpet	梨果、核果、浆果	苹果	5 000
			樱桃	30 000
			草莓、悬钩子、黑莓、蓝莓、蔓越橘、越橘类、其他浆果	20 000
		热带及亚热带水果	葡萄	2 000
			鳄梨	30 000
		其他水果		30 000
		啤酒花		120 000
		其他调味料	除山葵、日本芥末、大蒜、红辣椒/辣椒粉、姜、柠檬皮、橘皮、柚皮、芝麻以外的所有调味料	30 000
254	甲酰胺黄隆 Foramsulfuron	谷粮	玉米	10
255	氯吡脲 Forchlorfenuron	茄科、葫芦科蔬菜	西红柿、茄子、黄瓜、南瓜、越瓜、西瓜、其他瓜类、甜瓜、其他葫芦科蔬菜	100
		梨果、核果、浆果	苹果、日本梨、梨、温柏、枇杷、桃子、油桃、杏、日本李子、梅子、樱桃、草莓、悬钩子、黑莓、蓝莓、蔓越橘、越橘类、其他浆果	100
		热带及亚热带水果	葡萄、日本柿子、香蕉、猕猴桃、番木瓜、鳄梨、菠萝、番石榴、杧果、西番莲果、椰枣	100
		其他水果		100
		坚果	杏仁	10
		其他调味料	除山葵、日本芥末、大蒜、红辣椒/辣椒粉、姜、柠檬皮、橘皮、柚皮、芝麻以外的所有调味料	100
256	伐虫脒盐酸盐 Formetanate Hydrochloride	柑橘类水果	温州橘、柠檬、橙、柚子、酸橙、其他柑橘类水果	4 000
		梨果、核果、浆果	苹果、日本梨、梨	3 000
			桃子、油桃	4 000
			日本李子	500
		其他调味料	除山葵、日本芥末、大蒜、红辣椒/辣椒粉、姜、柠檬皮、橘皮、柚皮、芝麻以外的所有调味料	4 000
257	安果 Formothion	谷粮	稻、小麦、大麦、黑麦、玉米、荞麦、其他	20
		豆类	干大豆、干豆类、豌豆、蚕豆、花生、其他	20
		薯类	马铃薯、芋头、甘薯、山药、魔芋、其他	20
		十字花科蔬菜	糖用甜菜、日本萝卜（根）、日本萝卜（叶）、芜菁（根）、芜菁（叶）、山葵、豆瓣菜、大白菜、甘蓝、球芽甘蓝、羽衣甘蓝、小松菜、京菜、青梗菜、花椰菜、椰菜、其他	20
		菊科蔬菜	牛蒡、婆罗门参、朝鲜蓟、苦苣、菊苣、茼蒿、莴苣、其他	20

序号	农药名称 （残留标示物）	商品种类	商品名称	限量标准 （μg/kg）
257	安果 Formothion	百合科蔬菜	洋葱、葱、大蒜、韭菜、芦笋、繁殖洋葱、其他	20
		伞状花科蔬菜	胡萝卜、欧洲防风草、欧芹、芹菜、鸭儿芹、其他	20
		茄科、葫芦科蔬菜	西红柿、西班牙甘椒、茄子、其他茄科蔬菜、黄瓜、南瓜、越瓜、西瓜、其他瓜类、甜瓜、其他	20
		豆类蔬菜、菇类、杂项蔬菜	菠菜、竹笋、黄秋葵、姜、豌豆、腰果、枝豆、未开的蘑菇、花菇、其他蘑菇	20
		其他蔬菜		20
		柑橘类水果	温州橘、夏橙、柠檬、橙、柚子、酸橙、其他	20
		梨果、核果、浆果	苹果、日本梨、梨、温柏、枇杷、桃子、油桃、杏、日本李子、梅子、樱桃、草莓、悬钩子、黑莓、蓝莓、蔓越橘、越橘类、其他	20
		热带及亚热带水果	葡萄、日本柿子、香蕉、猕猴桃、番木瓜、鳄梨、菠萝、番石榴、杧果、西番莲果、椰枣	20
		其他水果		20
		油籽	葵花籽、芝麻籽、红花籽、棉籽、菜籽、其他	50
		坚果	银杏果、栗子、美洲山核桃、杏仁、核桃、其他	50
		茶、啤酒花		50
		其他调味料	除山葵、日本芥末、大蒜、红辣椒/辣椒粉、姜、柠檬皮、橘皮、柚皮、芝麻以外的所有调味料	50
		其他药草	除豆瓣菜、韭菜、欧芹、芹菜以外的所有药草	20
258	乙磷铝 Fosetyl	谷粮	稻、小麦、大麦、黑麦、玉米、荞麦、其他	500
		豆类	干大豆、干豆类、豌豆、蚕豆、花生、其他	500
		薯类	马铃薯、芋头、甘薯、山药、魔芋、其他	35 000
		十字花科蔬菜	糖用甜菜、日本萝卜（叶）、芜菁（叶）、大白菜、甘蓝、球芽甘蓝、小松菜、京菜、青梗菜、其他	100 000
			甘蔗	500
			日本萝卜（根）、芜菁（根）、山葵	50 000
			豆瓣菜、羽衣甘蓝、花椰菜、椰菜	60 000
		菊科蔬菜	朝鲜蓟、苦苣、菊苣、茼蒿、莴苣、其他	100 000
			牛蒡、婆罗门参	50 000
		百合科蔬菜	葱、韭菜、芦笋、繁殖洋葱、其他	100 000
			洋葱、大蒜	50 000
		伞状花科蔬菜	欧芹、芹菜、鸭儿芹、其他	100 000
			胡萝卜、欧洲防风草	50 000
		茄科、葫芦科蔬菜	西红柿、茄子、其他茄科蔬菜、黄瓜、南瓜、越瓜	100 000
			西班牙甘椒	500
			西瓜、其他	15 000
			其他瓜类、甜瓜	70 000

第三章 日本食品安全限量标准

序号	农药名称（残留标示物）	商品种类	商品名称	限量标准（μg/kg）
258	乙磷铝 Fosetyl	豆类蔬菜、菇类、杂项蔬菜	黄秋葵、腰果、枝豆、未开的蘑菇、花菇、其他蘑菇	500
			姜	50 000
			菠菜、竹笋、豌豆	100 000
		其他蔬菜		100 000
		柑橘类水果	夏橙、柠檬、橙、柚子、酸橙、其他	150 000
			温州橘	20 000
		梨果、核果、浆果	杏、日本李子、梅子、樱桃、悬钩子、黑莓、蓝莓、蔓越橘、越橘类、其他	70 000
			苹果、草莓	75 000
			桃子	150 000
			温柏、枇杷	10 000
			日本梨、梨、油桃	50 000
		热带及亚热带水果	日本柿子、香蕉、番木瓜、番石榴、杜果、西番莲果	50 000
			葡萄、椰枣、猕猴桃	70 000
			菠萝	80 000
			鳄梨	150 000
		其他水果		500
		油籽	葵花籽、芝麻籽、红花籽、菜籽	500
			棉籽	3 000
			其他	1 000
		坚果及种子	银杏果、栗子、美洲山核桃、杏仁、核桃、其他	1 000 000
			咖啡豆、可可豆	500
		茶		500
		啤酒花		1 400 000
259	噻唑磷 Fosthiazate	豆类	干豆类、豌豆、蚕豆、花生、其他豆类	20
		薯类	马铃薯、芋头、甘薯、山药、魔芋、其他薯类	30
		十字花科蔬菜	日本萝卜（根）、日本萝卜（叶）、芜菁（根）、山葵	200
			芜菁（叶）、豆瓣菜、球芽甘蓝、羽衣甘蓝、小松菜、京菜、青梗菜、花椰菜、椰菜、其他十字花科蔬菜	100
		菊科蔬菜	牛蒡、婆罗门参	200
			朝鲜蓟、菊苣、苦苣、茼蒿、莴苣、其他菊科蔬菜	100
		百合科蔬菜	洋葱、大蒜	50
			葱、韭菜、芦笋、繁殖洋葱、其他百合科蔬菜	100
		伞状花科蔬菜	胡萝卜、欧洲防风草	200
			欧芹、芹菜、鸭儿芹、其他伞状花科蔬菜	100

序号	农药名称 （残留标示物）	商品种类	商品名称	限量标准 （μg/kg）
259	噻唑磷 Fosthiazate	茄科、葫芦科蔬菜	西红柿、茄子、黄瓜、南瓜、越瓜、其他葫芦科蔬菜	200
			西班牙甘椒、其他茄科蔬菜	100
			西瓜、其他瓜类、甜瓜	500
		杂项蔬菜	菠菜、黄秋葵	100
			竹笋、姜	200
		其他蔬菜		100
		梨果、核果、浆果	枇杷、桃子	500
			杏、日本李子、梅子、樱桃、草莓、悬钩子、黑莓、蓝莓、蔓越橘、越橘类、其他浆果	50
		热带及亚热带水果	葡萄、椰枣	50
			猕猴桃	500
		其他水果		50
		其他调味料	除山葵、日本芥末、大蒜、红辣椒/辣椒粉、姜、柠檬皮、橘皮、柚皮、芝麻以外的所有调味料	100
		其他药草	除豆瓣菜、韭菜、欧芹、芹菜以外的所有药草	100
260	四氯苯酞 Fthalide	谷粮	稻	1 000
261	呋线威 Furathiocarb	谷粮	大麦、黑麦、玉米、荞麦、其他	50
			稻、小麦	100
		豆类	干大豆、干豆类、豌豆、蚕豆、花生、其他	50
		薯类	马铃薯、芋头、甘薯、山药、魔芋、其他	50
		十字花科蔬菜	日本萝卜（根）、日本萝卜（叶）、芜菁（根）、芜菁（叶）、山葵、豆瓣菜、大白菜、甘蓝、球芽甘蓝、羽衣甘蓝、小松菜、京菜、青梗菜、花椰菜、椰菜、其他	300
			糖用甜菜	50
			甘蔗	100
		菊科蔬菜	牛蒡、婆罗门参、朝鲜蓟、苦苣、菊苣、茼蒿、莴苣、其他	300
		百合科蔬菜	洋葱、葱、大蒜、韭菜、芦笋、繁殖洋葱、其他	300
		伞状花科蔬菜	胡萝卜、欧洲防风草、欧芹、芹菜、鸭儿芹、其他	300
		茄科、葫芦科蔬菜	西红柿、西班牙甘椒、茄子、其他茄科蔬菜、黄瓜、南瓜、越瓜、西瓜、其他瓜类、甜瓜、其他	300
		豆类蔬菜、菇类、杂项蔬菜	菠菜、竹笋、黄秋葵、姜、豌豆、腰果、枝豆、未开的蘑菇、花菇、其他蘑菇	300
		其他蔬菜		300
		柑橘类水果	温州橘、夏橙、柠檬、橙、柚子、酸橙、其他	100

第三章 日本食品安全限量标准

序号	农药名称 （残留标示物）	商品种类	商品名称	限量标准 (μg/kg)
261	呋线威 Furathiocarb	梨果、核果、浆果	苹果、日本梨、梨、温柏、枇杷、桃子、油桃、杏、日本李子、梅子、樱桃、草莓、悬钩子、黑莓、蓝莓、蔓越橘、越橘类、其他	100
		热带及亚热带水果	葡萄、日本柿子、香蕉、猕猴桃、番木瓜、鳄梨、菠萝、番石榴、杧果、西番莲果、椰枣	100
		其他水果		100
		油籽	葵花籽、芝麻籽、红花籽、棉籽、菜籽、其他	100
		坚果	银杏果、栗子、美洲山核桃、杏仁、核桃、其他	100
		茶		100
		啤酒花		5 000
		其他调味料	除山葵、日本芥末、大蒜、红辣椒/辣椒粉、姜、柠檬皮、橘皮、柚皮、芝麻以外的所有调味料	300
		其他药草	除豆瓣菜、韭菜、欧芹、芹菜以外的所有药草	300
262	解草恶唑 Furilazole	谷粮	玉米	10
263	赤霉素 Gibberellin	谷粮	稻、小麦、大麦、黑麦、玉米、荞麦、其他	20
		豆类	干大豆、干豆类、豌豆、蚕豆、花生、其他	20
		薯类	马铃薯、芋头、甘薯、山药、魔芋、其他	20
		十字花科蔬菜	日本萝卜（根）、日本萝卜（叶）、芜菁（根）、芜菁（叶）、山葵、豆瓣菜、大白菜、甘蓝、球芽甘蓝、羽衣甘蓝、小松菜、京菜、青梗菜、花椰菜、椰菜、其他	200
			糖用甜菜、甘蔗	20
		菊科蔬菜	牛蒡、婆罗门参、朝鲜蓟、苦苣、菊苣、茼蒿、莴苣、其他	200
		百合科蔬菜	洋葱、葱、大蒜、韭菜、芦笋、繁殖洋葱、其他	200
		伞状花科蔬菜	胡萝卜、欧洲防风草、欧芹、芹菜、鸭儿芹、其他	200
		茄科、葫芦科蔬菜	西红柿、西班牙甘椒、茄子、其他茄科蔬菜、黄瓜、南瓜、越瓜、西瓜、其他瓜类、甜瓜、其他	200
		豆类蔬菜、菇类、杂项蔬菜	菠菜、竹笋、黄秋葵、姜、豌豆、腰果、枝豆、未开的蘑菇、花菇、其他蘑菇	200
		其他蔬菜		200
		柑橘类水果	温州橘、夏橙、柠檬、橙、柚子、酸橙、其他	200
		梨果、核果、浆果	苹果、日本梨、梨、温柏、枇杷、桃子、油桃、杏、日本李子、梅子、樱桃、草莓、悬钩子、黑莓、蓝莓、蔓越橘、越橘类、其他	200
		热带及亚热带水果	葡萄、日本柿子、香蕉、猕猴桃、番木瓜、鳄梨、菠萝、番石榴、杧果、西番莲果、椰枣	200
		其他水果		200
		油籽	葵花籽、芝麻籽、红花籽、棉籽、菜籽、其他	200

序号	农药名称 （残留标示物）	商品种类	商品名称	限量标准 （μg/kg）
263	赤霉素 Gibberellin	坚果及种子	银杏果、栗子、美洲山核桃、杏仁、核桃、其他	200
			咖啡豆、可可豆	20
		茶、啤酒花		20
		其他调味料	除山葵、日本芥末、大蒜、红辣椒/辣椒粉、姜、柠檬皮、橘皮、柚皮、芝麻以外的所有调味料	200
		其他药草	除豆瓣菜、韭菜、欧芹、芹菜以外的所有药草	200
264	草胺磷 Glufosinate	谷粮	稻	500
			小麦、玉米	200
			大麦	5 000
		豆类	干大豆、干豆类、豌豆、蚕豆	2 000
			其他豆类	3 000
		薯类	马铃薯	500
			芋头、甘薯、山药、魔芋	100
		十字花科蔬菜	糖用甜菜	900
			日本萝卜（根）、日本萝卜（叶）、芜菁（根）、芜菁（叶）、山葵、豆瓣菜、甘蓝、球芽甘蓝、羽衣甘蓝、青梗菜、花椰菜、椰菜、其他十字花科蔬菜	500
			大白菜	200
		菊科蔬菜	婆罗门参、朝鲜蓟、苦苣、菊苣、莴苣、其他菊科蔬菜	500
		百合科蔬菜	洋葱、葱、芦笋	200
			大蒜、韭菜、其他百合科蔬菜	500
		伞状花科蔬菜	胡萝卜	200
			欧洲防风草、欧芹、芹菜、其他伞状花科蔬菜	500
		茄科、葫芦科蔬菜	西红柿、西班牙甘椒、茄子、黄瓜、南瓜	200
			其他茄科蔬菜、其他葫芦科蔬菜	500
			西瓜、其他瓜类	300
		豆类蔬菜、菇类、杂项蔬菜	菠菜、姜、豌豆、未开的蘑菇	500
			黄秋葵	100
			腰果	50
			枝豆	200
		其他蔬菜		50
		柑橘类水果	温州橘、夏橙、柠檬、橙、柚子、酸橙、其他柑橘类水果	300

序号	农药名称（残留标示物）	商品种类	商品名称	限量标准（μg/kg）
264	草胺磷 Glufosinate	梨果、核果、浆果	苹果、日本梨、梨、枇杷、桃子、油桃、樱桃、草莓、悬钩子、黑莓	300
			温柏、杏、日本李子、梅子	50
			蓝莓、蔓越橘、越橘类、其他浆果	100
		热带及亚热带水果	葡萄、日本柿子	300
			香蕉	200
			猕猴桃、番木瓜、鳄梨、菠萝、番石榴、杧果、西番莲果、椰枣	50
		其他水果		500
		油籽	葵花籽、菜籽	5 000
			棉籽	4 000
		坚果及种子	银杏果、美洲山核桃、杏仁、核桃、其他坚果	100
			咖啡豆	50
			栗子	300
		茶		500
		其他调味料	除山葵、日本芥末、大蒜、红辣椒/辣椒粉、姜、柠檬皮、橘皮、柚皮、芝麻以外的所有调味料	3 000
		其他药草	除豆瓣菜、韭菜、欧芹、芹菜以外的所有药草	150
265	草甘膦 Glyphosate	谷粮	稻	100
			小麦	5 000
			大麦、其他粮谷	20 000
			黑麦、荞麦	200
			玉米	1 000
		豆类	干大豆	20 000
			干豆类、蚕豆、其他豆类	2 000
			豌豆	5 000
			花生	100
		薯类	马铃薯、甘薯、山药	200
			芋头、魔芋、其他薯类	100
		十字花科蔬菜	糖用甜菜、日本萝卜（根）、日本萝卜（叶）、芜菁（根）、芜菁（叶）、山葵、豆瓣菜、大白菜、甘蓝、球芽甘蓝、羽衣甘蓝、小松菜、京菜、青梗菜、花椰菜、椰菜、其他	200
			甘蔗	2 000
		菊科蔬菜	牛蒡、婆罗门参、朝鲜蓟、苦苣、菊苣、莴苣、其他菊科蔬菜	200
			茼蒿	100

序号	农药名称 （残留标示物）	商品种类	商品名称	限量标准 （μg/kg）
265	草甘膦 Glyphosate	百合科蔬菜	洋葱、葱、大蒜、繁殖洋葱、其他百合科蔬菜	200
			韭菜	100
			芦笋	500
		伞状花科蔬菜	胡萝卜、欧洲防风草、欧芹、芹菜	200
			鸭儿芹、其他伞状花科蔬菜	100
		茄科、葫芦科蔬菜	西红柿、茄子、越瓜、甜瓜	200
			西班牙甘椒、其他茄科蔬菜	100
			黄瓜、南瓜、西瓜、其他瓜类、其他葫芦科蔬菜	500
		豆类蔬菜、菇类、杂项蔬菜	菠菜、竹笋、黄秋葵、姜、枝豆、未开的蘑菇	200
			豌豆	3 000
			腰果	2 000
			花菇	100
			其他蘑菇	25 000
		其他蔬菜		200
		柑橘类水果	温州橘、夏橙、柠檬、橙、柚子、酸橙、其他柑橘类水果	500
		梨果、核果、浆果	苹果、日本梨、梨、温柏、枇杷、桃子、油桃、杏、日本李子、梅子、樱桃、草莓、悬钩子、黑莓、蓝莓、蔓越橘、越橘类、其他浆果	200
		热带及亚热带水果	葡萄、日本柿子、香蕉、番木瓜、鳄梨、番石榴、杧果、西番莲果、椰枣	200
			猕猴桃、菠萝	100
		其他水果		200
		油籽	葵花籽、红花籽、其他油籽	100
			芝麻籽、可可豆	200
			棉籽、菜籽	10 000
		坚果及种子	银杏果	200
			栗子、美洲山核桃、杏仁、核桃、咖啡豆、其他坚果	1 000
		茶		1 000
		啤酒花		100
		其他调味料	除山葵、日本芥末、大蒜、红辣椒/辣椒粉、姜、柠檬皮、橘皮、柚皮、芝麻以外的所有调味料	2 000
		其他药草	除豆瓣菜、韭菜、欧芹、芹菜以外的所有药草	200

第三章　日本食品安全限量标准

序号	农药名称 （残留标示物）	商品种类	商品名称	限量标准 （μg/kg）
266	苄螨醚 Halfenprox	茄科、葫芦科蔬菜	西瓜、其他瓜类、甜瓜	100
		柑橘类水果	温州橘	50
			夏橙、柠檬、橙、柚子、酸橙、其他柑橘类水果	1 000
		梨果、核果、浆果	苹果	1 000
			日本梨、梨、温柏、油桃	500
			枇杷、桃子	100
		热带及亚热带水果	日本柿子、香蕉、番木瓜、鳄梨、菠萝、番石榴、杧果、西番莲果	500
			猕猴桃	100
		茶		10 000
		其他调味料	除山葵、日本芥末、大蒜、红辣椒/辣椒粉、姜、柠檬皮、橘皮、柚皮、芝麻以外的所有调味料	1 000
267	氯吡嘧磺隆 Halosulfuron methyl	谷粮	小麦、大麦、黑麦、荞麦	20
			稻、玉米	100
			其他	50
		豆类	干大豆、豌豆、蚕豆、花生、其他	20
			干豆类	50
		薯类	马铃薯、芋头、甘薯、山药、魔芋、其他	20
		十字花科蔬菜	糖用甜菜、日本萝卜（根）、日本萝卜（叶）、芜菁（根）、芜菁（叶）、山葵、豆瓣菜、大白菜、甘蓝、球芽甘蓝、羽衣甘蓝、小松菜、京菜、青梗菜、花椰菜、椰菜、其他	20
			甘蔗	100
		菊科蔬菜	牛蒡、婆罗门参、朝鲜蓟、苦苣、菊苣、茼蒿、莴苣、其他	20
		百合科蔬菜	洋葱、葱、大蒜、韭菜、繁殖洋葱、其他	20
			芦笋	800
		伞状花科蔬菜	胡萝卜、欧洲防风草、欧芹、芹菜、鸭儿芹、其他	20
		茄科、葫芦科蔬菜	西红柿、西班牙甘椒、茄子、其他茄科蔬菜	50
			西瓜、其他瓜类、甜瓜	100
			黄瓜、南瓜、越瓜、其他	500
		豆类蔬菜、菇类、杂项蔬菜	菠菜、竹笋、黄秋葵、姜、枝豆、未开的蘑菇、花菇、其他蘑菇	20
			豌豆、腰果	50
		其他蔬菜		50
		柑橘类水果	温州橘、夏橙、柠檬、橙、柚子、酸橙、其他	20

序号	农药名称 (残留标示物)	商品种类	商品名称	限量标准 ($\mu g/kg$)
267	氯吡嘧磺隆 Halosulfuron methyl	梨果、核果、浆果	苹果、日本梨、梨、温柏、枇杷、桃子、油桃、杏、日本李子、梅子、樱桃、草莓、悬钩子、黑莓、蓝莓、蔓越橘、越橘类、其他	20
		热带及亚热带水果	葡萄、日本柿子、香蕉、猕猴桃、番木瓜、鳄梨、菠萝、番石榴、杧果、西番莲果、椰枣	20
		其他水果		50
		油籽	葵花籽、芝麻籽、红花籽、菜籽、其他	20
			棉籽	50
		坚果及种子	银杏果、栗子、美洲山核桃、杏仁、核桃、其他	50
			咖啡豆、可可豆	20
		茶、啤酒花		20
		其他调味料	除山葵、日本芥末、大蒜、红辣椒/辣椒粉、姜、柠檬皮、橘皮、柚皮、芝麻以外的所有调味料	50
		其他药草	除豆瓣菜、韭菜、欧芹、芹菜以外的所有药草	50
268	吡氟氯禾灵 Haloxyfop	豆类	干大豆、干豆类、豌豆、蚕豆、其他豆类	100
			花生	50
		十字花科蔬菜	甘蔗	30
		百合科蔬菜	洋葱、大蒜	50
		柑橘类水果	温州橘、夏橙、柠檬、橙、柚子、酸橙、其他柑橘类水果	50
		梨果、核果、浆果	苹果、日本梨、梨、温柏、枇杷、桃子、油桃、杏、日本李子、梅子、樱桃、草莓、悬钩子、黑莓、蓝莓、蔓越橘、越橘类、其他	50
		热带及亚热带水果	葡萄、日本柿子、香蕉、猕猴桃、番木瓜、鳄梨、菠萝、番石榴、杧果、西番莲果、椰枣	50
		其他水果		50
		油籽	葵花籽	50
			棉籽、菜籽、其他油籽	100
		坚果	银杏果、栗子、美洲山核桃、杏仁、核桃、其他	50
		啤酒花		20
		其他调味料	除山葵、日本芥末、大蒜、红辣椒/辣椒粉、姜、柠檬皮、橘皮、柚皮、芝麻以外的所有调味料	100

序号	农药名称 (残留标示物)	商品种类	商品名称	限量标准 (μg/kg)
269	七氯 Heptachlor	谷粮	稻、小麦、大麦、黑麦、玉米、荞麦、其他	20
		豆类	干大豆、蚕豆	20
			干豆类、豌豆、其他	30
			花生	10
		薯类	马铃薯、芋头、甘薯、山药、魔芋、其他	30
		十字花科蔬菜	糖用甜菜、日本萝卜(根)、日本萝卜(叶)、芜菁(根)、芜菁(叶)、山葵、豆瓣菜、大白菜、甘蓝、球芽甘蓝、羽衣甘蓝、小松菜、京菜、青梗菜、花椰菜、椰菜、其他	30
			甘蔗	20
		菊科蔬菜	牛蒡、婆罗门参、朝鲜蓟、苦苣、菊苣、茼蒿、莴苣、其他	30
		百合科蔬菜	洋葱、葱、大蒜、韭菜、芦笋、繁殖洋葱、其他	30
		伞状花科蔬菜	欧洲防风草、芹菜、其他	30
			胡萝卜	100
			欧芹、鸭儿芹	10
		茄科、葫芦科蔬菜	西班牙甘椒、茄子、其他茄科蔬菜、黄瓜、南瓜、越瓜、西瓜、其他瓜类、甜瓜、其他	30
			西红柿	20
		豆类蔬菜、菇类、杂项蔬菜	菠菜、竹笋、黄秋葵、姜、豌豆、腰果、枝豆、未开的蘑菇、花菇、其他蘑菇	30
		其他蔬菜		30
		柑橘类水果	温州橘、夏橙、柠檬、橙、柚子、酸橙、其他	10
		梨果、核果、浆果	苹果、日本梨、梨、温柏、枇杷、桃子、油桃、杏、日本李子、梅子、樱桃、草莓、悬钩子、黑莓、蓝莓、蔓越橘、越橘类、其他	10
		热带及亚热带水果	葡萄、日本柿子、香蕉、猕猴桃、番木瓜、鳄梨、菠萝、番石榴、杧果、西番莲果、椰枣	10
		其他水果		30
		油籽	葵花籽、芝麻籽、红花籽、菜籽、其他	10
			棉籽	20
		坚果及种子	银杏果、栗子、美洲山核桃、核桃、可可豆、其他	10
			杏仁	10 000
		茶		20
		其他调味料	除山葵、日本芥末、大蒜、红辣椒/辣椒粉、姜、柠檬皮、橘皮、柚皮、芝麻以外的所有调味料	3
		其他药草	除豆瓣菜、韭菜、欧芹、芹菜以外的所有药草	3

序号	农药名称 （残留标示物）	商品种类	商品名称	限量标准 （μg/kg）
270	六氯苯 Hexachloro- benzene	谷粮	稻、小麦、黑麦、玉米、荞麦、其他	30
			大麦	50
		豆类	干豆类、豌豆、蚕豆、其他	10
			干大豆、花生	20
		薯类	马铃薯、芋头、甘薯、山药、魔芋、其他	10
		十字花科蔬菜	糖用甜菜、日本萝卜（根）、日本萝卜（叶）、芜菁（根）、芜菁（叶）、山葵、豆瓣菜、大白菜、甘蓝、球芽甘蓝、羽衣甘蓝、小松菜、京菜、青梗菜、花椰菜、椰菜、其他	10
		菊科蔬菜	牛蒡、婆罗门参、朝鲜蓟、苦苣、菊苣、茼蒿、莴苣、其他	10
		百合科蔬菜	洋葱、葱、大蒜、韭菜、芦笋、繁殖洋葱、其他	10
		伞状花科蔬菜	胡萝卜、欧洲防风草、欧芹、芹菜、鸭儿芹、其他	10
		茄科、葫芦科蔬菜	西红柿、西班牙甘椒、茄子、其他茄科蔬菜、黄瓜、南瓜、越瓜、西瓜、其他瓜类、甜瓜、其他	10
		豆类蔬菜、菇类、杂项蔬菜	菠菜、竹笋、黄秋葵、姜、豌豆、腰果、枝豆、未开的蘑菇、花菇、其他蘑菇	10
		其他蔬菜		10
		柑橘类水果	温州橘、夏橙、柠檬、橙、柚子、酸橙、其他	10
		梨果、核果、浆果	苹果、日本梨、梨、温柏、枇杷、桃子、油桃、杏、日本李子、梅子、樱桃、草莓、悬钩子、黑莓、蓝莓、蔓越橘、越橘类、其他	10
		热带及亚热带水果	葡萄、日本柿子、香蕉、猕猴桃、番木瓜、鳄梨、菠萝、番石榴、杧果、西番莲果、椰枣	10
		其他水果		10
		油籽	葵花籽、芝麻籽、红花籽、棉籽、菜籽、其他	20
		坚果	银杏果、栗子、美洲山核桃、杏仁、核桃、其他	10
		茶、啤酒花		20
		其他调味料	除山葵、日本芥末、大蒜、红辣椒/辣椒粉、姜、柠檬皮、橘皮、柚皮、芝麻以外的所有调味料	20
		其他药草	除豆瓣菜、韭菜、欧芹、芹菜以外的所有药草	10
271	六那唑 Hexaconazole	谷粮	小麦、大麦、黑麦、荞麦、其他	10
			稻	100
			玉米	20
		豆类	干豆类、豌豆、蚕豆、其他	20
			干大豆、花生	50
		薯类	马铃薯、芋头、甘薯、山药、魔芋、其他	20

序号	农药名称（残留标示物）	商品种类	商品名称	限量标准（μg/kg）
271	六那唑 Hexaconazole	十字花科蔬菜	糖用甜菜、甘蔗、日本萝卜（根）、日本萝卜（叶）、芜菁（根）、芜菁（叶）、山葵、豆瓣菜、大白菜、羽衣甘蓝、小松菜、京菜、青梗菜、花椰菜、椰菜、其他	20
			甘蓝、球芽甘蓝	100
		菊科蔬菜	牛蒡、婆罗门参、朝鲜蓟、苦苣、菊苣、茼蒿、莴苣、其他	20
		百合科蔬菜	洋葱、韭菜、繁殖洋葱、其他	20
			葱	100
			芦笋	10
			大蒜	50
		伞状花科蔬菜	欧洲防风草、欧芹、芹菜、鸭儿芹、其他	20
			胡萝卜	100
		茄科、葫芦科蔬菜	西班牙甘椒、茄子、其他茄科蔬菜、越瓜、其他	20
			西红柿	100
			西瓜、其他瓜类、甜瓜	500
			黄瓜、南瓜	50
		豆类蔬菜、菇类、杂项蔬菜	菠菜、竹笋、黄秋葵、姜、豌豆、腰果、枝豆、未开的蘑菇、花菇、其他蘑菇	20
		其他蔬菜		20
		柑橘类水果	温州橘、夏橙、柠檬、橙、柚子、酸橙、其他	20
		梨果、核果、浆果	苹果、日本梨、梨、温柏、枇杷、油桃、杏、日本李子、梅子、樱桃、悬钩子、黑莓、蓝莓、蔓越橘、越橘类、其他	500
			桃子、草莓	100
		热带及亚热带水果	日本柿子、猕猴桃、番木瓜、鳄梨、菠萝、番石榴、杧果、西番莲果、椰枣、其他	500
			葡萄、香蕉	100
		油籽	葵花籽、芝麻籽、红花籽、棉籽、菜籽、其他	50
		坚果及种子	银杏果、栗子、美洲山核桃、核桃、其他	50
			杏仁	100
			咖啡豆	500
		茶、啤酒花		50
		其他调味料	除山葵、日本芥末、大蒜、红辣椒/辣椒粉、姜、柠檬皮、橘皮、柚皮、芝麻以外的所有调味料	500
		其他药草	除豆瓣菜、韭菜、欧芹、芹菜以外的所有药草	20

序号	农药名称 （残留标示物）	商品种类	商品名称	限量标准 （μg/kg）
272	氟铃脲 Hexaflumuron	谷粮	稻、小麦、大麦、黑麦、玉米、荞麦、其他	20
		豆类	干大豆、干豆类、豌豆、蚕豆、花生、其他	20
		薯类	马铃薯、芋头、甘薯、山药、魔芋、其他	20
		十字花科蔬菜	糖用甜菜、甘蔗、日本萝卜（根）、日本萝卜（叶）、芜菁（根）、芜菁（叶）、山葵、豆瓣菜、大白菜、甘蓝、球芽甘蓝、羽衣甘蓝、小松菜、京菜、青梗菜、花椰菜、椰菜、其他	20
		菊科蔬菜	牛蒡、婆罗门参、朝鲜蓟、苦苣、菊苣、茼蒿、莴苣、其他	20
		百合科蔬菜	洋葱、葱、大蒜、韭菜、芦笋、繁殖洋葱、其他	20
		伞状花科蔬菜	胡萝卜、欧洲防风草、欧芹、芹菜、鸭儿芹、其他	20
		茄科、葫芦科蔬菜	西红柿、西班牙甘椒、茄子、其他茄科蔬菜、黄瓜、南瓜、越瓜、西瓜、其他瓜类、甜瓜、其他	20
		豆类蔬菜、菇类、杂项蔬菜	菠菜、竹笋、黄秋葵、姜、豌豆、腰果、枝豆、未开的蘑菇、花菇、其他蘑菇	20
		其他蔬菜		20
		柑橘类水果	温州橘、夏橙、柠檬、橙、柚子、酸橙、其他	20
		梨果、核果、浆果	枇杷、桃子、杏、日本李子、梅子、樱桃、草莓、悬钩子、黑莓、蓝莓、蔓越橘、越橘类、其他	20
			苹果、日本梨、梨、温柏、油桃	500
		热带及亚热带水果	葡萄、日本柿子、香蕉、番木瓜、鳄梨、菠萝、番石榴、杧果、西番莲果	500
			猕猴桃	20
		其他水果		20
		油籽	葵花籽、芝麻籽、红花籽、棉籽、菜籽、其他	20
		坚果及种子	银杏果、栗子、美洲山核桃、杏仁、核桃、咖啡豆、可可豆、其他	20
		啤酒花		20
		茶		15 000
		其他调味料	除山葵、日本芥末、大蒜、红辣椒/辣椒粉、姜、柠檬皮、橘皮、柚皮、芝麻以外的所有调味料	20
		其他药草	除豆瓣菜、韭菜、欧芹、芹菜以外的所有药草	20
273	环嗪酮 Hexazinone	十字花科蔬菜	甘蔗	100
		梨果、核果、浆果	蓝莓	200
			菠萝	800

序号	农药名称 (残留标示物)	商品种类	商品名称	限量标准 (μg/kg)
274	噻螨酮 Hexythiazox	谷粮	玉米	50
		豆类	豌豆、蚕豆、花生、其他	200
			干大豆、干豆类	500
		薯类	马铃薯、甘薯、魔芋、其他	200
			芋头、山药	500
		十字花科蔬菜	日本萝卜（叶）、芜菁（叶）、山葵、豆瓣菜、球芽甘蓝、羽衣甘蓝、小松菜、京菜、青梗菜、花椰菜、椰菜、其他	500
			糖用甜菜	200
		菊科蔬菜	朝鲜蓟、苦苣、菊苣、茼蒿、莴苣、其他	500
		百合科蔬菜	葱、韭菜、芦笋、繁殖洋葱、其他	500
		伞状花科蔬菜	欧芹、芹菜、鸭儿芹、其他	500
		茄科、葫芦科蔬菜	西班牙甘椒、茄子、其他茄科蔬菜、其他	2 000
			西红柿	100
			甜瓜	200
			西瓜、其他瓜类	500
			黄瓜、南瓜、越瓜	1 000
		豆类蔬菜、杂项蔬菜	竹笋、黄秋葵、姜、豌豆、腰果、枝豆	2 000
			菠菜	500
		其他蔬菜		2 000
		柑橘类水果	夏橙、柠檬、橙、柚子、酸橙、其他	2 000
			温州橘	500
		梨果、核果、浆果	苹果、日本梨、梨、温柏、枇杷、桃子、油桃、杏、日本李子、悬钩子、黑莓、蓝莓、蔓越橘、越橘类、其他	1 000
			梅子、樱桃、草莓	2 000
		热带及亚热带水果	葡萄、日本柿子、香蕉、番木瓜、鳄梨、菠萝、番石榴、杧果、西番莲果、椰枣	1 000
			猕猴桃	200
		其他水果		2 000
		坚果	栗子、美洲山核桃、杏仁、核桃、其他	300
		茶		35 000
		啤酒花		30 000
		其他调味料	除山葵、日本芥末、大蒜、红辣椒/辣椒粉、姜、柠檬皮、橘皮、柚皮、芝麻以外的所有调味料	2 000
		其他药草	除豆瓣菜、韭菜、欧芹、芹菜以外的所有药草	2 000

序号	农药名称（残留标示物）	商品种类	商品名称	限量标准（μg/kg）
275	氟蚁腙 Hydramethylnon	梨果、核果、浆果	菠萝	50
276	氢氰酸 Hydrogen cyanide	谷粮	稻、小麦、黑麦、玉米、荞麦、其他	20 000
			大麦	10 000
		豆类	干大豆、干豆类、豌豆、蚕豆、花生、其他	1 000
		薯类	马铃薯、芋头、甘薯、山药、魔芋、其他	1 000
		十字花科蔬菜	日本萝卜（根）、日本萝卜（叶）、芜菁（根）、芜菁（叶）、山葵、豆瓣菜、大白菜、甘蓝、球芽甘蓝、羽衣甘蓝、小松菜、京菜、青梗菜、花椰菜、椰菜、其他	5 000
			糖用甜菜、甘蔗	1 000
		菊科蔬菜	牛蒡、婆罗门参、朝鲜蓟、苦苣、菊苣、茼蒿、莴苣、其他	5 000
		百合科蔬菜	洋葱、葱、大蒜、韭菜、芦笋、繁殖洋葱、其他	5 000
		伞状花科蔬菜	胡萝卜、欧洲防风草、欧芹、芹菜、鸭儿芹、其他	5 000
		茄科、葫芦科蔬菜	西红柿、西班牙甘椒、茄子、其他茄科蔬菜、黄瓜、南瓜、越瓜、西瓜、其他瓜类、甜瓜、其他	5 000
		豆类蔬菜、菇类、杂项蔬菜	菠菜、竹笋、黄秋葵、姜、豌豆、腰果、枝豆、未开的蘑菇、花菇、其他蘑菇	5 000
		其他蔬菜		5 000
		柑橘类水果	温州橘、夏橙、酸橙、其他	5 000
			柠檬、橙、柚子	50 000
		梨果、核果、浆果	苹果、日本梨、梨、温柏、枇杷、桃子、油桃、杏、日本李子、梅子、樱桃、草莓、悬钩子、黑莓、蓝莓、蔓越橘、越橘类、其他	5 000
		热带及亚热带水果	葡萄、日本柿子、香蕉、猕猴桃、番木瓜、鳄梨、菠萝、番石榴、杜果、西番莲果、椰枣	5 000
		其他水果		5 000
		油籽	葵花籽、芝麻籽、红花籽、棉籽、菜籽、其他	5 000
		坚果及种子	银杏果、栗子、美洲山核桃、杏仁、核桃、其他	5 000
			咖啡豆	1 000
			可可豆	30 000
		茶、啤酒花		1 000
		其他调味料	除山葵、日本芥末、大蒜、红辣椒/辣椒粉、姜、柠檬皮、橘皮、柚皮、芝麻以外的所有调味料	50 000
		其他药草	除豆瓣菜、韭菜、欧芹、芹菜以外的所有药草	5 000

序号	农药名称 （残留标示物）	商品种类	商品名称	限量标准 （μg/kg）
277	磷化氢 Hydrogen phosphide	谷粮	稻、小麦、大麦、黑麦、玉米、荞麦、其他	100
		豆类	干大豆、干豆类、豌豆、蚕豆、花生、其他	100
		薯类	芋头、甘薯、山药、魔芋、其他	10
			马铃薯	20
		十字花科蔬菜	甘蔗、日本萝卜（根）、日本萝卜（叶）、芜菁（根）、芜菁（叶）、山葵、豆瓣菜、大白菜、甘蓝、球芽甘蓝、羽衣甘蓝、小松菜、京菜、青梗菜、花椰菜、椰菜、其他	10
			糖用甜菜	20
		菊科蔬菜	牛蒡、婆罗门参、朝鲜蓟、苦苣、菊苣、茼蒿、莴苣、其他	10
		百合科蔬菜	洋葱、葱、大蒜、韭菜、芦笋、繁殖洋葱、其他	10
		伞状花科蔬菜	胡萝卜、欧洲防风草、欧芹、芹菜、鸭儿芹、其他	10
		茄科、葫芦科蔬菜	西红柿、西班牙甘椒、茄子、其他茄科蔬菜、黄瓜、南瓜、越瓜、西瓜、其他瓜类、甜瓜、其他	10
		豆类蔬菜、菇类、杂项蔬菜	菠菜、竹笋、黄秋葵、姜、豌豆、腰果、枝豆、未开的蘑菇、花菇、其他蘑菇	10
		其他蔬菜		70
		柑橘类水果	温州橘、夏橙、柠檬、橙、柚子、酸橙、其他	10
		梨果、核果、浆果	苹果、日本梨、梨、温柏、枇杷、桃子、油桃、杏、日本李子、梅子、樱桃、草莓、悬钩子、黑莓、蓝莓、蔓越橘、越橘类、其他	10
		热带及亚热带水果	葡萄、日本柿子、香蕉、猕猴桃、番木瓜、鳄梨、菠萝、番石榴、杧果、西番莲果	10
			椰枣	70
		其他水果		10
		油籽	葵花籽、芝麻籽、红花籽、棉籽	40
			菜籽、其他	10
		坚果及种子	银杏果、栗子、美洲山核桃、杏仁、核桃、可可豆、其他	10
			咖啡豆	60
		茶、啤酒花		10
		其他调味料	除山葵、日本芥末、大蒜、红辣椒/辣椒粉、姜、柠檬皮、橘皮、柚皮、芝麻以外的所有调味料	100
		其他药草	除豆瓣菜、韭菜、欧芹、芹菜以外的所有药草	70

序号	农药名称 （残留标示物）	商品种类	商品名称	限量标准 （μg/kg）
278	恶霉灵 Hymexazol	谷粮	小麦、大麦、黑麦、玉米、荞麦、其他	20
			稻	500
		豆类	干大豆、干豆类、豌豆、蚕豆、花生、其他	500
		薯类	马铃薯、芋头、甘薯、山药、魔芋、其他	500
		十字花科蔬菜	糖用甜菜、日本萝卜（根）、日本萝卜（叶）、芜菁（根）、芜菁（叶）、山葵、豆瓣菜、大白菜、甘蓝、球芽甘蓝、羽衣甘蓝、小松菜、京菜、青梗菜、花椰菜、椰菜、其他	500
			甘蔗	100
		菊科蔬菜	牛蒡、婆罗门参、朝鲜蓟、苦苣、菊苣、茼蒿、莴苣、其他	500
		百合科蔬菜	洋葱、葱、大蒜、韭菜、芦笋、繁殖洋葱、其他	500
		伞状花科蔬菜	胡萝卜、欧洲防风草、欧芹、芹菜、鸭儿芹、其他	500
		茄科、葫芦科蔬菜	西红柿、西班牙甘椒、茄子、其他茄科蔬菜、黄瓜、南瓜、越瓜、西瓜、其他瓜类、甜瓜、其他	500
		豆类蔬菜、菇类、杂项蔬菜	菠菜、竹笋、黄秋葵、姜、豌豆、腰果、枝豆、未开的蘑菇、花菇、其他蘑菇	500
		其他蔬菜		500
		柑橘类水果	温州橘、夏橙、柠檬、橙、柚子、酸橙、其他	500
		梨果、核果、浆果	苹果、日本梨、梨、温柏、枇杷、桃子、油桃、杏、日本李子、梅子、樱桃、草莓、悬钩子、黑莓、蓝莓、蔓越橘、越橘类、其他	500
		热带及亚热带水果	葡萄、日本柿子、香蕉、猕猴桃、番木瓜、鳄梨、菠萝、番石榴、杧果、西番莲果、椰枣	500
		其他水果		500
		油籽	葵花籽、芝麻籽、红花籽、棉籽、菜籽、其他	500
		坚果及种子	银杏果、栗子、美洲山核桃、杏仁、核桃、其他	500
			咖啡豆、可可豆	20
		茶、啤酒花		20
		其他调味料	除山葵、日本芥末、大蒜、红辣椒/辣椒粉、姜、柠檬皮、橘皮、柚皮、芝麻以外的所有调味料	500
		其他药草	除豆瓣菜、韭菜、欧芹、芹菜以外的所有药草	500

序号	农药名称（残留标示物）	商品种类	商品名称	限量标准（μg/kg）
279	烯菌灵 Imazalil	谷粮	稻、大麦、黑麦、玉米、荞麦、其他	50
			小麦	10
		豆类	干大豆、干豆类、豌豆、蚕豆、花生、其他	20
		薯类	芋头、甘薯、山药、魔芋、其他	20
			马铃薯	5 000
		十字花科蔬菜	糖用甜菜、日本萝卜（根）、日本萝卜（叶）、芜菁（根）、芜菁（叶）、山葵、豆瓣菜、大白菜、甘蓝、球芽甘蓝、羽衣甘蓝、小松菜、京菜、青梗菜、花椰菜、椰菜、其他	20
		菊科蔬菜	牛蒡、婆罗门参、朝鲜蓟、苦苣、菊苣、茼蒿、莴苣、其他	20
		百合科蔬菜	洋葱、葱、大蒜、韭菜、芦笋、繁殖洋葱、其他	20
		伞状花科蔬菜	胡萝卜、欧洲防风草、欧芹、芹菜、鸭儿芹、其他	20
		茄科、葫芦科蔬菜	黄瓜、南瓜、越瓜、西瓜、其他瓜类、甜瓜、其他	2 000
			西红柿、西班牙甘椒、茄子、其他茄科蔬菜	500
		豆类蔬菜、菇类、杂项蔬菜	菠菜、竹笋、黄秋葵、姜、豌豆、腰果、枝豆、未开的蘑菇、花菇、其他蘑菇	20
		其他蔬菜		20
		柑橘类水果	夏橙、柠檬、橙、柚子、酸橙、其他	5 000
		梨果、核果、浆果	枇杷、桃子、油桃、杏、日本李子、梅子、樱桃、黑莓、蓝莓、蔓越橘、越橘类、其他	20
			苹果、日本梨、梨、温柏	5 000
			草莓、悬钩子	2 000
		热带及亚热带水果	日本柿子、香蕉、猕猴桃、番木瓜、鳄梨、菠萝、番石榴、杧果、西番莲果、椰枣	2 000
			葡萄	20
		其他水果		20
		油籽	葵花籽、芝麻籽、红花籽、菜籽、其他	20
			棉籽	50
		坚果	银杏果、栗子、美洲山核桃、杏仁、核桃、其他	20
		茶、啤酒花		100
		其他调味料	除山葵、日本芥末、大蒜、红辣椒/辣椒粉、姜、柠檬皮、橘皮、柚皮、芝麻以外的所有调味料	20
		其他药草	除豆瓣菜、韭菜、欧芹、芹菜以外的所有药草	20
280	咪草酸甲酯 Imazamethabenz methyl ester	谷粮	小麦、大麦	100
		油籽	葵花籽	100

序号	农药名称 (残留标示物)	商品种类	商品名称	限量标准 ($\mu g/kg$)
281	铵基咪草啶 Imazamox- ammonium	谷粮	小麦	300
			玉米	50
		豆类	干大豆、干豆类	100
			豌豆、蚕豆、花生、其他豆类	50
		豆类蔬菜、菇类、杂项蔬菜	豌豆、腰果	100
		其他蔬菜		100
		油籽	菜籽	50
		其他调味料	除山葵、日本芥末、大蒜、红辣椒/辣椒粉、姜、柠檬皮、橘皮、柚皮、芝麻以外的所有调味料	100
		其他药草	除豆瓣菜、韭菜、欧芹、芹菜以外的所有药草	100
282	甲咪唑烟酸胺 Imazapic- Ammonium	谷粮	小麦	50
		豆类	花生	100
		十字花科蔬菜	甘蔗	50
		油籽	菜籽	50
283	灭草烟 Imzazpyr	谷粮	小麦、玉米	50
		油籽	菜籽	50
284	灭草喹 Imazaquin	谷粮	稻、小麦、大麦、黑麦、玉米、荞麦、其他	50
		豆类	干大豆、干豆类、豌豆、蚕豆、花生、其他	50
		薯类	马铃薯、芋头、甘薯、山药、魔芋、其他	50
		十字花科蔬菜	糖用甜菜、甘蔗、日本萝卜(根)、日本萝卜(叶)、芜菁(根)、芜菁(叶)、山葵、豆瓣菜、大白菜、甘蓝、球芽甘蓝、羽衣甘蓝、小松菜、京菜、青梗菜、花椰菜、椰菜、其他	50
		菊科蔬菜	牛蒡、婆罗门参、朝鲜蓟、苦苣、菊苣、茼蒿、莴苣、其他	50
		百合科蔬菜	洋葱、葱、大蒜、韭菜、芦笋、繁殖洋葱、其他	50
		伞状花科蔬菜	胡萝卜、欧洲防风草、欧芹、芹菜、鸭儿芹、其他	50
		茄科、葫芦科蔬菜	西红柿、西班牙甘椒、茄子、其他茄科蔬菜、黄瓜、南瓜、越瓜、西瓜、其他瓜类、甜瓜、其他	50
		豆类蔬菜、菇类、杂项蔬菜	菠菜、竹笋、黄秋葵、姜、豌豆、腰果、枝豆、未开的蘑菇、花菇、其他蘑菇	50
		其他蔬菜		50
		柑橘类水果	温州橘、夏橙、柠檬、橙、柚子、酸橙、其他	50
		梨果、核果、浆果	苹果、日本梨、梨、温柏、枇杷、桃子、油桃、杏、日本李子、梅子、樱桃、草莓、悬钩子、黑莓、蓝莓、蔓越橘、越橘类、其他	50

第三章 日本食品安全限量标准

序号	农药名称 （残留标示物）	商品种类	商品名称	限量标准 （μg/kg）
284	灭草喹 Imazaquin	热带及亚热带水果	葡萄、日本柿子、香蕉、猕猴桃、番木瓜、鳄梨、菠萝、番石榴、杧果、西番莲果、椰枣	50
		其他水果		50
		油籽	葵花籽、芝麻籽、红花籽、棉籽、菜籽、其他	50
		坚果及种子	银杏果、栗子、美洲山核桃、杏仁、核桃、咖啡豆、可可豆、其他	50
		茶、啤酒花		50
		其他调味料	除山葵、日本芥末、大蒜、红辣椒/辣椒粉、姜、柠檬皮、橘皮、柚皮、芝麻以外的所有调味料	50
		其他药草	除豆瓣菜、韭菜、欧芹、芹菜以外的所有药草	50
285	咪唑乙烟酸 Imazethapyr	谷粮	小麦、大麦、黑麦、荞麦、其他	50
			稻	200
			玉米	80
		豆类	干大豆、干豆类、豌豆、蚕豆、花生、其他	100
		薯类	马铃薯、芋头、甘薯、山药、魔芋、其他	50
		十字花科蔬菜	糖用甜菜、甘蔗、日本萝卜（根）、日本萝卜（叶）、芜菁（根）、芜菁（叶）、山葵、豆瓣菜、大白菜、甘蓝、球芽甘蓝、羽衣甘蓝、小松菜、京菜、青梗菜、花椰菜、椰菜、其他	50
		菊科蔬菜	牛蒡、婆罗门参、朝鲜蓟、菊苣、苦苣、茼蒿、莴苣、其他	50
		百合科蔬菜	洋葱、葱、大蒜、韭菜、芦笋、繁殖洋葱、其他	50
		伞状花科蔬菜	胡萝卜、欧洲防风草、欧芹、芹菜、鸭儿芹、其他	50
		茄科、葫芦科蔬菜	西红柿、西班牙甘椒、茄子、其他茄科蔬菜、黄瓜、南瓜、越瓜、西瓜、其他瓜类、甜瓜、其他	50
		豆类蔬菜、菇类、杂项蔬菜	菠菜、竹笋、黄秋葵、姜、未开的蘑菇、花菇、其他蘑菇、其他蔬菜	50
			豌豆、腰果、枝豆	100
		柑橘类水果	温州橘、夏橙、柠檬、橙、柚子、酸橙、其他	50
		梨果、核果、浆果	苹果、日本梨、梨、温柏、枇杷、桃子、油桃、杏、日本李子、梅子、樱桃、草莓、悬钩子、黑莓、蓝莓、蔓越橘、越橘类、其他	50
		热带及亚热带水果	葡萄、日本柿子、香蕉、猕猴桃、番木瓜、鳄梨、菠萝、番石榴、杧果、西番莲果、椰枣、其他	50
		油籽	葵花籽、芝麻籽、红花籽、棉籽、其他	50
			菜籽	100
		坚果及种子	银杏果、栗子、美洲山核桃、杏仁、核桃、咖啡豆、可可豆、其他	50
		茶、啤酒花		50
		其他调味料	除山葵、日本芥末、大蒜、红辣椒/辣椒粉、姜、柠檬皮、橘皮、柚皮、芝麻以外的所有调味料	50
		其他药草	除豆瓣菜、韭菜、欧芹、芹菜以外的所有药草	50

序号	农药名称 (残留标示物)	商品种类	商品名称	限量标准 (μg/kg)
286	亚胺唑 Imibenconazole	豆类	干大豆	500
			干豆类、豌豆、蚕豆、花生、其他豆类	100
		茄科、葫芦科蔬菜	西瓜、其他瓜类、甜瓜	1 000
		柑橘类水果	温州橘、夏橙、柠檬、橙、柚子、酸橙、其他柑橘类水果	1 000
		梨果、核果、浆果	苹果、日本梨、梨、温柏、枇杷、桃子、油桃	1 000
			杏、日本李子、樱桃、草莓、悬钩子、黑莓、蓝莓、蔓越橘、越橘类、其他浆果	5 000
			梅子	2 000
			葡萄	5 000
		热带及亚热带水果	日本柿子、香蕉、猕猴桃、番木瓜、鳄梨、菠萝、番石榴、杧果、西番莲果	1 000
			椰枣	5 000
		其他水果		5 000
		茶		20 000
		其他调味料	除山葵、日本芥末、大蒜、红辣椒/辣椒粉、姜、柠檬皮、橘皮、柚皮、芝麻以外的所有调味料	5 000
287	吡虫啉 Inidacloprid	谷粮	稻	200
			小麦、大麦、黑麦、荞麦、其他粮谷	50
			玉米	100
		豆类	干大豆	4 000
			干豆类、豌豆、蚕豆、花生、其他豆类	1 000
		薯类	马铃薯	500
			芋头、甘薯、山药、魔芋、其他薯类	100
		十字花科蔬菜	糖用甜菜、甘蔗	50
			日本萝卜(根)、芜菁(根)、山葵	100
			日本萝卜(叶)、芜菁(叶)、豆瓣菜、羽衣甘蓝、小松菜、京菜、青梗菜、花椰菜、椰菜、其他十字花科蔬菜	5 000
			大白菜、甘蓝、球芽甘蓝	500
		菊科蔬菜	牛蒡、婆罗门参	100
			朝鲜蓟、苦苣、菊苣、茼蒿、莴苣、其他菊科蔬菜	5 000
		百合科蔬菜	洋葱	100
			葱	1 000
			韭菜、芦笋、繁殖洋葱、其他百合科蔬菜	5 000
		伞状花科蔬菜	胡萝卜、欧洲防风草	100
			欧芹、芹菜、鸭儿芹、其他伞状花科蔬菜	5 000

序号	农药名称 (残留标示物)	商品种类	商品名称	限量标准 （μg/kg）
287	吡虫啉 Inidacloprid	茄科、葫芦科蔬菜	西红柿、其他葫芦科蔬菜	1 000
			西班牙甘椒	3 000
			茄子、西瓜、甜瓜	500
			其他茄科蔬菜、黄瓜、南瓜、越瓜	5 000
			其他瓜类	200
		豆类蔬菜、菇类、杂项蔬菜	菠菜、黄秋葵	5 000
			竹笋、姜	100
			豌豆、枝豆、未开的蘑菇、花菇、其他蘑菇	500
			腰果	2 000
		其他蔬菜		5 000
		柑橘类水果	温州橘、夏橙、柠檬、橙、柚子、酸橙	1 000
			其他柑橘类水果	3 000
		梨果、核果、浆果	苹果、枇杷、桃子、油桃	500
			日本梨、梨、温柏、杏	1 000
			日本李子	200
			梅子、樱桃、草莓、悬钩子、黑莓、蓝莓、蔓越橘、越橘类、其他浆果	3 000
		热带及亚热带水果	葡萄、椰枣	3 000
			日本柿子、番木瓜、鳄梨、菠萝、番石榴、杧果、西番莲果	1 000
			香蕉	50
			猕猴桃	500
		其他水果		3 000
		油籽	葵花籽	20
			红花籽、菜籽	50
			棉籽	3 000
			其他油籽（除芝麻籽、向日葵籽、红花籽、棉籽、菜籽以外的所有油籽）	2 000
		坚果	银杏果、栗子、杏仁、核桃、其他坚果	100
			美洲山核桃	50
		茶、啤酒花		10 000
		其他调味料	除山葵、日本芥末、大蒜、红辣椒/辣椒粉、姜、柠檬皮、橘皮、柚皮、芝麻以外的所有调味料	5 000
		其他药草	除豆瓣菜、韭菜、欧芹、芹菜以外的所有药草	5 000

序号	农药名称(残留标示物)	商品种类	商品名称	限量标准($\mu g/kg$)
288	双胍辛胺 Iminoctadine	谷粮	稻	50
			小麦	100
			大麦、黑麦、玉米、荞麦、其他粮谷	20
		豆类	干大豆	30
			干豆类、豌豆、蚕豆、花生、其他豆类	50
		薯类	马铃薯、芋头、甘薯、山药、魔芋、其他薯类	20
		十字花科蔬菜	糖用甜菜	200
			甘蔗	20
			日本萝卜（根）、芜菁（根）、山葵	50
			日本萝卜（叶）、芜菁（叶）、豆瓣菜、羽衣甘蓝、小松菜、京菜、青梗菜、花椰菜、椰菜、其他十字花科蔬菜	100
			大白菜、甘蓝、球芽甘蓝	30
		菊科蔬菜	牛蒡、婆罗门参	50
			朝鲜蓟、苦苣、菊苣、茼蒿、莴苣、其他菊科蔬菜	100
		百合科蔬菜	洋葱、葱、大蒜、韭菜、芦笋、繁殖洋葱、其他百合科蔬菜	100
		伞状花科蔬菜	胡萝卜、欧洲防风草	50
			欧芹、芹菜、鸭儿芹、其他伞状花科蔬菜	10
		茄科、葫芦科蔬菜	西红柿、茄子、黄瓜、南瓜、越瓜、其他葫芦科蔬菜	300
			西班牙甘椒、其他茄科蔬菜	20
			西瓜、其他瓜类、甜瓜	200
		豆类蔬菜、菇类、杂项蔬菜	菠菜	100
			竹笋、姜	50
			黄秋葵、豌豆、腰果、枝豆、未开的蘑菇、花菇、其他蘑菇	20
		其他蔬菜		100
		柑橘类水果	温州橘	200
			夏橙、柠檬、橙、柚子、酸橙、其他柑橘类水果	1 000
		梨果、核果、浆果	苹果、温柏、油桃	300
			日本梨、梨、杏、日本李子、梅子、草莓、悬钩子、黑莓、蓝莓、蔓越橘、越橘类、其他浆果	500
			枇杷、桃子	200
			樱桃	2 000
		热带及亚热带水果	葡萄、日本柿子、椰枣	500
			香蕉、番木瓜、鳄梨、菠萝、番石榴、杧果、西番莲果	300
			猕猴桃	200

序号	农药名称 (残留标示物)	商品种类	商品名称	限量标准 (μg/kg)
288	双胍辛胺 Iminoctadine	其他水果		500
		油籽	葵花籽、芝麻籽、红花籽、棉籽、菜籽、其他油籽	20
		坚果及种子	银杏果、栗子、美洲山核桃、杏仁、核桃、其他坚果	100
			咖啡豆、可可豆	20
		茶		1 000
		啤酒花		20
		其他调味料	除山葵、日本芥末、大蒜、红辣椒/辣椒粉、姜、柠檬皮、橘皮、柚皮、芝麻以外的所有调味料	1 000
		其他药草	除豆瓣菜、韭菜、欧芹、芹菜以外的所有药草	100
289	恶二唑虫 Indoxacarb	谷粮	玉米	20
		豆类	干大豆	500
			干豆类、其他豆类	200
			花生	10
		薯类	马铃薯、芋头、甘薯、山药、魔芋、其他薯类	100
		十字花科蔬菜	糖用甜菜、日本萝卜(根)、芜菁(根)、山葵、其他十字花科蔬菜	100
			日本萝卜(叶)	5 000
			芜菁(叶)、小松菜、京菜	500
			大白菜、甘蓝	1 000
			球芽甘蓝、花椰菜	3 000
			羽衣甘蓝	2 000
			椰菜	200
		菊科蔬菜	牛蒡、婆罗门参	100
			莴苣	1 000
		百合科蔬菜	葱	2 000
		伞状花科蔬菜	胡萝卜、欧洲防风草	100
		茄科、葫芦科蔬菜	西红柿、茄子、其他茄科蔬菜	500
			西班牙甘椒	1 000
		豆类蔬菜、菇类、杂项蔬菜	姜、竹笋	100
			豌豆、腰果、枝豆	1 000
		其他蔬菜		1 000
		梨果、核果、浆果	苹果、日本梨、温柏、枇杷、草莓	1 000
			梨	900
			桃子、油桃、杏、日本李子、梅子、樱桃	2 000

序号	农药名称 （残留标示物）	商品种类	商品名称	限量标准 （μg/kg）
289	恶二唑虫 Indoxacarb	热带及亚热带水果	葡萄	1 000
			猕猴桃	100
		油籽	棉籽	2 000
		其他调味料	除山葵、日本芥末、大蒜、红辣椒/辣椒粉、姜、柠檬皮、橘皮、柚皮、芝麻以外的所有调味料	1 000
		其他药草	除豆瓣菜、韭菜、欧芹、芹菜以外的所有药草	1 000
290	甲基碘磺隆 Iodosulfuron-methyl	谷粮	稻、大麦、黑麦、荞麦、其他	20
			小麦	10
			玉米	30
		豆类	干大豆、干豆类、豌豆、蚕豆、花生、其他	20
		薯类	马铃薯、芋头、甘薯、山药、魔芋、其他	20
		十字花科蔬菜	糖用甜菜、甘蔗、日本萝卜（根）、日本萝卜（叶）、芜菁（根）、芜菁（叶）、山葵、豆瓣菜、大白菜、甘蓝、球芽甘蓝、羽衣甘蓝、小松菜、京菜、青梗菜、花椰菜、椰菜、其他	20
		菊科蔬菜	牛蒡、婆罗门参、朝鲜蓟、苦苣、菊苣、茼蒿、莴苣、其他	20
		百合科蔬菜	洋葱、葱、大蒜、韭菜、芦笋、繁殖洋葱、其他	20
		伞状花科蔬菜	胡萝卜、欧洲防风草、欧芹、芹菜、鸭儿芹、其他	20
		茄科、葫芦科蔬菜	西红柿、西班牙甘椒、茄子、其他茄科蔬菜、黄瓜、南瓜、越瓜、西瓜、其他瓜类、甜瓜、其他	20
		豆类蔬菜、菇类、杂项蔬菜	菠菜、竹笋、黄秋葵、姜、豌豆、腰果、枝豆、未开的蘑菇、花菇、其他蘑菇	20
		其他蔬菜		20
		柑橘类水果	温州橘、夏橙、柠檬、橙、柚子、酸橙、其他	20
		梨果、核果、浆果	苹果、日本梨、梨、温柏、枇杷、桃子、油桃、杏、日本李子、梅子、樱桃、草莓、悬钩子、黑莓、蓝莓、蔓越橘、越橘类、其他	20
		热带及亚热带水果	葡萄、日本柿子、香蕉、猕猴桃、番木瓜、鳄梨、菠萝、番石榴、杧果、西番莲果、椰枣	20
		其他水果		20
		油籽	葵花籽、芝麻籽、红花籽、棉籽、菜籽、其他	20
		坚果及种子	银杏果、栗子、美洲山核桃、杏仁、核桃、咖啡豆、可可豆、其他	20
		茶、啤酒花		20
		其他调味料	除山葵、日本芥末、大蒜、红辣椒/辣椒粉、姜、柠檬皮、橘皮、柚皮、芝麻以外的所有调味料	20
		其他药草	除豆瓣菜、韭菜、欧芹、芹菜以外的所有药草	20

序号	农药名称（残留标示物）	商品种类	商品名称	限量标准（μg/kg）
291	碘苯腈 Ioxynil	谷粮	稻、小麦、大麦、黑麦、玉米、荞麦、其他	100
		豆类	干大豆、干豆类、豌豆、蚕豆、花生、其他	100
		薯类	马铃薯、芋头、甘薯、山药、魔芋、其他	100
		十字花科蔬菜	日本萝卜（根）、日本萝卜（叶）、芜菁（根）、芜菁（叶）、山葵、豆瓣菜、大白菜、甘蓝、球芽甘蓝、羽衣甘蓝、小松菜、京菜、青梗菜、花椰菜、椰菜、其他	100
			甘蔗	20
		菊科蔬菜	牛蒡、婆罗门参、朝鲜蓟、苦苣、菊苣、茼蒿、莴苣、其他	100
		百合科蔬菜	洋葱、葱、大蒜、韭菜、芦笋、繁殖洋葱、其他	100
		伞状花科蔬菜	胡萝卜、欧洲防风草、欧芹、芹菜、鸭儿芹、其他	100
		茄科、葫芦科蔬菜	西红柿、西班牙甘椒、茄子、其他茄科蔬菜、黄瓜、南瓜、越瓜、西瓜、其他瓜类、甜瓜、其他	100
		豆类蔬菜、菇类、杂项蔬菜	菠菜、竹笋、黄秋葵、姜、豌豆、腰果、枝豆、未开的蘑菇、花菇、其他蘑菇	100
		其他蔬菜		100
		柑橘类水果	温州橘、夏橙、柠檬、橙、柚子、酸橙、其他	100
		梨果、核果、浆果	苹果、日本梨、梨、温柏、枇杷、桃子、油桃、杏、日本李子、梅子、樱桃、草莓、悬钩子、黑莓、蓝莓、蔓越橘、越橘类、其他	100
		热带及亚热带水果	葡萄、日本柿子、香蕉、猕猴桃、番木瓜、鳄梨、菠萝、番石榴、杧果、西番莲果、椰枣	100
		其他水果		100
		油籽	葵花籽、芝麻籽、红花籽、棉籽、菜籽、其他	100
		坚果	银杏果、栗子、美洲山核桃、杏仁、核桃、其他	100
		其他调味料	除山葵、日本芥末、大蒜、红辣椒/辣椒粉、姜、柠檬皮、橘皮、柚皮、芝麻以外的所有调味料	100
		其他药草	除豆瓣菜、韭菜、欧芹、芹菜以外的所有药草	100
292	丙基喜乐松 Iprobenfos	谷粮	稻	200
293	异菌脲 Iprodione	谷粮	稻	3 000
			小麦、大麦、黑麦、玉米、荞麦、其他粮谷	10 000
		豆类	干大豆、豌豆、蚕豆、其他豆类	200
			干豆类	1 000
			花生	500
		薯类	马铃薯	500
			芋头、甘薯、山药、魔芋、其他薯类	100

序号	农药名称（残留标示物）	商品种类	商品名称	限量标准（μg/kg）
293	异菌脲 Iprodione	十字花科蔬菜	糖用甜菜	1 000
			甘蔗	50
			日本萝卜（根）、日本萝卜（叶）、芜菁（根）、芜菁（叶）、山葵、豆瓣菜、大白菜、甘蓝、球芽甘蓝、羽衣甘蓝、小松菜、京菜、青梗菜、花椰菜、其他十字花科蔬菜	5 000
			椰菜	25 000
		菊科蔬菜	牛蒡、婆罗门参、朝鲜蓟、苦苣、茼蒿、其他菊科蔬菜	5 000
			菊苣	1 000
			莴苣	10 000
		百合科蔬菜	洋葱	500
			葱、韭菜、芦笋、繁殖洋葱、其他百合科蔬菜	5 000
			大蒜	100
		伞状花科蔬菜	胡萝卜、欧洲防风草、欧芹、芹菜、鸭儿芹、其他伞状花科蔬菜	5 000
		茄科、葫芦科蔬菜	西红柿、茄子、其他茄科蔬菜、黄瓜、南瓜、越瓜、其他葫芦科蔬菜	5 000
			西班牙甘椒	10 000
			西瓜、其他瓜类、甜瓜	10 000
		豆类蔬菜、菇类、杂项蔬菜	菠菜、黄秋葵、姜、腰果、枝豆、未开的蘑菇、花菇、其他蘑菇	5 000
			竹笋	20 000
			豌豆	25 000
		其他蔬菜		20 000
		柑橘类水果	温州橘、夏橙、柠檬、橙、柚子、酸橙、其他柑橘类水果	10 000
		梨果、核果、浆果	苹果、日本梨、梨、温柏、枇杷、桃子、油桃、杏、日本李子、梅子、樱桃、草莓	10 000
			悬钩子	5 000
			黑莓、蔓越橘、越橘类	12 000
			蓝莓	15 000
			其他浆果	25 000
		热带及亚热带水果	葡萄	25 000
			日本柿子、香蕉、番木瓜、鳄梨、菠萝、番石榴、杧果、西番莲果、椰枣	10 000
			猕猴桃	5 000
		其他水果		5 000

第三章 日本食品安全限量标准

序号	农药名称 （残留标示物）	商品种类	商品名称	限量标准 ($\mu g/kg$)
293	异菌脲 Iprodione	油籽	葵花籽	20 000
			芝麻籽、红花籽、棉籽、菜籽、其他油籽	10 000
		坚果及种子	银杏果、栗子、美洲山核桃、杏仁、核桃、其他坚果	10 000
			咖啡豆、可可豆	50
		茶		20 000
		啤酒花		100
		其他调味料	除山葵、日本芥末、大蒜、红辣椒/辣椒粉、姜、柠檬皮、橘皮、柚皮、芝麻以外的所有调味料	20 000
		其他药草	除豆瓣菜、韭菜、欧芹、芹菜以外的所有药草	20 000
294	丙森锌 Iprovalicarb	水果	葡萄	2 000
295	氯唑磷 Isazophos	伞状花科蔬菜	胡萝卜	200
296	异柳磷 Isofenphos	谷粮	玉米	20
		豆类	花生	100
		薯类	马铃薯	100
			甘蔗	200
		十字花科蔬菜	芜菁（根）	20
			甘蓝、球芽甘蓝、青梗菜、花椰菜、椰菜、其他十字花科蔬菜	100
		百合科蔬菜	洋葱	100
		伞状花科蔬菜	芹菜、其他伞状花科蔬菜	20
		柑橘类水果	夏橙、柠檬、橙、柚子、酸橙、其他柑橘类水果	2 000
			香蕉、菜籽	20
		其他调味料	除山葵、日本芥末、大蒜、红辣椒/辣椒粉、姜、柠檬皮、橘皮、柚皮、芝麻以外的所有调味料	2 000
		其他药草	除豆瓣菜、韭菜、欧芹、芹菜以外的所有药草	100
297	稻瘟灵 Isoprothiolane	谷粮	稻	2 000
		茄科、葫芦科蔬菜	西瓜、其他瓜类	100
		柑橘类水果	温州橘、夏橙、柠檬、橙、柚子、酸橙、其他	100
		梨果、核果、浆果	苹果、日本梨、梨、温柏、枇杷、桃子、油桃、杏、日本李子、梅子、樱桃、草莓、悬钩子、黑莓、蓝莓、蔓越橘、越橘类、其他	100
		热带及亚热带水果	葡萄、日本柿子、香蕉、猕猴桃、番木瓜、鳄梨、菠萝、番石榴、杧果、西番莲果、椰枣	100
		其他水果		100

序号	农药名称（残留标示物）	商品种类	商品名称	限量标准（μg/kg）
297	稻瘟灵 Isoprothiolane	油籽	葵花籽、芝麻籽、红花籽、棉籽、菜籽、其他	100
		坚果	银杏果、栗子、美洲山核桃、杏仁、核桃、其他坚果	100
		其他调味料	除山葵、日本芥末、大蒜、红辣椒/辣椒粉、姜、柠檬皮、橘皮、柚皮、芝麻以外的所有调味料	100
298	异恶隆 Isouron	谷粮	稻、小麦、大麦、黑麦、玉米、荞麦、其他	20
		豆类	干大豆、干豆类、豌豆、蚕豆、花生、其他	20
		薯类	马铃薯、芋头、甘薯、山药、魔芋、其他	20
		十字花科蔬菜	糖用甜菜、甘蔗、日本萝卜（根）、日本萝卜（叶）、芜菁（根）、芜菁（叶）、山葵、豆瓣菜、大白菜、甘蓝、球芽甘蓝、羽衣甘蓝、小松菜、京菜、青梗菜、花椰菜、椰菜、其他	20
		菊科蔬菜	牛蒡、婆罗门参、朝鲜蓟、苦苣、菊苣、茼蒿、莴苣、其他	20
		百合科蔬菜	洋葱、葱、大蒜、韭菜、芦笋、繁殖洋葱、其他	20
		伞状花科蔬菜	胡萝卜、欧洲防风草、欧芹、芹菜、鸭儿芹、其他	20
		茄科、葫芦科蔬菜	西红柿、西班牙甘椒、茄子、其他茄科蔬菜、黄瓜、南瓜、越瓜、西瓜、其他瓜类、甜瓜、其他	20
		豆类蔬菜、菇类、杂项蔬菜	菠菜、竹笋、黄秋葵、姜、豌豆、腰果、枝豆、未开的蘑菇、花菇、其他蘑菇	20
		其他蔬菜		20
		柑橘类水果	温州橘、夏橙、柠檬、橙、柚子、酸橙、其他	20
		梨果、核果、浆果	苹果、日本梨、梨、温柏、枇杷、桃子、油桃、杏、日本李子、梅子、樱桃、草莓、悬钩子、黑莓、蓝莓、蔓越橘、越橘类、其他	20
		热带及亚热带水果	葡萄、日本柿子、香蕉、猕猴桃、番木瓜、鳄梨、菠萝、番石榴、杧果、西番莲果、椰枣	20
		其他水果		20
		油籽	葵花籽、芝麻籽、红花籽、棉籽、菜籽、其他	20
		坚果及种子	银杏果、栗子、美洲山核桃、杏仁、核桃、咖啡豆、可可豆、其他	20
		茶、啤酒花		20
		其他调味料	除山葵、日本芥末、大蒜、红辣椒/辣椒粉、姜、柠檬皮、橘皮、柚皮、芝麻以外的所有调味料	20
		其他药草	除豆瓣菜、韭菜、欧芹、芹菜以外的所有药草	20
299	双苯恶唑酸 Isoxadifen-ethyl	谷粮	稻	100
			玉米	90

第三章 日本食品安全限量标准

序号	农药名称（残留标示物）	商品种类	商品名称	限量标准（μg/kg）
300	异恶氟草 Isoxaflutole	谷粮	稻、小麦、大麦、黑麦、荞麦、其他粮谷	50
			玉米	100
		豆类	其他豆类（除大豆、小豆、豌豆、蚕豆、落花生及调味料以外的豆类）	30
		十字花科蔬菜	甘蔗	10
		其他调味料	除山葵、日本芥末、大蒜、红辣椒/辣椒粉、姜、柠檬皮、橘皮、柚皮、芝麻以外的所有调味料	30
301	恶唑磷 Isoxathion	谷粮	小麦、大麦、黑麦、玉米、荞麦、其他	20
			稻	200
		豆类	干大豆、干豆类、豌豆、蚕豆、花生、其他	50
		薯类	马铃薯、芋头、甘薯、山药、魔芋、其他	50
		十字花科蔬菜	日本萝卜（根）、日本萝卜（叶）、芜菁（根）、芜菁（叶）、山葵、豆瓣菜、大白菜、甘蓝、球芽甘蓝、羽衣甘蓝、小松菜、京菜、青梗菜、花椰菜、椰菜、其他	100
			甘蔗	50
		菊科蔬菜	牛蒡、婆罗门参、朝鲜蓟、苦苣、菊苣、茼蒿、莴苣、其他	100
		百合科蔬菜	洋葱、葱、大蒜、韭菜、芦笋、繁殖洋葱、其他	100
		伞状花科蔬菜	胡萝卜、欧洲防风草、欧芹、芹菜、鸭儿芹、其他	100
		茄科、葫芦科蔬菜	西红柿、西班牙甘椒、茄子、其他茄科蔬菜、黄瓜、南瓜、越瓜、其他	100
			西瓜、其他瓜类、甜瓜	200
		豆类蔬菜、菇类、杂项蔬菜	菠菜、竹笋、黄秋葵、姜、豌豆、腰果、枝豆、未开的蘑菇、花菇、其他蘑菇	100
		其他蔬菜		100
		柑橘类水果	温州橘、夏橙、柠檬、橙、柚子、酸橙、其他	200
		梨果、核果、浆果	苹果、日本梨、梨、温柏、枇杷、桃子、油桃、杏、日本李子、梅子、樱桃、草莓、悬钩子、黑莓、蓝莓、蔓越橘、越橘类、其他	200
		热带及亚热带水果	葡萄、日本柿子、香蕉、猕猴桃、番木瓜、鳄梨、菠萝、番石榴、杧果、西番莲果、椰枣	200
		其他水果		200
		油籽	葵花籽、芝麻籽、红花籽、棉籽、菜籽、其他	200
		坚果	银杏果、栗子、美洲山核桃、杏仁、核桃、其他	200
		茶		5 000
		其他调味料	除山葵、日本芥末、大蒜、红辣椒/辣椒粉、姜、柠檬皮、橘皮、柚皮、芝麻以外的所有调味料	200
		其他药草	除豆瓣菜、韭菜、欧芹、芹菜以外的所有药草	100

· 447 ·

序号	农药名称（残留标示物）	商品种类	商品名称	限量标准（μg/kg）
302	春雷霉素 Kasugamycin	谷粮	稻	40
		豆类	干豆类、豌豆	40
		薯类	马铃薯	40
		十字花科蔬菜	糖用甜菜	50
			日本萝卜（根）、日本萝卜（叶）、大白菜、甘蓝、椰菜、其他十字花科蔬菜	40
		菊科蔬菜	牛蒡、莴苣	40
		百合科蔬菜	洋葱、葱、大蒜	40
		伞状花科蔬菜	胡萝卜、芹菜	40
		茄科、葫芦科蔬菜	西红柿	30
			西班牙甘椒、其他瓜类	40
			黄瓜、西瓜	50
		柑橘类水果	温州橘、夏橙、柠檬、橙、柚子、酸橙、其他柑橘类水果	50
		梨果、核果、浆果	日本梨、梨、枇杷、桃子、梅子	40
		热带及亚热带水果	猕猴桃	40
		茶		40
		其他调味料	除山葵、日本芥末、大蒜、红辣椒/辣椒粉、姜、柠檬皮、橘皮、柚皮、芝麻以外的所有调味料	50
		其他药草	除豆瓣菜、韭菜、欧芹、芹菜以外的所有药草	40
303	亚胺菌 Kresoxim-methyl	谷粮	稻	50
			小麦	100
			大麦、黑麦、玉米、荞麦、其他粮谷	5 000
		豆类	干大豆、花生、其他豆类	100
			干豆类、豌豆、蚕豆	50
		薯类	马铃薯、芋头、甘薯、山药、魔芋、其他薯类	100
		十字花科蔬菜	糖用甜菜	100
			日本萝卜（根）、芜菁（根）、山葵	300
			日本萝卜（叶）、芜菁（叶）、豆瓣菜、球芽甘蓝、羽衣甘蓝、小松菜、京菜、青梗菜、花椰菜、椰菜、其他十字花科蔬菜	30 000
			大白菜、甘蓝	2 000
		菊科蔬菜	牛蒡、婆罗门参、朝鲜蓟、苦苣、菊苣、茼蒿、莴苣、其他菊科蔬菜	30 000

序号	农药名称（残留标示物）	商品种类	商品名称	限量标准（μg/kg）
303	亚胺菌 Kresoxim-methyl	百合科蔬菜	洋葱	100
			葱、繁殖洋葱	2 000
			大蒜、韭菜、芦笋、其他百合科蔬菜	30 000
		伞状花科蔬菜	胡萝卜、欧洲防风草	300
			欧芹、芹菜、鸭儿芹、其他伞状花科蔬菜	30 000
		茄科、葫芦科蔬菜	西红柿、茄子、其他茄科蔬菜、越瓜、其他葫芦科蔬菜	3 000
			西班牙甘椒	2 000
			黄瓜、南瓜	500
			西瓜、其他瓜类、甜瓜	1 000
		豆类蔬菜、菇类、杂项蔬菜	菠菜	30 000
			竹笋、姜	300
			黄秋葵	2 000
			豌豆、腰果、枝豆、未开的蘑菇、花菇、其他蘑菇	50
		其他蔬菜		30 000
		柑橘类水果	温州橘	2 000
			夏橙、柠檬、橙、柚子、酸橙、其他柑橘类水果	10 000
		梨果、核果、浆果	苹果、日本梨、梨、油桃、梅子、草莓	5 000
			温柏、枇杷	200
			桃子	1 000
			杏、日本李子、樱桃、悬钩子、黑莓、蓝莓、蔓越橘、越橘类、其他浆果	20 000
		热带及亚热带水果	葡萄	20 000
			日本柿子、香蕉、番木瓜、鳄梨、菠萝、番石榴、杧果、西番莲果	5 000
			猕猴桃	1 000
			椰枣	20 000
		其他水果		20 000
		油籽	葵花籽、芝麻籽、红花籽、棉籽、菜籽、其他油籽	100
		坚果	银杏果、栗子、美洲山核桃、杏仁、核桃、其他坚果	100
		茶		15 000
		啤酒花		100
		其他调味料	除山葵、日本芥末、大蒜、红辣椒/辣椒粉、姜、柠檬皮、橘皮、柚皮、芝麻以外的所有调味料	30 000
		其他药草	除豆瓣菜、韭菜、欧芹、芹菜以外的所有药草	30 000

序号	农药名称 （残留标示物）	商品种类	商品名称	限量标准 （μg/kg）
304	乳氟禾草灵 Lactofen	豆类	干大豆	50
			花生	10
		豆类蔬菜、菇类、杂项蔬菜	腰果、枝豆	50
		其他蔬菜		50
		油籽	棉籽	10
		其他调味料	除山葵、日本芥末、大蒜、红辣椒/辣椒粉、姜、柠檬皮、橘皮、柚皮、芝麻以外的所有调味料	50
		其他药草	除豆瓣菜、韭菜、欧芹、芹菜以外的所有药草	50
305	林丹 Lindane	谷粮	小麦、大麦、黑麦、荞麦、其他	10
			稻、玉米	300
		豆类	干大豆、干豆类、豌豆、蚕豆、其他	1 000
			花生	30
		薯类	马铃薯、芋头、甘薯、山药、魔芋、其他	1 000
		十字花科蔬菜	糖用甜菜、日本萝卜（根）、日本萝卜（叶）、芜菁（根）、芜菁（叶）、山葵、豆瓣菜、大白菜、小松菜、京菜、青梗菜	1 000
			甘蔗	2
			甘蓝、球芽甘蓝、羽衣甘蓝、花椰菜、椰菜、其他	2 000
		菊科蔬菜	牛蒡、婆罗门参、朝鲜蓟、苦苣、菊苣、茼蒿、其他	1 000
			莴苣	2 000
		百合科蔬菜	葱、大蒜、韭菜、繁殖洋葱、其他	1 000
			洋葱、芦笋	2 000
		伞状花科蔬菜	胡萝卜、欧洲防风草、其他	1 000
			欧芹、鸭儿芹	10
			芹菜	2 000
		茄科、葫芦科蔬菜	西红柿、西班牙甘椒、茄子、其他茄科蔬菜、黄瓜、南瓜、越瓜、西瓜、其他瓜类、甜瓜、其他	2 000
		豆类蔬菜、菇类、杂项蔬菜	竹笋、豌豆、腰果、枝豆、花菇、其他蘑菇	1 000
			姜	10
			菠菜、黄秋葵、未开的蘑菇	2 000
		其他蔬菜		2 000
		柑橘类水果	温州橘、夏橙、柠檬、橙、柚子、酸橙、其他	300
		梨果、核果、浆果	梨、温柏、油桃、杏、日本李子、樱桃	1 000
			日本梨、枇杷、梅子、悬钩子、黑莓、蓝莓、越橘类、其他	300
			苹果、桃子、草莓、蔓越橘	2 000

序号	农药名称（残留标示物）	商品种类	商品名称	限量标准（μg/kg）
305	林丹 Lindane	热带及亚热带水果	葡萄、鳄梨、菠萝、番石榴、杧果	1 000
			日本柿子、香蕉、猕猴桃、番木瓜、西番莲果、椰枣	300
		其他水果		1 000
		油籽	葵花籽、芝麻籽、红花籽、棉籽、菜籽、其他	30
		坚果及种子	银杏果、栗子、美洲山核桃、杏仁、核桃	10
			其他	30
			咖啡豆、可可豆	2
		茶、啤酒花		50
		其他调味料	除山葵、日本芥末、大蒜、红辣椒/辣椒粉、姜、柠檬皮、橘皮、柚皮、芝麻以外的所有调味料	2 000
		其他药草	除豆瓣菜、韭菜、欧芹、芹菜以外的所有药草	2 000
306	利谷隆 Linuron	谷粮	稻、大麦、黑麦、荞麦、其他	100
			小麦、玉米	200
		豆类	干大豆、干豆类、豌豆、蚕豆、花生、其他	500
		薯类	马铃薯、芋头、甘薯、山药、魔芋、其他	100
		十字花科蔬菜	日本萝卜（根）、日本萝卜（叶）、芜菁（根）、芜菁（叶）、山葵、豆瓣菜、大白菜、甘蓝、球芽甘蓝、羽衣甘蓝、小松菜、京菜、青梗菜、花椰菜、椰菜、其他	200
			糖用甜菜	50
			甘蔗	20
		菊科蔬菜	牛蒡、婆罗门参、朝鲜蓟、苦苣、菊苣、茼蒿、莴苣、其他	200
		百合科蔬菜	洋葱、葱、大蒜、韭菜、芦笋、繁殖洋葱、其他	200
		伞状花科蔬菜	胡萝卜、欧洲防风草、欧芹、芹菜、鸭儿芹、其他	200
		茄科、葫芦科蔬菜	西红柿、西班牙甘椒、茄子、其他茄科蔬菜、黄瓜、南瓜、越瓜、西瓜、其他瓜类、甜瓜、其他	200
		豆类蔬菜、菇类、杂项蔬菜	菠菜、竹笋、黄秋葵、姜、豌豆、腰果、枝豆、未开的蘑菇、花菇、其他蘑菇	200
		其他蔬菜		200
		柑橘类水果	温州橘、夏橙、柠檬、橙、柚子、酸橙、其他	200
		梨果、核果、浆果	苹果、日本梨、梨、温柏、枇杷、桃子、油桃、杏、日本李子、梅子、樱桃、草莓、悬钩子、黑莓、蓝莓、蔓越橘、越橘类、其他	200
		热带及亚热带水果	葡萄、日本柿子、香蕉、猕猴桃、番木瓜、鳄梨、菠萝、番石榴、杧果、西番莲果、椰枣	200
		其他		200
		油籽	葵花籽、芝麻籽、红花籽、棉籽、菜籽、其他	200

序号	农药名称 (残留标示物)	商品种类	商品名称	限量标准 ($\mu g/kg$)
306	利谷隆 Linuron	坚果及种子	银杏果、栗子、美洲山核桃、杏仁、核桃、其他	200
			咖啡豆、可可豆	20
		茶、啤酒花		20
		其他调味料	除山葵、日本芥末、大蒜、红辣椒/辣椒粉、姜、柠檬皮、橘皮、柚子、芝麻以外的所有调味料	500
		其他药草	除豆瓣菜、韭菜、欧芹、芹菜以外的所有药草	200
307	氟丙氧脲 Lufenuron	谷粮	稻、小麦、大麦、黑麦、玉米、荞麦、其他粮谷	20
		豆类	干大豆、干豆类、豌豆、蚕豆、花生、其他豆类	20
		薯类	马铃薯、芋头、山药、魔芋、其他薯类	20
			甘薯	50
		十字花科蔬菜	糖用甜菜	200
			甘蔗、芜菁（根）、芜菁（叶）、山葵、豆瓣菜、球芽甘蓝、羽衣甘蓝、小松菜、京菜、青梗菜、花椰菜、椰菜、其他十字花科蔬菜	20
			日本萝卜（根）	50
			日本萝卜（叶）	3 000
			大白菜、甘蓝	1 000
		菊科蔬菜	牛蒡、婆罗门参、朝鲜蓟菊、莴菊、茼蒿、莴苣、其他菊科蔬菜	20
		百合科蔬菜	葱、繁殖洋葱	3 000
			洋葱、大蒜、韭菜、芦笋、其他百合科蔬菜	20
		伞状花科蔬菜	胡萝卜、欧洲防风草、欧芹、芹菜、鸭儿芹、其他伞状花科蔬菜	20
		茄科、葫芦科蔬菜	西红柿、茄子	500
			西班牙甘椒	1 000
			黄瓜、南瓜、越瓜、西瓜、其他瓜类、甜瓜、其他葫芦科蔬菜、其他茄科蔬菜	20
		豆类蔬菜、菇类、杂项蔬菜	菠菜、竹笋、黄秋葵、姜、豌豆、腰果、枝豆、未开的蘑菇、花菇、其他蘑菇	20
		其他蔬菜		20
		柑橘类水果	温州橘、夏橙、柠檬橙、柚子、酸橙、其他柑橘类水果	300
		梨果、核果、浆果	苹果、草莓	1 000
			日本梨、梨	500
			温柏、枇杷、桃子、油桃、杏、日本李子、梅子、樱桃、悬钩子、黑莓、蓝莓、蔓越橘、越橘类、其他浆果	20

序号	农药名称（残留标示物）	商品种类	商品名称	限量标准（μg/kg）
307	氟丙氧脲 Lufenuron	热带及亚热带水果	葡萄	1 000
			日本柿子、香蕉、猕猴桃、番木瓜、鳄梨、菠萝番、石榴、杧果、西番、莲果、椰枣	20
		其他水果		20
		油籽	葵花籽、菜籽、芝麻籽、红花籽、其他油籽	20
			棉籽	200
		坚果及种子	银杏果、栗子、美洲山核桃、杏仁核桃、咖啡豆、可可豆、其他坚果	20
		茶		10 000
		啤酒花		20
		其他调味料	除山葵、日本芥末、大蒜、红辣椒/辣椒粉、姜、柠檬皮、橘皮、柚皮、芝麻以外的所有调味料	300
		其他药草	除豆瓣菜、韭菜、欧芹、芹菜以外的所有药草	20
308	马拉硫磷 Malathion	谷粮	稻	100
			小麦	8 000
			大麦、黑麦、玉米、荞麦、其他粮谷	2 000
		豆类	干大豆、干豆类、豌豆、蚕豆	500
			花生、其他豆类	8 000
		薯类	马铃薯、芋头、甘薯、山药、魔芋、其他薯类	500
		十字花科蔬菜	糖用甜菜、甘蔗、日本萝卜（根）、日本萝卜（叶）、芜菁（根）、芜菁（叶）、山葵	500
			豆瓣菜	6 000
			大白菜、甘蓝、球芽甘蓝、羽衣甘蓝、小松菜、京菜、青梗菜、花椰菜、椰菜、其他十字花科蔬菜	2 000
		菊科蔬菜	牛蒡、婆罗门参	500
			朝鲜蓟、菊苣	8 000
			茼蒿、莴苣、其他菊科蔬菜	2 000
		百合科蔬菜	洋葱、葱、大蒜、芦笋、繁殖洋葱	8 000
			韭菜、其他百合科蔬菜	2 000
		伞状花科蔬菜	胡萝卜、欧洲防风草	500
			欧芹、芹菜、鸭儿芹、其他伞状花科蔬菜	2 000
		茄科、葫芦科蔬菜	西红柿、西班牙甘椒、茄子、黄瓜	500
			其他茄科蔬菜、越瓜、其他葫芦科蔬菜	2 000
			南瓜、西瓜、其他瓜类、甜瓜	8 000

序号	农药名称（残留标示物）	商品种类	商品名称	限量标准（μg/kg）
308	马拉硫磷 Malathion	豆类蔬菜、菇类、杂项蔬菜	菠菜、竹笋、腰果、枝豆	2 000
			花菇、其他蘑菇	4 000
			黄秋葵、未开的蘑菇	8 000
			姜、豌豆	500
		其他蔬菜		2 000
		柑橘类水果	温州橘、夏橙、柠檬	500
			橙、柚子、酸橙、其他柑橘类水果	4 000
		梨果、核果、浆果	苹果、日本梨、梨、桃子、草莓、蓝莓、	500
			日本李子、樱桃	6 000
			温柏、油桃、杏、悬钩子、黑莓、蔓越橘、其他浆果	8 000
			枇杷、梅子、越橘类	2 000
		热带及亚热带水果	葡萄、鳄梨、菠萝、番石榴、杧果、西番莲果、椰枣、	8 000
			日本柿子	500
			香蕉、猕猴桃	2 000
			番木瓜	1 000
		其他水果		2 000
		油籽	葵花籽	8 000
			芝麻籽、菜籽	500
			红花籽	200
			棉籽	2 000
			其他油籽（除芝麻籽、向日葵籽、红花籽、棉籽、菜籽以外的所有油籽）	100
		坚果及种子	银杏果、栗子、美洲山核桃、杏仁、核桃、其他坚果	8 000
			咖啡豆、可可豆	500
		茶		500
		啤酒花		1 000
		其他调味料	除山葵、日本芥末、大蒜、红辣椒/辣椒粉、姜、柠檬皮、橘皮、柚皮、芝麻以外的所有调味料	8 000
		其他药草	除豆瓣菜、韭菜、欧芹、芹菜以外的所有药草	2 000
309	抑芽丹 Maleic hydrazide	谷粮	稻、小麦、大麦、黑麦、荞麦、其他粮谷	200
			玉米	1 000
		豆类	干大豆	1 000
			干豆类、豌豆、蚕豆、花生其他豆类	200

第三章 日本食品安全限量标准

序号	农药名称 (残留标示物)	商品种类	商品名称	限量标准 (μg/kg)
309	抑芽丹 Maleic hydrazide	薯类	马铃薯	50 000
			芋头、山药、魔芋、其他薯类	200
			甘薯	10 000
		十字花科蔬菜	糖用甜菜	15 000
			甘蔗、日本萝卜（根）、日本萝卜（叶）、芜菁（叶）、山葵、豆瓣菜、大白菜、甘蓝、球芽甘蓝、羽衣甘蓝、小松菜、京菜、青梗菜、花椰菜、椰菜、其他十字花科蔬菜	200
			芜菁（根）	30 000
		菊科蔬菜	牛蒡、婆罗门参、朝鲜蓟、菊苣、茼蒿、莴苣、其他菊科蔬菜	200
		百合科蔬菜	洋葱	20 000
			葱	200
			大蒜	50 000
			韭菜、芦笋、其他百合科蔬菜	10 000
			繁殖洋葱	15 000
		伞状花科蔬菜	胡萝卜、欧洲防风草	30 000
			欧芹、芹菜、鸭儿芹、其他伞状花科蔬菜	200
		葫芦科蔬菜	西红柿、西班牙甘椒、茄子、其他茄科蔬菜、黄瓜、南瓜、越瓜、西瓜、其他瓜类、甜瓜、其他葫芦科蔬菜	200
		豆类蔬菜、菇类、杂项蔬菜	菠菜	25 000
			竹笋	30 000
			黄秋葵、姜、豌豆、腰果、枝豆、未开的蘑菇、花菇、其他蘑菇	200
		其他蔬菜		30 000
		柑橘类水果	温州橘	35 000
			夏橙、其他柑橘类水果	40 000
			柠檬、柚子、酸橙	200
			橙	15 000
		梨果、核果、浆果	苹果、日本梨、梨、温柏、枇杷、桃子、油桃、杏、日本李子、梅子、樱桃、草莓、悬钩子、黑莓、蓝莓、蔓越橘、越橘类、其他浆果	200
		热带及亚热带水果	葡萄	25 000
			日本柿子、香蕉、番木瓜、鳄梨、番石榴、杧果、西番莲果、椰枣	200
			菠萝	15 000
			猕猴桃	20 000
		其他水果		200

序号	农药名称 （残留标示物）	商品种类	商品名称	限量标准 （μg/kg）
309	抑芽丹 Maleic hydrazide	油籽	葵花籽、芝麻籽、红花籽、棉籽、菜籽、其他油籽	200
		坚果及种子	银杏果、栗子、美洲山核桃、杏仁、核桃、咖啡豆、可可豆、其他坚果	200
		茶、啤酒花		200
		其他调味料	除山葵、日本芥末、大蒜、红辣椒/辣椒粉、姜、柠檬皮、橘皮、柚皮、芝麻以外的所有调味料	40 000
		其他药草	除豆瓣菜、韭菜、欧芹、芹菜以外的所有药草	30 000
310	二甲四氯 MCPA	谷粮	稻、小麦、大麦、黑麦、玉米、其他粮谷	100
			荞麦	20
		豆类	干大豆、干豆类、豌豆、蚕豆、花生、其他豆类	100
		豆类蔬菜、菇类、杂项蔬菜	豌豆、腰果、枝豆	
		其他蔬菜		100
		柑橘类水果	夏橙、柠檬、橙、柚子、酸橙、其他柑橘类水果	1 000
		梨果、核果、浆果	苹果	100
			梨、草莓	50
		热带及亚热带水果	葡萄	100
		油籽	其他油籽（除芝麻籽、向日葵籽、红花籽、棉籽、菜籽以外的所有油籽）	100
		其他调味料	除山葵、日本芥末、大蒜、红辣椒/辣椒粉、姜、柠檬皮、橘皮、柚皮、芝麻以外的所有调味料	1 000
		其他药草	除豆瓣菜、韭菜、欧芹、芹菜以外的所有药草	100
311	二甲四氯丁酸 MCPB	谷粮	小麦、大麦、黑麦、玉米、荞麦、其他粮谷	20
			稻	100
		豆类	干大豆、干豆类、蚕豆	20
			豌豆、其他豆类	60
		茄科、葫芦科蔬菜	西瓜、其他瓜类、甜瓜	200
		豆类蔬菜	豌豆、腰果、枝豆	60
		其他蔬菜		60
		柑橘类水果	温州橘、夏橙、柠檬、橙、柚子、酸橙、其他柑橘类水果	200
		梨果、核果、浆果	苹果、日本梨、梨、温柏、枇杷、桃子、油桃、杏、日本李子、梅子、樱桃、草莓、悬钩子、黑莓、蓝莓、蔓越橘、越橘类、其他浆果	200
		热带及亚热带水果	葡萄、日本柿子、香蕉、猕猴桃、番木瓜、鳄梨、菠萝、番石榴、杧果、西番莲果、椰枣	200
		其他水果		200
		油籽	葵花籽、芝麻籽、红花籽、棉籽、菜籽、其他油籽	200

序号	农药名称 （残留标示物）	商品种类	商品名称	限量标准 （μg/kg）
311	二甲四氯丁酸 MCPB	坚果	银杏果、栗子、美洲山核桃、杏仁、核桃、其他坚果	200
		其他调味料	除山葵、日本芥末、大蒜、红辣椒/辣椒粉、姜、柠檬皮、橘皮、柚皮、芝麻以外的所有调味料	200
		其他药草	除豆瓣菜、韭菜、欧芹、芹菜以外的所有药草	60
312	灭蚜磷 Mecarbam	谷粮	稻、小麦、大麦、黑麦、玉米、荞麦、其他粮谷	50
		豆类	干大豆、干豆类、豌豆、蚕豆、花生、其他豆类	50
		薯类	马铃薯、芋头、甘薯、山药、魔芋、其他薯类	50
		十字花科蔬菜	糖用甜菜、日本萝卜（根）、日本萝卜（叶）、芜菁（根）、芜菁（叶）、山葵、豆瓣菜、大白菜、甘蓝、球芽甘蓝、羽衣甘蓝、小松菜、京菜、青梗菜、花椰菜、椰菜、其他十字花科蔬菜	50
		菊科蔬菜	牛蒡、婆罗门参、朝鲜蓟、菊苣、茼蒿、莴苣、其他菊科蔬菜	50
		百合科蔬菜	洋葱、葱、大蒜、韭菜、芦笋、繁殖洋葱、其他百合科蔬菜	50
		伞状花科蔬菜	胡萝卜、欧洲防风草、欧芹、芹菜、鸭儿芹、其他伞状花科蔬菜	50
		茄科、葫芦科蔬菜	西红柿、西班牙青椒、茄子、其他茄科蔬菜、黄瓜、南瓜、越瓜、西瓜、其他瓜类、甜瓜、其他葫芦科蔬菜	50
		豆类蔬菜、菇类、杂项蔬菜	菠菜、竹笋、黄秋葵、姜、豌豆、腰果、枝豆、未开的蘑菇、花菇、其他蘑菇	50
		其他蔬菜		50
		柑橘类水果	温州橘、夏橙、柠檬、橙、柚子、酸橙、其他柑橘类水果	50
		梨果、核果、浆果	苹果、日本梨、梨、温柏、枇杷、桃子、油桃、杏、日本李子、梅子、樱桃、草莓、悬钩子、黑莓、蓝莓、蔓越橘、越橘类、其他浆果	50
		热带及亚热带水果	葡萄、日本柿子、香蕉、猕猴桃、番木瓜、鳄梨、菠萝、番石榴、杜果、西番莲果、椰枣	50
		其他水果		50
		油籽	葵花籽、芝麻籽、红花籽、棉籽、菜籽、其他油籽	50
		坚果	银杏果、栗子、美洲山核桃、杏仁、核桃、其他坚果	50
		茶、啤酒花		100
		其他调味料	除山葵、日本芥末、大蒜、红辣椒/辣椒粉、姜、柠檬皮、橘皮、柚皮、芝麻以外的所有调味料	50
		其他药草	除豆瓣菜、韭菜、欧芹、芹菜以外的所有药草	50
313	2甲4氯丙酸 Mecoprop	谷粮	稻、小麦、大麦、黑麦、玉米、荞麦、其他粮谷	50
314	吡咯二酸二乙酯 Mefenpyp-diethyl	谷粮	稻、黑麦、玉米、荞麦、其他粮谷	10
			小麦、大麦	30

序号	农药名称 (残留标示物)	商品种类	商品名称	限量标准 (μg/kg)
315	嘧菌胺 Mepanipyrim	豆类	干豆类、豌豆、蚕豆、花生、其他豆类	500
		百合科蔬菜	葱	10 000
		茄科、葫芦科蔬菜	西红柿、茄子、其他茄科蔬菜、南瓜、越瓜、其他葫芦科蔬菜	5 000
			黄瓜、西瓜、其他瓜类、甜瓜、	2 000
		豆类蔬菜	豌豆、腰果、枝豆	2 000
		其他蔬菜		5 000
		柑橘类水果	温州橘	200
			夏橙、柠檬、橙、柚子、酸橙、其他柑橘类水果	2 000
		梨果、核果、浆果	苹果、日本梨、梨、温柏、枇杷、桃子、油桃	2 000
			杏、日本李子、梅子、樱桃、悬钩子、黑莓、蓝莓、蔓越橘、越橘类、其他浆果	15 000
			草莓	10 000
		热带及亚热带水果	葡萄、椰枣	15 000
			日本柿子、香蕉、猕猴桃、番木瓜、鳄梨、菠萝、番石榴、杧果、西番莲果	2 000
		其他水果		15 000
		其他调味料	除山葵、日本芥末、大蒜、红辣椒/辣椒粉、姜、柠檬皮、橘皮、柚皮、芝麻以外的所有调味料	15 000
		其他药草	除豆瓣菜、韭菜、欧芹、芹菜以外的所有药草	5 000
316	缩节胺 Mepiquat chloride	谷粮	稻、小麦、大麦、黑麦、玉米、荞麦、其他粮谷	2 000
		茄科、葫芦科蔬菜	西瓜、其他瓜类、甜瓜	2 000
		柑橘类水果	温州橘、夏橙、柠檬、橙、柚子、酸橙、其他柑橘类水果	2 000
		梨果、核果、浆果	苹果、日本梨、梨、温柏、枇杷、桃子、油桃、杏、日本李子、梅子、樱桃、草莓、悬钩子、黑莓、蓝莓、蔓越橘、越橘类、其他浆果	2 000
		热带及亚热带水果	葡萄、日本柿子、香蕉、猕猴桃、番木瓜、鳄梨、菠萝、番石榴、杧果、西番莲果、椰枣	2 000
		其他水果		2 000
		油籽	葵花籽、芝麻籽、红花籽、棉籽、菜籽、其他油籽	2 000
		坚果	银杏果、栗子、美洲山核桃、杏仁、核桃、其他坚果	2 000
		其他调味料	除山葵、日本芥末、大蒜、红辣椒/辣椒粉、姜、柠檬皮、橘皮、柚皮、芝麻以外的所有调味料	2 000
317	甲磺胺磺隆 Mesosulfuron-methyl	谷粮	小麦	30

第三章 日本食品安全限量标准

序号	农药名称 (残留标示物)	商品种类	商品名称	限量标准 (μg/kg)
318	硝磺酮 Mesotrione	谷粮	玉米	10
		柑橘类水果	蔓越橘	10
319	精甲霜灵 Metalaxyl, Mefenoxam	谷粮	稻	100
			小麦、大麦、黑麦、玉米、荞麦、其他粮谷	50
		豆类	干大豆	50
			干豆类、豌豆、蚕豆、花生、其他豆类	100
		薯类	马铃薯	300
			芋头、甘薯、山药、魔芋、其他薯类	500
			糖用甜菜	50
			甘蔗	100
		十字花科蔬菜	日本萝卜(根)、日本萝卜(叶)、芜菁(根)、芜菁(叶)、山葵、豆瓣菜、大白菜、羽衣甘蓝、小松菜、京菜、青梗菜、其他十字花科蔬菜	2 000
			甘蓝、花椰菜、椰菜	500
			球芽甘蓝	200
		菊科蔬菜	牛蒡、婆罗门参、朝鲜蓟、菊苣、茼蒿、莴苣、其他菊科蔬菜	2 000
		百合科蔬菜	洋葱、葱、大蒜、韭菜、繁殖洋葱、其他百合科蔬菜	2 000
			芦笋	50
		伞状花科蔬菜	胡萝卜	50
			欧洲防风草、欧芹、芹菜、鸭儿芹、其他伞状花科蔬菜	2 000
		茄科、葫芦科蔬菜	西红柿、其他瓜类	1 000
			西班牙甘椒、茄子、其他茄科蔬菜、黄瓜、南瓜、越瓜、其他葫芦科蔬菜	2 000
			西瓜、甜瓜	200
		豆类蔬菜、菇类、杂项蔬菜	菠菜、竹笋、黄秋葵、姜、腰果、枝豆、未开的蘑菇、花菇、其他蘑菇	2 000
			豌豆	50
		其他蔬菜		2 000
		柑橘类水果	温州橘、夏橙、柠檬、橙、柚子、酸橙、其他柑橘类水果	1 000
		梨果、核果、浆果	苹果、日本梨、梨、温柏、枇杷、桃子、油桃、杏、日本李子、梅子、樱桃、草莓、黑莓、蓝莓、蔓越橘、越橘类、其他浆果	1 000
			悬钩子	200
		热带及亚热带水果	葡萄、日本柿子、香蕉、猕猴桃、番木瓜、菠萝、番石榴、杧果、西番莲果、椰枣	1 000
			鳄梨	200

459

序号	农药名称（残留标示物）	商品种类	商品名称	限量标准（μg/kg）
319	精甲霜灵 Metalaxyl, Mefenoxam	其他水果		1 000
		油籽	葵花籽、棉籽	50
			芝麻籽、红花籽、菜籽、其他油籽	1 000
		坚果及种子	银杏果、栗子、美洲山核桃、杏仁、核桃、其他坚果	1 000
			可可豆	200
		茶		100
		啤酒花		10 000
		其他调味料	除山葵、日本芥末、大蒜、红辣椒/辣椒粉、姜、柠檬皮、橘皮、柚皮、芝麻以外的所有调味料	2 000
		其他药草	除豆瓣菜、韭菜、欧芹、芹菜以外的所有药草	2 000
320	四聚乙醛 Metaldehyde	谷粮	玉米	1 000
		豆类	干大豆、干豆类、豌豆、蚕豆、其他豆类	1 000
		薯类	马铃薯、芋头、甘薯、山药、魔芋、其他薯类	1 000
		十字花科蔬菜	糖用甜菜、日本萝卜（根）、日本萝卜（叶）、芜菁（根）、芜菁（叶）、山葵、豆瓣菜、大白菜、甘蓝、球芽甘蓝、羽衣甘蓝、小松菜、京菜、青梗菜、花椰菜、椰菜、其他十字花科蔬菜	1 000
		菊科蔬菜	牛蒡、婆罗门参、朝鲜蓟、菊苣、茼蒿、莴苣、其他菊科蔬菜	1 000
		百合科蔬菜	洋葱、葱、大蒜、韭菜、芦笋、繁殖洋葱、其他百合科蔬菜	1 000
		伞状花科蔬菜	胡萝卜、欧洲防风草、欧芹、芹菜、鸭儿芹、其他伞状花科蔬菜	1 000
		茄科、葫芦科蔬菜	西红柿、西班牙甘椒、茄子、其他茄科蔬菜、黄瓜、南瓜、越瓜、西瓜、其他瓜类、甜瓜、其他葫芦科蔬菜	1 000
		豆类蔬菜、菇类、杂项蔬菜	菠菜、竹笋、黄秋葵、姜、豌豆、腰果、枝豆、未开的蘑菇、花菇、其他蘑菇	1 000
		其他蔬菜		1 000
		柑橘类水果	温州橘、夏橙、柠檬、橙、柚子、酸橙、其他柑橘类水果	1 000
		梨果、核果、浆果	苹果、日本梨、梨、温柏、枇杷、桃子、油桃、杏、日本李子、梅子、樱桃、草莓、悬钩子、黑莓、蓝莓、蔓越橘、越橘类、其他浆果	1 000
		热带及亚热带水果	葡萄、日本柿子、香蕉、猕猴桃、番木瓜、鳄梨、菠萝、番石榴、杧果、西番莲果、椰枣	1 000
		其他水果		1 000
		其他调味料	除山葵、日本芥末、大蒜、红辣椒/辣椒粉、姜、柠檬皮、橘皮、柚皮、芝麻以外的所有调味料	1 000
		其他药草	除豆瓣菜、韭菜、欧芹、芹菜以外的所有药草	1 000

序号	农药名称（残留标示物）	商品种类	商品名称	限量标准（μg/kg）
321	苯桥蒽 Metamitron	十字花科蔬菜	糖用甜菜	100
322	甲草苯隆 Methabenzthiazuron	谷粮	稻	50
			小麦、大麦、黑麦、玉米、荞麦、其他粮谷	100
		豆类	干大豆、干豆类、蚕豆	50
			豌豆	100
		薯类	马铃薯	100
		菊科蔬菜	朝鲜蓟	50
		百合科蔬菜	洋葱、葱	50
			大蒜	100
		茄科、葫芦科蔬菜	西红柿	50
		梨果、核果、浆果	桃子、油桃、杏、日本李子、梅子、樱桃	50
		其他水果	葡萄	100
		油籽	棉籽	100
		坚果	其他坚果	50
323	乙丁烯酰磷 Methacrifos	谷粮	稻、小麦、大麦、黑麦、玉米、荞麦、其他粮谷	50
		豆类	干大豆、干豆类、蚕豆、花生	50
			豌豆、其他豆类	3 000
		薯类	马铃薯、芋头、甘薯、山药、魔芋、其他薯类	50
		十字花科蔬菜	糖用甜菜、日本萝卜（根）、日本萝卜（叶）、芜菁（根）、芜菁（叶）、山葵、豆瓣菜、大白菜、甘蓝、球芽甘蓝、羽衣甘蓝、小松菜、京菜、青梗菜、花椰菜、椰菜、其他十字花科蔬菜	50
		菊科蔬菜	牛蒡、婆罗门参、朝鲜蓟、菊苣、茼蒿、莴苣、其他菊科蔬菜	50
		百合科蔬菜	洋葱、葱、大蒜、韭菜、芦笋、繁殖洋葱、其他百合科蔬菜	50
		伞状花科蔬菜	胡萝卜、欧洲防风草、欧芹、芹菜、鸭儿芹、其他伞状花科蔬菜	50
		茄科、葫芦科蔬菜	西红柿、西班牙甘椒、茄子、其他茄科蔬菜、黄瓜、南瓜、越瓜、西瓜、其他瓜类、甜瓜、其他葫芦科蔬菜	50
		豆类蔬菜、菇类、杂项蔬菜	菠菜、竹笋、黄秋葵、姜、豌豆、腰果、枝豆、未开的蘑菇、花菇、其他蘑菇	50
		其他蔬菜		50
		柑橘类水果	温州橘、夏橙、柠檬、橙、柚子、酸橙、其他柑橘类水果	50
		梨果、核果、浆果	苹果、日本梨、梨、温柏、枇杷、桃子、油桃、杏、日本李子、梅子、樱桃、草莓、悬钩子、黑莓、蓝莓、蔓越橘、越橘类、其他浆果	50

序号	农药名称（残留标示物）	商品种类	商品名称	限量标准（μg/kg）
323	乙丁烯酰磷 Methacrifos	热带及亚热带水果	葡萄、日本柿子、香蕉、猕猴桃、番木瓜、鳄梨、菠萝、番石榴、杧果、西番莲果、椰枣	50
		其他水果		50
		油籽	葵花籽、芝麻籽、红花籽、棉籽、菜籽、其他油籽	50
		坚果	银杏果、栗子、美洲山核桃、杏仁、核桃、其他坚果	50
		茶、啤酒花		100
		其他调味料	除山葵、日本芥末、大蒜、红辣椒/辣椒粉、姜、柠檬皮、橘皮、柚皮、芝麻以外的所有调味料	3 000
		其他药草	除豆瓣菜、韭菜、欧芹、芹菜以外的所有药草	50
324	甲胺磷 Methamidophos	谷粮	稻、小麦、大麦、黑麦、荞麦、其他粮谷	10
			玉米	100
		豆类	干大豆	50
			干豆类	2 000
			豌豆	10
			蚕豆	200
			花生	100
			其他豆类	300
		薯类	马铃薯、山药	300
			芋头、甘薯、魔芋、其他薯类	10
		十字花科蔬菜	糖用甜菜	50
			日本萝卜（根）、日本萝卜（叶）、芜菁（根）、豆瓣菜、青梗菜	500
			芜菁（叶）、羽衣甘蓝、小松菜	700
			山葵	3 000
			大白菜	2 000
			甘蓝、球芽甘蓝、花椰菜、椰菜	1 000
			京菜	200
			其他十字花科蔬菜	800
		菊科蔬菜	牛蒡	50
			婆罗门参	10
			朝鲜蓟	100
			菊苣、茼蒿、其他菊科蔬菜	500
			莴苣	1 000

序号	农药名称 （残留标示物）	商品种类	商品名称	限量标准 （μg/kg）
324	甲胺磷 Methamidophos	百合科蔬菜	洋葱、韭菜、其他百合科蔬菜	300
			葱、繁殖洋葱	50
			大蒜	1 000
			芦笋	10
		伞状花科蔬菜	胡萝卜、欧洲防风草	10
			欧芹	300
			芹菜	800
			鸭儿芹	20
			其他伞状花科蔬菜	500
		茄科、葫芦科蔬菜	西红柿、西班牙甘椒、其他茄科蔬菜	2 000
			茄子、黄瓜	1 000
			南瓜、越瓜、西瓜	100
			其他瓜类、其他葫芦科蔬菜	500
			甜瓜	200
		豆类蔬菜、菇类、杂项蔬菜	菠菜、豌豆、腰果、枝豆	500
			竹笋	2 000
			黄秋葵、未开的蘑菇、花菇、其他蘑菇	100
			姜	50
		其他蔬菜		700
		柑橘类水果	温州橘、夏橙、柠檬、橙、柚子、酸橙、其他柑橘类水果	1 000
		梨果、核果、浆果	苹果、日本梨、梨、温柏、枇杷	50
			桃子	1 000
			油桃、梅子、樱桃、草莓、悬钩子、黑莓、蓝莓、越橘类、其他浆果	10
			杏	100
			日本李子、蔓越橘	300
		热带及亚热带水果	葡萄	3 000
			日本柿子	1 000
			香蕉	100
			猕猴桃、鳄梨、菠萝、番石榴、杧果、西番莲果、椰枣	10
		其他水果		100
		油籽	葵花籽、芝麻籽、红花籽、其他油籽	10
			棉籽、菜籽	100

序号	农药名称（残留标示物）	商品种类	商品名称	限量标准（μg/kg）
324	甲胺磷 Methamidophos	坚果	银杏果、栗子、美洲山核桃、杏仁、核桃、其他坚果	10
		茶、啤酒花		5 000
		其他调味料	除山葵、日本芥末、大蒜、红辣椒/辣椒粉、姜、柠檬皮、橘皮、柚皮、芝麻以外的所有调味料	2 000
		其他药草	除豆瓣菜、韭菜、欧芹、芹菜以外的所有药草	800
325	灭草定 Methazole	百合科蔬菜	洋葱	100
326	杀扑磷 Methidathion	谷粮	稻、小麦、大麦、黑麦、荞麦	20
			玉米	100
			其他粮谷	200
		豆类	干大豆、干豆类、豌豆、蚕豆、花生、其他豆类	100
		薯类	马铃薯、芋头、甘薯、山药、魔芋、其他薯类	20
		十字花科蔬菜	糖用甜菜、日本萝卜（根）	50
			日本萝卜（叶）、芜菁（根）、芜菁（叶）、山葵、豆瓣菜、大白菜、甘蓝、球芽甘蓝、羽衣甘蓝、小松菜、京菜、青梗菜、花椰菜、椰菜、其他十字花科蔬菜	100
		菊科蔬菜	牛蒡、婆罗门参、菊苣、茼蒿、莴苣、其他菊科蔬菜	100
			朝鲜蓟	50
		百合科蔬菜	洋葱、葱、大蒜、韭菜、芦笋、繁殖洋葱、其他百合科蔬菜	100
		伞状花科蔬菜	胡萝卜、欧洲防风草、欧芹、芹菜、鸭儿芹、其他伞状花科蔬菜	100
		茄科、葫芦科蔬菜	西红柿、西班牙甘椒、茄子、其他茄科蔬菜、南瓜、越瓜、其他葫芦科蔬菜	100
			黄瓜	50
			西瓜、其他瓜类、甜瓜	200
		豆类蔬菜、菇类、杂项蔬菜	菠菜、竹笋、黄秋葵、姜、豌豆、腰果、枝豆、未开的蘑菇、花菇、其他蘑菇	100
		其他蔬菜		100
		柑橘类水果	温州橘、夏橙、柠檬、橙、柚子、酸橙、其他柑橘类水果	5 000
		梨果、核果、浆果	苹果	500
			日本梨、梨	1 000
			温柏、枇杷、桃子、油桃、杏、日本李子、梅子、樱桃、草莓、悬钩子、黑莓、蓝莓、蔓越橘、越橘类、其他浆果	200
		热带及亚热带水果	葡萄、其他水果	1 000
			日本柿子、香蕉、猕猴桃、番木瓜、鳄梨、番石榴、杧果、西番莲果、椰枣	200
			菠萝	100

序号	农药名称 （残留标示物）	商品种类	商品名称	限量标准 （μg/kg）
326	杀扑磷 Methidathion	油籽	葵花籽	500
			芝麻籽、其他油籽	200
			红花籽、菜籽	100
			棉籽	1 000
		坚果及种子	银杏果、栗子	200
			美洲山核桃、杏仁、核桃、其他坚果	50
			咖啡豆	1 000
		茶		1 000
		啤酒花		5 000
		其他调味料	除山葵、日本芥末、大蒜、红辣椒/辣椒粉、姜、柠檬皮、橘皮、柚皮、芝麻以外的所有调味料	5 000
		其他药草	除豆瓣菜、韭菜、欧芹、芹菜以外的所有药草	100
327	甲硫威 Methiocarb	谷粮	稻、小麦、大麦、黑麦、玉米、荞麦、其他粮谷	50
		豆类	干大豆、干豆类、豌豆、蚕豆、花生、其他豆类	50
		薯类	马铃薯、芋头、甘薯、山药、魔芋、其他薯类	50
		十字花科蔬菜	糖用甜菜、甘蔗、日本萝卜（根）、日本萝卜（叶）、芜菁（根）、芜菁（叶）、山葵、豆瓣菜、大白菜、羽衣甘蓝、小松菜、京菜、青梗菜、其他十字花科蔬菜	50
			甘蓝、球芽甘蓝、花椰菜、椰菜	100
		菊科蔬菜	牛蒡、婆罗门参、朝鲜蓟、菊苣、茼蒿、其他菊科蔬菜	50
			莴苣	100
		百合科蔬菜	洋葱、葱、大蒜、韭菜、芦笋、繁殖洋葱、其他百合科蔬菜	50
		伞状花科蔬菜	胡萝卜、欧洲防风草、欧芹、芹菜、鸭儿芹、其他伞状花科蔬菜	50
		茄科、葫芦科蔬菜	西红柿、西班牙甘椒、茄子、其他茄科蔬菜、黄瓜、南瓜、越瓜、西瓜、其他瓜类、甜瓜、其他葫芦科蔬菜	50
		豆类蔬菜、菇类、杂项蔬菜	菠菜、竹笋、黄秋葵、姜、豌豆、腰果、枝豆、未开的蘑菇、花菇、其他蘑菇	50
		其他蔬菜		50
		柑橘类水果	温州橘	100
			夏橙、柠檬、橙、柚子、酸橙、其他柑橘类水果	50
		梨果、核果、浆果	苹果、日本梨、梨、温柏、枇杷、油桃、杏、日本李子、梅子、樱桃、草莓、悬钩子、黑莓、蓝莓、蔓越橘、越橘类、其他浆果	50
			桃子	3 000

序号	农药名称 (残留标示物)	商品种类	商品名称	限量标准 (μg/kg)
327	甲硫威 Methiocarb	热带及亚热带水果	葡萄	100
			日本柿子、香蕉、猕猴桃、番木瓜、鳄梨、菠萝、番石榴、杧果、西番莲果、椰枣	50
		其他水果		50
		油籽	菜籽	50
		坚果	其他坚果	50
		其他调味料	除山葵、日本芥末、大蒜、红辣椒/辣椒粉、姜、柠檬皮、橘皮、柚皮、芝麻以外的所有调味料	100
		其他药草	除豆瓣菜、韭菜、欧芹、芹菜以外的所有药草	50
328	灭多威、硫双威 Methomyl, Thiodicarb	谷粮	稻、小麦、大麦	500
			黑麦	300
			玉米	2 000
			荞麦	100
			其他粮谷	20
		豆类	干大豆	200
			干豆类、蚕豆、其他豆类	50
			豌豆、花生	100
		薯类	马铃薯	300
			芋头、甘薯、山药、魔芋、其他薯类	500
		十字花科蔬菜	糖用甜菜、日本萝卜(根)、芜菁(根)、山葵	500
			日本萝卜(叶)、芜菁(叶)、豆瓣菜、大白菜、球芽甘蓝、小松菜、京菜、青梗菜、花椰菜、椰菜、其他十字花科蔬菜	2 000
			甘蓝、羽衣甘蓝	5 000
		菊科蔬菜	牛蒡、婆罗门参	500
			朝鲜蓟、菊苣、茼蒿、莴苣、其他菊科蔬菜	2 000
		百合科蔬菜	洋葱	200
			葱、韭菜、芦笋、繁殖洋葱、其他百合科蔬菜	2 000
			大蒜	500
		伞状花科蔬菜	胡萝卜、欧洲防风草	500
			欧芹、芹菜、鸭儿芹、其他伞状花科蔬菜	2 000
		茄科、葫芦科蔬菜	西红柿、西班牙甘椒、其他茄科蔬菜、西瓜	1 000
			茄子、南瓜、越瓜、其他葫芦科蔬菜	500
			黄瓜、甜瓜	200
			其他瓜类	300

序号	农药名称 （残留标示物）	商品种类	商品名称	限量标准 ($\mu g/kg$)
328	灭多威、硫双威 Methomyl, Thiodicarb	豆类蔬菜、菇类、杂项蔬菜	菠菜	5 000
			竹笋、黄秋葵、姜、枝豆、未开的蘑菇、花蕈、其他蘑菇	500
			豌豆	5 000
			腰果	1 000
		其他蔬菜		5 000
		柑橘类水果	温州橘	1 000
			夏橙、柠檬、橙、柚子、酸橙、其他柑橘类水果	10 000
		梨果、核果、浆果	苹果、日本梨、梨	3 000
			油桃	200
			温柏、枇杷、桃子	2 000
			杏、日本李子、梅子、樱桃、草莓、悬钩子、黑莓、蓝莓、蔓越橘、越橘类、其他浆果	1 000
		热带及亚热带水果	葡萄	5 000
			日本柿子、香蕉、番木瓜、鳄梨、菠萝、番石榴、杧果、西番莲果	3 000
			椰枣	1 000
			猕猴桃	2 000
		其他水果		1 000
		油籽	葵花籽、芝麻籽、红花籽、其他油籽	1 000
			棉籽	200
			菜籽	50
		坚果及种子	银杏果、栗子、美洲山核桃、杏仁、核桃、咖啡豆、其他坚果	1 000
		茶		20 000
		啤酒花		8 000
		其他调味料	除山葵、日本芥末、大蒜、红辣椒/辣椒粉、姜、柠檬皮、橘皮、柚皮、芝麻以外的所有调味料	10 000
		其他药草	除豆瓣菜、韭菜、欧芹、芹菜以外的所有药草	5 000
329	烯虫酯 Methoprene	谷粮	稻、小麦、大麦、黑麦、玉米、荞麦、其他粮谷	5 000
		豆类	花生	2 000
		豆类蔬菜、菇类、杂项蔬菜	未开的蘑菇	200

序号	农药名称（残留标示物）	商品种类	商品名称	限量标准（μg/kg）
330	甲氧滴滴涕 Methoxychlor	谷粮	稻、小麦、大麦、黑麦、其他粮谷	2 000
			玉米	7 000
		豆类	干大豆	1 000
			干豆类、豌豆、蚕豆、花生、其他豆类	7 000
		薯类	马铃薯、芋头、甘薯、山药、魔芋、其他薯类	10
		十字花科蔬菜	糖用甜菜、日本萝卜（叶）、芜菁（叶）、山葵、豆瓣菜、大白菜、小松菜、京菜、青梗菜	10
			日本萝卜（根）、芜菁（根）、甘蓝、球芽甘蓝、羽衣甘蓝、花椰菜、椰菜、其他十字花科蔬菜	7 000
		菊科蔬菜	牛蒡、婆罗门参、朝鲜蓟、菊苣、茼蒿、其他菊科蔬菜	10
			莴苣	7 000
		百合科蔬菜	洋葱、葱、大蒜、韭菜、繁殖洋葱、其他百合科蔬菜	10
			芦笋	7 000
		伞状花科蔬菜	胡萝卜	7 000
			欧洲防风草、欧芹、芹菜、鸭儿芹、其他伞状花科蔬菜	10
		茄科、葫芦科蔬菜	西红柿、西班牙甘椒、茄子、其他茄科蔬菜、黄瓜、南瓜、其他瓜类	7 000
			越瓜、西瓜、甜瓜、其他葫芦科蔬菜	10
		豆类蔬菜、菇类、杂项蔬菜	菠菜、腰果、未开的蘑菇	7 000
			竹笋、黄秋葵、姜、豌豆、花菇、其他蘑菇	10
			枝豆	1 000
		其他蔬菜		7 000
		柑橘类水果	温州橘、夏橙、柠檬、橙、柚子、酸橙、其他柑橘类水果	10
		梨果、核果、浆果	苹果、日本梨、梨、温柏、桃子、油桃、杏、日本李子、樱桃、草莓、悬钩子、黑莓、蓝莓、蔓越橘、其他浆果	7 000
			枇杷、梅子、越橘类	10
		热带及亚热带水果	葡萄、菠萝	7 000
			日本柿子、香蕉、猕猴桃、鳄梨、番石榴、杧果、西番莲果、椰枣	10
		其他水果		10
		油籽	葵花籽、芝麻籽、红花籽、棉籽、菜籽、其他油籽	10
		坚果	银杏、栗子、美洲山核桃、杏仁、核桃、其他坚果	10
		茶、啤酒花		100
		其他调味料	除山葵、日本芥末、大蒜、红辣椒/辣椒粉、姜、柠檬皮、橘皮、柚皮、芝麻以外的所有调味料	7 000
		其他药草	除豆瓣菜、韭菜、欧芹、芹菜以外的所有药草	7 000

序号	农药名称（残留标示物）	商品种类	商品名称	限量标准（μg/kg）
331	甲氧虫酰肼 Methoxyfenozide	谷粮	稻	100
			玉米	50
		豆类	干大豆、豌豆、蚕豆、其他豆类	100
			干豆类	4 000
		薯类	马铃薯、芋头、甘薯、山药、魔芋、其他薯类	100
		十字花科蔬菜	糖用甜菜	100
			日本萝卜（根）、芜菁（根）、山葵	500
			日本萝卜（叶）、芜菁（叶）、豆瓣菜、球芽甘蓝、羽衣甘蓝、小松菜、京菜、青梗菜、花椰菜、椰菜、其他十字花科蔬菜	10 000
			大白菜、甘蓝	1 000
		菊科蔬菜	牛蒡、婆罗门参	500
			朝鲜蓟、菊苣、茼蒿、莴苣、其他菊科蔬菜	10 000
		百合科蔬菜	洋葱、大蒜	200
			葱、韭菜、芦笋、繁殖洋葱、其他百合科蔬菜	10 000
		伞状花科蔬菜	胡萝卜、欧洲防风草	500
			欧芹、芹菜、鸭儿芹、其他伞状花科蔬菜	10 000
		茄科、葫芦科蔬菜	西红柿、茄子、黄瓜、南瓜、越瓜、其他葫芦科蔬菜	2 000
			西班牙甘椒、其他茄科蔬菜	5 000
			西瓜、其他瓜类、甜瓜	300
		豆类蔬菜、菇类、杂项蔬菜	菠菜	10 000
			黄秋葵	5 000
			姜	100
			豌豆、腰果、枝豆	2 000
		其他蔬菜		10 000
		梨果、核果、浆果	苹果、日本梨、梨、温柏、油桃、杏、日本李子、梅子、樱桃、草莓、悬钩子、黑莓、蓝莓、蔓越橘、越橘类、其他浆果	2 000
			枇杷	1 000
			桃子	3 000
		热带及亚热带水果	葡萄、日本柿子、香蕉、番木瓜、鳄梨、菠萝、番石榴、杧果、西番莲果、椰枣	2 000
			猕猴桃	500
		其他水果		2 000

序号	农药名称（残留标示物）	商品种类	商品名称	限量标准（μg/kg）
331	甲氧虫酰肼 Methoxyfenozide	油籽	棉籽	3 000
			其他油籽（除芝麻籽、向日葵籽、红花籽、棉籽、菜籽以外的所有油籽）	10 000
		坚果	栗子、美洲山核桃、杏仁、核桃、其他坚果	100
		茶		20 000
		其他调味料	除山葵、日本芥末、大蒜、红辣椒/辣椒粉、姜、柠檬皮、橘皮、柚皮、芝麻以外的所有调味料	10 000
		其他药草	除豆瓣菜、韭菜、欧芹、芹菜以外的所有药草	10 000
332	异硫氰酸甲酯 Methyl Isothiocyanate, Dazomet, Metam	谷粮	小麦、大麦	100
		薯类	马铃薯、芋头、甘薯、山药、魔芋、其他薯类	500
			糖用甜菜	100
		十字花科蔬菜	日本萝卜（根）、日本萝卜（叶）、芜菁（根）、芜菁（叶）、山葵、豆瓣菜、大白菜、甘蓝、球芽甘蓝、羽衣甘蓝、小松菜、京菜、青梗菜、花椰菜、椰菜、其他十字花科蔬菜	500
		菊科蔬菜	牛蒡、婆罗门参、朝鲜蓟、莴苣、茼蒿、莴苣、其他菊科蔬菜	500
		百合科蔬菜	洋葱、葱、大蒜、韭菜、芦笋、繁殖洋葱、其他百合科蔬菜	500
		伞状花科蔬菜	胡萝卜、欧洲防风草、欧芹、芹菜、鸭儿芹、其他伞状花科蔬菜	500
		茄科、葫芦科蔬菜	西红柿、西班牙甘椒、茄子、其他茄科蔬菜、黄瓜、南瓜、越瓜、其他葫芦科蔬菜	500
			西瓜、其他瓜类、甜瓜	100
		豆类蔬菜、菇类、杂项蔬菜	菠菜、黄秋葵、姜、豌豆、腰果、枝豆	500
		其他蔬菜		500
		柑橘类水果	温州橘、夏橙、柠檬、橙、柚子、酸橙、其他柑橘类水果	100
		梨果、核果、浆果	苹果、日本梨、梨、温柏、枇杷、桃子、油桃、杏、日本李子、梅子、樱桃、草莓、悬钩子、黑莓、蓝莓、蔓越橘、越橘类、其他浆果	100
		热带及亚热带水果	葡萄、日本柿子、香蕉、猕猴桃、鳄梨、菠萝、番石榴、杧果、西番莲果、椰枣	100
		其他水果		100
		油籽	葵花籽、芝麻籽、红花籽、棉籽、菜籽、其他油籽	100
		坚果	银杏果、栗子、美洲山核桃、杏仁、核桃、其他坚果	100
		茶		100
		其他调味料	除山葵、日本芥末、大蒜、红辣椒/辣椒粉、姜、柠檬皮、橘皮、柚皮、芝麻以外的所有调味料	500
		其他药草	除豆瓣菜、韭菜、欧芹、芹菜以外的所有药草	500

第三章 日本食品安全限量标准

序号	农药名称 (残留标示物)	商品种类	商品名称	限量标准 (µg/kg)
333	异丙甲草胺 Metolachlor	谷粮	稻、小麦、大麦、黑麦、玉米、荞麦、其他粮谷	100
		豆类	干大豆	200
			干豆类、豌豆、蚕豆、其他豆类	300
			花生	500
		薯类	马铃薯	200
			芋头、甘薯、山药、魔芋、其他薯类	100
		十字花科蔬菜	日本萝卜(根)、糖用甜菜、日本萝卜(叶)、芜菁(根)、芜菁(叶)、山葵、豆瓣菜、大白菜、小松菜、京菜、青梗菜、其他十字花科蔬菜	100
			甘蔗	50
			甘蓝、球芽甘蓝	1 000
			羽衣甘蓝、花椰菜、椰菜	20
		菊科蔬菜	牛蒡、婆罗门参、朝鲜蓟、菊苣、茼蒿、莴苣、其他菊科蔬菜	100
		百合科蔬菜	洋葱、大蒜、繁殖洋葱	1 000
			葱、韭菜、芦笋、其他百合科蔬菜	100
		伞状花科蔬菜	胡萝卜、欧洲防风草、欧芹、芹菜、鸭儿芹、其他伞状花科蔬菜	100
		茄科、葫芦科蔬菜	西红柿	70
			西班牙甘椒	100
			其他茄科蔬菜	500
			黄瓜、南瓜、越瓜、西瓜、其他瓜类、甜瓜、其他葫芦科蔬菜	50
		豆类蔬菜、菇类、杂项蔬菜	菠菜、豌豆、腰果、枝豆	300
			竹笋	50
			姜	100
		其他蔬菜		50
		梨果、核果、浆果	苹果、日本梨、梨、桃子、油桃、杏、日本李子、梅子、樱桃	100
		其他水果		50
		油籽	葵花籽、菜籽、其他油籽	50
			红花籽、棉籽	100
		坚果	银杏果、栗子、美洲山核桃、杏仁、核桃、其他坚果	100
		其他调味料	除山葵、日本芥末、大蒜、红辣椒/辣椒粉、姜、柠檬皮、橘皮、柚皮、芝麻以外的所有调味料	500
		其他药草	除豆瓣菜、韭菜、欧芹、芹菜以外的所有药草	100

序号	农药名称（残留标示物）	商品种类	商品名称	限量标准（μg/kg）
334	甲氧磺草胺 Metosulam	谷粮	稻、小麦、大麦、黑麦、玉米、荞麦、其他粮谷	20
		豆类	其他豆类（除大豆、小豆、豌豆、蚕豆、落花生及调味料以外的豆类）	20
		其他调味料	除山葵、日本芥末、大蒜、红辣椒/辣椒粉、姜、柠檬皮、橘皮、柚皮、芝麻以外的所有调味料	20
335	嗪草酮 Metribuzin	谷粮	稻	50
			小麦、大麦	750
			黑麦、玉米、荞麦、其他粮谷	100
		豆类	干大豆、豌豆	100
			干豆类	50
			蚕豆	10
			其他豆类	30
		薯类	马铃薯	600
			甘薯	500
		十字花科蔬菜	甘蔗、日本萝卜（根）、日本萝卜（叶）、甘蓝、球芽甘蓝、羽衣甘蓝	500
		菊科蔬菜	朝鲜蓟	100
			莴苣	500
		百合科蔬菜	洋葱、葱、大蒜、芦笋	500
		伞状花科蔬菜	胡萝卜、芹菜	500
		茄科、葫芦科蔬菜	西红柿、西班牙甘椒、茄子、黄瓜、南瓜	500
		豆类蔬菜、菇类、杂项蔬菜	菠菜、姜、未开的蘑菇	500
			豌豆	80
		其他蔬菜		80
		梨果、核果、浆果	苹果	300
		油籽	葵花籽、菜籽、其他油籽	100
		啤酒花		100
		其他调味料	除山葵、日本芥末、大蒜、红辣椒/辣椒粉、姜、柠檬皮、橘皮、柚皮、芝麻以外的所有调味料	80
		其他药草	除豆瓣菜、韭菜、欧芹、芹菜以外的所有药草	80
336	甲磺隆 Metsulfuron-methyl	谷粮	稻	50
			小麦、大麦	100
			黑麦、玉米、荞麦，其他粮谷	20
		豆类	其他豆类	50
		十字花科蔬菜	甘蔗	50

序号	农药名称 (残留标示物)	商品种类	商品名称	限量标准 (μg/kg)
336	甲磺隆 Metsulfuron-methyl	菊科蔬菜	莴苣	50
		梨果、核果、浆果	苹果、日本梨、梨	50
		油籽	红花籽,其他油籽	20
		其他调味料	除山葵、日本芥末、大蒜、红辣椒/辣椒粉、姜、柠檬皮、橘皮、柚皮、芝麻以外的所有调味料	50
337	速灭磷 Mevinphos	豆类	豌豆,其他豆类	300
		薯类	芋头、甘薯、山药、魔芋,其他薯类	100
		十字花科蔬菜	糖用甜菜、日本萝卜(根)、日本萝卜(叶)、芜菁(根)、山葵、大白菜、小松菜、京菜、青梗菜	100
			芜菁(叶)、球芽甘蓝、羽衣甘蓝	200
			豆瓣菜、椰菜	500
			甘蓝	50
			花椰菜,其他十字花科蔬菜	400
		菊科蔬菜	牛蒡、婆罗门参、朝鲜蓟,其他菊科蔬菜	100
			菊苣、茼蒿、莴苣	500
		百合科蔬菜	洋葱、大蒜、繁殖洋葱	100
			葱、芦笋	200
			韭菜,其他百合科蔬菜	500
		伞状花科蔬菜	胡萝卜、欧洲防风草	100
			欧芹、鸭儿芹,其他伞状花科蔬菜	500
			芹菜	600
		茄科、葫芦科蔬菜	西红柿、西班牙甘椒、其他茄科蔬菜、黄瓜	200
			甜瓜	500
			茄子	100
			南瓜、西瓜、瓜类	300
		豆类蔬菜、菇类、杂项蔬菜	菠菜	600
			姜、豌豆、腰果、枝豆、未开的蘑菇、花菇,其他蘑菇	100
			其他蔬菜	400
		柑橘类水果	温州橘、夏橙、柠檬、橙、柚子、酸橙,其他柑橘类水果	200
		梨果、核果、浆果	苹果、日本梨、梨、温柏、枇杷、杏、悬钩子	200
			桃子、油桃、日本李子	400
			梅子、樱桃、草莓	500
			黑莓、蓝莓、蔓越橘、越橘类,其他浆果	100

序号	农药名称（残留标示物）	商品种类	商品名称	限量标准（µg/kg）
337	速灭磷 Mevinphos	热带及亚热带水果	葡萄	300
			日本柿子、香蕉、猕猴桃、鳄梨、菠萝、番石榴、杧果、西番莲果、椰枣	100
			其他水果	500
		坚果	银杏果、栗子、美洲山核桃、杏仁、核桃，其他坚果	100
		其他调味料	除山葵、日本芥末、大蒜、红辣椒/辣椒粉、姜、柠檬皮、橘皮、柚皮、芝麻以外的所有调味料	500
		其他药草	除豆瓣菜、韭菜、欧芹、芹菜以外的所有药草	500
338	密灭汀 Milbemectin	谷粮	稻、小麦、大麦、黑麦、玉米、荞麦，其他粮谷	20
		豆类	大豆	20
			豆类、豌豆、蚕豆、花生，其他豆类	200
		薯类	马铃薯、芋头、甘薯、山药、魔芋，其他薯类	100
		十字花科蔬菜	糖用甜菜、甘蔗、日本萝卜（根）、芜菁（根）、山葵、大白菜、甘蓝	20
			日本萝卜（叶）、芜菁（叶）、豆瓣菜、球芽甘蓝、羽衣甘蓝、小松菜、京菜、青梗菜、花椰菜、椰菜，其他十字花科蔬菜	5 000
		菊科蔬菜	牛蒡、婆罗门参	20
			朝鲜蓟、菊苣、茼蒿、莴苣，其他菊科蔬菜	5 000
		百合科蔬菜	洋葱、大蒜	20
			葱、韭菜、芦笋、繁殖洋葱，其他百合科蔬菜	5 000
		伞状花科蔬菜	胡萝卜、欧洲防风草	20
			欧芹、芹菜、鸭儿芹，其他伞状花科蔬菜	5 000
		茄科、葫芦科蔬菜	西红柿、茄子，其他茄科蔬菜，黄瓜、南瓜、越瓜、西瓜、瓜类、甜瓜，其他葫芦科蔬菜	200
			西班牙甘椒	20
		豆类蔬菜、菇类、杂项蔬菜	菠菜，其他蔬菜	5 000
			竹笋、黄秋葵、姜、豌豆、腰果、未开的蘑菇、花菇，其他蘑菇	20
		柑橘类水果	温州橘、夏橙、柠檬、橙、柚子、酸橙，其他柑橘类水果	200
		梨果、核果、浆果	苹果、日本梨、梨、温柏、枇杷、桃子、油桃	200
			杏、日本李子、梅子、樱桃、草莓、悬钩子、黑莓、蓝莓、蔓越橘、越橘类，其他浆果	500
		热带及亚热带水果	葡萄、椰枣，其他水果	500
			日本柿子、香蕉、猕猴桃、番木瓜、鳄梨、菠萝、番石榴、杧果、西番莲果	200
		油籽	葵花籽、芝麻籽、红花籽、棉籽、菜籽，其他油籽	20

序号	农药名称（残留标示物）	商品种类	商品名称	限量标准（μg/kg）
338	密灭汀 Milbemectin	坚果	银杏果、栗子、美洲山核桃、杏仁、核桃、其他坚果	20
		茶		2000
		咖啡豆、可可豆、啤酒花		20
		其他调味料	除山葵、日本芥末、大蒜、红辣椒/辣椒粉、姜、柠檬皮、橘皮、柚皮、芝麻以外的所有调味料	5 000
		其他药草	除豆瓣菜、韭菜、欧芹、芹菜以外的所有药草	5 000
339	代森环 Milneb	茄科、葫芦科蔬菜	西瓜、瓜类、甜瓜	600
		柑橘类水果	温州橘、夏橙、柠檬、橙、油籽、酸橙、其他柑橘类水果	600
		梨果、核果、浆果	苹果、日本梨、梨、温柏、枇杷、桃子、油桃、杏、日本李子、梅子、樱桃、草莓、悬钩子、黑莓、蓝莓、越橘类、其他浆果	600
		热带及亚热带水果	葡萄、日本柿子、香蕉、猕猴桃、番木瓜、鳄梨、菠萝、番石榴、杜果、西番莲果、椰枣、其他水果	600
		油籽	葵花籽、芝麻籽、红花籽、棉籽、菜籽，其他油籽	600
		坚果	银杏果、李子、美洲山核桃、杏仁、核桃，其他坚果	600
		其他调味料	除山葵、日本芥末、大蒜、红辣椒/辣椒粉、姜、柠檬皮、橘皮、柚皮、芝麻以外的所有调味料	600
340	久效磷 Monocrotophos	谷粮	稻	50
		十字花科蔬菜	日本萝卜（根）、日本萝卜（叶）、芜菁（根）、芜菁（叶）、山葵、豆瓣菜、大白菜、甘蓝、球芽甘蓝、羽衣甘蓝、小松菜、京菜、青梗菜、花椰菜、椰菜，其他十字花科蔬菜	50
		菊科蔬菜	牛蒡、婆罗门参、朝鲜蓟、菊苣、茼蒿、莴苣，其他菊科蔬菜	50
		百合科蔬菜	洋葱	100
			葱、大蒜、韭菜、芦笋、繁殖洋葱，其他百合科蔬菜	50
		伞状花科蔬菜	胡萝卜、欧洲防风草、欧芹、芹菜、鸭儿芹，其他伞状花科蔬菜	50
		茄科、葫芦科蔬菜	西红柿、西班牙甜椒、黄瓜、南瓜、越瓜，其他葫芦科蔬菜	50
			西瓜	100
			茄子，其他茄科蔬菜	200
		豆类蔬菜、菇类、杂项蔬菜	菠菜、竹笋、黄秋葵、姜、枝豆、未开的蘑菇、花菇，其他蘑菇	50
			豌豆，其他蔬菜	100
			腰果	200
		柑橘类水果	温州橘、夏橙、柠檬、橙、柚子、酸橙，其他柑橘类水果	200

序号	农药名称（残留标示物）	商品种类	商品名称	限量标准（μg/kg）
340	久效磷 Monocrotophos	梨果、核果、浆果	苹果	1 000
			日本梨、梨	500
		油籽	棉籽	50
		茶		100
		其他调味料	除山葵、日本芥末、大蒜、红辣椒/辣椒粉、姜、柠檬皮、橘皮、柚皮、芝麻以外的所有调味料	200
		其他药草	除豆瓣菜、韭菜、欧芹、芹菜以外的所有药草	100
341	绿谷隆 Monolinuron	谷粮	稻、小麦、大麦、黑麦、玉米、荞麦，其他粮谷	50
		豆类	大豆、豆类、豌豆、蚕豆、花生，其他豆类	50
		薯类	马铃薯、芋头、甘薯、山药、魔芋，其他薯类	50
		十字花科蔬菜	糖用甜菜、日本萝卜（根）、日本萝卜（叶）、芜菁（根）、芜菁（叶）、山葵、豆瓣菜、大白菜、甘蓝、球芽甘蓝、羽衣甘蓝、小松菜、京菜、青梗菜、花椰菜、椰菜，其他十字花科蔬菜	50
		菊科蔬菜	牛蒡、婆罗门参、朝鲜蓟、菜苣、茼蒿、莴苣，其他菊科蔬菜	50
		百合科蔬菜	洋葱、葱、大蒜、韭菜、芦笋、繁殖洋葱，其他百合科蔬菜	50
		伞状花科蔬菜	胡萝卜、欧洲防风草、欧芹、芹菜、鸭儿芹，其他伞状花科蔬菜	50
		茄科、葫芦科蔬菜	西红柿、西班牙青椒、茄子、其他茄科蔬菜、黄瓜、南瓜、越瓜、西瓜、瓜类、甜瓜，其他葫芦科蔬菜	50
		豆类蔬菜、菇类、杂项蔬菜	菠菜、竹笋、黄秋葵、姜、豌豆、腰果、枝豆、未开的蘑菇、花菇，其他蘑菇，其他蔬菜	50
		柑橘类水果	温州橘、夏橙、柠檬、橙、柚子、酸橙，其他柑橘类水果	50
		梨果、核果、浆果	苹果、日本梨、梨、温柏、枇杷、桃子、油桃、杏、日本李子、梅子、樱桃、草莓、悬钩子、黑莓、蓝莓、蔓越橘、越橘类，其他浆果	50
		热带及亚热带水果	葡萄、日本柿子、香蕉、猕猴桃、番木瓜、鳄梨、菠萝、番石榴、杜果、西番莲果、椰枣，其他水果	50
		油籽	葵花籽、芝麻籽、红花籽、棉籽、菜籽，其他油籽	50
		坚果	银杏果、栗子、美洲山核桃、杏仁、核桃，其他坚果	50
		茶、啤酒花		50
		其他调味料	除山葵、日本芥末、大蒜、红辣椒/辣椒粉、姜、柠檬皮、橘皮、柚皮、芝麻以外的所有调味料	50
		其他药草	除豆瓣菜、韭菜、欧芹、芹菜以外的所有药草	50

序号	农药名称 (残留标示物)	商品种类	商品名称	限量标准 (μg/kg)
342	腈菌唑 Myclobutanil	谷粮	稻、大麦、黑麦、玉米、荞麦，其他粮谷	30
			小麦	300
		豆类	大豆	40
			豆类、豌豆、蚕豆，其他豆类	30
			花生	50
		薯类	马铃薯、芋头、甘薯、山药，其他薯类	30
			魔芋	20
		十字花科蔬菜	糖用甜菜、日本萝卜（根）、日本萝卜（叶）、芜菁（根）、芜菁（叶）、山葵、豆瓣菜、甘蓝、球芽甘蓝、羽衣甘蓝、小松菜、京菜、花椰菜、椰菜	30
			大白菜、青梗菜，其他十字花科蔬菜	1 000
		菊科蔬菜	牛蒡、婆罗门参、朝鲜蓟、菊苣、茼蒿、莴苣，其他菊科蔬菜	1 000
		百合科蔬菜	洋葱、葱、大蒜、韭菜、芦笋、繁殖洋葱，其他百合科蔬菜	1 000
		伞状花科蔬菜	胡萝卜、欧洲防风草、鸭儿芹，其他伞状花科蔬菜	1 000
			欧芹、芹菜	30
		茄科、葫芦科蔬菜	西红柿、西班牙甜椒、茄子，其他茄科蔬菜、黄瓜、南瓜、越瓜、西瓜、瓜类、甜瓜，其他葫芦科蔬菜	1 000
		豆类蔬菜、菇类、杂项蔬菜	菠菜、竹笋、黄秋葵、豌豆、腰果、枝豆，其他蔬菜	1 000
			未开的蘑菇、花菇，其他蘑菇	20
			姜	30
		柑橘类水果	温州橘、夏橙、柠檬、橙、柚子、酸橙，其他柑橘类水果	3 000
		梨果、核果、浆果	苹果	5 000
			日本梨、梨、温柏、枇杷、桃子、油桃、杏、日本李子、梅子、草莓、悬钩子、黑莓、蓝莓、蔓越橘、越橘类，其他浆果	1 000
			樱桃	4 000
		热带及亚热带水果	葡萄、日本柿子、猕猴桃、番木瓜、鳄梨、菠萝、番石榴、杧果、西番莲果、椰枣，其他水果	1 000
			香蕉	2 000
		油籽	葵花籽、芝麻籽、红花籽、菜籽，其他油籽	50
			棉籽	40
		坚果	银杏果、栗子、美洲山核桃、核桃，其他坚果	50
			杏仁	80
		茶		20 000

序号	农药名称 (残留标示物)	商品种类	商品名称	限量标准 (μg/kg)
343	腈菌唑 Myclobutanil	啤酒花		2 000
		其他调味料	除山葵、日本芥末、大蒜、红辣椒/辣椒粉、姜、柠檬皮、橘皮、柚皮、芝麻以外的所有调味料	3 000
		其他药草	除豆瓣菜、韭菜、欧芹、芹菜以外的所有药草	1 000
344	萘丙胺 Napropamide	谷粮	稻	50
345	萘丙酰草胺 Napropamide	薯类	甘薯	100
		十字花科蔬菜	大白菜、甘蓝、球芽甘蓝、羽衣甘蓝、小松菜、京菜、青梗菜、花椰菜、椰菜,其他十字花科蔬菜	100
		菊科蔬菜	朝鲜蓟	100
		百合科蔬菜	芦笋	100
		茄科、葫芦科蔬菜	西红柿、西班牙甘椒、茄子、其他茄科蔬菜,黄瓜、南瓜、越瓜、西瓜、瓜类、甜瓜,其他葫芦科蔬菜	100
		豆类蔬菜、菇类、杂项蔬菜	其他蔬菜	100
		柑橘类水果	温州橘、夏橙、柠檬、橙、柚子、酸橙,其他柑橘类水果	100
		梨果、核果、浆果	苹果、日本梨、梨、温柏、杜杷、桃子、油桃、杏、日本李子、梅子、樱桃、草莓、悬钩子、黑莓、蓝莓、蔓越橘、越橘类,其他浆果	100
		热带及亚热带水果	葡萄、日本柿子、猕猴桃、鳄梨,其他水果	100
		坚果	栗子、美洲山核桃、杏仁、核桃,其他坚果	100
		咖啡豆		100
		其他调味料	除山葵、日本芥末、大蒜、红辣椒/辣椒粉、姜、柠檬皮、橘皮、柚皮、芝麻以外的所有调味料	100
		其他药草	除豆瓣菜、韭菜、欧芹、芹菜以外的所有药草	100
346	抑草生 Naptalam	茄科、葫芦科蔬菜	黄瓜、南瓜、越瓜、西瓜、瓜类,其他葫芦科蔬菜	100
		谷粮	稻	100
347	烟嘧磺隆 Nicarbazin	梨果、核果、浆果	蓝莓	50
		谷粮	玉米	2 000
348	烟碱 Nicotine	豆类	豆类、豌豆、蚕豆,其他豆类	2 000
		十字花科蔬菜	日本萝卜(根)、芜菁(根)、甘蓝、球芽甘蓝、羽衣甘蓝、花椰菜、椰菜,其他十字花科蔬菜	2 000
		菊科蔬菜	朝鲜蓟、莴苣	2 000
		百合科蔬菜	洋葱、葱、芦笋	2 000
		伞状花科蔬菜	欧洲防风草、欧芹、芹菜	2 000
		茄科、葫芦科蔬菜	西红柿、西班牙甘椒、茄子,其他茄科蔬菜,黄瓜、南瓜、西瓜、瓜类,其他葫芦科蔬菜	2 000
		豆类蔬菜、菇类、杂项蔬菜	菠菜、黄秋葵、腰果、未开的蘑菇,其他蔬菜	2 000

序号	农药名称 (残留标示物)	商品种类	商品名称	限量标准 (μg/kg)
348	烟碱 Nicotine	柑橘类水果	柠檬、橙、柚子、酸橙，其他柑橘类水果	2 000
		梨果、核果、浆果	苹果、日本梨、梨、温柏、桃子、油桃、杏、日本李子、樱桃、黑莓，其他浆果	2 000
		热带及亚热带水果	其他水果	2 000
		其他调味料	除山葵、日本芥末、大蒜、红辣椒/辣椒粉、姜、柠檬皮、橘皮、柚皮、芝麻以外的所有调味料	2 000
		其他药草	除豆瓣菜、韭菜、欧芹、芹菜以外的所有药草	2 000
349	烯啶虫胺 Nitenpyram	谷粮	稻	500
			小麦、大麦、黑麦、玉米、荞麦，其他粮谷	30
		豆类	大豆、豆类、豌豆、蚕豆、花生，其他豆类	30
		薯类	马铃薯、芋头、甘薯、山药、魔芋，其他薯类	200
		十字花科蔬菜	糖用甜菜、甘蔗、大白菜、甘蓝	30
			日本萝卜（根）、芜菁（根）、山葵	200
			日本萝卜（叶）、芜菁（叶）、豆瓣菜、球芽甘蓝、羽衣甘蓝、小松菜、京菜、青梗菜、花椰菜、椰菜，其他十字花科蔬菜	5 000
		菊科蔬菜	牛蒡、婆罗门参	200
			朝鲜蓟、菊苣、茼蒿、莴苣，其他菊科蔬菜	5 000
		百合科蔬菜	洋葱、大蒜	30
			葱、韭菜、芦笋、繁殖洋葱，其他百合科蔬菜	5 000
		伞状花科蔬菜	胡萝卜、欧洲防风草	200
			欧芹、芹菜、鸭儿芹，其他伞状花科蔬菜	5 000
		茄科、葫芦科蔬菜	西红柿、茄子，其他茄科蔬菜、黄瓜、南瓜、越瓜、西瓜、瓜类、甜瓜，其他葫芦科蔬菜	5 000
			西班牙甘椒	1 000
		豆类蔬菜、菇类、杂项蔬菜	菠菜，其他蔬菜	5 000
			竹笋、姜	200
			黄秋葵	1 000
			豌豆、腰果、枝豆、未开的蘑菇、花菇，其他蘑菇	30
		柑橘类水果	温州橘	500
			夏橙、柠檬、橙、柚子、酸橙，其他柑橘类水果	2 000
		梨果、核果、浆果	苹果、日本梨、梨、桃子	500
			温柏、枇杷、油桃	1 000
			杏、日本李子、梅子、樱桃、草莓、悬钩子、黑莓、蓝莓、蔓越橘、越橘类，其他浆果	5 000

序号	农药名称（残留标示物）	商品种类	商品名称	限量标准（μg/kg）
349	烯啶虫胺 Nitenpyram	热带及亚热带水果	葡萄、椰枣，其他水果	5 000
			日本柿子、香蕉、猕猴桃、番木瓜、鳄梨、菠萝、番石榴、杧果、西番莲果	1 000
		油籽	葵花籽、芝麻籽、红花籽、棉籽、菜籽，其他油籽	30
		坚果	银杏果、栗子、美洲山核桃、杏仁、核桃，其他坚果	30
		茶		10 000
		咖啡豆、可可豆、啤酒花		30
		其他调味料	除山葵、日本芥末、大蒜、红辣椒/辣椒粉、姜、柠檬皮、橘皮、柚皮、芝麻以外的所有调味料	5 000
		其他药草	除豆瓣菜、韭菜、欧芹、芹菜以外的所有药草	5 000
350	氯草定 Nitrapyrin	谷粮	小麦、玉米，其他粮谷	100
351	酞菌酯 Nitrothal-Isopropyl	梨果、核果、浆果	苹果	1 000
352	哒草伏 Norflurazon	豆类	大豆	100
			花生	50
		百合科蔬菜	芦笋	50
		豆类蔬菜、菇类、杂项蔬菜	枝豆	100
		柑橘类水果	温州橘、夏橙、柠檬、橙、柚子、酸橙，其他柑橘类水果	200
		梨果、核果、浆果	苹果、日本梨、梨、温柏、桃子、油桃、杏、日本李子、梅子、樱桃、悬钩子、蓝莓	200
			黑莓、蔓越橘	100
		热带及亚热带水果	葡萄	100
			鳄梨，其他水果	200
		油籽	棉籽	100
		坚果	银杏果、栗子、美洲山核桃、杏仁、核桃，其他坚果	200
		啤酒花		3 000
		其他调味料	除山葵、日本芥末、大蒜、红辣椒/辣椒粉、姜、柠檬皮、橘皮、柚皮、芝麻以外的所有调味料	200
353	双苯氟脲 Novaluron	谷粮	稻、小麦、大麦、黑麦、玉米、荞麦，其他粮谷	20
		豆类	大豆、豆类、豌豆、蚕豆、花生，其他豆类	20
		薯类	马铃薯、芋头、甘薯、山药、魔芋，其他薯类	50

序号	农药名称 (残留标示物)	商品种类	商品名称	限量标准 (μg/kg)
353	双苯氟脲 Novaluron	十字花科蔬菜	糖用甜菜、甘蔗、日本萝卜（根）、日本萝卜（叶）、芜菁（根）、芜菁（叶）、山葵、豆瓣菜、大白菜、球芽甘蓝、羽衣甘蓝、小松菜、京菜、青梗菜、花椰菜、椰菜，其他十字花科蔬菜	20
			甘蓝	1 000
		菊科蔬菜	牛蒡、婆罗门参、朝鲜蓟、菊苣、茼蒿、莴苣，其他菊科蔬菜	20
		百合科蔬菜	洋葱、葱、大蒜、韭菜、芦笋、繁殖洋葱，其他百合科蔬菜	20
		伞状花科蔬菜	胡萝卜、欧洲防风草、欧芹、芹菜、鸭儿芹，其他伞状花科蔬菜	20
		茄科、葫芦科蔬菜	西红柿	1 000
			西班牙甘椒、黄瓜、南瓜、越瓜、西瓜、瓜类、甜瓜	20
			茄子	500
			其他葫芦科蔬菜	50
		豆类蔬菜、菇类、杂项蔬菜	菠菜、竹笋、黄秋葵、豌豆、腰果、枝豆、未开的蘑菇、花菇，其他蘑菇	20
			姜，其他蔬菜	50
		柑橘类水果	温州橘、夏橙、柠檬、橙、柚子、酸橙，其他柑橘类水果	20
		梨果、核果、浆果	苹果、日本梨、梨、温柏、枇杷	1 000
			桃子、油桃、杏、日本李子、梅子、樱桃、草莓、悬钩子、黑莓、蓝莓、蔓越橘、越橘类，其他浆果	20
		热带及亚热带水果	葡萄、日本柿子、香蕉、猕猴桃、番木瓜、鳄梨、菠萝、番石榴、杜果、西番莲果、椰枣，其他水果	20
		油籽	葵花籽、芝麻籽、红花籽、菜籽，其他油籽	20
			棉籽	1 000
		坚果	银杏果、栗子、美洲山核桃、杏仁、核桃，其他坚果	20
		茶、咖啡豆、可可豆、啤酒花		20
		其他调味料	除山葵、日本芥末、大蒜、红辣椒/辣椒粉、姜、柠檬皮、橘皮、柚皮、芝麻以外的所有调味料	50
		其他药草	除豆瓣菜、韭菜、欧芹、芹菜以外的所有药草	50
354	氧化乐果 Omethoate	谷粮	稻、小麦	1 000
			大麦、荞麦	50
			黑麦	200
			玉米	2 000
			其他粮谷	10

序号	农药名称（残留标示物）	商品种类	商品名称	限量标准（μg/kg）
354	氧化乐果 Omethoate	豆类	大豆、豆类、蚕豆，其他豆类	2 000
			豌豆、花生	1 000
		薯类	马铃薯	2 000
			芋头、甘薯、山药、魔芋，其他薯类	1 000
		十字花科蔬菜	糖用甜菜、甘蔗、日本萝卜（根）、日本萝卜（叶）、芜菁（根）、芜菁（叶）、山葵、豆瓣菜、大白菜、甘蓝、球芽甘蓝、羽衣甘蓝、小松菜、京菜、青梗菜、花椰菜、椰菜，其他十字花科蔬菜	1 000
		菊科蔬菜	牛蒡、婆罗门参、朝鲜蓟、莴苣、茼蒿、莴苣，其他菊科蔬菜	1 000
		百合科蔬菜	洋葱、葱、大蒜、韭菜、芦笋、繁殖洋葱，其他百合科蔬菜	1 000
		伞状花科蔬菜	胡萝卜、欧洲防风草、欧芹、芹菜、鸭儿芹，其他伞状花科蔬菜	1 000
		茄科、葫芦科蔬菜	西红柿	700
			西班牙甘椒、茄子、其他茄科蔬菜、黄瓜、西瓜、瓜类	1 000
			南瓜、越瓜、甜瓜，其他葫芦科蔬菜	2 000
		豆类蔬菜、菇类、杂项蔬菜	菠菜、姜、腰果、枝豆、未开的蘑菇、花菇，其他蘑菇、其他蔬菜	1 000
			竹笋、豌豆、黄秋葵	2 000
		柑橘类水果	温州橘、夏橙、柠檬、橙、柚子、酸橙，其他柑橘类水果	1 000
		梨果、核果、浆果	苹果、日本梨、梨、温柏、枇杷、桃子、油桃、杏、日本李子、梅子、樱桃、草莓、悬钩子、黑莓、蓝莓、蔓越橘、越橘类，其他浆果	1 000
		热带及亚热带水果	葡萄、日本柿子、香蕉、猕猴桃、鳄梨、菠萝、番石榴、杧果、西番莲果，其他水果	1 000
			番木瓜、椰枣	2 000
		油籽	葵花籽、芝麻籽、红花籽、棉籽、菜籽，其他油籽	1 000
		坚果	银杏果、栗子、美洲山核桃、杏仁、核桃	200
			其他坚果	100
		茶		1 000
		其他调味料	除山葵、日本芥末、大蒜、红辣椒/辣椒粉、姜、柠檬皮、橘皮、柚皮、芝麻以外的所有调味料	2 000
		其他药草	除豆瓣菜、韭菜、欧芹、芹菜以外的所有药草	1 000

序号	农药名称 （残留标示物）	商品种类	商品名称	限量标准 （μg/kg）
355	氨磺乐灵 Oryzalin	谷粮	稻、小麦、大麦、黑麦、玉米、荞麦，其他粮谷	10
		百合科蔬菜	洋葱	50
		柑橘类水果	温州橘、夏橙、柠檬、橙、柚子、酸橙，其他柑橘类水果	80
		梨果、核果、浆果	苹果、日本梨、梨、温柏、枇杷、桃子、油桃、杏、日本李子、樱桃、悬钩子、黑莓、蓝莓、越橘类，其他浆果	80
			梅子、草莓、蔓越橘	100
		热带及亚热带水果	葡萄、日本柿子、香蕉、番木瓜、菠萝、番石榴、杧果、西番莲果、椰枣	100
			猕猴桃、鳄梨，其他水果	80
		油籽	菜籽	50
		坚果	银杏果	100
			栗子、美洲山核桃、杏仁、核桃，其他坚果	80
		咖啡豆		100
		其他调味料	除山葵、日本芥末、大蒜、红辣椒/辣椒粉、姜、柠檬皮、橘皮、柚皮、芝麻以外的所有调味料	80
356	恶霜灵 Oxadixyl	谷粮	稻、小麦、大麦、黑麦、玉米、荞麦，其他粮谷	100
		豆类	大豆、豆类、豌豆、蚕豆、花生，其他豆类	5 000
		薯类	马铃薯、芋头、甘薯、山药、魔芋，其他薯类	1 000
		十字花科蔬菜	糖用甜菜	100
			日本萝卜（根）、日本萝卜（叶）、芜菁（根）、芜菁（叶）、山葵、豆瓣菜、大白菜、甘蓝、球芽甘蓝、甘蓝、小松菜、京菜、青梗菜、花椰菜、椰菜，其他十字花科蔬菜	5 000
		菊科蔬菜	牛蒡、婆罗门参、朝鲜蓟、菊苣、茼蒿、莴苣，其他菊科蔬菜	5 000
		百合科蔬菜	洋葱、葱、大蒜、韭菜、芦笋、繁殖洋葱，其他百合科蔬菜	5 000
		伞状花科蔬菜	胡萝卜、欧洲防风草、欧芹、芹菜、鸭儿芹，其他伞状花科蔬菜	5 000
		茄科、葫芦科蔬菜	西红柿、西班牙甘椒、茄子，其他茄科蔬菜、黄瓜、南瓜、越瓜，其他葫芦科蔬菜	5 000
			西瓜、瓜类、甜瓜	1 000
		豆类蔬菜、菇类、杂项蔬菜	菠菜、竹笋、黄秋葵、姜、豌豆、腰果、枝豆、未开的蘑菇、花菇，其他蘑菇，其他蔬菜	5 000
		柑橘类水果	温州橘、夏橙、柠檬、橙、柚子、酸橙，其他柑橘类水果	1 000
		梨果、核果、浆果	苹果、日本梨、梨、温柏、枇杷、桃子、油桃、杏、日本李子、梅子、樱桃、草莓、悬钩子、黑莓、蓝莓、蔓越橘、越橘类，其他浆果	1 000

序号	农药名称（残留标示物）	商品种类	商品名称	限量标准（μg/kg）
356	恶霜灵 Oxadixyl	热带及亚热带水果	葡萄、日本柿子、香蕉、猕猴桃、番木瓜、鳄梨、菠萝、番石榴、杧果、西番莲果、椰枣，其他水果	1 000
		油籽	葵花籽、芝麻籽、红花籽、棉籽、菜籽，其他油籽	1 000
		坚果	银杏果、栗子、美洲山核桃、杏仁、核桃，其他坚果	1 000
		其他调味料	除山葵、日本芥末、大蒜、红辣椒/辣椒粉、姜、柠檬皮、橘皮、柚皮、芝麻以外的所有调味料	5 000
		其他药草	除豆瓣菜、韭菜、欧芹、芹菜以外的所有药草	5 000
357	杀线威 Oxamyl	谷粮	稻、小麦、大麦、黑麦、玉米、荞麦，其他粮谷	20
		豆类	大豆、花生	100
			豆类，其他豆类	200
		薯类	马铃薯、芋头、甘薯、山药、魔芋，其他薯类	100
		十字花科蔬菜	糖用甜菜、芜菁（根）、山葵．其他十字花科蔬菜	100
			甘蔗	50
			日本萝卜（根）	500
			日本萝卜（叶）、芜菁（叶）	1 000
			甘蓝、球芽甘蓝	20
		菊科蔬菜	牛蒡、婆罗门参、朝鲜蓟、菊苣	100
			莴苣	500
			其他菊科蔬菜	1 000
		百合科蔬菜	洋葱	50
			大蒜	100
		伞状花科蔬菜	胡萝卜	200
			欧洲防风草、欧芹，其他伞状花科蔬菜	100
			芹菜	5 000
		茄科、葫芦科蔬菜	西红柿、西班牙甘椒、茄子、黄瓜、南瓜、西瓜、瓜类、甜瓜，其他葫芦科蔬菜	2 000
			其他茄科蔬菜	5 000
		豆类蔬菜、菇类、杂项蔬菜	姜	100
			腰果、枝豆，其他蔬菜	200
		柑橘类水果	温州橘	3 000
			夏橙、柠檬、橙、柚子、酸橙，其他柑橘类水果	5 000
		梨果、核果、浆果	苹果、日本梨、梨	2 000
			草莓	20
			悬钩子	100

序号	农药名称 (残留标示物)	商品种类	商品名称	限量标准 (μg/kg)
357	杀线威 Oxamyl	热带及亚热带水果	香蕉	200
			菠萝	1 000
		油籽	棉籽	200
		咖啡豆		100
358	喹啉酮 Oxine-copper	谷粮	小麦、大麦、黑麦、玉米、荞麦，其他粮谷	100
		薯类	马铃薯、芋头、甘薯、山药、魔芋，其他薯类	100
		十字花科蔬菜	日本萝卜（根）、日本萝卜（叶）、芜菁（根）、芜菁（叶）、山葵、豆瓣菜、大白菜、甘蓝、球芽甘蓝、羽衣甘蓝、小松菜、京菜、青梗菜、花椰菜、椰菜，其他十字花科蔬菜	1 000
		菊科蔬菜	牛蒡、婆罗门参、朝鲜蓟、菊苣、茼蒿、莴苣，其他菊科蔬菜	1 000
		百合科蔬菜	洋葱、葱、大蒜、韭菜、芦笋、繁殖洋葱，其他百合科蔬菜	1 000
		伞状花科蔬菜	胡萝卜、欧洲防风草、欧芹、芹菜、鸭儿芹，其他伞状花科蔬菜	1 000
		茄科、葫芦科蔬菜	西红柿、西班牙甘椒、茄子，其他茄科蔬菜，黄瓜、南瓜、越瓜、西瓜、瓜类、甜瓜，其他葫芦科蔬菜	1 000
		豆类蔬菜、菇类、杂项蔬菜	菠菜、竹笋、黄秋葵、姜、豌豆、腰果、枝豆、未开的蘑菇、花菇，其他蘑菇，其他蔬菜	1 000
		柑橘类水果	温州橘、柠檬、橙、柚子、酸橙，其他柑橘类水果	2 000
			夏橙	5 000
		梨果、核果、浆果	苹果、日本梨、梨、温柏、枇杷、桃子、油桃、杏、日本李子、梅子、樱桃、草莓、悬钩子、黑莓、蓝莓、蔓越橘、越橘类，其他浆果	2 000
		热带及亚热带水果	葡萄、日本柿子、香蕉、猕猴桃、番木瓜、鳄梨、菠萝、番石榴、杧果、西番莲果、椰枣，其他水果	2 000
		油籽	葵花籽、芝麻籽、红花籽、棉籽、菜籽，其他油籽	2 000
		坚果	银杏果、栗子、美洲山核桃、杏仁、核桃，其他坚果	2 000
		啤酒花		10 000
359	喹菌酮 Oxolinic acid	谷粮	稻	500
		薯类	马铃薯、芋头、甘薯、山药、魔芋，其他薯类	500
		十字花科蔬菜	日本萝卜（根）、芜菁（根）、山葵	200
			日本萝卜（叶）、芜菁（叶）、豆瓣菜、大白菜、甘蓝、球芽甘蓝、羽衣甘蓝、小松菜、京菜、青梗菜、花椰菜、椰菜，其他十字花科蔬菜	2 000
		菊科蔬菜	牛蒡、婆罗门参	200
			朝鲜蓟、菊苣、茼蒿、莴苣，其他菊科蔬菜	2 000

序号	农药名称（残留标示物）	商品种类	商品名称	限量标准（μg/kg）
359	喹菌酮 Oxolinic acid	百合科蔬菜	洋葱、大蒜	100
			葱、韭菜、芦笋、繁殖洋葱、其他百合科蔬菜	2 000
		伞状花科蔬菜	胡萝卜、欧洲防风草	200
			欧芹、芹菜、鸭儿芹、其他伞状花科蔬菜	2 000
		豆类蔬菜、菇类、杂项蔬菜	菠菜、其他蔬菜	2 000
			竹笋、姜	200
		梨果、核果、浆果	苹果、日本梨、梨、温柏、沮桃	500
		热带及亚热带水果	日本柿子、香蕉、番木瓜、鳄梨、菠萝、番石榴、杧果、西番莲果	500
		其他调味料，其他药草		2 000
360	曝咪唑富马酸盐 Oxpocona zole-fuma rate	浆果	蓝莓	10 000
		茄科、葫芦科蔬菜	西瓜、瓜类、甜瓜	2 000
		柑橘类水果	温州橘	500
			夏橙、柠檬、橙、柚子、酸橙，其他柑橘类水果	5 000
		梨果、核果、浆果	苹果、日本梨、梨、温柏、枇杷、桃子、油桃	2 000
			杏、日本李子、梅子、樱桃、草莓、悬钩子、黑莓、蓝莓、蔓越橘、越橘类，其他浆果	5 000
		热带及亚热带水果	葡萄、椰枣，其他水果	5 000
			日本柿子、香蕉、猕猴桃、番木瓜、鳄梨、菠萝、番石榴、杧果、西番莲果	2 000
		其他调味料	除山葵、日本芥末、大蒜、红辣椒/辣椒粉、姜、柠檬皮、橘皮、柚皮、芝麻以外的所有调味料	5 000
361	氧化萎锈灵 Oxycarboxin	梨果、核果、浆果	蓝莓	10 000
		其他调味料	除山葵、日本芥末、大蒜、红辣椒/辣椒粉、姜、柠檬皮、橘皮、柚皮、芝麻以外的所有调味料	5000
		其他药草	除豆瓣菜、韭菜、欧芹、芹荬以外的所有药草	5 000
362	砜吸磷 Oxydemeton-methyl	谷粮	稻、小麦、黑麦、荞麦	20
			大麦	100
			玉米	300
			其他粮谷	400
		豆类	大豆、花生	50
			豆类	300
			豌豆、蚕豆，其他豆类	20
		薯类	马铃薯、芋头、甘薯、山药、魔芋，其他薯类	20

序号	农药名称（残留标示物）	商品种类	商品名称	限量标准（μg/kg）
362	砜吸磷 Oxydemeton-methyl	十字花科蔬菜	糖用甜菜、芜菁（根）	200
			日本萝卜（根）、日本萝卜（叶）、山葵、大白菜、羽衣甘蓝、小松菜、京菜、青梗菜	20
			芜菁（叶）	1 000
			豆瓣菜	50
			甘蓝、球芽甘蓝、花椰菜、椰菜	500
			其他十字花科蔬菜	300
		菊科蔬菜	牛蒡、婆罗门参、朝鲜蓟、菊苣、茼蒿，其他菊科蔬菜	20
			莴苣	1 000
		百合科蔬菜	洋葱	40
			葱、大蒜、韭菜、芦笋、繁殖洋葱，其他百合科蔬菜	20
		伞状花科蔬菜	胡萝卜、欧洲防风草、欧芹、芹菜、鸭儿芹，其他伞状花科蔬菜	20
		茄科、葫芦科蔬菜	西红柿	20
			西班牙甘椒，其他茄科蔬菜	400
			茄子、黄瓜、南瓜	500
			越瓜、西瓜，其他葫芦科蔬菜	20
			瓜类、甜瓜	200
		豆类蔬菜、菇类、杂项蔬菜	菠菜、竹笋、黄秋葵、姜、豌豆、枝豆、未开的蘑菇、花菇，其他蘑菇	20
			腰果，其他蔬菜	300
		柑橘类水果	温州橘、夏橙、酸橙，其他柑橘类水果	20
			柠檬、橙、柚子	500
		梨果、核果、浆果	苹果、日本李子	500
			日本梨、温柏、枇杷、桃子、油桃、杏、梅子、樱桃、草莓、悬钩子、黑莓、蓝莓、蔓越橘、越橘类，其他浆果	20
			梨	200
		热带及亚热带水果	葡萄	60
			日本柿子、香蕉、猕猴桃、番木瓜、鳄梨、菠萝、番石榴、杧果、西番莲果、椰枣，其他水果	20
		油籽	葵花籽、芝麻籽、棉籽、菜籽，其他油籽	50
			红花籽	500
		坚果	银杏果、栗子、美洲山核桃、杏仁、核桃	20
			其他坚果	40
		茶、啤酒花		50
		其他调味料	除山葵、日本芥末、大蒜、红辣椒/辣椒粉、姜、柠檬皮、橘皮、柚皮、芝麻以外的所有调味料	500
		其他药草	除豆瓣菜、韭菜、欧芹、芹菜以外的所有药草	300

序号	农药名称（残留标示物）	商品种类	商品名称	限量标准（μg/kg）
363	乙氧氟草醚 Oxyfluorfen	谷粮	稻、小麦、大麦、黑麦、玉米、荞麦，其他粮谷	50
		豆类	大豆	50
		十字花科蔬菜	山葵、甘蓝、球芽甘蓝、花椰菜、椰菜，其他十字花科蔬菜	50
		菊科蔬菜	朝鲜蓟	50
		百合科蔬菜	洋葱、葱、大蒜、繁殖洋葱，其他百合科蔬菜	50
		伞状花科蔬菜	其他伞状花科蔬菜	50
		豆类蔬菜、菇类、杂项蔬菜	枝豆	50
		梨果、核果、浆果	苹果、日本梨、梨、温柏、枇杷、桃子、油桃、杏、日本李子、梅子、樱桃、草莓	50
		热带及亚热带水果	葡萄、椰枣，其他水果	50
			日本柿子、香蕉、猕猴桃、鳄梨	30
			番木瓜、菠萝、番石榴、杜果、西番莲果	10
		油籽	棉籽	50
		坚果	银杏果、栗子、美洲山核桃、杏仁、核桃，其他坚果	50
		咖啡豆、可可豆		50
		其他药草	除豆瓣菜、韭菜、欧芹、芹菜以外的所有药草	50
364	土霉素/金霉素/四环素（总量） Oxytetracycline/ Chlortetracycline/ Tetracycline	谷粮	稻	50
		薯类	马铃薯	10
			魔芋	20
		十字花科蔬菜	大白菜	10
			甘蓝	50
		菊科蔬菜	莴苣	50
		百合科蔬菜	洋葱	10
			大蒜	50
		柑橘类水果	温州橘	10
			夏橙、柠檬、橙、柚子、酸橙，其他柑橘类水果	40
		梨果、核果、浆果	苹果、日本梨、梨、日本李子、梅子	50
			桃子	40
		热带及亚热带水果	猕猴桃	30

序号	农药名称（残留标示物）	商品种类	商品名称	限量标准（μg/kg）
365	多效唑 Paclobutrazol	谷粮	稻	100
		茄科、葫芦科蔬菜	西瓜、瓜类、甜瓜	200
		柑橘类水果	温州橘	500
		梨果、核果、浆果	苹果、桃子、樱桃、草莓、悬钩子、黑莓、蓝莓、蔓越橘、越橘类、其他浆果	500
			日本梨、梨、温柏、枇杷	1 000
			油桃、杏、日本李子、梅子	50
		热带及亚热带水果	葡萄、日本柿子、香蕉、猕猴桃、番木瓜、鳄梨、菠萝、番石榴、杧果、西番莲果、椰枣、其他水果	10
		坚果	杏仁	50
		其他调味料	除山葵、日本芥末、大蒜、红辣椒/辣椒粉、姜、柠檬皮、橘皮、柚皮、芝麻以外的所有调味料	500
366	百草枯 Paraquat	谷粮	稻、玉米、其他粮谷	100
			小麦、大麦、黑麦、荞麦	50
		豆类	大豆、豆类、豌豆、蚕豆、花生	50
			其他豆类	200
		薯类	马铃薯、芋头、甘薯、山药、魔芋、其他薯类	50
		十字花科蔬菜	糖用甜菜、甘蔗、日本萝卜（根）、日本萝卜（叶）、芜菁（根）、芜菁（叶）、山葵、豆瓣菜、大白菜、甘蓝、球芽甘蓝、羽衣甘蓝、小松菜、京菜、青梗菜、花椰菜、椰菜、其他十字花科蔬菜	50
		菊科蔬菜	牛蒡、婆罗门参、朝鲜蓟、菊苣、茼蒿、莴苣、其他菊科蔬菜	50
		百合科蔬菜	洋葱、葱、大蒜、韭菜、芦笋、繁殖洋葱、其他百合科蔬菜	50
		伞状花科蔬菜	胡萝卜、欧洲防风草、欧芹、芹菜、鸭儿芹、其他伞状花科蔬菜	50
		茄科、葫芦科蔬菜	西红柿、西班牙甘椒、茄子、其他茄科蔬菜、黄瓜、南瓜、越瓜、西瓜、瓜类、甜瓜、其他葫芦科蔬菜	50
		豆类蔬菜、菇类、杂项蔬菜	菠菜、竹笋、黄秋葵、姜、豌豆、腰果、枝豆、未开的蘑菇、花菇、其他蘑菇、其他蔬菜	50
		柑橘类水果	温州橘、夏橙、柠檬、橙、柚子、酸橙、其他柑橘类水果	50
		梨果、核果、浆果	苹果、日本梨、梨、温柏、枇杷、桃子、油桃、杏、日本李子、梅子、樱桃、草莓、悬钩子、黑莓、蓝莓、蔓越橘、越橘类、其他浆果	50
		热带及亚热带水果	葡萄、日本柿子、香蕉、猕猴桃、番木瓜、鳄梨、菠萝、番石榴、西番莲果	50
			杧果	200
			椰枣	1 000
			其他水果	2 000

序号	农药名称（残留标示物）	商品种类	商品名称	限量标准（μg/kg）
366	百草枯 Paraquat	油籽	葵花籽、芝麻籽、棉籽、菜籽，其他油籽	50
			红花籽	200
		坚果	银杏果、栗子、美洲山核桃、杏仁、核桃	50
			其他坚果	300
		茶咖啡豆		50
		可可豆		200
		啤酒花		1 000
		其他调味料	除山葵、日本芥末、大蒜、红辣椒/辣椒粉、姜、柠檬皮、橘皮、柚皮、芝麻以外的所有调味料	50
		其他药草	除豆瓣菜、韭菜、欧芹、芹菜以外的所有药草	不得检出
367	对硫磷 Parathion	谷粮	稻、黑麦、玉米，其他粮谷	300
			小麦	500
			大麦	50
			荞麦	80
		豆类	大豆、豆类、豌豆	300
			蚕豆	50
			花生	400
			其他豆类	不得检出
		薯类	马铃薯、芋头	300
			甘薯、山药、魔芋，其他薯类	50
		十字花科蔬菜	糖用甜菜、日本萝卜（根）日、本萝卜（叶）、芜菁（根）、豆瓣菜、大白菜、甘蓝、羽衣甘蓝、小松菜、京菜、青梗菜、花椰菜，其他十字花科蔬菜	300
			芜菁（叶）、山葵	50
			球芽甘蓝、椰菜	400
		菊科蔬菜	牛蒡、婆罗门参、朝鲜蓟、菊苣、莴苣	50
			茼蒿，其他菊科蔬菜	300
		百合科蔬菜	洋葱、韭菜，其他百合科蔬菜	300
			葱、大蒜、芦笋、繁殖洋葱	50
		伞状花科蔬菜	胡萝卜	400
			欧洲防风草、欧芹、芹菜、鸭儿芹	300
			其他伞状花科蔬菜	50
		茄科、葫芦科蔬菜	西红柿、西班牙甜椒，其他茄科蔬菜，黄瓜、南瓜、越瓜、西瓜、瓜类，其他葫芦科蔬菜	300
			甜瓜	50
			茄子	400

序号	农药名称 （残留标示物）	商品种类	商品名称	限量标准 （μg/kg）
367	对硫磷 Parathion	豆类蔬菜、菇类、杂项蔬菜	菠菜、竹笋、黄秋葵、枝豆、未开的蘑菇、花菇	50
			姜、豌豆，其他蔬菜	300
			腰果	80
			其他蘑菇	400
		柑橘类水果	温州橘，其他柑橘类水果	300
			夏橙、柠檬、橙、柚子、酸橙	500
		梨果、核果、浆果	苹果、日本梨、温柏、枇杷、梅子、樱桃，其他浆果	300
			梨、桃子、油桃、杏、草莓、悬钩子、黑莓、蓝莓	500
			日本李子、蔓越橘、越橘类	50
		热带及亚热带水果	葡萄	300
			日本柿子、香蕉、猕猴桃、番木瓜、鳄梨、菠萝、番石榴、杧果、西番莲果、椰枣	50
			其他水果	100
		油籽	葵花籽、芝麻籽、菜籽，其他油籽	50
			红花籽	400
			棉籽	100
		坚果	银杏果、栗子、美洲山核桃、杏仁、核桃	50
			其他坚果	300
		茶		600
		啤酒花		500
		其他调味料	除山葵、日本芥末、大蒜、红辣椒/辣椒粉、姜、柠檬皮、橘皮、柚皮、芝麻以外的所有调味料	400
		其他药草	除豆瓣菜、韭菜、欧芹、芹菜以外的所有药草	1 000
368	甲基对硫磷 Parathion-methyl	谷粮	稻、小麦、大麦、黑麦、玉米、荞麦	1 000
			其他粮谷	100
		豆类	大豆、豆类、豌豆、蚕豆、花生	1 000
			其他豆类	100
		薯类	马铃薯、甘薯、山药、魔芋	1 000
			芋头	100
			其他薯类	50
		十字花科蔬菜	糖用甜菜	100
			甘蔗、日本萝卜（叶）、芜菁（叶）、山葵、豆瓣菜、球芽甘蓝、羽衣甘蓝、小松菜，其他十字花科蔬菜	1 000
			日本萝卜（根）、芜菁（根）	600
			大白菜、甘蓝、京菜、青梗菜、花椰菜、椰菜	200

序号	农药名称（残留标示物）	商品种类	商品名称	限量标准（μg/kg）
368	甲基对硫磷 Parathion-methyl	菊科蔬菜	牛蒡、婆罗门参、朝鲜蓟、菊苣、茼蒿、莴苣，其他菊科蔬菜	1 000
		百合科蔬菜	洋葱、葱、大蒜、韭菜、芦笋、繁殖洋葱，其他百合科蔬菜	1 000
		伞状花科蔬菜	胡萝卜、欧洲防风草、欧芹、芹菜、鸭儿芹	1 000
			其他伞状花科蔬菜	200
		茄科、葫芦科蔬菜	西红柿、西班牙甘椒、茄子、黄瓜、南瓜、越瓜、甜瓜，其他葫芦科蔬菜	1 000
			其他茄科蔬菜、西瓜、瓜类	200
		豆类蔬菜、菇类、杂项蔬菜	菠菜、竹笋、黄秋葵、姜、豌豆、腰果、枝豆、未开的蘑菇、花菇，其他蘑菇，其他蔬菜	1 000
		柑橘类水果	温州橘、夏橙、柠檬、橙、柚子、酸橙，其他柑橘类水果	200
		梨果、核果、浆果	苹果、日本梨、梨、温柏、枇杷、桃子、油桃、杏、日本李子、梅子、樱桃、草莓、悬钩子、黑莓、蓝莓、蔓越橘、越橘类，其他浆果	200
		热带及亚热带水果	葡萄、日本柿子、香蕉、猕猴桃、番木瓜、鳄梨、菠萝、番石榴、杧果、西番莲果、椰枣，其他水果	200
		油籽	葵花籽、芝麻籽、菜籽，其他油籽	200
			红花籽	100
			棉籽	1 000
		坚果	银杏果、栗子、核桃，其他坚果	200
			美洲山核桃、杏仁	100
		茶、啤酒花		50
		其他调味料	除山葵、日本芥末、大蒜、红辣椒/辣椒粉、姜、柠檬皮、橘皮、柚皮、芝麻以外的所有调味料	1000
		其他药草	除豆瓣菜、韭菜、欧芹、芹菜以外的所有药草	100
369	克草猛 Pebulate	谷粮	玉米	100
		十字花科蔬菜	糖用甜菜	100
		茄科、葫芦科蔬菜	西红柿、西班牙甘椒、茄子	100
		豆类蔬菜、菇类、杂项蔬菜	黄秋葵、未开的蘑菇、花菇，其他蘑菇，其他蔬菜	100
		热带及亚热带水果	热带及亚热带水果	100
		其他调味料	除山葵、日本芥末、大蒜、红辣椒/辣椒粉、姜、柠檬皮、橘皮、柚皮、芝麻以外的所有调味料	100
		其他药草	除豆瓣菜、韭菜、欧芹、芹菜以外的所有药草	50

序号	农药名称 （残留标示物）	商品种类	商品名称	限量标准 （μg/kg）
370	戊菌唑 Penconazole	谷粮	稻、小麦、大麦、黑麦、玉米、荞麦，其他糠谷	50
		豆类	大豆、豌豆、蚕豆、花生，其他豆类	50
			豆类	100
		薯类	马铃薯、芋头、甘薯、山药、魔芋	50
			其他薯类	100
		十字花科蔬菜	糖用甜菜、日本萝卜（根）、日本萝卜（叶）、芜菁（根）、芜菁（叶）、山葵、豆瓣菜、大白菜、甘蓝、球芽甘蓝、羽衣甘蓝、小松菜、京菜、青梗菜、花椰菜、椰菜，其他十字花科蔬菜	50
		菊科蔬菜	牛蒡、朝鲜蓟、菊苣、莴苣	50
			婆罗门参、茼蒿	200
			其他菊科蔬菜	100
		百合科蔬菜	洋葱	2 000
			葱、大蒜、韭菜、芦笋、繁殖洋葱	50
			其他百合科蔬菜	100
		伞状花科蔬菜	胡萝卜、欧洲防风草、欧芹、芹菜、鸭儿芹	50
			其他伞状花科蔬菜	200
		茄科、葫芦科蔬菜	西红柿、西班牙甘椒、南瓜、甜瓜，其他葫芦科蔬菜	50
			茄子	200
			其他茄科蔬菜、黄瓜、越瓜、西瓜、瓜类	100
		豆类蔬菜、菇类、杂项蔬菜	菠菜、竹笋、黄秋葵、豌豆、腰果、枝豆、未开的蘑菇、花菇，其他蘑菇，其他蔬菜	50
			姜	100
		柑橘类水果	温州橘、夏橙、柠檬、橙、柚子、酸橙	50
			其他柑橘类水果	200
		梨果、核果、浆果	苹果、日本梨、梨、温柏、油桃、杏、日本李子、梅子、草莓、悬钩子、黑莓、蓝莓、蔓越橘、越橘类，其他浆果	200
			枇杷、桃子、樱桃	100
		热带及亚热带水果	葡萄、日本柿子、香蕉、猕猴桃、番木瓜、鳄梨、菠萝、番石榴、杧果、西番莲果、椰枣，其他水果	50
		油籽	葵花籽、芝麻籽、红花籽、棉籽、菜籽，其他油籽	50
		坚果	银杏果、栗子、美洲山核桃、杏仁、核桃	50
			其他坚果	100
		茶		500

序号	农药名称 (残留标示物)	商品种类	商品名称	限量标准 ($\mu g/kg$)
370	戊菌唑 Penconazole	啤酒花		200
		其他调味料	除山葵、日本芥末、大蒜、红辣椒/辣椒粉、姜、柠檬皮、橘皮、柚皮、芝麻以外的所有调味料	50
		其他药草	除豆瓣菜、韭菜、欧芹、芹菜以外的所有药草	500
371	戊菌隆 Pencycuron	谷粮	稻、小麦、大麦、黑麦、玉米、荞麦、其他粮谷	100
		豆类	大豆、豆类、豌豆、蚕豆、花生	100
			其他豆类	500
		薯类	马铃薯、芋头、甘薯、山药、魔芋	500
			其他薯类	1 000
		十字花科蔬菜	糖用甜菜、豆瓣菜、大白菜	100
			甘蔗、日本萝卜（叶）、芜菁（叶）、椰菜、其他十字花科蔬菜	1 000
			日本萝卜（根）、芜菁（根）、山葵、甘蓝、球芽甘蓝、羽衣甘蓝、小松菜、京菜、青梗菜、花椰菜	500
		菊科蔬菜	牛蒡、莴苣	1 000
			婆罗门参、朝鲜蓟、菊苣、茼蒿	500
			其他菊科蔬菜	100
		百合科蔬菜	洋葱、大蒜、韭菜、芦笋	500
			葱	100
			繁殖洋葱、其他百合科蔬菜	1 000
		伞状花科蔬菜	胡萝卜、鸭儿芹、其他伞状花科蔬菜	1 000
			欧洲防风草、欧芹、芹菜	500
		茄科、葫芦科蔬菜	西红柿、茄子	200
			西班牙甘椒、其他茄科蔬菜、其他葫芦科蔬菜	1 000
			黄瓜、南瓜、越瓜、西瓜、甜瓜	100
		豆类蔬菜、菇类、杂项蔬菜	菠菜、黄秋葵、其他蘑菇	1 000
			竹笋	200
			姜、豌豆、腰果、枝豆、未开的蘑菇、花菇、其他蔬菜	100
		柑橘类水果	温州橘、夏橙、柠檬、橙、柚子、酸橙，其他柑橘类水果	100
		梨果、核果、浆果	苹果、日本梨、梨、温柏、枇杷、桃子、油桃、杏、日本李子、梅子、樱桃、草莓、悬钩子、黑莓、蓝莓、蔓越橘、越橘类、其他浆果	100
		热带及亚热带水果	葡萄、日本柿子、香蕉、猕猴桃、番木瓜、鳄梨、菠萝、番石榴、杧果、西番莲果、椰枣、其他水果	100

第三章　日本食品安全限量标准

序号	农药名称 （残留标示物）	商品种类	商品名称	限量标准 （μg/kg）
371	戊菌隆 Pencycuron	油籽	葵花籽、芝麻籽、红花籽、棉籽、菜籽，其他油籽	100
		坚果	银杏果、栗子、美洲山核桃、杏仁、核桃，其他坚果	100
		茶、咖啡豆、可可豆		100
		啤酒花		1 000
		其他调味料	除山葵、日本芥末、大蒜、红辣椒/辣椒粉、姜、柠檬皮、橘皮、柚皮、芝麻以外的所有调味料	1 000
		其他药草	除豆瓣菜、韭菜、欧芹、芹菜以外的所有药草	200
372	硝草胺 Pendimethalin	谷粮	稻、小麦、大麦、黑麦、玉米，其他粮谷	200
			荞麦	100
		豆类	大豆	50
			豆类、豌豆、花生	100
			蚕豆，其他豆类	200
		薯类	马铃薯、甘薯、山药	200
			芋头、魔芋，其他薯类	50
		十字花科蔬菜	糖用甜菜	100
			甘蔗、日本萝卜（根）、日本萝卜（叶）、芜菁（根）、芜菁（叶）、山葵、球芽甘蓝、羽衣甘蓝、小松菜、京菜、青梗菜、花椰菜、椰菜，其他十字花科蔬菜	50
			豆瓣菜、大白菜、甘蓝	200
		菊科蔬菜	牛蒡、婆罗门参、朝鲜蓟、菊苣、莴苣	50
			茼蒿，其他菊科蔬菜	200
		百合科蔬菜	洋葱、葱，其他百合科蔬菜	200
			大蒜、韭菜、芦笋、繁殖洋葱	50
		伞状花科蔬菜	胡萝卜，其他伞状花科蔬菜	50
			欧洲防风草	200
		茄科、葫芦科蔬菜	西红柿、茄子、甜瓜，其他葫芦科蔬菜	50
			其他茄科蔬菜、西瓜、瓜类	100
		豆类蔬菜、菇类、杂项蔬菜	菠菜、豌豆、枝豆，其他蔬菜	50
			腰果	200
		柑橘类水果	温州橘、夏橙、柠檬、橙、柚子、酸橙	50
			其他柑橘类水果	100
		梨果、核果、浆果	苹果、日本梨，其他浆果	100
			梨、温柏、枇杷、桃子、油桃、杏、日本李子、梅子、樱桃、草莓、悬钩子、黑莓、蓝莓、蔓越橘、越橘类	50

序号	农药名称 （残留标示物）	商品种类	商品名称	限量标准 (μg/kg)
372	硝草胺 Pendimethalin	热带及亚热带水果	葡萄、日本柿子、香蕉、猕猴桃、番木瓜、鳄梨、菠萝、番石榴、杧果、西番莲果	50
			椰枣，其他水果	100
		油籽	葵花籽、芝麻籽、棉籽、菜籽，其他油籽	50
			红花籽	100
		坚果	银杏果、栗子、美洲山核桃、杏仁、核桃	50
			其他坚果	200
		其他调味料	除山葵、日本芥末、大蒜、红辣椒/辣椒粉、姜、柠檬皮、橘皮、柚皮、芝麻以外的所有调味料	200
		其他药草	除豆瓣菜、韭菜、欧芹、芹菜以外的所有药草	20
373	嘧啶并三唑类磺胺 Penoxsulam	谷粮	稻	0
374	氯菊酯 Permethrin	谷粮	稻、小麦、大麦、黑麦、玉米、荞麦	2 000
			其他粮谷	50
		豆类	大豆、蚕豆	100
			豆类、豌豆、花生	200
			其他豆类	50
		薯类	马铃薯、芋头、甘薯、山药、魔芋，其他薯类	200
		十字花科蔬菜	糖用甜菜、甘蔗	100
			花椰菜	2 000
			日本萝卜（根）、日本萝卜（叶）、芜菁（根）、小松菜、京菜、椰菜，其他十字花科蔬菜	3 000
			芜菁（叶）、青梗菜	500
			山葵、豆瓣菜、大白菜、甘蓝、球芽甘蓝、羽衣甘蓝	5 000
		菊科蔬菜	牛蒡、朝鲜蓟、菊苣、茼蒿、莴苣，其他菊科蔬菜	3 000
			婆罗门参	10 000
		百合科蔬菜	洋葱、葱、大蒜、韭菜、芦笋、繁殖洋葱	3 000
			其他百合科蔬菜	100
		伞状花科蔬菜	胡萝卜、欧洲防风草、芹菜、鸭儿芹	3 000
			欧芹	2 000
			其他伞状花科蔬菜	1 000
		茄科、葫芦科蔬菜	西红柿、茄子、南瓜、甜瓜	3 000
			西班牙甘椒	1 000
			黄瓜，其他茄科蔬菜	500
			越瓜	5 000
			西瓜、瓜类	100
			其他葫芦科蔬菜	2 000

序号	农药名称 (残留标示物)	商品种类	商品名称	限量标准 (μg/kg)
374	氯菊酯 Permethrin	豆类蔬菜、菇类、杂项蔬菜	菠菜、竹笋、黄秋葵、姜、豌豆、腰果、未开的蘑菇、花菇、其他蘑菇、	3 000
			枝豆	100
			其他蔬菜	500
		柑橘类水果	温州橘、夏橙、柠檬、橙、柚子、酸橙	5 000
			其他柑橘类水果	2 000
		梨果、核果、浆果	苹果、日本梨、梨、枇杷、桃子、油桃、杏	2 000
			温柏、日本李子、梅子、黑莓、蓝莓、蔓越橘、越橘类、其他浆果	5 000
			樱桃、草莓、悬钩子	1 000
		热带及亚热带水果	葡萄、日本柿子、猕猴桃、番木瓜、鳄梨、菠萝、番石榴、杧果、西番莲果、椰枣	5 000
			香蕉	2 000
			其他水果	1 000
		油籽	葵花籽、芝麻籽、菜籽，其他油籽	5 000
			红花籽	500
			棉籽	50
		坚果	银杏果、栗子、杏仁	5 000
			美洲山核桃	100
			核桃	50
			其他坚果	20 000
		茶		50
		咖啡豆		50 000
		啤酒花		5 000
		其他调味料	除山葵、日本芥末、大蒜、红辣椒/辣椒粉、姜、柠檬皮、橘皮、柚皮、芝麻以外的所有调味料	3 000
		其他药草	除豆瓣菜、韭菜、欧芹、芹菜以外的所有药草	50
375	苯敌草 Phenmedipham	十字花科蔬菜	糖用甜菜	200
		菊科蔬菜	莴苣	500
		豆类蔬菜、菇类、杂项蔬菜	菠菜，其他蔬菜	200
		其他调味料	除山葵、日本芥末、大蒜、红辣椒/辣椒粉、姜、柠檬皮、橘皮、柚皮、芝麻以外的所有调味料	200
		其他药草	除豆瓣菜、韭菜、欧芹、芹菜以外的所有药草	20

序号	农药名称（残留标示物）	商品种类	商品名称	限量标准（μg/kg）
376	苯醚菊酯 Phenothrin	谷粮	稻	2 000
			小麦、大麦、黑麦、玉米、荞麦，其他粮谷	20
		豆类	大豆、豆类、豌豆、蚕豆、花生，其他豆类	20
		薯类	马铃薯、芋头、甘薯、山药、魔芋，其他薯类	20
		十字花科蔬菜	糖用甜菜、甘蔗、日本萝卜（根）、日本萝卜（叶）、芜菁（根）、芜菁（叶）、山葵、豆瓣菜、大白菜、甘蓝、球芽甘蓝、羽衣甘蓝、小松菜、京菜、青梗菜、花椰菜、椰菜，其他十字花科蔬菜	20
		菊科蔬菜	牛蒡、婆罗门参、朝鲜蓟、菊苣、茼蒿、莴苣，其他菊科蔬菜	20
		百合科蔬菜	洋葱、葱、大蒜、韭菜、芦笋、繁殖洋葱，其他百合科蔬菜	20
		伞状花科蔬菜	胡萝卜、欧洲防风草、欧芹、芹菜、鸭儿芹，其他伞状花科蔬菜	20
		茄科、葫芦科蔬菜	西红柿、西班牙甘椒、茄子，其他茄科蔬菜，黄瓜、南瓜、越瓜、西瓜、瓜类、甜瓜，其他葫芦科蔬菜	20
		豆类蔬菜、菇类、杂项蔬菜	菠菜、竹笋、黄秋葵、姜、豌豆、腰果、枝豆、未开的蘑菇、花菇，其他蘑菇，其他蔬菜	20
		柑橘类水果	温州橘、夏橙、柠檬、橙、柚子、酸橙，其他柑橘类水果	20
		梨果、核果、浆果	苹果、日本梨、梨、温柏、枇杷、桃子、油桃、杏、日本李子、梅子、樱桃、草莓、悬钩子、黑莓、蓝莓、蔓越橘、越橘类，其他浆果	20
		热带及亚热带水果	葡萄、日本柿子、香蕉、猕猴桃、番木瓜、鳄梨、菠萝、番石榴、杧果、西番莲果、椰枣，其他水果	20
		油籽	葵花籽、芝麻籽、红花籽、棉籽、菜籽，其他油籽、银杏果	20
			栗子、美洲山核桃、杏仁、核桃，其他坚果	20
		茶、咖啡豆、可可豆、啤酒花		20
		其他调味料	除山葵、日本芥末、大蒜、红辣椒/辣椒粉、姜、柠檬皮、橘皮、柚皮、芝麻以外的所有调味料	20
		其他药草	除豆瓣菜、韭菜、欧芹、芹菜以外的所有药草	50
377	稻丰散 Phenthoate	谷粮	稻、小麦、大麦、黑麦、玉米、荞麦	400
			其他粮谷	50
		豆类	大豆、豆类、豌豆、蚕豆、花生，其他豆类	50
		薯类	马铃薯、芋头、甘薯、山药、魔芋	50
			其他薯类	100
		十字花科蔬菜	日本萝卜（根）、日本萝卜（叶）、芜菁（根）、芜菁（叶）、山葵、豆瓣菜、大白菜、甘蓝、球芽甘蓝、羽衣甘蓝、小松菜、京菜、青梗菜、花椰菜、椰菜，其他十字花科蔬菜	100

第三章 日本食品安全限量标准

序号	农药名称 （残留标示物）	商品种类	商品名称	限量标准 （μg/kg）
377	稻丰散 Phenthoate	菊科蔬菜	牛蒡、婆罗门参、朝鲜蓟、菊苣、莴苣、莴笋，其他菊科蔬菜	100
		百合科蔬菜	洋葱、葱、大蒜、韭菜、芦笋、繁殖洋葱，其他百合科蔬菜	100
		伞状花科蔬菜	胡萝卜、欧洲防风草、欧芹、芹菜、鸭儿芹，其他伞状花科蔬菜	100
		茄科、葫芦科蔬菜	西红柿、西班牙甘椒、茄子，其他茄科蔬菜、黄瓜、南瓜、越瓜、西瓜、瓜类、甜瓜，其他葫芦科蔬菜	100
		豆类蔬菜、菇类、杂项蔬菜	菠菜、竹笋、黄秋葵、姜、豌豆、腰果、枝豆、未开的蘑菇、花菇，其他蘑菇，其他蔬菜	100
		柑橘类水果	温州橘、夏橙、柠檬、橙、柚子、酸橙，其他柑橘类水果	100
		梨果、核果、浆果	苹果、日本梨、梨、温柏、枇杷、桃子、油桃、杏、日本李子、梅子、樱桃、草莓、悬钩子、黑莓、蓝莓、蔓越橘、越橘类，其他浆果	100
		热带及亚热带水果	葡萄、日本柿子、香蕉、猕猴桃、番木瓜、鳄梨、菠萝、番石榴、杧果、西番莲果、椰枣，其他水果	100
		油籽	葵花籽、芝麻籽、红花籽、棉籽、菜籽，其他油籽	100
		坚果	银杏果、栗子、美洲山核桃、杏仁、核桃，其他坚果	100
		茶		100
		其他调味料	除山葵、日本芥末、大蒜、红辣椒/辣椒粉、姜、柠檬皮、橘皮、柚皮、芝麻以外的所有调味料	100
		其他药草	除豆瓣菜、韭菜、欧芹、芹菜以外的所有药草	50
378	甲拌磷 Phorate	谷粮	稻、小麦、大麦、黑麦、玉米、荞麦，其他	50
		豆类	豌豆、蚕豆，其他	300
			大豆	50
			豆类	200
			花生	100
		薯类	芋头、甘薯、山药、魔芋，其他	300
			马铃薯	200
		十字花科蔬菜	日本萝卜（根）、日本萝卜（叶）、芜菁（根）、芜菁（叶）、山葵、豆瓣菜、大白菜、甘蓝、球芽甘蓝、羽衣甘蓝、小松菜、京菜、青梗菜、花椰菜、椰菜，其他	300
			糖用甜菜	50
			甘蔗	100
		菊科蔬菜	牛蒡、婆罗门参、朝鲜蓟、菊苣、苦苣、茼蒿、莴苣，其他	300
		百合科蔬菜	洋葱、葱、大蒜、韭菜、芦笋、繁殖洋葱，其他	300
		伞状花科蔬菜	胡萝卜、欧洲防风草、芹菜，其他	300
			欧芹、鸭儿芹	50

序号	农药名称（残留标示物）	商品种类	商品名称	限量标准（μg/kg）
378	甲拌磷 Phorate	茄科、葫芦科蔬菜	西红柿、西班牙甘椒、茄子，其他茄科蔬菜、黄瓜、南瓜、越瓜、西瓜、瓜类、甜瓜，其他	300
		豆类蔬菜、菇类、杂项蔬菜	菠菜、竹笋、黄秋葵、豌豆、未开的蘑菇、花菇，其他蘑菇	300
			姜	50
			腰果	100
			枝豆	200
			其他蔬菜	1 000
		柑橘类水果	温州橘、夏橙、柠檬、橙、柚子、酸橙，其他	50
		梨果、核果、浆果	苹果、日本梨、梨、温柏、枇杷、桃子、油桃、杏、日本李子、梅子、樱桃、草莓、悬钩子、黑莓、蓝莓、蔓越橘、越橘类，其他	50
		热带及亚热带水果	葡萄、日本柿子、香蕉、猕猴桃、番木瓜、鳄梨、菠萝、番石榴、杧果、西番莲果、椰枣	50
			其他	300
		油籽	葵花籽、芝麻籽、红花籽、棉籽、菜籽，其他	50
		坚果	银杏果、栗子、美洲山核桃、杏仁、核桃，其他	50
		茶		100
		咖啡豆		20
		啤酒花		300
		其他调味料	除山葵、日本芥末、大蒜、红辣椒/辣椒粉、姜、柠檬皮、橘皮、柚皮、芝麻以外的所有调味料	1 000
		其他药草	除豆瓣菜、韭菜、欧芹、芹菜以外的所有药草	1 000
379	伏杀硫磷 Phosalone	豆类	豌豆	1 000
		薯类	马铃薯、芋头、甘薯、山药、魔芋，其他	100
		十字花科蔬菜	日本萝卜（根）、日本萝卜（叶）、芜菁（根）、芜菁（叶）、山葵、豆瓣菜、大白菜、甘蓝、球芽甘蓝、羽衣甘蓝、小松菜、京菜、青梗菜、花椰菜、椰菜，其他	500
			糖用甜菜	100
		菊科蔬菜	牛蒡、婆罗门参、朝鲜蓟、菊苣、苦苣、茼蒿、莴苣，其他	500
		百合科蔬菜	洋葱、葱、大蒜、韭菜、芦笋、繁殖洋葱，其他	500
		伞状花科蔬菜	胡萝卜、欧洲防风草、欧芹、芹菜、鸭儿芹，其他	500
		茄科、葫芦科蔬菜	西红柿、西班牙甘椒、茄子，其他茄科蔬菜，黄瓜、南瓜、越瓜、西瓜，其他	500
			瓜类、甜瓜	1 000
		豆类蔬菜、菇类、杂项蔬菜	菠菜、竹笋、黄秋葵、姜、豌豆、腰果、枝豆、未开的蘑菇、花菇，其他蘑菇，其他蔬菜	500

序号	农药名称 （残留标示物）	商品种类	商品名称	限量标准 （μg/kg）
379	伏杀硫磷 Phosalone	柑橘类水果	温州橘、夏橙、柠檬、橙、柚子、酸橙，其他	1 000
		梨果、核果、浆果	苹果、日本梨、梨、温柏、枇杷、桃子、油桃、杏、日本李子、梅子、樱桃	2 000
			草莓、悬钩子、黑莓、蓝莓、蔓越橘、越橘类，其他	1 000
		热带及亚热带水果	葡萄、日本柿子、香蕉、猕猴桃、番木瓜、鳄梨、菠萝、番石榴、杧果、西番莲果、椰枣，其他	1 000
		油籽	葵花籽、芝麻籽、红花籽、棉籽、菜籽，其他	1 000
		坚果	银杏果、栗子、美洲山核桃	1 000
			杏仁	100
			核桃，其他	50
		茶		2 000
		其他调味料	除山葵、日本芥末、大蒜、红辣椒/辣椒粉、姜、柠檬皮、橘皮、柚皮、芝麻以外的所有调味料	1 000
		其他药草	除豆瓣菜、韭菜、欧芹、芹菜以外的所有药草	500
380	亚胺硫磷 Phosmet	谷粮	小麦、大麦、黑麦、玉米、荞麦，其他	50
			稻	100
		豆类	大豆、豆类、豌豆、蚕豆、花生，其他	50
		薯类	马铃薯	50
			甘薯	10 000
		十字花科蔬菜	日本萝卜（根）、日本萝卜（叶）、芜菁（根）、芜菁（叶）、山葵、豆瓣菜、大白菜、甘蓝、球芽甘蓝、羽衣甘蓝、小松菜、京菜、青梗菜、花椰菜、椰菜，其他	1 000
		菊科蔬菜	牛蒡、婆罗门参、朝鲜蓟、菊苣、苦苣、茼蒿、莴苣，其他	1 000
		百合科蔬菜	洋葱、葱、大蒜、韭菜、芦笋、繁殖洋葱，其他	1 000
		伞状花科蔬菜	胡萝卜、欧洲防风草、欧芹、芹菜、鸭儿芹，其他	1 000
		茄科、葫芦科蔬菜	西红柿、西班牙甘椒、茄子，其他茄科蔬菜、黄瓜、南瓜、越瓜，其他	1 000
			西瓜、瓜类、甜瓜	100
		豆类蔬菜、菇类、杂项蔬菜	菠菜、竹笋、黄秋葵、姜、豌豆、腰果、枝豆、未开的蘑菇、花菇，其他蘑菇，其他蔬菜	1 000
		柑橘类水果	温州橘、柠檬、橙、柚子、酸橙，其他	5 000
			夏橙	2 000
		梨果、核果、浆果	温柏、枇杷、日本李子、梅子、樱桃、草莓、悬钩子、黑莓、蓝莓、蔓越橘，其他	100
			油桃、杏	5 000
			苹果、日本梨、梨、桃子、越橘类	10 000

序号	农药名称（残留标示物）	商品种类	商品名称	限量标准（μg/kg）
380	亚胺硫磷 Phosmet	热带及亚热带水果	日本柿子、香蕉、猕猴桃、番木瓜、鳄梨、菠萝、番石榴、杧果、西番莲果、椰枣	100
			葡萄	10 000
			其他	200
		油籽	葵花籽、芝麻籽、红花籽、菜籽、其他	100
			棉籽	50
		坚果	银杏果、栗子、美洲山核桃、杏仁、核桃、其他	200
		茶		500
		其他调味料	除山葵、日本芥末、大蒜、红辣椒/辣椒粉、姜、柠檬皮、橘皮、柚皮、芝麻以外的所有调味料	5 000
		其他药草	除豆瓣菜、韭菜、欧芹、芹菜以外的所有药草	1 000
381	磷胺 Phosphamidon	谷粮	稻、小麦、大麦、黑麦、玉米、荞麦、其他	100
		豆类	豌豆	200
		薯类	芋头、甘薯、山药、魔芋、其他	200
		十字花科蔬菜	糖用甜菜、日本萝卜（根）、日本萝卜（叶）、芜菁（根）、芜菁（叶）、山葵、豆瓣菜、大白菜、甘蓝、球芽甘蓝、羽衣甘蓝、小松菜、京菜、青梗菜、花椰菜、椰菜、其他	200
		菊科蔬菜	牛蒡、婆罗门参、朝鲜蓟、菊苣、苦苣、茼蒿、其他	200
			莴苣	100
		百合科蔬菜	洋葱、葱、大蒜、韭菜、芦笋、繁殖洋葱、其他	200
		伞状花科蔬菜	胡萝卜、欧洲防风草、芹菜、鸭儿芹、其他	200
		茄科、葫芦科蔬菜	西班牙甘椒、茄子、其他茄科蔬菜、瓜类	200
			西红柿、黄瓜、西瓜	100
		豆类蔬菜、菇类、杂项蔬菜	菠菜、竹笋、黄秋葵、姜、豌豆、腰果、枝豆、未开的蘑菇、花菇、其他蘑菇、其他蔬菜	400
		柑橘类水果	温州橘、夏橙、柠檬、橙、柚子、酸橙、其他	200
		梨果、核果、浆果	温柏、枇杷、桃子、油桃、杏、日本李子、梅子、樱桃、草莓、悬钩子、黑莓、蓝莓、蔓越橘、越橘类、其他	200
			苹果、日本梨、梨	500
		热带及亚热带水果	葡萄、日本柿子、香蕉、猕猴桃、番木瓜、鳄梨、菠萝、番石榴、杧果、西番莲果、其他	200
			椰枣	50
		坚果	银杏果、栗子、美洲山核桃、杏仁、核桃、其他	200
		茶		100
		其他调味料	除山葵、日本芥末、大蒜、红辣椒/辣椒粉、姜、柠檬皮、橘皮、柚皮、芝麻以外的所有调味料	400
		其他药草	除豆瓣菜、韭菜、欧芹、芹菜以外的所有药草	200

序号	农药名称 (残留标示物)	商品种类	商品名称	限量标准 ($\mu g/kg$)
382	辛硫磷 Phoxim	谷粮	稻、小麦、大麦、黑麦、玉米、荞麦，其他	50
		豆类	大豆、豆类、豌豆、蚕豆、花生，其他	20
		薯类	芋头、甘薯、山药、魔芋，其他	20
			马铃薯	50
		十字花科蔬菜	糖用甜菜、甘蔗、日本萝卜(根)、日本萝卜(叶)、芜菁(根)、芜菁(叶)、山葵、豆瓣菜、大白菜、羽衣甘蓝、小松菜、京菜、青梗菜、花椰菜、椰菜，其他	20
			甘蓝、球芽甘蓝	50
		菊科蔬菜	牛蒡、婆罗门参、朝鲜蓟、菊苣、苦苣、茼蒿，其他	20
			莴苣	100
		百合科蔬菜	葱、大蒜、韭菜、芦笋、繁殖洋葱，其他	20
			洋葱	50
		伞状花科蔬菜	胡萝卜、欧洲防风草、欧芹、芹菜、鸭儿芹，其他	20
		茄科、葫芦科蔬菜	西班牙甘椒、茄子、其他茄科蔬菜、黄瓜、南瓜、越瓜、西瓜、瓜类、甜瓜，其他	20
			西红柿	200
		豆类蔬菜、菇类、杂项蔬菜	菠菜、竹笋、黄秋葵、姜、豌豆、枝豆、未开的蘑菇、花菇、其他蘑菇、其他蔬菜	20
			腰果	50
		柑橘类水果	温州橘、夏橙、柠檬、橙、柚子、酸橙，其他	20
		梨果、核果、浆果	苹果、日本梨、梨、温柏、枇杷、桃子、油桃、杏、日本李子、梅子、樱桃、草莓、悬钩子、黑莓、蓝莓、蔓越橘、越橘类，其他	20
		热带及亚热带水果	葡萄、日本柿子、香蕉、猕猴桃、番木瓜、鳄梨、菠萝、番石榴、杧果、西番莲果、椰枣，其他	20
		油籽	葵花籽、芝麻籽、红花籽、棉籽、菜籽，其他	20
		坚果	银杏果、栗子、美洲山核桃、杏仁、核桃，其他	20
		咖啡豆、可可豆、啤酒花		20
		茶		100
		其他调味料	除山葵、日本芥末、大蒜、红辣椒/辣椒粉、姜、柠檬皮、橘皮、柚皮、芝麻以外的所有调味料	20
		其他药草	除豆瓣菜、韭菜、欧芹、芹菜以外的所有药草	20
383	毒莠定 Picloram	谷粮	稻、小麦、大麦、黑麦、玉米、荞麦	200
			其他粮谷	500
		十字花科蔬菜	甘蔗	10
		油籽	菜籽	50

序号	农药名称（残留标示物）	商品种类	商品名称	限量标准（μg/kg）
384	氟吡酰草胺 Picolinafen	谷粮	稻、黑麦、玉米、荞麦，其他	20
			小麦、大麦	40
		豆类	豌豆，其他	20
385	杀鼠酮 Pindone	谷粮	稻、小麦、大麦、黑麦、玉米、荞麦，其他	1
		豆类	大豆、豆类、豌豆、蚕豆、花生，其他	1
		薯类	马铃薯、芋头、甘薯、山药、魔芋，其他	1
		十字花科蔬菜	糖用甜菜、甘蔗、日本萝卜（根）、日本萝卜（叶）、芜菁（根）、芜菁（叶）、山葵、豆瓣菜、大白菜、甘蓝、球芽甘蓝、羽衣甘蓝、小松菜、京菜、青梗菜、花椰菜、椰菜，其他	1
		菊科蔬菜	牛蒡、婆罗门参、朝鲜蓟、菊苣、苦苣、茼蒿、莴苣，其他	1
		百合科蔬菜	洋葱、葱、大蒜、韭菜、芦笋、繁殖洋葱，其他	1
		伞状花科蔬菜	胡萝卜、欧洲防风草、欧芹、芹菜、鸭儿芹，其他	1
		茄科、葫芦科蔬菜	西红柿、西班牙甜椒、茄子，其他茄科蔬菜、黄瓜、南瓜、越瓜、西瓜、瓜类、甜瓜，其他	1
		豆类蔬菜、菇类、杂项蔬菜	菠菜、竹笋、黄秋葵、姜、豌豆、腰果、枝豆、未开的蘑菇、花菇，其他蘑菇，其他蔬菜	1
		柑橘类水果	温州橘、夏橙、柠檬、橙、柚子、酸橙，其他	1
		梨果、核果、浆果	苹果、日本梨、梨、温柏、枇杷、桃子、油桃、杏、日本李子、梅子、樱桃、草莓、悬钩子、黑莓、蓝莓、蔓越橘、越橘类，其他	1
		热带及亚热带水果	葡萄、日本柿子、香蕉、猕猴桃、番木瓜、鳄梨、菠萝、番石榴、杧果、西番莲果、椰枣，其他	1
		油籽	葵花籽、芝麻籽、红花籽、棉籽、菜籽，其他	1
		坚果	银杏果、栗子、美洲山核桃、杏仁、核桃，其他	1
		茶、咖啡豆、可可豆、啤酒花		1
		其他调味料	除山葵、日本芥末、大蒜、红辣椒/辣椒粉、姜、柠檬皮、橘皮、柚皮、芝麻以外的所有调味料	1
		其他药草	除豆瓣菜、韭菜、欧芹、芹菜以外的所有药草	1
386	唑啉草酯 Pinoxaden	谷粮	稻	24 000
387	增效醚 Piperonyl butoxide	谷粮	小麦、大麦	20
			小麦、大麦、黑麦、玉米、荞麦，其他粮谷	24 000
		豆类	大豆、豆类、豌豆、蚕豆，其他豆类	200
			花生	1 000
		薯类	马铃薯、芋头、甘薯、山药、魔芋，其他薯类	500

序号	农药名称（残留标示物）	商品种类	商品名称	限量标准（µg/kg）
387	增效醚 Piperonyl butoxide	十字花科蔬菜	糖用甜菜、日本萝卜（根）、芜菁（根）、山葵	500
			日本萝卜（叶），其他十字花科蔬菜	50 000
			芜菁（叶）、豆瓣菜、大白菜、甘蓝、球芽甘蓝、羽衣甘蓝、小松菜、京菜、青梗菜、花椰菜、椰菜	8 000
		菊科蔬菜	牛蒡、婆罗门参，其他菊科蔬菜	500
			朝鲜蓟、菊苣、苦苣、茼蒿	8 000
			莴苣	50 000
		百合科蔬菜	洋葱、葱、大蒜、韭菜、芦笋、繁殖洋葱，其他百合科蔬菜	8 000
		伞状花科蔬菜	胡萝卜、欧洲防风草，其他伞状花科蔬菜	500
			芹菜	8 000
		茄科、葫芦科蔬菜	西红柿、西班牙甘椒，其他茄科蔬菜	2 000
			茄子	8 000
			黄瓜、南瓜、越瓜、西瓜、瓜类、甜瓜，其他葫芦科蔬菜	1 000
		豆类蔬菜、菇类、杂项蔬菜	菠菜、竹笋、黄秋葵、姜、豌豆、腰果、枝豆、未开的蘑菇、花菇，其他蘑菇	8 000
			其他蔬菜	500
		柑橘类水果	温州橘、夏橙、柠檬、橙、柚子、酸橙，其他柑橘类水果	5 000
		梨果、核果、浆果	苹果、日本梨、梨、温柏、枇杷、桃子、油桃、杏、日本李子、梅子、樱桃、草莓、悬钩子、黑莓、蓝莓、蔓越橘、越橘类，其他	8 000
		热带及亚热带水果	葡萄、日本柿子、香蕉、猕猴桃、番木瓜、鳄梨、菠萝、番石榴、杧果、西番莲果、椰枣，其他	8 000
		油籽	葵花籽、芝麻籽、红花籽、棉籽、菜籽，其他	8 000
		坚果	银杏果、栗子、美洲山核桃、杏仁，其他	8 000
			核桃	5 000
		可可豆		8 000
		其他调味料	除山葵、日本芥末、大蒜、红辣椒/辣椒粉、姜、柠檬皮、橘皮、柚皮、芝麻以外的所有调味料	50 000
		其他药草	除豆瓣菜、韭菜、欧芹、芹菜以外的所有药草	50 000
388	戊草净 Piperophos	谷粮	稻	10

序号	农药名称（残留标示物）	商品种类	商品名称	限量标准（μg/kg）
389	抗蚜威 Pirimicarb	谷粮	稻	300
			小麦、大麦、黑麦、玉米、荞麦，其他粮谷	50
		豆类	大豆、蚕豆，其他豆类	1 000
			豆类	100
			豌豆	200
		薯类	马铃薯、甘薯	50
			芋头、山药、魔芋，其他薯类	1 000
		十字花科蔬菜	糖用甜菜、芜菁（根）	50
			日本萝卜（根）	100
			日本萝卜（叶）、大白菜、羽衣甘蓝、小松菜、京菜	2 000
			芜菁（叶）、山葵、青梗菜，其他十字花科蔬菜	500
			豆瓣菜、甘蓝、球芽甘蓝、花椰菜、椰菜	1 000
		菊科蔬菜	牛蒡、莴苣	1 000
			婆罗门参、朝鲜蓟	500
			苦苣、菊苣、茼蒿，其他菊科蔬菜	2 000
		百合科蔬菜	洋葱、葱、大蒜、芦笋	500
			韭菜，其他百合科蔬菜	3 000
			繁殖洋葱	1 000
		伞状花科蔬菜	胡萝卜	500
			欧洲防风草	50
			欧芹、芹菜	1 000
			鸭儿芹，其他伞状花科蔬菜	3 000
		茄科、葫芦科蔬菜	西红柿、西班牙甘椒、越瓜、甜瓜	1 000
			茄子，其他茄科蔬菜、黄瓜，其他葫芦科蔬菜	2 000
			南瓜、西瓜、瓜类	500
		豆类蔬菜、菇类、杂项蔬菜	菠菜、竹笋、黄秋葵、腰果、未开的蘑菇、花菇，其他蘑菇	1 000
			豌豆，其他蔬菜	200
			枝豆	500
		柑橘类水果	温州橘、夏橙、柠檬、柚子、酸橙，其他柑橘类水果	50
			橙	500
		梨果、核果、浆果	苹果、日本梨、梨、温柏、枇杷、梅子	1 000
			桃子、杏、日本李子、樱桃、草莓、悬钩子、黑莓、蓝莓、蔓越橘、越橘类，其他浆果	500
			油桃	800

序号	农药名称 （残留标示物）	商品种类	商品名称	限量标准 (μg/kg)
389	抗蚜威 Pirimicarb	热带及亚热带水果	葡萄、日本柿子、香蕉、猕猴桃、番木瓜、鳄梨、菠萝、番石榴、杧果、西番莲果、椰枣，其他水果	500
		油籽	棉籽	50
			菜籽	200
			其他油籽	3 000
		坚果	银杏果、美洲山核桃、核桃	50
			栗子、杏仁，其他坚果	500
		啤酒花		500
		其他调味料	除山葵、日本芥末、大蒜、红辣椒/辣椒粉、姜、柠檬皮、橘皮、柚皮、芝麻以外的所有调味料	3 000
		其他药草	除豆瓣菜、韭菜、欧芹、芹菜以外的所有药草	3 000
390	甲基嘧啶磷 Pirmiphos- methyl	谷粮	稻	200
			小麦、大麦、黑麦、玉米、荞麦，其他粮谷	1 000
		豆类	大豆、豆类、蚕豆，其他豆类	100
			豌豆	50
			花生	1 000
		薯类	马铃薯、芋头、甘薯、山药、魔芋，其他薯类	50
			糖用甜菜	50
		十字花科蔬菜	日本萝卜（根）、日本萝卜（叶）、芜菁（根）、芜菁（叶）、山葵、豆瓣菜、大白菜、甘蓝、球芽甘蓝、羽衣甘蓝、小松菜、京菜、青梗菜、椰菜，其他十字花科蔬菜	1 000
			花椰菜	5 000
		菊科蔬菜	牛蒡、婆罗门参、朝鲜蓟、菊苣、苦苣、茼蒿、莴苣，其他菊科蔬菜	1 000
		百合科蔬菜	洋葱、葱、大蒜、韭菜、芦笋、繁殖洋葱，其他百合科蔬菜	1 000
		伞状花科蔬菜	胡萝卜、欧洲防风草、欧芹、芹菜、鸭儿芹，其他伞状花科蔬菜	1 000
		茄科、葫芦科蔬菜	西红柿、黄瓜	2 000
			西班牙甘椒、南瓜、越瓜	1 000
			茄子	3 000
			其他茄科蔬菜、西瓜、瓜类、甜瓜，其他葫芦科蔬菜	100
		豆类蔬菜、菇类、杂项蔬菜	菠菜、竹笋、黄秋葵、姜、豌豆、腰果、枝豆、未开的蘑菇、花菇，其他蘑菇，其他蔬菜	1 000
		柑橘类水果	温州橘	100
			夏橙、柠檬、橙、柚子、酸橙，其他柑橘类水果	5 000

序号	农药名称 （残留标示物）	商品种类	商品名称	限量标准 （μg/kg）
390	甲基嘧啶磷 Pirmiphos-methyl	梨果、核果、浆果	苹果、日本梨、梨、枇杷、杏、日本李子、梅子、樱桃、草莓、悬钩子，其他浆果	1 000
			温柏、桃子、油桃、黑莓、蓝莓、蔓越橘、越橘类	100
		热带及亚热带水果	葡萄、日本柿子、猕猴桃，其他水果	1 000
			香蕉、番木瓜、鳄梨、菠萝、番石榴、杧果、西番莲果、椰枣	100
		油籽	葵花籽、芝麻籽、红花籽、棉籽、菜籽，其他油籽	100
		坚果	银杏果、栗子、美洲山核桃、杏仁、核桃，其他坚果	100
		茶		10 000
		啤酒花		50
		其他调味料	除山葵、日本芥末、大蒜、红辣椒/辣椒粉、姜、柠檬皮、橘皮、柚皮、芝麻以外的所有调味料	5 000
		其他药草	除豆瓣菜、韭菜、欧芹、芹菜以外的所有药草	1 000
391	多氧霉素 Polyoxins	谷粮	稻、小麦、大麦、黑麦、玉米、荞麦，其他	8
		豆类	大豆、豆类、豌豆、蚕豆、花生，其他	8
		薯类	马铃薯、芋头、甘薯、山药、魔芋，其他	8
		十字花科蔬菜	糖用甜菜、甘蔗、日本萝卜（根）、日本萝卜（叶）、芜菁（根）、芜菁（叶）、山葵、豆瓣菜、球芽甘蓝、羽衣甘蓝、小松菜、京菜、青梗菜、花椰菜、椰菜，其他	8
			大白菜	100
			甘蓝	50
		菊科蔬菜	牛蒡、婆罗门参、朝鲜蓟、菊苣、苦苣、茼蒿，其他	8
			莴苣	50
		百合科蔬菜	韭菜、芦笋、繁殖洋葱，其他	8
			葱	200
			洋葱、大蒜	50
		伞状花科蔬菜	欧洲防风草、欧芹、芹菜、鸭儿芹，其他	8
			胡萝卜	250
		茄科、葫芦科蔬菜	西红柿、西班牙甘椒、茄子、南瓜、西瓜	50
			其他茄科蔬菜、越瓜、甜瓜，其他	8
			黄瓜	40
			瓜类	100
		豆类蔬菜、菇类、杂项蔬菜	菠菜、竹笋、黄秋葵、姜、豌豆、腰果、枝豆、未开的蘑菇、花菇，其他蘑菇，其他蔬菜	8
		柑橘类水果	夏橙、柠檬、橙、柚子、酸橙，其他	8
			温州橘	50

序号	农药名称 （残留标示物）	商品种类	商品名称	限量标准 (μg/kg)
391	多氧霉素 Polyoxins	梨果、核果、浆果	温柏、枇杷、桃子、油桃、杏、日本李子、樱桃、悬钩子、黑莓、蓝莓、蔓越橘、越橘类，其他	8
			苹果	40
			日本梨、梨、梅子、草莓	50
		热带及亚热带水果	香蕉、猕猴桃、番木瓜、鳄梨、菠萝、番石榴、杧果、西番莲果、椰枣，其他	8
			葡萄、日本柿子	50
		油籽	葵花籽、芝麻籽、红花籽、棉籽、菜籽，其他	8
		坚果	银杏果、栗子、美洲山核桃、杏仁、核桃，其他	8
		茶、咖啡豆、可可豆、啤酒花		8
		其他调味料	除山葵、日本芥末、大蒜、红辣椒/辣椒粉、姜、柠檬皮、橘皮、柚皮、芝麻以外的所有调味料	50
		其他药草	除豆瓣菜、韭菜、欧芹、芹菜以外的所有药草	8
392	甲基氟嘧磺隆 Primisulfuron-methyl	谷粮	玉米	60
393	烯丙苯噻唑 Probenazole	谷粮	小麦、大麦、黑麦、玉米、荞麦，其他	30
			稻	500
		豆类	大豆、豆类、豌豆、蚕豆、花生，其他	30
		薯类	马铃薯、芋头、甘薯、山药、魔芋，其他	30
		十字花科蔬菜	日本萝卜（根）、日本萝卜（叶）、芜菁（根）、芜菁（叶）、山葵、豆瓣菜、大白菜、甘蓝、球芽甘蓝、羽衣甘蓝、小松菜、京菜、青梗菜、花椰菜、椰菜，其他	100
			糖用甜菜、甘蔗	30
		菊科蔬菜	牛蒡、婆罗门参、朝鲜蓟、菊苣、苦苣、茼蒿、莴苣，其他	100
		百合科蔬菜	洋葱、葱、大蒜、韭菜、芦笋、繁殖洋葱，其他	100
		伞状花科蔬菜	胡萝卜、欧洲防风草、欧芹、芹菜、鸭儿芹，其他	100
		茄科、葫芦科蔬菜	西红柿、西班牙甘椒、茄子，其他茄科蔬菜，黄瓜、南瓜、越瓜、西瓜、瓜类、甜瓜，其他	100
		豆类蔬菜、菇类、杂项蔬菜	菠菜、竹笋、黄秋葵、姜、豌豆、腰果、枝豆、未开的蘑菇、花菇，其他蘑菇，其他蔬菜	100
		柑橘类水果	温州橘、夏橙、柠檬、橙、柚子、酸橙，其他	30
		梨果、核果、浆果	苹果、日本梨、梨、温柏、枇杷、桃子、油桃、杏、日本李子、梅子、樱桃、草莓、悬钩子、黑莓、蓝莓、蔓越橘、越橘类，其他	30

序号	农药名称 （残留标示物）	商品种类	商品名称	限量标准 （μg/kg）
393	烯丙苯噻唑 Probenazole	热带及亚热带水果	葡萄、日本柿子、香蕉、猕猴桃、番木瓜、鳄梨、菠萝、番石榴、杧果、西番莲果、椰枣，其他	30
		油籽	葵花籽、芝麻籽、红花籽、棉籽、菜籽，其他	30
		坚果	银杏果、栗子、美洲山核桃、杏仁、核桃，其他	30
		茶、咖啡豆、可可豆、啤酒花		30
		其他调味料	除山葵、日本芥末、大蒜、红辣椒/辣椒粉、姜、柠檬皮、橘皮、柚皮、芝麻以外的所有调味料	100
		其他药草	除豆瓣菜、韭菜、欧芹、芹荽以外的所有药草	100
394	咪酰胺 Prochloraz	谷粮	稻	700
			小麦、大麦、黑麦，其他粮谷	500
			玉米、荞麦	200
		豆类	豆类、蚕豆	50
			豌豆，其他豆类	300
			花生	100
		薯类	马铃薯、芋头、甘薯、山药、魔芋，其他薯类	50
		十字花科蔬菜	糖用甜菜、甘蔗、日本萝卜（根）、日本萝卜（叶）、芜菁（根）、芜菁（叶）、山葵、大白菜、甘蓝、球芽甘蓝、羽衣甘蓝、小松菜、京菜、青梗菜、花椰菜、椰菜	50
			豆瓣菜，其他十字花科蔬菜	5 000
		菊科蔬菜	牛蒡、婆罗门参、朝鲜蓟、菊苣，其他菊科蔬菜	50
			苦苣、茼蒿	5 000
			莴苣	2 000
		百合科蔬菜	洋葱、葱、芦笋、繁殖洋葱	50
			大蒜	500
			韭菜，其他百合科蔬菜	5 000
		伞状花科蔬菜	胡萝卜、欧洲防风草	50
			欧芹、芹菜、鸭儿芹，其他伞状花科蔬菜	5 000
		茄科、葫芦科蔬菜	西红柿、西班牙甘椒、茄子，其他茄科蔬菜、黄瓜、南瓜、越瓜、西瓜、瓜类、甜瓜，其他葫芦科蔬菜	50
		豆类蔬菜、菇类、杂项蔬菜	菠菜、竹笋、黄秋葵、姜、豌豆、腰果、枝豆	50
			未开的蘑菇、花菇，其他蘑菇	2 000
			其他蔬菜	5 000
		柑橘类水果	温州橘、夏橙、柠檬、柚子、酸橙	10 000
			橙，其他柑橘类水果	5 000

序号	农药名称 (残留标示物)	商品种类	商品名称	限量标准 (μg/kg)
394	咪酰胺 Prochloraz	梨果、核果、浆果	苹果、日本梨、梨、温柏、枇杷、桃子、油桃、杏、日本李子、梅子、樱桃、悬钩子、黑莓、蓝莓、蔓越橘、越橘类，其他浆果	50
			草莓	1 000
		热带及亚热带水果	葡萄、日本柿子、猕猴桃、番石榴、西番莲果、椰枣，其他水果	50
			香蕉、鳄梨	5 000
			番木瓜	1 000
			菠萝、杧果	2 000
		油籽	葵花籽、菜籽，其他油籽	500
			芝麻籽、红花籽、棉籽	100
		坚果	银杏果、栗子、美洲山核桃、杏仁、核桃	100
			其他坚果	300
		茶、啤酒花		100
		咖啡豆		200
		其他调味料	除山葵、日本芥末、大蒜、红辣椒/辣椒粉、姜、柠檬皮、橘皮、柚皮、芝麻以外的所有调味料	10 000
		其他药草	除豆瓣菜、韭菜、欧芹、芹菜以外的所有药草	5 000
395	腐霉利 Procymidone	谷粮	稻、小麦、大麦、黑麦、玉米、荞麦，其他粮谷	20
		豆类	大豆、花生，其他豆类	2 000
			豆类、豌豆、蚕豆	5 000
		薯类	马铃薯、芋头、甘薯、山药、魔芋，其他薯类	500
		十字花科蔬菜	糖用甜菜、日本萝卜(根)、芜菁(根)、山葵、大白菜	500
			日本萝卜(叶)、芜菁(叶)、豆瓣菜、羽衣甘蓝、小松菜、京菜、青梗菜、花椰菜、椰菜，其他十字花科蔬菜	5 000
			甘蓝、球芽甘蓝	2 000
		菊科蔬菜	牛蒡、婆罗门参	500
			朝鲜蓟、菊苣、苦苣、茼蒿、莴苣	5 000
			其他菊科蔬菜	2 000
		百合科蔬菜	洋葱	500
			葱、大蒜、韭菜、芦笋、繁殖洋葱，其他百合科蔬菜	5 000
		伞状花科蔬菜	胡萝卜、欧洲防风草	500
			欧芹、芹菜、鸭儿芹，其他伞状花科蔬菜	5 000
		茄科、葫芦科蔬菜	西红柿、西班牙甘椒、茄子，其他茄科蔬菜、黄瓜、越瓜、甜瓜	5 000
			南瓜	2 000
			西瓜、瓜类	3 000
			其他葫芦科蔬菜	1 000

序号	农药名称 （残留标示物）	商品种类	商品名称	限量标准 （μg/kg）
395	腐霉利 Procymidone	豆类蔬菜、菇类、杂项蔬菜	菠菜、黄秋葵，其他蔬菜	5 000
			竹笋、姜、未开的蘑菇、花菇，其他蘑菇	20
			豌豆	3 000
			腰果、枝豆	1 000
		柑橘类水果	温州橘	1 000
			夏橙、柠檬、橙、柚子、酸橙，其他柑橘类水果	500
		梨果、核果、浆果	苹果	500
			日本梨、梨、温柏	1 000
			枇杷、桃子、日本李子	3 000
			油桃、杏、梅子、樱桃、草莓、悬钩子	10 000
			黑莓	2 000
			蓝莓、蔓越橘、越橘类，其他浆果	5 000
		热带及亚热带水果	葡萄	5 000
			日本柿子、香蕉、番木瓜、鳄梨、菠萝、番石榴、杧果、西番莲果	500
			猕猴桃	3 000
			椰枣，其他水果	5 000
		油籽	葵花籽	200
			芝麻籽、红花籽、棉籽	50
			菜籽，其他油籽	2 000
		坚果	银杏果、栗子、美洲山核桃、杏仁、核桃，其他坚果	50
		茶、啤酒花		100
		其他调味料	除山葵、日本芥末、大蒜、红辣椒/辣椒粉、姜、柠檬皮、橘皮、柚皮、芝麻以外的所有调味料	5 000
		其他药草	除豆瓣菜、韭菜、欧芹、芹菜以外的所有药草	5 000
396	丙溴磷 Profenofos	谷粮	稻、小麦、大麦、黑麦、玉米、荞麦，其他	50
		豆类	大豆、豆类、豌豆、蚕豆、花生，其他	50
		薯类	芋头、甘薯、山药、魔芋，其他	20
			马铃薯	50
		十字花科蔬菜	日本萝卜（根）、日本萝卜（叶）、芜菁（根）、芜菁（叶）、山葵、豆瓣菜、大白菜、球芽甘蓝、羽衣甘蓝、小松菜、京菜、青梗菜、花椰菜、椰菜，其他	50
			糖用甜菜	100
			甘蓝	1 000
		菊科蔬菜	牛蒡、婆罗门参、朝鲜蓟、菊苣、苦苣、茼蒿、莴苣，其他	50

第三章 日本食品安全限量标准

序号	农药名称 (残留标示物)	商品种类	商品名称	限量标准 (μg/kg)
396	丙溴磷 Profenofos	百合科蔬菜	洋葱、葱、大蒜、韭菜、芦笋、繁殖洋葱,其他	50
		伞状花科蔬菜	胡萝卜、欧洲防风草、欧芹、芹菜、鸭儿芹,其他	50
		茄科、葫芦科蔬菜	茄子、黄瓜、南瓜、越瓜、西瓜、瓜类、甜瓜,其他	50
			西红柿	2 000
			西班牙甘椒	500
			其他茄科蔬菜	5 000
		豆类蔬菜、菇类、杂项蔬菜	菠菜、竹笋、黄秋葵、姜、豌豆、腰果、枝豆、未开的蘑菇、花菇、其他蘑菇、其他蔬菜	50
		柑橘类水果	温州橘、夏橙、柠檬、橙、柚子、酸橙,其他	50
		梨果、核果、浆果	苹果、日本梨、梨、温柏、枇杷、桃子、油桃、杏、日本李子、梅子、樱桃、草莓、悬钩子、黑莓、蓝莓、蔓越橘、越橘类,其他	50
		热带及亚热带水果	葡萄、日本柿子、香蕉、猕猴桃、番木瓜、鳄梨、菠萝、番石榴、杧果、西番莲果、椰枣,其他	50
		油籽	葵花籽、芝麻籽、红花籽、菜籽,其他	50
			棉籽	2 000
		坚果	银杏果、栗子、美洲山核桃、杏仁、核桃,其他	50
		茶		1 000
		啤酒花		100
		其他调味料	除山葵、日本芥末、大蒜、红辣椒/辣椒粉、姜、柠檬皮、橘皮、柚皮、芝麻以外的所有调味料	5 000
		其他药草	除豆瓣菜、韭菜、欧芹、芹菜以外的所有药草	50
397	调环酸钙盐 Prohexadione calcium	谷粮	稻、大麦、黑麦、玉米、荞麦,其他	200
			小麦	500
		豆类	豆类、豌豆、蚕豆,其他	50
			大豆	100
			花生	500
		薯类	马铃薯、芋头、甘薯、山药、魔芋,其他	50
		十字花科蔬菜	糖用甜菜、日本萝卜(根)、日本萝卜(叶)、芜菁(根)、芜菁(叶)、山葵、豆瓣菜、球芽甘蓝、羽衣甘蓝、小松菜、京菜、青梗菜、花椰菜、椰菜,其他	50
			甘蔗	20
			大白菜、甘蓝	200
		菊科蔬菜	牛蒡、婆罗门参、朝鲜蓟、菊苣、苦苣、茼蒿、莴苣,其他	50
		百合科蔬菜	洋葱、葱、大蒜、韭菜、芦笋、繁殖洋葱,其他	50

序号	农药名称 （残留标示物）	商品种类	商品名称	限量标准 （μg/kg）
397	调环酸钙盐 Prohexadione calcium	伞状花科蔬菜	胡萝卜、欧洲防风草、欧芹、芹菜、鸭儿芹，其他	50
		茄科、葫芦科蔬菜	西红柿、西班牙甘椒、茄子，其他茄科蔬菜、黄瓜、南瓜、越瓜、西瓜、瓜类、甜瓜，其他	50
		豆类蔬菜、菇类、杂项蔬菜	菠菜、竹笋、黄秋葵、姜、豌豆、腰果、枝豆、未开的蘑菇、花菇，其他蘑菇，其他蔬菜	50
		柑橘类水果	温州橘、夏橙、柠檬、橙、柚子、酸橙，其他	50
		梨果、核果、浆果	苹果、日本梨、梨、温柏、枇杷、杏、日本李子、梅子、樱桃、草莓、悬钩子、黑莓、蓝莓、蔓越橘、越橘类，其他	2 000
			桃子、油桃	50
		热带及亚热带水果	日本柿子、香蕉、猕猴桃、番木瓜、鳄梨、菠萝、番石榴、杧果、西番莲果	50
			葡萄、椰枣，其他	2 000
		油籽	葵花籽、芝麻籽、红花籽、㭎籽、菜籽，其他	100
		坚果	银杏果、栗子、美洲山核桃、杏仁、核桃，其他	50
		啤酒花		100
		咖啡豆、可可豆		20
		其他调味料	除山葵、日本芥末、大蒜、红辣椒/辣椒粉、姜、柠檬皮、橘皮、柚皮、芝麻以外的所有调味料	2 000
		其他药草	除豆瓣菜、韭菜、欧芹、芹菜以外的所有药草	50
398	猛杀威 Promecarb	百合科蔬菜	洋葱	500
		茄科、葫芦科蔬菜	黄瓜、南瓜、越瓜、西瓜、瓜类、甜瓜，其他葫芦科蔬菜、腰果，其他蔬菜	500
		柑橘类水果	温州橘、夏橙、柠檬、橙、柚子、酸橙，其他柑橘类水果	1 000
		梨果、核果、浆果	桃子、油桃、杏、日本李子、梅子、樱桃	500
		热带及亚热带水果	葡萄	200
		其他调味料	除山葵、日本芥末、大蒜、红辣椒/辣椒粉、姜、柠檬皮、橘皮、柚皮、芝麻以外的所有调味料	1 000
		其他药草	除豆瓣菜、韭菜、欧芹、芹菜以外的所有药草	500
399	扑草净 Prometryn	谷粮	稻、小麦、大麦、黑麦、玉米、荞麦，其他	50
		豆类	大豆、豆类、豌豆、蚕豆、花生，其他	50
		薯类	马铃薯、芋头、甘薯、山药、魔芋，其他	50
		十字花科蔬菜	日本萝卜（根）、日本萝卜（叶）、芜菁（根）、芜菁（叶）、山葵、豆瓣菜、大白菜、甘蓝、球芽甘蓝、羽衣甘蓝、小松菜、京菜、青梗菜、花椰菜、椰菜，其他	50
			糖用甜菜	100
		菊科蔬菜	牛蒡、婆罗门参、朝鲜蓟、菊苣、苦苣、茼蒿、莴苣，其他	50

第三章 日本食品安全限量标准

序号	农药名称（残留标示物）	商品种类	商品名称	限量标准（μg/kg）
399	扑草净 Prometryn	百合科蔬菜	洋葱、葱、大蒜、韭菜、芦笋、繁殖洋葱，其他	50
		伞状花科蔬菜	胡萝卜、欧洲防风草、欧芹、芹菜、鸭儿芹，其他	50
		茄科、葫芦科蔬菜	西红柿、西班牙甘椒、茄子、其他茄科蔬菜、黄瓜、南瓜、越瓜、西瓜、瓜类、甜瓜，其他	100
		豆类蔬菜、菇类、杂项蔬菜	菠菜、竹笋、姜、豌豆、腰果、枝豆，其他蔬菜	50
			黄秋葵、未开的蘑菇、花菇，其他蘑菇	100
		其他水果	其他水果	100
		油籽	葵花籽	100
			棉籽	200
		其他调味料	除山葵、日本芥末、大蒜、红辣椒/辣椒粉、姜、柠檬皮、橘皮、柚皮、芝麻以外的所有调味料	100
		其他药草	除豆瓣菜、韭菜、欧芹、芹菜以外的所有药草	50
400	毒草胺 Propachlor	谷粮	稻、小麦、大麦、黑麦、荞麦	50
			玉米	80
			其他粮谷	200
		十字花科蔬菜	日本萝卜（根）、芜菁（根）	20
			甘蓝、球芽甘蓝、花椰菜、椰菜，其他十字花科蔬菜	600
		百合科蔬菜	洋葱、大蒜	3 000
			葱	20
		豆类蔬菜、菇类、杂项蔬菜	其他蔬菜	50
		其他调味料	除山葵、日本芥末、大蒜、红辣椒/辣椒粉、姜、柠檬皮、橘皮、柚皮、芝麻以外的所有调味料	600
		其他药草	除豆瓣菜、韭菜、欧芹、芹菜以外的所有药草	600
401	霜霉威 Propamocarb	谷粮	稻	100
		薯类	马铃薯	500
		十字花科蔬菜	糖用甜菜、花椰菜	200
			日本萝卜（根）	5 000
			甘蓝	100
			球芽甘蓝	1 000
			青梗菜、椰菜，其他十字花科蔬菜	500
		菊科蔬菜	菊苣	1 000
			莴苣	10 000
		百合科蔬菜	葱	3 000
		伞状花科蔬菜	芹菜	200

序号	农药名称 (残留标示物)	商品种类	商品名称	限量标准 (μg/kg)
401	霜霉威 Propamocarb	茄科、葫芦科蔬菜	西红柿、西班牙甘椒	1 000
			茄子	100
			黄瓜、其他茄科蔬菜	2 000
			南瓜、越瓜、西瓜、瓜类、甜瓜，其他葫芦科蔬菜	500
		豆类蔬菜、菇类、杂项蔬菜	菠菜、姜	10 000
			竹笋，其他蔬菜	200
		梨果、核果、浆果	草莓	100
		其他调味料	除山葵、日本芥末、大蒜、红辣椒/辣椒粉、姜、柠檬皮、橘皮、柚皮、芝麻以外的所有调味料	2 000
		其他药草	除豆瓣菜、韭菜、欧芹、芹菜以外的所有药草	500
402	敌稗 Propanil	谷粮	小麦、大麦，其他	200
			稻	100
		薯类	马铃薯、芋头、甘薯、山药、魔芋，其他	100
		十字花科蔬菜	日本萝卜（根）、日本萝卜（叶）、芜菁（根）、芜菁（叶）、山葵、豆瓣菜、大白菜、甘蓝、球芽甘蓝、羽衣甘蓝、小松菜、京菜、青梗菜、花椰菜、椰菜，其他	100
		菊科蔬菜	牛蒡、婆罗门参、朝鲜蓟、菊苣、苦苣、茼蒿、莴苣，其他	100
		百合科蔬菜	洋葱、葱、大蒜、韭菜、芦笋、繁殖洋葱，其他	100
		伞状花科蔬菜	胡萝卜、欧洲防风草、欧芹、芹菜、鸭儿芹，其他	100
		茄科、葫芦科蔬菜	西红柿、西班牙甘椒、茄子，其他茄科蔬菜、黄瓜、南瓜、越瓜、西瓜、瓜类、甜瓜，其他	100
		豆类蔬菜、菇类、杂项蔬菜	菠菜、竹笋、黄秋葵、姜、豌豆、腰果、枝豆、未开的蘑菇、花菇，其他蘑菇，其他蔬菜	100
		柑橘类水果	温州橘、夏橙、柠檬、橙、柚子、酸橙，其他	100
		梨果、核果、浆果	苹果、日本梨、梨、温柏、枇杷、桃子、油桃、杏、日本李子、梅子、樱桃、草莓、悬钩子、黑莓、蓝莓、蔓越橘、越橘类，其他	100
		热带及亚热带水果	葡萄、日本柿子、香蕉、猕猴桃、番木瓜、鳄梨、菠萝、番石榴、杧果、西番莲果、椰枣，其他	100
		油籽	葵花籽、芝麻籽、红花籽、棉籽、菜籽，其他	100
		坚果	银杏果、栗子、美洲山核桃、杏仁、核桃，其他	100
		其他调味料	除山葵、日本芥末、大蒜、红辣椒/辣椒粉、姜、柠檬皮、橘皮、柚皮、芝麻以外的所有调味料	100
		其他药草	除豆瓣菜、韭菜、欧芹、芹菜以外的所有药草	100

第三章 日本食品安全限量标准

序号	农药名称 （残留标示物）	商品种类	商品名称	限量标准 （μg/kg）
403	恶草酸 Propaquizafop	谷粮	稻	50
		豆类	大豆、豆类、豌豆、蚕豆、花生，其他豆类	50
		百合科蔬菜	洋葱	50
		豆类蔬菜、菇类、杂项蔬菜	豌豆，其他蔬菜	50
		油籽	葵花籽、芝麻籽、红花籽、棉籽、菜籽，其他油籽	50
		坚果	其他坚果	50
		其他调味料	除山葵、日本芥末、大蒜、红辣椒/辣椒粉、姜、柠檬皮、橘皮、柚皮、芝麻以外的所有调味料	50
		其他药草	除豆瓣菜、韭菜、欧芹、芹菜以外的所有药草	50
404	吡芬溴铵 Prifiniumpro-pargite，Bpps	谷粮	玉米	100
			其他粮谷	5 000
		豆类	大豆、豆类、蚕豆，其他豆类	200
			豌豆	3 000
			花生	100
		薯类	马铃薯、芋头、甘薯、山药、魔芋，其他	3 000
		十字花科蔬菜	糖用甜菜、日本萝卜（根）、日本萝卜（叶）、芜菁（根）、芜菁（叶）、山葵、豆瓣菜、大白菜、甘蓝、球芽甘蓝、羽衣甘蓝、小松菜、京菜、青梗菜、花椰菜、椰菜，其他	3 000
		菊科蔬菜	牛蒡、婆罗门参、朝鲜蓟、菊苣、苦苣、茼蒿、莴苣，其他	3 000
		百合科蔬菜	洋葱、葱、大蒜、韭菜、芦笋、繁殖洋葱，其他	3 000
		伞状花科蔬菜	胡萝卜、欧洲防风草、欧芹、芹菜、鸭儿芹，其他	3 000
		茄科、葫芦科蔬菜	西红柿、西班牙青椒、茄子，其他茄科蔬菜、南瓜、越瓜、西瓜、瓜类、甜瓜，其他	3 000
			黄瓜	500
		豆类蔬菜、菇类、杂项蔬菜	菠菜、竹笋、黄秋葵、姜、豌豆、枝豆、未开的蘑菇、花菇，其他蘑菇	3 000
			腰果	20 000
			其他蔬菜	30 000
		柑橘类水果	温州橘、夏橙、柠檬、橙、柚子、酸橙，其他	3 000
		梨果、核果、浆果	苹果、日本梨、枇杷、桃子、黑莓、蓝莓、蔓越橘，其他	3 000
			梨、温柏	5 000
			悬钩子	7 000
			越橘类	103 000
			油桃、杏、日本李子、梅子、樱桃、草莓	4 000

序号	农药名称 (残留标示物)	商品种类	商品名称	限量标准 (μg/kg)
404	吡芬溴铵 Prifiniumpro- pargite, Bpps	热带及亚热带水果	日本柿子、香蕉、猕猴桃、番木瓜、鳄梨、菠萝、番石榴、杧果、西番莲果、椰枣	3 000
			葡萄	7 000
			其他	2 000
		油籽	葵花籽、芝麻籽、红花籽、菜籽，其他	3 000
			棉籽	100
		坚果	银杏果、栗子、美洲山核桃，其他	3 000
			杏仁、核桃	100
		茶		5 000
		啤酒花		100 000
		其他调味料	除山葵、日本芥末、大蒜、红辣椒/辣椒粉、姜、柠檬皮、橘皮、柚皮、芝麻以外的所有调味料	30 000
405	扑灭津 Propazine	豆类	大豆、豆类、豌豆、蚕豆、花生，其他	100
		薯类	马铃薯、芋头、甘薯、山药、魔芋，其他	100
		十字花科蔬菜	糖用甜菜、日本萝卜（根）、日本萝卜（叶）、芜菁（根）、芜菁（叶）、山葵、豆瓣菜、大白菜、甘蓝、球芽甘蓝、羽衣甘蓝、小松菜、京菜、青梗菜、花椰菜、椰菜，其他	100
		菊科蔬菜	牛蒡、婆罗门参、朝鲜蓟、菊苣、苦苣、茼蒿、莴苣，其他	100
		百合科蔬菜	洋葱、葱、大蒜、韭菜、芦笋、繁殖洋葱，其他	100
		伞状花科蔬菜	胡萝卜、欧洲防风草、欧芹、芹菜、鸭儿芹，其他	100
		茄科、葫芦科蔬菜	西红柿、西班牙甘椒、茄子、其他茄科蔬菜、黄瓜、南瓜、越瓜、西瓜、瓜类、甜瓜，其他	100
		豆类蔬菜、菇类、杂项蔬菜	菠菜、竹笋、黄秋葵、姜、豌豆、腰果、枝豆、未开的蘑菇、花菇、其他蘑菇、其他蔬菜	100
		热带及亚热带水果	其他	100
		其他调味料	除山葵、日本芥末、大蒜、红辣椒/辣椒粉、姜、柠檬皮、橘皮、柚皮、芝麻以外的所有调味料	100
		其他药草	除豆瓣菜、韭菜、欧芹、芹菜以外的所有药草	100
406	丙环唑 Propiconazole	谷粮	小麦、大麦、玉米、荞麦，其他	1 000
			稻	100
			黑麦	50
		豆类	大豆、豆类、豌豆、蚕豆、花生，其他	50
		薯类	马铃薯、芋头、甘薯、山药、魔芋，其他	50

序号	农药名称 (残留标示物)	商品种类	商品名称	限量标准 (μg/kg)
406	丙环唑 Propiconazole	十字花科蔬菜	糖用甜菜、甘蔗、日本萝卜（根）、日本萝卜（叶）、芜菁（根）、芜菁（叶）、山葵、豆瓣菜、大白菜、甘蓝、球芽甘蓝、羽衣甘蓝、小松菜、京菜、青梗菜、花椰菜、椰菜，其他	50
		菊科蔬菜	牛蒡、婆罗门参、朝鲜蓟、菊苣、苦苣、茼蒿、莴苣，其他	50
		百合科蔬菜	洋葱、葱、大蒜、韭菜、芦笋、繁殖洋葱，其他	50
		伞状花科蔬菜	胡萝卜、欧洲防风草、欧芹、鸭儿芹，其他	50
			芹菜	5 000
		茄科、葫芦科蔬菜	西红柿、茄子，其他茄科蔬菜、黄瓜、南瓜、越瓜、西瓜、甜瓜，其他	50
			西班牙甘椒	100
		豆类蔬菜、菇类、杂项蔬菜	菠菜、竹笋、黄秋葵、姜、豌豆、腰果、枝豆、花菇，其他蘑菇，其他蔬菜	50
			未开的蘑菇	100
		柑橘类水果	温州橘、夏橙、柠檬、橙、柚子、酸橙，其他	50
		梨果、核果、浆果	苹果、日本梨、梨、温柏、枇杷、草莓、悬钩子、蓝莓、蔓越橘，其他	50
			桃子、油桃、杏、日本李子、梅子、樱桃、黑莓、越橘类	1 000
		热带及亚热带水果	猕猴桃、番木瓜、鳄梨、番石榴、杧果、西番莲果、椰枣	50
			葡萄	500
			日本柿子、香蕉、菠萝，其他	100
		油籽	葵花籽、芝麻籽、红花籽、棉籽、菜籽，其他	50
		坚果	美洲山核桃、杏仁、核桃，其他	50
			银杏果、栗子	100
		茶、咖啡豆、啤酒花		100
		其他调味料	除山葵、日本芥末、大蒜、红辣椒/辣椒粉、姜、柠檬皮、橘皮、柚皮、芝麻以外的所有调味料	100
		其他药草	除豆瓣菜、韭菜、欧芹、芹菜以外的所有药草	50
407	残杀威 Propoxur	谷粮	小麦、大麦、黑麦、玉米、荞麦，其他	500
			稻	1 000
		豆类	大豆、豆类、豌豆、蚕豆、花生，其他	50
		薯类	马铃薯、芋头、甘薯、山药、魔芋，其他	500
		十字花科蔬菜	日本萝卜（根）、日本萝卜（叶）、芜菁（根）、芜菁（叶）、山葵、豆瓣菜、大白菜、甘蓝、球芽甘蓝、羽衣甘蓝、小松菜、京菜、青梗菜、花椰菜、椰菜，其他	2 000
			糖用甜菜	50

序号	农药名称 （残留标示物）	商品种类	商品名称	限量标准 （μg/kg）
407	残杀威 Propoxur	菊科蔬菜	牛蒡、婆罗门参、朝鲜蓟、菊苣、苦苣、茼蒿、莴苣，其他	2 000
		百合科蔬菜	洋葱、葱、大蒜、韭菜、芦笋、繁殖洋葱，其他	2 000
		伞状花科蔬菜	胡萝卜、欧洲防风草、欧芹、芹菜、鸭儿芹，其他	2 000
		茄科、葫芦科蔬菜	西红柿、西班牙甘椒、茄子、其他茄科蔬菜、黄瓜、南瓜、越瓜、西瓜、瓜类、甜瓜，其他	2 000
		豆类蔬菜、菇类、杂项蔬菜	菠菜、竹笋、黄秋葵、姜、豌豆、腰果、枝豆、未开的蘑菇、花菇，其他蘑菇，其他蔬菜	2 000
		柑橘类水果	温州橘、夏橙、柠檬、橙、柚子、酸橙，其他	1 000
		梨果、核果、浆果	苹果、日本梨、梨、温柏、枇杷、桃子、油桃、杏、日本李子、梅子、樱桃、草莓、悬钩子、黑莓、蓝莓、蔓越橘、越橘类，其他	1 000
		热带及亚热带水果	葡萄、日本柿子、香蕉、猕猴桃、番木瓜、鳄梨、菠萝、番石榴、杜果、西番莲果、椰枣，其他	1 000
		油籽	葵花籽、芝麻籽、红花籽、棉籽、菜籽，其他	1 000
		坚果	银杏果、栗子、美洲山核桃、杏仁、核桃，其他	1 000
		茶、啤酒花		100
		其他调味料	除山葵、日本芥末、大蒜、红辣椒/辣椒粉、姜、柠檬皮、橘皮、柚皮、芝麻以外的所有调味料	2 000
		其他药草	除豆瓣菜、韭菜、欧芹、芹菜以外的所有药草	2 000
408	丙苯磺隆 Propoxycarbazone	谷粮	小麦	20
409	环氧丙烷 Propylene oxide	坚果	栗子、美洲山核桃、杏仁、核桃，其他	300 000
		香料	可可豆	300 000
		其他调味料	除山葵、日本芥末、大蒜、红辣椒/辣椒粉、姜、柠檬皮、橘皮、柚皮、芝麻以外的所有调味料	300 000
410	炔苯酰草胺 Propyzamide	谷粮	稻、小麦、大麦、黑麦、玉米、荞麦，其他	20
		豆类	大豆、豆类、豌豆、蚕豆、花生，其他	20
		薯类	马铃薯、芋头、甘薯、山药、魔芋，其他	20
		十字花科蔬菜	日本萝卜（根）、日本萝卜（叶）、芜菁（根）、芜菁（叶）、山葵、豆瓣菜、大白菜、甘蓝、球芽甘蓝、羽衣甘蓝、小松菜、京菜、青梗菜、花椰菜、椰菜，其他	100
		糖用甜菜		20
		菊科蔬菜	牛蒡、婆罗门参、朝鲜蓟、菊苣、苦苣、茼蒿、莴苣，其他	100
		百合科蔬菜	洋葱、葱、大蒜、韭菜、芦笋、繁殖洋葱，其他	100
		伞状花科蔬菜	胡萝卜、欧洲防风草、欧芹、芹菜、鸭儿芹，其他	100
		茄科、葫芦科蔬菜	西红柿、西班牙甘椒、茄子、其他茄科蔬菜、黄瓜、南瓜、越瓜，其他葫芦科蔬菜	100
			西瓜、瓜类、甜瓜	20

序号	农药名称 （残留标示物）	商品种类	商品名称	限量标准 （μg/kg）
410	炔苯酰草胺 Propyzamide	豆类蔬菜、菇类、杂项蔬菜	菠菜、竹笋、黄秋葵、姜、豌豆、腰果、枝豆、未开的蘑菇、花菇，其他蘑菇，其他蔬菜	100
		柑橘类水果	温州橘、夏橙、柠檬、橙、柚子、酸橙，其他	20
		梨果、核果、浆果	日本梨、温柏、枇杷、梅子、草莓、越橘类	20
			悬钩子、黑莓、蓝莓、蔓越橘，其他	40
			苹果、梨、桃子、油桃、杏、日本李子、樱桃	60
		热带及亚热带水果	日本柿子、香蕉、猕猴桃、番木瓜、鳄梨、菠萝、番石榴、杜果、西番莲果、椰枣，其他	20
			葡萄	60
		油籽	葵花籽、芝麻籽、红花籽、棉籽，其他	50
			菜籽	100
		坚果	银杏果、栗子、美洲山核桃、杏仁、核桃，其他	20
		茶、啤酒花		50
		其他调味料	除山葵、日本芥末、大蒜、红辣椒/辣椒粉、姜、柠檬皮、橘皮、柚皮、芝麻以外的所有调味料	100
		其他药草	除豆瓣菜、韭菜、欧芹、芹菜以外的所有药草	100
411	氟磺隆 Prosulfuron	谷粮	玉米	10
412	吡蚜酮 Pymetrozine	谷粮	稻	100
		豆类	大豆、豆类、豌豆、蚕豆，其他豆类	20
		薯类	马铃薯、芋头、甘薯、山药、魔芋，其他薯类	100
		十字花科蔬菜	日本萝卜（叶）、大白菜	500
			芜菁（叶）、羽衣甘蓝、小松菜、京菜	400
			豆瓣菜	600
			青梗菜、花椰菜、椰菜，其他十字花科蔬菜	20
		菊科蔬菜	菊苣	500
			菊苣、茼蒿，其他菊科蔬菜	600
			莴苣	100
		伞状花科蔬菜	欧芹、芹菜，其他伞状花科蔬菜	600
		茄科、葫芦科蔬菜	西红柿、茄子、黄瓜、南瓜、越瓜，其他葫芦科蔬菜	1 000
			西班牙甘椒	2 000
			其他茄科蔬菜	3 000
			西瓜、瓜类、甜瓜	100
		豆类蔬菜、菇类、杂项蔬菜	菠菜，其他蔬菜	600
			黄秋葵	2 000
			姜、豌豆	20

序号	农药名称 （残留标示物）	商品种类	商品名称	限量标准 （μg/kg）
412	吡蚜酮 Pymetrozine	梨果、核果、浆果	苹果、日本梨、梨、温柏、枇杷、桃子、油桃	100
			杏、日本李子、樱桃、悬钩子、黑莓、蓝莓、蔓越橘、越橘类，其他浆果	1 000
			梅子、草莓	2 000
		热带及亚热带水果	葡萄	1 000
			日本柿子、香蕉、猕猴桃、番木瓜、鳄梨、菠萝、番石榴、杧果、西番莲果	100
			椰枣，其他水果	1 000
		油籽	棉籽	200
		坚果	美洲山核桃、杏仁，其他坚果	20
		啤酒花		6 000
		其他调味料	除山葵、日本芥末、大蒜、红辣椒/辣椒粉、姜、柠檬皮、橘皮、柚皮、芝麻以外的所有调味料	3 000
		其他药草	除豆瓣菜、韭菜、欧芹、芹菜以外的所有药草	600
413	吡唑硫磷 Pyraclofos	豆类	大豆	500
		薯类	马铃薯、甘薯、山药	50
		十字花科蔬菜	糖用甜菜、芜菁（叶）、豆瓣菜、羽衣甘蓝、小松菜、京菜、青梗菜、花椰菜、椰菜，其他十字花科蔬菜	50
			日本萝卜（根）、日本萝卜（叶）、大白菜、甘蓝、球芽甘蓝	100
		菊科蔬菜	朝鲜蓟、菊苣、苦苣、茼蒿、莴苣，其他菊科蔬菜	50
		百合科蔬菜	葱、芦笋、繁殖洋葱、欧芹、芹菜、鸭儿芹，其他伞状花科蔬菜	50
			韭菜，其他百合科蔬菜	500
			胡萝卜	100
		茄科、葫芦科蔬菜	西红柿、黄瓜	100
			西班牙甘椒，其他茄科蔬菜	50
			茄子	500
		豆类蔬菜、菇类、杂项蔬菜	菠菜、黄秋葵，其他蔬菜	50
		柑橘类水果	夏橙、柠檬、橙、柚子、酸橙，其他柑橘类水果	1 000
		茶		5 000
		其他调味料	除山葵、日本芥末、大蒜、红辣椒/辣椒粉、姜、柠檬皮、橘皮、柚皮、芝麻以外的所有调味料	1 000
		其他药草	除豆瓣菜、韭菜、欧芹、芹菜以外的所有药草	500

序号	农药名称 (残留标示物)	商品种类	商品名称	限量标准 (μg/kg)
414	百克敏 Pyraclostrobin	谷粮	小麦	20
			大麦	400
			黑麦	40
			玉米	100
		豆类	大豆	40
			豆类、豌豆、蚕豆，其他豆类	300
			花生	50
		薯类	马铃薯、芋头、甘薯、山药，其他薯类	40
		十字花科蔬菜	糖用甜菜	200
			日本萝卜（根）、芜菁（根）、山葵	400
			日本萝卜（叶）	16 000
			芜菁（叶）、羽衣甘蓝、小松菜、京菜	20 000
			豆瓣菜，其他十字花科蔬菜	30 000
			大白菜、甘蓝、球芽甘蓝、青梗菜、花椰菜、椰菜	5 000
		菊科蔬菜	牛蒡、婆罗门参	400
			苦苣、菊苣、茼蒿、莴苣，其他菊科蔬菜	30 000
		百合科蔬菜	洋葱、葱、大蒜，其他百合科蔬菜	900
		伞状花科蔬菜	胡萝卜、欧洲防风草	400
			欧芹、芹菜，其他伞状花科蔬菜	30 000
		茄科、葫芦科蔬菜	西红柿、西班牙甘椒、茄子，其他茄科蔬菜	1 000
			黄瓜、南瓜、越瓜、西瓜、瓜类、甜瓜，其他葫芦科蔬菜	500
		豆类蔬菜、菇类、杂项蔬菜	菠菜，其他蔬菜	30 000
			姜	40
			豌豆、腰果、枝豆	500
		柑橘类水果	温州橘、夏橙、柠檬、橙、柚子、酸橙，其他柑橘类水果	2 000
		梨果、核果、浆果	苹果、日本梨、梨、温柏、枇杷	2 000
			桃子、油桃、杏、日本李子、樱桃	900
			草莓	400
			悬钩子、黑莓、蓝莓、越橘类，其他浆果	1 000
		热带及亚热带水果	葡萄	2 000
			香蕉	30
		油籽	葵花籽	300

序号	农药名称 （残留标示物）	商品种类	商品名称	限量标准 （μg/kg）
414	百克敏 Pyraclostrobin	坚果	栗子、美洲山核桃、杏仁、核桃	40
			其他坚果	700
		啤酒花		20 000
		其他调味料	除山葵、日本芥末、大蒜、红辣椒/辣椒粉、姜、柠檬皮、橘皮、柚皮、芝麻以外的所有调味料	30 000
		其他药草	除豆瓣菜、韭菜、欧芹、芹菜以外的所有药草	100
415	霸草灵 Pyraflufen ethyl	谷粮	稻、小麦、大麦、黑麦、玉米、荞麦，其他	100
		豆类	大豆	10
		薯类	马铃薯、芋头、甘薯、山药、魔芋，其他	100
		十字花科蔬菜	日本萝卜（根）、日本萝卜（叶）、芜菁（根）、芜菁（叶）、山葵、豆瓣菜、大白菜、甘蓝、球芽甘蓝、羽衣甘蓝、小松菜、京菜、青梗菜、花椰菜、椰菜，其他	100
		菊科蔬菜	牛蒡、婆罗门参、朝鲜蓟、菊苣、苦苣、茼蒿、莴苣，其他	100
		百合科蔬菜	葱、韭菜、芦笋、繁殖洋葱，其他	100
		伞状花科蔬菜	胡萝卜、欧洲防风草、欧芹、芹菜、鸭儿芹，其他	100
		茄科、葫芦科蔬菜	西瓜、瓜类，其他	100
		豆类蔬菜、菇类、杂项蔬菜	菠菜、竹笋、姜，其他蔬菜	100
		柑橘类水果	温州橘、夏橙、柠檬、橙、柚子、酸橙，其他	100
		梨果、核果、浆果	苹果、日本梨、梨、温柏、枇杷、桃子、油桃、杏、日本李子、梅子、樱桃、草莓、悬钩子、黑莓、蓝莓、蔓越橘、越橘类，其他	100
		热带及亚热带水果	葡萄、日本柿子、香蕉、猕猴桃、番木瓜、鳄梨、菠萝、番石榴、杧果、西番莲果、椰枣，其他	100
		油籽	棉籽	40
		坚果	银杏果、栗子、美洲山核桃、杏仁、核桃，其他	100
		其他调味料	除山葵、日本芥末、大蒜、红辣椒/辣椒粉、姜、柠檬皮、橘皮、柚皮、芝麻以外的所有调味料	100
		其他药草	除豆瓣菜、韭菜、欧芹、芹菜以外的所有药草	100
416	吡唑特 Pypazolynate	谷粮	稻、小麦、大麦、黑麦、玉米、荞麦，其他	20
		豆类	大豆、豆类、豌豆、蚕豆、花生，其他	20
		薯类	马铃薯、芋头、甘薯、山药、魔芋，其他	20
		十字花科蔬菜	糖用甜菜、日本萝卜（根）、日本萝卜（叶）、芜菁（根）、芜菁（叶）、山葵、豆瓣菜、大白菜、甘蓝、球芽甘蓝、羽衣甘蓝、小松菜、京菜、青梗菜、花椰菜、椰菜，其他	20
		菊科蔬菜	牛蒡、婆罗门参、朝鲜蓟、菊苣、苦苣、茼蒿、莴苣，其他	20

第三章 日本食品安全限量标准

序号	农药名称 (残留标示物)	商品种类	商品名称	限量标准 ($\mu g/kg$)
416	吡唑特 Pypazolynate	百合科蔬菜	洋葱、葱、大蒜、韭菜、芦笋、繁殖洋葱,其他	20
		伞状花科蔬菜	胡萝卜、欧洲防风草、欧芹、芹菜、鸭儿芹,其他	20
		茄科、葫芦科蔬菜	西红柿、西班牙甘椒、茄子,其他茄科蔬菜、黄瓜、南瓜、越瓜、西瓜、瓜类、甜瓜,其他	20
		豆类蔬菜、菇类、杂项蔬菜	菠菜、竹笋、黄秋葵、姜、豌豆、腰果、枝豆、未开的蘑菇、花菇,其他蘑菇,其他蔬菜	20
		柑橘类水果	温州橘、夏橙、柠檬、橙、柚子、酸橙,其他	20
		梨果、核果、浆果	苹果、日本梨、梨、温柏、枇杷、桃子、油桃、杏、日本李子、梅子、樱桃、草莓、悬钩子、黑莓、蓝莓、蔓越橘、越橘类,其他	20
		热带及亚热带水果	葡萄、日本柿子、香蕉、猕猴桃、番木瓜、鳄梨、菠萝、番石榴、杧果、西番莲果、椰枣,其他	20
		油籽	葵花籽、芝麻籽、红花籽、棉籽、菜籽,其他	20
		坚果	银杏果、栗子、美洲山核桃、杏仁、核桃,其他	20
		茶、咖啡豆、可可豆、啤酒花		20
		其他调味料	除山葵、日本芥末、大蒜、红辣椒/辣椒粉、姜、柠檬皮、橘皮、柚皮、芝麻以外的所有调味料	20
		其他药草	除豆瓣菜、韭菜、欧芹、芹菜以外的所有药草	20
417	吡嘧磷 Pyrazophos	谷粮	稻、小麦、大麦、黑麦、玉米、荞麦,其他	50
		豆类	大豆、豆类、豌豆、蚕豆、花生,其他	50
		薯类	马铃薯、芋头、甘薯、山药、魔芋,其他	50
		十字花科蔬菜	糖用甜菜、日本萝卜(根)、日本萝卜(叶)、芜菁(根)、芜菁(叶)、山葵、豆瓣菜、大白菜、甘蓝、球芽甘蓝、羽衣甘蓝、小松菜、京菜、青梗菜、花椰菜、椰菜,其他	50
		菊科蔬菜	牛蒡、婆罗门参、朝鲜蓟、菊苣、苦苣、茼蒿、莴苣,其他	50
		百合科蔬菜	洋葱、葱、大蒜、韭菜、芦笋、繁殖洋葱,其他	50
		伞状花科蔬菜	胡萝卜、欧洲防风草、欧芹、芹菜、鸭儿芹,其他	50
		茄科、葫芦科蔬菜	西红柿、西班牙甘椒、茄子,其他茄科蔬菜	50
			黄瓜	1 000
			南瓜、越瓜、西瓜、瓜类、甜瓜,其他	100
		豆类蔬菜、菇类、杂项蔬菜	菠菜、竹笋、黄秋葵、姜、豌豆、腰果、枝豆、未开的蘑菇、花菇,其他蘑菇,其他蔬菜	50
		柑橘类水果	温州橘、夏橙、柠檬、橙、柚子、酸橙,其他	50
		梨果、核果、浆果	苹果、日本梨、梨、温柏、枇杷、桃子、油桃、杏、日本李子、梅子、樱桃、草莓、悬钩子、黑莓、蓝莓、蔓越橘、越橘类,其他	50

序号	农药名称 （残留标示物）	商品种类	商品名称	限量标准 （μg/kg）
417	吡嘧磷 Pyrazophos	热带及亚热带水果	葡萄、日本柿子、香蕉、猕猴桃、番木瓜、鳄梨、菠萝、番石榴、杧果、西番莲果、椰枣，其他	50
		油籽	葵花籽、芝麻籽、红花籽、棉籽、菜籽，其他	50
		坚果	银杏果、栗子、美洲山核桃、杏仁、核桃，其他	50
		茶、啤酒花		100
		其他调味料	除山葵、日本芥末、大蒜、红辣椒/辣椒粉、姜、柠檬皮、橘皮、柚皮、芝麻以外的所有调味料	50
		其他药草	除豆瓣菜、韭菜、欧芹、芹菜以外的所有药草	50
418	百速隆 Pyrazosulfuron-ethyl	谷粮	稻	100
419	除虫菊酯 Pyrethrins	谷粮	稻、小麦、大麦、黑麦、玉米、荞麦，其他	3 000
		豆类	大豆、豆类、豌豆、蚕豆、花生，其他	1 000
		薯类	马铃薯、芋头、山药、魔芋，其他	1 000
			甘薯	50
		十字花科蔬菜	糖用甜菜、甘蔗、日本萝卜（根）、日本萝卜（叶）、芜菁（根）、芜菁（叶）、山葵、豆瓣菜、大白菜、甘蓝、球芽甘蓝、羽衣甘蓝、小松菜、京菜、青梗菜、花椰菜、椰菜，其他	1 000
		菊科蔬菜	牛蒡、婆罗门参、朝鲜蓟、菊苣、苦苣、茼蒿、莴苣，其他	1 000
		百合科蔬菜	洋葱、葱、大蒜、韭菜、芦笋、繁殖洋葱，其他	1 000
		伞状花科蔬菜	胡萝卜、欧洲防风草、欧芹、芹菜、鸭儿芹，其他	1 000
		茄科、葫芦科蔬菜	西红柿、西班牙甘椒、茄子、其他茄科蔬菜、黄瓜、南瓜、越瓜、西瓜、瓜类、甜瓜，其他	1 000
		豆类蔬菜、菇类、杂项蔬菜	菠菜、竹笋、黄秋葵、姜、豌豆、腰果、枝豆、未开的蘑菇、花菇，其他蘑菇，其他蔬菜	1 000
		柑橘类水果	温州橘、夏橙、柠檬、橙、柚子、酸橙，其他	1 000
		梨果、核果、浆果	苹果、日本梨、梨、温柏、杧杷、桃子、油桃、杏、日本李子、梅子、樱桃、草莓、悬钩子、黑莓、蓝莓、蔓越橘、越橘类，其他	1 000
		热带及亚热带水果	葡萄、日本柿子、香蕉、猕猴桃、番木瓜、鳄梨、菠萝、番石榴、杧果、西番莲果、椰枣，其他	1 000
		油籽	葵花籽、芝麻籽、红花籽、棉籽、菜籽，其他	1 000
		坚果	银杏果、栗子、美洲山核桃、杏仁、核桃，其他	1 000
		咖啡豆、啤酒花		50
		茶		3 000
		可可豆		1 000
		其他调味料	除山葵、日本芥末、大蒜、红辣椒/辣椒粉、姜、柠檬皮、橘皮、柚皮、芝麻以外的所有调味料	1 000
		其他药草	除豆瓣菜、韭菜、欧芹、芹菜以外的所有药草	1 000

第三章 日本食品安全限量标准

序号	农药名称（残留标示物）	商品种类	商品名称	限量标准（μg/kg）
420	哒螨灵 Pyridaben	豆类	大豆、豆类、豌豆、蚕豆、花生，其他豆类	100
		薯类	马铃薯、芋头、甘薯	100
		菊科蔬菜	茼蒿	3 000
			其他菊科蔬菜	2 000
		百合科蔬菜	葱、大蒜、繁殖洋葱	1 000
			韭菜，其他百合科蔬菜	2 000
		伞状花科蔬菜	芹菜、鸭儿芹	3 000
			其他伞状花科蔬菜	2 000
		茄科、葫芦科蔬菜	西红柿、茄子、黄瓜、南瓜、西瓜、瓜类、甜瓜	1 000
			西班牙甘椒	3 000
			其他茄科蔬菜，其他葫芦科蔬菜	2 000
		豆类蔬菜、菇类、杂项蔬菜	竹笋，其他蔬菜	3 000
			豌豆、腰果、枝豆	2 000
		柑橘类水果	夏橙、柠檬、橙、柚子、酸橙、其他	2 000
			温州橘	200
		梨果、核果、浆果	苹果、日本梨、梨、温柏、枇杷、桃子、油桃、杏、日本李子、梅子、樱桃、草莓、悬钩子、黑莓、蓝莓、蔓越橘、越橘类、其他	2 000
		热带及亚热带水果	香蕉、猕猴桃、番木瓜、鳄梨、菠萝、番石榴、杧果、西番莲果、椰枣	1 000
			葡萄、日本柿子，其他	2 000
		油籽	葵花籽、芝麻籽、红花籽、棉籽、菜籽，其他	1 000
		坚果	银杏果、栗子、美洲山核桃、杏仁、核桃，其他	1 000
		茶、啤酒花		10 000
		其他调味料	除山葵、日本芥末、大蒜、红辣椒/辣椒粉、姜、柠檬皮、橘皮、柚皮、芝麻以外的所有调味料	3 000
		其他药草	除豆瓣菜、韭菜、欧芹、芹菜以外的所有药草	3 000
421	哒嗪硫磷 Pyridafenthion	谷粮	稻	50
		豆类	大豆、豆类、豌豆、蚕豆、花生，其他	10
		薯类	马铃薯、芋头、甘薯、山药、魔芋，其他	30
		十字花科蔬菜	日本萝卜（根）、日本萝卜（叶）、芜菁（根）、芜菁（叶）、山葵、豆瓣菜、大白菜、甘蓝、球芽甘蓝、羽衣甘蓝、小松菜、京菜、青梗菜、花椰菜、椰菜，其他	30
		菊科蔬菜	牛蒡、婆罗门参、朝鲜蓟、菊苣、苦苣、茼蒿、莴苣，其他	30
		百合科蔬菜	洋葱、葱、大蒜、韭菜、芦笋、繁殖洋葱，其他	30

序号	农药名称（残留标示物）	商品种类	商品名称	限量标准（μg/kg）
421	哒嗪硫磷 Pyridafenthion	伞状花科蔬菜	胡萝卜、欧洲防风草、欧芹、芹菜、鸭儿芹，其他	30
		茄科、葫芦科蔬菜	西红柿、西班牙甘椒、茄子、其他茄科蔬菜，黄瓜、南瓜、越瓜，其他	30
			西瓜、瓜类、甜瓜	100
		豆类蔬菜、菇类、杂项蔬菜	菠菜、竹笋、黄秋葵、姜、豌豆、腰果、枝豆、未开的蘑菇、花菇，其他蘑菇，其他蔬菜	30
		柑橘类水果	温州橘、夏橙、柠檬、橙、柚子、酸橙，其他	100
		梨果、核果、浆果	苹果、日本梨、梨、温柏、枇杷、桃子、油桃、杏、日本李子、梅子、樱桃、草莓、悬钩子、黑莓、蓝莓、蔓越橘、越橘类，其他	100
		热带及亚热带水果	葡萄、日本柿子、香蕉、猕猴桃、番木瓜、鳄梨、菠萝、番石榴、杜果、西番莲果、椰枣，其他	100
		油籽	葵花籽、芝麻籽、红花籽、棉籽、菜籽，其他	100
		坚果	银杏果、栗子、美洲山核桃、杏仁、核桃，其他	100
		其他调味料	除山葵、日本芥末、大蒜、红辣椒/辣椒粉、姜、柠檬皮、橘皮、柚皮、芝麻以外的所有调味料	100
		其他药草	除豆瓣菜、韭菜、欧芹、芹菜以外的所有药草	100
422	哒草特 Pyridate	谷粮	小麦	200
			玉米	30
		豆类	花生	30
			其他豆类	100
		十字花科蔬菜	日本萝卜（叶）、芜菁（叶）、豆瓣菜、羽衣甘蓝、小松菜、京菜、青梗菜、花椰菜、椰菜，其他十字花科蔬菜	10 000
			大白菜、甘蓝、球芽甘蓝	30
		菊科蔬菜	朝鲜蓟、苦苣、菊苣、茼蒿、莴苣，其他菊科蔬菜	10 000
		百合科蔬菜	洋葱	200
			葱、韭菜、芦笋、繁殖洋葱，其他百合科蔬菜	10 000
			大蒜	100
		伞状花科蔬菜	欧芹、芹菜、鸭儿芹，其他伞状花科蔬菜	10 000
		豆类蔬菜、菇类、杂项蔬菜	菠菜，其他蔬菜	10 000
		油籽	菜籽	50
		其他调味料	除山葵、日本芥末、大蒜、红辣椒/辣椒粉、姜、柠檬皮、橘皮、柚皮、芝麻以外的所有调味料	10 000
		其他药草	除豆瓣菜、韭菜、欧芹、芹菜以外的所有药草	10 000

序号	农药名称（残留标示物）	商品种类	商品名称	限量标准（μg/kg）
423	环酯草醚 Pyriftalid	谷粮	稻	100
424	二甲嘧菌胺 Pyrimethanil	豆类	豆类	1 000
			豌豆	300
		薯类	马铃薯	30
			芋头、甘薯、山药，其他薯类	50
		菊科蔬菜	莴苣	2 000
		百合科蔬菜	洋葱	100
			葱	2 000
		茄科、葫芦科蔬菜	西红柿、其他茄科蔬菜，黄瓜	2 000
			茄子	1 000
			其他葫芦科蔬菜	50
		豆类蔬菜、菇类、杂项蔬菜	姜，其他蔬菜	50
			豌豆	300
			腰果	1 000
		柑橘类水果	温州橘	500
			夏橙	10 000
			柠檬、橙、柚子、酸橙，其他柑橘类水果	15 000
		梨果、核果、浆果	苹果、油桃	5 000
			日本梨、梨	1 000
			温柏、枇杷	50
			桃子	3 000
			杏、日本李子、梅子、樱桃、草莓、悬钩子、黑莓、蓝莓、蔓越橘、越橘类，其他浆果	10 000
		热带及亚热带水果	葡萄、椰枣，其他水果	10 000
			日本柿子、番木瓜、鳄梨、菠萝、番石榴、芒果、西番莲果	5 000
			香蕉	100
		坚果	杏仁，其他坚果	200
		其他调味料	除山葵、日本芥末、大蒜、红辣椒/辣椒粉、姜、柠檬皮、橘皮、柚皮、芝麻以外的所有调味料	15000
		其他药草	除豆瓣菜、韭菜、欧芹、芹菜以外的所有药草	50

序号	农药名称 (残留标示物)	商品种类	商品名称	限量标准 (μg/kg)
425	嘧螨醚 Pyrimidifen	十字花科蔬菜	糖用甜菜、甘蔗、日本萝卜(根)、日本萝卜(叶)、芜菁(根)、芜菁(叶)、山葵、豆瓣菜、羽衣甘蓝、小松菜、京菜、青梗菜、花椰菜、椰菜,其他	50
			大白菜、甘蓝、球芽甘蓝	100
		菊科蔬菜	牛蒡、婆罗门参、朝鲜蓟、菊苣、苦苣、茼蒿、莴苣,其他	50
		百合科蔬菜	葱、韭菜、芦笋、繁殖洋葱,其他	50
		伞状花科蔬菜	胡萝卜、欧洲防风草、欧芹、芹菜、鸭儿芹,其他	50
		茄科、葫芦科蔬菜	西瓜、瓜类,其他	100
		豆类蔬菜、菇类、杂项蔬菜	菠菜、竹笋、姜,其他蔬菜	50
		柑橘类水果	夏橙、柠檬、橙、柚子、酸橙,其他	300
			温州橘	100
		梨果、核果、浆果	苹果、杏、日本李子、梅子、樱桃、草莓、悬钩子、黑莓、蓝莓、蔓越橘、越橘类,其他	300
			枇杷、桃子	100
			日本梨、梨、温柏、油桃	200
		热带及亚热带水果	日本柿子、香蕉、番木瓜、鳄梨、菠萝、番石榴、杧果、西番莲果	200
			猕猴桃	100
			葡萄、椰枣,其他	300
426	吡丙醚 Pyriproxyfen	谷粮	稻、小麦、大麦、黑麦、荞麦,其他	100
			玉米	600
		豆类	大豆、豆类、豌豆、蚕豆、花生,其他	100
		薯类	马铃薯、芋头、甘薯、山药、魔芋,其他	100
		十字花科蔬菜	糖用甜菜、甘蔗、日本萝卜(根)、日本萝卜(叶)、芜菁(根)、芜菁(叶)、山葵、豆瓣菜、青梗菜	100
			羽衣甘蓝、小松菜、京菜,其他	2 000
			大白菜、甘蓝、球芽甘蓝、花椰菜、椰菜	700
		菊科蔬菜	牛蒡、婆罗门参、朝鲜蓟、菊苣、苦苣、茼蒿、莴苣,其他	100
		百合科蔬菜	洋葱、葱、大蒜、韭菜、芦笋、繁殖洋葱,其他	100
		伞状花科蔬菜	胡萝卜、欧洲防风草、欧芹、芹菜、鸭儿芹,其他	100
		茄科、葫芦科蔬菜	西红柿、茄子、黄瓜、南瓜、越瓜,其他	1 000
			西班牙甘椒,其他茄科蔬菜	5 000
			西瓜、瓜类、甜瓜	100

第三章 日本食品安全限量标准

序号	农药名称 (残留标示物)	商品种类	商品名称	限量标准 (μg/kg)
426	吡丙醚 Pyriproxyfen	豆类蔬菜、菇类、杂项蔬菜	菠菜、竹笋、姜、豌豆、枝豆	100
			其他蔬菜	1 000
			腰果	200
			黄秋葵	5 000
			未开的蘑菇、花菇,其他蘑菇	600
		柑橘类水果	温州橘、夏橙、柠檬、橙、柚子、酸橙,其他	500
		梨果、核果、浆果	油桃、杏、日本李子、樱桃、蓝莓、越橘类,其他	1 000
			苹果、日本梨、梨、温柏	200
			枇杷、桃子、梅子、草莓、悬钩子、黑莓、蔓越橘	100
		热带及亚热带水果	葡萄、日本柿子、香蕉、猕猴桃、菠萝、番石榴、西番莲果、椰枣	100
			番木瓜、鳄梨、杧果,其他	1 000
		坚果	栗子、美洲山核桃、杏仁,其他	20
			银杏果、核桃	100
		茶、咖啡豆、可可豆、啤酒花		100
		其他调味料	除山葵、日本芥末、大蒜、红辣椒/辣椒粉、姜、柠檬皮、橘皮、柚皮、芝麻以外的所有调味料	5 000
		其他药草	除豆瓣菜、韭菜、欧芹、芹菜以外的所有药草	2 000
427	嘧草硫醚 Pyrithiobac-sodium	油籽	棉籽	20
428	百快隆 Pyroquilon	谷粮	稻	200
429	喹硫磷 Quinalphos	谷粮	玉米	50
		豆类	大豆、豆类、豌豆、蚕豆、花生,其他	50
		薯类	马铃薯、芋头、甘薯、山药、魔芋,其他	50
		十字花科蔬菜	糖用甜菜、日本萝卜(根)、日本萝卜(叶)、芜菁(根)、芜菁(叶)、山葵、豆瓣菜、大白菜、甘蓝、球芽甘蓝、羽衣甘蓝、小松菜、京菜、青梗菜、花椰菜、椰菜,其他	50
		菊科蔬菜	牛蒡、婆罗门参、朝鲜蓟、菊苣、苦苣、茼蒿、莴苣,其他	50
		百合科蔬菜	洋葱、葱、大蒜、韭菜、芦笋、繁殖洋葱,其他	50
		伞状花科蔬菜	胡萝卜、欧洲防风草、欧芹、芹菜、鸭儿芹,其他	50
		茄科、葫芦科蔬菜	西红柿、西班牙甘椒、茄子、其他茄科蔬菜、黄瓜、南瓜、越瓜、西瓜、瓜类、甜瓜,其他	50

序号	农药名称（残留标示物）	商品种类	商品名称	限量标准（μg/kg）
429	喹硫磷 Quinalphos	豆类蔬菜、菇类、杂项蔬菜	菠菜、竹笋、黄秋葵、姜、豌豆、腰果、枝豆、未开的蘑菇、花菇，其他蘑菇，其他蔬菜	50
		柑橘类水果	夏橙、柠檬、橙、柚子、酸橙、其他	80
			温州橘	20
		梨果、核果、浆果	苹果、日本梨、梨、温柏、枇杷、桃子、油桃、杏、日本李子、梅子、樱桃、草莓、悬钩子、黑莓、蓝莓、蔓越橘、越橘类，其他	20
		热带及亚热带水果	葡萄、日本柿子、香蕉、猕猴桃、番木瓜、鳄梨、菠萝、番石榴、杧果、西番莲果、椰枣，其他	20
		油籽	葵花籽、芝麻籽、红花籽、棉籽、菜籽，其他	20
		坚果	银杏果、栗子、美洲山核桃、杏仁、核桃，其他	20
		茶、啤酒花		100
		其他调味料	除山葵、日本芥末、大蒜、红辣椒/辣椒粉、姜、柠檬皮、橘皮、柚皮、芝麻以外的所有调味料	800
		其他药草	除豆瓣菜、韭菜、欧芹、芹菜以外的所有药草	50
430	二氯喹啉酸 Quinclorac	谷粮	稻	5 000
			小麦	500
			大麦	2 000
			其他谷粮	6 000
		十字花科蔬菜	糖用甜菜	200
431	灭藻醌 Quinoclamine	谷粮	稻	30
		十字花科蔬菜	日本萝卜（根）、日本萝卜（叶）、芜菁（根）、芜菁（叶）、山葵、豆瓣菜、大白菜、甘蓝、球芽甘蓝、羽衣甘蓝、小松菜、京菜、青梗菜、花椰菜、椰菜，其他	30
		菊科蔬菜	牛蒡、婆罗门参、朝鲜蓟、菊苣、苦苣、茼蒿、莴苣，其他	30
		百合科蔬菜	洋葱、葱、大蒜、韭菜、芦笋、繁殖洋葱，其他	30
		伞状花科蔬菜	胡萝卜、欧洲防风草、欧芹、芹菜、鸭儿芹，其他	30
		茄科、葫芦科蔬菜	西红柿、西班牙甜椒、茄子、其他茄科蔬菜、黄瓜、南瓜、越瓜，其他	30
		豆类蔬菜、菇类、杂项蔬菜	菠菜、竹笋、黄秋葵、姜、豌豆、腰果、枝豆、未开的蘑菇、花菇，其他蘑菇，其他蔬菜	30
		其他调味料	除山葵、日本芥末、大蒜、红辣椒/辣椒粉、姜、柠檬皮、橘皮、柚皮、芝麻以外的所有调味料	30
		其他药草	除豆瓣菜、韭菜、欧芹、芹菜以外的所有药草	30

序号	农药名称 （残留标示物）	商品种类	商品名称	限量标准 （μg/kg）
432	喹氧灵 Quinoxyfen	茄科、葫芦科蔬菜	南瓜、西瓜、瓜类、甜瓜	300
		梨果、核果、浆果	樱桃	300
		热带及亚热带水果	葡萄	1 000
		啤酒花		3 000
433	五氯硝基苯 Quintozene	谷粮	稻、黑麦、荞麦，其他	20
			小麦、大麦、玉米	10
		豆类	大豆、豌豆，其他	10
			花生	500
			豆类、蚕豆	20
		薯类	芋头、甘薯、山药、魔芋，其他	20
			马铃薯	100
		十字花科蔬菜	日本萝卜（根）、日本萝卜（叶）、芜菁（根）、芜菁（叶）、山葵、豆瓣菜、大白菜、球芽甘蓝、羽衣甘蓝、小松菜、京菜、青梗菜、花椰菜，其他	20
			糖用甜菜	10
			甘蓝	100
			椰菜	50
		菊科蔬菜	牛蒡、婆罗门参、朝鲜蓟、菊苣、苦苣、茼蒿，其他	20
			莴苣	200
		百合科蔬菜	葱、大蒜、韭菜、芦笋、繁殖洋葱，其他	20
			洋葱	100
		伞状花科蔬菜	胡萝卜、欧洲防风草、欧芹、鸭儿芹，其他	20
			芹菜	200
		茄科、葫芦科蔬菜	西红柿、茄子，其他茄科蔬菜、黄瓜、南瓜、越瓜、西瓜、瓜类、甜瓜，其他	20
			西班牙甘椒	50
		豆类蔬菜、菇类、杂项蔬菜	菠菜、竹笋、黄秋葵、姜、豌豆、枝豆、花菇，其他蘑菇，其他蔬菜	20
			腰果	100
			未开的蘑菇	5 000
		柑橘类水果	温州橘、夏橙、柠檬、橙、柚子、酸橙，其他	20
		梨果、核果、浆果	苹果、日本梨、梨、温柏、枇杷、桃子、油桃、杏、日本李子、梅子、樱桃、草莓、悬钩子、黑莓、蓝莓、蔓越橘、越橘类，其他	20
		热带及亚热带水果	葡萄、日本柿子、猕猴桃、番木瓜、鳄梨、菠萝、番石榴、杧果、西番莲果、椰枣，其他	20
			香蕉	500

序号	农药名称 （残留标示物）	商品种类	商品名称	限量标准 （μg/kg）
433	五氯硝基苯 Quintozene	油籽	葵花籽、芝麻籽、红花籽、菜籽，其他	20
			棉籽	10
		坚果	银杏果、栗子、美洲山核桃、杏仁、核桃，其他	20
		茶、啤酒花		50
		其他调味料	除山葵、日本芥末、大蒜、红辣椒/辣椒粉、姜、柠檬皮、橘皮、柚皮、芝麻以外的所有调味料	20
		其他药草	除豆瓣菜、韭菜、欧芹、芹菜以外的所有药草	20
434	喹禾灵 Quizalofop-ethyl	豆类	大豆	300
			豆类、豌豆、蚕豆，其他豆类	250
			花生	100
		薯类	马铃薯、芋头、甘薯、山药、魔芋，其他薯类	100
		十字花科蔬菜	糖用甜菜、日本萝卜（根）、日本萝卜（叶）、芜菁（叶）、山葵	100
			芜菁（根）、豆瓣菜、大白菜、甘蓝、球芽甘蓝、羽衣甘蓝、小松菜、京菜、青梗菜、椰菜，其他十字花科蔬菜	300
			花椰菜	50
		菊科蔬菜	牛蒡、婆罗门参	100
			朝鲜蓟、菊苣、苦苣、茼蒿、莴苣，其他菊科蔬菜	300
		百合科蔬菜	洋葱、葱、大蒜	50
			韭菜、芦笋、繁殖洋葱，其他百合科蔬菜	300
		伞状花科蔬菜	胡萝卜、欧洲防风草	100
			欧芹、芹菜、鸭儿芹，其他伞状花科蔬菜	300
		茄科、葫芦科蔬菜	西红柿、西瓜、甜瓜	50
			黄瓜、南瓜、瓜类	20
		豆类蔬菜、菇类、杂项蔬菜	菠菜	50
			竹笋、姜	100
			豌豆、腰果、枝豆	250
			其他蔬菜	300
		梨果、核果、浆果	苹果、枇杷、桃子、杏、日本李子、梅子、樱桃、草莓、悬钩子、黑莓、蓝莓、蔓越橘、越橘类，其他浆果	50
		热带及亚热带水果	葡萄	20
			猕猴桃、菠萝、椰枣，其他水果	50
		油籽	葵花籽，其他油籽	50
			红花籽	10
			棉籽	100
			菜籽	1 000

第三章 日本食品安全限量标准

序号	农药名称 （残留标示物）	商品种类	商品名称	限量标准 ($\mu g/kg$)
434	喹禾灵 Quizalofop-ethyl	其他调味料	除山葵、日本芥末、大蒜、红辣椒/辣椒粉、姜、柠檬皮、橘皮、柚皮、芝麻以外的所有调味料	300
		其他药草	除豆瓣菜、韭菜、欧芹、芹菜以外的所有药草	300
435	苄呋菊酯 Resmethrin	谷粮	稻、小麦、大麦、黑麦、荞麦，其他	50
			玉米	100
		豆类	豌豆、蚕豆，其他	100
			大豆	50
			豆类、花生	200
		薯类	马铃薯、芋头、甘薯、山药、魔芋，其他	100
		十字花科蔬菜	糖用甜菜、日本萝卜（根）、日本萝卜（叶）、芜菁（根）、芜菁（叶）、山葵、豆瓣菜、大白菜、甘蓝、球芽甘蓝、羽衣甘蓝、小松菜、京菜、青梗菜、花椰菜、椰菜，其他	100
		菊科蔬菜	牛蒡、婆罗门参、朝鲜蓟、菊苣、苦苣、茼蒿、莴苣，其他	100
		百合科蔬菜	洋葱、葱、大蒜、韭菜、芦笋、繁殖洋葱，其他	100
		伞状花科蔬菜	胡萝卜、欧洲防风草、欧芹、芹菜、鸭儿芹，其他	100
		茄科、葫芦科蔬菜	西红柿、西班牙甜椒、茄子、其他茄科蔬菜、黄瓜、南瓜、越瓜、西瓜、瓜类、甜瓜，其他	100
		豆类蔬菜、菇类、杂项蔬菜	菠菜、竹笋、黄秋葵、姜、豌豆、腰果、枝豆、未开的蘑菇、花菇、其他蘑菇、其他蔬菜	100
		柑橘类水果	温州橘、夏橙、柠檬、橙、柚子、酸橙，其他	100
		梨果、核果、浆果	苹果、日本梨、梨、温柏、枇杷、桃子、油桃、杏、日本李子、梅子、樱桃、草莓、悬钩子、黑莓、蓝莓、蔓越橘、越橘类，其他	100
		热带及亚热带水果	葡萄、日本柿子、香蕉、猕猴桃、番木瓜、鳄梨、菠萝、番石榴、杧果、西番莲果、椰枣，其他	100
		油籽	葵花籽、芝麻籽、红花籽、棉籽、菜籽，其他	100
		坚果	银杏果、栗子、美洲山核桃、杏仁、核桃，其他	100
		茶、啤酒花		200
		其他调味料	除山葵、日本芥末、大蒜、红辣椒/辣椒粉、姜、柠檬皮、橘皮、柚皮、芝麻以外的所有调味料	200
		其他药草	除豆瓣菜、韭菜、欧芹、芹菜以外的所有药草	100
436	玉嘧磺隆 Rimsulfuron	谷粮	玉米	0
		薯类	马铃薯	100
		茄科、葫芦科蔬菜	西红柿	50
		梨果、核果、浆果	蓝莓	50

序号	农药名称 (残留标示物)	商品种类	商品名称	限量标准 (μg/kg)
437	仲丁胺 Secondary butylamine	谷粮	稻、小麦、大麦、黑麦、玉米、荞麦，其他	100
		豆类	大豆、豆类、豌豆、蚕豆、花生，其他	100
		薯类	马铃薯、芋头、甘薯、山药、魔芋，其他	100
		十字花科蔬菜	糖用甜菜、甘蔗、日本萝卜（根）、日本萝卜（叶）、芜菁（根）、芜菁（叶）、山葵、豆瓣菜、大白菜、甘蓝、球芽甘蓝、羽衣甘蓝、小松菜、京菜、青梗菜、花椰菜、椰菜，其他	100
		菊科蔬菜	牛蒡、婆罗门参、朝鲜蓟、菊苣、苦苣、茼蒿、莴苣，其他	100
		百合科蔬菜	洋葱、葱、大蒜、韭菜、芦笋、繁殖洋葱，其他	100
		伞状花科蔬菜	胡萝卜、欧洲防风草、欧芹、芹菜、鸭儿芹，其他	100
		茄科、葫芦科蔬菜	西红柿、西班牙甘椒、茄子，其他茄科蔬菜、黄瓜、南瓜、越瓜、西瓜、瓜类、甜瓜，其他	100
		豆类蔬菜、菇类、杂项蔬菜	菠菜、竹笋、黄秋葵、姜、豌豆、腰果、枝豆、未开的蘑菇、花菇，其他蘑菇，其他蔬菜	100
		柑橘类水果	温州橘、夏橙、柠檬、橙、柚子、酸橙，其他	100
		梨果、核果、浆果	苹果、日本梨、梨、温柏、枇杷、桃子、油桃、杏、日本李子、梅子、樱桃、草莓、悬钩子、黑莓、蓝莓、蔓越橘、越橘类，其他	100
		热带及亚热带水果	葡萄、日本柿子、香蕉、猕猴桃、番木瓜、鳄梨、菠萝、番石榴、杧果、西番莲果、椰枣，其他	100
		油籽	葵花籽、芝麻籽、红花籽、棉籽、菜籽，其他	100
		坚果	银杏果、栗子、美洲山核桃、杏仁、核桃，其他	100
		茶、咖啡豆、可可豆、啤酒花		100
		其他调味料	除山葵、日本芥末、大蒜、红辣椒/辣椒粉、姜、柠檬皮、橘皮、柚皮、芝麻以外的所有调味料	30 000
		其他药草	除豆瓣菜、韭菜、欧芹、芹菜以外的所有药草	100
438	稀禾定 Sethoxydim	谷粮	大麦、黑麦、荞麦，其他粮谷	10 000
			玉米	200
		豆类	大豆、蚕豆	10 000
			豆类	20 000
			豌豆	40 000
			花生	25 000
			其他豆类	30 000
		薯类	马铃薯、甘薯	4 000
			芋头、山药、魔芋，其他薯类	1 000

序号	农药名称（残留标示物）	商品种类	商品名称	限量标准（μg/kg）
438	稀禾定 Sethoxydim	十字花科蔬菜	日本萝卜（根）、日本萝卜（叶）、芜菁（根）、芜菁（叶）、山葵、豆瓣菜、大白菜、甘蓝、球芽甘蓝、羽衣甘蓝、小松菜、京菜、青梗菜、花椰菜、椰菜，其他	10 000
			糖用甜菜	500
		菊科蔬菜	牛蒡、婆罗门参、朝鲜蓟、菊苣、苦苣、茼蒿、莴苣，其他	10 000
		百合科蔬菜	洋葱、葱、大蒜、韭菜、芦笋、繁殖洋葱，其他	10 000
		伞状花科蔬菜	胡萝卜、欧洲防风草、欧芹、芹菜、鸭儿芹，其他	10 000
		茄科、葫芦科蔬菜	西红柿、西班牙甘椒、茄子、其他茄科蔬菜、黄瓜、南瓜、越瓜，其他	10 000
			西瓜、瓜类、甜瓜	2 000
		豆类蔬菜、菇类、杂项蔬菜	菠菜、竹笋、黄秋葵、姜、豌豆、腰果、枝豆、未开的蘑菇、花菇、其他蘑菇，其他蔬菜	10 000
		柑橘类水果	温州橘、夏橙、柠檬、橙、柚子、酸橙，其他	1 000
		梨果、核果、浆果	苹果、日本梨、梨、温柏、枇杷、桃子、油桃、杏、日本李子、梅子、樱桃、黑莓、蔓越橘、越橘类，其他	1 000
			草莓	10 000
			悬钩子	5 000
			蓝莓	4 000
		热带及亚热带水果	葡萄、日本柿子、香蕉、猕猴桃、番木瓜、鳄梨、菠萝、番石榴、杧果、西番莲果、椰枣，其他	1 000
		油籽	芝麻籽、红花籽、菜籽，其他	1 000
			葵花籽	7 000
			棉籽	5 000
		坚果	银杏果、栗子、美洲山核桃、杏仁、核桃，其他	1 000
		其他调味料	除山葵、日本芥末、大蒜、红辣椒/辣椒粉、姜、柠檬皮、橘皮、柚皮、芝麻以外的所有调味料	30 000
		其他药草	除豆瓣菜、韭菜、欧芹、芹菜以外的所有药草	10 000
439	硅醚菊酯 Silafluofen	谷粮	小麦、大麦、黑麦、玉米、荞麦，其他	50
			稻	500
		豆类	豆类、豌豆、蚕豆、花生，其他	50
			大豆	100
		薯类	马铃薯、芋头、甘薯、山药、魔芋，其他	100
		十字花科蔬菜	糖用甜菜、甘蔗、日本萝卜（根）、日本萝卜（叶）、芜菁（根）、芜菁（叶）、山葵、豆瓣菜、大白菜、甘蓝、球芽甘蓝、羽衣甘蓝、小松菜、京菜、青梗菜、花椰菜、椰菜，其他	50

序号	农药名称 （残留标示物）	商品种类	商品名称	限量标准 (μg/kg)
439	硅醚菊酯 Silafluofen	菊科蔬菜	牛蒡、婆罗门参、朝鲜蓟、菊苣、苦苣、茼蒿、莴苣，其他	50
		百合科蔬菜	洋葱、葱、大蒜、韭菜、芦笋、繁殖洋葱，其他	50
		伞状花科蔬菜	胡萝卜、欧洲防风草、欧芹、芹菜、鸭儿芹，其他	50
		茄科、葫芦科蔬菜	西红柿、西班牙甘椒、茄子，其他茄科蔬菜、黄瓜、南瓜、越瓜、西瓜、瓜类、甜瓜，其他	50
		豆类蔬菜、菇类、杂项蔬菜	菠菜、竹笋、黄秋葵、姜、未开的蘑菇、花菇，其他蘑菇	50
			豌豆、腰果、枝豆，其他蔬菜	2 000
		柑橘类水果	夏橙、柠檬、橙、柚子、酸橙，其他	5 000
			温州橘	200
		梨果、核果、浆果	温柏、枇杷、桃子、杏、日本李子、梅子、樱桃、草莓、悬钩子、黑莓、蓝莓、蔓越橘、越橘类，其他	50
			日本梨、梨	2 000
			苹果、油桃	5 000
		热带及亚热带水果	葡萄、香蕉、番木瓜、鳄梨、菠萝、番石榴、杧果、西番莲果，其他	5 000
			猕猴桃、椰枣	50
			日本柿子	2 000
		油籽	葵花籽、芝麻籽、红花籽、棉籽、菜籽，其他	50
		坚果	银杏果、栗子、美洲山核桃、杏仁、核桃，其他	50
		咖啡豆、可可豆、啤酒花		50
		茶		35 000
		其他调味料	除山葵、日本芥末、大蒜、红辣椒/辣椒粉、姜、柠檬皮、橘皮、柚皮、芝麻以外的所有调味料	5 000
		其他药草	除豆瓣菜、韭菜、欧芹、芹菜以外的所有药草	2 000
440	西玛津 Simazine	谷粮	玉米	300
		豆类	蚕豆	10
			花生	50
		百合科蔬菜	葱	10
			芦笋	100
		柑橘类水果	温州橘、夏橙、酸橙，其他柑橘类水果	100
			柠檬、橙、柚子	200
		梨果、核果、浆果	苹果、梨、桃子、日本李子、樱桃、草莓、悬钩子、黑莓、蓝莓、蔓越橘，其他浆果	200
			日本梨、温柏、枇杷、油桃、杏、梅子、越橘类	100

序号	农药名称 （残留标示物）	商品种类	商品名称	限量标准 （µg/kg）
440	西玛津 Simazine	热带及亚热带水果	葡萄、香蕉、鳄梨，其他水果	200
			日本柿子、猕猴桃、番木瓜、菠萝、番石榴、杧果、西番莲果、椰枣	100
		油籽	菜籽	20
		坚果	美洲山核桃、核桃	100
			杏仁，其他坚果	200
		其他调味料	除山葵、日本芥末、大蒜、红辣椒/辣椒粉、姜、柠檬皮、橘皮、柚皮、芝麻以外的所有调味料	200
		其他药草	除豆瓣菜、韭菜、欧芹、芹菜以外的所有药草	50
441	硅氟唑 Simeconazole	谷粮	稻	100
		豆类	大豆	200
		十字花科蔬菜	日本萝卜（叶）、芜菁（叶）、豆瓣菜、球芽甘蓝、羽衣甘蓝、小松菜、京菜、青梗菜、花椰菜、椰菜，其他十字花科蔬菜	200
		菊科蔬菜	朝鲜蓟、菊苣、苦苣、茼蒿、莴苣，其他菊科蔬菜	200
		百合科蔬菜	洋葱、大蒜	100
			葱、韭菜、芦笋、繁殖洋葱，其他百合科蔬菜	200
		伞状花科蔬菜	欧芹、芹菜、鸭儿芹，其他伞状花科蔬菜	200
		茄科、葫芦科蔬菜	西红柿、茄子，其他茄科蔬菜、黄瓜、南瓜、越瓜，其他葫芦科蔬菜	500
			西瓜、瓜类、甜瓜	1 000
		豆类蔬菜、菇类、杂项蔬菜	菠菜	200
			其他蔬菜	500
		柑橘类水果	温州橘	100
			夏橙、柠檬、橙、柚子、酸橙	500
			其他柑橘类水果	5 000
		梨果、核果、浆果	苹果、日本梨、梨、温柏、油桃	500
			枇杷、桃子	1 000
			杏、日本李子、梅子、樱桃、草莓、悬钩子、黑莓、蓝莓、蔓越橘、越橘类，其他浆果	5 000
		热带及亚热带水果	葡萄	5 000
			日本柿子、香蕉、番木瓜、鳄梨、菠萝、番石榴、杧果、西番莲果	500
			猕猴桃	1 000
			椰枣，其他水果	5 000
		茶		10 000

序号	农药名称（残留标示物）	商品种类	商品名称	限量标准（μg/kg）
441	硅氟唑 Simeconazole	其他调味料	除山葵、日本芥末、大蒜、红辣椒/辣椒粉、姜、柠檬皮、橘皮、柚皮、芝麻以外的所有调味料	5 000
		其他药草	除豆瓣菜、韭菜、欧芹、芹菜以外的所有药草	500
442	三氯醋酸钠 Sodium TCA	谷粮	稻	100
443	艾克敌 Spinosad	谷粮	大麦，其他粮谷	500
			小麦、大麦、黑麦、玉米、荞麦	20
			其他粮谷	1 000
		豆类	大豆、豆类、豌豆、蚕豆、花生，其他豆类	20
		薯类	马铃薯、芋头、甘薯、山药，其他薯类	20
		十字花科蔬菜	糖用甜菜	100
			日本萝卜（根）、芜菁（根）、山葵	200
			日本萝卜（叶）、球芽甘蓝	1 000
			芜菁（叶）、羽衣甘蓝	10 000
			豆瓣菜、大白菜	8 000
			甘蓝、青梗菜、花椰菜、椰菜，其他十字花科蔬菜	2 000
			小松菜、京菜	5 000
		菊科蔬菜	牛蒡、婆罗门参	200
			朝鲜蓟	5 000
			菊苣、苦苣、莴苣，其他菊科蔬菜	8 000
			茼蒿	10 000
		百合科蔬菜	洋葱	100
			葱、韭菜、芦笋、繁殖洋葱，其他百合科蔬菜	5 000
		伞状花科蔬菜	胡萝卜、欧洲防风草	200
			欧芹、芹菜	8 000
			鸭儿芹，其他伞状花科蔬菜	5 000
		茄科、葫芦科蔬菜	西红柿、黄瓜	500
			西班牙甘椒、茄子	2 000
			其他茄科蔬菜	400
			南瓜、越瓜、西瓜、瓜类、甜瓜，其他葫芦科蔬菜	300
		豆类蔬菜、菇类、杂项蔬菜	菠菜	8 000
			竹笋	200
			黄秋葵	2 000
			姜	20
			豌豆、腰果、枝豆	300
			其他蔬菜	10 000

序号	农药名称 (残留标示物)	商品种类	商品名称	限量标准 (μg/kg)
443	艾克敌 Spinosad	柑橘类水果	温州橘、夏橙、柠檬、橙、柚子、酸橙，其他柑橘类水果	300
		梨果、核果、浆果	苹果、日本梨、梨	500
			温柏、枇杷、桃子、油桃、杏、日本李子、梅子、樱桃	200
			草莓、悬钩子、黑莓、蓝莓、蔓越橘、越橘类，其他浆果	1 000
		热带及亚热带水果	葡萄、椰枣	1 000
			日本柿子、香蕉、菠萝	500
			猕猴桃	200
			番木瓜、鳄梨、番石榴、杧果、西番莲果，其他水果	300
		油籽	棉籽	20
			其他油籽	5 000
		坚果	栗子、美洲山核桃、杏仁、核桃，其他坚果	200
		茶		2 000
		其他调味料	除山葵、日本芥末、大蒜、红辣椒/辣椒粉、姜、柠檬皮、橘皮、柚皮、芝麻以外的所有调味料	10 000
		其他药草	除豆瓣菜、韭菜、欧芹、芹菜以外的所有药草	10 000
444	螺螨酯 Spirodiclofen	柑橘类水果	温州橘	100
			夏橙、柠檬、橙、柚子、酸橙，其他柑橘类水果	2 000
		梨果、核果、浆果	苹果、日本梨、梨、温柏、油桃	2 000
			日本李子、梅子、樱桃、草莓、悬钩子、黑莓、蓝莓、蔓越橘、越橘类，其他浆果	5 000
		热带及亚热带水果	葡萄	5 000
			日本柿子、香蕉、番木瓜、鳄梨、菠萝、番石榴、杧果、西番莲果，其他水果	2 000
		其他调味料	除山葵、日本芥末、大蒜、红辣椒/辣椒粉、姜、柠檬皮、橘皮、柚皮、芝麻以外的所有调味料	5 000
445	萇孢菌素 Spiroxamine	谷粮	大麦，其他粮谷	300
		热带及亚热带水果	葡萄	1 000
			香蕉	4 000
		啤酒花		50 000
446	甲磺草胺 Sulfentrazone	谷粮	稻、小麦、大麦、黑麦、荞麦，其他	50
			玉米	200
		豆类	豆类、豌豆、蚕豆、花生，其他	200
			大豆	50

序号	农药名称（残留标示物）	商品种类	商品名称	限量标准（μg/kg）
446	甲磺草胺 Sulfentrazone	薯类	芋头、甘薯、山药、魔芋，其他	50
			马铃薯	200
		十字花科蔬菜	甘蔗、日本萝卜（根）、日本萝卜（叶）、芜菁（根）、芜菁（叶）、豆瓣菜、大白菜、甘蓝、羽衣甘蓝、小松菜、京菜、青梗菜、花椰菜、椰菜，其他	50
			糖用甜菜、山葵、球芽甘蓝	200
		菊科蔬菜	牛蒡、婆罗门参、朝鲜蓟、菊苣、苦苣、茼蒿、莴苣，其他	50
		百合科蔬菜	洋葱、葱、大蒜、韭菜、繁殖洋葱，其他	50
			芦笋	200
		伞状花科蔬菜	胡萝卜、欧洲防风草、欧芹、芹菜、鸭儿芹，其他	50
		茄科、葫芦科蔬菜	西红柿、西班牙甘椒、茄子、其他茄科蔬菜、黄瓜、南瓜、越瓜、西瓜、瓜类、甜瓜，其他	50
		豆类蔬菜、菇类、杂项蔬菜	菠菜、竹笋、黄秋葵、姜、豌豆、腰果、枝豆、未开的蘑菇、花菇，其他蘑菇	50
			其他蔬菜	300
		柑橘类水果	温州橘、夏橙、柠檬、橙、柚子、酸橙，其他	50
		梨果、核果、浆果	苹果、日本梨、梨、温柏、枇杷、桃子、油桃、杏、日本李子、梅子、樱桃、悬钩子、黑莓、蓝莓、蔓越橘、越橘类，其他	50
			草莓	600
		热带及亚热带水果	葡萄、日本柿子、香蕉、猕猴桃、番木瓜、鳄梨、菠萝、番石榴、杧果、西番莲果、椰枣，其他	50
		油籽	芝麻籽、红花籽、棉籽、菜籽	50
			葵花籽，其他	200
		坚果	银杏果、栗子、美洲山核桃、杏仁、核桃，其他	50
		茶、咖啡豆、可可豆、啤酒花		50
		其他调味料	除山葵、日本芥末、大蒜、红辣椒/辣椒粉、姜、柠檬皮、橘皮、柚皮、芝麻以外的所有调味料	300
		其他药草	除豆瓣菜、韭菜、欧芹、芹菜以外的所有药草	300
447	磺酰磺 Sulfosulfuron	谷粮	稻	40
448	硫酰氟 Sulfuryl fluoride	谷粮	小麦	20
			其他粮谷	10
			小麦、大麦，其他粮谷	100
			玉米	50
		坚果	栗子、美洲山核桃、杏仁、核桃，其他坚果	3 000

第三章 日本食品安全限量标准

序号	农药名称 (残留标示物)	商品种类	商品名称	限量标准 (μg/kg)
449	硫丙磷 Sulprofos	茄科、葫芦科蔬菜	西红柿、茄子、黄瓜、南瓜，其他葫芦科蔬菜	1 000
			西班牙甘椒	5 000
		豆类蔬菜、菇类、杂项蔬菜	豌豆	2 000
		油籽	棉籽	200
450	苯噻氰 TCMTB	谷粮	稻、小麦、大麦、玉米，其他粮谷	100
		豆类	蚕豆	100
		油籽	红花籽	100
			棉籽	60
		其他调味料	除山葵、日本芥末、大蒜、红辣椒/辣椒粉、姜、柠檬皮、橘皮、柚皮、芝麻以外的所有调味料	100
		其他药草	除豆瓣菜、韭菜、欧芹、芹菜以外的所有药草	100
451	戊唑醇 Tebuconazole	谷粮	稻、大麦、玉米、荞麦，其他粮谷	50
			小麦	500
			黑麦	200
		豆类	豌豆，其他豆类	200
			蚕豆	500
			花生	100
		十字花科蔬菜	糖用甜菜、日本萝卜（根）、芜菁（根）、豆瓣菜、球芽甘蓝、羽衣甘蓝、小松菜、京菜、青梗菜、花椰菜、椰菜，其他十字花科蔬菜	500
			甘蔗	100
		菊科蔬菜	朝鲜蓟、苦苣、菊苣、莴苣，其他菊科蔬菜	500
			茼蒿	20 500
		百合科蔬菜	洋葱	200
			葱、韭菜、繁殖洋葱，其他百合科蔬菜	500
			大蒜	100
			芦笋	50
		伞状花科蔬菜	欧芹、芹菜、鸭儿芹，其他伞状花科蔬菜	500
		茄科、葫芦科蔬菜	西红柿	1 000
			西班牙甘椒、茄子	500
			黄瓜	200
			南瓜	20
		豆类蔬菜、菇类、杂项蔬菜	菠菜、豌豆、腰果、枝豆，其他蔬菜	500

序号	农药名称 (残留标示物)	商品种类	商品名称	限量标准 (μg/kg)
451	戊唑醇 Tebuconazole	梨果、核果、浆果	苹果	200
			日本梨、梨、温柏、枇杷、日本李子、梅子	500
			桃子、油桃、杏	1 000
			樱桃	4 000
		热带及亚热带水果	葡萄	2 000
			日本柿子、番木瓜、鳄梨、菠萝、番石榴、杧果、西番莲果	1 000
			香蕉	200
		油籽	棉籽	1 000
			菜籽	50
		茶		25 000
		啤酒花		30 000
		其他调味料	除山葵、日本芥末、大蒜、红辣椒/辣椒粉、姜、柠檬皮、橘皮、柚皮、芝麻以外的所有调味料	500
		其他药草	除豆瓣菜、韭菜、欧芹、芹菜以外的所有药草	500
452	虫酰肼 Tebufenozide	谷粮	稻	500
			大麦、黑麦、玉米、荞麦，其他粮谷	5 000
		豆类	大豆	500
		薯类	马铃薯、芋头、甘薯、山药、魔芋，其他薯类	100
		十字花科蔬菜	糖用甜菜	100
			甘蔗	1 000
			日本萝卜（叶）、芜菁（叶）、豆瓣菜、大白菜、羽衣甘蓝、小松菜、京菜、青梗菜，其他十字花科蔬菜	10 000
			芜菁（根）	9 000
			甘蓝、球芽甘蓝	5 000
			花椰菜、椰菜	500
		菊科蔬菜	苦苣、菊苣、茼蒿、莴苣，其他菊科蔬菜	10 000
		伞状花科蔬菜	欧芹	10 000
			芹菜，其他伞状花科蔬菜	2 000
		茄科、葫芦科蔬菜	西红柿、西班牙甘椒、茄子	1 000
			其他茄科蔬菜，其他葫芦科蔬菜	10 000
			西瓜、瓜类、甜瓜	100
		豆类蔬菜、菇类、杂项蔬菜	菠菜	10 000
			姜	20
			其他蔬菜	20 000

序号	农药名称 (残留标示物)	商品种类	商品名称	限量标准 (μg/kg)
452	虫酰肼 Tebufenozide	柑橘类水果	温州橘、夏橙、柠檬、橙、柚子、酸橙,其他	2 000
		梨果、核果、浆果	苹果、日本梨、梨、温柏、枇杷、杏、日本李子、梅子、樱桃、草莓、黑莓、越橘类,其他浆果	1 000
			桃子、油桃、蔓越橘	500
			悬钩子	2 000
			蓝莓	3 000
		热带及亚热带水果	葡萄、猕猴桃	500
			日本柿子、香蕉、番木瓜、鳄梨、菠萝、番石榴、杧果、西番莲果、椰枣,其他水果	1 000
		油籽	棉籽、菜籽	2 000
		坚果	栗子、核桃	100
			美洲山核桃	10
			杏仁	50
			其他坚果	80
		茶		25 000
		咖啡豆		50
		其他调味料	除山葵、日本芥末、大蒜、红辣椒/辣椒粉、姜、柠檬皮、橘皮、柚皮、芝麻以外的所有调味料	20 000
		其他药草	除豆瓣菜、韭菜、欧芹、芹菜以外的所有药草	20 000
453	吡螨胺 Tebufenpyrad	豆类	豆类、豌豆、蚕豆、花生,其他豆类	200
		茄科、葫芦科蔬菜	西红柿、茄子,其他茄科蔬菜、黄瓜、南瓜、越瓜,其他葫芦科蔬菜	500
			西瓜、瓜类、甜瓜	100
		豆类蔬菜、菇类、杂项蔬菜	其他蔬菜	500
		柑橘类水果	温州橘	100
			夏橙、柠檬、橙、柚子、酸橙,其他柑橘类水果	1 000
		梨果、核果、浆果	苹果、日本梨、梨、桃子、油桃	500
			温柏、枇杷	100
			杏、日本李子、梅子、樱桃、悬钩子、黑莓、蓝莓、蔓越橘、越橘类,其他浆果	2 000
			草莓	1 000
		热带及亚热带水果	葡萄、日本柿子、香蕉、番木瓜、鳄梨、菠萝、番石榴、杧果、西番莲果,其他水果	500
			猕猴桃	100
			椰枣	2 000

序号	农药名称 (残留标示物)	商品种类	商品名称	限量标准 (μg/kg)
453	吡螨胺 Tebufenpyrad	茶		2 000
		其他调味料	除山葵、日本芥末、大蒜、红辣椒/辣椒粉、姜、柠檬皮、橘皮、柚皮、芝麻以外的所有调味料	1 000
		其他药草	除豆瓣菜、韭菜、欧芹、芹菜以外的所有药草	500
454	特丁噻黄隆 Tebuthiuron	谷粮	稻、小麦、大麦、黑麦、玉米、荞麦，其他	20
			大豆、豆类、豌豆、蚕豆、花生，其他	20
		薯类	马铃薯、芋头、甘薯、山药、魔芋，其他	20
		十字花科蔬菜	糖用甜菜、日本萝卜（根）、日本萝卜（叶）、芜菁（根）、芜菁（叶）、山葵、豆瓣菜、大白菜、甘蓝、球芽甘蓝、羽衣甘蓝、小松菜、京菜、青梗菜、花椰菜、椰菜，其他	20
			甘蔗	200
		菊科蔬菜	牛蒡、婆罗门参、朝鲜蓟、菊苣、苦苣、茼蒿、莴苣，其他	20
		百合科蔬菜	洋葱、葱、大蒜、韭菜、芦笋、繁殖洋葱，其他	20
		伞状花科蔬菜	胡萝卜、欧洲防风草、欧芹、芹菜、鸭儿芹，其他	20
		茄科、葫芦科蔬菜	西红柿、西班牙甘椒、茄子、其他茄科蔬菜、黄瓜、南瓜、越瓜、西瓜、瓜类、甜瓜，其他	20
		豆类蔬菜、菇类、杂项蔬菜	菠菜、竹笋、黄秋葵、姜、豌豆、腰果、枝豆、未开的蘑菇、花菇，其他蘑菇，其他蔬菜	20
		柑橘类水果	温州橘、夏橙、柠檬、橙、柚子、酸橙，其他	20
		梨果、核果、浆果	苹果、日本梨、梨、温柏、枇杷、桃子、油桃、杏、日本李子、梅子、樱桃、草莓、悬钩子、黑莓、蓝莓、蔓越橘、越橘类，其他	20
		热带及亚热带水果	葡萄、日本柿子、香蕉、猕猴桃、番木瓜、鳄梨、菠萝、番石榴、杧果、西番莲果、椰枣，其他	20
		油籽	葵花籽、芝麻籽、红花籽、棉籽、菜籽，其他	20
		坚果	银杏果、栗子、美洲山核桃、杏仁、核桃，其他	20
		茶、咖啡豆、可可豆、啤酒花		20
		其他调味料	除山葵、日本芥末、大蒜、红辣椒/辣椒粉、姜、柠檬皮、橘皮、柚皮、芝麻以外的所有调味料	20
455	四氯硝基苯 Tecnazene	谷粮	稻、小麦、大麦、黑麦、玉米、荞麦，其他	50
		豆类	大豆、豆类、豌豆、蚕豆、花生，其他	50
		薯类	马铃薯、芋头、甘薯、山药、魔芋，其他	50
		十字花科蔬菜	糖用甜菜、日本萝卜（根）、日本萝卜（叶）、芜菁（根）、芜菁（叶）、山葵、豆瓣菜、大白菜、甘蓝、球芽甘蓝、羽衣甘蓝、小松菜、京菜、青梗菜、花椰菜、椰菜，其他	50

序号	农药名称（残留标示物）	商品种类	商品名称	限量标准（μg/kg）
455	四氯硝基苯 Tecnazene	菊科蔬菜	牛蒡、婆罗门参、朝鲜蓟、菊苣、苦苣、茼蒿、莴苣，其他	50
		百合科蔬菜	洋葱、葱、大蒜、韭菜、芦笋、繁殖洋葱，其他	50
		伞状花科蔬菜	胡萝卜、欧洲防风草、欧芹、芹菜、鸭儿芹，其他	50
		茄科、葫芦科蔬菜	西红柿、西班牙甘椒、茄子，其他茄科蔬菜；黄瓜、南瓜、越瓜、西瓜、瓜类、甜瓜，其他	50
		豆类蔬菜、菇类、杂项蔬菜	菠菜、竹笋、黄秋葵、姜、豌豆、腰果、枝豆、未开的蘑菇、花菇，其他蘑菇，其他蔬菜	50
		柑橘类水果	温州橘、夏橙、柠檬、橙、柚子、酸橙，其他	50
		梨果、核果、浆果	苹果、日本梨、梨、温柏、枇杷、桃子、油桃、杏、日本李子、梅子、樱桃、草莓、悬钩子、黑莓、蓝莓、蔓越橘、越橘类，其他	50
		热带及亚热带水果	葡萄、日本柿子、香蕉、猕猴桃、番木瓜、鳄梨、菠萝、番石榴、杧果、西番莲果、椰枣，其他	50
		油籽	葵花籽、芝麻籽、红花籽、棉籽、菜籽，其他	50
		坚果	银杏果、栗子、美洲山核桃、杏仁、核桃，其他	50
		茶、啤酒花		100
		其他调味料	除山葵、日本芥末、大蒜、红辣椒/辣椒粉、姜、柠檬皮、橘皮、柚皮、芝麻以外的所有调味料	50
		其他药草	除豆瓣菜、韭菜、欧芹、芹菜以外的所有药草	50
456	氟苯脲 Teflubenzuron	谷粮	稻、小麦、大麦、黑麦、荞麦，其他	50
			玉米	100
		豆类	豆类、豌豆、蚕豆、花生，其他	20
			大豆	100
		薯类	马铃薯、芋头、甘薯、山药、魔芋，其他	100
		十字花科蔬菜	日本萝卜（叶）、芜菁（叶）、豆瓣菜、羽衣甘蓝、小松菜、京菜、青梗菜、椰菜，其他	1 000
			甘蔗	20
			日本萝卜（根）、芜菁（根）、山葵	100
			糖用甜菜、大白菜、甘蓝、球芽甘蓝、花椰菜	500
		菊科蔬菜	朝鲜蓟、菊苣、苦苣、茼蒿、莴苣，其他	1 000
			牛蒡、婆罗门参	100
		百合科蔬菜	葱、韭菜、芦笋、繁殖洋葱，其他	1 000
			洋葱、大蒜	20
		伞状花科蔬菜	欧芹、芹菜、鸭儿芹，其他	1 000
			胡萝卜、欧洲防风草	100

序号	农药名称 （残留标示物）	商品种类	商品名称	限量标准 （μg/kg）
456	氟苯脲 Teflubenzuron	茄科、葫芦科蔬菜	西红柿、西班牙甘椒、茄子、其他茄科蔬菜、越瓜、其他	500
			西瓜、甜瓜	100
			黄瓜、南瓜、瓜类	200
		豆类蔬菜、菇类、杂项蔬菜	黄秋葵、豌豆、腰果、枝豆、其他蔬菜	1 000
			菠菜	5 000
			竹笋、姜	100
			未开的蘑菇	200
			花菇、其他蘑菇	20
		柑橘类水果	夏橙、柠檬、橙、柚子、酸橙、其他	1 000
			温州橘	100
		梨果、核果、浆果	梨、枇杷、油桃、草莓、悬钩子、黑莓、蓝莓、蔓越橘、越橘类、其他	1 000
			苹果、日本梨、温柏	500
			桃子、杏、日本李子、梅子、樱桃	300
		热带及亚热带水果	日本柿子、香蕉、猕猴桃、番木瓜、鳄梨、菠萝、番石榴、杧果、西番莲果	500
			葡萄、椰枣、其他	1 000
		油籽	葵花籽、芝麻籽、红花籽、棉籽、菜籽、其他	20
		坚果	银杏果、栗子、美洲山核桃、杏仁、核桃、其他	20
		咖啡豆、可可豆、啤酒花		20
		茶		20 000
		其他调味料	除山葵、日本芥末、大蒜、红辣椒/辣椒粉、姜、柠檬皮、橘皮、柚皮、芝麻以外的所有调味料	1 000
		其他药草	除豆瓣菜、韭菜、欧芹、芹菜以外的所有药草	1 000
457	七氟菊酯 Tefluthrin	谷粮	玉米	100
		豆类	大豆、豆类、豌豆、蚕豆、花生、其他	100
		薯类	马铃薯、芋头、甘薯、山药、魔芋、其他	100
		十字花科蔬菜	甘蔗、日本萝卜（根）、芜菁（根）、山葵、大白菜、甘蓝、球芽甘蓝	100
			日本萝卜（叶）、芜菁（叶）、豆瓣菜、羽衣甘蓝、小松菜、京菜、青梗菜、花椰菜、椰菜、其他十字花科蔬菜	500
		菊科蔬菜	牛蒡、婆罗门参	100
			朝鲜蓟、菊苣、茼蒿、莴苣、其他菊科蔬菜	500
		百合科蔬菜	葱、芦笋、繁殖洋葱、其他百合科蔬菜	500

序号	农药名称 (残留标示物)	商品种类	商品名称	限量标准 (μg/kg)
457	七氟菊酯 Tefluthrin	伞状花科蔬菜	胡萝卜、欧洲防风草	100
			欧芹、芹菜、韭菜，其他伞状花科蔬菜	500
		豆类蔬菜、菇类、杂项蔬菜	菠菜，其他蔬菜	500
			竹笋、姜	100
		梨果、核果、浆果	杏、日本李子、梅子、樱桃、草莓、悬钩子、黑莓、蓝莓、蔓越橘、越橘类，其他浆果	100
		热带及亚热带水果	葡萄、椰枣，其他水果	100
		茶		200
		其他调味料	除山葵、日本芥末、大蒜、红辣椒/辣椒粉、姜、柠檬皮、橘皮、柚皮、芝麻以外的所有调味料	100
		其他药草	除豆瓣菜、韭菜、欧芹、芹菜以外的所有药草	100
458	吡喃草酮 Tepraloxydim	谷粮	稻、小麦、大麦、黑麦、玉米、荞麦，其他	50
		豆类	豆类、豌豆、蚕豆、花生，其他	200
			大豆	6 000
		薯类	马铃薯、芋头、甘薯、山药、魔芋，其他	200
		十字花科蔬菜	甘蔗、日本萝卜（叶）、芜菁（叶）、豆瓣菜、大白菜、甘蓝、球芽甘蓝、羽衣甘蓝、小松菜、京菜、青梗菜、花椰菜、椰菜	50
			糖用甜菜、日本萝卜（根）、芜菁（根）、山葵，其他	200
		菊科蔬菜	朝鲜蓟、菊苣、苦苣、茼蒿、莴苣	50
			牛蒡、婆罗门参，其他	200
		百合科蔬菜	葱、韭菜、芦笋、繁殖洋葱	50
			洋葱、大蒜，其他	500
		伞状花科蔬菜	胡萝卜、欧洲防风草，其他	200
			欧芹、芹菜、鸭儿芹	50
		茄科、葫芦科蔬菜	西红柿、西班牙甘椒、茄子，其他茄科蔬菜、黄瓜、南瓜、越瓜、西瓜、瓜类、甜瓜，其他	50
		豆类蔬菜、菇类、杂项蔬菜	菠菜、黄秋葵、未开的蘑菇、花菇，其他蘑菇	50
			竹笋、姜	200
			豌豆、腰果、枝豆，其他蔬菜	1 000
		柑橘类水果	温州橘、夏橙、柠檬、橙、柚子、酸橙，其他	50
		梨果、核果、浆果	苹果、日本梨、梨、温柏、枇杷、桃子、油桃、杏、日本李子、梅子、樱桃、草莓、悬钩子、黑莓、蓝莓、蔓越橘、越橘类，其他	50
		热带及亚热带水果	葡萄、日本柿子、香蕉、猕猴桃、番木瓜、鳄梨、菠萝、番石榴、杧果、西番莲果、椰枣，其他	50

序号	农药名称（残留标示物）	商品种类	商品名称	限量标准（μg/kg）
458	吡喃草酮 Tepraloxydim	油籽	葵花籽、芝麻籽、红花籽，其他	50
			棉籽	200
			菜籽	500
		坚果	银杏果、栗子、美洲山核桃、杏仁、核桃、其他	50
		茶、咖啡豆、可可豆、啤酒花		50
		其他调味料	除山葵、日本芥末、大蒜、红辣椒/辣椒粉、姜、柠檬皮、橘皮、柚皮、芝麻以外的所有调味料	1 000
		其他药草	除豆瓣菜、韭菜、欧芹、芹菜以外的所有药草	1 000
459	特草定 Trebacil	十字花科蔬菜	甘蔗	100
		百合科蔬菜	芦笋	200
		茄科、葫芦科蔬菜	西瓜	400
		豆类蔬菜、菇类、杂项蔬菜	其他蔬菜	50
		柑橘类水果	温州橘、夏橙、柠檬、橙、柚子、酸橙，其他	100
		梨果、核果、浆果	苹果、日本梨、梨、桃子、油桃、杏、日本李子、草莓、悬钩子、黑莓、蓝莓，其他浆果	100
			温柏、枇杷、梅子、樱桃	40
		热带及亚热带水果	葡萄、日本柿子、香蕉、番木瓜、鳄梨、菠萝、番石榴、杧果、西番莲果，其他水果	100
		坚果	美洲山核桃	100
			杏仁	500
		其他调味料	除山葵、日本芥末、大蒜、红辣椒/辣椒粉、姜、柠檬皮、橘皮、柚皮、芝麻以外的所有调味料	100
		其他药草	除豆瓣菜、韭菜、欧芹、芹菜以外的所有药草	50
460	特丁磷 Terbufos	谷粮	小麦、大麦、玉米	10
			稻、黑麦、荞麦	5
			其他	50
		豆类	大豆、豆类、豌豆、蚕豆、花生，其他	50
		薯类	马铃薯、芋头、甘薯、山药、魔芋，其他	50
		十字花科蔬菜	糖用甜菜、甘蔗、日本萝卜（根）、日本萝卜（叶）、芜菁（根）、芜菁（叶）、山葵、豆瓣菜、大白菜、甘蓝、球芽甘蓝、羽衣甘蓝、小松菜、京菜、青梗菜、花椰菜、椰菜，其他	50
		菊科蔬菜	牛蒡、婆罗门参、朝鲜蓟、菊苣、苦苣、茼蒿、莴苣，其他	50
		百合科蔬菜	洋葱、葱、大蒜、韭菜、芦笋、繁殖洋葱，其他	50
		伞状花科蔬菜	胡萝卜、欧洲防风草、欧芹、芹菜、鸭儿芹，其他	50

第三章 日本食品安全限量标准

序号	农药名称 （残留标示物）	商品种类	商品名称	限量标准 （μg/kg）
460	特丁磷 Terbufos	茄科、葫芦科蔬菜	西红柿、西班牙甘椒、茄子，其他茄科蔬菜，黄瓜、南瓜、越瓜、西瓜、瓜类、甜瓜、其他	50
		豆类蔬菜、菇类、杂项蔬菜	菠菜、竹笋、黄秋葵、姜、豌豆、腰果、枝豆、未开的蘑菇、花菇、其他蘑菇	50
			其他蔬菜	100
		柑橘类水果	温州橘、夏橙、柠檬、橙、柚子、酸橙，其他	50
		梨果、核果、浆果	苹果、日本梨、梨、温柏、枇杷、桃子、油桃、杏、日本李子、梅子、樱桃、草莓、悬钩子、黑莓、蓝莓、蔓越橘、越橘类、其他	50
		热带及亚热带水果	葡萄、日本柿子、香蕉、猕猴桃、番木瓜、鳄梨、菠萝、番石榴、杧果、西番莲果、椰枣、其他	50
		油籽	葵花籽、芝麻籽、红花籽、棉籽、菜籽，其他	50
		坚果	银杏果、栗子、美洲山核桃、杏仁、核桃，其他	50
		茶、咖啡豆、可可豆、啤酒花		50
		其他调味料	除山葵、日本芥末、大蒜、红辣椒/辣椒粉、姜、柠檬皮、橘皮、柚皮、芝麻以外的所有调味料	100
		其他药草	除豆瓣菜、韭菜、欧芹、芹菜以外的所有药草	100
461	特丁净 Terbutryn	谷粮	稻、小麦、大麦、黑麦、玉米、荞麦，其他	100
		十字花科蔬菜	甘蓝	50
		豆类蔬菜、菇类、杂项蔬菜	豌豆，其他蔬菜	100
		其他调味料	除山葵、日本芥末、大蒜、红辣椒/辣椒粉、姜、柠檬皮、橘皮、柚皮、芝麻以外的所有调味料	100
		其他药草	除豆瓣菜、韭菜、欧芹、芹菜以外的所有药草	100
462	杀虫威 Tetrachlorvinphos	谷粮	稻	300
		十字花科蔬菜	日本萝卜（根）、日本萝卜（叶）、芜菁（根）、芜菁（叶）、山葵、豆瓣菜、大白菜、甘蓝、球芽甘蓝、羽衣甘蓝、小松菜、京菜、青梗菜、花椰菜、椰菜，其他	300
		菊科蔬菜	牛蒡、婆罗门参、朝鲜蓟、菊苣、苦苣、茼蒿、莴苣，其他	300
		百合科蔬菜	洋葱、葱、大蒜、韭菜、芦笋、繁殖洋葱，其他	300
		伞状花科蔬菜	胡萝卜、欧洲防风草、欧芹、芹菜、鸭儿芹，其他	300
		茄科、葫芦科蔬菜	西红柿、西班牙甘椒、茄子，其他茄科蔬菜，黄瓜、南瓜、越瓜、西瓜、瓜类、甜瓜、其他	300
		豆类蔬菜、菇类、杂项蔬菜	菠菜、竹笋、黄秋葵、姜、豌豆、腰果、枝豆、未开的蘑菇、花菇、其他蘑菇、其他蔬菜	300
		梨果、核果、浆果	苹果	10 000
		热带及亚热带水果	葡萄	10 000
		其他调味料	除山葵、日本芥末、大蒜、红辣椒/辣椒粉、姜、柠檬皮、橘皮、柚皮、芝麻以外的所有调味料	300
		其他药草	除豆瓣菜、韭菜、欧芹、芹菜以外的所有药草	300

序号	农药名称 (残留标示物)	商品种类	商品名称	限量标准 ($\mu g/kg$)
463	氟醚唑 Tetraconazole	谷粮	小麦	50
			大麦	200
			其他粮谷	100
		十字花科蔬菜	糖用甜菜	500
		菊科蔬菜	朝鲜蓟	200
		百合科蔬菜	洋葱	4 000
		茄科、葫芦科蔬菜	西红柿、茄子，其他茄科蔬菜、南瓜	1 000
			黄瓜	500
			越瓜、西瓜、瓜类、甜瓜、其他葫芦科蔬菜	200
		豆类蔬菜、菇类、杂项蔬菜	其他蔬菜	1 000
		梨果、核果、浆果	苹果、日本梨、梨、温柏、枇杷	500
			桃子	300
			油桃、杏、日本李子、梅子、樱桃	200
			草莓、悬钩子、黑莓、蓝莓、蔓越橘、越橘类、其他浆果	2 000
		热带及亚热带水果	葡萄	500
			椰枣，其他水果	2 000
		茶		20 000
		其他调味料	除山葵、日本芥末、大蒜、红辣椒/辣椒粉、姜、柠檬皮、橘皮、柚皮、芝麻以外的所有调味料	2 000
		其他药草	除豆瓣菜、韭菜、欧芹、芹菜以外的所有药草	1 000
464	四氯杀螨砜 Tetradifon	谷粮	玉米	5 000
		豆类	大豆、豆类、豌豆、蚕豆，其他	5 000
		薯类	马铃薯、芋头、甘薯、山药、魔芋，其他	5 000
		十字花科蔬菜	日本萝卜（根）、日本萝卜（叶）、芜菁（根）、芜菁（叶）、山葵、豆瓣菜、大白菜、甘蓝、球芽甘蓝、羽衣甘蓝、小松菜、京菜、青梗菜、花椰菜、椰菜，其他	1 000
			糖用甜菜	5 000
		菊科蔬菜	牛蒡、婆罗门参、朝鲜蓟、菊苣、苦苣、茼蒿、莴苣，其他	1 000
		百合科蔬菜	洋葱、葱、大蒜、韭菜、芦笋、繁殖洋葱，其他	1 000
		伞状花科蔬菜	胡萝卜、欧洲防风草、欧芹、芹菜、鸭儿芹，其他	1 000
		茄科、葫芦科蔬菜	西红柿、西班牙甘椒、茄子，其他茄科蔬菜，黄瓜、南瓜、越瓜、西瓜、瓜类、甜瓜，其他	1 000
		豆类蔬菜、菇类、杂项蔬菜	菠菜、竹笋、黄秋葵、姜、豌豆、腰果、枝豆、未开的蘑菇、花菇，其他蘑菇，其他蔬菜	1 000

第三章 日本食品安全限量标准

序号	农药名称 (残留标示物)	商品种类	商品名称	限量标准 (μg/kg)
464	四氯杀螨砜 Tetradifon	柑橘类水果	温州橘、夏橙、柠檬、橙、柚子、酸橙，其他	1 000
		梨果、核果、浆果	苹果、日本梨、梨、温柏、枇杷、桃子、油桃、杏、日本李子、梅子、樱桃、草莓、悬钩子、黑莓、蓝莓、蔓越橘、越橘类，其他	1 000
		热带及亚热带水果	葡萄、日本柿子、香蕉、猕猴桃、番木瓜、鳄梨、菠萝、番石榴、杧果、西番莲果、椰枣，其他	1 000
		油籽	葵花籽、芝麻籽、红花籽、棉籽、菜籽，其他	1 000
		坚果	银杏果、栗子、美洲山核桃、杏仁、核桃，其他	1 000
		茶、啤酒花		1 000
		其他调味料	除山葵、日本芥末、大蒜、红辣椒/辣椒粉、姜、柠檬皮、橘皮、柚皮、芝麻以外的所有调味料	1 000
		其他药草	除豆瓣菜、韭菜、欧芹、芹菜以外的所有药草	1 000
465	噻菌灵 Thiabendazole	谷粮	稻、小麦、大麦、黑麦、玉米、荞麦，其他	1 000
		豆类	大豆、豆类、豌豆、蚕豆、花生，其他	1 000
		薯类	马铃薯、芋头、甘薯、山药、魔芋，其他	1 000
		十字花科蔬菜	糖用甜菜、日本萝卜（根）、日本萝卜（叶）、芜菁（根）、芜菁（叶）、山葵、豆瓣菜、大白菜、甘蓝、球芽甘蓝、羽衣甘蓝、小松菜、京菜、青梗菜、花椰菜、椰菜，其他	1 000
		菊科蔬菜	牛蒡、婆罗门参、朝鲜蓟、菊苣、苦苣、茼蒿、莴苣，其他	1 000
		百合科蔬菜	洋葱、葱、大蒜、韭菜、芦笋、繁殖洋葱，其他	1 000
		伞状花科蔬菜	胡萝卜、欧洲防风草、欧芹、芹菜、鸭儿芹，其他	1 000
		茄科、葫芦科蔬菜	西红柿、西班牙甘椒、茄子、其他茄科蔬菜，黄瓜、南瓜、越瓜、西瓜、瓜类、甜瓜，其他	1 000
		豆类蔬菜、菇类、杂项蔬菜	菠菜、竹笋、黄秋葵、姜、豌豆、腰果、枝豆、未开的蘑菇、花菇，其他蘑菇，其他蔬菜	1 000
		柑橘类水果	温州橘、夏橙、柠檬、橙、柚子、酸橙，其他	1 000
		梨果、核果、浆果	苹果、温柏、枇杷、桃子、油桃、杏、日本李子、梅子、樱桃、草莓、悬钩子、黑莓、蓝莓、蔓越橘、越橘类，其他	1 000
		日本梨、梨		5 000
		热带及亚热带水果	葡萄、日本柿子、香蕉、猕猴桃、番木瓜、鳄梨、菠萝、番石榴、杧果、西番莲果、椰枣，其他	1 000
		油籽	葵花籽、芝麻籽、红花籽、棉籽、菜籽，其他	1 000
		坚果	银杏果、栗子、美洲山核桃、杏仁、核桃，其他	1 000
		茶		1 000
		啤酒花		60 000
		其他调味料	除山葵、日本芥末、大蒜、红辣椒/辣椒粉、姜、柠檬皮、橘皮、柚皮、芝麻以外的所有调味料	5 000
		其他药草	除豆瓣菜、韭菜、欧芹、芹菜以外的所有药草	1 000

序号	农药名称 （残留标示物）	商品种类	商品名称	限量标准 （μg/kg）
466	噻虫啉 Thiacloprid	谷粮	稻	100
		薯类	马铃薯、芋头、甘薯、山药、魔芋，其他	100
		茄科、葫芦科蔬菜	西红柿、茄子、黄瓜、南瓜、越瓜、西瓜、瓜类、甜瓜，其他葫芦科蔬菜	1 000
			西班牙甘椒，其他茄科蔬菜	5 000
		豆类蔬菜、菇类、杂项蔬菜	黄秋葵	5 000
			其他蔬菜	1 000
		梨果、核果、浆果	苹果、日本梨、梨、温柏、油桃	2 000
			枇杷、桃子	1 000
			杏、日本李子、梅子、樱桃、草莓、悬钩子、黑莓、蓝莓、蔓越橘、越橘类，其他浆果	5 000
		热带及亚热带水果	葡萄、椰枣，其他水果	5 000
			日本柿子、香蕉、番木瓜、鳄梨、菠萝、番石榴、杧果、西番莲果	2 000
			猕猴桃	1 000
		油籽	棉籽	20
		茶		25 000
		其他调味料	除山葵、日本芥末、大蒜、红辣椒/辣椒粉、姜、柠檬皮、橘皮、柚皮、芝麻以外的所有调味料	5 000
		其他药草	除豆瓣菜、韭菜、欧芹、芹菜以外的所有药草	1 000
467	快胜 Thiamethoxam	谷粮	稻	100
			小麦、大麦、黑麦、玉米、荞麦，其他	20
		豆类	大豆	20
			豆类、豌豆、蚕豆、花生，其他	500
		薯类	马铃薯、芋头、甘薯、山药、魔芋，其他	500
		十字花科蔬菜	糖用甜菜	100
			甘蔗、日本萝卜（根）、芜菁（根）、山葵	20
			日本萝卜（叶）、芜菁（叶）、豆瓣菜、球芽甘蓝、羽衣甘蓝、小松菜、京菜、青梗菜、花椰菜、椰菜，其他十字花科蔬菜	2 000
			大白菜、甘蓝	1 000
		菊科蔬菜	牛蒡、婆罗门参	20
			朝鲜蓟、苦苣、菊苣、茼蒿、莴苣，其他菊科蔬菜	2 000
		百合科蔬菜	洋葱、大蒜	20
			葱、韭菜、芦笋、繁殖洋葱，其他百合科蔬菜	2 000

序号	农药名称 （残留标示物）	商品种类	商品名称	限量标准 （μg/kg）
467	快胜 Thiamethoxam	伞状花科蔬菜	胡萝卜、欧洲防风草	20
			欧芹、芹菜、鸭儿芹，其他伞状花科蔬菜	2 000
		茄科、葫芦科蔬菜	西红柿、茄子，其他茄科蔬菜、黄瓜、南瓜、越瓜、西瓜、瓜类、甜瓜，其他	500
			西班牙甘椒	1 000
		豆类蔬菜、菇类、杂项蔬菜	菠菜，其他蔬菜	2 000
			竹笋、姜、未开的蘑菇、花菇，其他蘑菇	20
			黄秋葵	1 000
			豌豆、腰果、枝豆	500
		柑橘类水果	温州橘、柠檬、橙、柚子、酸橙，其他	500
			夏橙	50
		梨果、核果、浆果	苹果、日本梨、梨、温柏、油桃	1 000
			枇杷、桃子	500
			杏、日本李子、梅子、樱桃、草莓、悬钩子、黑莓、蓝莓、蔓越橘、越橘类，其他	5 000
		热带及亚热带水果	葡萄、椰枣，其他水果	5 000
			猕猴桃	500
			日本柿子、香蕉、番木瓜、鳄梨、菠萝、番石榴、杧果、西番莲果	1 000
		油籽	葵花籽、芝麻籽、红花籽、棉籽、菜籽，其他	20
		坚果	银杏果、栗子、美洲山核桃、杏仁、核桃，其他	20
		茶		15 000
		咖啡豆		40
		可可豆		20
		啤酒花		60
		其他调味料	除山葵、日本芥末、大蒜、红辣椒/辣椒粉、姜、柠檬皮、橘皮、柚皮、芝麻以外的所有调味料	5 000
		其他药草	除豆瓣菜、韭菜、欧芹、芹菜以外的所有药草	2 000
468	噻草啶 Thiazopyr	柑橘类水果	柚子	50
		油籽	棉籽	500
469	噻吩磺隆 Thifensulfuron	谷粮	稻、小麦、大麦、黑麦、玉米、荞麦，其他	20
470	甲基噻吩磺隆 Thifensulfuron-methyl	谷粮	稻、小麦、大麦、黑麦、玉米、荞麦，其他	100
		豆类	大豆、豆类、豌豆、蚕豆、花生，其他	100
		十字花科蔬菜	糖用甜菜	50
		油籽	棉籽、菜籽，其他油籽	20
		其他调味料	除山葵、日本芥末、大蒜、红辣椒/辣椒粉、姜、柠檬皮、橘皮、柚皮、芝麻以外的所有调味料	100

序号	农药名称 （残留标示物）	商品种类	商品名称	限量标准 （μg/kg）
471	禾草丹 Thiobencarb	谷粮	小麦、大麦、黑麦、玉米、荞麦，其他	100
			稻	200
		豆类	大豆、豆类、豌豆、蚕豆、花生，其他	200
		薯类	马铃薯、芋头、甘薯、山药、魔芋，其他	50
		十字花科蔬菜	日本萝卜（根）、日本萝卜（叶）、芜菁（根）、芜菁（叶）、山葵、豆瓣菜、大白菜、甘蓝、球芽甘蓝、羽衣甘蓝、小松菜、京菜、青梗菜、花椰菜、椰菜，其他	200
		菊科蔬菜	牛蒡、婆罗门参、朝鲜蓟、菊苣、苦苣、茼蒿、莴苣，其他	200
		百合科蔬菜	洋葱、葱、大蒜、韭菜、芦笋、繁殖洋葱，其他	200
		伞状花科蔬菜	胡萝卜、欧洲防风草、欧芹、芹菜、鸭儿芹，其他	200
		茄科、葫芦科蔬菜	西红柿、西班牙甘椒、茄子，其他茄科蔬菜，黄瓜、南瓜、越瓜、西瓜、瓜类、甜瓜，其他	200
		豆类蔬菜、菇类、杂项蔬菜	菠菜、竹笋、黄秋葵、姜、豌豆、腰果、枝豆、未开的蘑菇、花菇，其他蘑菇，其他蔬菜	200
		其他调味料	除山葵、日本芥末、大蒜、红辣椒/辣椒粉、姜、柠檬皮、橘皮、柚皮、芝麻以外的所有调味料	200
		其他药草	除豆瓣菜、韭菜、欧芹、芹菜以外的所有药草	200
472	甲基乙拌磷 Thiometon	谷粮	稻、小麦、大麦、黑麦、玉米、荞麦，其他	20
		豆类	大豆、豆类、豌豆、蚕豆、花生，其他	20
		薯类	马铃薯、芋头、甘薯、山药、魔芋，其他	20
		十字花科蔬菜	日本萝卜（根）、日本萝卜（叶）、芜菁（根）、芜菁（叶）、山葵、豆瓣菜、大白菜、甘蓝、球芽甘蓝、羽衣甘蓝、小松菜、京菜、青梗菜，其他	100
			糖用甜菜	50
			花椰菜、椰菜	200
		菊科蔬菜	牛蒡、婆罗门参、朝鲜蓟、菊苣、苦苣、茼蒿、莴苣，其他	100
		百合科蔬菜	洋葱、葱、大蒜、韭菜、芦笋、繁殖洋葱，其他	100
		伞状花科蔬菜	胡萝卜、欧洲防风草、欧芹、芹菜、鸭儿芹，其他	100
		茄科、葫芦科蔬菜	西红柿、西班牙甘椒、茄子，其他茄科蔬菜，黄瓜、南瓜、越瓜，其他	100
			西瓜、瓜类、甜瓜	50
		豆类蔬菜、菇类、杂项蔬菜	菠菜、竹笋、黄秋葵、姜、豌豆、腰果、枝豆、未开的蘑菇、花菇，其他蘑菇，其他蔬菜	100
		柑橘类水果	夏橙、柠檬、橙、柚子、酸橙，其他	50
			温州橘	20
		梨果、核果、浆果	苹果、日本梨、梨、温柏、枇杷、桃子、油桃、杏、日本李子、梅子、樱桃、草莓、悬钩子、黑莓、蓝莓、蔓越橘、越橘类，其他	50

第三章 日本食品安全限量标准

序号	农药名称 （残留标示物）	商品种类	商品名称	限量标准 （μg/kg）
472	甲基乙拌磷 Thiometon	热带及亚热带水果	葡萄、日本柿子、香蕉、猕猴桃、番木瓜、鳄梨、菠萝、番石榴、杧果、西番莲果、椰枣，其他	50
		油籽	葵花籽、芝麻籽、红花籽、棉籽、菜籽，其他	50
		坚果	银杏果、栗子、美洲山核桃、杏仁、核桃，其他	50
		啤酒花		200
		其他调味料	除山葵、日本芥末、大蒜、红辣椒/辣椒粉、姜、柠檬皮、橘皮、柚皮、芝麻以外的所有调味料	100
		其他药草	除豆瓣菜、韭菜、欧芹、芹菜以外的所有药草	100
473	噻酰菌胺 Tiadinil	谷粮	稻	1 000
474	甲苯氟磺胺 Tolyfloxysulfuron	十字花科蔬菜	甘蔗	10
		茄科、葫芦科蔬菜	西红柿	10
		柑橘类水果	温州橘、夏橙、柠檬、橙、柚子、酸橙，其他	30
		油籽	棉籽	30
		坚果	杏仁	20
475	甲苯氟磺胺 Tolylfluanid	菊科蔬菜	莴苣	1 000
		百合科蔬菜	葱	3 000
		茄科、葫芦科蔬菜	西红柿	3 000
			西班牙甘椒	2 000
			黄瓜	1 000
		梨果、核果、浆果	苹果、日本梨、梨、温柏、枇杷、草莓、悬钩子、黑莓，其他浆果	5 000
			蓝莓、蔓越橘、越橘类	20 000
		热带及亚热带水果	葡萄	3 000
			其他水果	500
		啤酒花		50 000
		其他调味料	除山葵、日本芥末、大蒜、红辣椒/辣椒粉、姜、柠檬皮、橘皮、柚皮、芝麻以外的所有调味料	500
476	肟草酮 Tralkoxydim	谷粮	稻、小麦、大麦、黑麦、玉米、荞麦，其他	20
477	三唑酮 Triadimefon	谷粮	小麦、黑麦、玉米、荞麦，其他	100
			稻	300
			大麦	500
		豆类	豆类、豌豆、蚕豆	100
			大豆、花生	200
			其他	50

序号	农药名称 (残留标示物)	商品种类	商品名称	限量标准 (μg/kg)
477	三唑酮 Triadimefon	薯类	马铃薯、芋头、甘薯、山药、魔芋，其他	100
		十字花科蔬菜	日本萝卜（根）、日本萝卜（叶）、芜菁（根）、芜菁（叶）、山葵、豆瓣菜、大白菜、甘蓝、球芽甘蓝、羽衣甘蓝、小松菜、京菜、青梗菜、花椰菜、椰菜，其他	100
			糖用甜菜	300
			甘蔗	50
		菊科蔬菜	牛蒡、婆罗门参、菊苣、苦苣、茼蒿、莴苣，其他	100
			朝鲜蓟	1 000
		百合科蔬菜	葱、大蒜、韭菜、芦笋、繁殖洋葱，其他	100
			洋葱	500
		伞状花科蔬菜	胡萝卜、欧洲防风草、欧芹、芹菜、鸭儿芹，其他	100
		茄科、葫芦科蔬菜	黄瓜、南瓜、越瓜、西瓜、瓜类、甜瓜	100
			西红柿、西班牙甘椒	300
			茄子	50
			其他茄科蔬菜	400
			其他	200
		豆类蔬菜、菇类、杂项蔬菜	菠菜、竹笋、姜、枝豆	100
			黄秋葵、腰果、未开的蘑菇	200
			豌豆	50
			花菇	1 200
			其他蘑菇	2 200
			其他蔬菜	1 000
		柑橘类水果	温州橘、夏橙	100
			柠檬	1 100
			橙	2 100
			柚子	3 100
			酸橙	4 100
			其他柑橘类水果	5 100
		梨果、核果、浆果	苹果、日本梨、梨、温柏、枇杷、草莓	500
			桃子、日本李子、梅子、樱桃、黑莓、蓝莓、越橘类	100
			油桃	2 000
			杏、蔓越橘、悬钩子	1 000
			其他浆果	200

序号	农药名称 （残留标示物）	商品种类	商品名称	限量标准 （μg/kg）
477	三唑酮 Triadimefon	热带及亚热带水果	葡萄、香蕉	500
			日本柿子、椰枣，其他水果	200
			猕猴桃、番木瓜、鳄梨、番石榴、西番莲果	100
			菠萝	3 000
			杧果	50
		油籽	葵花籽、芝麻籽、红花籽、棉籽、菜籽，其他	200
		坚果	银杏果、栗子、美洲山核桃、杏仁、核桃，其他	200
		茶		500
		咖啡豆		50
		啤酒花		10 000
		其他调味料	除山葵、日本芥末、大蒜、红辣椒/辣椒粉、姜、柠檬皮、橘皮、柚皮、芝麻以外的所有调味料	1 000
		其他药草	除豆瓣菜、韭菜、欧芹、芹菜以外的所有药草	1 000
478	三唑醇 Triadimenol	谷粮	稻、大麦	500
			小麦、黑麦，其他粮谷	300
			玉米、荞麦	100
		豆类	大豆、豌豆、花生	200
			豆类、蚕豆	100
			其他豆类	50
		薯类	马铃薯、芋头、甘薯、山药、魔芋，其他	100
		十字花科蔬菜	糖用甜菜、日本萝卜（根）、日本萝卜（叶）、芜菁（根）、芜菁（叶）、山葵、豆瓣菜、大白菜、羽衣甘蓝、小松菜、京菜、青梗菜	100
			甘蔗	500
			甘蓝、球芽甘蓝	1 000
			花椰菜、椰菜，其他十字花科蔬菜	1 000
		菊科蔬菜	牛蒡、婆罗门参、菊苣、苦苣、茼蒿、莴苣，其他菊科蔬菜	100
			朝鲜蓟	1 000
		百合科蔬菜	洋葱、葱、大蒜、芦笋	100
			韭菜	500
			繁殖洋葱，其他百合科蔬菜	200
		伞状花科蔬菜	胡萝卜、欧洲防风草、欧芹、芹菜	100
			鸭儿芹，其他伞状花科蔬菜	200

序号	农药名称（残留标示物）	商品种类	商品名称	限量标准（μg/kg）
478	三唑醇 Triadimenol	茄科、葫芦科蔬菜	西红柿、茄子，其他茄科蔬菜、黄瓜、瓜类、甜瓜	500
			西班牙甘椒	1 000
			南瓜、越瓜、西瓜，其他葫芦科蔬菜	2 000
		豆类蔬菜、菇类、杂项蔬菜	菠菜、竹笋、姜、枝豆	100
			黄秋葵、未开的蘑菇、花菇，其他蘑菇	200
			豌豆	300
			腰果，其他蔬菜	1 000
		柑橘类水果	温州橘、夏橙、柠檬、橙、柚子、酸橙、其他	100
		梨果、核果、浆果	苹果、日本梨、梨、温柏、枇杷、悬钩子、黑莓、蓝莓、蔓越橘、越橘类，其他浆果	500
			桃子、杏、日本李子、梅子、樱桃、草莓	100
			油桃	2 000
		热带及亚热带水果	葡萄	500
			日本柿子	300
			香蕉、番木瓜、椰枣，其他水果	200
			猕猴桃、鳄梨、番石榴	100
			菠萝	3 000
			杧果	50
			西番莲果	10
		油籽	葵花籽、芝麻籽、红花籽、棉籽、菜籽，其他	200
		坚果	银杏果、栗子、美洲山核桃、杏仁、核桃，其他	200
		茶		20 000
		咖啡豆		100
		啤酒花		5 000
		其他调味料	除山葵、日本芥末、大蒜、红辣椒/辣椒粉、姜、柠檬皮、橘皮、柚皮、芝麻以外的所有调味料	1 000
		其他药草	除豆瓣菜、韭菜、欧芹、芹菜以外的所有药草	1 000
479	野麦畏 Tri-allate	谷粮	稻、小麦、大麦、黑麦、玉米、荞麦，其他	50
		豆类	大豆、豆类、豌豆、蚕豆、花生，其他	50
		薯类	马铃薯、芋头、甘薯、山药、魔芋，其他	100
		十字花科蔬菜	糖用甜菜、甘蔗、日本萝卜（根）、日本萝卜（叶）、芜菁（根）、芜菁（叶）、山葵、豆瓣菜、大白菜、甘蓝、球芽甘蓝、羽衣甘蓝、小松菜、京菜、青梗菜、花椰菜、椰菜，其他	100
		菊科蔬菜	牛蒡、婆罗门参、朝鲜蓟、菊苣、苦苣、茼蒿、莴苣，其他	100

序号	农药名称 (残留标示物)	商品种类	商品名称	限量标准 (μg/kg)
479	野麦畏 Tri-allate	百合科蔬菜	洋葱、葱、大蒜、韭菜、芦笋、繁殖洋葱，其他	100
		伞状花科蔬菜	胡萝卜、欧洲防风草、芹菜、鸭儿芹，其他	100
		茄科、葫芦科蔬菜	西红柿、西班牙甘椒、茄子、其他茄科蔬菜、黄瓜、西瓜、瓜类	100
		豆类蔬菜、菇类、杂项蔬菜	菠菜、姜、未开的蘑菇、花菇，其他蘑菇	100
			其他蔬菜	70
			豌豆	50
			腰果、枝豆	80
		柑橘类水果	温州橘、夏橙、柠檬、橙、柚子、酸橙，其他	100
		梨果、核果、浆果	苹果、日本梨、梨、温柏、枇杷、桃子、油柹、杏、日本李子、梅子、樱桃、草莓、悬钩子、黑莓、蓝莓、蔓越橘、越橘类，其他	100
		热带及亚热带水果	葡萄、日本柿子、香蕉、猕猴桃、番木瓜、鳄梨、菠萝、番石榴、杧果、西番莲果、椰枣，其他	100
		油籽	葵花籽、芝麻籽、红花籽、棉籽、菜籽，其他	50
		坚果	银杏果、栗子、美洲山核桃、杏仁、核桃	100
			其他	80
		其他调味料	除山葵、日本芥末、大蒜、红辣椒/辣椒粉、姜、柠檬皮、橘皮、柚皮、芝麻以外的所有调味料	100
		其他药草	除豆瓣菜、韭菜、欧芹、芹菜以外的所有药草	100
480	醚苯磺隆 Triasulfuron	谷粮	稻、小麦、大麦、黑麦、玉米、荞麦，其他	20
481	三唑磷 Triazophos	谷粮	稻、小麦、大麦、黑麦、玉米、荞麦，其他	不得检出
		豆类	大豆、豌豆、花生，其他	20
			豆类	200
			蚕豆	不得检出
		薯类	芋头、甘薯、山药、魔芋，其他	20
			马铃薯	不得检出
		十字花科蔬菜	甘蔗、日本萝卜(根)、日本萝卜(叶)、芜菁(根)、芜菁(叶)、山葵、豆瓣菜、大白菜、羽衣甘蓝、小松菜、京菜、青梗菜、椰菜，其他	20
			糖用甜菜	不得检出
			甘蓝、球芽甘蓝、花椰菜	100
		菊科蔬菜	牛蒡、婆罗门参、朝鲜蓟、菊苣、苦苣、茼蒿、莴苣，其他	20
		百合科蔬菜	葱、大蒜、韭菜、芦笋、繁殖洋葱，其他	20
			洋葱	不得检出

序号	农药名称（残留标示物）	商品种类	商品名称	限量标准（μg/kg）
481	三唑磷 Triazophos	伞状花科蔬菜	欧芹、芹菜、鸭儿芹，其他	20
			胡萝卜	500
			欧洲防风草	1 000
		茄科、葫芦科蔬菜	西红柿、西班牙甘椒、茄子，其他茄科蔬菜、黄瓜、南瓜、越瓜、西瓜、瓜类、甜瓜，其他	20
		豆类蔬菜、菇类、杂项蔬菜	菠菜、竹笋、黄秋葵、姜、枝豆、未开的蘑菇、花菇，其他蘑菇	20
			豌豆、腰果，其他蔬菜	100
		柑橘类水果	温州橘、夏橙、柠檬、橙、柚子、酸橙，其他	20
		梨果、核果、浆果	桃子、油桃、杏、日本李子、梅子、樱桃、悬钩子、黑莓、蓝莓、蔓越橘、越橘类，其他	20
			草莓	不得检出
			苹果、日本梨、梨、温柏、枇杷	200
		热带及亚热带水果	葡萄、日本柿子、香蕉、猕猴桃、鳄梨、菠萝、番石榴、杧果、西番莲果、椰枣，其他	20
			番木瓜	不得检出
		油籽	葵花籽、芝麻籽、红花籽、菜籽，其他	20
			棉籽	100
		坚果	银杏果、栗子、美洲山核桃、杏仁、核桃	20
			其他	100
		茶、啤酒花		50
		咖啡豆、可可豆		不得检出
		其他调味料	除山葵、日本芥末、大蒜、红辣椒/辣椒粉、姜、柠檬皮、橘皮、柚皮、芝麻以外的所有调味料	100
		其他药草	除豆瓣菜、韭菜、欧芹、芹菜以外的所有药草	100
482	苯磺隆 Tribenuron-methyl	谷粮	小麦、大麦，其他粮谷	100
			黑麦、玉米	50
		油籽	葵花籽	10
			菜籽	40
			其他油籽	20
		坚果	银杏果	20
		其他调味料	除山葵、日本芥末、大蒜、红辣椒/辣椒粉、姜、柠檬皮、橘皮、柚皮、芝麻以外的所有调味料	20

序号	农药名称 （残留标示物）	商品种类	商品名称	限量标准 （μg/kg）
483	敌百虫 Trichlorfon	谷粮	小麦、大麦、黑麦、玉米、荞麦，其他	100
			稻	200
		豆类	大豆、豆类、豌豆、蚕豆、花生，其他	100
		薯类	马铃薯、芋头、甘薯、山药、魔芋，其他	500
		十字花科蔬菜	甘蔗、日本萝卜（叶）、芜菁（叶）、山葵、豆瓣菜、大白菜、甘蓝、球芽甘蓝、羽衣甘蓝、小松菜、京菜、花椰菜、椰菜	500
			日本萝卜（根）	200
			糖用甜菜、芜菁（根）、青梗菜，其他	100
		菊科蔬菜	牛蒡、婆罗门参、菊苣、苦苣、茼蒿、莴苣，其他	500
			朝鲜蓟	100
		百合科蔬菜	洋葱、葱、大蒜、韭菜、芦笋、繁殖洋葱，其他	500
		伞状花科蔬菜	胡萝卜、欧洲防风草、鸭儿芹，其他	500
			欧芹	50
			芹菜	200
		茄科、葫芦科蔬菜	越瓜、西瓜、瓜类、甜瓜，其他	500
			西红柿	200
			南瓜	100
			西班牙甘椒、茄子、其他茄科蔬菜、黄瓜	1 000
		豆类蔬菜、菇类、杂项蔬菜	菠菜、竹笋、黄秋葵、姜、豌豆、枝豆、未开的蘑菇、花菇、其他蘑菇、其他蔬菜	500
			腰果	100
		柑橘类水果	温州橘、夏橙、柠檬、橙、柚子、酸橙，其他	100
		梨果、核果、浆果	日本梨、梨、温柏、枇杷、油桃、杏、日本李子、梅子、悬钩子、黑莓、蓝莓、蔓越橘、越橘类，其他	500
			苹果	2 000
			桃子	200
			樱桃	100
			草莓	1 000
		热带及亚热带水果	葡萄、日本柿子、猕猴桃、番木瓜、鳄梨、菠萝、番石榴、杧果、西番莲果、椰枣，其他	500
			香蕉	1 000
		油籽	红花籽、棉籽、菜籽，其他	100
			葵花籽、芝麻籽	500
		坚果	银杏果、栗子、美洲山核桃、杏仁、核桃，其他	500

序号	农药名称 （残留标示物）	商品种类	商品名称	限量标准 （μg/kg）
483	敌百虫 Trichlorfon	茶		500
		其他调味料	除山葵、日本芥末、大蒜、红辣椒/辣椒粉、姜、柠檬皮、橘皮、柚皮、芝麻以外的所有调味料	1 000
		其他药草	除豆瓣菜、韭菜、欧芹、芹菜以外的所有药草	500
484	三氯吡氧乙酸 Triclopyr	谷粮	小麦、大麦、黑麦、玉米、荞麦	30
			稻	300
			其他	100
		豆类	大豆、豆类、豌豆、蚕豆、花生，其他	30
		薯类	马铃薯、芋头、甘薯、山药、魔芋，其他	30
		十字花科蔬菜	糖用甜菜、甘蔗、日本萝卜（根）、日本萝卜（叶）、芜菁（根）、芜菁（叶）、山葵、豆瓣菜、大白菜、甘蓝、球芽甘蓝、羽衣甘蓝、小松菜、京菜、青梗菜、花椰菜、椰菜，其他	30
		菊科蔬菜	牛蒡、婆罗门参、朝鲜蓟、菊苣、苦苣、茼蒿、莴苣，其他	30
		百合科蔬菜	洋葱、葱、大蒜、韭菜、芦笋、繁殖洋葱，其他	30
		伞状花科蔬菜	胡萝卜、欧洲防风草、欧芹、芹菜、鸭儿芹，其他	30
		茄科、葫芦科蔬菜	西红柿、西班牙甘椒、茄子、其他茄科蔬菜、黄瓜、南瓜、越瓜、西瓜、瓜类、甜瓜，其他	30
		豆类蔬菜、菇类、杂项蔬菜	菠菜、竹笋、黄秋葵、姜、豌豆、腰果、枝豆、未开的蘑菇、花菇，其他蘑菇、其他蔬菜	30
		柑橘类水果	温州橘、夏橙、柠檬、橙、柚子、酸橙，其他	100
		梨果、核果、浆果	苹果、日本梨、梨、温柏、枇杷、桃子、油桃、杏、日本李子、梅子、樱桃、草莓、悬钩子、黑莓、蓝莓、蔓越橘、越橘类，其他	30
		热带及亚热带水果	葡萄、日本柿子、香蕉、猕猴桃、番木瓜、鳄梨、菠萝、番石榴、杧果、西番莲果、椰枣，其他	30
		油籽	葵花籽、芝麻籽、红花籽、棉籽、菜籽，其他	30
		坚果	银杏果、栗子、美洲山核桃、杏仁、核桃，其他	30
		茶、咖啡豆、可可豆、啤酒花		30
		其他调味料	除山葵、日本芥末、大蒜、红辣椒/辣椒粉、姜、柠檬皮、橘皮、柚皮、芝麻以外的所有调味料	100
		其他药草	除豆瓣菜、韭菜、欧芹、芹菜以外的所有药草	30
485	十三吗啉 Tridemorph	谷粮	稻、小麦、黑麦、玉米、荞麦	50
			大麦，其他	200
		豆类	豆类、豌豆、蚕豆，其他	50
			大豆、花生	100
		薯类	马铃薯、芋头、甘薯、山药、魔芋，其他	50

序号	农药名称 (残留标示物)	商品种类	商品名称	限量标准 (μg/kg)
485	十三吗啉 Tridemorph	十字花科蔬菜	糖用甜菜、日本萝卜（根）、日本萝卜（叶）、芜菁（根）、芜菁（叶）、山葵、豆瓣菜、大白菜、甘蓝、球芽甘蓝、羽衣甘蓝、小松菜、京菜、青梗菜、花椰菜、椰菜，其他	50
		菊科蔬菜	牛蒡、婆罗门参、朝鲜蓟、菊苣、苦苣、茼蒿、莴苣，其他	50
		百合科蔬菜	洋葱、葱、大蒜、韭菜、芦笋、繁殖洋葱，其他	50
		伞状花科蔬菜	胡萝卜、欧洲防风草、欧芹、芹菜、鸭儿芹，其他	50
		茄科、葫芦科蔬菜	西红柿、西班牙甘椒、茄子，其他茄科蔬菜	50
			黄瓜、南瓜、越瓜、西瓜、瓜类、甜瓜，其他	80
		豆类蔬菜、菇类、杂项蔬菜	菠菜、竹笋、黄秋葵、姜、豌豆、腰果、枝豆、未开的蘑菇、花菇，其他蘑菇，其他蔬菜	50
		柑橘类水果	温州橘、夏橙、柠檬、橙、柚子、酸橙，其他	50
		梨果、核果、浆果	苹果、日本梨、梨、温柏、枇杷、桃子、油桃、杏、日本李子、梅子、樱桃、草莓、悬钩子、黑莓、蓝莓、蔓越橘、越橘类，其他	50
		热带及亚热带水果	葡萄、日本柿子、香蕉、猕猴桃、番木瓜、鳄梨、菠萝、番石榴、杧果、西番莲果、椰枣，其他	50
		油籽	葵花籽、芝麻籽、红花籽、棉籽、菜籽，其他	100
		坚果	银杏果、栗子、美洲山核桃、杏仁、核桃，其他	100
		茶		20 000
		啤酒花		100
		其他调味料	除山葵、日本芥末、大蒜、红辣椒/辣椒粉、姜、柠檬皮、橘皮、柚皮、芝麻以外的所有调味料	50
		其他药草	除豆瓣菜、韭菜、欧芹、芹菜以外的所有药草	4 000
486	布洛芬 Trifloxystrobin	谷粮	稻	4 000
			小麦、玉米	50
		豆类	花生	50
		薯类	马铃薯	40
		十字花科蔬菜	糖用甜菜、日本萝卜（根）、芜菁（根）、山葵	100
		菊科蔬菜	牛蒡、婆罗门参	100
			其他菊科蔬菜	4 000
		伞状花科蔬菜	胡萝卜、欧洲防风草	100
			芹菜，其他伞状花科蔬菜	4 000
		茄科、葫芦科蔬菜	西红柿、茄子，其他茄科蔬菜、黄瓜、南瓜、越瓜，其他葫芦科蔬菜	1 000
			西班牙甘椒、西瓜、瓜类、甜瓜	500

序号	农药名称（残留标示物）	商品种类	商品名称	限量标准（μg/kg）
486	布洛芬 Trifloxystrobin	豆类蔬菜、菇类、杂项蔬菜	其他蔬菜	1 000
		柑橘类水果	温州橘、夏橙、柠檬、橙、柚子、酸橙，其他	300
		梨果、核果、浆果	苹果、日本梨、梨、温柏、油桃	5 000
			枇杷	400
			桃子、杏、日本李子、樱桃	2 000
			葡萄	1 000
		热带及亚热带水果	日本柿子、香蕉、猕猴桃、番木瓜、鳄梨、菠萝、番石榴、杧果、西番莲果，其他水果	5 000
		坚果	栗子、美洲山核桃、杏仁、核桃，其他坚果	40
		茶		5 000
		啤酒花		20 000
		其他调味料	除山葵、日本芥末、大蒜、红辣椒/辣椒粉、姜、柠檬皮、橘皮、柚皮、芝麻以外的所有调味料	5 000
		其他药草	除豆瓣菜、韭菜、欧芹、芹菜以外的所有药草	4 000
487	氟菌唑 Triflumizole	谷粮	稻、小麦、大麦、黑麦、玉米、荞麦，其他	1 000
		豆类	大豆、豆类、豌豆、蚕豆、花生，其他	50
		薯类	马铃薯、芋头、甘薯、山药，其他	50
			魔芋	1 000
		十字花科蔬菜	日本萝卜（根）、日本萝卜（叶）、芜菁（根）、芜菁（叶）、山葵、豆瓣菜、大白菜、甘蓝、球芽甘蓝、羽衣甘蓝、小松菜、京菜、青梗菜、花椰菜、椰菜，其他	1 000
			糖用甜菜、甘蔗	50
		菊科蔬菜	牛蒡、婆罗门参、朝鲜蓟、菊苣、苦苣、茼蒿、莴苣，其他	1 000
		百合科蔬菜	洋葱、葱、大蒜、韭菜、芦笋、繁殖洋葱	1 000
			其他	5 000
		伞状花科蔬菜	胡萝卜、欧洲防风草、欧芹、芹菜、鸭儿芹，其他	1 000
		茄科、葫芦科蔬菜	茄子，其他茄科蔬菜、黄瓜、南瓜、越瓜，其他	1 000
			西班牙甘椒	5 000
			西红柿、西瓜、瓜类、甜瓜	2 000
		豆类蔬菜、菇类、杂项蔬菜	菠菜、竹笋、黄秋葵、姜、腰果、枝豆、未开的蘑菇、花菇，其他蘑菇，其他蔬菜	1 000
			豌豆	5 000
		柑橘类水果	温州橘、夏橙、柠檬、橙、柚子、酸橙，其他	2 000

第三章 日本食品安全限量标准

序号	农药名称（残留标示物）	商品种类	商品名称	限量标准（μg/kg）
487	氟菌唑 Triflumizole	梨果、核果、浆果	苹果、日本梨、梨、温柏、枇杷、桃子、油桃、杏、日本李子、梅子、樱桃、草莓、悬钩子、黑莓、蓝莓、蔓越橘、越橘类，其他	2 000
		热带及亚热带水果	葡萄、日本柿子、香蕉、猕猴桃、番木瓜、鳄梨、菠萝、番石榴、杧果、西番莲果、椰枣，其他	2 000
		油籽	葵花籽、芝麻籽、红花籽、棉籽、菜籽，其他	2 000
		坚果	银杏果、栗子、美洲山核桃、杏仁、核桃，其他	2 000
		茶		15 000
		咖啡豆、可可豆、啤酒花		50
		其他调味料	除山葵、日本芥末、大蒜、红辣椒/辣椒粉、姜、柠檬皮、橘皮、柚皮、芝麻以外的所有调味料	2 000
		其他药草	除豆瓣菜、韭菜、欧芹、芹菜以外的所有药草	5 000
488	杀铃脲 Triflumuron	谷粮	稻、小麦、大麦、黑麦、玉米、荞麦，其他	50
		豆类	大豆、豆类、豌豆、蚕豆、花生，其他	20
		薯类	马铃薯、芋头、甘薯、山药、魔芋，其他	20
		十字花科蔬菜	糖用甜菜、甘蔗、日本萝卜（根）、日本萝卜（叶）、芜菁（根）、芜菁（叶）、山葵、豆瓣菜、大白菜、甘蓝、球芽甘蓝、羽衣甘蓝、小松菜、京菜、青梗菜、花椰菜、椰菜，其他	20
		菊科蔬菜	牛蒡、婆罗门参、朝鲜蓟、菊苣、苦苣、茼蒿、莴苣，其他	20
		百合科蔬菜	洋葱、葱、大蒜、韭菜、芦笋、繁殖洋葱，其他	20
		伞状花科蔬菜	胡萝卜、欧洲防风草、欧芹、芹菜、鸭儿芹，其他	20
		茄科、葫芦科蔬菜	西红柿、西班牙甘椒、茄子、其他茄科蔬菜、黄瓜、南瓜、越瓜、西瓜、瓜类、甜瓜，其他	20
		豆类蔬菜、菇类、杂项蔬菜	菠菜、竹笋、黄秋葵、姜、豌豆、腰果、枝豆、花菇、其他蘑菇，其他蔬菜	20
			未开的蘑菇	100
		柑橘类水果	温州橘、夏橙、柠檬、橙、柚子、酸橙，其他	20
		梨果、核果、浆果	苹果、日本梨、梨、温柏、枇杷、桃子、油桃、杏、日本李子、梅子、樱桃、草莓、悬钩子、黑莓、蓝莓、蔓越橘、越橘类，其他	20
		热带及亚热带水果	葡萄、日本柿子、香蕉、猕猴桃、番木瓜、鳄梨、菠萝、番石榴、杧果、西番莲果、椰枣，其他	20
		油籽	葵花籽、芝麻籽、红花籽、棉籽、菜籽，其他	20
		坚果	银杏果、栗子、美洲山核桃、杏仁、核桃，其他	20
		茶、咖啡豆、可可豆、啤酒花		20
		其他调味料	除山葵、日本芥末、大蒜、红辣椒/辣椒粉、姜、柠檬皮、橘皮、柚皮、芝麻以外的所有调味料	20
		其他药草	除豆瓣菜、韭菜、欧芹、芹菜以外的所有药草	20

序号	农药名称（残留标示物）	商品种类	商品名称	限量标准（μg/kg）
489	氟乐灵 Trifluralin	谷粮	小麦、大麦、黑麦，其他	100
			稻、玉米、荞麦	50
		豆类	豆类、豌豆、蚕豆，其他	50
			大豆、花生	200
		薯类	芋头、甘薯、山药、魔芋，其他	50
			马铃薯	200
		十字花科蔬菜	糖用甜菜、甘蔗、日本萝卜（根）、芜菁（叶）、山葵、豆瓣菜、大白菜、羽衣甘蓝、小松菜、京菜、青梗菜、椰菜，其他	50
			花椰菜	3 000
			日本萝卜（叶）、芜菁（根）、甘蓝、球芽甘蓝	100
		菊科蔬菜	牛蒡、婆罗门参、朝鲜蓟、菊苣、苦苣、茼蒿，其他	50
			莴苣	100
		百合科蔬菜	洋葱、大蒜、韭菜，其他	50
			葱、芦笋、繁殖洋葱	100
		伞状花科蔬菜	欧洲防风草、欧芹、芹菜、鸭儿芹，其他	50
			胡萝卜	1 000
		茄科、葫芦科蔬菜	茄子，其他茄科蔬菜、黄瓜、南瓜、越瓜、西瓜、瓜类、甜瓜，其他	50
			西红柿、西班牙甘椒	100
		豆类蔬菜、菇类、杂项蔬菜	菠菜、黄秋葵、姜、豌豆、腰果、枝豆、未开的蘑菇、花菇，其他蘑菇	50
			竹笋，其他蔬菜	2 000
		柑橘类水果	温州橘、夏橙、柠檬、橙、柚子、酸橙，其他	50
		梨果、核果、浆果	苹果、日本梨、梨、温柏、枇杷、桃子、油桃、杏、日本李子、梅子、樱桃、草莓、悬钩子、黑莓、蓝莓、蔓越橘、越橘类，其他	50
		热带及亚热带水果	葡萄、日本柿子、香蕉、猕猴桃、番木瓜、鳄梨、菠萝、番石榴、杧果、西番莲果、椰枣，其他	50
		油籽	芝麻籽、红花籽、棉籽	50
			葵花籽、菜籽，其他	200
		坚果	银杏果、栗子、美洲山核桃、杏仁、核桃，其他	50
		茶、啤酒花		50
		其他调味料	除山葵、日本芥末、大蒜、红辣椒/辣椒粉、姜、柠檬皮、橘皮、柚皮、芝麻以外的所有调味料	2 000
		其他药草	除豆瓣菜、韭菜、欧芹、芹菜以外的所有药草	2 000

序号	农药名称 （残留标示物）	商品种类	商品名称	限量标准 （μg/kg）
490	氟胺磺隆 Triflusulfron-methyl	十字花科蔬菜	糖用甜菜	50
		菊科蔬菜	其他菊科蔬菜	50
		豆类蔬菜、菇类、杂项蔬菜	其他蔬菜	50
		其他调味料	除山葵、日本芥末、大蒜、红辣椒/辣椒粉、姜、柠檬皮、橘皮、柚皮、芝麻以外的所有调味料	50
		其他药草	除豆瓣菜、韭菜、欧芹、芹菜以外的所有药草	50
491	嗪氨灵 Triforine	谷粮	稻、小麦、大麦、黑麦、玉米、荞麦，其他	100
		豆类	大豆、豆类、豌豆、蚕豆、花生，其他	50
		薯类	马铃薯、芋头、甘薯、山药、魔芋，其他	50
		十字花科蔬菜	日本萝卜（根）、日本萝卜（叶）、芜菁（根）、芜菁（叶）、山葵、豆瓣菜、大白菜、甘蓝、羽衣甘蓝、小松菜、京菜、青梗菜、花椰菜、椰菜，其他	2 000
			糖用甜菜	50
			球芽甘蓝	200
		菊科蔬菜	牛蒡、婆罗门参、朝鲜蓟、菊苣、苦苣、茼蒿、莴苣，其他	2 000
		百合科蔬菜	洋葱、葱、大蒜、韭菜、芦笋、繁殖洋葱，其他	2 000
		伞状花科蔬菜	胡萝卜、欧洲防风草、欧芹、芹菜、鸭儿芹，其他	2 000
		茄科、葫芦科蔬菜	西红柿、黄瓜、南瓜、越瓜、西瓜、瓜类、甜瓜，其他	500
			西班牙甘椒、茄子，其他茄科蔬菜	2 000
		豆类蔬菜、菇类、杂项蔬菜	菠菜、竹笋、黄秋葵、姜、豌豆、枝豆、未开的蘑菇、花菇，其他蘑菇，其他蔬菜	2 000
			腰果	1 000
		柑橘类水果	温州橘、夏橙、柠檬、橙、柚子、酸橙，其他	2 000
		梨果、核果、浆果	苹果、日本梨、梨、温柏、枇杷、桃子、油桃、杏、日本李子、梅子、樱桃、悬钩子、黑莓、蔓越橘	2 000
			草莓、蓝莓、越橘类，其他	1 000
		热带及亚热带水果	葡萄、日本柿子、香蕉、猕猴桃、番木瓜、鳄梨、菠萝、番石榴、杜果、西番莲果、椰枣，其他	2 000
		油籽	葵花籽、芝麻籽、红花籽、棉籽、菜籽，其他	2 000
		坚果	银杏果、栗子、美洲山核桃、杏仁、核桃，其他	2 000
		茶		100
		啤酒花		30 000
		其他调味料	除山葵、日本芥末、大蒜、红辣椒/辣椒粉、姜、柠檬皮、橘皮、柚皮、芝麻以外的所有调味料	2 000
		其他药草	除豆瓣菜、韭菜、欧芹、芹菜以外的所有药草	2 000

序号	农药名称 （残留标示物）	商品种类	商品名称	限量标准 （µg/kg）
492	抗倒酯 Trinexapac-ethyl	谷粮	小麦、大麦、黑麦、玉米、荞麦，其他	20
			稻	50
		豆类	大豆、豆类、豌豆、蚕豆、花生，其他	20
		薯类	马铃薯、芋头、甘薯、山药、魔芋，其他	20
		十字花科蔬菜	糖用甜菜、日本萝卜（根）、日本萝卜（叶）、芜菁（根）、芜菁（叶）、山葵、豆瓣菜、大白菜、甘蓝、球芽甘蓝、羽衣甘蓝、小松菜、京菜、青梗菜、花椰菜、椰菜，其他	20
			甘蔗	50
		菊科蔬菜	牛蒡、婆罗门参、朝鲜蓟、菊苣、苦苣、茼蒿、莴苣，其他	20
		百合科蔬菜	洋葱、葱、大蒜、韭菜、芦笋、繁殖洋葱，其他	20
		伞状花科蔬菜	胡萝卜、欧洲防风草、欧芹、芹菜、鸭儿芹，其他	20
		茄科、葫芦科蔬菜	西红柿、西班牙甘椒、茄子、其他茄科蔬菜、黄瓜、南瓜、越瓜、西瓜、瓜类、甜瓜，其他	20
		豆类蔬菜、菇类、杂项蔬菜	菠菜、竹笋、黄秋葵、姜、豌豆、腰果、枝豆、未开的蘑菇、花菇、其他蘑菇、其他蔬菜	20
		柑橘类水果	温州橘、夏橙、柠檬、橙、柚子、酸橙，其他	20
		梨果、核果、浆果	苹果、日本梨、梨、温柏、枇杷、桃子、油桃、杏、日本李子、梅子、樱桃、草莓、悬钩子、黑莓、蓝莓、蔓越橘、越橘类，其他	20
		热带及亚热带水果	葡萄、日本柿子、香蕉、猕猴桃、番木瓜、鳄梨、菠萝、番石榴、杧果、西番莲果、椰枣，其他	20
		油籽	葵花籽、芝麻籽、红花籽、棉籽、菜籽，其他	20
		坚果	银杏果、栗子、美洲山核桃、杏仁、核桃，其他	20
		茶、咖啡豆、可可豆、啤酒花		20
		其他调味料	除山葵、日本芥末、大蒜、红辣椒/辣椒粉、姜、柠檬皮、橘皮、柚皮、芝麻以外的所有调味料	20
		其他药草	除豆瓣菜、韭菜、欧芹、芹菜以外的所有药草	20
493	灭菌唑 Triticonazole	谷粮	稻、黑麦、玉米、荞麦	50
			小麦、大麦	40
			其他粮谷	30
494	单克素 Uniconazole P	谷粮	稻	100
		十字花科蔬菜	糖用甜菜、大白菜、甘蓝、球芽甘蓝	100
		梨果、核果、浆果	杏、日本李子、梅子、樱桃、草莓、悬钩子、黑莓、蓝莓、蔓越橘、越橘类，其他浆果	100
		热带及亚热带水果	葡萄、椰枣，其他水果	100
			鳄梨	20

序号	农药名称 (残留标示物)	商品种类	商品名称	限量标准 (μg/kg)
494	单克素 Uniconazole P	其他调味料	除山葵、日本芥末、大蒜、红辣椒/辣椒粉、姜、柠檬皮、橘皮、柚皮、芝麻以外的所有调味料	100
495	代奈莫林 Validamycin	谷粮	稻、小麦、大麦、黑麦、玉米、荞麦，其他	7
		豆类	豆类、豌豆、蚕豆、花生，其他	7
			大豆	50
		薯类	芋头、甘薯、山药、魔芋，其他	7
			马铃薯	20
		十字花科蔬菜	甘蔗、芜菁（根）、芜菁（叶）、山葵、豆瓣菜、球芽甘蓝、羽衣甘蓝、小松菜、京菜、青梗菜、花椰菜、椰菜，其他	7
			糖用甜菜	40
			日本萝卜（根）、日本萝卜（叶）、大白菜、甘蓝	50
		菊科蔬菜	牛蒡、婆罗门参、朝鲜蓟、菊苣、苦苣、茼蒿	7
			莴苣	20
			其他	50
		百合科蔬菜	葱、大蒜、韭菜、芦笋、繁殖洋葱，其他	7
			洋葱	50
		伞状花科蔬菜	胡萝卜、欧洲防风草、欧芹、芹菜、鸭儿芹，其他	7
		茄科、葫芦科蔬菜	西班牙甘椒，其他茄科蔬菜、南瓜、越瓜、西瓜、瓜类、甜瓜，其他	7
			西红柿、黄瓜	40
			茄子	50
		豆类蔬菜、菇类、杂项蔬菜	菠菜、竹笋、黄秋葵、豌豆、腰果、未开的蘑菇、花菇、其他蘑菇、其他蔬菜	7
			姜	50
			枝豆	30
		柑橘类水果	温州橘、夏橙、柠檬、橙、柚子、酸橙，其他	50
		梨果、核果、浆果	苹果、日本梨、梨、温柏、枇杷、油桃、杏、梅子、樱桃、悬钩子、黑莓、蓝莓、蔓越橘、越橘类，其他	7
			日本李子	30
			桃子、草莓	50
		热带及亚热带水果	葡萄、日本柿子、香蕉、猕猴桃、番木瓜、鳄梨、菠萝、番石榴、杧果、西番莲果、椰枣，其他	7
		油籽	葵花籽、芝麻籽、红花籽、棉籽、菜籽，其他	7
		坚果	银杏果、栗子、美洲山核桃、杏仁、核桃，其他	7
		茶、咖啡豆、可可豆、啤酒花		7

序号	农药名称 （残留标示物）	商品种类	商品名称	限量标准 （μg/kg）
495	代奈莫林 Validamycin	其他调味料	除山葵、日本芥末、大蒜、红辣椒/辣椒粉、姜、柠檬皮、橘皮、柚皮、芝麻以外的所有调味料	50
		其他药草	除豆瓣菜、韭菜、欧芹、芹菜以外的所有药草	50
496	灭蚜磷 Vamidothion	谷粮	稻、小麦、大麦、黑麦、玉米、荞麦，其他	200
		豆类	大豆、豆类、豌豆、蚕豆、花生，其他	20
		薯类	芋头、甘薯、山药、魔芋，其他	50
			马铃薯	500
		十字花科蔬菜	日本萝卜（根）、日本萝卜（叶）、芜菁（根）、芜菁（叶）、山葵、豆瓣菜、大白菜、羽衣甘蓝、小松菜、京菜、花椰菜	50
			糖用甜菜、甘蓝、球芽甘蓝、青梗菜、椰菜	500
			其他	300
		菊科蔬菜	牛蒡、婆罗门参、朝鲜蓟、菊苣、苦苣、茼蒿、莴苣，其他	50
		百合科蔬菜	洋葱、葱、大蒜、韭菜、芦笋、繁殖洋葱，其他	50
		伞状花科蔬菜	胡萝卜、欧洲防风草、欧芹、芹菜、鸭儿芹，其他	50
		茄科、葫芦科蔬菜	西红柿、西班牙甘椒、茄子，其他茄科蔬菜，黄瓜、瓜类	50
			西瓜	2 000
			南瓜、越瓜、甜瓜，其他	20
		豆类蔬菜、菇类、杂项蔬菜	菠菜、姜、豌豆、腰果、枝豆、未开的蘑菇、花菇，其他蘑菇，其他蔬菜	50
			竹笋、黄秋葵	20
		柑橘类水果	温州橘、夏橙、柠檬、橙、柚子、酸橙，其他	50
		梨果、核果、浆果	桃子、油桃、杏、日本李子、樱桃、草莓、悬钩子、黑莓、蓝莓、蔓越橘、越橘类，其他	50
			温柏、枇杷	1 000
			日本梨、梨、梅子	2 000
			苹果	3 000
		热带及亚热带水果	葡萄、日本柿子、香蕉、猕猴桃、番木瓜、鳄梨、菠萝、番石榴、杧果、西番莲果、椰枣，其他	50
		油籽	葵花籽、芝麻籽、红花籽、棉籽、菜籽，其他	50
		坚果	银杏果、栗子、美洲山核桃、杏仁、核桃，其他	50
		茶、咖啡豆、可可豆、啤酒花		20
		其他调味料	除山葵、日本芥末、大蒜、红辣椒/辣椒粉、姜、柠檬皮、橘皮、柚皮、芝麻以外的所有调味料	300
		其他药草	除豆瓣菜、韭菜、欧芹、芹菜以外的所有药草	300

序号	农药名称 （残留标示物）	商品种类	商品名称	限量标准 (μg/kg)
497	乙烯菌合利 Vinclozolin	豆类	大豆	500
			豆类、蚕豆，其他豆类	800
		薯类	马铃薯	100
		十字花科蔬菜	甘蓝、花椰菜	1 000
		菊科蔬菜	菊苣	2 000
			莴苣，其他菊科蔬菜	5 000
		百合科蔬菜	洋葱	1 000
		茄科、葫芦科蔬菜	西红柿、西班牙甘椒	3 000
			其他茄科蔬菜	2 000
			黄瓜、瓜类、甜瓜	1 000
		豆类蔬菜、菇类、杂项蔬菜	腰果	2 000
			其他蔬菜	1 000
		梨果、核果、浆果	苹果、日本梨、梨、温柏、枇杷、日本李子	1 000
			桃子、油桃	2 000
			杏、悬钩子、黑莓、蓝莓、越橘类，其他浆果	5 000
			樱桃	3 000
			草莓	10 000
		热带及亚热带水果	葡萄	5 000
			猕猴桃	10 000
		油籽	菜籽	1 000
		啤酒花		40 000
		其他调味料	除山葵、日本芥末、大蒜、红辣椒/辣椒粉、姜、柠檬皮、橘皮、柚皮、芝麻以外的所有调味料	2 000
		其他药草	除豆瓣菜、韭菜、欧芹、芹菜以外的所有药草	5 000
498	杀鼠灵 Warfarin	谷粮	稻、小麦、大麦、黑麦、玉米、荞麦，其他	1
		豆类	大豆、豆类、豌豆、蚕豆、花生，其他	1
		薯类	马铃薯、芋头、甘薯、山药、魔芋，其他	1
		十字花科蔬菜	糖用甜菜、日本萝卜（根）、日本萝卜（叶）、芜菁（根）、芜菁（叶）、山葵、豆瓣菜、大白菜、甘蓝、球芽甘蓝、羽衣甘蓝、小松菜、京菜、青梗菜、花椰菜、椰菜，其他	1
		菊科蔬菜	牛蒡、婆罗门参、朝鲜蓟、菊苣、苦苣、茼蒿、莴苣，其他	1
		百合科蔬菜	洋葱、葱、大蒜、韭菜、芦笋、繁殖洋葱，其他	1
		伞状花科蔬菜	胡萝卜、欧洲防风草、欧芹、芹菜、鸭儿芹，其他	1

序号	农药名称（残留标示物）	商品种类	商品名称	限量标准（μg/kg）
498	杀鼠灵 Warfarin	茄科、葫芦科蔬菜	西红柿、西班牙甘椒、茄子，其他茄科蔬菜、黄瓜、南瓜、越瓜、西瓜、瓜类、甜瓜，其他	1
		豆类蔬菜、菇类、杂项蔬菜	菠菜、竹笋、黄秋葵、姜、豌豆、腰果、枝豆、未开的蘑菇、花菇，其他蘑菇，其他蔬菜	1
		柑橘类水果	温州橘、夏橙、柠檬、橙、柚子、酸橙，其他	1
		梨果、核果、浆果	苹果、日本梨、梨、温柏、枇杷、桃子、油桃、杏、日本李子、梅子、樱桃、草莓、悬钩子、黑莓、蓝莓、蔓越橘、越橘类，其他	1
		热带及亚热带水果	葡萄、日本柿子、香蕉、猕猴桃、番木瓜、鳄梨、菠萝、番石榴、杧果、西番莲果、椰枣，其他	1
		油籽	葵花籽、芝麻籽、红花籽、棉籽、菜籽，其他	1
		坚果	银杏果、栗子、美洲山核桃、杏仁、核桃，其他	1
		茶、咖啡豆、可可豆、啤酒花		1
		其他调味料	除山葵、日本芥末、大蒜、红辣椒/辣椒粉、姜、柠檬皮、橘皮、柚皮、芝麻以外的所有调味料	1
		其他药草	除豆瓣菜、韭菜、欧芹、芹菜以外的所有药草	1
499	灭除威 XMC	谷粮	稻、小麦、大麦、黑麦、玉米、荞麦，其他	200
		茄科、葫芦科蔬菜	西瓜、瓜类、甜瓜	200
		柑橘类水果	温州橘、夏橙、柠檬、橙、柚子、酸橙，其他	200
		梨果、核果、浆果	苹果、日本梨、梨、温柏、枇杷、桃子、油桃、杏、日本李子、梅子、樱桃、草莓、悬钩子、黑莓、蓝莓、蔓越橘、越橘类，其他	200
		热带及亚热带水果	葡萄、日本柿子、香蕉、猕猴桃、番木瓜、鳄梨、菠萝、番石榴、杧果、西番莲果、椰枣，其他	200
		油籽	葵花籽、芝麻籽、红花籽、棉籽、菜籽，其他	200
		坚果	银杏果、栗子、美洲山核桃、杏仁、核桃，其他	200
		茶		10 000
		其他调味料	除山葵、日本芥末、大蒜、红辣椒/辣椒粉、姜、柠檬皮、橘皮、柚皮、芝麻以外的所有调味料	200
500	苯酰菌胺 Zoxamide	薯类	马铃薯	60
		茄科、葫芦科蔬菜	西红柿	2 000
			黄瓜、南瓜、越瓜、西瓜、瓜类、甜瓜，其他葫芦科蔬菜	1 000
		豆类蔬菜、菇类、杂项蔬菜	其他蔬菜	60
		热带及亚热带水果	葡萄	3 000
		其他调味料	除山葵、日本芥末、大蒜、红辣椒/辣椒粉、姜、柠檬皮、橘皮、柚皮、芝麻以外的所有调味料	60
		其他药草	除豆瓣菜、韭菜、欧芹、芹菜以外的所有药草	60

第三节 日本兽药最高残留限量标准

序号	兽药名称（残留标示物）	商品种类	靶组织	限量标准（μg/kg）
1	单双（三甲胺）二氯甲烷 [Monobis（Trimethylammoniummethylene chloride）]-Alkyltoluene	所有食品动物	肌肉、脂肪、肝、肾	50
2	乙滴涕 1,1-Dichloro-2,2-Bis（4-Ethylphenyl）Ethane	所有食品动物	肌肉、脂肪、肝、肾、奶	10
3	茅草枯 2,2-DPA	所有食品动物	肌肉、脂肪、肝、肾、奶	200
4	2,4-滴 2,4-D	牛、猪及其他陆生哺乳动物	肌肉、脂肪	200
			猪脂肪	100
			肝、肾、可食用下水	5000
		乳制品	奶	10
		家禽	肌肉、脂肪、肝、肾、可食用下水、蛋	50
		水产品	鱼、螃蟹等	1000
5	2,4-滴丁酸 2,4-DB	家畜	肌肉、脂肪、肝、肾、可食用下水	200
		乳制品及所有家禽	奶、肌肉、脂肪、肝、肾、可食用下水、蛋	50
		其他家禽	肌肉	100
6	2-乙酰氨基-5-硝基噻唑 2-Acetylamino-5-Nitrothiazole	家禽	脂肪、肝、肾、可食用下水	100
		乳制品	奶	20 000
7	对氯苯氧乙酸 4-CPA	牛、猪	肌肉	100
8	5-丙磺酰基-1-氢-苯并咪唑-2-胺 5-（Propylsulphonyl）-1-H-Benzimidazole-2-Amine	绵羊、马及其他陆生哺乳动物肉	肌肉	100
		绵羊、马、猪、及其他陆生哺乳动物	脂肪、肝、肾、猪和马可食用下水	5 000
		牛	可食用下水	100
		绵羊及其他陆生哺乳动物	可食用下水	3 000
		乳制品	奶	100
		鸭、火鸡、鸡	肌肉、脂肪、其他家禽脂肪	100
			肝、肾、所有家禽可食用下水	5 000

序号	兽药名称（残留标示物）	商品种类	靶组织	限量标准（μg/kg）
9	阿维菌素 Abamectin	牛、猪、其他陆生哺乳动物	肌肉、猪肾	10
		牛	脂肪、肝	100
		猪	脂肪、肝、可食用下水	20
		其他陆生哺乳动物	脂肪	40
		其他陆生哺乳动物	肝、肾、可食用下水	100
		牛	肾	50
		乳制品	奶	5
		家禽	肌肉、脂肪	10
		家禽	肝、肾、可食用下水	20
		家禽	蛋	10
		所有水产品、蜂产品	鱼、螃蟹、蜂蜜等	50
10	乙酰甲胺磷 Acephate	牛	肌肉、脂肪	100
		牛	肝、肾、可食用下水	200
		猪	肌肉、脂肪	100
		猪	肝、肾、可食用下水	200
		其他陆生哺乳动物	脂肪	100
		其他陆生哺乳动物	肌肉、肝、肾、可食用下水	200
		乳制品	奶	100
		家禽	肌肉、脂肪、蛋	100
		家禽	肝、肾、可食用下水	60
11	灭螨醌 Acequinocyl	家畜产品	肌肉、脂肪、肝、肾、可食用下水	20
12	吡虫清 Acetamiprid	家畜产品	肌肉	60
		家畜产品	脂肪、肝、肾、可食用下水	100
		乳制品	奶	60
		家禽	肌肉、脂肪、蛋	10
		家禽	肝、肾、可食用下水	50
13	乙酰异戊酰泰乐菌素 Acetylisovaleryltylosin	所有食品动物	肌肉、脂肪、肝、肾、可食用下水	40
14	三氟羧草醚 Acifluorfen	牛	肌肉、脂肪、肝	10
		牛	肾	60
		牛	可食用下水	100
		猪	肌肉、脂肪、肝	10
		猪	肾	10
		猪	可食用下水	10

第三章 日本食品安全限量标准

序号	兽药名称（残留标示物）	商品种类	靶组织	限量标准（μg/kg）
14	三氟羧草醚 Acifluorfen	其他陆生哺乳动物	肌肉、肝	10
		乳制品	奶	20
		家禽	肌肉、脂肪、蛋	20
			肝、肾、可食用下水	60
15	阿克洛胺 Aklomide	鸡	肌肉、肝、肾、可食用下水	5000
			鸡脂肪	3000
16	甲草胺 Alachlor	牛	肌肉	10
			脂肪、肝、肾、可食用下水	20
		猪	肌肉	10
			脂肪、肝、肾、可食用下水	20
		其他陆生哺乳动物	肌肉	10
			脂肪、肝、肾、可食用下水	20
		乳制品	奶	10
		家禽	肌肉	10
			脂肪、肝、肾、可食用下水、蛋	20
17	氧化丙硫咪唑 Albendazole oxide	家畜产品	肌肉、脂肪	100
			肝	1 000
			肾、可食用下水	500
		乳制品	奶	100
18	涕灭威 Aldicarb	所有食品动物	肌肉、脂肪、肝、肾、可食用下水、奶	10
19	涕灭砜威 Aldoxycarb	所有食品动物	肌肉、脂肪	20
			肝、肾、可食用下水	200
		乳制品	奶	20
		家禽	蛋	100
20	脂肪醇乙氧基化物 Aliphatic Alcohol Ethoxylates	牛	肌肉、脂肪、肝、肾、可食用下水	100
		乳制品	奶	1000
21	丙烯菊酯 Allethrin	所有食品动物	肌肉、脂肪、肝、肾、可食用下水、奶	40
		家禽	蛋	50
22	烯丙孕素 Altrenogest	所有食品动物	肌肉、脂肪、肝、肾、可食用下水、奶	3
23	莠灭净 Ametryn	所有食品动物	肌肉、脂肪、肝、肾、可食用下水、奶	50

序号	兽药名称（残留标示物）	商品种类	靶组织	限量标准（μg/kg）
24	氨草啶 Aminopyralid	牛	肌肉、脂肪、肝、可食用下水	20
			肾	300
		其他陆地哺乳动物	肌肉、脂肪、肝、可食用下水	20
			肾	300
		乳制品	奶	30
25	双甲脒 Amitraz	牛、猪	肌肉	50
			脂肪	100
			肝、肾、可食用下水	200
		其他陆生哺乳动物	肌肉	100
			肝、肾	200
			脂肪	400
		乳制品	奶	10
		家禽	肌肉、蛋	20
			脂肪	10
			肝、肾、可食用下水	40
26	阿莫西林 Amoxicyllin	陆生哺乳动物	脂肪、肝、肾、牛和猪可食用下水	40
		其他陆生哺乳动物	脂肪	50
			可食用下水	30
		乳制品	奶	8
		鸡	肌肉、脂肪、肝、肾、可食用下水	20
		其他家禽	肌肉、脂肪、肝、肾、可食用下水	40
		水产品	鲑形目、鱼、螃蟹等甲壳纲、去壳软体动物及其他水生动物	50
				50
			鲈形目	20
		其他	蜂蜜等	8
27	氨苄青霉素 Ampicillin	牛	肌肉、脂肪、肾	30
			肝、可食用下水	40
		猪	肌肉	30
			肝、脂肪	60
			肾	9
			可食用下水	10
		其他陆生哺乳动物	肌肉、肝、肾	40
			脂肪	50
			可食用下水	30

序号	兽药名称（残留标示物）	商品种类	靶组织	限量标准（μg/kg）
27	氨苄青霉素 Ampicillin	乳制品	奶	20
		鸡	肌肉、脂肪、肾、可食用下水	20
			肝	30
		其他家禽	肌肉、脂肪、肝、肾、可食用下水	50
			蛋	10
		除鲈形目外所有水产品	鲑形目	50
		鲈形目		60
		其他动物、蜂产品		9
28	氨丙啉 Amprolium	牛	肌肉、肝、肾、可食用下水	500
			牛脂肪	2 000
		鸡	肌肉、肝、肾、可食用下水	30
		其他家禽	肌肉、肝	500
			肾、可食用下水	1 000
		家禽	家禽蛋	5 000
29	阿布拉霉素 Apramycin	牛	肌肉	500
			脂肪	1 000
			可食用下水	2 000
			肾	10 000
			肝	6 000
		猪	肌肉、脂肪、肝、肾、可食用下水	60
		除牛、猪外的陆生哺乳动物	肝、肾、可食用下水	2 000
			肌肉、脂肪	50
		家禽	肌肉、脂肪	200
			肝、肾、可食用下水	800
30	杀螨特 Aramite	所有食品动物	脂肪、肌肉、肝、肾、可食用下水、奶	10
31	阿司匹林 Aspoxicillin	牛、猪及乳制品	脂肪、肌肉、肝、肾、可食用下水、奶	50
32	磺草灵 Asulam	所有食品动物	脂肪、肌肉、肝、肾、可食用下水、奶	100
33	莠去津 Atrazine	家畜产品	脂肪、肌肉、肝	20
			肾、可食用下水	60
		家禽、乳制品	脂肪、肌肉、肝、肾、可食用下水、蛋、奶	20

序号	兽药名称（残留标示物）	商品种类	靶组织	限量标准（μg/kg）
34	卑霉素 Ailamycin	家畜产品	脂肪、肌肉、肝、肾、可食用下水	30
		鸡	脂肪、肌肉、肝、肾、可食用下水	30
		家禽	脂肪、肌肉、肝、肾、可食用下水	50
35	阿伏霉素 Aoparcin	所有食品动物	脂肪、肌肉、肝、肾、可食用下水	100
		乳制品	奶	10
36	甲基吡恶磷 Azamethiphos	所有家禽	脂肪、肌肉、肝、肾、可食用下水、蛋	50
37	氯丁酰苯哌嗪 Azperone	牛	脂肪、肌肉、肝、肾、可食用下水	30
		猪	脂肪、肌肉、可食用下水	60
			肝、肾、可食用下水	10
		除牛、猪外的陆生哺乳动物肉	脂肪、肌肉、肝、肾、可食用下水	30
		家禽、水产品、蜂产品、乳制品	脂肪、肌肉、肝、可食用下水、蜂蜜、奶	30
38	甲基谷硫磷 Ainphos-methyl	牛、猪	脂肪、肌肉、肝、肾、可食用下水	50
		除牛、猪外的陆生哺乳动物肉	脂肪、肌肉、肝、可食用下水	50
			肾	200
		乳制品	奶	50
39	腈嘧菌酯 Azoxystrobin	家畜产品	肌肉	20
		猪	脂肪	40
			肝	90
			肾	30
			可食用下水	20
		除猪外的陆生哺乳动物	脂肪	30
			肝	100
			肾	50
			可食用下水	40
		牛	肾	50
			肝	100
			可食用下水	40
		家禽	脂肪、肌肉、肝、可食用下水、蛋	50
		水产品、蜂产品、乳制品	鱼、螃蟹等、蜂蜜、奶	8
40	杆菌肽 Bacitracin	牛、猪	脂肪、肌肉、肝、可食用下水	500
		除牛、猪外的陆生哺乳动物	脂肪、肌肉、肝、可食用下水	200
		乳制品	奶	400
		家禽	脂肪、肌肉、肝、可食用下水、蛋	500

序号	兽药名称（残留标示物）	商品种类	靶组织	限量标准（μg/kg）
41	巴喹普林 Baquiloprim	牛	肌肉、脂肪	10
			肝	300
			肾、可食用下水	200
		猪	肌肉、脂肪	40
			肝、肾、可食用下水	50
		乳制品	奶	30
42	燕麦灵 Barban	所有食品动物	脂肪、肌肉、肝、肾、可食用下水、奶、蛋	50
43	苯霜灵 Benalaxyl	所有食品动物	脂肪、肌肉、肝、肾、可食用下水、奶、蛋	500
44	恶虫威 Bendiocarb	牛	脂肪、肌肉、肝、可食用下水	50
			肾	200
		乳制品	奶	50
		家禽	脂肪、肌肉、肝、可食用下水、蛋	50
45	乙丁氟灵 Benfluralin	家畜产品	脂肪、肌肉、肝、肾、可食用下水、奶	10
46	丙硫克百威 Benfuracarb	所有食品动物	脂肪、肌肉、肝、肾、可食用下水、蛋	500
		乳制品	奶	50
47	呋草黄 Benfuresate	水产品	鱼贝类	70
48	苄嘧磺隆 Bensulfuron-methyl	水产品	螃蟹	50
49	苯达松 Bentazone	所有食品动物	脂肪、肌肉、肝、肾、可食用下水、奶、蛋	50
50	氨苯乙酯 Benzocaine	鱼类及去壳软体动物	鲑形目、鳗鱼、鲈形目等鱼类和去壳软体动物	50
51	苄青霉素 Benzylpenicillin	牛	肌肉、肝、肾、脂肪、可食用下水	50
		猪	肌肉、肝、肾、脂肪	50
			可食用下水	60
		除牛、猪外的陆生哺乳动物	肌肉、肝、肾、可食用下水	60
			脂肪	50
		乳制品	奶	4
		鸡	肌肉、脂肪、肝、肾、可食用下水	50
		除鸡外其他家禽	肌肉、脂肪、肝、肾	20
			可食用下水	10
			家禽蛋	4

序号	兽药名称（残留标示物）	商品种类	靶组织	限量标准（μg/kg）
51	苄青霉素 Benzylpenicillin	甲壳纲、去壳软体动物和其他水生动物	鲑形目 鳗鱼 鲈形目 其他鱼 螃蟹	50
		其他动物		4
		蜂蜜		40
52	倍他米松 Betamethasone	牛、猪	肌肉、脂肪、肾、可食用下水	0.8
			肝	2
		除牛、猪外所有食品动物	肌肉、肝、脂肪、肾、可食用下水、奶、蜂蜜	0.3
53	联苯肼酯 Bifenazate	牛、猪	肌肉、肝、肾、可食用下水	20
			脂肪	100
		除牛、猪外其他陆生哺乳动物	肌肉、肝、脂肪、肾、可食用下水	10
		乳制品	奶	20
54	联苯菊酯 Bifenthrin	牛	肌肉	300
			肝、肾	50
			脂肪	500
			可食用下水	200
		猪	肌肉	300
			肝、肾、可食用下水	200
			脂肪	1 000
		除牛、猪外其他陆生哺乳动物	脂肪	2 000
			肌肉	300
			肝、肾、可食用下水	200
		家禽	肌肉、肝、脂肪、肾、可食用下水、奶	50
			蛋	10
55	苄呋菊酯 Bioresmethrin	除奶、家禽蛋外所有食品动物	肌肉、肝、脂肪、肾、可食用下水	500
		奶、家禽蛋		50
56	联苯三唑醇 Bitertanol	陆生哺乳动物	肌肉、肝、脂肪、肾、可食用下水、奶	50
		家禽	肌肉、肝、肾、可食用下水、蛋	10
			脂肪	50
57	硫氯酚 Bithionol	陆生哺乳动物	肌肉、肝、脂肪、肾、可食用下水、奶	100

序号	兽药名称（残留标示物）	商品种类	靶组织	限量标准（μg/kg）
58	啶酰菌胺 Boscalid	牛	肌肉	100
			脂肪	300
			肝、肾、可食用下水	350
		猪	肌肉	50
			脂肪、肝、肾、可食用下水	100
		除牛、猪外其他陆生哺乳动物	肌肉、肝、肾、可食用下水	50
			脂肪	100
		乳制品	奶	100
		鸡	肌肉、脂肪	50
			肝、肾、可食用下水	100
		家禽蛋		20
59	溴鼠灵 Brodifacoum	牛、猪	肌肉、肝、肾、可食用下水	0.5
			脂肪	1
		除牛、猪外其他陆生哺乳动物	肌肉、肝、肾、可食用下水	0.5
			脂肪	1
		家禽、甲壳纲、去壳软体动物、水生动物及其他动物	肌肉、脂肪、肝、肾、可食用下水、奶、蛋、蜂蜜	1
60	除草定 Bromacil	所有食品动物	肌肉、脂肪、肝、肾、可食用下水、奶	40
61	溴氯甲烷 Bromochloromethane	牛	肌肉、脂肪、肝、肾、可食用下水	20
62	溴酚磷 Bromofenofos	牛	肌肉、脂肪、肝、肾、可食用下水	10
63	溴螨酯 Bromopropylate	所有食品动物	肌肉、脂肪、肝、肾、可食用下水、奶	50
		家禽蛋		80
64	溴苯腈 Bromoxynil	牛	肌肉、肝、肾、可食用下水	70
			脂肪	100
		猪	肌肉、肝、肾、可食用下水	60
			脂肪	100
		除牛、猪外其他陆生哺乳动物	肌肉、肝、肾、可食用下水	60
			脂肪	100
		乳制品	奶	70
		家禽	肌肉	60
			脂肪	50
			肝、肾、可食用下水	100
			蛋	40

序号	兽药名称（残留标示物）	商品种类	靶组织	限量标准（μg/kg）
65	溴替唑仑 Brotizolam	所有食品动物	肌肉、脂肪、肝、肾、可食用下水、奶、蜂蜜	1
66	噻嗪酮 Buprofezin	陆生哺乳动物	肌肉、脂肪、肝、肾、可食用下水	50
		乳制品	奶	10
67	英拜除草剂 Butafenacil	陆生哺乳动物	肌肉、脂肪	10
			肝	300
			肾	40
			可食用下水	20
		家禽	肌肉、脂肪、奶、蛋	10
			肝、肾、可食用下水	20
68	丁氧环酮 Butroxydim	所有食品动物	肌肉、脂肪、肝、肾、可食用下水、蛋	10
69	羟基茴香二丁酯 Butylhdrroxyanisol	猪	肌肉、肝	30
			脂肪	40
			肾、可食用下水	20
		鸡	肌肉、脂肪、肝、肾、可食用下水	20
		白家禽蛋		20
		鱼	鲑形目等	50
70	苯酮唑 Cafenstrole	水生动物	鱼贝类	20
71	斑蝥黄 Canthaxanthin	鱼	鱼子、咸大马哈鱼子	20 000
		牛	肌肉、脂肪、肝、肾、可食用下水	100
		猪	肌肉、脂肪、肝、肾、可食用下水	100
		其他陆地哺乳动物	肌肉、脂肪、肝、肾、可食用下水	100
		鸡	肌肉、脂肪、肝、肾、可食用下水、蛋	10 000
		其他家禽	肌肉、脂肪、肝、肾、可食用下水、蛋	100
		乳制品	奶	100
		水产品	鳗鱼、鲈形目等	100
			鲑形目	20 000
			甲壳类、贝类、其他鱼贝类	100
		蜂蜜		100
72	克菌丹 Captan	陆生哺乳动物	肌肉、脂肪、肝、肾、可食用下水	50
		乳制品	奶	10
		家禽	肌肉、脂肪、肝、肾、可食用下水、蛋	20

第三章 日本食品安全限量标准

序号	兽药名称（残留标示物）	商品种类	靶组织	限量标准（μg/kg）
73	卡拉洛尔 Carazolol	牛	肌肉、脂肪	5
			肝、肾、可食用下水	20
		猪	肌肉、脂肪	5
			肝、肾	25
			可食用下水	30
		除牛、猪外其他所有食品动物	肌肉、脂肪、肝、肾、可食用下水、蜂蜜	1
74	西维因 Carbaryl	陆生哺乳动物	肌肉	5
			脂肪	100
			肝	1 000
			肾	3 000
			可食用下水	200
		乳制品	奶	50
		家禽	肌肉	500
			脂肪、肝、肾、可食用下水	5 000
			蛋	500
		去壳软体动物	鲑形目、鳗鱼、鲈形目等	300
75	多菌灵 Carbendazim	牛	肌肉、肾、可食用下水	100
			脂肪	70
			肝	400
		猪	肌肉、肝、肾、可食用下水	100
			脂肪	90
		除牛、猪外其他陆生哺乳动物	肌肉、肾、可食用下水	100
			脂肪	70
			肝	400
		乳制品	奶	300
		家禽	肌肉、脂肪、肾、可食用下水、蛋	90
			肝	100
76	长杀草 Carbetamide	所有食品动物	肌肉、脂肪、肝、肾、可食用下水、蛋	100
77	加保扶 Carbofuran	陆生哺乳动物	肌肉、脂肪、肝、肾、可食用下水、奶	50
		家禽	肌肉、肝、肾、可食用下水、蛋	80
			脂肪	100

序号	兽药名称（残留标示物）	商品种类	靶组织	限量标准（μg/kg）
78	丁基加保扶 Carbosulfan	除猪外陆生哺乳动物	肌肉、脂肪、肝、肾、可食用下水	300
		猪	肌肉、肝、肾、可食用下水	300
			脂肪	500
		乳制品	奶	50
		家禽	肌肉、脂肪、肝、肾、可食用下水、蛋	300
			脂肪	500
79	萎锈灵 Carboxin	除奶、蛋外所有食品动物	肌肉、脂肪、肝、肾、可食用下水	100
		乳制品、蛋	奶、家禽蛋	10
80	氟酮唑草 Carfentrazone-erthyl	陆生哺乳动物	肌肉、肝、肾、可食用下水	80
			脂肪	100
		乳制品	奶	40
		家禽	肌肉、脂肪、肝、肾、可食用下水	50
		去壳软体动物	鲑形目、鳗鱼、鲈形目等鱼	300
81	卡洛芬 Carprofen	陆生哺乳动物	肌肉	500
			脂肪、肝、肾、可食用下水	1 000
82	环丙酰菌胺 Carpropamid	水产品	鱼贝类	600
83	头孢乙腈 Cefacetrile	乳制品	奶	100
84	头孢氨苄 Cefalexin	牛	肌肉、脂肪、肝、可食用下水	200
			肾	1 000
		乳制品	奶	100
85	头孢洛宁 Cefalonium	牛、奶	肌肉、脂肪、肝、肾、奶	10
86	头孢吡啉 Cefpirin	牛、奶	肌肉、脂肪、肝、肾、奶	30
87	头孢唑啉 Cefazolin	牛、奶	肌肉、脂肪、肝、肾、奶	50
88	头孢呱酮 Cefoperazone		奶	50
89	头孢喹咪 Cefquinome	牛	肌肉、脂肪、肝、肾、可食用下水	40
		除牛外陆生哺乳动物	肌肉、脂肪	50
			肝	100
			肾	200
			可食用下水	10
		乳制品	奶	20

序号	兽药名称（残留标示物）	商品种类	靶组织	限量标准（μg/kg）
90	头孢噻呋 Ceftiofur	陆生哺乳动物	肌肉	1 000
			脂肪、肝、可食用下水	2 000
			肾	6 000
		乳制品	奶	100
91	头孢呋肟 Cefuroxime	牛、奶	肌肉、脂肪、肝、肾、可食用下水	20
92	氯虫酰胺 Chlorantraniliprole	牛、猪、其他哺乳动物	肌肉、脂肪、肝、肾、可食用下水、牛奶	10
		水生动物	鲑形目、鳗鱼、鲈形目、去壳软体动物、甲壳类、其他	50
93	氯杀螨 Chlorbenside	所有食品动物	肌肉、脂肪、肝、肾、可食用下水、奶、蛋	50
94	氯草灵 Chlorbufam	所有食品动物	肌肉、脂肪、肝、肾、可食用下水、奶、蛋	50
95	氯丹 Chlordane	牛、猪	肉、肝、肾、可食用下水	80
			脂肪	50
		陆生哺乳动物	肌肉、脂肪、肝、肾、可食用下水	60
		乳制品	奶	2
		家禽	肌肉、肝、肾、可食用下水	80
			脂肪	500
			蛋	20
		水生动物	鲑形目、鳗鱼、鲈形目、螃蟹等	50
		其他动物、蜂蜜		2
96	氟唑虫清 Chlorfenapyr	陆生哺乳动物	肌肉、脂肪、肝、肾、可食用下水	50
		家禽	肌肉、脂肪、肝、肾、可食用下水、奶、蛋	10
97	杀螨酯 Chlorfenson	所有食品动物	肌肉、脂肪、肝、肾、可食用下水、奶、蛋	50
98	毒虫畏 Chlorfenvinphos	陆生哺乳动物、奶	肌肉、脂肪	200
			肝、肾、可食用下水	100
99	氟定脲 Chlorfluazuron	牛	肌肉、脂肪、肝、肾	100
			脂肪	1 000
		乳制品	奶	100
		家禽	肌肉、肝、肾、可食用下水	100
			脂肪	1 000
			蛋	200
100	氯苯胍亭 Chlorhexidine	陆生哺乳动物	肌肉、肝、肾、可食用下水	500
		乳制品	奶	50

序号	兽药名称（残留标示物）	商品种类	靶组织	限量标准（μg/kg）
101	氯地孕酮 Chlormadinone	牛	肌肉、脂肪	4
		乳制品	奶	3
		其余所有食品动物	肌肉、脂肪、肝、肾、可食用下水、蜂蜜	2
102	矮壮素 Chlormequat	牛	肌肉、脂肪	200
			肝	100
			肾	500
			可食用下水	300
		猪	肌肉	200
			脂肪	50
			肝	100
			肾	500
			可食用下水	300
		除牛、猪外其他陆生哺乳动物	肌肉、脂肪	200
			肝	100
			肾	500
			可食用下水	300
		乳制品	奶	500
		家禽	肌肉	40
			脂肪	50
			肝、肾、可食用下水、蛋	100
103	乙酯杀螨醇 Chlorobenzilate	其余所有食品动物	肌肉、脂肪、肝、肾、可食用下水、奶、蛋	100
104	地茂散 Chloroneb	陆生哺乳动物	肌肉、脂肪、肝、肾、可食用下水	200
		乳制品	奶	50
105	百菌清 Chlorothalonil	牛	肌肉	20
			脂肪	100
			肝	30
			肾、可食用下水	300
		猪	肌肉	20
			脂肪	60
			肝	30
			肾、可食用下水	300
		除牛、猪外其他陆生哺乳动物	肌肉	20
			脂肪	100

序号	兽药名称（残留标示物）	商品种类	靶组织	限量标准（μg/kg）
105	百菌清 Chlorothalonil	除牛、猪外其他陆生哺乳动物	肝	30
			肾、可食用下水	300
		乳制品	奶	60
		家禽	肌肉、脂肪、肝、肾、可食用下水、蛋	10
106	枯草隆 Chloroxuron	其余所有食品动物	肌肉、脂肪、肝、肾、可食用下水、奶、蛋	50
107	毒死蜱 Chlorpyrifos	牛	肌肉	500
			脂肪	1 000
			肝、肾	10
			可食用下水	400
		猪	肌肉	50
			脂肪	20
			肝、肾、可食用下水	10
		除牛、猪外其他陆生哺乳动物	肌肉	300
			脂肪	1 000
			肝、肾、可食用下水	10
		乳制品	奶	20
		家禽	肌肉	80
			脂肪、肝、肾、可食用下水、蛋	10
108	甲基毒死蜱 Chlorpyrifos-methyl	牛	肌肉、脂肪、肝、肾、可食用下水	50
		猪	肌肉	300
			脂肪、肝、肾、可食用下水	200
		除牛、猪外其他陆生哺乳动物	肌肉、脂肪	300
			肝、肾、可食用下水	200
		乳制品	奶	10
		鸡	肌肉、肝、肾、可食用下水	50
			脂肪	200
		除鸡外其他家禽	肌肉	300
			脂肪、肝、肾、可食用下水	200
		蛋		50
109	氯磺隆 Chlorsulfuron	陆生哺乳动物	肌肉、肝、肾、可食用下水	200
			脂肪	300
		乳制品	奶	80

序号	兽药名称（残留标示物）	商品种类	靶组织	限量标准（μg/kg）
110	氯酞酸甲酯 Chlorthal-dimethyl	其余所有食品动物	肌肉、脂肪、肝、肾、可食用下水、奶、蛋	50
111	克拉维酸 Clavulanic acid	牛	肌肉	60
			脂肪、肝	100
			肾	200
			可食用下水	10
		猪	肌肉、脂肪	100
			肝、可食用下水	200
			肾	400
		乳制品	奶	100
112	克仑特罗 Clenbuterol	牛	肌肉、脂肪	0.2
			肝、肾	0.6
			可食用下水	0.1
		猪	肌肉、脂肪、肝、肾、可食用下水	ND
		除牛、猪外其他陆生哺乳动物	肌肉、脂肪	0
			肝、肾	0.6
			可食用下水	0.1
		乳制品	奶	0.05
		除陆生哺乳动物、奶以外所有食品动物	肌肉、脂肪、肝、肾、可食用下水、蜂蜜	ND
113	烯草酮 Clethodim	乳制品、蛋	奶、家禽蛋	50
114	烯草酮 Clethodim	其余所有食品动物	肌肉、脂肪、肝、肾、可食用下水	200
115	炔草酸 Clodinafop acid	所有食品动物	肌肉、脂肪、肝、肾、可食用下水、奶、蛋	100
116	炔草酯 Clodinafop-propargyl	所有食品动物	肌肉、脂肪、肝、肾、可食用下水、奶、蛋	50
117	苯哒嗪钾 Clofencet	陆生哺乳动物	肌肉	200
			脂肪	40
			肝、可食用下水	500
			肾	10 000
		乳制品	奶	20
		家禽	肌肉、肝、肾、可食用下水	200
			脂肪	40
			蛋	1 000

第三章 日本食品安全限量标准

序号	兽药名称（残留标示物）	商品种类	靶组织	限量标准（μg/kg）
118	四螨嗪 Clofentezine	牛	肌肉、脂肪	50
			肝、肾、可食用下水	100
		除牛外其他陆生哺乳动物	肌肉、脂肪、肾、可食用下水	50
			肝	200
		乳制品	奶	100
		家禽	肌肉、肝、脂肪、肾、可食用下水	50
119	氯羟吡啶 Clopidol	牛	肌肉、脂肪、可食用下水	200
			肝	2 000
			肾	3 000
		猪	肌肉、脂肪、肝、肾、可食用下水	200
		除牛、猪外其他陆生哺乳动物	肌肉、脂肪、可食用下水	200
			肝	2 000
			肾	3 000
		乳制品	奶	20
		家禽	肌肉、脂肪	5 000
			肝、肾、可食用下水	20 000
120	二氯皮考啉酸 Clopyralid	除猪外其他陆生哺乳动物	肌肉	400
			脂肪	500
			肝	1 000
			肾	14 000
			可食用下水	12 000
		猪	肌肉	1 000
			脂肪	500
			肝	300
			肾	2 000
			可食用下水	300
		乳制品	奶	90
		家禽	肌肉、脂肪、肝、可食用下水	100
			肾	200
			蛋	80
121	解毒喹 Cloquintocet-mexyl	所有食品动物	肌肉、脂肪、肝、肾、可食用下水、奶、蛋	100
122	氯舒隆 Clorsulon	牛	肌肉、脂肪	80
			肝、可食用下水	100

序号	兽药名称（残留标示物）	商品种类	靶组织	限量标准（μg/kg）
122	氯舒隆 Clorsulon		肾	400
		除牛外其他所有食品动物	肌肉、脂肪、肝、肾、可食用下水、蜂蜜	20
		乳制品	奶	2 000
123	氯氰磺柳胺 Closantel	牛	肌肉、肝、可食用下水	1 000
			脂肪、肾	3 000
		绵羊	肌肉、肝	1 500
			脂肪	2 000
			肾、可食用下水	5 000
124	Clostebol	牛、猪、其他哺乳动物	肌肉、脂肪、肝、肾、可食用下水、牛奶、蜂蜜	0.5
		鸡、其他家禽	肌肉、脂肪、肝、肾、可食用下水、蛋	0.5
		水生动物	鲑形目、鳗鱼、鲈形目、其他鱼、去壳软体动物、甲壳类、其他	0.5
125	噻虫胺 Clothianidin	除牛、猪外其他陆生哺乳动物和乳制品	肌肉、奶	10
		其余所有食品动物	肌肉、脂肪、肝、肾、可食用下水、奶、蛋	20
126	邻氯青霉素 Cloxacillin	牛	肌肉、脂肪、肝、肾、可食用下水	40
		乳制品	奶	20
		其余所有食品动物	肌肉、脂肪、肝、肾、可食用下水、奶、蛋	300
127	黏菌素 Colistin	牛、猪	肌肉、脂肪、肝、肾、可食用下水	300
		除牛、猪外其他陆生哺乳动物	肌肉、脂肪、肝、肾、可食用下水	200
		乳制品	奶	50
		其余所有食品动物	肌肉、脂肪、肝、肾、可食用下水	200
128	Crostebol	其余所有食品动物	肌肉、脂肪、肝、肾、可食用下水、奶、蛋、蜂蜜	0.5
129	环丙酸酰胺 Cyclanilide	牛、猪	肌肉	40
			脂肪	100
			肝、可食用下水	1 000
			肾	2 000
		除牛、猪外其他陆生哺乳动物	肌肉	100
			脂肪	100
			肝、可食用下水	1 000
			肾	2 000
		乳制品	奶	50

序号	兽药名称（残留标示物）	商品种类	靶组织	限量标准（μg/kg）
129	环丙酸酰胺 Cyclanilide	家禽	肌肉、脂肪、肝、肾、可食用下水、蛋	10
130	氟氯氰菊酯 Cyfluthrin	牛	肌肉、肝、肾	20
			脂肪	200
			可食用下水	30
		猪	肌肉、肝、肾、可食用下水	200
			脂肪	4 000
		除牛、猪外其他陆生哺乳动物	肌肉	200
			脂肪	4 000
			肝、肾、可食用下水	1 000
		乳制品	奶	40
		家禽	肌肉	200
			脂肪	1 000
			肝、肾	100
			除鸡外其他家禽可食用下水	100
			鸡可食用下水	50
			家禽蛋	50
131	三氟氯氰菊酯 Cyhalothrin	陆生哺乳动物	肌肉	300
			脂肪	1 000
			肝	200
			牛肾	90
			除牛外其他陆生哺乳动物肾	200
			可食用下水	200
		乳制品	奶	100
		家禽	肌肉、肝、肾、可食用下水、蛋	20
			脂肪	300
132	氯氰菊酯 Cypermethrin	牛、猪	肌肉	90
			脂肪	200
			肝、肾、可食用下水	50
		除牛、猪外其他陆生哺乳动物	肌肉	100
			脂肪	200
			肝、肾、可食用下水	50
		乳制品	奶	50

序号	兽药名称（残留标示物）	商品种类	靶组织	限量标准（μg/kg）
132	氯氰菊酯 Cypermethrin	家禽	肌肉、肝、肾、可食用下水、蛋	50
			鸡脂肪	100
		鱼类	鲑形目、鳗鱼	50
			鲈形目	30
			其他鱼	10
		其余所有食品动物	甲壳纲、去壳软体动物、蜂蜜等	10
133	环丙唑醇 Cyproconazole	陆生哺乳动物	肌肉、脂肪	30
			肝、肾、可食用下水	1 000
		家禽	肌肉、肝、肾、可食用下水、蛋、奶	10
134	嘧菌环胺 Cyprodinil	陆生哺乳动物	肌肉、肝、肾、可食用下水、奶	10
135	灭蝇胺 Cyromazine	牛、猪	肌肉、脂肪、肝、可食用下水	50
			肾	100
		除牛、猪外其他陆生哺乳动物	肌肉、肝、可食用下水	100
			肾	200
		乳制品	奶	10
		鸡	肌肉、脂肪	50
			肝、肾、可食用下水	70
		除鸡外其他家禽	肌肉、脂肪	50
			肝、肾、可食用下水	80
			蛋	200
136	杀草隆 Daimuron	水生动物	鲑形目、鳗鱼、鲈形鱼、其他鱼、去壳软体动物、甲壳类、其他	400
137	达氟沙星 Danofloxacin	牛	肌肉	200
			脂肪	100
			肝、肾、可食用下水	400
		猪	肌肉、脂肪	100
			肝、可食用下水	50
			肾	400
		除牛、猪外其他陆生哺乳动物	肌肉	200
			脂肪	100
			肝、肾、可食用下水	400
		乳制品	奶	50
		家禽	肌肉	200

序号	兽药名称（残留标示物）	商品种类	靶组织	限量标准（μg/kg）
137	达氟沙星 Danofloxacin	家禽	脂肪	100
			肝、肾、可食用下水	400
		其余所有食品动物	鱼类、去壳软体动物等	100
138	滴滴涕 DDT	陆生哺乳动物	肌肉	1 000
			脂肪	5 000
			肝、肾、可食用下水	2 000
		乳制品	奶	20
		家禽	肌肉	300
			脂肪、肝、肾、可食用下水	0
			蛋	100
		鱼类	鲑形目、鳗鱼、鲈形目等	3 000
		其余所有食品动物	甲壳纲、去壳软体动物、其他水生动物	1 000
139	癸氧喹酯 Decoquinate	陆生哺乳动物	肌肉	1 000
			脂肪、肝、肾、可食用下水	2 000
		鸡	肌肉、肝、肾、可食用下水	100
			脂肪	2 000
140	溴氰菊酯，四溴菊酯 Deltamethrin, Tralomethrin	牛	肌肉	30
			脂肪	500
			肝、肾	50
			可食用下水	80
		猪	肌肉、脂肪	500
			肝、肾	30
			可食用下水	10
		除牛、猪外其他陆生哺乳动物	肌肉	30
			脂肪	500
			肝、肾	50
			可食用下水	80
		乳制品	奶	30
		鸡	肌肉	30
			脂肪	100
			肝、可食用下水	20
			肾	50

序号	兽药名称（残留标示物）	商品种类	靶组织	限量标准（μg/kg）
140	溴氰菊酯，四溴菊酯 Deltamethrin，Tralomethrin	除鸡外其他家禽	肌肉	40
			脂肪	100
			肝、肾、可食用下水	20
			蛋	30
		鱼类	鲑形目	30
			其他鱼	10
141	越霉素 A Destomycin A	猪	肌肉、脂肪、肝、肾、可食用下水	500
142	地塞米松 Dexamethasone	陆生哺乳动物	肌肉、脂肪、肝、肾	40
			牛、猪可食用下水	20
			其他陆生哺乳动物可食用下水	600
		乳制品	奶	20
		家禽	肌肉、脂肪、肝、肾、可食用下水	10
			蛋	ND
		其余所有食品动物	鱼类、甲壳纲、水生动物等	ND
143	丁嘧脲 Diafenthiuron	所有食品动物	肌肉、脂肪、肝、肾、可食用下水、奶、蛋	20
144	燕麦敌 Di-allate	所有食品动物	肌肉、脂肪、肝、肾、可食用下水、奶、蛋	200
145	二嗪磷 Diazinon	陆生哺乳动物	肌肉	20
			脂肪	2 000
			肝、肾	30
			可食用下水	700
		乳制品	奶	20
		鸡	肌肉、脂肪、肝、肾、可食用下水	20
		除鸡外其他家禽	肌肉、脂肪、肝、肾、可食用下水	50
			蛋	20
146	羟基甲苯二丁酯 Dibutylhydroxytoluene	猪	肌肉	30
			脂肪	500
			肝	20
			肾	80
			可食用下水	300
		鸡	肌肉	20
			脂肪	3 000
			肝	200

序号	兽药名称（残留标示物）	商品种类	靶组织	限量标准 (μg/kg)
146	羟基甲苯二丁酯 Dibutylhydroxytoluene	鸡	肾	100
			可食用下水	2 000
		家禽	蛋	20
		鱼类	鲑形目、鳗鱼、鲈形目等	10 000
147	熊脱氧胆酸 Dibutylsuccinate	猪	肌肉、脂肪、肝、肾、可食用下水	90
		乳制品	奶	40
		鸡	肌肉、脂肪、肾	50
			肝	100
			可食用下水	200
			鸡肾	50
		家禽	蛋	100
148	敌敌畏 Dichlorvos，Naled	牛	牛肉	50
			脂肪	20
			肝、肾、可食用下水	40
		猪	肌肉	50
			脂肪	100
			肝、肾、可食用下水	80
		除牛、猪外其他陆生哺乳动物	肌肉	50
			脂肪	20
			肝、肾、可食用下水	40
		乳制品	奶	20
		家禽	肌肉、脂肪、肝、肾、可食用下水、蛋	50
149	地克珠利 Diclazuril	陆生哺乳动物	肌肉	500
			脂肪	1 000
			肝	3 000
			肾、可食用下水	2 000
		鸡	肌肉	500
			脂肪、可食用下水	1 000
			肝	3 000
			肾	2 000
		除鸡外其他家禽	肌肉	500
			脂肪、肝、肾、可食用下水	1 000

序号	兽药名称（残留标示物）	商品种类	靶组织	限量标准（μg/kg）
150	氯甲草 Diclofop-methyl	所有食品动物	肌肉、脂肪、肝、肾、可食用下水、奶、蛋	50
151	双氯青霉素 Dicloxacillin	牛	肌肉	30
			脂肪	20
			肝、肾、可食用下水	100
		除牛外其他陆生哺乳动物	肌肉、脂肪、肝、肾、可食用下水	300
		乳制品	奶	10
		其余所有食品动物	肌肉、脂肪、肝、肾、可食用下水、蛋	300
152	三氯杀螨醇 Dicofol	牛	肌肉	300
			脂肪	3 000
			肝、肾、可食用下水	1 000
		猪	肌肉、肝、肾、可食用下水	80
			脂肪	50
		除牛、猪外其他陆生哺乳动物	肌肉	300
			脂肪	500
			肝、肾、可食用下水	80
		乳制品	奶	100
		家禽	肌肉、脂肪	100
			肝、肾、可食用下水、蛋	50
153	地昔尼尔 Dicyclanil	陆生哺乳动物	肌肉	300
			脂肪	200
			肝、肾、可食用下水	400
154	Didecyldimethylammoniumchloride	所有食品动物	肌肉、脂肪、肝、肾、可食用下水、蛋	50
155	艾氏剂和狄氏剂 Aldrin and Dieldrin	陆生哺乳动物	肌肉、脂肪、肝、肾、可食用下水	200
		乳制品	奶	6
		家禽	肌肉、脂肪、肝、肾、可食用下水	200
			蛋	100
		其余所有食品动物	鱼、水生动物、蜂蜜等	100
156	苯醚甲环唑 Difenoconazole	所有食品动物	肌肉、脂肪、肝、肾、可食用下水、蛋	50
		乳制品	奶	10
157	野燕枯 Difenzoquat	陆生哺乳动物	肌肉、脂肪、肝、肾、可食用下水	50

序号	兽药名称（残留标示物）	商品种类	靶组织	限量标准（μg/kg）
158	二氟沙星 Difloxacin	牛	肌肉	400
			脂肪	100
			肝	1 000
			肾、可食用下水	800
		猪	肌肉、脂肪、肝、肾、可食用下水	20
		除牛、猪外其他陆生哺乳动物	肌肉	400
			脂肪	100
			肝	1 000
			肾、可食用下水	800
		家禽	肌肉	300
			脂肪	400
			肝	2 000
			肾、可食用下水	600
		其余所有食品动物	鱼、水生动物等	300
159	除虫脲 Diflubenzuron	陆生哺乳动物	肌肉	50
			脂肪、肝、肾、可食用下水	100
		乳制品	奶	20
		家禽	肌肉、脂肪、肝、肾、可食用下水、蛋	50
		鱼类	鲑形目	1 000
160	吡氟酰草胺 Diflufenican	陆生哺乳动物	肌肉、脂肪	10
			肝、肾、可食用下水	100
		乳制品	奶	10
		家禽	肌肉、脂肪、肝、肾、可食用下水、蛋	20
161	双氢链霉素 Dihydrostreptomycin/Streptomycin	牛、猪	肌肉、脂肪、肝	600
			肾	1 000
			可食用下水	300
		除牛、猪外其他陆生哺乳动物	肌肉、脂肪、肝、肾、可食用下水	300
162	落长灵 Dimethipin	陆生哺乳动物	肌肉、肝、肾、可食用下水	10
			脂肪	20
		乳制品	奶	10
		家禽	肌肉、脂肪、肝、肾、可食用下水、蛋	10

序号	兽药名称（残留标示物）	商品种类	靶组织	限量标准（μg/kg）
163	乐果 Dimethoate	猪	肌肉、脂肪	50
			肝、肾、可食用下水	40
		除猪外其他陆生哺乳动物	肌肉、脂肪、肝、肾、可食用下水	50
		乳制品	奶	50
		家禽	肌肉、脂肪、肝、肾、可食用下水、蛋	50
164	烯酰吗啉 Dimethomorph	陆生哺乳动物	肌肉、脂肪、肝、肾、可食用下水、奶	10
165	重氮氨苯脒 Diminazene	牛	肌肉、脂肪	500
			肝	12 000
			肾、可食用下水	6 000
		乳制品	奶	150
166	二硝托胺 Dintolmide	鸡	肌肉	100
			脂肪	2 000
			肝	100
			肾、可食用下水	6 000
		除鸡外其他家禽	肌肉、脂肪	3 000
			肝	4 000
			肾、可食用下水	6 000
167	达诺杀 Dinoseb	所有食品动物	肌肉、脂肪、肝、肾、可食用下水、奶、蛋	10
168	呋虫胺 Dinotefuran	陆生哺乳动物	肌肉、脂肪、肝、肾、可食用下水、奶	50
169	特乐酚 Dinoterb	所有食品动物	肌肉、脂肪、肝、肾、可食用下水、奶、蛋	50
170	二苯胺 Diphenylamine	牛、猪	肌肉、脂肪、肝、肾、可食用下水	10
		除牛、猪外其他陆生哺乳动物	肌肉、脂肪、肾、可食用下水	10
			肝	80
		乳制品	奶	0.4
		家禽	肌肉、脂肪、肝、肾、可食用下水	10
			蛋	50
		其余食品动物	甲壳纲、水生动物、蜂蜜等	40
171	丙蝇驱 Dipropyl Isocinchomeronate	陆生哺乳动物	肌肉、脂肪、肝、肾、可食用下水	100
		其余食品动物	甲壳纲、水生动物、蜂蜜等	4
172	敌草快 Diquat	陆生哺乳动物	肌肉、肝、肾、可食用下水	50
			脂肪	20

第三章 日本食品安全限量标准

序号	兽药名称（残留标示物）	商品种类	靶组织	限量标准（μg/kg）
172	敌草快 Diquat	乳制品	奶	10
		家禽	肌肉、肝、肾、可食用下水、蛋	50
			脂肪	20
		鱼类、去壳软体动物	鲑形目、鳗鱼、鲈形目等	100
173	乙拌磷 Disulfoton	所有食品动物	肌肉、脂肪、肝、肾、可食用下水、蛋	20
			奶	10
174	二硫代氨基甲酸盐类 Dithicarbamates	陆生哺乳动物	肌肉、脂肪	50
			肝、肾、可食用下水	100
		乳制品	奶	50
		家禽	肌肉、肝、肾、可食用下水	100
			脂肪	30
			蛋	50
175	敌草隆 Diuron	牛	肌肉	600
			脂肪	1 000
			肝、肾、可食用下水	2 000
		除牛外的其他陆生哺乳动物	肌肉、脂肪、肝、肾、可食用下水	1 000
		乳制品	奶	100
		鱼类	鲑形目、鳗鱼、鲈形目等	2 000
176	多拉菌素 Doramectin	牛	牛肉	10
			脂肪	150
			肝	100
			肾、可食用下水	30
		猪	肌肉	5
			脂肪	150
			肝	100
			肾、可食用下水	30
		除牛、猪外的其他陆生哺乳动物	肌肉	20
			脂肪	100
			肾	40
			可食用下水	50
		乳制品	奶	30
		其余所有食品动物	肌肉、脂肪、肝、肾、可食用下水、蜂蜜	5

序号	兽药名称（残留标示物）	商品种类	靶组织	限量标准（μg/kg）
177	强力霉素 Doxycycline	牛	肌肉、脂肪	100
			肝、可食用下水	300
			肾	600
		猪	肌肉、脂肪、肝、肾、可食用下水	50
		鸡	肌肉、脂肪、肝、肾、可食用下水	50
		除鸡外其他家禽	肌肉	100
			脂肪、肝、可食用下水	300
		鱼类	鲈形目	50
178	依罗霉素 Efrotomycin	猪	肌肉、脂肪、肝、肾、可食用下水	30
179	因灭汀 Emamectin Benzoate	陆生哺乳动物	肌肉、脂肪	2
			肝、肾、可食用下水	10
		除鲑形目外其余所有食品动物	肌肉、脂肪、肝、肾、可食用下水、蜂蜜、奶、蛋	0.5
		鱼	鲑形目	100
180	硫丹 Endosulfan	陆生哺乳动物	肌肉、脂肪	100
			肝、肾、可食用下水	200
		乳制品	奶	4
		家禽	肌肉	100
			脂肪	200
			肝、肾、可食用下水	100
			蛋	80
		其余所有食品动物	鲑形目、鳗鱼、鲈形目、蜂蜜等	4
181	异狄氏剂 Endrin	陆生哺乳动物	肌肉、脂肪、肝、肾、可食用下水	50
		乳制品	奶	5
		家禽	肌肉、肝、肾、可食用下水	50
			脂肪	100
			蛋	5
		其余所有食品动物	鲑形目、鳗鱼、鲈形目、蜂蜜等	5
182	Enramaycin	猪、鸡	肌肉、脂肪、肝、肾、可食用下水	30
183	恩诺沙星 Enrofloxacin	牛、猪	肌肉、脂肪、肝、肾、可食用下水	10
		除牛、猪外其他陆生哺乳动物	肌肉、脂肪	100
			肝	300
			肾、可食用下水	200

序号	兽药名称（残留标示物）	商品种类	靶组织	限量标准（μg/kg）
183	恩诺沙星 Enrofloxacin	乳制品	奶	20
		鸡	肌肉、脂肪、肝、肾、可食用下水	10
		除鸡外其他家禽	肌肉、肝、可食用下水、蛋	200
			脂肪	100
			肾	300
		其余所有食品动物	鲑形目、鳗鱼、鲈形目、蜂蜜等	100
184	氟环唑 Eprinomectin	陆生哺乳动物	肌肉、脂肪	10
			肝、肾、可食用下水牛肝	50
		乳制品	奶	10
		家禽	肌肉、脂肪、肝、肾、可食用下水、蛋	20
185	依普菌素 Eprinomectin	牛	肌肉	100
			脂肪	250
			肝、可食用下水	2 000
			肾	300
		除牛外其他陆生哺乳动物	肌肉、脂肪	100
			肝、肾、可食用下水	2 000
		乳制品	奶	20
186	丙草丹 EPTC	陆生哺乳动物	肌肉、脂肪、肝、肾、可食用下水	100
		乳制品	奶	100
		家禽	肌肉、脂肪、肝、肾、可食用下水	50
			蛋	10
187	Esprocarb	水生动物	鲑形目、鳗鱼、鲈形目、其他鱼类、去壳软体动物、甲壳类、其他	200
188	红霉素 Erythromycin	牛、猪	肌肉、脂肪、肝、肾、可食用下水	50
		除牛、猪外其他陆生哺乳动物	肌肉、肝、肾、可食用下水	300
			脂肪	200
		乳制品	奶	40
		鸡	肌肉、脂肪、肝、肾、可食用下水	50
		其他家禽	肌肉、脂肪、肝、肾、可食用下水	200
			蛋	90
		除鲈形目外其余所有食品动物	鲑形目、鳗鱼等	200
		鱼类	鲈形目	60

序号	兽药名称（残留标示物）	商品种类	靶组织	限量标准（μg/kg）
189	胺苯磺隆 Ethametsulfuron-methyl	所有食品动物	肌肉、脂肪、肝、肾、可食用下水、奶、蛋	20
190	乙烯利 Ethephon	猪	肌肉	100
			脂肪	80
			肝、肾、可食用下水	200
		除猪外其他陆生哺乳动物	肌肉、脂肪	100
			肝、肾、可食用下水	200
		乳制品	奶	50
		家禽	肌肉	100
			脂肪	50
			肝、肾、可食用下水、蛋	200
191	乙硫磷 Ethion	牛	肌肉	1 000
			脂肪、肝、肾、可食用下水	2 000
		除牛外其他陆生哺乳动物	肌肉、脂肪、肝、可食用下水	200
		乳制品	奶	500
192	乙呋草黄 Ethofumesate	陆生哺乳动物	肌肉	50
			脂肪、肝、肾、可食用下水	300
		乳制品	奶	200
193	乙氧酰胺苯甲酯 Ethopabate	鸡	肌肉、脂肪、肝、肾、可食用下水	40
		其他家禽	肌肉、脂肪	5 000
			肝、肾、可食用下水	20 000
194	乙氧喹啉 Ethoxyquin	牛	肌肉、脂肪、肝、肾、可食用下水	500
		猪	肌肉、	10
			脂肪、肝、肾	30
			可食用下水	5 000
		除牛、猪外其他陆生哺乳动物	肌肉、脂肪、肝、肾、可食用下水	500
		鸡	肌肉	50
			脂肪	5 000
			肝、可食用下水	2 000
			肾	3 000
		其他家禽	肌肉、蛋	500
			脂肪、肝、肾、可食用下水	3 000
		鱼类	鲑形目、鳗鱼、鲈形目等	1 000
195	乙氧嘧磺隆 Ethoxysulfuron	陆生哺乳动物	肌肉、脂肪、肝、肾、可食用下水	50
		乳制品	奶	10

序号	兽药名称（残留标示物）	商品种类	靶组织	限量标准（μg/kg）
196	二氯乙烯 Ethylene Dichloride	所有食品动物	肌肉、脂肪、肝、肾、可食用下水、奶、蛋	100
197	乙螨唑 Etoxazole	陆生哺乳动物	肌肉、肝、肾、可食用下水	10
			脂肪	20
		乳制品	奶	10
		家禽	肌肉、肝、肾、可食用下水、蛋	10
			脂肪	20
198	氯唑灵 Etridiazole	所有食品动物	肌肉、脂肪、肝、肾、可食用下水	100
			奶	50
			家禽蛋	50
199	Etyprostontromethamin	所有食品动物	肌肉、脂肪、肝、肾、可食用下水、奶、蛋、蜂蜜	1
200	丁香油酚 Eugenol	鱼类、甲壳纲	鲑形目、鳗鱼、鲈形目、螃蟹等	50
201	恶唑菌酮 Famoxadone	陆生哺乳动物	肌肉、脂肪	20
			肝、肾、可食用下水	50
		乳制品	奶	60
202	伐灭磷 Famphur	牛	肌肉、肝、肾、可食用下水	80
			脂肪	100
		除牛外其他陆生哺乳动物	肌肉、脂肪、肝、肾、可食用下水	100
		家禽	肌肉、脂肪、肝、肾、可食用下水	100
			蛋	20
		其余所有食品动物	鲑形目、鳗鱼、蜂蜜、奶等	20
203	咪唑菌酮 Fenamidone	牛、绵羊、山羊	肌肉、脂肪、肝、肾、可食用下水	100
		乳制品	奶	20
204	克线磷 Fenamiphos	猪	肌肉、肝、肾、可食用下水	10
			脂肪	30
		除猪外其他陆生哺乳动物	肌肉、肝、肾、可食用下水	10
			脂肪	50
		乳制品	奶	5
		家禽	肌肉、脂肪、肝、肾、可食用下水、蛋	10
		其余所有食品动物	鲑形目、鳗鱼、蜂蜜等	5
205	氯苯嘧啶醇 Fenarimol	牛	肌肉、肾、可食用下水	20
			脂肪	100
			肝	50

序号	兽药名称（残留标示物）	商品种类	靶组织	限量标准（μg/kg）
205	氯苯嘧啶醇 Fenarimol	猪	肌肉、可食用下水	20
			脂肪、肝、肾	60
		除牛、猪外其他陆生哺乳动物	肌肉、可食用下水	20
			脂肪	100
			肝、肾	60
		乳制品	奶	10
		家禽	肌肉、脂肪、肝、肾、可食用下水、蛋	20
206	腈苯唑 Fenbuconazole	牛	肌肉、脂肪、肝、肾	50
			可食用下水	10
		除牛外其他陆生哺乳动物	肌肉、脂肪、肝、肾、可食用下水	10
		乳制品	奶	50
		家禽	肌肉、脂肪、肝、肾、可食用下水、蛋	50
207	苯丁锡 Fenbutatin oxide	牛	肌肉	50
			脂肪	500
			肝、肾、可食用下水	200
		除牛外其他陆生哺乳动物	肌肉	50
			脂肪	300
			肝、肾、可食用下水	200
		乳制品	奶	50
		鸡	肌肉、脂肪、肝、肾、可食用下水	50
		其他家禽	肌肉、脂肪、肝、肾、可食用下水	80
			蛋	50
208	环酰菌胺 Fenhexamid	陆生哺乳动物	肌肉、脂肪	50
			肝、肾、可食用下水	2 000
		乳制品	奶	10
209	杀螟硫磷 Fenitrothion	陆生哺乳动物	肌肉、脂肪、肝、肾、可食用下水	50
		乳制品	奶	2
		除鸡肉外所有家禽	肌肉、脂肪、肝、肾、可食用下水	50
			鸡肉	10
			蛋	10
		其余所有食品动物	鲑形目、鳗鱼、鲈形目、蜂蜜等	2
210	仲丁威 Fenbucarb	鸡	肌肉、脂肪、肝、肾、可食用下水	20
		家禽	蛋	20

序号	兽药名称（残留标示物）	商品种类	靶组织	限量标准（μg/kg）
211	恶唑禾草灵 Fenoxaprop-ethyl	陆生哺乳动物	肌肉、脂肪	50
			肝、肾、可食用下水	100
		乳制品	奶	20
		家禽	肌肉、脂肪	10
			肝、肾、可食用下水	100
			蛋	20
212	甲氰菊酯 Fenpropathrin	牛	肌肉	100
			脂肪	500
			肾、可食用下水	50
		除牛外其他陆生哺乳动	肌肉、肝、肾、可食用下水	100
			脂肪	1 000
		乳制品	奶	100
		家禽	肌肉	50
			脂肪	20
			肝、肾、可食用下水、蛋	10
213	粉锈啉 Fenpropimorph	陆生哺乳动物	肌肉	20
			脂肪、可食用下水	10
			肝	300
			肾	50
		乳制品	奶	10
		家禽	肌肉、脂肪、肝、肾、可食用下水、蛋	10
214	芬前列林 Fenprostalene	牛	肌肉	10
			脂肪	40
			肝、可食用下水	20
			肾	30
215	唑螨酯 Fenpyroximate	牛	肌肉、可食用下水	30
			脂肪	20
			肝、肾	10
		猪	肌肉、脂肪、肝、肾、可食用下水	5
		除牛、猪外其他陆生哺乳动物	肌肉、脂肪、肝、肾、可食用下水	30
		乳制品	奶	5
		其余所有食品动物	肌肉、脂肪、肝、肾、可食用下水、蛋、蜂蜜	5

序号	兽药名称（残留标示物）	商品种类	靶组织	限量标准（μg/kg）
216	倍硫磷 Fenthion	牛	肌肉、肝、肾、可食用下水	600
			脂肪	100
		猪	肌肉、肝、肾、可食用下水	500
		除牛、猪外其他陆生哺乳动物	肌肉、脂肪、肝、肾、可食用下水	200
		乳制品	奶	200
		家禽	肌肉、脂肪、肝、肾、可食用下水、蛋	5
217	三苯锡 Fentin	所有食品动物	肌肉、脂肪、肝、肾、可食用下水、蛋	50
218	氰戊菊酯 Fenvalerate	陆生哺乳动物	肌肉	900
			脂肪	1 000
			肝、肾、可食用下水	20
		乳制品	奶	100
		家禽	肌肉、脂肪、肝、肾、可食用下水、蛋	10
219	氟虫腈 Fipronil	牛	肌肉	40
			脂肪	500
			肝	100
			肾	20
			可食用下水	30
		猪	肌肉	10
			脂肪	300
			肝、肾、可食用下水	20
		除牛、猪外其他陆生哺乳动物	肌肉	40
			脂肪	300
			肝	60
			肾、可食用下水	30
		乳制品	奶	20
		家禽	肌肉	10
			脂肪	40
			肝、肾、可食用下水、蛋	20
220	甲氟燕灵 Flamprop-methyl	陆生哺乳动物	肌肉、脂肪、肝、肾、可食用下水、奶	10
221	富拉磷 Flavophospholipol	牛、猪	肌肉、脂肪、肝、肾、可食用下水、奶	10
		鸡	肌肉、脂肪、肝、肾、可食用下水	30
		家禽	蛋	20

序号	兽药名称（残留标示物）	商品种类	靶组织	限量标准（μg/kg）
222	氟苯尼考 Florfenicol	牛、猪	肌肉、脂肪、肝、肾、可食用下水	200
		除牛、猪外其他陆生哺乳动物	肌肉	200
			脂肪、肾、可食用下水	300
			肝	3 000
		家禽	肌肉	100
			脂肪	300
			肝	3 000
			肾、可食用下水	500
		鱼类	鲑形目、鳗鱼	200
			鲈形目	30
			其他鱼	1 000
		其余所有水生动物	甲壳纲、去壳软体动物等	100
223	吡氟禾草灵 Fluazifop	所有食品动物	肌肉、脂肪、肝、肾、可食用下水、奶、蛋	50
224	啶蜱脲 Fluazuron	牛	肌肉	200
			脂肪	7 000
			肝、肾、可食用下水	500
225	氟苯哒唑 Flubendazole	猪	肌肉、肝、可食用下水	10
			脂肪	50
			肾	300
		除猪外其他陆生哺乳动物	肌肉、脂肪、肝、肾、可食用下水	10
		鸭	肾	500
			脂肪	200
		火鸡	肾	400
		家禽	肝、可食用下水	500
			肾、蛋	400
			肌肉	200
		除鸭外的家禽	脂肪	50
226	氟氰戊菊酯 Flucythrinate	所有食品动物	肌肉、脂肪、肝、肾、可食用下水、蛋	50
		乳制品	奶	70
227	咯菌腈 Fludioxonil	陆生哺乳动物	肌肉	10
			脂肪、肝、肾、可食用下水	50
		乳制品	奶	10

序号	兽药名称（残留标示物）	商品种类	靶组织	限量标准（μg/kg）
228	氟噻草胺 Flufenacet	陆生哺乳动物	肌肉、脂肪	50
			肝	100
			肾、可食用下水	500
229	氟甲喹 Flumequine	陆生哺乳动物	肌肉、可食用下水	200
			脂肪	300
			肝	500
			肾	2 000
		乳制品	奶	100
		鸡	肌肉	1 000
			脂肪、肝、可食用下水	2 000
			肾	6 000
		鱼类	鲈形目	400
			其他鱼	600
230	氟氯苯菊酯 Flumethrin	牛	肌肉	10
			脂肪	200
			肝	40
			肾、可食用下水	30
		猪	肌肉、脂肪、肝、肾、可食用下水	5
		除牛、猪外其他陆生哺乳动物	肌肉、肝、肾	60
			脂肪	200
			可食用下水	100
		乳制品	奶	50
		鸡	肌肉、脂肪、肝、肾、可食用下水	30
		其他家禽	肌肉、脂肪、肝、肾、可食用下水	5
			蛋	30
		其余所有食品动物	鲑形目、鳗鱼、蜂蜜等	5
231	氟唑嘧磺草胺 Flumetsulam	陆生哺乳动物	肌肉、脂肪	100
			肝、肾、可食用下水	200
		乳制品	奶	100
		家禽	肌肉、脂肪、肝、肾、可食用下水、蛋	100
232	氟烯草酸 Flumiclorac pentyl	所有食品动物	肌肉、脂肪、肝、肾、可食用下水、奶、蛋	10
233	丙炔氟草胺 Flumioxazin	所有食品动物	肌肉、脂肪、肝、肾、可食用下水、奶、蛋	10

序号	兽药名称（残留标示物）	商品种类	靶组织	限量标准（µg/kg）
234	氟尼辛 Flunixin	牛	肌肉	20
			脂肪	30
			肝	200
			肾	100
			可食用下水	10
		猪	肌肉	50
			脂肪	10
			肝	200
			肾、可食用下水	30
		除牛、猪外其他陆生哺乳动物	肌肉、脂肪、肝、肾、可食用下水	50
		乳制品	奶	20
235	四氟丙酸 Flupropanate	陆生哺乳动物	肌肉、脂肪、肝、肾、可食用下水	100
236	喹唑菌酮 Fluquinconazole	陆生哺乳动物	肌肉、肝、肾、可食用下水	200
			脂肪	500
		乳制品	奶	100
		家禽	肌肉、脂肪、肝、肾、可食用下水、蛋	20
237	氟啶草酮 Fluridone	陆生哺乳动物	肌肉、脂肪	50
			肝、肾	100
			可食用下水	50
		乳制品	奶	50
		家禽	肌肉、脂肪	50
			肝、肾	10
			可食用下水	50
			蛋	50
		水生动物	鲈形目、螃蟹等	500
238	氟草烟 Fluroxypyr	陆生哺乳动物	肌肉、脂肪	80
			肝、可食用下水	700
			肾	1 000
			牛脂肪	100
		乳制品	奶	200
		家禽	肌肉、脂肪、肝、肾、可食用下水	50
			蛋	30

序号	兽药名称（残留标示物）	商品种类	靶组织	限量标准（μg/kg）
239	氟硅唑 Flusilazole	牛	肌肉、脂肪	10
			肝、肾、可食用下水	20
		乳制品	奶	10
		鸡	肌肉、脂肪、肝、肾、可食用下水	10
		家禽	蛋	10
240	氟酰胺 Flutolanil	陆生哺乳动物	肌肉、可食用下水	50
			脂肪	80
			肝	200
			肾	100
		乳制品	奶	50
		家禽	肌肉、脂肪、肝、肾、可食用下水、蛋	50
241	粉唑醇 Flutriafol	陆生哺乳动物	肌肉	50
		所有食品动物	肌肉、脂肪、肝、肾、可食用下水、奶、蛋	500
242	氟胺氰菊酯 Fluvalinate	蜂产品	蜂蜜	50
243	疫霉灵 Fosetyl	陆生哺乳动物	肌肉、脂肪	1 000
			肝、肾、可食用下水	5 000
244	磷霉素 Fosfomycin	牛	肌肉、脂肪、肝、肾、可食用下水	500
		乳制品、水产品	奶、螃蟹	50
245	呋线威 Furathiocarb	陆生哺乳动物	肌肉、脂肪、肝、肾、可食用下水	300
			猪脂肪	500
		乳制品	奶	50
		家禽	肌肉	30
			脂肪	500
			肝、肾、可食用下水	300
			蛋	50
246	庆大霉素 Gebtamicin	牛、猪	肌肉、脂肪	100
			肝、可食用下水	2 000
			肾	5 000
		乳制品	奶	200
		家禽	肌肉、脂肪、肝、肾、可食用下水	100
247	草胺磷 Glufosinate	陆生哺乳动物	肌肉	50
			脂肪	400

第三章 日本食品安全限量标准

序号	兽药名称（残留标示物）	商品种类	靶组织	限量标准（µg/kg）
247	草胺磷 Glufosinate	陆生哺乳动物	肝、肾、可食用下水	100
		乳制品	奶	20
		家禽	肌肉、蛋	50
			脂肪	200
			肝、肾、可食用下水	100
248	咪唑双酰胺 Glycalpyramide	陆生哺乳动物	肌肉、脂肪、肝、肾、可食用下水	30
		乳制品	奶	30
		鸡	肌肉、脂肪、肝、肾、可食用下水	100
		其他家禽	肌肉、脂肪、肝、肾、可食用下水	30
			蛋	30
		其余所有食品动物	鲑形目、鳗鱼、蜂蜜等	30
249	草甘膦 Glyphosate	牛	肌肉	100
			脂肪	500
			肝、肾、可食用下水	2 000
		猪	肌肉	100
			脂肪	500
			肝、肾、可食用下水	1 000
		除牛、猪外其他陆生哺乳动物	肌肉	400
			脂肪	500
			肝、可食用下水	1 000
			肾	3 000
		乳制品	奶	100
		家禽	肌肉、蛋	100
			脂肪	80
			肝	600
			肾	1 000
			可食用下水	700
		鱼类	鲑形目、鳗鱼等	300
		除鱼类外其他水生动物	螃蟹	3 000
250	常山酮 Halofuginone	牛	肌肉	10
			脂肪	30
			肝、肾、可食用下水	20

序号	兽药名称（残留标示物）	商品种类	靶组织	限量标准（μg/kg）
250	常山酮 Halofuginone	鸡	肌肉、脂肪	10
			肝	400
			肾	1 000
		其他家禽	肌肉、脂肪	50
			肝	600
			肾、可食用下水	1 000
251	氯吡嘧磺隆 Halosulfuron methyl	陆生哺乳动物	肌肉	100
			脂肪	10
			肝、肾、可食用下水	200
		乳制品	奶	10
		家禽	肌肉、脂肪、肝、肾、可食用下水	10
252	哈洛克酮 Haloxon	牛	肌肉、脂肪、肝、肾、可食用下水	100
253	吡氟氯禾灵 Haloxyfop	陆生哺乳动物	肌肉、脂肪	20
			肝、肾、可食用下水	500
		乳制品	奶	20
		家禽	肌肉、脂肪、蛋	10
			肝、肾、可食用下水	50
254	七氯 Heptachlor	陆生哺乳动物	肌肉、脂肪、肝、肾、可食用下水	200
		乳制品	奶	6
		家禽	肌肉、脂肪、肝、肾、可食用下水	200
			蛋	50
		鱼类	鲑形目、鳗鱼、鲈形目等	50
		其余所有食品动物	甲壳纲、去壳软体动物、蜂蜜等	6
255	六氯苯 Hexachloro-benzene	陆生哺乳动物	肌肉	200
			脂肪、肝、肾、可食用下水	200
		乳制品	奶	10
		家禽	肌肉	200
			脂肪、肝、肾、可食用下水	600
			蛋	500
		鱼类、甲壳纲	鲈形目、螃蟹等	100
256	环嗪酮 Hexazinone	陆生哺乳动物	肌肉、脂肪、肝、肾、可食用下水	100
		乳制品	奶	80
		家禽	肌肉、脂肪、肝、肾、可食用下水、蛋	50

第三章 日本食品安全限量标准

序号	兽药名称（残留标示物）	商品种类	靶组织	限量标准（μg/kg）
257	噻螨酮 Hexythiazox	陆生哺乳动物	肌肉、脂肪、肝、肾、可食用下水	20
		乳制品	奶	20
258	磷化氢 Hydrogen Phosphide	所有食品动物	肌肉、脂肪、肝、肾、可食用下水、奶、蛋、蜂蜜	10
259	烯菌灵 Imazalil	陆生哺乳动物	肌肉、脂肪	20
			肝	300
			肾、可食用下水	20
		乳制品	奶	20
		家禽	肌肉、脂肪、肝、肾、可食用下水、奶、蛋	20
260	铵基咪草啶酸 Imazamox-ammonium	陆生哺乳动物	肌肉、脂肪、肝、肾、可食用下水	50
		乳制品	奶	50
261	甲咪唑烟酸 Imazapic-ammonium	陆生哺乳动物	肌肉	100
			脂肪、肝、可食用下水	80
			肾	500
		乳制品	奶	60
		家禽	肌肉、脂肪、肝、肾、可食用下水、蛋	10
262	灭草烟 Imazapyr	猪	肌肉、脂肪、肝、肾、可食用下水	50
		除猪外其他陆生哺乳动物	肌肉、脂肪、肝、可食用下水	50
			肾	100
		乳制品	奶	10
		鱼类	鲑形目、鳗鱼、鲈形目等	1 000
		甲壳纲、去壳软体动物	螃蟹等	100
263	咪唑乙烟酸 Imazethapyr ammonium	所有食品动物	肌肉、脂肪、肝、肾、可食用下水、奶、蛋	100
264	吡虫啉 Imidacloprid	陆生哺乳动物	肌肉	20
			脂肪	300
			肝、肾、可食用下水	50
		乳制品	奶	20
		家禽	肌肉、肝、肾、可食用下水、蛋	20
			脂肪	50
265	恶二唑虫 Indoxacarb	陆生哺乳动物	肌肉	50
			脂肪	1 000
			肝、肾、可食用下水	20
		乳制品	奶	100
		家禽	肌肉、肝、可食用下水、蛋	10

序号	兽药名称（残留标示物）	商品种类	靶组织	限量标准（μg/kg）
266	甲基碘磺隆 Iodosulfron-methyl	所有食品动物	肌肉、脂肪、肝、肾、可食用下水、奶、蛋	10
267	异菌脲 Iprodione	陆生哺乳动物	肌肉	200
			脂肪	300
			肝、牛肾、猪肾	1 000
			其他陆生哺乳动物肾	900
			可食用下水	200
		乳制品	奶	200
		家禽	肌肉	500
			脂肪	2 000
			肝	3 000
			肾、可食用下水	500
			蛋	800
268	异氰脲酸酯 Isocyanurate	除鸡可食用下水所有食品动物	肌肉、脂肪、肝、肾、可食用下水、奶、蛋	800
		鸡	鸡可食用下水	2 000
269	异丁子香酚 Isocyanurate	鱼类	鲑形目、鳗鱼、鲈形目等	100 000
270	异柳磷 Isofenphos	乳制品	奶	10
		家禽	蛋	20
271	氮氨菲啶 Isometamidium	牛	肌肉、脂肪	100
			肝、可食用下水	500
			肾	1 000
		乳制品	奶	100
272	稻瘟灵 Isoprothiolane	牛	肌肉、脂肪、肝、肾、可食用下水	20
		乳制品	奶	20
273	异恶氟草 Isoxaflutole	陆生哺乳动物	肌肉、脂肪	200
			牛肝	400
			猪肝	200
			其他陆生哺乳动物肝	300
			肾、可食用下水	80
		乳制品	奶	30
		家禽	肌肉、脂肪、肝	200
			肾、可食用下水	80
			蛋	20

序号	兽药名称（残留标示物）	商品种类	靶组织	限量标准（μg/kg）
274	伊维菌素 Iermectin	陆生哺乳动物	牛、马肌肉	10
			其他陆生哺乳动物肉	20
			猪脂肪	20
			其他陆生哺乳动物脂肪	40
			牛肝	100
			猪肝	15
			其他陆生哺乳动物肝	20
			牛、猪肾	10
			其他陆生哺乳动物肾	20
			牛、猪、马可食用下水	10
			其他陆生哺乳动物可食用下水	20
		乳制品	奶	10
		家禽	肌肉	10
			脂肪、肝、肾、可食用下水	20
275	交沙霉素 Josamycin	猪	脂肪、肝、肾	40
			可食用下水	300
		鸡	肌肉、脂肪、肝、肾	40
			鸡可食用下水	300
		水产品	鲈形目	50
276	卡那霉素 Kanamycin	牛	肌肉、脂肪、肝、肾、可食用下水	40
		除牛外的陆生哺乳动物	肌肉、脂肪、肝、可食用下水	100
			除猪外的陆生哺乳动物肝、可食用下水	600
			猪肾	100
			其他陆生哺乳动物肾	3 000
			猪可食用下水	200
		乳制品	奶	400
		鸡	肌肉、脂肪	100
			肝、可食用下水	600
			肾	3 000
			蛋	500
277	酮洛芬 Ketoprofen	牛	肌肉、脂肪、肝、肾、可食用下水	50
		乳制品	奶	50
278	北里霉素 Kitasamycin	所有食品动物	肌肉、脂肪、肝、肾、可食用下水、奶、蛋	200

序号	兽药名称（残留标示物）	商品种类	靶组织	限量标准（μg/kg）
279	亚胺菌 Kresoxim-methyl	陆生哺乳动物	肌肉、脂肪、肝、肾、可食用下水	50
		乳制品	奶	10
		家禽	肌肉	50
			脂肪、肝、可食用下水、蛋	20
			肾	50
280	来洛霉素 Laidlomycin	牛	肌肉、脂肪、肝、肾、可食用下水	200
281	拉沙里菌素 Lasalocid	牛	肌肉、脂肪、肝、肾、可食用下水	20
		猪	肌肉、脂肪	50
			肝、肾、可食用下水	700
		除牛、猪外的陆生哺乳动物	肌肉、脂肪	50
			肝、肾、可食用下水	700
		乳制品	奶	10
		鸡	肌肉、脂肪、肝、肾、可食用下水、蛋	10
		其他家禽	肌肉、脂肪	200
			肝、肾、可食用下水	300
			蛋	50
		其余食品动物	鲑形目、鳗鱼、螃蟹、蜂蜜等	1
282	左旋咪唑 Levamisole	牛、猪	肌肉、脂肪、肾	10
			肝	100
			可食用下水	300
		除牛、猪外的陆生哺乳动物	肌肉、脂肪	10
			肝	600
			肾	500
			可食用下水	300
		乳制品	奶	300
		家禽	肌肉、脂肪、肾	10
			肝	100
			可食用下水	60
			蛋	1 000
283	林可霉素 Lincomycin	牛	肌肉、可食用下水	200
			脂肪	50
			肝	400
			肾	900

第三章 日本食品安全限量标准

序号	兽药名称（残留标示物）	商品种类	靶组织	限量标准（μg/kg）
283	林可霉素 Lincomycin	猪	肌肉	200
			脂肪	100
			脂肪（带皮）	300
			肝、肾	500
			可食用下水	50
		除牛、猪外的陆生哺乳动物	肌肉、可食用下水	200
			脂肪	50
			肝	400
			肾	900
		乳制品	奶	150
		鸡	肌肉	200
			脂肪	300
			肝、肾	500
			可食用下水	20
		其他家禽	肌肉、可食用下水、蛋	100
			脂肪	50
			肝	300
			肾	800
		鱼类	鲈形目	50
			其他鱼	100
		其余水生动物	甲壳纲、去壳软体动物等	100
284	林丹 Lindane	牛	肌肉	20
			脂肪	3 000
			肝、肾、可食用下水	1 000
		除牛外的陆生哺乳动物	肌肉	20
			脂肪	100
			肝、肾、可食用下水	10
		乳制品	奶	10
		家禽	肌肉	700
			脂肪、肝、肾、可食用下水	100
			蛋	10
		水生动物	鲑形目、鳗鱼、鲈形目等	1 000

序号	兽药名称（残留标示物）	商品种类	靶组织	限量标准（μg/kg）
285	利谷隆 Linuron	陆生哺乳动物	肌肉	500
			脂肪、肝、肾、可食用下水	1 000
		乳制品	奶	50
		家禽	肌肉、脂肪、肝、肾、可食用下水	50
			蛋	500
286	氟丙氧脲 Lufenuron	陆生哺乳动物	肌肉	20
			脂肪	1 000
			肝、肾、可食用下水	10
		乳制品	奶	200
		家禽	肌肉、肝、肾、可食用下水	10
			脂肪	1 000
			蛋	50
287	马杜霉素 Maduramicin	鸡	肌肉	100
			脂肪	400
			肝	800
			肾、可食用下水	1 000
		除鸡外其他家禽	肌肉、脂肪	100
			肝	800
			肾、可食用下水	1 000
288	马福拉嗪 Mafoprazine	猪	肌肉、脂肪、肝、肾、可食用下水	30
289	马拉硫磷 Malathion	陆生哺乳动物	肌肉、脂肪、肝、肾、可食用下水	2 000
		乳制品	奶	500
		家禽	肌肉、脂肪、肝、肾、可食用下水	2 000
			蛋	700
		水生动物	鲑形目鱼、鲈形目、螃蟹等	500
		蜂产品	蜂蜜	500
290	麻保沙星 Marbofloxacin	牛、猪	肌肉、肝、肾、可食用下水	200
			脂肪	50
		乳制品	奶	80
291	二甲四氯 MCPA	陆生哺乳动物	肌肉、肝、肾、可食用下水	80
			脂肪	100
		乳制品	奶	80
		家禽	肌肉、脂肪、肝、可食用下水、蛋	50

序号	兽药名称（残留标示物）	商品种类	靶组织	限量标准（μg/kg）
292	二甲四氯丁酸 MCPB	所有食品动物	肌肉、脂肪、肝、肾、可食用下水、蛋、奶	50
293	甲苯咪唑 Mebendazole	牛、猪	肌肉、脂肪、肝、肾、可食用下水	20
		除牛、猪外其他陆生哺乳动物	肌肉、肝、肾	40
			脂肪	60
			可食用下水	20
		乳制品	奶	20
		其余所有食品动物	肌肉、脂肪、肝、肾、可食用下水、蛋、奶、蜂蜜	20
294	Mecillinum	牛、猪	肌肉、脂肪、肝、肾、可食用下水	50
295	二甲四氯丙酸 MECOPROP	所有食品动物	肌肉、脂肪、肝、肾、可食用下水、蛋、奶、蜂蜜	50
296	吡咯二酸二乙酯 Mefenpyr-diethyl	陆生哺乳动物	肌肉、脂肪	50
			肝、肾、可食用下水	80
		乳制品	奶	10
		家禽	肌肉、脂肪、肝、肾、可食用下水	50
			蛋	10
297	甲烯雌醇乙酸酯 Melengestrol acetate	牛	肌肉、脂肪、肝、肾、可食用下水	30
298	美洛昔康 Meloxicam	牛	肌肉、脂肪	20
			肝、可食用下水	70
			肾	100
		猪	肌肉	20
			脂肪	100
			肝、肾	70
			可食用下水	60
		除牛、猪外其他陆生哺乳动物	肌肉、脂肪	20
			肝、肾、可食用下水	70
		乳制品	奶	10
		其余所有食品动物	肌肉、脂肪、肝、肾、可食用下水、蛋、蜂蜜	20
299	孟布酮 Menbutone	牛、猪	肌肉、脂肪、肝、肾、可食用下水	40
		乳制品	奶	40
300	缩节胺 Mepiquat chloride	陆生哺乳动物	肌肉、脂肪、肝、肾、可食用下水	100
		乳制品	奶	50
		家禽	肌肉、脂肪、肝、肾、可食用下水	100
			蛋	50

序号	兽药名称（残留标示物）	商品种类	靶组织	限量标准（μg/kg）
301	甲磺胺磺隆 Mesosulfuron-methyl	陆生哺乳动物	肌肉、脂肪、肝、肾、可食用下水	10
		乳制品	奶	10
302	硝磺酮 Mesotrione	所有食品动物	肌肉、脂肪、肝、肾、可食用下水、奶、蛋	10
303	精甲霜灵 Metalxyl, Mefenoxam	陆生哺乳动物	肌肉、可食用下水	200
			脂肪	400
			肝、肾	300
		乳制品	奶	30
		家禽	肌肉、可食用下水	200
			脂肪	500
			肝、肾	300
			蛋	50
304	乙丁烯酰磷 Methacrifos	所有食品动物	肌肉、脂肪、肝、肾、可食用下水、奶、蛋	10
305	甲胺磷 Methamidophos	猪	肌肉、脂肪、肝、肾、可食用下水	100
		除猪外其他陆生哺乳动物	肌肉、脂肪	10
			肝、肾、可食用下水	100
		乳制品	奶	10
		家禽	肌肉、脂肪	100
			肝、肾、可食用下水	60
			蛋	100
306	杀扑磷 Methidathion	陆生哺乳动物、家禽	肌肉、脂肪、肝、肾、可食用下水	20
		其余所有食品动物	肌肉、脂肪、肝、肾、可食用下水、蜂蜜、奶	1
307	灭多威、硫双威 Methomyl, Thiodicarb	所有食品动物	肌肉、脂肪、肝、肾、可食用下水、蛋	20
308	烯虫酯 Methoprene	陆生哺乳动物	肌肉、肝、肾、可食用下水	100
			脂肪	200
		乳制品	奶	50
		家禽	肌肉、肝、肾、可食用下水	100
			鸡脂肪	1 000
			蛋	50
309	甲氧滴滴涕 Methoxychlor	陆生哺乳动物	肌肉、脂肪、肝、肾、可食用下水	2 000
		乳制品	奶	10
		家禽	肌肉、脂肪、肝、肾、可食用下水、蛋	10

第三章　日本食品安全限量标准

序号	兽药名称（残留标示物）	商品种类	靶组织	限量标准（μg/kg）
310	甲氧虫酰肼 Methoxyfenozide	猪	肌肉、肝、可食用下水	60
			脂肪	70
			肾、可食用下水	40
		除猪外其他陆生哺乳动物	肌肉、肝	60
			脂肪	200
			肾、可食用下水	70
311	甲苄喹啉 Methylbenzoquate	家禽	肌肉、脂肪、肝、肾、可食用下水	100
312	甲基氢化泼尼松 Methylprednisolone	牛	肌肉、脂肪、肝、肾、可食用下水	10
		乳制品	奶	10
313	甲氧氯普胺 Metoclopramide	牛、猪	肌肉、脂肪、肝、肾、可食用下水	30
		除牛、猪外其他陆生哺乳动物	肌肉、脂肪、肝、肾、可食用下水	5
		乳制品	奶	5
		其余所有食品动物	肌肉、脂肪、肝、肾、可食用下、蛋、蜂蜜	5
314	异丙甲草胺 Metolachlor	牛	肌肉	30
			脂肪	20
			肝	50
			肾	200
			可食用下水	40
		除牛外其他陆生哺乳动物	肌肉	30
			脂肪	20
			肝	50
			肾	100
			可食用下水	40
		乳制品	奶	30
		家禽	肌肉、脂肪、肝、肾、可食用下水、蛋	20
			肝	40
315	美托舍酯盐酸盐 Metoserpate hydrochloride	鸡	肌肉、脂肪、肝、肾、可食用下水	20
316	甲氧磺草胺 Metosulam	所有食品动物	肌肉、脂肪、肝、肾、可食用下水、蛋、蜂蜜	10
317	嗪草酮 Metribuzin	陆生哺乳动物	肌肉、脂肪、肝、肾、可食用下水	400
			脂肪	700

序号	兽药名称（残留标示物）	商品种类	靶组织	限量标准（μg/kg）
317	嗪草酮 Metribuzin	乳制品	奶	50
		家禽	肌肉、脂肪、肝、肾、可食用下水	400
			脂肪	700
			蛋	30
318	甲磺隆 Metsulfuron-methyl	牛、猪	肌肉、脂肪、肝、可食用下水	100
			肾	400
		除牛、猪外其他陆生哺乳动物	肌肉、脂肪、肝、可食用下水	100
			肾	300
		乳制品	奶	70
319	速灭磷 Mevinphos	陆生哺乳动物	肌肉、脂肪、肝、肾、可食用下水	50
		乳制品	奶	50
320	米洛沙星 Miloxacin	水产品	鳗鱼	500
321	米诺杀维素 Mirosamycin	猪	肌肉、脂肪、肝、肾、可食用下水	50
		鸡	肌肉、脂肪、肝、肾、可食用下水	40
		蜂产品	蜂蜜	50
322	莫能菌素 Monensin	陆生哺乳动物	肌肉、脂肪、肝、肾、可食用下水	50
		乳制品	奶	10
		家禽	肌肉	50
			脂肪、肝、肾、可食用下水	500
323	绿谷隆 Monolinuron	所有食品动物	肌肉、脂肪、肝、肾、可食用下、奶、蛋	50
324	甲噻嘧啶 Morantel	猪	肌肉、脂肪	300
			肝、肾、可食用下水	5 000
		除猪外其他陆生哺乳动物	肌肉、脂肪	300
			肝	1 000
			肾、可食用下水	2 000
		乳制品	奶	100
		鸡	肌肉、脂肪、肝、肾、可食用下	30
325	莫西克丁 Moxidectin	陆生哺乳动物	牛、鹿肌肉	20
			其他肌肉	50
			脂肪	500
			肝	100
			肾	50

序号	兽药名称（残留标示物）	商品种类	靶组织	限量标准（μg/kg）
325	莫西克丁 Moxidectin	陆生哺乳动物	鹿可食用下水	200
			牛可食用下水	500
			其他陆生哺乳动物可食用下水	50
		乳制品	奶	40
326	腈菌唑 Myclobutanil	牛	肌肉、肝、肾、可食用下水	10
			脂肪	50
		猪	肌肉	50
			脂肪	40
			肝	400
			肾、可食用下水	90
		除牛、猪外其他陆生哺乳动物	肌肉、脂肪	50
			肝	400
			肾、可食用下水	90
		乳制品	奶	10
		家禽	肌肉、肝、肾、可食用下水、蛋	10
			脂肪	20
327	奈夫西林 Nafcillin	牛、猪	肌肉、脂肪、肝、肾、可食用下水	5
		除牛、猪外其他陆生哺乳动物	肌肉、脂肪、肝、肾、可食用下水	300
		其余所有食品动物	肌肉、脂肪、肝、肾、可食用下水、奶、蛋、蜂蜜	5
328	萘啶酸 Nalidixic acid	牛	肌肉、脂肪、肝、肾、可食用下水	30
329	那罗星 Nanafrocin	牛	肌肉、脂肪、肝、肾、可食用下水	30
		乳制品	奶	30
330	驱虫磷 Naphthalophos	陆生哺乳动物	肌肉、脂肪、肝、肾、可食用下水	100
331	甲基盐霉素 Narasin	牛	肌肉、脂肪、肝、肾、可食用下水	50
		鸡	肌肉	100
			脂肪	500
			肝、肾、可食用下水	300
		除鸡外其他家禽	肌肉、脂肪	100
			肝、肾、可食用下水	300
332	新霉素 Neomycin	陆生哺乳动物	肌肉、脂肪、肝、肾、可食用下水	500
		乳制品	奶	500

序号	兽药名称（残留标示物）	商品种类	靶组织	限量标准 ($\mu g/kg$)
332	新霉素 Neomycin	家禽	肌肉、脂肪、肝、可食用下水、蛋	500
			鸡肾	10 000
			其他家禽肾	8 000
		水生动物	鲑形目、鳗鱼、鲈形目等	500
333	甲氧苄喹酯 Nequinate	鸡	肌肉、脂肪、肝、肾、可食用下水	100
334	双硝苯脲二甲嘧啶醇 Nicarbazin	鸡	肌肉、脂肪、肝、肾	200
			可食用下水	500
		除鸡外其他家禽	肌肉、脂肪、肝、肾、可食用下水	500
335	氯草定 Nitrapyrin	所有食品动物	肌肉、脂肪、肝、肾、可食用下水	50
336	硝羟碘苄腈 Nitroxynil	牛	肌肉、肝、肾、可食用下水	500
			脂肪	600
		猪	肌肉、脂肪、肝、肾、可食用下水	1 000
		除牛、猪外其他陆生哺乳动物	肌肉、肾	700
			脂肪	600
			肝	500
			可食用下水	1 000
		家禽	肌肉、脂肪、肝、肾、可食用下水	1 000
337	诺氟沙星 Norfloxacin	猪、鸡	肌肉、脂肪、肝、肾、可食用下水	20
		除鸡外其他家禽	肌肉、脂肪、肝、肾、可食用下水	100
338	哒草伏 Norflurazon	陆生哺乳动物	肌肉、脂肪、肾、可食用下水	100
			肝	300
		乳制品	奶	100
		家禽	肌肉、脂肪、肝、肾、可食用下水	100
339	诺孕美特 Norgestomet	所有食品动物	肌肉、脂肪、肝、肾、可食用下水、奶、蛋、蜂蜜	0.1
340	那西肽 Nosiheptide	猪、鸡	肌肉、脂肪、肝、肾、可食用下水	30
341	双苯氟脲 Novaluron	牛	肌肉、可食用下水	600
			脂肪	10 000
			肝、肾	1 000
		猪	肌肉、脂肪	50
			肝、肾、可食用下水	10
		除牛、猪外其他陆生哺乳动物	肌肉	6 000
			脂肪	10 000

序号	兽药名称（残留标示物）	商品种类	靶组织	限量标准 ($\mu g/kg$)
341	双苯氟脲 Novaluron	除牛、猪外其他陆生哺乳动物	肝、肾	1 000
			其他陆生哺乳动物可食用下水	600
		乳制品	奶	1 000
		家禽	肌肉	30
			脂肪	400
			肝、肾、可食用下水	40
			蛋	50
342	新生霉素 Novobiocin	牛	肌肉、肝、肾、可食用下水	700
			脂肪	1 000
		乳制品	奶	80
		鸡	肌肉、肝、肾、可食用下水	50
			脂肪	1 000
		除鸡外其他家禽	肌肉	
			脂肪、肝、肾、可食用下水	
		水产品	鲈形目	50
343	邻二氯苯 ODB	陆生哺乳动物	肌肉、脂肪、肝、肾、可食用下水	10
344	氧氟沙星 Ofloxacin	鸡	肌肉、脂肪、肝、肾、可食用下水	50
345	喹乙醇 Olaquindox	猪、家禽	肌肉、脂肪、肝、肾、可食用下水	300
346	竹桃霉素 Oleandomycin	牛	肌肉、脂肪、肝、肾、可食用下水	50
		猪	肌肉、肝、肾、可食用下水	100
			脂肪	200
		除牛、猪外其他陆生哺乳动物	肌肉、脂肪、肝、肾、可食月下水	100
		乳制品	奶	50
		家禽	肌肉、脂肪、肝、肾、可食用下水	200
		水产品	鲈形目	50
347	氧化乐果 Omethoate	所有食品动物	肌肉、脂肪、肝、肾、可食用下水、奶、蛋	50
348	奥比沙星 Orbifloxacin	牛、猪	肌肉、脂肪、肝、肾、可食用下水	20
		乳制品	奶	20
349	奥美普林 Ormetoprim	牛	肌肉、脂肪、肝、肾、可食用下水	20
		猪	肌肉、脂肪、肝、肾、可食用下水	50
		家禽	肌肉、脂肪、肝、肾、可食用下水	100

序号	兽药名称（残留标示物）	商品种类	靶组织	限量标准（μg/kg）
350	解草腈 Oxabetrinil	陆生哺乳动物、家禽	肌肉、脂肪、肝、肾、可食用下水、蛋	100
		乳制品	奶	50
351	苯唑青霉素 Oxacillin	除奶外所有食品动物	肌肉、脂肪、肝、肾、可食用下水、蛋	300
		乳制品	奶	30
352	恶草酮 Oxadiazon	陆生哺乳动物	肌肉、脂肪、肝、肾、可食用下水	10
		乳制品	奶	10
353	杀线威 Oxamyl	除奶外所有食品动物	肌肉、脂肪、肝、肾、可食用下水、蛋	20
354	丙氧苯咪唑 Oxibendazole	猪	肌肉、肾、可食用下水	100
			脂肪	500
			肝	200
		除猪外其余所有食品动物	肌肉、脂肪、肝、肾、可食用下水、奶、蛋、蜂蜜	30
355	喹菌酮 Oxolinic acid	牛、猪	肌肉、肝、肾、可食用下水	1 000
			脂肪	50
		乳制品	奶	1 000
		鸡	肌肉、肝、肾、可食用下水	1 000
			脂肪	100
			蛋	50
		鱼类	鲑形目、鳗鱼、鲈形目	50
			其他鱼	30
		甲壳纲	螃蟹	30
			其他水生动物	100
356	羟氯柳苯胺 Oxyclozanide	牛	肌肉	100
			脂肪、肝、肾、可食用下水	500
		除牛外其他陆生哺乳动物	肌肉	300
			脂肪	20
			肝、肾	1 000
			其他陆生哺乳动物可食用下水	2 000
		乳制品	奶	300
357	砜吸磷 Oxydemeton-methyl	陆生哺乳动物	肌肉、肝、肾、可食用下水	10
			猪脂肪	20
			其他陆生哺乳动物脂肪	10
		乳制品	奶	10
		家禽	肌肉、脂肪、肝、肾、可食用下水、蛋	20

序号	兽药名称（残留标示物）	商品种类	靶组织	限量标准 ($\mu g/kg$)
358	乙氧氟草醚 Oxyfluorfen	陆生哺乳动物	肌肉	50
			脂肪、肝、肾、可食用下水	30
		乳制品	奶	30
		家禽	肌肉、蛋	50
			脂肪	100
			肝、肾、可食用下水	30
359	土霉素/金霉素/四环素（总量）Oxytetracycline/Chlortetracycline/Tetracycline（as total）	牛、猪	肌肉、脂肪、肾、可食用下水	200
			肝	600
		马	肌肉	100
			脂肪	10
			肝、可食用下水	300
			肾	600
		除牛、猪、马外陆生哺乳动物	肌肉	100
			脂肪、肝、可食用下水	300
			绵羊脂肪	200
			肾	600
		乳制品	奶	100
		家禽	肌肉、脂肪、肾	200
			肝、可食用下水	600
			其他家禽可食用下水	600
			蛋	400
		水生动物	鲑形目、鳗鱼、鲈形目等	200
		蜂产品	蜂蜜	300
360	百草枯 Paraquat	陆生哺乳动物	肌肉、脂肪	50
			肝、可食用下水	300
			肾	500
		乳制品	奶	10
		家禽	肌肉、脂肪、肝、肾、可食用下水	50
			蛋	10
361	对硫磷 Parathion	所有食品动物	肌肉、脂肪、肝、肾、可食用下水、奶、蛋	50
362	甲基对硫磷 Parathion-methyl	陆生哺乳动物	肌肉、脂肪、肝、肾、可食用下水	50
		乳制品、家禽	奶、蛋	50

序号	兽药名称（残留标示物）	商品种类	靶组织	限量标准（μg/kg）
363	虫帕唑 Parbendazole	陆生哺乳动物、乳制品	肌肉、脂肪、肝、肾、可食用下水、奶	100
364	巴龙霉素 Paromomycin	陆生哺乳动物、家禽	肌肉、脂肪	500
			肝、肾、可食用下水	2 000
		水生动物	鲑形目、鳗鱼、鲈形目等	500
365	戊菌唑 Penconazole	所有食品动物	肌肉、脂肪、肝、肾、可食用下水、蛋	50
		乳制品	奶	10
366	硝草胺 Pendimethalin	所有食品动物	肌肉、脂肪、肝、肾、可食用下水、奶、蛋	10
367	氯菊酯 Permethrin	猪	肌肉	200
			脂肪	1 000
			肝、肾、可食用下水	100
		除猪外其他陆生哺乳动物	肌肉	400
			脂肪	1 000
			肝、肾、可食用下水	100
		乳制品	奶	100
		家禽	肌肉、蛋	100
			脂肪	200
			肝、肾	300
			鸡可食用下水	400
			其他家禽可食用下水	300
368	苯敌草 Phenmedipham	陆生哺乳动物、乳制品	肌肉、脂肪、肝、肾、可食用下水、奶	100
369	苯醚菊酯 Phenothrin	所有食品动物	肌肉、脂肪、肝、肾、可食用下水、奶、蛋	500
370	苯氧甲基青霉素 Penoxymethylpeniciin	猪	肌肉、脂肪、肝、肾、可食用下水	30
371	甲拌磷 Phorate	所有食品动物	肌肉、脂肪、肝、肾、可食用下水、奶、蛋	50
372	亚胺硫磷 Phosmet	牛	肌肉	200
			脂肪、肝、肾、可食用下水	600
		猪	肌肉、脂肪、肝、肾、可食用下水	200
		除牛、猪外其他陆生哺乳动物	肌肉、脂肪	200
			肝、肾、可食用下水	100
373	辛硫磷 Phoxim	陆生哺乳动物	肌肉、肝、肾、可食用下水	50
			脂肪	400

序号	兽药名称（残留标示物）	商品种类	靶组织	限量标准（μg/kg）
374	毒莠定 Picloram	陆生哺乳动物	肌肉、脂肪	100
			肝、可食用下水	2 000
			肾	3 000
		乳制品	奶	50
		家禽	肌肉、脂肪、蛋	50
			肝、肾、可食用下水	100
375	氟吡酰草胺 Picloinafen	陆生哺乳动物	肌肉、脂肪	20
			肝、肾、可食用下水	50
		乳制品	奶	10
		家禽	肌肉、脂肪、肝、肾、可食用下水	20
			蛋	10
376	杀鼠酮 Pindone	所有食品动物	肌肉、脂肪、肝、肾、可食用下水、奶、蛋、蜂蜜	1
377	唑啉草酯 Pinoxaden	所有食品动物	肌肉、脂肪、肝、肾、可食用下水、蛋	50
		乳制品	奶	20
378	哌嗪 Piperazine	猪	肌肉	300
			脂肪	500
			肝	1 000
			肾	600
			可食用下水	100
		除猪外的陆生哺乳动物	肌肉、脂肪、肝、肾、可食用下水	50
		乳制品	奶	50
		家禽	肌肉、脂肪、肝、肾、可食用下水	100
			蛋	2 000
		水生动物	鲑形目、鳗鱼、蜂蜜等	50
379	增效醚 Piperonyl butoxide	牛	肌肉	2 000
			脂肪	5 000
			肝	1 000
			肾	300
			可食用下水	100
		猪	肌肉	2 000
			脂肪	30
			肝	1 000
			肾、可食用下水	200

序号	兽药名称（残留标示物）	商品种类	靶组织	限量标准（μg/kg）
379	增效醚 Piperonyl butoxide	除牛、猪外的陆生哺乳动物	肌肉	2 000
			脂肪、可食用下水	100
			肝	1 000
			肾	200
		乳制品	奶	200
		鸡	肌肉	80
			脂肪	7 000
			肝、肾、可食用下水	10 000
		其他家禽	肌肉	3 000
			脂肪	7 000
			肝、肾、可食用下水	10 000
			蛋	1 000
380	抗蚜威 Pirimicarb	陆生哺乳动物	肌肉、脂肪	50
			肝、肾、可食用下水	100
		乳制品	奶	50
		家禽	肌肉、脂肪、肝、肾、可食用下水	100
			蛋	50
381	甲基嘧啶磷 Pirimiphos-methyl	陆生哺乳动物	肌肉	50
			脂肪、可食用下水	100
			肝、肾	700
		乳制品	奶	50
		家禽	肌肉、肝、肾、可食用下水、蛋	50
			脂肪	100
382	吡喹酮 Praziquantel	牛、猪	肌肉、脂肪肝、肾、可食用下水	20
		除牛、猪外其他陆生哺乳动物	肌肉	50
			脂肪	30
			肝、肾	300
			可食用下水	40
		乳制品	奶	20
		其余所有食品动物	肌肉、脂肪、肝、肾、可食用下水、蛋、蜂蜜	20
383	氢化泼尼松 Prednisolone	牛	肌肉、脂肪	4
			肝、肾、可食用下水	10

序号	兽药名称（残留标示物）	商品种类	靶组织	限量标准（μg/kg）
383	氢化泼尼松 Prednisolone	其余所有食品动物	肌肉、脂肪、肝、肾、可食用下水、蛋、蜂蜜	0.7
384	吡芬溴铵 Prifinium	牛	肌肉、脂肪、肝、肾、可食用下水	50
		乳制品	奶	50
385	甲基氟嘧磺隆 Primisulfuron-methyl	所有食品动物	肌肉、脂肪、肝、肾、可食用下水、蛋、蜂蜜	100
		乳制品	奶	20
386	咪酰胺 Prochloraz	牛	肌肉	100
			脂肪	500
			肝肝、肾、可食用下水	5 000
		其余所有食品动物	肌肉、脂肪、肝、肾、可食用下水、奶	100
387	腐霉利 Procymidone	猪	肌肉、肝、肾、可食用下水	50
			脂肪	100
		除猪外其他陆生哺乳动物	肌肉、肝、肾、可食用下水	50
			脂肪	200
		乳制品	奶	40
		家禽	肌肉	50
			脂肪	80
			肝、肾、可食用下水、蛋	30
388	丙溴磷 Profenofos	陆生哺乳动物	肌肉、脂肪、肝、肾、可食用下水	50
		乳制品	奶	10
		家禽	肌肉、脂肪、肝、肾、可食用下水	50
			蛋	20
389	调环酸钙盐 Prohexadione calcium	陆生哺乳动物	肌肉、脂肪、肝、可食用下水	50
			肾	80
		乳制品	奶	10
		家禽	肌肉、脂肪、肝、肾、可食用下水、蛋	50
390	扑草净 Prometryn	陆生哺乳动物	肌肉、脂肪、肝、肾、可食用下水	50
		乳制品	奶	50
391	毒草胺 Propachlor	陆生哺乳动物	肌肉、脂肪	20
			肝、肾、可食用下水	60
		乳制品	奶	20
		家禽	肌肉、脂肪、肝、肾、可食用下水、蛋	20

序号	兽药名称（残留标示物）	商品种类	靶组织	限量标准（μg/kg）
392	敌稗 Propanil	陆生哺乳动物	肌肉、脂肪、肝、肾、可食用下水	100
		乳制品	奶	30
		家禽	肌肉、脂肪	100
			肝、肾、可食用下水	2 000
			蛋	80
393	恶草酸 Propaquizafop	陆生哺乳动物	肌肉、脂肪、肝、肾、可食用下水	20
		乳制品	奶	10
394	吡芬溴铵 Propargite，Bpps	所有食品动物	肌肉、脂肪、肝、肾、可食用下水、奶、蛋	100
395	烯虫磷 Propetamphos	牛	肌肉、脂肪、肝、肾、可食用下水	20
		除牛外其他陆生哺乳动物	肌肉、脂肪、肝、肾、可食用下水	10
396	丙环唑 Propiconazole	陆生哺乳动物	肌肉、肝、肾、可食用下水	50
			脂肪	80
		乳制品	奶	10
		家禽	肌肉、蛋	50
			脂肪、可食用下水	80
			肝、肾	100
397	残杀威 Propoxur	牛	肌肉	20
			脂肪、肾	40
			肝、可食用下水	50
		猪	肌肉、肝、肾、可食用下水	10
			脂肪	50
		除牛、猪外其他陆生哺乳动物	肌肉、脂肪、肝、肾、可食用下水	50
		乳制品	奶	50
		鸡	肌肉、脂肪、肝、肾、可食用下水	30
		除鸡外其他家禽	肌肉、脂肪、肝、肾、可食用下水、蛋	50
398	丙苯磺隆 Propoxycarbazone	猪	肌肉、脂肪	50
			肝、肾、可食用下水	4
		除猪外其他陆生哺乳动物	肌肉、脂肪、肝、肾、可食用下水	50
		其余所有食品动物	肌肉、脂肪、肝、肾、可食用下水、奶、蛋、蜂蜜	4
399	炔苯酰草胺 Propyzamide	牛	肌肉	30
			脂肪	20
			肝、肾	200

序号	兽药名称（残留标示物）	商品种类	靶组织	限量标准（μg/kg）
399	炔苯酰草胺 Propyzamide	牛	可食用下水	90
		猪	肌肉、肾、可食用下水	20
			脂肪、可食用下水	40
			肝、肾	200
		除牛、猪外其他陆生哺乳动物	肌肉、脂肪	20
			肝、肾	200
			可食用下水	40
		乳制品	奶	10
		家禽	肌肉、脂肪、可食用下水	40
			肝、肾	100
			蛋	30
400	氟磺隆 Prosulfuron	所有食品动物	肌肉、脂肪、肝、肾、可食用下水、奶、蛋	50
401	吡蚜酮 Pymetrozine	所有食品动物	肌肉、脂肪、肝、肾、可食用下水、奶、蛋	10
402	吡唑硫磷 Pyraclofos	所有食品动物	肌肉、脂肪、肝、肾、可食用下水、奶、蛋	100
403	百克敏 Pyraclostrobin	陆生哺乳动物	肌肉、肾、可食用下水	100
			脂肪、肝	800
		乳制品	奶	60
		家禽	肌肉、脂肪、肝、肾、可食用下水、蛋	50
		蜂产品	蜂蜜	30 000
404	酒石酸噻吩嘧啶 Pyrantel tartrate	猪	肌肉、脂肪	1 000
			肝、肾、可食用下水	10 000
		除猪外其他陆生哺乳动物	肌肉、脂肪、肝、肾、可食用下水	500
405	吡嘧磷 Pyrazophos	所有食品动物	肌肉、脂肪、肝、肾、可食用下水、奶、蛋	20
406	除虫菊酯 Pyrethrins	其他陆生哺乳动物	肌肉、脂肪、肝、肾、可食用下水	100
		乳制品	奶	500
		家禽	肌肉、脂肪、肝、肾、可食用下水	200
			蛋	100
407	哒螨灵 Pyridaben	陆生哺乳动物	肌肉、脂肪、肝、肾、可食用下水	50
		乳制品	奶	10
408	哒草特 Pyridate	所有食品动物	肌肉、脂肪、肝、肾、可食用下水、奶、蛋	200
409	胺嘧啶 Pyrimethamine	猪、鸡	肌肉、脂肪、肝、肾、可食用下水	50

序号	兽药名称（残留标示物）	商品种类	靶组织	限量标准（μg/kg）
410	二甲嘧菌胺 Pyrimethanil	牛	肌肉、肝、可食用下水	30
			脂肪	10
			肾	40
		猪	肌肉、脂肪、肝、肾、可食用下水	50
		除牛、猪外其他陆生哺乳动物	肌肉、肝、可食用下水	30
			脂肪	10
			肾	40
		乳制品	奶	20
411	吡丙醚 Pyriproxyfen	猪	肌肉、脂肪、肝、肾、可食用下水	20
		除猪外其他陆生哺乳动物	肌肉、脂肪、肝、肾、可食用下水	10
		乳制品	奶	20
412	嘧草硫醚 Pyrithiobac-sodium	所有食品动物	肌肉、脂肪、肝、肾、可食用下水、奶、蛋	20
413	二氯喹啉酸 Quinclorac	猪	肌肉、肝、可食用下水	50
			脂肪	400
			肾	50
		除猪外其他陆生哺乳动物	肌肉	50
			脂肪	400
			肝、肾、可食用下水	800
		乳制品	奶	100
		家禽	肌肉、脂肪、蛋	50
			肝、可食用下水	80
414	喹氧灵 Quintozene	陆生哺乳动物	肌肉、肝、肾、可食用下水	10
			脂肪	100
		乳制品	奶	10
415	五氯硝基苯 Quintozene	陆生哺乳动物	肌肉、脂肪、肝、肾、可食用下水	10
		乳制品	奶	10
		鸡	肌肉	10
			脂肪、肝、肾、可食用下水	100
		除鸡外其他家禽	肌肉、脂肪、肝、肾、可食用下水	10
			蛋	30
416	喹禾灵 Quizalofop-ethyl	陆生哺乳动物	肌肉	20
			脂肪	50
			肝、肾、可食用下水	100

第三章 日本食品安全限量标准

序号	兽药名称（残留标示物）	商品种类	靶组织	限量标准（μg/kg）
416	喹禾灵 Quizalofop-ethyl	乳制品	奶	40
		家禽	肌肉	40
			脂肪、肝、肾、可食用下水	50
			蛋	20
417	雷复尼特 Rafoxanide	牛	肌肉、脂肪	30
			肝、可食用下水	10
			肾	40
		除牛外其他陆生哺乳动物	肌肉、可食用下水	100
			脂肪	300
			肝、肾	200
418	苄呋菊酯 Resmethrin	所有食品动物	肌肉、脂肪、肝、肾、可食用下水、奶、蛋	100
419	利福西明 Rifaximin	乳制品	奶	60
420	氯苯胍 Robenidine	鸡	肌肉、肝、肾、可食用下水	100
			脂肪	200
		除鸡外其他家禽	肌肉	1 000
			脂肪	1 000
			肝、肾、可食用下水	100
421	硝羟苯胂酸 Roxarsone	猪、家禽	肌肉、脂肪、蛋	500
			肝、肾、可食用下水	2 000
422	盐霉素 Salinomycin	牛	肌肉、脂肪	20
			肝	400
			肾、可食用下水	500
		猪	肌肉、脂肪、肾、可食用下水	100
			肝	200
		鸡	肌肉	100
			脂肪	400
			肝、肾、可食用下水	500
		除鸡外其他家禽	肌肉、脂肪	100
			肝、肾、可食用下水	500
			蛋	20
423	沙拉沙星 Sarafloxacin	家禽	肌肉	10
			脂肪、肾、可食用下水	20

序号	兽药名称（残留标示物）	商品种类	靶组织	限量标准（μg/kg）
423	沙拉沙星 Sarafloxacin	家禽	肝	80
		鱼类	鲑形目	30
424	赛地卡霉素 Sedecamycin	猪	肌肉、脂肪、肝、肾、可食用下水	50
425	赛杜霉素 Semduramicin	鸡	肌肉	90
			脂肪、肝	500
			肾	200
			可食用下水	30
		除鸡外其他家禽	肌肉	90
			脂肪、肝、肾、可食用下水	500
426	稀禾定 Sethoxydim	陆生哺乳动物	肌肉	100
			脂肪	200
			肝、肾、可食用下水	500
		乳制品	奶	300
		家禽	肌肉、脂肪	200
			肝	900
			肾、可食用下水、蛋	900
427	西玛津 Simazine	陆生哺乳动物、家禽	肌肉、脂肪、肝、肾、可食用下水、蛋、奶	20
		水产品	鲑形目、鳗鱼、鲈形目等	10 000
428	Sodium Nifrustyrenate	水产品	其他鱼	50
429	壮观霉素 Spectinomycin	牛	肌肉	500
			脂肪、肝	2 000
			肾	5 000
			可食用下水	1 000
		猪	肌肉	500
			肝	2 000
			可食用下水	1 000
			肾	5 000
		绵羊	肌肉	700
			脂肪、肝	2 000
			肾	5 000
			可食用下水	1 000
		其他陆生哺乳动物	肌肉、脂肪	500
			肝、肾、可食用下水	1 000

序号	兽药名称（残留标示物）	商品种类	靶组织	限量标准（μg/kg）
429	壮观霉素 Spectinomycin	乳制品	奶	200
		鸡	肌肉	500
			脂肪、肝	2 000
			肾	5 000
			可食用下水	400
		除鸡外其他家禽	肌肉	500
			脂肪	300
			肝	700
			肾	2 000
			可食用下水	600
			蛋	2 000
		水生动物	鲑形目、鳗鱼等	300
430	艾克敌 Spinosad	牛、猪	肌肉	2 000
			脂肪	20 000
			肝、肾、可食用下水	4 000
		除牛、猪外其他陆生哺乳动物	肌肉	800
			脂肪	10 000
			肝、肾	3 000
			可食用下水	4 000
		乳制品	奶	3 000
		家禽	肌肉	20
			脂肪	400
			肝、肾、可食用下水	400
			蛋	50
431	螺旋霉素 Spiramycin	牛	牛肉	200
			脂肪、肾	300
			肝	600
			可食用下水	100
		猪	肌肉	200
			脂肪、肾	300
			肝	600
			可食用下水	1 000
		乳制品	奶	200

序号	兽药名称（残留标示物）	商品种类	靶组织	限量标准（μg/kg）
431	螺旋霉素 Spiramycin	鸡	肌肉	200
			脂肪	300
			肝	600
			肾	800
			可食用下水	1 000
		除鸡外其他家禽	肌肉、脂肪	100
			肝、肾、可食用下水	1 000
		水生动物	鲑形目、鳗鱼等	200
432	萜孢菌素 Spiroxamine	陆生哺乳动物	肌肉、脂肪	50
			肝、肾、可食用下水	400
		乳制品	奶	40
433	苯酰磺胺 Sulfabenzamide	陆生哺乳动物	肌肉、脂肪、肝、肾、可食用下水	100
		乳制品	奶	10
434	磺胺溴二甲嘧啶钠 Sulfabromomethazine sodium	牛	肌肉、脂肪、肝、肾、可食用下水	100
		乳制品	奶	10
435	乙酰磺胺 Sulfacetamide	陆生哺乳动物	肌肉、脂肪、肝、肾、可食用下水	100
		乳制品	奶	10
436	磺胺氯哒嗪 Sulfachlorpyridazine	牛	肌肉、脂肪、肝、肾、可食用下水	100
		猪	肌肉、脂肪、肝、肾、可食用下水	50
437	磺胺嘧啶 Sulfadiazine	陆生哺乳动物	肌肉、脂肪、肝、肾、可食用下水	100
		乳制品	奶	70
		家禽	肌肉、脂肪、肝、肾、可食用下水	100
			蛋	20
		水产品	鲑形目	100
438	磺胺二甲氧嘧啶 Sulfadimethoxine	猪	肌肉、肝	200
			脂肪	50
			肾、可食用下水	100
		除猪外其他陆生哺乳动物	肌肉、脂肪、肝、肾、可食用下水	50
		乳制品	奶	20
		鸡	肌肉、脂肪、肝、肾、可食用下水	50
		除鸡外其他家禽	肌肉、脂肪、肝、肾、可食用下水	100
			蛋	1 000
		水产品	鲑形目等	100

第三章 日本食品安全限量标准

序号	兽药名称（残留标示物）	商品种类	靶组织	限量标准（μg/kg）
439	磺胺二甲嘧啶 Sulfadimidine	陆生哺乳动物	肌肉、脂肪、肝、肾、可食用下水	100
		乳制品	奶	25
		家禽	肌肉、脂肪、肝、肾、可食用下水	100
			蛋	10
440	周效磺胺 Sulfadoxine	猪	肌肉、脂肪、肝、肾	100
			可食用下水	20
		除猪外	肌肉、脂肪、肝、肾、可食用下水	100
		乳制品	奶	60
441	磺胺乙氧哒嗪 Sulfaethoxypyridazine	牛、猪	肌肉、脂肪、肝、肾、可食用下水	100
		乳制品	奶	10
442	磺胺胍 Sulfaguanidine	陆生哺乳动物	肌肉、脂肪、肝、肾、可食用下水	100
		乳制品	奶	10
443	磺胺甲基嘧啶 Sulfamerazine	家畜产品	肌肉、脂肪、肝、肾、可食用下水	100
444	新诺明 Sulfamethoxazole	陆生哺乳动物、家禽	肌肉、脂肪、肝、肾、可食用下水	20
445	磺胺甲氧哒嗪 Sulfamethoxypyridazine	猪	肌肉	30
			脂肪、肝、肾	50
				100
446	Sulfamoildapsone	猪	肌肉、脂肪、肾	100
			可食用下水	300
447	磺胺甲氧嘧啶钠 Sulfamonomethoxine	牛	肌肉	10
			脂肪、肝、肾、可食用下水	50
		猪	肌肉	30
			脂肪、肝、肾、可食用下水	50
		除牛、猪外其他陆生哺乳动物	肌肉、脂肪、肝、肾、可食用下水	100
		其余所有食品动物	肌肉、脂肪、肝、肾、可食用下水	100
448	磺胺 Sulfanilamide	牛、猪	肌肉、脂肪、肝、肾、可食用下水	100
		乳制品	奶	10
449	乙酰磺胺对硝基苯 Sulfanitran	陆生哺乳动物	肌肉、脂肪、肝、肾、可食用下水	20
		家禽	肌肉、脂肪、肝、肾、可食用下水	100
			蛋	20
450	磺胺吡啶 Sulfapyridine	牛、猪	肌肉、脂肪、肝、肾、可食用下水	100
		乳制品	奶	10

序号	兽药名称（残留标示物）	商品种类	靶组织	限量标准（μg/kg）
451	磺胺喹噁啉 Sulfaquinoxaline	陆生哺乳动物	肌肉、脂肪、肝、肾、可食用下水	100
		乳制品	奶	10
		鸡	肌肉、脂肪、肝、肾、可食用下水	50
		除鸡外其他家禽	肌肉、脂肪、肝、肾、可食用下水	100
			蛋	10
452	磺胺噻唑 Sulfathiazole	陆生哺乳动物	肌肉、脂肪、肝、肾、可食用下水	100
		乳制品	奶	90
		家禽	肌肉、脂肪、肝、肾、可食用下水	100
453	磺胺沙唑 Sulfatroxazole	陆生哺乳动物	肌肉、脂肪、肝、肾、可食用下水	100
		乳制品	奶	100
454	磺胺二甲异恶唑 Sulfisozole	鱼类	鲑形目、鲈形目等	100
455	磺酰磺隆 Sulfosulfuron	陆生哺乳动物	肌肉、脂肪	5
			肝、肾、可食用下水	30
		乳制品	奶	6
		其余所有食品动物	肌肉、脂肪、肝、肾、可食用下水、蛋、蜂蜜	5
456	戊唑醇 Tebuconazole	牛	肌肉、脂肪、肝、肾、可食用下水	50
		猪	肌肉、脂肪、肾	200
			肝、可食用下水	400
		除牛、猪外其他陆生哺乳动物	肌肉、脂肪	200
			肝、肾、可食用下水	300
		乳制品	奶	10
		鸡	肌肉、脂肪、肝、肾、可食用下水	50
		除鸡外其他家禽	肌肉、脂肪	100
			肝、肾、可食用下水	300
			蛋	50
457	虫酰肼 Tebufenozide	陆生哺乳动物	肌肉、脂肪、肝、肾、可食用下水	20
			脂肪	50
		乳制品	奶	10
		家禽	肌肉、脂肪、肝、肾、可食用下水、蛋	20
458	特丁噻黄隆 Tebuthiuron	陆生哺乳动物	肌肉	1 000
			脂肪、肝、肾、可食用下水	2 000
		乳制品	奶	300

序号	兽药名称（残留标示物）	商品种类	靶组织	限量标准（μg/kg）
459	四氯硝基苯 Tecnazene	所有食品动物	肌肉、脂肪、肝、肾、可食用下水、蛋	50
460	氟苯脲 Teflubenzuron	水产品	鲑形目，皮	3 000
			鲑形目，肉	400
461	七氟菊酯 Tefluthrin	所有食品动物	肌肉、脂肪、肝、肾、可食用下水、蛋、蜂蜜	1
462	双硫磷 Temephos	牛	肌肉、肝、肾、可食用下水	2 000
			脂肪	4 000
		除牛外其他陆生哺乳动物	肌肉、肝、肾、可食用下水	500
463	吡喃草酮 Tepraloxydim	陆生哺乳动物	肌肉、脂肪、肝、可食用下水	200
			肾	300
		乳制品	奶	60
		家禽	肌肉、肾、可食用下水、蛋	200
			脂肪	300
			肝	600
464	特丁磷 Terbufos	牛	肌肉、脂肪、肝、肾、可食用下水	50
		乳制品	奶	10
		家禽	肌肉、脂肪、肝、肾、可食用下水	50
			蛋	10
465	特丁净 Terbutryn	陆生哺乳动物	肌肉、脂肪	100
			肝、肾、可食用下水	3 000
		家禽	肌肉、脂肪	100
			肝、肾、可食用下水、蛋	3 000
466	特卡霉素 Terdecamycin	猪	肌肉、脂肪、肝、肾、可食用下水	50
		鸡	肌肉、肝、肾、可食用下水	300
			鸡肪	500
467	杀虫威 Tetrachlorvinphos	牛、猪	肌肉、脂肪、肝、肾、可食用下水	800
		除牛、猪外其他陆生哺乳动物	肌肉、肝、肾、可食用下水	50
			脂肪	500
		乳制品	奶	300
		家禽	肌肉、脂肪、肝、肾、可食用下水	800
			蛋	100
468	噻菌灵 Thiabendazole	陆生哺乳动物	肌肉、脂肪、肝、肾、可食用下水	100
		乳制品	奶	100

序号	兽药名称(残留标示物)	商品种类	靶组织	限量标准 (μg/kg)
468	噻菌灵 Thiabendazole	家禽	肌肉	50
			脂肪、肝、肾、可食用下水、蛋	100
		其余所有食品动物	鲑形目、鳗鱼、蜂蜜等	20
469	噻虫啉 Thiacloprid	猪	肌肉、脂肪、肝、肾、可食用下水	20
		除猪外其他陆生哺乳动物	猪肉、脂肪	20
			肝	90
			肾、可食用下水	40
		乳制品	奶	20
470	快胜 Thiamethoxam	所有食品动物	肌肉、脂肪、肝、肾、可食用下水、奶、蛋	20
471	甲砜霉素 Thiamphenicol	牛、猪	肌肉、脂肪、肝、肾、可食用下水	20
		乳制品	奶	50
		鸡	肌肉、肾、可食用下水	20
			脂肪	40
			肝	50
		水产品	鲈形目	20
472	赛苯隆 Thidiazuron	陆生哺乳动物	肌肉、肝、肾、可食用下水	100
			脂肪	200
			其他陆生哺乳动物肉	100
		乳制品	奶	30
		家禽	肌肉、脂肪、肝、肾、可食用下水	200
			蛋	100
473	噻吩磺隆 Thifensulfuron	所有食品动物	肌肉、脂肪、肝、肾、可食用下水、奶、蛋	10
474	禾草丹 Thiobencarb	所有食品动物	肌肉、脂肪、肝、肾、可食用下水、蛋	200
		乳制品	奶	50
475	甲基乙拌磷 Thiometon	所有食品动物	肌肉、脂肪、肝、肾、可食用下水、奶、蛋	50
476	硫姆林 Tiamulin	猪	肌肉、肝、肾、可食用下水	40
			脂肪	80
		除猪外其他陆生哺乳动物	肌肉、脂肪	0
			肝、肾、可食用下水	500
		鸡	肌肉、脂肪、肾、可食用下水	100
			肝	600
		除鸡外其他家禽	肌肉、脂肪、肾、可食用下水	100
			肝	200

序号	兽药名称（残留标示物）	商品种类	靶组织	限量标准（μg/kg）
477	替米考星 Tilmicosin	绵羊	肌肉、脂肪	100
			肝	1 000
			肾、可食用下水	300
		牛	肌肉、脂肪	100
			肝、可食用下水	1 000
			肾	300
		猪	肌肉、脂肪	100
			肝	1 500
			肾、可食用下水	1 000
		其他陆生哺乳动物	肌肉、脂肪	50
			肝、肾、可食用下水	1 000
		乳制品	奶	50
		家禽	肌肉、脂肪	80
			肝	1 000
			肾、可食用下水	300
		水生动物	鲑形目、鳗鱼等	50
478	硫普罗宁 Tiopronin	牛	肌肉、脂肪、肝、肾、可食用下水	100
		乳制品	奶	20
479	托芬那酸 Tolfenamic acid	牛	肌肉、脂肪	50
			肝	200
			肾、可食用下水	60
		猪	肌肉、脂肪	30
			肝	300
			肾、可食用下水	60
		乳制品	奶	50
480	甲苯三嗪酮 Toltrazuril	猪	肌肉	300
			脂肪	600
			肝	2 000
			肾	1 000
			可食用下水	2 000
		鸡	肌肉	900
			脂肪	200
			肝、肾	2 000
			可食用下水	3 000

序号	兽药名称（残留标示物）	商品种类	靶组织	限量标准（μg/kg）
480	甲苯三嗪酮 Toltrazuril	除鸡外其他家禽	肌肉	300
			脂肪	200
			肝	800
			肾	700
			可食用下水	1 000
			蛋	50
481	甲苯氟磺胺 Tolyfloxysulfuron	所有食品动物	肌肉、脂肪、肝、肾、可食用下水、奶、蛋	10
482	乙酸去甲雄三烯醇酮 Trenbolone acetate	牛	肌肉、脂肪	2
			肝、肾、可食用下水	10
		其余所有食品动物	肌肉、脂肪、肝、肾、可食用下水、奶、蛋、蜂蜜	ND
483	三唑酮 Triadimefon	牛	肌肉	50
			脂肪	600
			肝、肾、可食用下水	400
		猪	肌肉	50
			脂肪	500
			肝、肾、可食用下水	60
		除牛、猪外其他陆生哺乳动物	肌肉	50
			脂肪、肝、肾、可食用下水	400
		乳制品	奶	50
		家禽	肌肉、蛋	50
			脂肪	70
			肝、肾、可食用下水	60
484	三唑醇 Triadimenol	牛	肌肉	50
			脂肪	600
			肝、肾、可食用下水	400
		猪	肌肉	50
			脂肪、肝、肾、可食用下水	600
		除牛、猪外其他陆生哺乳动物	肌肉	50
			脂肪	600
			肝、肾、可食用下水	400
		乳制品	奶	10
		家禽	肌肉、蛋	50
			脂肪	70
			肝、肾、可食用下水	60

第三章 日本食品安全限量标准

序号	兽药名称（残留标示物）	商品种类	靶组织	限量标准（μg/kg）
485	野麦畏 Tri-allate	陆生哺乳动物	肌肉、肝、可食用下水	100
			脂肪、肾	200
		乳制品	奶	100
		家禽	肌肉	100
			脂肪、肝、肾、可食用下水	200
486	醚苯磺隆 Triasulfuron	陆生哺乳动物	肌肉、肝、可食用下水	80
			脂肪	100
			肾	300
		乳制品	奶	20
		家禽	蛋	50
487	三唑磷 Triazophos	牛	肌肉、脂肪	10
			肝、肾、可食用下水	20
		除牛外其他陆生哺乳动物	肌肉、脂肪、肝、肾、可食用下水	20
		乳制品	奶	10
		家禽	肌肉、脂肪、肝、肾、可食用下水、蛋	20
488	苯磺隆 Tribenuron-methyl	陆生哺乳动物	肌肉、脂肪、肝、肾、可食用下水	10
		乳制品	奶	10
489	三溴沙仑 Tribromsalan	牛	肌肉、脂肪、肝、肾、可食用下水	40
		乳制品	奶	40
490	脱叶磷 Tribuphos	牛	肌肉、脂肪、肝、肾、可食用下水	20
		其余所有食品动物	肌肉、脂肪、肝、肾、可食用下水、奶、蛋、蜂蜜	2
491	敌百虫 Trichlorfon	陆生哺乳动物	肌肉、脂肪、肝、肾、可食用下水	100
		乳制品	奶	50
		鸡	肌肉、脂肪、肝、肾、可食用下水	10
		除鸡外的其他家禽	肌肉、脂肪、肝、肾、可食用下水	50
			家禽蛋	4
		水产品	鲑形目、鲈形目	4
			鳗鱼	5
			其他水生动物	10
		蜂产品	蜂蜜	4
492	三氯苯咪唑 Triclabendazole	绵羊	肌肉、脂肪、肾、可食用下水	100
			肝	2 000

序号	兽药名称（残留标示物）	商品种类	靶组织	限量标准（μg/kg）
492	三氯苯咪唑 Triclabendazole	牛	肌肉	200
			脂肪	100
			肝、肾、可食用下水	300
		猪	肌肉	500
			肝	2 000
			脂肪、肾、可食用下水	1 000
		其他陆生哺乳动物	肌肉	100
			脂肪、肾、可食用下水	1 000
			肝	2 000
493	三氯吡氧乙酸 Triclopyr	牛	肌肉	50
			脂肪	100
			肝、肾	2 000
			可食用下水	3 000
		猪	肌肉、脂肪、可食用下水	50
			肝、肾	500
		除牛、猪外其他陆生哺乳动物	肌肉	50
			脂肪	100
			肝、肾	2 000
			可食用下水	3 000
		乳制品	奶	10
		家禽产	肌肉	100
			肝、肾、可食用下水	80
			蛋	50
		水产品	鲑形目、鳗鱼、其他鱼	3 000
			去壳软体动物	4 000
494	十三吗啉 Tridemorph	所有食品动物	肌肉、脂肪、肝、肾、可食用下水、奶、蛋	50
495	布洛芬 Trifloxystrbin	陆生哺乳动物	肌肉、脂肪、肝、肾、可食用下水	50
		乳制品	奶	20
		家禽	肌肉、脂肪、肝、肾、可食用下水、蛋	40
496	氟菌唑 Triflumizole	陆生哺乳动物	肌肉	50
			脂肪、肝、肾、可食用下水	500
		乳制品	奶	50

序号	兽药名称（残留标示物）	商品种类	靶组织	限量标准（μg/kg）
496	氟菌唑 Triflumizole	家禽	肌肉、脂肪、蛋	50
			肝、肾、可食用下水	100
497	杀铃脲 Triflumuron	牛、猪	肌肉、脂肪、肝、肾、可食用下水	50
		除牛、猪外其他陆生哺乳动物	肌肉	50
			脂肪	2 000
			肝、肾、可食用下水	80
		乳制品	奶	50
		家禽	肌肉、肝、肾、可食用下水、蛋	10
			脂肪	100
498	氟乐灵 Trifluralin	陆生哺乳动物、家禽	肌肉、脂肪、肝、肾、可食用下水、蛋	50
		乳制品	奶	50
		水生动物	鲑形目、鳗鱼	50
		蜂产品	蜂蜜	1
499	嗪氨灵 Triforine	所有食品动物	肌肉、脂肪、肝、肾、可食用下水、奶、蛋	50
500	甲氧苄氨嘧啶 Trimethoprim	牛	肌肉、脂肪、肝、肾、可食用下水	50
		猪	肌肉、脂肪、肝、肾	100
			可食用下水	50
		除牛、猪外其他陆生哺乳动物	肌肉、肾、肝	80
			脂肪	100
			可食用下水	50
		乳制品	奶	50
		其余所有食品动物	肌肉、脂肪、肝、肾、可食用下水、蛋	50
501	曲吡那敏 Tripelennamine	牛	肌肉、脂肪、肝、肾、可食用下水	200
		乳制品	奶	20
502	灭菌唑 Triticonazole	所有食品动物	肌肉、脂肪、肝、肾、可食用下水、奶、蛋	50
503	泰乐菌素 Tylosin	牛、猪	肌肉、脂肪、肝、肾、可食用下水	50
		除牛、猪外其他陆生哺乳动物	肌肉、脂肪、肝、肾、可食用下水	50
			其他陆生哺乳动物肉	100
		乳制品	奶	50
		鸡	肌肉、脂肪、肝、肾、可食用下水	50
		除鸡外其他家禽	肌肉、脂肪、肝、肾、可食用下水、蛋	200
		水生动物	鲑形目、鳗鱼等	100

序号	兽药名称（残留标示物）	商品种类	靶组织	限量标准（μg/kg）
504	伐奈莫林 Validamycin	猪	肌肉、脂肪、肝、肾、可食用下水	50
505	维达洛芬 Vedaprofen	陆生哺乳动物	肌肉	50
			脂肪	20
			肝、可食用下水	100
			肾	1 000
506	乙烯菌合利 Vinclozolin	牛、鸡	肌肉、脂肪、肝、肾、可食用下水、蛋	50
		乳制品	奶	50
507	维吉霉素 Virginiamycin	牛	肌肉	100
			脂肪、肝、肾、可食用下水	200
		猪	肌肉	100
			脂肪、肝、肾	300
			可食用下水	200
		除牛、猪外其他陆生哺乳动物	肌肉、脂肪	100
			肝、肾、可食用下水	200
		乳制品	奶	100
		鸡	肌肉	50
			脂肪、肝、肾、可食用下水	200
		除鸡外其他家禽	肌肉、蛋	100
			脂肪、肝、肾、可食用下水	200
508	杀鼠灵 Warfarin	所有食品动物	肌肉、脂肪、肝、肾、可食用下水、奶、蛋、蜂蜜	1
509	甲苯噻嗪 Xylazine	陆生哺乳动物	肌肉、脂肪、肝、肾	20
			可食用下水	50
		乳制品	奶	20
510	玉米赤霉醇 Zeranol	牛	肌肉、脂肪	2
			肝	10
			肾、可食用下水	20
		猪	肌肉、脂肪、肝、肾、可食用下水	2
		除牛、猪外其他陆生哺乳动物	肌肉、脂肪、肝、肾、可食用下水	20
		其余所有食品动物	肌肉、脂肪、肝、肾、可食用下水、奶、蛋、蜂蜜	2

第四节　日本特定污染物限量标准

序号	物质名称	靶组织	限量标准	备注
1	黄曲霉毒素 B_1 Aflatoxin B_1	花生及其制品、开心果、巴西胡桃、榛子、夏威夷果、核桃、腰果、巨人玉米、杏仁	0.01×10^{-6}	暂定
2	砷 As Arsenic	饮料水	ND	
		黄瓜、西红柿、葡萄、草莓、柑橘（果肉）、马铃薯、菠菜、桃	1.0×10^{-6}	
		苹果、柑橘（皮）、日本梨	3.5×10^{-6}	
3	硼 B Boron	矿泉水	30.0×10^{-6}	
		凝胶	$1\,000 \times 10^{-6}$	
4	镉 Cd Cadmium	饮料水	ND	
		米、谷类	1.0×10^{-6}	
5	六价铬 Cr^{6+} Chromium	饮料水	0.05×10^{-6}	
6	氰化物 Cyanide	豆类	ND	
7	赤霉病麦毒素 Deoxynivalenol	小麦	1.1×10^{-6}	暂定
8	氟 F Fluorine	饮料水	0.8×10^{-6}	
		矿泉水	2.0×10^{-6}	
9	铅 Pb Lead	饮料水	ND	
		黄瓜、西红柿、葡萄、草莓、柑橘（果肉）、马铃薯、桃	1.0×10^{-6}	
		柑橘（皮）	3.5×10^{-6}	
		苹果、日本梨、菠菜	5.0×10^{-6}	
10	汞 Hg Mercury	鱼贝类	0.4×10^{-6}	暂定
		清凉饮料水、矿泉水	0.005×10^{-6}	暂定
		鱼贝类	0.3×10^{-6}	暂定
11	有机磷 Organophosphorus	饮料水	0.1×10^{-6}	
12	苯酚类 Phenolic Compounds	清凉饮料水	0.005×10^{-6}	
13	多氯联苯 Polychlorinated Biphenyl	远洋鱼贝、肉类	0.5×10^{-6}	暂定
		近海鱼贝	3×10^{-6}	暂定
		牛奶	0.1×10^{-6}	暂定
		乳制品	1×10^{-6}	暂定
		婴幼儿奶粉、蛋类	0.2×10^{-6}	暂定

序号	物质名称	靶组织	限量标准	备注
14	硒 Se Selenium	矿泉水	0.01×10^{-6}	
15	贝类毒素 Shellfish Poison	贝类（可食部分）、双壳贝（可食部分）	4MU/g	暂定
		贝类（可食部分）	0.05MU/g	暂定
16	锡 Sn Tin	饮料水	150×10^{-6}	

第五节　日本食品添加剂使用标准

食品添加剂	分类	使用限量		使用限制
		可使用食品	使用量/最大残留限量	
1,8-桉叶素 1,8-Cineole	加香料			加香料以外用途使用禁止
薄荷脑 l-Menthol				
紫苏醛 l-Perillaldehyde				
2,3,5,6-四甲基吡嗪 2,3,5,6-Tetramethylpyrazine				
2,3,5-三甲基吡嗪 2,3,5-Trimethylpyrazine				
2-乙烷基3,5-二甲基吡嗪及 2-乙烷基3,6-二甲基吡嗪 2-Etyl-3,5-dimethylpyrazine 2-Etyl-3,6-dimethylpyrazine				
2-乙烷基3-甲基吡嗪 2-Ethyl-3-methylpyrazine				
己二酸 Adipic acid	酸味料			无制定
天冬甜素（阿斯巴甜） Aspartame	甜味剂			经允许用作特殊用途的情况不受此限
乙酰磺胺酸钾 Acesulfame potassium		砂糖代替食品（直接加在咖啡、红茶里，代替砂糖使用的食品）	<15 g/kg	
		口香糖	<5.0 g/kg	
		馅类	<2.5 g/kg	
		糕点及生糕点		
		生糕点		

食品添加剂	分类	使用限量		使用限制
		可使用食品	使用量/最大残留限量	
乙酰磺胺酸钾 Acesulfame potassium	甜味剂	冰激凌类	<1.0 g/kg	经允许用作特殊用途的情况不受此限
		果酱类		
		汤汁、腌渍物		
		冰糕点		
		面粉糊		
		营养功能食品（仅限于药片）	6.0 g/kg	
		果实酒、杂酒	<0.50 g/kg	
		清凉饮料水		
		乳饮料		
		乳酸菌饮料		
		发酵乳（稀释供饮用的稀释后的饮料水）		
		其他的食品	<0.35 g/kg	
乙醛 Acetaldehyde	加香料			不得用于增香以外的目的
苯乙酮/乙酰苯 Acetophenone				
乙酸 Acetic acid	酸味料			无制定
丙酮 Acetone	制造用剂	巴西可可豆		仅限于制造饮料时以提取瓜拉那豆成分为目的或用于油脂的成分分离，在最终食品加工完成前除去
		油脂		
酸性黏土 Acid clay			残留量<0.50%	无制定
all-rac-α-醋酸生育酚 all-rac-α-Tocopheryl acetate	强化剂	保健功能食品	<150 mg/该食品一日摄取目标量 （α-醋酸生育酚）	无制定
异硫氰酸烯丙酯 Allyl isothiocyanate	加香料			不得用于加香料以外的目的
硫酸铵铝 Aluminium ammonium sulfate	膨胀剂 制造用剂			不得用于豆酱
硫酸铵钾 Aluminium potassium sulfate				
茴香醛 Anisaldehyde	加香料			不得用于加香料以外
戊醇 Amylalcohol				
藻酸铵 Ammonium alginate	增稠剂			无制定

食品添加剂	分类	使用限量		
		可使用食品	使用量/最大残留限量	使用限制
氨 Ammonia	食品制造用			无制定
氯化铵 Ammonium chloride	膨胀剂			无制定
过硫酸铵 Ammonium persulfate	小麦粉处理剂	小麦粉	0.30 g/kg	
环己基丙烯丙酯 Allyl cyclohexylpropionate	加香料			加香料以外用途使用禁止
高级脂肪醇 Aliphatic higher alcohols				
高级脂肪族醛类（一般认为毒性强的除外） Aliphatic higher aldehydes				
高级脂肪族碳水化合物（一般认为毒性强的除外） Aliphatic higher hydrocarbons				
水溶性胭脂橙红 Annatto, water-soluble	着色剂			不得用于海带、食用肉、新鲜鱼贝类、海苔、豆类及蔬菜
碳酸铵 Ammonium carbonate	膨胀剂制造用剂			无制定
碳酸氢铵 Ammonium hydrogen carbonate	膨胀剂			无制定
己酸烯丙酯 Allyl hexanoate	加香料			加香料以外用途使用禁止
芳香醇类 Aromatic alcohols				
芳香醛类（一般认为毒性强的除外） Aromatic aldehydes				
硫酸铵 Ammonium sulfate	制造用剂			无制定
磷酸二氢铵 Ammonium dihydrogen phosphate				无制定
皂土 Bentonite			残留量<0.50%	
苯甲醛 Benzaldehyde	加香料			加香料以外用途使用禁止
苯甲酸 Benzoic acid	防腐剂	鱼子酱	作为苯甲酸2.5 g/kg	人造奶油：山梨酸、山梨酸钾与左侧的添加剂并用时，其使用量以安息香酸计或以山梨酸计合计不得超过1.0 g/kg
		人造奶油	1.0 g/kg	
		清凉饮料水	0.60 g/kg	
		果汁		
		酱油		

第三章 日本食品安全限量标准

食品添加剂	分类	使用限量		
		可使用食品	使用量/最大残留限量	使用限制
苯甲酸 Benzoic acid	防腐剂	以下仅作为苯甲酸钠用于糕点制造的果实泥（将果实擦碎或筛碎制成泥状）及果汁（含浓缩果汁）	1.0 g/kg	人造奶油：山梨酸、山梨酸钾与左侧的添加剂并用时，其使用量以安息香酸计或以山梨酸计合计不得超过 1.0 g/kg
过氧化苯甲酰 Benzoyl peroxide	小麦粉处理剂	小麦粉		用磷酸钙、硫酸钙、碳酸钙、碳酸镁、淀粉中一种以上混合后使用
乙酸丁酯 Butyl acetate 乙酸苄酯 Benzyl acetate	加香料			加香料以外用途使用禁止
苯甲醇 Benzyl alcohol	加香料			加香料以外用途使用禁止
丙酸苯甲酯 Benzyl propionate	加香料			加香料以外用途使用禁止
生物素 Biotin	强化剂			无制定
双苯酰硫胺 Bisbentiamine				
丁醇 Butanol	加香料			加香料以外用途使用禁止
二丁基羟基甲苯（BHT） Butylated hydroxytoluene	抗氧化剂	鱼介冷冻品（生食用冷冻鲜鱼介类及生食用冷冻牡蛎除外）	1.0 g/kg（对于 1 kg 浸渍液）	
		鲸冷冻品（生食用冷冻鲸肉除外）	（与 BHA 并用时其合计量 1.0 g/kg）	
		口香糖	0.75 g/kg	
		油脂	0.20 g/kg（与 BHA 并用的场合其合计量是 0.20 g/kg）	
		黄油		
		鱼介干制品		
		鱼介干腌渍品		
		干燥过滤芋		
叔丁基对羟基茴香醚（BHA） Butylated hydroxyanisole	抗氧化剂	鱼介冷冻品（生食用冷冻鱼介及生食用牡蛎除外）、鲸冷冻品（生食用冷冻鲸肉除外）	1.0 g/kg（相对于浸泡液 1 kg） （与 BHT 并用的场合，其合计量是 1.0 g/kg）	
		油脂、黄油	0.20 g/kg	
		鱼介干燥品、鱼介腌渍品、干燥筛芋泥	（与 BHT 并用的场合，其合计量是 0.20 g/kg）	
对羟基苯甲酸丁酯 Butylp-hydroxybenzoate	保存料	醋	0.10 g/L	
丁醛 Butyraldehyde	加香料			加香料以外用途使用禁止

食品添加剂	分类	使用限量		
		可使用食品	使用量/最大残留限量	使用限制
丁酸 Butyric acid	加香料			加香料以外用途使用禁止
丁酸丁酯 Butyl butyrate				
藻酸钙 Calcium alginate	增稠剂			无制定
乙二胺四乙酸二钠钙 Calcium disodium ethylenediaminetetraacetate	抗氧化剂	罐装或瓶装的清凉饮料水	以乙二胺四乙酸钙二钠计 0.035 g/kg	成品前必须将乙二胺四乙酸二钠转化为乙二胺四乙酸钙二钠
氯化钙 Calcium chloride	强化剂		作为钙1.0%（有特殊用途食品除外）	仅可使用于食品加工必不可少的情况及以营养目的的情况
	豆腐凝固剂			
羧甲基纤维素钙 Calcium carboxymethylcellulose	增稠剂	一般食品	2%	
柠檬酸钙 Calcium citrate	强化剂 食品制造用		作为钙：1.0%（表明用于特殊用途的食品除外）	
甘油磷酸钙 Calcium glycerophosphate	强化剂		作为钙1.0%（特殊用途的食品除外）	
葡萄糖酸钙 Calcium gluconate	强化剂		作为钙：1.0%（特殊用途的食品除外）	保健以外的目的不得使用
L-谷氨酸钙 Calcium diglutamate	调味料			
硅酸钙 Calcium silicate	制造用剂		2.0%（与微粒二氧化硅合用时，各自使用量之和）	
氢氧化钙 Calcium hydroxide	制造用剂			无制定
硬脂酸钙 Calcium stearate	强化剂			无制定
乳酰化硬脂酸钙 Calcium stearoyl lactylate	乳化剂	混合粉		
		生糕点（限于以大米为原料的东西）的制造中西式糕点，黄油糕点或蒸面包制造用	10 g/kg	
		西式糕点、黄油糕点或蒸面包用粉	8.0 g/kg	
		糕点（以小麦粉为原料的东西、焙烧的糕点）面包制造用	5.5 g/kg	
		糕点（以小麦粉为原料的东西、当中用油脂处理的东西）制造用	5.0 g/kg	
		蒸馒头制造用	2.5 g/kg	
		生糕点	6.0 g/kg	

第三章　日本食品安全限量标准

食品添加剂	分类	使用限量		使用限制
		可使用食品	使用量/最大残留限量	
乳酰化硬脂酸钙 Calcium stearoyl lactylate	乳化剂	西式蛋糕、黄油蛋糕及蒸馒头	5.5 g/kg	
乳酰化硬脂酸钙 Calcium stearoyl lactylate	乳化剂	面类（速食面及通心粉类以外的干面除外）（通心粉类除外）	作为煮面：4.5 g/kg	
		糕点当中焙烧的东西（西式糕点、黄油糕点除外）及用油脂处理的东西	4.0 g/kg	
		面包	4.0 g/kg	
		通心粉类	作为干面：4.0 g/kg	
		蒸馒头	2.0 g/kg	
碳酸钙 Calcium carbonate	强化剂 酿造用 食品制造用		作为钙	
		口香糖	10%（特别用途食品除外）	
		其他食品	1.0%（特别用途食品除外）	
乳酸钙 Calcium lactate	强化剂		作为钙1% （特别用途食品除外）	
泛酸钙 Calcium pantothenate	强化剂		作为钙1.0% （特别用途食品除外）	
焦磷酸二氢钙 Calcium dihydrogen pyrophosphate	制造用剂 强化剂		作为钙1% （特别用途除外）	
亚铁氰化钙 Calcium ferrocyanide	防固剂	食盐	作为无水亚铁氰化钠，相对与1 kg食盐加0.020 g以下。但是，于亚铁氰化钾、亚铁氰化钙、亚铁氰化钠的一种以上并用的场合，各种使用量的和，作为无水氰化钠，相对于1 kg食盐加0.020 g以下	并用时合总量
丙酸钙 Calcium propionate	保存料		丙酸计	
		奶酪	3.0 g/kg（与山梨酸或其盐类并用的场合作为和山梨酸的使用量的合计量是3.0 g/kg以下）	
		面包	2.5 g/kg	
		西式点心		
硫酸钙 Calcium sulfate	强化剂 豆腐用凝固剂		作为钙1% （特别用途食品除外）	

食品添加剂	分类	使用限量		使用限制
		可使用食品	使用量/最大残留限量	
磷酸钙 Calcium phosphate	制造用剂 强化剂		作为钙1% （特别用途食品除外）	
磷酸二氢钙 Calcium dihydrogen phosphate				
5′-核糖核苷酸钙 Calcium 5′-ribonucleotide	调味料			无制定
二氧化碳 Carbon dioxide	制造用剂			无制定
胆钙化醇 Cholecalciferol	强化剂			无制定
甲酸香茅酯 Citronellyl formate	加香料			不得用于加香料以外的目的
柠檬酸 Citric acid	酸味料			无制定
葡萄糖酸铜 Copper gluconate	强化剂	母乳替代食品	标准调乳浓度调乳时，作为铜 0.60 mg/L（不包括厚生省大臣许可的在调制粉乳使用的情况）	
		保健功能食品	5 mg/该食品1日摄取目标量（铜）	
肉桂酸 Cinnamic acid	加香料			加香料以外用途使用禁止
乙酸环己酯 Cyclohexyl acetate				
乙酸香茅酯 Citronellyl acetate				
乙酸莳品酯 Cinnamyl acetate				
柠檬醛 Citral				
香茅醛 Citronellal				
香茅醇 Citronellol				
肉桂醇 Cinnamyl alcohol				
肉桂醛 Cinnamaldehyde				
二氧化氯 Chlorine dioxide	小麦粉处理剂	小麦粉		无制定
着色剂（化学性合成品除外） Colouring Matters	着色料			不得使用于海带类、食用肉类、新鲜鱼贝类、茶、海苔类、豆类及蔬菜
叶绿素铜 Copper chlorophyll	着色料		以铜计	
		海带（无水物）	0.15 g/kg	

食品添加剂	分类	使用限量		使用限制
		可使用食品	使用量/最大残留限量	
叶绿素铜 Copper chlorophyll	着色料	蔬菜类或果实类的储藏品	0.10 g/kg	
		口香糖	0.050 g/kg	
		鱼肉混合制品（鱼糜除外）	0.030 g/kg	
		生糕点（点心面包除外）	0.0064 g/kg	
		巧克力	0.0010 g/kg	
		蜜豆罐装或合成树脂制容器包装中的琼脂	0.00040 g/kg	
硫酸铜 Cupric sulfate	强化剂	母乳替代品	标准调乳浓度时，铜 6.0 mg/L（不包括用于厚生劳动大臣认可的调制粉乳）	
丁酸环己酯 Cyclohexyl butyrate	加香料			加香料以外用途使用禁止
D-木糖 D-Xylose	甜味料			无制定
D-山梨糖醇 D-Sorbitol	制造用剂			无制定
d-龙脑 d-Borneol	加香料			加香料以外用途使用禁止
D-甘露醇 D-Mannitol	防黏着色剂	撒式调味料	对于颗粒部分 50%以下	
		糖稀	40%以下	
		面加糖做的点心	30%以下	
		口香糖	20%以下	
		甜烹海带菜	最大残存量 25%以下	
正癸醛 Decanal	加香料			加香料以外用途使用禁止
正癸醇 Decanol				
5-肌苷酸二钠 Disodium 5′-inosinate	调味料			无制定
5-尿苷酸二钠 Disodium 5′-uridylate				无制定
乙二胺四乙酸二钠 Disodium ethylenediam-inetetraacetate	抗氧化剂	罐装或瓶装的清凉饮料水	0.035 g/kg	成品前必须将乙二胺四乙酸二钠转化为乙二胺四乙酸钙二钠
		其他罐装或瓶装食品	0.25 g/kg	
5′-乌苷酸二钠 Disodium 5′-guanylate	调味料			无制定
甘草酸二钠 Disodium glycyrrhizinate	甜味料	酱油		无制定
		酱		
琥珀酸二钠 Disodium succinate	酸味料 调味料			无制定

食品添加剂	分类	使用限量		使用限制
		可使用食品	使用量/最大残留限量	
5′-胞苷酸二钠 Disodium 5′-cytidilate	调味料			无制定
联苯 Diphenyl	防霉剂	葡萄柚	最大残留量 0.07 g/kg	
		柠檬		
		橘类		
二苯酰硫胺素 Dibenzoyl thiamine	强化剂			无制定
二苯酰盐酸硫胺 Dibenzoyl thiamine hydrochloride				无制定
DL-酒石酸钠 Disodium DL-tartrate	调味料			无制定
L-酒石酸钠 Disodium L-tartrate				
焦磷酸二氢二钠 Disodium dihydrogen pyrophosphate	制造用剂			无制定
5′-核糖核苷酸二钠 Disodium 5′-ribonucleotide	调味料			无制定
磷酸氢二铵 Diammonium hydrogen phosphate	制造用剂			无制定
磷酸氢二钾 Dipotassium hydrogen phosphate				无制定
磷酸氢二钠 Disodium hydrogen phosphate				无制定
硅藻土 Diatomaceous earth				无制定
稀释过氧苯甲酰 Diluted benzoyl peroxide	小麦粉处理剂	小麦粉	0.30 g/kg	
DL-丙氨酸 DL-Alanine	调味料 强化剂			无制定
DL-酒石酸 DL-Tartaric acid	酸味料			无制定
DL-色氨酸 DL-Tryptophan				无制定
DL-苏氨酸 DL-Threonine	调味料 强化剂			无制定
DL-蛋氨酸 DL-Methionine				无制定
DL-薄荷醇 DL-Menthol	加香料			无制定
DL-苹果酸 DL-Malic acid	酸味料			无制定
粉末状维生素 Adry formed vitamin A	强化剂			无制定

食品添加剂	分类	使用限量		
		可使用食品	使用量/最大残留限量	使用限制
Edl-α-生育酚（维生素E） Edl-α-Tocopherol	抗氧化剂			无制定
异抗血酸 Erythorbic acid		鱼肉混合制品（鱼肉糜除外）		鱼肉酱制品及面包仅以营养为目的使用
		面包		
		其他食品		仅限做抗氧化剂用
酯胶 Ester gum	口香糖基础剂	口香糖		不得用于其他用途
酯类 Esters	加香料			不得用于加香料以外的目的
乙香草素 Ethylvanillin				
乙醚类 Ethers				
乙酰乙酸乙酯 Ethyl acetoacetate				
肉桂酸乙酯 Ethyl cinnamate				
乙酸乙酯 Ethyl acetate	加香料制造用剂	酒精		加香料以外用途禁止使用
		酵母精		
		乙酸乙烯酯		
癸酸乙酯 Ethyl decanoate	加香料			加香料以外用途使用禁止
对羟基苯甲酸乙酯 Ethyl p-hydroxybenzoate	保存料		以对羟基苯甲酸计	
		酱油	0.25 g/L	
		清凉饮料水	0.10 g/kg	
		果子露		
		果实及果实蔬菜的表皮	0.012 g/kg	
苯乙酸乙酯 Ethyl phenylacetate	加香料			加香料以外用途使用禁止
己酸乙酯 Ethyl hexanoate				
庚酸乙酯 Ethyl heptanoate				
丁酸乙酯 Ethyl butyrate				
丙酸乙酯 Ethyl propionate				
辛酸乙酯 Ethyl octanoate				
丁香酚 Eugenol				
脂肪酸类 Fatty acids				

食品添加剂	分类	使用限量		使用限制
		可使用食品	使用量/最大残留限量	
氯化铁 Ferric chloride	强化剂			无制定
柠檬酸铁 Ferric citrate	强化剂			无制定
柠檬酸铁铵 Ferric ammonium citrate				
葡萄糖酸亚铁 Ferrous gluconate	色调安定剂 强化剂	橄榄	作为铁 0.15 g/kg	
		母乳替代品		
		断奶食品		
		孕妇、哺乳妇用奶粉（接受了基于营养改善法的表示许可或认可的食品）		
焦磷酸铁 Ferric pyrophosphate	制造用剂			无制定
硫酸亚铁 Ferrous sulfate	制造用剂 强化剂			无制定
叶酸 Folic acid	强化剂			无制定
食用红色 2 号（苋菜红）及食用红色 2 号（铝淀色） Food Red No. 2	着色剂			不得用于蛋糕、熟黄豆粉、腌制鱼肉、腌制鲸肉、海带、茶、海苔类、橘皮果酱、豆类、酱、面类及蔬菜
食用红色 3 号（赤藓红）及食用红色 3 号（铝淀色） Food Red No. 3				
食用红色 40 号（诱惑红）及食用红色 40 号（铝淀色） Food Red No. 40				
食用红色 102 号（New Coccin） Food Red No. 102				
食用红色 104 号（食用红色色素） Food Red No. 104				
食用红色 105 号（印度红） Food Red No. 105				
食用红色 106 号（酸性红） Food Red No. 106				
食用黄色 4 号（酒石黄）及食用黄色 4 号（铝淀色） Food Yellow No. 4				
食用黄色 5 号（日落黄）及食用黄色 5 号（铝淀色） Food Yellow No. 5				

食品添加剂	分类	使用限量		
		可使用食品	使用量/最大残留限量	使用限制
食用绿色 3 号（FCF）及食绿黄色 3 号（铝淀色）Food green No. 3				不得用于蛋糕、熟黄豆粉、腌制鱼肉、腌制鲸肉、海带、茶、海苔类、橘皮果酱、豆类、酱、面类及蔬菜
食用蓝色 1 号（亮蓝）及食用蓝色 1 号（铝淀色）Food Blue No. 1				
食用蓝色 2 号（靛胭脂）及食用蓝色 2 号（铝淀色）Food Blue No. 2				
富马酸 Fumaric acid	酸味料			无制定
糠醛及其衍生物（一般认为毒性强的除外）Furfural and its derivatives	加香料			加香料以外用途使用禁止
香叶醇 Geraniol				
乙酸香叶酯 Geranyl acetate				
甲酸香叶酯 Geranyl formate				
冰醋酸 Glacial acetic acid	酸味料			无制定
葡萄糖酸内酯 Glucono-delta-lactone				无制定
葡萄糖酸（葡萄糖酸液）Gluconic acid				
愈疮树脂 Guaiac resin	抗氧化剂	油脂	1.0 g/kg	
		黄油		
甘氨酸 Glycine	调味料 强化剂			无制定
甘油 Glycerin	制造用剂			无制定
脂肪酸甘油酯 Glycerin esters of fatty acids	乳化剂			无制定
正己烷 Hexane	制造用剂			无制定
己酸 Hexanoic acid	加香料			加香料以外用途使用禁止
高效次氯酸盐 High-test hypochlorite	杀菌剂 漂白剂			无制定
盐酸 Hydrochloric acid	制造用剂			成品前除去
过氧化氢 Hydrogen peroxide	漂白剂 杀菌剂			成品前除去
次氯酸水 Hypochiorous acid water	杀菌料			成品前除去

食品添加剂	分类	使用限量		使用限制
		可使用食品	使用量/最大残留限量	
羟基香茅醛 Hydroxycitronellal	加香料			加香料以外用途使用禁止
羟基香茅二甲羧醛 Hydroxycitronellal dimethylacetal				
羟丙基甲基纤维素 Hydroxypropyl methylcellulose	制造用剂	保健功能食品		
抑霉唑 Imazalil	防霉剂	柑橘类（蜜柑除外）	最大残留量 0.005 0 g/kg	
		香蕉	0.002 0 g/kg	
吲哚及其衍生物 Indole and its derivatives	加香料			不得用于加香料以外的目的
三氧化二铁 Iron sesquioxide	着色剂	香蕉		无制定
		魔芋		
乳酸铁 Iron lactate	强化剂			无制定
紫罗兰酮 Ionone	加香料			不得用于加香料以外的目的
离子交换树脂 Ion exchange resin	食品制造用			成品前除去
异戊醇 Isoamylalcohol	加香料			不得用于加香料以外的目的
异丁香酚 Isoeugenol	加香料			
异戊酸乙酯 Isoamyl isovalerate				
异硫氰酸盐（一般认为毒性强的除外） Isothiocyanates				
异丁醇 Isobutanol				
异丁醛 Isobutyraldehyde				
异丙醇 Isopropanol				
柠檬酸异丙酯 Isopropyl citrate	抗氧化剂	油脂	作为柠檬酸单异丙酯：0.10 g/kg	
		黄油		
乙酸异戊酯 Isoamyl acetate	加香料			加香料以外用途使用禁止
对羟基苯甲酸异丁酯 Isobutylp-hydroxybenzoate	保存料		以对羟基苯甲酸计	
		酱油	0.25 g/L	
		果实酱	0.20 g/kg	
对羟基苯甲酸异丙酯 Isopropylp-hydroxybenzoate		清凉饮料水	0.10 g/kg	
		果子露		
		果实及果实蔬菜的表皮	0.012 g/kg	

第三章 日本食品安全限量标准

食品添加剂	分类	使用限量		使用限制
		可使用食品	使用量/最大残留限量	
苯乙酸异戊酯 Isoamyl phenylacetate	加香料			加香料以外用途使用禁止
丙酸异戊酯 Isoamyl propionate				
丁酸异戊酯 Isoamyl butyrate				
甲酸异戊酯 Isoamyl formate				
高岭土（白陶土） Kaolin	制造用剂		残留量<0.50%	
酮类 Ketones	加香料			加香料以外用途使用禁止
内酯类 （一般认为毒性强的除外） Lactones				
L-抗坏血酸 L-Ascorbic acid	强化剂 防氧化剂			无制定
抗坏血酸葡萄糖苷 L-Ascorbic Acid 2-Glucoside	强化剂			无制定
L-抗坏血酸硬脂酸酯 L-Ascorbyl stearate				
L-抗坏血酸钠 Sodium L-ascorbate	防氧化剂			无制定
L-抗坏血酸棕榈酸酯 L-Ascorbyl palmitate				
L-精氨酸-L-谷氨酸盐 L-Arginine L-glutamate	酸味料 强化剂			无制定
乳酸 Lactic acid	酸味料			无制定
内酯类 （一般认为毒性强的除外） Lactones	加香料			加香料以外用途使用禁止
L-谷氨酸 L-Glutamic acid	调味料 强化剂			无制定
L-盐酸半胱氨酸 L-Cysteine monohydrochloride	抗氧化剂制造用剂	天然果汁		无制定
		面包		
L-组氨酸盐酸盐 L-Histidine monohydrochloride	强化剂			无制定
芳樟醇 Linalool	加香料			加香料以外用途使用禁止
流动石蜡（白色矿物质油） Liquid paraffin	制造用剂	面包	残留量<0.10%	
卵磷脂 Lecithin	乳化剂			无制定

食品添加剂	分类	使用限量		
		可使用食品	使用量/最大残留限量	使用限制
L-异亮氨酸（异白氨酸） L-Isoleucine	调味料 强化剂			无制定
L-乙酸薄荷酯 L-Menthyl acetate	加香料			加香料以外用途 使用禁止
L-酒石酸 L-Tartaric acid	酸味料			无制定
L-茶氨酸 L-Theanine	调味料 强化剂			无制定
L-色氨酸 L-Tryptophan				无制定
L-苏氨酸 L-Threonine				无制定
L-缬氨酸 L-Valine				无制定
L-苯丙氨酸 L-Phenylalanine				无制定
L-赖氨酸-L-天门冬氨酸盐 L-Lysine L-aspartate				无制定
L-赖氨酸盐酸盐 L-Lysine monohydrochloride				
L-赖氨酸-L-谷氨酸盐 L-Lysine L-glutamate				
L-蛋氨酸 L-Methionine				无制定
氯化镁 Magnesium chloride	凝固剂 制造用 剂强化剂			无制定
氧化镁 Magnesium oxide	吸着剂 强化剂			无制定
硬脂酸镁 Magnesium stearate	制造 用剂			不得用于保健用 胶囊剂片剂中
碳酸镁 Magnesium carbonate	制造用 剂强化剂			无制定
硫酸镁 Magnesium sulfate	制造用剂 豆腐用凝 固剂强化 剂			无制定
L-谷氨酸镁 Magnesium diglutamate	调味料			不得用于母乳替代 食品及离乳食品
对甲基苯乙酮 p-Methylacetophenone	加香料			加香料以外用途 使用禁止
邻氨基苯甲酸甲酯 Methyl anthranilate				
肉桂酸甲酯 Methyl cinnamate				
水杨酸甲酯 Methyl salicylate				

第三章 日本食品安全限量标准

食品添加剂	分类	使用限量		
		可使用食品	使用量/最大残留限量	使用限制
甲基纤维素 Methyl cellulose	增稠剂		2.00%	
甲基-β-萘酮 Methyl β-naphthyl ketone	加香料			加香料以外用途使用禁止
甲基橙皮苷 Methyl hesperidin	强化剂			无制定
L-天冬氨酸钠 Monosodium L-aspartate	调味料 强化剂			无制定
柠檬酸一钾 Monopotassium citrate	调味料			无制定
琥珀酸一钠 Monosodium succinate	酸味料 调味料			无制定
富马酸一钠 Monosodium fumarate	调味料			无制定
吗啉脂肪酸盐 Morpholine salts of fatty acids	膜被剂	果实或果实蔬菜的表皮		无制定
L-谷氨酸钠 Monosodium glutamate	调味料 强化剂			无制定
L-谷氨酸钾 Monopotassium L-glutamate	调味料		作为钙1.0%（特殊用途的食品除外）	
麦芽醇 Maltol	加香料			加香料以外用途使用禁止
一氧化二氮 Nitrous oxide	制造用剂	喷雾类（主要成分为乳脂肪成分的食品，或主要原料是乳脂肪代替食品起沫的物质）		无制定
那他霉素 Natamycin	制造用剂	天然奶酪（限于硬、半硬的表面部分）	0.020 g/kg	
烟酸 Nicotinic acid	强化剂 制造用剂			不得用于食用肉及鱼贝类（含鲸）
烟酰胺 Nicotinamide				
N-甲基邻氨基苯甲酸甲酯 Methyl N-methylanthranilate	加香料			加香料以外用途使用禁止
辛醛 Octanal	加香料			不得用于加香料以外的目的
邻苯基苯酚 O-Phenylphenol	防霉剂	柑橘类	作为邻苯基苯酚的最大残留量 0.010 g/kg	
草酸 Oxalic acid	制造用剂			成品前除去
乙酸苯乙酯 Phenethyl acetate	加香料			加香料以外用途使用禁止
苯酚醚类（一般认为毒性强的除外） Phenolethers	加香料			加香料以外用途使用禁止
苯酚类（一般认为毒性强的除外） Phenols				

食品添加剂	分类	使用限量		使用限制
		可使用食品	使用量/最大残留限量	
磷酸 Phosphoric acid	制造用剂			无制定
胡椒醛 Piperonal	加香料			加香料以外用途使用禁止
胡椒基丁醚 Piperonyl butoxide	防虫剂	谷类	0.024 g/kg	
海藻酸钾 Potassium alginate	增稠剂			无制定
海藻酸丙二醇酯 Propylene glycol alginate			1%	
氯化钾 Potassium chloride	调味料			无制定
葡萄糖酸钾 Potassium gluconate	酸味料			无制定
聚乙酸乙烯酯 Polyvinyl acetate	口香糖基础剂 被膜剂	口香糖		无制定
		果实或果实蔬菜的表皮		
溴酸钾 Potassium bromate	小麦粉处理剂	面包（限于以小麦粉为原料使用的东西）	0.030 g/kg（以溴酸计）	成品前除去或分解
DL-酒石酸氢钾 Potassium DL-bitartrate	膨胀剂			无制定
L-酒石酸氢钾 Potassium L-bitartrate				
硝酸钾 Potassium nitrate	发酵调制剂发色剂	奶酪	0.20 g/L（对于作为原料用乳 1 L 0.10 g/L）	
		清酒	0.10 g/L（对于酒曲 1 L）	
		食肉制品	作为硝酸根的最大残留限量：0.07g/kg	
		鲸鱼培根		
氢氧化钾 Potassium hydroxide	制造用剂			成品前除去或中和
山梨酸钾 Potassium sorbate	保存料	奶酪	以山梨酸计 3.0 g/kg（与丙酸或其盐类并用的场合，与作为丙酸的使用量的合计量是 3.0 g/kg）	
		海胆	2.0 g/kg	
		鲸肉制品		
		鱼肉制品（鱼糜除外）		
		食肉制品		
		乌鱼熏制品	1.5 g/kg	
		章鱼熏蒸品		

第三章 日本食品安全限量标准

食品添加剂	分类	使用限量		使用限制
		可使用食品	使用量/最大残留限量	
山梨酸钾 Potassium sorbate	保存料	豆馅类、用于糕点制造的果泥及果汁（含浓缩果汁）、酒糟腌渍、曲腌渍、酱油腌渍、盐渍、酱腌渍的腌渍物、糖水樱桃、鱼介干制品（乌鱼熏制品、章鱼熏制品除外）、果子酱、果子露、泽腌、甜烹海味、煮豆、面粉糊、土豆团子、面粉糊类酱、人造黄油	1.0 g/kg（与安息香酸或其盐类并用时，作为安息香酸的使用量的合计量 1.0 g/kg）	
		番茄酱、醋腌的腌渍物、汤（浓汤除外）、汤汁、汁、李子干	0.50 g/kg	
		甜酒（限于稀释至1/3以下供饮用的东西）、发酵乳、乳酸菌饮料（供给乳酸菌饮料的原料的东西）	0.30 g/kg	
		果实酒	0.20 g/kg	
		杂酒		
		乳酸菌饮料（杀菌的东西除外）	0.050 g/kg	
			乳酸菌饮料原料 0.30 g/kg	
		以下限于山梨酸钾		
		糕点制造用水果酱（腌渍水果、或过滤后糊状物）	1.0 g/kg	
		糕点制造用果汁		
碳酸钾 Potassium carbonate	膨胀剂 制造 用剂			无制定
降胭脂树素钾 Potassium norbixate	着色料			不得用于海带、食用肉、新鲜鱼贝类、茶、海苔、豆类及蔬菜
对羟基苯甲酸丙酯 Propyl p-hydroxybenzoate	保存料		以对羟基苯甲酸计	
		酱油	0.25 g/L	
		果实酱	0.20 g/kg	
		清凉饮料水	0.10 g/kg	
		果子露		
		果实及果实蔬菜的表皮	0.012 g/kg	

食品添加剂	分类	使用限量		使用限制
		可使用食品	使用量/最大残留限量	
盐酸吡哆辛 Pyridoxine hydrochloride	强化剂			无制定
焦亚硫酸钾 Potassium pyrosulfite	漂白剂 保存料 抗氧化剂		作为二氧化硫的最大残留量	
		干瓢	<5.0 g/kg	
		干燥果实（葡萄干除外）	<2.0 g/kg	
		葡萄干	<1.5 g/kg	
		魔芋粉	<0.90 g/kg	
		干燥马铃薯	<0.50 g/kg	
		明胶		
		芥末		
		果实酒（用于果实酒制造且酒精量在1%以上的果汁及其浓缩物除外）	<0.35 g/kg	
		杂酒		
		糖水樱桃	<0.30 g/kg	
		糖蜜		
		糖化用木薯淀粉	<0.25 g/kg	
		糖稀	<0.20 g/kg	
		天然果汁（稀释至1/5以下供饮用）	<0.15 g/kg	
		甜纳豆	<0.10 g/kg	
		煮豆		
		虾（虾仁）	<0.10 g/kg	
		冷冻生蟹（蟹肉）		
		其他食品（用于糖水樱桃的樱桃，啤酒制造用啤酒花及果实酒制造用果实，酒精含量在1%以上的果汁及其浓缩物）	<0.030 g/kg	
亚铁氰化钾 Potassium ferrocyanide	防固剂	食盐	作为无水亚铁氰化钠，相对与1 kg食盐加0.020 g以下。但是，于亚铁氰化钾、亚铁氰化钙、亚铁氰化钠的一种以上并用的场合，各种使用量的和，作为无水氰化钠，相对于1 kg食盐加0.020 g以下	并用时合总量

第三章 日本食品安全限量标准

食品添加剂	分类	使用限量		使用限制
		可使用食品	使用量/最大残留限量	
丙醇 Propanol	加香料			加香料以外用途使用禁止
丙酸 Propionic acid	保存料 加香料	奶酪	作为丙酸 3.0 g/kg（与山梨酸或其盐类并用的场合作为和山梨酸的使用量的合计量是 3.0 g/kg 以下）	
		面包	2.5g/kg	
		西式点心		
		其他食品		
丙二醇 Propylene glycol	溶剂品质保持剂	生面	2.00%	
		乌鱼熏制品		
		饺子、烧卖、春卷及馄饨皮	1.20%	
		其他食品	0.60%	
脂肪酸丙二醇酯 Propylene glycol esters of fatty acids	乳化剂			无制定
没食子酸丙酯 Propyl gallate	抗氧化剂	油脂	0.20 g/kg	
		黄油	0.10 g/kg	
聚异丁烯 Polyisobutylene	口香糖基础剂			无制定
聚山梨酸酯 20 Polysorbate 20	乳化剂	食品	聚山梨酸 80 计	
		胶囊、片剂等非通常食品形状的食品	25 g/kg	
聚山梨酸酯 60 Polysorbate 60		可可及巧克力制品	5.0 g/kg	
		起酥油		
聚山梨酸酯 65 Polysorbate 65		速食面添加的调味料		
		酱汁类		
		口香糖		
		乳脂肪代替食品		
聚山梨酸酯 80 Polysorbate 80		冰激凌类	3.0 g/kg	
		点心制造用装饰品（限于以糖为主要成分的散装食品）		
		加糖酸乳酪		
		调味汁		
		蛋黄酱		

食品添加剂	分类	使用限量		使用限制
		可使用食品	使用量/最大残留限量	
聚山梨酸酯 80 Polysorbate 80	乳化剂	混合粉（限于烤制点心及西点制造中使用的混合粉）	1.0 g/kg	
		烤制点心（限于蛋糕类点心）		
		蛋糕类点心		
		饴类		
		汤汁		
		面粉糊状物（限于可可及巧克力为主要原料，然后加入砂糖、油脂、乳粉、蛋、小麦粉等，加热杀菌的面糊状，面包或点心中填充或涂布供食用的物质）		
		冰点心		
		海藻腌制物	0.50 g/kg	
		巧克力饮料		
		蔬菜腌制物		
		非熟成奶酪	0.080 g/kg	
		海藻罐装及瓶装	0.030 g/kg	
		蔬菜罐装及瓶装		
		其他食品	0.020 g/kg	
聚乙烯聚吡咯烷酮（PVPP） Polyvinylpolypyrrolidone	制造用剂			无制定
聚丁烯 Polybutene	口香糖基础剂	口香糖		无制定
多聚磷酸钾 Potassium polyphosphate	制造用剂			无制定
偏磷酸钾 Potassium metaphosphate	制造用剂			无制定
磷酸二氢钾 Potassium dihydrogen phosphate	制造用剂			无制定
珠光岩 Perlite	制造用剂品质改良剂		残留量<0.50%	
R，R，R-α-醋酸生育粉 R，R，R-α-Tocopheryl acetate	强化剂		<150 mg/该食品一日摄取目标量 （α-醋酸生育酚）	

食品添加剂	分类	使用限量		使用限制
		可使用食品	使用量/最大残留限量	
核黄素 Riboflavin	强化剂 着色料			无制定
核黄素四丁酸酯 Riboflavin tetrabutyrate				
核黄素 5′-磷酸钠 Riboflavin 5′-phosphate sodium				
次氯酸钠 Sodium chlorite	漂白剂 防腐剂	柑橘类果皮（限于糕点制造用）		在最终食品中需要分解或除去
		樱桃		
		蜂斗叶		
		葡萄		
		桃		
		鲱鱼籽调味食品、直接食用蔬菜、蛋类限用于蛋壳	0.50 g/kg 浸泡液（最大使用量）	
亚硝酸钠 Sodium nitrite	发色剂		以亚硝酸根计最大残留量	
		食用肉制品鲸肉培根	0.070 g/kg	
		鱼肉火腿肠鱼肉火腿	0.005 0 g/kg	
		腌渍鲑鱼子		
		咸大马哈鱼子		
		鳕鱼子（小型鳕鱼子的腌渍物）		
亚硫酸钠 Sodium sulfite	漂白剂 保存料 防氧化剂		二氧化硫计残留量	不得用于豆类及蔬菜
		干瓢	<5.0 g/kg	
		干燥果实（葡萄干除外）	<2.0 g/kg	
		葡萄干	<1.5 g/kg	
		魔芋粉	<0.90 g/kg	
		干燥马铃薯	<0.50 g/kg	
		明胶		
		芥末（黑芥末、和芥末等的种子粉碎后过滤得到的调整芥末）		
		果酒（用于果实酒的制造且酒精含量在1%以上的果汁及其浓缩物除外）	<0.35 g/kg	
		杂酒		
		糖腌樱桃（去核的樱桃用砂糖浸渍或挂上糖霜或用果汁浸泡的）	<0.30 g/kg	
		糖蜜		

食品添加剂	分类	使用限量		
		可使用食品	使用量/最大残留限量	使用限制
亚硫酸钠 Sodium sulfite	漂白剂 保存料 防氧化剂	糖化用木薯淀粉	<0.25 g/kg	不得用于豆类及蔬菜
		糖稀	<0.20 g/kg	
		天然果汁（稀释至1/5以下供饮用）	<0.15 g/kg	
		甜纳豆	<0.10 g/kg	
		煮豆		
		虾（虾仁）	<0.10 g/kg	
		冷冻生蟹（蟹肉）		
		其他的食品（用于糖腌樱桃制造的樱桃、用于啤酒制造用的啤酒花及用于果实酒制造用的果汁、酒精含量1%以上的果汁及其浓缩物除外）	<0.0030 g/kg	
海藻酸钠 Sodium alginate	增稠剂			无制定
苯甲酸钠 Sodium benzoate	防腐剂	鱼子酱	2.5 g/kg	人造奶油：山梨酸、山梨酸钾与左侧的添加剂并用时，其使用量以安息香酸计或以山梨酸计合计不得超过1.0 g/kg
		人造奶油	1.0 g/kg	
		清凉饮料水	0.60 g/kg	
		果汁		
		酱油		
		以下仅作为苯甲酸钠用于糕点制造的果实泥（将果实擦碎或筛碎制成泥状）及果汁（含浓缩果汁）	1.0 g/kg	
异抗血酸钠 Sodium erythorbate	抗氧化剂	鱼肉混合制品（鱼肉糜除外）		鱼肉酱制品及面包仅以营养为目的使用
		面包		
		其他食品		仅限做抗氧化剂用
邻苯基苯酚钠 Sodium o-phenylphenate	防霉剂		作为邻苯基苯酚的最大残留量	
		柑橘类	0.010 g/kg	
油酸钠 Sodium oleate	被膜剂	果实及果实蔬菜的表皮		
酪蛋白酸钠 Sodium caseinate	制造用剂			无制定
羧甲基纤维素钠 Sodium carboxymethylcellulose	增稠剂	一般食品	2%	
柠檬酸亚铁钠 Sodium ferrous citrate	强化剂			无制定

第三章 日本食品安全限量标准

食品添加剂	分类	使用限量		使用限制
		可使用食品	使用量/最大残留限量	
葡萄糖酸钠 Sodium gluconate	酸味料			无制定
琥珀酸 Succinic acid	酸味料 调味料			无制定
硫酸软骨素钠 Sodium chondroitin sulfate	保水剂	色拉酱	20 g/kg	
		菜浇汁		
		鱼肉肠	3.0 g/kg	
乙酸钠 Sodium acetate	制造用剂 调味料 酸味料			无制定
糖精 Saccharin	甜味剂	口香糖	0.05 g/kg	
糖精钠 Sodium saccharin	甜味剂		残留限量	
		曲腌渍	<2.0 g/kg	
		醋腌渍		
		泽腌渍的腌渍物		
		粉末清凉饮料	<1.5 g/kg	
		酒糟腌渍	<1.2 g/kg	
		酱腌渍		
		海鲜加工品（鱼肉混合制品、甜烹海味、腌渍物及罐腌或瓶腌食品除外）		
		海藻加工品	<0.50 g/kg	
		酱油		
		甜烹海味		
		煮豆		
		鱼肉混合制品	<0.30 g/kg	
		果汁	（稀释至1/5以下饮用的清凉饮料水及乳酸菌饮料原料的乳酸菌饮料或发酵乳1.5 g/kg、稀释至1/3以下使用的醋0.90 g/kg）	
		醋		
		清凉饮料水		
		酱		
		乳饮料		
		乳酸菌饮料		
		冰糕点（含做原料的混合液及混合粉）		

食品添加剂	分类	使用限量		使用限制
		可使用食品	使用量/最大残留限量	
糖精钠 Sodium saccharin	甜味剂	冰激凌类（含做原料的混合液及混合粉）	<0.20 g/kg	
		馅类		
		果子酱		
		腌渍物（酒糟腌、曲腌、酱油腌、醋腌、泽腌及酱腌渍除外）		
		发酵乳（供乳酸菌饮料的原料的东西除外）		
		面粉糊类（以小麦粉、淀粉、坚果类、或其加工品、可可、巧克力、果肉、果汁为原料，加上砂糖、油脂、奶粉蛋、小麦粉等，经高温杀菌制成泥状，充填在面包或点心里，或涂抹在上面供食用的东西）		
		酱		
		糕点（含做原料的混合液或混合粉）	<0.10 g/kg	
		上述以外的食品及海鲜的罐装或瓶装品	<0.20 g/kg	
次氯酸钠 Sodium hypochlorite	杀菌料 漂白剂			不得用于芝麻
低亚硫酸钠 Sodium hydrosulfite	漂白剂 保存料 抗氧化剂		作为二氧化硫的最大残留限量	
		干瓢	5.0 g/kg	
		干燥果实（葡萄干除外）	2.0 g/kg	
		葡萄干	1.5 g/kg	
		魔芋粉	0.90 g/kg	
		干燥马铃薯	0.50 g/kg	
		明胶		
		芥末		
		果实酒（用于果实酒的制造，酒精量在1%以上的果汁及其浓缩物除外）	0.35 g/kg	
		杂酒		
		糖水樱桃	0.30 g/kg	
		糖蜜		
		糖化用木薯淀粉	0.25 g/kg	

食品添加剂	分类	使用限量		使用限制
		可使用食品	使用量/最大残留限量	
低亚硫酸钠 Sodium hydrosulfite	漂白剂 保存料 抗氧化剂	糖稀	0.20 g/kg	
		天然果汁（稀释至1/5以下供饮用的东西）	0.15 g/kg	
		甜纳豆	0.10 g/kg	
		煮豆		
		虾（虾仁）	0.10 g/kg	
		冷冻生蟹（蟹肉）		
		其他食品（用于糖水樱桃的樱桃，用于啤酒制造的啤酒花及用于果实酒制造的果汁，酒精量在1%以上的果汁及其浓缩物除外）	0.030 g/kg	
硝酸钠 Sodium nitrate	发酵调制剂发色剂	奶酪	0.20g/L（对于作为原料用乳1L 0.10g/L）	
		清酒	0.10g/L（对于酒曲1L）	
		食肉制品	作为硝酸根的最大残留限量：0.07g/kg	
		鲸鱼培根		
蔗糖脂肪酸酯 Sucrose esters of fatty acid	乳化剂			无制定
有机硅树脂 Silicone resin	消泡剂		0.050g/kg	不得用于消泡以外
氢氧化钠 Sodium hydroxide	制造用剂			无制定
三氯蔗糖 Sucralose	甜味剂	砂糖替代品（直接加入咖啡、红茶等，代替砂糖被使用的食品）	12 g/kg	
		口香糖	2.6 g/kg	
		糕点（不包括口香糖）	1.8 g/kg	
		生糕点		
		果子酱	1.0 g/kg	
		清酒、合成清酒、果实酒、杂酒、清凉饮料水、乳饮料及乳酸菌饮料（稀释后的饮料水）	0.40 g/kg	
		其他食品	0.58 g/kg	
脂肪酸山梨醇酐酯 Sorbitan esters of fatty acids	乳化剂			无制定

食品添加剂	分类	使用限量		使用限制
		可使用食品	使用量/最大残留限量	
山梨酸 Sorbic acid	保存料	奶酪	以山梨酸计 3.0 g/kg（与丙酸或其盐类并用的场合，与作为丙酸的使用量的合计量是 3.0 g/kg）	
		海胆	2.0 g/kg	
		鲸肉制品		
		鱼肉制品（鱼糜除外）		
		食肉制品		
		乌鱼熏制品	1.5 g/kg	
		章鱼熏蒸品		
		豆馅类、用于糕点制造的果泥及果汁（含浓缩果汁）、酒糟腌渍、曲腌渍、酱油腌渍、盐渍、酱腌渍的腌渍物、糖水樱桃、鱼介干制品（乌鱼熏制品、章鱼熏制品除外）、果子酱、果子露、泽腌、甜烹海味、煮豆、面粉糊、土豆团子、面粉糊类酱、人造黄油	1.0 g/kg（与安息香酸或其盐类并用时，作为安息香酸的使用量的合计量 1.0 g/kg）	
		番茄酱、醋腌的腌渍物、汤（浓汤除外）、汤汁、汁、李子干	0.50 g/kg	
		甜酒（限于稀释3倍以上供饮用的东西）、发酵乳、乳酸菌饮料（供给乳酸菌饮料的原料的东西）	0.30 g/kg	
		果实酒	0.20 g/kg	
		杂酒		
		乳酸菌饮料（杀菌的东西除外）	0.050 g/kg	
			乳酸菌饮料原料 0.30 g/kg	
		以下限于山梨酸钾		
		糕点制造用水果酱（腌渍水果、或过滤后糊状物）	1.0 g/kg	
		糕点制造用果汁		
碳酸氢钠 Sodium hydrogen carbonate	膨胀剂			无制定

第三章 日本食品安全限量标准

食品添加剂	分类	使用限量		使用限制
		可使用食品	使用量/最大残留限量	
碳酸钠 Sodium carbonate	制造用剂			无制定
叶绿素铁钠 Sodium iron chlorophyllin	着色料			不得使用于海带类、食用肉类、新鲜鱼贝类、茶、海苔类、豆类及蔬菜
脱氢醋酸钠 Sodium dehydroacetate	保存料	奶酪	作为脱氢醋酸 0.50 g/kg	
		黄油		
		人造黄油		
羧甲基淀粉钠 Sodium carboxy methyl starch	增稠剂		2.00%	
叶绿素铜钠 Sodium copper chlorophyllin	着色料		以铜计	
		海带（无水物）	0.15 g/kg	
		蔬菜类或果实类的储藏品	0.10 g/kg	
		果子露	0.064 g/kg	
		口香糖	0.050 g/kg	
		鱼肉混合制品（鱼糜除外）	0.040 g/kg	
		糖类	0.020 g/kg	
		巧克力、生糕点（点心面包除外）	0.006 4 g/kg	
		蜜豆罐装或合成树脂制容器包装中的琼脂	0.000 40 g/kg	
甲醇钠 Sodium methoxide	制造用剂			成品前分解或除去
二氧化硫 Sulfur dioxide	漂白剂 保存剂 抗氧化剂		作为二氧化硫的最大残留量	
		干瓢	<5.0 g/kg	
		干燥果实（葡萄干除外）	<2.0 g/kg	
		葡萄干	<1.5 g/kg	
		魔芋粉	<0.90 g/kg	
		干燥马铃薯	<0.50 g/kg	
		明胶		
		芥末		
		果实酒（用于果实酒制造且酒精量在1%以上的果汁及其浓缩物除外）	<0.35 g/kg	
		杂酒		
		糖水樱桃	<0.30 g/kg	
		糖蜜		

食品添加剂	分类	使用限量		使用限制
		可使用食品	使用量/最大残留限量	
二氧化硫 Sulfur dioxide	漂白剂 保存剂 抗氧化剂	糖化用木薯淀粉	<0.25 g/kg	
		糖稀	<0.20 g/kg	
		天然果汁（稀释5倍以上供饮用）	<0.15 g/kg	
		甜纳豆	<0.10 g/kg	
		煮豆		
		虾	<0.10 g/kg	
		冷冻生蟹（蟹肉）		
		其他食品（用于糖水樱桃的樱桃，啤酒制造用的啤酒花，及果实酒制造且酒精量在1%以上的果汁及其浓缩物除外）	<0.030 g/kg	
二氧化硅 Silicon dioxide	制造用剂			过滤辅助剂成品前除去
二氧化硅，非晶形 Silicon dioxide, amorphous	制造用剂		2%（与硅酸钙合用时，各自使用量之和）	不得用于母乳替代品及离乳食品
乳酸钠（乳酸钠液） Sodium lactate	调味料			
降胭脂树素钠 Sodium norbixate	着色料			不得用于海带、食用肉、新鲜鱼贝类、茶、海苔、豆类及蔬菜
泛酸钠 Sodium pantothenate	强化剂			无制定
焦亚硫酸钠 Sodium pyrosulfite	漂白剂 保存料 抗氧化剂		作为二氧化硫的最大残留量	
		干瓢	<5.0 g/kg	
		干燥果实（葡萄干除外）	<2.0 g/kg	
		葡萄干	<1.5 g/kg	
		魔芋粉	<0.90 g/kg	
		干燥马铃薯	<0.50 g/kg	
		明胶		
		芥末		
		果实酒（用于果实酒制造且酒精量在1%以上的果汁及其浓缩物除外）	<0.35 g/kg	
		杂酒		
		糖水樱桃	<0.30 g/kg	
		糖蜜		
		糖化用木薯淀粉	<0.25 g/kg	

第三章 日本食品安全限量标准

食品添加剂	分类	使用限量		使用限制
		可使用食品	使用量/最大残留限量	
焦亚硫酸钠 Sodium pyrosulfite	漂白剂 保存料 抗氧化剂	糖稀	<0.20 g/kg	
		天然果汁（稀释至1/5以下供饮用）	<0.15 g/kg	
		甜纳豆	<0.10 g/kg	
		煮豆		
		虾（虾仁）	<0.10 g/kg	
		冷冻生蟹（蟹肉）		
		其他食品（用于糖水樱桃的樱桃，啤酒制造用啤酒花及果实酒制造用果实，酒精含量在1%以上的果汁及其浓缩物）	<0.030 g/kg	
亚铁氰化钠 Sodium ferrocyanide	防固剂	食盐	作为无水亚铁氰化钠，相对与1 kg食盐加0.020 g以下。但是，于亚铁氰化钾、亚铁氰化钙、亚铁氰化钠的一种以上并用的场合，各种使用量的和，作为无水氰化钠，相对于1 kg食盐加0.020 g以下	并用时合总量
丙酸钠 Sodium propionate	保存料	奶酪	丙酸计 3.0 g/kg（与山梨酸或其盐类并用的场合作为和山梨酸的使用量的合计量是3.0 g/kg以下）	
		面包	2.5 g/kg	
		西式点心		
聚丙烯酸钠 Sodium polyacrylate	增稠剂		0.20%	
多聚磷酸钠 Sodium polyphosphate	制造用剂			无制定
偏磷酸钠 Sodium metaphosphate				无制定
硫酸 Sulfuric acid				无制定
硫酸钠 Sodium sulfate				无制定
DL-苹果酸钠 Sodium DL-malate	调味料			无制定
磷酸二氢钠 Sodium dihydrogen phosphate	制造用剂			无制定
砂与此类似的不溶性矿无性物质				无制定

食品添加剂	分类	使用限量		使用限制
		可使用食品	使用量/最大残留限量	
柠檬酸三钾 Tripotassium citrate	调味料			无制定
柠檬酸三钠 Trisodium citrate	调味料			无制定
乙酸松油脂 Terpinyl acetate	加香料			加香料以外用途使用禁止
噻苯咪唑（TBZ） Thiabendazole	防霉剂	柑橘类	最大残留量 0.010 g/kg	
		香蕉	0.003 0 g/kg	
		香蕉果肉	0.000 4 g/kg	
盐酸硫胺 Thiamine hydrochloride	强化剂			无制定
硝酸硫胺 Thiamine mononitrate				
硫胺素十六烷基硫酸盐 Thiamine dicetylsulfate				
硫胺素硫氰酸盐 Thiamine thiocyanate				
硫胺素萘-1，5 二磺酸盐 Thiamine naphthalene-1,5-disulfonate				
硫酸十二烷酯硫胺 Thiamine dilaurylsulfate				
硫醚类（一般认为毒性强的除外） Thioethers	加香料			加香料以外用途使用禁止
硫醇类（一般认为毒性强的除外） Thiols				
松油醇 Terpineol				
萜烃类 Terpene hydrocarbons				
二氧化钛 Titanium dioxide	着色料			无制定
焦磷酸钾 Tetrapotassium pyrophosphate	制造用剂			无制定
焦磷酸四钠 Tetrasodium pyrophosphate				无制定
磷酸三钾 Tripotassium phosphate				无制定
磷酸三钙 Tricalcium phosphate			作为钙 1.0% （特别用途食品除外）	
磷酸三钠 Trisodium phosphate				无制定

食品添加剂	分类	使用限量		
		可使用食品	使用量/最大残留限量	使用限制
磷酸三镁 Trimagnesium phosphate	制造用剂 强化剂			无制定
滑石粉 Talc	制造用剂品质改良剂		残留量<0.50%	
香兰素 Vanillin	加香料			加香料以外用途使用禁止
维生素 A Vitamin A	强化剂			无制定
维生素 A 乙酸酯 Vitamin A acetate				
维生素 A 油 （油性维生素 A 脂肪酸酯） Vitamin A in oil				无制定
木糖醇 Xylitol	甜味料			无制定
葡萄糖酸锌 Zinc gluconate	强化剂	母乳替代食品	标准调乳浓度调乳时，锌 6.0mg/L（不包括厚生省大臣许可的在调制粉乳使用的情况）	
		保健功能食品	15 mg/该食品 1 日摄取目标量（锌）	
硫酸锌 Zinc sulfate	营养强化剂	母乳代替食品	标准调乳浓度时，锌 6.0 mg/L（不包括用于厚生劳动大臣认可的调制粉乳）	
α-戊基肉桂酸 α-Amylcinnamaldehyde	加香料			不得用于加香料以外
β-胡萝卜素 β-Carotene	着色剂 强化剂			不得用于海带类、食用肉类、新鲜鱼贝类（包括鲸鱼）、茶、海苔类、豆类、蔬菜类
γ-壬内酯 γ-Nonalactone	加香料			加香料以外用途使用禁止

中 文 索 引

A

阿苯哒唑 (16, 172)
阿布拉霉素 (579)
阿伏霉素 (580)
阿克洛胺 (172, 577)
阿拉伯半聚乳糖 (192)
阿拉伯胶 (192)
阿拉酸式苯-S-甲基 (86)
阿米曲士 (87)
阿灭丁（阿维菌素） (16)
阿莫西林 (17, 173, 578)
阿诺克索默 (192)
β-阿朴-8′-胡萝卜醛 (236)
阿司匹林 (579)
阿散酸/洛克沙砷 (17)
阿特拉津 (87)
阿托品 (13)
阿维菌素 (84, 245, 246, 576)
阿魏胶 (192)
矮壮素 (3, 303, 588)
艾菊 (202)
艾克敌 (540, 639)
艾氏剂、狄氏剂 (255)
艾氏剂和狄氏剂 (2, 350, 598)
艾维激素 (257)
安古树（皮） (191)
安果 (417)
安眠酮 (29)
安乃近 (25)
安普罗铵 (173)

安普霉素 (13, 17, 173)
安息香 (194)
安息香树脂 (209)
1,8-桉叶素 (652)
氨 (654)
氨苯砜 (29)
氨苯乙酯 (581)
氨苄青霉素 (578)
氨苄西林 (17, 173)
氨丙啉 (13, 17, 579)
氨草啶 (257, 578)
氨磺乐灵 (143, 483)
4-氨基吡啶 (243)
氨基肽酶 (191)
氨基乙酸 (47, 191)
氨唑草酮 (86, 87)
铵基咪草啶 (436)
铵基咪草啶酸 (615)
铵磷脂 (37)
胺苯磺隆 (113, 375, 604)
胺磺铜 (337)
胺嘧啶 (635)
奥比沙星 (627)
奥芬达唑 (22)
奥美普林 (178, 627)

B

八角茴香 (230)
巴胺磷 (26)
巴喹普林 (581)
巴拉圭茶 (215)

中文索引

巴龙霉素　（630）
巴西棕榈蜡　（40，195）
菝葜　（227）
霸草灵　（524）
白柏木的叶和嫩枝　（234）
白矿物油　（234，235）
白栎的锯屑　（235）
白麝香草　（233）
白松树皮　（235）
白松油　（235）
白鲜根　（204）
白鲜状牛至　（219）
白油（又名液体石蜡）　（50）
百草枯　（10，144，145，489，629）
百菌清　（4，98，99，305，588）
百克敏　（523，635）
百快隆　（531）
百里香　（233）
百速隆　（526）
百治磷　（108，349）
斑蝥黄　（198，584）
L-半胱氨酸　（212）
L-半胱氨酸盐酸盐　（49）
棒曲霉素　（34，184）
5′-胞苷酸二钠　（660）
保泰松　（182）
抱茎毛蕊花的花　（201）
卑霉素　（580）
北里霉素　（617）
北美檫木的叶　（218）
贝类毒素　（651）
钡　（185）
倍半碳酸钠　（201）
倍硫磷　（7，22，398，608）
倍他米松　（17，582）
焙烤酵母聚糖　（193）
苯　（185）
苯吡唑草酮　（168）
L-苯丙氨酸　（214，666）
苯丙酸诺龙　（29）
苯并（a）芘　（32）
苯并噻二唑　（250）

苯哒嗪钾　（101，316，590）
苯达松　（89，90，270，581）
苯敌草　（146，497，630）
苯丁锡　（6，116，388，606）
苯酚　（15）
苯酚类　（651）
苯酚类（一般认为毒性强的除外）　（667）
苯酚醚类（一般认为毒性强的除外）　（667）
苯磺隆　（168，562，647）
4-苯基苯酚　（52）
2-苯基苯酚　（243）
2-苯基苯酚钠盐　（59）
苯甲醇　（655）
苯甲醛　（194，654）
苯甲酸　（194，654）
苯甲酸雌二醇　（29）
苯甲酸及其钠盐　（38）
苯甲酸钠　（228，674）
N6-苯甲酰基腺嘌呤　（272）
苯硫氨酯　（22）
苯硫哒唑　（176）
苯硫威　（393）
苯醚甲环唑　（351，598）
苯醚菊酯　（498，630）
苯桥蒽　（461）
苯噻菌胺　（90）
苯噻氰　（163，543）
苯霜灵　（266，581）
苯酮唑　（584）
苯酰磺胺　（640）
苯酰菌胺　（172，574）
苯线磷　（6，116）
苯氧甲基青霉素　（630）
苯乙酸乙酯　（661）
苯乙酸异戊酯　（665）
苯乙酮/乙酰苯　（653）
苯乙烷　（186）
苯乙烯　（188）
苯唑青霉素　（628）
苯唑西林　（25）
吡喹酮　（15，632）
吡丙醚　（154，155，530，636）

· 685 ·

吡草醚 （152）
吡虫啉 （129，130，438，615）
吡虫清 （248，249，576）
吡啶基醋酸亚汞 （30）
吡哆醇盐酸盐 （224）
吡芬溴铵 （517，633，634）
吡呋氯禾灵 （426）
吡氟禾草灵 （7，120，403，609）
吡氟甲禾灵 （8）
吡氟氯禾灵 （614）
吡氟酰草胺 （354，599）
吡利霉素 （179）
吡咯二酸二乙酯 （457，621）
吡螨胺 （545）
吡嘧磷 （525，635）
吡喃草酮 （164，549，643）
吡蚜酮 （151，521，635）
吡唑特 （524）
吡唑解草酯 （136）
吡唑啉 （153）
吡唑硫磷 （522，635）
荜澄茄 （202）
蓖麻油 （199）
苄呋菊酯 （276，535，582，637）
苄氯三唑醇 （348）
苄螨醚 （425）
苄嘧磺隆 （2，89，269，581）
苄青霉素 （581）
苄星青霉素/普鲁卡因青霉素 （17）
苄氧喹甲酯 （178）
变性酒精 （203）
冰醋酸 （663）
冰岛地衣 （210）
冰结构蛋白 （47）
冰晶石 （102）
D，L-丙氨酸 （202）
L-丙氨酸 （48，212）
DL-丙氨酸 （660）
丙苯磺隆 （150，520，634）
丙草胺 （11）
丙草丹 （374，603）
丙醇 （671）

丙二醇 （55，224，671）
丙二醇脂肪酸酯 （56）
丙环唑 （11，149，150，518，634）
5-丙磺酰基-1-氢-苯并咪唑-2-胺 （575）
丙基喜乐松 （443）
丙硫菌唑 （150，151）
丙硫克百威 （2，268，581）
丙炔氟草胺 （122，410，610）
丙森锌 （445）
丙酸 （224，671）
丙酸苯甲酯 （655）
丙酸钙 （197，657）
丙酸睾酮 （29）
丙酸睾丸酮 （180，181）
丙酸及其钠盐、钙盐 （55）
丙酸钠 （229，681）
丙酸乙酯 （661）
丙酸异戊酯 （665）
丙酮 （189，653）
丙烷 （224）
丙烯菊酯 （577）
丙线磷 （377）
丙溴磷 （11，148，512，633）
丙氧苯咪唑 （25，628）
丙蝇驱 （600）
波罗尼的根 （223）
菠萝蛋白酶 （195）
博路都树的叶 （221）
薄荷醇 （215）
DL-薄荷醇 （660）
薄荷脑 （652）
薄荷油 （220）
不饱和脂肪酸单甘脂 （67）
不溶性葡萄糖异构酶制剂 （211）
布枯的叶子 （195）
布洛芬 （565，648）

C

蔡米特黑石蚕 （195）
残杀威 （519，634）
草胺磷 （126，422，612，613）
草毒死 （256）

草甘膦 (8, 127, 128)
草净津 (323)
草莓醛 (188)
草灭特 (103, 325)
草酸 (667)
草燕灭 (373)
茶 (233)
L-茶氨酸 (666)
茶多酚 (65)
茶黄色素 (65)
茶绿色素 (65)
长杀草 (585)
长穗熏衣草 (212)
长叶薄荷 (210)
长枝木霉产生的纤维素酶制剂 (199)
常山酮 (613)
超甘油化的完全氢化菜子油 (225)
朝鲜蓟的叶 (192)
潮霉素 B (29)
橙色 B (218)
橙叶 (218)
赤霉病麦毒素 (651)
赤霉素 (421)
赤霉酸及其钾盐 (208)
赤藓红 (205)
赤藓红及其铝色淀 (45, 46)
赤藓糖醇 (45)
虫螨腈 (98)
虫帕唑 (630)
虫酰肼 (163, 164, 544, 642)
臭氧 (219)
除草定 (93, 280, 583)
除草剂安全剂 (105)
除虫菊酯 (153, 526, 635)
除虫脲 (5, 109, 353, 599)
除线磷 (344)
垂体促性腺激素释放激素 (14)
春黄菊（德国或匈牙利） (198)
春黄菊花（罗马或英国） (199)
春黄菊花（匈牙利） (199)
春黄菊（英国或罗马） (198)
春雷霉素 (448)

醇，SDA-3A (190)
雌二醇 (176)
次磷酸钠 (229)
次氯酸钠 (673, 676)
次氯酸水 (663)
刺槐豆胶 (209)
刺山柑 (198)
刺梧桐胶 (211)
刺云实胶 (64)
促黄体激素（各种动物天然 FSH 及其化学合成类似物） (14)
促卵泡激素（各种动物天然 FSH 及其化学合成类似物） (14)
醋酸氟孕酮 (22)
醋酸甲孕酮 (30)
醋酸美仑孕酮 (177)
all-rac-α-醋酸生育酚 (653)
R，R，R-α-醋酸生育粉 (672)
醋酸亚汞 (30)
醋酸酯异丁酸蔗糖酯 (231)

D

哒草伏 (480, 626)
哒草特 (154, 528, 635)
哒螨灵 (153, 527, 635)
哒嗪硫磷 (527)
达氟沙星 (19, 175, 594)
达马胶 (202)
达迷草的叶子 (202)
达诺杀 (360, 600)
大豆油（氢化的） (230)
大高良姜 (190)
大茴香 (192)
大蒜及衍生物 (208)
代森环 (475)
代森联 (140)
代森锰 (135)
代森锰锌 (9, 135)
代奈莫林 (571)
单甲脒 (12)
单克素 (570)
单宁酸 (232)

单、双甘油酯 （216）
单、双甘油酯的磷酸二氢钠衍生物 （228）
单、双甲基萘磺酸钠 （216）
单，双，三甘油脂肪酸酯（油酸、亚油酸、柠檬酸、亚麻酸、棕榈酸、山嵛酸、硬脂酸） （50）
单双（三甲胺）二氯甲烷 （575）
单辛酸甘油酯 （50）
单硬脂酸甘油酯 （217）
单硬脂酸山梨糖醇酐酯 （216）
单油酸甘油酯 （217）
胆钙化醇 （658）
胆碱 （13）
DL-蛋氨酸 （660）
L-蛋氨酸 （666）
蛋氨酸锌硫酸盐 （235）
蛋白胨 （220）
氮氨菲啶 （23，616）
氮哌酮 （17）
稻丰散 （10，498）
稻瘟灵 （9，445，616）
低芥酸菜子油 （214）
低亚硫酸钠 （63，676，677）
2，4-滴 （5，242，575）
2，4-滴丙酸 （346）
滴滴涕 （5，338，595）
2，4-滴丁酸 （84，243，575）
敌百虫 （12，28，168，563，647）
敌稗 （11，106，149，516，634）
敌草胺 （142）
敌草腈 （107，344）
敌草快 （6，111，364，600）
敌草隆 （111，369，601）
敌敌畏 （5，19，20，108，175，347，597）
敌菌灵 （2，259）
敌杀磷 （362）
敌瘟磷 （6）
地克珠利 （13，20，175，597）
地茂散 （98，304，588）
地美硝唑 （29，182）
地塞米松 （19，596）
地散磷 （89，270）
地西泮（安定） （29）

地昔尼尔 （598）
碘苯腈 （443）
碘仿 （14）
碘化钾 （223）
碘化钠和钾 （14）
碘化亚铜 （202）
碘醚柳胺 （26）
碘酸钙 （197）
碘酸钾 （223）
碘酸钠和钾 （14）
淀粉磷酸酯钠 （59，60）
α-淀粉酶制品，得自嗜热脂肪芽孢杆 （235）
靛蓝 （211）
调果酸 （319）
调环酸钙盐 （148，513，633）
丁草胺 （3，284）
丁草特 （94，285）
丁醇 （655）
1，3-丁二醇 （188）
丁氟消草 （375）
丁基加保扶 （291，586）
丁基羟基茴香醚 （39）
丁卡因 （15）
丁喹酯 （173）
丁硫克百威 （3）
丁嘧硫磷 （164）
丁嘧脲 （341，596）
丁羟基茴香醚 （194）
丁醛 （655）
丁酸 （217，656）
丁酸丁酯 （656）
丁酸环己酯 （659）
丁酸乙酯 （205，661）
丁酸异戊酯 （665）
丁香酚 （661）
丁香及其衍生物 （201）
丁香油酚 （605）
丁氧环酮 （285，584）
啶虫丙醚 （153，154）
啶虫脒 （85）
啶蜱脲 （609）
啶酰菌胺 （92，278，583）

动物性脂酶 (192)
豆蔻 (209)
豆蔻种籽 (198)
毒草胺 (148, 515, 633)
毒虫畏 (300, 587)
毒杀芬（氯化烯）(30)
毒死蜱 (4, 99, 308, 589)
毒莠定 (147, 503, 631)
杜松 (211)
短叶丝兰 (211)
椴树叶 (213)
对甲基苯乙酮 (666)
对硫磷 (10, 490, 629)
对氯苯氧基乙酸 (145)
对氯苯氧乙酸 (244, 575)
对羟基苯甲酸丙酯 (669)
对羟基苯甲酸丁酯 (655)
对羟基苯甲酸庚酯 (217)
对羟基苯甲酸甲酯 (216)
对羟基苯甲酸异丙酯 (664)
对羟基苯甲酸异丁酯 (664)
对羟基苯甲酸酯类及其钠盐 (49)
对乙酰氨基酚 (15)
多果定 (112, 370)
多聚磷酸钾 (672)
多聚磷酸钠 (681)
多菌灵 (3, 289, 585)
多拉菌素 (20, 21, 601)
多拉克丁 (175)
多氯联苯 (34, 187, 651)
多杀菌素 (159, 160)
多穗柯棕 (64)
多西环素 (21)
多效唑 (10, 489)
多氧霉素 (508)

E

莪术 (235)
莪术皮 (235)
恶草酸 (517, 634)
恶草酮 (10, 628)
恶虫威 (267, 581)

噁喹酸 (25)
恶二唑虫 (441, 615)
恶霉灵 (434)
恶醚唑 (109)
恶霜灵 (483)
恶唑禾草灵 (117, 393, 607)
恶唑菌酮 (115, 384, 605)
恶唑磷 (447)
恩诺沙星 (21, 175, 602)
儿茶 (199)
二苯胺 (6, 111, 363, 600)
二苯酰硫胺素 (660)
二苯酰盐酸硫胺 (660)
二丁基羟基甲苯 (40)
二丁基羟基甲苯 (BHT) (655)
二噁英 (186)
2,6-二氟苯甲酸 (243)
二氟吡隆 (109, 355)
二氟沙星 (20, 599)
二甲苯 (188)
二甲基二碳酸盐 (45)
二甲基亚硝胺 (186)
二甲嘧菌胺 (529, 636)
二甲四氯 (620)
二甲四氯丙酸 (621)
二甲四氯丁酸 (621)
二甲戊乐灵 (10, 145)
二硫代氨基甲酸盐类 (367, 601)
二硫化碳 (96)
o-二氯苯 (187)
p-二氯苯 (187)
2,4—二氯苯氧乙酸 (45, 83)
二氯吡啶甲酸 (102)
1,2-二氯丙烷 (185)
1,3-二氯丙烯 (83)
二氯丙烯胺 (346)
二氯甲烷 (186, 203)
二氯喹啉酸 (155, 532, 636)
二氯萘醌 (346)
二氯喃 (346)
二氯皮考啉酸 (320, 591)
1,2-二氯乙烷 (185)

1,1-二氯乙烯 （185）
二氯乙烯 （381，605）
4-二氯乙酰基-1-氧-4-氮螺［4,5］癸烷 AD 67 （86）
二嗪磷 （5，107，342，596）
二嗪农 （19）
二噻农 （366）
二叔丁基对甲酚 （194）
二碳酸二甲酯 （203）
二硝甲苯酰胺 （182）
二硝托胺 （29，600）
二溴磷 （142）
二溴乙烯 （380）
二氧化硅 （227，680）
二氧化硅，非晶形 （57，680）
二氧化硫 （63，162，231，679，680）
二氧化氯 （185，658）
二氧化钛 （66，233，682）
二氧化碳 （42，198，658）
N,N-二乙基-2-乙胺盐酸盐（4-甲基苯氧基） （142）
二乙酸钙 （196）
二乙酸一钠 （216）
二乙酰 （203）
二硬脂酸丙二醇酯 （224）
二硬脂酸二丙二醇酯 （204）

F

发酵剂溜出液 （230）
伐虫脒盐酸盐 （417）
伐灭磷 （176，605）
伐奈莫林 （650）
番椒 （220）
番石榴 （209）
矾 （190）
反式-1,2-二氯乙烯 （188）
D-泛酸胺 （204）
泛酸钙 （13，657）
泛酸钙和氯化钙复盐 （219）
泛酸钠 （680）
芳香醇类 （654）
芳香醛类（一般认为毒性强的除外） （654）

芳樟醇 （213，665）
防臭木 （213）
纺锤染料衣 （219）
飞蓬 （205）
分离大豆蛋白 （230）
分离鱼蛋白 （227）
芬苯达唑 （22）
芬前列林 （607）
酚类化合物 （187）
粉末状维生素 （660）
粉锈啉 （396，607）
粉唑醇 （415，612）
风信子花 （210）
砜吸磷 （486，628）
蜂蜡（黄色和白色） （193）
凤仙花（秘鲁） （220）
呋草黄 （581）
呋虫胺 （110，111，361，600）
呋喃苯烯酸钠 （29）
呋喃丹（克百威） （30）
呋喃它酮 （29）
呋喃西林 （182）
呋喃唑酮 （29）
呋线威 （420，612）
伏草隆 （123，411）
伏马菌素 B_1，B_2，B_3 （184）
伏杀硫磷 （10，147，500）
氟 （33，651）
氟胺磺隆 （171，569）
氟胺氰菊酯 （7，23，415，612）
氟苯哒唑 （609）
氟苯咪唑 （22）
氟苯尼考 （22，176，609）
氟苯脲 （547，643）
氟吡菌胺 （123）
氟吡酰草胺 （504，631）
氟丙菊酯 （251）
氟丙嘧草酯 （94）
氟丙氧脲 （452，620）
氟草胺 （89）
氟草敏 （142）
氟草烟 （124，413，611）

氟虫腈　(119, 401, 608)
氟虫脲　(122, 408)
氟虫酰胺　(120, 121)
氟哒嗪草酯　(122, 410)
氟定脲　(301, 587)
氟啶胺　(120, 405)
氟啶草酮　(412, 611)
氟啶虫酰胺　(119, 120)
氟啶酮　(124)
氟硅唑　(7, 414, 612)
氟化物　(123)
氟环唑　(113, 603)
氟磺胺草醚　(8, 125)
氟磺隆　(521, 635)
氟甲喹　(22, 23, 610)
氟菌酰胺　(411)
氟菌唑　(170, 566, 648)
氟喹诺酮类　(182)
氟乐灵　(12, 170, 568, 649)
氟铃脲　(430)
氟硫草定　(369)
氟硫灭　(414)
氟氯苯菊酯　(14, 610)
β-氟氯氰菊酯　(90, 91)
氟氯氰菊酯　(4, 103, 104, 328, 593)
氟醚唑　(165, 552)
氟嘧黄隆　(148)
氟嘧菌酯　(124)
氟尼辛　(176, 611)
氟氰戊菊酯　(7, 406, 609)
氟噻草胺　(122, 408, 610)
氟噻乙草酯　(414)
氟酮磺隆　(121, 405)
氟酮唑草　(293, 586)
氟烯草酸　(122, 410, 610)
氟酰胺　(124, 415, 416, 612)
氟蚁腙　(128, 432)
氟唑虫清　(298, 587)
氟唑嘧磺草胺　(410, 610)
福美双　(168)
福美铁　(119)
福美锌　(172)

L-脯氨酸　(214)
腐霉利　(11, 511, 633)
富拉磷　(608)
富马酸　(46, 663)
富马酸及其盐类　(207)
富马酸季戊四醇酯与松香的加成物　(207)
富马酸亚铁　(207)
富马酸一钠　(667)

G

伽罗木　(213)
改性啤酒花浸取物　(216)
干酵母　(204)
干酪素　(199)
干酪素钠　(199)
甘氨酸　(208, 663)
甘草，甘草酸铵，甘草酸一钾及三钾　(47)
甘草及衍生物　(209)
甘草抗氧物　(37)
甘草酸二钠　(659)
甘露醇　(14)
D-甘露醇　(659)
D—甘露糖醇　(45)
甘牛至　(215)
甘油　(208, 663)
甘油磷酸钙　(197, 656)
甘油三醋酸酯　(208)
甘油三丁酸酯　(208)
杆菌肽　(17, 173, 580)
柑橘　(215)
柑橘黄　(51)
柑橘皮　(200)
高级脂肪醇　(654)
高级脂肪族醛类（一般认为毒性强的除外）(654)
高级脂肪族碳水化合物（一般认为毒性强的除外）(654)
高良姜　(208)
高岭土（白陶土）　(665)
高锰酸钾　(55)
高效次氯酸盐　(663)
高效氯氟氰菊酯　(133)

· 691 ·

高效氰戊菊酯 （113）
格蓬 （212）
蛤蚌毒素 （184）
镉 （33，185，651）
铬 （33，185，186）
庚酸乙酯 （661）
汞 （34，187，651）
谷氨酸 （208）
L-谷氨酸 （213）
L-谷氨酸 （665）
L-谷氨酸钙 （656）
L-谷氨酸钾 （667）
L-谷氨酸镁 （666）
L-谷氨酸钠 （667）
谷氨酸一铵 （216）
谷氨酸一钾 （216）
谷氨酰胺转氨酶 （47）
谷硫磷 （87，88）
瓜尔豆胶 （209）
瓜拉拿藤（巴西可可） （195）
L-胱氨酸 （212）
广藿香 （221）
广木香根 （202）
硅氟唑 （539）
硅铝酸钠 （58，228）
硅醚菊酯 （537）
硅酸钙 （197，656）
硅酸铝钙 （191）
硅酸镁 （214）
硅酸钠 （229）
硅酸三钙 （233）
硅藻土 （660）
硅藻土填充料 （203）
癸醛 （198）
癸氧喹酯 （13，19，175，595）
桂醛 （43）
桂樱叶 （212）
果胶 （52）
果胶物质 （220）
果葡糖浆 （207）
过硫酸铵 （654）
过氧化苯甲酰 （38，194，655）

过氧化丙酮 （220）
过氧化钙 （40）
过氧化氢 （14，210，663）
过氧化氢酶 （199）

H

哈洛克酮 （177，614）
海狸香 （199）
海狸油 （193）
海萝胶 （46）
海索草 （210）
海藻酸 （190）
海藻酸铵 （190）
海藻酸丙二醇酯 （55，56，190）
海藻酸丙二酯 （668）
海藻酸钙 （195）
海藻酸钾 （223，668）
海藻酸钠 （57，228，674）
氦气 （210）
含磺基钠丁二酸二辛酯的用于加工的可可 （201）
旱芹种籽 （192）
禾草丹 （167，556，644）
禾草敌 （10）
禾草灵 （108）
合成的异链烷烃石油碳氢化物 （232）
合成石蜡和琥珀酸衍生物 （232）
合成石油石蜡 （232）
合成萜烯树脂 （231）
合成香料和辅助剂 （232）
合成氧化铁 （231）
合成脂肪酸 （231）
L-和D，L-蛋氨酸 （212）
核黄素 （225，673）
核黄素 5′-磷酸钠 （673）
核黄素-5′-磷酸一钠 （225）
核黄素四丁酸酯 （673）
5′-核糖核苷酸二钠 （660）
5′-核糖核苷酸钙 （658）
核桃外壳、叶和青果仁 （234）
褐藻 （195）
黑刺李果 （227）
黑点咔金丝桃的叶、花和茎 （213）

中文索引

黑豆红 （39）
黑儿茶 （194）
黑胡椒 （220）
黑加仑的茎和叶 （230）
黑加仑红 （39）
黑山楂树皮 （194）
黑树莓的树皮 （194）
烘烤的部分脱脂煮棉子粉 （193）
红花黄 （42，43）
红金鸡纳树皮 （225）
红橘 （232）
红辣椒 （219）
红辣椒粉 （198）
红辣椒油树脂 （219）
红没药 （231）
红霉素 （21，175，603）
红米红 （56）
红球藻属海藻粉 （227）
红曲米，红曲红 （56）
红藻 （225）
红藻胶 （225）
红藻胶盐类 （225）
胡椒（白） （220）
胡椒（红） （220）
胡椒基丁醚 （147，148，668）
胡椒醛 （221，668）
胡萝卜 （199）
β-胡萝卜素 （236，683）
胡萝卜油 （199）
葫芦巴 （206）
葫芦巴胶 （46）
糊精 （203）
琥珀酸 （231，675）
琥珀酸单甘油酯 （62，231）
琥珀酸二钠 （45，659）
琥珀酸一钠 （667）
琥珀酰硬脂精 （231）
花椒树皮 （224）
花生衣红 （52）
花生硬脂酸 （220）
花生油 （220）
滑石粉 （64，232，683）

槐豆 （198）
槐豆树 （229）
环丙氨嗪 （18）
环丙酸酰胺 （103，325，592）
环丙酰菌胺 （586）
环丙唑醇 （334，594）
环虫酰肼 （313）
环氟菌胺 （327）
环己基氨基横酸钠，环己基氨基磺酸钙（又名甜蜜素） （58）
环己基丙酸烯丙酯 （654）
环己烷 （202）
2-环己烷-1，3 二酮 （164）
环嗪酮 （128，430，614）
环酰菌胺 （117，390，606）
环氧丙烷 （150，520）
环氧化大豆油 （205）
环氧乙烷 （114）
环氧乙烷和环氧丙烷的共聚物 （201）
环酯草醚 （529）
环唑醇 （105）
黄金鸡纳树皮 （198）
黄龙胆根茎和根 （208）
黄芪胶 （210）
黄曲霉毒素 B_1 （32，183）
黄曲霉毒素 M_1 （32，183，651）
黄曲霉毒素总量 （183）
黄蜀葵胶 （35）
黄体酮 （179）
黄原胶（又名汉生胶） （67，235）
磺胺 （641）
磺胺吡啶 （641）
磺胺二甲嘧啶 （27，180，641）
磺胺二甲氧嘧啶 （180）
磺胺二甲异恶唑 （642）
磺胺胍 （641）
磺胺甲基嘧啶 （641）
磺胺甲氧哒嗪 （641）
磺胺二甲氧嘧啶 （180，640）
磺胺间甲氧嘧啶钠 （641）
磺胺喹恶啉 （180，642）
磺胺类 （27，183）

· 693 ·

磺胺氯哒嗪 （180，640）
磺胺嘧啶 （640）
磺胺噻唑 （180，642）
磺胺沙唑 （642）
磺胺溴二甲嘧啶钠 （180，640）
磺胺乙氧哒嗪 （180，641）
磺草灵 （87，260，641，579）
磺基丁二酸二辛基钠盐 （204）
磺酰磺隆 （162，542，642）
茴香脑 （191）
茴香（普通） （206）
茴香醛 （653）
茴香（甜的，佛罗伦萨） （206）
混种熏衣草 （212）
D-或L-香芹酮 （202）

J

肌醇 （211）
肌苷酸二钠 （211）
5-肌苷酸二钠 （659）
吉他霉素 （24）
己二酸 （35，189，652）
4-己基间苯二酚 （47）
己酸 （663）
己酸烯丙酯 （654）
己酸乙酯 （661）
己烯雌酚 （29，182）
季铵氯化物 （224）
加保扶 （290，585）
加拿大细辛（野姜） （192）
加州胡椒树 （227）
家黑种草 （194）
甲氨基阿维菌素 （112）
甲胺磷 （9，138，462，622）
甲拌磷 （10，146，499，630）
甲苯 （188）
甲苯氟磺胺 （557，646）
甲苯咪唑 （24，621）
甲苯噻嗪 （650）
甲苯三嗪酮 （645）
甲苄喹啉 （623）
甲草胺 （2，86，252，577）

甲草苯隆 （461）
甲醇钠 （679）
甲砜霉素 （27，644）
甲氟燕灵 （402，608）
甲磺胺磺隆 （136，458，622）
甲磺草胺 （162，541）
甲磺隆 （141，472，624）
甲基吡啶磷 （13）
甲基吡恶磷 （262，580）
甲基橙皮苷 （667）
甲基碘磺隆 （132，442，616）
甲基毒死蜱 （4，100，310，589）
甲基对硫磷 （10，140，491，629）
甲基氟嘧磺隆 （509，633）
甲基睾丸酮 （30）
甲基汞 （187）
甲基谷硫磷 （263，586）
N-甲基邻氨基苯甲酸甲酯 （667）
甲基硫菌灵 （167）
2-甲基-4-氯苯氧乙酸 （136）
甲基咪草烟 （129）
甲基嘧啶磷 （11，148，507，632）
甲基-β-萘酮 （667）
甲基内吸磷 （340）
甲基葡萄糖苷-椰子油脂 （216）
甲基氢化泼尼松 （177，623）
甲基噻吩磺隆 （555）
甲基三嗪酮（托曲珠利） （28）
甲基胂酸钠 （138）
甲基纤维素 （216，667）
甲基盐霉素 （25，178，625）
甲基乙拌磷 （556，644）
甲基乙基纤维素 （215）
甲基异柳磷 （8）
甲菌定 （357）
甲壳素（又名几丁质） （43）
甲硫威 （465）
2甲4氯 （456）
2甲4氯丙酸 （457）
2-甲-4-氯丁酸 （136）
2甲4氯丁酸 （456）
甲咪唑烟酸 （615）

甲咪唑烟酸胺 (436)
甲萘醌 (14)
甲萘威 (3, 95, 96)
甲氰菊酯 (7, 117, 118, 395, 607)
甲醛 (14)
甲噻嘧啶 (624)
甲霜灵 (9, 136, 137)
甲酸香茅酯 (658)
甲酸香叶酯 (663)
甲酸乙酯 (205)
甲酸异戊酯 (665)
甲羧除草醚 (274)
甲烯雌醇乙酸酯 (621)
甲酰胺黄隆 (417)
甲硝唑 (29)
甲氧苄氨嘧啶 (649)
甲氧苄啶 (28)
甲氧苄喹酯 (626)
甲氧虫酰肼 (139, 140, 469, 623)
甲氧滴滴涕 (468, 622)
甲氧磺草胺 (155, 472, 623)
甲氧氯普胺 (623)
尖叶番泻树 (195)
坚牢绿 (206)
碱式碳酸铋 (13)
碱式硝酸铋 (13)
姜 (208)
姜黄 (67, 202)
姜黄素 (44)
姜黄油树脂 (202)
降胭脂树素钾 (669)
降胭脂树素钠 (680)
交沙霉素 (617)
胶母糖基 (217)
焦磷酸 (224)
焦磷酸二氢二钠 (45, 660)
焦磷酸二氢钙 (657)
焦磷酸钾 (682)
焦磷酸钠 (233)
焦磷酸四钠 (66, 682)
焦磷酸铁 (207, 662)
焦糖 (198)

焦糖色（加氨生产）(41)
焦糖色（普通法）(41, 42)
焦糖色（亚硫酸铵法）(41)
焦亚硫酸钾 (63, 224, 670)
焦亚硫酸钠 (15, 63, 229, 580, 681)
Phaffia 酵母 (221)
酵母-麦芽浸取物 (235)
接骨木的叶 (226)
接骨木花 (204)
结冷胶 (208)
解草恶唑 (125, 421)
解草腈 (628)
解草嗪 (89)
解草酮 (268)
解毒喹 (102, 320, 591)
芥末 (217)
芥末（白色或黄色）(217)
芥末（黑色或棕色）(217)
芥末（棕色）(217)
金合欢的花 (188)
金霉素 (174)
金石蚕 (209)
金樱子棕 (56)
金盏花 (198)
腈苯唑 (6, 116, 387, 606)
腈菌唑 (141, 142, 477, 478, 625)
腈嘧菌酯 (264, 580)
L-精氨酸 (212)
L-精氨酸-L-谷氨酸盐 (665)
精吡氟禾草灵 (7)
精高效氯氟氰菊酯 (126)
精甲霜灵 (137, 459, 622)
精喹禾灵 (156)
精炼椰子油 (201)
精-异丙甲草胺 (157, 158)
精制虫胶 (225)
久效磷 (10, 475)
酒石酸 (232)
DL-酒石酸 (660)
L-酒石酸 (666)
酒石酸钾钠 (224)
酒石酸莫仑太尔 (177)

酒石酸钠 (229)
DL-酒石酸钠 (660)
L-酒石酸钠 (660)
酒石酸氢胆碱 (232)
酒石酸氢钾 (54, 223)
DL-酒石酸氢钾 (668)
L-酒石酸氢钾 (668)
酒石酸噻吩嘧啶 (179, 635)
酒石酸锑钾 (30)
菊花黄浸膏 (44)
菊苣 (200)
橘红2号 (200)
聚丙烯酸钠 (681)
聚丙烯酰胺 (221)
聚丁烯 (672)
聚二甲基硅氧烷 (52)
聚二甲基硅氧烷（乳液） (52)
聚甘油蓖麻醇酯 (53)
聚甘油脂肪酸酯（聚甘油单硬脂酸酯，聚甘油单油酸酯） (53)
聚葡萄糖 (52, 221)
聚山梨酸酯20 (671)
聚山梨酸酯60 (221, 222, 671)
聚山梨酸酯65 (222, 671)
聚山梨酸酯80 (222, 671, 672)
聚氧丙烯甘油醚 (54)
聚氧丙烯氧化乙烯甘油醚 (54)
聚氧乙烯聚氧丙烯胺醚 (53)
聚氧乙烯聚氧丙烯季戊四醇醚 (53)
聚氧乙烯木糖醇酐单硬脂酸酯 (54)
聚氧乙烯山梨醇酐单月桂酸酯（又名吐温20），聚氧乙烯山梨醇酐单棕榈酸酯（又名吐温40），聚氧乙烯山梨醇酐单硬脂酸酯（又名吐温60），聚氧乙烯山梨醇酐单油酸酯（又名吐温80） (53)
聚乙二醇（相对分子质量范围从200到10000） (15, 53)
聚乙二醇6000 (214)
聚乙二醇（平均相对分子质量200～9500） (222)
聚乙酸乙烯酯 (222, 668)
聚乙烯吡咯烷酮 (223)
聚乙烯吡咯烷酮碘 (14)

聚乙烯醇 (54, 223)
聚乙烯聚吡咯烷酮（PVPP） (672)
聚异丁烯 (671)
菌达灭 (113)

K

卡巴多司 (173)
卡拉胶 (42, 198)
卡拉胶配用聚山梨酸酯80 (222)
卡拉胶盐类 (198)
卡拉洛尔 (585)
卡藜树皮 (199)
卡伦巴的根 (211)
卡洛芬 (586)
卡那霉素 (617)
卡南加 (198)
咖啡 (201)
咖啡因 (13, 40, 195)
康乃克油（庚酸乙酯） (201)
糠醛及其衍生物（一般认为毒性强的除外） (663)
抗倒酯 (570)
抗坏血酸 (38, 192)
L-抗坏血酸 (665)
L-抗坏血酸钠 (665)
抗坏血酸葡萄糖苷 (665)
抗坏血酸铁 (192)
L-抗坏血酸硬脂酸酯 (665)
抗坏血酸棕榈酸酯 (38, 192)
L-抗坏血酸棕榈酸酯 (665)
抗蚜威 (11, 506, 632)
柯拜巴脂 (201)
可得然胶 (44)
可供食用的改性棉子制品 (204)
可可 (195, 201)
可可壳色 (43, 44)
可可脂代用品 (201)
可乐果 (201)
克百威 (3)
克草猛 (492)
克菌丹 (3, 95, 286, 584)
克拉维酸 (18, 590)

克氯得 (312)
克仑特罗 (29, 182, 590)
克螨特 (11, 149)
克线磷 (385, 605)
孔裂药豆的根 (225)
孔雀石绿 (30)
枯草隆 (306, 589)
枯杀达 (256)
苦艾 (188)
苦橙 (218)
苦橙花 (218)
苦橙皮 (218)
苦橙叶 (221)
苦萼皮 (194)
苦杏仁（脱氢氰酸） (194)
库拉索柑橘皮（苦的） (202)
快胜 (554, 644)
矿物油 (141)
矿脂（凡士林） (220)
奎宁 (225)
喹禾灵 (155, 156, 534, 636)
喹菌酮 (485, 628)
喹啉黄 (56)
喹啉酮 (485)
喹硫磷 (12, 531)
喹氧灵 (155, 533, 636)
喹乙醇 (25, 627)
喹唑菌酮 (412, 611)

L

拉沙里菌素 (177, 618)
拉沙洛菌素 (24)
蜡菊 (210)
辣根 (210)
辣椒 (198)
辣椒橙 (51)
辣椒红 (51)
辣椒（卡宴） (199)
辣椒油树脂 (51)
来洛霉素 (177, 618)
莱克多巴胺 (179)
L-赖氨酸 (214)

L-赖氨酸-L-谷氨酸盐 (666)
L-赖氨酸-L-天门冬氨酸盐 (666)
L-赖氨酸盐酸盐 (666)
蓝桉叶 (195)
蓝锭果红 (67)
榄香 (205)
L-酪氨酸 (214)
酪蛋白钙肽 (43)
酪蛋白磷酸肽 (43)
酪蛋白酸钠 (674)
乐果 (6, 110, 358, 600)
雷复尼特 (637)
离子交换树脂 (664)
利多卡因 (14)
利福西明 (637)
利谷隆 (134, 451, 620)
联苯 (277, 660)
联苯肼酯 (91, 273, 582)
联苯菊酯 (3, 91, 92, 274, 582)
联苯醚（又名二苯谜） (45)
联苯三唑醇 (277, 582)
链霉素 (162, 180)
链霉素/双氢链霉素 (27)
L-亮氨酸 (214)
亮蓝 (195)
亮蓝及其铝色淀 (39)
邻氨基苯甲酸甲酯 (215, 666)
邻苯二甲酸铜 (322)
邻苯基苯酚 (143, 667)
邻苯基苯酚钠 (674)
邻二氯苯 (627)
邻氯青霉素 (175, 592)
林丹 (9, 29, 450, 619)
林可霉素 (24, 177, 618)
磷胺 (11, 502)
磷化铝 (2)
磷化氢 (147, 433, 615)
磷化锌 (172)
磷铝酸钠 (229)
磷霉素 (612)
磷酸 (52, 221, 668)
磷酸二氢铵 (191, 654)

· 697 ·

磷酸二氢钙　（40，658）
磷酸二氢钾　（55，672）
磷酸二氢钠　（58，681）
磷酸钙　（13，197，658）
磷酸化二淀粉磷酸酯　（52）
磷酸铝钠　（228）
磷酸镁　（214）
磷酸钠　（229）
磷酸氢二铵　（203，660）
磷酸氢二钾　（45，224，660）
磷酸氢二钠　（229，660）
磷酸氢钙　（40）
磷酸三钙　（66，682）
磷酸三钾　（66，67，682）
磷酸三镁　（683）
磷酸三钠　（66，682）
磷酸铁　（206）
磷脂　（49）
灵猫香　（200）
留兰香　（230）
流动石蜡（白色矿物质油）　（665）
硫胺素硫氰酸盐　（682）
硫胺素萘-1，5二磺酸盐　（682）
硫胺素十六烷基硫酸盐　（682）
硫胺素硝酸盐　（233）
硫胺素盐酸盐　（233）
硫丙磷　（543）
硫醇类（一般认为毒性强的除外）　（682）
硫代二丙酸　（233）
硫代二丙酸二月桂酯　（45，203）
硫代硫酸钠　（15，229）
硫丹　（6，112，113，372，602）
硫黄　（15，63）
硫柳汞　（15）
硫氯酚　（582）
硫醚类（一般认为毒性强的除外）　（682）
硫姆林　（181，644）
硫喷妥钠　（15）
硫普罗宁　（645）
硫双威　（12，167）
硫酸　（231，681）
硫酸铵　（191，654）

硫酸铵钾　（653）
硫酸铵铝　（653）
硫酸钙　（13，40，197，657）
硫酸化油酸丁酯　（231）
硫酸钾　（224）
硫酸铝　（191）
硫酸铝铵　（190）
硫酸铝钾　（190）
硫酸铝钾（又名钾明矾）（又名铵明矾），硫酸铝铵　（36）
硫酸铝钠　（191）
硫酸镁　（214，666）
硫酸锰　（215）
硫酸钠　（681）
硫酸庆大霉素　（176）
硫酸软骨素钠　（675）
硫酸十二烷酯硫胺　（682）
硫酸铁　（207）
硫酸铜　（201，659）
硫酸锌　（16，68，235，683）
硫酸亚铁　（14，207，662）
硫酸盐　（188）
硫酰氟　（162，163，542）
硫线磷　（3，286）
六价铬　（651）
六六六　（8）
六氯苯　（186，428，614）
六那唑　（428）
六偏磷酸钙　（197）
六偏磷酸钠　（59，229）
咯菌腈　（121，122，409，609）
龙蒿　（232）
d-龙脑　（659）
龙涎香　（191）
龙血树脂　（204）
芦荟　（190）
卤乙酸5　（186）
铝　（32，185）
铝硅酸钠钙（含水品）　（196）
铝酸钠　（228）
绿草定　（169）
绿谷隆　（476，624）

绿麦隆 （4）
氯 （185）
氯氨基吡啶酸 （87）
氯胺 （185）
氯胺酮 （14）
氯苯胺灵 （99，307）
氯苯胍 （26，637）
氯苯胍亭 （587）
氯苯嘧啶醇 （6，116，387，605）
氯吡苯脲 （125）
氯吡嘧磺隆 （128，425，614）
氯吡脲 （417）
氯丙醇 （150）
氯丙嗪 （29）
氯草定 （141，142，480，626）
氯草灵 （296，587）
氯草敏 （302）
氯虫酰胺 （98，587）
氯丹 （297，587）
氯地孕酮 （588）
氯丁酰苯哌嗪 （580）
氯氟吡氧乙酸 （7）
氯氟氰菊酯 （4）
氯化铵 （191，654）
氯化胆碱 （200）
氯化钙 （13，40，196，656）
氯化钾 （54，223，668）
氯化苦 （3）
氯化镁 （14，49，214，666）
氯化锰 （215）
氯化钠 （15，228）
氯化铁 （206，662）
氯化物 （185）
氯化锌 （235）
氯化亚汞（甘汞）（30）
氯化亚锡 （230）
氯磺隆 （100，311，589）
氯己定 （13）
氯甲草 （348，598）
氯甲酰草胺 （319）
氯菊酯 （10，146，496，630）
氯霉素 （29，182）

氯嘧磺隆 （98）
氯前列醇 （13）
氯羟吡啶 （18，174，319，591）
氯氰碘柳胺 （18）
氯氰磺柳胺 （592）
Z-氯氰菊酯 （171，172）
氯氰菊酯 （4，104，332，593）
氯杀螨 （296，587）
氯舒隆 （175，591）
氯酞酸甲酯 （311，590）
氯硝胺 （108）
氯乙烯 （188）
氯酯磺草胺 （102，320）
氯唑磷 （445）
氯唑灵 （383，605）
氯唑西林 （18）
卵磷脂 （213，665）
罗勒 （193）
罗望子 （232）
罗望子多糖胶 （64）
萝卜红 （56）
螺虫乙酯 （161，162）
螺环菌胺 （162）
螺甲螨酯 （161）
螺螨酯 （160，541）
螺旋霉素 （639）
洛硝达唑 （29）
落长灵 （356，599）
落葵红 （38）

M

麻保沙星 （620）
麻痹性贝类毒素 （184）
马杜霉素 （24，620）
马杜霉素铵 （177）
马福拉嗪 （620）
马拉硫磷 （9，24，134，453，620）
马来酸麦角新碱 （14）
马铃薯淀粉 （224）
马尼拉柯巴酯 （215）
吗啉 （217）
吗啉脂肪酸盐 （667）

吗啉脂肪酸盐（果蜡）（50）
麦草畏（107，344）
麦芽（215）
麦芽醇（667）
麦芽糊精（215）
麦芽糖醇（49）
麦芽糖浆（215）
茅草枯（241，575）
没食子酸丙酯（55，224，671）
没药（217）
玫瑰草（219）
玫瑰果（225）
玫瑰花（225）
玫瑰净油（225）
玫瑰（玫瑰油或玫瑰香精油）（225）
玫瑰木（195）
玫瑰茄（226）
玫瑰茄红（57）
玫瑰香叶（225）
玫瑰芽（225）
玫瑰叶（226）
梅笠叶（221）
酶改性卵磷脂（205）
酶改性脂肪（205）
美国栗的叶子（191）
美洛昔康（621）
美托舍酯盐酸盐（623）
美洲胡薄荷（191）
猛杀威（514）
锰（187）
孟布酮（621）
咪草酸甲酯（435）
咪草烟（129）
咪草酯（129）
咪酰胺（11，510，633）
咪唑菌酮（115，116，385，605）
咪唑双酰胺（613）
咪唑乙烟酸（437，615）
迷迭香（226）
迷迭香提取物（57）
醚苯磺隆（168，561，647）
醚磺隆（314）

醚菊酯（382）
醚菌酯（132，133）
米糠蜡（225）
米洛沙星（624）
米诺杀维素（624）
秘鲁香脂（193）
密蒙黄（39）
密灭汀（474）
嘧苯胺磺隆（143）
嘧草硫醚（531，636）
嘧啶并三唑类磺胺（496）
嘧啶磺隆（402）
嘧啶氧磷（12）
嘧菌胺（458）
嘧菌环胺（105，334，594）
嘧菌酯（88，89）
嘧菌腙（401）
嘧螨醚（530）
嘧霉胺（154）
蜜蜂花（柠檬香油）（193）
棉铃威（252）
面包用酵母提取物（195）
灭草定（464）
灭草呋喃（114）
灭草喹（129，436）
灭草松（2）
灭草烟（129，436，615）
灭除威（574）
灭多威（9，138，139）
灭多威、硫双威（466，622）
灭菌丹（124，416）
灭菌唑（171，570，649）
灭克磷（114）
灭螨醌（85，247，576）
灭螨猛（295）
灭线磷（6）
灭蚜磷（12，457，572）
灭蝇胺（4，106，335，594）
灭幼脲（3）
灭藻醌（532）
明胶（208）
磨碎的石灰石（215）

茉莉花 （211）
莫哈夫丝兰 （216）
莫能菌素 （25，177，624）
莫西克丁 （177，624）
木瓜蛋白酶 （219）
木瓜子 （225）
木薯淀粉 （232）
D-木糖 （659）
木糖醇 （235，683）
木糖醇酐单硬脂酸酯 （68）
木质磺酸钙 （213）
苜蓿 （201）
苜蓿草和种子 （190）

N

那罗星 （625）
那他霉素 （50，667）
那西肽 （626）
奈夫西林 （625）
萘丙胺 （478）
萘丙酰草胺 （478）
萘草胺 （142）
萘啶酸 （625）
2-（1-萘基）乙酰胺 （240）
1-萘乙酸 （83，240）
内酯类（一般认为毒性强的除外） （665）
尼卡巴嗪 （25，178）
拟除虫菊酯 （325）
黏菌素 （18，592）
5-尿苷酸二钠 （659）
尿素 （233）
脲酶 （234）
镍 （187，217）
宁烯（D-，L-和DL-） （213）
柠檬 （213）
柠檬草 （213）
柠檬黄 （233）
柠檬黄及其铝色淀 （65）
柠檬皮 （213）
柠檬醛 （200，658）
柠檬酸 （200，658）
柠檬酸单甘油酯 （200）

柠檬酸铁和胆碱复合物 （206）
柠檬酸二铵 （203）
柠檬酸钙 （196，656）
柠檬酸及其钠盐、钾盐 （43）
柠檬酸钾 （223）
柠檬酸锰 （215）
柠檬酸钠 （228）
柠檬酸三钾 （682）
柠檬酸三钠 （682）
柠檬酸三乙酯 （233）
柠檬酸铁 （206，662）
柠檬酸铁铵 （206，662）
柠檬酸亚铁 （207）
柠檬酸亚铁钠 （674）
柠檬酸亚锡二钠 （45）
柠檬酸一钾 （667）
柠檬酸异丙酯 （211，664）
柠檬酸硬脂酰单甘油酯 （230）
柠檬酸硬脂酰酯 （200）
柠檬叶 （220）
柠檬油 （213）
凝胶多糖 （208）
凝乳酶 （200）
牛胆汁提取物 （219）
牛皮叶 （213）
牛脂 （193）
牛至 （219）
诺氟沙星 （626）
诺孕美特 （626）

O

欧前胡 （211）
欧洲胡薄荷 （206）
欧洲马鞭草 （206）
偶氮二酰胺 （193）
偶氮甲酰胺 （38）

P

哌嗪 （15，26，179，631）
硼 （651）
硼葡萄糖酸钙 （13）
硼酸及其盐 （13）

膨润土 （193）
铍 （185）
皮蝇磷 （389）
啤酒花 （210）
片状牛羊脂 （232）
偏酒石酸 （49）
偏磷酸钾 （672）
偏磷酸钠 （229，681）
苹果酸 （215）
DL-苹果酸 （660）
DL-苹果酸钠 （681）
破釜树树皮 （193）
扑草净 （148，514，633）
扑灭津 （149，518）
匍匐冰草 （204）
菩提树花 （213）
葡萄皮红 （47）
葡萄糖酸钙 （13，197，656）
葡萄糖酸钾 （668）
葡萄糖酸锰 （215）
葡萄糖酸钠 （228，675）
葡萄糖酸δ-内酯 （208）
葡萄糖酸内酯 （663）
葡萄糖酸（葡萄糖酸液） （663）
葡萄糖酸铜 （658）
葡萄糖酸酮 （212）
葡萄糖酸锌 （235，683）
葡萄糖酸亚铁 （207，662）
葡萄柚 （209）
葡萄着色剂提取物 （209）
蒲公英 （202）
蒲公英根 （202）
普鲁卡因 （15）
普鲁兰多糖 （56）
曝咪唑富马酸盐 （486）

Q

七氟菊酯 （164，548，643）
七氯 （8，427，614）
齐帕特罗 （182）
齐瑞蹋獐牙菜 （231）
其他硝基咪唑类 （182）

气溶胶硅 （189）
铅 （33，34，186，187，651）
强力霉素 （602）
羟丙基淀粉 （47）
羟丙基甲基纤维素 （199）
羟丙基纤维素 （199）
羟基化卵磷脂 （210）
羟基茴香二丁酯 （584）
羟基甲苯二丁酯 （596）
羟基香茅二甲羧醛 （664）
羟基香茅醛 （664）
羟基硬脂精 （51，219）
4-羟甲基-2，6-二叔丁基苯酚 （188）
羟氯柳苯胺 （628）
嗪氨灵 （569，649）
嗪草酸甲酯 （124）
嗪草酮 （140，472，623）
青霉素 （179）
青柠檬 （211）
氢化可的松 （14，177）
氢化牛羊脂 （232）
氢化泼尼松 （632）
氢化松香甘油酯 （47）
氢氰酸 （128，432）
氢溴酸常山酮 （23）
氢溴酸卤夫酮 （176）
氢氧化铵 （191）
氢氧化钙 （40，197，656）
氢氧化钾 （55，223，668）
氢氧化铝 （13，190）
氢氧化镁 （214）
氢氧化钠 （229，677）
氰胺 （323）
氰草津 （102）
氰化物 （4，186，651）
氰霜唑 （103，325）
氰戊菊酯 （7，22，118，119，399，608）
庆大霉素 （23，612）
琼脂 （190）
曲吡那敏 （181，649）
驱虫磷 （625）
去甲雄三烯醇酮 （30）

炔苯酰草胺 （520，634）
炔草酸 （316，590）
炔草酯 （101，316，590）
群勃龙 （30）
群青色 （209）

R

γ-壬内酯 （683）
葚孢菌素 （541，640）
日本蜡 （211）
日落黄 （231）
日落黄及其铝色淀 （63，64）
绒促性素 （14）
肉豆蔻 （218）
肉桂（巴东或巴达维亚） （199）
肉桂醇 （658）
肉桂皮（巴东或巴达维亚） （199）
肉桂皮（斯里兰卡） （200）
肉桂皮（西贡） （200）
肉桂皮（中国） （200）
肉桂醛 （200，658）
肉桂（斯里兰卡） （200）
肉桂酸 （658）
肉桂酸甲酯 （666）
肉桂酸乙酯 （661）
肉桂（西贡） （200）
肉桂叶（斯里兰卡） （200）
肉桂叶（西贡） （200）
肉桂叶（中国） （200）
肉桂（中国） （200）
乳氟禾草灵 （133，450）
乳化硅油 （45）
乳酸 （14，212，665）
乳酸钙 （40，197，657）
乳酸和脂肪酸甘油酯 （212）
乳酸钾 （223）
乳酸链球菌素 （51）
乳酸链球菌肽 （217）
乳酸钠 （58，229）
乳酸钠（乳酸钠液） （680）
乳酸铁 （664）
乳酸亚铁 （207）

乳酸脂肪酸丙二醇甘油混合酯 （212）
乳糖醇 （48）
乳糖酶（拟热带假丝酵母） （212）
乳糖酶（乳酸克鲁维酵母） （212）
乳糖酸钙 （212）
乳铁蛋白 （48）
乳酰化硬脂酸钙 （656，657）
乳香 （218）
瑞士紫罗兰 （231）

S

塞草酮 （326）
塞拉嗪 （29）
噻苯达唑 （181）
噻苯咪唑 （27，66）
噻苯咪唑（TBZ） （682）
噻草啶 （166，555）
噻虫胺 （102，320，592）
噻虫啉 （165，166，554，644）
噻虫嗪 （166）
噻吩草胺 （109，110）
噻吩磺隆 （555，644）
噻磺隆 （167）
噻节因 （110）
噻菌灵 （12，165，553，643）
噻螨酮 （8，128，431，615）
噻嗪酮 （3，94，284，584）
噻酰菌胺 （557）
噻唑磷 （419）
噻唑硫磷 （125）
赛苯隆 （167，644）
赛地卡霉素 （638）
赛杜霉素 （26，180，638）
三苯基氢氧化锡 （118）
三苯锡 （398，608）
三氮脒 （20）
三氟啶磺隆 （169）
三氟氯氰菊酯 （329，593）
三氟羧草醚 （2，86，250，577）
三环唑 （12）
2，3，5-三甲基吡嗪 （652）
三聚甘油单硬脂酸酯 （66）

三聚磷酸钠 (60, 229)
1, 2, 4-三氯苯 (185)
三氯苯咪唑 (647)
三氯苯唑 (28)
三氯吡氧乙酸 (564, 648)
三氯醋酸钠 (540)
三氯杀螨醇 (5, 108, 348, 598)
1, 1, 1-三氯乙烷 (184)
1, 1, 2-三氯乙烷 (184)
三氯乙烯 (188)
三氯蔗糖（又名蔗糖素） (62, 677)
2, 4, 5-三羟基丁酰苯 (233)
三色堇 (234)
三溴沙仑 (647)
三氧化二铁 (664)
三乙膦酸铝 (125)
三硬脂酸甘油酯 (233)
三唑醇 (12, 168, 559, 646)
三唑磺酰胺类杀菌剂 (257)
三唑磷 (12, 561, 647)
三唑酮 (12, 168, 557, 646)
三唑锡 (2)
桑葚红 (50)
L-色氨酸 (214)
DL-色氨酸 (660)
杀草隆 (594)
杀虫环 (12)
杀虫脒（克死螨） (30)
杀虫双 (3)
杀虫威 (551, 643)
杀铃脲 (567, 649)
杀螨脒 (125)
杀螨特 (259, 579)
杀螨酯 (299, 587)
杀螟丹 (3, 294)
杀螟腈 (324)
杀螟硫磷 (7, 391, 606)
杀扑磷 (9, 138, 464, 622)
杀鼠灵 (573, 650)
杀鼠酮 (504, 631)
杀线威 (143, 144, 484, 628)
沙丁胺醇 (29)

沙蒿胶 (37, 38)
沙棘黄 (47)
沙拉沙星 (26, 637)
砂与此类似的不溶性矿无性物质 (681)
莎稗磷 (258)
山达脂 (227)
山胡桃皮 (210)
山金车的花 (192)
山梨醇 (230)
山梨醇酐单月桂酸酯（又名司盘20），山梨醇酐单棕榈酸酯（又名司盘40），山梨醇酐单硬脂酸酯（又名司盘60），山梨醇酐三硬脂酸酯（又名司盘65），山梨醇酐单油酸酯（又名司盘80） (61)
山梨酸 (230, 678)
山梨酸钙 (230)
山梨酸及其钾盐 (60, 61)
山梨酸钾 (224, 668, 669)
山梨酸钠 (229)
D-山梨糖醇 (659)
山梨糖醇（液） (61)
山槭树 (217)
山崙酸甘油酯 (204)
蛇根马兜铃 (227)
蛇麻素 (214)
麝葵子 (191)
麝香 (217)
麝香草（野生或种植） (233)
麝香薯 (217)
砷 (32, 173, 185, 651)
神经性贝类毒素 (184)
肾上腺素 (14)
生物素 (194, 655)
α-生育酚 (236)
α-生育酚醋酸酯 (236)
生育酚类 (233)
Edl-α-生育酚（维生素E） (661)
圣草 (205)
圣蓟 (226)
蓍草 (235)
十八烷基富马酸钠 (218)
十二烷基硫酸钠 (228)
十六醇 (210)

中文索引

十氯酮 （185）
十三吗啉 （564，648）
石灰松香 （213）
石榴 （223）
石脑油 （217）
石油石蜡 （221）
石油石脑油 （221）
食用大黄的根 （225）
食用改性淀粉 （204）
食用红色 102 号 （662）
食用红色 104 号 （662）
食用红色 3 号（赤藓红）
及食用红色 3 号（铝淀色） （662）
食用红色 106 号（酸性红） （662）
食用红色 2 号（苋菜红）
及食用红色 2 号（铝淀色） （662）
食用红色 105 号（印度红） （662）
食用红色 40 号（诱惑红）
及食用红色 40 号（铝淀色） （662）
食用黄色 4 号（酒石黄）
及食用黄色 4 号（铝淀色） （662）
食用黄色 5 号（日落黄）
及食用黄色 5 号（铝淀色） （662）
食用蓝色 2 号（靛胭脂）
及食用蓝色 2 号（铝淀色） （663）
食用蓝色 1 号（亮蓝）
及食用蓝色 1 号（铝淀色） （663）
食用绿色 3 号（FCF）
及食绿黄色 3 号（铝淀色） （663）
莳萝及衍生物 （203）
莳萝，印第安型 （204）
矢车菊 （202）
士的宁 （15）
叔丁基对苯二酚 （233）
叔丁基对羟基茴香醚（BHA） （655）
蔬菜汁 （234）
鼠尾草 （226）
鼠尾草（快乐鼠尾草） （201）
鼠尾草（西班牙） （226）
鼠尾草（希腊） （226）
栓皮槠 （201）
双苯恶唑酸 （132，446）

双苯氟脲 （143，480，626）
双苯酰草胺 （363）
双苯酰硫胺 （655）
双鞭甲藻毒素 （184）
双丙氨酰磷 （275）
双草醚 （92，93，277）
双氟磺草胺 （120）
双胍辛胺 （440）
双甲脒 （2，13，16，30，257，578）
双硫磷 （643）
双氯磺草胺 （108，348）
双氯青霉素 （598）
双羟萘酸噻嘧啶 （15）
双氢链霉素 （175，356，599）
双炔酰菌胺 （135）
双硝苯脲二甲嘧啶醇 （626）
双氧威 （394）
双乙酸钠 （58）
双乙酰酒石酸单双甘油酯 （44）
双乙酰酒石酸单、双甘油酯 （203）
霜霉威 （515）
霜霉威盐酸盐 （148）
霜脲氰 （104，331）
水胺硫磷 （8）
水果汁 （207）
水溶性胭脂橙红 （654）
水杨酸 （15）
水杨酸甲酯 （666）
水杨酸钠 （15）
睡莲的叶子 （213）
顺式-1，2-二氯乙烯 （186）
顺式氰戊菊酯 （6）
L-丝氨酸 （214）
四氟丙酸 （611）
四环素 （181）
2，3，5，6-四甲基吡嗪 （652）
四聚乙醛 （137，460）
四氯苯酞 （8，420）
四氯化碳 （185）
四氯杀螨砜 （552）
四氯硝基苯 （546，643）
四氯乙磷 （98，298）

四氯乙烯 (188)
四螨嗪 (4, 101, 317, 591)
四烯雌酮 (87)
四溴菊酯 (168)
四唑嘧磺隆 (262)
松树的松针和嫩叶 (221)
松香 (226)
松香甘油酯 (226)
松香及松香衍生物 (226)
松香季戊四醇酯 (52)
松油醇 (682)
松脂 (218)
L-苏氨酸 (666, 214)
DL-苏氨酸 (660)
苏格兰松的针叶和嫩枝 (221)
苏合香 (230)
速灭磷 (141, 473, 624)
酸改性淀粉 (230)
酸式磷酸钙 (189)
酸性红（又名偶氮玉红） (42)
酸性焦磷酸钠 (227)
酸性磷酸钠 (227)
酸性黏土 (653)
酸枣色 (48)
羧甲基淀粉钠 (58, 679)
羧甲基纤维素 (198)
羧甲基纤维素钙 (656)
羧甲基纤维素钠 (228, 674)
缩宫素 (15)
缩节胺 (136, 458, 621)

T

泰乐菌素 (28, 182, 649)
泰妙菌素 (27)
酞菌酯 (480)
檀香木 (227)
碳酸铵 (191, 654)
碳酸二甲酯 (110)
碳酸钙 (13, 40, 196, 657)
碳酸钾 (54, 223, 669)
碳酸镁 (49, 214, 666)
碳酸钠 (58, 228, 679)

碳酸氢铵 (191, 654)
碳酸氢钾 (55, 223)
碳酸氢钠 (228, 678)
碳酸氢三钠（又名倍半碳酸钠） (59)
碳酸铜 (102)
碳酸亚铁 (207)
糖精 (675)
糖精钠 (59, 675, 676)
糖酶和蛋白酶的混合酶制剂 (210)
糖蜜（提取物） (216)
糖肽类抗生素 (182)
糖甜菜的风味浸取物 (207)
桃仁（桃仁油） (219)
桃树叶 (219)
特草定 (165, 550)
特丁基对苯二酚 (65)
特丁净 (551, 643)
特丁磷 (12, 165, 550, 643)
特丁噻黄隆 (164, 546, 642)
特卡霉素 (643)
特乐酚 (362, 600)
锑 (185)
2, 4, 5-涕丙酸 (187)
涕灭砜威 (254, 577)
涕灭威 (2, 86, 253, 577)
替米考星 (27, 181, 645)
L-天冬氨酸 (212)
L-天冬氨酸钠 (667)
天冬甜素（阿斯巴甜） (652)
L—α—天冬氨酰—N—D—丙氨酰胺（又名阿力甜） (36)
天门冬酰苯氨酸甲酯（甜味素） (231)
天然萜烯树脂 (217)
天然苋菜红 (50, 51)
天竺葵 (208)
天竺葵（东印度） (208)
天竺葵（罗马） (208)
田菁胶 (57)
甜安宁 (107)
甜菜安 (341)
甜菜碱 (13)
甜橙 (218)

甜橙花 （219）
甜橙或橘子叶 （220）
甜橙皮 （219）
甜茴香 （206）
甜菊糖苷 （62）
萜烃类 （682）
萜烯树脂 （233）
铁 （186，211）
铁杉的针叶和嫩叶 （210）
铁线蕨 （189）
铊 （188）
铜 （186）
酮类 （665）
酮洛芬 （617）
头孢氨苄 （17，586）
头孢吡啉 （586）
头孢呋肟 （587）
头孢呱酮 （586）
头孢喹咪 （586）
头孢喹肟 （17）
头孢洛宁 （586）
头孢匹林 （174）
头孢噻呋 （18，173，174，587）
头孢乙腈 （586）
头孢唑啉 （586）
土菌灵 （115）
土霉素 （144，178，179）
土霉素/金霉素/四环素 （25，26，488，629）
土木香的根茎和根 （204）
吐鲁香脂 （193）
吐温-80 （15）
托芬那酸 （645）
托拉菌素 （181）
脱黄樟素的黄樟浸取物 （203）
脱氢醋酸钠 （679）
脱氢乙酸 （203）
脱氢乙酸及其钠盐 （44）
脱水山梨醇三油酸酯（司盘85） （15）
脱水甜菜（甜菜粉） （193）
脱糖葡萄花青素 （208）
脱氧雪腐镰刀菌烯醇 （33，183）
脱叶磷 （168，647）

脱乙酰甲壳素（又名壳聚糖） （44）

W

完全氢化的菜籽油 （207）
晚香玉 （233）
万寿菊 （215）
万寿菊粉和提取物 （232）
微粒化蛋白质产品 （219）
维达洛芬 （650）
维吉霉素 （182，650）
维吉尼霉素 （28）
维生素 A （15，234，683）
维生素 A 乙酸酯 （683）
维生素 A 油（油性维生素 A 脂肪酸酯） （683）
维生素 B_1 （15）
维生素 B_2 （15）
维生素 B_6 （15）
维生素 B_{12} （15，234）
维生素 D （16，234）
维生素 E （16）
维生素 E（dl-α-生育酚） （67）
未改性淀粉 （230）
胃蛋白酶 （15，220）
萎锈灵 （96，292，586）
稳定态二氧化氯 （61）
肟草酮 （168，557）
肟菌酯 （169）
5′-乌苷酸二钠 （659）
乌甘酸二钠 （209）
乌头酸 （189）
无臭石油醚碳氢化物 （218）
无花果蛋白酶 （207）
无茎龙胆 （208）
五氟磺草胺 （146）
五氯苯酚 （187）
五氯酚酸钠 （30）
五氯硝基苯 （12，146，533，636）
戊草净 （505）
戊醇 （653）
戊二醛 （14）
α-戊基肉桂酸 （683）
戊菌隆 （494）

戊菌唑 （493，630）
戊炔草胺 （150）
戊唑醇 （12，163，543，642）

X

西马特罗 （29）
西玛津 （157，538，638）
西维因 （287，585）
西香莲 （219）
西洋接骨木 （226）
硒 （34，35，187，652）
烯丙苯噻唑 （509）
烯丙孕素 （172，577）
烯草酮 （100，101，314，590）
烯虫磷 （634）
烯虫酯 （467，622）
烯啶虫胺 （479）
烯菌灵 （435，615）
烯酰吗啉 （110，359，600）
烯效唑 （171）
烯唑醇 （6）
稀禾定 （12，156，157，536，638）
稀释过氧苯甲酰 （660）
稀土 （34）
锡 （652）
细菌产蛋白酶制剂 （193）
细菌产的糖酶制剂 （231）
细香葱 （200）
细叶芹 （200）
虾青素 （193）
夏至草 （210）
苋菜红及其铝色淀 （36，37）
香薄荷（冬季） （227）
香薄荷（夏季） （227）
香菜 （198）
香草 （234）
香车叶草 （231）
香豆酮-茚树脂 （202）
香兰素 （234，683）
香料用微胶囊 （230）
香茅 （200）
香茅醇 （658）

香茅醛 （658）
香柠檬 （194）
香桃木叶 （217）
香叶醇 （208，663）
香叶天竺葵 （220）
香脂艾菊 （202）
香脂冷杉的针叶和嫩叶 （193）
香脂檀（西印度檀香） （191）
香紫苏 （201）
橡苔 （218）
橡子壳棕 （35）
消螨普 （360）
硝草胺 （495，630）
硝草酮 （136）
硝碘酚腈 （25）
硝呋烯腙 （30）
硝磺酮 （459，622）
硝基酚钠 （30）
硝羟苯胂酸 （637）
硝羟碘苄腈 （626）
硝酸钾 （58，224，668）
硝酸硫胺 （682）
硝酸钠 （58，224，677）
硝酸亚汞 （30）
硝酸盐 （187）
小豆蔻 （198）
小茴香 （194）
小罗勒 （193）
小麦淀粉 （234）
小麦面筋 （234）
小烛树蜡 （198）
L-缬氨酸 （214，666）
缬草块茎和根 （234）
辛，癸酸甘油酯 （51）
辛基苯氧聚乙烯氧基 （51）
辛硫磷 （11，26，503，630）
辛醛 （667）
辛酸 （218）
辛酸乙酯 （661）
辛烯基琥珀酸铝淀粉 （62）
锌 （188）
新红及其铝色淀 （51）

新霉素 (25, 178, 625)
新诺明 (641)
新生霉素 (178, 627)
新斯的明 (15)
薪草提取物 (49)
杏仁（杏仁油） (192)
熊脱氧胆酸 (597)
溴 (280)
溴苯腈 (93, 94, 283, 583)
溴丁酰草胺 (281)
溴酚磷 (583)
溴化钠 (15)
溴甲烷 (9)
溴硫磷 (282)
溴氯甲烷 (583)
溴螨酯 (3, 282, 583)
溴氰菊酯 (5, 19, 106, 107)
溴氰菊酯，四溴菊酯 (399, 595)
溴鼠灵 (279, 583)
溴酸钾 (223, 668)
溴酸盐 (185)
溴替唑仑 (584)
薰衣草 (212)
熏蒸产生的无机溴化物 (131)

Y

亚胺菌 (448, 618)
亚胺硫磷 (11, 147, 501, 630)
亚胺唑 (438)
亚硫酸钠 (63, 229, 673, 674)
亚硫酸氢钾 (223)
亚硫酸氢钠 (63, 228)
亚硫酸氢锌 (235)
亚氯酸盐 (185)
亚麻籽胶（又名富兰克胶） (49)
亚铁氰化钙 (657)
亚铁氰化钾 (55, 670)
亚铁氰化钠 (55, 228, 681)
亚硒酸钠 (15)
N-亚硝胺 (34)
亚硝酸钾 (59)
亚硝酸钠 (59, 229, 673)

亚硝酸盐 (34, 187)
亚油酸 (213)
胭脂虫红 (42)
胭脂虫提取物 (201)
胭脂红及其铝色淀 (54)
胭脂树橙（红木素，降红木素） (37)
胭脂树红提取物 (192)
烟碱 (478)
烟嘧磺隆 (142, 478)
烟酸 (217, 667)
烟酰氨 (217, 667)
芫荽 (201)
岩兰草 (234)
岩蔷薇 (212)
盐霉素 (26, 637)
盐酸 (14, 47, 210, 663)
L-盐酸半胱氨酸 (665)
盐酸吡哆辛 (670)
盐酸谷氨酸 (209)
盐酸硫胺 (682)
盐酸美托舍酯 (177)
盐酸塞拉嗪 (16)
盐酸双氯苄氨胍 (179)
盐酸左旋咪唑 (177)
燕麦敌 (342, 596)
燕麦灵 (265, 581)
杨树芽 (223)
洋葱 (218)
氧氟沙星 (627)
氧化丙硫咪唑 (577)
氧化钙 (197)
氧化聚乙烯 (219)
氧化乐果 (481, 627)
氧化镁 (214, 666)
氧化铁黑，氧化铁红 (47)
氧化萎锈灵 (486)
氧化锌 (16, 235)
氧化乙烯聚合物 (205)
氧环唑 (262)
氧硫化碳 (291)
药蜀葵的根和花 (190)
药鼠李 (199)

药用婆婆纳 (204)
野麦畏 (560, 647)
野燕枯 (5, 109, 352, 598)
野樱桃树皮 (200)
叶菌唑 (138)
叶绿素铁钠 (679)
叶绿素铜 (658)
叶绿素铜钠 (679)
叶绿素铜钠盐，叶绿素铜钾盐 (43)
叶酸 (14, 207, 662)
一氯代苯 (187)
一氧化二氮 (218, 667)
伊维菌素 (24, 177, 617)
依兰 (235)
依立诺克丁 (175)
依罗霉素 (602)
依普菌素 (603)
依杀螨 (114)
胰蛋白酶 (233)
胰酶制剂 (235)
遗忘性贝类毒素 (184)
乙拌磷 (111, 365, 601)
乙草胺 (85, 250)
乙醇 (14, 205)
乙滴涕 (239, 575)
乙丁氟灵 (267, 581)
乙丁烯氟灵 (113)
乙丁烯酰磷 (461, 622)
乙二胺四乙酸二钠 (45, 204, 659)
乙二胺四乙酸二钠钙 (196, 656)
乙二醇单乙酯 (205)
乙呋草黄 (377, 604)
乙基多杀菌素 (158, 159)
乙基纤维素 (205)
乙基香兰素 (205)
乙基溴硫磷 (282)
乙磷铝 (418)
乙硫磷 (6, 376, 604)
乙螨唑 (383, 605)
乙醚类 (661)
乙嘧酚磺酸酯 (284)
乙萘酚 (50)

乙醛 (189, 653)
乙酸 (189, 653)
乙酸苯乙酯 (667)
乙酸苄酯 (655)
乙酸薄荷酯 (215)
L-乙酸薄荷酯 (666)
乙酸丁酯 (655)
乙酸芳樟酯 (213)
乙酸钙 (195)
乙酸环己酯 (658)
N-乙酸基-L-蛋氨酸 (217)
乙酸钠 (57, 227, 675)
乙酸去甲雄三烯醇酮 (646)
乙酸松油脂 (682)
乙酸萜品酯 (658)
乙酸纤维素 (199)
乙酸香茅酯 (658)
乙酸香叶醇 (208)
乙酸香叶酯 (663)
乙酸乙酯 (205, 661)
乙酸异戊酯 (664)
2-乙烷基3,5-二甲基吡嗪及
2-乙烷基3,6-二甲基吡嗪 (652)
2-乙烷基3-甲基吡嗪 (652)
乙烯菌核利 (12, 573, 650)
乙烯利 (6, 113, 114, 375, 604)
2-乙酰氨基-5-硝基噻唑 (172, 575)
4-乙酰氨基-2-乙氧基苯甲酸甲酯 (176)
乙酰化单甘油酯 (189)
乙酰磺胺 (640)
乙酰磺胺对硝基苯 (641)
乙酰磺胺酸钾 (35, 189, 652)
乙酰甲胺磷 (2, 84, 144, 246, 576)
乙酰甲基原醇 (189)
乙酰水杨酸 (13)
乙酰异戊酰泰乐菌素 (16, 576)
乙香草素 (661)
乙氧氟草醚 (144, 488, 629)
乙氧基单双甘油酯 (205)
乙氧基喹 (45, 205)
乙氧喹啉 (114, 378, 604)
乙氧嘧磺隆 (379, 604)

中文索引

乙氧酰胺苯甲酯 （21，604）
乙酯杀螨醇 （304，588）
异丙醇 （211，664）
异丙甲草胺 （10，140，471，623）
异丙威 （9）
异丙硝唑 （182）
异草酮 （101）
异狄氏剂 （373，602）
异丁醇 （211，664）
异丁醛 （664）
异丁烷 （211）
异丁烯酸-二乙烯苯共聚物 （215）
异丁香酚 （664）
异丁子香酚 （616）
异恶草酮 （101，318）
异恶氟草 （447，616）
异恶隆 （446）
异恶唑草酮 （132）
异构化乳糖液 （48）
异菌脲 （132，443，616）
异抗坏血酸 （211）
异抗坏血酸及其钠盐 （48）
异抗血酸 （661）
异抗血酸钠 （674）
L-异亮氨酸 （213，666）
异硫氰酸甲酯 （470）
异硫氰酸烯丙酯 （653）
异硫氰酸盐（一般认为毒性强的除外） （664）
异柳磷 （445，616）
异麦芽酮糖 （48）
异氰脲酸酯 （616）
异戊醇 （664）
异戊酸乙酯 （664）
抑草磷 （285）
抑草生 （478）
抑菌灵 （345）
抑菌脲 （8）
抑霉唑 （8，129，664）
抑芽丹 （134，454）
疫霉灵 （612）
因灭汀 （370，602）
茚多杀 （113）

银 （187）
银白金合允的花 （207）
吲哚及其衍生物 （664）
吲哚酮草酯 （314）
吲熟酯 （379）
印度苦木 （211）
印度树胶 （211）
印蒿 （211）
茚虫威 （130，131）
英拜除草剂 （284，584）
英国栎 （224）
罂粟种子 （223）
樱桃核 （199）
鹰爪豆花 （234）
蝇毒磷 （18，102）
硬脂酸 （62，230）
硬脂酸钙 （40，197，656）
硬脂酸钾 （55）
硬脂酸镁 （49，214，666）
硬脂酸钠 （15）
硬脂酸锌 （235）
硬脂酰-2-乳酸钙 （197）
硬脂酰乳酸钠，硬脂酰乳酸钙 （60）
由碳氢化物氢解后制得合成甘油 （232）
由妥尔油脂肪酸制得的油酸 （218）
由椰子油、棕榈油或两种油制得的可可脂代用品 （201）
油酸 （218）
油酸铝 （190）
油酸钠 （674）
柚皮甙 （217）
有机硅树脂 （677）
有机磷 （651）
莠灭净 （86，257，577）
莠去津 （2，261，579）
右旋糖酐铁 （14）
诱惑红 （206）
诱惑红及其铝色淀 （35，36）
玉米赤霉醇 （30，182，650）
玉米赤霉烯酮 （184）
玉米醇溶蛋白 （235）
玉米淀粉 （202）

· 711 ·

玉米黄 (44)
玉米面筋 (202)
玉米胚芽油 (202)
玉米糖 (202)
玉米糖浆 (202)
玉米须及其浸泡液 (214)
玉嘧磺隆 (156, 535)
预凝化淀粉 (230)
愈疮木脂 (209)
愈疮树脂 (663)
愈创木酚磺酸钾 (15)
鸢尾草 (219)
圆腹鲱鱼油 (226)
圆叶当归 (191)
圆叶当归根 (191)
圆叶当归茎 (191)
圆叶当归籽 (191)
月桂 (193)
月桂果 (212)
月桂酸 (48)
月桂叶 (193)
越橘红 (44)
越霉素A (19, 596)
云杉针叶和嫩枝 (230)
芸香 (226)
芸香油 (226)

Z

藏红花 (226) 藻蓝(淡、海水) (61)
藻类干粉 (224)
藻酸铵 (653)
藻酸钙 (656)
皂荚糖胶 (47)
皂皮树 (227)
皂土 (654)
增效醚 (504, 631)
樟脑 (13)
樟树 (198)
赭曲霉素A (184)
蔗糖 (231)
蔗糖脂肪酸辛、庚、己酯 (231)
蔗糖脂肪酸酯 (62, 63, 677)

正丁醇 (195)
正丁烷 (195)
正癸醇 (659)
正癸醛 (659)
正己烷 (663)
芝麻 (227)
栀子黄 (46)
栀子蓝 (46)
脂肪醇乙氧基化物 (577)
脂肪和脂肪酸的丙二醇单双酯 (206)
脂肪酶 (213)
脂肪酸丙二醇酯 (671)
脂肪酸甘油酯 (663)
脂肪酸甲酯和乙酯 (206)
脂肪酸聚甘油酯 (221)
脂肪酸类 (206, 661)
脂肪酸乳酰酯 (216)
脂肪酸山梨醇酐酯 (677)
脂肪酸盐类 (206)
脂肪酸蔗糖酯 (206)
植酸钠 (52)
植酸(又名肌醇六磷酸) (52)
植物炭黑 (67)
酯胶 (661)
酯类 (661)
中欧山松的针叶和嫩枝 (221)
种菌唑 (132)
仲丁胺 (57, 536)
仲丁威 (7, 392, 606)
众香子 (221)
众香子叶 (221)
重氮氨苯脒 (600)
周效磺胺 (641)
皱叶欧芹 (219)
珠光岩 (672)
猪油 (212)
猪脂油 (212)
竹桃霉素 (178, 627)
竹叶抗氧化物 (37)
转化糖 (211)
壮观霉素 (26, 27, 180, 638, 639)
锥虫砷胺 (30)

着色剂（化学性合成品除外）（658）
紫草红 （47）
紫胶红（又名虫胶红）（48）
紫胶（又名虫胶）（57）
紫罗兰花 （234）
紫罗兰酮 （664）
紫罗兰叶 （234）
紫苏醛 （652）
紫檀木 （225）
总可溶性固体物 （188）
总三卤代甲烷 （188）
总硝酸盐和亚硝酸盐 （188）

棕榈酸铝 （190）
棕榈酸硬脂酸甘油酯 （219）
L-组氨酸 （213）
L-组氨酸盐酸盐 （665）
左旋咪唑 （24，618）
唑草酮 （97）
唑啶草酮 （262）
唑菌胺酯 （151，152）
唑啉草酯 （147，504，631）
唑螨酯 （7，118，397，607）
唑嘧磺草胺 （122）

英文索引

A

Abamectin（Avermectin B1a） 阿灭丁（阿维菌素）（16）
Abamectin 阿维菌素（84，245，576）
Ablmoschus manihot gum 黄蜀葵胶（35）
Absinthium 苦艾（188）
Acacia flower 金合欢的花（188）
Acephate 乙酰甲胺磷（2，246，576）
Acequinocyl 灭螨醌（85，247，576）
Acesulfame potassium 乙酰磺胺酸钾（653）
Acesulfame potassium 乙酰磺胺酸钾（又名安赛蜜）（35）
Acetaldehyde 乙醛（189，653）
Acetamiprid 吡虫清（248，576）
Acetamiprid 啶虫脒（85）
Acetic acid 乙酸（189，653）
Acetochlor 乙草胺（85，250）
Acetoin 乙酰甲基原醇（189）
Acetone 丙酮（189，653）
Acetophenone 苯乙酮/乙酰苯（653）
2-Acetylamino-5-Nitroth-iazole 2-乙酰氨基-5-硝基噻唑（575）
Acetylation mono-glyceride 乙酰化单甘油酯（189）
Acetylisovaleryltylosin 乙酰异戊酰泰乐菌素（576）
Acetylisovaleryltylosin（总 Acetylisovaleryltylosin 和 3—O—乙酰泰乐菌素） 乙酰异戊酰泰乐菌素（16）
Acetyl salicylic acid 乙酰水杨酸（13）

Acibenzolar-S-methyl 阿拉酸式苯-S-甲基（86）
Acid calcium phosphate 酸式磷酸钙（189）
Acid clay 酸性黏土（653）
Acifluorfen 三氟羧草醚（2，86，250，577）
Aconitic acid 乌头酸（189）
Acorn shell brown 橡子壳棕（35）
Acrinathrin 氟丙菊酯（251）
Adiantum 铁线蕨（189）
Adipic acid 己二酸（35，189）
Adry formed vitamin A 粉末状维生素（660）
Aerosol silicon 气溶胶硅（189）
Aflatoxin B_1，B_2，G_1，G_2 黄曲霉毒素总量（183）
Aflatoxin B_1 黄曲霉毒素 B_1（32，183，651）
Aflatoxin M_1 黄曲霉毒素 M_1（32，183）
Agar 琼脂（190）
Aglinate-propanediol ester 海藻酸丙二醇酯（190）
Ailamycin 卑霉素（580）
Ainphos-methyl 甲基谷硫磷（580）
Aipiniagalanga 大高良姜（190）
Aklomine 阿克洛胺（172，577）
Alachlor 甲草胺（2，86，252，577）
Alanycarb 棉铃威（252）
Albendazole（Albendazole + $ABZSO_2$ + ABZSO + $ABZNH_2$） 阿苯达唑（16）
Albendazole 阿苯哒唑（172）
Albendazole oxide 氧化丙硫咪唑（577）
Alcohol，SDA-3A 醇，SDA-3A（190）
Aldicarb 涕灭威（2，86，253，577）

Aldoxycarb 涕灭砜威 (254,577)
Aldrin and dieldrin 艾氏剂和狄氏剂 (2)
Aldrin 艾氏剂、狄氏剂 (255)
Alfalfa herb and seed 苜蓿草和种子 (190)
Alginate ammonium 海藻酸铵 (190)
Alginate 海藻酸 (190)
Aliphatic higher alcohols 高级脂肪醇 (654)
Aliphatic higher aldehydes 高级脂肪族醛类（一般认为毒性强的除外）(654)
Aliphatic higher hydrocarbons 高级脂肪族碳水化合物（一般认为毒性强的除外）(654)
Alitame (2,2,4,4—四甲基—3—硫化三亚甲基) L—α—天冬氨酰—N—D—丙氨酰胺（又名阿力甜）(36)
Allethrin 丙烯菊酯 (577)
Allidochlor 草毒死 (256)
Alloxydim 枯杀达 (256)
all-rac-α-Tocopheryl acetate all-rac-α-醋酸生育酚 (653)
Allura red, allura aluminum lake 诱惑红及其铝色淀 (35,36)
Allyl cyclohexylpropionate 环己基丙酸烯丙酯 (654)
Allyl hexanoate 己酸烯丙酯 (654)
Allyl isothiocyanate 异硫氰酸烯丙酯 (653)
Aloe 芦荟 (190)
Althea root and flower 药蜀葵的根和花 (190)
Altrenogest 烯丙孕素 (172,577)
Aluminium ammonium sulfate 硫酸铵铝 (653)
Aluminium ammonium sulfate 硫酸铝铵 (190)
Aluminium hydroxide 氢氧化铝 (13)
Aluminium 铝 (32)
Aluminium phosphide 磷化铝 (2)
Aluminium potassium sulfate, aluminium ammonium) sulfate 硫酸铝钾（又名钾明矾），硫酸铝铵（又名铵明矾）(36)
Aluminium potassium sulfate 硫酸铵钾 (653)
Aluminium potassium sulfate 硫酸铝钾 (190)
Aluminum calcium silicate 硅酸铝钙 (191)
Aluminum hydroxide 氢氧化铝 (190)
Aluminum 铝 (185)
Aluminum oleate 油酸铝 (190)
Aluminum palmitate 棕榈酸铝 (190)
Aluminum sodium sulfate 硫酸铝钠 (191)
Aluminum sulfate 硫酸铝 (191)
Alum 矾 (190)
Amaranth, amaranth aluminum lake 苋菜红及其铝色淀 (36,37)
Ambergris 龙涎香 (191)
Ambrette seed 麝葵子 (191)
American chestnut leaf 美国栗的叶子 (191)
American hu mint 美洲胡薄荷 (191)
Ametryn 莠灭净 (86,257,577)
Amicarbazone 氨唑草酮 (86,87)
Aminoacetic acid 氨基乙酸 (191)
Aminoethoxyv)
inylglycine 艾维激素 (257)
Aminopeptidase 氨基肽酶 (191)
Aminopyralid 氨草啶 (578)
Aminopyralid 氯氨基吡啶酸 (87)
4-Aminopyridine 4-氨基吡啶 (243)
Amisulbrom 三唑磺酰胺类杀菌剂 (257)
Amitraz (Amitraz +2,4—DMA 的总量) 双甲脒 (16)
Amitraz 阿米曲士 (87)
Amitraz 双甲脒 (2,13,30,257,578)
Ammonia 氨 (654)
Ammonium alginate 藻酸铵 (653)
Ammonium bicarbonate 碳酸氢铵 (191)
Ammonium carbonate 碳酸铵 (191,654)
Ammonium chloride 氯化铵 (191,654)
Ammonium dihydrogen phosphate 磷酸二氢铵 (191,654)
Ammonium hydrogen carbonate 碳酸氢铵 (654)
Ammonium hydroxide 氢氧化铵 (191)
Ammonium persulfate 过硫酸铵 (654)
Ammonium phosphatide 铵磷脂 (37)
Ammonium sulfate 硫酸铵 (191,654)
Amnesic shellfish poison 遗忘性贝类毒素 (184)
Amoxicillin 阿莫西林 (172)
Amoxicillin（原药） 阿莫西林 (16)
Amoxicyllin 阿莫西林 (578)
Ampicillin 氨苄青霉素 (578,579)
Ampicillin 氨苄西林 (173)

Ampicillin（原药） 氨苄西林 （17）
Amprolium 安普罗铵 （173）
Amprolium 氨丙啉 （13，579）
Amprolium（原药） 氨丙啉 （17）
Amylalcohol 戊醇 （653）
α-Amylcinnamaldehyde α-戊基肉桂酸 （683）
Amyris 香脂檀（西印度檀香） （191）
Anethole（parapropenyl anisole） 茴香脑 （191）
Angelica 圆叶当归 （191）
Angelica root 圆叶当归根 （191）
Angelica seed 圆叶当归籽 （191）
Angelica stem 圆叶当归茎 （191）
Angostura 安古树（皮） （191）
Anilazine 敌菌灵 （2）
Anilofos 莎稗磷 （258）
Animal lipase 动物性脂酶 （192）
Anirazine 敌菌灵 （259）
Anisaldehyde 茴香醛 （653）
Anise 大茴香 （192）
Annatto extract 胭脂树橙（红木素，降红木素）（37）
Annatto, water-soluble 水溶性胭脂橙红 （654）
Anoxomer 阿诺克索默 （192）
Antimony 锑 （185）
Antimony potassium tartrate 酒石酸锑钾 （30）
Antioxidant of bamboo leaves 竹叶抗氧化物 （37）
Antioxidant of glycyrrhiza 甘草抗氧物 （37）
Aoparcin 阿伏霉素 （580）
Apium graveolens, seed 旱芹种籽 （192）
Apramycin 阿布拉霉素 （579）
Apramycin 安普霉素 （13，173）
Apramycin（原药） 安普霉素 （17）
Apricot kernel（persic oil） 杏仁（杏仁油）（192）
Arabic gum 阿拉伯胶 （192）
Arabic semi-poly-lactose 阿拉伯半聚乳糖 （192）
Aramite 杀螨特 （259，579）
Arnica flower 山金车的花 （192）
Aromatic alcohols 芳香醇类 （654）
Aromatic aldehydes 芳香醛类（一般认为毒性强的除外） （654）
Aronotta extract 胭脂树红提取物 （192）
Arsanilic acid/Roxarsone（总砷计 Arsenic） 阿散酸/洛克沙砷 （17）
Arsenic 砷 （32，173，185）
Arsenic 砷 As （651）
Artemisia gum（sa—hao seed gum） 沙蒿胶（37，38）
Artichoke leaf 朝鲜蓟的叶 （192）
Asafetida 阿魏胶 （192）
Asarum 加拿大细辛（野姜） （192）
Ascorbic acid iron 抗坏血酸铁 （192）
Ascorbic acid 抗坏血酸 （192）
Ascorbic acid 抗坏血酸(又名维生素 C) （38）
Ascorbyl palmitate 抗坏血酸棕榈酸酯 （38，192）
Aspoxicillin 阿司匹林 （579）
Astaxanthin 虾青素 （193）
Asulam 磺草灵 （87，260，579）
Atrazine 阿特拉津 （87）
Atrazine 莠去津 （2，261，579）
Atropine 阿托品 （13）
Aviglycine 四烯雌酮 （87）
Azaconazole 氧环唑 （262）
Azafenidin 唑啶草酮 （262）
Azamethiphos 甲基吡恶磷 （13，262，580）
Azaperone（Azaperone + Azaperol） 氮哌酮（17）
Azimsulfuron 四唑嘧磺隆 （262）
Azinphos-methyl 谷硫磷 （87，88）
Azocyclotin 三唑锡 （2）
Azodicarbonamide 偶氮二酰胺 （193）
Azodicarbonamide 偶氮甲酰胺 （38）
Azoxystrobin 腈嘧菌酯 （264，580）
Azoxystrobin 嘧菌酯 （88，89）
Azperone 氯丁酰苯哌嗪 （580）
Acibenzolar smethyl 苯并噻二唑 （250）
Aliphatic Alcohol Ethoxylates 脂肪醇乙氧基化物 （577）
Acephate 乙酰甲胺磷 （84）
Azinphos-methyl 甲基谷硫磷 （263）

B

Bacitracin 杆菌肽 (173, 580)
Bacitracin（原药） 杆菌肽 (17)
Bacteria - producing protease preparation 细菌产蛋白酶制剂 (193)
Baked zymosan 焙烤酵母聚糖 (193)
Baking part skim boiled cotton seed powder 烘烤的部分脱脂煮棉子粉 (193)
Balm (lemon balm) 蜜蜂花（柠檬香油） (193)
Balsam abies needle and twig 香脂冷杉的针叶和嫩叶 (193)
Balsam of Peru 秘鲁香脂 (193)
Balsam of tolu 吐鲁香脂 (193)
Baquiloprim 巴喹普林 (581)
Barban 燕麦灵 (265, 581)
Barium 钡 (185)
Bark of Broken kettle Tree 破釜树树皮 (193)
Basella rubra red 落葵红 (38)
Basil, bush 小罗勒 (193)
Basil 罗勒 (193)
Bay 月桂 (193)
Bay leaves 月桂叶 (193)
Beaver oil 海狸油 (193)
Beef tallow 牛脂 (193)
Beeswax (yellow and white) 蜂蜡（黄色和白色） (193)
Beet powder 脱水甜菜（甜菜粉） (193)
Benalaxyl 苯霜灵 (266, 581)
Bendiocarb 恶虫威 (267, 581)
Bendiocarb 乙丁氟灵 (267)
Benfluralin 氟草胺 (89)
Benfluralin 乙丁氟灵 (581)
Benfuracarb 丙硫克百威 (2, 268, 581)
Benfuresate 呋草黄 (581)
Benoxacor 解草嗪 (89)
Benoxacor 解草酮 (268)
Bensulfuron - methyl 苄嘧磺隆 (2, 89, 269, 581)
Bensulide 地散磷 (89, 270)
Bentazone 苯达松 (270, 581)

Bentazone 灭草松 (2)
Bentazon 苯达松 (89, 90)
Benthiavalicarb - isopropyl 苯噻菌胺 (90)
Bentonite 膨润土 (193)
Bentonite 皂土 (654)
Benzaldehyde 苯甲醛 (194, 654)
Benzene 苯 (185)
Benzo (a) pyrene 苯并(a)芘 (32)
Benzocaine 氨苯乙酯 (581)
Benzoic acid 苯甲酸 (194, 654, 655)
Benzoic acid, sodium benzoate 苯甲酸及其钠盐 (38)
Benzoin 安息香 (194)
Benzoyl peroxide 过氧化苯甲酰 (38, 194, 655)
Benzyl acetate 乙酸苄酯 (655)
Benzyladenine N6-苯甲酰基腺嘌呤 (272)
Benzyl alcohol 苯甲醇 (655)
Benzylpenicillin 苄青霉素 (581, 582)
Benzylpenicillin/ Procaine benzylpenicillin（原药） 苄星青霉素/普鲁卡因青霉素 (17)
Benzyl propionate 丙酸苯甲酯 (655)
Bergamot 香柠檬 (194)
Beryllium 铍 (185)
Beta - cyfluthrin β-氟氯氰菊酯 (90, 91)
Betaine 甜菜碱 (13)
Betamethasone 倍他米松 (582)
Betamethasone（原药） 倍他米松 (17)
BHA 丁羟基茴香醚 (194)
BHC (273)
BHT 二叔丁基对甲酚 (194)
Bifenazate 联苯肼酯 (91, 273, 582)
Bifenox 甲羧除草醚 (274)
Bifenthrin 联苯菊酯 (2, 91, 92, 274)
Bilanafos 双丙氨酰膦 (275)
Bioresmethrin 苄呋菊酯 (276, 582)
Biotin 生物素 (194, 655)
Biphenyl 联苯 (277)
Bisbentiamine 双苯酰硫胺 (655)
Bismuth subcarbonate 碱式碳酸铋 (13)
Bismuth subnitrate 碱式硝酸铋 (13)
Bispyribac - sodium 双草醚 (92, 93, 277)

Bisultap 杀虫双 (3)
Bitertanol 联苯三唑醇 (277, 582)
Bithionol 硫氯酚 (582)
Bitter almond (free from prussic acid) 苦杏仁（脱氢氰酸）(194)
Bitter calyx Paper 苦萼皮 (194)
Black bean red 黑豆红 (39)
Black caraway 小茴香 (194)
Black catechu 黑儿茶 (194)
Black cumin 家黑种草 (194)
Blackcup bark 黑树莓的树皮 (194)
Black currant red 黑加仑红 (39)
Black haw bark 黑山楂树皮 (194)
Blue eucalyptus leaf 蓝桉叶 (195)
Boric acid and borates 硼酸及其盐 (13)
Boron 硼 B (651)
Boscalid 啶酰菌胺 (92, 278, 583)
Brazil cocoa 瓜拉拿藤（巴西可可）(195)
Bread yeast extracr 面包用酵母提取物 (195)
Brevetoxin 双鞭甲藻毒素 (184)
Brilliant blue, brilliant blue aluminum lake 亮蓝及其铝色淀 (39)
Brilliant blue 亮蓝 (195)
Brodifacoum 溴鼠灵 (279, 583)
Bromacil 除草定 (93, 280, 583)
Bromate 溴酸盐 (185)
Bromelain 菠萝蛋白酶 (195)
Bromide 溴 (280)
Bromobutide 溴丁酰草胺 (281)
Bromochloromethane 溴氯甲烷 (583)
Bromofenofos 溴酚磷 (583)
Bromophos-ethyl 乙基溴硫磷 (282)
Bromophos 溴硫磷 (282)
Bromopropylate 溴螨酯 (3, 282, 583)
Bromoxynil 溴苯腈 (93, 94, 283, 583)
Brotizolam 溴替唑仑 (584)
Brown algae 褐藻 (195)
Buchu leaf 布枯的叶子 (195)
Buddleia yellow 密蒙黄 (39)
Bupirimate 乙嘧酚磺酸酯 (284)
Buprofezin 噻嗪酮 (3, 94, 284, 584)
Buquinolate 丁喹酯 (173)

Butachlor 丁草胺 (3, 284)
Butafenacil 氟丙嘧草酯 (94)
Butafenacil 英拜除草剂 (284, 584)
Butamifos 抑草磷 (285)
Butane 正丁烷 (195)
Butanol 丁醇 (655)
Butanol 正丁醇 (195)
Butroxydim 丁氧环酮 (285, 584)
Butyl acetate 乙酸丁酯 (655)
Butylated hydroxyanisole 丁基羟基茴香醚 (39)
Butylated hydroxyanisole 叔丁基对羟基茴香醚 (BHA) (655)
Butylated hydroxytoluene 二丁基羟基甲苯 (40)
Butylated hydroxytoluene 二丁基羟基甲苯 (BHT) (655)
Butylate 丁草特 (94, 285)
Butyl butyrate 丁酸丁酯 (656)
Butylhdrroxyanisol 羟基茴香二丁酯 (584)
Butylp-hydroxybenzoate 对羟基苯甲酸丁酯 (655)
Butyraldehyde 丁醛 (655)
Butyric acid 丁酸 (656)

C

Cacao 可可 (195)
C. acutifolia 尖叶番泻树 (195)
Cadmium 镉 (33, 185)
Cadmium 镉 Cd (651)
Cadusafos 硫线磷 (3, 286)
Caenauba wax 巴西棕榈蜡 (195)
Cafenstrole 苯酮唑 (584)
Caffeine 咖啡因 (13, 40, 195)
Caimitte Black phryganea larva 蔡米特黑石蚕 (195)
Calcium acetate 乙酸钙 (195)
Calcium alginate 海藻酸钙 (195)
Calcium alginate 藻酸钙 (656)
Calcium aluminum silicate 铝硅酸钠钙（含水品）(196)
Calcium borogluconate 硼葡萄糖酸钙 (13)
Calcium carbonate 碳酸钙 (13, 40, 196, 657)
Calcium carboxymethylcellulose 羧甲基纤维素钙

(656)
Calcium chloride 氯化钙 (13, 40, 196, 656)
Calcium citrate 柠檬酸钙 (196, 656)
calcium cycalmate 环己基氨基磺酸钙（又名甜蜜素）(58)
Calcium diacetate 二乙酸钙 (196)
Calcium diglutamate L-谷氨酸钙 (656)
Calcium dihydrogen phosphate 磷酸二氢钙 (40, 658)
Calcium dihydrogen pyrophosphate 焦磷酸二氢钙 (657)
Calcium disodium edetate 乙二胺四乙酸二钠钙 (196)
Calcium disodium ethylenediaminetetraacetate 乙二胺四乙酸二钠钙 (656)
Calcium ferrocyanide 亚铁氰化钙 (657)
Calcium gluconate 葡萄糖酸钙 (13, 197, 656)
Calcium glycerophosphate 甘油磷酸钙 (197, 656)
Calcium hexametaphosphate 六偏磷酸钙 (197)
Calcium hydrogen phosphate (dicalcium orthophosphate) 磷酸氢钙 (40)
Calcium hydroxide 氢氧化钙 (40, 197, 656)
Calcium iodate 碘酸钙 (197)
Calcium lactate 乳酸钙 (40, 197, 657)
Calcium oxide 氧化钙 (197)
Calcium pantothenate 泛酸钙 (13, 657)
Calcium peroxide 过氧化钙 (40)
Calcium phosphate 磷酸钙 (13, 197, 658)
Calcium propionate 丙酸钙 (197, 657)
Calcium 5′-ribonucleotide 5′-核糖核苷酸钙 (658)
Calcium silicate 硅酸钙 (197, 656)
Calcium stearate 硬脂酸钙 (40, 197, 656)
calcium stearoy lactylate 硬脂酰乳酸钙 (60)
Calcium stearoyl lactylate 乳酰化硬脂酸钙 (656, 657)
Calcium steazyl-2 lactylate 硬脂酰-2-乳酸钙 (197)
Calcium sulfate 硫酸钙（又名石膏）(40, 197, 657)
Calcium sulphate 硫酸钙 (13)

Calendula 金盏花 (198)
Calisaya 黄金鸡纳树皮 (198)
Calomel 氯化亚汞（甘汞）(30)
Camahechlor 毒杀芬（氯化烯）(30)
Camomile, English or Roman 春黄菊（英国或罗马）(198)
Camomile, Geman or Hungarian 春黄菊（德国或匈牙利）(198)
Camphor 樟脑 (13)
Camphor tree 樟树 (198)
Cananga 卡南加 (198)
Candelilla wax 小烛树蜡 (198)
Canthaxanthine 斑蝥簧 (198)
Canthaxanthin 斑蝥黄 (584)
Capers 刺山柑 (198)
Capricaldehyde 癸醛 (198)
Capryl monoglyceride 单辛酸甘油酯 (50)
Capsicum 辣椒 (198)
Capsicum powder 红辣椒粉 (198)
Captan 克菌丹 (3, 95, 286, 584)
Caramel colour class III - ammonia process 焦糖色 (41)
Caramel colour class Iplain 焦糖色（普通法）(41, 42)
Caramel colour class IV - ammoniasulphite process 焦糖色（亚硫酸铵法）(41)
Caramel 焦糖 (198)
Caraway 香菜 (198)
Carazolol 卡拉洛尔 (585)
Carbadox 卡巴多司 (173)
Carbaryl 甲萘威 (3, 95, 96)
Carbaryl 西维因 (287, 585)
Carbendazim 多菌灵 (3, 289, 585)
Carbetamide 长杀草 (585)
Carbofuran 呋喃丹（克百威）(30)
Carbofuran 加保扶 (290, 585)
Carbofuran 克百威 (3)
Carbon dioxide 二氧化碳 (42, 198, 658)
Carbon Disulfide 二硫化碳 (96)
Carbon tetrachloride 四氯化碳 (185)
Carbonyl Sulphide 氧硫化碳 (291)
Carbosulfan 丁基加保扶 (291, 586)

Carbosulfan 丁硫克百威 （3）
Carboxin 萎锈灵 （96，292，586）
Carboxy methylcellulose 羧甲基纤维素 （198）
Cardamom 小豆蔻 （198）
Cardamom seed 豆蔻种籽 （198）
Carfentrazone-ethyl 唑草酮 （97）
Carfentrazone-erthyl 氟酮唑草 （293，586）
Carmine cochineal 胭脂虫红 （42）
Carmoisine（azorubine） 酸性红（又名偶氮玉红）（42）
Carnauba wax 巴西棕榈蜡 （40）
Carob bean 槐豆 （198）
β-Carotene β-胡萝卜素 （683）
Carprofen 卡洛芬 （586）
Carpropamid 环丙酰菌胺 （586）
Carrageenan 卡拉胶 （42）
Carrageenan salt 卡拉胶盐类 （198）
Carrageen 卡拉胶 （198）
Carrot 胡萝卜 （199）
Carrot oil 胡萝卜油 （199）
Cartap, Bensultap, Thiocuclam 杀螟丹 （294）
Cartap 杀螟丹 （3）
Carthamins yellow 红花黄 （42，43）
Cascara buckthorn 药鼠李 （199）
Cascarilla bark 卡藜树皮 （199）
Casein calcium peptide（CCP） 酪蛋白钙肽 （43）
Casein 干酪素 （199）
Casein phosphopeptides（CPP） 酪蛋白磷酸肽 （43）
Casein sodium 干酪素钠 （199）
Cassia bark, Padang or Batavia 肉桂皮（巴东或巴达维亚） （199）
Cassia, Padang or Batavia 肉桂（巴东或巴达维亚） （199）
Castoreum 海狸香 （199）
Castor oil 蓖麻油 （199）
Catalase 过氧化氢酶 （199）
Catechu 儿茶 （199）
Cayenne pepper 辣椒（卡宴） （199）
2-Acetylamino-5-nitrothiazole 2-乙酰氨基-5-硝基噻唑 （172）

α-amylase products derived from Bacillus stearothermophilus α-淀粉酶制品，得自嗜热脂肪芽孢杆 （235）
β-apo-8'-carotenal β-阿朴-8'-胡萝卜醛 （236）
β-carotene β-胡萝卜素 （236）
2,4-DB 2,4-滴丁酸 （84）
1,2-Dichloroethane 1,2-二氯乙烷 （185）
1,1-Dichloroethylene 1,1-二氯乙烯 （185）
1,2-Dichloropropane 1,2-二氯丙烷 （185）
1,3-Dichloropropene 1,3-二氯丙烯 （83）
2,4-D 2,4-二氯苯氧乙酸 （83）
4-hydroxymethyl-2,6-di-tertbutyl-phenol 4-羟甲基-2,6-二叔丁基苯酚 （188）
3-Methyl-3-phenyl glycidic acid ethyl ester 草莓醛 （188）
1-Naphthaleneacetic acid 1-萘乙酸 （83）
1,3-neotran 1,3-丁二醇 （188）
α-tocopherol acetate α-生育酚醋酸酯 （236）
α-tocopherol α-生育酚 （236）
1,1,1-Trichloroethane 1,1,1-三氯乙烷 （184）
Cefalexin 头孢氨苄 （586）
Cefalexin（原药） 头孢氨苄 （17）
Cefalonium 头孢洛宁 （586）
Cefazolin 头孢唑啉 （586）
Cefoperazone 头孢呱酮 （586）
Cefpirin 头孢吡啉 （586）
Cefquinome 头孢喹咪 （586）
Cefquinome（原药） 头孢喹肟 （17）
Ceftiofur 头孢噻呋 （173，174，587）
Ceftiofur（原药） 头孢噻呋 （18）
Cefuroxime 头孢呋肟 （587）
Cellulase preparation produced by Longibrachiatum 长枝木霉产生的纤维素酶制剂 （199）
Cellulose acetate 乙酸纤维素 （199）
Cellulose hydroxypropyl 羟丙基纤维素 （199）
Cellulose methyl ethyl 羟丙基甲基纤维素 （199）
Cephapirin 头孢匹林 （174）
Chamomile (chamomile) flowers, Hungarian 春黄菊花（匈牙利） （199）
Chamomile (chamomile) flowers, Roman or Eng-

lish 春黄菊花（罗马或英国） （199）
Cherry stone 樱桃核 （199）
Cherry, wild, bark 野樱桃树皮 （200）
Chervil 细叶芹 （200）
Chicory 菊苣 （200）
Chinomethionat 灭螨猛 （295）
Chitin 甲壳素（又名几丁质） （43）
Chives 细香葱 （200）
Chloramine 氯胺 （185）
Chloramphenicol 氯霉素 （29，182）
Chlorantraniliprole 氯虫酰胺 （98，587）
Chlorbenside 氯杀螨 （296，587）
Chlorbenzuron 灭幼脲 （3）
Chlorbufam 氯草灵 （296，587）
Chlordane 氯丹 （297，587）
Chlordecone 十氯酮 （185）
Chlordimeform 杀虫脒（克死螨） （30）
Chlorethoxyphos 四氯乙磷 （98）
Chlorfenapyr 虫螨腈 （98）
Chlorfenapyr 氟唑虫清 （298，587）
Chlorfenson 杀螨酯 （299）
Chlorfenvinphos 毒虫畏 （300，587）
Chlorfluazuron 氟定脲 （301，587）
Chlorhexidine 氯苯胍亭 （587）
Chlorhexidine 氯己定 （13）
Chloridazon 氯草敏 （302）
Chloride 氯化物 （185）
Chlorimuron-ethyl 氯嘧磺隆 （98）
Chlorine dioxide 二氧化氯 （185，658）
Chlorine 氯 （185）
Chlorite 亚氯酸盐 （185）
Chlormadinone 氯地孕酮 （588）
Chlormequat 矮壮素 （3，303，588）
Chlorobenzilate 乙酯杀螨醇 （588）
Chloroneb 地茂散 （98，304，588）
Chlorophyllin copper complex, sodium and potassium salts 叶绿素铜钠盐，叶绿素铜钾盐 （43）
Chloropicrin 氯化苦 （3）
Chlorothalonil 百菌清 （4，98，99，305，588，589）
Chloroxuron 枯草隆 （306，589）
Chlorpromazine 氯丙嗪 （29）

Chlorpropham 氯苯胺灵 （99，307）
Chlorpyrifos-methyl 甲基毒死蜱 （100）
Chlorpyrifos 毒死蜱 （4，99，308，589）
Chlorpyrifos-methyl 甲基毒死蜱 （4，310，589）
Chlorsulfuron 氯磺隆 （100，311，589）
Chlortetracycline 金霉素 （174）
Chlorthal-dimethyl 氯酞酸甲酯 （311，590）
Chlorthoxyphos 四氯乙磷 （298）
Chlortoluron 绿麦隆 （4）
Chlozolinate 克氯得 （312）
Cholecalciferol 胆钙化醇 （658）
Choline chloride 氯化胆碱 （200）
Choline 胆碱 （13）
Cholrobenzilate 乙酯杀螨醇 （304）
Chromafenozide 环虫酰肼 （313）
Chromium 铬 （33，185，186）
Chromium 六价铬 Cr^{6+} （651）
Chymosin 凝乳酶 （200）
Cimaterol 西马特罗 （29）
Cindon-ethyl 吲哚酮草酯 （314）
1,8-Cineole 1,8-桉叶素 （652）
Cinnamaldehyde 桂醛 （43）
Cinnamaldehyde 肉桂醛 （200，658）
Cinnamic acid 肉桂酸 （658）
Cinnamon bark, Ceylon 肉桂皮（斯里兰卡） （200）
Cinnamon bark, Chinese 肉桂皮（中国） （200）
Cinnamon bark, Saigon 肉桂皮（西贡） （200）
Cinnamon, Ceylon 肉桂（斯里兰卡） （200）
Cinnamon, Chinese 肉桂（中国） （200）
Cinnamon leaf, Ceylon 肉桂叶（斯里兰卡） （200）
Cinnamon leaf, Chinese 肉桂叶（中国） （200）
Cinnamon leaf, Saigon 肉桂叶（西贡） （200）
Cinnamon, Saigon 肉桂（西贡） （200）
Cinnamyl acetate 乙酸萜品酯 （658）
Cinnamyl alcohol 肉桂醇 （658）
Cinosulfuron 醚磺隆 （314）
cis-1,2-Dichloroethylene 顺式-1,2-二氯乙烯 （186）
Citral 柠檬醛 （200，658）
Citrated monoglyceride 柠檬酸单甘油酯 （200）

Citric acid 柠檬酸 （200，658）
Citric acid stearyl ester 柠檬酸硬脂酰酯 （200）
Citric acid, trisodium citrate, tripotassium citrate 柠檬酸及其钠盐、钾盐 （43）
Citronella 香茅 （200）
Citronellal 香茅醛 （658）
Citronellol 香茅醇 （658）
Citronellyl acetate 乙酸香茅酯 （658）
Citronellyl formate 甲酸香茅酯 （658）
Citrus peels 柑橘皮 （200）
Citrus Red 2 橘红2号 （200）
Civet (zibeth, zibet, zibetum) 灵猫香 （200）
Clary (clary sage) 鼠尾草（快乐鼠尾草） （201）
Clary 香紫苏 （201）
Clasping mullein flower 抱茎毛蕊花的花 （201）
Clavulanic acid 克拉维酸 （590）
Clavulanic acid（原药） 克拉维酸 （18）
Clenbuterol 克仑特罗 （239，182，590）
Clethodim 烯草酮 （100，101，314，590）
Clodinafop acid 炔草酸 （590）
Clodinafop-propargyl 炔草酯 （101）
Clodinafop-propargyl 炔草酯 （315，590）
Clofencet 苯哒嗪钾 （101，316，590）
Clofentezine 四螨嗪 （4，101，317，591）
Clomazone 异噁草酮 （101，318）
Clomeprop 氯甲酰草胺 （319）
Clopidol 氯羟吡啶 （174，319，591）
Clopidol（原药） 氯羟吡啶 （18）
Cloprop 调果酸 （319）
Cloprostenol 氯前列醇 （13）
Clopyralid 二氯吡啶甲酸 （102）
Clopyralid 二氯皮考啉酸 （320，591）
Cloquintocet-mexyl 解毒喹 （102，320，591）
Cloransulam-methyl 氯酯磺草胺 （102，320）
Clorsulon 氯舒隆 （175，591，592）
Closantel 氯氰磺柳胺 （592）
Closantel（原药） 氯氰碘柳胺 （18）
Clostebol （592）
Clothianidin 噻虫胺 （102，320，592）
Clove and derivatives 丁香及其衍生物 （201）
Clover 苜蓿 （201）

Cloxacillin 邻氯青霉素 （175，592）
Cloxacillin（原药） 氯唑西林 （18）
Coca (decocainized) 可可（脱咖啡因） （201）
Cacao husk pigment 可可壳色 （43，44）
Cochineal extract 胭脂虫提取物 （201）
Cocoa butter substitutes 可可脂代用品 （201）
Cocoa butter substitutes obtained from coconut oil, palm oil or both of them 由椰子油、棕榈油或两种油制得的可可脂代用品 （201）
Cocoa containing dioctyl sulfosuccinate, sodium salt for processing 含磺基钠丁二酸二辛酯的用于加工的可可 （201）
Coconut oil, refined 精炼椰子油 （201）
Coffee 咖啡 （201）
Cognac oil, white and green 康乃克油（庚酸乙酯） （201）
Cola nut 可乐果 （201）
Colistin 黏菌素 （592）
Colistin（原药） 黏菌素 （18）
Colouring Matters 着色剂（化学性合成品除外） （658）
Concentrated crystal soda 倍半碳酸钠 （201）
Copaiba 柯拜巴脂 （201）
Copolymer of ethylene oxide and epoxy-propane 环氧乙烷和环氧丙烷的共聚物 （201）
Copper Carbonate 碳酸铜 （102）
Copper chlorophyll 叶绿素铜 （658，659）
Copper gluconate 葡萄糖酸铜 （658）
Copper 铜 （186）
Copper Nonyl-phenolsulfonate 邻苯二甲酸铜 （322）
Copper sulfate 硫酸铜 （201）
Coreopsis yellow 菊花黄浸膏 （44）
Coriander 芫荽 （201）
Cork oak 栓皮槠 （201）
Corm starch 玉米淀粉 （202）
Cornflower 矢车菊 （202）
Corn germ oil 玉米胚芽油 （202）
Corn gluten 玉米面筋 （202）
Corn sugar 玉米糖 （202）
Corn syrup 玉米糖浆 （202）
Corn yellow 玉米黄 （44）

Costmary　艾菊　（202）
Costus Root　广木香根　（202）
Coumaphos(Coumaphos 和氧化物)　蝇毒磷　（18）
Coumaphos　蝇毒磷　（102）
Coumarone - indene resin　香豆酮-茚树脂　（202）
Cowberry red　越橘红　（44）
Coxtmary　香脂艾菊　（202）
4-CPA　对氯苯氧乙酸　（244，575）
Crostebol　（592）
Cryolite　冰晶石　（102）
Cubeb　荜澄茄　（202）
Cupric sulfate　硫酸铜　（659）
Cuprous iodide　碘化亚铜　（202）
Curacao orange peel (orange, bitter peel)　库拉索柑橘皮（苦的）　（202）
Curcuma longa　姜黄　（202）
Curcuma oleoresin　姜黄油树脂　（202）
Curcumin　姜黄素　（44）
Curdlan　可得然胶　（44）
Cyanamide　氰胺　（323）
Cyanazine　草净津　（323）
Cyanazine　氰草津　（102）
Cyanide　氰化物　（4，186，651）
Cyanophos　杀螟腈　（324）
Cyazofamid　氰霜唑　（103，325）
Cyclanilide　环丙酸酰胺　（103，325，592，593）
Cycloate　草灭特　（103，325）
Cyclohexane　环己烷　（202）
Cyclohexyl acetate　乙酸环己酯　（658）
Cyclohexyl butyrate　丁酸环己酯　（659）
Cycloprothrin　拟除虫菊酯　（325）
Cycloxydim　塞草酮　（326）
Cyflufenamid　环氟菌胺　（327）
Cyfluthrin　氟氯氰菊酯　（4，103，104，328，593）
Cyhalothrin　氯氟氰菊酯　（4）
Cyhalothrin　三氟氯氰菊酯　（329，593）
Cymoxanil　霜脲氰　（104，331）
Cypermethrin　氯氰菊酯　（4，104，332，593，594）
Cyproconazole　环丙唑醇　（334，594）
Cyproconazole　环唑醇　（105）

Cyprodinil　嘧菌环胺　（105，334，594）
Cyprosulfamide　除草剂安全剂　（105）
Cyromazine　灭蝇胺　（4，106，335，594）
Cyromazine（原药）　环丙氨嗪　（18）

D

Daimuron　杀草隆　（594）
Dama glue　达马胶　（202）
Damiana turnera, leaf　达迷草的叶子　（202）
Dandelion　蒲公英　（202）
Dandelion root　蒲公英根　（202）
Danofloxacin　达氟沙星　（175，594，595）
Danofloxacin（原药）　达氟沙星　（19）
Dapsone　氨苯砜　（29）
Dbedc　胺磺铜　（337）
2, 4-DB　2, 4-滴丁酸　（243，575）
d-Borneol　d-龙脑　（659）
D- or L- carvone　D-或L-香芹酮　（202）
D- pantothenic acid amine　D-泛酸胺　（204）
DCPA　敌稗　（106）
DDT　滴滴涕　（5，338，595）
Deacetylated chitin (chitosan)　脱乙酰甲壳素（又名壳聚糖）　（44）
Decanal　正癸醛　（659）
Decanol　正癸醇　（659）
De - safrole of parthenoxylon extract　脱黄樟素的黄樟浸取物　（203）
Decoquinate　癸氧喹酯　（13，175，595）
Decoquinate（原药）　癸氧喹酯　（19）
Dehydroacetic acid, sodium dehydroacetate　脱氢乙酸及其钠盐　（44）
Dehydroacetic　脱氢乙酸　（203）
Deltamethrin　溴氰菊酯　（5，106，107）
Deltamethrin, Tralomethrin　溴氰菊酯，四溴菊酯　（339，595，596）
Deltamethrin（原药）　溴氰菊酯　（19）
Demeton-s-methyl　甲基内吸磷　（340）
Denatured alcohol　变性酒精　（203）
Deoxynivalenol　赤霉病麦毒素　（651）
Deoxynivalenol　脱氧雪腐镰刀菌烯醇　（33）
Desmedipham　甜安宁　（107）
Desmedipham　甜菜安　（341）

Destomycin A 越霉素A （596）
Destomycin A（原药） 越霉素A （19）
Dexamethasone 地塞米松 （596）
Dexamethasone（原药） 地塞米松 （19）
Dextrin 糊精 （203）
Diacetyl 二乙酰 （203）
Diacetyl tartaric acid ester of mono（di）glycerides（DATAE） 双乙酰酒石酸单双甘油酯 （44）
Diacetyl tartaric acid monoglyceride and Diacetyl tartaric acid Double glyceride 双乙酰酒石酸单、双甘油酯 （203）
Diafenthiuron 丁嘧脲 （341，596）
Di-allate 燕麦敌 （342，596）
Diammonium citrate 柠檬酸二铵 （203）
Diammonium hydrogen）phosphate 磷酸氢二铵 （660）
Diammonium phosphate 磷酸氢二铵 （203）
Diatomaceous earth filler 硅藻土填充料 （203）
Diatomaceous earth 硅藻土 （660）
Diazepam 地西泮（安定） （29）
Diazinon 二嗪磷 （5，107，342，596）
Diazinon（原药） 二嗪农 （19）
Dibenzoyl thiamine hydrochloride 二苯酰盐酸硫胺 （660）
Dibenzoyl thiamine 二苯酰硫胺素 （660）
Dibutylhydroxytoluene 羟基甲苯二丁酯 （596，597）
Dibutylsuccinate 熊脱氧胆酸 （597）
Dicamba 麦草畏 （107，344）
Di-carbonate methyl 二碳酸二甲酯 （203）
Dichlobenil 敌草腈 （107，344）
Dichlofenthion 除线磷 （344）
Dichlofluanid 抑菌灵 （345）
Dichlomid 二氯丙烯胺 （346）
Dichlone 二氯萘醌 （346）
Dichloran 二氯喃 （346）
1,1-Dichloro-)2,2-Bis(4-Ethylphenyl)Ethane 乙滴涕 （239）
1,1-Dichloro-2,)2-Bis(4-Ethylphenyl)Ethane 乙滴涕 （575）
Dichloromethane 二氯甲烷 （186，203）
2,4—Dichlorophenoxy acetic acid 2,4—二氯苯氧乙酸 （45）
Dichlorprop 2,4-滴丙酸 （346）
Dichlorvos 敌敌畏 （5，108，175）
Dichlorvos, Naled 敌敌畏 （347，597）
Dichlorvos（原药） 敌敌畏 （19，20）
Diclazuril 地克珠利 （13，175，597）
Diclazuril（原药） 地克珠利 （20）
Diclobutrazol 苄氯三唑醇 （348）
Diclofop-Methyl 禾草灵 （108）
Diclofop-methyl 氯甲草 （348，598）
Dicloran 氯硝胺 （108）
Diclosulam 双氯磺草胺 （108，348）
Dicloxacillin 双氯青霉素 （598）
Dicofol 三氯杀螨醇 （5，108，348，598）
Dicrotophos 百治磷 （108，349）
Dicyclanil 地昔尼尔 （598）
Didecyldimethylammoniumchloride （598）
Dieldrin, Aldrin 艾氏剂和狄氏剂 （350，598）
Diethylstilbestrol 己烯雌酚 （29，182）
Difenoconazole 苯醚甲环唑 （351，598）
Difenoconazole 恶醚唑 （109）
Difenzoquat 野燕枯 （5，109，352，598）
Difloxacin 二氟沙星 （599）
Difloxacin（原药） 二氟沙星 （20）
Diflubenzuron 除虫脲 （5，109，353，599）
Diflufenican 吡氟酰草胺 （354，599）
Diflufenzopyr 二氟吡隆 （109，355）
2,6-Difluoro benzoic Acid 2,6-二氟苯甲酸 （243）
Dihydrostreptomycin 双氢链霉素 （175，356）
Dihydrostreptomycin/Streptomycin 双氢链霉素 （599）
Dilauryl thiodipropionate 硫代二丙酸二月桂酯 （45，203）
Dill and derivatives 莳萝及衍生物 （203）
Dill indian 莳萝，印第安型 （204）
Diluted benzoyl peroxide 稀释过氧苯甲酰 （660）
Dimeridazole 地美硝唑 （182）
Dimethenamid 噻吩草胺 （109，110）
Dimethipin 落长灵 （356，599）
Dimethipin 噻节因 （110）
Dimethirmol 甲菌定 （357）

Dimethoate 乐果 (6, 110, 358, 600)
Dimethomorph 烯酰吗啉 (110, 359, 600)
Dimethyl carbate 碳酸二甲酯 (110)
Dimethyl dicarbonate 二甲基二碳酸盐 (45)
Dimethylnitrosamine 二甲基亚硝胺 (186)
Dimetridazole 地美硝唑 (29)
Diminazene 重氮氨苯脒 (600)
Diminazine（原药） 三氮脒 (20)
Diniconazole 烯唑醇 (6)
Dinocap 消螨普 (360)
Dinoseb 达诺杀 (360, 600)
Dinotefuran 呋虫胺 (110, 111, 361)
Dinoterb 特乐酚 (362)
Dintolmide 二硝托胺 (600)
Dioctyl sulfosuccinate, sodium salt 磺基丁二酸二辛基钠盐 (204)
Dioxathion 敌杀磷 (362)
Dioxin 二噁英 (186)
Diphenamid 双苯酰草胺 (363)
Diphenylamine 二苯胺 (6, 111, 363, 600)
Diphenyl ether (diphenyl oxide) 联苯醚（又名二苯谜）(45)
Diphenyl 联苯 (660)
Dipotassium hydrogen phosphate 磷酸氢二钾 (45, 660)
Dipropylene glycol distearate 二硬脂酸二丙二醇酯 (204)
DipropylIsocinchomeronate 丙蝇驱 (600)
Diquat dibromide 敌草快 (111)
Diquat 敌草快 (6, 364, 600, 601)
Disodium 5'-cytidilate 5'-胞苷酸二钠 (660)
Disodium dihydrogen pyrophosphate 焦磷酸二氢二钠 (45, 660)
Disodium DL-tartrate DL-酒石酸钠 (660)
Disodium ethylenediamine teraacetate 乙二胺四乙酸二钠 (204)
Disodium ethylene-diamine-tetra-acetate 乙二胺四乙酸二钠 (45, 659)
Disodium glycyrrhizinate 甘草酸二钠 (659)
Disodium 5'-guanylate 5'-乌苷酸二钠 (659)
Disodium hydrogen phosphate 磷酸氢二钠 (660)

Disodium 5'-inosinate 5-肌苷酸二钠 (659)
Disodium L-tartrate L-酒石酸钠 (660)
Disodium 5'-ribonucleotide 5'-核糖核苷酸二钠 (660)
Disodium stannous citrate 柠檬酸亚锡二钠 (45)
Disodium succinate 琥珀酸二钠 (45, 659)
Disodium 5'-uridylate 5-尿苷酸二钠 (659)
Disulfoton 乙拌磷 (111, 365, 601)
Dithianone 二噻农 (366)
Dithicarbamates 二硫代氨基甲酸盐类 (367, 601)
Dithiopyr 氟硫草定 (369)
Dittany root 白鲜根 (204)
Diuron 敌草隆 (111, 369, 601)
2, 4-D 2, 4-滴 (5, 242, 575)
DL-Alanine DL-丙氨酸 (660)
D, L-alanine D, L-丙氨酸 (202)
DL-Malic acid DL-苹果酸 (660)
DL-Menthol DL-薄荷醇 (660)
DL-Methionine DL-蛋氨酸 (660)
DL-Tartaric acid DL-酒石酸 (660)
DL-Threonine DL-苏氨酸 (660)
DL-Tryptophan DL-色氨酸 (660)
D-Mannitol D-甘露醇 (659)
D—mannitol D—甘露糖醇 (45)
Docosanoic triglyceride 山嵛酸甘油酯 (204)
Dodine 多果定 (112, 370)
Dog grass 匍匐冰草 (204)
DON 脱氧雪腐镰刀菌烯醇 (183)
Doramectin 多拉菌素 (601)
Doramectin 多拉克丁 (175)
Doramectin（原药） 多拉菌素 (20, 21)
Doxycycline 强力霉素 (602)
Doxycycline（原药） 多西环素 (21)
2, 2-DPA 茅草枯 (241, 575)
Dragon blood 龙血树脂 (204)
Drug speedwell 药用婆婆纳 (204)
Dry yeast 干酵母 (204)
D-Sorbitol D-山梨糖醇 (659)
D-Xylose D-木糖 (659)

E

Edible Modified cotton seed products 可供食用的

改性棉子制品 （204）
Edible modified starch 食用改性淀粉 （204）
Edifenphos 敌瘟磷 （6）
Edl-α-Tocopherol Edl-α-生育酚（维生素 E）（661）
Efrotomycin 依罗霉素 （602）
Elder flowers 接骨木花 （204）
Elecampane root leaf 土木香的根茎和根 （204）
Elemi 榄香 （205）
Emamectin Benzoate 因灭汀 （370，602）
Emamectin 甲氨基阿维菌素 （112）
Emulsifying silicon oil 乳化硅油 （45）
Endosulfan 硫丹 （6，112，113，372，602）
Endothal 草燕灭 （373）
Endothall 茵多杀 （113）
Endrin 异狄氏剂 （373，602）
Enramaycin （602）
Enrofloxacin（Enrofloxacin ＋ Ciprofloxacin） 恩诺沙星 （21）
Enrofloxacin 恩诺沙星 （175，602，603）
Enzyme-modified fat 酶改性脂肪 （205）
Epinephrine 肾上腺素 （13）
Epoxiconazole 氟环唑 （113）
Epoxidation soybean oil 环氧化大豆油 （205）
Eprinomectin 氟环唑 （603）
Eprinomectin 依立诺克丁 （175）
Eprinomectin 依普菌素 （603）
EPTC 丙草丹 （374，603）
EPTC 菌达灭 （113）
Ergometrine maleata 马来酸麦角新碱 （14）
Erigeron 飞蓬 （205）
Eriodictyon 圣草 （205）
Erythorbic acid 异抗血酸 （661）
Erythritol 赤藓糖醇 （45）
Erythromycin 红霉素 （175，603）
Erythromycin（原药） 红霉素 （21）
Erythrosine, erythrosine aluminum lake 赤藓红及其铝色淀 （45，46）
Erythrosin 赤藓红 （205）
Esfenvalerate 高效氰戊菊酯 （113）
Esfenvalerate 顺式氰戊菊酯 （6）
Esprocarb （603）

Ester gum 酯胶 （661）
Esters 酯类 （661）
Estradiol Benzoate 苯甲酸雌二醇 （29）
Estradiol 雌二醇 （176）
Ethalfluralin 丁氟消草 （375）
Ethalfluralin 乙丁烯氟灵 （113）
Ethametsulfuron-methyl 胺苯磺隆 （113，375）
Ethametsulfuron-methyl 胺苯磺隆 （604）
Ethanol 乙醇 （14，205）
Ethephon 乙烯利 （6，113，114，375，604）
Ethers 乙醚类 （661）
Ethion 乙硫磷 （6，376，604）
Ethofumesate 灭草呋喃 （114）
Ethofumesate 乙呋草黄 （377，604）
Ethopabate 4-乙酰氨基-2-乙氧基苯甲酸甲酯 （176）
Ethopabate 乙氧酰胺苯甲酯 （604）
Ethopabate（原药） 乙氧酰胺苯甲酯 （21）
Ethoprophos 丙线磷 （377）
Ethoprophos 灭线磷 （6）
Ethoprop 灭克磷 （114）
Ethoxy mono glyceride 乙氧基单双甘油酯 （205）
Ethoxyquin 乙氧基喹 （45，205）
Ethoxyquin 乙氧喹啉 （114，378，604）
Ethoxysulfuron 乙氧嘧磺隆 （379，604）
Ethychlozate 吲熟酯 （379）
Ethyl acetate 乙酸乙酯 （205，661）
Ethyl acetoacetate 乙酸乙酯 （661）
Ethylbenzene 苯乙烷 （186）
Ethyl butyrate 丁酸乙酯 （205，661）
Ethyl-cellulose 乙基纤维素 （205）
Ethyl cinnamate 肉桂酸乙酯 （661）
Ethylene Dibromide 二溴乙烯 （380）
Ethylene Dichloride 二氯乙烯 （381，605）
Ethylene Oxide 环氧乙烷 （114）
Ethylene oxide polymers 氧化乙烯聚合物 （205）
Ethyl formate 甲酸乙酯 （205）
Ethyl Glycol 乙二醇单乙酯 （205）
Ethyl heptanoate 庚酸乙酯 （661）
Ethyl hexanoate 己酸乙酯 （661）
2-Ethyl-3-methylpyrazine 2-乙烷基-3-甲基吡嗪

(652)
Ethyl octanoate 辛酸乙酯 (661)
Ethyl phenylacetate 苯乙酸乙酯 (661)
Ethyl propionate 丙酸乙酯 (661)
Ethyl vanillin 乙基香兰素 (205)
Ethylvanillin 乙香草素 (661)
Etofenprox 醚菊酯 (382)
Etoxazole 依杀螨 (114)
Etoxazole 乙螨唑 (383, 605)
Etridiazole 氯唑灵 (383, 605)
Etridiazole 土菌灵 (115)
2-Etyl-3, 5-dimethylpyrazine, 2-Etyl-3, 6-dimethylpyrazine 2-乙烷基 3, 5-二甲基吡嗪及, 2-乙烷基 3, 6-二甲基吡嗪 (652)
Etyprostontromethamin (605)
Eugenol 丁香酚 (661)
Eugenol 丁香油酚 (605)
European hu mint 欧洲胡薄荷 (206)
European verbena 欧洲马鞭草 (206)
Enzyme-modified lecithin 酶改性卵磷脂 (205)

F

Famoxadone 恶唑菌酮 (115, 384, 605)
Famphur 伐灭磷 (176, 605)
Fancy red 诱惑红 (206)
Fast Green FCF 坚牢绿 (206)
Fat and fatty acid ester of propylene glycol mono and double 脂肪和脂肪酸的丙二醇单双酯 (206)
Fatty acid 脂肪酸类 (206)
Fatty acid methyl; fatty acid ethyl 脂肪酸甲酯和乙酯 (206)
Fatty acid salt 脂肪酸盐类 (206)
Fatty acids 脂肪酸类 (661)
Fatty acid sucrose ester 脂肪酸蔗糖酯 (206)
Fenamidone 咪唑菌酮 (115, 116, 385, 605)
Fenamiphos 苯线磷 (6, 116)
Fenamiphos 克线磷 (385, 605)
Fenarimol 氯苯嘧啶醇 (6, 116, 387, 605, 606)
Fenbantel 苯硫氨酯 (22)
Fenbendazole 苯硫哒唑 (22, 176)
Fenbucarb 仲丁威 (606)

Fenbuconazole 腈苯唑 (6, 116, 387, 606)
Fenbutatin oxide 苯丁锡 (6, 116, 388, 606)
Fenchlorphos 皮蝇磷 (389)
Fenhexamid 环酰菌胺 (117, 390, 606)
Fenitrothion 杀螟硫磷 (7, 391, 606)
Fennel, common 茴香（普通）(206)
Fennel, sweet (Finocchio, Florence fennel) 茴香（甜的，佛罗伦萨）(206)
Fennel, sweet 甜茴香 (205)
Fenobucarb (BPMC) 仲丁威 (7)
Fenobucarb 仲丁威 (392)
Fenothiocarb 苯硫威 (393)
Fenoxaprop-Ethyl 唑禾草灵 (117)
Fenoxaprop-ethyl 恶唑禾草灵 (393, 607)
Fenoxycarb 双氧威 (394)
Fenpropathrin 甲氰菊酯 (7, 117, 118, 395, 607)
Fenpropimorph 粉锈啉 (396, 607)
Fenprostalene 芬前列林 (607)
Fenpyroximate 唑螨酯 (7, 118, 397, 607)
Fenthion (Fenthion & metabolites) 倍硫磷 (22)
Fenthion 倍硫磷 (7, 398, 608)
Fentin-hydroxide 三苯基氢氧化锡 (118)
Fentin 三苯锡 (398, 608)
Fenugreek gum 葫芦巴胶 (46)
Fenugreek 葫芦巴 (206)
Fenvalerate 氰戊菊酯 (7, 118, 119, 399, 608)
Fenvalerate（原药）氰戊菊酯 (22)
Ferbam 福美铁 (119)
Ferimzone 嘧菌腙 (401)
Ferric ammonium citrate 柠檬酸铁铵 (206, 662)
Ferric chloride 氯化铁 (206, 662)
Ferric citrate and choline complex 柠檬酸铁和胆碱复合物 (206)
Ferric citrate 柠檬酸铁 (206, 662)
Ferric Phosphate 磷酸铁 (206)
Ferric pyrophosphate 焦磷酸铁 (207, 662)
Ferric sulfate 硫酸铁 (207)
Ferrous carbonate 碳酸亚铁 (207)

Ferrous citrate 柠檬酸亚铁 (207)
Ferrous fumarate 富马酸亚铁 (207)
Ferrous gluconate 葡萄糖酸亚铁 (207, 662)
Ferrous lactate 乳酸亚铁 (207)
Ferrous sulfate 硫酸亚铁 (207, 662)
Ferrous sulphate 硫酸亚铁 (14)
Ficin 无花果蛋白酶 (207)
Fipronil 氟虫腈 (119, 401, 608)
Flamprop-methyl 甲氟燕灵 (402, 608)
Flavophospholipol 富拉磷 (608)
Flavor extract of sugar beet 糖甜菜的风味浸取物 (207)
Flazasulfuron 嘧啶磺隆 (402)
Flonicamid 氟啶虫酰胺 (119, 120)
Florasulam 双氟磺草胺 (120)
Florfenicol (Florfenicol—amine) 氟苯尼考 (22)
Florfenicol 氟苯尼考 (176, 609)
Flower of Silver Chin Ho Yun 银白金合允的花 (207)
Fluazifop—butyl 吡氟禾草灵 (7)
Fluazifop 吡氟禾草灵 (120, 403, 609)
Fluazifop-P-butyl 精吡氟禾草灵 (7)
Fluazinam 氟啶胺 (120)
Fluazuron 啶蜱脲 (609)
Flubendazole (Flubendazole＋2—amino 1H—benzimidazol—5—yl—(4—fluorophenyl) methanone) 氟苯咪唑 (22)
Flubendazole 氟苯哒唑 (609)
Flubendiamide 氟虫酰胺 (120, 121)
Flucarbazone Sodium 氟酮磺隆 (121, 405)
Flucythrinate 氟氰戊菊酯 (7, 406, 609)
Fludioxonil 咯菌腈 (121, 122, 407, 609)
Flufenacet 氟噻草胺 (122, 408, 610)
Flufenoxuron 氟虫脲 (122, 408)
Flufenpyr-ethyl 氟哒嗪草酯 (122, 410)
Flugestone acetate (原药) 醋酸氟孕酮 (22)
Flumequine 氟甲喹 (610)
Flumequine (原药) 氟甲喹 (22, 23)
Flumethrin [Flumethrin (sum of trans—Z—isomers)] 氟氯苯氰菊酯 (23)
Flumethrin 氟氯苯菊酯 (14, 610)

Flumetsulam 氟唑嘧磺草胺 (410, 610)
Flumetsulam 唑嘧磺草胺 (122)
Flumiclorac-pentyl 氟烯草酸 (122)
Flumiclorac pentyl 氟烯草酸 (410, 610)
Flumioxazin 丙炔氟草胺 (122, 410, 610)
Flunixin 氟尼辛 (176, 611)
Fluometuron 伏草隆 (123, 411)
Fluopicolide 氟吡菌胺 (123)
Fluoride 氟化物 (123)
Fluorine 氟 (33)
Fluorine 氟 F (651)
Fluoroimide 氟菌酰胺 (411)
Fluoroquinolones 氟喹诺酮类 (182)
Fluoxastrobin 氟嘧菌酯 (124)
Flupropanate 四氟丙酸 (611)
Fluquinconazole 喹唑菌酮 (412, 611)
Fluriafol 粉唑醇 (415)
Fluridone 氟啶草酮 (412, 611)
Fluridone 氟啶酮 (124)
Fluroxypyr 氟草烟 (124, 413, 611)
Fluroxypyr 氯氟吡氧乙酸 (7)
Flusilazole 氟硅唑 (7, 414, 612)
Flusulfamide 氟硫灭 (414)
Fluthiacet-methyl 嗪草酸甲酯 (124)
Fluthiacet-methyl 氟噻乙草酯 (414)
Flutolanil 氟酰胺 (124, 415, 416, 612)
Flutriafol 粉唑醇 (612)
Fluvalinate 氟胺氰菊酯 (7, 415, 612)
Fluvalinate (原药) 氟胺氰菊酯 (23)
Fluzainam 氟啶胺 (405)
Folic acid 叶酸 (14, 207, 662)
Follicle stimulating hormone (natural FSH from all species and their synthetic analogues) 促卵泡激素 (各种动物天然 FSH 及其化学合成类似物) (14)
Folpet 灭菌丹 (124, 416)
Fomesafen 氟磺胺草醚 (8, 125)
Food Blue No. 2 食用蓝色2号（靛胭脂）及食用蓝2号（铝淀色）(663)
Food Blue No. 1 食用蓝色1号（亮蓝）及食用蓝色1号（铝淀色）(663)
Food green No. 3 食用绿色3号（FCF）及食绿黄色3号（铝淀色）(663)

英文索引

Food Red No. 3 食用红色3号（赤藓红）及食用红色3号（铝淀色）（662）
Food Red No. 106 食用红色106号（酸性红）（662）
Food Red No. 2 食用红色2号（苋菜红）及食用红色2号（铝淀色）（662）
Food Red No. 105 食用红色105号（印度红）（662）
Food Red No. 40 食用红色40号（诱惑红）及食用红色40号（铝淀色）（662）
Food Yellow No. 4 食用黄色4号（酒石黄）及食用黄色4号（铝淀色）（662）
Food Yellow No. 5 食用黄色5号（日落黄）及食用黄色5号（铝淀色）（662）
Foramsulfuron 甲酰胺黄隆（417）
Forchlorfenuron 氯吡苯脲（125）
Forchlorfenuron 氯吡脲（417）
Formaldehyde 甲醛（14）
Formetanate Hydrochloride 伐虫脒盐酸盐（417）
Formetanate hydrochloride 杀螨脒（125）
Formothion 安果（417）
Fosetyl - Al 三乙膦酸铝（125）
Fosetyl 乙磷铝（418）
Fosetyl 疫霉灵（612）
Fosfomycin 磷霉素（612）
Fosthiazate 噻唑磷（419）
Fosthiazate 噻唑硫磷（125）
Fructose syrup 果葡糖浆（207）
Fruit juice 水果汁（207）
Fthalide 四氯苯酞（8，420）
Fully hydrogenated rapeseed oil 完全氢化的菜籽油（207）
Fumaric acid and salts 富马酸及其盐类（207）
Fumaric acid 富马酸（46，663）
Fumaric acid pentaerythritol ester and Rosin adducts 富马酸季戊四醇酯与松香的加成物（207）
Fumonisins B_1, B_2, B_3 伏马菌素 B_1, B_2, B_3（184）
Funoran (gloiopeltis furcata) 海萝胶（46）
Furaltadone 呋喃它酮（29）
Furathiocarb 呋线威（420，612）
Furazolidone 呋喃唑酮（29）
Furfural and its derivatives 糠醛及其衍生物（一般认为毒性强的除外）（663）
Furilazole 解草恶唑（125，421）

G

Galangal 高良姜（208）
Gamma Cyhalothrin 精高效氯氟氰菊酯（126）
Gardenia blue 栀子蓝（46）
Gardenia yellow 栀子黄（46）
Garlic and derivatives 大蒜及衍生物（208）
Gebtamicin 庆大霉素（612）
Gelatin 明胶（208）
Gellan gum 结冷胶（208）
Gel polysaccharide 凝胶多糖（208）
Gentamicin sulfate 硫酸庆大霉素（176）
Gentamycin（原药） 庆大霉素（23）
Gentianella 无茎龙胆（208）
Gentian rhizome and root 黄龙胆根茎和根（208）
Geraniol 香叶醇（208，663）
Geranium, East Indian 天竺葵（东印度）（208）
Geranium 天竺葵（208）
Geranium, Rome 天竺葵（罗马）（208）
Geranyl acetate 乙酸香叶醇（208）
Geranyl acetate 乙酸香叶酯（663）
Geranyl formate 甲酸香叶酯（663）
Gibberellic and potassium salt 赤霉酸及其钾盐（208）
Gibberellin 赤霉素（42）
Ginger 姜（208）
Glacial acetic acid 冰醋酸（663）
Gleditsia sinenis lam gum 皂荚糖胶（47）
Gluconic acid 葡萄糖酸（葡萄糖酸液）（663）
Glucono δ - lactone 葡萄糖酸 δ - 内酯（208）
Glucono-delta-lactone 葡萄糖酸内酯（663）
Glucose extract 脱糖葡萄花青素（208）
Glufosinate - ammonium 草胺磷（126）
Glufosinate 草胺磷（422，612，613）
Glutamate 谷氨酸（208）
Glutamine transaminase 谷氨酰胺转氨酶（47）
Glutaraldehyde 戊二醛（14）

Glycalpyramide 咪唑双酰胺 (613)
Glycerin esters of fatty acids 脂肪酸甘油酯 (663)
Glycerol ester of hydrogenated rosin 氢化松香甘油酯 (47)
Glycerol 甘油 (208)
Glycerol triacetate 甘油三醋酸酯 (208)
Glyceryl tributyrate 甘油三丁酸酯 (208)
Glycine 氨基乙酸（又名甘氨酸） (47)
Glycine 甘氨酸 (208, 663)
Glycopeptides 糖肽类抗生素 (182)
Glycyrrhiza, ammonium glycyrrhizinate, monopotassium and tripotassium glycyrrhizinate 甘草，甘草酸铵，甘草酸一钾及三钾 (47)
Glycyrrhiza and derivatives 甘草及衍生物 (209)
Glyphosate 草甘膦 (8, 127, 128, 423, 613)
Glytamic acid hydrochloride 盐酸谷氨酸 (209)
Golden phryganea 金石蚕 (209)
Gonadotrophin releasing hormone 垂体促性腺激素释放激素 (14)
Grains of paradise 豆蔻 (209)
Grape colorant extract 葡萄着色剂提取物 (209)
Grapefruit 葡萄柚 (209)
Grape skin extract 葡萄皮红 (47)
Gromwell red 紫草红 (47)
Group blue 群青色 (209)
Guaiac resin 愈疮树脂 (663)
Guaiacum surgery 愈疮木脂 (209)
Guanylic acid sodium 乌苷酸二钠 (209)
Guar gum 瓜尔豆胶 (209)
Guava 番石榴 (209)
Gum benzoin 安息香树脂 (209)
Gum locust bean 刺槐豆胶 (209)
Gum tragacanth 黄芪胶 (210)

H

Halfenprox 苄螨醚 (425)
Haloacetic acids (five) 卤乙酸 5 (186)
Halofuginone hydrobromide 氢溴酸卤夫酮 (176)
Halofuginone hydrobromide（原药） 氢溴酸常山酮 (23)

Halofuginone 常山酮 (613, 614)
Halosulfuron methyl 氯吡嘧磺隆 (128, 425, 614)
Haloxon 哈洛克酮 (177, 614)
Haloxyfop 吡氟氯禾灵 (8, 426, 614)
HCH 六六六 (8)
Helium 氦气 (210)
Hemlock needle and twig 铁杉的针叶和嫩叶 (210)
Heptachlor 七氯 (8, 427, 614)
Hexachloro-benzene 六氯苯 (186, 428, 614)
Hexaconazole 六那唑 (428)
Hexadecanol 十六醇 (210)
Hexaflumuron 氟铃脲 (430)
Hexane 正己烷 (663)
Hexanoic acid 己酸 (663)
Hexazinone 环嗪酮 (128, 430, 614)
4—hexylresorcinol 4—己基间苯二酚 (47)
Hexythiazox 噻螨酮 (8, 128, 431, 615)
Hickory bark 山胡桃皮 (210)
High-test hypochlorite 高效次氯酸盐 (663)
Hippophae rhamnoides yellow 沙棘黄 (47)
Hops 啤酒花 (210)
Horehound 夏至草 (210)
Horse mint 长叶薄荷 (210)
Horseradish 辣根 (210)
Human chorion gonadotrophin 绒促性素 (14)
Hyacinth flower 风信子花 (210)
Hybrid enzymes obtained from sugar enzyme and protease 糖酶和蛋白酶的混合酶制剂 (210)
Hydramethylnon 氟蚁腙 (128, 432)
Hydrochloric acid 盐酸 (14, 47, 210, 663)
Hydrocortisone 氢化可的松 (14, 177)
Hydrogen cyanide 氢氰酸 (128, 432)
Hydrogen peroxide 过氧化氢 (14, 210, 663)
Hydrogen phosphide 磷化氢 (433, 615)
Hydroxycitronellal 羟基香茅醛 (664)
Hydroxylation lecithin 羟基化卵磷脂 (210)
Hydroxypropyl starch 羟丙基淀粉 (47)
Hygromycin B 潮霉素 B (29)
Hymexazol 恶霉灵 (434)
Hypochlorous acid water 次氯酸水 (663)

Hyssop　海索草（210）

I

Iceland moss　冰岛地衣（210）
Ice structuring protein　冰结构蛋白（47）
Iermectin　伊维菌素（617）
Imazalil　烯菌灵（435，615）
Imazalil　抑霉唑（8，129，664）
Imazamethabenz　咪草酯（129）
Imazamethabenz methyl ester　咪草酸甲酯（435）
Imazamox-ammonium　铵基咪草啶（436）
Imazamox-ammonium　铵基咪草啶酸（615）
Imazapic-ammonium　甲咪唑烟酸（615）
Imazapic-Ammonium　甲咪唑烟酸胺（436）
Imazapic－ammonium　甲基咪草烟（129）
Imazapyr　灭草烟（129，436，615）
Imazaquin　灭草喹（129，436）
Imazethapyr ammonium　咪唑乙烟酸（615）
Imazethapyr　咪草烟（129）
Imazethapyr　咪唑乙烟酸（437）
Imibenconazole　亚胺唑（438）
Imidacloprid　吡虫啉（129，130，615）
Iminoctadine　双胍辛胺（440）
Immortelle　蜡菊（210）
Imperatorin　欧前胡（211）
India gum　印度树胶（211）
Indian artemisia　印蒿（211）
India quassia wood　印度苦木（211）
Indigo　靛蓝（211）
Indissolvable glucose isomerase preparation　不溶性葡萄糖异构酶制剂（211）
Indole and its derivatives　吲哚及其衍生物（664）
Indoxacarb　恶二唑虫（441，615）
Indoxacarb　茚虫威（130，131）
Inidacloprid　吡虫啉（438）
Inorganic bromide resulting from fumigation　熏蒸产生的无机溴化物（131）
Inosinic acid sodium　肌苷酸二钠（211）
Inositol　肌醇（211）
Invert sugar　转化糖（211）
Iodoform　碘仿（14）
Iodosulfuron－methyl　甲基碘磺隆（132，442，616）
Ion exchange resin　离子交换树脂（664）
Ionone　紫罗兰酮（664）
Ioxynil　碘苯腈（443）
Ipconazole　种菌唑（132）
Iprobenfos　丙基喜乐松（443）
Iprodione　异菌脲（132，443，616）
Iprodione　抑菌脲（8）
Ipronidazole　异丙硝唑（182）
Iprovalicarb　丙森锌（445）
Iron dextran　右旋糖酐铁（14）
Iron　铁（211）
Iron lactate　乳酸铁（664）
Iron oxide black，iron oxide red　氧化铁黑，氧化铁红（47）
Iron sesquioxide　三氧化二铁（664）
Isazophos　氯唑磷（445）
ismuth subnitrate　碱式硝酸铋（13）
Isoamyl acetate　乙酸异戊酯（664）
Isoamylalcohol　异戊醇（664）
Isoamyl butyrate　丁酸异戊酯（665）
Isoamyl formate　甲酸异戊酯（665）
Isoamyl isovalerate　异戊酸乙酯（664）
Isoamyl phenylacetate　苯乙酸异戊酯（665）
Isoamyl propionate　丙酸异戊酯（665）
Isoascorbic acid（erythorbic acid），sodium isoascorbate　异抗坏血酸及其钠盐（48）
Isoascorbic acid　异抗坏血酸（211）
Isobutane　异丁烷（211）
Isobutanol　异丁醇（211，664）
Isobutylp-hydroxybenzoate　对羟基苯甲酸异丁酯（664）
Isobutyraldehyde　异丁醛（664）
Isocarbophos　水胺硫磷（8）
Isocyanurate　异丁子香酚（616）
Isocyanurate　异氰脲酸酯（616）
Isoeugenol　异丁香酚（664）
Isofenphos　异柳磷（445，616）
Isofenphos-methyl　甲基异柳磷（8）
Isomaltulose（palatinose）　异麦芽酮糖（48）
Isomerized lactose syrup　异构化乳糖液（48）
Isometamidium　氮氨菲啶（616）

Isometamidium（原药） 氮氨菲啶 （23）
Isoprocarb 异丙威 （9）
Isopropanol 异丙醇 （211，664）
Isopropyl citrate 柠檬酸异丙酯 （211，664）
Isopropylp-hydroxybenzoate 对羟基苯甲酸异丙酯 （664）
Isoprothiolane 稻瘟灵 （9，445，616）
Isothiocyanates 异硫氰酸盐（一般认为毒性强的除外） （664）
Isouron 异恶隆 （446）
Isoxadifen-ethyl 双苯恶唑酸 （132，446）
Isoxaflutole 异恶氟草 （447，616）
Isoxaflutole 异恶唑草酮 （132）
Isoxathion 恶唑磷 （447）
Ivermectin (22,23—Dihydro—avermectin Bla) 伊维菌素 （24）
Ivermectin 伊维菌素 （177）

J

Japan wax 日本蜡 （211）
Jasmine 茉莉花 （211）
Josamycin 交沙霉素 （617）
Joshua tree 短叶丝兰 （211）
Jujube pigment 酸枣色 （48）
Juniper 杜松 （211）

K

Kaffir lime 青柠檬 （211）
Kalemba root 卡伦巴的根 （211）
Kanamycin 卡那霉素 （617）
Kaolin 高岭土（白陶土） （665）
Karaya Gum 刺梧桐胶 （211）
Kasugamycin 春雷霉素 （448）
Kerdepol 格蓬 （212）
Ketamine 氯胺酮 （14）
Keto gluconate 葡萄糖酸酮 （212）
Ketones 酮类 （665）
Ketoprofen 酮洛芬 （617）
Kitasamycin 北里霉素 （617）
Kitasamycin（原药） 吉他霉素 （24）
Kresoxim-methyl 醚菌酯 （132，133）
Kresoxim-methyl 亚胺菌 （448，618）

L

Lac dye red （lac red） 紫胶红（又名虫胶红） （48）
Lactase （Candida pseudotropicalis 104） 乳糖酶（拟热带假丝酵母） （212）
Lactase （Kluyveromyces lactis） 乳糖酶（乳酸克鲁维酵母） （212）
Lactic acid and fatty acid glyceride 乳酸和脂肪酸甘油酯 （212）
Lactic acid 乳酸 （14，212，665）
Lactic acid Propylene glycol Glycerol mixed ester 乳酸脂肪酸丙二醇甘油混合酯 （212）
Lactitol 乳糖醇 （48）
Lactofen 乳氟禾草灵 （133，450）
Lactoferrin 乳铁蛋白 （48）
Lactones 内酯类（一般认为毒性强的除外） （665）
Lactose acid calcium 乳糖酸钙 （212）
Ladanum 岩蔷薇 （212）
Laidlomycin 来洛霉素 （177，618）
L—alanine L—丙氨酸 （48）
Lambda Cyhalothrin 高效氯氟氰菊酯 （133）
Lard 猪油 （212）
Lard oil 猪脂油 （212）
L-Arginine L-glutamate L-精氨酸-L-谷氨酸盐 （665）
Lasalocid 拉沙里菌素 （177，618）
Lasalocid（原药） 拉沙洛菌素 （24）
L-Ascorbic Acid 2-Glucoside 抗坏血酸葡萄糖苷 （665）
L-Ascorbic acid L-抗坏血酸 （665）
L-Ascorbyl palmitate L-抗坏血酸棕榈酸酯 （665）
L-Ascorbyl stearate L-抗坏血酸硬脂酸酯 （665）
Laurel berries 月桂果 （212）
Laurel cherry leaf 桂樱叶 （212）
Lauric acid 月桂酸 （48）
Lavandula Lavandin 混种薰衣草 （212）
Lavender 薰衣草 （212）
Lavender, spike 长穗薰衣草 （212）
L-alanine L-丙氨酸 （212）

L- and D, L- methionine　L-和 D，L-蛋氨酸　(212)
L- arginine　L-精氨酸　(212)
L- aspartic acid　L-天冬氨酸　(212)
L- cycsteine　L-半胱氨酸　(212)
L- cystine　L-胱氨酸　(212)
L- glutamic acid　L-谷氨酸　(213)
L- histidine　L-组氨酸　(213)
L- isoleucine　L-异亮氨酸　(213)
L- leucine　L-亮氨酸　(214)
L- lysine　L-赖氨酸　(214)
L- phenylalanine　L-苯丙氨酸　(214)
L- proline　L-脯氨酸　(214)
L- serine　L-丝氨酸　(214)
L- threonine　L-苏氨酸　(214)
L- trpytophan　L-色氨酸　(214)
L- tyrosine　L-酪氨酸　(214)
L- valine　L-缬氨酸　(214)
L—cysteine and its hydrochloridessodium　L—半胱氨酸盐酸盐　(49)
L-Cysteine monohydrochloride　L-盐酸半胱氨酸　(665)
Lead　铅　(33, 34, 186, 187)
Lead　铅 Pb　(651)
Leather leaf　牛皮叶　(213)
Leaves, flowers and stems of Black spots Hypericum　黑点咔金丝桃的叶、花和茎　(213)
Leaves of sleep lily　睡莲的叶子　(213)
Lecithin　卵磷脂　(213, 665)
Lecithin（phospholipid）　磷脂　(49)
Lemon grass　柠檬草　(213)
Lemon　柠檬　(213)
Lemon oil　柠檬油　(213)
Lemon peel　柠檬皮　(213)
Lemon verbena　防臭木　(213)
Levamisole hydrochloride　盐酸左旋咪唑　(177)
Levamisole　左旋咪唑　(618)
Levamisole（原药）　左旋咪唑　(24)
L-Glutamic acid　L-谷氨酸　(665)
L-Histidine monohydrochloride　L-组氨酸盐酸盐　(665)
Lidocaine　利多卡因　(14)

Ligaloes　伽罗木　(213)
Lignin sulfonic acid calcium salt　木质磺酸钙　(213)
Limed rosin　石灰松香　(213)
Limonene（D-, L-, and DL-）　宁烯（D-，L-和 DL-）　(213)
Linalool　芳樟醇　(213, 665)
Linalyl acetate　乙酸芳樟酯　(213)
Lincomycin　林可霉素　(177, 618, 619)
Lincomycin（原药）　林可霉素　(24)
Lindane　林丹　(9, 29, 450, 619)
Linden flowers　菩提树花　(213)
Linden leaf　椴树叶　(213)
Linoleic acid　亚油酸　(213)
Linseed gum　亚麻籽胶（又名富兰克胶）　(49)
Linuron　利谷隆　(134, 451, 620)
Lipase　脂肪酶　(213)
Liquid paraffin　流动石蜡（白色矿物质油）　(665)
L-Isoleucine　L-异亮氨酸（异白氨酸）　(666)
L-Lysine L-aspartate　L-赖氨酸-L-天门冬氨酸盐　(666)
L-Lysine L-glutamate　L-赖氨酸-L-谷氨酸盐　(666)
L-Lysine monohydrochloride　L-赖氨酸盐酸盐　(666)
l-Menthol　薄荷脑　(652)
L-Menthyl acetate　L-乙酸薄荷酯　(666)
L-Methionine　L-蛋氨酸　(666)
Low erucic acid rapeseed oi.　低芥酸菜子油　(214)
l-Perillaldehyde　紫苏醛　(652)
L-Phenylalanine　L-苯丙氨酸　(666)
Lron　铁　(186)
L-Tartaric acid　L-酒石酸　(666)
L-Theanine　L-茶氨酸　(666)
L-Threonine　L-苏氨酸　(666)
L-Tryptophan　L-色氨酸　(666)
Lufenuron　氟丙氧脲　(452, 620)
Lupulin　蛇麻素　(214)
Luteinising hormone（natural LH from all species and their synthetic analogues）　促黄体激素（各种

动物天然 FSH 及其化学合成类似物） （14）
L-Valine　L-缬氨酸 （666）

M

Macrogol 6 000　聚乙二醇 6 000 （214）
Maduramicin ammonium　马杜霉素铵 （177）
Maduramicin　马杜霉素 （620）
Maduramicin（原药）　马杜霉素 （24）
Mafoprazine　马福拉嗪 （620）
Magnesium carbonate　碳酸镁 （49，214，666）
Magnesium chloride　氯化镁 （14，49，214，666）
Magnesium diglutamate　L-谷氨酸镁 （666）
Magnesium hydroxide　氢氧化镁 （214）
Magnesium oxide　氧化镁 （214，666）
Magnesium phosphate　磷酸镁 （214）
Magnesium silicate　硅酸镁 （214）
Magnesium stearate　硬脂酸镁 （49，214，666）
Magnesium sulfate　硫酸镁 （214，666）
Maize beard and soak　玉米须及其浸泡液 （214）
Malachite green　孔雀石绿 （30）
Malathion　马拉硫磷 （9，134，453，620）
Malathion（原药）　马拉硫磷 （24）
Maleic hydrazide　抑芽丹 （134，454）
Malic acid　苹果酸 （215）
Maltitol　麦芽糖醇 （49）
Malt　麦芽 （215）
Maltodextrin　麦芽糊精 （215）
Maltol　麦芽醇 （667）
Maltose syrup　麦芽糖浆 （215）
Mancozeb　代森锰锌 （135）
Mancozeb　马拉硫磷 （9）
Mandarin tangerine　柑橘 （215）
Mandipropamid　双炔酰菌胺 （135）
Maneb　代森锰 （135）
Manganese chloride　氯化锰 （215）
Manganese citrate　柠檬酸锰 （215）
Manganese　锰 （187）
Manganese sulfate　硫酸锰 （215）
Mangonese gluconateusp　葡萄糖酸锰 （215）
Manila copal　马尼拉柯巴酯 （215）
Mannitol　甘露醇 （14）

Marbofloxacin　麻保沙星 （620）
Marigold, pot　万寿菊 （215）
Marjoram, sweet　甘牛至 （215）
Mashy limestone　磨碎的石灰石 （215）
Mate　巴拉圭茶 （215）
MCPA　2-甲基-4-氯苯氧乙酸 （136）
MCPA　二甲四氯 （456，620）
MCPB　二甲四氯丁酸 （136，456，621）
Mebendazole　甲苯咪唑 （621）
Mebendazole（Mebendazole 等效物）　甲苯咪唑 （24）
Mecarbam　灭蚜磷 （457）
Mecillinum （621）
Mecoprop　2 甲 4 氯丙酸 （457）
Mefenpyp-diethyl　吡咯二酸二乙酯 （457，621）
Mefenpyr-diethyl　吡唑解草酯 （136）
Melengestrol acetate　醋酸美仑孕酮 （177）
Melengestrol acetate　甲烯雌醇乙酸酯 （621）
Meloxicam　美洛昔康 （621）
Menadione　甲萘醌 （14）
Menbutone　孟布酮 （621）
Mengestrol acetate　醋酸甲孕酮 （30）
Menthol　薄荷醇 （215）
Menthyl acetate　乙酸薄荷酯 （215）
Mepanipyrim　嘧菌胺 （458）
Mepiquat chloride　缩节胺 （136，458，621）
Mercurous acetate　醋酸亚汞 （30）
Mercurous nitrate　硝酸亚汞 （30）
Mercury　汞 （34，187）
Mercury　汞 Hg （651）
Mesona chinensis benth extract　薪草提取物 （49）
Mesosulfuron-methyl　甲磺胺磺隆 （136，458，622）
Mesotrione　硝草酮 （136）
Mesotrione　硝磺酮 （459，622）
Metalaxyl-M (Mefenoxam)　精甲霜灵 （137）
Metalaxyl　甲霜灵 （9，136，137）
Metalaxyl, Mefenoxam　精甲霜灵 （459）
Metaldehyde　四聚乙醛 （137，460）
Metalxyl, Mefenoxam　精甲霜灵 （622）
Metamitron　苯桥蒽 （461）

Metamizole（4—氨甲基—安替比林） 安乃近 (25)
Metatartaric acid 偏酒石酸 (49)
Metconazole 叶菌唑 (138)
Methabenzth-iazuron 甲草苯隆 (461)
Methacrifos 乙丁烯酰磷 (461, 622)
Methacrylate-diethylene benzene copolymer 异丁烯酸-二乙烯苯共聚物 (215)
Methamidophos 甲胺磷 (9, 138, 462, 622)
Methanearsonic acid 甲基胂酸钠 (138)
Methaqualone 安眠酮 (29)
Methazole 灭草定 (464)
Methidathion 杀扑磷 (9, 138, 464, 622)
Methiocarb 甲硫威 (465)
Methomyl 灭多威 (9, 138, 139)
Methomyl, Thiodicarb 灭多威、硫双威 (466, 622)
Methoprene 烯虫酯 (467, 622)
Methoxychlor 甲氧滴滴涕 (468, 622)
Methoxyfenozide 甲氧虫酰肼 (139, 140, 469, 623)
Methyl anthranilate 邻氨基苯甲酸甲酯 (215, 666)
Methylbenzoquate 甲苄喹啉 (623)
Methyl bromide 溴甲烷 (9)
Methyl cellulose 甲基纤维素 (216, 667)
Methyl cinnamate 肉桂酸甲酯 (666)
Methyl ethyl cellulose 甲基乙基纤维素 (215)
Methylglucamine glycoside-coconut oil 甲基葡萄糖苷-椰子油脂 (216)
Methyl hesperidin 甲基橙皮苷 (667)
Methyl Isothiocyanate, Dazomet, Metam 异硫氰酸甲酯 (470)
Methyl mercury 甲基汞 (187)
Methyl β-naphthyl ketone 甲基-β-萘酮 (667)
Methyl N-methylanthranilate N-甲基邻氨基苯甲酸甲酯 (667)
Methylparaben 对羟基苯甲酸甲酯 (216)
Methyl parathion 甲基对硫磷 (140)
Methyl p-hydroxy benzoate and its salts 对羟基苯甲酸酯类及其钠盐 (49)
Methylprednisolone 甲基氢化泼尼松 (177, 623)
Methyl salicylate 水杨酸甲酯 (666)
Methyltestosterone 甲基睾丸酮 (30)
Metiram 代森联 (140)
Metoclopramide 甲氧氯普胺 (623)
Metolachlor 异丙甲草胺 (10, 140, 471, 623)
Metoserpate hydrochloride 美托舍酯盐酸盐 (623)
Metoserpate hydrochloride 盐酸美托舍酯 (177)
Metosulam 甲氧磺草胺 (472, 623)
Metribuzin 嗪草酮 (140, 472, 623, 624)
Metronidazole 甲硝唑 (29)
Metsulfuron-methyl 甲磺隆 (141, 472, 624)
Mevinphos 速灭磷 (141, 473, 624)
Milbemectin 密灭汀 (474)
Milk fatty acid acyl ester 脂肪酸乳酰酯 (216)
Milneb 代森环 (475)
Miloxacin 米洛沙星 (624)
Mineral oil 矿物油 (141)
Mineral oil, white (liquid paraffin) 白油（又名液体石蜡） (50)
Mirosamycin 米诺杀维素 (624)
Modified hop extract 改性啤酒花浸取物 (216)
Mohave Yucca 莫哈夫丝兰 (216)
Molasses (extract) 糖蜜（提取物） (216)
Molinate 禾草敌 (10)
Monascus red 红曲红 (56)
Monensin 莫能菌素 (177, 624)
Monensin（原药） 莫能菌素 (25)
［Monobis (Trimethylam moniummethylene chloride)］-Alkyltoluene 单双（三甲胺）二氯甲烷 (575)
Mono-methyl-naphthalene sulfonate and dimethyl naphthalene sulfonate 单、双甲基萘磺酸钠 (216)
Mono-potassium glutamate 谷氨酸一钾 (216)
Monochlorobenzene 一氯代苯 (187)
Monocrotophos 久效磷 (10, 475)
Mono (di, tri) glycerides of fattyacids 单、双、三甘油脂肪酸酯（油酸、亚油酸、柠檬酸、亚麻酸、棕榈酸、山嵛酸、硬脂酸） (50)
Monoglyceride and diglyceride 单、双甘油酯

(216)
Monolinuron 绿谷隆 (476, 624)
Monopotassium citrate 柠檬酸一钾 (667)
Monopotassium L-glutamate L-谷氨酸钾 (667)
Mono Sodium diacetate 二乙酸一钠 (216)
Monosodium fumarate 富马酸一钠 (667)
Monosodium glutamate L-谷氨酸钠 (667)
Monosodium L-aspartate L-天冬氨酸钠 (667)
Monosodium succinate 琥珀酸一钠 (667)
Monostearate, sorbitan ester 单硬脂酸山梨糖醇酐酯 (216)
Monostearin 单硬脂酸甘油酯 (217)
Monotriolein 单油酸甘油酯 (217)
Morantel 甲噻嘧啶 (624)
Morantel tartrate 酒石酸莫仑太尔 (177)
Morpholine fatty acid salt (fruitwax) 吗啉脂肪酸盐 (果蜡) (50)
Morpholine 吗啉 (217)
Morpholine salts of fatty acids 吗啉脂肪酸盐 (667)
Mother Sugar gum base 胶母糖基 (217)
Mountain maple 山槭树 (217)
Moxidectin 莫西克丁 (177, 624, 625)
Mulberry red 桑葚红 (50)
Musk common yarrow 麝香蓍 (217)
Musk (tonquin musk) 麝香 (217)
Mustard, black or brown 芥末 (黑色或棕色) (217)
Mustard, brown 芥末 (棕色) (217)
Mustard 芥末 (217)
Mustard, white or yellow 芥末 (白色或黄色) (217)
Myclobutanil 腈菌唑 (141, 142, 477, 478, 625)
Myrrh 没药 (217)
Myrtus communis, leaf 香桃木叶 (217)
Mono-ammonium glutamate 谷氨酸一铵 (216)

N

Nadrolone Phenylpropionate 苯丙酸诺龙 (29)
Nafcillin 奈夫西林 (625)
Naled 二溴磷 (142)
Nalidixic acid 萘啶酸 (625)
Nanafrocin 那罗星 (625)
Naphtha 石脑油 (217)
Naphthalophos 驱虫磷 (625)
β—naphthol 乙萘酚 (50)
2-(1-NAPHTHYL) ACETAMIDE 2-(1-萘基) 乙酰胺 (240)
Napropamide 敌草胺 (142)
Napropamide 萘丙胺 (478)
Napropamide 萘丙酰草胺 (478)
Naptalam 萘草胺 (142)
Naptalam 抑草生 (478)
Narasin 甲基盐霉素 (178, 625)
Narasin (原药) 甲基盐霉素 (25)
Naringin 柚皮甙 (217)
Natamycin 那他霉素 (50, 667)
Natural amaranthus red 天然苋菜红 (50, 51)
Natural terpene resin 天然萜烯树脂 (217)
N-acetoxy-L-methionine N-乙酸基-L-蛋氨酸 (217)
N-butyric acid 丁酸 (217)
N-heptyl-p-hydroxybenzoate 对羟基苯甲酸庚酯 (217)
Neomycin 新霉素 (178, 625, 626)
Neomycin (Neomycin B) 新霉素 (25)
Neostigmine 新斯的明 (14)
Nequinate 苄喹甲酯 (178)
Nequinate 甲氧苄喹酯 (626)
Neurotoxic shellfish poison 神经性贝类毒素 (184)
(New Coccin) Food Red No. 102 食用红色102号 (662)
New red, new red aluminum lake 新红及其铝色淀 (51)
Nicarbazin 尼卡巴嗪 (178)
Nicarbazin 双硝苯脲二甲嘧啶醇 (626)
Nicarbazin 烟嘧磺隆 (478)
Nicarbazin [N, N'—bis—(4—nitrophenyl) urea] 尼卡巴嗪 (25)
Nickel 镍 (187, 217)
Nicosulfuron 烟嘧磺隆 (142)
Nicotinamide 烟酰氨 (217, 667)

Nicotine 烟碱 (478)
Nicotinic acid 烟酸 (217, 667)
Nifurstyrenate sodium 呋喃苯烯酸钠 (29)
Nisin 乳酸链球菌素 (51)
Nisin 乳酸链球菌肽 (217)
Nitenpyram 烯啶虫胺 (479)
Nitrapyrin 氯草定 (141, 142, 480, 626)
Nitrate 硝酸盐 (187)
Nitrite 亚硝酸盐 (34, 187)
Nitrofurazone 呋喃西林 (182)
Nitrothal-Isopropyl 酞菌酯 (480)
Nitrous oxide 一氧化二氮 (218, 667)
Nitrovin 硝呋烯腙 (30)
Nitroxinil（原药） 硝碘酚腈 (25)
Nitroxynil 硝羟碘苄腈 (626)
N, N - diethyl - 2 - ethylamine hydrochloride (4 - methylbenzyloxy) N, N-二乙基-2-乙胺盐酸盐（4-甲基苯氧基） (142)
N-nitrosamines N-亚硝胺 (34)
γ-Nonalactone γ-壬内酯 (683)
Norfloxacin 诺氟沙星 (626)
Norflurazon 哒草伏 (480, 626)
Norflurazon 氟草敏 (142)
Norgestomet 诺孕美特 (626)
North America sassafras leaves 北美檫木的叶 (218)
Nosiheptide 那西肽 (626)
Novaluron 双苯氟脲 (143, 480, 626, 627)
Novobiocin 新生霉素 (178, 627)
Nutmeg 肉豆蔻 (218)

O

Oak moss 橡苔 (218)
o - Dichlorobenzene o-二氯苯 (187)
O - phenylphenol 邻苯基苯酚 (143)
Ochratoxin A 赭曲霉素 A (184)
Octadecyl fumaric acid sodium salt 十八烷基富马酸钠 (218)
Octanal 辛醛 (667)
Octanoic acid 辛酸 (218)
Octyl and decyl glycerate 辛，癸酸甘油酯 (51)
Octylphenol polyoxyethylene 辛基苯氧聚乙烯氧基 (51)
ODB 邻二氯苯 (627)
Odorless petroleum ether hydrocarbon 无臭石油醚碳氢化物 (218)
Ofloxacin 氧氟沙星 (627)
Olaquindox 喹乙醇 (627)
Olaquindox [3—甲基喹啉—2—羧酸（MQCA] 喹乙醇 (25)
Oleandomycin 竹桃霉素 (178, 627)
Oleic acid 油酸 (218)
Oleic acid made of tall oil fatty acid 由妥尔油脂肪酸制得的油酸 (218)
Oleoresin 松脂 (218)
Olibanum 乳香 (218)
Omethoate 氧化乐果 (481, 627)
Onion 洋葱 (218)
O-Phenylphenol 邻苯基苯酚 (667)
Orange, bitter, flowers 苦橙花 (218)
Orange, bitter 苦橙 (218)
Orange bitter, peel 苦橙皮 (218)
Orange B 橙色 B (218)
Orange leaf 橙叶 (218)
Orange, sweet, flowers 甜橙花 (219)
Orange, sweet 甜橙 (218)
Orange, sweet, peel 甜橙皮 (219)
Orange yellow 柑橘黄 (51)
Orbifloxacin 奥比沙星 (627)
Orcigilia 纺锤染料衣 (219)
Oregano, white and fresh 白鲜状牛至 (219)
Organophosphorus 有机磷 (651)
Origanum 牛至 (219)
Ormetoprim 奥美普林 (178, 627)
Orris 鸢尾草 (219)
Orthosulfamuron 嘧苯胺磺隆 (143)
Oryzalin 氨磺乐灵 (143, 483)
Other nitroimidazoles 其他硝基咪唑类 (182)
Oxabetrinil 解草腈 (628)
Oxacillin 苯唑青霉素 (628)
Oxacillin（原药） 苯唑西林 (25)
Oxadiazon 恶草酮 (10, 628)
Oxadixyl 恶霜灵 (483)
Oxalic acid 草酸 (667)

Oxamyl 杀线威 (143,144,484,628)
Oxfendazole(可提取的 Oxfendazole sulphone)奥芬达唑 (22)
Oxgall extract 牛胆汁提取物 (219)
Oxibendazole 丙氧苯咪唑 (628)
Oxibendazole(原药) 丙氧苯咪唑 (25)
Oxidized polyethylene 氧化聚乙烯 (219)
Oxine-copper 喹啉酮 (485)
Oxolinic acid 喹菌酮 (485,628)
Oxolinic acid(原药) 噁喹酸 (25)
Oxpocona zolefuma rate 曝咪唑富马酸盐 (486)
Oxycarboxin 氧化萎锈灵 (486)
Oxyclozanide 羟氯柳苯胺 (628)
Oxydemeton-methyl 乙酰甲胺磷 (144)
Oxydemeton-methyl 砜吸磷 (486,628)
Oxyfluorfen 乙氧氟草醚 (144,488,629)
Oxystearin 羟基硬脂精(又名氧化硬脂精) (51,219)
Oxytetracycline/Chlortetracycline/Tetracycline (as total) 土霉素/金霉素/四环素(总量) (629)
Oxytetracycline/Chlortetracycline/Tetracycline 土霉素/金霉素/四环素(总量) (488)
Oxytetracycline/Chlortetracycline/Tetracycline (Parent drug,单个或复合物) 土霉素/金霉素/四环素 (25,26)
Oxytetracycline 土霉素 (144,178,179)
Oxytocin 缩宫素 (14)
Ozone 臭氧 (219)

P

Paclobutrazol 多效唑 (10,489)
Palmarose 玫瑰草 (219)
Palmitic acid stearin 棕榈酸硬脂酸甘油酯 (219)
Pantothenic chloride double salt calcium 泛酸钙和氯化钙复盐 (219)
Papain 木瓜蛋白酶 (219)
Paprika 红辣椒 (219)
Paprika oleoresin 红辣椒油树脂 (219)
Paprika oleoresin 辣椒油树脂 (51)
Paprika orange 辣椒橙 (51)
Paprika red 辣椒红 (51)

Paracetamol 对乙酰氨基酚 (15)
Paralytic shellfish poison 麻痹性贝类毒素 (184)
Paraquat dichloride 百草枯 (144,145)
Paraquat 百草枯 (10,489,629)
Parathion 对硫磷 (10,490,629)
Parathion-methyl 甲基对硫磷 (10,491,629)
Parbendazole 虫帕唑 (630)
Paromomycin 巴龙霉素 (630)
Parsley 皱叶欧芹 (219)
Particle-based protein products 微粒化蛋白质产品 (219)
Passionfruit 西香莲 (219)
Patulin 棒曲霉素 (34,184)
PCBs 多氯联苯 (34,187)
p-Chlorophenoxyacetic acid 对氯苯氧基乙酸 (145)
p-Dichlorobenzene p-二氯苯 (187)
Peach leaf 桃树叶 (219)
Peanut oil 花生油 (220)
Peanut skin red 花生衣红 (52)
Peanut stearine 花生硬脂酸 (220)
Pebulate 克草猛 (492)
Pectic substance 果胶物质 (220)
Pectins 果胶 (52)
Pelargonium graueolens 香叶天竺葵 (220)
Penconazole 戊菌唑 (493,630)
Pencycuron 戊菌隆 (494)
Pendimethalin 二甲戊乐灵 (10,145)
Pendimethalin 硝草胺 (495,630)
Penicillin 青霉素 (179)
Penoxsulam 嘧啶并三唑类磺胺 (496)
Penoxsulam 五氟磺草胺 (146)
Penoxymethylpeniciin 苯氧甲基青霉素 (630)
Pentachloronitrobenzene 五氯硝基苯 (146)
Pentachlorophenol 五氯苯酚 (187)
Pentachlorophenol sodium 五氯酚酸钠 (30)
Pentaerythritol ester of wood rosin 松香季戊四醇酯 (52)
Pepper,black 黑胡椒 (220)
Pepper,cayenne 番椒 (220)
Peppermint 薄荷油 (220)

Pepper, red 胡椒（红）（220）
Pepper, white 胡椒（白）（220）
Pepsin 胃蛋白酶（15，220）
Peptone 蛋白胨（220）
Perlite 珠光岩（672）
Permethrin 氯菊酯（10，146，496，630）
Peroxidation acetone 过氧化丙酮（220）
Peruvian balsam 凤仙花（秘鲁）（220）
Petitgrain lemon 柠檬叶（220）
Petitgrain mandarin or tangerine leaf 甜橙或橘子叶（220）
Petrolatum 矿脂（凡士林）（220）
Petroleum naphtha 石油石脑油（221）
Petroleum paraffin 石油石蜡（221）
Pettigrain 苦橙叶（221）
Peumus boldus Molina, leaf 博路都树的叶（221）
Phaffia yeast Phaffia 酵母（221）
Phemylbutazone 保泰松（182）
Phenethyl acetate 乙酸苯乙酯（667）
Phenmedipham 苯敌草（146，497，630）
Phenolethers 苯酚醚类（一般认为毒性强的除外）（667）
Phenolic Compounds 苯酚类（651）
Phenol 苯酚（15）
Phenols 苯酚类（一般认为毒性强的除外）（667）
Phenols 酚类化合物（187）
Phenothrin 苯醚菊酯（498，630）
Phenthoate 稻丰散（10，498）
4—Phenylphenol 4-苯基苯酚（52）
2-Phenylphenol 2-苯基苯酚（243）
Phorate 甲拌磷（10，146，499，630）
Phosalone 伏杀硫磷（10，147，500）
Phosmet 亚胺硫磷（11，147，501，630）
Phosphamidon 磷胺（11，502）
Phosphated distarch phosphate 磷酸化二淀粉磷酸酯（52）
Phosphine 磷化氢（147）
Phosphoric acid 磷酸（52，221，668）
Phoxim 辛硫磷（11，503，630）
Phoxim（原药） 辛硫磷（26）

Phytic acid (inositol hexaphosphoric acid) 植酸（又名肌醇六磷酸）（52）
Picloinafen 氟吡酰草胺（504，631）
Picloram 毒莠定（147，503，631）
Pimenta 众香子（221）
Pimenta leaf 众香子叶（221）
Pindone 杀鼠酮（504，631）
Pine needle and twig 松树的松针和嫩叶（221）
Pinoxaden 唑啉草酯（147，504，631）
Pinus mugo needle and twig 中欧山松的针叶和嫩枝（221）
Pinus sylvestris needles and twig 苏格兰松的针叶和嫩枝（221）
Piperazine 哌嗪（15，179，631）
Piperazine（原药） 哌嗪（26）
Piperonal 胡椒醛（221，668）
Piperonyl butoxide 胡椒基丁醚（147，148，668）
Piperonyl butoxide 增效醚（504，631，632）
Piperophos 戊草净（505）
Pipsissewa leaves 梅笠叶（221）
Pirimicarb 抗蚜威（506，632）
Pirimioxyphos 嘧啶氧磷（12）
Pirimiphos-methyl 甲基嘧啶磷（148，507，632）
Pirlimycin 吡利霉素（179）
p-Methylacetophenone 对甲基苯乙酮（666）
Pogostemon cablin 广藿香（221）
Polyacrylamide 聚丙烯酰胺（221）
Polybutene 聚丁烯（672）
Polychlorinated Biphenyl 多氯联苯（651）
Polydextrose 聚葡萄糖（52，221）
Polydimethyl siloxane 聚二甲基硅氧烷（52）
Polydimethyl siloxane 聚二甲基硅氧烷（乳液）（52）
Polyethylene glycol 聚乙二醇（15，53）
Polyglycerol esters of fatty acid (polyglycerol monostearate, polyglycerol monooleate) 聚甘油脂肪酸酯（聚甘油单硬脂酸酯，聚甘油单油酸酯）（53）
Polyglycerol fatty acid ester 脂肪酸聚甘油酯（221）

Polyglycerol polyricinoleate（PGPR）（polyglycerolesters of interesterified ricinoleic acid） 聚甘油蓖麻醇酯 （53）

Polyisobutylene 聚异丁烯 （671）

Polyoxins 多氧霉素 （508）

Polyoxyethylene polyoxypropylene amine ether 聚氧乙烯聚氧丙烯胺醚 （53）

Polyoxyethylene polyoxypropylene pentaerythritol 聚氧乙烯聚氧丙烯季戊四醇醚 （53）

Polyoxyethylene sorbitan monolaurate 聚氧乙烯山梨醇酐单月桂酸酯（又名吐温20） （53）

Polyoxyethylene sorbitan monooleate 聚氧乙烯山梨醇酐单油酸酯（又名吐温80） （53）

Polyoxyethylene sorbitan monopalmitate 聚氧乙烯山梨醇酐单棕榈酸酯（又名吐温40） （53）

Polyoxyethylene sorbitan monostearate 聚氧乙烯山梨醇酐单硬脂酸酯（又名吐温60） （53）

Polyoxyethylene xylitan monostearate 聚氧乙烯木糖醇酐单硬脂酸酯 （54）

Polyoxypropylene glycerol ether（GP） 聚氧丙烯甘油醚 （54）

Polyoxypropylene oxyethylene glycol ether（GPE） 聚氧丙烯氧化乙烯甘油醚 （54）

Polysorbate 80 for Carrageenan 卡拉胶配用聚山梨酸酯 80 （222）

Polysorbate 20 聚山梨酸酯 20 （671）

Polysorbate 60 聚山梨酸酯 60 （221，222，671）

Polysorbate 65 聚山梨酸酯 65 （222，671）

Polysorbate 80 聚山梨酸酯 80 （222，671，672）

Polysorbate 80 吐温一80 （15）

Polythylene glycol 聚乙二醇（平均相对分子质量 200～9500） （222）

Polyvinyl acetate 聚乙酸乙烯酯 （222，668）

Polyvinyl alcohol 聚乙烯醇 （54，223）

Polyvinylpolypyrrolidone 聚乙烯聚吡咯烷酮（PVPP） （672）

Polyvinylpyrrolidone-iodine 聚乙烯吡咯烷酮碘 （14）

Polyvinylpyrrolidone 聚乙烯吡咯烷酮 （223）

Pomegranate 石榴 （223）

Ponceau 4R，ponceau 4R aluminum lake 胭脂红及其铝色淀 （54）

Poplar bud 杨树芽 （223）

Poppy seed 罂粟种子 （223）

Porroni root 波罗尼的根 （223）

Potassium alginate 海藻酸钾 （223，668）

Potassium bicarbonate 碳酸氢钾 （223）

Potassium bisulfite 亚硫酸氢钾 （223）

Potassium bitartarate 酒石酸氢钾 （54，223）

Potassium bromate 溴酸钾 （223，668）

Potassium carbonate 碳酸钾 （54，223，669）

Potassium chloride 氯化钾 （54，223，668）

Potassium citrate 柠檬酸钾 （223）

Potassium dihydrogen phosphate 磷酸二氢钾 （55，672）

Potassium DL-bitartrate DL-酒石酸氢钾 （668）

Potassium ferrocyanide 亚铁氰化钾 （55，670）

Potassium gluconate 葡萄糖酸钾 （668）

Potassium hydrogen carbonate 碳酸氢钾 （55）

Potassium hydroxide 氢氧化钾 （55，223，668）

Potassium iodate 碘酸钾 （223）

Potassium iodide 碘化钾 （223）

Potassium lactate 乳酸钾 （223）

Potassium L-bitartrate L-酒石酸氢钾 （668）

Potassium metabisulfite 焦亚硫酸钾 （224）

Potassium metabisulphite 焦亚硫酸钾 （63）

Potassium metaphosphate 偏磷酸钾 （672）

Potassium nitrate 硝酸钾 （58，224，668）

Potassium nitrite 亚硝酸钾 （59）

Potassium norbixate 降胭脂树素钾 （669）

Potassium permanganate 高锰酸钾 （55）

Potassium phosphate dibasic 磷酸氢二钾 （224）

Potassium polyphosphate 多聚磷酸钾 （672）

Potassium pyrosulfite 焦亚硫酸钾 （670）

Potassium sodium tartrate 酒石酸钾钠 （224）

Potassium sorbate 山梨酸钾 （224，668，669）

Potassium stearate 硬脂酸钾 （55）

Potassium sulfate 硫酸钾 （224）

Potato starch 马铃薯淀粉 （224）

Praziquantel 吡喹酮 （15，632）

Prednisolone 氢化泼尼松 （632，633）

Pretilachlor 丙草胺 （11）

Prickly ash bark 花椒树皮 (224)
Prifinium 吡芬溴铵 (633)
Prifiniumpro-pargite,Bpps 吡芬溴铵 (517)
Primiphos-methyl 甲基嘧啶磷 (11)
Primisulfuron-methyl 氟嘧黄隆 (148)
Primisulfuron-methyl 甲基氟嘧磺隆 (509, 633)
Probenazole 烯丙苯噻唑 (509)
Procaine 普鲁卡因 (15)
Prochloraz 咪酰胺 (11, 510, 633)
Procymidone 腐霉利 (11, 511, 633)
Profenofos 丙溴磷 (11, 148, 512, 633)
Progesterone 黄体酮 (179)
Prohexadione calcium 调环酸钙盐 (148, 513, 633)
Promecarb 猛杀威 (514)
Prometryn 扑草净 (148, 514, 633)
Propachlor 毒草胺 (148, 515, 633)
Propamocarb-hydrochloride 霜霉威盐酸盐 (148)
Propamocarb 霜霉威 (515)
Propanediol 丙二醇 (224)
Propane 丙烷 (224)
Propanil 敌稗 (11, 149, 516, 634)
Propanol 丙醇 (671)
Propaquizafop 恶草酸 (517, 634)
Propargite,Bpps 吡芬溴铵 (634)
Propargite 克螨特 (11, 149)
Propazine 扑灭津 (149, 518)
Propetamphos 烯虫磷 (634)
Propetamphos（原药） 巴胺磷 (26)
Propiconazole 丙环唑 (11, 149, 150, 518, 634)
Propionic acid 丙酸 (224, 671)
Propionic acid, sodium propionate, calcium propionate 丙酸及其钠盐、钙盐 (55)
Propoxur 残杀威 (519, 634)
Propoxycarbazone 丙苯磺隆 (150, 520, 634)
Propylene chlorohydrin 氯丙醇 (150)
Propylene glycol alginat 海藻酸丙二醇酯 (55, 56, 668)
Propylene glycol distearate 二硬脂酸丙二醇酯 (224)
Propylene glycol esters of fatty acid 丙二醇脂肪酸酯 (56)
Propylene glycol esters of fatty acids 脂肪酸丙二醇酯 (671)
Propylene glycol 丙二醇 (55, 671)
Propylene oxide 环氧丙烷 (150, 520)
Propyl gallate 没食子酸丙酯 (224, 671)
Propyl gallate (PG) 没食子酸丙酯 (55)
Propylp-hydroxybenzoate 对羟基苯甲酸丙酯 (669)
5-（Propylsulphonyl）-1-H-Benzimidazole-2-Amine 5-丙磺酰基-1-氢-苯并咪唑-2-胺 (575)
Propyzamide 炔苯酰草胺 (520, 634, 635)
Propyzamide 戊炔草胺 (150)
Prosulfuron 氟磺隆 (521, 635)
Prothioconazole 丙硫菌唑 (150, 151)
Pullulan 普鲁兰多糖 (56)
Pulverized dried algae 藻类干粉 (224)
Pymetrozine 吡蚜酮 (151, 521, 635)
Pypazolynate 吡唑特 (524)
Pyraclofos 吡唑硫磷 (522, 635)
Pyraclostrobin 百克敏 (523, 635)
Pyraclostrobin 唑菌胺酯 (151, 152)
Pyraflufen-ethyl 吡草醚 (152)
Pyraflufen ethyl 霸草灵 (524)
Pyrantel embonate 双羟萘酸噻嘧啶 (15)
Pyrantel tartrate 酒石酸噻吩嘧啶 (179, 635)
Pyrasulfotole (153)
Pyrazon 吡唑啉 (153)
Pyrazophos 吡嘧磷 (525, 635)
Pyrazosulfuron-ethyl 百速隆 (526)
Pyrethrins 除虫菊酯 (153, 526, 635)
Pyridaben 哒螨灵 (153, 527, 635)
Pyridafenthion 哒嗪硫磷 (527)
Pyridalyl 啶虫丙醚 (153, 154)
Pyridate 哒草特 (154, 528, 635)
Pyridoxine hydrochloride 吡哆醇盐酸盐 (224)
Pyridoxine hydrochloride 盐酸吡哆辛 (670)
Pyridyl mercurous acetate 吡啶基醋酸亚汞 (30)
Pyriftalid 环酯草醚 (529)
Pyrimethamine 胺嘧啶 (635)

Pyrimethanil 二甲嘧菌胺 (529, 636)
Pyrimethanil 嘧霉胺 (154)
Pyrimidifen 嘧螨醚 (530)
Pyriproxyfen 吡丙醚 (154, 155, 530, 636)
Pyrithiobac-sodium 嘧草硫醚 (531, 636)
Pyrophosphoric acid 焦磷酸 (224)
Pyroquilon 百快隆 (531)
Pyroxsulam 甲氧磺草胺 (155)

Q

Quaternary ammonium chloride 季铵氯化物 (224)
Quercus 英国栎 (224)
Quinalphos 喹硫磷 (12, 531)
Quince seed 木瓜子 (225)
Quinclorac 二氯喹啉酸 (155, 532, 636)
Quinine 奎宁 (225)
Quinoclamine 灭藻醌 (532)
Quinoline yellow 喹啉黄 (56)
Quinoxyfen 喹氧灵 (155, 533)
Quintozene 喹氧灵 (636)
Quintozene 五氯硝基苯 (12, 533, 636)
Quizalofop-ethyl 喹禾灵 (155, 156)
Quizalofop-P-ethyl 精喹禾灵 (156)
Quizalofop-ethyl 喹禾灵 (534, 636, 637)

R

Ractopamine 莱克多巴胺 (179)
Radish red 萝卜红 (56)
Rafoxanide 雷复尼特 (637)
Rafoxanide（原药） 碘醚柳胺 (26)
Rapeseed oil, superglycerinated fully hydrogenated 超甘油化的完全氢化菜子油 (225)
Rare earths 稀土 (34)
Red algae 红藻 (225)
Red algin 红藻胶 (225)
Red algin salt 红藻胶盐类 (225)
Red bark 红金鸡纳树皮 (225)
Red kojic rice 红曲米 (56)
Red rice red 红米红 (56)
Red sandalwood 紫檀木 (225)
Refined shellac 精制虫胶 (225)

Resmethrin 苄呋菊酯 (535, 637)
Rhubarb root 食用大黄的根 (225)
Riboflavin-5′-phosphate monosodium 核黄素-5′-磷酸一钠 (225)
Riboflavin 核黄素 (225, 673)
Riboflavin 5′-phosphate sodium 核黄素 5′-磷酸钠 (673)
Riboflavin tetrabutyrate 核黄素四丁酸酯 (673)
Rice bran wax 米糠蜡 (225)
Rifaximin 利福西明 (637)
Rimsulfuron 玉嘧黄隆 (535)
Rimsulfuron 玉嘧磺隆 (156)
Robenidine hydrochloride 盐酸双氯苄氨胍 (179)
Robenidine 氯苯胍 (637)
Robenidine（原药） 氯苯胍 (26)
Ronidazole 洛硝达唑 (29)
Root of Krameria triandra 孔裂药豆的根 (225)
Rose absolute 玫瑰净油 (225)
Rose buds 玫瑰芽 (225)
Rose flowers 玫瑰花 (225)
Rose fruit 玫瑰果 (225)
Rose geranium 玫瑰香叶 (225)
Rose laevigata michx brown 金樱子棕 (56)
Rose leaves 玫瑰叶 (226)
Roselle 玫瑰茄 (226)
Roselle red 玫瑰茄红 (57)
Rosemary extract 迷迭香提取物 (57)
Rosemary 迷迭香 (226)
Rose (otto of rose, attar of roses) 玫瑰（玫瑰油或玫瑰香精油） (225)
Rose wood 玫瑰木 (195)
Rosin and derivatives 松香及松香衍生物 (226)
Rosin glyceride 松香甘油酯 (226)
Rosin 松香 (226)
Round-bellied herring fish oil 圆腹鲱鱼油 (226)
Roxarsone 硝羟苯胂酸 (637)
R, R, R-α-Tocopheryl acetate R, R, R-α-醋酸生育粉 (672)
Rue 芸香 (226)
Rue oil 芸香油 (226)

S

Saccharin 糖精 (675)
Saffron 藏红花 (226)
Sage, Greek 鼠尾草（希腊）(226)
Sage 鼠尾草 (226)
Sage, Spanish 鼠尾草（西班牙）(226)
Salbutamol 沙丁胺醇 (29)
Salicylic acid 水杨酸 (15)
Salinomycin 盐霉素 (637)
Salinomycin（原药） 盐霉素 (26)
Sambucus nigra 西洋接骨木 (226)
Sambucus williamsii hance leaf 接骨木的叶 (226)
Sandalwood 檀香木 (227)
Sandarach 山达脂 (227)
San thistle 圣蓟 (226)
Sarafloxacin 沙拉沙星 (637, 638)
Sarafloxacin（原药） 沙拉沙星 (26)
Savory, summer 香薄荷（夏季）(227)
Savory, winter 香薄荷（冬季）(227)
Saxitoxin 蛤蚌毒素 (184)
S-metolachlor 精-异丙甲草胺 (157, 158)
Schinus molle 加州胡椒树 (227)
Seaweed powder 红球藻属海藻粉 (227)
Secondary butyamine 仲丁胺 (57, 536)
Sedecamycin 赛地卡霉素 (638)
Selenium 硒 (34, 35, 187, 652)
Semduramicin 赛杜霉素 (180, 638)
Semduramicin（原药） 赛杜霉素 (26)
Semiamitraz 单甲脒 (12)
Separated fish protein 分离鱼蛋白 (227)
Serpentary 蛇根马兜铃 (227)
Sesame 芝麻 (227)
Sesbania gum 田菁胶 (57)
Sethoxydim 稀禾定 (12, 156, 157, 536, 638)
Shellac 紫胶（又名虫胶）(57)
Shellfish poison 贝类毒素 (652)
Silafluofen 硅醚菊酯 (537)
Silicon dioxide, amorphous 二氧化硅，非晶形 (57, 680)
Silicon dioxide 二氧化硅 (227, 680)
Silicone resin 有机硅树脂 (677)
Silver 银 (187)
Silvex 2, 4, 5-涕丙酸 (187)
Simazine 西玛津 (157, 538, 638)
Simeconazole 硅氟唑 (539)
Sloe berries (blackthorn berries) 黑刺李果 (227)
Smilax china 菝葜 (227)
Soapbark 皂皮树 (227)
Sodium acetate 乙酸钠 (57, 227, 675)
Sodium acid phosphate 酸性磷酸钠 (227)
Sodium acid pyrophosphate 酸性焦磷酸钠 (227)
Sodium alginate 海藻酸钠 (57, 228, 674)
Sodium aluminate 铝酸钠 (228)
Sodium aluminosilicate 硅铝酸钠 (58, 228)
Sodium aluminu phosphate 磷酸铝钠 (228)
Sodium and potassium-iodate 碘酸钠和钾 (14)
Sodium and potassium-iodide 碘化钠和钾 (14)
Sodium benzoate 苯甲酸钠 (228, 674)
Sodium bicarbonate 碳酸氢钠 (228)
Sodium bisulfite 亚硫酸氢钠 (228)
Sodium bromide 溴化钠 (15)
Sodium carbonate 碳酸钠 (58, 228, 679)
Sodium carboxymethylcellulose 羧甲基纤维素钠 (228, 674)
Sodium carboxy methyl starch 羧甲基淀粉钠 (58, 679)
Sodium caseinate 酪蛋白酸钠 (674)
Sodium chloride 氯化钠 (15, 228)
Sodium chlorite 次氯酸钠 (673)
Sodium chondroitin sulfate 硫酸软骨素钠 (675)
Sodium citrate 柠檬酸钠 (228)
Sodium copper chlorophyllin 叶绿素铜钠 (679)
Sodium cyclamate 环己基氨基磺酸钠 (58)
Sodium dehydroacetate 脱氢醋酸钠 (679)
Sodium diacetate 双乙酸钠 (58)
Sodium dihydrogen phosphate derivatives of monoglyceride and diglyceride 单、双甘油酯的磷酸二氢钠衍生物 (228)
Sodium dihydrogen phosphate 磷酸二氢钠 (58, 681)
Sodium DL-malate DL-苹果酸钠 (681)

Sodium dodecyl sulfate 十二烷基硫酸钠 (228)
Sodium erythorbate 异抗血酸钠 (674)
Sodium ferrocyanide 亚铁氰化钠 (55, 228, 681)
Sodium ferrous citrate 柠檬酸亚铁钠 (674)
Sodium gluconate 葡萄糖酸钠 (228, 675)
Sodium hexametaphosphate 六偏磷酸钠 (229)
Sodium hydrogen carbonate 碳酸氢钠 (678)
sodium hydrogen sulfite 亚硫酸氢钠 (63)
Sodium hydrosulfite 低亚硫酸钠 (63, 676, 677)
Sodium hydroxide 氢氧化钠 (229, 677)
Sodium hypochlorite 次氯酸钠 (676)
Sodium hypophosphite 次磷酸钠 (229)
Sodium iron chlorophyllin 叶绿素铁钠 (679)
Sodium lactate 乳酸钠 (58, 229)
Sodium lactate 乳酸钠（乳酸钠液）(680)
Sodium L-ascorbate L-抗坏血酸钠 (665)
Sodium metabisulfite 焦亚硫酸钠 (229)
Sodium metabisulphite 焦亚硫酸钠 (63)
Sodium metaphosphate 偏磷酸钠 (229, 681)
Sodium methoxide 甲醇钠 (679)
Sodium Nifrustyrenate (638)
Sodium nitrate 硝酸钠 (58, 224, 677)
Sodium nitrite 亚硝酸钠 (59, 229, 673)
Sodium nitrophenolate 硝基酚钠 (30)
Sodium norbixate 降胭脂树素钠 (680)
Sodium oleate 油酸钠 (674)
Sodium o-phenylphenate 邻苯基苯酚钠 (674)
Sodium pantothenate 泛酸钠 (680)
Sodium 2-phenylphenol 2-苯基苯酚钠盐 (59)
Sodium phosphate dibasic 磷酸氢二钠 (229)
Sodium phosphate 磷酸钠 (229)
Sodium phosphoaluminate 磷铝酸钠 (229)
Sodium phytate 植酸钠 (52)
Sodium polyacrylate 聚丙烯酸钠 (681)
Sodium polyphosphate 多聚磷酸钠 (681)
Sodium polyphosphate 六偏磷酸钠 (59)
Sodium propionate 丙酸钠 (229, 681)
Sodium pyrosulfite 焦亚硫酸钠 (680, 681)
Sodium pyrosulphite 焦亚硫酸钠 (15)
Sodium saccharin 糖精钠 (59, 675, 676)
Sodium salicylate 水杨酸钠 (15)
Sodium selenite 亚硒酸钠 (15)
Sodium sesquicarbonate 碳酸氢三钠（又名倍半碳酸钠）(59)
Sodium silicate 硅酸钠 (229)
Sodium sorbate 山梨酸钠 (229)
Sodium starch phosphate 淀粉磷酸酯钠 (59, 60)
Sodium stearate 硬脂酸钠 (15)
Sodium stearoyl lactylate 硬脂酰乳酸钠 (60)
Sodium sulfate 硫酸钠 (681)
Sodium sulfite 亚硫酸钠 (63, 229, 673, 674)
Sodium tartrate 酒石酸钠 (229)
Sodium TCA 三氯醋酸钠 (540)
Sodium thiosulfate 硫代硫酸钠 (229)
Sodium thiosulphate 硫代硫酸钠 (15)
Sodium tripolyphosphate 三聚磷酸钠 (60, 229)
Sophora japonica 槐豆树 (229)
Sorbic acid calcium 山梨酸钙 (230)
Sorbic acid 山梨酸 (230, 678)
Sorbic acid, potassium sorbate 山梨酸及其钾盐 (60, 61)
Sorbitan esters of fatty acids 脂肪酸山梨醇酐酯 (677)
Sorbitan monolaurate 山梨醇酐单月桂酸酯（又名司盘20）(61)
Sorbitan monooleate 山梨醇酐单油酸酯（又名司盘80）(61)
Sorbitan monopalmitate 山梨醇酐单棕榈酸酯（又名司盘40）(61)
Sorbitan monostearate 山梨醇酐单硬脂酸酯（又名司盘60）(61)
Sorbitan trioleate 脱水山梨醇三油酸酯（司盘85）(15)
Sorbitan tristearate 山梨醇酐三硬脂酸酯（又名司盘65）(61)
Sorbitol and sorbitol syrup 山梨糖醇（液）(61)
Sorbitol 山梨醇 (230)
Soybean oil (hydrogenated) 大豆油（氢化的）(230)
Soy protein, isolated 分离大豆蛋白 (230)

Spearmint　留兰香　(230)
Spectinomycin　壮观霉素　(180, 638, 639)
Spectinomycin（原药）　壮观霉素　(26, 27)
Spice microcapsule　香料用微胶囊　(230)
Spinetoram　乙基多杀菌素　(158, 159)
Spinosad　艾克敌　(540, 639)
Spinosad　多杀菌素　(159, 160)
Spiramycin　螺旋霉素　(639, 640)
Spirodiclofen　螺螨酯　(160, 541)
Spiromesifen　螺甲螨酯　(161)
Spirotetramat　螺虫乙酯　(161, 162)
Spiroxamine　葚孢菌素　(162, 541, 640)
Spirulina blue (algae blue, lina blue)　藻蓝（淡、海水）　(61)
Spruce needle and twig　云杉针叶和嫩枝　(230)
Stabilized chlorine dioxide　稳定态二氧化氯　(61)
Stannous chloride　氯化亚锡　(230)
Star anise　八角茴香　(230)
Starch, acid modified　酸改性淀粉　(230)
Starch aluminum octenylsuccinate　辛烯基琥珀酸铝淀粉　(62)
Starch, pregelatinized　预凝化淀粉　(230)
Starch, unmodified　未改性淀粉　(230)
Starter distilled fluid　发酵剂溜出液　(230)
Stearic acid (octadecanoic acid)　硬脂酸（又名十八烷酸）　(62, 230)
Stearyl monoglyceride citrate　柠檬酸硬脂酰单甘油酯　(230)
Stems and leaves of blackcurrant　黑加仑的茎和叶　(230)
Stevioside　甜菊糖苷　(62)
Streptomycin/Dihydrostreptomycin (Sum of Streptomycin ＋ Dihydrostreptomycin)　链霉素/双氢链霉素　(27)
Streptomycin　链霉素　(162, 180)
Strychnine　士的宁　(15)
Styrax　苏合香　(230)
Styrene　苯乙烯　(188)
Succinic acid　琥珀酸　(231, 675)
Succinylated monoglycerides　琥珀酸单甘油酯　(62, 231)
Succinylated stearin　琥珀酰硬脂精　(231)
Sucralose　三氯蔗糖（又名蔗糖素）　(62, 677)
Sucrose acetate iso-butyrate　醋酸酯异丁酸蔗糖酯　(231)
Sucrose esters of fatty acid　蔗糖脂肪酸酯　(62, 63, 677)
Sucrose　蔗糖　(231)
Sucrose octyl ester, hepta ester, and hexyl ester of fatty acid　蔗糖脂肪酸辛、庚、己酯　(231)
Sugar enzyme preparation produced by bacteria　细菌产的糖酶制剂　(231)
Sulfabenzamide　苯酰磺胺　(640)
Sulfabromomethazine sodium　磺胺溴二甲嘧啶钠　(180, 640)
Sulfacetamide　乙酰磺胺　(640)
Sulfachlorpyridazine　磺胺氯哒嗪　(180, 640)
Sulfadiazine　磺胺嘧啶　(640)
Sulfadimethoxine　磺胺二甲氧嘧啶　(180, 640)
Sulfadimidine　磺胺二甲嘧啶　(641)
Sulfadimidine（原药）　磺胺二甲嘧啶　(27)
Sulfadoxine　周效磺胺　(641)
Sulfaethoxypyridazine　磺胺乙氧哒嗪　(180, 641)
Sulfaguanidine　磺胺胍　(641)
Sulfamerazine　磺胺甲基嘧啶　(641)
Sulfamethazine　磺胺二甲嘧啶　(180)
Sulfamethoxazole　新诺明　(641)
Sulfamethoxypyridazine　磺胺甲氧哒嗪　(641)
Sulfamoildapsone　(641)
Sulfamonomethoxine　磺胺间甲氧嘧啶钠　(641)
Sulfanilamide　磺胺　(641)
Sulfanitran　乙酰磺胺对硝基苯　(641)
Sulfapyridine　磺胺吡啶　(641)
Sulfaquinoxaline　磺胺喹噁啉　(180, 642)
Sulfated butyl oleate　硫酸化油酸丁酯　(231)
Sulfate　硫酸盐　(188)
Sulfathiazole　磺胺噻唑　(180, 642)
Sulfatroxazole　磺胺沙唑　(642)
Sulfentrazone　甲磺草胺　(162, 541)
Sulfisozole　磺胺二甲异噁唑　(642)
Sulfogaiacol　愈创木酚磺酸钾　(15)
Sulfonamide　磺胺类　(183)
Sulfonamides［Parent drug（总量）］　磺胺类

· 745 ·

(27)
Sulfosulfuron 磺酰磺隆 (162, 542, 642)
Sulfur dioxide 二氧化硫 (63, 162, 231, 679, 680)
Sulfuric acid 硫酸 (681)
Sulfur (sulphur) 硫黄 (63)
Sulfuryl fluoride 硫酰氟 (162, 163, 542)
Sulphuric acid 硫酸 (231)
Sulphur 硫黄 (15)
Sulprofos 硫丙磷 (543)
Sunset yellow 日落黄 (231)
Sunset yellow, sunset yellow aluminum lake 日落黄及其铝色淀 (63, 64)
Sweet aginomoto 天门冬酰苯氨酸甲酯（甜味素）(231)
Sweet myrrh 红没药 (231)
Sweet woodruff 香车叶草 (231)
Swertia 齐瑞蹋獐牙菜 (231)
Switzerland violet 瑞士紫罗兰 (231)
Synthetic fatty acid 合成脂肪酸 (231)
Synthetic flavour and adjuvant 合成香料和辅助剂 (232)
Synthetic glycerin obtained from hydrocarbons hydrogenolysis 由碳氢化物氢解后制得合成甘油 (232)
Synthetic iron oxide 合成氧化铁 (231)
Synthetic iso-paraffin petroleum hydrocarbon 合成的异链烷烃石油碳氢化物 (232)
Synthetic paraffin and succinic acid dervatives 合成石蜡和琥珀酸衍生物 (232)
Synthetic petroleum paraffin 合成石油石蜡 (232)
Synthetic terpene resin 合成萜烯树脂 (231)

T

Tagetes powder and extract 万寿菊粉和提取物 (232)
Talc 滑石粉 (64, 232, 683)
Tallow flakes 片状牛羊脂 (232)
Tallow (hydrogenated) 氢化牛羊脂 (232)
Tamarind 罗望子 (232)
Tamarind polysaccharide gum 罗望子多糖胶 (64)
Tangerine 红橘 (232)
Tannic acid 单宁酸 (232)
Tanoak brown 多穗柯棕 (64)
Tapioca starch 木薯淀粉 (232)
Tara gum 刺云实胶 (64)
Tarragon 龙蒿 (232)
Tartaric acid hydrogen choline 酒石酸氢胆碱 (232)
Tartaric acid 酒石酸 (232)
Tartrazine 柠檬黄 (233)
Tartrazine, tartrazine aluminum lake 柠檬黄及其铝色淀 (65)
TBHQ 叔丁基对苯二酚 (233)
TCMTB 苯噻氰 (163, 543)
Tea green pigment 茶绿色素 (65)
Tea 茶 (233)
Tea polyphenol (TP) 茶多酚 (65)
Tea yellow pigment 茶黄色素 (65)
Tebuconazole 戊唑醇 (12, 163, 543, 642)
Tebufenozide 虫酰肼 (163, 164, 544, 642)
Tebufenpyrad 吡螨胺 (545)
Tebupirimifos 丁嘧硫磷 (164)
Tebuthiuron 特丁噻黄隆 (164, 546, 642)
Tecnazene 四氯硝基苯 (546, 643)
Teflubenzuron 氟苯脲 (547, 643)
Tefluthrin 七氟菊酯 (164, 548, 643)
Tembotrione 2-环己烷-1,3 二酮 (164)
Temephos 双硫磷 (643)
Tepraloxydim 吡喃草酮 (164, 549, 643)
Terbacil 特草定 (165)
Terbufos 特丁磷 (12, 165, 550, 643)
Terbutryn 特丁净 (551, 643)
Terdecamycin 特卡霉素 (643)
Terpene hydrocarbons 萜烃类 (682)
Terpene resin 萜烯树脂 (233)
Terpineol 松油醇 (682)
Terpinyl acetate 乙酸松油脂 (682)
Tertiary butylhydroquinone (TBHQ) 特丁基对苯二酚 (65)
Testosterone propinate 丙酸睾酮 (29)
Testosterone propionate 丙酸睾丸酮 (180,

181)
Tetracaine 丁卡因 （15）
Tetrachloroethylene 四氯乙烯 （188）
Tetrachlorvinphos 杀虫威 （551，643）
Tetraconazole 氟醚唑 （165，552）
Tetracycline 四环素 （181）
Tetradifon 四氯杀螨砜 （552）
2，3，5，6-Tetramethylpyrazine 2，3，5，6-四甲基吡嗪 （652）
Tetrapotassium pyrophosphate 焦磷酸钾 （682）
Tetrasodium pyrophosphate 焦磷酸钠 （233）
Tetrasodium pyrophosphate 焦磷酸四钠 （66，682）
Thallium 铊 （188）
THBP 2，4，5-三羟基丁酰苯 （233）
Thiabendazole 噻苯达唑 （181）
Thiabendazole 噻苯咪唑 （TBZ） （66，682）
Thiabendazole 噻菌灵 （12，165，553，643，644）
Thiabendazole（噻苯咪唑和5—羟基噻苯咪唑）噻苯咪唑 （27）
Thiacloprid 噻虫啉 （165，166，554，644）
Thiamethoxam 快胜 （554，644）
Thiamethoxam 噻虫嗪 （166）
Thiamine dicetylsulfate 硫胺素十六烷基硫酸盐 （682）
Thiamine dilaurylsulfate 硫酸十二烷酯硫胺 （682）
Thiamine hydrochloride 硫胺素盐酸盐 （233）
Thiamine hydrochloride 盐酸硫胺 （682）
Thiamine mononitrate 硝酸硫胺 （682）
Thiamine naphthalene-1，5-disulfonate 硫胺素萘-1，5二磺酸盐 （682）
Thiamine nitrate 硫胺素硝酸盐 （233）
Thiamine thiocyanate 硫胺素硫氰酸盐 （682）
Thiamphenicol 甲砜霉素 （644）
Thiamphenicol（原药） 甲砜霉素 （27）
Thiazopyr 噻草啶 （166，555）
Thidiazuron 赛苯隆 （167，644）
Thiencarbazone-methyl （167）
Thifensulfuron-methyl 噻磺隆 （167）
Thifensulfuron 噻吩磺隆 （555，644）

Thifensulfuron-methyl 甲基噻吩磺隆 （555）
Thiobencarb 禾草丹 （167，556，644）
Thiocyclam 杀虫环 （12）
Thiodicarb 硫双威 （12，167）
Thiodipropanoic acid 硫代二丙酸 （233）
Thioethers 硫醚类（一般认为毒性强的除外） （682）
Thiols 硫醇类（一般认为毒性强的除外） （682）
Thiomersal 硫柳汞 （15）
Thiometon 甲基乙拌磷 （556，644）
Thiopental sodium 硫喷妥钠 （15）
Thiophanate-methyl 甲基硫菌灵 （167）
Thiram 福美双 （168）
Thyme 百里香 （233）
Thyme, white 白麝香草 （233）
Thyme, wild or creeping 麝香草（野生或种植） （233）
Tiadinil 噻酰菌胺 （557）
Tiamulin 硫姆林 （181，644）
Tiamulin（Tiamulin＋8—a—Hydroxymutilin 总量）泰妙菌素 （27）
Tilmicosin 替米考星 （181，645）
Tilmicosin（原药） 替米考星 （27）
Tin 锡 （652）
Tiopronin 硫普罗宁 （645）
Titanium dioxide 二氧化钛 （66，233，682）
Tocopherols 生育酚类 （233）
Tolfenamic acid 托芬那酸 （645）
Toltrazuril 甲苯三嗪酮 （645，646）
Toltrazuril（原药） 甲基三嗪酮（托曲珠利） （28）
Toluene 甲苯 （188）
Tolyfloxysulfuron 甲苯氟磺胺 （557，646）
Tolylfluanid 甲苯氟磺胺 （557）
Topramezone 苯吡唑草酮 （168）
Total dissolved solids 总可溶性固体物 （188）
Total Nitrate and Nitrite 总硝酸盐和亚硝酸盐 （188）
Total Trihalomethanes 总三卤代甲烷 （188）
Tralkoxydim 肟草酮 （168，557）
Tralomethrin 四溴菊酯 （168）

Trans-1,2-Dichloroethylene 反式-1,2-二氯乙烯 (188)
Trebacil 特草定 (550)
Trenbolone acetate 乙酸去甲雄三烯醇酮 (646)
Trenbolone 去甲雄三烯醇酮 (30)
Trenbolone 群勃龙 (30)
Triadimefon 三唑酮 (12, 168, 557, 646)
Triadimenol 三唑醇 (12, 168, 559, 646)
Tri-allate 野麦畏 (560, 647)
Triasulfuron 醚苯磺隆 (168, 561, 647)
Triazophos 三唑磷 (12, 561, 647)
Tribenuron-methyl 苯磺隆 (168, 562, 647)
Tribromsalan 三溴沙仑 (647)
Tribufos 脱叶膦 (168)
Tribuphos 脱叶磷 (647)
Tricalcium orthphosphate 磷酸三钙 (66)
Tricalcium phosphate 磷酸三钙 (682)
Tricalcium silicate 硅酸三钙 (233)
Trichlorfon 敌百虫 (12, 168, 563, 647)
Trichlorfon（原药） 敌百虫 (28)
1,2,4-Trichlorobenzene 1,2,4-三氯苯 (185)
1,1,2-Trichloroethane 1,1,2-三氯乙烷 (184)
Trichloroethylene 三氯乙烯 (188)
Triclabendazole 三氯苯咪唑 (647, 648)
Triclabendazole（原药） 三氯苯唑 (28)
Triclopyr 绿草定 (169)
Triclopyr 三氯吡氧乙酸 (564, 648)
Tricyclazole 三环唑 (12)
Tridemorph 十三吗啉 (564, 648)
Triethyl citrate 柠檬酸三乙酯 (233)
Trifloxystrbin 布洛芬 (169, 648, 565)
Trifloxysulfuron 三氟啶磺隆 (169)
Triflumizole 氟菌唑 (170, 566, 648, 649)
Triflumuron 杀铃脲 (567, 649)
Trifluralin 氟乐灵 (12, 170, 568, 649)
Triflusulfron-methyl 氟胺磺隆 (171, 569)
Triforine 嗪氨灵 (569, 649)
Trimagnesium phosphate 磷酸三镁 (683)
Trimethoprim 甲氧苄氨嘧啶 (649)
Trimethoprim（原药） 甲氧苄啶 (28)

2,3,5-Trimethylpyrazine 2,3,5-三甲基吡嗪 (652)
Trinexapac-ethyl 抗倒酯 (570)
Tripelennamine 曲吡那敏 (181, 649)
Tripolyglyceryl monostearate 三聚甘油单硬脂酸酯 (66)
Tripotassium citrate 柠檬酸三钾 (682)
Tripotassium orthphosphate 磷酸三钾 (66, 67)
Tripotassium phosphate 磷酸三钾 (682)
Trisodium citrate 柠檬酸三钠 (682)
Trisodium orthophosphate 磷酸三钠 (66)
Trisodium phosphate 磷酸三钠 (682)
Tristearin 三硬脂酸甘油酯 (233)
Triticonazole 灭菌唑 (171, 570, 649)
Tryparsamile 锥虫砷胺 (30)
Trypsin 胰蛋白酶 (233)
Tuberose 晚香玉 (233)
Tulathromycin 托拉菌素 (181)
Turmeric 姜黄 (67)
Tylosin 泰乐菌素 (182, 649)
Tylosin（Tylosin A） 泰乐菌素 (28)

U

Uguisukagura red 蓝锭果红 (67)
Uniconazole-P 烯效唑 (171)
Uniconazole P 单克素 (570)
Unsaturated fatty acid of monoglycerides 不饱和脂肪酸单甘脂 (67)
Urea 尿素 (233)
Urease 脲酶 (234)

V

Valerian stem and root 缬草块茎和根 (234)
Validamycin 伐奈莫林 (571, 650)
Vamidothion 灭蚜磷 (12, 572)
Vanilla 香草 (234)
Vanillin 香兰素 (234, 683)
Vedaprofen 维达洛芬 (650)
Vegetable carbon, carbon black 植物炭黑 (67)
Vegetable juice 蔬菜汁 (234)
Vetiver 岩兰草 (234)
Vinclozolin 乙烯菌核利 (12, 573, 650)

Vinyl chloride 氯乙烯 (188)
Viola tricolor 三色堇 (234)
Violet flowers 紫罗兰花 (234)
Violet leaves 紫罗兰叶 (234)
Virginiamycin 维吉霉素 (182, 650)
Virginiamycin（原药） 维吉尼霉素 (28)
Vitamin A acetate 维生素 A 乙酸酯 (683)
Vitamin A in oil 维生素 A 油
（油性维生素 A 脂肪酸酯） (683)
Vitamin A 维生素 A (15, 234, 683)
Vitamin B_1 维生素 B_1 (15)
Vitamin B_{12} 维生素 B_{12} (15, 234)
Vitamin B_2 维生素 B_2 (15)
Vitamin B_6 维生素 B_6 (15)
Vitamin D 维生素 D (15, 234)
Vitamine E (dl-α-tocopherol) 维生素 E (dl-α-生育酚) (67)
Vitamin E 维生素 E (15)

W

Walnut, coat, leaf and pip 核桃外壳、叶和青果仁 (234)
Warfarin 杀鼠灵 (573, 650)
Weaversbroom, flower 鹰爪豆花 (234)
Wheat gluten 小麦面筋 (234)
Wheat starch 小麦淀粉 (234)
White cypress, twig and leaf 白柏木的叶和嫩枝 (234)
White mineral oil 白矿物油 (234, 235)
White oak, sawdust 白栎的锯屑 (235)
White pine, bark 白松树皮 (235)
White pine, oil 白松油 (235)

X

Xanthan gum 黄原胶（又名汉生胶） (67, 235)
XMC 灭除威 (574)

Xylazine 甲苯噻嗪 (650)
Xylenes 二甲苯 (188)
Xylitan monostearate 木糖醇酐单硬脂酸酯 (68)
Xylitol 木糖醇 (235, 683)
Xylzaine 塞拉嗪 (29)

Y

Yarrow 蓍草 (235)
Yeast-malt extract 酵母-麦芽浸取物 (235)
Ylang-ylang 依兰 (235)
ylazine hydrochloride 盐酸塞拉嗪 (16)

Z

Zearalenone 玉米赤霉烯酮 (184)
Zedoary, bark 莪术皮 (235)
Zedoary 莪术 (235)
Zein 玉米醇溶蛋白 (235)
Zeranol 玉米赤霉醇 (30, 182, 650)
Zeta-Cypermethrin Z-氯氰菊酯 (171, 172)
Zilpaterol 齐帕特罗 (182)
Zinc chloride 氯化锌 (235)
Zinc gluconate 葡萄糖酸锌 (235, 683)
Zinc hydrosulfite 亚硫酸氢锌 (235)
Zinc 锌 (188)
Zinc methionine sulfate 蛋氨酸锌硫酸盐 (235)
Zinc oxide 氧化锌 (16, 235)
Zinc phosphide 磷化锌 (172)
Zinc stearate 硬脂酸锌 (235)
Zinc sulfate 硫酸锌 (68, 235, 683)
Zinc sulphate 硫酸锌 (16)
Ziram 福美锌 (172)
Zoalene 二硝甲苯酰胺 (182)
Zoalene (Zoalene + Metabolite 总量) 二硝托胺 (29)
Zoxamide 苯酰菌胺 (172, 574)
Zymine 胰酶制剂 (235)